2026
최/신/판

문제편

Engineer Construction Safety

건설안전기사 필기

정하정 지음

유형별 총정리 기출문제집

✓ 23년간 출제된 8,280 문제 분석, 중복 문제는 통합·정리하여 3,160 문제로 학습분량 최소화!

✓ 2026년부터 변경된 출제기준을 반영하여 유형별로 기출문제를 정리, 시험에 반복 출제되는 문제 파악 용이!

✓ 정답과 해설을 별도로 수록하여 학습의 편의성 증대!

★★★
모바일 모의고사
2회분 제공

다락원

는 '원큐에 패스'
즉, **한 번에 합격**을 뜻합니다.

정하정

약력
- 인하대학교 공과대학 건축공학과 졸업
- 동국대학교 산업기술환경대학원 건설공학 졸업
- (전) 유한공업고등학교 교사
- (전) 연성대학교, 대림대학교 강사

저서
- 『한권으로 끝내는 건축기사』
- 『한번에 합격하기 건축설비기사』
- 『실내건축기사』
- 『건축구조역학』
- 『건축법규』
- 『건축계획일반』

건설안전기사 필기
유형별 총정리 기출문제집

지은이 정하정
펴낸이 정규도
펴낸곳 (주)다락원

1판 1쇄 발행 2025년 12월 15일

기획 권혁주, 김태광
편집장 이후춘
편집 윤성미, 송영진

디자인 최예원, 이승현, 김희정

다락원 경기도 파주시 문발로 211
내용문의: (02)736-2031 내선 291~296
구입문의: (02)736-2031 내선 250~252
Fax: (02)732-2037
출판등록 1977년 9월 16일 제406-2008-000007호

ISBN 978-89-277-7463-1 13530

● 원큐패스 카페(http://cafe.naver.com/1qpass)를 방문하시면 각종 시험에 관한 최신 정보와 자료를 얻을 수 있습니다.

건설안전기사 필기

정하정 지음

유형별 총정리 기출문제집

문제편

다락원

수험생 여러분이 느끼는 가장 큰 부담은 방대한 학습 범위와 반복되는 문제 속에서 무엇이 진짜 '핵심'인지 파악하기 어렵다는 점일 것입니다. 매년 시행되는 기출문제는 분량이 방대할 뿐 아니라, 유사한 형태로 재출제되는 경우가 많아 효율적인 학습 전략이 필요합니다. 이에 본서는 2026년부터 변경되는 출제기준에 따라 건설안전기사 필기 기출문제를 과목별·유형별로 구성하였으며, 특징은 다음과 같습니다.

● [POINT 1] 학습분량 최소화

본서는 23년간(2003~2025) 출제된 8,280개의 문제를 분석하여, 동일하거나 유사한 내용을 하나로 통합·정리하여 3,160문제로 학습분량을 최소화했습니다. 시험에 반복 출제되는 개념과 규정, 계산 유형 등을 중심으로 구성했기 때문에, 짧은 시간에도 효율적인 학습이 가능합니다.

● [POINT 2] 신규 출제기준 반영

2026년부터 시행되는 출제기준에 맞춰 출제빈도가 높은 과년도 문제를 엄선하고 과목별·유형별로 구분하여 수록했으며, 최신 법령을 반영했습니다.

● [POINT 3] 유형별 기출문제 정리

01 진위형 문제

진위형은 하나의 주제에 대한 옳고 그름을 판단하는 문제로서, 과년도 문제 중에서 동일하거나 유사한 문제를 통합·정리했습니다. 예를 들면, 다음 문제는 9회에 걸쳐 출제가 되었으므로 선지는 총 36개가 되지만, 25개의 동일한 선지를 삭제하여 11개의 선지만으로 구성했습니다. 즉, 9개의 문제를 한 번에 학습하며 시간과 노력을 아낄 수 있도록 구성했습니다. 각 선지의 옳고 그름을 체크하면서 관련 내용을 확실하게 학습하시기 바랍니다.

[03①, 05③, 07①, 11①, 13②, 16③, 18①②, 22②]

001 건축시공계획을 세움에 있어서 우선 순위의 사항을 체크하시오.

① 공종별 재료량 및 품셈 (　) ② 재해방지 대책 (　)
③ 상세 공정표 작성 (　) ❹ 원척도(原尺圖)의 제작 (　)
⑤ 노무, 기계재료 등의 조달, 사용 계획에 따른 수송계획 수립 (　)
⑥ 현장관리 조직계획 수립 (　) ⑦ 실행예산의 편성 및 조정 (　)
⑧ 현장 직원의 조직편성 (　) ⑨ 예정 공정표의 작성 (　)
❿ 시공상세도의 작성 (　) ⓫ 현치도 작성 (　)

02 단답형 문제

단답형은 문제에서 묻는 용어 또는 단어를 찾는 문제로, 여러 번 출제된 문제를 하나의 문제로 통합하고, 출제빈도를 표기했습니다. 문제에 제시된 내용은 이미 진위형의 문제에서 설명해서 이를 참고하여 정답을 알 수 있는 방식의 구성입니다.

[09③, 13①, 16①, 22①]

001 불량품, 결점, 고장 등의 발생건수를 현상과 원인별로 분류하고, 여러 가지 데이터를 항목별로 분류해서 문제의 크기 순서로 나열하여, 그 크기를 막대그래프로 표기한 품질관리 도구를 쓰시오.

|정답| 파레토그램

[04③]

001 불량품, 결점, 고장 등의 발생건수를 현상과 원인별로 분류하고, 여러 가지 데이터를 항목별로 분류해서 문제의 크기 순서로 나열하여, 그 크기를 막대그래프로 표기한 품질관리 도구를 체크하시오.

❶ 파레토그램 (　　)　　　　　② 체크시트 (　　)

③ 관리도 (　　)　　　　　④ 산포도 (　　)

03 계산형 문제

공식이나 계산식을 필요로 하는 문제들을 별도로 분류했습니다. 계산형 문제는 이해와 반복 학습을 통해 정복할 수 있는 문제가 대부분이므로, 충분한 풀이를 통해 자신의 것으로 만드시길 바랍니다.

[17③]

001 사업장에서 발행한 990회 사고 중 사망재해가 3건이었다면 하인리히의 재해구성비율에 따를 경우 경상이 예상되는 발생 건수를 구하시오.

⚙ 해설

하인리히의 재해 구성 비율

비율	1	29	300
재해 구성	중상 또는 사망	경상	무상해 사고

중상 또는 사망 : 경상 = 1 : 29의 비율이므로, $1 : 29 = 3 : x$에서 $x = 87$회

● [POINT 4] 정답과 해설을 별도로 구성

학습의 편의성을 위해 문제와 해설을 비교하며 학습할 수 있도록 정답과 해설을 별도로 수록했습니다.

본서의 특징을 염두에 두고 학습하신다면, 시험에 대비하기 위한 유용한 교재로 활용하실 수 있으리라 생각합니다. 본서로 학습하시는 여러분의 합격을 응원합니다!

※ 자세한 사항은 반드시 Q-net에서 건설안전기사 관련 내용을 확인하시기 바랍니다.

● 기본정보

개요	건설업은 공사기간 단축, 비용 절감 등의 이유로 사업주와 건축주들이 근로자의 보호를 소홀히 할 수 있기 때문에, 건설현장의 재해요인을 예측하고 재해를 예방하기 위하여 건설 안전 분야에 대한 전문지식을 갖춘 전문인력을 양성하고자 자격제도 제정
수행직무	건설재해예방계획 수립, 작업환경의 점검 및 개선, 유해 위험 방지 등의 안전에 관한 기술적인 사항을 관리하며 건설물이나 설비작업의 위험에 따른 응급조치, 안전장치 및 보호구의 정기점검, 정비 등의 직무 수행
출제경향	건설안전에 관한 이론적 지식과 관련 법령을 바탕으로 일반지식, 전문지식과 응용 및 실무 능력을 평가

● 응시관련

시행처		한국산업인력공단
관련학과		대학과 전문대학의 산업안전공학, 건설안전공학, 토목공학 건축공학 관련학과
시험과목	필기	1. 산업재해예방 및 안전보건교육 2. 인간공학 및 위험성 평가·관리 3. 건설재료 4. 건설시공 5. 건설공사 안전 관리
	실기	건설안전실무

● 검정방법

필기	• 객관식 4지 택일형 • 과목당 20문항(과목당 30분)
실기	복합형[필답형(1시간 30분, 60점) + 작업형(50분 정도, 40점)]

● **합격기준**

필기	100점을 만점으로 하여 과목당 40점 이상, 전과목 평균 60점 이상
실기	100점을 만점으로 하여 60점 이상

● **시험일정 (2025년 기준)**

구분	필기원서접수 (인터넷, 휴일제외)	필기시험	필기합격 (예정자)발표	실기원서접수 (휴일제외)	실기시험	최종합격자 발표일
1회	01.13 ~ 01.16 (빈자리접수 : 02.01 ~ 02.02)	02.07 ~ 03.04	03.12	03.24 ~ 03.27 (빈자리접수 : 04.13 ~ 04.14)	04.19 ~ 05.09	06.13
2회	04.14 ~ 04.17 (빈자리접수 : 05.04 ~ 05.05)	05.10 ~ 05.30	06.11	06.23 ~ 06.26 (빈자리접수 : 07.13 ~ 07.14)	07.19 ~ 08.06	09.12
3회	07.21 ~ 07.24 (빈자리접수 : 08.03 ~ 08.04)	08.09 ~ 09.01	09.10	09.22 ~ 09.25	11.01 ~ 11.21	12.24

• 원서접수시간은 원서접수 첫날 10:00부터 마지막 날 18:00까지임
• 필기시험 합격예정자 및 최종합격자 발표시간은 해당 발표일 09:00임
• 시험 일정은 종목별·지역별로 상이할수 있음
• 접수 일정 전에 공지되는 해당 회별 수험자 안내(Q-net 공지사항 게시) 참조 필수

● **검정현황**

연도	필기			실기		
	응시	합격	합격률(%)	응시	합격	합격률(%)
2024	31,594	15,477	49%	22,247	12,341	55.5%
2023	34,908	17,932	51.4%	19,937	12,564	63%
2022	26,556	12,837	48.3%	14,674	10,321	70.3%
2021	17,526	8,044	45.9%	10,653	5,539	52%
2020	12,389	6,607	53.3%	8,995	4,694	52.2%

01 진위형 문제

중복 문제 및 선지를 통합하여 한 번에 필요한 내용을 학습할 수 있습니다.

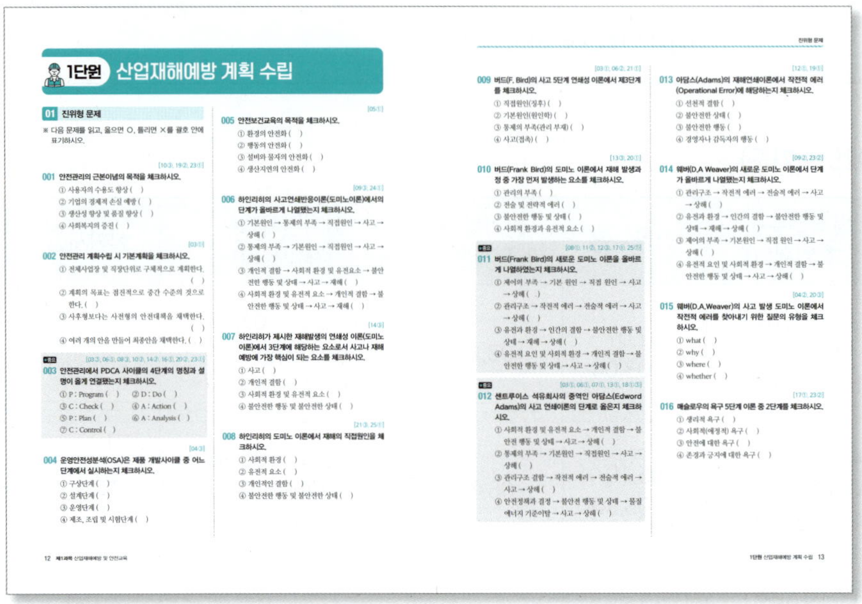

02 단답형 문제

단답형, 빈칸채우기 등으로 구성되어 주요 개념을 파악할 수 있습니다.

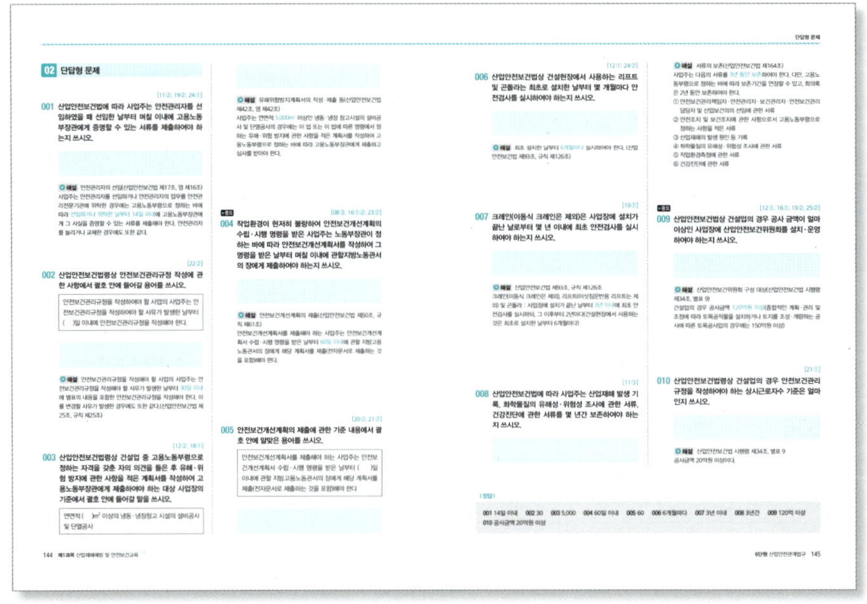

03 계산형 문제

계산형 문제에 대비할 수 있도록 공식 및 설명을 해설로 추가하였습니다

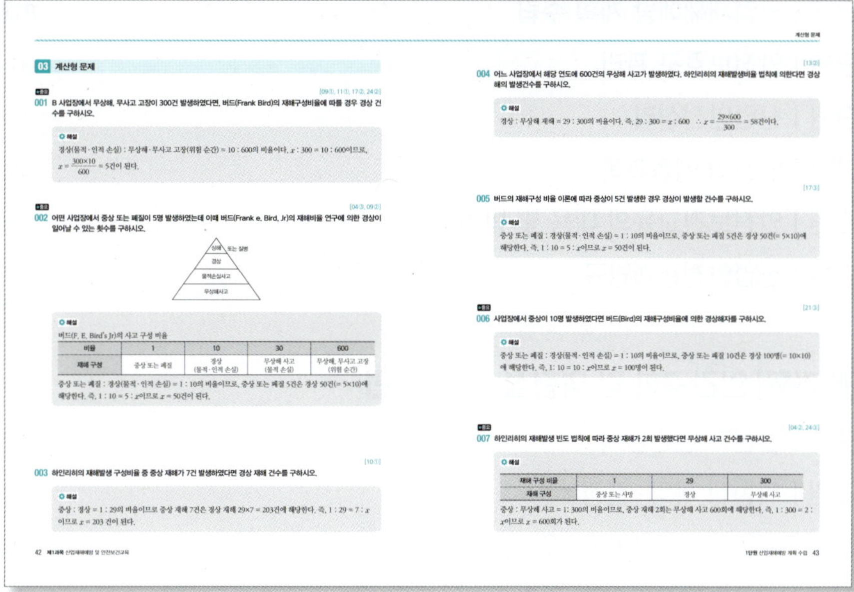

04 해설

진위형 문제에 대한 상세한 해설을 별책으로 구성하여 비교하며 학습할 수 있습니다.

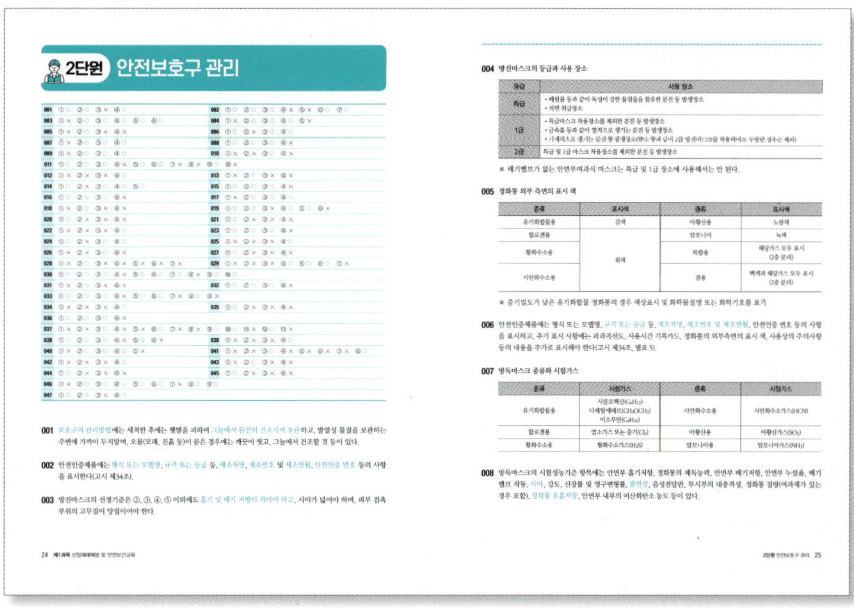

목차

PART2 제1~5과목 진위형 문제 해설

제1과목

산업재해예방 및 안전보건교육

01 진위형 문제

▶ 해설편 4p

※ 다음 문제를 읽고, 옳으면 ○, 틀리면 ✕를 괄호 안에 표기하시오.

[10③, 19②, 23①]

001 안전관리의 근본이념의 목적을 체크하시오.

① 사용자의 수용도 향상 (　)
② 기업의 경제적 손실 예방 (　)
③ 생산성 향상 및 품질 향상 (　)
④ 사회복지의 증진 (　)

[03①]

002 안전관리 계획수립 시 기본계획을 체크하시오.

① 전체사업장 및 직장단위로 구체적으로 계획한다.
(　)
② 계획의 목표는 점진적으로 중간 수준의 것으로 한다. (　)
③ 사후형보다는 사전형의 안전대책을 채택한다.
(　)
④ 여러 개의 안을 만들어 최종안을 채택한다. (　)

★중요　　　[03③, 06①, 08③, 10②, 14②, 16①, 20②, 23①]

003 안전관리에서 PDCA 사이클의 4단계의 명칭과 설명이 옳게 연결됐는지 체크하시오.

① P : Program (　)　② D : Do (　)
③ C : Check (　)　④ A : Action (　)
⑤ P : Plan (　)　⑥ A : Analysis (　)
⑦ C : Control (　)

[04③]

004 운영안전성분석(OSA)은 제품 개발사이클 중 어느 단계에서 실시하는지 체크하시오.

① 구상단계 (　)
② 설계단계 (　)
③ 운영단계 (　)
④ 제조, 조립 및 시험단계 (　)

[05①]

005 안전보건교육의 목적을 체크하시오.

① 환경의 안전화 (　)
② 행동의 안전화 (　)
③ 설비와 물자의 안전화 (　)
④ 생산지연의 안전화 (　)

[09③, 24①]

006 하인리히의 사고연쇄반응이론(도미노이론)에서의 단계가 올바르게 나열됐는지 체크하시오.

① 기본원인 → 통제의 부족 → 직접원인 → 사고 → 상해 (　)
② 통제의 부족 → 기본원인 → 직접원인 → 사고 → 상해 (　)
③ 개인적 결함 → 사회적 환경 및 유전요소 → 불안전한 행동 및 상태 → 사고 → 재해 (　)
④ 사회적 환경 및 유전적 요소 → 개인적 결함 → 불안전한 행동 및 상태 → 사고 → 재해 (　)

[14③]

007 하인리히가 제시한 재해발생의 연쇄성 이론(도미노 이론)에서 3단계에 해당하는 요소로서 사고나 재해 예방에 가장 핵심이 되는 요소를 체크하시오.

① 사고 (　)
② 개인적 결함 (　)
③ 사회적 환경 및 유전적 요소 (　)
④ 불안전한 행동 및 불안전한 상태 (　)

[21③, 25①]

008 하인리히의 도미노 이론에서 재해의 직접원인을 체크하시오.

① 사회적 환경 (　)
② 유전적 요소 (　)
③ 개인적인 결함 (　)
④ 불안전한 행동 및 불안전한 상태 (　)

[03①, 06②, 21①]

009 버드(F. Bird)의 사고 5단계 연쇄성 이론에서 제3단계를 체크하시오.

① 직접원인(징후) (　　)

② 기본원인(원인학) (　　)

③ 통제의 부족(관리 부재) (　　)

④ 사고(접촉) (　　)

[13③, 20①]

010 버드(Frank Bird)의 도미노 이론에서 재해 발생과정 중 가장 먼저 발생하는 요소를 체크하시오.

① 관리의 부족 (　　)

② 전술 및 전략적 에러 (　　)

③ 불안전한 행동 및 상태 (　　)

④ 사회적 환경과 유전적 요소 (　　)

★중요

[08①, 11②, 12③, 17①, 25①]

011 버드(Frank Bird)의 새로운 도미노 이론을 올바르게 나열하였는지 체크하시오.

① 제어의 부족 → 기본 원인 → 직접 원인 → 사고 → 상해 (　　)

② 관리구조 → 작전적 에러 → 전술적 에러 → 사고 → 상해 (　　)

③ 유전과 환경 → 인간의 결함 → 불안전한 행동 및 상태 → 재해 → 상해 (　　)

④ 유전적 요인 및 사회적 환경 → 개인적 결함 → 불안전한 행동 및 상태 → 사고 → 상해 (　　)

★중요

[03①, 06①, 07①, 13①, 18①③]

012 센트루이스 석유회사의 중역인 아담스(Edword Adams)의 사고 연쇄이론의 단계로 옳은지 체크하시오.

① 사회적 환경 및 유전적 요소 → 개인적 결함 → 불안전 행동 및 상태 → 사고 → 상해 (　　)

② 통제의 부족 → 기본원인 → 직접원인 → 사고 → 상해 (　　)

③ 관리구조 결함 → 작전적 에러 → 전술적 에러 → 사고 → 상해 (　　)

④ 안전정책과 결정 → 불안전 행동 및 상태 → 물질 에너지 기준이탈 → 사고 → 상해 (　　)

[12①, 19①]

013 아담스(Adams)의 재해연쇄이론에서 작전적 에러(Operational Error)에 해당하는지 체크하시오.

① 선천적 결함 (　　)

② 불안전한 상태 (　　)

③ 불안전한 행동 (　　)

④ 경영자나 감독자의 행동 (　　)

[09②, 23②]

014 웨버(D.A Weaver)의 새로운 도미노 이론에서 단계가 올바르게 나열됐는지 체크하시오.

① 관리구조 → 작전적 에러 → 전술적 에러 → 사고 → 상해 (　　)

② 유전과 환경 → 인간의 결함 → 불안전한 행동 및 상태 → 재해 → 상해 (　　)

③ 제어의 부족 → 기본원인 → 직접 원인 → 사고 → 상해 (　　)

④ 유전적 요인 및 사회적 환경 → 개인적 결함 → 불안전한 행동 및 상태 → 사고 → 상해 (　　)

[04②, 20③]

015 웨버(D.A.Weaver)의 사고 발생 도미노 이론에서 작전적 에러를 찾아내기 위한 질문의 유형을 체크하시오.

① what (　　)

② why (　　)

③ where (　　)

④ whether (　　)

[17①, 23②]

016 매슬로우의 욕구 5단계 이론 중 2단계를 체크하시오.

① 생리적 욕구 (　　)

② 사회적(애정적) 욕구 (　　)

③ 안전에 대한 욕구 (　　)

④ 존경과 긍지에 대한 욕구 (　　)

017 에너지 저촉형태로 분류한 사고유형 중 에너지가 폭주하여 일어나는 유형을 체크하시오.

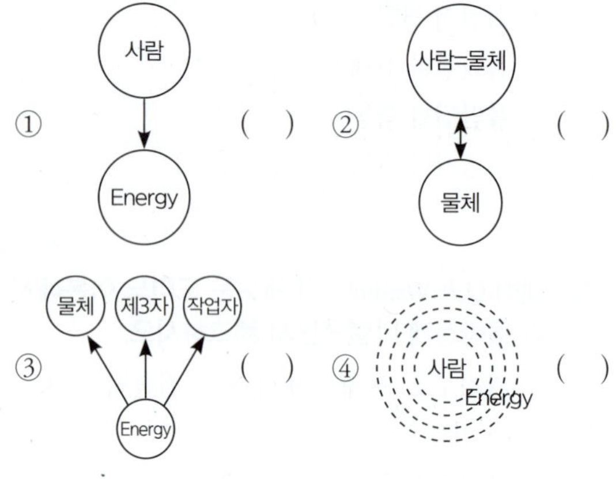

018 산업재해의 발생형태에 따른 분류 중 단순연쇄형을 체크하시오. (단, O는 재해발생의 각종 요소를 나타냄)

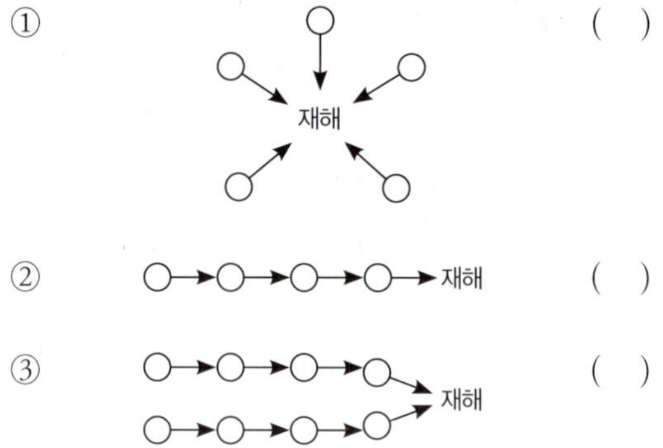

019 산업재해 발생원인은 여러 가지 요소가 복잡하게 얽혀 발생한다. 집중형에 해당하는 것을 체크하시오. (단, O는 재해발생의 각종요소를 나타낸 것임)

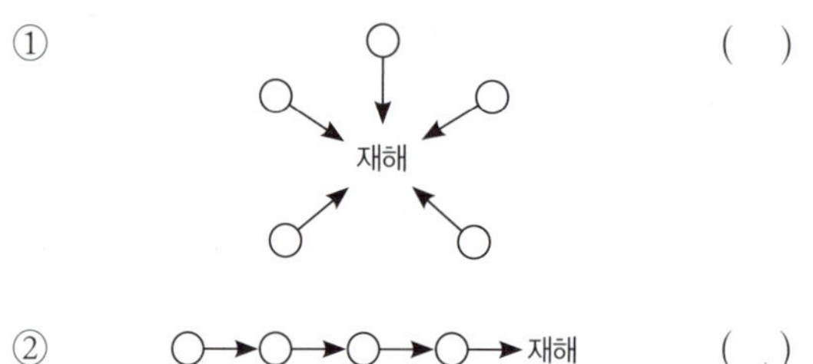

020 재해발생에 관한 각 이론에서 단계가 올바른지 체크하시오.

① Heinrich 이론 : 사회적 환경 및 유전적 요소 → 개인적 결함 → 불안전한 행동 및 불안전한 상태 → 사고 → 재해 ( )

② Bird 이론 : 제어(관리)의 부족 → 기본원인(기원) → 직접원인(징후) → 접촉(사고) → 재해(손실) ( )

③ Adams 이론 : 기초원인 → 작전적 에러 → 전술적 에러 → 사고 → 재해 ( )

④ Weaver 이론 : 유전과 환경 → 인간의 결함 → 불안전한 행동과 상태 → 사고 → 재해(상해) ( )

021 작업현장에서 근로자 개인의 성격에 따라 다소 다르겠지만 일반적으로 근로자가 안전수단을 생략하는 경우를 체크하시오.

① 안전수단의 각각의 비중이 작을 때 ( )

② 작업에 익숙하다고 생각할 때 ( )

③ 작업장의 환경적인 분위기 때문에 ( )

④ 피로하였을 때 ( )

022 인간관계의 메커니즘(mechanism)에서 투사(投射)를 체크하시오.

① 자기 속의 억압된 것을 다른 사람의 것으로 생각하는 것 ( )

② 다른 사람의 행동 양식이나 태도를 투입시키거나 다른 사람 가운데서 자기와 비슷한 것을 발견하는 것 ( )

③ 남의 행동이나 판단을 표본으로 하여 그것과 같거나 또는 그것에 가까운 행동 또는 판단을 취하려는 것 ( )

④ 다른 사람으로부터의 판단이나 행동을 무비판적으로 논리적·사실적 근거없이 받아들이는 것 ( )

023 [03②]
하인리히 사고방지 5단계 중 안전활동방침 및 계획 수립 단계를 체크하시오.

① 안전조직 (　) 　 ② 사실의 발견 (　)
③ 분석 (　) 　 ④ 시정책의 적용 (　)

★중요 [04①, 05③, 08③, 16①]
024 하인리히(H. W. Heinrich)의 재해사고의 5단계 계열에서는 어느 재해사고 요소에 대해서도 선행요인에 의해서 일어나고 사고의 발생은 이들 요인이 겹쳐 연쇄적으로 생긴다. 이러한 5단계에 해당하는 것을 체크하시오.

① 사고 (　) 　 ② 인적결함 (　)
③ 교육부족 (　)
④ 사회적환경 및 유전적 요소 (　)
⑤ 조직 (　) 　 ⑥ 사실의 발견 (　)
⑦ 시정책 선정 (　) 　 ⑧ 교육 및 훈련 (　)
⑨ 개인적 결함 (　) 　 ⑩ 제어의 부족 (　)

[10①, 20①, 24③]
025 하인리히의 사고예방대책 5단계 중 각 단계와 기본원리가 올바르게 연결됐는지 체크하시오.

① 제1단계-안전조직 (　)
② 제2단계-사실의 발견 (　)
③ 제3단계-점검 및 검사 (　)
④ 제4단계-시정 방법의 선정 (　)

[15①, 21②]
026 하인리히의 사고예방대책 기본원리 5단계에서 "시정방법의 선정" 바로 이전 단계에서 행해지는 사항을 체크하시오.

① 분석·평가 (　) 　 ② 사실의 발견 (　)
③ 안전조직 편성 (　) 　 ④ 시정책의 적용 (　)
⑤ 안전관리 조직 (　) 　 ⑥ 현상파악 (　)

[04①, 09③, 16②]
027 3E 대책은 Harvey. J. H가 제창한 것이다. 이는 Heinrich의 사고예방 원리 5단계 중 어느 단계에 해당하는지 체크하시오.

① 조직(Organization) (　)
② 사실의 발견(Fact Finding) (　)
③ 분석 및 평가(Analysis) (　)
④ 시정책의 적용(Adaption of Remedy) (　)

★중요 [04①, 08②, 10③, 11②, 18①, 19②, 25③]
028 사고예방대책의 기본원리 5단계 중 제2단계의 사실의 발견에 관한 사항을 체크하시오.

① 사고조사 (　)
② 사고 및 안전활동기록의 검토 (　)
③ 안전회의 및 토의 (　)
④ 교육과 훈련의 분석 (　)
⑤ 현장조사 (　)
⑥ 작업분석 (　)
⑦ 점검·검사 및 조사 실시 (　)
⑧ 자료 수집 (　)
⑨ 위험 확인 (　)
⑩ 재해조사분석 (　)
⑪ 제도적인 개선안 (　)

★중요 [10②, 16②, 19①, 21③]
029 사고예방대책의 기본원리 5단계 중 3단계의 분석 평가내용에 해당하는 것을 체크하시오.

① 위험 확인 (　)
② 현장 조사 (　)
③ 사고 및 활동 기록 검토 (　)
④ 기술의 개선 및 인사조정 (　)

[04②, 07②, 09①]
030 사고방지의 기본 원리 중 그 시정책을 선정하는 데 필요한 조치 사항을 체크하시오.

① 기술적 개선 (　)
② 사고조사 및 점검 (　)
③ 안전관리 행정 업무의 개선 (　)
④ 기술 교육을 위한 훈련의 개선 (　)

[08②, 09③, 11①, 24②]
031 재해예방의 4원칙에 대한 설명으로 옳은지 체크하시오.

① 사고와 손실의 관계는 필연적인 관계이다. (　)
② 재해는 원칙적으로 원인만 제거되면 예방이 가능하다. (　)
③ 재해 예방을 위한 가능한 대책은 반드시 존재한다. (　)
④ 재해발생에는 반드시 그 원인이 존재한다. (　)
⑤ 재해발생에는 반드시 손실을 수반한다. (　)

032 재해예방을 하는 위험원에 대한 조치 중 강도가 가장 큰 것을 체크하시오.

① 위험원에 대한 격리 (　　)

② 위험원의 제거 (　　)

③ 위험원에 대한 방호조치 (　　)

④ 보호구 착용 (　　)

033 재해예방활동의 3원칙에 해당하는 것을 체크하시오.

① 재해요인의 발견 (　　)

② 재해요인의 제거, 시정 (　　)

③ 재해요인 발생의 예방 (　　)

④ 재해요인 대책의 선정 (　　)

★중요

034 재해예방의 4원칙에 해당하는 것을 체크하시오.

① 예방 가능의 원칙 (　　)

② 원인 계기의 원칙 (　　)

③ 손실 필연의 원칙 (　　)

④ 대책 선정의 원칙 (　　)

⑤ 손실 우연의 원칙 (　　)

⑥ 사고 연쇄의 원칙 (　　)

⑦ 필연 발생의 원칙 (　　)

⑧ 예방 교육의 원칙 (　　)

⑨ 분석방법 선정의 원칙 (　　)

★중요

035 사고예방대책의 기본원리 5단계 시정책의 적용 또는 하베이(Harvery)의 3E에 해당하는 것을 체크하시오.

① 감독(Enforcement) (　　)

② 기술(Engineering) (　　)

③ 비용(Economic) (　　)

④ 교육(Education) (　　)

036 재해방지를 위한 대책 선정 시 안전대책에 해당하는 것을 체크하시오.

① 기술적 대책 (　　)

② 교육적 대책 (　　)

③ 경제적 대책 (　　)

④ 관리적 대책 (　　)

037 안전 대책의 우선 순위를 결정할 때 고려하여야 하는 4가지 기본 사항에 해당하는 것을 체크하시오.

① 목표 달성에 대한 기여도 (　　)

② 대책의 긴급성 (　　)

③ 대책의 난이성 (　　)

④ 대책의 시행에 따르는 경비 (　　)

038 재해예방을 위한 대책을 기술적 대책, 교육적 대책, 관리적 대책으로 구분할 때, 관리적 대책에 해당하는 것을 체크하시오.

① 적합한 기준 설정 (　　)

② 작업공정의 개선 (　　)

③ 점검, 보존의 확립 (　　)

④ 안전교육 실시 (　　)

039 재해 예방을 위한 대책 중 기술적(Engineering) 대책에 해당하는 것을 체크하시오.

① 안전 설계 (　　)

② 점검 보존의 확립 (　　)

③ 환경설비의 개선 (　　)

④ 안전 수칙의 준수 (　　)

040 재해대책 중 사후대책에 해당하는 것을 체크하시오.

① 국한 대책 (　　)

② 예방 대책 (　　)

③ 소화 대책 (　　)

④ 피난 대책 (　　)

★중요

041 사고의 용어 중 "Near accident"의 의미를 체크하시오.

① 인적인 피해만 발생한 사고 (　　)

② 물적인 피해만 발생한 사고 (　　)

③ 인적·물적 피해가 모두 발생한 사고 (　　)

④ 인적·물적 피해가 모두 발생하지 않은 사고 (　　)

[12③]

042 안전과 경영에서 나오는 용어인 리스크(risk)의 의미를 체크하시오.

① 리스크는 위급을 나타내는 용어로서 잠재적인 위험의 표출을 의미한다. ( )

② 리스크는 위험 발생의 급박한 상태가 어떤 조건이 갖춰졌을 때를 의미한다. ( )

③ 리스크는 위험상황이 재해 상황으로 변하는 과정상의 위험분석을 의미한다. ( )

④ 리스크는 재해 발생 가능성과 재해 발생 시 그 결과의 크기의 조합(combination)으로 위험의 크기나 정도를 의미한다. ( )

★중요 [05②, 15②, 18②, 21③]

043 맥그리거의 인간분석이론(인간의 욕구와 동기부여 이론) 중 X이론의 관리처방을 체크하시오.

① 권위주의적 리더십의 확립 ( )

② 자체평가 제도의 활성화 ( )

③ 분권화와 권한 위임 ( )

④ 조직구조의 평면화 ( )

[13②, 24③]

044 산업재해 발생 시 업무상의 재해로 인정되는 것을 체크하시오.

① 업무상 부상이 원인이 되어 발생한 질병 ( )

② 근로자의 고의·자해 행위 또는 그것이 원인이 되어 발생한 부상 ( )

③ 근로자가 근로계약에 따른 업무나 그에 따르는 행위를 하던 중 발생한 사고 ( )

④ 사업주가 제공한 시설물 등을 이용하던 중 그 시설물 등의 결함이나 관리소홀로 발생한 사고 ( )

[03③, 12②]

045 안전사고와 생산공정과의 관계를 적절히 표현한 설명에 해당하는지 체크하시오.

① 안전사고란 생산공정과는 별개의 사건이다. ( )

② 안전사고는 생산공정에 별 영향을 주지 않는다. ( )

③ 안전사고는 생산공정이 잘못되었다는 것을 입증하는 것이다. ( )

④ 안전사고란 생산공정이 잘못되었다는 것을 암시하는 잠재적 정보지표이다. ( )

[15①, 23①]

046 일반적인 재해조사 항목을 체크하시오.

① 사고의 형태 ( )

② 피해자 가족사항 ( )

③ 기인물 및 가해물 ( )

④ 불안전한 행동 및 상태 ( )

[03①, 13②, 20①, 23①]

047 재해조사의 주된 목적을 체크하시오.

① 직접원인을 색출하기 위함 ( )

② 동종재해 유사재해 재발방지 ( )

③ 산업재해 기초원인을 찾기 위함 ( )

④ 안전관리 계획을 수립하기 위함 ( )

⑤ 직접적인 원인을 조사하기 위함 ( )

⑥ 동일 업종의 산업재해 통계를 조사하기 위함 ( )

⑦ 동종 또는 유사재해의 재발을 방지하기 위함 ( )

⑧ 해당 사업장의 안전관리 계획을 수립하기 위함 ( )

⑨ 책임 소재를 명확히 하기 위함 ( )

[05①, 10②, 17③]

048 재해 사례 연구의 주된 목적을 체크하시오.

① 재해요인을 체계적으로 규명하여 이에 대한 대책을 세우기 위해서 ( )

② 재해요인을 조사하여 책임 소재를 명확히 하기 위해서 ( )

③ 재해 방지의 원칙을 습득해서 이것을 일상 안전보건 활동에 실천하기 위해서 ( )

④ 참가자의 안전보건활동에 관한 견해나 생각을 깊게 하고, 태도를 바꾸게 하기 위해서 ( )

[11③]

049 재해발생 시 가장 먼저 조치하여야 할 사항을 체크하시오.

① 사상자 통보 ( )

② 재해자의 응급조치 ( )

③ 목격자 확보 ( )

④ 원인조사 및 대책강구 ( )

050 재해 발생 시 조치순서를 올바르게 나열했는지 체크하시오.

① 산업재해 발생 → 재해조사 → 긴급처리 → 대책수립 → 원인강구 → 대책실시계획 → 실시 → 평가 (　)

② 산업재해 발생 → 긴급처리 → 재해조사 → 원인강구 → 대책수립 → 대책실시계획 → 실시 → 평가 (　)

③ 산업재해 발생 → 재해조사 → 긴급처리 → 원인강구 → 대책수립 → 대책실시계획 → 실시 → 평가 (　)

④ 산업재해 발생 → 긴급처리 → 재해조사 → 대책수립 → 원인강구 → 대책실시계획 → 실시 → 평가 (　)

[06③, 09①, 10③, 11①②, 12②, 13①, 14②③, 18②, 19②, 21①, 22①]

★중요
051 재해조사 시 유의사항을 체크하시오.

① 재해발생 후 현장보존에 유의하면서 물적증거를 수집한다. (　)

② 과거의 사고 경향, 사례 조사기록 등은 편견을 제거하기 위해 배제한다. (　)

③ 조사는 신속히 행하고 긴급조치하여 2차 재해의 방지를 도모한다. (　)

④ 재해장소에 들어갈 때에는 예방과 유해성에 대응하여 해당하는 보호구를 반드시 착용한다. (　)

⑤ 피해자에 대한 구급 조치를 우선으로 한다. (　)

⑥ 재해조사 시 2차 재해예방과 위험성에 대한 보호구를 착용한다. (　)

⑦ 재해조사는 재해자의 치료가 끝난 뒤 실시한다. (　)

⑧ 책임추궁보다는 재발방지를 우선하는 기본태도를 가진다. (　)

⑨ 목격자의 기억보존을 위하여 조사는 담당자 단독으로 신속하게 실시한다. (　)

⑩ 인적, 물적 양면의 재해요인을 모두 도출한다. (　)

⑪ 목격자 등이 증언하는 사실 이외의 추측의 말은 참고만 한다. (　)

⑫ 사람과 설비의 양면의 재해요인을 모두 도출한다. (　)

⑬ 조사는 현장이 변경되기 전에 실시한다. (　)

⑭ 조사는 혼란을 방지하기 위하여 단독으로 실시하며, 주관적 판단을 반영하여 신속하게 한다. (　)

⑮ 사실을 수집한다. (　)

⑯ 타인의 의견은 혼란을 초래함으로 조사는 1인으로 한다. (　)

⑰ 재발방지 목적보다 책임소재 파악을 우선으로 하는 기본적 태도를 갖는다. (　)

⑱ 목격자 등이 증언하는 사실 이외의 추측하는 말도 신뢰성 있게 받아들인다. (　)

⑲ 조사자의 전문성을 고려하여 단독으로 조사하며, 사고 정황을 주관적으로 추정한다. (　)

⑳ 사람, 기계설비 재해요인 중 물적 재해요인을 먼저 도출한다. (　)

[15③, 20②]
052 산업현장에서 산업재해가 발생하였을 때의 조치사항의 순서를 올바르게 나열했는지 체크하시오.

㉠ 현장 보존	㉡ 피해자 구조
㉢ 2차 재해방지	㉣ 피재 기계의 정지
㉤ 관계자에게 통보	㉥ 피해자의 응급 조치

① ㉡ → ㉢ → ㉤ → ㉣ → ㉥ → ㉠ (　)

② ㉣ → ㉡ → ㉥ → ㉤ → ㉢ → ㉠ (　)

③ ㉣ → ㉤ → ㉢ → ㉡ → ㉥ → ㉠ (　)

④ ㉤ → ㉢ → ㉣ → ㉡ → ㉥ → ㉠ (　)

[10①, 12③, 21③, 25①]
053 산업재해 발생 시 조치 순서 중 긴급처리의 내용에 해당하는 것을 체크하시오.

① 관련 기계의 정지 (　)

② 재해자의 응급조치 (　)

③ 현장 보존 (　)

④ 잠재위험요인 적출 (　)

[16①]
054 재해조사 발생 시 정확한 사고원인 파악을 위해 재해조사를 직접 실시하는 자를 체크하시오.

① 사업주 (　)　　② 현장관리감독자 (　)

③ 안전관리자 (　)　　④ 노동조합 간부 (　)

055 [05①, 11③]
재해의 발생 원인에 있어 인적 원인을 체크하시오.
① 작업자와의 연락이 불충분하였다. (   )
② 방호설비에 결함이 있었다. (   )
③ 작업장의 조명이 부적절하였다. (   )
④ 작업장 주위가 정리정돈 되어 있지 않았다. (   )
⑤ 전기절연이 불량하였다. (   )
⑥ 자물쇠가 불비상태이다. (   )

★중요 [05②, 08①, 10②, 14①, 15②, 19②, 22②, 25①]
056 불안전한 상태(물적 원인)에 해당하는 것을 체크하시오.
① 위험장소 접근 (   )　② 작업환경의 결함 (   )
③ 방호장치의 결함 (   )　④ 물적 자체의 결함 (   )
⑤ 생산라인의 결함 (   )
⑥ 안전장치의 기능제거 (   )
⑦ 생산공정의 결함 (   )　⑧ 설비와 결함 (   )
⑨ 불량한 정리정돈 (   )　⑩ 불안전한 운반 (   )
⑪ 주변 환경의 미정리 (   )
⑫ 보호구 미착용 (   )　　⑬ 조명 및 환기불량 (   )

057 [05①]
인간 중에서는 재해를 일으키기 쉬운 성격을 가진 사람과 그렇지 않는 사람이 있다. 이것은 어디까지나 개인의 성격차인 것이지만 무모, 격한 기질, 신경질, 흥분성, 안전작업에 대한 소홀이나 무시 등은 성격적으로 재해 발생에 아주 밀접한 관계를 가진다는 의미와 관련 있는 것을 체크하시오.
① 사회적, 환경적인 결함 (   )
② 제도적인 법제상의 결함 (   )
③ 불안전 행동상의 결함 (   )
④ 개인적인 성격상의 결함 (   )

058 [04①, 23②]
Heinrich의 사고원인의 분류에서 부원인(Subcause)으로 분류한 것을 체크하시오.
① guard의 미비 (   )　② 위험한 배열 (   )
③ 불안전한 공정 (   )　④ 이기적인 불협조 (   )

059 [05②, 14②, 15②]
버드(Bird)가 발표한 새로운 사고연쇄예방이론에서 사건을 방지하기 위해 제기한 직전의 사상에 해당하는 것을 체크하시오.
① 기준 이하의 행동(substandard acts) 및 기준 이하의 조건(substandard conditions) (   )
② 기준 이하의 행동(substandard acts) 및 작업 요소(job factor) (   )
③ 사람 관련 요소(persnal factor) 및 작업 관련 요소(job factor) (   )
④ 사람 관련 요소(persnal factor) 및 기준 이하의 조건(substandard conditions) (   )

★중요 [03②, 05①②, 15②]
060 안전진단에 있어서 작업위험 분석방법에 해당하는 것을 체크하시오.
① 관찰(시찰)방식 (   )　② 면접방식 (   )
③ 시범방식 (   )　　　④ 혼합방식 (   )
⑤ 질문방식 (   )

061 [03③, 23②]
작업 위험 분석 시 유의해야 할 사항을 체크하시오.
① 인간관계 (   )
② 작업환경 조건 (   )
③ 육체적 요구 조건 (   )
④ 새로운 작업 방법의 표준화 (   )

062 [03③]
산업재해를 분석할 때의 기본사항을 체크하시오.
① 가해물 (   )　　　　② 기인물 (   )
③ 재해형태 (   )　　　④ 환경요인 (   )

★중요 [08③, 12③, 17①, 18①, 24②]
063 재해발생의 주요 원인에 있어 불안전한 행동에 해당하는 것을 체크하시오.
① 불안전한 속도 조작 (   )
② 안전장치 기능 제거 (   )
③ 보호구 미착용 후 작업 (   )
④ 결함 있는 기계설비 및 장비 (   )
⑤ 권한 없이 행한 조작 (   )
⑥ 숙련도 부족 (   )
⑦ 위험한 장소에 접근함 (   )
⑧ 불안전한 조작을 함 (   )
⑨ 생산공정에 결함이 존재함 (   )

064 재해발생의 원인 중 간접 원인을 체크하시오.

① 기술적 원인 (　　)　② 불안전한 상태 (　　)

③ 관리적인 원인 (　　)　④ 교육적 원인 (　　)

065 재해원인의 연쇄관계 중 기초원인을 체크하시오.

① 기술적 원인 (　　)　　② 신체적 원인 (　　)

③ 정신적 원인 (　　)　　④ 학교 교육적 원인 (　　)

⑤ 불안전한 상태 (　　)　⑥ 관리적 원인 (　　)

⑦ 불안전한 행동 (　　)

066 재해발생의 간접 원인 중 2차 원인을 체크하시오.

① 안전 교육적 원인 (　　)② 신체적 원인 (　　)

③ 학교 교육적 원인 (　　)④ 정신적 원인 (　　)

067 산업안전보건법령상 재해발생 원인 중 설비적 요인을 체크하시오.

① 기계·설비의 설계상 결함 (　　)

② 방호장치의 불량 (　　)

③ 작업표준화의 부족 (　　)

④ 작업환경 조건의 불량 (　　)

068 재해발생의 간접원인 중 교육적 원인을 체크하시오.

① 안전수칙의 오해 (　　)

② 경험훈련의 미숙 (　　)

③ 안전지식의 부족 (　　)

④ 작업지시 부적당 (　　)

069 재해발생원인의 연쇄관계상 재해의 발생원인을 관리적인 면에서 분류한 것을 체크하시오.

① 인적 원인 (　　)　　② 기술적 원인 (　　)

③ 교육적 원인 (　　)　　④ 작업관리상 원인 (　　)

070 재해발생 원인 중 기술적 원인을 체크하시오.

① 구조·재료의 부적합 (　　)

② 안전수칙의 오해 (　　)

③ 생산공정의 부적당 (　　)

④ 점검, 정비, 보존 불량 (　　)

⑤ 건물, 기계장치 설계 불량 (　　)

⑥ 경험 및 훈련의 미숙 (　　)

⑦ 안전장치의 기능제거 (　　)

071 산업재해의 원인 중 간접적 원인을 체크하시오.

① 기술적 원인 (　　)

② 물적 원인 (　　)

③ 정신적 원인 (　　)

④ 교육적 원인 (　　)

⑤ 스트레스 (　　)

⑥ 안전수칙의 오해 (　　)

⑦ 작업준비 불충분 (　　)

⑧ 안전방호장치 결함 (　　)

⑨ 관리적 원인 (　　)

⑩ 사회적 원인 (　　)

★중요

072 재해사례연구의 진행단계를 올바르게 나열했는지 체크하시오.

① 재해 상황의 파악 → 사실의 확인 → 문제점의 발견 → 문제점의 결정 → 대책의 수립 (　　)

② 사실의 확인 → 재해 상황의 파악 → 문제점의 발견 → 문제점의 결정 → 대책의 수립 (　　)

③ 문제점의 발견 → 재해 상황의 파악 → 사실의 확인 → 문제점의 결정 → 대책의 수립 (　　)

④ 문제점의 결정 → 재해 상황의 파악 → 사실의 확인 → 문제점의 발견 → 대책의 수립 (　　)

073 재해사례연구의 진행단계 중 파악된 사실로부터 판단하여 각종 기준과의 차이 또는 문제점을 발견하는 단계를 체크하시오.

① 1단계 : 사실의 확인 (　　)

② 2단계 : 직접원인과 문제점의 확인 (　　)

③ 3단계 : 기본원인과 근본적 문제의 결정 (　　)

④ 4단계 : 대책의 수립 (　　)

★중요 [04③, 09①, 13①, 15③]

074 재해 사례의 연구의 진행단계에 있어 제3단계인 근본적 문제점의 결정에 관한 사항을 체크하시오.

① 사례 연구의 전제조건으로서 발생일시 및 장소 등 재해 상황의 주된 항목에 관해서 파악한다. (　)

② 파악된 사실로부터 판단하여 관계법규, 사내규정 등을 적용하여 문제점을 발견한다. (　)

③ 재해가 발생할 때까지의 경과 중 재해와 관계가 있는 사실 및 재해요인으로 알려진 사실을 객관적으로 확인한다. (　)

④ 재해의 중심이 된 문제점에 관하여 어떤 관리적 책임의 결함이 있는지를 12가지 안전보건의 키(key)에 대하여 분석한다. (　)

[13③]

075 재해사례 연구 시 파악해야 할 내용을 체크하시오.

① 상해의 종류 (　)　　② 손실금액 (　)
③ 재해의 발생형태 (　)　④ 재해자의 동료 수 (　)

[19①, 24②]

076 재해사례연구를 할 때 유의해야 될 사항을 체크하시오.

① 과학적이어야 한다. (　)
② 논리적인 분석이 가능해야 한다. (　)
③ 주관적이고 정확성이 있어야 한다. (　)
④ 신뢰성이 있는 자료수집이 있어야 한다. (　)

[09③, 14①]

077 재해사례연구에 대한 내용에 해당하는 것을 체크하시오.

① 신뢰성 있는 자료수집이 있어야 한다. (　)
② 현장 사실을 분석하여 논리적이어야 한다. (　)
③ 재해사례연구의 기준으로는 법규, 사내규정, 작업 표준 등이 있다. (　)
④ 안전관리자의 주관적 판단을 기반으로 현장조사 및 대책을 설정한다. (　)

[03②, 16①]

078 재해 사례 연구법(Accident Analysis and control Method)에서 활용하는 안전관리 열쇠 중 작업에 관계되는 것을 체크하시오.

① 적성배치 (　)　　　② 작업순서 (　)

③ 이상 시 조치 (　)　　④ 작업방법 개선 (　)

[03②, 07①, 25②]

079 기회설과 관계되는 재해누발 소질자에 해당하는 것을 체크하시오.

① 소질성 누발자 (　)　② 습관성 누발자 (　)
③ 미숙성 누발자 (　)　④ 상황성 누발자 (　)

[14①]

080 사고 조사의 본질적 특성을 체크하시오.

① 사고의 공간성 (　)
② 우연중의 법칙성 (　)
③ 필연중의 우연성 (　)
④ 사고의 재현불가능성 (　)

★중요 [07②, 09②, 13③, 22①]

081 다음과 같은 재해에 대한 원인분석 시 "사고유형–기인물–가해물"을 올바르게 나열하였는지 체크하시오.

> 공구와 자재가 바닥에 어지럽게 널려 있는 작업 통로를 작업자가 보행 중 공구에 걸려 넘어져 통로 바닥에 머리를 부딪쳤다.

① 전도(넘어짐) – 바닥 – 공구 (　)
② 낙하(맞음) – 통로 – 바닥 (　)
③ 전도(넘어짐) – 공구 – 바닥 (　)
④ 충돌(부딪힘) – 바닥 – 공구 (　)

[12①, 16③, 19③]

082 다음과 같은 재해 사례의 분석 내용으로 올바른지 체크하시오.

> 작업자가 벽돌을 손으로 운반하던 중 떨어뜨려 벽돌이 발등에 부딪쳐 발을 다쳤다.

① 사고유형 : 낙하(맞음), 기인물 : 벽돌, 가해물 : 벽돌 (　)
② 사고유형 : 충돌(부딪힘), 기인물 : 손, 가해물 : 벽돌 (　)
③ 사고유형 : 비래(맞음), 기인물 : 사람, 가해물 : 벽돌 (　)
④ 사고유형 : 추락, 기인물 : 손, 가해물 : 벽돌 (　)

083 근로자가 벽돌을 손수레에 운반하던 중 벽돌이 떨어져 발을 다쳤다. 이 때 기인물과 가해물에 해당하는 것이 올바른지 체크하시오.

① 기인물 – 손수레, 가해물 – 손수레 (　)

② 기인물 – 손수레, 가해물 – 벽돌 (　)

③ 기인물 – 벽돌, 가해물 – 벽돌 (　)

④ 기인물 – 벽돌, 가해물 – 손수레 (　)

084 다음과 같은 재해가 발생하였을 경우 재해의 원인분석으로 옳은지 체크하시오.

> 건설현장에서 근로자가 비계에서 마감 작업을 하던 중 바닥으로 떨어져 머리가 바닥에 부딪혀 사망하였다.

① 기인물 : 비계, 가해물 : 마감작업, 사고유형 : 낙하(맞음) (　)

② 기인물 : 바닥, 가해물 : 비계, 사고유형 : 추락 (　)

③ 기인물 : 비계, 가해물 : 바닥, 사고유형 : 낙하(맞음) (　)

④ 기인물 : 비계, 가해물 : 바닥, 사고유형 : 추락 (　)

085 다음의 재해사례에서 기인물과 가해물을 올바르게 나열했는지 체크하시오.

> 작업자가 작업장을 걸어가던 중 작업장 바닥에 쌓여있던 자재에 걸려 넘어지면서 바닥에 머리를 부딪혀 사망하였다.

① 기인물 : 자재, 가해물 : 바닥 (　)

② 기인물 : 자재, 가해물 : 자재 (　)

③ 기인물 : 바닥, 가해물 : 바닥 (　)

④ 기인물 : 바닥, 가해물 : 자재 (　)

★중요　

086 다음과 같은 재해의 원인분석을 올바르게 나열했는지 체크하시오.

> 근로자가 운반 작업을 하던 도중에 2층 계단에서 미끄러져 계단을 굴러 떨어져서 바닥에 머리를 다쳤다.

① 가해물 : 계단, 기인물 : 바닥, 재해형태 : 추락 (　)

② 가해물 : 바닥, 기인물 : 계단, 재해형태 : 낙하(맞음) (　)

③ 가해물 : 짐, 기인물 : 계단, 재해형태 : 비래(맞음) (　)

④ 가해물 : 바닥, 기인물 : 계단, 재해형태 : 전도·전락 (　)

087 근로자가 25kg의 제품을 운반하던 중에 발에 떨어져 신체 장해등급 14등급의 재해를 당하였다. 재해의 발생 형태, 기인물, 가해물을 올바르게 나열했는지 체크하시오.

① 기인물 : 발, 가해물 : 제품, 재해발생형태 : 낙하(맞음) (　)

② 기인물 : 발, 가해물 : 발, 재해발생형태 : 추락 (　)

③ 기인물 : 제품, 가해물 : 제품, 재해발생형태 : 낙하(맞음) (　)

④ 기인물 : 제품, 가해물 : 발, 재해발생형태 : 낙하(맞음) (　)

088 작업자가 불안전한 작업대에서 작업 중 추락하여 지면에 머리가 부딪혀 다친 경우의 기인물과 가해물을 올바르게 나열했는지 체크하시오.

① 기인물 – 지면, 가해물 – 작업대 (　)

② 기인물 – 지면, 가해물 – 지면 (　)

③ 기인물 – 작업대, 가해물 – 작업대 (　)

④ 기인물 – 작업대, 가해물 – 지면 (　)

089 작업자가 무심코 걷다가 크레인의 매단짐에 정통으로 부딪쳐 사망하였다. 이 때의 기인물과 가해물, 사고 발생 형태를 올바르게 나열했는지 체크하시오.

① 기인물 : 매단짐, 가해물 : 크레인, 사고발생형태 : 비래(맞음) (　)

② 기인물 : 크레인, 가해물 : 매단짐, 사고발생형태 : 충돌(부딪힘) (　)

③ 기인물 : 매단짐, 가해물 : 크레인, 사고발생형태 : 전도(넘어짐) (　)

④ 기인물 : 매단짐, 가해물 : 매단짐, 사고발생형태 : 낙하(맞음) (　)

[06③, 12②]

090 사고 유형 중에서 사람의 동작에 의한 유형을 체크하시오.

① 추락 (   )　　② 전도(넘어짐) (   )

③ 비래(맞음) (   )　　④ 충돌(부딪힘) (   )

[04③, 07①, 16②]

091 작업으로 인하여 물체가 떨어지거나 날아올 위험이 있는 경우에 사업주의 일반적인 조치사항을 체크하시오.

① 격벽설치 (   )

② 출입금지구역의 설정 (   )

③ 방호선반의 설치 (   )

④ 낙하물 방지망 설치 (   )

[09③, 25③]

092 2가지 이상의 재해발생형태가 연쇄적으로 발생된 경우의 발생형태를 분류한 내용이 올바른지 체크하시오.

① 재해자가 구조물 상부에서 전도(넘어짐)로 인하여 추락되어 두개골 골절이 발생한 경우에는 전도(넘어짐)로 분류한다. (   )

② 재해자가 전도(넘어짐)로 인하여 기계의 동력전달부위 등에 협착되어 신체부위가 절단된 경우에는 협착(끼임)으로 분류한다. (   )

③ 재해자가 전도(넘어짐) 또는 추락(떨어짐)으로 물에 빠져 익사한 경우에는 전도 또는 추락으로 분류한다. (   )

④ 재해자가 전주에서 작업 중 전류접촉으로 추락한 경우 상해결과가 골절인 경우에는 전류접촉으로 분류한다. (   )

[05①]

093 경험연수가 10년 내외의 경험자에게 중상재해가 많은 이유를 체크하시오.

① 위험의 정도가 높은 업무를 담당하므로 (   )

② 작업에 자신의 과잉으로 안전수단을 생략하고 있기 때문에 (   )

③ 고령이 되어 위험에 대비하는 능력이 감퇴되었는데도 그에 대한 자각이 없기 때문 (   )

④ 작업에 대한 집중도나 열의가 떨어지기 때문 (   )

[05②, 15②]

094 공정위험성평가서는 공정의 특성 등을 고려하여 여러 위험성 평가기법 중 한 가지 이상을 선정하여 위험성 평가를 실시한 후 그 결과에 따라 작성해야 하는데, 위험성 평가기법에 해당하는 것을 체크하시오.

① 작업자 실수분석(HEA) (   )

② TWI(Training Within Industry) (   )

③ 사고예방질문분석(what-if) (   )

④ 사건수분석(ETA) (   )

[03②, 24③]

095 건설공사에서 사고 예방을 위한 사고발생 위험성의 사전 예측이 어려운 이유와 관련된 건설업의 안전상 특성을 체크하시오.

① 작업환경의 특수성 (   )

② 작업자의 안전의식 부족 (   )

③ 고용의 불안정과 작업자의 유동성 (   )

④ 무리한 공사기간 및 공사가격, 여건 등이 포함된 공사 계약의 편무성 (   )

★중요　　[04③, 09③, 10③, 11②, 15①, 17①, 19①, 21①]

096 재해손실 산정 방법 중 하인리히 방식에 있어 직접비의 종류를 체크하시오.

① 장해급여 (   )

② 직업재활급여 (   )

③ 간병급여 (   )

④ 신규채용 교육훈련비 (   )

⑤ 각종 보상금(휴업 보상비) (   )

⑥ 요양 보상비 (   )

⑦ 장의비 (   )

⑧ 영업손실비 (   )

⑨ 근로하지 못한 부동시간 보상 (   )

⑩ 연체료 지불 (   )

⑪ 상병보상연금 (   )

⑫ 설비손실 보상급여 (   )

⑬ 매출손실 보상급여 (   )

⑭ 신규채용 지원급여 (   )

⑮ 휴업급여 (   )

⑯ 생산중단손실비용 (   )

097 시몬즈의 재해코스트 산정방법 중 비보험 코스트에 해당하는 것을 체크하시오.

① 회사가 부담해야 되는 의료비 및 휴업수당 (　)
② 작업중지로 인한 임금 코스트 (　)
③ 재해로 인한 보상금 (　)
④ 신규 근로자의 교육훈련 코스트 (　)

098 Simonds의 재해 Cost 산출공식에서 A의 의미를 체크하시오.

> 총 재해 cost = 산재보험 보상비+(A×휴업상해건수)+(B×통원상해건수)+(C×응급조치건수)+(D×무상해건수)

① 휴업상해 건수에 대한 직접 손실비 (　)
② 휴업상해 건수에 대한 간접 손실비 (　)
③ 휴업상해 건수에 대한 비보험 코스트의 평균치 (　)
④ 휴업상해 건수에 대한 비보험 코스트의 최고 액수 (　)

★중요　[10①, 11①, 14③, 16①③, 18①, 20①②, 22①, 25②]

099 시몬즈(Simonds)의 재해 코스트 계산방식에 있어 비보험 코스트 항목을 체크하시오.

① 사망재해 건수 (　)
② 통원상해 건수 (　)
③ 응급조치 건수 (　)
④ 무상해 사고 건수 (　)
⑤ 휴업상해 건수 (　)
⑥ 무손실사고 건수 (　)

★중요　[03①③, 06①②③, 12②③, 13①③, 17②③, 21②]

100 하인리히의 재해비용 산출 방법에 있어서 간접 손실비의 종류를 체크하시오.

① 부상자의 시간손실 (　)
② 신규직원 섭외비용 (　)
③ 재해로 인한 본인의 시간손실비용 (　)
④ 시설복구로 소비된 재산손실비용 (　)
⑤ 기계·재료 등의 파손에 따른 재산 손실비용 (　)
⑥ 입원중의 잡비 (　)
⑦ 작업대기로 인한 손실시간임금 (　)
⑧ 동력, 연료류의 손실 (　)

⑨ 관리감독자가 재해의 원인조사를 하는 데 따른 시간 손실 (　)
⑩ 근로자와의 제3자에게 신체적 상해를 입혔을 때의 손실 (　)
⑪ 기계, 공구, 재료 그밖의 재산손실 (　)
⑫ 사망 시 장의비용 (　)
⑬ 요양급여 (　)
⑭ 시설복구비 (　)
⑮ 교육훈련비 (　)
⑯ 생산손실비 (　)
⑰ 유족에게 지불된 보상비용 (　)
⑱ 시설의 복구에 소비된 시간 손실비용 (　)
⑲ 사기·의욕 저하로 인한 생산 손실비용 (　)
⑳ 휴업중의 손실시간 손비 (　)
㉑ 장의비 (　)
㉒ 장해보상비 (　)
㉓ 유족보상비 (　)
㉔ 시설물자 및 시간 손실 (　)
㉕ 직업재활급여 (　)
㉖ 상병(傷病)보상연금 (　)
㉗ 신규인력 채용부담금 (　)

101 재해 코스트 계산방식 중 시몬즈법을 사용할 경우에 비보험 코스트 항목을 체크하시오. (단, A, B, C, D는 장해 정도별 비보험 코스트의 평균치)

① A×휴업상해건수 (　)
② B×통원상해건수 (　)
③ C×응급조치건수 (　)
④ D×중상해건수 (　)

★중요　[13②, 14①, 16②, 19②③, 24②]

102 재해손실비 평가방식 중 시몬즈(Simonds)의 방식에서 재해의 종류에 관한 설명으로 옳은지 체크하시오.

① 무상해사고는 의료조치를 필요로 하지 않은 상해사고를 말한다. (　)
② 휴업상해는 영구 일부 노동불능 및 일시 전노동불능 상해를 말한다. (　)
③ 응급조치상해는 응급조치 또는 8시간 이상의 휴업의료 조치 상해를 말한다. (　)

④ 통원상해는 일시 일부 노동불능 및 의사의 통원 조치를 요하는 상해를 말한다. (　　)

[05②, 15②]

103 재해코스트에 대한 설명으로 옳은지 체크하시오.

① 재해코스트는 직접비와 간접비의 합이다. (　　)
② 재해 코스트에 있어서 직접비는 간접비보다 크다. (　　)
③ 임금손실은 간접비에 해당한다. (　　)
④ 정확한 간접비의 계산은 힘들다. (　　)

[21③, 23②]

104 산업재해보상보험법령상 명시된 보험급여의 종류를 체크하시오.

① 장례비 (　　)
② 요양급여 (　　)
③ 휴업급여 (　　)
④ 생산손실급여 (　　)

[22②]

105 산업재해보상시험법령상 보험급여의 종류에 해당하는 것을 모두 고른 것인지 체크하시오.

ㄱ. 장례비	ㄴ. 요양급여
ㄷ. 간병급여	ㄹ. 영업손실비용
ㅁ. 직업재활급여	

① ㄱ, ㄴ, ㄹ (　　)　　② ㄱ, ㄴ, ㄷ, ㅁ (　　)
③ ㄱ, ㄷ, ㄹ, ㅁ (　　)　　④ ㄴ, ㄷ, ㄹ, ㅁ (　　)

[08③, 25①]

106 Bird의 재해구성비율 "1 : 10 : 30 : 600"에서 "30"이 나타내는 내용을 체크하시오.

① 상해도 손해도 없는 사고 (　　)
② 물적 손해만 발생한 사고 (　　)
③ 물적, 인적 손해가 발생한 사고 (　　)
④ 인적 상해만 발생한 사고 (　　)

[07①]

107 재해의 통계적 원인분석 시 사용되는 기법을 체크하시오.

① 파레토도(Pareto Diagram) (　　)
② 특성요인도(Characteristic Diagram) (　　)
③ 관리도(Control Chart) (　　)
④ FMEA(Failure Mode & Effect Analysis) (　　)

[11③, 24①]

108 안전활동율에 관한 설명에 해당하는지 체크하시오.

① 일정기간 동안에 안전활동상태를 나타낸 것이다. (　　)
② 안전관리활동의 결과를 정략적으로 판단하는 기준이다. (　　)
③ 안전활동건수를 평균근로자수의 총근로시간수로 나눈 비율에 10^3을 곱한 값이다. (　　)
④ 안전활동건수에는 안전개선 권고수, 불안전한 행동 적발수, 안전화의 건수, 안전홍보건수 등이 포함된다. (　　)

[03②]

109 안전관리 활동의 결과를 정량적으로 표시하는 안전활동율의 공식이 옳은지 체크하시오.

① 안전활동율
$$= \frac{\text{안전활동건수} \times 1,000}{(\text{근로시간수} \times \text{평균근로자수}) \times 1,000}\ (　　)$$
② 안전활동율
$$= \frac{\text{안전활동건수}}{\text{근로시간수} \times \text{평균근로자수}} \times 10^6\ (　　)$$
③ 안전활동율 $= \dfrac{\text{안전활동건수}}{\text{연 근로시간수}} \times 10^3\ (　　)$
④ 안전활동율 $= \dfrac{\text{안전활동건수}}{\text{연 근로시간수}} \times 10^6\ (　　)$

[05③, 09②]

110 건설업체 산업재해발생률 산정기준에서 환산재해율 공식이 옳은지 체크하시오.

① 환산재해율
$$= \frac{\text{안전활동건수}}{(\text{근로시간수} \times \text{평균근로자수})} \times 100\ (　　)$$
② 환산재해율 $= \dfrac{\text{환산재해자수}}{\text{상시근로자수}} \times 100\ (　　)$
③ 환산재해율 $= \dfrac{\text{환산재해자수}}{\text{연 근로시간수}} \times 100\ (　　)$
④ 환산재해율 $= \dfrac{\text{안전활동지수}}{\text{연 근로시간수}} \times 100\ (　　)$

111 강도율에 대한 설명이 올바른지 체크하시오.

① 재해 발생의 경중을 나타내는 척도로서, 연간 총 작업자 1,000명당 재해발생으로 인하여 발생한 근로손실일수를 말한다. ( )

② 재해의 강도를 나타내는 척도로서, 연간 총 작업자 100명당 재해 발생으로 인하여 발생한 근로손실일수를 말한다. ( )

③ 재해의 경중을 나타내는 척도로서, 연간 총 근로시간 1,000시간당 재해발생에 의해서 잃어버린 근로손실일수를 말한다. ( )

④ 재해의 경중을 나타내는 척도로서, 연간 총 근로시간 100만 시간당 재해발생에 의해서 잃어버린 근로손실일수를 말한다. ( )

112 강도율의 계산식으로 올바른지 체크하시오.

① 강도율 $= \dfrac{\text{재해발생건수}}{\text{연 총근로시간수}} \times 10^6$ ( )

② 강도율 $= \dfrac{\text{총 근로손실일수}}{\text{연 총근로시간수}} \times 10^3$ ( )

③ 강도율 $= \dfrac{\text{재해발생건수}}{\text{연 총근로시간수}} \times 10^3$ ( )

④ 강도율 $= \dfrac{\text{총 근로손실일수}}{\text{연 총근로시간수}} \times 10^6$ ( )

113 강도율의 근로손실일수 산정기준에 대한 설명으로 옳은지 체크하시오.

① 사망, 영구 전노동 불능의 근로손실일수는 7,500일이다. ( )

② 사망, 영구 전노동 불능상태 신체장해등급은 1~2등급이다. ( )

③ 영구 일부 노동불능 신체장해등급은 3~14등급이다. ( )

④ 일시 전노동 불능은 휴업일수에 280/365을 곱한다. ( )

114 어느 사업장의 강도율이 7.5일 때, 이에 대한 설명이 올바른지 체크하시오.

① 근로자 1,000명당 7.5건의 재해가 발생하였다. ( )

② 근로시간 1,000시간당 7.5건의 재해가 발생하였다. ( )

③ 한 건의 재해로 평균 7.5일의 근로손실이 발생하였다. ( )

④ 근로시간 1,000시간당 재해로 인하여 7.5일의 근로손실이 발생하였다. ( )

115 재해율을 산정하는 공식으로 올바른지 체크하시오.

① 도수율 $= \dfrac{\text{재해발생건수}}{\text{연근로시간수}} \times 10^6$ ( )

② 강도율 $= \dfrac{\text{재해발생건수}}{\text{연근로시간수}} \times 10^3$ ( )

③ 종합재해지수 $= \sqrt{\text{도수율}^2 + \text{강도율}^2}$ ( )

④ 도수율 $= \dfrac{\text{연천인률}}{2.4}$ ( )

116 A사업장의 전년도 도수율이 10.5, 금년도 도수율이 15.2일 경우 이 사업장에 대한 안전성적의 평가로 옳은지 체크하시오. (단, 금년도 사업장의 총근로시간수는 850,000시간임)

① safe-t-score는 1.45이다. ( )

② 과거에 비하여 별 차이가 없다. ( )

③ 과거보다 현저히 좋아졌다. ( )

④ 과거보다 심각하게 나빠졌다. ( )

117 과거와 현재의 안전도를 비교한 safe-t-score가 "-1.5"로 나타났을 때의 판정이 올바른지 체크하시오.

① 과거와 별 차이가 없다. ( )

② 과거보다 심하게 안전도가 나빠졌다. ( )

③ 과거보다 안전도가 상당히 좋아졌다. ( )

④ 이것을 가지고 안전도의 변화를 평가할 수 없다. ( )

[03③, 11②]

118 ILO에서 규정한 산업재해의 상해정도별 분류에 해당하는지 체크하시오.

① 중상해 ( )

② 응급(구급)조치 상해 ( )

③ 영구 일부노동 불능 상해 ( )

④ 일시 전노동 불능 상해 ( )

[08③]

119 국제노동기구(ILO)의 기준에 의한 근로손실 일수의 산정 방법에 대한 설명으로 올바른지 체크하시오.

① 사망의 경우 5,500일로 산정한다. ( )

② 일시 전노동불능의 경유 휴업일수에 300/365 을 곱한다. ( )

③ 영구 전노동불능의 경우 신체장해등급에 따라 5,500일 이하로 계산한다. ( )

④ 영구 일부노동불능의 경우 신체장해등급은 1~12등급으로 구분하며, 12등급의 근로손실일 수는 100일로 산정한다. ( )

[09②]

120 산업재해 중 영구 일부노동불능 재해에 대한 설명으로 올바른지 체크하시오.

① 신체장해등급 제4급에서 제14급에 해당한다. ( )

② 의사의 소견에 따라 부상 이후 어느 일정 기간 동안 근로에 종사할 수 없는 경우를 말한다. ( )

③ 부상의 결과 노동기능을 완전히 잃은 것을 의미한다. ( )

④ 취업시간 중 일식적으로 작업을 떠나서 진료를 받는 경우를 말한다. ( )

[03②, 08①, 09①]

121 산업재해조사표에서의 상해의 종류에 해당하는지 체크하시오.

① 유해물접촉 ( )　　② 청력장해 ( )

③ 찰과상 ( )　　④ 타박상 ( )

⑤ 중독·질식 ( )　　⑥ 이상온도노출 ( )

⑦ 감전 ( )

[22②, 24①]

122 산업재해통계업무처리규정상 산업재해통계에 관한 설명으로 옳은지 체크하시오.

① 총요양근로손실일수는 재해자의 총 요양기간을 합산하여 산출한다. ( )

② 휴업재해자수는 근로복지공단의 휴업급여를 지급받은 재해자수를 의미하여, 체육행사로 인하여 발생한 재해는 제외된다. ( )

③ 사망자수는 통상의 출퇴근에 의한 사망을 포함하여 근로복지공단의 유족급여가 지급된 사망자수를 말한다. ( )

④ 재해자수는 근로복지공단의 유족급여가 지급된 사망자 및 근로복지공단에 최초요양신청서를 제출한 재해자 중 요양승인을 받은 자를 말한다. ( )

[07②, 14③, 22②, 24③]

123 안전점검의 시스템 중 4M을 체크하시오.

① Man, Management, Machine, Media ( )

② Man, Management, Machine, Material ( )

③ Man, Machine, Maker, Management ( )

④ Man, Machine, Maker, Media ( )

[08②, 11③, 20①]

124 산업재해발견의 기본 원인 4M을 체크하시오.

① Media ( )　　② Material ( )

③ Machine ( )　　④ Management ( )

[04②, 06③, 07①, 23③]

125 안전점검의 목적에 대한 설명으로 올바른지 체크하시오.

① 생산 위주로 시설을 가동시킴으로써, 생산량 증가를 목적으로 한다. ( )

② 기기 및 설비의 결함이나 불안전한 상태의 제거로 사전에 안전성을 확보하기 위함이다. ( )

③ 기계 등의 안전유지를 위해 법에 따라 형식적으로 행한다. ( )

④ 근로자가 검사하여 기업 손실을 줄이고 오직 생산량 증가를 위함이다. ( )

⑤ 위험을 사전에 발견하여 시정한다. ( )

⑥ 기계 설비의 안전상태 유지를 점검한다. ( )

⑦ 결함이나 불안전한 조건의 제거를 위함이다. ( )

⑧ 관리운영 및 작업방법을 조사한다. ( )

126 안전점검의 대상에 해당하는지 체크하시오.

① 안전조직 및 운영 실태 (　)

② 안전교육계획 및 실시 상황 (　)

③ 인력의 배치 실태 (　)

④ 운반설비 (　)

127 안전점검의 기준 작성 시 고려사항을 체크하시오.

① 대상물의 위험도 (　)

② 과거의 사고 이력 (　)

③ 대상물의 기능적 특성 (　)

④ 대상물의 크기 및 형태 (　)

128 안전점검표 작성 시 유의사항을 체크하시오.

① 사업장에 적합한 독자적인 내용일 것 (　)

② 중점도가 낮은 것부터 순서대로 작성할 것 (　)

③ 정기적으로 검토하여 재해방지에 실효성이 있는 내용일 것 (　)

④ 일정한 양식을 정하여 점검대상을 정할 것 (　)

⑤ 점검대상물의 위험도를 고려할 것 (　)

⑥ 점검대상물의 과거 재해사고 경력을 참작할 것 (　)

⑦ 점검대상물의 기능적 특성을 충분히 감안할 것 (　)

⑧ 점검자의 기능수준보다 최고의 기술적 수준을 우선으로 하여 원칙적인 기준조항에 준수하도록 할 것 (　)

129 안전점검 시 유의사항으로 옳은지 체크하시오.

① 안전 점검의 형식, 내용에 변화를 부여하여 몇 가지 점검 방법을 병용한다. (　)

② 사소한 사항은 큰 문제를 야기시키지 않기 때문에 간단히 조사한다. (　)

③ 불량 요소가 발견되었을 경우 다른 동종의 설비에 대해서도 점검한다. (　)

④ 중대재해에 영향을 미치지 않는 사소한 사항은 간단히 조사한다. (　)

⑤ 점검자 능력을 감안하여 구체적인 계획 수립 후 점검을 실시하고, 능력에 따른 점검을 실시한다.
(　)

⑥ 과거의 재해 발생장소는 대책이 수립되어 그 원인이 해소되었음으로 대상에서 제외한다. (　)

⑦ 점검사항, 점검방법 등에 대한 지속적인 교육을 통하여 정확한 점검이 이루어지도록 한다. (　)

⑧ 점검 시 특이한 사항 등을 기록·보존하여 향후 점검 및 이상 발생 시 대비할 수 있도록 한다. (　)

130 안전점검시 담당자의 자세로 올바른지 체크하시오.

① 안전점검을 할 때에는 주관적인 마음가짐으로 정확히 점검해야 된다. (　)

② 안전점검 시에는 체크리스트 항목을 충분히 이해하고 점검에 임하도록 한다. (　)

③ 안전점검 시에는 과학적인 방법으로 사고의 예방 차원에서 점검에 임해야 한다. (　)

④ 안전점검 실시 후 체크리스트를 수정사항이 발생할 경우 현장의 의견을 반영하여 개정·보완하도록 한다. (　)

131 안전점검에 관한 설명으로 올바른지 체크하시오.

① 안전점검은 점검자의 주관적 판단에 의하여 점검하거나 판단한다. (　)

② 잘못된 사항은 수정이 될 수 있도록 점검결과에 대하여 통보한다. (　)

③ 점검 중 사고가 발생하지 않도록 위험요소를 제거한 후 실시한다. (　)

④ 사전에 점검대상 부서의 협조를 구하고, 관련 작업자의 의견을 청취한다. (　)

★중요

132 점검시기에 의한 구분에 있어 안전점검의 종류에 해당하는지 체크하시오.

① 집중 점검 (　)

② 수시(일상)점검 (　)

③ 특별 점검 (　)

④ 정기(계획)점검 (　)

⑤ 임시 점검 (　)

⑥ 특수 점검 (　)

133 기계설비의 안전에 있어서 중요 부분의 피로·마모·손상·부식 등에 대한 장치의 변화 유무 등을 일정 기간마다 정기적으로 기계·기구의 상태를 점검하는 것을 말하며 매주, 매월, 매분기 등 법적 기준에 맞도록 또는 자체 기준에 따라 해당 책임자가 실시하는 점검을 체크하시오. [11②, 20①]

① 정기 점검 ( )　　② 수시 점검 ( )
③ 특별 점검 ( )　　④ 임시 점검 ( )

134 일상점검내용을 작업 전, 작업 중, 작업 종료로 구분할 때 작업 중 점검 내용을 체크하시오. [10①, 15③, 19③, 25①]

① 방호장치의 작동여부 ( )
② 품질의 이상유무 ( )
③ 안전수칙 준수여부 ( )
④ 이상소음 발생유무 ( )

135 안전점검표의 판정기준 작성에 적용되는 내용을 체크하시오. [04①, 06③]

① 안전관계 법령 ( )　　② 기술 지침 ( )
③ 기업의 자율적 안전기준 ( )
④ 재해 통계 분석 ( )

136 점검표에 포함될 사항을 체크하시오. [03③, 24①]

① 점검 항목 ( )　　② 시정 확인 ( )
③ 검사 결과 ( )　　④ 점검 방법 ( )

137 대상 기기를 정하여진 절차에 의해 작동시켜 보고, 결함 유무를 확인하는 검사 방법을 체크하시오. [04③]

① 육안검사 ( )　　② 기능검사 ( )
③ 조작검사 ( )　　④ 시험에 의한 검사 ( )

138 재해방지를 위한 안전관리 조직의 목적을 체크하시오. [04①, 12②, 14③, 24①]

① 위험요소의 제거 ( )
② 기업의 재무제표 안정화 ( )
③ 재해방지 기술의 수준 향상 ( )
④ 재해 예방율의 향상 및 단위당 예방비용의 절감
　　( )

⑤ 기업의 손실을 근본적으로 방지 ( )
⑥ 조직적 사고 예방활동 ( )
⑦ 산업안전보건관리비의 절감 ( )
⑧ 조직 계층간 신속한 정보처리 ( )

139 안전관리조직의 구비조건을 체크하시오. [03③, 06③, 15③, 23①]

① 생산라인이나 현장과는 엄격히 분리된 조직이어야 한다. ( )
② 회사의 특성과 규모에 부합되게 조직과 설계가 되어야 한다. ( )
③ 조직을 구성하는 관리자의 책임과 권한이 분명해야 한다. ( )
④ 조직의 기능을 충분히 발휘할 수 있도록 제도적 체계가 갖추어져야 한다. ( )
⑤ 생산조직과 분리된 조직이 되도록 한다. ( )
⑥ 조직 구성원의 책임과 권한에 대하여 서로 중첩되게 하여야 한다. ( )
⑦ 안전지시나 명령이 작업현장에 전달되기 전 스태프의 기능이 축소되도록 한다. ( )

★중요 [08③, 10②, 11②, 16②, 19③, 20①]

140 안전보건관리조직 중 스태프(Staff)형 조직에 관한 설명에 해당하는지 체크하시오.

① 안전을 전담하는 부서가 있다. ( )
② 100명 이하의 소규모 사업장에 적합하다. ( )
③ 생산 부분은 안전에 대한 책임과 권한이 없다.
　　( )
④ 생산라인과의 견해 차이로 안전지시가 용이하지 않으며, 안전과 생산을 별개로 취급하기 쉽다. ( )
⑤ 100~500명의 중규모의 사업장에 적합하다. ( )
⑥ 스탭 스스로 생산라인의 안전업무를 행하는 것은 아니다. ( )
⑦ 권한 다툼이나 조정이 용이하여 통제수속이 간단하다. ( )
⑧ 안전정보수집이 신속하다. ( )
⑨ 명령과 보고가 상하관계 뿐이므로 간단명료하다.
　　( )
⑩ 조직원 전원을 자율적으로 안전 활동에 참여시킬 수 있다. ( )

★중요

141 안전관리 조직의 형태에 있어 라인(Line) 또는 직계식 조직의 특징을 체크하시오.

① 모든 명령은 생산 계통을 따라 이루어진다. (　)

② 규모가 작은 사업장에 적합하다. (　)

③ 참모식 조직에 비해 비경제적이다. (　)

④ 안전지식과 기술축적이 힘들다. (　)

⑤ 100인 미만의 소규모 사업장에 적절하다. (　)

⑥ 안전에 관한 명령 지시나 개선조치가 철저하고 빠르다. (　)

⑦ 안전에 관한 전반사항을 별도의 전문팀으로 구성하여 운영한다. (　)

⑧ 명령과 보고가 상하 관계뿐이므로 간단하고 명료하다. (　)

⑨ 안전정보 수집이 빠르고 전문적이다. (　)

⑩ 안전업무가 생산현장 라인을 통하여 시행된다.
(　)

⑪ 소규모 사업장에 적합하다. (　)

⑫ 안전에 관한 명령지시가 빠르다. (　)

⑬ 안전에 대한 정보가 불충분하다. (　)

⑭ 별도의 안전관리 전담요원이 직접 통제한다. (　)

⑮ 명령과 보고가 간단명료하다. (　)

⑯ 각종 지시 및 조치사항이 신속하게 이루어진다. (　)

⑰ 생산라인의 관리 감독자는 주로 안전보다 생산에 관심을 가질 수 있다. (　)

⑱ 대규모의 사업장에 적합하다. (　)

⑲ 안전지식이나 기술축적이 용이하다. (　)

⑳ 안전지시나 명령이 신속히 수행된다. (　)

㉑ 독립된 안전참모 조직을 보유하고 있고, 의존도가 크다. (　)

142 안전조직 중 스태프(staff) 형식의 장점을 체크하시오.

① 안전계획입안의 전문화 (　)

② 안전정보수집의 신속화 (　)

③ 안전지시, 명령의 신속화 (　)

④ 경영자의 조언과 자문역할 (　)

143 안전관리조직의 형태 중 라인(line)·스태프(staff)의 혼합형의 내용에 해당하는지 체크하시오.

① 라인형과 스탭형의 장점을 취한 절충식 조직 형태이다. (　)

② 안전스탭은 안전에 관한 기획·입안·조사·검토 및 연구를 행한다. (　)

③ 라인의 관리·감독자에게는 안전에 관한 책임과 권한이 부여되지 않는다. (　)

④ 대규모 사업장(1,000명 이상)에 적합하고, 효율적이다. (　)

⑤ 생산부서와 협조체제를 잘 이룰 수 있다. (　)

⑥ 전 근로자가 안전활동에 참여할 기회가 부여된다. (　)

⑦ 안전활동을 전담하는 부서를 두어 안전에 관한 업무를 관장하는 제도이다. (　)

⑧ 안전업무에 관한 계획등은 전문 기술자에 의해 추진되고 집행은 생산에서 행한다. (　)

⑨ 안전은 전체 종업원의 직접 참여로 이루어 진다.
(　)

⑩ 안전활동과 생산이 상호 연관을 가지고 운용된다. (　)

⑪ 조직원 전원을 자율적으로 안전활동에 참여시킬 수 있다. (　)

⑫ 생산기능과 협조가 잘 이루어진다. (　)

⑬ 특별한 사업장에만 적용된다. (　)

⑭ 라인 각 계층에 안전업무를 겸임하도록 할 수 있다. (　)

⑮ staff의 월권행위가 나타날 수도 있다. (　)

⑯ 라인에 과중한 책임을 부여할 우려가 있다. (　)

⑰ 안전에 대한 신기술 개발 및 보급이 용이하다. (　)

⑱ 소규모 사업장에 적합하다. (　)

⑲ 1,000명 이상의 대규모 사업장에 적합하다. (　)

⑳ 명령과 보고가 상하관계로 간단명료하다. (　)

㉑ 안전에 대한 전문적인 지식이나 정보가 불충분하다. (　)

㉒ 명령계통과 조언이나 권고적 참여가 혼동된다.
(　)

㉓ 생산부분에는 안전에 대한 책임과 권한이 없다.
(　)

㉔ 안전에 대한 정보가 불충분하다. (　　)
㉕ 안전과 생산을 별도로 생각한다. (　　)

[05②, 15①②]

144 **안전조직 중 Line-staff 조직의 단점을 체크하시오.**

① 안전정보가 불충분하다. (　　)
② 생산부문은 안전에 대한 책임과 권한이 없다.(　　)
③ 명령계통과 조언이나 권고적 참여가 혼동되기 쉽다. (　　)
④ 생산부문에 협력하여 안전명령을 전달·실시하여 안전과 생산을 별도 취급한다. (　　)

[11③, 12③, 22②]

145 **안전관리조직의 특성에 대한 설명으로 옳은지 체크하시오.**

① 라인형 조직은 중, 대규모 사업장에 적합하다.
　　　　　　　　　　　　　　　　　　　(　　)
② 스탭형 조직은 권한 다툼의 해소나 조정이 용이하여 시간과 노력이 감소된다. (　　)
③ 라인형 조직은 안전에 대한 정보가 불충분하지만 안전지시나 조치에 대한 실시가 신속하다. (　　)
④ 라인·스탭형 조직은 대규모 사업장에 적합하나 조직원 전원의 자율적 참여가 어려운 단점이 있다. (　　)
⑤ 스탭형 조직은 100명 이하의 소규모 사업장에 적합하다. (　　)
⑥ 라인형 조직에는 별도의 안전을 전문으로 분담하는 부문이 없다. (　　)
⑦ 라인·스탭형 조직은 안전활동과 생산업무가 유리되기 쉬워 균형을 유지하는 데 중점을 두어야 한다. (　　)
⑧ 스탭형 조직은 모든 권한이 포괄적이고 직선적으로 행사되어 지시나 조치가 철저하고 그 실시가 가장 빠르다. (　　)
⑨ 라인형 조직은 100명 이상의 중규모 사업장에 적합하다. (　　)
⑩ 스태프형 조직은 100명 이상의 중규모 사업장에 적합하다. (　　)

⑪ 라인·스태프형 조직은 1000명 이상의 대규모 사업장에 적합하나 조직원 전원의 자율적 참여가 불가능하다. (　　)

[14②]

146 **1,000여명 이상 되는 대규모 현장의 안전조직을 구성할 때, 가장 중점적으로 고려하여야 할 사항을 체크하시오.**

① 안전에 관한 전담부서를 중심으로 조직한다. (　　)
② 소요되는 비용의 절감을 우선적으로 고려하여야 한다. (　　)
③ 현장에 직접적인 안전업무의 권한을 부여하도록 한다. (　　)
④ 조직을 구성하는 관리자의 권한과 책임을 명확히 한다. (　　)

★중요　　　　　　　　　　　　[03②, 04①, 05③, 06②, 10①③]

147 **작업 표준의 주목적을 체크하시오.**

① 위험요인의 제거 (　　)
② 손실요인의 제거 (　　)
③ 경영의 보편화 (　　)
④ 작업의 효율화 (　　)
⑤ 위험예지 능력 활성화 (　　)
⑥ 작업방식의 검토 (　　)

[03①, 04③, 06①, 24②]

148 **동작분석의 목적을 체크하시오.**

① 표준 동작의 설정 (　　)
② 동작 계열의 개선 (　　)
③ 동작의 유연성 확보 (　　)
④ 작업의 모션마인드(Motion mind) 체질화 (　　)

[04②]

149 **동작 개선의 원칙의 내용에 해당하는지 체크하시오.**

① 동작이 자동적으로 이루어지는 순서로 할 것 (　　)
② 적게 움직이게 할 것 (　　)
③ 관성, 중력, 기계력 등을 이용할 것 (　　)
④ 작업장의 높이를 적당히 하여 피로를 줄일 것 (　　)

150 다음에서 작업표준의 작성순서를 올바르게 나열하였는지 체크하시오.

> a. 작업 분해
> b. 작업의 분류와 정리
> c. 작업표준안 작성
> d. 작업표준의 제정과 교육 실시
> e. 동작 순서 및 급소를 정함

① a-b-c-e-d (　　)
② a-e-b-c-d (　　)
③ b-a-e-c-d (　　)
④ b-a-e-d-c (　　)

151 안전성 평가의 기본원칙 6단계에 해당하는 것을 체크하시오.

① 작업조건의 측정 (　　)
② 정성적 평가 (　　)
③ 안전대책 수립 (　　)
④ 관계자료의 정비 검토 (　　)

152 안전기술 향상의 저해요인에서 표준작업이 정착되지 않거나 저해되는 경우를 체크하시오.

① 신체적 조건의 배려 소홀 (　　)
② 작업 표준에 대한 감독자의 무관심 (　　)
③ 작업자의 신체적 결함 (　　)
④ 작업표준의 내용 부족 (　　)

153 표준작업을 작성하기 위한 TWI 과정에서 활용하는 작업개선 기법 단계에 속하는 것을 체크하시오.

① 작업분해 (　　)
② 규정된 방법의 재적용 (　　)
③ 요소작업의 세부내용 검토 (　　)
④ 작업분석으로 새로운 방법 전개 (　　)

02 단답형 문제

[06③, 23①]

001 작업 현장에서 물적, 인적 피해가 전혀 없이 발생한 사고를 무엇이라고 하는지 쓰시오.

[09①]

002 버드의 재해발생에 관한 연쇄이론 중 "기본적인 원인"은 몇 단계에 해당하는지 쓰시오.

[18②, 21③]

003 버드(Bird)의 신연쇄성 이론의 재해발생과정 중 직접원인의 징후로 불안전한 행동과 불안전한 상태는 몇 단계에 해당하는지 쓰시오.

[14②, 20②, 25①]

004 재해의 발생형태에 있어 일어난 장소나 그 시점에 일시적으로 요인이 집중하여 재해가 발생하는 경우를 무엇이라 하는지 쓰시오.

[03③, 14①]

005 1906년 미국의 US Steel 회사의 회장으로서 "안전제일(Safety First)"이란 구호를 내걸고 사고예방활동을 전개한 후 안전의 투자가 결국 경영상 유리한 결과를 가져온다는 사실을 알게 하는데 공헌한 사람은 누구인지 쓰시오.

[17①]

006 사고예방대책의 기본원리 5단계 중 제2단계가 무엇인지 쓰시오.

[05③, 08①, 23②]

007 사고와 손실과의 관계는 우연적이지만, 사고와 원인관계는 필연적이라는 원칙의 명칭을 쓰시오.

[16③, 19③]

008 다음 내용에서 설명하는 법칙이 무엇인지 쓰시오.

> 어떤 공장에서 330회의 전도 사고가 일어났을 때, 그 가운데 300회는 무상해사고, 29회는 경상, 중상 또는 사망 1회의 비율로 사고가 발생한다.

| 정답 |

001 아차 사고(Near accident)　**002** 제2단계　**003** 제3단계　**004** 단순자극(집중)형　**005** 게리(Gary)
006 사실의 발견(불안전한 요소의 발견)
007 원인연계의 원칙은 사고(재해 발생)에는 반드시 원인이 있다. 즉, 사고와 손실과의 관계는 우연적인 관계이나, 사고와 원인과의 관계는 필연적인 관계이다.　**008** 하인리히 법칙

009 하인리히(H. W. Hainrich)의 사고 발생 연쇄성 이론에서 "직접원인"과 일치하는, 아담스(E. Adams)의 사고 발생 연쇄성 이론의 요소를 쓰시오.

010 하인리히의 재해구성비율이 무엇인지 쓰시오. (단, 구성비율은 "중상 : 경상 : 무상해사고"순으로 작성)

011 하인리히의 1 : 29 : 300 법칙에서 "29"가 의미하는 것을 쓰시오.

012 객관적인 위험을 작업자 나름대로 판정하여 위험을 수용하고 행동에 옮기는 것을 무엇이라 하는지 쓰시오.

★중요

013 다음 내용에 해당하는 무재해운동 추진기법이 무엇인지 쓰시오.

> 피부를 맞대고 같이 소리치는 것으로서, 팀의 일체감·연대감을 조성할 수 있고 동시에 대뇌 피질에 좋은 이미지를 불어 넣어 안전행동을 하도록 하는 방법이다.

★중요

014 무재해 운동의 3원칙 중 '잠재적인 위험요인을 발견·해결하기 위하여 전원이 협력하여 각기의 처지에서 의욕적으로 문제해결을 실천하는 것'을 의미하는 원칙이 무엇인지 쓰시오.

015 각 계층의 관리감독자들이 숙련된 안전관찰을 행할 수 있도록 훈련을 실시함으로써 사고의 발생을 미연에 방지하여 안전을 확보하는 기법이 무엇인지 쓰시오.

⚙ **해설** STOP 기법은 미국의 듀폰사에 의해 개발된 기법으로, 사고의 발생을 미연에 방지하여 안전을 확보하는 안전관찰훈련기법이다. 이를 달성하기 위해서는 각 계층의 관리감독자들이 숙련된 안전 관찰을 행할 수 있도록 훈련을 실시하여야 한다.

016 듀폰사에서 실시하여 실효를 거둔 기법으로, 각 계층의 관리감독자들이 숙련된 안전 관찰을 행할 수 있도록 훈련을 실시함으로써 사고의 발생을 미연에 방지하여 안전을 확보하는 안전관찰훈련기법이 무엇인지 쓰시오.

⚙ **해설** STOP 기법의 과정은 '결심(deside) → 정지(stop) → 관찰(observe) → 조치(act) → 보고(report)'의 순으로 이루어진다.

017 작업자가 기계 등의 취급을 잘못해도 사고가 발생하지 않도록 방지하는 기능을 무엇이라 하는지 쓰시오.

018 [11②, 23①]
재해원인 분석 시 위험장소 접근, 안전장치기능 제거, 불안전한 속도 조작, 위험물 취급 부주의 등에 해당하는 원인은 무엇인지 쓰시오.

★중요
019 [09①, 13②, 17②]
보행 중 작업자가 바닥에 미끄러지면서 주변의 상자와 머리를 부딪침으로서 머리에 상처를 입었다. 이 사고에서 기인물에 해당하는 것은 무엇인지 쓰시오.

⚙ **해설** 기인물은 불안전한 상태에 있는 물체 또는 환경으로, "보행 중 작업자가 바닥에 미끄러지면서 주변의 상자와 머리를 부딪침"에서는 "바닥"이다.

020 [13①]
재해의 발생형태 중 재해자 자신의 움직임·동작으로 인하여 기인물에 부딪히거나, 물체가 고정부를 이탈하지 않은 상태로 움직임 등에 의하여 발생한 경우를 무엇이라 하는지 쓰시오.

021 [04②, 06②, 25①]
건설현장에서 착용하는 안전모의 턱끈의 기능은 대단히 중요하다 할 수 있는데, 턱끈을 올바르게 매지 않아서 머리 부분의 피해를 가장 크게 입을 수 있는 사고의 형태를 무엇이라고 하는지 쓰시오.

022 [03②, 06①]
어떤 공장에서 작업자가 일을 하다가 회전기계에 손이 끼어서 손가락이 절단된 재해가 발생하였다. 이 재해 형태 분류는 무엇인지 쓰시오.

023 [07③]
작업 중 연산기의 숫돌이 깨져 숫돌의 파편이 날아가 작업자의 안면을 강타하였다면 재해의 발생형태는 무엇인지 쓰시오.

|정답|

009 전술적 에러　**010** 중상 : 경상 : 무상해사고 = 1 : 29 : 300　**011** 경상해　**012** Risk taking(위험성 태도)
013 터치 앤 콜(Touch and Call)　**014** 참가의 원칙　**015** STOP 기법　**016** STOP 기법　**017** Fool proof 기능
018 직접 원인 중 인적 원인(불안전한 행동)　**019** 바닥　**020** 충돌(부딪힘)　**021** 추락　**022** 협착(끼임)　**023** 비래(맞음)

024 상해의 종류 중 타박, 충돌, 추락 등으로 피부표현보다는 피하조직 또는 근육부를 다친 상해를 무엇이라 하는지 쓰시오.

025 상해의 종류 중 스치거나 긁히는 등의 마찰력에 의하여 피부표면이 벗겨진 상해를 무엇이라 하는지 쓰시오.

026 사람이 정지되어 있는 구조물 등에 부딪혀 발생하는 재해의 발생형태를 무엇이라고 하는지 쓰시오.

027 국부의 혈액 순환의 이상으로 몸이 퉁퉁 부어 오르는 상해를 무엇이라고 하는지 쓰시오.

028 사업장 단위의 재해 통계 중 재해 발생의 장기의 추이 및 계절적 특징을 파악하는 데 편리한 통계를 무엇이라 하는지 쓰시오.

★중요

029 하인리히(H. W. Heinrich)의 재해코스트 선정방법에서 직접손실비와 간접손실비의 비율을 쓰시오. (단, 비율은 "직접손실비 : 간접손실비"로 표현함)

030 버드(F. E. Bird's Jr)의 사고 구성 비율을 쓰시오. (단, 중상 : 경상 : 무상해 사고 : 무상해 무사고 고장의 순으로 작성)

⚙ **해설** 버드(F.E.Bird's Jr)의 사고 구성 비율

비율	1	10	30	600
재해 구성	중상 또는 폐질	경상 (물적·인적 손실)	무상해 사고 (물적 손실)	무상해, 무사고 고장 (위험 순간)

031 미국의 보험학자인 버드는 재해사고비율을 1 : 10 : 30 : 600로 발표하였다. 이 중 물적 손해만 생기는 사고(무상해)에 해당되는 수치는 얼마인지 쓰시오.

032 버드(Bird)에 의한 재해발생비율 1 : 10 : 30 : 600 중 10에 해당되는 내용은 무엇인지 쓰시오.

[10②, 18②, 23③]

033 재해손실비의 산정방식 중 버드(Frank Bird) 방식의 구성비율을 쓰시오. (단, 구성은 보험비 : 비보험 재산비용 : 기타재산비용이다.)

⚙ **해설** 버드의 재해 손실비 산정 방식

직접비	보험비	상해사고와 관련되는 의료비 또는 보상비	1
간접비	비보험 재산비용	• 측정 용이(보험 미가입) • 건물, 기구, 장비, 제품, 재료의 손실 • 조업 중단 및 지연	5~50
	기타재산 비용	• 측정 난이(보험 미가입) • 시간조사, 교육, 임대 등	1~3

★중요

[04①, 05①, 08③, 18③]

034 재해 분석 시 재해발생건수 등의 추이를 파악하고, 관리선을 설정하며 상한치와 하한치를 설정하여 목표관리를 수행하는 통계적 분석방법은 무엇인지 쓰시오.

[09①]

035 재해발생 건수 등의 추이에 대해 한계선을 설정하여 재해원인을 체계적으로 분석하고 산업재해를 예방하는 재해분석 기법은 무엇인지 쓰시오.

[08②, 24③]

036 재해의 통계적 원인 분석 방법 중 재해를 발생형태, 기인물, 불안전한 상태 등의 분류항목을 큰 순서대로 도포화하여 문제나 목표의 이해가 용이하도록 나타낸 것은 무엇인지 쓰시오.

[11②, 19③, 25③]

037 재해를 사고의 유형, 불안전 상태, 불안전 행동, 기인물, 가해물을 하나의 단면으로 잡고 그것을 구성하고 있는 몇 개의 분류항목을 큰 순으로 나열하여 상호를 비교하기 쉽도록 도시한 통계에 의한 원인 분석 방법은 무엇인지 쓰시오.

|정답|

024 좌상 025 찰과상 026 충돌 027 부종 028 월별 통계 029 직접손실비 : 간접손실비 = 1 : 4 030 1 : 10 : 30 : 600
031 30 032 경상(물적, 인적 사고) 033 1 : 5 ~ 50 : 1 ~ 3 034 관리도 035 관리도 036 파레토도(pareto diagram)
037 파레토도(pareto diagram)

[12③, 21①]

038 재해의 분석에 있어 사고유형, 기인물, 불안전한 상태, 불안전한 행동을 하나의 축으로 하고, 그것을 구성하고 있는 몇 개의 분류 항목을 크기가 큰 순서대로 나열하여 비교하기 쉽게 도시한 통계 양식의 도표는 무엇인지 쓰시오.

[18①, 20③]

039 재해의 원인분석방법 중 통계적 원인분석 방법으로 사고의 유형, 기인물 등 분류 항목을 큰 순서대로 도표화한 것은 무엇인지 쓰시오.

[07③, 25③]

040 재해의 통계적 원인분석법 중 결과에 대한 원인 요소 및 상호의 관계를 인과관계로 결부하여 나타내는 방법은 무엇인지 쓰시오.

[11①, 16②]

041 재해사례연구법(Accident Analysis and Control Method) 중 '사실의 확인' 단계에서 사용하기 가장 적절한 분석 기법은 무엇인지 쓰시오.

[12②, 24②]

042 재해라고 하는 결과에 미치게 하는 원인요소와의 관계를 상호의 인과관계만으로 결부시켜 작성된 것은 무엇인지 쓰시오.

[19②]

043 통계적 재해원인분석방법 중 특성과 요인관계를 도표로 하여 어골상으로 세분화한 것은 무엇인지 쓰시오.

[14③, 17②]

044 다음 설명에 해당하는 재해의 통계적 원인분석 방법이 무엇인지 쓰시오.

> 2개 이상의 문제 관계를 분석하는 데 사용하는 것으로 데이터를 집계하고, 표로 표시하여 요인별 결과 내역을 교차한 그림을 작성·분석하는 방법

[17①]

045 산업재해의 발생빈도를 나타내는 것으로 연간 총 근로시간 합계 100만 시간당 재해발생 건수에 해당하는 것이 무엇인지 쓰시오.

[08①]

046 국제노동기구(ILO)의 사망재해에 대한 근로손실일수는 얼마인지 쓰시오.

⚙**해설** 국제노동기구(ILO)의 근로불능 상해의 종류 중 사망은 안전사고로 사망하거나 또는 사고의 결과로 생명을 잃는 것으로서, 근로손실일수는 7,500일이다.

[09①, 25②]

047 산업재해의 정도를 부상의 결과로 생긴 노동기능 저하의 정도에 따라 구분하는 방법으로 신체장해등급 제4등급에서 제14등급에 해당하는 상해는 무엇인지 쓰시오.

★중요

[04③, 12②, 15③, 20③]

048 안전관리의 수준을 평가할 때에는 사고가 일어나는 시점을 전후하여 평가를 한다. 사고가 일어나기 전의 수준을 평가하는 사전평가활동을 무엇이라 하는지 쓰시오.

[09②]

049 안전에 관한 과거와 현재의 중대성 차이를 비교하기 위해 사용하는 통계방식은 무엇인지 쓰시오.

[22①, 24①]

050 산업재해통계업무처리규정상 재해 통계 관련 용어로 괄호 안에 알맞은 용어를 쓰시오.

> (　　)는 근로복지공단의 유족급여가 지급된 사망자 및 근로복지공단에 최초요양신청서(재진 요양신청이나 전원요양신청서는 제외)를 제출한 재해자 중 요양승인을 받은 자(지방고용노동관서의 산재 미보고 적발 사망자 수를 포함한다)를 말함. 다만, 통상의 출퇴근으로 발생한 재해는 제외함

⚙**해설** 산업재해통계의 산출방법 및 정의(산업재해통계업무처리규정 제3조)
재해자수는 근로복지공단의 유족급여가 지급된 사망자 및 근로복지공단에 최초요양신청서(재진 요양신청이나 전원요양신청서는 제외)를 제출한 재해자 중 요양승인을 받은 자(지방고용노동관서의 산재 미보고 적발 사망자 수를 포함한다)를 말함. 다만, 통상의 출퇴근으로 발생한 재해는 제외함

|정답|

038 파레토도(pareto diagram)　039 파레토도(pareto diagram)　040 특성요인도(Cause & Effect Diagram)
041 특성요인도(Cause & Effect Diagram)　042 특성요인도(Cause &Effect Diagram)　043 특성요인도(Cause & Effect Diagram)
044 크로스도(cross diagram) 또는 크로스 분석　045 도수(빈도)율　046 7,500일　047 영구 일부 노동불능상해
048 안전행동율 관리　049 세이프 티 스코어(Safe-T-Score)　050 재해자수

051 업무를 안전하게 수행하기 위하여 필요한 시설, 작업, 인간의 행위 등에 대한 법규, 지시, 규칙 등을 모두 망라하여 무엇이라고 하는지 쓰시오.

[03①]

052 시설, 기계, 기구 등의 구조 및 설치상태와 안전기준과의 적합성 여부를 확인하는 행위를 무엇이라고 하는지 쓰시오.

★중요　[07①, 08①, 11①③, 19①, 20②, 21②]

053 천재지변 발생 직후 기계설비의 수리 등을 할 경우 또는 중대재해 발생 직후 등에 행하는 안전점검을 무엇이라 하는지 쓰시오.

[14①]

054 어떤 작업장에서 목재가공용 둥근톱 기계가 작업 중 갑작스런 고장을 일으켰다. 이때 실시하는 안전점검을 무엇이라 하는지 쓰시오.

[16①, 24①]

055 안전점검의 종류 중 주기적으로 일정한 기간을 정하여 일정한 시설이나, 물건, 기계 등에 대하여 점검하는 방법을 무엇이라 하는지 쓰시오.

[03②, 23①]

056 안전관리자가 체계적으로 선임되지 않은 사업장에 알맞는 안전조직 형태는 무엇인지 쓰시오.

[13①, 18②]

057 안전관리조직에 있어 100명 미만의 조직에 적합하며, 안전에 관한 지시나 조치가 철저하고 빠르게 전달되나 전문적인 지식과 기술이 부족하여 직장의 실태에 즉각 대응하는 대책수립이 어려운 조직이 무엇인지 쓰시오.

★중요　[05①, 17③, 19①]

058 안전관리조직의 주요 형태 중 100인 미만의 소규모 기업이나 사업체에 적용되는 조직형태는 무엇인지 쓰시오.

[12①]

059 40명이 근무하는 사출성형제품의 생산 공장에 가장 적합한 안전조직의 형태는 무엇인지 쓰시오.

[03③, 17②]

060 테일러(Taylor)가 제창한 기능형 조직(functional organization)에서 발전된 조직의 중규모(100인 ~500인) 사업장에서 적합한 안전관리 조직의 유형은 무엇인지 쓰시오.

061 [07③, 23②]
안전보건에 관한 전문가를 두고 계획, 조사, 검토 등을 행하는 안전조직의 형태는 무엇인지 쓰시오.

064 [19②]
다음 설명에 가장 적합한 조직의 형태는 무엇인지 쓰시오.

- 과제 중심의 조직
- 특정 과제를 수행하기 위해 필요한 자원과 재능을 여러 부서로부터 임시로 집중시켜 문제를 해결하고, 완료 후 다시 본래의 부서로 복귀하는 형태
- 시간적 유한성을 가진 일시적이고 잠정적인 조직

★중요
062 [13②, 16③, 22①]
1,000명 이상의 대기업에서 가장 적합한 안전관리 조직은 무엇인지 쓰시오.

065 [13③, 24①]
다음 설명에 가장 적합한 조직의 형태는 무엇인지 쓰시오.

- 과제별로 조직을 구성
- 플랜트, 도시개발 등 특정한 건설 과제를 처리
- 시간적 유한성을 가진 일시적이고 잠정적인 조직

063 [03③]
안전에 대한 기술의 축적이 가능하고 안전지시 및 전달이 신속 정확하며, 신기술 개발축적과 안전에 대한 조언이 용이하고 안전활동이 생산과 분리되지 않으므로 운용이 쉬운 장점들을 갖는 안전조직 형태는 무엇인지 쓰시오.

|정답|

051 안전기준　　052 안전점검　　053 특별점검　　054 임시점검　　055 정기점검　　056 라인(Line, 직계)식 조직

057 라인(Line, 직계)식 조직　　058 라인(Line, 직계)식 조직　　059 라인(Line, 직계)식 조직　　060 스태프(Staff, 참모)식 조직

061 스태프(Staff, 참모)식 조직　　062 라인-스태프(직계-참모)식 조직　　063 라인-스태프(직계-참모)식 조직

064 프로젝트(Project) 조직　　065 프로젝트(Project) 조직

★중요 [09①, 11①, 17②, 24②]

001 B 사업장에서 무상해, 무사고 고장이 300건 발생하였다면, 버드(Frank Bird)의 재해구성비율에 따를 경우 경상 건수를 구하시오.

> ⚙ **해설**
>
> 경상(물적·인적 손실) : 무상해·무사고 고장(위험 순간) = 10 : 600의 비율이다. $x : 300 = 10 : 600$이므로,
>
> $$x = \frac{300 \times 10}{600} = 5\text{건이 된다.}$$

★중요 [04③, 09②]

002 어떤 사업장에서 중상 또는 폐질이 5명 발생하였는데 이때 버드(Frank e. Bird, Jr)의 재해비율 연구에 의한 경상이 일어날 수 있는 횟수를 구하시오.

> ⚙ **해설**
>
> 버드(F. E. Bird's Jr)의 사고 구성 비율
>
> | 비율 | 1 | 10 | 30 | 600 |
> |---|---|---|---|---|
> | 재해 구성 | 중상 또는 폐질 | 경상
(물적·인적 손실) | 무상해 사고
(물적 손실) | 무상해, 무사고 고장
(위험 순간) |
>
> 중상 또는 폐질 : 경상(물적·인적 손실) = 1 : 10의 비율이므로, 중상 또는 폐질 5건은 경상 50건(= 5×10)에 해당한다. 즉, $1 : 10 = 5 : x$이므로 $x = 50$건이 된다.

[10①]

003 하인리히의 재해발생 구성비율 중 중상 재해가 7건 발생하였다면 경상 재해 건수를 구하시오.

> ⚙ **해설**
>
> 중상 : 경상 = 1 : 29의 비율이므로 중상 재해 7건은 경상 재해 29×7 = 203건에 해당한다. 즉, $1 : 29 = 7 : x$이므로 $x = 203$ 건이 된다.

[13②]

004 어느 사업장에서 해당 연도에 600건의 무상해 사고가 발생하였다. 하인리히의 재해발생비율 법칙에 의한다면 경상해의 발생건수를 구하시오.

> ⚙ **해설**
>
> 경상 : 무상해 재해 = 29 : 300의 비율이다. 즉, $29 : 300 = x : 600$ $\therefore x = \dfrac{29 \times 600}{300} = 58$건이다.

[17③]

005 버드의 재해구성 비율 이론에 따라 중상이 5건 발생한 경우 경상이 발생할 건수를 구하시오.

> ⚙ **해설**
>
> 중상 또는 폐질 : 경상(물적·인적 손실) = 1 : 10의 비율이므로, 중상 또는 폐질 5건은 경상 50건(= 5×10)에 해당한다. 즉, $1 : 10 = 5 : x$이므로 $x = 50$건이 된다.

★중요

[21③]

006 사업장에서 중상이 10명 발생하였다면 버드(Bird)의 재해구성비율에 의한 경상해자를 구하시오.

> ⚙ **해설**
>
> 중상 또는 폐질 : 경상(물적·인적 손실) = 1 : 10의 비율이므로, 중상 또는 폐질 10건은 경상 100명(= 10×10)에 해당한다. 즉, $1 : 10 = 10 : x$이므로 $x = 100$명이 된다.

★중요

[04②, 24③]

007 하인리히의 재해발생 빈도 법칙에 따라 중상 재해가 2회 발생했다면 무상해 사고 건수를 구하시오.

> ⚙ **해설**
>
> | 재해 구성 비율 | 1 | 29 | 300 |
> | --- | --- | --- | --- |
> | 재해 구성 | 중상 또는 사망 | 경상 | 무상해 사고 |
>
> 중상 : 무상해 사고 = 1 : 300의 비율이므로, 중상 재해 2회는 무상해 사고 600회에 해당한다. 즉, $1 : 300 = 2 : x$이므로 $x = 600$회가 된다.

008 사업장에서 58명이 경상을 입었다면, 하인리히의 재해 구성비율에 따를 경우 무상해사고 재해자를 구하시오.

⚙ **해설**

경상 : 무상해 사고 = 29 : 300의 비율이다. 즉, $29 : 300 = 58 : x$ $\therefore x = \dfrac{300 \times 58}{29} = 600$명이다.

009 버드(Bird)의 재해구성비율 이론상 경상이 10건일 때 중상에 해당하는 사고 건수를 구하시오.

⚙ **해설**

중상 또는 폐질 : 경상(물적·인적 손실) = 1 : 10의 비율이므로, 경상이 10건이면 중상은 1건이 된다.
즉, $1 : 10 = x : 10$이므로, $x = 1$건이 된다.

010 연간 도수율이 5건일 때 근로자 1,000명당 발생하는 사상자 수인 연천인율을 구하시오.

⚙ **해설**

연천인율은 1년 동안 근로자 1,000명당 발생하는 사상자수로서,

연천인율 $= \dfrac{연간\ 사상자(재해자)수}{연\ 평균근로자수} \times 1,000$ 또는 연천인율 $= 2.4 \times$도수(빈도)율이다.

그러므로, 연천인율 $= 2.4 \times$도수(빈도)율 $= 2.4 \times 5 = 12$명이다.

011 1년간 평균 상시 500명의 근로자를 두고 있는 사업장에서 1년간 25건의 재해가 발생하였다. 연천인율을 구하시오.

⚙ **해설**

연천인율은 1년 동안 근로자 1,000명당 발생하는 사상자수로서,

연천인율 $= \dfrac{연간\ 사상자(재해자)수}{연\ 평균근로자수} \times 1,000$ 또는 연천인율 $= 2.4 \times$도수(빈도)율이다.

그러므로, 연천인율 $= \dfrac{연간\ 사상자(재해자)수}{연\ 평균근로자수} \times 1,000 = \dfrac{25}{500} \times 1,000 = 50$명이다.

[08②]

012 연평균 근로자수가 200인 사업장에서 지난 1년간 5명의 사상자가 발생하였다면 이 사업장의 연천인율을 구하시오.

> **⚙ 해설**
>
> 연천인율은 1년 동안 근로자 1,000명당 발생하는 사상자수로서,
>
> $$연천인율 = \frac{연간\ 사상자(재해자)수}{연\ 평균근로자수} \times 1{,}000\ 또는\ 연천인율 = 2.4 \times 도수(빈도)율이다.$$
>
> 그러므로, $연천인율 = \dfrac{연간\ 사상자(재해자)수}{연\ 평균근로자수} \times 1{,}000 = \dfrac{5}{200} \times 1{,}000 = 25명이다.$

[09①, 25①]

013 A 사업장의 도수율이 15.5일 때 연천인율을 구하시오.

> **⚙ 해설**
>
> 연천인율은 1년 동안 근로자 1,000명당 발생하는 사상자수로서,
>
> $$연천인율 = \frac{연간\ 사상자(재해자)수}{연\ 평균근로자수} \times 1{,}000\ 또는\ 연천인율 = 2.4 \times 도수(빈도)율이다.$$
>
> 그러므로, $연천인율 = 2.4 \times 도수(빈도)율 = 2.4 \times 15.5 = 37.2명이다.$

⭐중요

[10③, 21②]

014 연간평균근로자수가 400명인 사업장에서 연간 2건의 재해로 인하여 4명의 재해자가 발생하였다. 근로자가 1일 9시간씩 연간 300일을 근무하였을 때 이 사업장의 연천인율을 구하시오.

> **⚙ 해설**
>
> 연천인율은 1년 동안 근로자 1,000명당 발생하는 사상자수로서,
>
> $$연천인율 = \frac{연간\ 사상자(재해자)수}{연\ 평균근로자수} \times 1{,}000\ 또는\ 연천인율 = 2.4 \times 도수(빈도)율이다.$$
>
> 그러므로, $연천인율 = \dfrac{연간\ 사상자(재해자)수}{연\ 평균근로자수} \times 1{,}000 = \dfrac{4}{400} \times 1{,}000 = 10이다.$

[14③]

015 A 사업장의 연간 도수율이 4일 때 연천인율을 구하시오. (단, 근로자 1인당 연간근로시간은 2,400시간으로 함)

> **⚙ 해설**
>
> 연천인율은 1년 동안 근로자 1,000명당 발생하는 사상자수로서,
>
> $$연천인율 = \frac{연간\ 사상자(재해자)수}{연\ 평균근로자수} \times 1{,}000\ 또는\ 연천인율 = 2.4 \times 도수(빈도)율이다.$$
>
> 그러므로, $연천인율 = 2.4 \times 도수(빈도)율 = 2.4 \times 4 = 9.6이다.$

016 연 평균 근로자수가 500명인 사업장에 1년간 3명의 사상자가 발생한 경우 이 작업장의 연천인율을 구하시오.

> ⚙ **해설**
>
> 연천인율은 1년 동안 근로자 1,000명당 발생하는 사상자수로서,
>
> $$연천인율 = \frac{연간\ 사상자(재해자)수}{연\ 평균근로자수} \times 1,000 \ 또는 \ 연천인율 = 2.4 \times 도수(빈도)율이다.$$
>
> 그러므로, $연천인율 = \dfrac{연간\ 사상자(재해자)수}{연\ 평균근로자수} \times 1,000 = \dfrac{3}{500} \times 1,000 = 6이다.$

★중요

017 연평균 근로자수가 1,100명인 사업장에서 한 해 동안에 17명의 사상자가 발생하였을 경우 연천인율을 구하시오. (단, 근로자는 1일 8시간, 연간 250일을 근무함)

> ⚙ **해설**
>
> 연천인율은 1년 동안 근로자 1,000명당 발생하는 사상자수로서,
>
> $$연천인율 = \frac{연간\ 사상자(재해자)수}{연\ 평균근로자수} \times 1,000 \ 또는 \ 연천인율 = 2.4 \times 도수(빈도)율이다.$$
>
> 그러므로, $연천인율 = \dfrac{연간\ 사상자(재해자)수}{연\ 평균근로자수} \times 1,000 = \dfrac{17}{1,100} \times 1,000 = 15.454 ≒ 15.45이다.$

018 A 사업장의 도수율이 18.9일 때 연천인율을 구하시오.

> ⚙ **해설**
>
> 연천인율은 1년 동안 근로자 1,000명당 발생하는 사상자수로서,
>
> $$연천인율 = \frac{연간\ 사상자(재해자)수}{연\ 평균근로자수} \times 1,000 \ 또는 \ 연천인율 = 2.4 \times 도수(빈도)율이다.$$
>
> 그러므로, 연천인율 $= 2.4 \times 도수(빈도)율 = 2.4 \times 18.9 = 45.36이다.$

019 연천인율이 40이라 함은 평균근로자수가 100명이 되는 사업장에서 1년 동안에 발생한 상해자의 수를 구하시오.

> ⚙ **해설**
>
> 연천인율은 1년 동안 근로자 1,000명당 발생하는 사상자수로서,
>
> $$연천인율 = \frac{연간\ 사상자(재해자)수}{연\ 평균근로자수} \times 1,000 \ 또는 \ 연천인율 = 2.4 \times 도수(빈도)율이다.$$
>
> 그런데, 연천인율이 40이고, 연 평균근로자수가 100명이다.
>
> 그러므로, $연간\ 사상자(재해자)수 = \dfrac{연천인율 \times 연\ 평균근로자의\ 수}{1,000} = \dfrac{40 \times 100}{1,000} = 4명이다.$

[10②, 25②]

020 400명이 근무하는 A사업장에서는 1년 동안 30건의 재해가 발생하였다. 1일 9시간, 연간 250일을 근무하는 이 사업장의 도수율은 약 얼마인지 구하시오.

> ⚙ **해설**
>
> 도수(빈도)율은 산업재해의 발생빈도를 의미하고, 연 근로시간 합계 1,000,000시간당 발생하는 재해 건수를 의미한다.
>
> 즉, 도수(빈도)율 $= \dfrac{\text{연간 재해발생건수}}{\text{연간 총 근로시간수}} \times 10^6 = \dfrac{30}{9 \times 250} \times 10^6 = 13.33$

★중요

[03③, 06②, 25③]

021 500인의 근로자를 채용하고 있는 사업장에서 연간 25건의 재해가 발생하였다면 도수율을 구하시오. (단, 1일 8시간 작업, 300일 근무함)

> ⚙ **해설**
>
> 도수(빈도)율은 연 근로시간의 합계 1,000,000시간당 발생하는 재해건수로서 산업재해의 발생빈도를 의미한다.
>
> 즉, 도수율 $= \dfrac{\text{연간 재해발생건수}}{\text{연간 총근로시간수}} \times 10^6$이다.
>
> 그런데, 연간 재해발생건수는 12건, 연간 총근로시간수는 500×8×300시간이다.
>
> 그러므로, 도수율 $= \dfrac{\text{연간 재해발생건수}}{\text{연간 총근로시간수}} \times 10^6 = \dfrac{25}{500 \times 8 \times 300} \times 10^6 = 20.83$

[04②]

022 근로자 200명이 근무하는 사업장에 연천인율이 26이었으며 휴업일수가 160일이었다. 도수율을 구하시오. (단, 1일 8시간, 월 25일 근무함)

> ⚙ **해설**
>
> 연천인율 $= \dfrac{\text{연간 사상자(재해자)수}}{\text{연 평균근로자수}} \times 1,000$ 또는 연천인율 $= 2.4 \times$도수(빈도)율이다.
>
> 그러므로, 도수(빈도)율 $= \dfrac{\text{연천인율}}{2.4} = \dfrac{26}{2.4} = 10.833 ≒ 10.83$

023 근로자 150명이 작업하는 공장에서 5건의 재해가 발생했다면 도수율을 구하시오. (단, 하루 8시간 300일 근무인 경우임)

⚙ **해설**

도수(빈도)율은 연 근로시간의 합계 1,000,000시간당 발생하는 재해건수로서 산업재해의 발생빈도를 의미한다.

즉, 도수율 $= \dfrac{\text{연간 재해발생건수}}{\text{연간 총근로시간수}} \times 10^6$ 이다.

그런데, 연간 재해발생건수는 5건, 연간 총근로시간수는 950,000시간이다.

그러므로, 도수율 $= \dfrac{\text{연간 재해발생건수}}{\text{연간 총근로시간수}} \times 10^6 = \dfrac{5}{150 \times 8 \times 300} \times 10^6 = 13.888 ≒ 13.89$

024 500인의 상시 근로자가 근무하는 A 사업장에서 1년간 25건의 재해로 인하여 20명의 재해자가 발생하였다면 이 사업장의 도수율을 구하시오. (단, 근로자는 1일 8시간씩, 연간 280일을 근무함)

⚙ **해설**

도수(빈도)율은 연 근로시간의 합계 1,000,000시간당 발생하는 재해건수로서 산업재해의 발생빈도를 의미한다.

즉, 도수율 $= \dfrac{\text{연간 재해발생건수}}{\text{연간 총근로시간수}} \times 10^6$ 이다.

그런데, 연간 재해발생건수는 25건, 연간 총근로시간수는 500×8×280시간이다.

그러므로, 도수율 $= \dfrac{\text{연간 재해발생건수}}{\text{연간 총근로시간수}} \times 10^6 = \dfrac{25}{500 \times 8 \times 280} \times 10^6 = 22.321 ≒ 22.32$

★중요

025 사업장의 연간근로시간수가 950,000시간이고 이 기간 중에 발생한 재해건수가 12건, 근로손실일수가 203일이었을 때 이 사업장이 도수율을 구하시오.

⚙ **해설**

도수(빈도)율은 연 근로시간의 합계 1,000,000시간당 발생하는 재해건수로서 산업재해의 발생빈도를 의미한다.

즉, 도수율 $= \dfrac{\text{연간 재해발생건수}}{\text{연간 총근로시간수}} \times 10^6$ 이다.

그런데, 연간 재해발생건수는 12건, 연간 총근로시간수는 950,000시간이다.

그러므로, 도수율 $= \dfrac{\text{연간 재해발생건수}}{\text{연간 총근로시간수}} \times 10^6 = \dfrac{12}{950,000} \times 10^6 = 12.632 ≒ 12.63$

[19③, 24③]

026 근로자 150명이 작업하는 공장에서 50건의 재해가 발생했고, 총 근로손실일수가 120일일 때의 도수율을 구하시오. (단, 하루 8시간씩 연간 300일을 근무함)

> **⚙ 해설**
>
> 도수(빈도)율은 연 근로시간의 합계 1,000,000시간당 발생하는 재해건수로서 산업재해의 발생빈도를 의미한다.
>
> 즉, 도수율 $= \dfrac{\text{연간 재해발생건수}}{\text{연간 총근로시간수}} \times 10^6$ 이다.
>
> 그런데, 연간 재해발생건수는 50건, 연간 총근로시간수 = 근로자수×1일 근로시간수×연간 근무일수 = 150×8×300이다.
>
> 그러므로, 도수율 $= \dfrac{\text{연간 재해발생건수}}{\text{연간 총근로시간수}} \times 10^6 = \dfrac{50}{150 \times 8 \times 300} \times 10^6 = 138.888 \fallingdotseq 138.89$

[22①, 25①]

027 A 사업장의 현황이 다음과 같을 때, A 사업장의 강도율을 구하시오.

• 상시 근로자 : 200명	• 요양재해건수 : 4건
• 사망 : 1명	• 휴업 : 1명(500일)
• 연근로시간 : 2,400시간	

> **⚙ 해설**
>
> 강도율 $= \dfrac{\text{총 근로손실일수}}{\text{연간 총근로시간수}} \times 1,000$ 이고, 근로손실일수 = 장애등급별 손실일수+휴업일수 $\times \dfrac{\text{연 근로일수}}{365}$
>
> 그런데 사망 1명의 근로손실일수 : 7,500일, 휴업 1명 : 500일, 연간 총근로시간수 : 상시 근로자수 ×
>
> 연 근로시간 = 200×2,400이다.
>
> 그러므로, 강도율 $= \dfrac{\text{총 근로손실일수}}{\text{연간 총근로시간수}} \times 1,000 = \dfrac{(1 \times 7,500)+(500 \times \frac{300}{365})}{200 \times 2,400} \times 1,000 = 16.48$
>
> 여기서, $\dfrac{300}{365}$ 의 300은 2,400시간을 8시간(1일 근무시간)으로 나눈 값이다.
>
> 즉, 2,400시간 ÷ 8시간/일 = 300일이다.

★중요

028 연평균 200명의 근로자가 작업하는 사업장에서 연간 2건의 재해가 발생하여 사망이 2명, 50일의 휴업일수가 발생하였다면 이때의 강도율을 구하시오. (단, 1인당 연간근로시간은 2,400시간으로 함)

⚙ **해설**

$$강도율 = \frac{총\ 근로손실일수}{연간\ 총근로시간수} \times 1,000 이고, 근로손실일수 = 장애등급별\ 손실일수 + 휴업일수 \times \frac{연\ 근로일수}{365}$$

그런데 사망 2명의 근로손실일수 $= 2 \times 7,500 = 15,000$일, 휴업 50일 $= (50 \times \frac{300}{365})$이다.

연간 총근로시간수 = 상시 근로자수 × 연 근로시간 $= 200 \times 2,400$이다.

$$\therefore 강도율 = \frac{총\ 근로손실일수}{연간\ 총근로시간수} \times 1,000 = \frac{(2 \times 7,500) + (50 \times \frac{300}{365})}{200 \times 2,400} \times 1,000 = 31.335 ≒ 31.34이다.$$

여기서, $\frac{300}{365}$의 300은 2,400시간을 8시간(1일 근무시간)으로 나눈 값이다.

즉, 2,400시간 ÷ 8시간/일 = 300일이다.

029 1년간 총 근로시간이 240,000시간의 공장에서 3건의 휴업재해가 발생하여 219일의 휴업일수를 기록한 경우의 강도율을 구하시오. (단, 연간 근로일수는 300일)

⚙ **해설**

$$강도율 = \frac{총\ 근로손실일수}{연간\ 총근로시간수} \times 1,000 이고, 근로손실일수 = 장애등급별\ 손실일수 + 휴업일수 \times$$

$\frac{연\ 근로일수}{365}$ 이다. 그런데, 휴업 219일 $= (219 \times \frac{300}{365})$이다.

$$\therefore 강도율 = \frac{총\ 근로손실일수}{연간\ 총근로시간수} \times 1,000 = \frac{219 \times \frac{300}{365}}{240,000} \times 1,000 = 0.75$$

★중요

030 근로자수가 400명, 주당 45시간씩 연간 50주를 근무하였고, 연간재해건수는 210건으로 근로손실일수가 800일이었다. 이 사업장의 강도율을 구하시오. (단, 근로자의 출근율은 95%로 계산함)

⚙ **해설**

$$강도율 = \frac{총\ 근로손실일수}{연간\ 총근로시간수} \times 1,000 이고, 총\ 근로손실일수는 800일,$$

연간 총근로시간수 = 근로자수 × 주당 근로시간수 × 근로주수 × 출근율 $= 400 \times 45 \times 50 \times 0.95$이다.

$$그러므로, 강도율 = \frac{총\ 근로손실일수}{연간\ 총근로시간수} \times 1,000 = \frac{800}{400 \times 45 \times 50 \times 0.95} \times 1,000 = 0.935 ≒ 0.94$$

[07①, 24②]

031 근로자수 400명, 주당 48시간씩 연간 50주를 근무하였고, 연간재해건수는 210건(근로손실일수는 800일)일 때, 이 사업장의 강도율을 구하시오. (단, 출근율은 95%로 계산함)

> **해설**
>
> 강도율 $= \dfrac{\text{총 근로손실일수}}{\text{연간 총근로시간수}} \times 1,000$ 이고, 총 근로손실일수는 800일,
>
> 연간 총근로시간수 = 근로자수×주당 근로시간수×근로주수×출근율 = 400×48×50×0.95이다.
>
> 그러므로, 강도율 $= \dfrac{\text{총 근로손실일수}}{\text{연간 총근로시간수}} \times 1,000 = \dfrac{800}{400\times48\times50\times0.95} \times 1,000 = 0.877 \fallingdotseq 0.88$

★중요

[07③, 20①]

032 100명의 근로자가 근무하는 A기업체에서 1주일에 48시간, 연간 50주를 근무하는데 1년에 50건의 재해로 총 2,400일의 근로손실일수가 발생하였다. A기업체의 강도율을 구하시오.

> **해설**
>
> 강도율 $= \dfrac{\text{총 근로손실일수}}{\text{연간 총근로시간수}} \times 1,000$ 이고, 총 근로손실일수는 2,400일,
>
> 연간 총근로시간수 = 근로자수×주당 근로시간수×근로주수×출근율 = 100×48×50×1이다.
>
> 그러므로, 강도율 $= \dfrac{\text{총 근로손실일수}}{\text{연간 총근로시간수}} \times 1,000 = \dfrac{2,400}{100\times48\times50\times1} \times 1,000 = 10$
>
> 여기서, 1은 출근율로써, 문제에서 출근률이 주어지지 않았으므로 100%로 산정한 값이다.

[15①]

033 1년간 연근로시간이 240,000시간의 사업장에서 4건의 휴업재해가 발생하여 100일의 휴업일수를 기록했다. 이 사업장의 강도율을 구하시오. (단, 근로자 1인당 연간근로일수는 300일)

> **해설**
>
> 강도율 $= \dfrac{\text{총 근로손실일수}}{\text{연간 총근로시간수}} \times 1,000$ 이고, 근로손실일수 = 장애등급별 손실일수+휴업일수$\times\dfrac{\text{연 근로일수}}{365}$
>
> 그런데, 연간 총근로시간수는 240,000시간, 휴업일수는 100일 $= (100\times\dfrac{300}{365})$이다.
>
> $\therefore$ 강도율 $= \dfrac{\text{총 근로손실일수}}{\text{연간 총근로시간수}} \times 1,000 = \dfrac{100\times\dfrac{300}{365}}{240,000} \times 1,000 = 0.342 \fallingdotseq 0.34$

034 상시근로자수가 100명인 사업장에서 1년간 6건의 재해로 인하여 10명의 부상자가 발생하였고, 이로 인한 근로손실 일수는 120일, 휴업일수는 68일이었다. 이 사업장의 강도율을 구하시오. (단, 1일 9시간씩 연간 290일 근무함)

⚙ **해설**

강도율 $= \dfrac{\text{총 근로손실일수}}{\text{연간 총근로시간수}} \times 1{,}000$ 이고, 근로손실일수 $=$ 장애등급별 손실일수$+$휴업일수$\times\dfrac{\text{연 근로일수}}{365}$

그런데, 10명의 부상자의 근로손실일수는 120일, 휴업일수는 68일 $= (68 \times \dfrac{290}{365})$, 총 연간 총근로시간수 $=$ 상시 근로자수$\times$1일 근무시간$\times$연간 근무일수 $= 100\times9\times290$이다.

$\therefore$ 강도율 $= \dfrac{\text{총 근로손실일수}}{\text{연간 총근로시간수}} \times 1{,}000 = \dfrac{120+(68\times\frac{290}{365})}{100\times9\times290} \times 1{,}000 = 0.666 \fallingdotseq 0.67$

035 상시 근로자 100명인 사업장에서 1년간 6명의 부상자가 발생하였고, 그 휴업일수가 총 219일인 경우의 강도율을 구하시오. (단, 1일 9시간씩 연간 290일 근무함)

⚙ **해설**

강도율 $= \dfrac{\text{총 근로손실일수}}{\text{연간 총근로시간수}} \times 1{,}000$ 이고, 근로손실일수 $=$ 장애등급별 손실일수$+$휴업일수$\times\dfrac{\text{연 근로일수}}{365}$

그런데, 6명의 부상자 휴업일수는 219일 $= (219 \times \dfrac{290}{365})$, 총 연간 총근로시간수 $=$ 상시 근로자수$\times$1일 근무시간$\times$연간 근무일수 $= 100\times9\times290$이다.

$\therefore$ 강도율 $= \dfrac{\text{총 근로손실일수}}{\text{연간 총근로시간수}} \times 1{,}000 = \dfrac{219\times\frac{290}{365}}{100\times9\times290} \times 1{,}000 = 0.666 \fallingdotseq 0.67$

★**중요**

036 연평균 200명의 근로자가 작업하는 사업장에서 연간 3건의 재해가 발생하여 사망이 1명, 50일의 요양이 필요한 인원이 1명 있었다면 이 때의 강도율을 구하시오. (단, 1인당 연간근로시간은 2,400시간으로 함)

⚙ **해설**

강도율 $= \dfrac{\text{총 근로손실일수}}{\text{연간 총근로시간수}} \times 1{,}000$ 이고, 근로손실일수 $=$ 장애등급별 손실일수$+$휴업일수$\times\dfrac{\text{연 근로일수}}{365}$

그런데 사망 1명의 근로손실일수 : 7,500일, 50일 요양 1명 : $(50 \times \dfrac{300}{365})$이다. 연간 총근로시간수 $=$ 상시 근로자수$\times$연 근로시간 $= 200\times2{,}400$이다.

그러므로, 강도율 $= \dfrac{\text{총 근로손실일수}}{\text{연간 총근로시간수}} \times 1{,}000 = \dfrac{(1\times7{,}500)+(50\times\frac{300}{365})}{200\times2{,}400} \times 1{,}000 = 15.71$

여기서, $\dfrac{300}{365}$의 300은 2,400시간을 8시간(1일 근무시간)으로 나눈 값이다. 즉, 2,400시간 $\div$ 8시간/일 $= 300$일이다.

[05③, 23②]

037 연 평균 200인의 근로자를 가진 사업장에서 연간 5건의 재해가 발생하였는데 그 중 사망 1명, 장애등급 14급 2명, 1명은 가료 30일, 다른 1명은 7일 가료하였다면 강도율을 구하시오. (단, 사망에 의한 손실일수는 7500일이고, 연간 근로일 수는 300일로 함)

⚙ 해설

강도율 $= \dfrac{총\ 근로손실일수}{연간\ 총근로시간수} \times 1{,}000$ 이고, 근로손실일수 $=$ 장애등급별 손실일수 $+$ 휴업일수 $\times \dfrac{연\ 근로일수}{365}$

그런데 사망 1명의 근로손실일수 : 7,500일, 장애 14등급 : 50일, 가료 30일, 7일 : $[(30+7) \times \dfrac{300}{365}]$이다.

연간 총근로시간수 $=$ 상시 근로자수 $\times$ 1일 근로 시간 $\times$ 근로 일수 $= 200 \times 8 \times 300$이다.

그러므로, 강도율 $= \dfrac{총\ 근로손실일수}{연간\ 총근로시간수} \times 1{,}000 = \dfrac{(1 \times 7{,}500)+(50 \times 2)+[(30+7) \times \dfrac{300}{365}]}{200 \times 8 \times 300} \times 1{,}000 =$

$15{,}897 \fallingdotseq 15.90$

[04①, 25②]

038 상시 근로자 100명인 사업장에서 1년간 6건의 부상자를 내고 그 휴업일수가 총 219일이라면 강도율을 구하시오. (단, 1일 8시간씩, 300일 근무함)

⚙ 해설

강도율 $= \dfrac{총\ 근로손실일수}{연간\ 총근로시간수} \times 1{,}000$이고, 근로손실일수 $=$ 장애등급별 손실일수 $+$ 휴업일수 $\times \dfrac{연\ 근로일수}{365}$

그런데, 6명의 부상자 휴업일수는 219일 $= (219 \times \dfrac{300}{365})$, 총 연간 총근로시간수 $=$ 상시 근로자수 $\times$ 1일 근무시간 $\times$ 연간 근무일수 $= 100 \times 8 \times 300$이다.

$\therefore$ 강도율 $= \dfrac{총\ 근로손실일수}{연간\ 총근로시간수} \times 1{,}000 = \dfrac{219 \times \dfrac{300}{365}}{100 \times 8 \times 300} \times 1{,}000 = 0.75$

039 연 평균 100인의 근로자를 가진 사업장에서 연간 5건의 재해가 발생하였는데 그 중 사망 1명, 장애등급 14급 2명, 1명은 가료 30일, 다른 1명은 7일 가료한 경우 강도율을 구하시오.

⚙ **해설**

강도율 $= \dfrac{\text{총 근로손실일수}}{\text{연간 총근로시간수}} \times 1,000$ 이고, 근로손실일수 = 장애등급별 손실일수 + 휴업일수 $\times \dfrac{\text{연 근로일수}}{365}$

그런데 사망 1명의 근로손실일수 : 7,500일, 장애 14등급 : 50일, 가료 30일, 7일 : $\left[(30+7) \times \dfrac{300}{365}\right]$ 이다. 연간 총근로시간수 = 상시 근로자수 × 1일 근로 시간 × 근로 일수 = 100 × 8 × 300 이다.

그러므로, 강도율 $= \dfrac{\text{총 근로손실일수}}{\text{연간 총근로시간수}} \times 1,000 = \dfrac{(1 \times 7,500)+(50 \times 2)+\left[(30+7) \times \dfrac{300}{365}\right]}{100 \times 8 \times 300} \times 1,000$

$= 31.792 ≒ 31.79$

★중요

040 강도율이 1.25, 도수율이 10인 사업장의 평균강도율을 구하시오.

⚙ **해설**

평균 강도율은 재해 1건당 평균 손실일수로서, 평균 강도율 $= \dfrac{\text{강도율}}{\text{도수율}} \times 1,000$ 이다.

그러므로, 평균 강도율 $= \dfrac{\text{강도율}}{\text{도수율}} \times 1,000 = \dfrac{1.25}{10} \times 1,000 = 125$(일)이다.

041 A 사업장의 상시근로자수가 1,200명이다. 이 사업장의 도수율이 10.5이고 강도율이 7.5일 때 이 사업장의 총 요양 근로손실일수(일)를 구하시오 (단, 연근로시간수는 2400시간임)

⚙ **해설**

강도율 $= \dfrac{\text{총 근로손실일수}}{\text{연간 총근로시간수}} \times 1,000$ 이고, 연간 총근로시간수 = 근로자수 × 연간 근로시간수이므로,

총 근로손실일수 $= \dfrac{\text{강도율} \times \text{연간 총근로시간수}}{1,000} = \dfrac{\text{강도율} \times \text{근로자수} \times \text{연간 근로시간수}}{1,000}$

$= \dfrac{7.5 \times 1,200 \times 2,400}{1,000} = 21,600$(일)이다.

[12③]

★중요

042 강도율이 1.98인 사업장에서 한 근로자가 평생 근무한다면 이 근로자는 재해로 인해 며칠의 근로손실일수가 발생하는지 구하시오. (단, 근로자의 평생근무시간은 100,000시간으로 함)

⚙ 해설

강도율 $= \dfrac{총\ 근로손실일수}{연간\ 총근로시간수} \times 1,000$ 이고, 연간 총근로시간수 = 근로자수×연간 근로시간수이다.

총 근로손실일수 $= \dfrac{강도율×연간\ 총근로시간수}{1,000} = \dfrac{강도율×근로자수×연간\ 근로시간수}{1,000}$

$= \dfrac{1.98×100,000}{1,000} = 198(일)$ 이다.

[11①]

043 상시 근로자수가 150명인 B 사업장의 강도율이 8이라면 이 사업장에서 지난 한 해 동안 발생한 총근로손실일수를 구하시오. (단, 근로자는 주당 40시간씩 연간 52주를 근무함)

⚙ 해설

강도율 $= \dfrac{총\ 근로손실일수}{연간\ 총근로시간수} \times 1,000$ 이고, 연간 총근로시간수 = 근로자수×연간 근로시간수 =

근로자수×근무 주수×주당 근무시간수 = 150×52×40이다.

총 근로손실일수 $= \dfrac{강도율×연간\ 총근로시간수}{1,000} = \dfrac{강도율×근로자수×연간\ 근로시간수}{1,000}$

$= \dfrac{8×150×52×40}{1,000} = 2,496(일)$ 이다.

[03③, 07③]

044 Z건설의 2000년도 도수율이 10.05이고 강도율이 2.21일 때 이 건설회사에 근무하는 근로자의 입사부터 정년까지 재해 건수와 근로손실일수를 구하시오. (단, 소수점 3자리에서 반올림할 것)

⚙ 해설

① 환산도수율의 산정

환산도수율 $= \dfrac{도수율}{10} = 도수율×0.1 = 10.05×0.1 = 1.005 = 1.01$ 건

② 환산강도율의 산정

환산강도율 $= 강도율×100 = 2.21×100 = 221$ 일

★중요

045 도수율이 10인 건설현장에서 근로자가 평생동안 근무할 경우 재해발생건수를 구하시오. (단, 평생 동안의 근로시간은 1인당 80,000시간으로 가정함)

> **⚙ 해설**
>
> 도수(빈도)율은 연 근로시간의 합계 1,000,000시간당 발생하는 재해건수로서 산업재해의 발생빈도를 의미한다.
>
> 즉, 도수(빈도)율 $= \dfrac{\text{연간 재해발생건수}}{\text{연간 총근로시간수}} \times 10^6$ 이다.
>
> 그러므로, 연간 재해발생건수 $= \dfrac{\text{도수율} \times \text{연간 총근로시간수}}{10^6} = \dfrac{10 \times 80,000}{10^6} = 0.8$건이다.

046 도수율이 25인 사업장의 연간 재해발생건수를 구하시오. (단, 이 사업장의 당해 연도 총근로시간은 80,000시간임)

> **⚙ 해설**
>
> 도수(빈도)율은 연 근로시간의 합계 1,000,000시간당 발생하는 재해건수로서 산업재해의 발생빈도를 의미한다.
>
> 즉, 도수(빈도)율 $= \dfrac{\text{연간 재해발생건수}}{\text{연간 총근로시간수}} \times 10^6$ 이다.
>
> 그런데, 연간 재해발생건수는 50건, 연간 총근로시간수 = 근로자수×1일 근로시간수×연간 근무일수 = 150×8×300이다.
>
> 그러므로, 도수(빈도)율 $= \dfrac{\text{연간 재해발생건수}}{\text{연간 총근로시간수}} \times 10^6$ 이므로,
>
> 연간 재해발생건수 $= \dfrac{\text{도수율} \times \text{연간 총근로시간수}}{10^6} = \dfrac{25 \times 80,000}{10^6} = 2$건이다.

047 연평균 상시근로자 수가 500명인 사업장에서 36건의 재해가 발생한 경우 근로자 한 사람이 이 사업장에서 평생 근무할 경우, 근로자에게 발생할 수 있는 재해는 몇 건으로 추정되는지 구하시오. (단, 근로자는 평생 40년을 근무하며, 평생잔업시간은 4,000시간이고, 1일 8시간씩 연간 300일을 근무함)

> **⚙ 해설**
>
> 환산도수율이란 입사에서 퇴사시까지의 평생 동안(40년)의 근로시간인 100,000시간당 재해 건수를 말한다.
>
> 즉, 환산도수율 $= \dfrac{\text{재해발생건수}}{\text{연간 총근로시간수}} \times 10^5$ 이다.
>
> 또한, 환산도수율(평생작업시 예상재해건수) $= \dfrac{\text{도수율}}{10} = $ 도수율×0.1이다.
>
> 그러므로, 도수(빈도)율 $= \dfrac{\text{연간 재해발생건수}}{\text{연간 총근로시간수}} \times 10^6$ 이다. 그런데, 연간 재해발생건수는 36건이고,
>
> 연 총근로시간수 = 500×8×300 = 1,200,000시간이다.
>
> 그러므로, 도수(빈도)율 $= \dfrac{\text{연간 재해발생건수}}{\text{연간 총근로시간수}} \times 10^6 = \dfrac{36}{1,200,000} \times 10^6 = 30$이다.
>
> 그런데, 환산도수율(평생작업시 예상재해건수) $= \dfrac{\text{도수율}}{10} = $ 도수율×0.1 = 30×0.1 = 3건이다.

[04②, 07②, 14②, 25③]

048 A사업장에서 지난해 2건의 사고가 발생하였는데 1건(재해자 수 5명)은 재해조사표를 작성하였지만 1건은 재해자가 1명뿐이어서 재해조사표를 작성하지 않았으며 보고도 하지 않았다. 동일 사업장에서 올해 1건의 재해로 인하여 재해자 수는 3명이었으며, 이 때 재해조사를 하는 가운데 지난해 재해조사표를 작성·보고하지 않은 재해를 인지하게 되었다. 이 경우 지난해와 올해의 재해자 수는 어떻게 기록되는지 쓰시오.

☼ 해설

① 지난해 재해자 수 = 1건에 5명이다.

② 올해의 재해자 수 = 지난해 누락된 재해자 수+올해 재해자 수 = 3+1 = 4명

[07②]

049 전년도 어느 건설회사의 연간 국내공사 실적액이 300억원이고, 이 해의 노무비율은 0.21이며, 이 회사의 1일 평균임금은 73,000원으로 평가되었다. 이 회사의 환산재해율을 산정하기 위한 상시근로자수를 구하시오. (단, 월 평균 근로일수는 24일로 함)

☼ 해설

$$상시근로자수 = \frac{국내공사\ 연간실적액 \times 노무비율}{건설업\ 월\ 평균임금 \times 12} = \frac{30,000,000,000 \times 0.21}{73,000 \times 24 \times 12} = 299.65 ≒ 300명이다.$$

[14②]

050 연간 국내공사실적액이 50억원이고, 건설업평균임금이 250만원이며, 노무비율은 0.06인 사업장에서 산출한 상시근로자수를 구하시오.

☼ 해설

$$상시\ 근로자수 = \frac{연간\ 국내공사\ 실적액 \times 노무비율}{건설업\ 월\ 평균임금 \times 12} = \frac{5,000,000,000 \times 0.06}{2,500,000 \times 12} = 10명이다.$$

051 상시근로자수가 200명인 사업장의 연천인율이 24이었고, 휴업일수가 73일이었다. 이 사업장의 종합재해지수(FSI)를 구하시오. (단, 근로자는 1일 8시간, 연간 300일을 근무함)

> **해설**
>
> 종합재해지수(FSI) $= \sqrt{도수율 \times 강도율}$로서, 기업의 위험도를 비교하고, 안전에 대한 관심을 높이는 데 사용하는 지수이다.
>
> ① 도수율 $= \dfrac{연천인율}{2.4} = \dfrac{24}{2.4} = 10$
>
> ② 강도율 $= \dfrac{총\ 근로손실일수}{연간\ 총근로시간수} \times 1,000$이고, 근로손실일수 $=$ 장애등급별 손실일수$+$휴업일수$\times \dfrac{연\ 근로일수}{365}$
>
> 그런데 휴업일수 73일 : $(73 \times \dfrac{300}{365})$, 연간 총근로시간수 $=$ 상시 근로자수$\times$1일 근로시간$\times$근로일수
>
> $= 200 \times 8 \times 300 = 480,000$이다.
>
> ∴ 강도율 $= \dfrac{총\ 근로손실일수}{연간\ 총근로시간수} \times 1,000 = \dfrac{73 \times \dfrac{300}{365}}{200 \times 8 \times 300} \times 1,000 = 0.125$
>
> 그러므로, 종합재해지수(FSI) $= \sqrt{도수율 \times 강도율} = \sqrt{10 \times 0.125} = \sqrt{1.25} = 1.118 ≒ 1.12$

★중요

052 500명의 상시 근로자가 있는 사업장에서 1년간 발생한 근로손실일수가 1,200일이고, 이 사업장의 도수율이 9일 때, 종합재해지수(FSI)를 구하시오. (단, 근로자는 1일 8시간씩 연간 300일을 근무함)

> **해설**
>
> 종합재해지수(FSI) $= \sqrt{도수율 \times 강도율}$로서, 기업의 위험도를 비교하고, 안전에 대한 관심을 높이는 데 사용하는 지수이다.
>
> ① 도수율 $= 9$
>
> ② 강도율 $= \dfrac{총\ 근로손실일수}{연간\ 총근로시간수} \times 1,000$이고, 근로손실일수 $=$ 장애등급별 손실일수$+$휴업일수$\times \dfrac{연\ 근로일수}{365}$
>
> 그런데 근로손실일수는 1,200일, 연간 총근로시간수 $=$ 상시 근로자수$\times$1일 근로 시간$\times$근로 일수
>
> $= 500 \times 8 \times 300 = 1,200,000$이다.
>
> ∴ 강도율 $= \dfrac{총\ 근로손실일수}{연간\ 총근로시간수} \times 1,000 = \dfrac{1,200}{500 \times 8 \times 300} \times 1,000 = 1$
>
> 그러므로, 종합재해지수(FSI) $= \sqrt{도수율 \times 강도율} = \sqrt{9 \times 1} = 3$이다.

[11③]

053 A 건설기업은 재해발생으로 인하여 지출된 산업재해 보상보험금의 보상비용이 5천만원이었다. 하인리히 방식을 따를 경우 총재해손실비용은 얼마인지 구하시오.

⚙ 해설

"재해손실 총비용 = 직접손실비(산재보상비)+간접손실비(직접손실비의 4배)"이다. 그런데, 직접손실비가 5,000만원이므로, 재해손실 총비용 = 직접손실비(간접손실비의 1/4)+간접손실비(직접손실비의 4배) = 5,000만원+(5,000만원×4) = 2억 5,000만원이다.

[09②]

054 어떤 사업장에서 산업 재해로 인한 생산손실, 시간손실 등의 간접손실비로 지출한 금액이 4억원이었다고 한다. 이 사업장의 총재해코스트는 얼마로 추정되는지 구하시오. (단, 하인리히의 재해코스트 산정방식을 따름)

⚙ 해설

"재해손실 총비용 = 직접손실비(산재보상비)+간접손실비(직접손실비의 4배)"이다. 그런데, 간접손실비가 4억원이므로 재해손실 총비용 = 직접손실비(간접손실비의 1/4)+간접손실비(직접손실비의 4배) = (4억×1/4)+4억 = 5억원이다.

★중요

[04③, 06①]

055 총 근로자수 10,571,279명 중 업무상사고 사망자수가 1,378명, 업무상질병 사망자수가 1,227명일 경우 사망만인율을 계산하시오.

⚙ 해설

사망만인율이란 사망자 수의 1만배(10,000배)를 전체 근로자 수로 나눈 값으로 전 산업에 종사하는 근로자 중 산업재해로 사망한 근로자가 어느 정도 되는지 파악할 때 사용되는 지표이다. 산정식은 다음과 같다.

$$\text{사망만인율} = \frac{\text{사망자 수}}{\text{산재보험 적용근로자수}}\times 10,000(\%) = \frac{\text{사망자 수}}{\text{임금 근로자수}}\times 10,000(\%) = \frac{\text{사망자 수}}{\text{상시 근로자수}}\times 10,000(\%)$$

이다.

여기서, 사망자 수는 근로복지공단의 유족급여가 지급된 사망자(지방고용노동관서의 상내 비보고 적발 사망자 포함)수를 말하며, 다만, 사업장 밖의 교통사고(운수업, 음식숙박업은 사업장 밖의 교통사고도 포함), 체육행사, 폭력행위, 통상의 출퇴근에 의한 사망 및 사고 발생일로부터 1년을 경과하여 사망한 경우는 제외한다.

또한, 건설업 기준의 상시근로자수 = 연간국내공사실적액×$\dfrac{\text{노무비율}}{\text{건설업 월 평균임금} \times 12}$이다.

그런데, 사망자 수 = 업무상 사고 사망자 수+업무상 질병 사망자 수 = 1,378+1,227 = 2,605명이고, 산재보험 적용 근로자 수 = 10,571,279명이다.

그러므로, 사망만인율 = $\dfrac{\text{사망자 수}}{\text{산재보험 적용근로자수}}\times 10,000 = \dfrac{(1,378+1,227)}{10,571,279}\times 10,000 = 2.464 ≒ 2.46\%$

056 공사규모가 70억원인 건축건설공사현장에서 1일 200명의 근로자가 매일 10시간씩 근무를 하고 있다. 이 현장의 무재해 운동의 1배 목표를 30만 시간이라 할 때 무재해 1배 목표 일수를 구하시오. (단, 일요일이나 공휴일은 없는 것으로 간주하여, 이 현장의 평균 결근율은 5%로 가정함)

> **⚙ 해설**
>
> 무재해 1배수 목표 일수 = $\dfrac{\text{목표 시간 수}}{\text{1일 총 근무시간 수}}$ 이다.
>
> 그런데, 목표 시간 수는 300,000시간이고, 1일 총 근무시간 수 = 근로자 수 × 1일 근로시간 수 × (1−결근률) = 200 × 10 × (1−0.05) = 1,900시간이다.
>
> ∴ 무재해 1배수 목표 일수 = $\dfrac{\text{목표 시간 수}}{\text{1일 총 근무시간 수}}$ = $\dfrac{300,000}{1,900}$ = 157.89일 ≒ 158일이다.

01 진위형 문제

▶ 해설편 24p

※ 다음 문제를 읽고, 옳으면 ○, 틀리면 ×를 괄호 안에 표기하시오.

[14③, 23①]

001 일반적인 보호구의 관리 방법을 체크하시오.

① 정기적으로 점검하고 관리한다. ( )

② 청결하고 습기가 없는 곳에 보관한다. ( )

③ 세척한 후에는 햇볕에 완전히 건조시켜 보관한다. ( )

④ 항상 깨끗이 보관하고 사용 후 건조시켜 보관한다. ( )

[10①, 20①, 22①]

002 보호구 안전인증제품에 표시할 사항을 체크하시오.

① 규격 또는 등급 등 ( )

② 형식 또는 모델명 ( )

③ 제조번호 및 제조연월 ( )

④ 성능기준 및 시험방법 ( )

⑤ 사용 유효기간 ( )

⑥ 제조자명 ( )

⑦ 안전인증번호 ( )

[05①, 08②, 13③, 23①]

003 방진마스크의 선정기준을 체크하시오.

① 흡기, 배기 저항이 커야 한다. ( )

② 유효공간이 적어야 한다. ( )

③ 중량이 가벼워야 한다. ( )

④ 안면 밀착성이 좋아야 한다. ( )

⑤ 분진포집효율이 높아야 한다. ( )

⑥ 시야가 넓어야 한다. ( )

[03②, 09②]

004 작업환경 중 방진마스크(1급)를 사용하는 경우를 체크하시오.

① 석면 취급장소 ( )

② 특급마스크 착용장소를 제외한 분진 등 발생장소
( )

③ 금속흄 등과 같이 열적으로 생기는 분진 등 발생장소 ( )

④ 기계적으로 생기는 분진 등 발생장소(규소 등과 같이 2급 방진마스크를 착용하여도 무방한 경우는 제외) ( )

⑤ 베릴륨 등과 같이 독성이 강한 물질들을 함유한 분진 등 발생장소 ( )

[07②, 17①]

005 방독마스크의 정화통 종류와 외부 측면의 색채의 연결이 올바른지 체크하시오.

① 암모니아용 – 회색 ( )

② 아황산용 – 노랑색 ( )

③ 유기화합물용 – 노랑색 ( )

④ 할로겐용 – 갈색 ( )

[08①, 24①]

006 방독마스크의 정화통에 표시하여야 할 사항을 체크하시오.

① 제조자명 ( )

② 내구년한 ( )

③ 제조번호 및 제조연월 ( )

④ 규격 또는 등급 ( )

[09③]

007 산업안전보건법상 방독마스크의 종류와 시험 가스의 연결이 올바른지 체크하시오.

① 할로겐용 – 시클로헥산(C_6H_{12}) ( )

② 시안화수소용 – 시안화수소가스(HCN) ( )

③ 아황산용 – 아황산가스(SO_2) ( )

④ 암모니아용 – 암모니아가스(NH_3) ( )

[13②, 25①]

008 방독마스크의 시험성능기준 항목을 체크하시오.

① 시야 ( ) 　② 불연성 ( )

③ 정화통 호흡저항 ( )

④ 안면부 내의 압력 ( )

009 방독마스크의 선정 방법에 대한 설명으로 올바른지 체크하시오.

① 전면형은 되도록 시야가 좁을 것 (　)

② 착용자 자신이 스스로 안면과 방독마스크 안면부와의 밀착성 여부를 수시로 확인할 수 있을 것 (　)

③ 머리끈은 적당한 길이 및 탄력성을 갖고 길이를 쉽게 조절할 수 있을 것 (　)

④ 정화통 내부의 흡착제는 견고하게 충진되고 충격에 의해 외부로 노출되지 않을 것 (　)

010 실내에서 석재를 가공하는 산소결핍장소에서 작업하고자 할 때 가장 적합한 마스크를 체크하시오.

① 방진마스크 (　)

② 방독마스크 (　)

③ 송기마스크 (　)

④ 위생마스크 (　)

★중요　　　[04①, 09①, 11①, 16③, 20①, 21②, 25①]

011 보호구 안전인증 고시에 따른 추락 및 감전 위험방지용 안전모의 성능시험대상을 체크하시오.

① 내관통성(耐貫通性)시험 (　)

② 난연성시험 (　)

③ 턱끈풀림시험 (　)

④ 내열성시험 (　)

⑤ 내전압성(耐電壓性)시험 (　)

⑥ 충격흡수성시험 (　)

⑦ 통기저항(通氣抵抗)시험 (　)

⑧ 압박시험 (　)

⑨ 내수성시험 (　)

⑩ 내유성시험 (　)

012 산업안전보건법상 사용구분에 따라 안전모의 종류를 구분할 때 ABE형 안전모에 관한 설명으로 올바른지 체크하시오.

① 낙하 또는 추락에 의한 위험과 전자파 피해 방지를 위한 것 (　)

② 물체의 낙하 또는 비래 및 추락에 의한 위험을 방지 또는 경감시키기 위한 것 (　)

③ 물체의 낙하 또는 비래에 의한 위험을 방지 또는 경감하고, 머리부위 감전에 의한 위험을 방지하기 위한 것 (　)

④ 물체의 낙하 또는 비래 및 추락에 의한 위험을 방지 또는 경감하고, 머리부위 감전에 의한 위험을 방지하기 위한 것 (　)

013 산업안전보건법령상 AB형 안전모에 관한 설명으로 올바른지 체크하시오.

① 물체의 낙하 또는 비래에 의한 위험을 방지 또는 경감하기 위한 것 (　)

② 물체의 낙하 또는 비래 및 추락에 의한 위험을 방지 또는 경감시키기 위한 것 (　)

③ 물체의 낙하 또는 비래에 의한 위험을 방지 또는 경감하고, 머리부위 감전에 의한 위험을 방지하기 위한 것 (　)

④ 물체의 낙하 또는 비래 및 추락에 의한 위험을 방지 또는 경감하고, 머리부위 감전에 의한 위험을 방지하기 위한 것 (　)

014 추락 및 감전 위험방지용 안전모의 성능기준 중 일반구조 기준에 대한 설명으로 올바른지 체크하시오.

① 턱끈의 폭은 10mm 이상일 것 (　)

② 안전모의 수평간격은 1mm 이내일 것 (　)

③ 안전모는 모체, 착장체 및 턱끈을 가질 것 (　)

④ 안전모의 착용높이는 85mm 이상이고 외부 수직거리는 80mm 미만일 것 (　)

⑤ 착장체의 구조는 착용자의 머리에 균등한 힘이 분배 되도록 할 것 (　)

015 보호구 안전인증 고시에 따른 가죽제안전화의 성능시험방법을 체크하시오.

① 내답발성시험 (　)

② 박리저항시험 (　)

③ 내충격성시험 (　)

④ 내전압성시험 (　)

016 안전모의 시험항목에 관한 설명으로 올바른지 체크하시오.

[05③]

① 안전모의 내관통성 시험에서 철제추의 형상과 치수는 원뿔각도 (35 ± 0.5)°, 뾰족한 끝의 반경은 0.25mm 이하의 반구상으로 한다. (　)

② 충격흡수성 시험에서 안전모를 머리고정대가 느슨한 상태(머리고정대 길이가 58cm 이상)로 머리모형에 장착하고 질량 3,600g의 충격추를 낙하점이 모체정부를 중심으로 직경 76mm 이내가 되도록 높이 1.5m에서 자유 낙하시켜 전달충격력을 측정한다. (　)

③ 내전압성 시험에서 전압을 가하는 방법은 규정전압의 75/100까지 상승시키고, 이후에는 1초간에 약 1,000V의 비율로 전압을 상승시켜 20kV에 달한 후 1분간 이에 견디는지 확인한다. (　)

④ 내수성 시험은 시험 안전모의 모체를 (30~35)℃의 수중에 48시간 담가놓은 후, 대기중에 꺼내어 마른천 등으로 표면의 수분을 닦아내고 질량증가율을 산출한다. (　)

017 산업안전보건법령상 안전인증 대상의 안전화 종류를 체크하시오.

[15③, 19①]

① 경화안전화 (　)

② 발등안전화 (　)

③ 정전기안전화 (　)

④ 화학물질용안전화 (　)

018 높이 또는 깊이 2m 이상의 추락할 위험이 있는 장소에서의 작업 시에 착용하여야 하는 보호구를 체크하시오.

[05①, 24②]

① 보안면 (　)　　　② 안전대 (　)

③ 방열복 (　)　　　④ 방한화 (　)

019 안전대의 일반구조에 대한 설명으로 올바른지 체크하시오.

[09③, 11③]

① 벨트의 조임 및 조절 부품은 저절로 풀리거나 열리지 않을 것 (　)

② 죔줄의 모든 금속 구성품은 내식성을 갖거나 부식 방지 처리를 할 것 (　)

③ 벨트 또는 지탱벨트에 D링 또는 각 링과의 부착은 벨트 또는 지탱벨트와 같은 재료를 사용하여 견고하게 봉합할 것(U자걸이 안전대에 포함) (　)

④ 안전그네는 골반 부분과 어깨에 위치하는 띠를 가져야 하고, 사용자에게 잘 맞게 조절할 수 있을 것 (　)

⑤ 안전대에 사용하는 죔줄은 충격흡수장치가 부착될 것 (　)

⑥ 벨트 또는 안전그네에 버클과의 부착은 벨트 또는 안전그네의 양쪽 끝을 꺾어 돌려 버클을 꺾어 돌린 부분을 봉합사로 견고하게 봉합할 것 (　)

020 보호구 안전인증 고시상 안전대 충격흡수장치의 동하중 시험성능기준에 관한 사항에서 괄호 안에 들어갈 용어를 체크하시오.

[22②, 25②]

> ㉠ 최대전달 충격력은 (　)kN 이하
>
> ㉡ 감속거리는 (　)mm 이하이어야 함

① ㄱ : 6.0, ㄴ : 1,000 (　)

② ㄱ : 6.0, ㄴ : 2,000 (　)

③ ㄱ : 8.0, ㄴ : 1,000 (　)

④ ㄱ : 8.0, ㄴ : 2,000 (　)

021 내전압용절연장갑의 성능기준에 있어 절연 장갑의 등급과 최대사용전압의 연결이 올바른지 체크하시오. (단, 전압은 교류로 실효값을 의미함)

[12③, 19②]

① 00등급 : 500V (　)　　② 0등급 : 2500V (　)

③ 1등급 : 10000V (　)　　④ 2등급 : 20000V (　)

022 중심주파수 4000Hz 인 경우에 귀마개와 귀덮개의 최소한의 차음 효과 dB가 올바른지 체크하시오.

[08③, 23③]

① 귀마개 : 20dB, 귀덮개 : 30dB (　)

② 귀마개 : 25dB, 귀덮개 : 30dB (　)

③ 귀마개 : 20dB, 귀덮개 : 35dB (　)

④ 귀마개 : 25dB, 귀덮개 : 35dB (　)

023 방음용 귀마개 또는 귀덮개의 종류 및 등급과 기호 연결이 올바른지 체크하시오.

① 귀덮개 – EM ( )

② 귀마개 1종 – EP–1 ( )

③ 귀마개 2종 – EP–2 ( )

④ 귀마개 3종 – EP–3 ( )

[06①]

024 안전보건표지의 구성요소를 체크하시오.

① 모양 ( )　　② 범위 ( )

③ 색깔 ( )　　④ 내용 ( )

[03①, 05③, 24③]

025 산업안전표지로서 경고표지에 해당되는 색도 기준에 해당하는지 체크하시오.

① 5R 4/13 ( )　　② 5G 5.5/6 ( )

③ 7.5PB 2.5/7.5 ( )　　④ 5Y 8.5/12 ( )

[07②]

026 산업안전보건표지로서 지시표지에 해당되는 색도 기준으로 올바른지 체크하시오.

① 5R 4/13 ( )　　② 5G 5.5/6 ( )

③ 2.5PB 4/10 ( )　　④ 2.5Y 8/12 ( )

[14③]

027 산업안전보건법령상 화학물질 취급장소에서의 유해·위험경고 이외의 위험경고, 주의표지 또는 기계 방호물에 사용되는 안전보건표지 색채의 색도기준을 체크하시오.

① 5Y 8.5/12 ( )　　② 2.5PB 4/10 ( )

③ 2.5G 4/10 ( )　　④ N9.5 ( )

[13③, 21③, 25③]

028 산업안전보건법령상 안전보건표지에 있어 표지의 종류와 색도기준의 연결이 올바른지 체크하시오. (단, 표기의 순서는 "색상 명도/채도")

① 금지표지 : 5G 4/10 ( )

② 경고표지 : 5Y 8.5/12 ( )

③ 안내표지 : 5R 5.5/6 ( )

④ 지시표지 : 5N 2.5/7.5 ( )

⑤ 지시표지 : 5N 9.5 ( )

⑥ 금지표지 : 2.5G 4/10 ( )

⑦ 안내표지 : 7.5R 4/14 ( )

[08③, 17①, 21①]

029 산업안전보건법령상 안전·보건표지 중 색채와 색도기준의 연결이 올바른지 체크하시오.

① 흰색 : N0.5 ( )

② 녹색 : 5G 5.5/6 ( )

③ 빨간색 : 5R 4/12 ( )

④ 파란색 : 2.5PB 4/10 ( )

⑤ 빨간색 : 7.5R 4/14 ( )

⑥ 노란색 : 5Y 8.5/12 ( )

⑦ 검은색 : N1.5 ( )

[07③, 09①, 19③]

030 산업안전보건법에서 정한 안전·보건표지의 색상과 그 사용 사례의 연결이 올바른지 체크하시오.

① 빨간색(7.5R 4/14) – 탑승금지 ( )

② 빨간색(7.5R 4/14) – 물체이동금지 ( )

③ 노란색(5Y 8.5/12) – 방사성물질경고 ( )

④ 노란색(5Y 8.5/12) – 인화성물질경고 ( )

⑤ 빨간색 – 소화설비 및 그 장소 ( )

⑥ 녹색 – 사람 또는 차량의 통행표지 ( )

⑦ 파란색 – 특정행위의 지시 및 사실의 고지 ( )

⑧ 노란색 – 화학물질 취급장소에서의 유해·위험경고 ( )

⑨ 파란색(2.5PB 4/10) – 방진마스크 착용 ( )

⑩ 녹색(2.5G 4/10) – 비상구 및 피난소 ( )

[20①, 24②]

031 아파트 신축 건설현장에 산업안전보건법령에 따른 안전보건표지를 설치하려고 한다. 용도에 따른 표지의 연결이 올바른 것을 체크하시오.

① 금연 – 지시표시 ( )

② 비상구 – 안내표시 ( )

③ 고압전기 – 금지표시 ( )

④ 안전모 착용 – 경고표시 ( )

032 산업안전보건법에서 정한 안전보건표지에 해당하는 것을 체크하시오. [07③]

① 지시표지 (　) ② 금지표지 (　)
③ 안내표지 (　) ④ 주의표지 (　)

★중요 [04①, 05③, 09②, 17②, 18③]

033 산업안전보건법령상 안전보건표지의 종류 중 금지표지를 체크하시오.

① 탑승금지 (　) ② 금연 (　)
③ 사용금지 (　) ④ 접촉금지 (　)
⑤ 출입금지 (　) ⑥ 물체이동금지 (　)
⑦ 방진마스크 착용금지 (　)
⑧ 차량통행금지 (　) ⑨ 접근금지 (　)

[08①, 20②, 25②]

034 산업안전보건법령상 금지표시를 체크하시오.

① 　(　) ② 　(　)

③ 　(　) ④ 　(　)

[10①]

035 산업안전보건법상 경고표지를 체크하시오.

① 　(　) ② 　(　)

③ 　(　) ④ 　(　)

[10③]

036 산업안전보건법상 안전보건표지의 종류 중 경고표지를 체크하시오.

① 낙하물체 경고 (　)
② 레이저광선 경고 (　)
③ 몸균형 상실 경고 (　)
④ 금연 (　)

★중요 [03③, 07①, 08①, 10②, 15③, 18①, 20③]

037 산업안전보건법규에서 정하는 안전보건표지의 종류 중에서 지시표지를 체크하시오.

① 금연 (　) ② 들 것 (　)
③ 안전복 착용 (　) ④ 유해물질 (　)
⑤ 화기 금지 (　) ⑥ 보안경 착용 (　)
⑦ 낙하물체 경고 (　) ⑧ 응급구호표지 (　)
⑨ 안전장갑 착용 (　) ⑩ 방진마스크 착용 (　)
⑪ 방열복 착용 (　) ⑫ 귀마개 착용 (　)
⑬ 안전대 착용 (　)

★중요 [06①, 15①, 18①, 22①, 23③]

038 산업안전보건법령상 안전보건표지의 종류에서 안내표지를 체크하시오.

① 들것 (　) ② 녹십자표지 (　)
③ 비상용기구 (　) ④ 귀마개착용 (　)
⑤ 세안장치 (　) ⑥ 금연 (　)

[18②]

039 안전보건표지의 종류 중에서 응급구호표지가 속하는 표지를 체크하시오.

① 경고표지 (　)
② 지시표지 (　)
③ 금지표지 (　)
④ 안내표지 (　)

[11③, 12②, 25③]

040 산업안전보건법상 안전보건표지의 분류에 있어 관계자외 출입금지표지의 종류를 체크하시오.

① 차량통행금지 (　)
② 금지유해물질 (　)
③ 허가대상물질 취급 (　)
④ 석면취급 및 해체·제거 (　)
⑤ 화기금지 (　)

[08②, 11②]

041 안전보건표지의 종류와 분류의 연결이 올바른지 체크하시오.

① 금연 – 경고표지 (　)
② 비상구 – 지시표지 (　)
③ 녹십자표지 – 안내표지 (　)
④ 안전모 착용 – 경고표지 (　)

⑤ 고압전기 – 금지표지 (　　)

⑥ 금연 – 지시표지 (　　)

⑦ 안전모착용 – 경고표지 (　　)

⑧ 응급구호표지 – 안내표지 (　　)

[12③, 19①]

042 안전보건표지 종류 중 금지표시에 대한 설명으로 올바른지 체크하시오.

① 바탕은 노랑색, 기본모양은 흰색, 관련부호 및 그림은 파랑색 (　　)

② 바탕은 노랑색, 기본모양은 흰색, 관련부호 및 그림은 검정색 (　　)

③ 바탕은 흰색, 기본모양은 빨강색, 관련부호 및 그림은 파랑색 (　　)

④ 바탕은 흰색, 기본모양은 빨강색, 관련부호 및 그림은 검정색 (　　)

[04②, 07②, 16①]

043 허가대상물질 작업장 입구에 설치하여야 할 출입금지표지의 색채에 대한 설명으로 올바른지 체크하시오.

① 바탕은 노란색, 기본모형·관련부호 및 그림은 검정색 (　　)

② 바탕은 흰색, 기본모형은 빨간색, 관련부호 및 그림은 검정색 (　　)

③ 바탕은 흰색, 기본모형 및 관련부호는 녹색 및 그림은 흰색 (　　)

④ 바탕은 파란색, 관련그림은 흰색 (　　)

[12①, 24③]

044 산업안전보건법상 안전보건표지의 종류에 있어 인화성 물질 경고에 사용되는 표지와 색채기준에 대한 설명으로 올바른지 체크하시오.

① 바탕은 무색, 기본모형은 빨간색 (　　)

② 바탕은 흰색, 기본모형 및 관련 부호는 녹색 (　　)

③ 바탕은 노란색, 기본모형, 관련 부호 및 그림은 검은색 (　　)

④ 바탕은 흰색, 기본모형은 노란색, 관련 부호 및 그림은 검은색 (　　)

[04③]

045 작업장에 방독마스크 착용표지를 설치하려 할 때 사용할 색명으로 올바른지 체크하시오.

① 바탕은 파란색 원형, 관련그림 및 부호는 흰색 (　　)

② 바탕은 흰색 원형, 관련그림 및 부호는 파란색 (　　)

③ 바탕은 흰색 원형, 관련그림 및 부호는 녹색 (　　)

④ 바탕은 녹색 원형, 관련그림 및 부호는 흰색 (　　)

[09③, 14②, 18③]

046 산업안전보건법상 안전보건표지의 종류와 해당 색채 기준의 연결이 올바른지 체크하시오.

① 금연 : 바탕은 흰색, 기본모형은 검정색, 관련부호 및 그림은 빨간색 (　　)

② 인화성물질경고 : 바탕은 무색, 기본모형은 적색 (　　)

③ 보안경착용 : 바탕은 파란색, 관련 그림은 흰색 (　　)

④ 세안장치 : 바탕은 흰색, 기본모형 및 관련부호는 녹색 (　　)

⑤ 파란색 또는 녹색에 대한 보조색 : 흰색 (　　)

⑥ 특정행위의 지시 및 사실의 고지 : 파란색 (　　)

⑦ 화학물질 취급 장소에서의 유해·위험 경고 : 노란색 (　　)

⑧ 문자 및 빨간색 또는 노란색에 대한 보조색 : 검은색 (　　)

⑨ 고압전기경고 : 바탕은 노란색, 기본모형, 관련부호 및 그림은 검은색 (　　)

[13②, 25③]

047 산업안전보건법령상 안전보건표지에 관한 설명으로 올바른지 체크하시오.

① 금지표지의 종류에는 출입금지, 금연, 화기금지 등이 있다. (　　)

② 검은색은 문자 및 빨간색 또는 노란색에 대한 보조색으로 사용한다. (　　)

③ 화학물질 취급장소에서의 유해·위험 경고에 사용되는 색채는 노란색이다. (　　)

④ 특정 행위의 지시 및 사실의 고지에 사용되는 표지의 바탕은 파란색, 관련 그림은 흰색으로 한다. (　　)

02 단답형 문제

[11②, 23①]

001 방진마스크의 사용 조건에 있어 산소농도 몇 % 이상인 장소에서 사용하여야 하는지 쓰시오.

[05③, 07②]

002 방진마스크의 항목별 성능기준 중 분리식 2급의 경우 여과재 분진 등 포집효율은 얼마 이상인지 쓰시오. (단, 염화나트륨 및 파라핀오일 시험)

⚙ **해설** 여과재 분진 등 포집효율(인증고시 제12조, 별표 4)

형태 및 등급		염화나트륨(NaCl) 및 파라핀오일(Paraffin oil) 시험(%)
분리식	특급	99.95 이상
	1급	94.0 이상
	2급	80.0 이상
안면부여과식	특급	99.0 이상
	1급	94.0 이상
	2급	80.0 이상

[08③, 10②, 25①]

003 할로겐가스용 방독마스크의 정화통 외부 측면의 색상을 쓰시오.

[07③]

004 안전모의 내수성 시험에 있어서 AE, ABE중 안전모의 질량 증가율은 몇 % 미만이어야 성능시험에 합격하는지 쓰시오.

⚙ **해설** 내수성 시험에서 AE, ABE종 안전모는 질량증가율이 1% 미만이어야 한다. (인증고시 제4조, 별표 1)

[07①]

005 안전모 중에서 모재의 재질은 합성수지로 되어 있으며, 비내전압성으로 물체의 낙하 또는 비래 및 추락에 의한 위험을 방지 또는 경감시키기 위한 안전모의 종류(기호)를 쓰시오.

[17③, 23②]

006 물체의 낙하 또는 비래에 의한 위험을 방지 또는 경감하고, 머리부위 감전에 의한 위험을 방지하기 위한 안전모의 종류(기호)를 쓰시오.

[14①, 18③]

007 보호구 안전인증 고시에 따른 안전블록이 부착된 안전대의 구조기준 중 안전블록의 줄은 와이어로프인 경우 최소지름은 몇 mm 이상인지 쓰시오.

⚙ **해설** 안전블록이 부착된 안전대의 구조는 다음과 같이 한다.
• 안전블록을 부착하여 사용하는 안전대는 신체지지의 방법으로 안전그네만을 사용할 것
• 안전블록은 정격 사용 길이가 명시될 것
• 안전블록의 줄은 합성섬유로프, 웨빙(webbing), 와이어로프이어야 하며, 와이어로프인 경우 최소지름이 4mm 이상일 것

|정답|

001 18% 이상   **002** 80% 이상   **003** 회색   **004** 1% 미만   **005** AB형   **006** AE형   **007** 4mm 이상

008 안전대의 완성품 및 각 부품의 동하중 시험 성능기준 중 충격흡수장치의 최대전달 충격력은 몇 kN 이하이어야 하는지 쓰시오.

★중요   [10③, 21①③, 24②]

009 의무안전인증 대상 방음용 귀마개의 종류 중 성능에 있어 저음부터 고음까지 차음하는 것의 기호를 쓰시오.

⚙ **해설** 방음용 귀마개 또는 귀덮개의 종류·등급 등

종류	등급	기호	성능	비고
귀마개	1종	EP-1	저음부터 고음까지 차음하는 것	귀마개의 경우 재사용 여부를 제조특성으로 표기
	2종	EP-2	주로 고음을 차음하고, 저음(회화음영역)은 차음하지 않는 것	
귀덮개	–	EM		

★중요   [05②, 15②, 17②]

010 안전보건표지 속에 그림 또는 부호의 크기는 안전보건표지의 크기와 비례하여야 하며 안전보건표지 전체 규격의 일정 규모이상 되어야 하는데 최소한 몇 % 이상이어야 하는지 쓰시오.

⚙ **해설** 안전보건표지 속의 그림 또는 부호의 크기는 안전보건표지의 크기와 비례해야 하며, 안전보건표지 전체 규격의 30% 이상이 되어야 한다. (규칙 제40조 제3항)

[03②]

011 산업 안전 표지 중 지시 표시의 바탕은 어떠한 색채인지 쓰시오.

[04②, 06③, 23③]

012 다음 산업안전표지의 의미를 쓰시오.

[05①]

013 다음 안전보건표지의 의미를 쓰시오.

[13①, 17③, 24③]

014 산업안전보건법령상 다음 그림에 해당하는 안전보건표지의 명칭을 쓰시오.

[09②, 16③]

015 산업안전보건법령상 안전보건표지 중 지시표지의 보조색을 쓰시오.

⚙ **해설** 파란색(지시표지)과 녹색(안내표지)의 보조색은 흰색(N9.5)

[16②, 22②, 25③]

016 산업안전보건법령상 안전보건표지의 색채를 파란색으로 사용하여야 하는 경우는 언제인지 쓰시오.

[06②]

017 특정행위의 지시 및 사실의 고지에 사용되는 안전·보건 표지로 사용되는 색깔은 무엇인지 쓰시오.

[06③]

018 안전, 보건표지의 색채 중 노란색을 사용해야 하는 경우는 무엇인지 쓰시오.

[21②]

019 산업안전보건법령상 안전보건표지의 용도가 금지일 경우 사용되는 색채가 무엇인지 쓰시오.

[19②, 25②]

020 산업안전보건법령상 담배를 피워서는 안 될 장소에 사용되는 금연 표지는 어디에 해당하는지 쓰시오.

[04③]

021 산업안전보건표지일람표에 의거하여, 재해를 사전에 방지하기 위해 사용하는 안전표지의 일종으로서 노랑색 바탕에 검정색 삼각테로 이루어지며 내용은 삼각형 중앙에 검정색으로 표시하는 것은 무엇인지 쓰시오.

★중요

[04②, 14①, 18③]

022 산업안전보건법령에 따른 안전·보건표지 중 어떠한 표지의 기본도형인지 쓰시오. (단, 색도기준은 2.5PB 4/10이고, L은 안전보건표지를 인식할 수 있거나 인식해야 할 안전거리, $d \geq 0.025L$, $d_1 \geq 0.08d$)

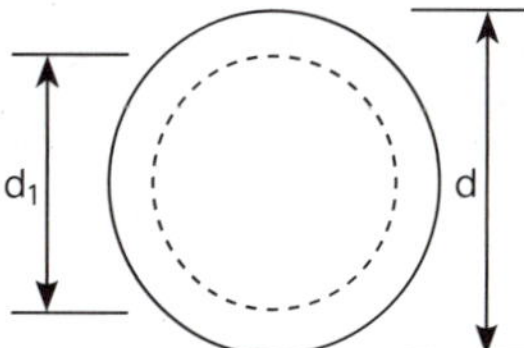

---

01 진위형 문제

▶ 해설편 32p

※ 다음 문제를 읽고, 옳으면 O, 틀리면 ×를 괄호 안에 표기하시오.

[04②, 23①]

001 산업심리와 인간관계에 작용하는 요소를 체크하시오.

① 집단과의 거리 (　　)　　② 자기속성 (　　)

③ 사교상의 위치 (　　)　　④ 기계적 조작 (　　)

[05②, 15②]

002 초기 산업심리학 형성에 영향을 준 "과학적 관리"에 대한 설명으로 올바른지 체크하시오.

① 공학자 F. Taylor가 창시자이다. (　　)

② 작업자들 간의 갈등을 조성하는 성과급제를 반대했다. (　　)

③ 직무를 고도로 전문화, 분업화 및 표준화했다. (　　)

④ 시간−동작 연구를 통해서 작업방법을 효율화시켰다. (　　)

[16③, 21③, 24①]

003 Taylor의 과학적 관리에 대한 설명으로 올바른지 체크하시오.

① 시간−동작 연구를 적용하였다. (　　)

② 생산의 효율성을 상당히 향상시켰다. (　　)

③ 인간 중심의 관점으로 일을 재설계한다. (　　)

④ 인센티브를 도입함으로써 작업자들을 동기화시킬 수 있다. (　　)

[11②, 20③]

004 면접 결과에 영향을 미치는 요인에 대한 설명으로 올바른지 체크하시오.

① 지원자에 대한 부정적 정보보다 긍정적 정보가 더 중요하게 영향을 미친다. (　　)

② 면접자는 면접 초기와 마지막에 제시된 정보에 의해 많은 영향을 받는다. (　　)

③ 한 지원자에 대한 평가는 바로 앞의 지원자에 의해 영향을 받는다. (　　)

④ 지원자의 성과 직업에 있어서 전통적 고정관념은 지원자와 면접자간의 성의 일치여부보다 더 많은 영향을 미친다. (　　)

[03①, 23③]

005 사람의 기술분류에 해당하는지 체크하시오.

① 육체적 − 지능적 − 심리적 − 언어적 (　　)

② 근력적 − 정신적 − 심리적 − 조작적 (　　)

③ 전신적 − 조작적 − 인식적 − 언어적 (　　)

④ 조작적 − 인식적 − 정적 − 동적 (　　)

★중요　　　　　　[09②, 11③, 19①, 21③, 24①]

006 인간의 욕구에 대한 적응기제(Adjustment Mechanism)를 공격적 기제, 방어적 기제, 도피적 기제로 구분할 때 도피적 기제를 체크하시오.

① 보상 (　　)　　　　② 고립 (　　)

③ 승화 (　　)　　　　④ 합리화 (　　)

★중요　　[04③, 07①, ②, 10③, 11①, 14①, 16②, 21②, 22②]

007 인간의 적응기제(adjustment mechanism) 중 방어적 기제를 체크하시오.

① 퇴행 (　　)　　　　② 보상 (　　)

③ 고립(isolation) (　　)

④ 백일몽(day−dream) (　　)

⑤ 동일시(identification) (　　)

⑥ 억압(repression) (　　)

⑦ 합리화(rationalization) (　　)

⑧ 승화 (　　)　　　　⑨ 치환 (　　)

⑩ 조소 (　　)

[07③, 15①, 19③]

008 인간관계 메커니즘 중에서 남의 행동이나 판단을 표본으로 하여 그것과 같거나 또는 그것에 가까운 행동 또는 판단을 취하려는 것을 체크하시오.

① 투사(projection) (　　)

② 암시(suggestion) (　　)

③ 모방(imitation) (　　)

④ 동일화(identification) (　　)

★중요 [11③, 16①, 19②, 25①]

009 합리화의 유형 중 자기의 실패나 결함을 다른 대상에게 책임을 전가시키는 유형으로 자기의 잘못에 대해 조상 탓을 하거나 축구선수가 공을 잘못 찬 후 신발 탓을 하는 등에 해당하는 것을 체크하시오.

① 신포도형 ( )　　② 투사형 ( )
③ 망상형 ( )　　④ 달콤한 레몬형 ( )

[13②, 18②, 22①]

010 어떤 과업을 성취할 수 있는 자신의 능력에 대한 스스로의 믿음을 의미하는 것을 체크하시오.

① 자아존중감(self-esteem) ( )
② 자기효능감(self-efficacy) ( )
③ 통제의 착각(illusion of control) ( )
④ 자기중심적 편견(egocentric bias) ( )

[10②, 23②]

011 인간관계 관리기법으로 커뮤니케이션의 개선 방안에 해당하는 것을 체크하시오.

① 집단역학 ( )　　② 제안제도 ( )
③ 고충처리제도 ( )　　④ 인사상담제도 ( )

★중요 [07③, 12①, 18①③, 21②, 22②]

012 호손(Hawthorne) 실험의 결과 작업자의 작업 능률과 생산성 향상에 영향을 준 가장 큰 요인에 해당하는 것을 체크하시오.

① 생산기술 ( )　　② 임금 및 근로시간 ( )
③ 조명 등 작업환경 ( )　④ 인간관계 ( )
⑤ 작업조건 ( )　　⑥ 임금수준 ( )

[04①, 08①, 24②]

013 1920년대 실시된 호손 연구의 결과를 체크하시오.

① 테일러리즘의 강화 ( )
② 종업원 선발의 중요성 재고 ( )
③ 작업장의 물리적 환경 개선 ( )
④ 인간적 상호작용의 중요성 ( )

★중요 [05②, 10③, 14①, 15②, 22①]

014 호손(Hawthorne) 연구에 대한 설명으로 올바른지 체크하시오.

① 물리적 작업환경 이외에 심리적 요인이 생산성에 영향을 미친다는 것을 알아냈다. ( )

② 시간-동작 연구를 통해서 작업도구와 기계를 설계했다. ( )
③ 소비자들에게 효과적으로 영향을 미치는 광고 전략을 개발했다. ( )
④ 채용과정에서 발생하는 차별요인을 밝히고 이를 시정하는 법적 조치의 기초를 마련했다. ( )

[11①, 21②, 22②, 23①]

015 산업심리에서 활용되고 있는 개인적인 카운슬링 방법을 체크하시오.

① 직접적인 충고 ( )　② 설득적 방법 ( )
③ 설명적 방법 ( )　　④ 토론적 방법 ( )
⑤ 강요적 방법 ( )

[07①, 10②, 16①]

016 카운슬링(counseling)의 순서로 올바른지 체크하시오.

① 장면 구성 → 내담자와의 대화 → 감정 표출 → 감정의 명확화 → 의견 재분석 ( )
② 장면 구성 → 내담자와의 대화 → 의견 재분석 → 감정 표출 → 감정의 명확화 ( )
③ 내담자와의 대화 → 장면 구성 → 감정 표출 → 감정의 명확화 → 의견 재분석 ( )
④ 내담자와의 대화 → 장면 구성 → 의견 재분석 → 감정 표출 → 감정의 명확화 ( )

[10①, 22①]

017 모랄서베이(morale survey)의 주요 방법을 체크하시오.

① 면접법 ( )　　② 강의법 ( )
③ 질문지법 ( )　　④ 관찰법 ( )

[13②, 16②, 24②]

018 인간관계를 효과적으로 맺기 위한 원칙으로 올바른지 체크하시오.

① 상대방을 있는 그대로 인정한다. ( )
② 상대방에게 지속적인 관심을 보인다. ( )
③ 취미나 오락 등 같거나 유사한 활동에 참여한다.
( )
④ 상대방으로 하여금 당신이 그를 좋아한다는 것을 숨긴다. ( )

019 심리검사와 그에 관한 설명이 올바르게 연결됐는지 체크하시오.

① 기계적성 검사 : 기계를 다루는 데 있어 예민성, 색채, 시각, 청각적 예민성을 측정한다. (　)

② 성격 검사 : 인지능력이 직무수행을 얼마나 예측하는지 측정한다. (　)

③ 지능 검사 : 제시된 진술문에 대하여 어느 정도 동의하는지에 관해 응답하고, 이를 척도점수로 측정한다. (　)

④ 신체능력 검사 : 근력, 순발력, 전반적인 신체 조정 능력, 체력 등을 측정한다. (　)

020 인사선발에 사용되는 심리검사의 신뢰도에 대한 설명으로 올바른지 체크하시오.

① 검사가 측정하고자 하는 본래의 개념을 올바로 측정하는 것을 말한다. (　)

② 동일한 심리적 개념을 독특하게 측정하는 정도를 말한다. (　)

③ 측정하고자 하는 심리적 개념을 일관성 있게 측정하는 정도를 말한다. (　)

④ 검사 결과에서 측정오차를 제거할 수 있는 정도를 말한다. (　)

021 작업자들에게 적성검사를 실시하는 가장 큰 목적을 체크하시오.

① 작업자의 협조를 얻기 위함 (　)

② 작업자의 인간관계 개선을 위함 (　)

③ 작업자의 생산능률을 높이기 위함 (　)

④ 작업자의 업무량을 최대로 할당하기 위함 (　)

022 직업적성검사 중 시각적 판단 검사를 체크하시오.

① 조립검사 (　)

② 명칭판단검사 (　)

③ 형태비교검사 (　)

④ 공구판단검사 (　)

⑤ 회전검사 (　)

023 인간의 적성을 발견하는 방법을 체크하시오.

① 작업분석 (　)　　② 계발적 경험 (　)

③ 자기이해 (　)　　④ 적성검사 (　)

024 직업 적성과 관련된 설명으로 올바른지 체크하시오.

① 사원선발용 적성검사는 작업행동을 예언하는 것을 목적으로도 사용한다. (　)

② 직업 적성검사는 직무 수행에 필요한 잠재적인 특수능력을 측정하는 도구이다. (　)

③ 직업 적성검사를 이용하여 훈련 및 승진대상자를 평가하는 데 사용할 수 있다. (　)

④ 직업 적성은 단기적 집중 직업훈련을 통해서 개발이 가능하므로 신중하게 사용해야 한다. (　)

025 직업의 적성 중 사무적 적성을 체크하시오.

① 기계적 이해 (　)　　② 공간의 시각화 (　)

③ 손과 팔의 솜씨 (　)　　④ 지각의 정확도 (　)

026 자아실현의 기회 부여로 근무의욕 고취와 재해사고의 예방에 기여하는 효과를 높이기 위해 적성배치가 필요하다. 적성배치 시 기본적으로 고려할 사항을 체크하시오.

① 객관적인 감정요소 배제 (　)

② 인사관리의 기준에 원칙을 준수 (　)

③ 직무평가를 통하여 자격수준 결정 (　)

④ 적성검사를 실시하여 개인의 능력파악 (　)

027 심리검사가 산업에 활용되는 내용으로 올바른지 체크하시오.

① 기업 내의 숨은 인재를 발견하는 데 도움이 된다. (　)

② 종업원의 인사상담에 도움을 준다. (　)

③ 관리감독자가 부하를 바로 알고, 감독하는 데 도움을 준다. (　)

④ 유능한 인재를 탈락시키는 것을 미연에 방지한다. (　)

[05③, 14③, 18②, 25③]

028 심리검사의 구비 요건을 체크하시오.

① 표준화 ( )　　② 신뢰성 ( )

③ 규격화 ( )　　④ 타당성 ( )

[15①]

029 인사선발을 위한 심리검사에서 갖추어야 할 요건으로만 연결된 것을 체크하시오.

① 신뢰도, 대표성 ( )　② 대표성, 타당도 ( )

③ 신뢰도, 타당도 ( )　④ 대표성, 규모성 ( )

[09①, 12③, 17①]

030 직무에 적합한 근로자를 위한 심리검사는 합리적 타당성을 갖추어야 한다. 이러한 합리적 타당성을 얻는 방법을 체크하시오.

① 구인 타당도, 내용 타당도 ( )

② 예언적 타당도. 공인 타당도 ( )

③ 구인 타당도, 공인 타당도 ( )

④ 예언적 타당도, 안면 타당도 ( )

[03③, 06①, 16③]

031 레윈(Lewin)은 인간의 행동관계를 $B = f(P \cdot E)$라는 공식으로 설명하였다. 안전 태도 형성상 B가 나타내는 뜻을 체크하시오.

① 안전 동기부여 ( )　② 인간의 행동 ( )

③ 인간의 개념 ( )　　④ 인간 주변의 환경 ( )

[07③, 14②]

032 레윈(Lewin)이 인간의 행동을 표현한 식을 체크하시오. [단, B(Behavior)는 인간의 행동, P(person)는 개체, E(Environment)는 환경]

① $B = f(\dfrac{P}{E})$ ( )　　② $B = f(\dfrac{E}{P})$ ( )

③ $B = f(P+E)$ ( )　　④ $B = f(P \cdot E)$ ( )

[08③, 10①, 17①, 24③]

033 인간의 행동에 대하여 심리학자 레윈(K. Lewin)은 $B = f(P \cdot E)$라는 식으로 표현했다. 이때 각 요소에 대한 내용으로 올바른지 체크하시오.

① B : Behavior(행동) ( )

② f : Function(함수관계) ( )

③ P : Person(개체) ( )

④ E : Engineering(기술) ( )

[13①, 19③, 20②, 25③]

034 레윈이 제시한 인간의 행동특성에 관한 법칙에서 인간의 행동(B)은 개체(P)와 환경(E)의 함수관계를 가진다고 하였다. 개체(P)에 해당하는 것을 체크하시오.

① 연령 ( )　　　② 지능 ( )

③ 경험 ( )　　　④ 인간관계 ( )

⑤ 주어진 환경 ( )　⑥ 인간의 행동 ( )

⑦ 주어진 직무 ( )　⑧ 개인적 특성 ( )

[04②, 05③, 06②]

035 인간의 행동(B)은 인간의 조건(P)과 환경 조건(E)과의 함수관계를 갖는다[$B = f(P \cdot E)$]. 이때 환경 조건(E)에 해당하는 것을 체크하시오.

① 물리적 환경 ( )　② 심리적 환경 ( )

③ 사회적 환경 ( )　④ 작업 환경 ( )

⑤ 조명 ( )　　　　⑥ 소음 ( )

⑦ 온도 ( )　　　　⑧ 경험 ( )

[10②]

036 레윈(K. Lewin)이 제시한 인간의 행동에 관한 관계식에 대한 설명이 올바른지 체크하시오.

① 인간의 행동(B)은 개인(P)과 환경(E)의 상호 함수관계에 있다. ( )

② 인간의 행동(B)은 개인(P)과 교육(E)의 상호 함수관계에 있다. ( )

③ 개인(P)에 관한 변수는 인간관계를 의미한다.

( )

④ 교육(E)에 관한 변수는 개인의 시능, 학력 등이 관계된다. ( )

[20①, 23②]

037 레윈의 3단계 조직변화모델에 해당하는지 체크하시오.

① 해빙단계 ( )

② 체험단계 ( )

③ 변화단계 ( )

④ 재동결단계 ( )

038 선발용으로 사용되는 적성검사가 잘 만들어졌는지를 알아보기 위한 분석방법과 관련이 있는 것을 체크하시오.

① 구성 타당도 (　　)

② 내용 타당도 (　　)

③ 동등 타당도 (　　)

④ 검사−재검사 신뢰도 (　　)

★중요 [09③, 15③, 24②]

039 교육훈련의 전이타당도를 높이기 위한 방법을 체크하시오.

① 훈련상황과 직무상황 간의 유사성을 최소화한다.　(　　)

② 훈련내용과 직무내용 간에 튼튼한 고리를 만든다. (　　)

③ 피훈련자들이 배운 원리를 완전히 이해할 수 있도록 해 준다. (　　)

④ 피훈련자들이 훈련에서 배운 기술, 과제 등을 가능한 풍부하게 경험할 수 있도록 해준다. (　　)

[10②, 20①]

040 리더십의 행동이론 중 관리 그리드(managerial grid)에서 인간에 대한 관심보다 업무에 대한 관심이 매우 높은 유형을 체크하시오.

① (1, 1)형 (　　)

② (1, 9)형 (　　)

③ (5, 5)형 (　　)

④ (9, 1)형 (　　)

[11③, 16③]

041 관리 그리드(Managerial Grid) 이론에 따른 리더십의 유형 중 과업에는 높은 관심을 보이고 인간관계 유지에는 낮은 관심을 보이는 리더십의 유형을 체크하시오.

① 과업형 (　　)　　② 무기력형 (　　)

③ 이상형 (　　)　　④ 무관심형 (　　)

[10③]

042 능률과 안전을 위한 기계의 통제수단을 체크하시오.

① 반응에 의한 통제 (　　)

② 개폐에 의한 통제 (　　)

③ 양(量)의 조절에 의한 통제 (　　)

④ 생산 원가에 의한 통제 (　　)

★중요 [09①, 13③, 15③, 22①]

043 인간의 사회행동에 대한 기본형태를 체크하시오.

① 도피 (　　)　　② 협력 (　　)

③ 대립 (　　)　　④ 습관 (　　)

⑤ 암시 (　　)　　⑥ 모방 (　　)

[11②, 19①, 23①]

044 사회행동의 기본형태와 내용의 연결이 올바른지 체크하시오.

① 대립 – 공격, 경쟁 (　　)

② 조직 – 경쟁, 통합 (　　)

③ 협력 – 조력, 분업 (　　)

④ 도피 – 정신병, 자살 (　　)

[11①]

045 한 가지 특성에 기초하여 그 사람의 모든 측면을 판단하는 인간의 경향성을 지칭하는 용어를 체크하시오.

① 후광 효과 (　　)

② 최신 효과 (　　)

③ 단순노출 효과 (　　)

④ 관대화 효과 (　　)

[18②, 22①]

046 대상물에 대해 지름길을 사용하여 판단할 때 발생하는 지각의 오류를 체크하시오.

① 후광효과 (　　)

② 최근효과 (　　)

③ 결론효과 (　　)

④ 초두효과 (　　)

[10③, 14②, 17③, 25②]

047 인간이 환경을 지각(perception)할 때 가장 먼저 일어나는 요인을 체크하시오.

① 선택 (　　)

② 조직화 (　　)

③ 해석 (　　)

④ 기대 (　　)

[09③, 19②]

048 아담스(Adams)의 형평이론(공평성)에 대한 설명으로 올바른지 체크하시오.

① 작업동기는 자신의 투입대비 성과결과만으로 비교한다. (　)

② 투입(input)이란 일반적인 자격, 교육수준, 노력 등을 의미한다. (　)

③ 성과(outcome)란 급여, 지위, 기타 부가 보상 등을 의미한다. (　)

④ 지각에 기초한 이론이므로 자기자신을 지각하고 있는 사람을 개인이라 한다. (　)

[18③]

049 작업 시의 정보 회로를 나열한 것이 올바른지 체크하시오.

① 표시 → 감각 → 지각 → 판단 → 응답 → 출력 → 조작 (　)

② 응답 → 판단 → 표시 → 감각 → 지각 → 출력 → 조작 (　)

③ 감각 → 지각 → 판단 → 응답 → 표시 → 조작 → 출력 (　)

④ 지각 → 표시 → 감각 → 판단 → 조작 → 응답 → 출력 (　)

[11②, 15①, 20①, 25①]

050 인간의 동작특성을 외적조건과 내적조건으로 구분할 때, 내적조건을 체크하시오.

① 기온 (　)

② 대상물의 크기 (　)

③ 경력 (　)

④ 대상물의 동적성질 (　)

[16②]

051 인간의 동작에 영향을 주는 요인을 외적조건과 내적조건으로 분류할 때, 외적조건을 체크하시오.

① 높이, 폭, 길이, 크기 등의 조건 (　)

② 근무경력, 적성, 개성 등의 조건 (　)

③ 대상물의 동적 성질에 따른 조건 (　)

④ 기온, 습도, 조명, 소음 등의 조건 (　)

[18①]

052 인간의 행동에는 내적 요인과 외적 요인이 있다. 선택에 영향을 미치는 외적 요인을 체크하시오.

① 대비(contrast) (　)

② 재현(repetition) (　)

③ 강조(intensity) (　)

④ 개성(personality) (　)

★중요　[03①, 09①②, 16①, 22②, 23②]

053 직무분석을 위한 정보를 얻는 방법을 체크하시오.

① 면접법 (　)

② 관찰법 (　)

③ 설문지법 (　)

④ 실험법 (　)

⑤ 강의법 (　)

⑥ 요소비교법 (　)

⑦ 질문지법 (　)

⑧ 일지작성법 (　)

⑨ 직무수행법 (　)

⑩ 서류함기법 (　)

[04①, 06③, 11①]

054 직무분석을 통해 얻은 정보가 일반적으로 활용되는 상황을 체크하시오.

① 인사선발 (　)

② 교육 (　)

③ 직무수행평가 (　)

④ 팀빌딩 (　)

[17③]

055 직무동기 이론 중 기대이론에서 성과를 나타냈을 때 보상이 있을 것이라는 수단성을 높이기 위해 유의하여야 할 점을 체크하시오.

① 보상의 약속을 철저히 지킨다. (　)

② 신뢰할만한 성과의 측정방법을 사용한다. (　)

③ 보상에 대한 객관적인 기준을 사전에 명확히 제시한다. (　)

④ 직무수행을 위한 충분한 정보와 자원을 공급받는다. (　)

[11③, 13①, 19②]

056 직무분석을 위한 자료수집 방법에 관한 설명으로 올바른지 체크하시오.

① 중요사건법은 일상적인 수행에 관한 정보를 수집하므로 해당 직무에 대한 포괄적인 정보를 얻을 수 있다. ( )

② 설문지법은 많은 사람들로부터 짧은 시간 내에 정보를 얻을 수 있으며, 양적인 자료보다 질적인 자료를 얻을 수 있다. ( )

③ 면접법은 자료의 수집에 많은 시간과 노력이 들고, 수량(정량)화된 정보를 얻기가 힘들다. ( )

④ 관찰법은 직무의 시작에서 종료까지 많은 시간이 소요 되는 직무에 적용하기 쉽다. ( )

⑤ 관찰법은 직무의 시작에서 종료까지 많은 시간이 소요되는 직무에는 적용이 곤란하다. ( )

⑥ 설문지법은 많은 사람들로부터 짧은 시간 내에 정보를 얻을 수 있고, 관찰법이나 면접법과는 달리 양적인 정보를 얻을 수 있다. ( )

[05③, 15①]

057 인간의 행동에 영향을 미치는 작업조건 중 물리적 성격의 작업조건을 체크하시오.

① 조명 ( )   ② 소음 ( )
③ 환경 ( )   ④ 휴식 ( )

[07②, 23①]

058 인간행동의 색채조절 효과로 기대되는 것을 체크하시오.

① 작업환경 개선 ( )   ② 생산 증진 ( )
③ 피로 증진 ( )   ④ 작업능력 향상 ( )

02 단답형 문제

001 [11③]

산업심리학이 발전하던 1920년대에 시작된 일련의 연구로 원래 조명도와 생산성의 관계를 밝히려고 시작되었으나 결과적으로 생산성에는 사원들의 태도, 감독자, 비공식 집단의 중요성 등 인간관계가 복잡하게 영향을 미친다는 것을 확인한 실험의 명칭을 쓰시오.

002 [13①, 18①]

다른 사람의 행동 양식이나 태도를 자기에게 투입하거나 그와 반대로 다른 사람 가운데서 자기의 행동 양식이나 태도와 비슷한 것을 발견하는 것을 무엇이라 하는지 쓰시오.

★중요

003 [10③, 15③, 22①, 23③]

다른 사람으로부터의 판단이나 행동을 무비판적으로 받아들이는 것을 무엇이라 하는지 쓰시오.

004 [19②]

작업 환경에서 물리적인 작업조건보다는 근로자의 심리적인 태도 및 감정이 직무수행에 큰 영향을 미친다는 결과를 밝혀낸 대표적인 연구의 명칭을 쓰시오.

005 [05①, 25②]

조직에서 새로운 제도나 프로그램을 도입하였을 때 처음에는 호기심 때문에 긍정적인 효과가 발생하나 시간이 지나면서 신기함이 감소하여 원래의 상태로 돌아간다는 현상을 무엇이라 하는지 쓰시오.

006 [14③]

다음 설명에 해당하는 적응기제는 무엇인지 쓰시오.

> 자신의 결함이나 무능에 의하여 생긴 열등감이나 긴장을 해소시키기 위하여 장점과 같은 것으로 그 결함을 보충하려는 행동

| 정답 |

001 호손의 공장실험　002 동일시(Identification)　003 암시(Suggestion)　004 호손 연구　005 호손 효과　006 보상

007 심리검사의 특징 중 측정하고자 하는 것을 실제로 잘 측정하는가 여부를 판별하는 것을 무엇이라 하는지 쓰시오.

008 입사 시 적성검사에서 높은 점수를 받은 사람들일수록 입사 후에 업무수행이 우수한 것으로 나타났다면, 이 검사는 어떠한 타당도가 높은 것인지 쓰시오.

009 어떤 교육프로그램의 타당도가 교육에 의해 종업원들의 직무수행이 어느 정도나 향상되었는지를 나타내는 것은 무엇인지 쓰시오.

010 훈련에 참가한 사람들이 직무에 복귀한 후에 실제 직무수행에서 훈련효과를 보이는 정도를 나타내는 타당도는 무엇인지 쓰시오.

011 "예측변인이 준거와 얼마나 관련되어 있느냐"를 나타낸 타당도가 무엇인지 쓰시오.

012 측정된 행동에 의한 심리검사로 미네소타 사무직 검사, 개정된 미네소타 필기형 검사, 벤 니트 기계이해 검사가 측정하려고 하는 심리검사의 유형이 무엇인지 쓰시오.

013 어떤 일을 함에 있어 타인과 비교하여 적은 노력으로 좋은 결과를 가져오게 하는 사람이 있는데, 이런 경우 어떤 적성과 관련성이 있는지 쓰시오.

014 레윈(Lewin)의 행동방정식인 $B = f(P \cdot E)$에서 E가 의미하는 것을 쓰시오.

[04②, 24②]

015 실험심리학자들은 지각에 관한 실험실험을 통해서 인간이 환경을 이해할 때 어떤 자극들은 정보로서 처리하고 다른 것들은 무시하여 구분해서 처리한다는 것을 발견했다. 이런 현상을 무엇이라고 하는지 쓰시오.

[17③]

016 시간 연구를 통해서 근로자들에게 차별성과급제를 적용하면 효율적이라고 주장한 과학적 관리법의 창시자의 이름을 쓰시오.

[04②]

017 조직에서 특정 직무에 적합한 사람을 선발하기 위해 어떤 특성이 필요한지를 파악하기 위해 직무를 조사하는 활동을 무엇이라 하는지 쓰시오.

[12①, 19③]

018 직무에서 수행하는 과업과 직무를 수행하는 데 요구되는 인적 자질에 의해 직무의 내용을 정의하는 공식적 절차가 무엇인지 쓰시오.

★중요 [14①, 25①]

019 고립, 정신병, 자살 등이 속하는 사회행동의 기본 형태가 무엇인지 쓰시오.

| 정답 |

007 타당성(Validity)　　008 예측 타당도(predictive validity)　　009 전이 타당성　　010 전이 타당도　　011 준거관련 타당도
012 적성검사　　013 성능 적성　　014 심리적 환경(Environment)　　015 전경-배경(figure-ground) 분리 현상　　016 테일러(F. Taylor)
017 직무분석(Job Analysis)　　018 직무분석(Job Analysis)　　019 도피

01 진위형 문제

▶ 해설편 40p

※ 다음 문제를 읽고, 옳으면 ○, 틀리면 ✕를 괄호 안에 표기하시오.

[20②, 23①]

001 사고에 관한 표현으로 올바른지 체크하시오.

① 사고는 비변형된 사상(unstrained event)이다.
( )

② 사고는 비계획적인 사상(unplaned event)이다.
( )

③ 사고는 원하지 않는 사상(undesired event)이다.
( )

④ 사고는 비효율적인 사상(ineffcient event)이다.
( )

[14①, 17②]

002 정신상태 불량으로 일어나는 안전사고요인 중 개성적 결함요소를 체크하시오.

① 극도의 피로 ( )　　② 과도한 자존심 ( )
③ 근육운동의 부적합 ( )
④ 육체적 능력의 초과 ( )

[03①, 13③, 21③, 24①]

003 안전사고가 발생하는 요인 중 심리적인 요인을 체크하시오.

① 감정의 불안정 ( )
② 신경계통의 이상 ( )
③ 극도의 피로감 ( )
④ 육체적 능력의 초과 ( )

[21①, 23③]

004 정신상태 불량에 의한 사고의 요인 중 정신력과 관계되는 생리적 현상을 체크하시오.

① 신경계통의 이상 ( )
② 육체적 능력의 초과 ( )
③ 시력 및 청각의 이상 ( )
④ 과도한 자존심과 자만심 ( )

★중요

[11①, 14③, 18①, 20③]

005 안전사고와 관련하여 소질적 사고 요인을 체크하시오.

① 지능 ( )　　　　② 성격 ( )
③ 시각기능 ( )　　④ 작업자세 ( )

[03①, 06③, 24①]

006 불안전한 상태(물적요인)에 해당하는 것을 체크하시오.

① 물질 자체의 결함 ( )
② 작업 환경의 결함 ( )
③ 생산 공정의 결함 ( )
④ 안전 장치의 기능제거 ( )

[21①]

007 생산작업의 경제성과 능률제고를 위한 동작경제의 원칙에 해당하는 것을 체크하시오.

① 신체의 사용에 의한 원칙 ( )
② 작업장의 배치에 관한 원칙 ( )
③ 작업표준 작성에 관한 원칙 ( )
④ 공구 및 설비 디자인에 관한 원칙 ( )

[16①, 19③]

008 작업장에서의 사고예방을 위한 조치로 올바른지 체크하시오.

① 모든 사고는 사고 자료가 연구될 수 있도록 철저히 조사되고 자세히 보고되어야 한다. ( )

② 안전의식고취 운동에서의 포스터는 처참한 장면과 함께 부정적인 문구의 사용이 효과적이다.
( )

③ 안전장치는 생산을 방해해서는 안 되고, 그것이 제 위치에 있지 않으면 기계가 작동되지 않도록 설계되어야 한다. ( )

④ 감독자와 근로자는 특수한 기술뿐만 아니라 안전에 대한 태도교육을 받아야 한다. ( )

[11①, 17③, 21①, 25①]

009 인간의 심리 중에는 안전수단이 생략되어 불안전행위를 나타내는 경우가 있다. 안전수단이 생략되는 경우를 체크하시오.

① 의식과잉이 있을 때 (　)
② 피로하거나 과로했을 때 (　)
③ 주변의 영향이 있을 때 (　)
④ 작업규율이 엄할 때 (　)
⑤ 교육훈련을 실시할 때 (　)
⑥ 부적합한 업무에 배치될 때 (　)

★중요　　　　[04②③, 06③, 07③, 08②, 09③, 10①②,
　　　　　　12②, 15①, 16②, 18③, 20②③, 22①]
010 산업안전심리의 5대 요소를 체크하시오.

① 동기(Motive) (　)　　② 기질(Temper) (　)
③ 감정(Emotion) (　)
④ 지능(Intelligence) (　)
⑤ 습관 (　)　　　　⑥ 규범 (　)
⑦ 지능 (　)　　　　⑧ 감성(Sensibility) (　)
⑨ 습성 (　)　　　　⑩ 시간 (　)

[06②, 13①, 21①]
011 인간의 안전심리 5요소 중 습관에 직접 영향을 미치는 요소를 체크하시오.

① 피로 (　)　　　　② 동기 (　)
③ 감정 (　)　　　　④ 습성 (　)

[13③, 21②, 23②]
012 안전심리의 5대 요소에 관한 설명으로 올바른지 체크하시오.

① 동기는 능동적인 감각에 의한 자극에서 일어난 사고의 결과로서 사람의 마음을 움직이는 원동력이 되는 것이다. (　)
② 기질이란 감정적인 경향이나 반응에 관계되는 성격의 한 측면이다. (　)
③ 감정은 생활체가 어떤 행동을 할 때 생기는 객관적인 동요를 뜻한다. (　)
④ 습성은 한 종에 속하는 개체의 대부분에서 볼 수 있는 일정한 생활양식으로 본능, 학습, 조건반사 등에 따라 형성된다. (　)

[04③]
013 인간의 안전심리는 행동의 변화를 가져온다. 시간에 따른 행동변화의 4단계로 올바른지 체크하시오.

① 지식변화 → 태도변화 → 개인적행동변화 → 집단성취변화 (　)
② 태도변화 → 지식변화 → 개인적행동변화 → 집단성취변화 (　)
③ 개인적행동변화 → 지식변화 → 태도변화 → 집단성취변화 (　)
④ 개인적행동변화 → 태도변화 → 지식변화 → 집단성취변화 (　)

[03②, 05②, 15②, 25②]
014 동기부여의 욕구관계에서 내적 요인을 체크하시오.

① 유인 (　)　　　　② 동기 (　)
③ 기분 (　)　　　　④ 의지 (　)
⑤ 강화 (　)　　　　⑥ 욕구 (　)

[03③, 17①]
015 동기유발(motivation) 방법을 체크하시오.

① 결과의 지식을 알려준다. (　)
② 안전의 참가치를 인식시킨다. (　)
③ 상벌제도를 효과적으로 활용한다. (　)
④ 동기유발의 수준을 최대로 높인다. (　)

[07①]
016 종업원의 동기부여와 관련된 목표설정이론의 내용으로 올바른지 체크하시오.

① 구체적인 목표를 주는 것이 좋다. (　)
② 피드백이 중요하다. (　)
③ 목표설정과정에서 종업원의 참여가 중요하다. (　)
④ 쉬운 목표가 더 바람직하다. (　)

[03②, 12③, 24②]
017 Tiffin의 동기유발요인 중 공식적 자극에 해당하는 것을 체크하시오.

① 특권박탈 (　)　　　② 승진 (　)
③ 작업계획의 선택 (　)　④ 칭찬 (　)

★중요　　　　　　[04②, 05②, 11①, 15②③]
018 목표설정이론에서 효과적인 목표달성에 요구되는 요인을 체크하시오.

① 피드백을 줘야 한다. (　)
② 목표가 구체적이어야 한다. (　)
③ 목표의 난이도가 높아야 한다. (　)
④ 목표에 높은 기대를 해야 한다. (　)

⑤ 목표는 측정 가능해야 한다. ( )
⑥ 목표는 그 달성에 필요한 시간의 제한을 명시해야 한다. ( )
⑦ 목표는 이상적이어야 한다. ( )

[11③]

019 친구를 선택하는 기준에 대한 경험적 연구에서 검증된 사실에 해당하는 것을 체크하시오.

① 우리는 신체적으로 매력적인 사람을 좋아한다. ( )
② 우리는 우리를 좋아하는 사람을 좋아한다. ( )
③ 우리는 우리와 상이한 성격을 지닌 사람을 좋아한다. ( )
④ 우리는 우리와 나이가 비슷한 사람을 좋아한다. ( )

[04③, 25②]

020 종업원의 동기부여에 관한 동기이론의 하나인 기대이론에서 수행과 성과 간의 관계를 의미하는 것을 체크하시오.

① 기대 ( ) ② 도구성 ( )
③ 유인가 ( ) ④ 상관 ( )

[03③, 10②, 16③]

021 환경에 익숙하지 못하기 때문에 재해를 일으킨 사람의 지칭으로 올바른지 체크하시오.

① 미숙성 누발자(未熟性 累發者) ( )
② 상황성 누발자(狀況性 累發者) ( )
③ 습관성 누발자(習慣性 累發者) ( )
④ 소질성 누발자(素質性 累發者) ( )

★중요
[09②, 12①, 16②, 19①, 22②, 23②]

022 사고 경향성 이론에 관한 설명으로 올바른지 체크하시오.

① 개인의 성격보다는 특정 환경에 의해 훨씬 더 사고가 일어나기 쉽다. ( )
② 어떠한 사람이 다른 사람보다 사고를 더 잘 일으킨다는 이론이다. ( )
③ 사고를 많이 내는 여러 명의 특성을 측정하여 사고를 예방하는 것이다. ( )
④ 검증하기 위한 효과적인 방법은 다른 두 시기 동안에 같은 사람의 사고기록을 비교하는 것이다. ( )

★중요
[07②, 08③, 12①②③, 14①, 17③, 19①, 20②, 21①]

023 반복적인 재해발생자를 상황성누발자와 소질성누발자로 나눌 때, 상황성누발자의 재해유발 원인을 체크하시오.

① 기계설비의 결함 ( )
② 작업의 어려움 ( )
③ 기능 미숙 ( )
④ 환경상 주의력의 집중 혼란 ( )
⑤ 감각 운동이 부적절한 경우 ( )
⑥ 침착성 및 도덕성의 결여 ( )
⑦ 저지능인 경우 ( )
⑧ 도덕성이 결여된 경우 ( )
⑨ 소심한 성격인 경우 ( )
⑩ 심신에 근심이 있는 경우 ( )
⑪ 주의력이 산만한 경우 ( )

[03②, 24③]

024 재해 빈발자의 유형 가운데 "작업이 어렵기 때문"과 관련 있는 유형을 체크하시오.

① 미숙성 빈발자 ( )
② 상황성 빈발자 ( )
③ 습관성 빈발자 ( )
④ 소질성 빈발자 ( )

[03①]

025 사고 비유발자의 특성을 체크하시오.

① 의욕과 집착력이 강하다. ( )
② 주의력 범위가 좁고 편중되어 있다. ( )
③ 상황판단이 정확하며 추진력이 강하다. ( )
④ 자기의 감정을 통제할 수 있고 온건하다. ( )

[03①, 24②]

026 사고와 연결되는 인간의 행동특성을 체크하시오.

① 돌발적 사태하에서는 인간의 주의력이 분산된다. ( )
② 안전태도가 불량한 사람은 리스크테이킹(risk taking)의 빈도가 높다. ( )
③ 자아의식이 약하거나 스트레스에 저항력이 약한 자는 동조경향을 나타내기 쉽다. ( )
④ 순간적으로 대피하는 경우에 우측보다 좌측으로 몸을 피하는 경향이 높다. ( )

027 인간이 행동특성 중 태도에 관한 설명으로 올바른 지 체크하시오. [12②, 20①]

① 태도가 결정되면 단시간 동안만 유지된다. (　)
② 태도의 기능에는 작업적응, 자아방어, 자기표현 등이 있다. (　)
③ 집단의 심적 태도교정보다 개인의 심적 태도교정 이 용이하다. (　)
④ 인간의 행동은 태도에 따라 달라진다. (　)
⑤ 행동결정을 판단하고, 지시하는 외적 행동체계라 고 할 수 있다. (　)

028 인간이 행동을 형성하는 데는 태도의 영향력이 크 다. 태도 형성의 기능을 체크하시오. [03②, 25③]

① 자아방위적인 기능 (　)
② 가치표현적 기능 (　)
③ 조작기능 (　)　　④ 적응기능 (　)

029 허즈버그(Herzberg)의 욕구이론 중 위생요인을 체 크하시오. [03③, 08②, 11①, 17②]

① 임금 (　)　　② 승진 (　)
③ 지위 (　)　　④ 존경 (　)
⑤ 감독기술 (　)　　⑥ 대인관계 (　)
⑦ 감독형태 (　)　　⑧ 관리규칙 (　)
⑨ 일의 내용 (　)　　⑩ 작업조건 (　)

★중요　　[05③, 06③, 11②, 17③, 21③, 25①]

030 허즈버그(Herzberg)의 2요인 이론에서 동기요인 을 체크하시오.

① 책임감 (　)　　② 성취감 (　)
③ 임금수준 (　)　　④ 자기발전 (　)
⑤ 인정 (　)　　⑥ 작업자체 (　)
⑦ 작업조건 (　)　　⑧ 배고픔 (　)
⑨ 호기심 (　)　　⑩ 애정 (　)
⑪ 권력 (　)

031 허즈버그의 2요인 이론과 관련된 설명으로 올바른 지 체크하시오. [05②, 15②]

① 위생요인은 직무불만족과 관련된 요인이다. (　)
② 동기요인은 직무만족과 관련된 요인이다. (　)
③ 작업환경은 위생요인에 속한다. (　)
④ 성취감은 위생요인에 속한다. (　)

032 허즈버그의 위생–동기이론, 매슬로우의 욕구 5단계 이론, 맥그리거의 X–Y이론의 상호관계를 올바르게 나열했는지 체크하시오. (단, 나열된 순서는 위생– 동기이론, 욕구 5단계이론, X–Y이론임) [08①]

① 위생요인 – 안전욕구 – Y이론 (　)
② 위생요인 – 생리적 욕구 – Y이론 (　)
③ 동기부여요인 – 존경의 욕구 – X이론 (　)
④ 동기부여요인 – 자아실현의 욕구 – Y이론 (　)

033 허즈버그(Herzberg)의 위생–동기이론 중 동기요 인의 측면에서 직무동기를 높이는 방법을 체크하시오. [08③, 12①]

① 급여의 인상 (　)
② 직무에 대한 개인적 성취감 (　)
③ 자율성 부여와 권한위임 (　)
④ 상사로부터의 인정 (　)

034 허즈버그(Herzberg)가 직무 확충의 원리로서 제안 한 내용으로 올바른지 체크하시오. [08①, 16①, 24③]

① 책임을 지고 일하는 동안에는 통제를 추가한다. (　)
② 자신의 일에 대해서 책임을 더 지도록 한다. (　)
③ 직무에서 자유를 제공하기 위하여 부가적 권위를 부여한다. (　)
④ 전문가가 될 수 있도록 전문화된 과제들을 부과 한다. (　)

035 허즈버그(Herzberg)가 제안한 직무충실의 원리에 해당하는 것을 체크하시오. [09③]

① 종업원들에게 직무에 부가되는 자유와 권위의 부 여 (　)
② 빠르고 쉽게 할 수 있는 과제의 부여 (　)
③ 완전하고 자연스러운 작업 단위 제공 (　)
④ 여러 가지 규모를 제거하여 개인적 책임감 증대 (　)

036 작업표준 작성 시의 유의사항을 체크하시오.

① 작업표준은 관리 감독자가 관리하고 꾸준히 개선하며 전원이 관심을 가지고 운영한다. ( )

② 작업표준은 그 사업장의 독자적인 것으로 개개의 작업에 적응되는 내용이어야 한다. ( )

③ 재해가 발생할 가능성이 높은 작업부터 먼저 착수한다. ( )

④ 작업표준은 포괄적이어야 하며 생산성과 품질은 고려할 필요가 없다. ( )

[13①]

037 데이비스의 동기부여이론에서 동기유발(motivation)을 나타내는 식을 체크하시오.

① 지식(knowledge)×기능(skill) ( )

② 상황(situation)×태도(attitude) ( )

③ 지식(knowledge)×태도(attitude) ( )

④ 능력(ability)×인간의 성과(human performance) ( )

★중요　　　　[03③, 05①, 07②, 09①]

038 맥그리거(McGregor)의 X, Y이론에 따라 관리를 하고자 할 때 X이론에 가까운 작업자에게는 어떤 동기부여를 해야 좋은지 체크하시오.

① 직무확장 ( )　　② 자아실현 ( )

③ 보수의 인상 ( )　　④ 작업환경 개선 ( )

★중요　　　　[03①, 06②, 07①, 11②, 14②, 18①, 21②]

039 맥그리거(Douglas Mcgregor)의 X, Y이론 중 X이론에 해당하는 것을 체크하시오.

① 성선설 ( )

② 고차원적 욕구 ( )

③ 상호 신뢰감 ( )

④ 명령 통제에 의한 관리 ( )

⑤ 근면·성실 ( )

⑥ 물질적 욕구 추구 ( )

⑦ 정신적 욕구 추구 ( )

⑧ 자기통제에 의한 자율관리 ( )

⑨ 규제 관리 ( )

⑩ 성악설 ( )

[10③, 18③]

040 맥그리거(Mc Gregor)의 X, Y 이론에 있어 X이론의 관리 처방에 해당하는 것을 체크하시오.

① 경제적 보상체제의 강화 ( )

② 권위주의적 리더십의 확립 ( )

③ 면밀한 감독과 엄격한 통제 ( )

④ 자체평가제도의 활성화 ( )

★중요　　　　[04③, 06①, ③, 08②, ③, 17③, 19①]

041 맥그리거(Douglas McGregor)의 Y이론에 해당하는 것을 체크하시오.

① 인간은 게으르다. ( )

② 인간은 일을 즐긴다. ( )

③ 사람은 남을 잘 속인다. ( )

④ 인간은 천성적으로 남들을 돕는다. ( )

⑤ 인간은 남에게 지배받기를 즐긴다. ( )

⑥ 인간은 부지런하고 근면하며, 적극적이고 자주적이다. ( )

⑦ 인간은 스스로 자기목표에 대하여 자기통제를 한다. ( )

⑧ 인간은 본래 일을 싫어하며, 피하려고 한다. ( )

⑨ 인간은 명령받는 것을 좋아하며, 책임회피를 좋아한다. ( )

⑩ 인간은 서로 믿지 못하고, 자신만을 신뢰한다. ( )

⑪ 종업원을 직접 지휘한다. ( )

⑫ 종업원을 엄격하게 통제한다. ( )

⑬ 종업원은 금전적 보상만을 원한다. ( )

⑭ 종업원에게 일부의 권한을 위임한다. ( )

⑮ 인간은 서로 신뢰하는 관계를 가지고 있다. ( )

⑯ 인간은 스스로의 일을 책임하에 자주적으로 행한다. ( )

⑰ 인간은 문제해결에 많은 상상력과 재능이 있다. ( )

⑱ 인간은 원래부터 강제 통제하고 방향을 제시할 때 적절한 노력을 한다. ( )

[14③, 18②]

042 인간본성을 파악하여 동기유발로 인한 산업재해를 방지하기 위한 맥그리거의 X, Y이론에서 Y이론의 가정에 해당하는 것을 체크하시오.

① 현대 산업사회에서 인간은 게으르고 태만하며, 수동적이고 남의 지배받기를 즐긴다. ( )
② 대부분 사람들은 조건만 적당하면 책임뿐만 아니라 그것을 추구할 능력이 있다. ( )
③ 목적에 투신하는 것은 성취와 관련된 보상과 함수 관계에 있다. ( )
④ 근로에 육체적, 정신적 노력을 쏟는 것은 놀이나 휴식만큼 자연스럽다. ( )

[19③, 23③]

043 상호신뢰 및 성선설에 기초하여 인간을 긍정적 측면으로 보는 이론을 체크하시오.

① T-이론 ( ) ② X-이론 ( )
③ Y-이론 ( ) ④ Z-이론 ( )

[06②, 08①]

044 맥그리거(Douglas McGregor)의 X, Y이론 중 Y이론의 관리 처방에 해당하는 것을 체크하시오.

① 권위주의적 리더십의 확립 ( )
② 분권화와 권한의 위임 ( )
③ 면밀한 감독과 엄격한 통제 ( )
④ 상부 책임제도의 강화 ( )

★중요 [03③, 07③, 09①③, 19①, 21①]

045 매슬로우(Maslow)의 욕구단계 이론을 순서대로 나열한 것을 체크하시오.

① 생리적 욕구 → 안전 욕구 → 사회적 욕구 → 존경의 욕구 → 자아실현의 욕구 ( )
② 안전 욕구 → 생리적 욕구 → 사회적 욕구 → 존경의 욕구 → 자아실현의 욕구 ( )
③ 생리적 욕구 → 안전 욕구 → 존경의 욕구 → 사회적 욕구 → 자아실현의 욕구 ( )
④ 안전 욕구 → 생리적 욕구 → 존경의 욕구 → 사회적 욕구 → 자아실현의 욕구 ( )

[05②, 15②, 25③]

046 매슬로우의 욕구 5단계 이론에서 안전에 대한 욕구 다음에 오는 욕구에 해당하는 것을 체크하시오.

① 애정 및 사회적 욕구 ( )
② 존경과 긍지에 대한 욕구 ( )
③ 자아실현의 욕구 ( )
④ 성취 욕구 ( )

[20①]

047 매슬로우(Abraham Maslow)의 욕구위계설에서 제시된 5단계의 인간의 욕구 중 허즈버그(Herzberg)가 주장한 2요인(인자)이론의 동기요인에 해당하는 것을 체크하시오.

① 성취 욕구 ( ) ② 안전의 욕구 ( )
③ 자아실현의 욕구 ( ) ④ 존경의 욕구 ( )

[03①, 05①]

048 매슬로우의 5단계 욕구성장과정을 관리감독자의 능력과 연결했을 때, 연관성이 있는 것을 체크하시오.

① 포괄적 능력 – 존경의 욕구 ( )
② 인간적 능력 – 생리적 욕구 ( )
③ 기술적 능력 – 안전의 욕구 ( )
④ 종합적 능력 – 자기실현의 욕구 ( )

[08①, 15③, 23①]

049 매슬로우(Maslow)의 욕구이론에 대한 설명으로 올바른지 체크하시오.

① 행동은 충족되지 않은 욕구에 의해 결정되고 좌우된다. ( )
② 기본적 욕구는 환경적 또는 후천적인 성질을 지닌다. ( )
③ 개인은 가장 기본적인 욕구로부터 시작하여 위계상 상위 욕구로 올라가면서 자신의 욕구를 체계적으로 충족시킨다. ( )
④ 위계(位階)에서 생존을 위해 기본이 되는 욕구들이 우선적으로 충족되어야 한다. ( )

[04①, 13③]

050 매슬로우의 "욕구의 위계이론"에 대한 설명으로 올바른지 체크하시오.

① 하위단계의 욕구가 충족되어야 더 높은 단계의 욕구가 발생한다. ( )
② 개인의 동기는 다른 사람과의 비교를 통해 결정된다. ( )
③ 어렵고 구체적인 목표가 더 높은 수행을 가져온다. ( )
④ 인간은 먼저 자아실현의 욕구를 충족시키려고 한다. ( )

051 인간의 생리적 욕구에 대한 의식적 통제가 어려운 것부터 차례대로 나열한 것을 체크하시오.

① 안전의 욕구 → 해갈의 욕구 → 배설의 욕구 → 호흡의 욕구 ( )
② 호흡의 욕구 → 안전의 욕구 → 해갈의 욕구 → 배설의 욕구 ( )
③ 배설의 욕구 → 호흡의 욕구 → 안전의 욕구 → 해갈의 욕구 ( )
④ 해갈의 욕구 → 안전의 욕구 → 호흡의 욕구 → 배설의 욕구 ( )

052 Maslow의 욕구위계와 Alderfer의 욕구위계에 대한 설명으로 올바른지 체크하시오.

① Maslow의 욕구위계 중 가장 상위에 있는 욕구는 자아실현의 욕구이다. ( )
② Maslow는 욕구의 위계성을 강조하여, 하위의 욕구가 충족된 후에 상위욕구가 생긴다고 주장하였다. ( )
③ Alderfer는 Maslow와 달리 여러 개의 욕구가 동시에 활성화될 수 있다고 주장하였다. ( )
④ Alderfer의 생존욕구는 Maslow의 생리적 욕구, 물리적 안전, 그리고 대인관계에서의 안전의 개념과 유사하다. ( )

053 동기부여에 관한 이론 중 동기부여 요인을 중요시하는 내용 이론에 해당하는 것을 체크하시오.

① 브룸의 기대이론 ( )
② 알더퍼의 ERG이론 ( )
③ 매슬로우의 욕구위계설 ( )
④ 허즈버그의 2 요인 이론(이원론) ( )

054 행동과학자와 제이론(諸理論)의 연결이 올바른지 체크하시오.

① 매슬로우(Maslow) – 욕구위계이론 ( )
② 알더퍼(Alderfer) – ERG이론 ( )
③ 맥그리거(McGregor) – 위생동기이론 ( )
④ 맥클레랜드(McClelland) – 성취동기이론 ( )
⑤ 맥그리거(McGregor) – XY이론 ( )
⑥ 허즈버그(Herzberg) – 성숙미성숙론 ( )
⑦ 리커트(R.Likert) – 상호작용 영향력 ( )

055 작업동기에 있어 행동의 3가지 결정요인을 체크하시오.

① 능력 ( )   ② 수행 ( )
③ 동기 ( )   ④ 상황적 제약조건 ( )

056 동작실패의 원인이 되는 조건 중 작업강도와 관련 있는 것을 체크하시오.

① 작업량 ( )   ② 작업속도 ( )
③ 작업시간 ( )   ④ 작업환경 ( )

057 작업위험 분석을 할 때 분석 대상에 해당하는 것을 체크하시오.

① 근로자 ( )
② 작업장치(기계 및 장비) ( )
③ 작업방법 ( )
④ 인간공학 ( )

058 위험 예지훈련 4R방식 중 위험의 포인트를 결정하여 지적 확인하는 단계를 체크하시오.

① 1단계 ( )   ② 2단계 ( )
③ 3단계 ( )   ④ 4단계 ( )

059 위험 및 운전성 검토(HAZOP)에서 사용되는 가이드 워드 중에서 성질상의 감소를 의미하는 것을 체크하시오.

① Part of ( )   ② More less ( )
③ No/Not ( )   ④ Other than ( )

060 미국국립산업안전보건연구원(NIOSH)의 직무스트레스 모형에서 직무스트레스 요인을 작업요인, 조직요인, 환경요인으로 구분할 때 조직요인에 해당하는 것을 체크하시오.

① 관리 유형 ( )   ② 조명 및 소음 ( )

③ 교대 근무 (　　)　　　④ 작업 속도 (　　)

[18②]

061 NIOSH의 직무 스트레스 모형에서 각 요인의 세부 항목과의 연결이 올바른지 체크하시오.

① 작업요인 – 작업속도 (　　)

② 조직요인 – 교대근무 (　　)

③ 환경요인 – 조명, 소음 (　　)

④ 완충작용요인 – 대응능력 (　　)

★중요　　　　　　[03①, 10①, 12③, 15③, 18②, 21②]

062 스트레스(Stress)에 영향을 주는 요인 가운데 환경이나 외부를 통해서 일어나는 자극 요인을 체크하시오.

① 현실에의 부적응 (　　)

② 도전의 좌절과 자만심의 상충 (　　)

③ 자존심의 손상과 공격방어 심리 (　　)

④ 직장에서의 대인관계 갈등과 대립 (　　)

[04①, 23③]

063 스트레스에 영향을 미치는 직무관련 요인을 체크하시오.

① 역할 갈등 (　　)　　　② 역할 상실 (　　)

③ 역할 모호성 (　　)　　④ 역할 과중 (　　)

[04③]

064 작업환경의 복잡성은 직무 스트레스의 중요 요인이다. 작업환경 복잡성에 따른 직무 스트레스 수준과 작업 효율성 간의 관계를 역 U자형 가설에 따라서 설명한 것으로 올바른지 체크하시오.

① 작업환경 복잡성이 증가함에 따라서 적정 수준까지는 직무 스트레스가 감소하므로 작업 효율성은 증가하다가 그 이후부터는 스트레스의 증가와 함께 작업 효율성이 감소한다. (　　)

② 작업환경 복잡성이 증가함에 따라서 적정 수준까지는 직무 스트레스와 작업 효율성이 증가하지만 그 이후에는 오히려 직무 스트레스와 작업 효율성이 감소한다. (　　)

③ 작업환경 복잡성이 증가하면 직무 스트레스도 증가하며 따라서 작업 효율성은 지속적으로 감소한다. (　　)

④ 작업환경 복잡성이 증가함에 따라서 직무 스트레

스가 커지며, 적정 수준까지는 작업 효율성도 함께 증가하다가 그 이후부터는 작업 효율성이 감소한다. (　　)

[09②, 18③]

065 개인적 차원에서의 스트레스 관리대책에 해당하는 것을 체크하시오.

① 긴장 이완법 (　　)　　② 적절한 시간관리 (　　)

③ 직무 재설계 (　　)　　④ 적절한 운동 (　　)

[10①]

066 스트레스로 인해 나타나는 분노의 관리방안을 체크하시오.

① 분노를 한꺼번에 묶어서 쏟아 놓지 마라. (　　)

② 분노를 상대방에게 표현할 때에는 가능한 한 본인 대신 상대방을 중심으로 진술하라. (　　)

③ 분노를 억제하지 말고 표현하되 분노에 휩싸이지 마라. (　　)

④ 분노를 표현하기 위해서는 적절한 시간과 장소를 선택하라. (　　)

★중요　　　　　　[10②, 13①, 18③, 22①]

067 스트레스에 대하여 반응하는 데 있어서 개인 차이의 이유를 체크하시오.

① 자기 존중감의 차이 (　　)

② 성(性)의 차이 (　　)

③ 작업시간의 차이 (　　)

④ 강인성의 차이 (　　)　　⑤ 심리상태 (　　)

⑥ 개인의 능력 (　　)　　⑦ 신체적 조건 (　　)

[13②, 24③]

068 작업스트레스에 대한 연구 결과로 올바른지 체크하시오.

① 조직에서 스트레스를 일으키는 대부분의 원인들은 역할 속성과 관련되어 있다. (　　)

② 스트레스는 분노, 좌절, 적대, 흥분 등과 같은 보다 강렬하고 격앙된 정서 상태를 일으킨다. (　　)

③ A유형의 종업원들이 B유형의 종업원들보다 스트레스를 덜 받는다. (　　)

④ 내적통제형의 종업원들이 외적통제형의 종업원들보다 스트레스를 덜 받는다. (　　)

069 스트레스에 대한 설명으로 올바른지 체크하시오.

① 스트레스는 환경의 요구가 지나쳐 개인의 능력한 계를 벗어날 때 발생한다. (　)

② 스트레스 요인에는 소음, 진동, 열 등과 같은 환경 영향뿐만 아니라 개인적인 심리적 요인들도 포함한다. (　)

③ 사람이 스트레스를 받게 되면 감각기관과 신경이 예민해진다. (　)

④ 역기능 스트레스는 스트레스의 반응이 긍정적이고, 건전한 결과로 나타나는 현상이다. (　)

⑤ 스트레스 수준이 증가할수록 수행성과는 일정하게 감소한다. (　)

[11②, 19①, 21②, 25③]

070 어느 철강회사의 고로작업라인에 근무하는 A씨의 작업 강도가 힘든 중작업으로 평가되었다면, 해당되는 에너지대사율(RMR)의 범위를 체크하시오.

① 0~1 (　)　　　② 2~4 (　)

③ 4~7 (　)　　　④ 7~10 (　)

[22②]

071 에너지대사율(RMR)의 따른 작업의 분류에 따라 중(보통)작업의 RMR 범위를 체크하시오.

① 0~2 (　)　　　② 2~4 (　)

③ 4~7 (　)　　　④ 7~9 (　)

[09③, 20①]

072 에너지소비량(RMR)의 산출방법을 체크하시오.

① (작업 시의 소비에너지−안정 시의 소비에너지) / 기초대사량 (　)

② (작업 시의 소비에너지−안정 시의 소비에너지) / 안정 시의 소비에너지 (　)

③ (전체 소비에너지−작업 의 소비에너지) / 기초대사량 (　)

④ (작업 시의 소비에너지−기초대사량) / 안정 시의 소비에너지 (　)

★중요　　　　[03②, 06③, 09②, 16③, 24②]

073 작업 중 휴식시간은 작업의 능률과 안전을 도모하기 위한 중요한 요소이다. 작업에 대한 평균 에너지 값의 상한을 5kcal/분으로 잡을 때 휴식시간 산출

공식을 체크하시오. (단, R : 휴식시간(분), E : 작업 시 평균에너지 소비량[kcal/분], 총 작업시간 : 60분, 휴식시간 중 에너지 소비량 : 1.5 [kcal/분])

① $R = \dfrac{60 \times (E-5)}{E-1.5}$ (　)　② $R = \dfrac{50 \times (E-5)}{E-1.5}$ (　)

③ $R = \dfrac{60 \times (E-4)}{E-1.5}$ (　)　④ $R = \dfrac{50 \times (E-5)}{E-4}$ (　)

[10①]

074 허세이(Alfred Bay Hershey)의 피로회복법에서 단조로움이나 권태감에 의해 발생되는 피로에 대한 대책으로 올바른지 체크하시오.

① 동작의 교대 방법 등을 가르친다. (　)

② 불필요한 신체적 마찰을 배제한다. (　)

③ 작업장의 온도, 습도, 통풍 등을 조절한다. (　)

④ 용의주도한 작업 계획을 수립, 이행한다. (　)

[03③, 06①]

075 피로의 원인 및 대책이 바르게 연결됐는지 체크하시오.

① 단조감에 의한 피로−온도·습도·통풍의 조절 (　)

② 신체적 긴장에 의한 피로−운동에 의해 긴장을 풀 것 (　)

③ 정신적 긴장에 의한 피로−불필요한 마찰을 배제할 것 (　)

④ 정신적 노력에 의한 피로−휴식, 양성훈련 (　)

★중요　　　[03③, 06①, 07②, 12①, 25③]

076 작업에 수반되는 피로 예방대책으로 올바른지 체크하시오.

① 작업부하를 크게 할 것 (　)

② 불필요한 마찰을 배제할 것 (　)

③ 작업속도 및 작업정도를 적절하게 조정할 것 (　)

④ 근로시간과 휴식을 적절하게 취할 것 (　)

⑤ 충분한 영양을 섭취할 것 (　)

⑥ 목욕이나 가벼운 체조를 할 것 (　)

⑦ 정적 작업을 동적 작업으로 바꿀 것 (　)

⑧ 비타민B, 비타민C 등의 적정한 영양제를 보급할 것 (　)

077 생리적 피로와 심리적 피로에 대한 설명으로 올바른지 체크하시오.

① 심리적 피로와 생리적 피로는 동반해서 발생한다. ( )

② 생리적 피로는 근육조직의 산소고갈로 발생하는 신체능력 감소 및 생리적 손상이다. ( )

③ 심리적 피로는 계속되는 작업에서 수행감소를 주관적으로 지각하는 것을 의미한다. ( )

④ 작업 수행이 감소하더라도 피로를 느끼지 않을 수 있고, 수행이 잘 되더라도 피로를 느낄 수 있다. ( )

[05③, 17②]

078 피로의 측정법에 해당하는 것을 체크하시오.

① 물리학적 방법 ( )   ② 심리학적 방법 ( )

③ 생화학적 방법 ( )   ④ 생리적 방법 ( )

[06①, 13①, 18②, 23③]

079 피로의 측정 방법 중 생리적 측정을 체크하시오.

① 혈색소 농도 ( )   ② 연속반응시간 ( )

③ 대뇌피질활동 ( )   ④ 동작분석 ( )

⑤ EMG ( )   ⑥ ENG ( )

⑦ ECG ( )   ⑧ GSR ( )

[07①, 09①, 11③, 16②]

080 피로 측정방법 중 생화학적 방법의 측정대상항목을 체크하시오.

① 혈액검사 ( )   ② 근전도검사 ( )

③ 뇌파검사 ( )   ④ 심전도검사 ( )

[08①, 10③]

081 피로의 측정분류 중 감각기능검사(정신·신경기능 검사)의 측정대상항목을 체크하시오.

① 플리커 ( )   ② 심박수 ( )

③ 혈액 ( )   ④ 에너지대사 ( )

[08③, 14②, 19③, 24③]

082 피로의 검사방법에 있어 인지역치를 이용한 생리적 방법을 체크하시오.

① 광전비색계 ( )

② 뇌전도(EEG) ( )

[16①]

③ 근전도(EMG) ( )

④ 점멸융합주파수(flicker fusion frequency) ( )

[10②]

083 피로의 측정방법 중 근력 및 근활동에 대한 검사 방법을 체크하시오.

① ENG ( )   ② ECG ( )

③ EMG ( )   ④ EOG ( )

[19②]

084 스텝 테스트, 슈나이더 테스트는 어떠한 방법의 피로 판정 검사인지 체크하시오.

① 타액검사 ( )   ② 반사검사 ( )

③ 전신적 관찰 ( )   ④ 심폐검사 ( )

[11①, 24③]

085 피로를 가져오는 내부요인을 체크하시오.

① 경험 ( )   ② 책임감 ( )

③ 대인관계 ( )   ④ 습관 ( )

[12②③, 18①]

086 피로의 현상에 해당하는 것을 체크하시오.

① 주관적 피로 ( )

② 중추신경의 피로 ( )

③ 반사운동신경 피로 ( )

④ 근육 피로 ( )

⑤ 식욕의 증대 ( )   ⑥ 흥미의 상실 ( )

⑦ 불쾌감의 증가 ( )   ⑧ 작업능률의 감퇴 ( )

[15①, 25②]

087 작업자의 정신적 피로를 관찰할 수 있는 변화를 체크하시오.

① 대사기능의 변화 ( )

② 작업태도의 변화 ( )

③ 사고활동의 변화 ( )

④ 작업동작경로의 변화 ( )

[13③]

088 피로의 분류에 있어 만성피로에 해당하는 것을 체크하시오.

① 정상 피로 ( )   ② 건강 피로 ( )

③ 축적 피로 ( )   ④ 중추신경계 피로 ( )

089 피로 단계 중 이상발한, 구갈, 두통, 탈력감이 있고, 특히 관절이나 근육통이 수반되어 신체를 움직이기 귀찮아지는 단계를 체크하시오.

① 잠재기 (　　)　　② 현재기 (　　)
③ 진행기 (　　)　　④ 축적피로기 (　　)

090 생체리듬과 피로에 관한 설명으로 올바른지 체크하시오.

① 생체상의 변화는 하루 중에 일정한 시간간격을 두고 교환된다. (　　)
② 인간의 생체리듬은 낮에는 체온, 혈압, 맥박수 등이 상승하고 밤에는 저하된다. (　　)
③ 생체리듬에서 중요한 점은 낮에는 신체활동이 유리하며, 밤에는 휴식이 더욱 효율적이라는 것이다. (　　)
④ 몸이 흥분한 상태일 때는 부교감신경이 우세하고 수면을 취하거나 휴식을 할 때는 교감신경이 우세하다. (　　)

★중요　　　　　　　　　　　[07③, 09③, 15③, 22①]

091 생체리듬(Biorhythm)의 종류를 체크하시오.

① 지성적 리듬(Intellectual rhythm) (　　)
② 육체적 리듬(Physical rhythm) (　　)
③ 감정적 리듬(Sensitivity rhythm) (　　)
④ 안정적 리듬(Stable rhythm) (　　)
⑤ 비판적 리듬(Critical rhythm) (　　)

092 생체리듬에 관한 설명으로 올바른지 체크하시오.

① 육체적 리듬은 'P'로 나타내며, 23일을 주기로 반복된다. (　　)
② 감성적 리듬은 'S'로 나타내며, 26일을 주기로 반복된다. (　　)
③ 지성적 리듬은 'I'로 나타내며, 33일을 주기로 반복된다. (　　)
④ 각각의 리듬이 (+)에서 (−)로 변화하는 점이 위험일이다. (　　)
⑤ 각각의 리듬이 (−)로 최대인 점이 위험일이다. (　　)

⑥ 감성적 리듬은 'S'로 나타내며, 28일을 주기로 반복된다. (　　)
⑦ 육체적 리듬은 영문으로 'P'라 표시하며, 28일을 주기로 반복된다. (　　)
⑧ 감성적 리듬은 영문으로 'S'라 표시하며, 23일을 주기로 반복된다. (　　)
⑨ 각각의 리듬이 (−)에서의 최저점에 이르렀을 때를 '위험일'이라 한다. (　　)

093 각 특징에 해당하는 조직형태를 나열한 것을 체크하시오.

- (a) : 중규모 형태의 기업에서 시장 상황에 따라 인적 자원을 효과적으로 활용하기 위한 형태이다.
- (b) : 목적 지향적이고 목적 달성을 위해 기존의 조직에 비해 효율적으로 유연하게 운영될 수 있다.

① a : 위원회 조직, b : 프로젝트 조직 (　　)
② a : 사업부제 조직, b : 위원회 조직 (　　)
③ a : 매트릭스형 조직, b : 사업부제 조직 (　　)
④ a : 매트릭스형 조직, b : 프로젝트 조직 (　　)

094 조직 구성원의 태도는 조직 성과와 밀접한 관계가 있다. 태도(attitude)의 3가지 구성요소를 체크하시오.

① 인지적 요소 (　　)　　② 정서적 요소 (　　)
③ 행동경향 요소 (　　)　　④ 성격적 요소 (　　)

095 직무평가의 방법에 해당하는 것을 체크하시오.

① 서열법 (　　)　　② 분류법 (　　)
③ 투사법 (　　)　　④ 요소비교법 (　　)

096 집단역학(Group Dynamics)에서 의미하는 집단의 기능을 체크하시오.

① 응집력 발생 (　　)　　② 권한의 위임 (　　)
③ 행동의 규범 존재 (　　)④ 집단의 목표 설정 (　　)

★중요　　　　　　　　[08②, 11②, 14②, 19②, 23①]

097 집단 간의 갈등 요인에 해당하는 것을 체크하시오.

① 제한된 자원 (　　)　　② 욕구 좌절 (　　)

③ 집단 간의 목표 차이 (　　)

④ 동일한 사안을 바라보는 집단 간의 인식 차이
(　　)

[07①, 14③, 20①]

098 집단 간 갈등의 해소방안을 체크하시오.

① 집단 간 접촉 기회의 증대 (　　)

② 상위 목표의 설정 (　　)

③ 공동의 문제 설정 (　　)

④ 사회적 범주화 편향의 최대화 (　　)

[05③, 24①]

099 직장구성원 간에는 비교적 호의적인 관계가 유지되지만 직장에 대한 응집력이 미약한 경우의 유형을 체크하시오.

① 화합분산형 (　　)　　　② 대립분산형 (　　)

③ 화합응집형 (　　)　　　④ 대립분리형 (　　)

[09③, 12③, 15①③, 22①, 23③, 24①]

100 집단역학에서 소시오메트리(sociometry)에 관한 설명으로 올바른지 체크하시오.

① 구성원 상호간의 선호도를 기초로 집단 내부의 동태적 상호관계를 분석하는 기법이다. (　　)

② 구성원들이 서로에 매력적으로 끌리어 목표를 효율적으로 달성하는 정도를 도식화하는 것이다.
(　　)

③ 리더십을 인간 중심과 과업 중심으로 나누어 이를 계량화하고, 리더의 행동경향을 표현·분류하는 기법이다. (　　)

④ 리더의 유형을 분류하는 데 있어 리더들이 자기가 싫어 하는 동료에 대한 평가를 점수로 환산하여 비교·분석하는 기법이다. (　　)

⑤ 소시오그램은 집단 내의 하위 집단들과 내부의 세부집단과 비세력집단을 구분할 수 없다. (　　)

⑥ 소시오메트리 연구조사에서 수집된 자료들은 소시오그램과 소시오메트릭스 등으로 분석한다.
(　　)

⑦ 소시오메트릭스는 소시오그램에서 나타나는 집단 구성원들 간의 관계를 수치에 의하여 계량적으로 분석할 수 있다. (　　)

⑧ 소시오메트리 분석을 위해 소시오메트릭스와 소시오그램이 작성된다. (　　)

⑨ 소시오메트릭스에서는 상호작용에 대한 정량적 분석이 가능하다. (　　)

⑩ 소시오메트리는 집단 구성원들 간의 공식적 관계가 아닌 비공식적인 관계를 파악하기 위한 방법이다. (　　)

⑪ 소시오그램은 집단 구성원들 간의 선호, 거부 혹은 무관심의 관계를 기호로 표현하지만, 이를 통해 다양한 집단 내의 비공식적 관계에 대한 역학관계는 파악할 수 없다. (　　)

[19①]

101 현대 조직이론에서 작업자의 수직적 직무 권한을 확대하는 방안을 체크하시오.

① 직무순환(job rotation) (　　)

② 직무분석(job analysis) (　　)

③ 직무확충(job enrichment) (　　)

④ 직무평가((job evaluation) (　　)

[08②, 25①]

102 직무확대의 방법에 대한 설명으로 올바른지 체크하시오.

① 종업원들에게 완전하고 자연스러운 작업단위를 제공한다. (　　)

② 종업원들에게 직무에 부가되는 자유와 권위를 주어야 한다. (　　)

③ 종업원들에게 반복적이고 쉬운 업무를 수행하도록 한다. (　　)

④ 종업원들이 전문가가 될 수 있도록 전문화된 임무를 배당한다. (　　)

[04①]

103 직무수행평가를 위해 개발된 척도 가운데 척도상의 점수에 그 점수를 설명하는 구체적 직무행동 내용이 제시된 평정척도를 체크하시오.

① 행동기준평정척도(BARS) (　　)

② 행동관찰척도(BOS) (　　)

③ 행동기술척도(BDS) (　　)

④ 행동내용척도(BCS) (　　)

104 직무와 관련한 정보를 직무명세서(job specification)와 직무기술서(job description)로 구분할 경우 직무기술서에 포함되어야 하는 내용을 체크하시오.

① 직무의 직종 (　)

② 수행되는 과업 (　)

③ 직무수행 방법 (　)

④ 작업자의 요구되는 능력 (　)

105 직무명세서에 포함되는 사항을 체크하시오.

① 장비 및 도구 (　)　　② 기술 수준 (　)

③ 교육 수준 (　)　　④ 작업 경험 (　)

106 직무수행에 대한 예측변인 개발 시 작업표본(work sample)의 제한점에 해당하는 것을 체크하시오.

① 주로 기계를 다루는 직무에 효과적이다. (　)

② 훈련생보다 경력자 선발에 적합하다. (　)

③ 실시하는데 시간과 비용이 많이 든다. (　)

④ 집단검사로 감독의 통제가 요구된다. (　)

107 직무수행 준거가 갖추어야 할 바람직한 3가지 일반적인 특성을 체크하시오.

① 적절성 (　)　　② 안정성 (　)

③ 실용성 (　)　　④ 특이성 (　)

108 직무만족감을 생성하는 요인을 체크하시오.

① 작업 조건 (　)　　② 일의 내용 (　)

③ 인간 관계 (　)　　④ 복지 혜택 (　)

109 직무수행평가 시 평가자가 특정 피평가자에 대해 구체적으로 잘 모름에도 불구하고 모든 부분에 대해 좋게 평가하는 오류를 체크하시오.

① 후광오류 (　)

② 엄격화오류 (　)

③ 중앙집중오류 (　)

④ 관대화오류 (　)

110 집단의 응집성이 높아지는 조건을 체크하시오.

① 가입하기 쉬운 집단일수록 (　)

② 집단의 구성원이 많을수록 (　)

③ 외부의 위험이 없을 경우 (　)

④ 함께 보내는 시간이 많을수록 (　)

111 집단의 효과에 해당하는 것을 체크하시오.

① 시너지(synergy)효과 (　)

② 동조효과(응집력) (　)

③ 리스크 테이킹(risk taking) (　)

④ 견물(絹物)효과 (　)

⑤ 암시 효과 (　)

112 집단에서 리더의 구비요건을 체크하시오.

① 화합성 (　)　　② 단순성 (　)

③ 통찰력 (　)　　④ 판단력 (　)

⑤ 개인의 이익 추구성 (　)

⑥ 정서적 안정성 및 활발성 (　)

113 집단(group)과 그 특징이 올바르게 연결되었는지 체크하시오.

① 1차 집단(primary group) – 사교집단과 같이 일상 생활에서 임시적으로 접촉하는 집단 (　)

② 공식집단(formal group) – 회사나 군대처럼 의도적으로 설립되어 능률성과 과학적 합리성을 강조하는 집단 (　)

③ 성원집단(membership group) – 특정 개인이 어떤 상태의 지위나 조직 내 신분을 원하는데 아직 그 위치에 있지 않은 사람들의 집단 (　)

④ 세력집단 – 혈연이나 지연과 같이 장기간 육체적, 정서적으로 매우 밀접한 집단 (　)

114 인간의 집단행동 가운데 통제적 집단행동을 체크하시오.

① 관습 (　)　　② 패닉 (　)

③ 유행 (　)　　④ 제도적 행동 (　)

[11①, 19③, 23②]

115 집단행동에 있어 비통제의 집단행동에 해당하는 것을 체크하시오.

① 모브 (   )　　　② 관습 (   )

③ 유행 (   )　　　④ 제도적 행동 (   )

[12②, 16①]

116 비공식 집단에 관한 설명으로 올바른지 체크하시오.

① 비공식 집단은 조직구성원의 태도, 행동 및 생산성에 지대한 영향력을 행사한다. (   )

② 가장 응집력이 강하고 우세한 비공식 집단은 수직적 동료집단이다. (   )

③ 혼합적 혹은 우선적 동료집단은 각기 상이한 부서에 근무하는 직위가 다른 성원들로 구성된다. (   )

④ 비공식 집단은 관리영역 밖에 존재하고 조직표에 나타나지 않는다. (   )

[13②, 16③, 24③]

117 작업장의 정리정돈 태만 등 생략행위를 유발하는 심리적 요인을 체크하시오.

① 폐합의 요인 (   )

② 간결성의 원리 (   )

③ risk taking원리 (   )

④ 주의의 일점집중 현상 (   )

[03①]

118 욕구저지(欲求咀止) 반응의 기제에 관한 가설에 해당하는 것을 체크하시오.

① 욕구저지 – 공격가설 (   )

② 욕구저지 – 퇴행가설 (   )

③ 욕구저지 – 고착가설 (   )

④ 욕구저지 – 보상가설 (   )

[05①]

119 욕구저지(欲求咀止)를 일으키게 하는 장애에 대한 반응으로 분류할 수 있는 것을 체크하시오.

① 장해우위형 (   )

② 자아방위형 (   )

③ 욕구고집형 (   )

④ 반동형성형 (   )

[04①, 24②]

120 기업경영 조건 중 우선순위가 단계적으로 나열된 것을 체크하시오.

① 안전 – 품질 – 생산 (   )

② 품질 – 안전 – 생산 (   )

③ 생산 – 안전 – 품질 (   )

④ 안전 – 생산 – 품질 (   )

[06①, 18②]

121 리더십의 유형으로 구분할 수 있는 것을 체크하시오.

① 권위적 리더 (   )

② 민주적 리더 (   )

③ 경쟁적 리더 (   )

④ 자유방임형 리더 (   )

[06②]

122 업무추진 방법에 의한 리더십(leader ship)의 분류에 해당하는 것을 체크하시오.

① 독재형 (   )

② 민주형 (   )

③ 자유방임형 (   )

④ 솔직형 (   )

[04②, 09①, 11①, 25③]

123 부하들의 역량을 개발하여 부하들로 하여금 자율적으로 업무를 추진하게 하고, 스스로 자기조절 능력을 갖게 만드는 리더십을 체크하시오.

① 변환적 리더십 (   )

② 셀프 리더십 (   )

③ 교류직 리더십 (   )

④ 참여적 리더십 (   )

[04③]

124 리더십 이론의 하나인 피들러의 인지자원이론에서 스트레스를 적게 받는 상황이라면 어떤 유형이 효율적인 리더인지 체크하시오.

① 경험이 많은 리더 (   )

② 배려적 리더 (   )

③ 지시적 리더 (   )

④ 지능이 우수한 리더 (   )

125 피들러(Fiedier)의 상황리더십 이론에서 가장 일하기 힘들었던 동료를 평가하는 척도에서 점수가 높은 리더의 특성을 체크하시오.

① 배려적이다. (　)
② 지시적이다. (　)
③ 권위적이다. (　)
④ 성취지향적이다. (　)

126 Fiedler의 상황 연계성 리더십 이론에서 중요시하는 상황적 요인을 체크하시오.

① 과제의 구조화 (　)
② 리더와 부하간의 관계 (　)
③ 부하의 성숙도 (　)
④ 리더의 직위상 권한 (　)

127 리더십을 리더가 부하들에게 미치는 영향력으로 간주하고, 그 영향력의 근원에 따라서 권력을 구분했는데, 이 중 준거권력(reference power)에 대해 설명한 것을 체크하시오.

① 부하들로부터 호감과 존경을 받는 리더 개인의 매력으로부터 나온다. (　)
② 부하에게 승진, 보너스, 임금인상 등을 베풀 수 있는 힘에서 나온다. (　)
③ 지식이나 기술에 바탕을 두고 영향을 미침으로써 얻는 권력이다. (　)
④ 견책, 나쁜 인사고과로 부하에게 영향을 미침으로써 얻는 권력이다. (　)

128 리더십 이론 중 경로목표이론에 대한 설명으로 올바른지 체크하시오.

① 부하의 능력이 우수하면 지시적 리더행동을 효율적이지 못한다. (　)
② 내적 통제성을 갖는 부하는 참여적 리더행동을 좋아한다. (　)
③ 과업이 구조화되어 있으면 지시적 행동이 효율적이다. (　)
④ 외적 통제성향인 부하는 지시적 리더행동을 좋아한다. (　)

129 허시(Hersay)와 브랜차드(Blandchard)가 주장한 상황적 리더십 이론에서 효과적인 리더행동은 상황특성에 따라 다른데, 이러한 상황특성을 측정하는 기준을 체크하시오.

① 의사결정의 중요성 (　)
② 리더와 부하간의 관계 (　)
③ 부하의 성숙수준 (　)
④ 과업의 구조화 정도 (　)

130 허시(Hersey)와 브랜차드(Blanchard)의 상황적 리더십 이론에서 리더십의 4가지 유형을 체크하시오.

① 통제적 리더십 (　)　② 지시적 리더십 (　)
③ 참여적 리더십 (　)　④ 위임적 리더십 (　)

131 변혁적 리더십의 구성요인을 체크하시오.

① 개별적 배려 (　)　② 비전 제시 (　)
③ 통제 수단 (　)　④ 카리스마 (　)

132 리더십의 유형은 리더의 행동에 근거하여 자유방임형, 권위형, 민주형으로 분류할 수 있는데, 이 중 민주형 리더십의 특징을 체크하시오.

① 집단 구성원들이 리더를 존경한다. (　)
② 의사교환이 제한된다. (　)
③ 자발적 행동이 많이 나타난다. (　)
④ 구성원간의 상호관계가 원만하다. (　)
⑤ 대외적인 상징적 존재에 불가하다. (　)
⑥ 소극적으로 조직 활동에 참가한다. (　)
⑦ 자신의 신념과 판단을 최상으로 믿는다. (　)
⑧ 조직구성원들의 의사를 종합하여 결정한다. (　)

133 자유방임형 리더십에 따른 집단구성원의 반응에 해당하는 것을 체크하시오.

① 낭비 및 파손품이 많다. (　)
② 리더를 타인으로 간주한다. (　)
③ 작업의 양과 질이 우수하다. (　)
④ 개성이 강하고, 연대감이 없어진다. (　)

[11②, 16②]

134 리더십을 결정하는 주요한 3가지 요소를 체크하시오.

① 리더의 특성과 행동 (　)

② 집단과 집단간의 관계 (　)

③ 부하의 특성과 행동 (　)

④ 리더십이 발생하는 상황의 특성 (　)

★중요

[04①, 08①②, 12①, 14①, 17②, 18②, 23②]

135 리더십의 권한에 있어 조직이 리더에게 부여하는 권한에 해당하는 것을 체크하시오.

① 위임된 권한 (　)　　② 강압적 권한 (　)

③ 보상적 권한 (　)　　④ 합법적 권한 (　)

⑤ 전문성 권한 (　)

[12②, 17③]

136 지도자(leader)의 권한 중 지도자 자신에 의해 생성되는 권한에 해당하는 것을 체크하시오.

① 보상적 권한 (　)　　② 합법적 권한 (　)

③ 강압적 권한 (　)　　④ 전문성 권한 (　)

⑤ 위임된 권한 (　)

[21①]

137 다음은 리더가 가지고 있는 어떤 권력의 예시에 해당하는지 체크하시오.

> 종업원의 바람직하지 않은 행동들에 대해 해고, 임금삭감, 견책, 처벌 등을 사용하여 처벌한다.

① 보상권력 (　)　　② 강압권력 (　)

③ 합법권력 (　)　　④ 전문권력 (　)

[15③, 19②]

138 리더의 기능수행과 리더로서의 지위 획득 및 유지가 리더 개인의 성격이나 자질에 의존한다는 리더십 이론을 체크하시오.

① 행동이론 (　)　　② 상황이론 (　)

③ 특성이론 (　)　　④ 관리이론 (　)

[18②]

139 리더십에 대한 연구 방법 중 통솔력이 리더 개인의 특별한 성격과 자질에 의존한다고 설명하는 이론을 체크하시오.

① 특질접근법 (　)　　② 상황접근법 (　)

③ 행동접근법 (　)　　④ 제한된 특질접근법 (　)

[19①, 25③]

140 목표를 설정하고 그에 따르는 보상을 약속함으로써 부하를 동기화하려는 리더십을 체크하시오.

① 교환적 리더십 (　)　　② 변혁적 리더십 (　)

③ 참여적 리더십 (　)　　④ 지시적 리더십 (　)

[22①]

141 다음에서 설명하는 리더십의 유형을 체크하시오.

> 과업 완수와 인간 관계 모두에 있어서 최대한의 노력을 기울이는 리더십의 유형이다.

① 과업형 리더십 (　)　　② 이상형 리더십 (　)

③ 타협형 리더십 (　)　　④ 무관심형 리더십 (　)

[21②]

142 다음 설명에 해당하는 리더십 유형을 체크하시오.

> 과업을 계획하고 수행하는 데 있어서 구성원과 함께 책임을 공유하고 인간에 대하여 높은 관심을 갖는 리더십이다.

① 권위적 리더십 (　)　　② 독재적 리더십 (　)

③ 민주적 리더십 (　)

④ 자유방임형 리더십 (　)

[08③, 17②]

143 선출된 지도자가 가지는 권한행사에 해당하는 것을 체크하시오.

① 헤드십(headship) (　)

② 멤버십(membership) (　)

③ 리더십(leadership) (　)

④ 매니저십(managership) (　)

[05②, 15②, 17①]

144 집중발상법(brain storming)의 기본 규칙을 체크하시오.

① 아이디어는 많을수록 좋다. (　)

② 아이디어 산출과정에서, 모든 아이디어는 어떤 방식으로든 평가해야 한다. (　)

③ 떠오르는 아이디어는 어떤 것이든 관계없이 표현해야 한다. (　)

④ 구성원들은 가능한 한 다른 사람의 아이디어를 수정하고 확장하려고 노력해야 한다. (　)

[16①]

145 창의력이란 '문제를 해결하기 위하여 정보나 지식을 독특한 방법으로 조합하여 참신하고 유용한 아이디어를 생성해 내는 능력'이다. 창의력을 발휘하기 위해 필요한 3가지 요소를 체크하시오.

① 전문지식 (　　) ② 상상력 (　　)
③ 업무몰입도 (　　) ④ 내적 동기 (　　)

[04①, 10①, 23①]

146 카리스마적 리더의 주요한 특성을 체크하시오.

① 비전 제시 능력 (　　) ② 보상 제공 능력 (　　)
③ 개인적 매력 (　　) ④ 수사학적 능력 (　　)

[04③]

147 리더와 부하가 서로 영향을 준다는 리더십 이론으로서 부하들의 능력 및 기술, 리더가 부하들을 신뢰하는 정도 등에 따라 리더가 부하들을 서로 다르게 대우한다고 가정하는 이론을 체크하시오.

① 경로목표이론 (　　)
② 인지적 자원이론 (　　)
③ 내현리더십이론 (　　)
④ 리더-부하 교환이론 (　　)

[05①, 18①]

148 리더의 기능 중 이용 가능한 정보나 기술에 관한 정보원으로서의 역할을 수행하는 리더의 유형을 체크하시오.

① 집단대표로서의 리더 (　　)
② 집행자로서의 리더 (　　)
③ 전문가로서의 리더 (　　)
④ 개개인의 책임대행자로서의 리더 (　　)

[07①, 17①]

149 성공적인 리더가 가지는 중요한 관리기술에 해당하는 것을 체크하시오.

① 집단의 목표를 구성원과 함께 정한다. (　　)
② 구성원이 집단과 어울리도록 협조한다. (　　)
③ 자신이 아니라 집단에 대해 많은 관심을 가진다.
　 (　　)
④ 매 순간 신속하게 의사결정을 한다. (　　)

★중요　　　　　　　　　　[03②, 06③, 13①, 14②]

150 성공한 지도자들의 특성에 해당하는 것을 체크하시오.

① 높은 성취 욕구 (　　)
② 실패에 대한 강한 예견과 두려움 (　　)
③ 상사에 대한 강한 부정적 의식과 부하직원에 대한 관심이 큼 (　　)
④ 부모로부터의 정서적 독립과 현실 지향적 (　　)
⑤ 자신 및 상사에 대한 긍정적인 태도 (　　)
⑥ 실패에 대한 자신감과 자부심 (　　)
⑦ 조직의 목표에 대한 충성심 (　　)
⑧ 업무 수행능력 (　　)
⑨ 강한 출세욕구 (　　) ⑩ 강력한 조직능력 (　　)

[14③, 20③, 25③]

151 관계 지향적 리더가 나타내는 대표적인 행동 특징에 해당하는 것을 체크하시오.

① 우호적이며 가까이 하기 쉽다. (　　)
② 집단구성원들의 활동을 조정한다. (　　)
③ 집단구성원들을 동등하게 대한다. (　　)
④ 어떤 결정에 대해 자세히 설명해준다. (　　)

[16③, 18①]

152 헤드십에 관한 설명으로 올바른지 체크하시오.

① 권위주의적이기보다는 민주주의적 지휘형태를 따른다. (　　)
② 리더십 중 최고의 통솔력을 발휘하는 리더십이다. (　　)
③ 공식적인 규정에 의거하여 권한의 귀속 범위가 결정된다. (　　)
④ 전문적 지식을 발휘해 조직 구성원들을 결집시키는 리더십이다. (　　)
⑤ 민주적 리더십을 발휘하기 쉽다. (　　)
⑥ 책임귀속이 상사와 부하 모두에게 있다. (　　)
⑦ 권한 근거가 공식적인 법과 규정에 의한 것이다.
　 (　　)
⑧ 구성원의 동의를 통하여 발휘하는 리더십이다.
　 (　　)

[07①, 10①, 20③, 23①]

153 리더십과 헤드십에 대한 설명으로 옳은지 체크하시오.

① 헤드십은 부하와의 사회적 간격이 좁다. (　　)

② 헤드십에서의 책임은 상사에 있지 않고 부하에 있다. (　)

③ 리더십의 지휘형태는 권위주의적인 반면, 헤드십의 지휘형태는 민주적이다. (　)

④ 권한행사 측면에서 보면 헤드십은 임명에 의하여 권한을 행사할 수 있다. (　)

[13②, 19③]

154 집단 심리요법의 하나로서, 자기 해방과 타인 체험을 목적으로 하는 체험활동을 통해 대인관계에 있어서의 태도변용이나 통찰력, 자기이해를 목표로 개발된 교육기법을 체크하시오.

① ST(Sensitivity Training) 훈련 (　)

② 롤 플레잉(Role Playing) (　)

③ OJT(On the Job Training) (　)

④ TA(Transactional Analysis) 훈련 (　)

[05③, 08①]

155 Muchinsky가 제시한 직무만족과 연관된 여러가지 의사소통 요소와의 관계에 대한 설명으로 옳은지 체크하시오.

① 정보통제는 직무만족과 정적으로 관계된다. (　)

② 의사소통에서 지각된 정보의 정확성은 직무만족과 정적으로 상관되어 있다. (　)

③ 의사소통에 대한 만족은 직무만족의 모든 속성과 정적으로 상관된다. (　)

④ 대면적 의사소통은 직무만족과 정적으로 상관되어 있다. (　)

⑤ 정보통제는 직무만족과 비례적인 관계이다. (　)

⑥ 의사소통에서 지각된 정보의 정확성이 증가되면 직무 만족도도 증가된다. (　)

⑦ 의사소통에 대한 만족이 상승되면 직무만족의 속성도 상승된다. (　)

⑧ 대면적 의사소통이 원만하지 못하면 직무만족도가 감소된다. (　)

[16③, 23②]

156 조직에서 의사소통망은 조직 내의 구성원들 간에 정보를 교환하는 경로구조를 의미하는데, 이 의사소통망의 유형에 해당하는 것을 체크하시오.

① 원형 (　)　　　② X자형 (　)

③ 사슬형 (　)　　④ 수레바퀴형 (　)

[10③, 17②]

157 의사소통 과정의 4가지 구성요소를 체크하시오.

① 메시지 (　)　　② 수신자 (　)

③ 채널 (　)　　　④ 효과 (　)

[07①]

158 관료주의 조직의 특징에 해당하는 것을 체크하시오.

① 개인의 능력에 따른 승진이 어렵다. (　)

② 인간의 가치, 욕구 등과 같은 인적 요소를 무시한다. (　)

③ 새로운 사회와 기술적 변화에 효과적으로 적응하기 어렵다. (　)

④ 이론적 조직과 실제 조직 간에 불일치하는 경향이 있다. (　)

★중요　　[05③, 21②, 25③]

159 직무수행 성과에 대한 효과적인 피드백의 원칙에 대한 설명으로 올바른지 체크하시오.

① 직무수행 성과가 낮을 때, 그 원인을 능력 부족의 탓으로 돌리는 것보다 노력 부족의 탓으로 돌리는 것이 더 효과적이다. (　)

② 부정적 피드백을 먼저 제시하고 그 다음에 긍정적 피드백을 제시하는 것이 효과적이다. (　)

③ 피드백은 개인의 수행 성과뿐만 아니라 집단의 수행성과에도 영향을 준다. (　)

④ 직무수행 성과에 대한 피드백의 효과가 항상 긍정적이지는 않다. (　)

[05②, 15②]

160 작업특성의 조건에 해당하는 것을 체크하시오.

① 작업종류 형태 (　)　　② 작업수준 (　)

③ 작업조건 (　)　　　　④ 작업자의 성별 (　)

[05②, 15②, 21③]

161 작업의 강도를 객관적으로 측정하기 위한 지표를 체크하시오.

① 작업 시간수 (　)

② 인체의 에너지대사율(RMR) (　)

③ 작업 손실 시간수 (　)

④ 강도율 (　)

162 작업개선 시 동작능력 활용 원칙을 체크하시오.

① 양손이 동시에 쉬지 않도록 한다. ( )

② 양손으로 동시에 시작하고 동시에 끝낸다. ( )

③ 동작이 자동적으로 이루어지는 순서대로 한다.
( )

④ 발 또는 왼손으로 작동할 수 있더라도 가능한 오른손을 사용하도록 한다. ( )

[21①]

163 휴먼에러의 심리적 분류에 해당하는 것을 체크하시오.

① 입력 오류(input error) ( )

② 시간 지연 오류(time error) ( )

③ 생략 오류(omission error) ( )

④ 순서 오류(sequential error) ( )

★중요　　　　　　　　　[03②, 06①, 11③, 15①, 21③]

164 인간착오의 메커니즘에 해당하는 것을 체크하시오.

① 위치의 착오 ( )　　② 패턴의 착오 ( )

③ 형태의 착오 ( )　　④ 크기의 착오 ( )

⑤ 느낌의 착오 ( )

[14②, 17③, 25③]

165 착오의 원인에 있어 인지과정의 착오에 해당하는 것을 체크하시오.

① 합리화의 부족 ( )

② 환경조건 불비 ( )

③ 작업자의 기능 미숙 ( )

④ 생리적·심리적 능력의 부족 ( )

[17①, 20①②]

166 판단과정에서의 착오 원인에 해당하는 것을 체크하시오.

① 능력부족 ( )　　② 정보부족 ( )

③ 감각차단 ( )　　④ 자기합리화 ( )

⑤ 작업경험 부족 ( )

[05①]

167 인간의 착오요인 중에서 '조작과정에서의 착오요인'에 해당하는 것을 체크하시오.

① 능력부족 ( )　　② 기술부족 ( )

③ 감각차단 현상 ( )　　④ 정보의 부족 ( )

[03②, 06②, 24①]

168 인간과오(Human-Error)의 4요인(4M)에 해당하는 것을 체크하시오.

① Machine ( )　　② Media ( )

③ Material ( )　　④ Man ( )

[17②]

169 라스무센의 정보처리모형은 원인 차원의 휴먼에러 분류에 적용되고 있다. 이 모형에서 정의하고 있는 인간의 행동 단계 중 다음의 특징을 갖는 것을 체크하시오.

> • 생소하거나 특수한 상황에서 발생하는 행동이다.
> • 부적절한 추론이나 의사 결정에 의해 오류가 발생한다.

① 규칙기반행동 ( )　　② 인지기반행동 ( )

③ 지식기반행동 ( )　　④ 숙련기반행동 ( )

[07①, 09③, 19③]

170 다음 그림은 착시현상을 나타낸 것으로서 수직 평행인 세로의 선이 굽어 보인다. 이와 같은 착시 현상의 명칭을 체크하시오.

① 죌러(Zoller)의 착시 ( )

② 쾰러(Kohler)의 착시 ( )

③ 헤링(Hering)의 착시 ( )

④ 포겐도르프(Poggendorf)의 착시 ( )

[07③, 23③]

171 헤링(Hering)의 착시현상을 체크하시오.

① 　　　　　　　　　　( )

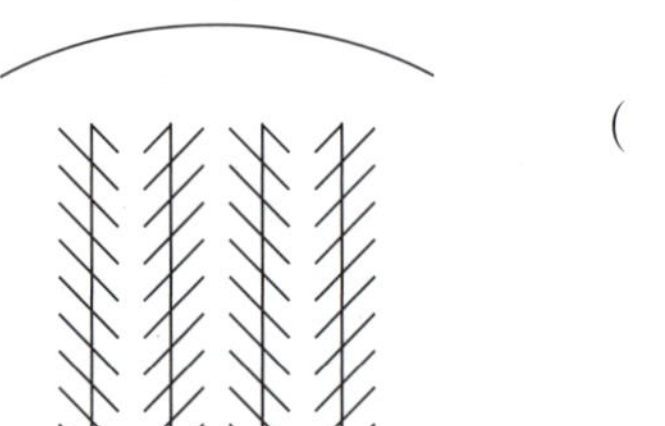

② 　　　　　　　　　　( )

③ （　）

④ （　）

[09②]

172 착시현상 중 암실 내에서 하나의 광점을 보고 있으면 그 광점이 움직이는 것처럼 보이는 것을 체크하시오.

① β운동 （　）　　② 유도운동 （　）

③ 운동잔상 （　）　　④ 자동운동 （　）

[10①③, 15③, 20③]

173 다음 현상이 생기기 쉬운 조건을 체크하시오.

> 암실 내에서 정지된 작은 광점을 응시하고 있으면 그 광점이 움직이는 것 같이 여러 방향으로 퍼져나가는 것처럼 보이는 현상이다.

① 광점이 작을 것 （　）

② 대상이 단순할 것 （　）

③ 광의 강도가 클 것 （　）

④ 시야의 다른 부분이 어두울 것 （　）

★중요 [07②, 12②, 19②, 21②, 24②]

174 착시현상 중에서 실제로는 움직이지 않는데도 움직이는 것처럼 느껴지는 심리적인 현상을 체크하시오.

① 잔상 （　）

② 원근 착시 （　）

③ 가현운동 （　）

④ 침착성 및 도덕성의 결여 （　）

[06②, 11①②]

175 인간의 착각현상 가운데 객관적으로 정지하고 있는 대상물이 급속히 나타났다가 소멸하는 것으로 인하여 일어나는 운동으로, 마치 대상물이 운동하는 것처럼 인식되는 현상을 말하며, 영화 영상의 방법으로 쓰이는 현상을 체크하시오.

① 자동운동 （　）　　② 가현운동 （　）

③ 유도운동 （　）　　④ 반사운동 （　）

[18③, 22②]

176 운동에 대한 착각현상에 해당하는 것을 체크하시오.

① 자동운동(自動運動) （　）

② 항상운동(恒常運動) （　）

③ 유도운동(誘導運動) （　）

④ 가현운동(假現運動) （　）

★중요 [04②, 12②, 14③, 16③, 25②]

177 운동의 시지각에 해당하는 것을 체크하시오.

① 자동운동(自動運動) （　）

② 항상운동(恒常運動) （　）

③ 유도운동(誘導運動) （　）

④ 가현운동(價現運動) （　）

[03②]

178 가현운동(β운동)에 관한 사항을 체크하시오.

① 영화영상의 방법 （　）

② 착각에 의한 행동 （　）

③ 신기루현상 （　）

④ 착시현상 （　）

[18①, 23③]

179 인간의 오류 모형에서 착오(mistake)의 발생원인 및 특성에 해당하는 것을 체크하시오.

① 목표와 결과의 불일치로 쉽게 발견된다. （　）

② 주의 산만이나 주의 결핍에 의해 발생할 수 있다. （　）

③ 상황을 잘못 해석하거나 목표에 대한 이해가 부족한 경우 발생한다. （　）

④ 목표 해석은 제대로 하였으나 의도와 다른 행동을 하는 경우 발생한다. （　）

[14①]

180 다음 그림은 지각집단화의 원리 중 한 예이다. 이 예에 해당하는 원리를 체크하시오.

① 단순성의 원리 （　）　　② 폐쇄성의 원리 （　）

③ 유사성의 원리 （　）　　④ 연속성의 원리 （　）

181 착각에 대한 설명으로 올바른지 체크하시오.

① 착각은 인간의 노력으로 고칠 수 있다. ( )

② 정보의 결함이 있으면 착각이 일어난다. ( )

③ 착각은 인간측의 결함에 의해서 발생한다. ( )

④ 환경조건이 나쁘면 착각은 쉽게 일어난다. ( )

★중요　　[06②, 07③, 08②, 09②, 16②]

182 안전심리에서 주의의 특성을 체크하시오.

① 변동성 ( )　　　② 선택성 ( )

③ 방향성 ( )　　　④ 타당성 ( )

⑤ 대칭성 ( )　　　⑥ 보편성 ( )

★중요　　[14①, 18②, 20③, 21③]

183 인간의 주의력은 다양한 특성을 지니고 있는 것으로 알려져 있다. 주의력의 특성과 그에 대한 설명으로 올바른지 체크하시오.

① 변동성이란 주의집중시 주기적으로 부주의의 리듬이 존재함을 말한다. ( )

② 선택성이란 인간은 한 번에 여러 종류의 자극을 지각·수용하지 못함을 말한다. ( )

③ 선택성이란 소수의 특정 자극에 한정해서 선택적으로 주의를 기울이는 기능을 말한다. ( )

④ 방향성이란 주의는 항상 일정하나 수준을 유지할 수 있으므로 장시간 고도의 주의집중이 가능함을 말한다. ( )

⑤ 지속성이란 인간의 주의력은 2시간 이상 지속된다. ( )

⑥ 변동성이란 인간의 주의 집중은 내향과 외향의 변동이 반복된다. ( )

⑦ 방향성이란 인간의 주의력을 집중하는 방향은 상하 좌우에 따라 영향을 받는다. ( )

⑧ 선택성이란 인간의 주의력은 한계가 있어 여러 작업에 대해 선택적으로 배분된다. ( )

★중요　　[05①, 07①, 12①, 15③, 21①]

184 부주의 현상 중, 심신이 피로하거나 단조로운 작업을 반복할 경우 나타나는 의식 수준의 저하 현상이 발생하는 단계를 체크하시오.

① Phase I 이하 ( )　　② Phase II ( )

③ Phase III ( )　　　④ Phase IV ( )

★중요　　[04①, 07②, 08①, 10③, 12②, 14②, 19①, 20①, 25②]

185 주의(attention)에 대한 설명으로 올바른지 체크하시오.

① 의식작용이 있는 일에 집중하거나 행동의 목적에 맞추어 의식수준이 집중되는 심리상태를 말한다. ( )

② 주의력의 특성은 선택성, 변동성, 방향성으로 표현된다. ( )

③ 여러 종류의 자극을 지각할 때 소수의 특정한 것을 선택하여 집중하는 특성을 갖는다. ( )

④ 한 자극에 주의를 집중하여도 다른 자극에 대한 주의력은 약해지지 않는다. ( )

⑤ 고도의 주의는 오랜 시간 동안을 지속시킬 수 없다. ( )

⑥ 주의와 반응의 목적은 대부분의 경우 서로 독립적이다. ( )

⑦ 동시에 두 가지 일에 중복하여 집중하기 어렵다. ( )

⑧ 여러 종류의 자극을 지각할 때 소수의 특정한 것을 선택하여 집중한다. ( )

⑨ 주의 집중은 리듬을 가지고 변한다. ( )

⑩ 주의력을 강화하면 기능은 저하된다. ( )

⑪ 많은 것에 동시에 주의를 기울일 수 없다. ( )

⑫ 주의는 중심에서 좌우로 벗어나면 급격히 저하된다. ( )

[05①]

186 무의식 동작의 특성을 체크하시오.

① 무의식 동작은 최장거리를 거쳐 나타낸다. ( )

② 감각기의 기능이 정상적으로 작동되는 동작이다. ( )

③ 인간의 일상동작에서 작업에 익숙해지면 무의식 동작은 감소한다. ( )

④ 무의식 동작에는 외계의 능력에 대응하는 능력이 어느 정도는 있다. ( )

[04①, 06③, 08③, 23②]

187 부주의 현상 중 phase I 의 의식수준에 기인한 것을 체크하시오.

① 의식의 과잉 ( )　　② 의식의 단절 ( )

③ 의식의 우회 ( )　　④ 의식수준의 저하 ( )

[06①]

188 작업 도중 걱정, 고뇌, 욕구불만 등에 의해서 발생되는 부주의 현상을 체크하시오.

① 의식의 단절 (　)　② 의식수준의 저하 (　)
③ 의식의 과잉 (　)　④ 의식의 우회 (　)

[03②, 04③, 06①]

189 작업자 자신이 자기의 부주의 이외에 제반 오류의 원인을 생각함으로써 개선을 하도록 하는 과오 원인 제거기법을 체크하시오.

① TBM (　)　② STOP (　)
③ BS (　)　④ ECR (　)

[03②, 07②, 24②]

190 부주의 발생 원인 중 내적 조건을 체크하시오.

① 의식의 우회 (　)
② 작업조건의 악화 (　)
③ 환경조건의 악화 (　)
④ 작업순서의 부자연성 (　)

★중요　[06③, 07③, 08③, 10②, 11③, 13③, 17①, 19②, 20②]

191 부주의 발생방지 방법은 발생 원인별로 대책을 강구해야 하는데, 발생 원인의 외적 요인을 체크하시오.

① 작업순서의 부적당 및 부자연성 (　)
② 의식의 우회 (　)
③ 소질적 문제 (　)
④ 경험·미경험 (　)
⑤ 작업 및 환경조건 불량 (　)
⑥ 주위 환경의 불량 (　)
⑦ 기상 조건 (　)
⑧ 경험 부족 및 미숙련 (　)
⑨ 높은 작업강도 (　)

[07①, 10①, 13①]

192 의식의 우회에서 오는 부주의를 최소화하기 위한 방법을 체크하시오.

① 적성배치 (　)
② 작업순서 정비 (　)
③ 카운슬링 (　)
④ 안전교육훈련 (　)

[08②, 25①]

193 카운슬링(counseling)이 가장 유효하게 적용되는 부주의의 형태를 체크하시오.

① 의식의 단절상태 (　)
② 의식의 중단상태 (　)
③ 의식의 우회상태 (　)
④ 의식수준의 저하상태 (　)

[11①, 13②, 17②]

194 부주의에 의한 사고방지대책 중 기능 및 작업 측면의 대책에 해당하는 것을 체크하시오.

① 주의력 집중 훈련 (　)
② 표준작업 제도 도입 (　)
③ 적성 배치 (　)
④ 안전의식의 제고 (　)

[14③, 16①, 17③]

195 부주의에 의한 사고방지대책 중 정신적 대책에 해당하는 것을 체크하시오.

① 적성 배치 (　)
② 스트레스 해소 (　)
③ 주의력 집중 훈련 (　)
④ 표준작업의 습관화 (　)
⑤ 적응력 향상 (　)
⑥ 작업의욕 고취 (　)

[18①, 24①]

196 부주의의 현상 중 의식의 우회에 대한 원인에 해당하는 것을 체크하시오.

① 특수한 질병 (　)
② 단조로운 작업 (　)
③ 작업도중의 걱정, 고뇌, 욕구불만 (　)
④ 자극이 너무 약하거나 너무 강할 때 (　)

★중요　[05②, 14②, 15②, 19②]

197 인간의 경계(Vigilance) 현상에 영향을 미치는 조건에 대한 설명으로 올바른지 체크하시오.

① 작업시작 직후에는 검출율이 낮다. (　)
② 오래 지속되는 신호는 검출율이 높다. (　)
③ 발생빈도가 높은 신호는 검출율이 높다. (　)
④ 불규칙적인 신호에 대한 검출율이 낮다. (　)

[22②]

198 자동차 엑셀레이터와 브레이크 간 간격, 브레이크 폭, 소프트웨어 상에서 메뉴나 버튼의 크기 등을 결정하는 데 사용할 수 있는 인간공학 법칙을 체크하시오.

① Fitts의 법칙 (　　)　　② Hick의 법칙 (　　)

③ Weber의 법칙 (　　)　④ 양립성 법칙 (　　)

[09①, 16②, 23①]

199 각 용어에 대한 설명이 올바른지 체크하시오.

① 리스크 테이킹이란 한 지점에 주의를 집중할 때 다른 곳의 주의가 약해져 발생한 위험을 말한다.
(　　)

② 부주의란 목적수행을 위한 행동전개과정 중 목적에서 벗어나는 심리적, 신체적 변화의 현상을 말한다. (　　)

③ 역할갈등이란 개인에게 어떤 개의 역할기대가 있을 경우 그중의 어떤 역할기대는 불응, 거부하는 것을 말한다. (　　)

④ 투사란 다른사람으로부터의 판단이나 행동에 대하여 무비판적으로 논리적, 사실적 근거없이 수용하는 것을 말한다. (　　)

02 단답형 문제

★중요 [06②, 11③, 15①, 20③, 23①]

001 데이비스의 동기부여 이론에서 "능력"을 어떻게 표현하는지 쓰시오.

⚙ **해설** 데이비스의 동기부여 이론
경영의 성과 = 인간의 성과×물적 성과 = 능력×동기 유발 = (지식×기능)×(상황×태도)

[10②, 16③]

002 재해 빈발자 중 기능의 부족이나 환경에 익숙하지 못하기 때문에 재해가 자주 발생되는 사람의 명칭을 쓰시오.

[21③, 24②]

003 작업의 어려움, 기계설비의 결함 및 환경에 대한 주의력의 집중혼란, 심신의 근심 등으로 인하여 재해를 많이 일으키는 사람을 지칭하는 표현을 쓰시오.

[06③, 14③]

004 매슬로우(Maslow)의 욕구 5단계 중 인간의 가장 기본적인 욕구가 무엇인지 쓰시오.

⚙ **해설** 매슬로우(Maslow)의 욕구 5단계 중 인간의 가장 기본적이고 강력한 욕구는 제1단계인 생리(신체)적 욕구(인간의 가장 기본적인 욕구인 종족 보존, 기아, 갈증, 호흡, 배설, 성욕 등)이다.

★중요 [12③, 16③, 20③, 25②]

005 매슬로우(Maslow)의 욕구 5단계 중 인간이 충족시키고자 추구하는 욕구에 있어 가장 강력한 욕구가 무엇인지 쓰시오.

★중요 [04①, 06②, 22②]

006 Maslow(매슬로우)는 인간의 욕구를 5단계로 분류하였다. 그 중 안전의 욕구(safety and security needs)는 몇 단계에 해당하는지 쓰시오.

[08①]

007 매슬로우(Maslow)의 욕구 5단계 이론 중 사회적 욕구는 몇 단계에 해당하는지 쓰시오.

| **정답** |

001 지식×기능　002 미숙성 누발자　003 상황성 누발자　004 생리(신체)적 욕구　005 생리(신체)적 욕구
006 제2단계(안전 욕구)　007 제3단계(사회적 욕구)

008 매슬로우(Maslow)의 욕구단계 이론 중 명예, 신망, 위신, 지위 등과 관계가 깊은 것은 몇 단계인지 쓰시오.

009 매슬로우(Maslow)의 욕구 5단계에서 가장 고차원적인 욕구는 무엇인지 쓰시오.

010 매슬로우(Maslow)에 의해 제시된 인간의 욕구 5단계 이론 중 가장 저차원적인 욕구는 무엇인지 쓰시오.

★중요

011 의사소통의 심리구조를 4영역으로 나누어 설명한 조하리의 창(Johari's window)에서 나는 모르지만 다른 사람은 알고 있는 영역을 무엇이라 하는지 쓰시오.

⚙ **해설** 조하리의 창은 4영역으로 구분(자신과 타인의 아는 부분과 모르는 부분)한다.

구분	타인이 아는 부분	타인이 모르는 부분
자신이 아는 부분	개방영역, 열린창 (Open Area)	숨겨진창, 은폐영역 (Hidden Area)
자신이 모르는 부분	맹목 영역, 보이지 않는 창 (Blind Area)	미지의 창, 미지의 영역 (Unknown Area)

012 작업내용을 다양화하고 자율성과 책임감을 높이도록 개선함으로써 작업자의 의욕을 향상시키고 결국 작업수행, 만족, 안전, 결근 등의 문제를 해결하기 위해서 Herzberg 등이 개발한 직무 재설계 방법은 무엇인지 쓰시오.

013 조직 내에서 각 직무마다 임금수준을 결정하기 위해 직무들의 상대적 가치를 조사하는 것을 무엇이라 하는지 쓰시오.

014 '종업원들의 수행을 높이기 위해서는 보상이 필요하다'라는 주장과 관련된 동기이론은 무엇인지 쓰시오.

015 인간의 동기에 대한 이론 중 자극, 반응, 보상의 세 가지 핵심변인을 가지고 있으며, 표출된 행동에 따라 보상을 주는 방식에 기초한 동기이론은 무엇인지 쓰시오.

016 집단의 효과 중에서 집단의 압력에 의해 다수의 의견을 따르게 되는 현상은 무엇인지 쓰시오.

★중요 [08③, 15③, 20②]

017 집단이 가지는 효과로 두 개 이상의 서로 다른 개체가 힘을 합쳐 둘이 지닌 힘 이상의 효과를 내는 현상은 무엇인지 쓰시오.

[21②, 23②]

021 권한의 근거는 공식적이며, 지휘형태가 권위주의적이고 임명되어 권한을 행사하는 지도자가 무엇인지 쓰시오.

[13①, 17①, 25①]

018 이상적인 상황 하에서 방어적인 행동 특징을 보이는 집단행동을 무엇이라 하는지 쓰시오.

[03③, 07③]

022 임명된 지도자의 권한 행사는 무엇에 의한 것인지 쓰시오.

★중요 [06②, 12③, 19③, 22②]

019 조직이 리더(leader)에게 부여하는 권한으로 부하직원의 처벌, 임금 삭감을 할 수 있는 권한은 무엇인지 쓰시오.

★중요 [08③, 14②, 19③, 25③]

023 인간의 착각현상 중에서 실제로 움직이지 않는 것이 어느 기준의 이동에 의하여 움직이는 것처럼 느껴지는 것을 무엇이라 하는지 쓰시오.

[09②, 21③]

020 지도자가 부하의 능력에 대하여 차별적 성과급을 지급하고자 하는 리더십의 권한이 무엇인지 쓰시오.

[17①]

024 인간은 지각 과정에서 자극의 정보를 조직화하는 과정을 거치게 된다. 시각 정보의 조직화를 의미하는 용어가 무엇인지 쓰시오.

|정답|

008 제4단계(존경과 긍지에 대한 욕구) 009 제5단계(자아실현의 욕구) 010 제1단계(생리적 욕구) 011 맹목 영역, 보이지 않는 창 (Blind Area) 012 직무확충(job enrichment) 013 직무 평가 014 강화이론 015 강화이론 016 동조 효과 017 시너지 효과 018 패닉(Panic) 019 강압적 권한 020 보상적 권한 021 헤드십 022 헤드십 023 유도운동 024 게슈탈트(gestalt)

025 감각 현상이 하나의 전체적이고 의미 있는 내용으로 체계화되는 과정을 의미하는 것이 무엇인지 쓰시오.

[12③]

026 다음 설명에 해당하는 주의의 특성은 무엇인지 쓰시오.

> 공간적으로 보면 시선의 주시점만 인지하는 기능으로 한 지점에 주의를 집중하면 다른 곳의 주의는 약해진다.

[16③, 24②]

027 시각 정보 등을 받아들일 때 주의를 기울이면 시선이 집중되는 곳의 정보는 잘 받아들이나 주변부의 정보는 놓치기 쉬운 것은 주의력의 어떤 특성을 의미하는 것인지 쓰시오.

[03③, 06②]

028 인간의 의식수준을 0단계에서부터 4단계까지로 구분할 때 생리적으로 피로, 단조로움이 형성되는 단계를 쓰시오.

★중요　　[03①, 12③, 13③, 17②, 20③]

029 일상적인 정상작업 또는 의식수준이 정상적 상태이지만 생리적 상태가 안정을 취하거나 휴식할 때에 해당하는 의식수준의 단계를 쓰시오.

[08①]

030 신뢰성이 가장 높은 의식수준의 단계는 무엇인지 쓰시오.

[21②, 24③]

031 의식수준이 정상이지만 생리적 상태가 적극적일 때의 단계는 무엇인지 쓰시오.

★중요　　[04②, 08②, 14②]

032 돌발사태의 발생 시 주의의 일점집중현상이 일어나는 인간의 의식수준은 몇 단계인지 쓰시오.

[08②, 15①]

033 신호등이 녹색에서 적색으로 바뀌어도 차가 움직이기까지 아직 시간이 있다고 생각하여 건널목을 건넜을 경우 이는 어떠한 부주의인지 쓰시오.

[14①, 24①]

035 부주의 발생에 대한 대책으로 상담이 필요한 것은 무엇인지 쓰시오.

★중요

[10②, 13②, 16①, 19①]

034 자동차를 운전할 때 신호가 바뀌기 전에 신호가 바뀔 것을 예상하고 자동차를 출발시키는 행동은 어떤 부주의에 해당하는지 쓰시오.

[13②, 23①]

036 안전활동 계획의 성공에 대한 수용여부가 달려 있는 활동 대상자들의 주요 산업심리 5요소가 무엇인지 쓰시오.

| 정답 |

025 게슈탈트(gestalt)　　026 방향성　　027 주의의 선택성　　028 제1단계(Phase I 이하)　　029 제2단계(Phase II)
030 제3단계(Phase III)　　031 제3단계(Phase III)　　032 제3단계(Phase IV)　　033 억측판단　　034 억측판단　　035 의식의 우회
036 동기, 기질, 감정, 습성, 습관

[05①]

★중요

001 어떤 작업을 하는 데 있어서 소모하는 열량이 1시간에 390kcal이다. 작업 시 시간당 휴식시간을 구하시오. (단, 작업 시 평균에너지값의 상한은 5kcal/분, 휴식 시 에너지가 1.5kcal/분)

> ⚙ **해설**
>
> 휴식시간 산출방법 : R(휴식 시간) $= \dfrac{60 \times (E-e)}{E-e_1}$ 이다.
>
> 여기서, E : 실제 작업 시 평균 에너지의 소비량(kcal/min) $= \dfrac{390}{60} = 6.5$kcal/min
>
> 총 작업시간 : 60분,
>
> e : 기초 대사를 포함한 에너지 상한값 또는 작업 시 평균에너지 값(kcal/min)
>
> e_1 : 휴식 시간 중의 에너지 소비량(kcal/min)
>
> $E = 6.5$kcal/min, $e = 5$kcal/min, $e_1 = 1.5$kcal/min이므로,
>
> $\therefore R = \dfrac{60 \times (E-e)}{E-e_1} = \dfrac{60 \times (6.5-5)}{6.5-1.5} = 18$분이다.

[07②]

002 어떤 작업을 하는 데 있어서 소모하는 열량이 1시간에 420kcal이다. 이 작업의 시간당 휴식시간을 구하시오. (단, 작업 시 평균 에너지는 5kcal/min, 휴식 시 에너지는 1.5kcal/min)

> ⚙ **해설**
>
> R(휴식 시간) $= \dfrac{60 \times (E-e)}{E-e_1}$ 이다.
>
> $E = \dfrac{420}{60} = 7$kcal/min, $e = 5$kcal/min, $e_1 = 1.5$kcal/min이다.
>
> $\therefore R = \dfrac{60 \times (E-e)}{E-e_1} = \dfrac{60 \times (7-5)}{7-1.5} = 21.8 ≒ 22$분

[09①, 25③]

★중요

003 어떤 작업을 하는 데 있어서 소모하는 열량이 1시간에 420kcal이다. 이 작업의 시간당 휴식시간을 구하시오. (단, 작업 시 평균에너지는 4kcal/min, 휴식 시 에너지는 1.5kcal/min)

> ⚙ **해설**
>
> R(휴식 시간) $= \dfrac{60 \times (E-e)}{E-e_1}$ 이다.
>
> $E = \dfrac{420}{60} = 7$kcal/min, $e = 4$kcal/min, $e_1 = 1.5$kcal/min이다.
>
> $\therefore R = \dfrac{60 \times (E-e)}{E-e_1} = \dfrac{60 \times (7-4)}{7-1.5} = 32.72 ≒ 33$분

[19①]

★중요

004 어느 부서의 직원 6명의 선호 관계를 분석한 결과 다음과 같은 소시오그램이 작성되었다. 이 부서의 집단응집성 지수를 구하시오. (단, 그림에서 실선은 선호관계, 점선은 거부관계를 나타냄)

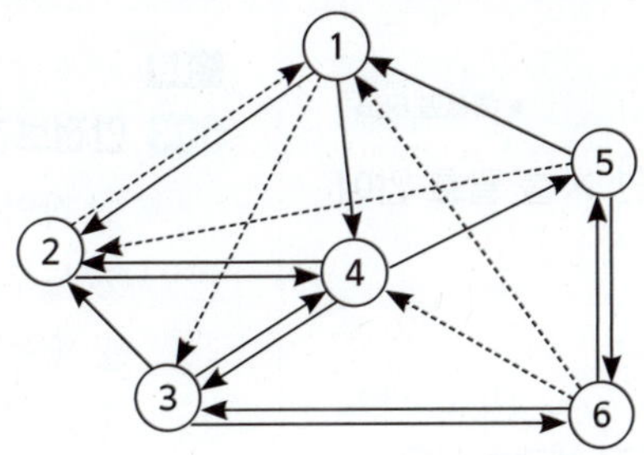

⚙ 해설

$$\text{응집성 지수} = \frac{\text{실제상호 선호관계의 수}}{\text{가능한 선호관계의 총수}} = \frac{4}{{}_6C_2} = \frac{4}{\frac{6\times5}{2}} = 0.266 \fallingdotseq 0.27$$

여기서, 실제상호 선호관계의 수 = 쌍방향 화살표의 수이다.

[19③]

★중요

005 동일 부서 직원 6명의 선호 관계를 분석한 결과 다음과 같은 소시오그램이 작성되었다. 이 소시오그램에서 실선은 선호관계, 점선은 거부관계를 나타낼 때, 4번 직원의 선호신분 지수를 구하시오.

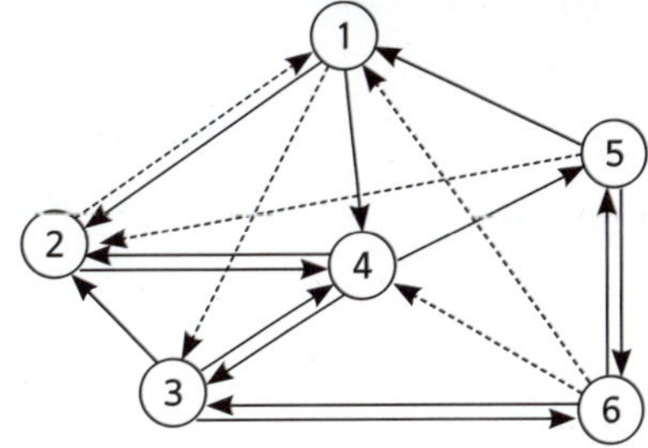

⚙ 해설

$$(1)\ \text{선호신분지수} = \frac{\text{선호총계}}{\text{구성원 수}-1} = \frac{3-1}{6-1} = \frac{2}{5} = 0.4$$

$$(2)\ \text{선호신분지수} = \frac{\text{관계의 수}}{{}_nC_2} = \frac{6}{{}_6C_2} = \frac{6}{\frac{6\times5}{2}} = 0.4$$

여기서, 관계의 수는 ①-④, ②-④, ③-④, ④-⑤, ⑤-⑥, ①-⑤의 6개이다.

5단원 안전보건교육의 내용 및 방법

01 진위형 문제

▶ 해설편 68p

※ 다음 문제를 읽고, 옳으면 ○, 틀리면 ✕를 괄호 안에 표기하시오.

[10②, 23①]

001 교육목적에 관한 설명으로 올바른지 체크하시오.

① 교육목적은 교육이념에 근거한다. (　)

② 교육목적은 개념상 이념이나 목표보다 광범위하고 포괄적이다. (　)

③ 교육목적의 기능으로는 방향의 지시, 교육 활동의 통제 등이 있다. (　)

④ 교육목적은 교육목표의 하위개념으로 학습경험을 통한 피교육자들의 행동변화를 지칭하는 것이다. (　)

★중요　　　　　　　[03①, 13③, 14③, 16②, 20②]

002 안전교육의 목적을 설명한 것으로 올바른지 체크하시오.

① 재해발생에 필요한 요소들을 교육하여 재해를 방지하기 위함이다. (　)

② 생산성이나 품질의 향상에 기여하는데 필요하기 때문이다. (　)

③ 작업자에게 안정감을 부여하고 기업에 대한 신뢰감을 부여하기 위함이다. (　)

④ 외부에 안전교육 실시를 알리기 위함이다. (　)

⑤ 안전한 태도 습관화를 위한 반복 교육이 필요하다. (　)

⑥ 생산성이나 품질의 향상에 기여한다. (　)

⑦ 작업자를 산업재해로부터 미연에 방지한다. (　)

⑧ 재해의 발생으로 인한 직접적 및 간접적 경제적 손실을 방지한다. (　)

⑨ 작업자에게 작업의 안전에 대한 안심감을 부여하고 기업에 대한 신뢰감을 감소시킨다. (　)

★중요　　　[03②, 06②, 10①, 11②, 17②, 18②, 24①]

003 안전보건 교육의 목적에 해당하는 것을 체크하시오.

① 작업환경의 안전화 (　)

② 노무관리의 적정화 (　)

③ 행동(동작)의 안전화 (　)

④ 의식(인간 정신)의 안전화 (　)

⑤ 경험의 안전화 (　)

⑥ 기계·기구, 설비와 물자의 안전화 (　)

[05③]

004 교육목표에 포함해야 할 사항을 체크하시오.

① 교육 및 훈련의 범위 (　)

② 교육과정의 소개 (　)

③ 교육 보조자료의 준비 및 사용지침 (　)

④ 교육훈련의 의무화 책임한계의 명시 (　)

[15③, 23③]

005 안전교육의 기본방향에 해당하는 것을 체크하시오.

① 사고 사례 중심의 안전교육 (　)

② 안전작업(표준작업)을 위한 안전교육 (　)

③ 안전의식 향상을 위한 안전교육 (　)

④ 작업량 향상을 위한 안전교육 (　)

[17①, 23②]

006 교육의 본질적인 면에서 본 교육의 기능에 해당하는 것을 체크하시오.

① 사회적 기능 (　)

② 보수적 기능 (　)

③ 개인 완성으로서의 기능 (　)

④ 문화전달과 창조적 기능 (　)

★중요　　　　　[04①, 05②, 13①, 15②]

007 안전교육의 필요성에 해당하는 것을 체크하시오.

① 재해현상은 무상해사고를 제외하고, 대부분이 물건과 사람과의 접촉점에서 일어난다. (　)

② 재해는 물건의 불완전상태에 의해서 일어날 뿐만 아니라 사람의 불안전 행동에 의해서도 일어날 수 있다. (　)

③ 현실적으로 생긴 재해는 그 원인 관련요소가 매우 많아서, 되풀이해 실험적으로 재해환경을 복원하는 것이 가능하다. (　　)

④ 재해의 발생을 보다 많이 방지하기 위해서는 인간의 지식이나 행동을 변화시킬 필요가 있다. (　　)

⑤ 누적된 지식의 활용을 통한 사업장의 안전을 추구한다. (　　)

⑥ 생산기술 및 안전시책의 변화에 대해 보완한다. (　　)

⑦ 반복교육으로 정착화한다. (　　)

⑧ 작업 방법의 개선을 통해 생산지연을 방지한다. (　　)

⑤ 기업의 필요로 공식적으로 실시된다. (　　)

⑥ 궁극적 목표는 직무능력향상과 조직효과성 증진이다. (　　)

⑦ 경제적이고 능률적인 면을 고려한다. (　　)

⑧ 교육훈련에 얼마든지 투자할 수 있다. (　　)

[19②, 25②]

008 직장에서 안전교육의 필요성을 분석하는 과정에 대한 설명으로 올바른지 체크하시오.

① 개인분석이란 사고 경향성이 큰 사원을 가려내서 구체적으로 그 사원에게 어떤 내용의 안전교육을 할 것인지 분석하는 것이다. (　　)

② 안전교육은 조직의 공식 활동이므로 개인욕구보다는 조직효율성의 증진을 위해서 필요성에 대한 분석을 해야 한다. (　　)

③ 조직수준의 분석에서는 안전사고에 의한 조직 효율성 저하 및 비용을 진단하고 교육훈련을 통해서 개선할 것인지를 평가하는 것이다. (　　)

④ 과제분석이란 안전사고가 자주 발생하거나 위험성이 큰 과제를 찾아내고 그 과제에 대해서 안전교육이 필요한지 분석하는 것이다. (　　)

[03①, 05②, 15②, 25①]

009 기업이 갖고 있는 교육훈련 특성에 대한 설명으로 올바른지 체크하시오.

① 필요 시 집중적으로 실시한다. (　　)

② 같은 교재로 교육훈련이 실시되는 것이 많다. (　　)

③ 교육훈련 시 경제적이고 능률적인 것이 필요하다. (　　)

④ 피교육자의 학습능력이 각양각색이므로 집합 강의법 활용이 많다. (　　)

010 교육훈련을 통하여 기업의 차원에서 기대할 수 있는 효과로 올바른지 체크하시오.

① 리더십과 의사소통기술이 향상된다. (　　)

② 작업시간이 단축되어 노동비용이 감소된다. (　　)

③ 인적자원의 관리비용이 증대되는 경향이 있다. (　　)

④ 직무만족과 직무충실화로 인하여 직무태도가 개선된다. (　　)

[03①]

011 교육훈련 시 발견학습적인 관점에서 필요한 자료를 체크하시오.

① 직접 이해시키는 데 필요한 자료 (　　)

② 계획에 필요한 자료 (　　)

③ 탐구에 필요한 자료 (　　)

④ 발전에 필요한 자료 (　　)

[03②]

012 관찰력의 분석과 종합능력을 기르는 데 요점을 둔 안전보건교육의 종류를 체크하시오.

① 지식교육 (　　)

② 태도교육 (　　)

③ 기능교육 (　　)

④ 문제해결 교육 (　　)

[03②, 10③, 24②]

013 안전보건에 대한 교육훈련 계획 수립 시 최우선적으로 고려해야 할 사항을 체크하시오.

① 교육과목 (　　)

② 교육대상 (　　)

③ 교육사항 (　　)

④ 교육범위 (　　)

014 안전보건교육 계획수립 및 추진에 있어 진행순서로 올바른지 체크하시오.

① 교육 대상 결정 → 교육의 필요점 발견 → 교육 준비 → 교육 실시 → 교육의 성과를 평가 (　　)

② 교육의 필요점 발견 → 교육 준비 → 교육 대상 결정 → 교육 실시 → 교육의 성과를 평가 (　　)

③ 교육 대상 결정 → 교육 준비 → 교육의 필요점 발견 → 교육 실시 → 교육의 성과를 평가 (　　)

④ 교육의 필요점 발견 → 교육 대상 결정 → 교육 준비 → 교육 실시 → 교육의 성과를 평가 (　　)

015 안전보건교육의 목표에 해당하는 것을 체크하시오.

① 작업동작의 숙련화 (　　)

② 인간의 동작특성 학습 (　　)

③ 설비에 대한 지식 획득 (　　)

④ 작업에 의한 안전행동의 습관화 (　　)

016 안전보건교육 목표에 포함시켜야 할 사항을 체크하시오.

① 강의 순서 (　　)

② 과정 소개 (　　)

③ 강의 개요 (　　)

④ 교육 및 훈련의 범위 (　　)

★중요　　　　　　　　　　　

017 안전보건교육 준비계획에 포함되어야 할 사항을 체크하시오.

① 교육 평가 (　　)　　② 교육 대상 (　　)

③ 교육 방법 (　　)　　④ 교육 과정 (　　)

⑤ 교육 장소 (　　)　　⑥ 교육생의 의견 (　　)

018 안전보건의식 고취방법으로 효과가 있는 사항을 체크하시오.

① 안전교육 실시 (　　)

② 안전포스터 부착 (　　)

③ 안전경진대회 개최 (　　)

④ 안전규칙에 관한 책자 배포 (　　)

019 태도형성의 기능 4가지에 해당하는 것을 체크하시오.

① 적응 기능 (　　)

② 가치표현적 기능 (　　)

③ 자아방위적인 기능 (　　)

④ 잠재능력의 개발기능 (　　)

⑤ 조작 기능 (　　)

★중요　　　　　

020 학습평가의 기본적인 기준을 체크하시오.

① 실용도(實用度) (　　)　② 타당도(妥黨度) (　　)

③ 습숙도(習熟度) (　　)　④ 신뢰도(信賴度) (　　)

⑤ 주관도(主觀度) (　　)

★중요　　　　　　　

021 일반적으로 기술과 학습에서는 연습이 매우 중요하다. 연습방법과 관련된 설명으로 올바른지 체크하시오.

① 교육 훈련 과정에서는 학습 자료를 한꺼번에 묶어서 일괄적으로 연습하는 방법을 집중연습이라고 한다. (　　)

② 새로운 기술을 학습하는 경우에는 배분연습보다 집중연습이 더 효과적이다. (　　)

③ 기술을 배울 때는 적극적 연습과 피드백이 있어야 부적절하고 비효과적 반응을 제거할 수 있다. (　　)

④ 충분한 연습으로 완전학습한 후에도 일정량 연습을 계속하는 것을 초과학습이라고 한다. (　　)

022 교육 프로그램의 타당도를 평가할 수 있는 4가지 차원에 해당하는 것을 체크하시오.

① 효과 타당도 (　　)　　② 전이 타당도 (　　)

③ 조직내 타당도 (　　)　④ 조직간 타당도 (　　)

023 5감의 활용 중에서 교육효과에 관한 내용의 연결이 올바른지 체크하시오.

① 시각효과−50% (　　)　② 청각효과−20% (　　)

③ 촉각효과−5% (　　)　　④ 후각효과−10% (　　)

024 안전 교육의 효과를 충분히 얻기 위해서는 인간의 감각기관을 이용해야 한다. 교육효과 면에서 이해도가 가장 낮은 것을 체크하시오. [05③, 24③]

① 시각적 효과 ( ) ② 청각적 효과 ( )

③ 촉각적 효과 ( ) ④ 미각적 효과 ( )

025 반응시간이 가장 짧은 감각을 체크하시오. [04①]

① 청각 ( ) ② 시각 ( )

③ 미각 ( ) ④ 통각 ( )

★중요 [06③, 07③, 08①, 10①③, 20①, 21②]

026 교육의 3요소를 올바르게 나열한 것을 체크하시오.

① 교사(강사)–학생(교육생)–교육재료(교재) ( )

② 교사(강사)–학생(교육생)–부모 ( )

③ 학생(교육생)–환경–교육재료 ( )

④ 학생(교육생)–부모–사회 지식인 ( )

027 교육의 3요소에 해당하는 것을 체크하시오. [08①, 24①]

① 주체 ( ) ② 기술 ( )

③ 객체 ( ) ④ 매개체 ( )

★중요 [04①, 06②, 08③, 13②, 16①, 18①, 21①③]

028 학습 목적의 3요소에 해당하는 것을 체크하시오.

① 학습 목표 ( ) ② 학습 주제 ( )

③ 학습 정도 ( ) ④ 학습 방법 ( )

⑤ 학습 성과 ( )

★중요 [07③, 16①, 18③, 20③]

029 교육지도의 원칙에 대한 설명으로 올바른지 체크하시오.

① 한 번에 한 가지씩 교육을 실시한다. ( )

② 쉬운 것부터 어려운 것으로 실시한다. ( )

③ 과거부터 현재, 미래의 순서로 실시한다. ( )

④ 적게 사용하는 것에서 많이 사용하는 순으로 실시한다. ( )

⑤ 반복적으로 교육해야 한다. ( )

⑥ 학습자 중심으로 교육해야 한다. ( )

⑦ 어려운 것에서 시작하여 쉬운 것으로 실시해야 한다. ( )

⑧ 강조하고 싶은 사항에 대해 강한 인상을 심어줘야 한다. ( )

⑨ 학습자에게 동기부여를 한다. ( )

⑩ 한 번에 여러 가지의 내용을 실시한다. ( )

★중요 [10③, 12②, 18②, 21②, 24③]

030 교육방법의 4단계 중 강의식으로 적용시간이 가장 긴 것을 체크하시오.

① 도입 ( ) ② 제시 ( )

③ 적용 ( ) ④ 확인 ( )

★중요 [05②③, 06③, 08①, 10①, 14①, 15②, 16③, 17③]

031 교육훈련의 4단계 기법의 순서로 올바른지 체크하시오.

① 도입(preparation) → 적용(performance) → 실연(presentation) → 제시(presentation) ( )

② 도입(preparation) → 확인(follow up) → 제시(presentation) → 실습(performance) ( )

③ 적용(performance) → 실연(presentation) → 도입(preparation) → 확인(follow up) ( )

④ 도입(preparation) → 제시(presentation) → 적용(performance) → 확인(follow up) ( )

032 작업지도 기법의 4단계 중 그 작업을 배우고 싶은 의욕을 갖도록 하는 단계를 체크하시오. [19③]

① 제1단계 : 학습할 준비를 시킨다. ( )

② 제2단계 : 작업을 설명한다. ( )

③ 제3단계 : 작업을 시켜 본다. ( )

④ 제4단계 : 작업에 대해 가르친 뒤 살펴본다. ( )

033 안전교육 훈련의 기술교육 4단계에 해당하는 것을 체크하시오. [21①, 23③]

① 준비단계 ( )

② 보습지도의 단계 ( )

③ 일을 완성하는 단계 ( )

④ 일을 시켜보는 단계 ( )

[14①, 19②]

034 교재의 선택기준에 대한 설명으로 올바른지 체크하시오.

① 정적이며 보수적이어야 한다. (　)

② 사회성과 시대성에 걸맞은 것이어야 한다. (　)

③ 설정된 교육목적을 달성할 수 있는 것이어야 한다. (　)

④ 교육대상에 따라 흥미, 필요, 능력 등에 적합해야 한다. (　)

[14②, 19②]

035 안전 교육 시 강의안의 작성 원칙을 체크하시오.

① 구체적 (　)　　② 논리적 (　)

③ 실용적 (　)　　④ 추상적 (　)

[09①, 11③, 20③, 25③]

036 안전교육의 강의안 작성에 있어서 교육할 내용을 항목별로 구분하여 핵심 요점사항만을 간결하게 정리하여 기술하는 방법을 체크하시오.

① 조목열거식 (　)　　② 시나리오식 (　)

③ 혼합형 방식 (　)　　④ 게임 방식 (　)

★중요　　　　　　　　　　　　　　[04③, 06②, 12①, 22①]

037 학습의 정도(level of learning)란 주제를 학습시킬 범위와 내용의 정도를 뜻한다. 학습의 정도의 4단계에 해당하는 것을 체크하시오.

① 인지(to aquaint) (　)

② 이해(to understand) (　)

③ 회상(to recall) (　)　　④ 적용(to apply) (　)

[05①, 16③]

038 교육훈련 평가의 목적을 체크하시오.

① 문제해결을 위하여 (　)

② 작업자의 적정배치를 위하여 (　)

③ 지도 방법을 개선하기 위하여 (　)

④ 학습지도를 효과적으로 하기 위하여 (　)

★중요　　　　　[09③, 11①, 12①, 13②, 14③, 18①, 22②]

039 Kirkpatrick의 교육훈련 평가의 4단계를 올바르게 나열한 것을 체크하시오.

① 반응단계 → 학습단계 → 행동단계 → 결과단계
(　)

② 반응단계 → 행동단계 → 학습단계 → 결과단계
(　)

③ 학습단계 → 반응단계 → 행동단계 → 결과단계
(　)

④ 학습단계 → 행동단계 → 반응단계 → 결과단계
(　)

[18③, 25②]

040 학습의 전이란 학습한 결과가 다른 학습이나 반응에 영향을 주는 것을 의미한다. 이 전이의 이론에 해당하는 것을 체크하시오.

① 일반화설 (　)　　② 동일요소설 (　)

③ 형태이조설 (　)　　④ 태도요인설 (　)

★중요　　　　　　　　　[03②, 06③, 07②, 09②, 20②]

041 학습 전이(transfer)의 조건을 체크하시오.

① 학습방법 (　)　　② 학습정도 (　)

③ 학습시간 (　)　　④ 학습내용 (　)

⑤ 유의성 (　)　　⑥ 시간적 간격 (　)

⑦ 학습 분위기 (　)　　⑧ 학습자의 지능 (　)

⑨ 학습효과 (　)　　⑩ 학습자의 태도 (　)

[08②, 16③]

042 학습전이가 일어나기 가장 쉽고 좋은 상황을 체크하시오.

① 정보가 많은 대단위로 제시될 때 (　)

② 훈련 상황이 실제 작업장면과 유사할 때 (　)

③ 한 가지가 아닌 다양한 훈련기법이 사용될 때
(　)

④ "사람-직무-조직"을 분리시키기 위한 조치를 시행할 때 (　)

★중요　　　　　　　[05①, 07③, 13①, 17②, 25③]

043 교육지도의 효율성을 높이는 원리인 훈련전이(transfer of training)에 대한 설명으로 올바른지 체크하시오.

① 훈련생은 훈련과정에 대해서 사전정보가 없을수록 왜곡된 반응을 보이지 않을 것이다. (　)

② 훈련 상황이 가급적 실제상황과 유사할수록 전이효과는 높아진다. (　)

③ 실제 직무수행에서 훈련된 행동이 나타날 때 보상이 따르면 전이효과는 더 높아진다. (　)

④ 훈련전이란 훈련기간에 학습된 내용이 실무상황으로 옮겨져서 사용되는 정도이다. ( )

[05①]

044 교육법의 4단계 중 학과와 실습에 따른 4단계를 연결한 것이 올바른지 체크하시오.

① 도입–학습준비 ( )   ② 제시–작업설명 ( )

③ 적용–실습 ( )   ④ 확인–실습 ( )

[05③, 09①]

045 "위험물의 성질"에 관한 안전교육과 지도안을 작성하려고 한다. "제시"에 해당하는 것을 체크하시오.

① 위험정도를 말한다. ( )

② 위험물 취급물질을 설명한다. ( )

③ 문제에 대하여 질문을 받는다. ( )

④ 취급상 제규정을 준수, 확인한다. ( )

★중요   [11②, 14③, 17②, 21②]

046 교육지도의 5단계를 올바르게 나열한 것을 체크하시오.

┌─────────────────────────────────┐
│ ㉠ 가설의 설정   ㉡ 결론   │
│ ㉢ 원리의 제시   ㉣ 관련된 개념의 분석 │
│ ㉤ 자료의 평가   │
└─────────────────────────────────┘

① ㉢ → ㉣ → ㉠ → ㉤ → ㉡ ( )

② ㉠ → ㉢ → ㉣ → ㉤ → ㉡ ( )

③ ㉢ → ㉠ → ㉤ → ㉣ → ㉡ ( )

④ ㉠ → ㉢ → ㉣ → ㉤ → ㉡ ( )

[19①]

047 학습경험 조직의 원리에 해당하는 것을 체크하시오.

① 가능성의 원리 ( )   ② 계속성의 원리 ( )

③ 계열성의 원리 ( )   ④ 통합성의 원리 ( )

[05①]

048 안전교육 훈련은 인간의 결함제거의 방법이다. 행동 반응의 순서가 올바르게 나열된 것을 체크하시오.

① 자극 – 욕구 – 판단 – 행동 ( )

② 욕구 – 자극 – 판단 – 행동 ( )

③ 판단 – 자극 – 욕구 – 행동 ( )

④ 행동 – 욕구 – 자극 – 판단 ( )

★중요   [11③, 17③, 20③, 22②, 24③]

049 안전보건교육을 향상시키기 위한 학습지도의 원리에 해당하는 것을 체크하시오.

① 개별화의 원리 ( )   ② 통합의 원리 ( )

③ 자기활동의 원리 ( )   ④ 동기유발의 원리 ( )

⑤ 감각의 원리 ( )   ⑥ 자발성의 원리 ( )

⑦ 사회화의 원리 ( )

[03②]

050 의식적으로 의견을 발표하게 함으로써 보다 심층적인 내면의 사고나 태도를 알아내는 방법을 체크하시오.

① 집단토의법 ( )   ② 면접법 ( )

③ 투사법 ( )   ④ 질문지법 ( )

[03①]

051 안전교육 방법 중 피교육자의 동작과 직접적으로 관련있는 교육방법을 체크하시오.

① 강의식 ( )   ② 토의식 ( )

③ 문답식 ( )   ④ 실연식 ( )

★중요   [05②, 10①, 15①②, 16②, 20③]

052 교육방법 중 O.J.T(On the Job Training)에 해당하는 것을 체크하시오.

① 강의법 ( )   ② 직무순환 ( )

③ 코칭 ( )   ④ 멘토링 ( )

⑤ 집단토론 ( )   ⑥ 현장 직무교육 ( )

⑦ 도제식 교육 ( )

★중요   [04③, 05③, 06①, 09①, 10②, 13③, 17①③, 21③, 23①]

053 안전보건교육 지도방법 중 O.J.T의 장점을 체크하시오.

① 동기부여가 쉽다. ( )

② 교육효과가 업무에 신속히 반영된다. ( )

③ 다수의 대상자를 일괄적, 조직적으로 교육할 수 있다. ( )

④ 직장의 실태에 맞춘 구체적이고 실제적인 지도교육이 가능하다. ( )

⑤ 훈련 내용이 실무와 연결되어 매우 구체적이다.

( )

⑥ 교육훈련 대상자와 상사간의 협동정신을 고취시킨다. ( )

⑦ 대상자의 개인별 능력에 따라 훈련의 진도를 조정하기가 쉽다. (　)
⑧ 교육훈련 대상자가 교육훈련에만 몰두할 수 있어 학습효과가 높다. (　)
⑨ 교육을 통한 훈련효과에 의해 상호 신뢰이해도가 높아진다. (　)

★중요　　　　　　　　[08①, 12①③, 19①, 22①]

054 O.J.T(On the Job training)의 특징으로 올바른지 체크하시오.

① 다수의 근로자에게 조직적 훈련이 가능하다. (　)
② 상호 신뢰 및 이해도가 높아진다. (　)
③ 직장의 실정에 맞게 실제적 훈련이 가능하다. (　)
④ 효과가 곧 업무에 나타난다. (　)
⑤ 교육을 통한 훈련 효과에 의해 상호 신뢰이해도가 높아진다. (　)
⑥ 개개인에게 적절한 지도훈련이 가능하다. (　)
⑦ 훈련에만 전념할 수 있다. (　)

　　　　　　　　　　　　[07③]

055 교육훈련기법 중 Off.J.T(Off the Job Training) 방법에 해당하는 것을 체크하시오.

① 강의 (　)　　　　② 사례연구 (　)
③ 코칭 (　)　　　　④ 역할연기 (　)

　　　　[08②③, 10③, 12②, 13①, 16③, 17②,
　　　　　18①③, 20②, 21①②, 22②, 25③]

★중요

056 안전교육의 행태와 방법 중 Off.J.T(Off the Job Training)의 특징을 체크하시오.

① 우수한 강사를 확보할 수 있다. (　)
② 교재, 시설 등을 효과적으로 이용할 수 있다. (　)
③ 개개인의 능력 및 정성에 적합한 세부교육이 가능하다. (　)
④ 다수의 대상자를 일괄적, 체계적으로 교육을 시킬 수 있다. (　)
⑤ 외부의 전문가를 강사로 초청할 수 있다. (　)
⑥ 다수의 근로자에게 조직적 훈련이 가능하다. (　)

⑦ 공통된 대상자를 대상으로 일관적으로 교육할 수 있다. (　)
⑧ 업무 및 사내의 특성에 맞춘 구체적이고 실제적인 지도교육이 가능하다. (　)
⑨ 훈련에만 전념하게 된다. (　)
⑩ 개개인에게 적절한 지도훈련이 가능하다. (　)
⑪ 직장의 실정에 맞게 실제적 훈련이 가능하다. (　)
⑫ 훈련에 필요한 업무의 계속성이 끊어지지 않는다. (　)
⑬ 전문가를 강사로 초빙하는 것이 가능하다. (　)

　　　　　　　　　　　　[15③]

057 OFF-JT(Off the Job Training)와 비교하여 O.J.T(On the Job Training)의 장점에 해당하는 것을 체크하시오.

① 직장의 실정에 맞는 구체적이고 실제적인 지도교육이 가능하다. (　)
② 동기부여가 쉽다. (　)
③ 훈련에 필요한 업무의 계속성이 끊어지지 않는다. (　)
④ 다수를 대상으로 일괄적으로, 조직적으로 교육할 수 있다. (　)

★중요　　[03③, 08②, 09②③, 10①③, 16②, 17②]

058 강의법의 장점에 해당하는 것을 체크하시오.

① 여러가지 수업매체를 동시에 활용할 수 있다. (　)
② 강사와 학습자가 시간을 효과적으로 이용할 수 있다. (　)
③ 사실상 시간, 장소의 제한없이 제시할 수 있다. (　)
④ 학습자의 태도, 정서 등의 강화를 위한 학습에 효과적이다. (　)
⑤ 전체적인 교육내용을 제시하는데 유리하다. (　)
⑥ 개인차를 고려한 학습이 가능하다. (　)
⑦ 다수의 인원에서 동시에 많은 지식과 정보의 전달이 가능하다. (　)
⑧ 교육시간의 조절이 가능하다. (　)
⑨ 흥미를 갖고 적극적으로 참가한다. (　)

⑩ 시간에 대한 계획과 통제가 용이하다. ( )
⑪ 민주적 협력적이다. ( )
⑫ 현실적인 문제의 학습이 가능하다. ( )
⑬ 자기 스스로 사고하는 능력을 길러준다. ( )
⑭ 토의법에 비하여 시간이 길게 걸린다. ( )
⑮ 집단으로서 결속력, 팀웍의 기반이 생긴다. ( )
⑯ 피교육자의 참여도가 높다. ( )
⑰ 짧은 시간 내에 많은 양의 교육이 가능하다. ( )
⑱ 전체적인 교육내용을 제시하는 데 적합하다.
( )
⑲ 새로운 과업 및 작업단위의 도입단계에 유효하다. ( )
⑳ 강의 시간에 대한 조정이 용이하다. ( )
㉑ 학습자의 개성과 능력을 최대화 할 수 있다. ( )
㉒ 난해한 문제에 대하여 평이하게 설명이 가능하다. ( )

★중요
[04③, 07③, 13②, 20①]
059 **교육방법 중에서 강의 방식의 단점을 체크하시오.**
① 교육 방법이 일방적, 기계적, 획일적이다. ( )
② 참가자는 수동적 입장에 놓인다. ( )
③ 실행, 활동에 연결되기가 어렵다. ( )
④ 시간이 별로 걸리지 않는다. ( )
⑤ 학습자의 참여가 제한적일 수 있다. ( )
⑥ 학습자 개개인의 이해도를 파악하기 어렵다.
( )
⑦ 학습내용에 대한 집중이 어렵다. ( )
⑧ 인원대비 교육에 필요한 비용이 많이 든다. ( )

★중요
[04①, 12①, 13①, 14①, 17①, 19③, 25②]
060 **강의식 교육에 대한 설명으로 올바른지 체크하시오.**
① 수업의 중간이나 마지막 단계에 적용한다. ( )
② 학급인원수의 크기에 제약을 받는다. ( )
③ 학생들의 참여가 제약된다. ( )
④ 학생 대 교사의 비율이 높다. ( )
⑤ 짧은 시간 동안 많은 내용을 전달할 경우에 적합하다. ( )
⑥ 수강자의 주의집중도나 흥미의 정도가 낮다.
( )
⑦ 참가자 개개인에게 동기를 부여하기 쉽다. ( )

⑧ 기능적, 태도적인 내용의 교육이 어렵다. ( )
⑨ 사례를 제시하고, 그 문제점에 대해서 검토하고 대책을 토의한다. ( )
⑩ 교육의 집중도나 흥미의 정도가 높다. ( )
⑪ 적은 시간에 많은 내용을 교육시킬 수 있다. ( )
⑫ 많은 대상을 상대로 교육할 수 있다. ( )
⑬ 수업의 도입이나 초기단계에 유리하다. ( )
⑭ 일부의 교과에만 적용이 가능하다. ( )

[13②, 16①]
061 **강의법으로 교육 시 도입단계의 내용을 체크하시오.**
① 동기를 유발한다. ( )
② 주제의 단원을 알려준다. ( )
③ 수강생의 주의를 집중시킨다. ( )
④ 핵심이 되는 점을 가르쳐 준다. ( )

[03②, 12③, 19①]
062 **토의식교육지도에서 가장 시간이 많이 소요되는 단계를 체크하시오.**
① 도입 ( )
② 제시 ( )
③ 적용 ( )
④ 확인 ( )

[06②, 13③, 17②]
063 **강의법 교육에 비교할 때 모의법(Simulation Method) 교육의 특징을 체크하시오.**
① 시간의 소비가 거의 없다. ( )
② 시설의 유지비가 저렴하다. ( )
③ 학생 대 교사의 비율이 높다. ( )
④ 단위시간당 교육비가 적게 든다. ( )

[08①, 14③, 18③, 24③]
064 **교육방법 중 토의법이 효과적으로 활용되는 경우를 체크하시오.**
① 피교육생들 간에 학습능력의 차이가 클 때 ( )
② 인원이 토의를 할 수 있는 적정 수준일 때 ( )
③ 피교육생들의 태도를 변화시키고자 할 때 ( )
④ 피교육생들이 토의 주제를 어느 정도 인지하고 있을 때 ( )

[13①, 17①]

065 프로그램 학습법(programmed self-instruction method)의 장점을 체크하시오.

① 학습자의 사회성을 높이는 데 유리하다. ( )

② 한 강사가 많은 수의 학습자를 지도할 수 있다. ( )

③ 지능, 학습적성, 학습속도 등 개인차를 충분히 고려할 수 있다 ( )

④ 매 반응마다 피드백이 주어지기 때문에 학습자가 흥미를 갖는다. ( )

⑤ 대량의 학습자를 한 강사가 지도할 수 있다. ( )

⑥ 문제해결력, 적용력, 평가력 등 고등정신을 기르는 데 유리하다. ( )

[11③, 16②, 21③]

066 프로그램 학습법의 단점을 체크하시오.

① 보충학습이 어렵다. ( )

② 수강생의 사회성이 결여되기 쉽다. ( )

③ 수강생의 시간적 활용이 어렵다. ( )

④ 수강생의 개인적인 차이를 조절할 수 없다. ( )

★중요

[03③, 04②, 08②, 15①, 23②]

067 교육지도방법 중 프로그램 학습에 대한 설명으로 올바른지 체크하시오.

① Skinner의 조작적 조건형성 원리에 의해 개발된 것으로 자율적 학습이 특징이다. ( )

② 학습내용 습득여부를 즉각적으로 피드백 받을 수 있다. ( )

③ 교재개발에 많은 시간과 노력이 드는 것이 단점이다. ( )

④ 개별학습이므로 훈련시간이 최대한으로 지연된다는 것이 최대 단점이다. ( )

[04③]

068 듀이는 교육을 목적의식에 따라서 형식적 교육과 비형식적 교육으로 구분했다. 형식적 교육과 비형식적 교육에 대한 설명으로 올바른지 체크하시오.

① 형식적 교육은 교육이념과 목적에 따라서 계획적으로 일정기간동안 이루어진다. ( )

② 형식적 교육과 비형식적 교육은 서로 배타적이므로 서로 관계없이 발전할 수 있다. ( )

③ 비형식적 교육은 개인의 환경조건에 따라서 자연발생적으로 이루어진다. ( )

④ 형식적 교육은 좁은 의미의 교육과 일치하는 개념이다. ( )

[08③, 13③, 18③]

069 기술교육의 진행방법 중 듀이(John Dewey)의 5단계 사고 과정에 해당하는 것을 체크하시오.

① 머리로 생각한다(Intellectualization). ( )

② 가설을 설정한다(Hypothesis). ( )

③ 응용시킨다(Application). ( )

④ 시사를 받는다(Suggestion). ( )

[11③, 14②, 20①, 25③]

070 존 듀이의 5단계 사고과정을 올바른 순서대로 나열한 것을 체크하시오.

> ㉠ 행동에 의하여 가설을 검토한다.
> ㉡ 가설을 설정한다.
> ㉢ 지식화한다.
> ㉣ 시사(suggestion)를 받는다.
> ㉤ 추론한다.

① ㉣ → ㉠ → ㉡ → ㉢ → ㉤ ( )

② ㉤ → ㉡ → ㉣ → ㉠ → ㉢ ( )

③ ㉣ → ㉢ → ㉡ → ㉤ → ㉠ ( )

④ ㉤ → ㉢ → ㉡ → ㉣ → ㉠ ( )

[12③]

071 시청각적 교육방법의 특징을 체크하시오.

① 교재의 구조화를 기할 수 있다. ( )

② 대규모 수업체제의 구성이 어렵다. ( )

③ 학습의 다양성과 능률화를 기할 수 있다. ( )

④ 학습자에게 공통경험을 형성시켜 줄 수 있다. ( )

[03③]

072 시청각적 학습방법의 장점을 체크하시오.

① 교수의 평준화 ( )

② 학생들의 사회성 결여 ( )

③ 교재의 구조화 ( )

④ 대량 수업체제 확립 ( )

073 다음과 같은 학습의 원칙을 지니고 있는 훈련기법을 체크하시오. [04②, 11②, 16③, 24③]

> • 관찰에 의한 학습
> • 실행에 의한 학습
> • 피드백에 의한 학습 분석과 개념화를 통한 학습

① 역할연기법 ( )　　② 사례연구법 ( )
③ 유사실험법 ( )　　④ 프로그램 학습법 ( )

074 산업훈련에서 연습의 중요성은 매우 크다. 충분히 연습해서 완전하고 올바른 행동을 학습한 후에도 일정량의 연습을 계속하면 그 행동이 거의 반사적으로 일어나게 해준다. 이를 나타내는 개념을 체크하시오. [04①, 05③]

① 자동운동 효과 ( )　② 초과 학습 ( )
③ 자발적 회복 ( )　　④ 행동 조성 ( )

★중요
075 안전·보건교육에 있어 역할 연기법의 장점을 체크하시오. [04②, 06①, 09③, 11①, 20②, 22①]

① 의견 발표에 자신이 생긴다. ( )
② 목적이 명확하고, 다른 방법과 병용하지 않아도 높은 효과를 기대할 수 있다. ( )
③ 하나의 문제에 대해 관찰능력을 높인다. ( )
④ 높은 의지 결정의 훈련으로는 기대할 수 없다. ( )
⑤ 관찰능력을 높이고 감수성이 향상된다. ( )
⑥ 징도가 높은 의사결정의 훈련으로서 적합하다. ( )
⑦ 의견 발표에 자신이 생기고 고찰력이 풍부해진다. ( )
⑧ 흥미를 갖고, 문제에 적극적으로 참가한다. ( )
⑨ 문제의 배경에 대하여 통찰하는 능력을 높임으로써 감수성이 향상된다. ( )
⑩ 자기 태도의 반성과 창조성이 생기고, 발표력이 향상된다. ( )
⑪ 높은 수준의 의사 결정에 대한 훈련에는 효과를 기대할 수 있다. ( )

★중요
076 교육방법 중 하나인 사례연구법의 장점을 체크하시오. [05③, 07②, 11②, 16③, 20②]

① 강의법에 비해 실제 업무 현장에의 전이를 촉진한다. ( )
② 무의식적인 내용의 표현 기회를 준다. ( )
③ 사례 속의 문제를 다양한 관점에서 바라보게 된다. ( )
④ 커뮤니케이션 스킬이 형성된다. ( )
⑤ 의사소통 기술이 향상된다. ( )
⑥ 문제를 다양한 관점에서 바라보게 된다. ( )
⑦ 강의법에 비해 현실적인 문제에 대한 학습이 가능하다. ( )

★중요
077 안전보건교육을 위한 시청각교육법에 대한 설명으로 올바른지 체크하시오. [04②, 07③, 14②, 20③, 24③]

① 학습자들에게 공통의 경험을 형성시켜줄 수 있다. ( )
② 지능, 적성, 학습속도 등 개인차를 충분히 고려할 수 있다. ( )
③ 학습의 다양성과 능률화에 기여할 수 없다. ( )
④ 학습 자료를 시간과 장소에 제한 없이 제시할 수 있다. ( )

★중요
078 엔드라고지 모델에 기초한 학습자로서의 성인의 특징을 체크하시오. [10②, 11③, 14②, 18②, 21②]

① 성인들은 타인 주도적 학습을 선호한다. ( )
② 성인들은 과제 중심적으로 학습하고자 한다. ( )
③ 성인들은 다양한 경험을 가지고 학습에 참여한다. ( )
④ 성인들은 왜 배워야 하는지에 대해 알고자 하는 욕구를 가지고 있다. ( )
⑤ 성인들은 주제중심적으로 학습하고자 한다. ( )
⑥ 성인들은 자기주도적으로 학습하고자 한다. ( )

079 교육 전용 시설 또는 그 밖에 교육을 실시하기에 적합한 시설에서 실시하는 교육 방법을 체크하시오. [17③]

① 집합교육 ( )　　② 통신교육 ( )
③ 현장교육 ( )　　④ on-line 교육 ( )

　　　　　　　　　　[05①, 07②, 10②, 20①, 25①]

080 Project method의 장점을 체크하시오.

① 동기부여가 충분하다. (　)

② 현실적인 학습방법이다. (　)

③ 창조력이 생긴다. (　)

④ 시간과 에너지가 적게 소비된다. (　)

　　　　　　　　　　[09②, 11③, 14③, 21①]

081 학습지도 방법의 분류에 있어 Project Method의 4 단계를 순서대로 나열한 것을 체크하시오.

① 목적 → 평가 → 계획 → 수행 (　)

② 목적 → 계획 → 수행 → 평가 (　)

③ 계획 → 목적 → 평가 → 수행 (　)

④ 계획 → 목적 → 수행 → 평가 (　)

[18①]

082 학습지도의 형태 중 토의법의 유형을 체크하시오.

① 포럼 (　)　　　　② 구안법 (　)

③ 버즈 세션 (　)　　④ 패널 디스커션 (　)

[12①, 16①]

083 심포지엄(Symposium)에 관한 설명으로 올바른지 체크하시오.

① 먼저 사례를 발표하고 문제적 사실들과 그의 상호 관계에 대하여 검토하고 대책을 토의하는 방법 (　)

② 몇 사람의 전문가에 의하여 과제에 관한 견해를 발표한 뒤에 참가자로 하여금 의견이나 질문을 하게 하여 토의하는 방법 (　)

③ 새로운 교재를 제시하고 거기에서의 문제점을 피교육자로 하여금 제기하게 하거나, 의견을 여러 가지 방법으로 발표하게 하고 다시 깊이 파고들어서 토의하는 방법 (　)

④ 패널 멤버가 피교육자 앞에서 자유로이 토의하고. 뒤에 피교육자 전원이 참가하여 사회자의 사회에 따라 토의하는 방법 (　)

　　　　　　　　　　[07③, 11②, 15③, 19①]

084 관리감독자 훈련(TWI)에 관한 내용을 체크하시오.

① Job Synergy (　)　　② Job Method (　)

③ Job Relaton (　)　　④ Job Instruction (　)

[14①, 24②]

085 다음 설명에 해당하는 교육방법을 체크하시오.

> FEAF(Far East Air Force)라고도 하며, 10~15명을 한 반으로 2시간씩 20회에 걸쳐 훈련하고, 관리의 기능, 조직의 원칙, 조직의 운영, 시간 관리, 훈련의 관리 등을 교육 내용으로 한다.

① MTP(Management Training Program) (　)

② CCS(Civil Communication Section) (　)

③ TWI(Training Within Industry) (　)

④ ATT(American Telephone &Telegram Co.)

　　　　　　　　　　　　　　　　(　)

[11①, 16①, 20②]

086 ATT(American Telephone & Telegram) 교육훈련기법의 내용을 체크하시오.

① 작업의 감독 (　)

② 사기 앙양 (　)

③ 고객관계 (　)

④ 종업원의 기술 향상 (　)

⑤ 인사 관계 (　)

⑥ 회의의 주관 (　)

[13③, 18③, 21③]

087 파악하고자 하는 연구과제에 대해 언어를 매개로 구조화된 질의응답을 통하여 교육하는 기법을 체크하시오.

① 면접(interview) (　)

② 카운슬링(counseling) (　)

③ CCS(Civil Communication Section) (　)

④ ATT(American Telephone & Telegram Co.)

　　　　　　　　　　　　　　　　(　)

[04③, 23③]

088 슈퍼(Super. D. E.)에 의한 직업생활의 단계 내용을 체크하시오.

① 탐색 (　)　　　　② 확립 (　)

③ 성장 (　)　　　　④ 유지 (　)

[03①, 08②, 12②]

089 슈퍼(Super)의 역할이론에 해당하는 것을 체크하시오.

① 역할 연기(Role playing) (　)
② 역할 기대(Role expectation) (　)
③ 역할 적응(Role adaptation) (　)
④ 역할 갈등(Role conflict) (　)
⑤ 역할 조성(Role shaping) (　)
⑥ 역할 유지(Role keeping) (　)

★중요 [07①, 13②, 17③, 20②]

090 조직에 있어 구성원들의 역할에 대한 기대와 행동은 항상 일치하지는 않는다. 역할 기대와 실제 역할 행동 간에 차이가 생기면 역할 갈등이 발생하는데, 역할 갈등의 원인에 해당하는 것을 체크하시오.

① 역할 민첩성 (　)　　② 역할 부적합 (　)
③ 역할 마찰 (　)　　　④ 역할 모호성 (　)

[07①, 10②, 23②]

091 교육심리학의 연구방법을 체크하시오.

① 관찰법 (　)　　　② 실험법 (　)
③ 반복법 (　)　　　④ 투사법 (　)

[09①③, 13③, 18②]

092 교육심리학에 있어 일반적으로 기억 과정의 순서로 올바른지 체크하시오.

① 파지 – 재생 – 재인 – 기명 (　)
② 파지 – 재생 – 기명 – 재인 (　)
③ 기명 – 파지 – 재생 – 재인 (　)
④ 기명 – 파지 – 재인 – 재생 (　)

[07③, 25②]

093 피그말리온(pygmalion) 효과를 체크하시오.

① 통합 (　)　　　② 기대 (　)
③ 피로 (　)　　　④ 적성 (　)

[06①]

094 심리학적 측면에서 신규 채용자 교육의 유의점을 체크하시오.

① 신규 채용자를 엄격한 태도로 대한다. (　)
② 젊은 사람의 특성을 파악한다. (　)
③ 신규 채용자의 입장을 고려한다. (　)
④ 신규 채용자 개개인의 특성을 파악한다. (　)

[11②]

095 교육심리학의 정신분석학적 대표 이론을 체크하시오.

① Jung의 성격양향설 (　)
② Pavlov의 조건반사설 (　)
③ Freud의 심리성적 발달이론 (　)
④ Erikson의 심리사회적 발달이론 (　)

★중요 [03②, 05①, 11③, 15①, 18③, 24②]

096 단조로운 업무가 장시간 지속될 때 작업자의 감각 기능 및 판단능력이 둔화 또는 마비되는 현상을 체크하시오.

① 착각현상 (　)　　　② 망각현상 (　)
③ 피로현상 (　)　　　④ 감각차단현상 (　)

[13③]

097 인간의 착상심리를 설명한 것과 관련이 있는 것을 체크하시오.

① 얼굴을 보면 지능 정도를 알 수 있다. (　)
② 아래턱이 마른 사람은 의지가 약하다. (　)
③ 인간의 능력은 태어날 때부터 동일하다. (　)
④ 민첩한 사람은 느린 사람보다 착오가 적다. (　)

[16①, 19③]

098 에빙하우스(Ebbinghaus)의 연구결과 망각율이 50%를 초과하게 되는 최초의 경과시간을 체크하시오.

① 30분 (　)　　　② 1시간 (　)
③ 1일 (　)　　　④ 2일 (　)

★중요 [05②, 08①, 15②, 17③, 23③]

099 Skinner의 학습이론은 강화이론이라고 한다. 강화에 대한 설명으로 올바른지 체크하시오.

① 부적강화란 반응 후 처벌이나 비난 등 해로운 자극이 주어져서 반응 발생율이 감소하는 것이다.
(　)
② 정적강화란 반응 후 음식이나 칭찬 등 이로운 자극을 주었을 때 반응 발생율이 높아지는 것이다.
(　)
③ 부분강화에 의하면 학습을 서서히 진행되나 빠른 속도로 학습효과가 사라진다. (　)
④ 처벌은 더 강한 처벌에 의해서만 효과가 지속되는 부작용이 있다. (　)

100 학습이론 중 S-R 이론에서 조건반사설에 의한 학습이론의 원리에 해당하는 것을 체크하시오.

① 시간의 원리 ( ) 　② 기억의 원리 ( )

③ 일관성의 원리 ( ) ④ 계속성의 원리 ( )

101 학습이론 중 S-R 이론으로 볼 수 있는 것을 체크하시오.

① 톨만(Tolman)의 기호형태설 ( )

② 파블로프(Pavlov)의 조건반사설 ( )

③ 스키너(Skinner)의 조작적 조건화설 ( )

④ 손다이크(Thorndike)의 시행착오설 ( )

102 손다이크(Thorndike)의 시행착오설에 의한 학습법칙과 관계가 있는 것을 체크하시오.

① 연습의 법칙(The law of exercise) ( )

② 동일성의 법칙(The law of identity) ( )

③ 효과의 법칙(The law of effect) ( )

④ 준비성의 법칙(The law of readiness) ( )

⑤ 일관성의 법칙 ( )

⑥ 시간의 법칙 ( )

⑦ 계속성의 법칙 ( )

★중요　

103 하버드학파의 학습지도법(5단계 교수법)에 해당하는 것을 체크하시오.

① 지시(order) ( )

② 준비(Preparation) ( )

③ 교시(Presentation) ( )

④ 총괄(Generalization) ( )

⑤ 시사를 받는다. ( )

⑥ 연합한다. ( )

⑦ 추론한다. ( )

104 어떤 자극을 받았을 때 그것에 의하여 과거에 기억했던 것들 중에서 어떤 의미가 환기되어 오는 현상을 체크하시오.

① 기명(記銘) ( ) 　② 재생(再生) ( )

③ 연상(聯想) ( ) 　④ 추상(追想) ( )

105 과거의 학습경험을 통하여 학습된 행동이 현재와 미래에 지속되는 것을 체크하시오.

① 회상(recall) ( )

② 파지(retention) ( )

③ 재인(recognition) ( )

④ 기명(memorizing) ( )

106 안전교육 중 지식교육의 교육내용을 체크하시오.

① 안전규정 숙지를 위한 교육 ( )

② 안전장치(방호장치) 관리기능에 관한 교육 ( )

③ 기능·태도교육에 필요한 기초지식 주입을 위한 교육 ( )

④ 안전의식의 향상 및 안전에 대한 책임감 주입을 위한 교육 ( )

107 안전교육에 단계별 특징 가운데 기능교육의 특징을 체크하시오.

① 교육기간이 길다. ( )

② 작업동작을 표준화시킨다. ( )

③ 작업능력 및 기술능력을 부여한다. ( )

④ 다수 인원에 대한 교육이 가능하다. ( )

108 안전태도교육의 내용 및 목표를 체크하시오.

① 표준 작업 방법의 습관화 ( )

② 보호구 취급과 관리 자세 확립 ( )

③ 방호 장치 관리 기능 습득 ( )

④ 안전에 대한 가치관 형성 ( )

★중요　

109 안전태도교육의 기본과정을 체크하시오.

① 강요한다. ( )

② 모범(시범)을 보인다. ( )

③ 칭찬을 한다. ( )

④ 이해·납득시킨다. ( )

⑤ 권장, 평가를 한다. ( )

⑥ 벌을 주지 않고 칭찬만 한다. ( )

⑦ 청취한다. ( )

110 안전태도교육 과정을 순서대로 나열한 것을 체크하시오. [16①, 21②]

① 청취 → 모범 → 이해 → 평가 → 장려·처벌 (　)
② 청취 → 평가 → 이해 → 모범 → 장려·처벌 (　)
③ 청취 → 이해 → 모범 → 평가 → 장려·처벌 (　)
④ 청취 → 평가 → 모범 → 이해 → 장려·처벌 (　)

★중요 [05②, 13①, 15②, 21①, 25①]

111 안전교육의 종류 중 태도교육의 내용을 체크하시오.

① 안전 작업에 대한 몸가짐 (　)
② 직장규율, 안전규율을 몸에 익힘 (　)
③ 기계장치·계기류의 조작방법을 몸에 익힘 (　)
④ 의욕을 갖도록 함 (　)
⑤ 작업동작 및 표준작업방법의 습관화 (　)
⑥ 안전장치 및 장비 사용 능력의 빠른 습득 (　)
⑦ 공구·보호구 등의 관리 및 취급태도의 확립 (　)
⑧ 작업지시·전달·확인 등의 언어·태도의 정확화 및 습관화 (　)

★중요 [06①, 10③, 13②, 19①, 23②]

112 안전보건교육의 종류별 교육요점으로 올바른지 체크하시오.

① 안전태도교육은 교육의 기회나 수단이 다양하고 광범위하다. (　)
② 안전지식교육·안전기능교육은 일방적·획일적으로 행해지는 경우가 많다. (　)
③ 안전지식교육은 안전행동의 기초이므로 경영관리·감독자측 모두가 일체가 되어 추진되어야 한다. (　)
④ 안전지식교육은 인지적인 것이고 안전태도교육은 심리적인 것이다. (　)
⑤ 기능교육에서는 작업과정에서의 잘못된 행동을 학습자의 직접 반복된 시행착오를 통해서 그 시점 요령을 점차 체득하여 안전에 대한 숙련성을 높인다. (　)
⑥ 안전교육은 태도교육, 지식교육, 기능교육의 순서로 진행한다. (　)
⑦ 지식교육단계에서는 인간감각에 의해서 감지할 수 없는 위험성이 존재한다는 것을 교육한다. (　)

⑧ 태도교육단계에서는 안전을 위한 학습된 기능을 스스로 발휘하도록 태도를 형성하게 된다. (　)
⑨ 태도교육은 의욕을 갖게 하고 가치관 형성교육을 한다. (　)
⑩ 기능교육은 표준작업 방법대로 시범을 보이고 실습을 시킨다. (　)
⑪ 추후지도교육은 재해발생원리 및 잠재위험을 이해시킨다. (　)
⑫ 지식교육은 작업에 관련된 취약점과 이에 대응되는 작업방법을 알도록 한다. (　)

113 안전교육의 내용을 지식교육, 기능교육 및 태도교육 순서로 구분하여 올바르게 나열하였는지 체크하시오. [17②, 21③]

① 시청각교육－안전작업 동작지도－현장실습교육 (　)
② 현장실습교육－안전작업 동작지도－시청각교육 (　)
③ 안전작업 동작지도－시청각교육－현장실습교육 (　)
④ 시청각교육－현장실습교육－안전작업 동작지도 (　)

★중요 [03②, 06①, 09③, 11①, 13③, 19③, 24①]

114 M.T.P(Management Training Program) 안전교육 방법에서의 교육시간을 체크하시오.

① 10시간 (　)　　② 40시간 (　)
③ 80시간 (　)　　④ 100시간 이상 (　)

★중요 [03③, 05②, 15②, 23③]

115 안전프로그램을 실행하는 것은 제1선 감독자이다. 안전프로그램에 관계 있는 내용을 체크하시오.

① 잠재인원을 찾기 위해 모든 재해사고를 철저히 조사해야 한다. (　)
② 안전하게 작업하는 방법을 종업원에게 교육, 지도한다. (　)
③ 대책이 시행되고 있지 않은 잠재 위험은 반드시 찾을 필요가 없다. (　)
④ 안전하게 작업하고 싶다는 의욕을 종업원에게 심어준다. (　)

116 대인관계훈련 프로그램으로서 '실험실 훈련집단' (일명, T-Group)을 설명한 것으로 올바른지 체크하시오.

① 훈련생은 실험실에서 개인적으로 대인관계기법을 집중훈련 받는다. (　)

② 개인보다는 팀웍을 강조하여 대인관계를 향상시키는 훈련프로그램이다. (　)

③ 각자의 의견과 아이디어를 서슴없이 내어 놓아 집단으로 문제를 해결하는 훈련방법이다. (　)

④ 집단상황에서 자신과 타인 및 집단에 대한 민감성을 증진시키는 훈련 프로그램이다. (　)

117 집단 안전교육과 개별 안전교육 및 안전교육을 위한 카운슬링 등 세 가지 안전교육방법 중 개별 안전교육방법에 해당하는 것을 체크하시오.

① 상급자에 의한 안전교육 (　)

② 일을 통한 안전교육 (　)

③ 안전기능 교육의 추가지도 (　)

④ 문답방식에 의한 안전교육 (　)

118 교육훈련 프로그램을 만들기 위한 첫 단계를 체크하시오.

① 종업원이 자신의 직무에 대하여 어떤 생각을 갖고 있는지 조사한다. (　)

② 직무평가를 실시한다. (　)

③ 적절한 훈련방법을 파악한다. (　)

④ 요구분석을 실시한다. (　)

119 사고예방을 위한 훈련프로그램에서 포함되는 사항을 체크하시오.

① 직무지식 (　)　　② 안전에 대한 태도 (　)

③ 사고사례 보고서 (　)　④ 생산성 향상 (　)

120 산업안전보건법령상 사업장의 안전보건관리책임자 및 안전관리자에 대한 신규 및 보수교육시간으로 올바른지 체크하시오.

① 안전관리자의 신규교육 : 30시간 이상 (　)

② 안전관리자의 보수교육 : 16시간 이상 (　)

③ 안전보건관리책임자의 신규교육 : 6시간 이상 (　)

④ 안전보건관리책임자의 보수교육 : 4시간 이상 (　)

121 산업안전보건법령상 사업 내 안전보건교육 중 관리감독자의 지위에 있는 사람을 대상으로 실시하여야 할 정기교육의 교육시간으로 올바른지 체크하시오.

① 연간 1시간 이상 (　)

② 매분기 3시간 이상 (　)

③ 연간 16시간 이상 (　)

④ 매분기 6시간 이상 (　)

★중요　

122 산업안전보건법상 산업안전·보건 관련 교육과정 중 사업 내 안전·보건교육에 있어 교육 대상별 교육시간으로 올바른지 체크하시오.

① 일용근로자의 채용 시 교육 : 2시간 이상 (　)

② 일용근로자의 작업내용 변경 시 교육 : 1시간 이상 (　)

③ 사무직 종사 근로자의 정기교육 : 매반기 4시간 이상 (　)

④ 근로계약기간이 1주일 초과 1개월 이하인 기간제 근로자의 채용 시 교육 : 연간 8시간 이상 (　)

123 산업안전보건법령상 일용직 근로자를 제외한 근로자 신규 채용 시 실시해야 하는 안전보건교육 시간으로 올바른 것을 체크하시오.

① 8시간 이상 (　)　　② 매분기 3시간 (　)

③ 16시간 이상 (　)　　④ 매분기 6시간 (　)

124 산업안전보건법규에서 정하는 사업 내 안전보건교육 중 일용근로자 및 근로계약기간이 1주일 이하인 기간제근로자를 제외한 근로자로서 특별교육 대상자인 경우 실시하여야 할 특별안전보건교육과정의 교육시간에 해당하는 것을 체크하시오.

① 1시간 이상 (　)

② 2시간 이상 (　)

③ 8시간 이상 (　)

④ 16시간 이상 (　)

125 [22②, 23②]

산업안전보건법령상 타워크레인 신호작업에 종사하는 일용근로자의 특별교육 교육시간 기준으로 올바른 것을 체크하시오.

① 1시간 이상 (　) ② 2시간 이상 (　)
③ 4시간 이상 (　) ④ 8시간 이상 (　)

★중요 [08③, 13①, 16①, 22①]

126 산업안전보건법상 사업 내 안전보건교육 중 당해 근로자로서 일용근로자 및 근로계약기간이 1주일 이하인 기간제근로자를 제외한 근로자의 작업내용변경 시 최소 교육시간으로 올바른 것을 체크하시오.

① 1시간 (　) ② 2시간 (　)
③ 4시간 (　) ④ 8시간 (　)

★중요 [12②③, 13②, 17①, 18①③, 21③, 25②]

127 산업안전보건법상 사업 내 안전보건교육에 있어 건설 일용근로자의 건설업 기초안전·보건교육시간으로 올바른 것을 체크하시오.

① 1시간 (　) ② 2시간 (　)
③ 3시간 (　) ④ 4시간 (　)

[20①]

128 산업안전보건법령상 근로자 정기안전보건교육의 교육내용에 해당하는 것을 체크하시오.

① 산업안전 및 산업재해 예방에 관한 사항(화재·폭발 사고 발생 시 대피에 관한 사항을 포함) (　)
② 산업보건 및 건강장해 예방에 관한 사항(폭염·한파작업으로 인한 건강장해 발생 시 응급조치에 관한 사항을 포함) (　)
③ 건강증진 및 질병 예방에 관한 사항 (　)
④ 기계·기구의 위험성과 작업의 순서 및 동선에 관한 사항 (　)

★중요 [06③, 07①, 09①③, 10②, 11①, 12①, 15①, 21①]

129 산업안전보건법령상 사업 내 안전보건교육에 있어 "채용 시의 교육 및 작업내용 변경 시의 교육내용"에 해당하는 것을 체크하시오. (단, 기타 산업안전보건법 및 일반관리에 관한 사항은 제외)

① 물질안전보건자료에 관한 사항 (　)
② 정리정돈 및 청소에 관한 사항 (　)
③ 사고 발생 시 긴급조치에 관한 사항 (　)
④ 유해·위험 작업환경 관리에 관한 사항 (　)

⑤ 작업 개시 전 점검에 관한 사항 (　)
⑥ 건강증진 및 질병 예방에 관한 사항 (　)
⑦ 사업장 내 안전보건관리체계 및 안전보건조치 현항에 관한 사항 (　)
⑧ 위험성 평가에 관한 사항 (　)
⑨ 기계, 기구의 위험성과 작업 순서 및 동선에 관한 사항 (　)
⑩ 표준안전 작업방법 결정 및 지도·감독 요령에 관한 사항 (　)
⑪ 산업안전보건법령 및 산업재해 보상보험제도에 관한 사항 (　)

★중요 [04②, 05③, 07①, 11②, 14①]

130 산업안전보건법규상 관리감독자의 정기안전보건교육 내용으로 반드시 포함하여야 할 사항을 체크하시오.

① 위험성평가에 관한 사항 (　)
② 직무스트레스 예방 및 관리에 관한 사항 (　)
③ 작업공정의 유해·위험과 재해 예방대책에 관한 사항 (　)
④ 사업장 내 안전보건관리체제 및 안전·보건조치 현황에 관한 사항 (　)
⑤ 표준안전 작업방법 결정 및 지도·감독 요령에 관한 사항 (　)
⑥ 산업보건 및 건강장해 예방에 관한 사항 (　)
⑦ 물질안전보건자료에 관한 사항 (　)
⑧ 정리정돈 및 청소에 관한 사항 (　)
⑨ 기계·기구의 위험성과 작업의 순서 및 동선에 관한 사항 (　)
⑩ 작업 개시 전 점검에 관한 사항 (　)
⑪ 유해·위험 작업환경 관리에 관한 사항 (　)

[21③, 25①]

131 산업안전보건법령상 명시된 건설용 리프트·곤돌라를 이용한 작업의 특별교육 내용에 해당하는 것을 체크하시오. (단, 그 밖에 안전·보건관리에 필요한 사항은 제외함)

① 신호방법 및 공동작업에 관한 사항 (　)
② 화물의 취급 및 작업 방법에 관한 사항 (　)
③ 방호 장치의 기능 및 사용에 관한 사항 (　)
④ 기계·기구에 특성 및 동작원리에 관한 사항 (　)

[22①]

132 산업안전보건법령상 2m 이상인 구축물을 콘크리트 파쇄기를 사용하여 파쇄작업을 하는 경우 특별교육의 내용을 체크하시오. (단, 그 밖에 안전·보건관리에 필요한 사항은 제외)

① 작업안전조치 및 안전기준에 관한 사항 ( )

② 비계의 조립 순서 및 방법에 관한 사항 ( )

③ 콘크리트 해체 요령과 방호거리에 관한 사항 ( )

④ 파쇄기의 조작 및 공통작업 신호에 관한 사항 ( )

[19③, 24①]

133 굴착면의 높이가 2m 이상인 암석의 굴착작업에 대한 특별안전보건교육 내용을 체크하시오. (단, 그 밖의 안전보건 관리에 필요한 사항은 제외)

① 지반의 붕괴재해 예방에 관한 사항 ( )

② 보호구 및 신호방법 등에 관한 사항 ( )

③ 안전거리 및 안전기준에 관한 사항 ( )

④ 폭발물 취급 요령과 대피 요령에 관한 사항 ( )

[04②]

134 특별안전보건교육 중 반응기, 교반기, 추출기의 사용 및 세척작업의 교육내용을 체크하시오. (단, 기타 안전보건관리에 필요한 사항은 해당 안됨)

① 분진폭발에 관한 사항 ( )

② 각 계측장치의 취급 및 주의에 관한 사항 ( )

③ 세척액의 유해 및 인체에 미치는 영향에 관한 사항 ( )

④ 투시창, 수위 및 유량계등의 점검 및 밸브의 조작 주의에 관한 사항 ( )

[12③, 16③, 22②, 23①]

135 산업안전보건법령상 근로자 안전보건교육 중 특별교육 대상 작업을 체크하시오.

① 굴착면의 높이가 5m 되는 지반 굴착작업 ( )

② 콘크리트 파쇄기를 사용하여 5m의 구축물을 파쇄하는 작업 ( )

③ 흙막이 지보공의 보강 또는 동바리를 설치하거나 해체하는 작업 ( )

④ 휴대용 목재가공기계를 3대 보유한 사업장에서 해당 기계로 하는 작업 ( )

02 단답형 문제

[12②, 24①]

001 학습평가 도구의 기준 중 '측정의 결과에 대해 누가 보아도 일치되는 의견이 나올 수 있는 성질'이란 어떠한 특성을 설명하는 것인지 쓰시오.

★중요 [03③, 07①, 09①, 17②]

002 교육의 3요소 중에서 '교육의 매개체'가 되는 것을 쓰시오.

[04①, 25②]

003 학과교육의 4단계법 중 제2단계가 무엇인지 쓰시오.

⚙️ **해설** 교육의 4단계 : 제1단계(도입), 제2단계(제시), 제3단계(적용), 제4단계(확인)

[15①]

004 구체적 사물을 제시하거나 경험시킴으로써 효과를 보게 되는 학습지도의 원리는 무엇인지 쓰시오.

★중요 [04②, 06③, 09①]

005 짧은 교육기간에 많은 내용을 전달하기 위한 교육방법은 무엇인지 쓰시오.

⚙️ **해설** 강의식(Lecture method)은 강의의 진행을 교육 자료와 순서에 의해서 진행함으로써 이해하기 쉽고, 짧은 시간에 많은 내용을 교육하는 경우에 필요한 강의 방식이다. 최적 인원은 40~50명 정도이다.

[18②, 20③, 23②]

006 교육 및 훈련 방법 중 다음의 특징을 갖는 방법이 무엇인지 쓰시오.

- 다른 방법에 비해 경제적이다.
- 교육 대상 집단 내 수준차로 인해 교육의 효과가 감소할 가능성이 있다.
- 상대적으로 피드백이 부족하다.

★중요 [08①, 11③, 15①, 19②, 20②]

007 안전교육방법 중 수업의 도입이나 초기단계에 적용하며, 단시간에 많은 내용을 교육하는 경우에 사용되는 방법이 무엇인지 쓰시오.

| 정답 |

001 객관성   002 교재(교육 내용)   003 제시   004 직관의 원리   005 강의식   006 강의법   007 강의법

008 교육방법 중 수업의 중간이나 마지막 단계에 행하는 것으로서 언어학습이나 문제해결 학습에 효과적인 학습법은 무엇인지 쓰시오.

⚙ **해설** 실연법이란 학습자가 시범을 보거나, 설명을 들어 알게 된 지식이나 기능을 강사의 지도하에서 연습에 적용해 보는 교육방법이다.

[18①, 23③]

009 안전교육의 방법 중 전개단계에서 가장 효과적인 수업방법은 무엇인지 쓰시오.

★중요 [04③, 10①, 15③, 22②]

010 알고 있는 지식을 심화시키거나 어떠한 자료에 대해 보다 명료한 생각을 갖도록 하는 경우 실시하는 교육방법이 무엇인지 쓰시오.

★중요 [03②, 14①, 18③]

011 현장관리 감독자 교육을 위하여 바람직한 방식은 무엇인지 쓰시오.

★중요 [05②, 15②, 25①]

012 참가자에게 흥미와 체험감을 주며, 아는 것과 행동하는 것 사이의 차이를 인식시켜 줄 수 있는 교육 방법은 무엇인지 쓰시오.

★중요 [09②, 17③, 21②]

013 참가자 앞에서 소수의 전문가들이 과제에 관한 견해를 발표하고 토론한 뒤 참가자 전원이 참가하여 사회장의 사회에 따라 토의하는 방법이 무엇인지 쓰시오.

★중요 [12②, 19②, 22②]

014 다음에서 설명하는 학습방법이 무엇인지 쓰시오.

> 학생이 생활하고 있는 현실적인 장면에서 당면하는 여러 문제들을 해결해 나가는 과정으로 지식, 기능, 태도, 기술 등을 종합적으로 획득하도록 하는 학습방법

★중요 [08②③, 10②, 15③, 17③, 18③, 21③, 24③]

015 새로운 자료나 교재를 제시하고 피교육자로 하여금 문제점을 제기하게 하거나 그것에 관한 피교육자의 의견을 여러 가지 방법으로 발표하게 하여 청중과 토론자 간에 활발한 의견 개진과 충돌로 바람직한 합의를 도출해내는 교육 실시방법은 무엇인지 쓰시오.

★중요 [08②, 10③, 14③, 17③, 21①]

016 다음 설명에 해당하는 안전교육방법은 무엇인지 쓰시오.

> ATP 라고도 하며, 당초 일부 회사의 톱 매니지먼트(top management)에 대하여만 행하여졌으나 그 후 널리 보급되었다. 정책의 수립, 조작, 통제 및 운영 등을 교육내용으로 한다.

★중요 [05③, 10③, 17①]

017 스트레스의 개인적 원인 중 한 직무의 역할 수행이 다른 역할과 모순되는 현상을 무엇이라고 하는지 쓰시오.

[10①, 20①]

018 조직에 의한 스트레스 요인으로 역할 수행자에 대한 요구가 개인의 능력을 초과하거나 자신이 믿는 것보다 어떤 일을 보다 급하게 하거나 부주의하게 만드는 상황 또는 주어진 시간과 능력이 허용하는 것 이상을 달성하도록 요구받고 있다고 느끼는 상황은 무엇인지 쓰시오.

[09②, 16②]

019 수퍼(Super. D. E)의 역할이론 중 작업에 대하여 상반된 역할이 기대되는 경우에 해당하는 것은 무엇인지 쓰시오.

★중요 [03③, 07③, 08③, 13①, 25②]

020 역할 이론 중 자아탐구(自我探究)의 수단인 동시에 자아실현(自我實現)의 수단이라 할 수 있는 것은 무엇인지 쓰시오.

★중요 [07②, 08③, 12③]

021 교육심리학의 연구방법 중 의식적으로 의견을 발표하도록 하여 인간의 내면에서 일어나고 있는 심리적 상태를 사물과 연관시켜 인간의 성격을 알아보는 방법은 무엇인지 쓰시오.

|정답|

008 실연법   009 토의법   010 토의법   011 토의식(Discussion method)   012 역할연기법   013 패널 디스커션
014 문제법(Problem Method)   015 포럼(Form)   016 CCS(Civil Communication Section)   017 역할갈등   018 역할 과부하
019 역할 갈등(Role conflict)   020 역할연기(role playing)   021 투사법

[04②, 09②]

022 경험한 내용이나 학습된 행동을 다시 생각하여 작업에 적용하지 아니하고 방치함으로써 경험의 내용이나 인상이 약해지거나 소멸되는 현상을 무엇이라 하는지 쓰시오.

[22①]

025 안전교육의 3단계 중 작업방법, 취급 및 조작행위를 몸으로 숙달시키는 것을 목적으로 하는 단계는 무엇인지 쓰시오.

[09②, 19②, 24①]

023 S-R 이론 중에서 긍정적 강화, 부정적 강화, 처벌 등이 이 이론의 원리에 속하며, 사람들이 바람직한 경과를 이끌어 내기 위해 단지 어떤 자극에 대해 수동적으로 반응하는 것이 아니라 환경상의 어떤 능동적인 행위를 한다는 이론은 무엇인지 쓰시오.

[20②]

026 안전교육에서 안전기술과 방호장치관리를 몸으로 습득시키는 교육방법으로 가장 적절한 것이 무엇인지 쓰시오.

[19②, 23①]

024 안전교육의 3단계 중 현장실습을 통한 경험체득과 이해를 목적으로 하는 단계가 무엇인지 쓰시오.

[04③, 06①, 14②, 19③]

027 직장규율과 안전규율 등을 몸에 익히기에 적합한 교육의 종류는 무엇인지 쓰시오.

| 정답 |

022 망각   **023** 스키너(Skinner)의 조작적 조건화설   **024** 안전기능교육   **025** 안전기능교육   **026** 안전기능교육   **027** 안전태도교육

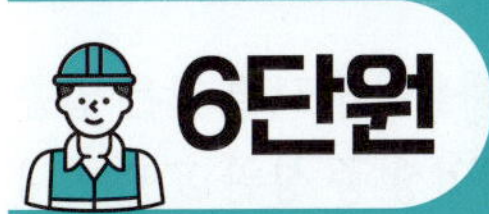

6단원 산업안전관계법규

01 진위형 문제
▶ 해설편 87p

※ 다음 문제를 읽고, 옳으면 ○, 틀리면 ×를 괄호 안에 표기하시오.

★중요 [05②, 08③, 10②, 14③, 15②③, 23①]

001 산업안전보건법에서 정의한 안전관리 용어에 대한 설명이 올바른지 체크하시오.

① "사업주"란 근로자를 사용하여 사업을 하는 자를 말한다. ( )

② "근로자대표"란 근로자와 사업주로 조직된 노동조합이 있는 경우에는 그 노동조합을, 근로자와 사업주로 조직된 노동조합이 없는 경우에는 사업주가 지정한 근로자를 대표하는 자를 말한다. ( )

③ "중대재해"란 산업재해 중 사망 등 재해 정도가 심하거나 다수의 재해자가 발생한 경우로서 대통령령으로 정하는 재해를 말한다. ( )

④ "산업재해"란 노무를 제공하는 사람이 업무에 관계되는 건설물·설비·원재료·가스·증기·분진 등에 의하거나 작업 또는 그 밖의 업무로 인하여 사망 또는 부상하거나 질병에 걸리는 것을 말한다. ( )

⑤ "작업환경측정"이란 작업환경 실태를 파악하기 위하여 해당 근로자 또는 작업장에 대하여 사업주가 유해인자에 대한 측정계획을 수립한 후 시료(試料)를 채취하고 분석·평가하는 것을 말한다. ( )

⑥ "사업주대표"란 근로자의 과반수를 대표하는 자를 말한다. ( )

⑦ "도급인"이란 건설공사발주자를 포함한 물건의 제조·건설·수리 또는 서비스의 제공, 그 밖의 업무를 도급하는 사업주를 말한다. ( )

⑧ "안전보건평가"란 산업재해를 예방하기 위하여 잠재적 위험성을 발견하고 그 개선대책을 수립할 목적으로 조사·평가하는 것을 말한다. ( )

⑨ "중대재해"란 산업재해 중 부상자 또는 직업성 질병자가 동시에 5인 이상 발생한 재해를 말한다.

( )

[07②, 15①]

002 산업안전보건법에서 정의하고 있는 산업재해에 대한 설명으로 올바른지 체크하시오.

① 노무를 제공하는 사람이 업무에 관계되는 건설물·설비·원재료·가스·증기·분진 등에 의하거나 작업 기타 업무에 기인하여 사망 또는 부상하거나 질병에 이한되는 것 ( )

② 물질 또는 타인과 접촉하였거나 각종의 물체 및 작업조건에 폭로 또는 사람의 작업행동으로 인하여 사람의 상해를 동반하는 사건이 일어나는 것 ( )

③ 산업활동의 정상적인 진행을 저지하고 또는 방해하는 사건이 일어나는 것 ( )

④ 결함이 있는 작업조건 및 부적성의 작업방법에 의해 초래되는 계획되지 않은 사건이 일어나는 것 ( )

★중요 [09②, 16②, 20②, 21②③, 22①, 23①]

003 산업안전보건법령상 "중대재해"에 해당하지 않는 재해를 체크하시오.

① 12명의 부상자가 동시에 발생한 재해 ( )

② 5명의 직업성질병자가 동시에 발생한 재해 ( )

③ 사망자가 2명 발생한 재해 ( )

④ 부상자가 동시에 7명 발생한 재해 ( )

⑤ 직업성질병자가 동시에 11명 발생한 재해 ( )

⑥ 3개월 이상의 요양이 필요한 부상자가 동시에 3명 발생한 재해 ( )

⑦ 부상자가 동시에 10명 발생한 재해 ( )

⑧ 직업성 질병자가 동시에 10명 발생한 재해 ( )

⑨ 1개월의 요양이 필요한 부상자가 동시에 2명 발생한 재해 ( )

⑩ 12명의 부상자가 동시에 발생한 재해 ( )

⑪ 2명의 직업성 질병자가 동시에 발생한 재해 ( )

⑫ 5개월의 요양이 필요한 부상자가 동시에 3명 발생한 재해 ( )

⑬ 사망자가 1명 발생한 재해 ( )

⑭ 부상자가 동시에 10명 이상 발생한 재해 ( )

⑮ 2개월 이상의 요양이 필요한 부상자가 동시에 2명 이상 발생한 재해 (　)

⑯ 직업성 질병자가 동시에 10명 이상 발생한 재해 (　)

004 산업안전보건법상 사업주의 의무로 올바른지 체크하시오.

① 이 법과 이 법에 따른 명령으로 정하는 산업재해 예방을 위한 기준을 지킬 것 (　)

② 해당 사업장의 안전 및 보건에 관한 정보를 근로자에게 제공 (　)

③ 유해하거나 위험한 기계·기구·설비 및 방호장치·보호구 등의 안전성 평가 및 개선 (　)

④ 근로자의 신체적 피로와 정신적 스트레스 등을 줄일 수 있는 쾌적한 작업환경을 조성하고 근로조건을 개선 (　)

⑤ 산업안전·보건정책의 수립·집행·조정 및 통제 (　)

⑥ 유해위험 기계·기구·설비 및 방호장치·보호구 등의 안전성 평가 및 개선 (　)

⑦ 산업 안전 및 보건 관련 단체 등에 대한 지원 및 지도·감독 (　)

⑧ 안전 보건의식을 북돋우기 위한 홍보·교육 및 무재해운동 등 안전문화를 추진할 것 (　)

⑨ 산업안전·보건정책의 수립·집행·조정 및 통제 (　)

⑩ 사업장에 대한 재해 예방 지원 및 지도 (　)

⑪ 산업재해에 관한 조사 및 통계의 유지·관리 (　)

⑫ 재해 다발 사업장에 대한 재해 예방 지원 및 지도 (　)

⑬ 안전·보건을 위한 기술의 연구·개발 및 시설의 설치·운영 (　)

005 산업안전보건법령상 사업장의 산업재해 발생 검수, 재해율 또는 그 순위를 공표할 수 있는 공표대상 사업장을 체크하시오. (단, 고용노동부장관이 산업재해를 예방하기 위하여 필요하다고 인정할 때임)

① 중대산업사고가 발생한 사업장 (　)

② 산업재해의 발생에 관한 보고를 최근 3년 이내 2회 이상 하지 않은 사업장 (　)

③ 중대재해가 발생한 사업장으로서 해당 중대재해

발생연도의 연간 산업재해율이 규모별 같은 업종의 평균 재해율 이상인 사업장 중 상위 20% 이내에 해당되는 사업장 (　)

④ 산업재해로 연간 사망재해자가 2명 이상 발생한 사업장 또는 사망만인율이 규모별 같은 업종의 평균 사망만인율 이상인 사업장 (　)

⑤ 산업재해의 발생에 관한 보고를 최근 2년 이내 1회 이상 하지 않은 사업장 (　)

⑥ 연간 산업재해율이 규모별 같은 업종의 평균재해율 이상인 사업장 중 상위 10% 이내에 해당되는 사업장 (　)

⑦ 연간 산업재해율이 규모별 동종업종의 평균재해율 이상인 모든 사업장 (　)

006 산업안전보건법상 지방고용노동관서의 장이 사업주에게 안전관리자나 보건관리자를 정수 이상으로 증원하게 하거나 교체하여 임명할 것을 명령할 수 있는 사유를 체크하시오.

① 사망재해가 연간 1건 발생한 경우 (　)

② 중대재해가 연간 2건 발생한 경우 (　)

③ 관리자가 질병이나 그 밖의 사유로 3개월 이상 직무를 수행할 수 없게 된 경우 (　)

④ 해당 사업장의 연간재해율이 같은 업종의 평균재해율의 1.5배 이상인 경우 (　)

⑤ 관리자가 질병의 사유로 6개월 동안 해당 직무를 수행할 수 없었다. (　)

⑥ 중대재해가 연간 1건 발생한 경우 (　)

⑦ 해당 사업장의 연간재해율이 같은 업종의 평균재해율의 3배인 경우 (　)

⑧ 관리자가 질병의 사유로 45일 동안 직무를 수행할 수 없게 된 경우 (　)

⑨ 관리자가 기타 사유로 60일 동안 직무를 수행할 수 없게 된 경우 (　)

⑩ 중대재해가 연간 3건 이상 발생한 경우 (　)

⑪ 해당 사업장의 연간 재해율이 동종업종 평균재해율의 2배 이상인 경우 (　)

⑫ 발암성물질을 취급하는 작업장 중 측정치가 노출기준을 상회하여 작업환경측정을 연속 3회 이상 명받는 사업장 (　)

⑬ 중대재해가 연간 4건 발생한 경우 ( )

⑭ 해당 사업장의 연간재해율이 같은 업종의 평균재해율의 2.5배인 경우 ( )

⑮ 관리자가 질병이나 그 밖의 사유로 4개월 동안 직무를 수행할 없게 된 경우 ( )

⑯ 해당 사업장의 연간재해율이 같은 업종의 평균재해율 보다 1.5배 높게 발생한 경우 ( )

⑰ 관리자가 질병의 사유로 1개월 동안 직무를 수행할 수 없게 된 경우 ( )

[13③, 17①]

007 산업안전보건법령상 사회복지 서비스업의 경우, 안전보건관리규정을 작성하여야 할 사업의 규모를 체크하시오.

① 상시근로자 5명 이상을 사용하는 사업 ( )

② 상시근로자 50명 이상을 사용하는 사업 ( )

③ 상시근로자 100명 이상을 사용하는 사업 ( )

④ 상시근로자 300명 이상을 사용하는 사업 ( )

[13③, 17①, 20①, 25①]

008 정보서비스업의 경우, 상시근로자의 수가 최소 몇 명 이상일 때 안전보건관리책임자를 두어야 하는지 체크하시오.

① 50명 이상 ( ) ② 100명 이상 ( )

③ 200명 이상 ( ) ④ 300명 이상 ( )

[22①]

009 산업안전보건법령상 안전보건관리책임자를 두어야 할 사업의 종류를 모두 고른 것을 체크하시오. (단, ㄱ ~ ㅁ은 상시근로자 300명 이상의 사업임)

ㄱ. 농업　　　　　　　 ㄴ. 정보서비스업 ㄷ. 금융 및 보험업　　 ㄹ. 사회복지 서비스업 ㅁ. 과학 및 기술 연구개발업

① ㄴ, ㄹ, ㅁ ( ) ② ㄱ, ㄴ, ㄷ, ㄹ ( )

③ ㄱ, ㄴ, ㄷ, ㅁ ( ) ④ ㄱ, ㄷ, ㄹ, ㅁ ( )

★중요
[03①, 05②③, 06①, 08②, 09①②, 15②, 21③]

010 안전보건관리책임자의 업무를 체크하시오. (단, 그 밖의 고용노동부령으로 정하는 사항은 제외함)

① 근로자의 유해·위험 방지조치에 관한 사항으로서 고용노동부령으로 정하는 사항 ( )

② 작업환경 점검 업무의 총괄 관리 ( )

③ 안전에 관한 보조자의 감독 ( )

④ 근로자의 작업복, 보호구 및 방호장치의 점검과 그 착용, 사용에 관한 교육, 지도 ( )

⑤ 산업재해예방계획의 수립에 관한 사항 ( )

⑥ 산업재해에 관한 통계의 기록 및 유지에 관한 사항 ( )

⑦ 산업재해예방을 위한 기계·기구 및 설비의 선정 및 사용 여부의 확인에 관한 사항 ( )

⑧ 작업환경측정 등 작업환경의 점검 및 개선에 관한 사항 ( )

⑨ 건설물 설비작업장소의 위험에 따른 방지조치 사항 ( )

⑩ 산업재해의 원인조사 및 재발방지대책의 수립에 관한 사항 ( )

⑪ 근로자의 건강장해의 원인조사와 재발 방지를 위한 의학적인 조치 ( )

⑫ 사업장 순회점검, 지도 및 조치의 건의 ( )

⑬ 안전보건관리규정의 작성 및 그 변경에 관한 사항 ( )

⑭ 안전·보건을 위한 근로자의 적정배치에 관한 사항 ( )

⑮ 근로자의 적정배치에 관한 사항 ( )

⑯ 안전장치 및 보호구 구입 시 적격품 여부 확인에 관한 사항 ( )

[20③]

011 산업안전보건법령상 관리감독자가 수행하는 안전 및 보건에 관한 업무로 올바른지 체크하시오.

① 해당 작업의 작업장 정리·정돈 및 통로 확보에 대한 확인·감독 ( )

② 해당 작업에서 발생한 산업재해에 관한 보고 및 이에 대한 응급조치 ( )

③ 해당 사업장 안전교육계획의 수립 및 안전교육 실시에 관한 보좌 및 지도·조언 ( )

④ 관리감독자에게 소속된 근로자의 작업복·보호구 및 방호장치의 점검과 그 착용·사용에 관한 교육·지도 ( )

[04①, 06②, 08①③, 09③, 10②,
11①, 12①, 13③, 17②③, 18①, 19③, 21①, 25①]

★중요

012 산업안전보건법에서 규정한 안전관리자 업무에 해당하는지 체크하시오. (단, 기타 안전에 관한 사항으로 고용 노동부장관이 정하는 사항은 제외함)

① 직업성 질환 발생의 원인조사 및 대책수립 (　　)

② 사업장 순회점검·지도 및 조치의 건의 (　　)

③ 산업안전보건위원회 또는 안전 및 보건에 관한 노사협의체에서 심의·의결한 업무와 해당 사업장의 안전보건관리규정 및 취업규칙에서 정한 업무 (　　)

④ 해당 사업장 안전교육계획의 수립 및 안전교육 실시에 관한 보좌 및 조언·지도 (　　)

⑤ 안전에 관한 사항의 이행에 관한 보좌 및 지도·조언 (　　)

⑥ 업무 수행 내용의 기록·유지 (　　)

⑦ 작업장 내에서 사용되는 전체 환기장치 및 국소 배기장치 등에 관한 설비의 점검과 작업방법의 공학적 개선에 관한 보좌 및 조언·지도 (　　)

⑧ 산업재해에 관한 통계의 유지·관리·분석을 위한 보좌 및 조언·지도 (　　)

⑨ 지휘·감독하는 작업과 관련된 기계·기구 또는 설비의 안전·보건 점검 및 이상 유무의 확인 (　　)

⑩ 산업재해 발생의 원인 조사·분석 및 재발방지를 위한 기술적 보좌 및 조언·지도 (　　)

⑪ 해당 작업의 작업장의 정리·정돈 및 통로확보에 대한 확인·감독 (　　)

⑫ 물질안전보건자료의 게시 또는 비치에 관한 보좌 및 조언 · 지도 (　　)

⑬ 위험성평가에 관한 보좌 및 지도·조언 (　　)

⑭ 안전인증대상기계등과 자율안전확인대상기계등 구입 시 적격품의 선정에 관한 보좌 및 지도·조언 (　　)

⑮ 건강장해를 예방하기 위한 작업관리 (　　)

⑯ 해당 작업에서 발생한 산업재해에 관한 보고 및 이에 대한 응급조치 (　　)

⑰ 작업방법의 공학적, 위생적 개선 (　　)

⑱ 작업환경의 측정 및 평가 (　　)

⑲ 작업장 내의 산업위생 시설의 점검 및 개선 (　　)

★중요

[08②, 14③, 19①, 22②, 23②]

013 산업안전보건법령상 안전관리자를 2인 이상 선임하여야 하는 사업을 체크하시오. (단, 기타 법령에 관한 사항은 제외)

① 상시근로자가 500명인 통신업 (　　)

② 상시근로자가 700명인 발전업 (　　)

③ 상시근로자가 600명인 식료품 제조업 (　　)

④ 공사금액이 1,000억이며 공사 진행률(공정률) 20%인 건설업 (　　)

⑤ 공사금액이 1,000억인 건설업 (　　)

⑥ 상시근로자가 1,500명인 운수업 (　　)

[14②]

014 산업안전보건법령상 공사금액이 1,500억원인 건설현장에서 두어야 할 안전관리자는 몇 명 이상인지 체크하시오.

① 1명 (　　)

② 2명 (　　)

③ 3명 (　　)

④ 4명 (　　)

[06③]

015 상시근로자 50인 이상 500인 미만의 사업장으로서 안전관리자를 선임해야 할 대상 사업장을 체크하시오.

① 제1차 금속제조업 (　　)

② 도매·소매업 (　　)

③ 화학물질 및 화학제품 제조업(의약품 제외) (　　)

④ 서적, 잡지 및 기타 인쇄물 출판업 (　　)

[21③, 22①, 23②]

016 산업안전보건법령상 상시근로자 20명 이상 50명 미만인 사업장 중 안전보건관리담당자를 선임하여야 할 업종을 체크하시오.

① 임업 (　　)

② 제조업 (　　)

③ 건설업 (　　)

④ 하수, 폐수 및 분뇨 처리업 (　　)

[07②, 21②]

017 산업안전보건법령상 명예산업안전감독관의 업무를 체크하시오. (단, 산업안전보건위원회 구성 대상 사업의 근로자 중에서 근로자대표가 사업주의 의견을 들어 추천하여 위촉된 명예산업 안전감독관의 경우)

① 사업장에서 하는 자체점검 참여 (　)

② 보호구의 구입 시 적격품의 선정 (　)

③ 근로자에 대한 안전수칙 준수 지도 (　)

④ 사업장 산업재해 예방계획 수립 참여 (　)

[11①, 24②]

018 산업안전보건법상 산업안전보건위원회의 설치대상 사업장을 체크하시오.

① 토사석 광업 (　)

② 비금속광물제품 제조업 (　)

③ 자동차 및 트레일러 제조업 (　)

④ 의약품 제조업 (　)

★중요

[07②③, 10②, 11②, 13②, 15③, 19①]

019 산업안전보건위원회를 구성함에 있어 사용자위원 구성기준을 체크하시오. (단, 상시근로자 100명 이상을 사용하는 사업장임)

① 안전관리자 (　)

② 명예산업안전감독관 (　)

③ 해당 사업의 대표자 (　)

④ 안전관리자(안전관리자를 두어야 하는 사업장으로 한정하되, 안전관리자의 업무를 안전관리전문기관에 위탁한 사업장의 경우에는 그 안전관리전문기관의 해당 사업장 담당자) (　)

⑤ 해당 사업의 대표자가 지명한 9인 이내 당해 사업장 부서의 장 (　)

⑥ 보건관리자(보건관리자를 두어야 하는 사업장으로 한정하되, 보건관리자의 업무를 보건관리전문기관에 위탁한 사업장의 경우에는 그 보건관리전문기관의 해당 사업장 담당자) (　)

[19③, 25②]

020 산업안전보건법상 산업안전보건위원회의 정기회의 개최 주기로 올바른지 체크하시오.

① 1개월마다 (　)　　② 분기마다 (　)

③ 반년마다 (　)　　④ 1년마다 (　)

[22①]

021 산업안전보건법령상 산업안전보건위원회에 관한 사항으로 올바른지 체크하시오.

① 근로자위원과 사용자위원은 같은 수로 구성된다. (　)

② 산업안전보건회의의 정기회의는 위원장이 필요하다고 인정할 때 소집한다. (　)

③ 안전보건교육에 관한 사항은 산업안전보건위원회 심의·의결을 거쳐야 한다. (　)

④ 상시근로자 50인 이상의 자동차 제조업의 경우 산업안전보건위원회를 구성·운영하여야 한다. (　)

[10③, 14①, 23③]

022 산업안전보건위원회에서 심의·의결된 내용 등 회의 결과를 근로자에게 알리는 방법으로 올바른지 체크하시오.

① 사내 방송 (　)

② 사내보 (　)

③ 게시 또는 자체 정례회의 (　)

④ 일간 신문에 게재 (　)

★중요

[10①③, 13②, 14①, 16③, 18②, 20①②]

023 산업안전보건법령상 안전보건총괄책임자의 직무에 해당하는지 체크하시오.

① 해당 사업장 안전교육계획의 수립 (　)

② 해당 사업장 안전교육계획의 수립에 관한 보좌 및 지도·조언 (　)

③ 위험성평가의 실시에 관한 사항 (　)

④ 안전인증대상기계 등과 자율안전확인대상기계 등의 적격품의 선정에 관한 지도 (　)

⑤ 작업의 중지 (　)

⑥ 해당 사업장 안전교육계획의 수렴 및 실시 (　)

⑦ 산업안전보건관리비의 관계수급인 간의 사용에 관한 협의·조정 및 그 집행의 감독 (　)

⑧ 도급 시 산업재해 예방조치 (　)

⑨ 근로자의 건강관리, 보건교육 및 건강증진 지도 (　)

⑩ 안전인증대상기계 등과 자율안전확인대상기계 등의 사용 여부 확인 (　)

 [09②, 10①, 11③, 14③, 15①, 17②③, 18①, 21①②, 22②]

024 산업안전보건위원회의 심의 또는 의결사항을 체크하시오. (단, 그 밖에 필요한 사항은 제외함)

① 재해자의 관한 치료 및 재해보상에 관한 사항 (　)
② 근로자의 건강진단 등 건강관리에 관한 사항 (　)
③ 중대재해로 분류되는 산업재해의 원인 조사 및 재발 방지대책의 수립에 관한 사항 (　)
④ 사업장 경영체계 구성 및 운영에 관한 사항 (　)
⑤ 안전보건관리규정의 작성 및 변경에 관한 사항 (　)
⑥ 유해하거나 위험한 기계·기구·설비를 도입한 경우 안전 및 보건 관련 조치에 관한 사항 (　)
⑦ 작업환경측정 등 작업환경의 점검 및 개선에 관한 사항 (　)
⑧ 산업재해에 관한 통계의 기록 및 유지에 관한 사항 (　)
⑨ 안전장치 및 보호구 구입 시 적격품 여부 확인에 관한 사항 (　)
⑩ 사업장의 산업재해 예방계획의 수립에 관한 사항 (　)

 [03②, 06①, 07①, 09③, 12③, 15③, 19②]

025 사업주는 사업장의 안전·보건을 유지하기 위하여 안전보건관리규정을 작성하여 게시 또는 비치하고 이를 근로자에게 알려야 하는데, 이 규정 내에 반드시 포함되어야 할 사항을 체크하시오.

① 산업재해 사례 및 대책에 관한 사항 (　)
② 안전 및 보건에 관한 관리조직과 그 직무에 관한 사항 (　)
③ 안전보건교육에 관한 사항 (　)
④ 작업장의 안전 및 보건 관리에 관한 사항 (　)
⑤ 사고 조사 및 대책 수립에 관한 사항 (　)
⑥ 산업재해손실비용 분석방법에 관한 사항 (　)
⑦ 산업재해보상보험에 관한 사항 (　)

 [06①, 09②, 13②, 15③, 18③]

026 산업안전보건법령에 따라 건설업 중 유해·위험 방지 계획서를 작성하여 고용노동부장관에게 제출하여야 하는 공사를 체크하시오.

① 터널 건설 등의 공사 (　)

② 다목적댐, 발전용댐 및 저수용량 2천만톤 이상의 용수 전용 댐, 지방상수도 전용 댐 건설 등의 공사 (　)
③ 연면적 5000m² 이상의 냉동·냉장창고 시설의 설비공사 및 단열공사 (　)
④ 깊이 10m 이상인 굴착공사 (　)
⑤ 최대 지간길이가 31m 이상인 다리의 건설 등 공사 (　)
⑥ 깊이가 8m인 굴착공사 (　)
⑦ 최대지간 길이가 60m인 다리의 건설 등 공사 (　)
⑧ 지상 높이가 35m인 건축물의 건설공사 (　)

[12②, 25③]

027 산업안전보건법에 따라 사업주가 안전보건개선계획을 수립할 때에 심의를 거쳐야 하는 조직을 체크하시오.

① 산업안전보건위원회 (　)
② 인사위원회 (　)
③ 근로감독위원회 (　)
④ 노동조합 (　)

[08②]

028 산업안전보건법상 사업 내 안전보건교육 중 근로자 정기 안전보건교육 내용을 체크하시오.

① 작업안전지도요령에 관한 사항 (　)
② 건강증진 및 질병 예방에 관한 사항 (　)
③ 유해·위험 작업환경 관리에 관한 사항 (　)
④ 산업안전보건법령 및 산업재해보상보험 제도에 관한 사항 (　)

[14①, 19③]

029 산업안전보건법에 따라 안전보건개선계획을 수립·시행하여야 하는 사업장에서 안전보건계획서를 작성할 때에 반드시 포함되어야 하는 사항을 체크하시오.

① 시설의 개선을 위하여 필요한 사항 (　)
② 안전·보건교육의 개선을 위하여 필요한 사항 (　)
③ 복지정책의 개선을 위하여 필요한 사항 (　)
④ 작업환경의 개선을 위하여 필요한 사항 (　)

★중요　　　　　　　[08②, 10③, 12①, 16③, 17③, 18②, 24②]

030 산업안전보건법령상 안전보건진단을 받아 안전보건개선계획을 수립하여 시행할 것을 명할 수 있는 사업장을 체크하시오.

① 근로자가 안전수칙을 준수하지 않아 중대재해가 발생한 사업장 (　　)

② 직업성 질병자가 1인 발생한 사업장 (　　)

③ 사업주가 필요한 안전조치 또는 보건조치를 이행하지 아니하여 발생한 중대재해가 연간 2건 발생한 사업장 (　　)

④ 작업환경 불량, 화재·폭발 또는 누출사고 등으로 사회적 물의를 일으킨 사업장 (　　)

⑤ 직업성 질병자가 연간 3명 이상 발생한 사업장 (　　)

⑥ 산업재해율이 같은 업종의 규모별 평균 산업재해율보다 높은 사업장 (　　)

⑦ 산업재해율이 같은 업종 평균 산업재해율의 2배 이상인 사업장 (　　)

⑧ 상시근로자 1천명 이상 사업장의 경우 직업성 질병자가 연간 2명 이상 발생한 사업장 (　　)

⑨ 2년간 사업장의 연간 산업재해율이 같은 업종의 규모별 평균 산업재해율보다 낮은 사업장 (　　)

⑩ 사업주가 필요한 안전조치 또는 보건조치를 이행하지 아니하여 중대재해가 발생한 사업장 (　　)

⑪ 직업성 질병자가 연간 2명 이상 발생한 사업장 (　　)

⑫ 그 밖에 작업환경 불량, 화재·폭발 또는 누출 사고 등으로 사업장 주변까지 피해가 확산된 사업장으로서 고용노동부령으로 정하는 사업장 (　　)

　　　　　　　[21③]

031 산업안전보건법령상 안전보건진단을 받아 안전보건개선계획을 수립하여야 하는 대상을 모두 고른 것을 체크하시오.

> ㄱ. 산업재해율이 같은 업종 평균 산업재해율의 2배 이상인 사업장
> ㄴ. 사업주가 필요한 안전조치 또는 보건조치를 이행하지 아니하여 중대재해가 발생한 사업장
> ㄷ. 상시근로자 1,000명 이상 사업장의 경우 직업성 질병자가 연간 2명 이상 발생한 사업장

① ㄱ, ㄴ (　　)　　　　② ㄱ, ㄷ (　　)

③ ㄴ, ㄷ (　　)　　　　④ ㄱ, ㄴ, ㄷ (　　)

　　　　　　　[06②, 07③, 10③, 13①③]

032 산업안전보건법령상 지방고용노동관서의 장이 안전보건개선계획의 수립하여 시행할 것을 명할 수 있는 사업장을 체크하시오. (단, 시설의 개선이 필요한 경우로 고용노동부장관이 정하여 고시한 사업장을 말함)

① 중대 재해의 가능성이 높은 사업장 (　　)

② 산업재해율이 같은 업종의 규모별 평균산업재해율보다 높은 사업장 (　　)

③ 사업주가 필요한 안전조치 또는 보건조치를 이행하지 아니하여 중대재해가 발생한 사업장 (　　)

④ 유해인자의 노출기준을 초과한 사업장 (　　)

⑤ 작업환경이 현저히 불량한 사업장 (　　)

⑥ 직업성 질병자가 연간 2명 이상 발생한 사업장 (　　)

⑦ 사업주가 필요한 안전조치 또는 보건조치를 이행하지 아니하여 발생한 중대재해가 연간 2건 이상 발생한 사업장 (　　)

⑧ 직업성 질병자가 연간 1명 이상 발생한 사업장
　　　　　　　(　　)

　　　　　　　[11③, 15①]

033 안전보건개선계획에 관한 설명으로 올바른지 체크하시오.

① 안전보건개선계획의 수립·시행 명령을 받은 사업주는 고용노동부령으로 정하는 바에 따라 안전보건개선계획서를 작성하여 고용노동부장관에게 제출하여야 한다. (　　)

② 고용노동부장관은 제출받은 안전보건개선계획서를 고용노동부령으로 정하는 바에 따라 심사하여 그 결과를 사업주에게 서면으로 알려 주어야 한다. (　　)

③ 고용노동부장관은 근로자의 안전 및 보건의 유지·증진을 위하여 필요하다고 인정하는 경우 해당 안전보건개선계획서의 보완을 명할 수 있다. (　　)

④ 안전보건개선계획서의 수립·시행명령을 받은 사업주는 고용노동부장관이 정하는 바에 따라 안전보건개선 계획서를 작성하여 그 명령을 받은 날부터 30일 이내에 관할 지방고용노동관서의 장에게 제출하여야 한다. (　　)

034 중대재해 발생사실을 알게 된 경우 지체없이 관할 지방고용노동관서의 장에게 보고해야 하는 사항을 체크하시오. (단, 천재지변 등 부득이한 사유가 발생한 경우는 제외함)

① 발생개요 (　) 　　② 피해상황 (　)

③ 조치 및 전망 (　) 　　④ 재해손실비용 (　)

035 산업안전보건법에 따라 사업주는 산업재해가 발생하였을 때 고용노동부령으로 정하는 바에 따라 관련 사항을 기록·보존하여야 하는데, 이러한 산업재해 중 고용노동부령으로 정하는 산업재해에 대하여 고용노동부장관에게 보고하여야 할 사항을 체크하시오.

① 산업재해 발생개요 (　)

② 원인 및 보고 시기 (　)

③ 실업급여 지급사항 (　)

④ 재발방지 계획 (　)

★중요

036 산업안전보건법령상 동일한 장소에서 행하여지는 사업의 일부를 도급에 의하여 행하는 사업에 있어 안전보건 총괄책임자를 지정하여야 하는 사업을 체크하시오.

① 상시근로자가 50인 이상의 제1차 금속 제조업 (　)

② 상시근로자가 50인 이상의 선박 및 보트 건조업 (　)

③ 상시근로자가 50인 이상의 제조업 (　)

④ 상시근로자가 50인 이상의 토사석 광업 (　)

⑤ 상시근로자가 75명인 신발제조업 (　)

⑥ 상시근로자가 75명인 제1차 금속 제조업 (　)

⑦ 상시근로자가 75명인 선박 및 보트 건조업 (　)

⑧ 수급인 및 하수급인의 공사금액을 포함한 당해 공사의 총공사 금액이 50억원인 건설업 (　)

⑨ 상시근로자가 90명인 화학물질 및 화학제품 제조업 (　)

⑩ 25인의 토사석 광업 (　)

⑪ 25인의 제1차 금속산업 (　)

⑫ 100인의 선박 및 보트 건조업 (　)

⑬ 50인의 화합물 및 화학제품 제조업 (　)

037 산업안전보건법령에 따른 안전보건에 관한 노사협의체의 사용자위원 구성기준에 해당하는지 체크하시오.

① 도급 또는 하도급 사업을 포함한 전체 사업의 대표자 (　)

② 안전관리자 1명 (　)

③ 공사금액이 20억원 이상인 공사의 관계수급인의 각 대표자 (　)

④ 근로자대표가 지명하는 명예산업안전감독관 1명 (　)

038 산업안전보건법령상 안전 및 보건에 관한 노사협의체의 근로자위원 구성기준을 체크하시오. (단, 명예산업안전감독관이 위촉되어 있는 경우)

① 근로자대표가 지명하는 안전관리자 1명 (　)

② 근로자대표가 지명하는 명예산업안전감독관 1명 (　)

③ 도급 또는 하도급 사업을 포함한 전체 사업의 근로자대표 (　)

④ 공사금액이 20억원 이상인 공사의 관계수급인의 각 근로자대표 (　)

039 안전보건에 관한 노사협의체의 구성·운영에 대한 설명으로 올바른지 체크하시오.

① 노사협의체는 근로자와 사용자가 같은 수로 구성되어야 한다. (　)

② 노사협의체의 회의 결과는 회의록으로 작성하여 보존하여야 한다. (　)

③ 노사협의체의 회의는 정기회의와 임시회의로 구분하되, 정기회의는 3개월마다 소집한다. (　)

④ 노사협의체는 산업재해 예방 및 산업재해가 발생한 경우의 대피방법 등에 대하여 협의하여야 한다. (　)

⑤ 근로자대표가 지명하는 명예산업안전감독관은 근로자위원에 해당한다. (　)

⑥ 명예산업안전감독관이 위촉되어 있지 않은 경우에는 근로자대표가 지명하는 해당 사업장 근로자 1명을 근로자위원으로 구성할 수 있다. (　)

⑦ 노사협의체 정기회의는 1개월마다 노사협의체의 위원장이 소집한다. ( )

⑧ 공사금액이 20억원 이상인 공사의 관계수급인의 각 대표자는 사용자위원에 해당된다. ( )

⑨ 도급 또는 하도급 사업을 포함한 전체 사업의 근로자대표는 근로자위원에 해당된다. ( )

⑩ 노사협의체의 근로자위원과 사용자위원은 합의하여 노사협의체에 공사금액이 20억원 미만인 공사의 관계수급인 및 관계수급인 근로자대표를 위원으로 위촉할 수 있다. ( )

★중요 [10①, 11①, 13②, 17①, 18①, 20①②, 21①②]
040 산업안전보건법상 의무안전인증 대상 기계 또는 설비에 해당하는지 체크하시오.

① 교류 전기용접기 ( ) ② 크레인 ( )
③ 압력용기 ( ) ④ 고소작업대 ( )
⑤ 선반 ( ) ⑥ 리프트 ( )
⑦ 사출성형기 ( ) ⑧ 곤돌라 ( )
⑨ 컨베이어 ( ) ⑩ 파쇄기 ( )
⑪ 연삭기 ( )

★중요 [11③, 13②, 16①, 18①②, 24③]
041 산업안전보건법상 자율안전확인대상 방호 장치를 체크하시오.

① 교류 아크용접기용 자동전격방지기 ( )
② 동력식 수동대패용 칼날 접촉예방장치 ( )
③ 절연용 방호구 및 활선작업용기구 ( )
④ 아세틸렌 용접장치 또는 가스접합 용접장치용 안전기 ( )

★중요 [09③, 14②, 15①, 19②, 20①, 25③]
042 산업안전보건법령상 자율안전확인대상 기계 등에 해당하는지 체크하시오.

① 곤돌라 ( )
② 연삭기 ( )
③ 컨베이어 ( )
④ 자동차정비용 리프트 ( )
⑤ 산업용 로봇 ( )

★중요 [12②, 13①③, 14①, 15③, 17②③, 18②, 19②, 21③, 22②]
043 산업안전보건법상 안전검사대상기계 등에 해당하는지 체크하시오.

① 리프트 ( ) ② 곤돌라 ( )
③ 전단기 ( )
④ 이동식크레인 ( )
⑤ 원심기(산업용) ( )
⑥ 밀폐형 구조 롤러기 ( )
⑦ 압력용기 ( )
⑧ 고소작업대(화물자동차 또는 특수자동차에 탑재한 고소작업대) ( )
⑨ 교류아크 용접기 ( )
⑩ 이동식 국소 배기장치 ( )
⑪ 컨베이어 ( )
⑫ 롤러기(밀폐형 구조는 제외) ( )
⑬ 국소 배기장치(이동식은 제외) ( )
⑭ 사출성형기(형 체결력 294kN 미만은 제외) ( )
⑮ 크레인(정격하중이 2톤 이상인 것은 제외) ( )
⑯ 크레인(정격 하중이 2톤 이상인 것) ( )

★중요 [14②]
044 산업안전보건법에 따라 사업주는 유해·위험작업에서 유해·위험예방조치 외에 작업과 휴식의 적정한 배분, 그밖에 근로시간과 관련된 근로조건의 개선을 통하여 근로자의 건강보호를 위한 조치를 하여야 하는데, 이에 해당하는 작업을 체크하시오.

① 인력으로 중량물을 취급하는 작업 ( )
② 안전관리자가 임의로 판단하여 지시되는 작업 ( )
③ 다량의 고열 또는 저온 물체를 취급하는 작업 ( )
④ 유리·흙·돌·광물의 먼지가 심하게 날리는 장소에서 하는 작업 ( )

★중요 [04②, 05②, 08①, 15②, 16①, 17②, 22②, 24③]
045 산업안전보건법령상 사업장에서 산업재해 발생 시 사업주가 기록·보존하여야 하는 사항을 체크하시오. (단, 산업재해조사표와 요양신청서의 사본은 보존하지 않았음)

① 재해 재발방지 계획 ( )
② 안전관리자 선임에 관한 사항 ( )
③ 재해발생 개요 및 피해상황 ( )
④ 재해발생의 일시 및 장소 ( )
⑤ 재해발생의 원인 및 과정 ( )
⑥ 사업장의 개요 및 근로자의 인적사항 ( )
⑦ 재해원인 수사요청 기록 및 근무상황일지 ( )

[19②, 22①]

046 산업안전보건법령상 관계수급인 근로자가 도급인의 사업장에서 작업을 하는 경우 건설업 도급인의 작업장 순회점검 주기를 체크하시오.

① 1일에 1회 이상 (   )   ② 2일에 1회 이상 (   )
③ 3일에 1회 이상 (   )   ④ 7일에 1회 이상 (   )

[12③, 23③]

047 산업안전보건법령상 안전인증심사에 관한 설명으로 올바른지 체크하시오.

① 서면심사 : 기계 및 방호장치·보호구가 유해·위험기계 등 인지를 확인하는 심사(안전인증을 신청한 경우만 해당한다) (   )
② 개별 제품심사 : 서면심사와 기술능력 및 생산체계 심사 결과가 안전인증기준에 적합할 경우에 유해·위험기계 등의 형식별로 표본을 추출하여 하는 심사 (   )
③ 예비심사 : 유해·위험기계등의 종류별 또는 형식별로 설계도면 등 유해·위험기계 등의 제품기술과 관련된 문서가 안전인증기준에 적합한지에 대한 심사 (   )
④ 기술능력 및 생산체계 심사 : 안전인증대상 기계·기구 등의 안전성능을 지속적으로 유지·보증하기 위하여 사업장에서 갖추어야 할 기술능력과 생산 체계가 안전인증기준에 적합한지에 대한 심사 (   )

[14③, 18③]

048 산업안전보건법령에 따른 안전인증기준에 적합한지를 확인하기 위하여 안정인증기관이 하는 심사의 종류를 체크하시오.

① 서면심사 (   )   ② 예비심사 (   )
③ 제품심사 (   )   ④ 완성심사 (   )

[07③]

049 산업안전보건법에 따라 안전인증대상 기계기구 등의 안전인증 및 자율안전확인의 표시를 하여야 하는 안전인증 표시의 색상을 체크하시오.

① 테와 문자는 남색, 기타 부분은 백색 (   )
② 테와 문자는 검정색, 기타 부분은 백색 (   )
③ 테와 문자는 백색, 기타 부분은 녹색 (   )
④ 테와 문자는 백색, 기타 부분은 검정색 (   )

[08③, 15①, 20③, 25②]

050 산업안전보건법에 따라 공정안전보고서에 포함되어야 하는 사항 중 공정안전자료의 세부내용에 해당하는지 체크하시오.

① 공정위험성평가서 (   )
② 안전운전지침서 (   )
③ 건물·설비의 배치도 (   )
④ 도급업체 안전관리계획 (   )

[09③, 18①, 22①]

051 건설현장에서 사용하는 크레인의 안전검사의 주기를 체크하시오.

① 최초 설치한 날부터 1개월마다 실시하여야 한다.
(   )
② 최초 설치한 날부터 3개월마다 실시하여야 한다.
(   )
③ 최초 설치한 날부터 6개월마다 실시하여야 한다.
(   )
④ 최초 설치한 날부터 1년마다 실시하여야 한다. (   )

[13①, 24②]

052 산업재해조사표의 작성방법에 관한 설명으로 올바른지 체크하시오.

① 휴업예상일수는 재해발생일을 제외한 3일 이상의 결근 등으로 회사에 출근하지 못한 일수를 적는다. (   )
② 같은 종류 업무 근속기간은 현 직장에서의 경력(동일·유사 업무 근무경력)으로만 적는다. (   )
③ 고용형태는 근로자가 사업장 또는 타인과 명시적 또는 내재적으로 체결한 고용계약 형태를 적는다. (   )
④ 근로자 수는 사업장의 최근 근로자수를 적는다(정규직, 일용직·임시직 근로자, 훈련생 등 포함). (   )

[06②, 19②]

053 산업안전보건법상의 양중기를 체크하시오.

① 크레인 (   )   ② 리프트 (   )
③ 곤돌라 (   )   ④ 항타기 (   )
⑤ 호이스트 (   )   ⑥ 컨베이어 (   )
⑦ 이동식 크레인 (   )

[10③, 23②]

054 건설업의 산업안전보건관리비로 사용할 수 있는 것을 체크하시오.

① 개구부 덮개 ( )

② 가설계단 ( )

③ 공사장 경계표시를 위한 가설울타리 ( )

④ 외부인 출입금지를 위한 가설울타리 ( )

[22②]

055 건설업 산업안전보건관리비 계상 및 사용기준상 건설업 안전보건관리비로 사용할 수 있는 것을 모두 고른 것을 체크하시오.

> ㄱ. 전담 안전보건관리자의 인건비
> ㄴ. 현장 내 안전보건 교육장 설치비용
> ㄷ. 「전기 사업법」에 따른 전기안전대행비용
> ㄹ. 유해위험방지계획서의 작성에 소요되는 비용
> ㅁ. 재해예방전문지도기관에 지급하는 기술지도 비용

① ㄴ, ㄷ, ㄹ ( )

② ㄱ, ㄴ, ㄹ, ㅁ ( )

③ ㄱ, ㄷ, ㄹ, ㅁ ( )

④ ㄱ, ㄴ, ㄷ, ㅁ ( )

★중요   [16③, 12③, 19①, 22①, 25①]

056 건설기술진흥법상 안전관리계획을 수립해야 하는 건설공사를 체크하시오.

① 높이가 21m인 비계를 사용하는 건설공사 ( )

② 지하 15m를 굴착하는 건설공사 ( )

③ 15층 건축물의 리모델링 ( )

④ 항타 및 항발기가 사용되는 건설공사 ( )

⑤ 원자력시설공사 ( )

⑥ 지하 10m 이상을 굴착하는 건설공사 ( )

⑦ 10층 이상인 건축물의 리모델링 또는 해체공사 ( )

⑧ 시설물의 안전 및 유지관리에 관한 특별법에 따른 1종시설물의 건설공사 ( )

[15①]

057 시설물의 안전관리에 관한 특별법에 따라 관리주체는 시설물의 안전 및 유지관리계획을 소관 시설물별로 매년 수립·시행하여야 하는데 이때 안전 및 유지관리계획에 반드시 포함되어야 하는 사항을 체크하시오.

① 긴급상황 발생 시 조치체계에 관한 사항 ( )

② 시설물의 적정한 안전과 유지관리를 위한 조직·인원 및 장비의 확보에 관한 사항 ( )

③ 보호구 및 방호장치의 적용 기준에 관한 사항 ( )

④ 안전점검 또는 정밀안전진단의 실시에 관한 사항 ( )

[21②, 24①]

058 시설물의 안전 및 유지관리에 관한 특별법상 제1종 시설물을 체크하시오.

① 고속철도 교량 ( )

② 25층인 건축물 ( )

③ 연장 300m인 철도 교량 ( )

④ 연면적이 70,000m²인 건축물 ( )

[19③]

059 시설물의 안전 및 유지관리에 관한 특별법령에 명시된 안전점검의 종류를 체크하시오.

① 일반안전점검 ( )

② 특별안전점검 ( )

③ 정밀안전점검 ( )

④ 임시안전점검 ( )

★중요   [04①③, 06②, 07③, 12①, 13③, 14②, 16②, 17②]

060 시설물의 안전관리에 관한 특별법상 안전점검의 종류를 체크하시오.

① 정기안전점검 ( )

② 정밀안전점검 ( )

③ 임시안전점검 ( )

④ 긴급안전점검 ( )

[14②, 20①, 24①]

061 시설물의 안전 및 유지관리에 관한 특별법상 시설물 정기안전점검의 실시 시기로 올바른지 체크하시오. (단, 시설물의 안전등급이 A등급인 경우)

① 반기에 1회 이상 ( )

② 1년에 1회 이상 ( )

③ 2년에 1회 이상 ( )

④ 3년에 1회 이상 ( )

062 시설물의 안전관리에 관한 특별법상 정기안전점검의 실시 시기로 올바른지 체크하시오.

① A 등급인 경우 정기안전점검은 반기에 1회 이상이다. (   )

② B 등급인 경우 정기안전점검은 반기에 1회 이상이다. (   )

③ C 등급인 경우 정기안전점검은 1년에 3회 이상이다. (   )

④ D 등급인 경우 정기안전점검은 1년에 3회 이상이다. (   )

063 시설물의 안전관리에 관한 특별법상 정밀안전진단 및 정밀안전점검의 실시 시기로 올바른지 체크하시오.

① 안전등급이 B등급인 경우 정기안전점검은 반기에 1회 이상 실시한다. (   )

② 안전등급이 A등급인 경우 정밀안전진단은 10년에 1회 이상 실시한다. (   )

③ 안전등급이 B등급인 경우 정밀안전진단은 7년에 1회 이상 실시한다. (   )

④ 안전등급이 E등급인 경우 정밀안전진단은 5년에 1회 이상 실시한다. (   )

064 산업안전보건법에 따라 근로자가 상시 작업하는 장소의 작업면 조도 기준으로 올바른지 체크하시오. (단, 갱내 작업장과 감광재료를 취급하는 작업장은 제외함)

① 초정밀작업 : 700럭스 이상 (   )

② 정밀작업 : 500럭스 이상 (   )

③ 보통작업 : 150럭스 이상 (   )

④ 기타작업 : 50럭스 이상 (   )

065 산업안전보건법령상 이동식 크레인을 사용하여 작업하는 경우 작업시작 전 점검사항을 체크하시오.

① 회전부의 덮개 또는 울 (   )

② 브레이크·클러치 및 조정장치의 기능 (   )

③ 와이어로프가 통하고 있는 곳 및 작업장소의 지반상태 (   )

④ 이탈 등의 방지장치기능의 이상 유무 (   )

⑤ 권과방지장치나 그 밖의 경보장치의 기능 (   )

⑥ 주행로의 상측 및 트롤리가 횡행하는 레일의 상태 (   )

066 산업안전보건법령상 크레인, 이동식 크레인, 리프트 등을 사용하여 작업하는 때 작업시작 전에 공통적인 점검사항을 체크하시오.

① 바퀴의 이상 유무 (   )

② 전선 및 접속부 상태 (   )

③ 브레이크 및 클러치의 기능 (   )

④ 작업면의 기울기 또는 요철 유무 (   )

067 산업안전보건법상 고소작업대를 사용하여 작업을 하는 때의 작업시작 전 점검사항을 체크하시오.

① 작업면의 기울기 또는 요철 유무 (   )

② 아웃트리거 또는 바퀴의 이상 유무 (   )

③ 비상정지장치 및 비상하강장치 기능의 이상 유무 (   )

④ 충전장치를 포함한 홀더 등의 결합상태의 이상 유무 (   )

068 산업안전보건법에 따라 공기압축기를 가동하는 때의 작업시작 전 점검사항을 체크하시오.

① 윤활유의 상태 (   )

② 압력방출장치의 기능 (   )

③ 회전부의 덮개 또는 울 (   )

④ 비상정지장치 기능의 이상유무 (   )

069 산업안전보건기준에 관한 규칙상 공기압축기 가동 전 점검사항으로 옳은 것을 모두 고른 것을 체크하시오. (단, 그 밖에 사항은 제외함)

ㄱ. 윤활유의 상태
ㄴ. 압력방출장치의 기능
ㄷ. 회전부의 덮개 또는 울
ㄹ. 언로드밸브(unloading valve)의 기능

① ㄷ, ㄹ ( )　　② ㄱ, ㄴ, ㄷ ( )
③ ㄱ, ㄴ, ㄹ ( )　　④ ㄱ, ㄴ, ㄷ, ㄹ ( )

[08③, 11②, 21①]

070 산업안전보건기준에 관한 규칙상 지게차를 사용하는 작업을 하는 때의 작업 시작 전 점검사항을 체크하시오.

① 제동장치 및 조종장치 기능의 이상 유무 ( )

② 하역장치 및 유압장치 기능의 이상 유무 ( )

③ 와이어로프가 통하고 있는 곳 및 작업장소의 지반상태 ( )

④ 전조등·후미등·방향지시기 및 경보장치 기능의 이상 유무 ( )

⑤ 충전장치를 포함한 홀더 등의 결합상태의 이상 유무 ( )

[11②, 19②, 24①]

001 산업안전보건법에 따라 사업주는 안전관리자를 선임하였을 때 선임한 날부터 며칠 이내에 고용노동부장관에게 증명할 수 있는 서류를 제출하여야 하는지 쓰시오.

⚙️**해설** 안전관리자의 선임(산업안전보건법 제17조, 영 제16조)
사업주는 안전관리자를 선임하거나 안전관리자의 업무를 안전관리전문기관에 위탁한 경우에는 고용노동부령으로 정하는 바에 따라 선임하거나 위탁한 날부터 14일 이내에 고용노동부장관에게 그 사실을 증명할 수 있는 서류를 제출해야 한다. 안전관리자를 늘리거나 교체한 경우에도 또한 같다.

[22②]

002 산업안전보건법령상 안전보건관리규정 작성에 관한 사항에서 괄호 안에 들어갈 용어를 쓰시오.

> 안전보건관리규정을 작성하여야 할 사업의 사업주는 안전보건관리규정을 작성하여야 할 사유가 발생한 날부터 (   )일 이내에 안전보건관리규정을 작성해야 한다.

⚙️**해설** 안전보건관리규정을 작성해야 할 사업의 사업주는 안전보건관리규정을 작성해야 할 사유가 발생한 날부터 30일 이내에 별표의 내용을 포함한 안전보건관리규정을 작성해야 한다. 이를 변경할 사유가 발생한 경우에도 또한 같다.(산업안전보건법 제25조, 규칙 제25조)

[12②, 18①]

003 산업안전보건법령상 건설업 중 고용노동부령으로 정하는 자격을 갖춘 자의 의견을 들은 후 유해·위험 방지에 관한 사항을 적은 계획서를 작성하여 고용노동부장관에게 제출하여야 하는 대상 사업장의 기준에서 괄호 안에 들어갈 말을 쓰시오.

> 연면적 (   )m² 이상의 냉동·냉장창고 시설의 설비공사 및 단열공사

⚙️**해설** 유해위험방지계획서의 작성·제출 등(산업안전보건법 제42조, 영 제42조)
사업주는 연면적 5,000m² 이상인 냉동·냉장 창고시설의 설비공사 및 단열공사의 경우에는 이 법 또는 이 법에 따른 명령에서 정하는 유해·위험 방지에 관한 사항을 적은 계획서를 작성하여 고용노동부령으로 정하는 바에 따라 고용노동부장관에게 제출하고 심사를 받아야 한다.

★중요 [08③, 16①②, 23②]

004 작업환경이 현저히 불량하여 안전보건개선계획의 수립·시행 명령을 받은 사업주는 노동부장관이 정하는 바에 따라 안전보건개선계획서를 작성하여 그 명령을 받은 날부터 며칠 이내에 관할지방노동관서의 장에게 제출하여야 하는지 쓰시오.

⚙️**해설** 안전보건개선계획의 제출(산업안전보건법 제50조, 규칙 제61조)
안전보건개선계획서를 제출해야 하는 사업주는 안전보건개선계획서 수립·시행 명령을 받은 날부터 60일 이내에 관할 지방고용노동관서의 장에게 해당 계획서를 제출(전자문서로 제출하는 것을 포함)해야 한다.

[20②, 21②]

005 안전보건개선계획의 제출에 관한 기준 내용에서 괄호 안에 알맞은 용어를 쓰시오.

> 안전보건개선계획서를 제출해야 하는 사업주는 안전보건개선계획서 수립·시행 명령을 받은 날부터 (   )일 이내에 관할 지방고용노동관서의 장에게 해당 계획서를 제출(전자문서로 제출하는 것을 포함)해야 한다

[12①, 24②]

006 산업안전보건법상 건설현장에서 사용하는 리프트 및 곤돌라는 최초로 설치한 날부터 몇 개월마다 안전검사를 실시하여야 하는지 쓰시오.

⚙ **해설** 최초 설치한 날부터 6개월마다 실시하여야 한다. (산업안전보건법 제93조, 규칙 제126조)

[19①]

007 크레인(이동식 크레인은 제외)은 사업장에 설치가 끝난 날로부터 몇 년 이내에 최초 안전검사를 실시하여야 하는지 쓰시오.

⚙ **해설** 산업안전보건법 제93조, 규칙 제126조
크레인(이동식 크레인은 제외), 리프트(이삿짐운반용 리프트는 제외) 및 곤돌라 : 사업장에 설치가 끝난 날부터 3년 이내에 최초 안전검사를 실시하되, 그 이후부터 2년마다(건설현장에서 사용하는 것은 최초로 설치한 날부터 6개월마다)

[11③]

008 산업안전보건법에 따라 사업주는 산업재해 발생 기록, 화학물질의 유해성·위험성 조사에 관한 서류, 건강진단에 관한 서류를 몇 년간 보존하여야 하는지 쓰시오.

⚙ **해설** 서류의 보존(산업안전보건법 제164조)
사업주는 다음의 서류를 3년 동안 보존하여야 한다. 다만, 고용노동부령으로 정하는 바에 따라 보존기간을 연장할 수 있고, 회의록은 2년 동안 보존하여야 한다.
① 안전보건관리책임자·안전관리자·보건관리자·안전보건관리담당자 및 산업보건의의 선임에 관한 서류
② 안전조치 및 보건조치에 관한 사항으로서 고용노동부령으로 정하는 사항을 적은 서류
③ 산업재해의 발생 원인 등 기록
④ 화학물질의 유해성·위험성 조사에 관한 서류
⑤ 작업환경측정에 관한 서류
⑥ 건강진단에 관한 서류

★중요 [12①, 16①, 19②, 25②]

009 산업안전보건법상 건설업의 경우 공사 금액이 얼마 이상인 사업장에 산업안전보건위원회를 설치·운영하여야 하는지 쓰시오.

⚙ **해설** 산업안전보건위원회 구성 대상(산업안전보건법 시행령 제34조, 별표 9)
건설업의 경우 공사금액 120억원 이상(종합적인 계획·관리 및 조정에 따라 토목공작물을 설치하거나 토지를 조성·개량하는 공사에 따른 토목공사업의 경우에는 150억원 이상)

[21①]

010 산업안전보건법령상 건설업의 경우 안전보건관리규정을 작성하여야 하는 상시근로자수 기준은 얼마인지 쓰시오.

⚙ **해설** 산업안전보건법 시행령 제34조, 별표 9
공사금액 20억원 이상이다.

| 정답 |

001 14일 이내 **002** 30 **003** 5,000 **004** 60일 이내 **005** 60 **006** 6개월마다 **007** 3년 이내 **008** 3년간 **009** 120억 이상
010 공사금액 20억원 이상

011 산업안전보건법령에 따른 안전보건총괄책임지정 대상사업 기준에서 괄호 안에 들어갈 내용을 순서대로 쓰시오. (단, 선박 및 보트 건조업, 1차 금속 제조업 및 토사석 광업의 경우임)

> 관계수급인에게 고용된 근로자를 포함한 상시근로자가 (㉠)명 이상인 사업이나 관계수급인의 공사금액을 포함한 해당 공사의 총공사금액이 (㉡)억원 이상인 건설업으로 한다.

⚙️**해설** 안전보건총괄책임자 지정 대상사업(산업안전보건법 제62조, 영 제52조)
안전보건총괄책임자를 지정해야 하는 사업의 종류 및 사업장의 상시근로자 수는 관계수급인에게 고용된 근로자를 포함한 상시근로자가 100명(선박 및 보트 건조업, 1차 금속 제조업 및 토사석 광업의 경우에는 50명) 이상인 사업이나 관계수급인의 공사금액을 포함한 해당 공사의 총공사금액이 20억원 이상인 건설업으로 한다.

012 산업안전보건법령에 따른 지방고용노동관서의장의 사업주에게 안전관리자·보건관리자 또는 안전보건관리담당자를 정수 이상으로 증원하게 되거나 교체하여 임명할 것을 명할 수 있는 기준에서 괄호 안에 들어갈 말을 순서대로 쓰시오.

> ① 해당 사업장의 연간재해율이 같은 업종의 평균재해율의 (㉠)배 이상인 경우
> ② 중대재해가 연간 (㉡)건 이상 발생한 경우. 다만, 해당 사업장의 전년도 사망만인율이 같은 업종의 평균 사망만인율 이하인 경우는 제외한다.
> ③ 관리자가 질병이나 그 밖의 사유로 (㉢)개월 이상 직무를 수행할 수 없게 된 경우

⚙️**해설** 안전관리자 등의 증원·교체임명 명령(규칙 제12조)
지방고용노동관서의 장은 다음의 어느 하나에 해당하는 사유가 발생한 경우에는 사업주에게 안전관리자·보건관리자 또는 안전보건관리담당자를 정수 이상으로 증원하게 하거나 교체하여 임명할 것을 명할 수 있다.

① 해당 사업장의 연간재해율이 같은 업종의 평균재해율의 2배 이상인 경우
② 중대재해가 연간 2건 이상 발생한 경우. 다만, 해당 사업장의 전년도 사망만인율이 같은 업종의 평균 사망만인율 이하인 경우는 제외한다.
③ 관리자가 질병이나 그 밖의 사유로 3개월 이상 직무를 수행할 수 없게 된 경우
④ 화학적 인자로 인한 직업성 질병자가 연간 3명 이상 발생한 경우. 이 경우 직업성 질병자의 발생일은 「산업재해보상보험법 시행규칙」에 따른 요양급여의 결정일로 한다. 다만, 직업성 질병자 발생 당시 사업장에서 해당 화학적 인자를 사용하지 않은 경우에는 그렇지 않다.

013 산업안전보건법령상 해당 사업장의 연간 재해율이 같은 업종의 평균재해율의 2배 이상의 경우 사업주에게 관리자를 정수 이상으로 증원하게 하거나 교체하여 임명할 것을 명할 수 있는 자는 누구인지 쓰시오.

⚙️**해설** 안전관리자 등의 증원·교체임명 명령(규칙 제12조)
지방고용노동관서의 장은 다음의 어느 하나에 해당하는 사유가 발생한 경우에는 사업주에게 안전관리자·보건관리자 또는 안전보건관리담당자를 정수 이상으로 증원하게 하거나 교체하여 임명할 것을 명할 수 있다.

★중요

014 산업안전보건법령상 안전보건관리규정의 작성 대상 사업의 사업주는 안전보건관리규정을 작성하여야 할 사유가 발생한 날부터 며칠 이내에 안전보건관리규정의 세부 내용을 포함한 안전보건관리규정을 작성하여야 하는지 쓰시오.

⚙️**해설** 산업안전보건법 시행규칙 제25조

[21②, 24③]

015 산업안전보건법령상 괄호 안에 들어갈 내용을 쓰시오.

> 안전보건관리규정을 작성 대상 사업의 사업주는 안전보
> 건관리규정을 작성해야 할 사유가 발생한 날부터 (   )
> 일 이내에 안전보건관리규정을 작성해야 한다. 이를 변
> 경할 사유가 발생한 경우에도 또한 같다.

⚙ **해설** 안전보건관리규정의 작성(규칙 제25조)
사업의 사업주는 안전보건관리규정을 작성해야 할 사유가 발생
한 날부터 30일 이내에 별표 3의 내용을 포함한 안전보건관리규
정을 작성해야 한다. 이를 변경할 사유가 발생한 경우에도 또한
같다.

[19③]

016 산업안전보건법령상 신규 채용 시의 근로자 안전
보건교육은 몇 시간 이상 실시해야 하는지 쓰시오.
(단, 일용근로자 및 근로계약기간이 1주일 이하, 근
로계약기간이 1주일 초과 1개월 이하인 기간제 근
로자를 제외한 근로자인 경우임)

⚙ **해설** 신규 채용 시의 근로자 안전보건교육시간(규칙 제26조,
별표 4)
① 일용근로자 및 근로계약기간이 1주일 이하인 기간제근로자 :
　1시간 이상
② 근로계약기간이 1주일 초과 1개월 이하인 기간제근로자 : 4시
　간 이상
③ 그 밖의 근로자 : 8시간 이상

[13③, 20①]

017 산업안전보건법령상 공정안전보고서의 작성 및 제
출에 관한 내용에서 괄호 안에 들어갈 내용을 순서
대로 쓰시오.

> 산업안전보건법에 따라 사업주는 유해하거나 위험한 설
> 비의 설치·이전 또는 주요 구조부분의 변경공사의 착공
> 일 (㉠)일 전까지 공정안전보고서를 (㉡)부 작성하
> 여 공단에 제출해야 한다.

⚙ **해설** 공정안전보고서의 제출 시기(규칙 제51조)
사업주는 유해하거나 위험한 설비의 설치·이전 또는 주요 구조
부분의 변경공사의 착공일(기존 설비의 제조·취급·저장 물질이
변경되거나 제조량·취급량·저장량이 증가하여 유해·위험물질
규정량에 해당하게 된 경우에는 그 해당일을 말한다) 30일 전까
지 공정안전보고서를 2부 작성하여 공단에 제출해야 한다.

★중요　[08②, 12①②, 14③, 16①, 18②, 20②, 21①, 25③]

018 건설공사도급인은 산업안전보건관리비를 사용하는
해당 건설공사의 금액이 ㉠얼마 이상인 공사에 고
용노동부장관이 정하는 바에 따라 매월 사용명세서
를 작성하고, 건설공사 종료 후 ㉡몇 년 동안 보존해
야 하는지 순서대로 쓰시오. (단, 공사가 1개월 이내
에 종료되는 사업은 제외함)

⚙ **해설** 산업안전보건관리비의 사용(규칙 제89조 제2항)
건설공사도급인은 산업안전보건관리비를 사용하는 해당 건설공
사의 금액(고용노동부장관이 정하여 고시하는 방법에 따라 산정
한 금액)이 4,000만원 이상인 때에는 고용노동부장관이 정하는
바에 따라 매월(건설공사가 1개월 이내에 종료되는 사업의 경우
에는 해당 건설공사가 끝나는 날이 속하는 달) 사용명세서를 작성
하고, 건설공사 종료 후 1년 동안 보존해야 한다.

| 정답 |

011 ㉠ 50 ㉡ 20　　012 ㉠ 2 ㉡ 2 ㉢ 3　　013 지방고용노동관서의 장　　014 30일 이내　　015 30　　016 8시간 이상　　017 ㉠ 30 ㉡ 2
018 ㉠ 4,000만원 이상 ㉡ 1년 동안

019 산업안전보건법상 안전검사를 받아야 하는 자는 안전검사 신청서를 검사 주기 만료일 며칠 전에 안전검사업무를 위탁받은 기관에 제출하여야 하는지 쓰시오. (단, 전자문서에 의한 제출을 포함)

⚙ **해설** 안전검사의 신청 등(규칙 제124조)
① 안전검사를 받아야 하는 자는 안전검사 신청서를 검사 주기 만료일 30일 전에 안전검사 업무를 위탁받은 기관(안전검사기관)에 제출(전자문서로 제출하는 것을 포함)해야 한다.
② 안전검사 신청을 받은 안전검사기관은 검사 주기 만료일 전후 각각 30일 이내에 해당 기계 · 기구 및 설비별로 안전검사를 해야 한다. 이 경우 해당 검사기간 이내에 검사에 합격한 경우에는 검사 주기 만료일에 안전검사를 받은 것으로 본다.

020 산업안전보건법령상 타워크레인 지지에 관한 사항에서 괄호 안에 들어갈 용어를 순서대로 쓰시오.

> 타워크레인을 와이어로프로 지지하는 경우 와이어로프 설치각도는 수평면에서 (㉠)도 이내로 하되, 지지점은 (㉡)개소 이상으로 하고, 같은 각도로 설치할 것

⚙ **해설** 타워크레인의 지지(산업안전보건기준에 관한 규칙 제142조 제3항)
사업주는 타워크레인을 와이어로프로 지지하는 경우 다음의 사항을 준수해야 한다.
① 「산업안전보건법 시행규칙」에 따른 서면심사에 관한 서류(「건설기계관리법」에 따른 형식승인서류를 포함) 또는 제조사의 설치작업설명서 등에 따라 설치할 것
② 서면심사 서류 등이 없거나 명확하지 아니한 경우에는 「국가기술자격법」에 따른 건축구조 · 건설기계 · 기계안전 · 건설안전기술사 또는 건설안전분야 산업안전지도사의 확인을 받아 설치하거나 기종별 · 모델별 공인된 표준방법으로 설치할 것
③ 와이어로프를 고정하기 위한 전용 지지프레임을 사용할 것
④ 와이어로프 설치각도는 수평면에서 60° 이내로 하되, 지지점은 4개소 이상으로 하고, 같은 각도로 설치할 것
⑤ 와이어로프와 그 고정부위는 충분한 강도와 장력을 갖도록 설치하고, 와이어로프를 클립 · 샤클(shackle, 연결고리) 등의 고정기구를 사용하여 견고하게 고정시켜 풀리지 않도록 하며, 사용 중에는 충분한 강도와 장력을 유지하도록 할 것. 이 경우 클립 · 샤클 등의 고정기구는 한국산업표준 제품이거나 한국산업표준이 없는 제품의 경우에는 이에 준하는 규격을 갖춘 제품이어야 한다.
⑥ 와이어로프가 가공전선에 근접하지 않도록 할 것

021 작업환경측정대상 화학적 인자(발암성물질)를 취급하는 작업장에서 작업환경 측정결과 측정치가 노출기준을 초과하는 경우 해당 유해인자에 대하여 그 측정일로부터 몇 개월에 1회 이상 작업환경측정을 실시하여야 하는지 쓰시오.

⚙ **해설** 작업환경측정 주기 및 횟수(산업안전보건법 시행규칙 제190조)
사업주는 작업장 또는 작업공정이 신규로 가동되거나 변경되는 등으로 작업환경측정 대상 작업장이 된 경우에는 그 날부터 30일 이내에 작업환경측정을 하고, 그 후 반기(半期)에 1회 이상 정기적으로 작업환경을 측정해야 한다. 다만, 작업환경측정 결과가 다음의 어느 하나에 해당하는 작업장 또는 작업공정은 해당 유해인자에 대하여 그 측정일부터 3개월에 1회 이상 작업환경측정을 해야 한다.
① 화학적 인자(고용노동부장관이 정하여 고시하는 물질만 해당)의 측정치가 노출기준을 초과하는 경우
② 화학적 인자(고용노동부장관이 정하여 고시하는 물질은 제외)의 측정치가 노출기준을 2배 이상 초과하는 경우

022 중대 건설현장사고 발생 시 건설기술 진흥법에 따라 건설사고조사위원회를 구성할 경우 위원회는 위원장 1인을 포함하여 몇 명 이내의 위원으로 구성하여야 하는지 쓰시오.

⚙ **해설** 건설사고조사위원회의 구성 · 운영 등(건설기술 진흥법 제68조, 영 제106조)
건설사고조사위원회는 위원장 1명을 포함한 12명 이내의 위원으로 구성한다.

023 [18③, 21②, 25①]

건설기술 진흥법령에 따른 건설사고조사 위원회의 구성 기준에서 괄호 안에 들어갈 내용을 쓰시오.

> 건설사고조사위원회는 위원장 1명을 포함한 (   )명 이내의 위원으로 구성한다.

★중요

024 [13①, 18①, 20③]

시설물의 안전관리에 관한 특별법상 국토교통부장관은 시설물이 안전하게 유지관리 될 수 있도록 하기 위하여 몇 년마다 시설물의 안전 및 유지관리에 관한 기본계획을 수립·시행하여야 하는지 쓰시오.

⚙ 해설 시설물의 안전 및 유지관리 기본계획의 수립·시행(법 제5조)
국토교통부장관은 시설물이 안전하게 유지관리될 수 있도록 하기 위하여 5년마다 시설물의 안전 및 유지관리에 관한 기본계획을 수립·시행하여야 한다.

025 [21①, 25②]

시설물의 안전 및 유지관리에 관한 특별법상 다음과 같이 정의되는 용어는 무엇인지 쓰시오.

> 시설물의 붕괴·전도 등으로 인한 재난 또는 재해가 발생할 우려가 있는 경우에 시설물의 물리적·기능적 결함을 신속하게 발견하기 위하여 실시하는 점검

⚙ 해설 법 제11조, 영 제8조

026 [20③]

시설물의 안전 및 유지관리에 관한 특별법상 다음과 같이 정의되는 용어는 무엇인지 쓰시오.

> 시설물의 물리적·기능적 결함을 발견하고 그에 대한 신속하고 적절한 조치를 하기 위하여 구조적 안전성과 결함의 원인 등을 조사·측정·평가하여 보수·보강 등의 방법을 제시하는 행위를 말한다.

⚙ 해설 법 제11조, 영 제8조

027 [21③]

건설기술진흥법령상 안전점검의 시기·방법에 관한 사항으로 괄호 안에 알맞은 내용을 쓰시오.

> 정기안전점검 결과 건설공사의 물리적·기능적 결함 등이 발견되어 보수·보강 등의 조치를 위하여 필요한 경우에는 (   )을 할 것

⚙ 해설 건설기술진흥법 시행령 제100조

028 [18③, 22②, 25①]

시설물의 안전 및 유지관리에 관한 특별법령에 따른 안전등급별 정기안전점검 및 정밀안전진단위의 실시시기 기준에서 괄호 안에 들어갈 내용을 순서대로 쓰시오.

안전등급	징기안전점검	정밀안전진단
A등급	(㉠) 이상	(㉡)년에 1회 이상

⚙ 해설 영 제8조, 제10조, 제28조, 별표 3

|정답|

019 30일 전   **020** ㉠ 60 ㉡ 4   **021** 3개월   **022** 12명 이내   **023** 12   **024** 5년마다   **025** 긴급안전점검   **026** 정밀안전진단
027 정밀안전점검   **028** ㉠ 반기에 1회 ㉡ 6

제2과목

인간공학 및 위험성 평가·관리

01 진위형 문제

▶ 해설편 106p

※ 다음 문제를 읽고, 옳으면 ○, 틀리면 ×를 괄호 안에 표기하시오.

★중요 [03③, 14③, 17③, 24①]

001 인간공학의 정의에 해당하는 것을 체크하시오.

① 인간의 과오가 시스템에 미치는 영향을 최대화하기 위한 연구분야 (   )

② 인간, 기계, 물자, 환경으로 구성된 복잡한 체계의 효율을 최대로 활용하기 위하여 인간의 한계 능력을 최대화하는 학문분야 (   )

③ 인간, 기계, 물자, 환경으로 구성된 복잡한 체계의 효율을 최대로 활용하기 위하여 인간의 생리적, 심리적 조건을 시스템에 맞추는 학문분야 (   )

④ 인간 특성과 한계 능력을 공학적으로 분석, 평가하여 이를 인간, 기계, 물자, 환경 등을 복잡한 체계의 설계에 응용함으로 효율을 최대로 활용할 수 있도록 하는 학문분야 (   )

★중요 [09③, 16②, 22①]

002 인간공학의 궁극적인 목적을 체크하시오.

① 경제성 향상 (   )
② 안전성 및 효율성 향상 (   )
③ 인간 능력의 극대화 (   )
④ 설비의 가동률 향상 (   )
⑤ 사고 감소 (   )
⑥ 생산성 증대 (   )
⑦ 안전성 향상 (   )
⑧ 근골격계질환 증가 (   )

★중요 [10③, 15③, 19①]

003 인간-기계 체제(Man-machine system)의 연구 목적을 체크하시오.

① 정보 저장의 극대화 (   )
② 운전 시 피로의 극소화 (   )

③ 시스템의 신뢰성 극대화 (   )
④ 안전의 극대화 및 생산능률의 향상 (   )

★중요 [04①, 06①, 10①, 17①]

004 시스템 분석 및 설계에 있어서 인간공학의 가치에 해당하는 것을 체크하시오.

① 훈련비용의 절감 (   )
② 인력 이용률의 향상 (   )
③ 생산 및 보전의 경제성 감소 (   )
④ 사고 및 오용으로부터의 손실 감소 (   )
⑤ 체계 제작비의 절감 (   )
⑥ 성능의 향상 (   )
⑦ 사용자의 수용도 향상 (   )
⑧ 작업 숙련도의 감소 (   )

[16①, 20②]

005 인간공학을 기업에 적용할 때의 기대효과에 해당하는 것을 체크하시오.

① 노사 간의 신뢰 저하 (   )
② 제품과 작업의 질 향상 (   )
③ 작업자의 건강 및 안전 향상 (   )
④ 이직률 및 작업손실시간의 감소 (   )

[03③]

006 인간공학에 사용되는 인간기준(human criteria)의 기본 유형에 해당하는 것을 체크하시오.

① 주관적 반응 (   )　　② 생리학적 지표 (   )
③ 인간성능 척도 (   )　　④ 환경적응 척도 (   )

[04①]

007 인간공학의 연구를 위한 수집자료 중 자극에 대한 반응시간과 같은 것은 어느 유형으로 분류되는지 체크하시오.

① 생리 지수 (   )　　② 주관적 자료 (   )
③ 신체적 특성 (   )　　④ 성능 자료 (   )

[14①, 23①]

008 인간공학의 연구를 위한 수집자료 중 동공 확장 등과 같은 것은 어느 유형으로 분류되는지 체크하시오.

① 생리 지표 (　　) 　　② 주관적 자료 (　　)
③ 강도 척도 (　　) 　　④ 성능 자료 (　　)

★중요　　　　　　　　　　　　　　　　[07①, 09③, 11②]
009 사고원인 가운데 인간의 과오에 기인된 원인분석, 확률을 계산함으로써 제품의 결함을 감소시키고, 인간공학적 대책을 수립하는 데 사용되는 분석기법을 체크하시오.

① CA (　　) 　　② FMEA (　　)
③ THERP (　　) 　　④ MORT (　　)

★중요　　　　　　　　[08①, 13②, 20①, 23①, 24②]
010 인간공학 연구조사에 사용되는 기준의 구비조건을 체크하시오.

① 적절성 (　　)
② 무오염성 (　　)
③ 부호성 또는 다양성 (　　)
④ 기준 척도의 신뢰성 (　　)

★중요　　　　　　　[06③, 09①, 11③, 14①, 20③]
011 연구 기준의 요건에 대한 설명으로 올바른지 체크하시오.

① 적절성 : 반복 실험시 재현성이 있어야 한다. (　　)
② 신뢰성 : 측정하고자 하는 변수 이외의 다른 변수의 영향을 받아서는 안된다. (　　)
③ 무오염성 : 의도된 목적에 부합하여야 한다. (　　)
④ 민감도 : 피실험자 사이에서 볼 수 있는 예상 차이점에 비례하는 단위로 측정해야 한다. (　　)

　　　　　　　　　　　　　　　　　　[08③, 10①]
012 인간공학의 연구에서 기준 척도의 신뢰성(Reliability of criterion measure)의 의미에 해당하는 것을 체크하시오.

① 반복성 (　　) 　　② 적절성 (　　)
③ 적응성 (　　) 　　④ 보편성 (　　)

　　　　　　　　　　　　　　　　　　　　[09③]
013 인간공학에 있어 시스템 설계 과정의 주요 단계에서 계면설계 단계의 내용을 체크하시오.

① 작업공간 (　　) 　　② 표시장치 (　　)
③ 직무분석 (　　) 　　④ 조종장치 (　　)

★중요　　　　　　　　　　　　　　[19①, 23①②]
014 인간-기계시스템의 설계를 6단계로 구분할 때, 첫 번째 단계에서 시행되는 것을 체크하시오.

① 기본설계 (　　) 　　② 시스템의 정의 (　　)
③ 인터페이스 설계 (　　)
④ 시스템의 목표와 성능명세 결정 (　　)

　　　　　　　　　　　　　　　　　　　　[14①]
015 인간-기계시스템 설계의 주요 단계 중 기본설계 단계에서 인간의 성능 특성(human performance requirements)과 관련이 있는 것을 체크하시오.

① 속도 (　　) 　　② 정확성 (　　)
③ 보조물 설계 (　　) 　　④ 사용자 만족 (　　)

　　　　　　　　　　　　　　　　　　[21②, 24②]
016 인간-기계시스템 설계과정 중 직무분석을 하는 단계를 체크하시오.

① 제1단계 : 시스템의 목표와 성능명세 결정 (　　)
② 제2단계 : 시스템의 정의 (　　)
③ 제3단계 : 기본 설계 (　　)
④ 제4단계 : 인터페이스 설계 (　　)

　　　　　　　　　　　　　　　　　[16①, 20③]
017 인간-기계 시스템에서 시스템의 설계를 다음과 같이 구분할 때 제3단계인 기본설계에 해당하는 것을 체크하시오.

> • 제1단계 : 시스템의 목표와 성능명세 결정
> • 제2단계 : 시스템의 정의
> • 제3단계 : 기본 설계
> • 제4단계 : 인터페이스 설계
> • 제5단계 : 보조물 설계 또는 편의 수단 설계
> • 제6단계 : 시험 및 평가

① 화면 설계 (　　) 　　② 작업 설계 (　　)
③ 직무 분석 (　　) 　　④ 기능 할당 (　　)

　　　　　　　　　　　　　　　　　[11①, 15①]
018 인간공학적 설계 대상에 해당하는 것을 체크하시오.

① 물건(Objects) (　　)
② 기계(Machinery) (　　)
③ 환경(Environment) (　　)
④ 보전(Maintenance) (　　)

019 인간공학에 있어 기본적인 가정에 관한 설명으로 올바른지 체크하시오.

① 인간에게 적절한 동기부여가 된다면 좀더 나은 성과를 얻게 된다. ( )

② 인간 기능의 효율은 인간-기계 시스템의 효율과 연계된다. ( )

③ 개인이 시스템에서 효과적으로 기능을 하지 못하여도 시스템의 수행은 변함없다. ( )

④ 장비, 물건, 환경 특성이 인간의 수행도와 인간-기계 시스템의 성과에 영향을 준다. ( )

020 인간공학을 나타내는 용어를 체크하시오.

① 인간요소(human factors) ( )

② 작업경제학(ergonomics) ( )

③ 인간공학(human engineering) ( )

④ customize engineering ( )

021 인간공학 연구방법 중 실제의 제품이나 시스템이 추구하는 특성 및 수준이 달성되는지를 비교하고 분석하는 것을 체크하시오.

① 조사연구 ( )　　② 실험연구 ( )

③ 분석연구 ( )　　④ 평가연구 ( )

022 사업장에서 인간공학의 적용분야를 체크하시오.

① 제품설계 ( )

② 설비의 고장률 ( )

③ 재해·질병 예방 ( )

④ 장비·공구·설비의 배치 ( )

★중요

023 인간공학에 대한 설명으로 올바른지 체크하시오.

① 인간이 사용하는 물건, 설비, 환경의 설계에 적용된다. ( )

② 인간을 작업과 기계에 맞추는 설계 철학이 바탕이 된다. ( )

③ 인간-기계 시스템이 안전성과 편리성, 효율성을 높인다. ( )

④ 인간의 생리적, 심리적인 면에서 특성이나 한계점을 고려한다. ( )

⑤ 제품의 설계 시 사용자를 고려한다. ( )

⑥ 환경과 사람이 격리된 존재가 아님을 인식한다. ( )

⑦ 인간공학의 목표는 기능적 효과, 효율 및 인간 가치를 향상시키는 것이다. ( )

⑧ 인간의 능력 및 한계에는 개인차가 없다고 인지한다. ( )

024 정보를 받아들이는 인간-기계계에서 행동의 변수에 해당하는 것을 체크하시오.

① 규칙성 ( )　　② 정확성 ( )

③ 빈도 ( )　　④ 강도 ( )

025 인간-기계시스템(Man-Machine System)에서 기계가 의미하는 것을 체크하시오.

① 인간이 만든 모든 것 ( )

② 제조현장에서 사용하는 치공구 및 설비 ( )

③ 자동차, 선박, 비행기 등 주로 인간이 타고 다닐 수 있는 운송기기류 ( )

④ 침대, 의자 등 주로 가정에서 사용하는 가구류 ( )

026 인간-기계 시스템 설계 시 인간공학적 설계의 일반적인 원칙을 체크하시오.

① 인간의 특성을 고려한다. ( )

② 작업특성에 적합하여야 한다. ( )

③ 시스템을 인간의 예상과 양립시킨다. ( )

④ 표시장치나 제어장치의 중요성, 사용빈도, 사용순서, 기능에 따라 배치하도록 한다. ( )

027 인간-기계 시스템(Man-machine sytem)의 인간공학적 설계상의 문제로 발생하는 인간 error의 원인을 체크하시오.

① 식별하기 어려운 표시기기와 조작구 ( )

② 표시기기와 조작구의 양립성 결여 ( )

③ 의미를 알기 어려운 신호형태 ( )

④ 작업의 흐름에 따른 배치 ( )

[09②]

028 인간–기계시스템의 설계 원칙을 체크하시오.

① 배열을 고려한 설계 (　　)

② 양립성에 맞게 설계 (　　)

③ 인체특성에 적합한 설계 (　　)

④ 기계적 성능에 적합한 설계 (　　)

[06①, 09①, 25②]

029 인간과 기계의 기본 기능은 감지, 정보저장, 정보처리 및 의사결정, 행동 등 4가지로 구분할 수 있다. 행동기능에 해당하는 것을 체크하시오.

① 음파탐지기 (　　)　　② 추론 (　　)

③ 결심 (　　)　　④ 음성 (　　)

★중요　　　　　　　　　　　　　　　[04③, 06②, 10②, 11③]

030 인간과 기계는 상호 보완적인 기능을 담당하며 하나의 체계로서 임무를 수행한다. 인간–기계 체계에 의해서 수행되는 기본 기능을 체크하시오.

① 의사결정 (　　)　　② 감지 (　　)

③ 행동 (　　)　　④ 감시 (　　)

⑤ 정보 보관 (　　)　　⑥ 궤환 (　　)

⑦ 학습 (　　)

[11②]

031 인간–기계 시스템에서 기계의 표시장치와 인간의 눈은 어느 요소에 해당하는지 체크하시오.

① 감지 (　　)　　② 정보저장 (　　)

③ 정보처리 (　　)　　④ 행동기능 (　　)

[06②]

032 인간–기계 시스템에서 의사결정을 실행에 옮기는 과정을 체크하시오.

① 기억 (　　)　　② 입력 (　　)

③ 출력 (　　)　　④ 감지 (　　)

[12③]

033 인간–기계 통합체계의 인간 또는 기계에 의하여 수행되는 기본 기능을 체크하시오.

① 사용분석 기능 (　　)

② 정보보관 기능 (　　)

③ 의사결정 기능 (　　)

④ 입력 및 출력 기능 (　　)

[05②, 15①②]

034 인간–기계 체계(Man–Machine System)의 구분에 해당하는 것을 체크하시오.

① 자동화 체계, 기계화 체계, 수동 체계 (　　)

② 전기 체계, 유압 체계, 내연기관 체계 (　　)

③ 반수동 체계, 반기계 체계, 반자동 체계 (　　)

④ 인간 체계, 기계 체계, 전기 체계 (　　)

[08②, 19③, 24①]

035 인간–기계 통합체계의 유형에서 수동체계에 해당하는 것을 체크하시오.

① 자동차 (　　)　　② 컴퓨터 (　　)

③ 공작기계 (　　)　　④ 장인과 공구 (　　)

[11③]

036 인간–기계시스템의 작동 순서도표(OSD) 기호 중 "행동"을 의미하는 기호를 체크하시오.

①　□　(　　)

②　◇　(　　)

③　▽　(　　)

④　○　(　　)

★중요　　　　　　　　　　　　　　　[14②, 17③, 22②]

037 인간–기계 시스템을 3가지로 분류한 경우에 대한 설명으로 올바른지 체크하시오.

① 자동 시스템에서는 인간요소를 고려하여야 한다. (　　)

② 자동 시스템에서 인간은 감시, 정비유지, 프로그램 등의 작업을 담당한다. (　　)

③ 수동 시스템에서 기계는 동력원을 제공하고 인간의 통제하에서 제품을 생산한다. (　　)

④ 기계 시스템에서는 동력기계화 체계와 고도로 통합된 부품으로 구성된다. (　　)

⑤ 자동차 운전이나 전기 드릴 작업은 반자동 시스템의 예시이다. (　　)

038 인간–기계시스템에 관한 설명으로 올바른지 체크하시오.

① 인간 성능의 고려는 개발의 첫 단계에서부터 시작되어야 한다. ( )

② 기능 할당 시에 인간 기능에 대한 초기의 주의가 필요하다. ( )

③ 평가 초점은 인간 성능의 수용가능한 수준이 되도록 시스템을 개선하는 것이다. ( )

④ 인간–컴퓨터 인터페이스 설계는 인간보다 기계의 효율이 우선적으로 고려되어야 한다. ( )

[20①, 24③]

039 인간–기계 시스템을 설계할 때에는 특정기능을 기계에 할당하거나 인간에게 할당하게 된다. 이러한 기능할당과 관련된 사항으로 올바른지 체크하시오. (단, 인공지능과 관련된 사항은 제외함)

① 인간은 원칙을 적용하여 다양한 문제를 해결하는 능력이 기계에 비해 우월하다. ( )

② 일반적으로 기계는 장시간 일관성이 있는 작업을 수행하는 능력이 인간에 비해 우월하다. ( )

③ 인간은 소음, 이상온도 등의 환경에서 작업을 수행하는 능력이 기계에 비해 우월하다. ( )

④ 일반적으로 인간은 주위가 이상하거나 예기치 못한 사건을 감지하여 대처하는 능력이 기계에 비해 우월하다. ( )

[07①, 10②]

040 인간과 기계(환경) 계면에서의 인간과 기계와의 조화성은 3가지 차원에서 고려되는데, 이에 해당하는 것을 체크하시오.

① 신체적 조화성 ( ) ② 지적 조화성 ( )

③ 감성적 조화성 ( ) ④ 감각적 조화성 ( )

[07③]

041 록 시스템(Lock system)에서 인간과 기계의 중간에 두는 시스템을 체크하시오.

① 인트라록 시스템(Intralock System) ( )

② 인터록 시스템(Interlock System) ( )

③ 록아웃 시스템(Lockout System) ( )

④ 트랜스록 시스템(Translock System) ( )

[21③]

042 표시장치로부터 정보를 얻어 조종장치를 통해 기계를 통제하는 시스템을 체크하시오.

① 수동 시스템 ( ) ② 무인 시스템 ( )

③ 반자동 시스템 ( ) ④ 자동 시스템 ( )

[03①, 10③]

043 기계의 정보처리 기능에 해당하는 것을 체크하시오.

① 귀납적 처리기능 ( ) ② 연역적 처리기능 ( )

③ 응용능력적 기능 ( ) ④ 임시응변적 기능 ( )

[09②, 18②]

044 기계와 비교하여 인간이 정보처리 및 결정의 측면에서 상대적으로 우수한 것을 체크하시오. (단, 인공지능은 제외)

① 연역적 추리 ( )

② 관찰을 통한 일반화 ( )

③ 정량적 정보처리 ( )

④ 정보의 신속한 보관 ( )

★중요 [03①, 08②, 09①, 10①, 12①, 15③, 18③, 20②, 21①, 25①]

045 인간이 현존하는 기계를 능가하는 조건에 해당하는 것을 체크하시오. (단, 인공지능은 제외)

① 원칙을 적용하여 다양한 문제를 해결한다. ( )

② 관찰을 통해서 일반화하고 연역적으로 추리한다. ( )

③ 주위의 이상하거나 예기치 못한 사건들을 감지한다. ( )

④ 어떤 운용방법이 실패할 경우 다른 방법을 선택한다. ( )

⑤ 귀납적으로 추리한다. ( )

⑥ 다양한 경험을 토대로 하여 의사 결정을 한다. ( )

⑦ 명시된 절차에 따라 신속하고, 정량적인 정보처리를 한다. ( )

⑧ 문제 해결에 독창성을 발휘한다. ( )

⑨ 경험을 활용하여 행동방향을 개선한다. ( )

⑩ 단시간에 많은 양의 정보기억과 재생이 가능하다. ( )

⑪ 상황에 따라 변화하는 복잡한 자극의 형태를 식별한다. ( )

⑫ 완전히 새로운 해결책을 찾을 수 있다. (　)

⑬ 반복적인 작업을 신뢰성 있게 수행할 수 있다. (　)

⑭ 암호화된 정보를 신속하게 대량으로 보관할 수 있다. (　)

⑮ 항공사진의 파시체나 말소리처럼 상황에 따라 변화하는 복잡한 자극의 형태를 식별할 수 있다. (　)

⑯ 수신 상태가 나쁜 음극선관에 나타나는 영상과 같이 배경 잡음이 심한 경우에도 신호를 인식한다. (　)

⑰ 신뢰성 있는 반복 작업이 가능하다. (　)

⑱ 신속하고 일관성 있는 반응이 가능하다. (　)

[04①, 14②]

046 조사연구자가 특정한 연구를 수행하기 위해서는 어떤 상황에서 실시할 것인가를 선택하여야 한다. 즉, 실험실 환경에서도 가능하고 실제 현장 연구도 가능하다. 이 중 현장연구를 수행했을 경우 장점을 체크하시오.

① 비용절감 (　)

② 자료의 정확성과 정확한 자료수집 가능 (　)

③ 실험조건의 조절 용이 (　)

④ 현실적인 작업변수 설정가능 (　)

⑤ 일반화가 가능 (　)

[16②]

047 실험실 환경에서 수행하는 인간공학 연구의 장·단점에 대한 설명으로 올바른지 체크하시오.

① 변수의 통제가 용이하다. (　)

② 주위 환경의 간섭에 영향 받기 쉽다. (　)

③ 실험 참가자의 안전을 확보하기가 어렵다. (　)

④ 피실험자의 자연스러운 반응을 기대할 수 있다. (　)

★중요　[03②, 06②, 10①, 19②]

048 인간전달함수(Human Transfer Function)의 결점에 해당하는 것을 체크하시오.

① 입력의 협소성 (　)

② 불충분한 직무묘사 (　)

③ 시점적 제약성 (　)

④ 정신운동의 묘사성 (　)

[03①]

049 인간정보처리 과정에서 실패 발생 연결에 해당하는 것을 체크하시오.

① 입력에러 – 확인미스 (　)

② 매개에러 – 결정미스 (　)

③ 출력에러 – 동작미스 (　)

④ 판단에러 – 반응미스 (　)

[07③]

050 신뢰도가 R인 n개의 요소가 병렬로 구성된 시스템의 신뢰도를 체크하시오.

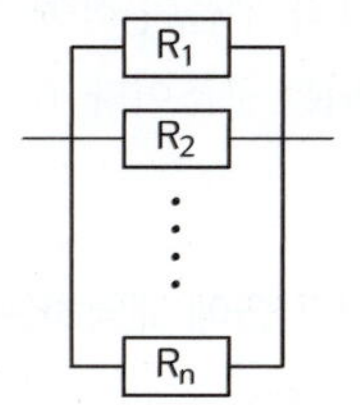

① $\prod_{i=1}^{n} \cdot R_i$ (　)　　② $1-\prod_{i=1}^{n} \cdot R_i$ (　)

③ $\prod_{i=1}^{n} \cdot (1-R_i)$ (　)　　④ $1-\prod_{i=1}^{n} \cdot (1-R_i)$ (　)

[04②]

051 시스템의 신뢰도 중에 고장 원인의 기여율이 가장 낮은 것을 체크하시오.

① 부품 (　)　　② 설계 (　)

③ 제품 (　)　　④ 사용 (　)

[07②]

052 현실적으로 시스템을 사용하는 때에는 정비나 보수가 필수 불가결한 작업이다. 이러한 작업들로 인해 시스템의 신뢰도 함수가 가장 크게 영향을 받는 구조를 체크하시오.

① 대기구조 (　)　　② n중k구조 (　)

③ 병렬구조 (　)　　④ 직렬구조 (　)

★중요　[04③, 12②, 23②]

053 신뢰성에 관한 설명으로 올바른지 체크하시오.

① 신뢰성은 체계, 기기, 부품 등의 기능의 시간적 안정성을 나타내는 정도를 뜻한다. (　)

② 신뢰성은 추상적인 의미이며, 신뢰도는 신뢰성을 확률로 나타낸 것이다. (　)

③ 사후봉사(After Sales Service)는 사용자를 어느 정도 만족시키지만 사용 신뢰성을 저하시킨다. (　)

④ 품질표시는 제품의 사용 신뢰성을 높일 수 있다.
( )

⑤ 시스템의 성공적 퍼포먼스를 확률로 나타낸 것이다. ( )

⑥ 각 부품이 동일한 신뢰도를 가질 경우 직렬 구조의 신뢰도는 병렬 구조에 비해 신뢰도가 낮다.
( )

⑦ 시스템의 병렬구조는 시스템의 어느 한 부품이 고장 나면 시스템이 고장나는 구조이다. ( )

⑧ n중k구조는 n개의 부품으로 구성된 시스템에서 k개 이상의 부품이 작동하면 시스템이 정상적으로 가동되는 구조이다. ( )

[03②]

054 신뢰성 설계 기술에 해당하는 것을 체크하시오.

① 신뢰성 추출(Sampling) ( )

② 중복(Redundancy) 설계 ( )

③ 부품의 단순화와 표준화 ( )

④ 인간공학적 설계와 보전성 설계 ( )

[05①]

055 인간 기계시스템에서 수동제어 시스템에 해당하는 것을 체크하시오.

① 연속적 추적제어 ( )

② 프로그램제어 ( )

③ 계층구조적 제어 ( )

④ 시켄셜제어 ( )

[16②]

056 인지 및 인식의 오류를 예방하기 위해 목표와 관련하여 작동을 계획해야 하는데 특수하고 친숙하지 않은 상황에서 발생하며, 부적절한 분석이나 의사결정을 잘못하여 발생하는 오류를 체크하시오.

① 기능에 기초한 행동(Skill-based Behavior) ( )

② 규칙에 기초한 행동(Rule-based Behavior) ( )

③ 사고에 기초한 행동(Accident-based Behavior)
( )

④ 지식에 기초한 행동(Knowledge-based Behavior)
( )

[17①, 23④]

057 설비보전에서 평균수리시간의 의미를 체크하시오.

① MTTR ( )　　　② MTBF ( )

③ MTTF ( )　　　④ MTBP ( )

★중요　　　　[06①, 10①, 11③, 19②, 22②④, 25③]

058 n개의 요소를 가진 병렬 시스템에 있어 요소의 수명(MTTF)이 지수 분포를 따를 경우, 시스템의 수명에 해당하는 것을 체크하시오.

① $MTTF \times n$ ( )

② $MTTF \times \dfrac{1}{n}$ ( )

③ $MTTF \times (1 + \dfrac{1}{2} + \dfrac{1}{3} + \cdots + \dfrac{1}{n})$ ( )

④ $MTTF \times (1 \times \dfrac{1}{2} \times \dfrac{1}{3} \times \cdots \times \dfrac{1}{n})$ ( )

[07①]

059 설비를 수리하면서 사용하는 체계에서 고장과 고장 사이 시간의 평균치에 해당하는 용어를 체크하시오.

① MTBF ( )　　　② MTLFF ( )

③ MTTF ( )　　　④ MTBHE ( )

[08③, 10②]

060 고장률이 λ인 n개의 구성부품이 병렬로 연결된 시스템의 평균수명(MTBF$_s$)을 구하는 식을 체크하시오. (단, 각 부품의 고장밀도 함수는 지수분포를 따름)

① $MTBF_s = \lambda^n$ ( )

② $MTBF_s = n\lambda$ ( )

③ $MTBF_s = \dfrac{1}{\lambda} + \dfrac{1}{2\lambda} + \cdots + \dfrac{1}{n\lambda}$ ( )

④ $MTBF_s = \dfrac{1}{\lambda} \times \dfrac{1}{2\lambda} \times \cdots \times \dfrac{1}{n\lambda}$ ( )

[03①, 09②]

061 시스템의 수명곡선에서 고장형태가 감소형에 해당하는 것을 체크하시오.

① 초기고장기간 ( )　　② 우발고장기간 ( )

③ 마모고장기간 ( )　　④ 피로고장기간 ( )

[08①, 15③]

062 시스템의 수명곡선에서 초기고장기간에 발생하는 고장의 원인을 체크하시오.

① 표준 이하의 재료를 사용 ( )

② 사용자의 과오 ( )

③ 불충분한 품질관리 ( )

④ 빈약한 제조기술 ( )

[08②]

063 시스템의 수명곡선(욕조곡선)에서 마모고장기간의 고장 형태를 체크하시오.

① 감소형 ( )　　　② 증가형 ( )

③ 일정형 ( )　　　④ 지그재그형 ( )

[05①, 07①]

064 초기고장과 마모고장의 고장형태와 그 예방 대책이 올바르게 나열된 것을 체크하시오.

① 초기고장 – 감소형 – 번인(Burn in) ( )

② 초기고장 – 감소형 – 디버깅(debugging) ( )

③ 마모고장 – 증가형 – 예방보전(PM) ( )

④ 마모고장 – 증가형 – 스크리닝(screening) ( )

[04③]

065 실사용에 앞서서 최대허용 정격 조건 등의 가혹한 조건으로 수시간 내지 수일간 동작시켜 초기 고장의 원인으로 되어 있는 고장원을 되도록 짧은 시간 내에 토해 내도록 하는 과정을 체크하시오.

① 예방보전(preventive maintenance) ( )

② 설계감사(design review) ( )

③ 디버깅(debugging) ( )

④ 스크리닝(screening) ( )

★중요

[05①, 08②, 18①, 22②]

066 시스템의 수명곡선(욕조곡선)에 있어서 디버깅(Debugging)에 대한 설명으로 올바른지 체크하시오.

① 초기 고장의 결함을 찾아 고장 원인을 도출하여 고장률을 안정시키는 과정이다. ( )

② 우발 고장의 결함을 찾아 고장 원인을 도출하여 고장률을 안정시키는 과정이다. ( )

③ 마모 고장의 결함을 찾아 고장 원인을 도출하여 고장률을 안정시키는 과정이다. ( )

④ 기계결함을 발견하기 위해 동작시험을 하는 기간 이다. ( )

[07①, 17②]

067 시스템의 병렬계에 대한 특성으로 올바른지 체크하시오.

① 요소(要素)의 중복도가 늘수록 계(系)의 수명은 길어진다. ( )

② 요소(要素)의 수가 많을수록 고장의 기회는 줄어든다. ( )

③ 요소(要素)의 어느 하나라도 정상이면 계(系)는 정상이다. ( )

④ 계(系)의 수명은 요소(要素) 중에서 수명이 가장 짧은 것으로 정해진다. ( )

[07③]

068 시스템의 직렬계(直烈系)의 특성으로 올바른지 체크하시오.

① 요소의 수가 많을수록 계(系)의 신뢰도는 높아진다. ( )

② 요소의 전부가 고장이 발생하여야 계(系)가 고장이 발생한다. ( )

③ 계(系)의 수명은 요소 중 수명이 가장 짧은 것으로 정해진다. ( )

④ 요소의 수가 많을수록 계(系)의 수명이 길어진다. ( )

[14①]

069 인간 신뢰도 분석기법 중 조작자 행동 나무(Operator Action Tree) 접근 방법이 환경적 사건에 대한 인간의 반응을 위해 인정하는 활동 3가지에 해당하는 것을 체크하시오.

① 감지 ( )　　　② 추정 ( )

③ 진단 ( )　　　④ 반응 ( )

★중요

[09②, 11①, 22①, 24①]

001 인간공학적 연구에 사용되는 기준 척도의 요건 중 다음 설명에 해당하는 것을 쓰시오.

> 기준 척도는 측정하고자 하는 변수 외의 다른 변수들의 영향을 받아서는 안 된다.

★중요

[12①, 14③, 16③]

002 체제 설계 과정의 주요 단계가 다음과 같을 때 인간·하드웨어·소프트웨어의 기능 할당, 인간성능 요건 명세, 직무분석, 작업설계 등의 활동을 하는 단계는 무엇인지 쓰시오.

> - 제1단계 : 시스템의 목표와 성능명세 결정
> - 제2단계 : 시스템의 정의
> - 제3단계 : 기본 설계
> - 제4단계 : 인터페이스 설계
> - 제5단계 : 보조물 설계 또는 편의 수단 설계
> - 제6단계 : 시험 및 평가

[09③]

003 인간-기계시스템의 인간성능(human performance)을 평가하는 실험을 수행할 때 평가의 기준이 되는 변수를 쓰시오.

> ⚙ **해설** 독립변수(조사 연구되어야 할 인자로서 조명, 형, 기기의 설계, 정보경로, 중력 등)의 가능한 한 효과의 척도로서 반응시간과 같은 성능의 척도의 경우가 많다.

[03②]

004 작업공정 중에 규정된 대로 수행하지 않고 "괜찮다"라고 생각하여 자기 주관대로 추측을 하여 행동한 결과 재해가 발생한 경우를 가리키는 용어를 쓰시오.

[07③]

005 직무의 내용이 시간에 따라 전개되지 않고 명확한 시작과 질을 가지고 미리 잘 정의되어 있는 경우 인간 신뢰도의 기본 단위를 쓰시오.

★중요

[16①, 21②, 23④]

006 욕조곡선에서의 고장 형태에서 일정한 형태의 고장률이 나타나는 구간이 무엇인지 쓰시오.

⚙ **해설** 욕조곡선에서의 고장 형태

구분	초기고장	우발고장	마모고장
형태	감소형 (DFR)	일정형 (CFR)	증가형(IFR)

[05③, 07③, 25③]

007 일반적인 시스템의 수명곡선(욕조곡선)에서 고장형태중 '증가형 고장률'을 나타내는 기간이 무엇인지 쓰시오.

★중요

[08①, 14①, 21②]

009 어떤 설비의 시간당 고장률이 일정하다고 할 때 이 설비의 고장간격은 어떤 확률분포를 따르는지 쓰시오.

[19③]

008 사용조건을 정상사용조건보다 강화하여 적용함으로써 고장발생시간을 단축하고, 검사비용의 절감효과를 얻고자 하는 수명시험이 무엇인지 쓰시오.

★중요

[04②, 19③]

010 일반적으로 재해 발생 간격은 지수분포를 따르며, 일정기간 내에 발생하는 재해발생 건수는 Poisson분포를 따른다고 알려져 있다. 이러한 확률변수들의 발생과정이 무엇인지 쓰시오.

| 정답 |

001 무오염성　　002 제3단계 기본 설계　　003 종속 변수　　004 억측판단　　005 HEP(인간오류확률)　　006 우발 고장구간
007 마모 고장기간　　008 가속수명시험　　009 지수분포　　010 Poisson 과정

[16①]

001 자동차 엔진의 수명은 지수분포를 따르는 경우, 신뢰도를 95%를 유지시키면서 8,000시간을 사용하기 위한 적합한 고장률을 구하시오.

> ⚙ **해설**
>
> 신뢰도(고장나지 않을 확률)의 산정
>
> $R(t) = e^{-\frac{t}{t_0}} = e^{-\lambda \times t}$이고, $\ln R = -\lambda \times t$이다.
>
> 여기서, t_0 : 평균수명 또는 평균고장시간, t : 앞으로 고장없이 사용할 시간, λ : 고장률, $R(t)$: 신뢰도
>
> 그러므로, $\lambda = -\dfrac{\ln R}{t} = -\dfrac{\ln 0.95}{t} = \dfrac{-0.05129}{8,000} = 6.412 \times 10^{-6}$/시간이다.

[06②]

★중요

002 일정한 고장률을 가진 어떤 기계의 고장률이 0.004/시간일 때 10시간 이내에 고장을 일으킬 확률을 구하시오.

> ⚙ **해설**
>
> ① 신뢰도(고장나지 않을 확률)의 산정
>
> $R(t) = e^{-\frac{t}{t_0}} = e^{-\lambda \times t}$이고, $\ln R = -\lambda \times t$이다.
>
> 여기서, t_0 : 평균수명 또는 평균고장시간, t : 앞으로 고장없이 사용할 시간, λ : 고장률, $R(t)$: 신뢰도
>
> 신뢰도$(R) = e^{-\frac{t}{t_0}} = e^{-\lambda \times t} = e^{-0.004 \times 10} = e^{-0.04}$이다.
>
> ② 불신뢰도(고장발생확률) = 1-신뢰도$(R) = 1-e^{-0.04}$

[04②, 06③, 09①]

★중요

003 어떤 전자기기의 수명은 지수분포를 따르며, 그 평균수명은 10,000시간이라고 한다. 이 기기를 계속 사용하였을 때 10,000시간 동안 고장없이 작동할 확률을 구하시오.

> ⚙ **해설**
>
> 신뢰도(고장나지 않을 확률)의 산정
>
> 신뢰도$(R) = e^{-\frac{t}{t_0}} = e^{-\frac{10,000}{10,000}} = e^{-1}$이다.

[17①]

004 프레스에 설치된 안전장치의 수명은 지수분포를 따르며 평균수명은 100시간이다. 새로 구입한 안전장치가 50시간 동안 고장없이 작동할 확률(A)과 이미 100시간을 사용한 안전장치가 앞으로 100시간 이상 견딜 확률(B)을 구하시오.

⚙ **해설**

① 고장없이 작동할 확률(신뢰도)

$$A(50시간\ 동안\ 고장없이\ 작동할\ 확률) = e^{-\frac{t}{t_0}} = e^{-\frac{50}{100}} = e^{-0.5} = 0.6065 ≒ 0.607$$

② $B(앞으로\ 100시간\ 이상\ 견딜\ 확률) = e^{-\frac{t}{t_0}} = e^{-\frac{100}{100}} = e^{-1} = 0.3679 ≒ 0.368$

★중요

[07①, 13②, 23①, 24①]

005 평균고장시간이 $4×10^8$ 시간인 요소 4개가 직렬 체계를 이루었을 때 이 체계의 수명을 구하시오.

⚙ **해설**

$$직렬계이므로,\ 시스템의\ 수명 = \frac{1}{n} ×MTTF = \frac{1}{4}×4×10^8 = 1×10^8\ 시간$$

★중요

[21③]

006 일정한 고장률을 가진 어떤 기계의 고장률이 시간당 0.008일 때 5시간 이내에 고장을 일으킬 확률을 구하시오.

⚙ **해설**

신뢰도(고장나지 않을 확률)의 산정

$R(t) = e^{-\frac{t}{t_0}} = e^{-\lambda×t}$ 이고, $lnR = -\lambda×t$ 이다.

여기서, t_0 : 평균수명 또는 평균고장시간, t : 앞으로 고장없이 사용할 시간, λ : 고장률, $R(t)$: 신뢰도

신뢰도$(R) = e^{-\frac{t}{t_0}} = e^{-\lambda×t} = e^{-0.008×5} = e^{-0.04}$ 이다.

그러므로, 고장을 일으킬 확률 $= 1-신뢰도 = 1-e^{-0.04} = 0.0392$

[08③]

007 어떤 전자기기의 수명은 지수분포를 따르며, 그 평균수명은 1,000시간이라고 할 때 500시간 동안 고장없이 작동할 확률을 구하시오.

⚙ **해설**

$$R(t) = e^{-\frac{t}{t_0}} = e^{-\lambda×t} = e^{-\frac{500}{1,000}} = e^{-0.5}$$

008 각각 1.2×10^4 시간의 수명을 가진 요소 4개가 병렬계를 이룰 때 이 계의 수명을 구하시오.

> ⚙ **해설**
>
> 병렬계이므로, 시스템의 수명 $= \text{MTTF}(1+\dfrac{1}{2}+\cdots\cdots+\dfrac{1}{n})$이다.
>
> 그런데, 4개의 요소가 있으므로
>
> 시스템의 수명 $= \text{MTTF}(1+\dfrac{1}{2}+\dfrac{1}{3}+\dfrac{1}{4}) = 1.2 \times 10^4 \times \dfrac{25}{12} = 2.5 \times 10^4$ 시간

★중요

009 평균고장시간(MTTR)이 6×10^5 시간인 요소 3개소가 병렬계를 이루었을 때의 계(system)의 수명을 구하시오.

> ⚙ **해설**
>
> MTTR(평균수리시간, Mean Time To Repair)은 체계의 고장 발생 순간부터 수리가 종료되어 정상적으로 작동하기까지의 평균고장시간을 의미하며, 사후보존에 필요한 평균치로서 평균수리시간은 지수분포에 따른다.
>
> $\text{MTTR} = \dfrac{\text{수리시간의 합계}}{\text{수리횟수}}$이고, $\text{MDT}(\text{평균정지시간}) = \dfrac{\text{총 보존작업시간}}{\text{총 보존작업건수}}$ 이다.
>
> 또한, 계의 수명을 보면,
>
> ㉠ 직렬계의 경우 : 시스템의 수명 $= \dfrac{\text{MTTR}}{n}$
>
> ㉡ 병렬계의 경우 : 시스템의 수명 $= \text{MTTF}(1+\dfrac{1}{2}+\dfrac{1}{3}\cdots\cdots+\dfrac{1}{n})$
>
> 문제에서 3개소가 병렬계라고 하였으므로, ㉡의 식을 이용하면,
>
> 시스템의 수명(R) $= \text{MTTF}(1+\dfrac{1}{2}+\dfrac{1}{3}\cdots\cdots+\dfrac{1}{n}) = 6\times10^5\times(1+\dfrac{1}{2}+\dfrac{1}{3}) = 6\times10^5\times\dfrac{11}{6} = 11\times10^5$시간이다.

★중요

010 수리가 가능한 어떤 기계의 가용도(availability)는 0.9이고, 평균수리시간(MTTR)이 2시간일 때, 이 기계의 평균수명(MTBF)을 구하시오.

> ⚙ **해설**
>
> 가용도 $= \dfrac{\text{평균고장간격(평균 수명)}}{\text{평균고장간격(평균 수명)}+\text{평균수리시간}} = \dfrac{\text{작동시간}}{\text{작동시간}+\text{고장시간}}$이다.
>
> 그런데, 가용도는 0.9이고, 평균수리시간은 2시간이므로 이를 대입하면,
>
> $0.9 = \dfrac{\text{작동시간}}{\text{작동시간}+2}$에서, 작동시간(평균수명)을 x라고 하면, $0.9 = \dfrac{x}{(x+2)}$이다.
>
> $\therefore 0.9\times(x+2) = x$, $0.9x+1.8 = x$, $0.1x = 1.8$ $\therefore x = 18$시간이다.

[16①]

★중요

011 한 대의 기계를 10시간 가동하는 동안 4회의 고장이 발생하였고, 이때의 고장수리시간이 다음 표와 같을 때 MTTR(Mean Time To Repair)을 구하시오.

가동시간(hour)	$T_1 = 2.7$	$T_2 = 1.8$	$T_3 = 1.5$	$T_4 = 2.3$
수리시간(hour)	$T_a = 0.1$	$T_b = 0.2$	$T_c = 0.3$	$T_d = 0.3$

⚙ **해설**

$$MTTR = \frac{수리시간의\ 합계}{수리횟수}\ 이다.$$

그런데, 수리시간 = 0.1+0.2+0.3+0.3 = 0.9시간이고, 수리횟수는 4회이다.

따라서, $MTTR(평균수리시간) = \dfrac{수리시간의\ 합계}{수리횟수} = \dfrac{0.9}{4} = 0.225시간/회이다.$

[08②, 20③]

012 어느 부품 10,000개를 10,000시간 동안 가동 중에 5개의 불량품이 발생하였을 때 평균동작시간(MTTF)을 구하시오.

⚙ **해설**

평균동작시간(MTTF)의 산정 : $MTTF = \dfrac{총\ 작동시간}{고장\ 갯수}\ 이다.$

그러므로, $MTTF = \dfrac{총\ 작동시간}{고장\ 갯수} = \dfrac{부품\ 개수 \times 가동\ 시간}{고장\ 갯수} = \dfrac{10,000 \times 10,000}{5} = 20,000,000 = 2 \times 10^7 시간이다.$

[11①, 13②, 19③, 25③]

★중요

013 한 화학공장에는 24개의 공정제어회로가 있으며, 4,000시간의 공정 가동 중 이 회로에는 14번의 고장이 발생하였고, 고장이 발생하였을 때마다 회로는 즉시 교체되었다. 이 회로의 평균고장시간(MTTF)을 구하시오.

⚙ **해설**

평균동작시간(MTTF)의 산정 : $MTTF = \dfrac{총\ 작동시간}{고장\ 갯수}\ 이다.$

그러므로, $MTTF = \dfrac{총\ 작동시간}{고장\ 갯수} = \dfrac{24 \times 4,000}{14} = 6,857.14시간이다.$

[08②, 20③]

014 어느 부품 1,000개를 100,000시간 동안 가동 중에 5개의 불량품이 발생하였을 때의 평균동작시간(MTTF)을 구하시오.

> **해설**
>
> 평균동작시간(MTTF)의 산정 : $MTTF = \dfrac{\text{총 작동시간}}{\text{고장 갯수}}$ 이다.
>
> 그러므로, $MTTF = \dfrac{\text{총 작동시간}}{\text{고장 갯수}} = \dfrac{\text{부품 개수} \times \text{가동 시간}}{\text{고장 갯수}} = \dfrac{1,000 \times 100,000}{5} = 20,000,000 = 2 \times 10^7$ 시간이다.

[14①]

015 한 대의 기계를 120시간 동안 연속 사용한 경우 9회의 고장이 발생하였고, 이때의 총 고장수리시간이 18시간이었다. 이 기계의 MTBF(Mean time between failure)를 구하시오.

> **해설**
>
> $MTBF = \left(\dfrac{1}{\lambda} + \dfrac{1}{2\lambda} + \dfrac{1}{3\lambda} + \cdots\cdots + \dfrac{1}{n\lambda}\right) = \dfrac{\text{총 가동시간} - \text{총 고장수리시간}}{\text{고장횟수}}$ 이다.
>
> 고장률$(\lambda) = \dfrac{\text{고장(불량품)건수}}{\text{총 가동시간}}$ (건/시간)이다.
>
> $MTBF = \dfrac{\text{총 가동시간} - \text{총 고장수리시간}}{\text{고장횟수}} = \dfrac{120 - 18}{9} = 11.33$시간

[10③, 15①]

★중요

016 한 대의 기계를 100시간 동안 연속 사용한 경우 6회의 고장이 발생하였고, 이때의 총 고장수리시간이 15시간이었다. 이 기계의 MTBF(Mean time between failure)를 구하시오.

> **해설**
>
> $MTBF = \left(\dfrac{1}{\lambda} + \dfrac{1}{2\lambda} + \dfrac{1}{3\lambda} + \cdots\cdots + \dfrac{1}{n\lambda}\right) = \dfrac{\text{총 가동시간} - \text{총 고장수리시간}}{\text{고장횟수}}$ 이다.
>
> 고장률$(\lambda) = \dfrac{\text{고장(불량품)건수}}{\text{총 가동시간}}$ (건/시간)이다.
>
> $MTBF = \dfrac{\text{총 가동시간} - \text{총 고장수리시간}}{\text{고장횟수}} = \dfrac{100 - 15}{6} = 14.166 ≒ 14.17$시간

01 진위형 문제

▶ 해설편 115p

※ 다음 문제를 읽고, 옳으면 ○, 틀리면 ×를 괄호 안에 표기하시오.

[17①]

001 일반적으로 위험(Risk)은 3가지 기본요소로 표현되며 3요소(Triplets)로 정의된다. 3요소에 해당하는 것을 체크하시오.

① 사고 시나리오(S_t) (　　)

② 사고 발생 확률(P_t) (　　)

③ 시스템 불이용도(Q_t) (　　)

④ 파급효과 또는 손실(X_t) (　　)

[04②, 24③]

002 위험성을 예측 평가하는 단계가 올바르게 나열된 것을 체크하시오.

① 위험성 도출–위험성 평가–위험성 관리 (　　)

② 위험성 관리–위험성 평가–위험성 도출 (　　)

③ 위험성 평가–위험성 도출–위험성 관리 (　　)

④ 위험성 관리–위험성 도출–위험성 평가 (　　)

[04①, 07②]

003 위험률(Risk)을 바르게 나타낸 식을 체크하시오.

① 사고의 크기×사고의 빈도 (　　)

② 노동손실일수×총 노동시간 (　　)

③ 사고의 빈도×총 노동시간 (　　)

④ 사고의 크기×재해발생건수 (　　)

⑤ 피해의 크기×발생확률 (　　)

⑥ 발생확률×총 노동시간 (　　)

⑦ 피해의 크기×재해발생건수 (　　)

[08③]

004 위험(Risk)의 개념을 정량적으로 나타내는 방법을 체크하시오.

① 사고발생빈도×파급효과 (　　)

② 사고발생빈도+안전활동 (　　)

③ 파급효과÷사고발생빈도 (　　)

④ 사고발생빈도÷재해율 (　　)

[08②, 17③]

005 위험도분석(CA, Criticality Analysis)에서 설비고장에 따른 위험도를 4가지로 분류하고 있다. 이 중 생명의 상실로 이어질 염려가 있는 고장의 분류를 체크하시오.

① category Ⅰ (　　)　　② category Ⅱ (　　)

③ category Ⅲ (　　)　　④ category Ⅳ (　　)

[21③]

006 위험성평가 시 위험의 크기를 결정하는 방법을 체크하시오.

① 덧셈법 (　　)　　② 곱셈법 (　　)

③ 뺄셈법 (　　)　　④ 행렬법 (　　)

[09③]

007 안전성 평가의 기본원칙 6단계 과정이 다음과 같을 때 올바른 순서로 나열한 것을 체크하시오.

> ㉠ FTA에 의한 재평가
> ㉡ 정성적 평가
> ㉢ 정량적 평가
> ㉣ 재해 정보에 의한 재평가
> ㉤ 관계 자료의 정비검토(작성 준비)
> ㉥ 안전대책 수립

① ㉡ → ㉢ → ㉣ → ㉤ → ㉥ → ㉠ (　　)

② ㉢ → ㉡ → ㉤ → ㉣ → ㉠ → ㉥ (　　)

③ ㉣ → ㉡ → ㉢ → ㉥ → ㉤ → ㉠ (　　)

④ ㉤ → ㉡ → ㉢ → ㉥ → ㉣ → ㉠ (　　)

★중요　　[10①②, 11②, 13①, 24②]

008 안전성 평가의 기본원칙 6단계에 해당하는 것을 체크하시오.

① 관계 자료의 정비검토 (　　)

② 정성적 평가 (　　)

③ 작업 조건의 평가 (　　)

④ 안전대책 (　　)

⑤ 경제성 평가 (　　)

⑥ FTA에 의한 재평가 (　　)

009 안전성 평가 단계가 순서대로 나열된 것을 체크하시오.

① 정성적 평가 – 정량적 평가 – FTA에 의한 재평가 – 재해정보로부터 재평가 – 안전대책 (　)

② 정량적 평가 – 재해정보로부터의 재평가 – 관계자료의 작성준비 – 안전대책 – FTA에 의한 재평가 (　)

③ 관계 자료의 작성준비 – 정성적 평가 – 정량적 평가 – 안전대책 – 재해정보로부터의 재평가 – FTA에 의한 재평가 (　)

④ 정량적 평가 – 재해정보로부터의 재평가 – FTA에 의한 재평가 – 관계자료의 작성준비 – 안전대책 (　)

010 예비위험 분석에서 달성하기 위하여 노력하여야 하는 4가지 주요 사항에 해당하는 것을 체크하시오.

① 시스템에 관한 주요 사고를 식별하고 개략적인 말로 표시할 것 (　)

② 사고를 초래하는 요인을 식별할 것 (　)

③ 사고발생 확률을 계산할 것 (　)

④ 식별된 위험을 4가지 범주로 분류할 것 (　)

★중요

011 위험관리에 있어 위험조정기술에 해당하는 것을 체크하시오.

① 위험 경고 (　)

② 위험 전가 (　)

③ 위험 회피(avoidance) (　)

④ 위험 감축(reduction) (　)

⑤ 위험 보류(retention) (　)

⑥ 위험 확인(confirmation) (　)

⑦ 책임(responsibility) (　)

⑧ 위험 분배(distribution) (　)

012 위험관리에서 위험의 분석 및 평가에서 유의할 사항으로 올바른지 체크하시오.

① 발생의 빈도보다는 손실의 규모에 중점을 둔다. (　)

② 한 가지의 사고가 여러 가지 손실을 수반하는지 확인한다. (　)

③ 기업 간의 의존도는 어느 정도인지 점검한다. (　)

④ 작업표준의 의미를 충분히 이해하고 있는지 점검한다. (　)

013 위험관리 단계에서 발생빈도보다는 손실에 중점을 두며, 기업 간 의존도, 한 가지 사고가 여러 가지 손실을 수반하는 것에 대해 유의하여 안전에 미치는 영향의 강도를 평가하는 단계를 체크하시오.

① 위험의 파악 단계 (　)

② 위험의 처리 단계 (　)

③ 위험의 분석 및 평가 단계 (　)

④ 위험의 발견, 확인, 측정방법 단계 (　)

014 Chapanis가 정의한 위험의 확률수준과 그에 따른 위험발생률에 대한 설명으로 올바른지 체크하시오.

① 전혀 발생하지 않는(impossible) 발생빈도 : 10^{-8}/day (　)

② 극히 발생할 것 같지 않는(extremely unlikely) 발생빈도 : 10^{-7}/day (　)

③ 거의 발생하지 않은(remote) 발생빈도 : 10^{-6}/day (　)

④ 가끔 발생하는(occasional) 발생빈도 : 10^{-5}/day (　)

015 기계설비의 안정성 평가 시 본질적인 안전을 진전시키기 위한 조치를 체크하시오.

① 재해를 분석하여 근로자의 안전작업 방법에 대한 교육을 강화 (　)

② 작업자측에 실수나 잘못이 있어도 기계설비측에서 이를 커버하여 안전을 확보할 것 (　)

③ 작업방법, 작업속도, 작업자세 등을 작업자가 안전하게 작업할 수 있는 상태로 강구함 (　)

④ 기계설비의 유압회로나 전기회로에 고장이 발생하거나 정전 등 이상상태 발생 시 안전쪽으로 이행하도록 함 (　)

[13③, 24②]

016 다음은 Z(주)에서 냉동저장소 건설 중 건물내 바닥 방수 도포 작업 시 발생된 가연성가스가 폭발하여 작업자 2명이 사망한 재해보고서를 토대로 가연성 가스를 누출한 설비의 안전성에 대한 정량적 평가표이다. 위험등급Ⅱ에 해당하는 항목만으로 나열된 것을 체크하시오.

항목 분류	A급	B급	C급	D급
취급물질	○			○
화학설비의 용량	○	○	○	
온도		○	○	○
조작	○		○	○
압력	○	○		○

① 압력, 조작 (　　)

② 취급물질, 압력 (　　)

③ 온도, 조작 (　　)

④ 화학설비의 용량, 온도 (　　)

[20③]

017 불꽃놀이용 화학물질취급설비에 대한 정량적 평가이다. 해당 항목에 대한 위험등급 연결이 올바른지 체크하시오.

항목 분류	A급 (10점)	B급 (5점)	C급 (2점)	D급 (0점)
취급물질	○	○	○	
화학설비의 용량		○		○
온도	○		○	
조작	○	○		
압력		○	○	○

① 취급물질-Ⅰ등급, 화학설비의 용량-Ⅰ등급 (　　)

② 온도-Ⅰ등급, 화학설비의 용량-Ⅱ등급 (　　)

③ 취급물질-Ⅰ등급, 조작-Ⅳ등급 (　　)

④ 온도-Ⅱ등급, 압력-Ⅲ등급 (　　)

[15③, 20①]

018 "MIL-STD-882B"의 위험성 평가 매트릭스(Matrix) 분류에서 발생빈도에 속하는 것을 체크하시오.

① 전혀 발생하지 않는(Impossible) (　　)

② 거의 발생하지 않는(Remote) (　　)

③ 가끔 발생하는(Occasional) (　　)

④ 자주 발생하는(Frequent) (　　)

[13②]

019 시스템 안전(system safety)에 대한 설명으로 올바른지 체크하시오.

① 주로 시행착오에 의해 위험을 파악한다. (　　)

② 위험을 파악, 분석, 통제하는 접근방법이다. (　　)

③ 수명주기 전반에 걸쳐 안전을 보장하는 것을 목표로 한다. (　　)

④ 처음에는 국방과 우주항공 분야에서 필요성이 제기되었다. (　　)

[03②]

020 System safety를 위한 잠재위험 요소의 검출방법을 체크하시오.

① 잠재위험 최소화를 위한 설계 check list (　　)

② 경보장치와 방호장치 check list (　　)

③ 위험발생시 조치 check list (　　)

④ 방법상의 잠재위험제거 check list (　　)

[18②, 21①]

021 시스템의 수명 및 신뢰성에 관한 설명으로 올바른지 체크하시오.

① 병렬설계 및 디레이팅 기술로 시스템의 신뢰성을 증가시킬 수 있다. (　　)

② 직렬시스템에서는 부품들 중 최소 수명을 갖는 부품에 의해 시스템 수명이 정해진다. (　　)

③ 수리가 가능한 시스템의 평균 수명(MTBF)은 평균 고장율(λ)과 정비례 관계가 성립한다. (　　)

④ 수리가 불가능한 구성요소로 병렬구조를 갖는 설비는 중복도가 늘어날수록 시스템 수명이 길어진다. (　　)

★중요　　　　　　　　[03①, 06③, 07①, 10③, 12①]

022 시스템안전관리의 업무를 체크하시오.

① 시스템 어프로치 (　　)

② 안전활동의 계획, 안전조직과 관리 철저 (　　)

③ 시스템 안전목표를 적시에 유효하게 실현하기 위해 시스템 안전 프로그램의 해석, 검토 및 평가를 실시 (　　)

④ 다른 시스템 프로그램 영역과의 조정 (　)
⑤ 시스템 안전에 필요한 사항의 동일성에 대한 식별 (　)
⑥ 다른 시스템 프로그램 영역의 배제 (　)
⑦ 타 시스템의 프로그램 영역을 중복시켜야 함 (　)
⑧ 시스템 안전활동 결과의 평가 (　)
⑨ 생산시스템의 비용과 효과 분석 (　)

[03③]

023 시스템안전프로그램의 목표 사항으로 보증할 필요가 있는 것을 체크하시오.

① 사명 및 필요사항과 모순되지 않는 안전성의 시스템 설계에 의한 구체화 (　)
② 신재료 및 신제조, 시험 기술의 채용 및 사용에 따른 위험의 최소화 (　)
③ 유사한 시스템 프로그램에 의하여 작성된 과거 안전성 데이터의 고찰 및 이용 (　)
④ 시스템의 사고조사에 관한 구체적 기준 (　)

[10②]

024 운용상의 시스템안전에서 검토 및 분석해야 할 사항을 체크하시오.

① 사고조사에의 참여 (　)
② 고객에 의한 최종 성능검사 (　)
③ ECR(Error Cause Removal) 제안 제도 (　)
④ 시스템의 보수 및 폐기 (　)

[08①③, 10①, 25②]

025 시스템 안전 프로그램 계획(SSPP, System Safety Program Plan)에 포함되어야 할 사항을 체크하시오.

① 안전조직 (　)
② 안전성의 평가 (　)
③ 안전자료의 수집과 갱신 (　)
④ 시스템의 신뢰성 분석비용 (　)
⑤ 시스템 안전의 기준 및 해석 (　)
⑥ 위험요인에 대한 구체적인 개선 대책 (　)
⑦ 경과와 결과의 보고 (　)
⑧ 안전기준 (　)
⑨ 안전종류 (　)

[11②]

026 시스템 안전기술관리를 정립하기 위한 절차로 올바른지 체크하시오.

① 안전분석 → 안전사양 → 안전설계 → 안전확인 (　)
② 안전분석 → 안전사양 → 안전확인 → 안전설계 (　)
③ 안전사양 → 안전설계 → 안전분석 → 안전확인 (　)
④ 안전사양 → 안전분석 → 안전확인 → 안전설계 (　)

[13①, 17①]

027 자동화시스템에서 인간의 기능에 해당하는 것을 체크하시오.

① 설비 보전 (　)
② 작업계획 수립 (　)
③ 조종장치로 기계를 통제 (　)
④ 모니터로 작업 상황 감시 (　)

[14②]

028 시스템 안전 프로그램의 개발단계에서 이루어져야 할 사항을 체크하시오.

① 교육훈련을 시작한다. (　)
② 위험분석으로 주로 FMEA가 적용된다. (　)
③ 설계의 수용가능성을 위해 보다 완벽한 검토를 한다. (　)
④ 이 단계의 모형분석과 검사결과는 OHA의 입력 자료로 사용된다. (　)

★중요　　　　　　　　　　[05②, 15②, 16①]

029 인간 신뢰도(Human Reliability)의 평가방법에 해당하는 것을 체크하시오.

① HCR (　)
② THERP (　)
③ SLIM (　)
④ FMEA (　)

[20②]

030 THERP(Technique for Human Error Rate Prediction)의 특징에 해당하는 것을 모두 고른 것을 체크하시오.

> ㉠ 인간–기계계(system)에서 여러 가지의 인간의 에러와 이에 의해 발생할 수 있는 위험성의 예측과 개선을 위한 기법
> ㉡ 인간의 과오를 정성적으로 평가하기 위하여 개발된 기법
> ㉢ 가지처럼 갈라지는 형태의 논리 구조와 나무 형태의 그래프를 이용

① ㉠, ㉡ (　)　　② ㉠, ㉢ (　)
③ ㉡, ㉢ (　)　　④ ㉠, ㉡, ㉢ (　)

★중요　　[07①, 09③, 11②]

031 사고원인 가운데 인간의 과오에 기인된 원인분석, 확률을 계산함으로써 제품의 결함을 감소시키고, 인간공학적 대책을 수립하는 데 사용되는 분석기법을 체크하시오.

① CA (　)　　② FMEA (　)
③ THERP (　)　　④ MORT (　)

[07③, 14①]

032 인간의 과오(Human error)를 정량적으로 평가하고 분석하는 데 사용하는 기법을 체크하시오.

① FMEA (　)　　② THERP (　)
③ FMECA (　)　　④ CA (　)

[17③, 24①]

033 인간의 과오를 정량적으로 평가하기 위한 기법으로서, 인간의 과오율 추정법 등 5개의 스텝으로 되어 있는 기법을 체크하시오.

① FTA (　)　　② FMEA (　)
③ THERP (　)　　④ MORT (　)

[21③]

034 인간–기계시스템에서의 여러 가지 인간에러와 그것으로 인해 생길 수 있는 위험성의 예측과 개선을 위한 기법을 체크하시오.

① PHA (　)　　② FHA (　)
③ ETA (　)　　④ THERP (　)

[08①, 18②]

035 인간 실수 확률에 대한 추정기법을 체크하시오.

① CIT(Critical Incident Technique) : 위급사건 기법 (　)
② FMEA(Failure Mode and Effect Analysis) : 고장형태 영향분석 (　)
③ TCRAM(Task Criticality Rating Analysis) : 직무 위급도 분석법 (　)
④ THERP(Technique for Human Error Rate Prediction) : 인간 실수율 예측기법 (　)
⑤ MORT(Management Oversight and Risk Tree) : 경영소홀 및 위험수 분석 (　)

[04①]

036 FMEA의 실시 순서 중 1단계인 대상 시스템의 분석 내용에 해당하는 것을 체크하시오.

① 기본방침 결정 (　)
② 고장 형태의 예측과 설정 (　)
③ 기능 block과 신뢰성 block의 작성 (　)
④ 기기 시스템의 구성 및 기능의 전반적 파악 (　)

[12②, 25③]

037 시스템이나 기기의 개발 설계단계에서 FMEA의 표준적인 실시 절차에 해당하는 것을 체크하시오.

① 비용 효과 절충 분석 (　)
② 시스템 구성의 기본적 파악 (　)
③ 상위 체계에의 고장 영향 분석 (　)
④ 신뢰도 블록 다이어그램 작성 (　)

[10②]

038 FMEA의 표준적 실시절차를 "대상 시스템의 분석 → 고장의 유형과 그 영향의 해석 → 치명도 해석과 개선책의 검토"와 같이 3가지로 구분하였을 때 "대상 시스템의 분석"에 해당하는 것을 체크하시오.

① 치명도 해석 (　)
② 고장등급의 평가 (　)
③ 고장형의 예측과 설정 (　)
④ 기능 블록과 신뢰성 블록의 작성 (　)

039 FMEA의 표준적인 실시절차를 다음과 같이 나눌 때 제2단계의 내용에 해당하는 것을 체크하시오.

> - 제1단계 : 대상 시스템의 분석
> - 제2단계 : 고장의 유형과 그 영향의 해석
> - 제3단계 : 치명도 해석과 개선책의 검토

① 고장 등급의 평가 (　)

② 고장형의 예측과 설정 (　)

③ 상위 아이템의 고장영향의 검토 (　)

④ 기능 블록도와 신뢰성 블록도의 작성 (　)

★중요　　　　[09①, 10③, 18②, 19②, 23④]

040 시스템 위험분석 기법 중 고장형태 및 영향분석 (FMEA)에서 고장등급의 평가요소를 체크하시오.

① 기능적 고장 영향의 중요도 (　)

② 영향을 미치는 시스템의 범위 (　)

③ 고장발생의 빈도 (　)

④ 고장의 영향 크기 또는 신규설계의 가능성 (　)

⑤ 고장방지의 가능성 (　)

⑥ 생산능력의 범위 (　)

★중요　　[06③, 09③, 12①, 15③, 18①, 19①, 21③, 23②]

041 FMEA의 특징에 대한 설명으로 올바른지 체크하시오.

① 동시 다발로 발생하는 고장의 경우에도 해석이 가능하다. (　)

② 비전문가도 짧은 훈련으로 사용할 수 있다. (　)

③ Human Error의 검출이 어렵다. (　)

④ 전체 요소의 고장을 유형별로 분석할 수 있다. (　)

⑤ 서브시스템 분석 시 FTA보다 효과적이다. (　)

⑥ 시스템 해석기법은 정성적·귀납적 분석법 등에 사용된다. (　)

⑦ 각 요소간 영향 해석이 어려워 2가지 이상 동시 고장은 해석이 곤란하다. (　)

⑧ 해석의 영역이 물체에 한정되기 때문에 인적 원인의 해명이 곤란하다. (　)

⑨ 양식이 비교적 간단하고 적은 노력으로 특별한 훈련없이 해석이 가능하다. (　)

⑩ 논리적인 해석에 강하며, 동시에 두 가지 이상의 요소가 동시에 고장 나는 경우에도 분석이 용이하고, 적합하다. (　)

⑪ 물적, 인적요소 모두가 분석대상이 된다. (　)

042 FMEA(Failure Mode and Effect Analysis)가 유효한 경우를 체크하시오.

① 일정 고장률을 달성하고자 하는 경우 (　)

② 고장 발생을 최소로 하고자 하는 경우 (　)

③ 마멸 고장만 발생하도록 하고 싶은 경우 (　)

④ 시험 시간을 단축하고자 하는 경우 (　)

043 FMEA의 위험성 분류 중 카테고리-3과 관련이 있는 것을 체크하시오.

① 영향 없음(　)　　　　② 활동의 지연 (　)

③ 작업수행의 실패 (　)

④ 생명 또는 가옥의 상실 (　)

044 FMEA에서 고장의 발생확률(β)의 범위가 $0.10 \leq \beta < 1.00$인 경우, 고장의 영향에 해당하는 것을 체크하시오.

① 손실의 영향이 없음 (　)

② 실제 손실이 발생됨 (　)

③ 손실 발생의 가능성이 있음 (　)

④ 실제 손실이 예상됨 (　)

045 고장의 형과 영향 해석은 본래 정성적 분석방법이나 이를 정량적으로 보완하기 위하여 개발된 위험 분석법을 체크하시오.

① 결함수분석법(FTA) (　)

② 의사결정수(Dicision Tree) (　)

③ 고장의 형, 영향 및 치명도분석(FMECA) (　)

④ 운용안전성분석(OSA) (　)

★중요　　　[04②, 08②, 11②, 15③, 19①]

046 FTA에서 시스템의 기능을 살리는 데 필요한 최소한의 요인의 집합에 해당하는 것을 체크하시오.

① Boolean indicated cut set (　)

② minimal gate (　)

③ minimal path set (　)

④ critical set (　)

★중요 [10②, 15①, 16①, 22②]

047 FTA(Fault Tree Anylasis)에 관한 설명으로 올바른지 체크하시오.

① 복잡하고 대형화된 시스템의 신뢰성 분석에는 적절하지 않다. ( )

② 시스템 각 구성요소의 기능을 정상인가 또는 고장인가로 점진적으로 구분 짓는다. ( )

③ "그것이 발생하기 위해서는 무엇이 필요한가?"라는 것은 연역적이다. ( )

④ 사건들을 일련의 이분(binary) 의사 결정 분기들로 모형화 한다. ( )

⑤ 정성적 분석만 가능하다. ( )

⑥ 복잡하고 대형화된 시스템의 신뢰성 분석 및 안정성 분석에 이용되는 기법이다. ( )

⑦ FT에 동일한 사건이 중복되어 나타나는 경우 상향식(Bottom-up)으로 정상 사건 T의 발생 확률을 계산할 수 있다. ( )

⑧ 기초사건과 생략사건의 확률 값이 주어지게 되더라도 정상 사건의 최종적인 발생확률을 계산할 수 없다. ( )

⑨ 연역적 방법이다. ( )

⑩ 버텀-업(Bottom-Up) 방식이다. ( )

⑪ 기능적 결함의 원인을 분석하는 데 용이하다.

( )

⑫ 계량적 데이터가 축적되면 정량적 분석이 가능하다. ( )

★중요 [04②, 05③, 10③, 19②]

048 FTA의 기대효과에 해당하는 것을 체크하시오.

① 사고원인 규명의 간편화 ( )

② 사고원인 분석의 정성화 ( )

③ 노력, 시간의 절감 ( )

④ 시스템의 결함진단 ( )

⑤ 사고원인 분석의 일반화 ( )

⑥ 시간에 따른 원인 분석 ( )

⑦ 사고원인 분석의 정량화 ( )

[14③, 22②]

049 위험 분석 기법 중 시스템 수명주기 관점에서 적용 시점이 가장 빠른 것을 체크하시오.

① PHA ( )   ② FHA ( )

③ OHA ( )   ④ SHA ( )

[10①, 22④]

050 시스템 위험분석 기법의 그림에서 PHA가 실행되는 사이클의 영역은 어디인지 체크하시오.

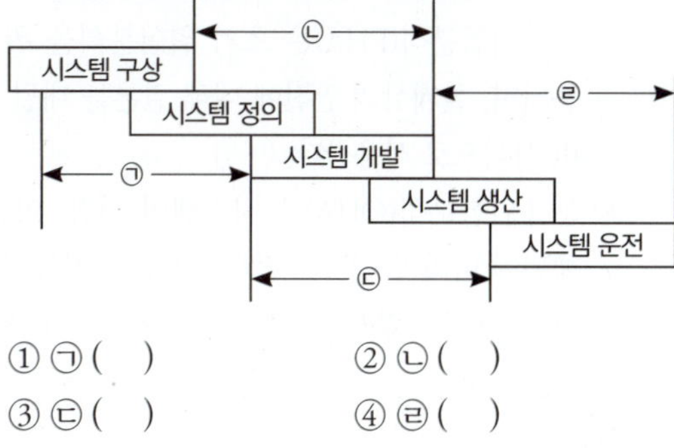

① ㉠ ( )   ② ㉡ ( )

③ ㉢ ( )   ④ ㉣ ( )

[03③, 18③, 21②, 25②]

051 시스템 수명주기에 있어서 예비위험분석(PHA)이 최초로 이루어지는 단계를 체크하시오.

① 구상단계 ( )   ② 점검단계 ( )

③ 운전단계 ( )   ④ 생산단계 ( )

★중요 [11①]

052 예비위험분석(PHA)의 목적을 체크하시오.

① 시스템의 구상단계에서 시스템 고유의 위험상태를 식별하여 예상되는 위험수준을 결정하기 위한 것이다. ( )

② 시스템에서 사고위험성이 정해진 수준이하에 있는 것을 확인하기 위한 것이다. ( )

③ 시스템내의 사고의 발생을 허용레벨까지 줄이고 어떠한 안전상에 필요사항을 결정하기 위한 것이다. ( )

④ 시스템의 모든 사용단계에서 모든 작업에 사용되는 인원 및 설비 등에 관한 위험을 분석하기 위한 것이다. ( )

[19③]

053 예비위험분석(PHA)를 수행하는 단계를 체크하시오.

① 구상 및 개발단계 ( )

② 운용단계 ( )

③ 발주서 작성단계 ( )

④ 설치 또는 제조 및 시험단계 ( )

[12③]

054 위험분석기법에 관한 설명으로 올바른지 체크하시오.

① 결함수분석(FTA)은 잠재위험을 체계적으로 파악하고 분석하며, 연역적 사고방식을 사용한다. (　)

② 결함위험분석(FHA)은 기능적 위험을 분석하고 파악하며, 연역적 방식을 사용한다. (　)

③ 예비위험분석(PHA)은 초기 위험분석을 위해 사용되며, 설계상의 안전에 대해 결론을 내릴 때 예비 서식으로 사용한다. (　)

④ 운용위험분석(OHA)은 시스템이 저장, 이동, 실행됨에 따라 발생하는 작동시스템의 기능이나 과업, 활동으로부터 발생되는 위험분석에 사용한다. (　)

[12①, 18③]

055 그림에서 결함위험분석(FHA, fault hazard analysis)의 적용 단계에 해당하는 것을 체크하시오.

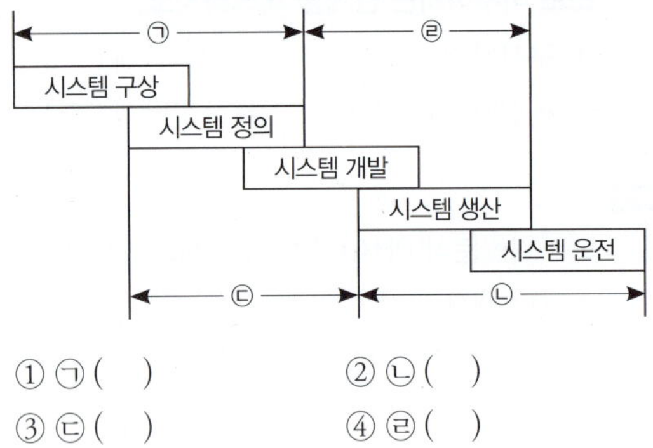

① ㉠ (　)　　　　② ㉡ (　)

③ ㉢ (　)　　　　④ ㉣ (　)

[12③]

056 시스템 수명주기 단계에 있어서 예비설계와 생산기술을 확인하는 단계를 체크하시오.

① 구상 단계 (　)　　② 정의 단계 (　)

③ 개발 단계 (　)　　④ 생산 단계 (　)

★중요

[13①, 23②, 24①]

057 시스템 안전 프로그램에 있어 시스템의 수명 주기를 일반적으로 5단계로 구분할 수 있는데, 시스템 수명주기의 단계에 해당하는 것을 체크하시오.

① 구상 단계 (　)

② 생산 단계 (　)

③ 운전 단계 (　)

④ 분석 단계 (　)

[19①]

058 시스템의 수명주기 단계 중 마지막 단계에 해당하는 것을 체크하시오.

① 구상 단계 (　)　　② 개발 단계 (　)

③ 운전 단계 (　)　　④ 생산 단계 (　)

[16③]

059 운용위험분석(OHA)의 내용으로 올바른지 체크하시오.

① 위험 혹은 안전장치의 제공, 안전방호구를 제거하기 위한 설계변경이 준비되어야 한다. (　)

② 운용위험분석(OHA)은 일반적으로 결함위험분석(FHA)이나 예비위험분석(PHA)보다 일반적으로 복잡하다. (　)

③ 운용위험분석(OHA)은 시스템이 저장되고 실행됨에 따라 발생하는 작동시스템의 기능 등의 위험에 초점을 맞춘다. (　)

④ 안전의 기본적 관련사항으로 시스템의 서비스, 훈련, 취급, 저장, 수송하기 위한 특수한 절차가 준비되어야 한다. (　)

[05②, 15②]

060 시스템의 제조, 설치 및 시험단계에서 이루어지는 시스템 안전 부문의 주된 작업을 체크하시오.

① 운용 안전성 분석(OSA)의 실시 (　)

② 안전성이 손상되는 일이 없도록 조작장치, 사용설명서의 변경과 수정을 평가할 것 (　)

③ 제조환경이 제품의 안전 설계를 손상하지 않도록 산업안전보건 기준에 부합되도록 할 것 (　)

④ 시스템 안전성 위험분석(SSHA)에서 지정된 전 조치의 실시를 보증하는 계통적인 감시, 확인 프로그램을 확립·실시할 것 (　)

[05③, 25③]

061 시스템 안전 해석 방법에 해당하는 것을 체크하시오.

① PHA (　)　　　　② FHA (　)

③ MORT (　)　　　④ SLP (　)

[22①]

062 HAZOP 분석기법의 장점을 체크하시오.

① 학습 및 적용이 쉽다. (　)

② 기법 적용에 큰 전문성을 요구하지 않는다. ( )

③ 짧은 시간에 저렴한 비용으로 분석이 가능하다.
( )

④ 다양한 관점을 가진 팀 단위 수행이 가능하다. ( )

[15①, 18①, 20②, 21③, 22②③]

063 HAZOP 기법에서 사용하는 가이드워드와 그 의미의 연결이 올바른지 체크하시오.

① As well as : 성질상의 증가 ( )

② More/Less : 정량적인 증가 또는 감소 ( )

③ Part of : 성질상의 감소 ( )

④ Other than : 기타 환경적인 요인 ( )

⑤ No/Not : 디자인 의도의 완전한 부정 ( )

⑥ Reverse : 디자인 의도의 논리적 반대 ( )

[13③]

064 HAZOP의 전제조건에 해당하는 것을 체크하시오.

① 이상 발생 시 안전장치는 동작하지 않는 것으로 간주한다. ( )

② 두 개 이상의 기기고장이나 사고는 일어나지 않는 것으로 간주한다. ( )

③ 장치 자체는 설계 및 제작 사양에 맞게 제작된 것으로 간주한다. ( )

④ 조작자는 위험상황이 일어났을 때 그것을 인식할 수 있고, 충분한 시간이 있는 경우 필요한 조치사항을 취하는 것으로 간주한다. ( )

[05①, 25①]

065 위험 및 운전성 검토(HAZOP)의 성패를 좌우하는 중요 요인을 체크하시오.

① 팀의 무재해 운동 추진 실태 ( )

② 검토에 사용된 도면이나 자료들의 정확성 ( )

③ 팀의 기술능력과 통찰력 ( )

④ 발견된 위험의 심각성을 평가할 때 그 팀의 균형 감각을 유지할 수 있는 능력 ( )

★중요　　[06①, 16②, 18③, 20③, 22①]

066 시스템 안전분석법 중 예비위험분석의 식별된 4가지 사고 카테고리에 해당하는 것을 체크하시오.

① 선별적 상태 ( )

② 중대(위험) 상태(critical) ( )

③ 무시가능 상태(negligible) ( )

④ 파국적 상태(catastrophic) ( )

⑤ 한계적 상태(marginal) ( )

⑥ 수용가능 상태(acceptable) ( )

⑦ 예비조치상태 ( )

[17③]

067 좋은 코딩 시스템의 요건을 체크하시오.

① 코드의 검출성 ( )　　② 코드의 식별성 ( )

③ 코드의 표준화 ( )

④ 단순차원 코드의 사용 ( )

[07③]

068 그림은 사건수분석(Event Tree Analysis, ETA)의 작성 사례이다. A, B, C에 들어갈 확률값으로 올바른 것을 체크하시오.

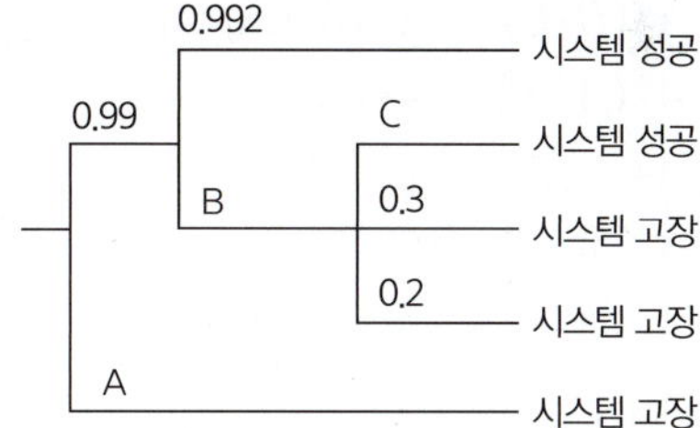

① A : 0.01, B : 0.008, C : 0.03 ( )

② A : 0.008, B : 0.01, C : 0.2 ( )

③ A : 0.01, B : 0.008, C : 0.5 ( )

④ A : 0.01, B : 0.01, C : 0.008 ( )

[10③]

069 DT(Decision Tree) 그림에서 ㉠, ㉡, ㉢에 해당하는 값으로 올바른 것을 체크하시오.

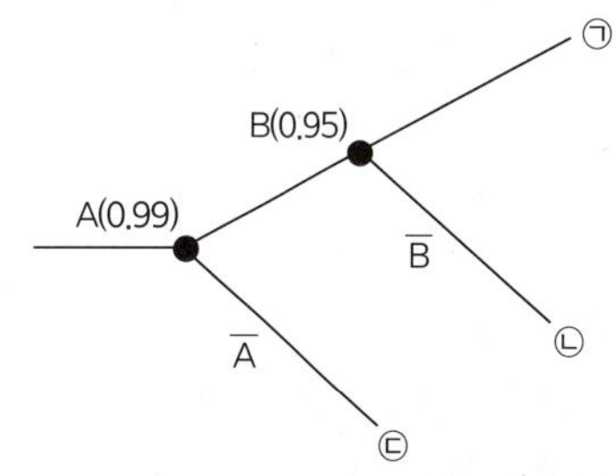

① ㉠ : 0.9405, ㉡ : 0.0495, ㉢ : 0.01 ( )

② ㉠ : 0.9999, ㉡ : 0.0495, ㉢ : 0.05 ( )

③ ㉠ : 0.9995, ㉡ : 0.9905, ㉢ : 0.05 ( )

④ ㉠ : 1.94, ㉡ : 1.04, ㉢ : 0.01 ( )

[04①]

070 설계단계의 위험 및 운용성 검토에서 일반적으로 위험을 억제하기 위한 직접적 조치에 해당하는 것을 체크하시오.

① 공정의 변경(방법, 원료 등) ( )

② 생산목표의 변경 ( )

③ 공정조건의 변경(압력, 온도 등) ( )

④ 작업방법의 변경 ( )

[04②, 07②, 08①③, 10①, 13③, 14②③,
18③, 21①, 22①②, 23①, 25①]

071 불대수(Boolean Algebra)식이 올바른지 체크하시오.

① $A \cdot (\overline{A}+B) = \overline{A}+B$ ( )

② $\overline{A+B} = \overline{A} \cdot \overline{B}$ ( )

③ $A+A = A$ ( )

④ $A \cdot (B \cdot C) = (A \cdot B) \cdot C$ ( )

⑤ $A \cdot (A+B) = A+B$ ( )

⑥ $A+A \cdot B = A$ ( )

⑦ $A+\overline{A} = A+B$ ( )

⑧ $A+\overline{A} = 1$ ( )

⑨ $A+1 = A$ ( )

⑩ $A+\overline{A} = 1$ ( )

⑪ $A+AB = A$ ( )

⑫ $A+A = A$ ( )

⑬ $A+\overline{A} \cdot B = A+B$ ( )

⑭ $\overline{A \cdot B} = \overline{A}+\overline{B}$ ( )

⑮ $A+B = \overline{A} \cdot \overline{B}$ ( )

⑯ $A(A+B) = A$ ( )

⑰ $A \cdot 0 = 0$ ( )

⑱ $A+1 = 1$ ( )

⑲ $A \cdot \overline{A} = 1$ ( )

⑳ $A(A+B) = A$ ( )

㉑ $A \cdot A = A$ ( )

㉒ $A \cdot \overline{A} = 0$ ( )

㉓ $A+AB = A$ ( )

㉔ $A+A = A$ ( )

㉕ $A \cdot 0 = 0$ ( )

㉖ $A+1 = 1$ ( )

㉗ $A+B = \overline{A}+B$ ( )

㉘ $A+\overline{A} \cdot B = A+B$ ( )

[09②]

072 불대수식 $(A+B) \cdot (\overline{A}+B)$를 가장 간단하게 표현한 것을 체크하시오.

① $A \cdot B$ ( )　　　　② $\overline{A} \cdot B+A \cdot \overline{B}$ ( )

③ A ( )　　　　　　④ B ( )

[09①]

073 부분집합 A, B, C가 $A+(B \cdot C)$의 관계를 갖는다고 할 때 이와 동일한 것을 체크하시오.

① $(A+B) \cdot (A+C)$ ( )

② $A \cdot B+A \cdot C$ ( )

③ $A \cdot (B \cdot C)$ ( )

④ $A+(B-C)$ ( )

02 단답형 문제

[22②]

001 다음 설명에 해당하는 용어를 쓰시오.

> 유해·위험요인을 파악하고 해당 유해·위험요인에 의해 부상 또는 질병의 발생 가능성(빈도)과 중대성(강도)를 추정·결정하고 감소대책을 수립하여 실행하는 일련의 과정을 말한다.

[10③]

002 안전성 평가 단계를 올바르게 나열하시오.

> ㉠ 정성적 평가
> ㉡ 정량적 평가
> ㉢ 안전대책 수립
> ㉣ 관계자료 작성준비
> ㉤ 재평가

★중요

[12②, 15③, 24③]

003 금속세정작업장에서 실시하는 안전성 평가단계를 다음과 같이 5가지로 구분할 때, 4단계에 해당하는 것을 쓰시오.

> • 재평가
> • 안전대책
> • 정량적 평가
> • 정성적 평가
> • 관계 자료의 작성 준비

[17③]

004 위험상황을 해결하기 위한 위험처리기술에 해당하는 것을 쓰시오.

[14③]

005 Chapanis는 위험분석을 확률과 영향 두 가지 요소를 고려하여 확률수준과 그에 따른 위험발생률을 객관화하였는데, 이 중에서 "가끔 발생하는 (occasional)" 발생빈도의 확률을 쓰시오.

|정답|

001 위험성 평가　　**002** ㉣ → ㉠ → ㉡ → ㉢ → ㉤　　**003** 안전대책　　**004** 위험감축(Reduction)　　**005** 10^{-4}/day 초과

006 FMEA에 의한 분석에서 고장이 상위의 조립품이나 작업 그리고 인원에 미치는 영향의 발생확률(β)을 정량화한 것 중 예상되는 손실의 β범위를 쓰시오.

007 항공기의 안정성 평가에 널리 사용되는 기법으로서 각 중요 부품의 고장률, 운용형태, 보정계수, 사용시간비율 등을 고려하여 정량적, 귀납적으로 부품의 위험도를 평가하는 분석기법이 무엇인지 쓰시오.

008 운영안전성분석(OSA)은 제품 개발사이클의 무슨 단계에서 실시하는가를 쓰시오.

009 서브시스템 분석에 사용되는 분석방법으로, 시스템 수명주기에서 ㉠에 들어갈 위험분석기법은 무엇인지 쓰시오.

시스템 구상
시스템 정의
시스템 개발
시스템 생산
시스템 운전
(㉠)

010 다음 설명 중 괄호 안에 알맞은 용어를 쓰시오.

- (㉠) : FTA와 동일의 논리적 방법을 사용하여 관리, 설계, 생산, 보전 등에 대한 넓은 범위에 걸쳐 안전성을 확보하려는 시스템 안전 프로그램
- (㉡) : 사고 시나리오에서 연속된 사건들의 발생 경로를 파악하고 평가하기 위한 귀납적이고 정량적인 시스템 안전 프로그램

011 시스템 안전해석 방법 중 HAZOP에서 "완전 대체"를 의미하는 유인어를 쓰시오.

012 위험 및 운전성 검토(HAZOP)에서 "성질상의 감소"를 나타내는 가이드 워드를 쓰시오.

013 생산, 보전, 시험, 운반, 저장, 비상탈출 등에 사용되는 인원, 설비에 관하여 위험을 동정(同定)하고 제어하며, 그들의 안전요건을 결정하기 위하여 실시하는 분석기법을 쓰시오.

[14②]

014 다음 설명에서 ㉠과 ㉡에 해당하는 내용을 쓰시오.

> 예비위험분석(PHA)의 식별된 4가지 카테고리 중 작업자의 부상 및 시스템의 중대한 손해를 초래하거나 작업자의 생존 및 시스템의 유지를 위하여 즉시 수정 조치를 필요로 하는 상태를 (㉠), 작업자의 부상 및 시스템의 중대한 손해를 초래하지 않고, 대처 또는 제어할 수 있는 상태를 (㉡)(이)라 한다.

[20①]

015 모든 시스템에서 안전분석에서 제일 첫 번째 단계의 분석으로, 실행되고 있는 시스템을 포함한 모든 것의 상태를 인식하고 시스템의 개발단계에서 시스템 고유의 위험상태를 식별하여 예상되고 있는 재해의 위험수준을 결정하는 것을 목적으로 하는 위험분석 기법이 무엇인지 쓰시오.

★중요

[05①, 07①, 09②]

016 시스템안전 위험분석(SSHA)을 수행하기 위한 최초의 작업으로서, 구상단계나 설계 및 발주의 극히 초기에 실시되는 것이 무엇인지 쓰시오.

[13②]

017 시스템 내에 존재하는 위험을 파악하기 위한 목적으로 시스템 설계 초기 단계에 수행되는 위험분석 기법이 무엇인지 쓰시오.

[15①, 23②]

018 모든 시스템 안전 프로그램에서의 최초 단계 해석으로, 시스템의 위험요소가 어떤 위험 상태에 있는가를 정성적으로 평가하는 분석 방법이 무엇인지 쓰시오.

[06①, 24②]

019 복잡한 시스템을 설계 가동하기 전의 구상단계에서 시스템의 근본적인 위험성을 평가하는 가장 기초적인 위험도 분석 기법이 무엇인지 쓰시오.

[03③]

020 논리기법을 이용하여 관리, 설계, 생산, 보전 등의 광범위한 안전을 도모하기 위해 개발된 시스템 안전기법이 무엇인지 쓰시오.

|정답|

006 $0.1 \leq \beta \leq 1.00$ **007** CA(Criticality Analysis, 위험도 분석)   **008** 제조, 조립 및 시험단계
009 결함위험분석(FHA, fault hazard analysis)의 단계   **010** ㉠ MORT, ㉡ ETA   **006** OTHER THAN   **012** PART OF
013 운용 및 지원 위험분석(O&SHA)   **014** ㉠ 중대(위험), ㉡ 한계적   **015** PHA(예비사고 위험분석)   **016** PHA(예비사고 위험분석)
017 PHA(예비사고 위험분석)   **018** PHA(예비사고 위험분석)   **019** PHA(예비사고 위험분석)   **020** MORT(경영소홀과 위험수 분석)

021 1970년 이후 미국의 W. G. Johnson에 의해 개발된 최신 시스템 안전프로그램이며, 원자력 산업의 고도 안전 달성을 위해 개발된 분석기법으로서 관리, 설계, 생산, 보전 등 광범위한 안전을 도모하기 위하여 개발된 분석기법이 무엇인지 쓰시오.

[17①]

022 시스템이 저장되어 이동되고 실행됨에 따라 발생하는 작동시스템이 기능이나 과업, 활동으로부터 발생되는 위험에 초점을 맞춘 위험분석 차트는 무엇인지 쓰시오.

[21①]

023 서브시스템, 구성요소, 기능 등의 잠재적 고장형태에 따른 시스템의 위험을 파악하는 위험 분석 기법이 무엇인지 쓰시오.

[04①]

024 시스템 안전분석에 이용되는 전형적인 정성적·귀납적 분석방법으로서, 서식이 간단하고 비교적 적은 노력으로 특별한 훈련 없이 분석이 가능하다는 장점을 가지고 있는 기법이 무엇인지 쓰시오.

★중요   [21②, 22④, 23②, 25③]

025 위험분석기법 중 고장이 시스템의 손실과 인명의 사상에 연결되는 높은 위험도를 가진 요소나 고장의 형태에 따른 분석법이 무엇인지 쓰시오.

[06②, 10②]

026 디시전 트리(Decision Tree)를 재해사고의 분석에 이용한 경우의 분석법이며, 설비의 설계 단계에서부터 사용 단계까지의 각 단계에서 위험을 분석하는 귀납적·정략적 분석방법이 무엇인지 쓰시오.

|정답|

021 MORT(경영소홀과 위험수 분석)　　**022** OHA(운용위험분석)　　**023** FMEA(고장형태영향분석)　　**024** FMEA(고장형태영향분석)
025 CA(위험도 분석)　　**026** ETA(사건수 분석)

03 계산형 문제

[03①]

001 다음 그림과 같은 man-machine system에서의 신뢰도를 구하시오. (단, man의 신뢰도는 0.70이고, machine 신뢰도는 0.90)

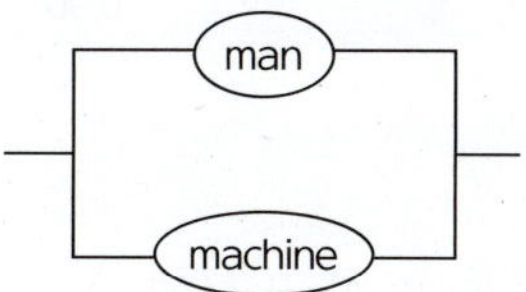

⚙ **해설**

man-machine system의 신뢰도
= 1-(1-man)(1-machine) = 1-(1 - 0.70)×(1 - 0.90) = 0.97

★중요

[03③, 06③, 25②]

002 a, b의 신뢰도를 각각 R_a, R_b라 할 때 다음 그림과 같은 체계의 신뢰도 RH를 구하시오.

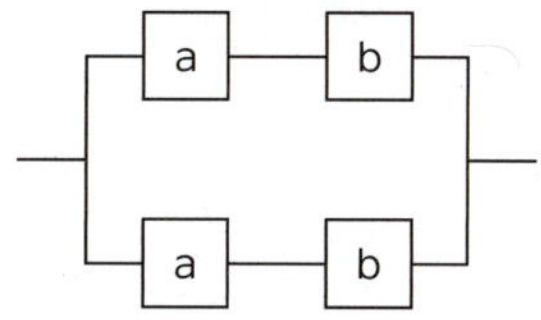

⚙ **해설**

a와 b는 직렬, 직렬의 a와 b는 병렬로 직·병렬회로이므로,
신뢰도(R_H) = $1-(1-R_aR_b)(1-R_aR_b) = 2R_aR_b-(R_aR_b)^2$이 됨을 알 수 있다.

★중요

[04①, 06②]

003 다음 그림과 같은 기계 시스템의 신뢰도를 구하시오.

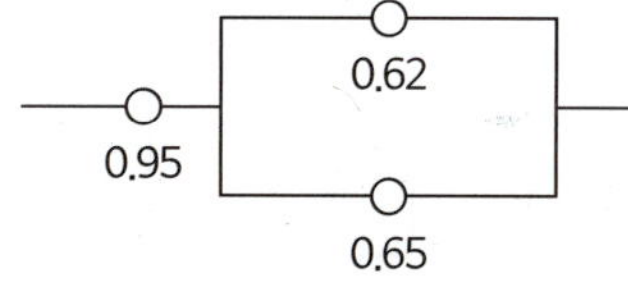

⚙ **해설**

- 직렬연결구조의 신뢰도 = $R_1 \cdot R_2 \cdot R_3 \cdots R_n = IIR_i$
- 병렬연결구조의 신뢰도 = $1-\{(1-R_1)(1-R_2)(1-R_3) \cdots (1-R_n)\} = 1-II(1-R_i)$

0.62와 0.65는 병렬연결구조이고, 이것(0.62와 0.65)과 0.95는 직렬연결구조이므로,
신뢰도 = 0.95×[1-(1-0.62)(1-0.65)] = 0.82356

★중요

004 각 부품의 신뢰도가 다음과 같을 때 시스템의 전체 신뢰도를 구하시오. (단, 반올림하여 소수점 넷째자리까지 구함)

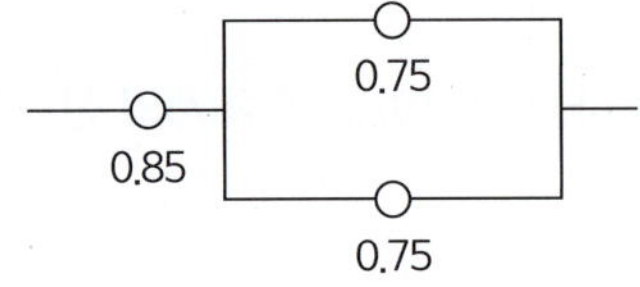

> ⚙ **해설**
>
> - 직렬연결구조의 신뢰도 $= R_1 \cdot R_2 \cdot R_3 \cdots R_n = IIR_i$
> - 병렬연결구조의 신뢰도 $= 1 - \{(1-R_1)(1-R_2)(1-R_3) \cdots (1-R_n)\} = 1 - II(1-R_i)$
>
> 0.95와 0.90은 병렬연결구조이고, 이것(0.95와 0.90)과 0.95는 직렬연결구조이므로,
> 신뢰도 $= 0.95 \times [1-(1-0.95)(1-0.90)] = 0.94525 ≒ 0.9453$

005 다음 시스템의 신뢰도를 구하시오. (단, 반올림하여 소수점 넷째자리까지 구함)

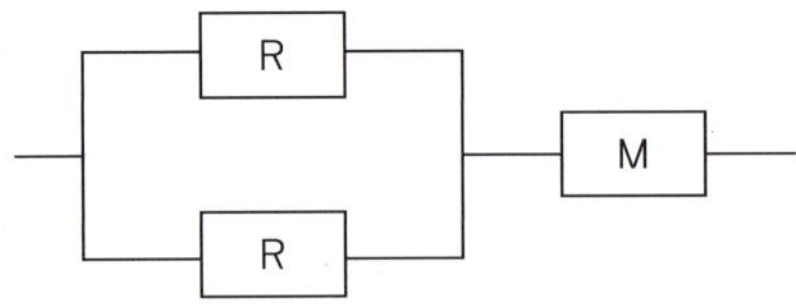

> ⚙ **해설**
>
> - 직렬연결구조의 신뢰도 $= R_1 \cdot R_2 \cdot R_3 \cdots R_n = IIR_i$
> - 병렬연결구조의 신뢰도 $= 1 - \{(1-R_1)(1-R_2)(1-R_3) \cdots (1-R_n)\} = 1 - II(1-R_i)$
>
> 0.75와 0.75는 병렬연결구조이고, 이것(0.75와 0.75)과 0.85는 직렬연결구조이므로,
> 신뢰도 $= 0.85 \times [1-(1-0.75)(1-0.75)] = 0.796875 ≒ 0.7969$

006 다음 그림과 같은 직·병렬 시스템의 신뢰도를 구하시오 (단, 병렬 구성요소의 신뢰도는 R이고, 직렬 구성요소의 신뢰도는 M임)

> ⚙ **해설**
>
> - 직렬연결구조의 신뢰도 $= R_1 \cdot R_2 \cdot R_3 \cdots R_n = IIR_i$
> - 병렬연결구조의 신뢰도 $= 1 - \{(1-R_1)(1-R_2)(1-R_3) \cdots (1-R_n)\} = 1 - II(1-R_i)$
>
> R과 R은 병렬연결구조이고, 이것(R과 R)과 M은 직렬연결구조이므로,
> 신뢰도 $= M \times [1-(1-R)(1-R)] = M(2R-R^2)$

[07①, 25①]

007 다음의 직·병렬 시스템에 있어서의 장치의 신뢰도를 구하시오. (단, 각 구성요소의 신뢰도는 R)

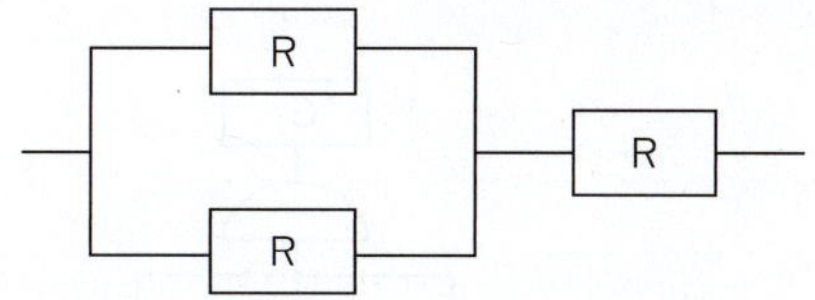

🔧 **해설**

- 직렬연결구조의 신뢰도 $= R_1 \cdot R_2 \cdot R_3 \cdots R_n = II R_i$
- 병렬연결구조의 신뢰도 $= 1-\{(1-R_1)(1-R_2)(1-R_3) \cdots (1-R_n)\} = 1-II(1-R_i)$

R와 R는 병렬연결구조이고, 이것(R와 R)과 R는 직렬연결구조이므로

신뢰도 $= R \times [1-(1-R)(1-R)] = R(2R-R^2) = 2R^2-R^3 = R^2(2-R)$

[11③]

008 다음 그림과 같이 3개의 부품으로 구성된 시스템의 전체 신뢰도를 구하시오.

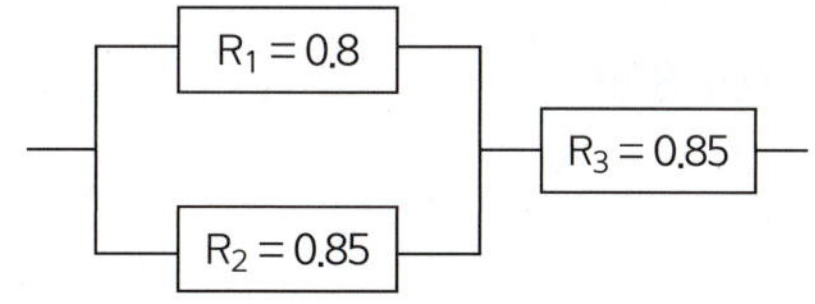

🔧 **해설**

- 직렬연결구조의 신뢰도 $= R_1 \cdot R_2 \cdot R_3 \cdots R_n = II R_i$
- 병렬연결구조의 신뢰도 $= 1-\{(1-R_1)(1-R_2)(1-R_3) \cdots (1-R_n)\} = 1-II(1-R_i)$

0.8과 0.85는 병렬연결구조이고, 이것(0.8과 0.85)과 0.85는 직렬연결구조이므로,

신뢰도 $= 0.85 \times [1-(1-0.8)(1-0.85)] = 0.8245$

★중요

009 다음 그림과 같은 FT(Fault Tree)도가 있을 때 G_1의 발생 확률을 구하시오. (단, 발생확률은 ①은 0.3, ②는 0.4, ③은 0.3, ④는 0.5)

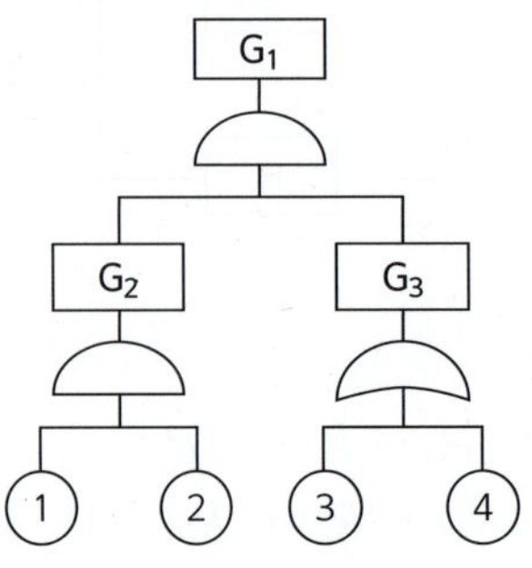

🔧 **해설**

논리적(곱)과 논리화(합)의 확률

1) 정의

　㉮ 논리적(곱)의 확률 : $q(A \cdot B \cdot C \cdots N) = q_A \cdot q_B \cdot q_C \cdots q_N$

　㉯ 논리화(합)의 확률 : $q(A+B+C+ \cdots +N) = 1-(1-q_A) \cdot (1-q_B) \cdot (1-q_C) \cdots (1-q_N)$

2) 기호와 명칭

명칭	AND(곱, 직렬)	OR(합, 병렬)
기호		

위의 내용을 토대로, FT(Fault Tree)도를 풀이하면,

3) G_1은 G_2와 G_3의 곱(직렬)으로 나타내고, G_2는 ①과 ②의 곱(직렬)으로 나타내며, G_3는 ③과 ④의 합(병렬)의 연결구조이다.

즉, $G_1 = G_2 G_3$, $G_2 = ① \times ②$, $G_3 = 1-(1-③)(1-④)$이 됨을 알 수 있다.

4) 각각의 논리를 순차적으로 풀이하면,

　㉮ $G_2 = ① \times ② = 0.3 \times 0.4 = 0.12$

　㉯ $G_3 = 1-(1-③)(1-④) = 1-(1-0.3)(1-0.5) = 0.65$

　㉰ $G_1 = G_2 G_3 = 0.12 \times 0.65 = 0.078$

그러므로, G_1의 발생 확률은 0.078이다.

[09②]

010 다음의 FT도에서 시스템의 신뢰도를 구하시오. (단, 모든 부품의 발생확률은 0.15이며, 소반올림하여 소수점 넷째 자리까지 구함)

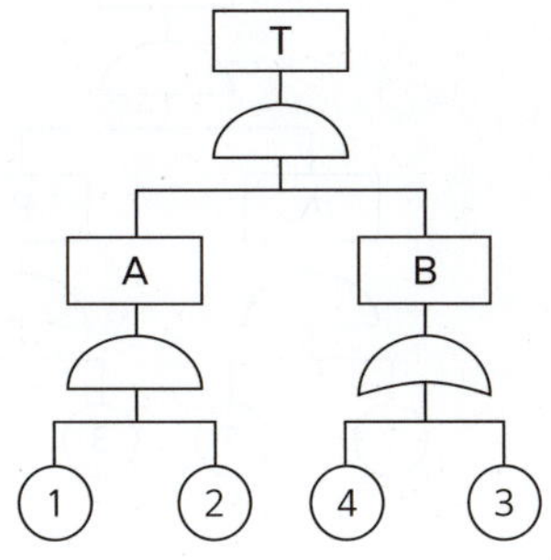

> ⚙ **해설**
>
> 1) T는 A와 B의 곱(직렬)으로 나타내고, A는 ①과 ②의 곱(직렬)으로 나타내며, B는 ③과 ④의 합(병렬)의 연결구조이다. 즉, $T = A \cdot B$, $A = ① \times ②$, $B = 1-(1-③)(1-④)$이 됨을 알 수 있다.
> 2) 각각의 논리를 순차적으로 풀이하면,
>   ㉮ $A = ① \times ② = 0.15 \times 0.15 = 0.0225$
>   ㉯ $B = 1-(1-③)(1-④) = 1-(1-0.15)(1-0.15) = 0.2775$
>   ㉰ $T = A \cdot B = 0.0225 \times 0.2775 = 0.006244$
>
> 그러므로, T의 발생 확률(정상 사상으로 고장에 대한 발생확률)은 0.006244이다.
> 그런데 문제에서는 신뢰도를 구하여야 하므로,
> 신뢰도 = 1-발생(고장)확률 = 1-0.006244 = 0.99376 ≒ 0.9938

[21③]

011 FT도에서 신뢰도를 백분율(%)로 구하시오. (단, A의 발생확률은 0.01, B의 발생확률은 0.02)

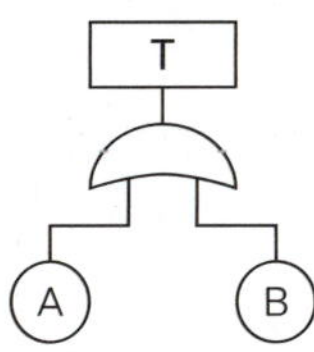

> ⚙ **해설**
>
> 1) T는 A와 B의 합(병렬)의 연결구조이므로, $T = 1-(1-A)(1-B)$이 됨을 알 수 있다.
> 2) 각각의 논리를 순차적으로 풀이하면,
> $T = 1-(1-A)(1-B) = 1-(1-0.01)(1-0.02) = 0.0298$
>   그러므로, T의 발생 확률(정상 사상으로 고장에 대한 발생확률)은 0.0298이다.
>
> 그런데, 문제에서는 신뢰도를 구하여야 하므로,
> 신뢰도 = 1-발생(고장)확률 = 1-0.0298 = 0.9702이다.
> 백분율로 환산하면, 0.9702 × 100 = 97.02%이다.

012 FT도에서 시스템의 신뢰도를 구하시오. (단, 모든 부품의 발생확률은 0.1)

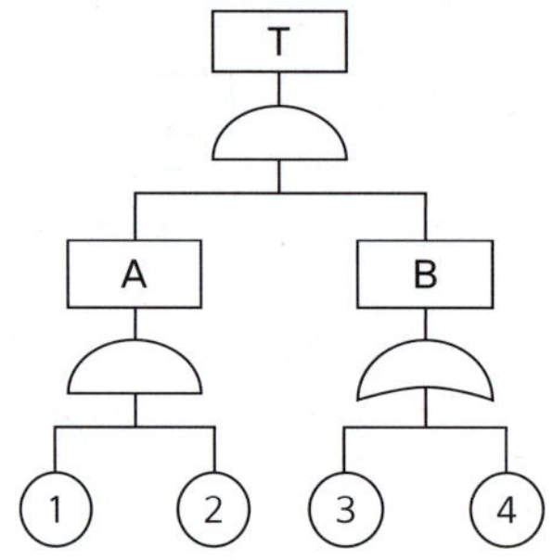

⚙ **해설**

1) T는 A와 B의 곱(직렬)으로 나타내고, A는 ①과 ②의 곱(직렬)으로 나타내며, B는 ③과 ④의 합(병렬)의 연결구조이다.

즉, $T = A \cdot B$, $A = ① \times ②$, $B = 1 - (1 - ③)(1 - ④)$이 됨을 알 수 있다.

2) 각각의 논리를 순차적으로 풀이하면,

㉮ $A = ① \times ② = 0.1 \times 0.1 = 0.01$

㉯ $B = 1 - (1 - ③)(1 - ④) = 1 - (1 - 0.1)(1 - 0.1) = 0.19$

㉰ $T = A \cdot B = 0.01 \times 0.19 = 0.0019$

그러므로, T의 발생 확률(정상 사상으로 고장에 대한 발생확률)은 0.0019이다. 그런데, 문제에서는 신뢰도를 구하여야 하므로, 신뢰도 = 1 - 발생(고장)확률 = 1 - 0.0019 = 0.9981

013 7개의 기기로 구성된, 다음 그림과 같은 시스템이 있다. 모든 기기가 동일하게 신뢰도가 0.8이다. 이 시스템의 신뢰도를 구하시오.

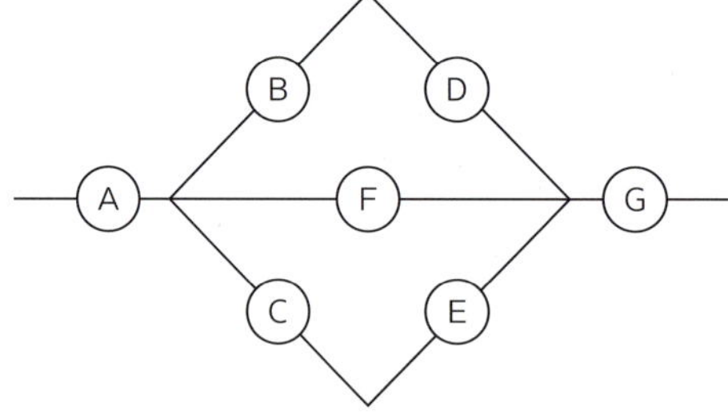

⚙ **해설**

ⓑ와 ⓓ는 곱(직렬), ⓒ와 ⓔ는 곱(직렬), ⓑ와 ⓓ, ⓕ, ⓒ와 ⓔ는 합(병렬), ⓐ, (ⓑ와 ⓓ, ⓕ, ⓒ와 ⓔ), ⓖ는 곱(직렬)의 연결구조이다.

그러므로, 신뢰도(R) = ⓐ $\times$ {$1 - (1 - ⓑ \times ⓓ) \times (1 - ⓕ) \times (1 - ⓒ \times ⓔ)$} $\times$ ⓖ

= $0.8 \times [1 - (1 - 0.8 \times 0.8) \times (1 - 0.8) \times (1 - 0.8 \times 0.8)] \times 0.8 = 0.6234112 ≒ 0.6234$

[07②, 19②, 23②, 24③]

★중요

014 다음 그림과 같이 7개의 기기로 구성된 시스템의 신뢰도를 구하시오. (단, 네모 안의 숫자는 각 부품의 신뢰도이며, 반올림하여 소수점 넷째자리까지 구함)

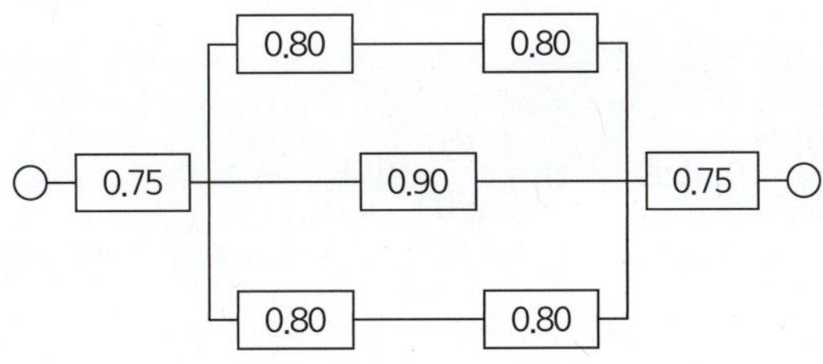

⚙ **해설**

0.80과 0.80은 곱(직렬), 0.80과 0.80은 곱(직렬), 0.80과 0.80, 0.90, 0.80과 0.80은 합(병렬), 0.75, (0.80과 0.80, 0.90, 0.80과 0.80), 0.75는 곱(직렬)의 연결구조이다.

그러므로, 신뢰도$(R) = 0.75 \times [1-(1-0.8 \times 0.8) \times (1-0.9) \times (1-0.8 \times 0.8)] \times 0.75$

$$= 0.55521 ≒ 0.5552$$

[05②, 13①, 15②]

★중요

015 다음 시스템의 신뢰도를 구하시오. (단, 소수점 넷째 자리까지 구함)

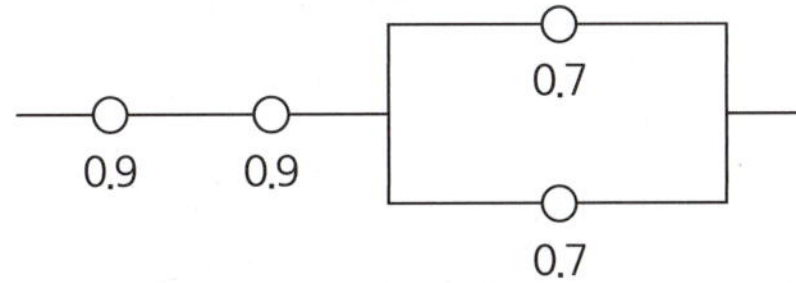

⚙ **해설**

0.7과 0.7은 합(병렬)로 나타내고, 0.9와 0.9는 곱(직렬)으로 나타내며, (0.7과 0.7)과 (0.9와 0.9)는 직렬연결구조이다. 즉, 신뢰도$(R) = 0.9 \times 0.9 \times \{1-(1-0.7) \times (1-0.7)\} = 0.7371$

[06①, 09③]

★중요

016 어떤 엘리베이터의 강철 로우프는 세 가닥이지만, 실제로 두 가닥 이상만 정상이면 엘리베이터의 정상 작동은 확보된다. 강철 로우프 한 가닥의 신뢰도가 r이라 할 때, 엘리베이터의 정상작동 확률을 구하시오.

⚙ **해설**

엘리베이터의 정상 작동 확률의 경우를 보면,

1) 세 가닥(1, 2, 3)이 모두 정상인 경우 : $r \times r \times r = r^3$

2) 두 가닥이 정상이고, 한 가닥이 불량인 경우를 보면,

    ㉮ 1, 2가 정상, 3이 불량인 경우 : $r_1 \times r_2 \times (1-r_3) = r^2(1-r)$

    ㉯ 2, 3이 정상, 1이 불량인 경우 : $r_2 \times r_3 \times (1-r_1) = r^2(1-r)$

    ㉰ 1, 3이 정상, 2가 불량인 경우 : $r_1 \times r_3 \times (1-r_2) = r^2(1-r)$

그러므로, 정상 작동 확률은 1)+2) $= r^3 + 3r^2(1-r)$이 됨을 알 수 있다.

017 시스템의 고장을 분석하는 데에는 고장밀도함수 f(t)보다 고장률함수 λ(t)가 더 중요한 의미를 갖는다. 고장률함수 λ(t)를 구하시오. [단, R(t)는 신뢰도함수, f(t)는 불신뢰도함수를 의미함]

> ⚙ **해설**
>
> 고장률함수 $= \dfrac{\text{불신뢰도함수}}{\text{신뢰도함수}}$ 이므로, $\lambda(t) = \dfrac{f(t)}{R(t)}$ 이다.

018 다음 그림과 같이 3개의 부품이 병렬로 이루어진 시스템의 전체 신뢰도를 구하시오. (단, 원 안의 값은 각 부품의 신뢰도임)

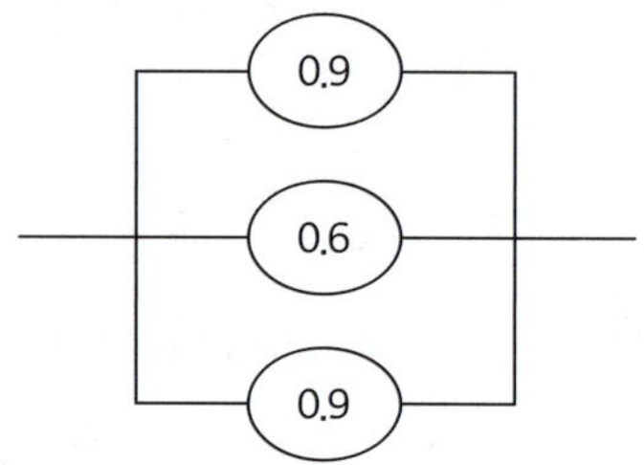

> ⚙ **해설**
>
> 병렬연결구조의 신뢰도 $= 1-\{(1-R_1)(1-R_2)(1-R_3)\cdots(1-R_n)\} = 1-II(1-R_i)$
>
> 그러므로, 신뢰도$(R) = 1-(1-0.9)(1-0.6)(1-0.9) = 0.996$

★중요

019 그림과 같은 시스템에서 부품 A, B, C, D의 신뢰도가 모두 r로 동일할 때, 이 시스템의 신뢰도를 구하시오.

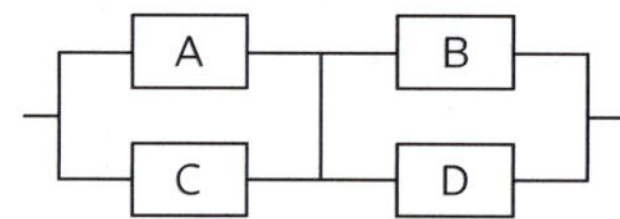

> ⚙ **해설**
>
> A와 C, B과 D는 합(병렬), A, C와 B, D는 곱(직렬)의 연결구조이다.
> 1) $A, C = [1-(1-r)(1-r)] = [1-(1-r)^2]$
> 2) $B, D = [1-(1-r)(1-r)] = [1-(1-r)^2]$
> 3) A, C와 $B, D = [1-(1-r)^2] \times [1-(1-r)^2]$
> $= 4r^2-4r^3+r^4 = r^2(4-4r+r^2) = r^2(2-r)^2$

[08②]

★중요

020 그림과 같은 시스템의 전체 신뢰도를 백분률로 구하시오. (단, 원 안의 수치는 각 구성요소의 신뢰도임)

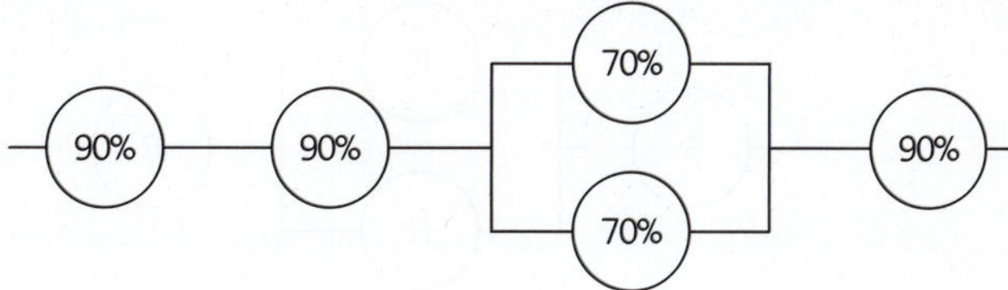

> **⚙ 해설**
>
> 90%, 90%, (70%, 70%는 합(병렬)), 90%는 곱(직렬)의 연결구조이다.
>
> 그러므로, 신뢰도 = 0.9×0.9×[1−(1−0.7)×(1−0.7)]×0.9 = 0.66339
>
> 그런데, 백분율로 환산하면, 0.66339×100 = 66.339%이다.

[09②]

021 다음 그림에서 전체 시스템의 신뢰도를 구하시오. (단, 모형 안의 수치는 각 부품의 신뢰도임)

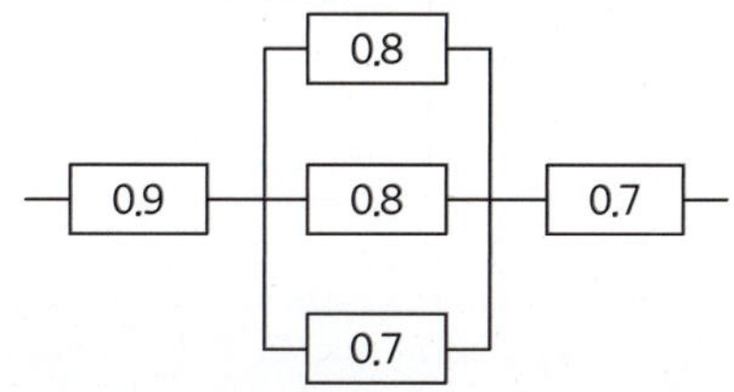

> **⚙ 해설**
>
> 0.9, (0.8, 0.8, 0.7은 합(병렬)), 0.7은 곱(직렬)의 연결구조이다.
>
> 그러므로, 신뢰도 = 0.9×[1−(1 − 0.8)×(1 − 0.8)×(1 − 0.7)]×0.7 = 0.62244

[11②]

022 자동차는 타이어가 4개인 하나의 시스템으로 볼 수 있다. 타이어 1개가 파열될 확률이 0.01인 경우, 이 자동차의 신뢰도를 구하시오. (단, 반올림하여 소수점 셋째 자리까지 구함)

> **⚙ 해설**
>
> 자동차의 신뢰도(R)은 직렬연결구조이므로,
>
> 자동차의 신뢰도(R) = (1−0.01)×(1−0.01)×(1−0.01)×(1−0.01) = $(1-0.01)^4$ = 0.9606 ≒ 0.961

★중요

023 각 부품의 신뢰도가 R인 다음과 같은 시스템의 전체 신뢰도를 구하시오.

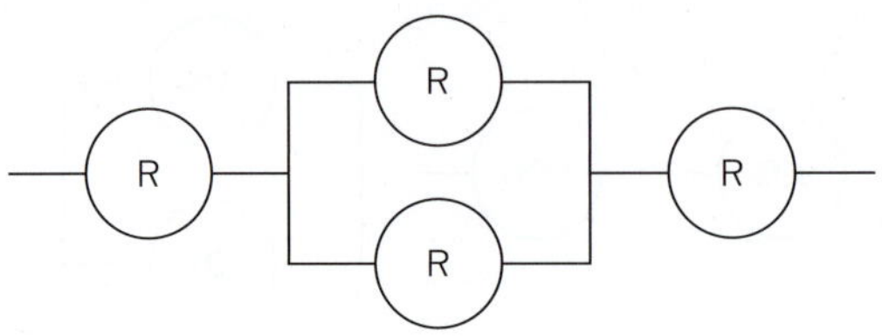

🔧 **해설**

R, (R과 R은 합(병렬)), R은 직렬연결구조이다.

그러므로, $R \times [1-(1-R)(1-R)] \times R = R \times (2R-R^2) \times R = R^2(2R-R^2) = 2R^3 - R^4 = R^3(2-R)$

024 그림과 같이 여러 구성요소가 직렬과 병렬로 혼합 연결되어 있을 때, 시스템의 신뢰도를 구하시오. (단, 숫자는 각 구성요소의 신뢰도이며, 반올림하여 소수점 셋째 자리까지 구함)

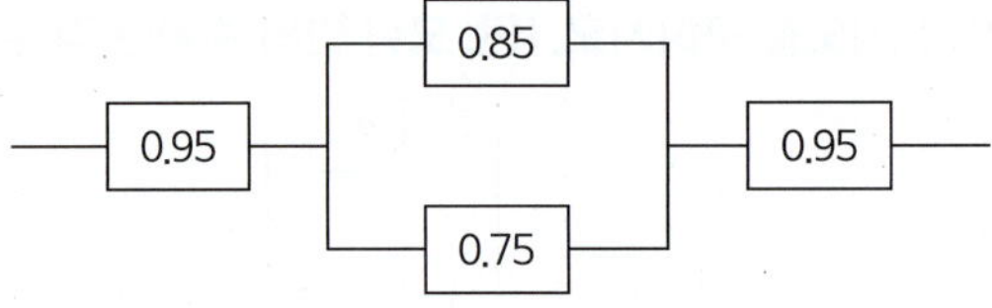

🔧 **해설**

0.95, (0.85, 0.75는 합(병렬)), 0.95는 곱(직렬)의 연결구조이다.

그러므로, 신뢰도 $= 0.95 \times [1-(1-0.85) \times (1-0.75)] \times 0.95 = 0.868656 ≒ 0.869$

025 다음 시스템의 신뢰도를 구하시오. (단, 각 요소의 신뢰도는 a와 b는 0.8, c와 d는 0.6)

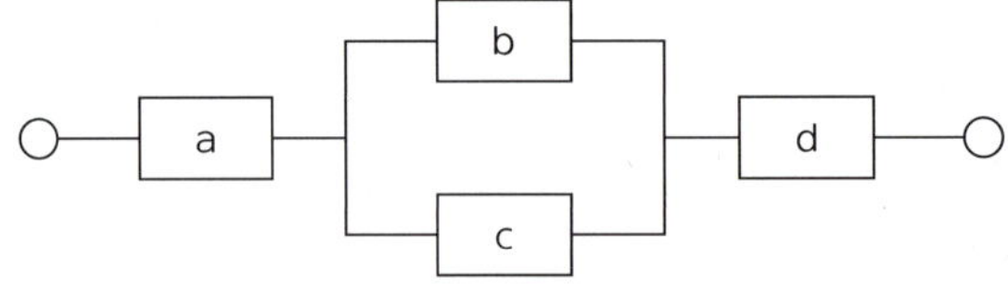

🔧 **해설**

a, (b, c는 합(병렬)), d는 곱(직렬)의 연결구조이다.

그러므로, 신뢰도 $= 0.8 \times [1-(1-0.8) \times (1-0.6)] \times 0.6 = 0.4416$

[17②]

026 그림과 같은 시스템의 전체 신뢰도를 구하시오. (단, 네모 안의 수치는 각 구성요소의 신뢰도이며, 반올림하여 소수점 넷째 자리까지 구함)

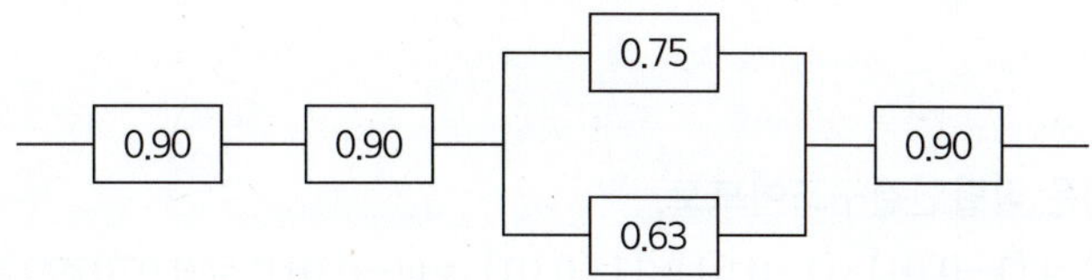

⚙ **해설**

0.9, 0.9, (0.75, 0.63은 합(병렬)), 0.9는 곱(직렬)의 연결구조이다.

그러므로, 신뢰도 = $0.9 \times 0.9 \times [1-(1-0.75) \times (1-0.63)] \times 0.9 = 0.6615675 ≒ 0.6616$

★중요

[12①, 15①]

027 발생확률이 각각 0.05, 0.08인 두 결함사상이 AND 조합으로 연결된 시스템을 FTA로 분석하였을 때 이 시스템의 신뢰도를 구하시오.

⚙ **해설**

"신뢰도(R) = 1−발생확률"이고, AND 조합이므로, 발생확률은 곱(직렬)이다.

그러므로, 발생확률 = $0.05 \times 0.08 = 0.004$이고, 신뢰도(R) = $1-0.004 = 0.996$이다.

★중요

[03③, 05①]

028 인간의 신뢰도가 0.6, 기계의 신뢰도가 0.9이며, 인간과 기계가 직렬체제로 작업할 때의 신뢰도를 구하시오.

⚙ **해설**

인간-기계 시스템의 신뢰도(R_S) = 인간의 신뢰도×기계의 신뢰도

그러므로, 인간-기계 시스템의 신뢰도(R_S) = $0.6 \times 0.9 = 0.54$

029 삼륜차는 타이어가 3개인 하나의 시스템으로 볼 수 있다. 타이어 1개가 파열될 확률은 0.01이다. 이때 이 삼륜차의 신뢰도를 구하시오. (단, 반올림하여 소수점 넷째 자리까지 구함)

> ⚙ **해설**
>
> 삼륜차의 신뢰도(R)은 직렬연결구조이므로,
>
> 삼륜차의 신뢰도(R) = $(1-0.01) \times (1-0.01) \times (1-0.01) = (1-0.01)^3 = 0.970299 ≒ 0.9703$

★중요

030 n명의 operator로써 운용되는 병렬 시스템에서 operator 1명의 신뢰도가 80%일 때, 종합 신뢰도를 99% 이상 얻기 위한 병렬복수화에 필요한 operator의 수를 구하시오.

> ⚙ **해설**
>
> 신뢰도(R) = $1-(1-r)^n$이므로, 신뢰도는 99% 이상(0.99 이상)이고, r = 0.8, n명이므로,
>
> 이를 대입하면, $0.99 = 1-(1-0.8)^n$, $(1-0.8)^n = 1-0.99$, $0.2^n = 0.01$
>
> 양변에 log를 취하면,
>
> $\log 0.2^n = \log 0.01$, $n\log 0.2 = \log 0.01$
>
> $\therefore n = \dfrac{\log 0.01}{\log 0.2} = 2.8613 ≒ 3$명이다.

★중요

031 인간이 기계를 조종하여 임무를 수행하여야 하는 인간–기계체제가 있다. 이 체계의 신뢰도가 0.8 이상이어야 하며, 인간의 신뢰도는 0.9인 경우, 기계의 신뢰도를 구하시오. (단, 반올림하여 소수점 넷째 자리까지 구함)

> ⚙ **해설**
>
> 인간–기계 시스템의 신뢰도(R_S) = 인간의 신뢰도×기계의 신뢰도
>
> 그러므로, 기계의 신뢰도 = $\dfrac{\text{인간–기계 시스템의 신뢰도}}{\text{인간의 신뢰도}} = \dfrac{0.8}{0.9} = 0.88888 ≒ 0.8889$

[14③, 20②]

★중요

032 그림과 같이 신뢰도 95%인 펌프 A가 각각 신뢰도 90%인 밸브 B와 밸브 C의 병렬밸브계와 직렬계를 이룬 시스템의 실패 확률을 구하시오.

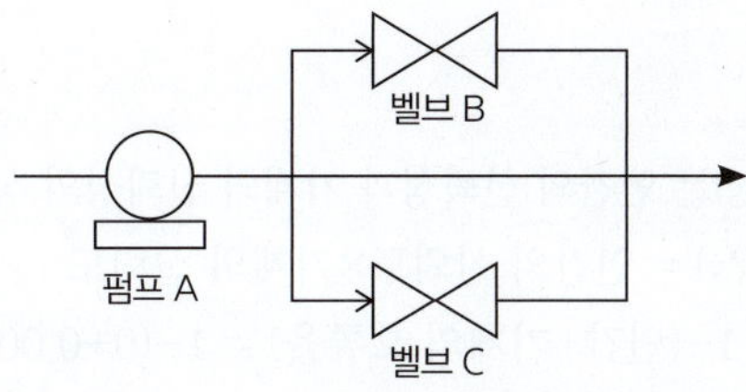

⚙ 해설

펌프 A, (펌프 B, 펌프 C는 합(병렬))의 곱(직렬)연결구조이다.

성공확률(신뢰도, R) = $A[1-(1-B)(1-C)]$ = $0.95 \times [1-(1-0.9)(1-0.9)]$ = 0.9405

그러므로, 실패확률 = 1−성공확률 = 1−0.9405 = 0.0595

[05③, 17③]

★중요

033 그림과 같은 압력탱크 용기에 연결된 두 개의 안전밸브의 신뢰도를 구하고자 한다. 2개의 밸브 중 하나만 작동되어도 안전하다고 하고, 안전밸브 하나의 신뢰도를 r이라 할 때 안전밸브 전체의 신뢰도를 구하시오.

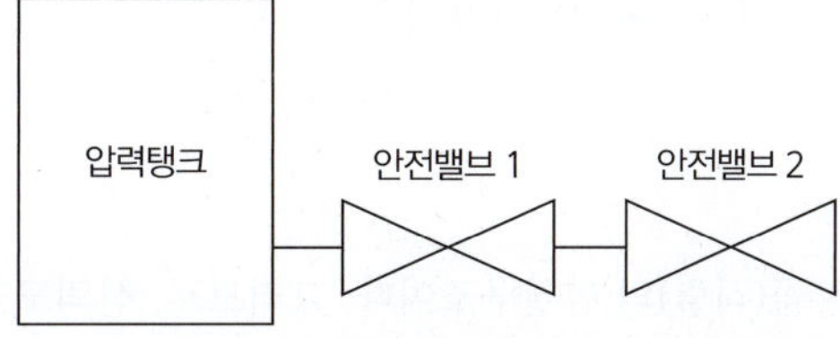

⚙ 해설

안전밸브 1과 안전밸브 2의 조건에서 2개의 밸브 중 하나만 작동되어도 안전하다고 하였으므로 합(병렬)의 의미이다. 그러므로, 신뢰도(R) = $\{1-(1-r)(1-r)\}$ = $1-(1-r)^2$ = $2r-r^2$ = $r(2-r)$

[21①, 23④, 25①]

★중요

034 다음 시스템의 신뢰도를 구하시오.

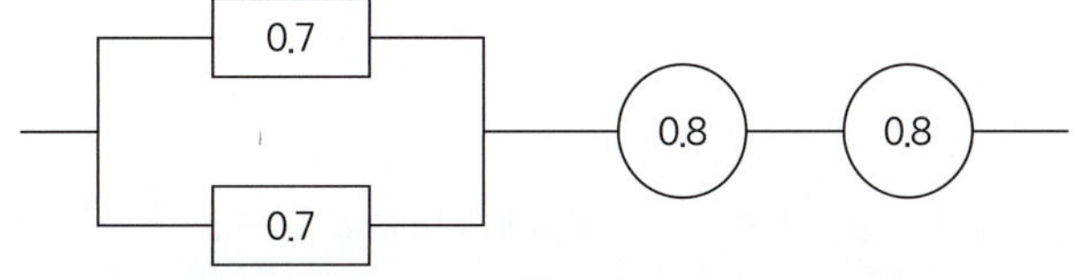

⚙ 해설

(0.7, 0.7은 합(병렬)), 0.8, 0.8은 곱(직렬)의 연결구조이다.

그러므로, 신뢰도 = $[1-(1-0.7) \times (1-0.7)] \times 0.8 \times 0.8$ = 0.5824

☆중요

035 기계 시스템은 영구적으로 사용하며, 조작자는 한 시간마다 스위치만 작동하면 되는데, 인간오류확률(HEP)은 0.001이다. 2시간에서 4시간까지 인간–기계 시스템의 신뢰도를 백분율로 구하시오.

> **⚙ 해설**
>
> 인간–기계 시스템의 신뢰도(R_S)는 인간의 신뢰성과 기계의 신뢰성의 상승적 작용에 의해 다음과 같이 나타난다.
>
> 인간–기계 시스템의 신뢰도(R_S) = 인간의 신뢰도×기계의 신뢰도
>
> ① 인간–기계의 신뢰도(R) = 1−(인간+기계의 오류율) = 1−(0+0.001) = 0.999이다.
>
> ② 1시간마다 스위치를 작동하여야 하고, 2시간에서 4시간 사이이므로 스위치 조작을 2회하여야 한다.
>
> 신뢰도 = 0.999×0.999 = $(0.999)^2$ = 0.998001 ≒ 0.998이다.
>
> 그런데, 백분율로 환산하면, 0.998×100 = 99.8%이다.

036 다음 시스템의 신뢰도를 백분율로 구하시오. (단, p는 부품 l의 신뢰도를 나타냄)

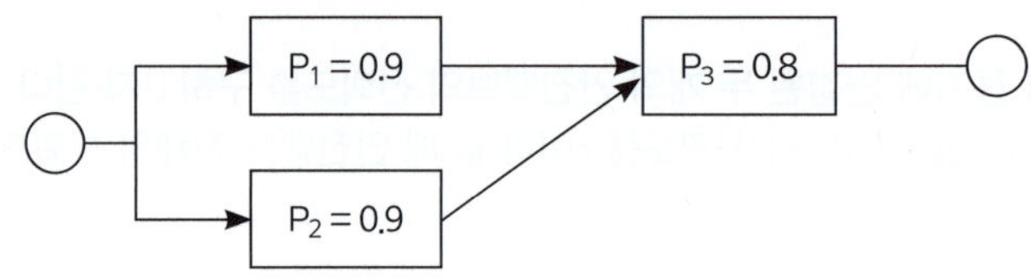

> **⚙ 해설**
>
> (0.9, 0.9는 합(병렬)), 0.8은 곱(직렬)의 연결구조이다. 그러므로, 신뢰도 = [1−(1−0.9)×(1−0.9)]×0.8 = 0.792이다. 백분율로 환산하면, 0.792×100 = 79.2%

☆중요

037 프레스기어의 안전장치 수명은 지수분포를 따르며 평균 수명이 1,000시간일 때 ㉠, ㉡에 알맞은 값을 구하시오.

> • (㉠) : 새로 구입한 안전장치가 향후 500시간 동안 고장 없이 작동할 확률
> • (㉡) : 이미 1,000시간을 사용한 안전장치가 향후 500시간 이상 견딜 확률

> **⚙ 해설**
>
> ㉠ : 신뢰도(R) $= e^{-\lambda t} = e^{-\frac{t}{t_0}} = e^{-\frac{500}{1,000}} = e^{-0.5} = 0.6065$ 또는 $e^{-\lambda t} = e^{-0.001×500} = e^{-0.5} = 0.6065$
>
> ㉡ : 신뢰도(R) $= e^{-\lambda t} = e^{-\frac{t}{t_0}} = e^{-\frac{500}{1,000}} = e^{-0.5} = 0.6065$ 또는 $e^{-\lambda t} = e^{-0.001×500} = e^{-0.5} = 0.6065$
>
> λ(고장율) $= \dfrac{1}{1,000} = 0.001$(평균수명이 1,000시간이므로 고장률 $= \dfrac{1}{1,000}$이다.)
>
> (여기서, t_0 : 평균수명 또는 평균고장시간, t : 앞으로 고장없이 사용할 시간, λ : 고장율)

[16②]

038 첨단 경보시스템의 고장율은 0이다. 경계의 효과로 조작자 오류율을 0.01t/hr로, 인간의 실수율은 균질(homogeneous)한 것으로 가정한다. 또한, 이 시스템의 스위치 조작자는 1시간마다 스위치를 작동해야 하는데 인간오류확률(HEP, Human Error Probablitty)이 0.001인 경우에 2시간에서 6시간 사이에 인간–기계 시스템의 신뢰도는 약 얼마인지 구하시오. (단, 반올림하여 소수점 셋째 자리까지 구함)

⚙ **해설**

인간–기계 시스템의 신뢰도(R_S)는 인간의 신뢰성과 기계의 신뢰성의 상승적 작용에 의해 다음과 같이 나타난다.

인간–기계 시스템의 신뢰도(R_S) = 인간의 신뢰도×기계의 신뢰도

① 인간–기계의 신뢰도(R) = 1−(인간+기계의 오류율) = (1−0.01)×(1−0.001) = 0.98901≒0.989

② 1시간에 스위치를 작동하여야 하고, 2시간에서 6시간 사이이므로 스위치 조작을 4회 하여야 한다.

신뢰도 = 0.989×0.989×0.989×0.989 = $(0.989)^4$ = 0.9567 ≒ 0.957

⟨다른 풀이 과정⟩

인간–기계 시스템의 신뢰도(R_S) = 인간의 오류율×기계의 오류율

그런데, 인간의 오류율 = $(1 − 0.01)^4$ = 0.9606이고, 기계의 오류율 = $(1−0.001)^4$ = 0.996

그러므로, 인간–기계 시스템의 신뢰도(R_S) = 0.9606×0.996 = 0.9568 ≒ 0.957

여기서 오류율의 4승은 스위치 조작 횟수이다.

★**중요**

[19①, 20③, 25②]

039 실린더 블록에 사용하는 가스켓의 수명은 평균 10,000시간이며, 표준편차는 200시간으로 정규분포를 따른다. 사용시간이 9,600시간일 경우에 신뢰도를 구하시오. (단, P(Z≤1) = 0.8413, P(Z≤1.5) = 0.9332, P(Z≤2) = 0.9772, P(Z≤3) = 0.9987)

⚙ **해설**

신뢰도의 산정

① 확률변수(X)는 정규분포(N, 평균, 표준편차^2)를 따르며, 구하고자 하는 값을 정규분포상의 값으로 변화하기 위하여,

$$\frac{\text{대상값(사용 시간)}-\text{평균(평균 수명)}}{\text{표준 편차}} = \frac{9,600-10,000}{200} = -2$$

② 전체에서 $-Z_2$ 보다 작은 값을 빼면 되고, 정규분포에서 특성상을 보면, Z_2보다 큰 값과 동일한 값이다.

즉, 0.9772가 됨을 알 수 있다. 전체에서 $-Z_2$보다 작은 값을 빼면 1 − 0.9772 = 0.0228이 된다.

그러므로, 신뢰도 = 1−0.0228 = 0.9772가 됨을 알 수 있다.

백분율로 변환하면, 0.9772×100 = 97.72%

01 진위형 문제

▶해설편 126p

※ 다음 문제를 읽고, 옳으면 ○, 틀리면 ×를 괄호 안에 표기하시오.

[04②, 06①]

001 산업재해 발생의 배경으로 올바른지 체크하시오.

① 작업환경과 개인의 잘못간의 연쇄성 (　)

② 재해관련 직·간접비용 발생의 법칙성 (　)

③ 물적원인과 인적원인 발생 상호간의 단속성 (　)

④ 준 사고(near miss)와 중대사고의 발생 비율 간의 법칙성 (　)

[12③, 25③]

002 사고 인과관계 이론에 있어 특정 상황에서는 사람들이 다소간에 사고를 일으키는 경향이 있고 이 성향은 영구적인 것이 아니라 시간에 따라 달라진다는 이론을 체크하시오.

① Accident-time theory (　)

② Accident-liability theory (　)

③ Accident-proneness theory (　)

④ Accident knowledge theory (　)

[12②]

003 불안전한 행동을 유발하는 요인 중 인간의 생리적 요인에 해당하는 것을 체크하시오.

① 근력 (　)　　② 반응시간 (　)

③ 감지능력 (　)　　④ 주의력 (　)

★중요　　[06③, 10②, 12③, 18③]

004 작업만족도(job satisfaction)는 작업설계(job design)를 함에 있어 철학적으로 고려해야 할 사항이다. 작업만족도를 얻기 위한 수단에 해당하는 것을 체크하시오.

① 작업 확대(job enlargement) (　)

② 작업 윤택화(job enrrchment) (　)

③ 작업 분석(job analysis) 또는 작업 감소(job reduce) (　)

④ 작업 순환(job rotation) (　)

★중요　　[11①, 13②, 14③, 18①, 19③, 22④]

005 산업안전보건법령에 따라 유해하거나 위험한 장소에서 사용하는 기계·기구 및 설비를 설치·이전하는 경우 유해·위험방지계획서를 작성, 제출하여야 하는 대상을 체크하시오.

① 공기압축기 (　)

② 건조설비 (　)

③ 화학설비 (　)

④ 가스집합 용접장치 (　)

⑤ 광물의 용해로 (　)

[11③, 14①]

006 산업안전보건법상 유해·위험방지계획서의 심사결과에 따른 구분·판정의 종류를 체크하시오.

① 적정 (　)　　② 조건부 적정 (　)

③ 부적정 (　)　　④ 면제 (　)

⑤ 보류 (　)

★중요　　[13①, 15①, ③, 17①, 18③, 19①]

007 제조업의 유해·위험방지계획서 제출 대상 사업장에서 제출하여야 하는 유해·위험방지계획서의 첨부서류를 체크하시오.

① 공사개요서 (　)

② 건축물 각 층의 평면도 (　)

③ 기계·설비의 배치도면 (　)

④ 원재료 및 제품의 취급, 제조 등의 작업방법의 개요 (　)

⑤ 위생시설물 설치 및 관리대책 (　)

⑥ 기계·설비의 개요를 나타내는 서류 (　)

[14②]

008 지상높이가 31m 이상인 건축물 또는 인공구조물과 연면적 30,000m² 이상인 건축물을 착공하려는 사업주(산업재해발생률 등을 고려하여 고용노동부령으로 정하는 기준에 해당하는 사업주는 제외)가 유해위험방지계획서를 작성할 때 건설안전 분야의 자격 등 고용노동부령으로 정하는 자격을 갖춘 자를 체크하시오.

① 건설안전 분야 산업안전지도사 (　)

② 건설안전기술사 또는 토목·건축 분야 기술사
( )

③ 건설안전산업기사 이상의 자격을 취득한 후 건설
안전 관련 실무경력이 건설안전기사 이상의 자격
은 5년 ( )

④ 건설안전산업기사 이상의 자격을 취득한 후 건설
안전 관련 실무경력이 건설안전산업기사 자격은
9년 이상인 사람 ( )

[18②, 24③]

009 사업주 중 산업재해발생률 등을 고려하여 고용노동
부령으로 정하는 기준에 해당하는 사업주는 유해위
험방지계획서를 스스로 심사하고, 그 심사결과서를
작성하여 고용노동부장관에게 제출하여야 하는 경
우를 체크하시오.

① 지상높이가 31m 이상인 건축물 또는 인공구조물
등의 건설·개조 또는 해체 공사 ( )

② 연면적 30,000m² 이상인 건축물 등의 건설·개조
또는 해체 공사 ( )

③ 연면적 3,000m² 이상인 시설로서 문화 및 집회시
설(전시장 및 동물원·식물원은 제외), 판매시설,
운수시설(고속철도의 역사 및 집배송시설은 제
외)등의 건설·개조 또는 해체 공사 ( )

④ 연면적 5,000m² 이상인 시설로서 종교시설, 의료
시설 중 종합병원, 숙박시설 중 관광숙박시설, 지
하도상가, 냉동·냉장 창고시설등의 건설·개조
또는 해체 공사 ( )

⑤ 연면적 3,000m² 이상인 냉동·냉장 창고시설의
설비공사 및 단열공사 ( )

⑥ 최대 지간(支間)길이(다리의 기둥과 기둥의 중심
사이의 거리)가 100m 이상인 다리 등의 건설·개
조 또는 해체 공사 ( )

⑦ 터널의 건설·개조 또는 해체 공사 ( )

⑧ 다목적댐, 발전용댐, 저수용량 20,000t 이상의 용
수 전용 댐 및 지방상수도 전용 댐의 건설·개조
또는 해체 공사 ( )

⑨ 깊이 15m 이상인 굴착공사 ( )

★중요   [12②, 13③, 17②, 21③, 23①]

010 A 제지회사의 유아용 화장지 생산 공정에서 작업자
의 불안전한 행동을 유발하는 상황이 자주 발생하
고 있다. 이를 해결하기 위한 개선의 ECRS에 해당
하는 것을 체크하시오.

① 제거(Eliminate) ( )

② 결합(Combine) ( )

③ 재조정(Rearrange) ( )

④ 표준(Standard) ( )

⑤ 안전(Safety) ( )

[09①, 18①]

011 신뢰성과 보전성 개선을 목적으로 한 효과적인 보
전기록자료에 해당하는 것을 체크하시오.

① 자재관리표 ( )   ② 주유지시서 ( )

③ 재고관리표 ( )   ④ MTBF분석표 ( )

⑤ 설비이력카드 ( )   ⑥ 고장원인대책표 ( )

[11②, 16③]

012 기업에서 보전효과 측정을 위해 일반적으로 사용되
는 평가요소로 올바른지 체크하시오.

① 설비고장도수율 = 설비가동시간 / 설비고장건수
( )

② 제품단위당 보전비 = 총보전비 / 제품수량 ( )

③ 운전 1시간당 보전비 = 총보전비 / 설비운전시간
( )

④ 계획공사율 = 계획공사공수(工數) / 전공수(全
工數) ( )

[12①]

013 정량적 자료를 정성적 판독의 근거로 사용하는 경
우를 체크하시오.

① 미리 정해 놓은 몇 개의 한계범위에 기초하여 변
수의 상태나 조건을 판정할 때 ( )

② 목표로 하는 어떤 범위의 값을 유지할 때 ( )

③ 변화 경향이나 변화율을 조사하고자 할 때 ( )

④ 세부 형태를 확대하여 동일한 시각을 유지해 주
어야 할 때 ( )

014 공장설비의 안전화를 위하여 레이아웃에 대한 검토를 요하는 사항을 체크하시오.

① 작업의 흐름에 따라 기계설비를 배치시켜 필요없는 운반작업을 극력 배제한다. ( )
② 공장 내외는 안전한 통로를 두어야 하며, 통로는 선을 그어 작업장과 명확히 구별하도록 한다. ( )
③ 재료, 제품, 공구들을 놓아둘 곳을 충분히 확보한다. ( )
④ 필요한 안전장치를 설치한다. ( )
⑤ 작업의 흐름에 따라 기계를 배치한다. ( )
⑥ 생산효율 증대를 위해 기계설비 주위에 재료나 반제품을 충분히 놓아둔다. ( )
⑦ 비상시에 쉽게 대비할 수 있는 통로를 마련하고 사고 진압을 위한 활동통로가 반드시 마련되어야 한다. ( )
⑧ 기계설비의 주위에 작업을 원활히 하기 위해 재료나 반제품을 충분히 놓아둔다. ( )

015 화학설비의 안전성 평가단계 중 "관계 자료의 작성 준비"에 있어 관계 자료의 조사항목에 해당하는 것을 체크하시오.

① 입지에 관한 도표 ( )
② 온도, 압력 ( )
③ 공정기기목록 ( )
④ 화학설비 배치도 ( )

016 화학설비의 안전성 평가의 5단계 중 제2단계에 해당하는 것을 체크하시오.

① 작성준비 ( )　　② 정량적평가 ( )
③ 안전대책 ( )　　④ 정성적평가 ( )

017 화학설비에 대한 안전성 평가에서 정성적 평가 항목을 체크하시오.

① 공장 내의 배치 ( )
② 취급물질 ( )
③ 건조물 ( )
④ 입지조건 ( )

018 화학설비에 대한 안전성 평가방법 중 공장의 입지조건이나 공장 내 배치에 관한 사항이 속한 단계를 체크하시오.

① 제1단계 : 관계자료의 작성 준비 ( )
② 제2단계 : 정성적 평가 ( )
③ 제3단계 : 정량적 평가 ( )
④ 제4단계 : 안전대책 ( )

019 A사의 안전관리자는 자사 화학 설비의 안전성 평가를 위해 제2단계인 정성적 평가를 진행하려고 평가 항목 대상을 분류하였다. 주요 평가 항목 중에서 설계 관계 항목에 해당하는 것을 체크하시오.

① 건조물 ( )
② 공장 내 배치 ( )
③ 입지조건 ( )
④ 원재료, 중간제품 ( )
⑤ 제조공정의 개요 ( )
⑥ 재평가 방법 및 계획 ( )
⑦ 안전·보건교육 훈련계획 ( )

020 화학설비에 대한 안전성 평가(safety assessment)에서 정량적 평가 항목에 해당하는 것을 체크하시오.

① 압력 ( )　　② 온도 ( )
③ 공정 ( )　　④ 화학설비용량 ( )
⑤ 훈련 ( )　　⑥ 조작 ( )
⑦ 취급물질 ( )　　⑧ 습도 ( )
⑨ 보전 ( )

021 일반적인 화학설비에 대한 안전성 평가(safety assessment) 절차에 있어 안전대책 단계에 해당하는 것을 체크하시오.

① 보전 ( )　　② 설비 대책 ( )
③ 위험도 평가 ( )　　④ 관리적 대책 ( )

022 보전에 관한 설명으로 올바른 것을 체크하시오.

① 피로고장은 작업자의 조작실수제거로 예방할 수 없다. ( )

② 초기고장은 Burn-In 기간을 통해서도 예방이 불가능하다. ( )

③ 설계한계를 변경하더라도 우발고장은 예방할 수 없다. ( )

④ 고장율이 일정한 패턴을 유지하면 예방보전이 효과적이다. ( )

[08③, 25①]

023 설비고장 대책으로 그 원인을 조사·해석하여 고장을 미연에 방지하기 위하여 설비 개조, 설계단계에서의 조치 등 설비의 체질개선을 도모하는 설비보전 방법을 체크하시오.

① 일상 보전 ( ) ② 예방 보전 ( )
③ 개량 보전 ( ) ④ 특별 보전 ( )

[06③]

024 제조물책임(PL, product liability)에서 제품손해 배상의 대상에 해당하는 것을 체크하시오.

① 제조 결함 ( ) ② 보전 결함 ( )
③ 설계 결함 ( ) ④ 경고 결함 ( )

[17③]

025 A 자동차에서 근무하는 K씨는 지게차로 철강판을 하역하는 업무를 한다. 지게차 운전으로 K씨에게 노출된 직업성 질환의 위험 요인과 동일한 위험 진동에 노출된 작업자인지 체크하시오.

① 연마기 작업자 ( )

② 착암기 작업자 ( )

③ 진동 수공구 작업자 ( )

④ 대형운송차량 운전자 ( )

[17③]

026 화학물 취급회사의 안전담당자 최○○는 화재 발생 시 대피안내방송을 음성 합성기로 전달하고자 한다. 최○○가 활용할 수 있는 음성 합성 체계유형에 대한 설명으로 올바른지 체크하시오.

① 최○○는 경고안내문을 낭독하는 본인의 실제 음성 파형을 모형화하는 음성 정수화 방법을 활용할 수 있다. ( )

② 최○○는 경고안내문을 낭독할 때, 본인 음성의 질을 가장 우수하게 합성할 수 있는 불규칙에 의한 합성법을 활용할 수 있다. ( )

③ 최○○는 발음모형의 적절한 모수들을 경고안내문을 낭독 시 본인이 실제 발음할 때에 결정하는 분석-합성에 의한 합성법을 적용할 수 있다. ( )

④ 최○○는 규칙에 의한 합성법을 사용하여 경고안내문을 낭독하는 본인의 실제 음성으로부터 발음모형 모수들의 변화를 암호화할 수 있다. ( )

[18③, 24③]

027 원자력 발전소 운전에서 발생 가능한 응급조치 중 성격이 다른 것을 체크하시오.

① 조작자가 표지(label)를 잘못 읽어 틀린 스위치를 선택하였다. ( )

② 조작자가 극도로 높은 압력 발생 이후 처음 60초 이내에 올바르게 행동하지 못하였다. ( )

③ 조작자는 절차서 단계 중 마지막 점검목록인 수동 점검 밸브를 적절한 형태로 복귀시키지 않았다. ( )

④ 조작자가 하나의 절차적 단계에서 2개의 긴밀하게 결부된 밸브 중에서 하나를 올바르게 조작하지 못하였다. ( )

[19②]

028 공정안전관리(process safety management, PSM)의 적용대상 사업장을 체크하시오.

① 복합비료 제조업 ( )

② 농약 원제 제조업 ( )

③ 차량 등의 운송 설비업 ( )

④ 합성수지 및 기타 플라스틱물질 제조업 ( )

[06①]

001 사고예방 및 최소한의 조치 절차를 순서대로 쓰시오.

> ㉠ 사고 발생의 가능성을 감소시키기 위한 안정성 필요
> 사항을 설계에 반영
> ㉡ 작업자의 방호가 필요한 곳에서는 경고 표지 및 방호
> 책을 마련
> ㉢ 안정성에 관한 절차를 시험절차서와 사용 및 보전 설
> 명서에 포함
> ㉣ 필요 시 사고 예방을 위한 특수한 안정장치를 설계하
> 며 시스템에 반영

⚙️**해설** 예방 조치의 4단계는 '위험 상태의 존재성을 최소화로
안정성을 강조 → 안전장치의 채용(적용) → 경보 장치를 설치 →
특별한 수단을 개발하여 적용'의 순이다.

★중요 [12②, 17③, 20①, 24③]

002 산업안전보건법령상 유해·위험방지계획서를 제출
할 때에는 사업장 별로 관련 서류를 첨부하여 해당
작업 시작 며칠 전까지 해당기관에 제출하여야 하
는지를 쓰시오.

⚙️**해설** 제출서류 등(규칙 제42조)
사업주가 유해위험방지계획서를 제출할 때에는 사업장별로 제조
업 등 유해위험방지계획서에 다음의 서류를 첨부하여 해당 작업
시작 15일 전까지 공단에 2부를 제출해야 한다. 이 경우 유해위
험방지계획서의 작성기준, 작성자, 심사기준, 그 밖에 심사에 필
요한 사항은 고용노동부장관이 정하여 고시한다.
① 건축물 각 층의 평면도
② 기계·설비의 개요를 나타내는 서류
③ 기계·설비의 배치도면
④ 원재료 및 제품의 취급, 제조 등의 작업방법의 개요
⑤ 그 밖에 고용노동부장관이 정하는 도면 및 서류

[13③, 17②]

003 산업안전보건법상 유해위험방지계획서를 제출한 사
업주는 건설공사 중 몇 개월 이내마다 관련법에 따
라 유해위험방지계획서의 내용과 실제공사 내용이
부합하는지의 여부 등을 확인받아야 하는지 쓰시오.

⚙️**해설** 확인(규칙 제46조)
유해위험방지계획서를 제출한 사업주는 해당 건설물·기계·기구
및 설비의 시운전단계에서, 사업주는 건설공사 중 6개월 이내마
다 다음의 사항에 관하여 공단의 확인을 받아야 한다.
① 유해위험방지계획서의 내용과 실제공사 내용이 부합하는지
여부
② 법 제42조제6항에 따른 유해위험방지계획서 변경내용의 적정성
③ 추가적인 유해·위험요인의 존재 여부

★중요 [11②, 17①, 20③]

004 산업안전보건법에 따른 유해위험방지계획서 제출
대상 중 기계 및 가구를 제외한 금속가공제품 제조
업은 전기사용설비의 정격용량의 합이 얼마 이상이
어야 하는지 쓰시오.

★중요 [16②, 19②, 23①]

005 산업안전보건법에 따라 유해위험방지계획서의 제
출대상 사업은 해당 사업으로서 전기 계약용량이
얼마 이상이어야 하는지 쓰시오.

[20②, 23④]

006 다음은 유해위험방지계획서의 제출에 관한 설명이
다. 괄호 안에 들어갈 숫자를 쓰시오.

> 산업안전보건법령상 "대통령령으로 정하는 사업의 종
> 류 및 규모에 해당하는 사업으로서 해당 제품의 생산 공
> 정과 직접적으로 관련된 건설물·기계·기구 및 설비 등
> 전부를 설치·이전하거나 그 주요 구조부분을 변경하려
> 는 경우"에 해당하는 사업주는 유해위험방지계획서에
> 관련 서류를 첨부하여 해당 작업 시작 (㉠)일 전까지
> 공단에 (㉡)부를 제출하여야 한다.

⚙ 해설 사업주가 유해위험방지계획서를 제출할 때에는 사업장별로 제조업 등 유해위험방지계획서에 다음의 서류를 첨부하여 해당 작업 시작 15일 전까지 공단에 2부를 제출해야 한다. (규칙 제42조)

★중요 [12③, 16①, 21①, 22④]

007 산업안전보건법령상 해당 사업주가 유해위험방지계획서를 작성하여 제출해야 하는 대상을 쓰시오.

⚙ 해설 사업주는 이 법 또는 이 법에 따른 명령에서 정하는 유해·위험 방지에 관한 사항을 적은 계획서를 작성하여 고용노동부령으로 정하는 바에 따라 고용노동부장관에게 제출하고 심사를 받아야 한다. (법 제42조)

[07①, 14②]

008 화학설비의 안전성 평가단계를 순서대로 쓰시오.

| ㉠ 관계 자료의 작성 준비 | ㉡ 정량적 평가 |
| ㉢ 정성적 평가 | ㉣ 안전 대책 |

⚙ 해설 화학설비의 안전성 평가단계

단계	제1단계	제2단계	제3단계	제4단계	제5단계	제6단계
내용	관계자료의 정비검토	정성적 평가	정량적 평가	안전대책 수립	재해사례(정보)에 의한 평가	FTA에 의한 재평가

[09③, 21②, 25②]

009 설비보전 방법 중 설비의 열화를 방지하고 그 진행을 지연시켜 수명을 연장하기 위한 점검, 청소, 주유 및 교체 등의 활동이 무엇인지 쓰시오.

★중요 [12①, 14③, 17②]

010 다음 설명에 해당하는 설비보전방식을 쓰시오.

설비보전 정보와 신기술을 기초로 신뢰성, 조작성, 보전성, 안전성, 경제성 등이 우수한 설비의 선정, 조달 또는 설계를 통하여 궁극적으로 설비의 설계, 제작 단계에서 보전활동이 불필요한 체제를 목표로 한 설비보전 방법을 말한다.

17③]

011 "원래의 신호 정보를 새로운 형태로 변화시켜 표시하는 것"이라고 정의되는 용어를 쓰시오.

⚙ 해설 신호암호방법(코딩, Coding, 원래의 신호 정보를 새로운 형태로 변화시켜 표시하는 것)에는 크기, 색채, 형상 등이 있다.

|정답|

001 ㉠ → ㉣ → ㉡ → ㉢   002 15일   003 6개월   004 300kW   005 300kW   006 ㉠ 15, ㉡ 2   007 고용노동부장관

008 ㉠ - ㉢ - ㉡ - ㉣   009 일상 보전   010 보전 예방   011 코딩

[03③, 24①]

001 다음 그림은 THERP를 수행하는 예이다. 작업 개시점 N_1으로부터 작업종점 N_3까지 도달하는 확률을 구하시오. [단, $P(B_1)$, $P(B_2)$, $P(B_3)$는 해당 직무의 수행 확률을 나타내며, 각 작업과오의 발생은 상호독립이라고 가정함]

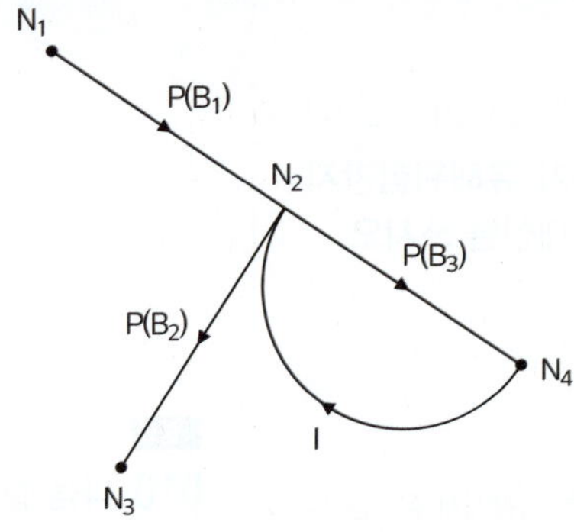

🔧 **해설**

먼저, 확률을 보면, $P(B_1) = N_1 \rightarrow N_2$, $P(B_2) = N_2 \rightarrow N_3$, $P(B_3) = N_2 \rightarrow N_4$이고, 이 모든 작업의 성공 확률은 독립적이며, 최종 목표(N_4)에 도달할 확률은 다음과 같다.

THERP에 있어서 성공 확률을 산정하므로 각 노드의 전이 확률이 성공 확률이고, 노드의 연결구조를 보면,

$N_1 \cdots P(B_1) \cdots N_2 \cdots P(B_3) \cdots N_4$이다.
$\qquad\qquad\qquad \llcorner P(B_2) \cdots N_3$

즉, 성공 경로는 $N_1 \rightarrow N_2 \rightarrow N_4$ 경로이고, 실패 경로는 $N_1 \rightarrow N_2 \rightarrow N_3$이다.

그러므로, 성공 확률(P)=$P(B_1) \cdot P(B_2)$이다. 즉, 각 작업은 독립적이므로 곱해주어야 한다.

002 THERP를 이용하여 각 가지 B_1, B_2가 나타내는 사상이 서로 독립해서 생긴다고 할 때 가지 B_1을 통해서 마디 N_3가 생길 확률을 구하시오.

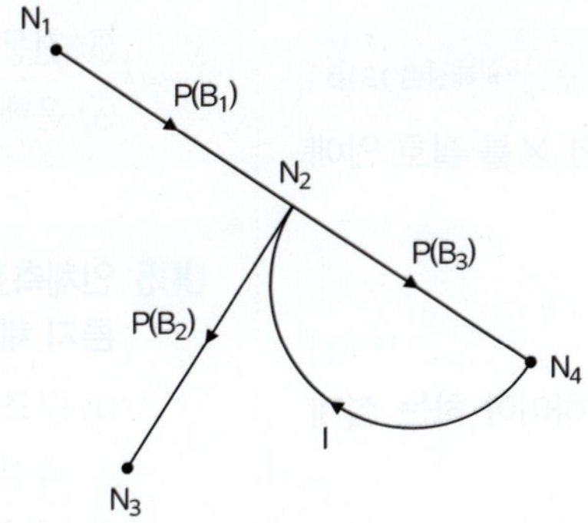

⚙ **해설**

THERP(인간오류확률 예측기법)에서 각 사건이 독립적으로 생긴다고 하면, 특정경로의 전체확률은 각 단계에서 일어난 사건들의 확률을 모두 곱한 값이다.

그림상으로 보면, N_3로 가는 길은 B_1이 일어나고 후 B_3가 일어나는 경로이므로,

$P(N_1 \rightarrow N_3) = P(B_1) \times P(B_3)$이다.

4단원 근골격계질환 예방 관리

※ 다음 문제를 읽고, 옳으면 ○, 틀리면 ×를 괄호 안에 표기하시오.

[19③]

001 인체측정자료에서 극단치를 적용하여야 하는 설계를 체크하시오.

① 계산대 ( )
② 문 높이 ( )
③ 통로 폭 ( )
④ 조종장치까지의 거리 ( )

[07②]

002 조작자와 제어버튼 사이의 거리, 조작에 필요한 힘 등을 정할 때 적용되는 인체측정자료 응용원칙을 체크하시오.

① 평균치 설계원칙 ( )
② 최대치 설계원칙 ( )
③ 최소치 설계원칙 ( )
④ 조절식 설계원칙 ( )

[04③, 08③, 20①, 21①, 22④]

003 장비나 설비의 설계에 응용하기 위한 인체측정치의 응용 원칙에 해당하는 것을 체크하시오.

① 반응시간을 이용한 설계 ( )
② 극단치를 이용한 설계 ( )
③ 조절식 설계 ( )
④ 평균치를 기준으로 한 설계 ( )
⑤ 기존 동일 제품을 기준으로 한 설계 ( )
⑥ 최대치수와 최소치수를 기준으로 한 설계 ( )
⑦ 구조적 치수 기준의 설계 ( )

[09②]

004 인체측정자료의 응용원칙에 있어 조절식 설계를 적용한 것을 체크하시오.

① 그네줄의 인장강도 ( )
② 자동차 운전석 의자의 위치 ( )
③ 전동차의 손잡이 높이 ( )
④ 은행의 창구 높이 ( )

[12①, 24①]

005 인체측정과 작업공간의 설계에 관한 설명으로 올바른지 체크하시오.

① 구조적 인체 치수는 움직이는 몸의 자세로부터 측정한 것이다. ( )
② 선반의 높이, 조작에 필요한 힘 등을 정할 때에는 인체 측정치의 최대집단치를 적용한다. ( )
③ 수평 작업대에서의 정상작업영역은 상완을 자연스럽게 늘어뜨린 상태에서 전완을 뻗어 파악할 수 있는 영역을 말한다. ( )
④ 수평 작업대에서의 최대작업영역은 다리를 고정시킨 후 최대한으로 파악할 수 있는 영역을 말한다. ( )

[12③]

006 구조적 인체치수의 측정에 대한 설명으로 올바른지 체크하시오.

① 신장계와 줄자를 이용하여 인체측정을 하는 것이다. ( )
② 전체 치수는 각 부위별 측정치수를 합하여 산정한다. ( )
③ 표준자세에서 움직이는 피측정자를 인체측정기를 측정한 것이다. ( )
④ 표준자세에서 움직이지 않는 피측정자를 인체측정기로 측정한 것이다. ( )

★중요 **[17③, 20③, 23②]**

007 인체측정에 대한 설명으로 올바른지 체크하시오.

① 신체측정은 동적측정과 정적측정이 있다. ( )
② 인체측정학은 신체의 생화학적 특징을 다룬다. ( )
③ 자세에 따른 신체치수의 변화는 없다고 가정한다. ( )
④ 측정항목에는 주로 무게, 직경, 두께, 길이 등이 포함된다. ( )

008 [17③]
PCB 납땜작업을 하는 작업자가 8시간 근무시간을 기준으로 수행하고 있고, 대사량을 측정한 결과 분당 산소소비량이 1.3L/min으로 측정되었다. Murrell 방식을 적용하여 이 작업자의 노동활동을 설명한 것으로 올바른지 체크하시오.

① 납땜 작업의 분당 에너지 소비량은 6.5kcal/min이다. ( )
② 작업자는 NIOSH가 권장하는 평균에너지소비량을 따른다. ( )
③ 작업자는 8시간의 작업시간 중 이론적으로 144분의 휴식시간이 필요하다. ( )
④ 납땜작업을 시작할 때 발생한 작업자의 산소결핍은 작업이 끝나야 해소된다. ( )

009 [20③, 25②]
신체활동의 생리학적 측정법 중 전신의 육체적인 활동의 측정법을 체크하시오.

① Flicker 측정 ( )
② 산소 소비량 측정 ( )
③ 근전도(EMG) 측정 ( )
④ 피부전기반사(GSR) 측정 ( )

010 [06②]
신체의 안정성을 증대시키는 조건을 체크하시오.

① 모멘트의 균형을 고려한다. ( )
② 몸의 무게중심을 낮춘다. ( )
③ 몸의 무게중심을 기저내에 들게 한다. ( )
④ 기저를 작게 한다. ( )

011 [18①, 21①]
부품성능이 시스템 목표달성의 긴요도에 따라 우선순위를 설정하는 부품배치 원칙에 해당하는 것을 체크하시오.

① 중요성의 원칙 ( )
② 사용빈도의 원칙 ( )
③ 사용순서의 원칙 ( )
④ 기능별 배치의 원칙 ( )

012 [15③, 18①]
부품배치의 원칙에 해당하는 것을 체크하시오.

① 사용방법의 원칙 ( )
② 사용빈도의 원칙 ( )
③ 사용순서의 원칙 ( )
④ 기능별 배치의 원칙 ( )
⑤ 희소성의 원칙 ( )
⑥ 공정개선의 원칙 ( )
⑦ 기능성의 원칙 ( )

013 [09①, 12③]
부품배치의 원칙 중 부품의 일반적 위치 내에서의 구체적인 배치를 결정하기 위한 기준을 체크하시오.

① 중요성의 원칙과 사용 빈도의 원칙 ( )
② 사용 빈도의 원칙과 기능별 배치의 원칙 ( )
③ 기능별 배치의 원칙과 사용 순서의 원칙 ( )
④ 사용 빈도의 원칙과 사용 순서의 원칙 ( )

★중요 [04③, 10③, 13②③, 14①, 15①, 17①②, 20①②, 24②]
014
의자 설계의 원칙에 대한 설명으로 올바른지 체크하시오.

① 사람이 의자에 앉았을 때 엉덩이의 좌골융기(ischial tuberosity)에 일차적인 체중 집중이 이루어지도록 하고, 체중이 주로 좌골관절에 실려 있어야 한다. ( )
② 좌판 앞부분은 오금보다 높지 않아야 한다. ( )
③ 일반적으로 좌판의 깊이는 몸이 큰사람을 기준으로 결정한다. ( )
④ 의자에 앉아 있을때의 몸통에 안정을 주어야 한다. ( )
⑤ 등근육의 정적 부하를 줄일 수 있도록 한다. ( )
⑥ 디스크가 받는 압력을 줄인다. ( )
⑦ 요부전만(腰部前灣)을 유지한다. ( )
⑧ 일정한 자세를 계속 유지하도록 한다. ( )
⑨ 자세고정을 줄인다. ( )
⑩ 요부측만을 촉진한다. ( )
⑪ 좌판의 깊이는 작업자의 등이 등받이에 닿을 수 있도록 설계한다. ( )
⑫ 좌판은 엉덩이가 앞으로 미끄러지지 않는 재질과 구조로 설계한다. ( )
⑬ 좌판의 넓이는 작은 사람에게 적합하도록 깊이는 큰 사람에게 적합하도록 설계한다. ( )
⑭ 등받이는 충분한 넓이를 가지고 요추 부위부터 어깨부위까지 편안하게 지지하도록 설계한다. ( )

⑮ 쉽게 조절 또는 조정이 용이해야 한다. (　)
⑯ 요추 부위의 후만곡선을 유지한다. (　)
⑰ 등근육의 정적 부하를 높이도록 한다. (　)
⑱ 추간판에 가해지는 압력을 줄일 수 있도록 한다.
(　)
⑲ 추간판의 압력을 줄일 수 있도록 한다. (　)
⑳ 고정된 자세로 장시간 유지할 수 있도록 한다.
(　)
㉑ 체중분포가 두 좌골결절에서 둔부 주위로 갈수록
압력이 감소하는 형태가 되도록 한다. (　)
㉒ 좌판의 높이는 대퇴가 압박되지 않도록 오금 높
이보다 약간 높아야 한다. (　)
㉓ 좌판의 높이는 큰 사람에게 적합하도록 한다.
(　)
㉔ 좌판의 깊이는 장딴지 여유를 주고 대퇴를 압박
하지 않게 작은 사람에게 적합하도록 한다. (　)

[09③]
015 **의자의 주요 설계 요소에 대한 적용기준이 올바르게 연결됐는지 체크하시오.**
① 의자 높이 : 오금높이 (　)
② 의자 깊이 : 넙적다리 직선길이 (　)
③ 의자 너비 : 인체측정자료의 최소치 (　)
④ 의자 깊이 : 인체측정자료의 최대치 (　)

[22②]
016 **좌식작업이 가장 적합한 작업을 체크하시오.**
① 정밀 조립 작업 (　)
② 4.5kg 이상의 중량물을 다루는 작업 (　)
③ 작업장이 서로 떨어져 있으며 작업장 간 이동이
작은 작업 (　)
④ 작업자의 정면에서 매우 높거나 낮은 곳으로 손
을 자주 뻗어야 하는 작업 (　)

[18②]
017 **작업공간의 포락면(包絡面)에 대한 설명으로 올바른지 체크하시오.**
① 개인이 그 안에서 일하는 일차원 공간이다. (　)
② 작업복 등은 포락면에 영향을 미치지 않는다. (　)
③ 가장 작은 포락면은 몸통을 움직이는 공간이다.
(　)
④ 작업의 성질에 따라 포락면의 경계가 달라진다.
(　)

[04②]
018 **양팔을 뻗지 않은 상태에서 작업하는 데 사용하는 공간을 체크하시오.**
① 정상 작업파악한계 (　)
② 정상 작업포락면 (　)
③ 작업 공간파악한계 (　)
④ 작업 공간포락면 (　)

[12②, 20②]
019 **NIOSH lifting guideline에서 권장무게한계(RWL) 산출에 사용되는 평가요소를 체크하시오.**
① 수평거리 (　)
② 수직거리 (　)
③ 휴식시간 (　)
④ 비대칭각도 (　)

[07②, 11①]
020 **인간의 감각 중 반응시간이 가장 빠른 것을 체크하시오.**
① 시각 (　)　　　② 통각 (　)
③ 청각 (　)　　　④ 미각 (　)

[07③, 14①]
021 **일반적으로 자극에 대한 단순반응시간이 가장 긴 (느린) 감각을 체크하시오.**
① 청각 (　)　　　② 통각 (　)
③ 시각 (　)　　　④ 후각 (　)

[05①]
022 **"작업설계시의 딜레마(dilemma)"에 대한 설명으로 올바른지 체크하시오.**
① 안전투자와 기업이윤 간의 딜레마 (　)
② 작업능률과 작업만족도 간의 딜레마 (　)
③ 작업확대와 작업윤택화 간의 딜레마 (　)
④ 생산목표와 생산수단 간의 딜레마 (　)

023 [06②]
사정효과(Range Effect)에 대한 설명으로 올바른지 체크하시오.

① 조작자가 움직일 수 있는 속도나 조종장치에 가할 수 있는 힘에는 상한이 있다. (　)

② 조작자는 작은 오차에는 과잉반응, 큰 오차에는 과소반응한다. (　)

③ 조작자는 비우발적인 입력신호는 미리 알 수 있다. (　)

④ 조작자는 오차가 인식의 한계를 넘을 때까지는 반응하지 못한다. (　)

024 [16②]
전신육체적 작업에 대한 개략적 휴식시간의 산출공식에 해당하는 것을 체크하시오. [단, R은 휴식시간(분), E는 작업의 에너지소비율(kcal/분)]

① $R = E \times \dfrac{60-4}{E-2}$ (　)

② $R = 60 \times \dfrac{E-4}{E-1.5}$ (　)

③ $R = 60 \times (E-4) \times (E-2)$ (　)

④ $R = E \times (60-4) \times (E-1.5)$ (　)

025 [04①, 24①]
정지조정(static reaction)에서 문제가 되는 것을 체크하시오.

① 진전(tremor) (　)

② 전도(overturn) (　)

③ 동요(agitation) (　)

④ 요통(Alame back) (　)

026 [08②]
정적 자세를 유지할 때 진전(tremor)을 가장 감소시키는 손의 위치를 체크하시오.

① 손이 머리 위에 있을 때 (　)

② 손이 심장 높이에 있을 때 (　)

③ 손이 배꼽 높이에 있을 때 (　)

④ 손이 무릎 높이에 있을 때 (　)

027 [03②, 05①]
진동에 의한 영향이 가장 적은 작업을 체크하시오.

① 추적작업 (　)

② 시각적 인식작업 (　)

③ 형태 식별작업 (　)

④ 수동 제어작업 (　)

★중요 [04②, 08①, 16①]
028 진동의 영향을 가장 많이 받는 인간성능을 체크하시오.

① 감시(monitoring)작업 (　)

② 반응시간(reaction time) (　)

③ 추적(tracking)능력 (　)

④ 형태식별(pattern recognition) (　)

029 [03②, 09①]
경쾌하고 가벼운 느낌에서 느리고 둔한 색의 순서로 바르게 나열하였는지 체크하시오.

① 백색 – 황색 – 녹색 – 적색 (　)

② 녹색 – 황색 – 적색 – 흑색 (　)

③ 청색 – 자색 – 적색 – 흑색 (　)

④ 황색 – 자색 – 녹색 – 청색 (　)

030 [05①, 25①]
작업장의 색채에 대한 설명으로 올바른지 체크하시오.

① 지붕은 주위의 환경과 조화를 이루도록 한다. (　)

② 벽면은 주위 명도의 2배 이상으로 한다. (　)

③ 창틀에는 흰빛으로 악센트를 준다. (　)

④ 바닥의 추천반사율은 40~60%가 좋다. (　)

031 [16②]
안전색채와 기계장비 또는 배관의 연결이 올바른지 체크하시오.

① 시동스위치 – 녹색 (　)

② 급정지스위치 – 황색 (　)

③ 고열기계 – 회청색 (　)

④ 증기배관 – 암적색 (　)

032 작업장의 색은 매우 중요하다. 색을 선택할 때 기본 조건에 해당하는 것을 체크하시오.

① 자극이 강한 색은 피한다. (　　)

② 밝은 색은 상부에 어두운 색은 하부에 둔다. (　　)

③ 차분하고 밝은 색을 선택한다. (　　)

④ 순백색을 선택한다. (　　)

[13②, 25③]

033 인체의 피부감각에 있어 민감한 순서대로 나열하였는지 체크하시오.

① 압각 – 온각 – 냉각 – 통각 (　　)

② 냉각 – 통각 – 온각 – 압각 (　　)

③ 온각 – 냉각 – 통각 – 압각 (　　)

④ 통각 – 압각 – 냉각 – 온각 (　　)

★중요　　　　[10③, 17②, 19①, 20①, 23②]

034 적절한 온도의 작업 환경에서 추운 환경으로 변할 때, 우리의 신체가 수행하는 조절작용으로 올바른지 체크하시오.

① 피부의 온도가 내려간다. (　　)

② 혈액의 많은 양이 몸의 중심부를 위주로 순환한다. (　　)

③ 직장온도가 약간 올라간다. (　　)

④ 발한이 시작된다. (　　)

⑤ 직장온도가 약간 내려간다. (　　)

⑥ 몸이 떨리고 소름이 돋는다. (　　)

⑦ 피부를 경유하는 혈액 순환량이 감소한다. (　　)

[13②]

035 layout의 원칙에 대한 설명으로 올바른지 체크하시오.

① 운반작업을 수작업화 한다. (　　)

② 중간 중간에 중복 부분을 만든다. (　　)

③ 인간이나 기계의 흐름을 라인화 한다. (　　)

④ 사람이나 물건의 이동거리를 단축하기 위해 기계 배치를 분산화 한다. (　　)

02 단답형 문제

[06①]

001 위험구역의 울타리 설계 시 인체 측정자료 중 적용해야 할 인체치수는 무엇인지 쓰시오.

★중요 [10③, 14①, 15③, 16③, 21②, 25①]

002 일반적으로 은행의 접수대 높이, 슈퍼마켓의 계산대, 공원의 벤치를 설계할 때 가장 적합한 인체 측정자료의 응용원칙은 무엇인지 쓰시오.

★중요 [06①, 16②, 23①]

003 여러 사람이 사용하는 의자의 좌면높이의 기준을 쓰시오.

[17③, 20③]

004 사무실 의자나 책상에 적용할 인체 측정 자료의 설계 원칙을 쓰시오.

⚙ **해설** 조절식 설계란 체격이 다른 여러 사람에게 맞도록 만드는 것으로 자동차의 좌석, 사무실의 의자, 책상 등에 사용된다.

[15①]

005 다음 설명에 해당하는 설계 응용 원칙을 쓰시오.

> 제어 버튼의 설계에서 조작자와 거리를 여성의 5백분위 수를 이용하여 설계하였다.

[13①, 19①, 24①]

006 인체계측자료의 응용원칙 중 조절(조정)범위에서 수용하는 통상의 범위를 쓰시오.

⚙ **해설** 통상 5%치에서 95%치까지의 90%의 범위를 수용대상으로 설계하는 것이 일반적이고, %tile = 평균값 ± (표준편차 ×%tile 계수)

| 정답 |

001 인체측정 최대치 　002 평균치를 이용한 설계원칙 　003 5% 오금높이(작은 사람을 기준으로 함) 　004 조절식 설계
005 극단적 설계원칙 　006 5 ~ 95%tile

007 부품 배치의 원칙 중 기능적으로 관련된 부품들을 모아서 배치한다는 원칙은 무엇인지 쓰시오.

008 작업공간 포락면(work space envelope)이란 사람이 작업하는 데 사용하는 공간을 말하는데, 어떤 작업활동을 의미하는 것인지 쓰시오.

> ⚙ **해설** 작업공간 포락면(work space envelope)은 한 장소에 앉아서 수행하는 작업활동에서 사람이 작업하는 데 사용하는 공간으로, 작업의 성질에 따라 포락면의 경계가 달라진다.

009 인간의 위치 동작에 있어 눈으로 보지 않고 손을 수평면상에서 움직이는 경우 짧은 거리는 지나치고, 긴 거리는 못 미치는 경향이 있는데 이를 무엇이라고 하는지 쓰시오.

010 인간의 심리적 조건을 충족시킴과 동시에 빛의 반사를 고려하여 기계설비의 배치에 도움이 되도록 색채를 합리적으로 사용하는 기술을 색채조절이라 한다. 색채조절에 따라 기계의 본체에 가장 적합한 색상을 쓰시오.

> ⚙ **해설** 기계 본체의 색상은 주로 10G6/2를 사용한다. 여기서, 10G6/2는 10G : 색상(녹색), 6 : 명도, 2 : 채도를 의미함, 즉 색의 표시는 색상, 명도/채도로 표시

011 인간의 감각 기관 중 청각, 촉각, 시각, 통각의 감각 반응속도가 늦은 것부터 순서대로 쓰시오.

> ⚙ **해설** 인간의 감각 반응속도

감각기관	청각	촉각	시각	미각	통각
반응시간	0.17초	0.18초	0.29초		0.70초

|정답|

007 기능별 배치의 원칙　　**008** 한 장소에 앉아서 수행하는 작업활동　　**009** 사정효과(Range effect)　　**010** 녹색 계통

011 통각 → 시각 → 촉각 → 청각

03 계산형 문제

[13①, 21②, 24②]

★중요

001 중량물 들기 작업을 수행하는데, 5분간의 산소소비량을 측정한 결과, 90L의 배기량 중에 산소가 16%, 이산화탄소가 4%로 분석되었다. 해당 작업에 대한 분당 산소소비량을 구하시오. (단, 공기 중 질소는 79vol%, 산소는 21vol%)

⚙ 해설

산소 소비량 = 분당 흡기량(V_1)−분단 배기량(V_2)이다.

그런데, 분당 흡기량(V_1) = $\dfrac{(100-O_2-CO_2)}{\text{공기 중의 질소 비율}} \times V_2$(분당 배기량)이다.

여기서, $V_2 = \dfrac{\text{총 배기량}}{\text{시간}} = \dfrac{90}{5} = 18[l/min]$

그러므로, 분당 흡기량(V_1) = $\dfrac{(100-O_2-CO_2)}{\text{공기 중의 질소 비율}} \times V_2$

$= \dfrac{(100-16-4)}{79} \times 18 = \dfrac{80}{79} \times 18 = 18.228 ≒ 18.23$

그러므로, 산소소모량(l/min) = 분당 흡기량(V_1)−분당 배기량(V_2)

$= 18.23 \times 0.21 - 18 \times 0.16 = 0.9483 ≒ 0.948$이다.

[03①]

★중요

002 100분 동안 10kcal/min으로 수행되는 삽질 작업을 하는 40세 근로자에게 제공되어야 할 적합한 휴식시간을 구하시오. (단, 소수 둘째자리까지 구함)

⚙ 해설

R(휴식 시간) = $\dfrac{T(E-e)}{E-e_1}$이다.

그런데, T(총 작업시간) = 100분, E : 실제 작업 시 평균 에너지의 소비량, e = 5kcal/min, e_1 = 1.5kcal/min이다.

그러므로, R(휴식 시간) = $\dfrac{T(E-e)}{E-e_1} = \dfrac{T(E-5)}{E-1.5}$이다.

- E : 실제 작업 시 평균 에너지의 소비량(kcal/min)
- T : 총 작업시간(1시간을 기준으로 하는 경우에는 60)
- e : 기초 대사를 포함한 에너지 상한값 또는 작업시 평균에너지 값(kcal/분)

  남성 : 5kcal/min, 여성 : 4kcal/min
- e_1: 휴식 시간 중의 에너지 소비량(1.5kcal/min)

$R = \dfrac{T(E-e)}{E-e_1} = \dfrac{100 \times (E-5)}{E-1.5} = \dfrac{100 \times (10-5)}{10-1.5} = 58.82$분이다.

003 작업에 대한 평균 에너지값의 상한을 5kcal/분으로 잡을 때, 어떤 활동이 이 한계를 넘는다면 휴식시간을 삽입하여 초과분을 보상해 주어야 한다. 작업의 평균 에너지값이 10kcal/분이고 휴식시간 중의 에너지 소비량이 1.5kcal/분이라면, 60분 간의 작업시간 내에 포함시켜야 할 휴식시간을 구하시오. (단, 소수 첫째자리까지 구함)

해설

$R(\text{휴식 시간}) = \dfrac{T(E-e)}{E-e_1}$ 이다.

$T = 60$분, $E = 10\text{kcal/min}$, $e = 5\text{kcal/min}$, $e_1 = 1.5\text{kcal/min}$ 이다.

$\therefore R = \dfrac{T(E-e)}{E-e_1} = \dfrac{60\times(E-e)}{E-e_1} = \dfrac{60\times(10-5)}{10-1.5} = 35.29 ≒ 35.3$분이다.

004 100분 동안 8kcal/min으로 수행되는 삽질작업을 하는 40세의 남성 근로자에게 되어야 할 적합한 휴식시간을 구하시오. (단, Murrel의 공식을 적용하고, 소수 첫째자리까지 구함)

해설

$R(\text{휴식 시간}) = \dfrac{T(E-e)}{E-e_1} = \dfrac{100\times(E-e)}{E-e_1}$ 이다.

$T = 100$분, $E = 8\text{kcal/min}$, $e = 5\text{kcal/min}$, $e_1 = 1.5\text{kcal/min}$ 이다.

$\therefore R = \dfrac{T(E-e)}{E-e_1} = \dfrac{100\times(E-e)}{E-e_1} = \dfrac{100\times(8-5)}{8-1.5} = 46.15 ≒ 46.2$분이다.

★중요

005 A작업의 평균에너지소비량이 다음과 같을 때, 60분간의 총 작업시간 내에 포함되어야 하는 휴식시간(분)을 구하시오. (단, 소수 첫째자리까지 구함)

- 휴식 중 에너지 소비량 : 1.5kcal/min
- A작업 시 평균 에너지 소비량 : 6kcal/min
- 기초 대사를 포함한 작업에 대한 평균 에너지 소비량 상한 : 5kcal/min

해설

$R(\text{휴식 시간}) = \dfrac{T(E-e)}{E-e_1} = \dfrac{60\times(E-e)}{E-e_1}$ 이다.

$T = 60$분, $E = 6\text{kcal/min}$, $e = 5\text{kcal/min}$, $e_1 = 1.5\text{kcal/min}$ 이다.

$R(\text{휴식 시간}) = \dfrac{T(E-e)}{E-e_1} = \dfrac{60\times(6-5)}{6-1.5} = 13.33 ≒ 13.3$분이다.

006 자극과 반응의 실험에서 자극 A가 나타날 경우 1로 반응하고 자극 B가 나타날 경우 2로 반응하는 것으로 하고, 100회 반복하여 표와 같은 결과를 얻었다. 제대로 전달된 정보량을 구하시오.

자극 \ 반응	1	2
A	50	
B	10	40

⚙ 해설

정보량 산정

자극 \ 반응	1	2	계
A	50	0	50
B	10	40	50
계	60	40	100

① 전달된 정보량 = 자극정보량+반응정보량−결합(자극+반응)정보량

② 자극정보량 $= 0.5 \times \log_2(\frac{1}{0.5}) + 0.5 \times \log_2(\frac{1}{0.5}) = 1$

③ 반응정보량 $= 0.6 \times \log_2(\frac{1}{0.6}) + 0.4 \times \log_2(\frac{1}{0.4}) = 0.9710$

④ 결합정보량 $= 0.5 \times \log_2(\frac{1}{0.5}) + 0.1 \times \log_2(\frac{1}{0.1}) + 0.4 \times \log_2(\frac{1}{0.4}) = 1.3610$

그러므로, ①에 의해서, 전달된 정보량 $= 1 + 0.9710 - 1.3610 = 0.61$

007 인간이 절대 식별할 수 있는 대안의 최대 범위는 대략 7이라고 한다. 이를 정보량(bit)을 구하시오.

⚙ 해설

정보량(bit)은 실현 가능성이 동일한 2개 대안 중 하나가 명시되었을 때 얻는 정보량을 의미하며,

총 정보량 $= \log_2 n$(대안의 갯수) $= \log_2 \dfrac{1}{P(\text{대안의 역수 또는 대안의 실현 확률})}$ 이다.

그런데, 대안이 7이므로 총 정보량 $= \log_2 7 = 2.087 bit$이다.

[08③]

008 0~9까지의 숫자가 같은 확률로서 출현하는 경우의 총 정보량(bit)을 구하시오.

> ⚙ **해설**
>
> 정보량(bit)은 실현 가능성이 동일한 2개 대안 중 하나가 명시되었을 때 얻는 정보량을 의미하며,
>
> $$총 \ 정보량 = \log_2 n(대안의 갯수) = \log_2 \frac{1}{P(대안의 역수 \ 또는 \ 대안의 실현 \ 확률)}이다.$$
>
> 그런데, 대안이 0~9까지 10개이므로, 총 정보량 $= \log_2 10 = 3.322\,bit$이다.

[10②]

009 동전 1개를 3번 던질 때 뒷면이 2개만 나오는 경우를 자극정보라 한다면 이 때 얻을 수 있는 정보량(bit)을 구하시오.

> ⚙ **해설**
>
> "총 정보량 = 개별 확률 × 개별 정보량"이므로 확률과 정보량을 구한 후에 총 정보량을 구한다. 동전을 3회(A, B, C) 던져 뒷면이 2번 나오는 경우는 (앞, 뒤, 뒤), (뒤, 앞, 뒤), (뒤, 뒤, 앞)으로서 총 8번을 던질 경우에 나올 수 있다.
>
> 그러므로, A의 확률 $= \dfrac{1}{8} = 0.125$, B의 확률 $= \dfrac{1}{8} = 0.125$, C의 확률 $= \dfrac{1}{8} = 0.125$이고,
>
> 정보량을 구하면, $A = \dfrac{\log(\frac{1}{0.125})}{\log 2} = 3$, $B = \dfrac{\log(\frac{1}{0.125})}{\log 2} = 3$, $C = \dfrac{\log(\frac{1}{0.125})}{\log 2} = 3$이다.
>
> 그러므로, 총 정보량 $= (0.125 \times A) + (0.123 \times B) + (0.125 \times C)$
>
> $\qquad\qquad\quad = (0.125 \times 3) + (0.125 \times 3) + (0.125 \times 3) = 11.25 ≒ 11.3bit$이다.

[12①, 23④, 24③]

★중요

010 인간의 반응시간을 조사하는 실험에서 0.1, 0.2, 0.3, 0.4의 점등확률을 갖는 4개의 전등이 있다. 이 자극 전등이 전달하는 정보량을 구하시오.

> ⚙ **해설**
>
> "총 정보량 = 개별 확률 × 개별 정보량"이므로 확률과 정보량을 구한 후에 총 정보량을 구한다. 먼저 확률을 구하고, 정보량을 산정한다.
>
> 0.1의 점등확률(A) $= \dfrac{\log(\frac{1}{0.1})}{\log 2} = 3.322$, 0.2의 점등확률(B) $= \dfrac{\log(\frac{1}{0.2})}{\log 2} = 2.322$
>
> 0.3의 점등확률(C) $= \dfrac{\log(\frac{1}{0.3})}{\log 2} = 1.737$, 0.4의 점등확률(D) $= \dfrac{\log(\frac{1}{0.4})}{\log 2} = 1.322$
>
> $\therefore$ 정보량 $= (0.1 \times A) + (0.2 \times B) + (0.3 \times C) + (0.4 \times D)$
>
> $\qquad\qquad = (0.1 \times 3.322) + (0.2 \times 2.322) + (0.3 \times 1.737) + (0.4 \times 1.322) = 1.8465 ≒ 1.847$

[13②, 18②]

011 4지선다형 문제의 정보량을 구하시오.

⚙ **해설**

"총 정보량 = 개별 확률 × 개별 정보량"이므로 확률과 정보량을 구한 후에 총 정보량을 구한다.

4지 선다형(A, B, C, D) 중에서,

A의 확률 = $\dfrac{1}{4}$, B의 확률 = $\dfrac{1}{4}$, C의 확률 = $\dfrac{1}{4}$, D의 확률 = $\dfrac{1}{4}$이므로, $N = 4$이다.

그러므로, 총 정보량 = $\log_2 N = \log_2 4 = 2\text{bit}$이다.

★중요

[19②]

012 빨강, 노랑, 파랑의 3가지 색으로 구성된 교통신호등이 있다. 신호등은 항상 3가지 색 중 하나가 켜지도록 되어 있다. 1시간 동안 조사한 결과, 파란등은 총 30분 동안, 빨간등과 노란등은 각각 총 15분 동안 켜진 것으로 나타났다. 이 신호등의 총 정보량(bit)를 구하시오.

⚙ **해설**

"총 정보량 = 개별 확률 × 개별 정보량"이므로 확률과 정보량을 구한 후에 총 정보량을 구한다.

① 신호등의 확률 산정

- 빨강등의 확률(A) = $\dfrac{15}{60} = 0.25$

- 노랑등의 확률(B) = $\dfrac{15}{60} = 0.25$

- 파랑등의 확률(C) = $\dfrac{30}{60} = 0.5$

② $A = \dfrac{\log(\frac{1}{0.25})}{\log 2} = 2$, $B = \dfrac{\log(\frac{1}{0.25})}{\log 2} = 2$, $C = \dfrac{\log(\frac{1}{0.5})}{\log 2} = 1$

③ 총정보량 = $(0.25 \times A) + (0.25 \times B) + (0.5 \times C) = (0.25 \times 2) + (0.25 \times 2) + (0.5 \times 1) = 1.5$

01 진위형 문제

▶ 해설편 136p

※ 다음 문제를 읽고, 옳으면 O, 틀리면 ×를 괄호 안에 표기하시오.

★중요 [03①, 04①, 08①, 11③, 14③, 18②, 23④, 25③]

001 FTA의 특징에 해당하는 것을 체크하시오.

① 재해의 정량적 예측가능 (　)

② 간단한 FT도의 작성으로 정성적 해석 가능 (　)

③ 컴퓨터 처리 가능 (　)

④ 귀납적 해석 가능 (　)

⑤ Bottom up 형식 (　)

⑥ 특정사상에 대한 해석 (　)

⑦ 논리기호를 사용한 해석 (　)

⑧ 정성적 해석의 불가능 (　)

[14②, 19③]

002 각 기본사상의 발생확률이 증감하는 경우 정상 사상의 발생확률에 어느 정도 영향을 미치는가를 반영하는 지표로서, 수리적으로는 편미분계수와 같은 의미를 갖는 FTA의 중요도 지수를 체크하시오.

① 구조 중요도 (　)　　② 확률 중요도 (　)

③ 치명 중요도 (　)　　④ 비구조 중요도 (　)

[04②, 05①, 06③]

003 결함수 분석법(FTA, Fault Tree Analysis)에 관한 설명으로 올바른지 체크하시오.

① 컴퓨터 처리는 불가능하다. (　)

② 정량적으로 재해 발생 확률을 구한다. (　)

③ 재해 확률의 목표치는 정하여야 한다. (　)

④ 재해 발생의 원인들을 상으로 표현할 수 있다.
(　)

⑤ 재해발생을 귀납적·정성적으로 해석·예측할 수 있다. (　)

⑥ 재해발생을 연역적·정성적으로 해석·예측할 수 있다. (　)

⑦ 재해발생을 연역적·정량적으로 해석·예측할 수 있다. (　)

⑧ 재해발생을 귀납적·정량적으로 해석·예측할 수 있다. (　)

★중요 [06②, 09②, 18③]

004 FTA에 의한 재해사례 연구순서에서 제1단계에 해당하는 것을 체크하시오.

① 사상의 재해 원인의 규명 (　)

② FT도의 작성 (　)

③ 톱(TOP)사상의 선정 (　)

④ 개선 계획의 작성 (　)

★중요 [11①, 13③, 16③, 21③, 24②]

005 결함수분석(FTA)에 의한 재해사례의 연구 순서가 다음과 같을 때 올바른 순서대로 나열한 것을 체크하시오.

> ㉠ FT(Fault Tree)도 작성
> ㉡ 개선안 실시 계획
> ㉢ 톱 사상의 선정
> ㉣ 사상마다 재해원인 및 요인 규명
> ㉤ 개선계획 작성

① ㉣ → ㉤ → ㉢ → ㉠ → ㉡ (　)

② ㉡ → ㉣ → ㉢ → ㉤ → ㉠ (　)

③ ㉢ → ㉣ → ㉠ → ㉤ → ㉡ (　)

④ ㉤ → ㉢ → ㉡ → ㉠ → ㉣ (　)

[13②]

006 결함수분석(FTA) 절차에서 가장 먼저 수행해야 하는 것을 체크하시오.

① cut set을 구한다. (　)

② Top 사상을 정의한다. (　)

③ minimal cut set을 구한다. (　)

④ FT(fault tree)도를 작성한다. (　)

[14①, 16③]

007 FT의 작성방법에 관한 설명으로 올바른지 체크하시오.

① 정성·정량적으로 해석·평가하기 전에는 FT를 간소화해야 한다. (　)

② 정상(Top)사상과 기본사상과의 관계는 논리게이트를 이용해 도해한다. ( )

③ FT를 작성하려면, 먼저 분석대상 시스템을 완전히 이해하여야 한다. ( )

④ FT 작성을 쉽게 하기 위해서는 정상(Top)사상을 최대한 광범위하게 정의한다. ( )

이다. ( )

⑦ 시스템에 고장이 발생하지 않도록 하는 사상의 집합이다. ( )

⑧ 일반적으로 Fussell Algorithm을 이용한다. ( )

⑨ 반복되는 사건이 많은 경우 Limnios와 Ziani Algorithm을 이용하는 것이 유리하다. ( )

★중요 [07③, 10①, 13①]

008 결함수분석법에서 특정 조합의 기본사상들이 모두 결함으로 발생하였을 때 시스템의 고장사상을 일으키는 기본사상의 집합에 해당하는 것을 체크하시오.

① Cut sets ( )

② Path sets ( )

③ Minial cut sets ( )

④ Mininal path sets ( )

★중요 [12①, 17②, 20③, 23①]

011 path set에 관한 설명으로 올바른지 체크하시오.

① 시스템의 약점을 표현한 것이다. ( )

② Top 사상을 발생시키는 조합이다. ( )

③ 시스템이 고장 나지 않도록 하는 사상의 조합이다. ( )

④ 일반적으로 Fussell Algorithm을 이용하고, 시스템 고장을 유발시키는 필요불가결한 기본사상들의 집합이다. ( )

★중요 [08③, 14②, 17②]

009 결함수분석법(FTA)에서의 미니멀 컷셋과 미니멀 패스셋에 관한 설명으로 올바른지 체크하시오.

① 미니멀 컷셋은 정상사상(top event)을 일으키기 위한 최소한의 컷셋이다. ( )

② 미니멀 컷셋은 시스템의 신뢰성을 표시하는 것이다. ( )

③ 미니멀 패스셋은 시스템의 위험성을 표시하는 것이다. ( )

④ 미니멀 패스셋은 시스템의 고장을 발생시키는 최소의 패스셋이다. ( )

★중요 [13①, 17③, 20①]

012 컷셋과 패스셋에 관한 설명으로 올바른지 체크하시오.

① 동일한 시스템에서 패스셋의 개수와 컷셋의 개수는 같다. ( )

② 패스셋은 동시에 발생했을 때 정상사상을 유발하는 사상들의 집합이다. ( )

③ 일반적으로 시스템에서 최소 컷셋의 개수가 늘어나면 위험수준이 높아진다. ( )

④ 일반적으로 시스템에서 최소 컷셋 내의 사상 개수가 적어지면 위험 수준이 낮아진다. ( )

★중요 [07②, 11①, 18③, 20②, 25①]

010 최소 컷셋(MInumal cut sets)에 대한 설명으로 올바른지 체크하시오.

① 컷셋 중에 타 컷셋을 포함하고 있는 것을 배제하고 남은 컷셋들을 의미한다. ( )

② 어느 고장이나 에러를 일으키지 않으면 재해가 일어나지 않는 시스템의 신뢰성이다. ( )

③ 기본사상이 일어났을 때 정상사상(Top event)을 일으키는 기본사상의 집합이다. ( )

④ 기본사상이 일어나지 않을 때 정상사상(Top event)이 일어나지 않는 기본사상의 집합이다. ( )

⑤ 사고에 대한 시스템의 약점을 표현한다. ( )

⑥ 정상사상(Top 사상)을 일으키는 최소한의 집합

[17③, 20②]

013 중복사상이 있는 FT(Fault Tree)에서 모든 컷셋(cut set)을 구한 경우에 최소 컷셋(minimal cut set)에 대한 설명으로 올바른지 체크하시오.

① 모든 컷셋이 바로 최소 컷셋이다. ( )

② 모든 컷셋에서 중복되는 컷셋만이 최소 컷셋이다. ( )

③ 최소 컷셋은 시스템의 고장을 방지하는 기본 고장들의 집합이다. ( )

④ 중복되는 사상의 컷셋 중 다른 컷셋에 포함되는 셋을 제거한 컷셋과 중복되지 않는 사상의 컷셋을 합한 것이 최소 컷셋이다. ( )

⑤ 일반적으로 Fussell Algorithm을 이용한다. ( )

⑥ 정상사상(Top event)을 일으키는 최소한의 집합이다. (　)

⑦ 반복되는 사건이 많은 경우 Limnios와 Ziani Algorithm을 이용하는 것이 유리하다. (　)

⑧ 시스템에 고장이 발생하지 않도록 하는 모든 사상의 집합이다. (　)

[21①, 24③]

014 컷셋(Cut Sets)과 최소 패스셋(Minimal Path Sets)의 정의에 해당하는 것을 체크하시오.

① 컷셋은 시스템 고장을 유발시키는 필요최소한의 고장들의 집합이며, 최소 패스셋은 시스템의 신뢰성을 표시한다. (　)

② 컷셋은 시스템 고장을 유발시키는 기본고장들의 집합이며, 최소 패스셋은 시스템의 불신뢰도를 표시한다. (　)

③ 컷셋은 그 속에 포함되어 있는 모든 기본사상이 일어났을 때 정상사상을 일으키는 기본사상의 집합이며, 최소 패스셋은 시스템의 신뢰성을 표시한다. (　)

④ 컷셋은 그 속에 포함되어 있는 모든 기본사상이 일어났을 때 정상사상을 일으키는 기본사상의 집합이며, 최소 패스셋은 시스템의 성공을 유발하는 기본사상의 집합이다. (　)

[05③, 16①]

015 재해예방 측면에서 시스템의 FT에서 상부측 정상사상의 가장 가까운 쪽에 OR 게이트를 인터록이나 안전장치 등을 활용하여 AND 게이트로 바꿔주면 이 시스템의 재해율에는 어떠한 현상이 나타나는지 체크하시오.

① 재해율에는 변화가 없다. (　)

② 재해율의 급격한 증가가 발생한다. (　)

③ 재해율의 급격한 감소가 발생한다. (　)

④ 재해율의 점진적인 증가가 발생한다. (　)

★중요　　　　[12②, 20②, 22④]

016 설비의 고장과 같이 특정시간 또는 구간에 어떤 사건의 발생확률이 적은 경우 그 사건의 발생횟수를 측정하는 데 가장 적합한 확률분포를 체크하시오.

① 와이블 분포(Weibull Distribution) (　)

② 푸아송 분포(Poisson distribution) (　)

③ 지수 분포(exponential Distribution) (　)

④ 이항 분포(binomial distribution) (　)

[07③, 10①, 14②, 18①, 19①③, 23①]

017 동작의 효율을 높이기 위한 동작경제의 원칙과 관련 있는 내용을 체크하시오.

① 신체사용에 관한 원칙 (　)

② 작업장 배치에 관한 원칙 (　)

③ 사용자 요구 조건에 관한 원칙 (　)

④ 공구 및 설비 디자인에 관한 원칙 (　)

⑤ 복수 작업자 분석 및 활용에 관한 원칙 (　)

⑥ 공구의 기능을 각각 분리하여 사용하도록 한다. (　)

⑦ 두 팔의 동작은 동시에 서로 반대방향으로 대칭적으로 움직이도록 한다. (　)

⑧ 공구나 재료는 작업동작이 원활하게 수행되도록 그 위치를 정해준다. (　)

⑨ 가능하다면 쉽고도 자연스러운 리듬이 작업동작에 생기도록 작업을 배치한다. (　)

★중요　　　　[03①, 08①, 11②, 10②, 21①②]

018 동작경제의 원칙에 있어 신체사용에 관한 원칙에 대한 설명으로 올바른지 체크하시오.

① 동작을 가급적 조합하여 하나의 동작으로 해야 한다. (　)

② 두 손의 동작은 동시에 시작해서 동시에 끝나야 한다. (　)

③ 동작의 수는 줄이고, 동작의 속도는 적당히 해야 한다. (　)

④ 동작의 범위는 최소로 하되, 사용하는 신체의 범위는 크게 해야 한다. (　)

⑤ 두 팔의 동작은 동시에 같은 방향으로 움직여야 한다. (　)

⑥ 급작스런 방향의 전환은 피하도록 한다. (　)

⑦ 가능한 한 관성을 이용하여 작업하도록 한다. (　)

⑧ 손의 동작은 유연하고 연속적인 동작이여야 한다. (　)

⑨ 공구, 재료 및 제어장치는 사용하기 가까운 곳에 배치해야 한다. (　)

⑩ 동작이 급작스럽게 크게 바뀌는 직선 동작은 피해야 한다. (　)

[12②]

019 동작경제의 원칙 중 작업장 배치에 관한 원칙에 해당하는 것을 체크하시오.

① 공구의 기능을 결합하여 사용하도록 한다. ( )

② 두 팔의 동작은 동시에 서로 반대방향으로 대칭적으로 움직이도록 한다. ( )

③ 가능하다면 쉽고도 자연스러운 리듬이 작업동작에 생기도록 작업을 배치한다. ( )

④ 공구나 재료는 작업동작이 원활하게 수행하도록 그 위치를 정해준다. ( )

★중요   [05②, 10③, 15②, 18①, 24②]

020 동작의 합리화를 위한 물리적 조건에 해당하는 것을 체크하시오.

① 마찰력을 감소시킨다. ( )

② 접촉 면적을 크게 한다. ( )

③ 고유진동을 이용한다. ( )

④ 인체 표면에 가해지는 힘을 적게 한다. ( )

[13①]

021 흐름공정도(Flow Process Chart)에서 기호와 의미의 연결이 올바른지 체크하시오.

① □ : 검사 ( )

② ▽ : 저장 ( )

③ ⇨(화살표) : 운반 ( )

④ ○ : 가공 ( )

[06①]

022 다음 그림에 대한 설명으로 올바른지 체크하시오.

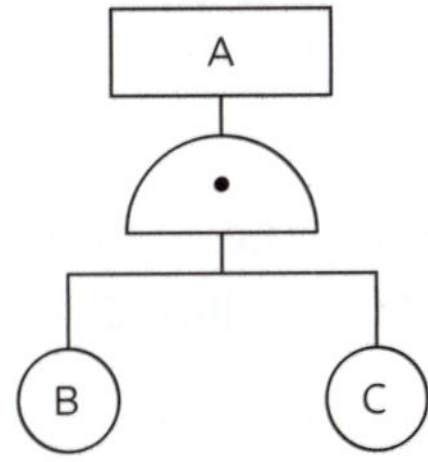

① P(A) = P(B)×P(C) ( )

② B와 C가 동시에 발생하지 않으면 A는 발생하지 않는다. ( )

③ 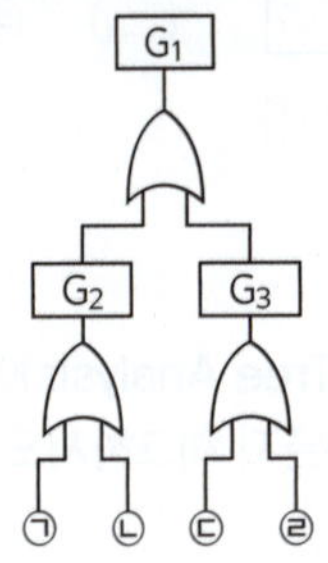 는 AND를 나타낸다. ( )

④ 논리합의 경우이다. ( )

[06②]

023 다음 그림에 대한 설명으로 올바른지 체크하시오.

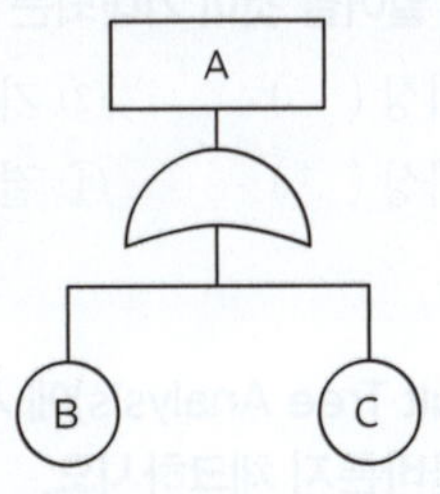

① $R_A = R_B + R_C$ ( )

② B와 C가 동시에 발생해야 A가 발생한다. ( )

③ 는 OR를 나타낸다. ( )

④ 논리합의 경우이다. ( )

[04①]

024 다음 그림의 결함수를 간략히 한 것을 체크하시오.

① ( )

② ( )

③ ( )

④ ( )

[14②, 23②]

025 FT 작성에 사용되는 사상 중 시스템의 정상적인 가동 상태에서 일어날 것이 기대되는 사상을 체크하시오.

① 통상사상 (　)　　② 기본사상 (　)

③ 생략사상 (　)　　④ 결함사상 (　)

[03③]

026 FTA(Fault Tree Analysis)에 사용되는 논리기호와 명칭이 올바른지 체크하시오.

① （　）　결함사상

② （　）　기본사상

③ （　）　통상사상

④ （　）　생략사상

[11②, 18①]

027 FTA(Fault Tree Analysis)에 사용되는 논리기호와 명칭이 올바른지 체크하시오.

① （　）　전이기호

② （　）　기본사상

③ （　）　통상사상

④ （　）　결함사상

[06①, 25②]

028 FTA의 논리기호 중 OR 게이트를 체크하시오.

① （　）　② （　）

③ （　）　④ （　）

[07①]

029 FTA 도표에서 사용하는 논리기호 중 다른 부분에 관한 이행 또는 연결을 나타내는 기호를 체크하시오.

① （　）　② （　）

③ （　）　④ （　）

[07③, 08②]

030 FT도에서 사용하는 논리기호 중 통상의 작업을 나타내는 "통상사상"을 체크하시오.

① （　）　② （　）

③ （　）　④ （　）

★중요　　**[08①, 12②, 23①④]**

031 FTA에서 사용하는 논리기호 중 주어진 시스템의 기본사상을 나타내는 것을 체크하시오.

① （　）　② （　）

③ （　）　④ （　）

[13②]

032 FT에 사용되는 기호 중 더 이상의 세부적인 분류가 필요 없는 사상을 의미하는 기호를 체크하시오.

① （　）　② （　）

③ （　）　④ （　）

[22②, 24③]

033 FTA(Fault Tree Analysis)에서 사용되는 사상 기호 중 통상의 작업이나 기계의 상태에서 재해의 발생 원인이 되는 요소가 있는 것을 체크하시오.

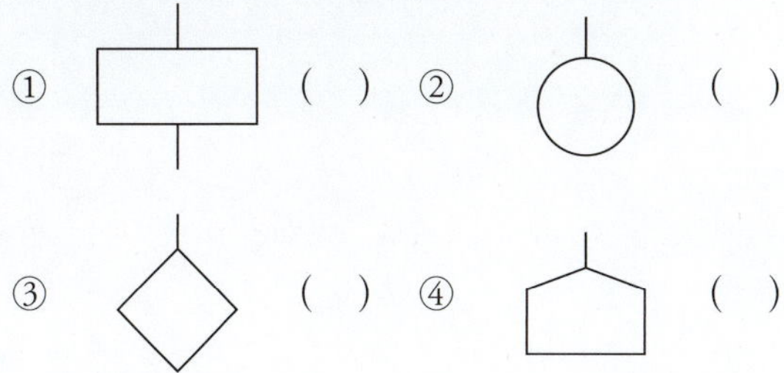

① ( ) ② ( )
③ ( ) ④ ( )

[17②, 21②]

034 FTA에서 사용하는 다음 사상기호에 대한 설명으로 올바른지 체크하시오.

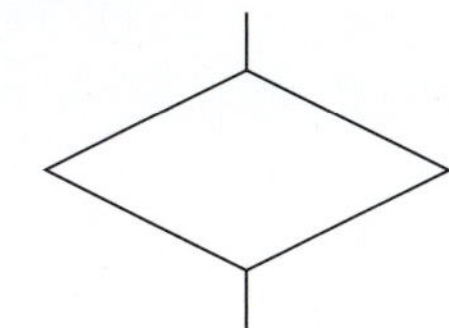

① 시스템 분석에서 좀 더 발전시켜야 하는 사상 ( )
② 시스템의 정상적인 가동상태에서 일어날 것이 기대되는 사상 ( )
③ 불충분한 자료로 결론을 내릴 수 없어 더 이상 전개할 수 없는 사상 ( )
④ 주어진 시스템의 기본사상으로 고장원인이 분석되었기 때문에 더 이상 분석할 필요 없는 사상 ( )

[09②③]

035 FT도에 사용되는 다음 기호의 명칭을 체크하시오.

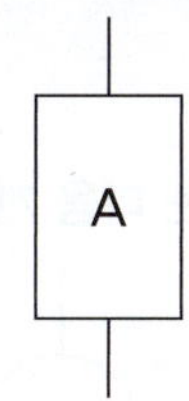

① 부정게이트 ( )
② 위험지속기호 ( )
③ 수정기호 ( )
④ 배타적 OR 게이트 ( )

02 단답형 문제

001 FTA를 수행함에 있어 기본사상들의 발생이 서로 독립인가 아닌가의 여부를 파악하기 위해서는 계산 해보아야 하는 값을 쓰시오.

> **⚙ 해설** 공분산은 두 개의 확률변수의 분포가 결합된 결합확률 분포의 분산, 방향성은 나타내지만, 결합정도에 대한 정보로서는 유용하지 않다.

[20①]

002 FTA에 의한 재해사례 연구순서 중 2단계 내용을 쓰 시오.

[12③, 19①, 24③]

003 결함수분석법(FTA)에 의한 재해사례의 연구 순서 대로 올바르게 나열하시오.

> ㉠ 정상 사상의 선정
> ㉡ FT도 작성 및 분석
> ㉢ 개선 계획의 작성
> ㉣ 각 사상의 재해원인 규명

[09③]

004 FT도 중에서 특정한 집합 중의 기본 사상들이 동시 에 고장이 발생하면 틀림없이 정상 사상의 고장이 발생하는 조합이 무엇인지 쓰시오.

[22①]

005 FTA에서 사용되는 논리게이트 중 입력과 반대되는 현상으로 출력되는 것이 무엇인지 쓰시오.

[18②]

006 입력 B_1과 B_2의 어느 한쪽이 일어나면 출력 A가 생 기는 경우를 논리합의 관계라 한다. 이때 입력과 출 력 사이에는 무슨 게이트로 연결되는지 쓰시오.

★중요 [06③, 20③, 22④, 23④]

007 결함수 분석 기호 중에서 입력사상이 어느 하나라 도 발생할 때 출력사상이 발생하는 것을 쓰시오.

[09①, 11①]

008 FT도에 사용되는 다음 게이트의 명칭을 쓰시오.

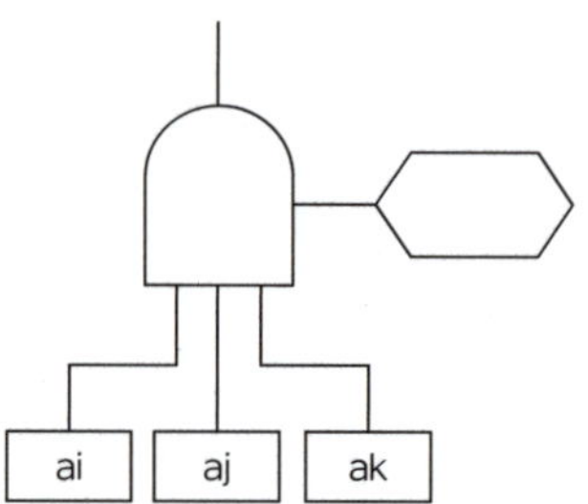

[08③, 17③]

009 FTA에 사용되는 논리 게이트 중 여러 개의 입력 사상이 정해진 순서에 따라 순차적으로 발생해야만 결과가 출력되는 게이트가 무엇인지 쓰시오.

[03②]

010 입력현상 중에서 어떤 현상이 다른 현상보다 먼저 일어난 때에 출력현상이 생기는 수정 게이트가 무엇인지 쓰시오.

★중요

[12①, 15③, 19①]

011 FT도에 사용되는 다음 기호의 명칭이 무엇인지 쓰시오.

⚙ **해설** 억제 게이트는 입력현상이 발생하여 조건을 만족하면 출력이 발생하고, 조건을 만족하지 못하면 출력이 발생되지 않는다.

[05③, 10③, 25②]

012 논리적으로 수정기호의 일종으로 수정기호를 병용하여 게이트 역할을 하고 입력현상이 일어나는 조건을 만족하면 출력현상이 생기고 만약 조건이 만족되지 않으면 출력이 생기지 않는 게이트가 무엇인지 쓰시오.

★중요

[15①, 19③, 23①]

013 FT도에 사용되는 다음 기호의 명칭을 쓰시오.

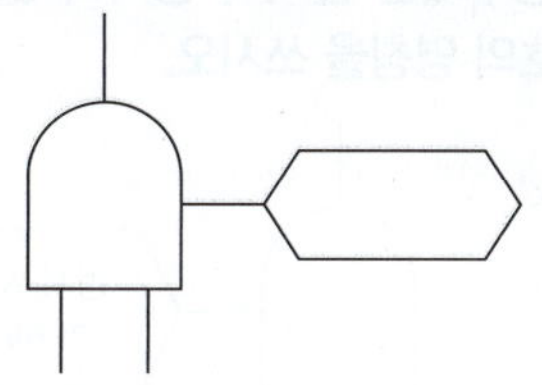

⚙ **해설** 위험지속기호는 입력사상이 발생하여 일정시간 동안 지속되었을 경우에는 출력사상이 발생한다.

★중요

[04①, 12③, 17①, 21③, 25③]

014 FT도에 사용되는 다음 기호의 명칭을 쓰시오.

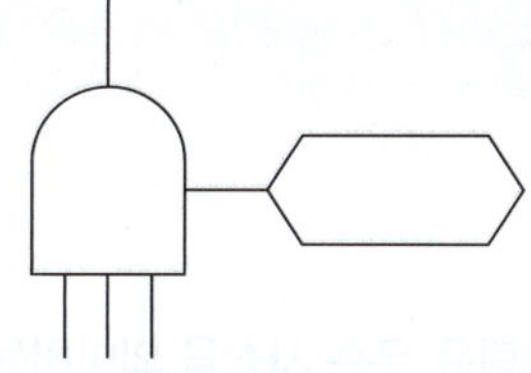

⚙ **해설** 조합(짜맞춤) AND 게이트는 3개의 입력사상 중 어느 사상이든 2개가 발생하면 출력사상이 발생한다.

|정답|

001 공분산　　002 사상의 재해원인을 규명　　003 ㉠ → ㉣ → ㉡ → ㉢　　004 컷셋(Cut sets)　　005 부정 게이트　　006 OR 게이트
007 OR 게이트　　008 우선적 AND 게이트　　009 우선적 AND 게이트　　010 우선적 AND 게이트　　011 억제 게이트
012 억제 게이트　　013 위험지속기호　　014 조합(짜맞춤) AND 게이트

  [13①, 16③, 19②, 22④]

015 FT도에 사용하는 수정 게이트의 종류의 하나로, 3개의 입력 현상 중 임의의 시간에 2개가 발생하면 출력이 생기는 기호의 명칭을 쓰시오.

★중요 [11③, 20①, 22④]

016 FT도에서 사용하는 기호 중 다음 그림과 같이 OR 게이트지만 2개 또는 그 이상의 입력이 동시에 존재하는 경우에는 출력이 생기지 않는 경우에 사용하는 기호의 명칭을 쓰시오.

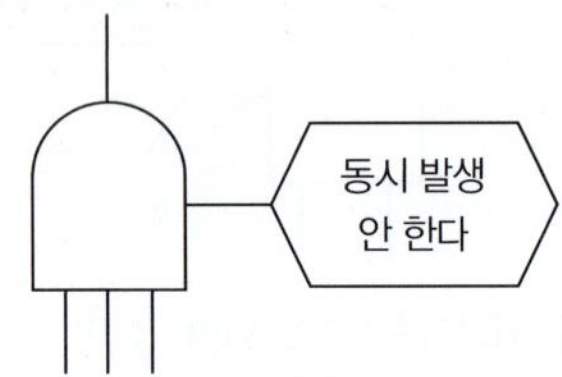

⚙ **해설** 배타적 OR 게이트는 2개 이상의 입력사상이 동시에 존재할 경우, 출력사상은 발생하지 않는다.

[03①]

017 다음 그림은 무슨 사상을 의미하는지 쓰시오.

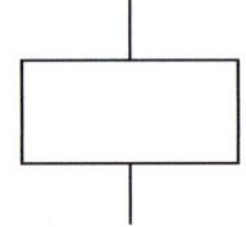

★중요 [05②, 08③, 15②]

018 FTA를 작성하기 위해서는 사용하는 기본 기호 중 그림의 삼각형 기호가 무엇인지 쓰시오.

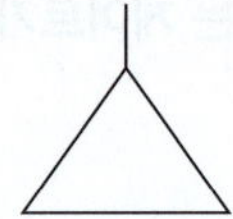

[21②]

019 두 가지 상태 중 하나가 고장 또는 결함으로 나타나는 비정상적인 사건을 의미하는 용어를 쓰시오.

| 정답 |

015 조합 AND 게이트　　**016** 배타적 OR 게이트　　**017** 결함사상　　**018** 전이기호　　**019** 결함사항

03 계산형 문제

★중요

[12②, 15③]

001 다음 FT도에서 정상사상(Top event)이 발생하는 최소 컷셋의 P(T)를 구하시오. (단, 원 안의 수치는 각 사상의 발생 확률임)

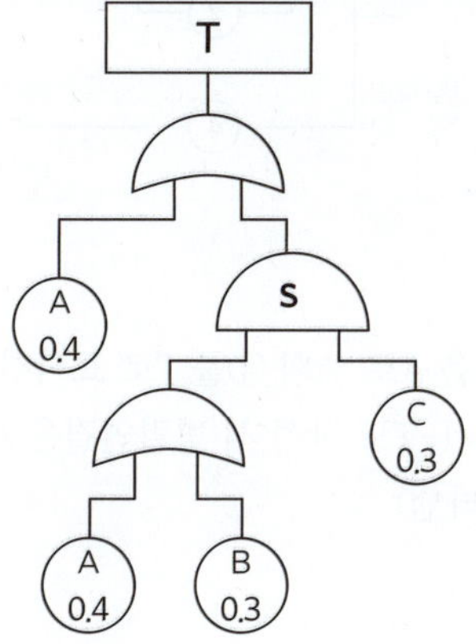

🔧 **해설**

컷셋이란 정상사상을 발생시키는 기본사상의 집합으로 그 속에 포함되어 있는 모든 기본사상이 발생할 때 정상사상을 발생시킬 수 있는 기본사상의 집합 또는 FT도 중에서 특정한 집합 중의 기본 사상들이 동시에 고장이 발생하면 틀림없이 정상 사상의 고장이 발생하는 조합이다.

① S의 값을 2가지가 존재하므로 S_1(A와 C), S_2(B와 C)로 가정하고,

   ㉮ S_1 : A와 C는 곱(직렬)연결구조이므로, $S_1 = 0.4 \times 0.3 = 0.12$

   ㉯ S_2 : B와 C는 곱(직렬)연결구조이므로, $S_2 = 0.3 \times 0.3 = 0.09$

② T의 값은 2가지가 존재하므로 T_1(A와 S_1), T_2(A와 S_2)로 가정하고,

   ㉮ R_1 : A와 S_1는 합(병렬)연결구조이므로 $T_1 = 1-(1-0.4) \times (1-0.12) = 0.472$

   ㉯ T_2 : A와 S_2는 합(병렬)연결구조이므로 $T_2 = 1-(1-0.4) \times (1-0.09) = 0.454$

①과 ②에 의해서, 최소 컷셋은 ②의 ㉮, ㉯의 최소값이 된다. 그러므로, $T_2 = 0.454$이다.

★중요

002 다음 시스템에 대하여 톱사상(Top Event)에 도달할 수 있는 최소 컷셋(Minimal Cutsets)의 올바른 집합을 구하시오. [단, ①, ②, ③, ④는 각 부품의 고장확률을 의미하며 집합 {1, 2}는 ①번 부품과 ②번 부품이 동시에 고장나는 경우를 의미]

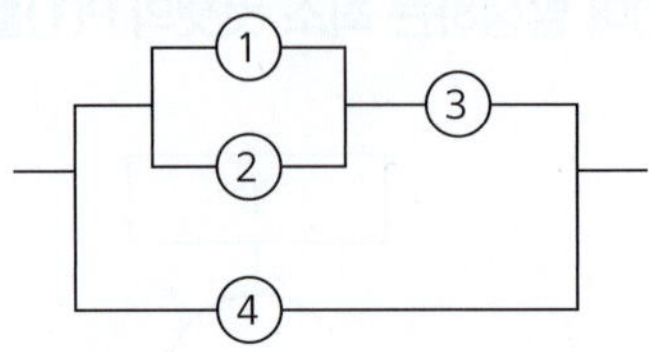

⚙ 해설

㉮ 그림에서 ①과 ②를 B로, B와 ③을 A로, A와 ④를 T로 표시하여 FT도를 작성하면 다음 그림과 같다. (FT도 작성 시 병렬연결은 AND 기호, 직렬연결은 OR 기호로 나타냄)

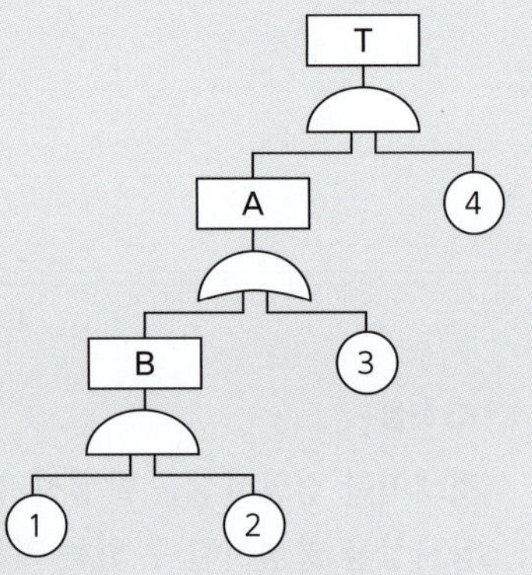

㉯ 상기 FT도에서 최소 컷셋을 구한다. (AND는 가로로 배열, OR은 세로로 배열)

$$T \rightarrow A\,④ \rightarrow \begin{matrix} B \\ ③ \end{matrix}\;④ \rightarrow \begin{matrix} ①② \\ ③ \end{matrix}\;④ \rightarrow \begin{matrix} ①②④ \\ ③④ \end{matrix}$$

그러므로, 위의 표에 의해 최소 컷셋은 {①, ②. ④}, {③, ④}이다.

003 다음 시스템에 대하여 톱사상(top event)에 도달할 수 있는 최소 컷셋(minimal cutsets)을 구하시오. (단, X_2, X_3, X_4는 각 부품의 고장확률을 의미하며, 집합 {X_1, X_2}는 X_1 부품과 X_2 부품이 동시에 고장 나는 경우를 의미)

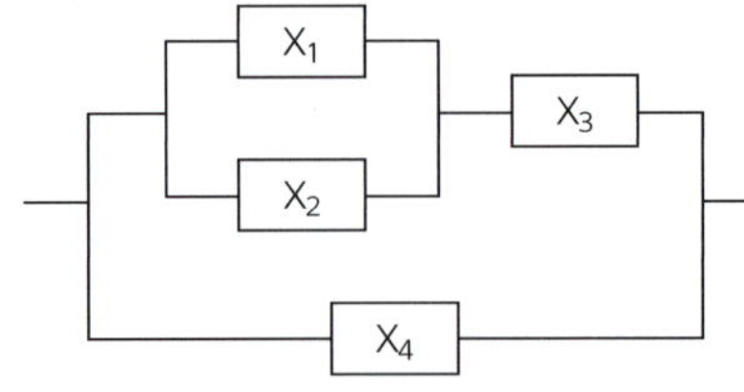

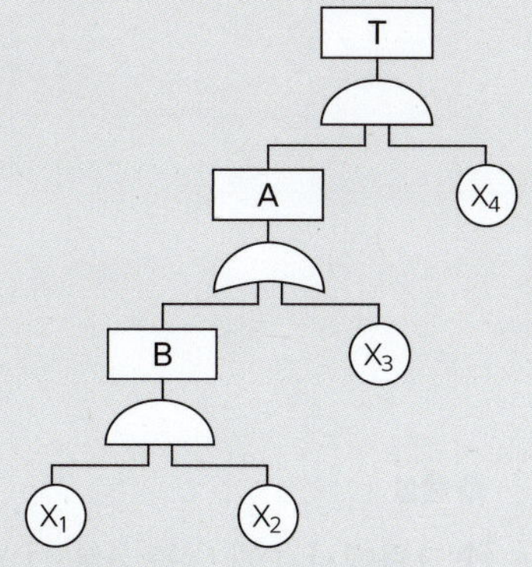

㉮ 그림에서 X_1과 X_2를 B로, B와 X_3을 A로, A와 X_4를 T로 표시하여 FT도를 작성하면 오른쪽 그림과 같이 된다. (FT도 작성 시 병렬연결은 AND 기호, 직렬연결은 OR 기호로 나타냄)

㉯ 상기 FT도에서 최소 컷셋을 구한다. (AND는 가로로 배열, OR은 세로로 배열)

$$T \;\to\; A\,X_4 \;\to\; \begin{matrix} B \\ X_3 \end{matrix}\; X_4 \;\to\; \begin{matrix} X_1,\,X_2, \\ X_3 \end{matrix}\; X_4 \;\to\; \begin{matrix} X_1,\,X_2,\,X_4 \\ X_3,\,X_4 \end{matrix}$$

그러므로, 최소 컷셋은 $\{X_1,\,X_2,\,X_4\}$. $\{X_3,\,X_4\}$이다.

[06③, 12③, 17①]

⭐중요

004 다음 그림의 FT도에서 최소 컷셋을 구하시오.

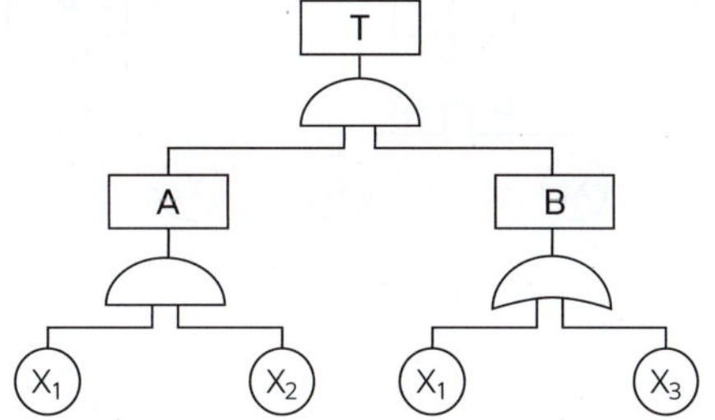

해설

㉮ 그림에서 X_1과 X_2를 A로, X_1과 X_3을 B로, A와 B를 T로 표시하여 FT도를 작성하면 다음 그림과 같다. (FT도 작성 시 병렬연결은 AND 기호, 직렬연결은 OR 기호로 나타냄)

㉯ 상기 FT도에서 최소컷셋을 구한다. (AND는 가로로 배열, OR은 세로로 배열)

$$T \;\to\; A\,B \;\to\; X_1,\,X_2\; B \;\to\; X_1,\,X_2\; \begin{matrix} X_1 \\ X_3 \end{matrix} \;\to\; \begin{matrix} X_1,\,X_2 \\ X_1,\,X_2,\,X_3 \end{matrix}$$

그러므로, 최소 컷셋은 $\{X_1,\,X_2\}$이다.

[08③, 16③, 22②]

005 다음 그림과 같은 FT도에 대한 미니멀 컷셋을 구하시오. (단, Fussell의 알고리즘을 따름)

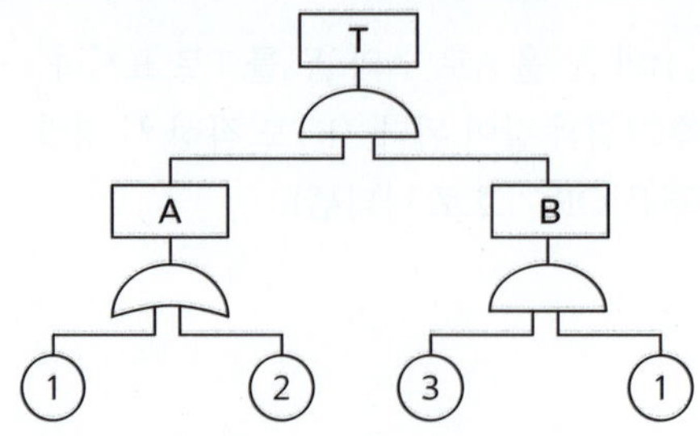

🔧 **해설**

㉮ 그림에서 ①과 ②를 A로, ①과 ③을 B로, A와 B를 T로 표시하여 FT도를 작성하면 다음 그림과 같다. (FT도 작성 시 병렬연결은 AND 기호, 직렬연결은 OR 기호로 나타냄)

㉯ 상기 FT도에서 최소컷셋을 구한다. (AND는 가로로 배열, OR은 세로로 배열)

$$T \;\rightarrow\; A\,B \;\rightarrow\; \begin{matrix}①\\②\end{matrix}\;B \;\rightarrow\; \begin{matrix}①\\②\end{matrix}\;①,③ \;\rightarrow\; \begin{matrix}①,③\\①,②,③\end{matrix}$$

그러므로, 최소 컷셋은 {①, ③}이다.

[13②]

006 다음 FT도에서 최소 컷셋(Minimal cut set)을 구하시오.

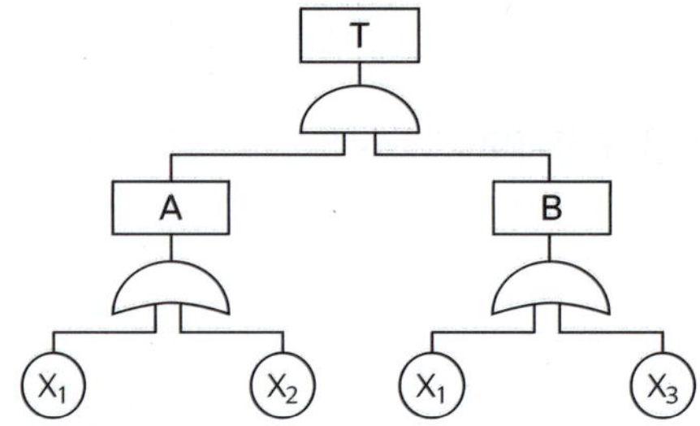

🔧 **해설**

최소 컷셋의 산정

① $A = X_1 + X_2$

② $B = X_1 + X_3$

③ $T = A \cdot B = (X_1 + X_2) \cdot (X_1 + X_3)$

$\quad = X_1 X_1 + X_1 X_2 + X_1 X_3 + X_2 X_3$

$\quad = X_1 + X_1 X_2 + X_1 X_3 + X_2 X_3$ (∵ 멱등법칙에 의해 $X_1 X_1 = X_1$)

$\quad = X_1 (1 + X_2 + X_3) + X_2 X_3$ (∵ 항등법칙에 의해 $1 + X_1 = 1$)

$\quad = X_1 + X_2 X_3$

그러므로, 최소 컷셋은 {X_1}, {X_2, X_3}이다.

★중요

[11③, 14③, 20③, 22④]

007 결함수분석(FTA) 결과 다음과 같은 패스셋을 구하였다. X_4가 중복사상인 경우 최소 패스셋을 구하시오.

$$\{X_2, X_3, X_4\}$$
$$\{X_1, X_3, X_4\}$$
$$\{X_3, X_4\}$$

⚙ **해설**

최소 패스셋의 산정

패스셋	최소 패스셋
$\{X_2, X_3, X_4\}$ $\{X_1, X_3, X_4\}$ $\{X_3, X_4\}$	$\{X_3, X_4\}$ 패스셋에서 중복된 사상이다.

★중요

[03③, 08①, 16②, 17①, 20②, 23④, 24②]

008 그림과 같이 FTA로 분석된 시스템에서 현재 모든 기본사상에 대한 부품이 고장난 상태이다. 부품 X_1부터 부품 X_5까지 순서대로 복구한다면 어느 부품을 수리 완료하는 순간부터 시스템은 정상가동이 되겠는지 구하시오.

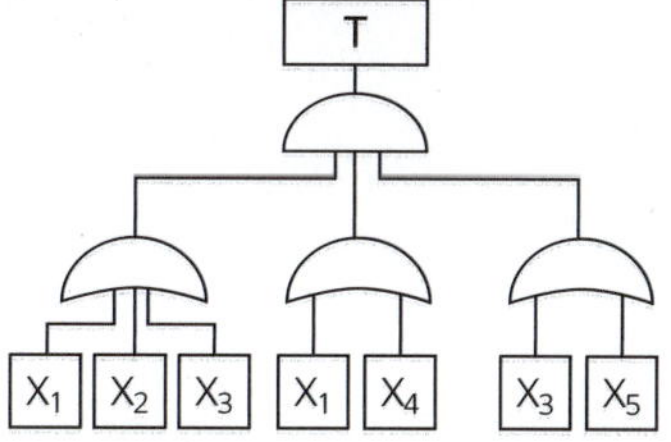

⚙ **해설**

시스템의 복구

① 부품 X_3를 복구하면, 3개의 OR게이트(X_1, X_2, X_3), (X_1, X_4), (X_3, X_5) 모두 정상으로 작동한다. 왜냐하면, 3개의 OR게이트 중 하나가 정상이면 전체 시스템이 정상이 되기 때문이다.

② 3개의 OR게이트와 AND게이트로 접속되어 있으므로 3개의 OR게이트가 모두 정상이면 전체 시스템이 정상이 된다.

③ ①과 ②에 의해서, 부품 X_3를 복구하면 모든 시스템은 정상으로 가동된다.

009 다음의 FT도에서 사상 A의 발생 확률 값을 구하시오.

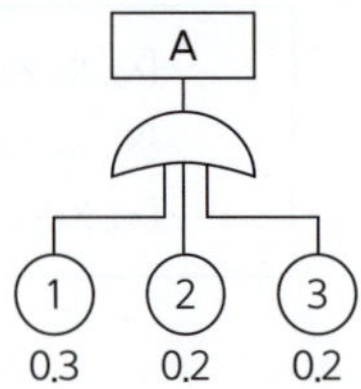

> ⚙ **해설**
>
> A는 ①, ②, ③의 합(병렬)의 연결구조로, OR게이트이다.
>
> 그러므로, $1-(1-0.3)(1-0.2)(1-0.2) = 0.552$
>
> A사상의 발생확률은 0.552이다.

010 FTA 기법에서 발생확률 G_1 값을 구하시오.

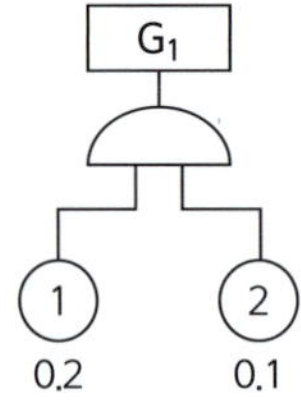

> ⚙ **해설**
>
> G_1은 ①과 ②의 곱(직렬)의 연결구조이다.
>
> 그러므로, $G_1 = 0.2 \times 0.1 = 0.02$

★중요

011 시스템 A의 확률을 구하시오.

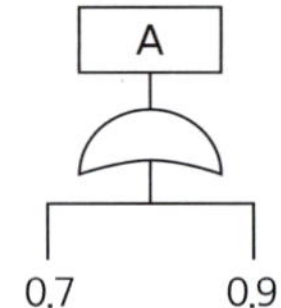

> ⚙ **해설**
>
> A는 0.7과 0.9의 합(병렬)의 연결구조이다.
>
> 그러므로, $A = 1-(1-0.7)(1-0.9) = 0.97$

★중요

012 다음 고장 수목에서 $F_A = 0.15$, $F_B = 0.2$, $F_C = 0.05$일 경우, 정상사상 T가 발생할 확률을 구하시오.

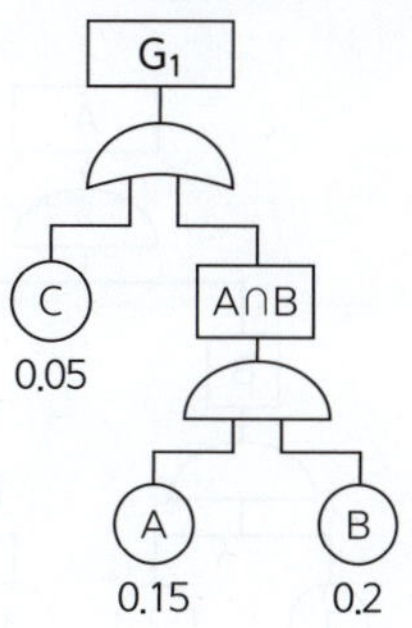

⚙ **해설**

T는 C와 (A∩B)의 합(병렬), A∩B는 A = 0.15와 B = 0.2의 곱(직렬)의 연결구조이다.
① C = 0.05
② A∩B = 0.15×0.2 = 0.03
그러므로, T = 1−(1−0.05)(1−0.03) = 0.0785이다.

013 다음의 결함수에서 정상사상의 재해발생 확률을 구하시오. (단, 기본사상 1, 2의 발생확률은 각각 0.1, 0.2)

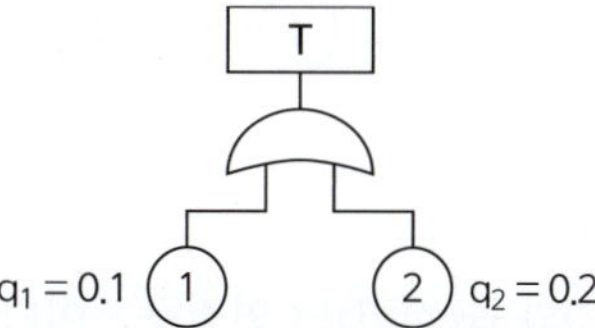

⚙ **해설**

T는 $q_1 = 0.1$과 $q_2 = 0.2$의 합(병렬)의 연결구조이다.
그러므로, T = 1−(1 − 0.1)(1 − 0.2) = 0.28이다.

★중요

014 다음의 FT도에서 각 요소의 발생확률이 요소 ①과 요소 ②는 0.2, 요소 ③은 0.25, 요소 ④는 0.3일 때 A 사상의 발생확률을 구하시오.

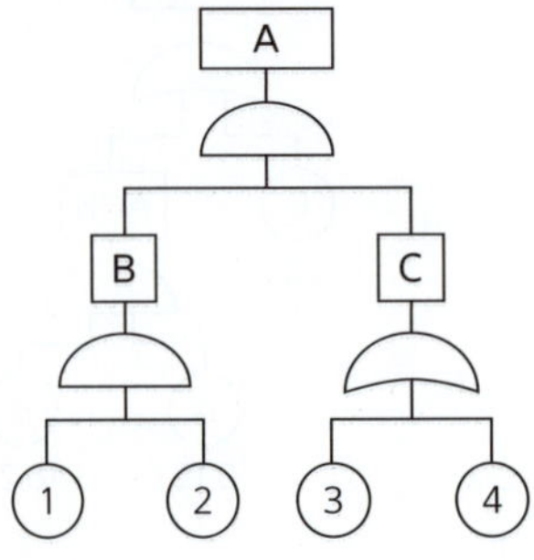

⚙ **해설**

A는 B와 C의 곱(직렬), ①과 ②의 곱(직렬), ③과 ④의 합(병렬)의 연결구조이다.
- B = ①×② = 0.2×0.2 = 0.04
- C = ③+④ = 1−(1 − 0.25)(1 − 0.3) = 0.475
- A = B×C = 0.04×0.475 = 0.019

그러므로, A사상의 발생확률은 0.019이다.

015 다음 그림과 같은 FT도에서 F_1 = 0.015, F_2 = 0.02, F_3 = 0.05인 경우, 정상사상 T가 발생할 확률을 구하시오. (단, 반올림하여 소숫점 셋째자리까지 구함)

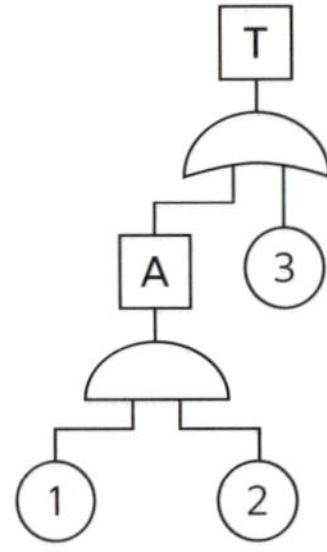

⚙ **해설**

T는 A와 ③의 합(병렬), A는 ①과 ②의 곱(직렬)의 연결구조이다.
- A = ①×② = 0.015×0.02 = 0.0003
- ③ = 0.05
- T = 1−(1−0.0003)(1−0.05) = 0.050285 ≒ 0.0503

그러므로, T사상의 발생확률은 0.0503이다.

[10①, 20①]

★중요

016 다음 FT도에서 시스템에 고장이 발생할 확률을 구하시오. (단, X_1과 X_2의 발생확률은 각각 0.05, 0.03)

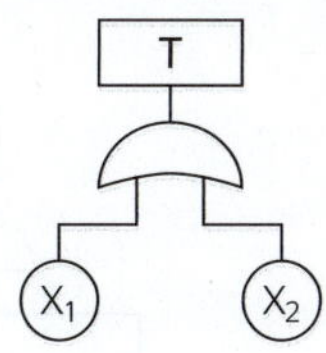

⚙해설

T는 X_1와 X_2의 합(병렬)의 연결구조이다.

$T = 1-(1-0.05)(1-0.03) = 0.0785$

그러므로, T사상의 발생확률은 0.0785이다.

[10③, 21①]

★중요

017 그림과 같은 FT도에서 정상사상 T의 발생 확률을 구하시오. (단, X_1, X_2, X_3의 발생확률은 각각 0.1, 0.15, 0.1)

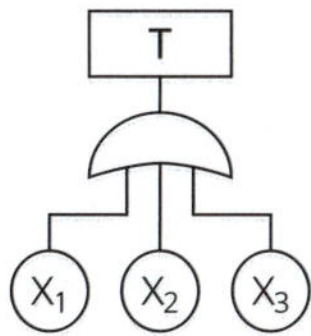

⚙해설

T는 X_1, X_2, X_3의 합(병렬)의 연결구조이다.

$T = 1-(1 - 0.1)(1 - 0.15)(1 - 0.1) = 0.3115$

그러므로, T사상의 발생확률은 0.3115이다.

018 다음 FT도에서 ①∼⑤ 사상의 발생확률이 모두 0.06일 경우 T사상의 발생 확률을 구하시오. (단, 반올림하여 소숫점 다섯자리까지 구함)

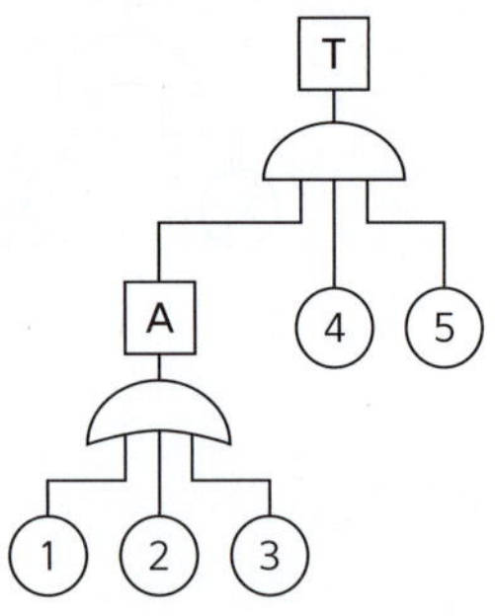

> ⚙ **해설**
>
> T는 A와 ④와 ⑤의 곱(직렬), A는 ①, ②, ③의 합(병렬)의 연결구조이다.
> - A = 1−(1−0.06)(1−0.06)(1−0.06) = 0.169416
> - T = A×④×⑤ = 0.169416×0.06×0.06 = 0.0006099 ≒ 0.00061
>
> T사상의 발생확률은 0.00061이다.

01 진위형 문제   ▶ 해설편 141p

※ 다음 문제를 읽고, 옳으면 O, 틀리면 X를 괄호 안에 표기하시오.

[06③, 21①]

001 정신작업 부하를 측정하는 척도를 크게 4가지로 분류할 때 심박수의 변동, 뇌 전위, 동공 반응 등 정보처리에 중추신경계 활동이 관여하고 그 활동이나 징후를 측정하는 척도를 체크하시오.

① 주관적(subjective) 척도 (　)
② 생리적(physiological) 척도 (　)
③ 주 임무(primary task) 척도 (　)
④ 부 임무(secondary task) 척도 (　)

[07②]

002 점멸-융합(flicker-fusion) 주파수의 용도에 해당하는 것을 체크하시오.

① 야간 시력의 척도 (　)
② 반응 시간의 척도 (　)
③ 피로 정도의 척도 (　)
④ 적외선 감지 능력의 척도 (　)

[13③]

003 점멸융합주파수(Flicker-Fusion Frequency)에 관한 설명으로 올바른지 체크하시오.

① 중추신경계의 정신적 피로도의 척도로 사용된다. (　)
② 빛의 검출성에 영향을 주는 인자 중의 하나이다. (　)
③ 점멸속도는 점멸융합주파수보다 일반적으로 커야 한다. (　)
④ 점멸속도가 약 30Hz 이상이면 불이 계속 켜진 것처럼 보인다. (　)

★중요   [07②, 09③, 18①, 22②, 25②]

004 경계 및 경보신호의 설계지침으로 올바른지 체크하시오.

① 귀는 중음역에 민감하므로 500~3,000Hz의 진동수를 사용한다. (　)
② 300m 이상의 장거리용으로는 1,000Hz를 초과하는 진동수를 사용한다. (　)
③ 배경소음의 진동수와 다른 진동수의 신호를 사용한다. (　)
④ 주의를 환기시키기 위하여 변조된 신호를 사용한다. (　)

★중요   [14①, 18②, 23②]

005 음성통신에 있어 소음환경과 관련하여 성격이 다른 지수에 해당하는 것을 체크하시오.

① AI(Articulation Index) : 명료도 지수 (　)
② MAA(Minimum Audible Angle) : 최소 가청 각도 (　)
③ PSIL(Preferred-Octave Speech Interference Level) : 음성간섭수준 (　)
④ PNC(Preferred Noise Criteria Curves) : 선호 소음판단 기준곡선 (　)

[17①]

006 통화이해도를 측정하는 지표로서, 각 옥타브(octave)대의 음성과 잡음의 데시벨(dB) 값에 가중치를 곱하여 합계를 구하는 용어를 체크하시오.

① 명료도 지수 (　)
② 통화 간섭 수준 (　)
③ 이해도 지수 (　)
④ 소음 기준 곡선 (　)

[19①]

007 생명유지에 필요한 단위시간당 에너지량에 해당하는 용어를 체크하시오.

① 기초 대사량 (　)   ② 산소 소비율 (　)
③ 작업 대사량 (　)   ④ 에너지 소비율 (　)

008 촉감의 일반적인 척도의 하나인 2점 문턱값(two-point threshold)이 감소하는 순서대로 나열한 것을 체크하시오.

① 손가락 → 손바닥 → 손가락 끝 ( )

② 손바닥 → 손가락 → 손가락 끝 ( )

③ 손가락 끝 → 손가락 → 손바닥 ( )

④ 손가락 끝 → 손바닥 → 손가락 ( )

009 눈의 구조에서 0.2~0.5mm의 두께가 얇은 암흑갈색의 막으로 색소세포가 있어 암실처럼 빛을 차단하면서 망막 내면을 덮고 있는 것을 체크하시오.

① 각막 ( ) 　　② 맥락막 ( )

③ 중심와 ( ) 　　④ 공막 ( )

010 렌즈 굴절률의 단위인 디옵터의 정의에 해당하는 것을 체크하시오.

① $D = \dfrac{1}{m \text{단위의 초점거리}} \ (\infty{\rightarrow}X_m) \ (\ \ )$

② $D = \dfrac{\text{물체의 크기}}{\text{눈과 물체 사이의 거리}} \ (\infty{\rightarrow}X_m) \ (\ \ )$

③ $D = \dfrac{m \text{단위의 초점거리}}{m \text{단위의 과녁거리}} \ (\infty{\rightarrow}X_m) \ (\ \ )$

④ $D = \dfrac{\text{눈과 물체 사이의 거리}}{\text{물체의 크기}} \ (\infty{\rightarrow}X_m) \ (\ \ )$

011 인간의 귀에 대한 구조를 설명한 것으로 올바른지 체크하시오.

① 외이(external ear)는 귓바퀴와 외이도로 구성된다. ( )

② 중이(middle ear)에는 인두와 교통하여 고실 내압을 조절하는 유스타키오관이 존재한다. ( )

③ 내이(inner ear)는 신체의 평행감각수용기기인 반규관과 청각을 담당하는 전정기관 및 와우로 구성되어 있다. ( )

④ 고막은 중이와 내이의 경계부위에 위치해 있으며 음파를 진동으로 바꾼다. ( )

012 산업안전보건기준에 관한 규칙상 "강렬한 소음 작업"에 해당하는 기준을 체크하시오.

① 85데시벨 이상의 소음이 1일 4시간 이상 발생하는 작업 ( )

② 85데시벨 이상의 소음이 1일 8시간 이상 발생하는 작업 ( )

③ 90데시벨 이상의 소음이 1일 4시간 이상 발생하는 작업 ( )

④ 90데시벨 이상의 소음이 1일 8시간 이상 발생하는 작업 ( )

013 3개 공정의 소음수준 측정 결과 1공정은 100dB에서 1시간, 2공정은 95dB에서 1시간, 3공정은 90dB에서 1시간이 소요될 때 총 소음량(TND)과 소음설계의 적합성을 올바르게 나열한 것을 체크하시오. (단, 90dB에 8시간 노출할 때를 허용기준으로 하며, 5dB 증가할 때 허용시간은 1/2로 감소되는 법칙을 적용함)

① TND = 0.78, 적합 ( )

② TND = 0.88, 적합 ( )

③ TND = 0.98, 적합 ( )

④ TND = 1.08, 부적합 ( )

014 다음 설명에 해당하는 고열장해를 체크하시오.

> • 고온 환경에 노출될 때, 발한에 의한 체열방출이 장해됨으로써 체내에 열이 축적되어 발생한다.
> • 뇌 온도의 상승으로 체온조절중추의 기능이 장해를 받게 된다.
> • 치료를 하지 않을 경우 100%, 43℃ 이상일 때에는 80%, 43℃ 이하일 때에는 40% 정도의 치명을 가진다.

① 열사병 ( ) 　　② 열경련 ( )

③ 열부종 ( ) 　　④ 열피로 ( )

015 고열에 의한 건강장해 예방 대책으로 작업조건 및 환경개선 두 가지 모두 관계되는 요소에 해당하는 것을 체크하시오.

① 착의상태 ( )

② 휴식처에서의 온열조건 (　)

③ 열에 노출되는 횟수 및 노출시간 (　)

④ 온열환경에서 작업할 때의 체열교환 (　)

[04①, 08②]

016 인간의 시(視)식별기능에 영향을 주는 외적요인을 체크하시오.

① 사람의 개인차 (　)

② 색채의 사용과 조명 (　)

③ 물체와 배경간의 대비 또는 대조도 (　)

④ 대소규격과 주요 세부사항에 대한 공간의 배분

(　)

⑤ 표적물체나 관측자의 이동 (　)

[22①]

017 시각적 식별에 영향을 주는 각 요소에 대한 설명으로 올바른지 체크하시오.

① 조도는 광원의 세기를 말한다. (　)

② 휘도는 단위 면적당 표면에 반사 또는 방출되는 광량을 말한다. (　)

③ 반사율은 물체의 표면에 도달하는 조도와 광도의 비를 말한다. (　)

④ 광도 대비란 표적의 광도와 배경의 광도의 차이를 배경 광도로 나눈 값을 말한다. (　)

[05②, 15②, 25③]

018 시(視)식별에 영향을 주는 조건을 체크하시오.

① 색상 (　)　　② 조도 (　)

③ 대비 (　)　　④ 노출시간 (　)

[08③, 10①]

019 시각심리에서 형태 식별의 논리적 배경을 정리한 게슈탈트(Gestalt)의 4법칙에 해당하는 것을 체크하시오.

① 보편성 (　)　　② 접근성 (　)

③ 폐쇄성 (　)　　④ 연속성 (　)

[11①]

020 절대적 식별 능력이 가장 좋은 감각 기관에 해당하는 것을 체크하시오.

① 시각 (　)　　② 청각 (　)

③ 촉각 (　)　　④ 후각 (　)

[17①]

021 작업자가 용이하게 기계·기구를 식별하도록 하는 암호화(Coding) 방법을 체크하시오.

① 강도 (　)　　② 형상 (　)

③ 크기 (　)　　④ 색채 (　)

[14②, 24③]

022 간헐적인 페달을 조작할 때 다리에 걸리는 부하를 평가하기에 가장 적당한 측정변수를 체크하시오.

① 근전도 (　)　　② 산소소비량 (　)

③ 심장박동수 (　)　　④ 에너지소비량 (　)

[03①]

023 정신활동의 부담을 측정하는 방법을 체크하시오.

① 부정맥 점수 (　)

② 점멸융합주파수(Flicker Fusion Frequency) (　)

③ EMG(electromyogram) (　)

④ J.N.D(Just−Noticeable Difference) (　)

★중요　[16③, 19①, 22①]

024 정신적 작업 부하에 관한 생리적 척도에 해당하는 것을 체크하시오.

① 부정맥 지수 (　)　　② 근전도(EMG) (　)

③ 점멸융합주파수 (　)　　④ 뇌파도 (　)

⑤ 뇌전도(EEG) (　)　　⑥ 심박수 (　)

[03③]

025 다음 그림은 앉은 작업자세로서 수리작업을 하는 특수 작업력을 나타내고 있다. a와 b에 해당하는 수치로 올바른 것을 체크하시오.

① a = 75cm, b = 180cm (　)

② a = 60cm, b = 100cm (　)

③ a = 90cm, b = 190cm (　)

④ a = 110cm, b = 120cm (　)

026 국부적 근육활동의 전기적 활성도를 기록하는 방법을 체크하시오.

① 뇌전도(EEG) (　) ② 심전도(ECG) (　)
③ 안전도(EOG) (　) ④ 근전도(EMG) (　)

★중요　　　　　　　　　　　　　　[05②, 15②, 17①]
027 육체작업의 생리학적 부하측정 척도를 체크하시오.

① 맥박수 (　) ② 근전도 (　)
③ 산소소비량 (　) ④ 부정맥 (　)
⑤ 점멸융합주파수 (　)

[14③, 19③]

028 압박이나 긴장에 대한 척도 중 생리적 긴장의 화학적 척도를 체크하시오.

① 혈압 (　) ② 호흡수 (　)
③ 혈액 성분 (　) ④ 심전도 (　)

[05①]

029 감각적으로 물리현상을 왜곡하는 지각현상을 체크하시오.

① 주의산만 (　) ② 착각 (　)
③ 피로 (　) ④ 부주의 (　)

[05②, 15②, 24①]

030 생체역학적 분석에 필요한 정보로만 묶인 것을 체크하시오.

① 심박수, 분당 칼로리, 산소 흡입량 (　)
② 거리, 중량(weight), 각도 (　)
③ 온도, 소음 수준, 조도 (　)
④ 키, 허리둘레 (　)

[12②, 19②]

031 신체 동작의 유형에 관한 설명으로 올바른지 체크하시오.

① 내선(medial rotation) : 몸의 중심선으로의 회전 (　)
② 외전(abduction) : 몸의 중심으로의 회전 (　)
③ 굴곡(flexion) : 신체 부위 간의 각도가 감소 (　)
④ 신전(extension) : 신체 부위 간의 각도가 증가 (　)

⑤ 굴곡(flexion) : 부위 간의 각도가 증가하는 신체의 움직임을 의미 (　)
⑥ 외전(abduction) : 신체 중심선으로부터 이동하는 신체의 움직임을 의미 (　)
⑦ 내전(adduction) : 신체의 외부에서 중심선으로 이동하는 신체의 움직임을 의미 (　)
⑧ 외선(lateral rotation) : 신체의 중심선으로부터 회전하는 신체의 움직임을 의미 (　)

[08②]

032 어떤 외부로부터 자극이 눈이나 귀를 통해 입력되어 뇌에 전달되고, 판단을 한 후, 뇌의 명령이 신체 부위에 전달될 때까지의 시간을 체크하시오.

① 감지시간 (　) ② 반응시간 (　)
③ 동작시간 (　) ④ 정보처리시간 (　)

★중요　　　[03①, 05①, 07①②, 16③, 17①, 20①, 23②]
033 손이나 특정 신체부위에 발생하는 누적손상장애(CTDs)의 인자에 해당하는 것을 체크하시오.

① 무리한 힘 (　)
② 반복도가 높은 작업 (　)
③ 심인성 스트레스 (　)
④ 잘못 만들어진 공구 (　)
⑤ 긴 작업주기 (　)
⑥ 과도한 힘의 요구 (　)
⑦ 장시간의 진동 (　)
⑧ 부적합한 작업자세 (　)
⑨ 다습한 환경 (　)

★중요　　　　　　　　[05②, 07③, 15②, 25①]
034 근골격계질환의 발생원인을 체크하시오.

① 반복적인 동작 (　)
② 부적절한 작업자세 (　)
③ 장시간 동안의 진동 (　)
④ 다습한 작업환경 (　)
⑤ 진동 (　)
⑥ 고온 (　)
⑦ 불편한 자세 (　)
⑧ 반복성 (　)

[04③]

035 근골격계질환의 유해요인조사방법 중 인간공학적 평가기법을 체크하시오.

① OWAS ( ) ② NASA-TLX ( )
③ NLE ( ) ④ RULA ( )

[09①]

036 근골격계질환 예방을 위해 유해요인평가 방법인 OWAS의 평가요소를 체크하시오.

① 목 ( ) ② 손목 ( )
③ 다리 ( ) ④ 허리/몸통 ( )

[22②]

037 근골격계질환 작업분석 및 평가방법인 OWAS의 평가요소에 해당하는 것을 모두 고른 것을 체크하시오.

ㄱ. 상지	ㄴ. 무게(하중)
ㄷ. 하지	ㄹ. 허리

① ㄱ, ㄴ ( ) ② ㄱ, ㄷ, ㄹ ( )
③ ㄴ, ㄷ, ㄹ ( ) ④ ㄱ, ㄴ, ㄷ, ㄹ ( )

[11③]

038 산업안전보건법상 근로자가 근골격계 부담 작업을 하는 경우에 사업주가 근로자에게 알려야 하는 사항을 체크하시오. (단, 기타 근골격계질환 예방에 필요한 사항은 제외)

① 근골격계 부담작업의 유해요인 ( )
② 근골격계 질환의 징후와 증상 ( )
③ 설비·작업공정·작업량·작업속도 등 작업장 상황 ( )
④ 올바른 작업자세와 작업도구, 작업시설의 올바른 사용방법 ( )

[12③, 24②]

039 작업관련 근골격계 질환 관련 유해요인조사에 대한 설명으로 올바른지 체크하시오.

① 근로자 5인 미만의 사업장은 근골격계부담작업 유해요인조사를 실시하지 않아도 된다. ( )
② 유해요인조사는 근골격계 질환자가 발생할 경우에 3년 마다 정기적으로 실시해야 한다. ( )
③ 유해요인 조사는 사업장내 근골격계부담작업 중 50%를 샘플링으로 선정하여 조사한다. ( )

④ 근골격계부담작업 유해요인조사에는 유해요인기본 조사와 근골격계질환증상조사가 포함된다. ( )

[13③]

040 전동 공구와 같은 진동이 발생하는 수공구를 장시간 사용하여 손과 손가락 통제 능력의 훼손, 동통, 마비 증상 등을 유발하는 근골격계 질환을 체크하시오.

① 결절종 ( ) ② 방아쇠수지병 ( )
③ 수근관 증후군 ( ) ④ 레이노드 증후군 ( )

[13①, 22①]

041 근골격계부담작업의 범위 및 유해요인조사방법에 관한 고시상 근골격계부담작업에 해당하는 것을 체크하시오. (단, 상시작업을 기준으로 함)

① 하루에 10회 이상 25kg 이상의 물체를 드는 작업 ( )
② 하루에 총 2시간 이상 쪼그리고 앉거나 무릎을 굽힌 자세에서 이루어지는 작업 ( )
③ 하루에 총 2시간 이상 시간당 5회 이상 손 또는 무릎을 사용하여 반복적으로 충격을 가하는 작업 ( )
④ 하루에 4시간 이상 집중적으로 자료입력 등을 위해 키보드 또는 마우스를 조작하는 작업 ( )
⑤ 하루에 총 2시간 이상 목, 어깨, 팔꿈치, 손목 또는 손을 사용하여 같은 동작을 반복하는 작업 ( )

[15③]

042 60~90Hz 정도에서 나타날 수 있는 전신진동 장해에 해당하는 것을 체크하시오.

① 두개골 공명 ( ) ② 메스꺼움 ( )
③ 복부 공명 ( ) ④ 안구 공명 ( )

[08①,, 25③]

043 고온에서의 생리적 반응에 해당하는 것을 체크하시오.

① 근육의 이완 ( )
② 체표면적의 증가 ( )
③ 피부혈관의 확장 ( )
④ 화학적 대사작용의 증가 ( )

044 인체에서 뼈의 주요 기능에 해당하는 것을 체크하시오.

① 인체의 지주 (   )

② 장기의 보호 (   )

③ 골수의 조혈기능 (   )

④ 영양소의 대사기능 (   )

⑤ 근육의 대사 (   )

[14③]

045 손목을 반복적이고 지속적으로 사용하면 손목관증후군(CTS)에 걸릴 수 있는데, 이 증후군은 어떤 신경에 가장 큰 손상이 일어나는 것인지 체크하시오.

① 감각 신경(sensor nerve) (   )

② 정중 신경(median nerve) (   )

③ 중추 신경(central nerve) (   )

④ 자율 신경(autonomic nerve) (   )

[09②, 12③]

046 영상표시단말기(VDT) 취급 근로자를 위한 조명과 채광에 대한 설명으로 올바른지 체크하시오.

① 화면을 바라보는 시간이 많은 작업일수록 화면 밝기와 작업대 주변 밝기의 차를 줄이도록 한다. (   )

② 작업장 주변 환경의 조도를 화면의 바탕 색상이 흰색 계통일 때에는 300Lux 이하로 유지하도록 한다. (   )

③ 작업장 주변 환경의 조도를 화면의 바탕 색상이 검정색 계통일 때에는 500Lux 이상을 유지하도록 한다. (   )

④ 작업실 내의 창·벽면 등은 반사되는 재질로 하여야 하며, 조명은 화면과 명암의 대조가 심하지 않도록 하여야 한다. (   )

[18②, 24③]

047 스트레스에 반응하는 신체의 변화로 올바른지 체크하시오.

① 혈소관이나 혈액응고 인자가 증가한다. (   )

② 더 많은 산소를 얻기 위해 호흡이 느려진다. (   )

③ 중요한 장기인 뇌·심장·근육으로 가는 혈류가 감소한다. (   )

④ 상황 판단과 빠른 행동 대응을 위해 감각기관은 매우 둔감해진다. (   )

[11①, 16①]

048 중(重)작업의 경우 작업대의 높이에 해당하는 것을 체크하시오.

① 허리 높이보다 0~10cm 정도 낮게 (   )

② 팔꿈치 높이보다 10~20cm 정도 높게 (   )

③ 팔꿈치 높이보다 15~20cm 정도 낮게 (   )

④ 어깨 높이보다 30~40cm 정도 높게 (   )

★중요   [14③, 16③, 19②]

049 착석식 작업대의 높이 설계를 할 경우 고려해야 할 사항을 체크하시오.

① 의자의 높이 (   )   ② 작업의 성질 (   )

③ 대퇴 여유 (   )   ④ 작업대의 형태 (   )

[12③]

050 근로자가 작업 중에 소모하는 에너지의 양을 측정하는 방법 중 가장 먼저 측정하는 것을 체크하시오.

① 작업 중에 소비한 칼로리로 측정한다. (   )

② 작업 중에 소비한 산소소모량으로 측정한다. (   )

③ 작업 중에 소비한 에너지대사율로 측정한다. (   )

④ 기초에너지를 작업시간으로 곱하여 측정한다. (   )

[11①]

051 인력 물자 취급 작업 중 발생되는 재해비중은 요통이 가장 많다. 특히 인양 작업 시 발생빈도가 높은데 이러한 인양 작업 시 요통재해 예방을 위하여 고려할 요소를 체크하시오.

① 작업대상물 하중의 수직 위치 (   )

② 작업대상물의 인양 높이 (   )

③ 인양 방법 및 빈도 (   )

④ 크기, 모양 등 작업대상물의 특성 (   )

[14②, 25②]

052 시성능기준함수(VL_8)의 일반적인 수준 설정에 해당하는 것을 체크하시오.

① 현실상황에 적합한 조명수준이다. (   )

② 표적 탐지 활동은 50%에서 99%이다. (   )

③ 표적(target)은 정적인 과녁에서 동적인 과녁으로 한다. (   )

④ 언제, 시계 내의 어디에 과녁이 나타날지 아는 경
  우이다. (　)

[15①]

053 작업자세로 인한 부하를 분석하기 위하여 인체 주
요 관절의 힘과 모멘트를 정역학적으로 분석하려고
할 때, 분석에 반드시 필요한 인체 관련 자료를 체크
하시오.

① 관절 각도 (　)

② 관절의 종류 (　)

③ 분절(segment) 무게 (　)

④ 분절(segment) 무게 중심 (　)

[17①]

054 일반적으로 보통 작업자의 정상적인 시선에 해당하
는 것을 체크하시오.

① 수평선을 기준으로 위쪽 5° 정도 (　)

② 수평선을 기준으로 위쪽 15° 정도 (　)

③ 수평선을 기준으로 아래쪽 5° 정도 (　)

④ 수평선을 기준으로 아래쪽 15° 정도 (　)

[17②]

055 고령자의 정보처리 과업을 설계할 경우 지켜야 할
지침을 체크하시오.

① 표시 신호를 더 크게 하거나 밝게 한다. (　)

② 개념, 공간, 운동 양립성을 높은 수준으로 유지한
다. (　)

③ 정보처리 능력에 한계가 있으므로 시분할 요구량
을 늘린다. (　)

④ 제어표시장치를 설계할 때 불필요한 세부내용을
줄인다. (　)

[17②, 24①]

056 근섬유의 직경이 작아서 큰 힘을 발휘하지 못하지
만 장시간 지속시키고 피로가 쉽게 발생하지 않는
골격근의 근섬유를 체크하시오.

① TypeS 근섬유 (　)

② TypeⅡ 근섬유 (　)

③ TypeF 근섬유 (　)

④ TypeⅢ 근섬유 (　)

[18①, 23①]

057 들기 작업 시 요통재해예방을 위하여 고려할 요소를
체크하시오.

① 들기 빈도 (　)　　② 작업자 신장 (　)

③ 손잡이 형상 (　)　　④ 허리 비대칭 각도 (　)

[18②]

058 음향기기 부품 생산공장에서 안전업무를 담당하는
○○○대리는 공장 내부에 경보등을 설치하는 과정
에서 도움이 될 만한 몇 가지 지식을 적용하고자 한
다. 적용 지식으로 올바른 것을 체크하시오.

① 신호 대 배경의 휘도대비가 작을 때는 백색신호
가 효과적이다. (　)

② 광원의 노출시간이 1초보다 작으면 광속발산도
는 작아야 한다. (　)

③ 표적의 크기가 커짐에 따라 광도의 역치가 안정
되는 노출시간은 증가한다. (　)

④ 배경광 중 점멸 잡음광의 비율이 10% 이상이면
점멸등은 사용하지 않는 것이 좋다. (　)

[18③]

059 인체의 관절 중 경첩관절을 체크하시오.

① 손목관절 (　)　　② 엉덩관절 (　)

③ 어깨관절 (　)　　④ 팔꿈관절 (　)

[19②]

060 아령을 사용하여 30분간 훈련한 후, 이두근의 근육
수축작용에 대한 전기적인 신호 데이터를 모았다.
이 데이터들을 이용하여 분석할 수 있는 자료를 체
크하시오.

① 근육의 질량과 밀도 (　)

② 근육의 활성도와 밀도 (　)

③ 근육의 피로도와 크기 (　)

④ 근육의 피로도와 활성도 (　)

[19③]

061 국제표준화기구(ISO)의 수직진동에 대한 피로-
저감숙달경계(Fatigue-Decreased Proficiency
Boundary) 표준 중 내구수준이 가장 낮은 범위를
체크하시오.

① 1~3Hz (　)　　② 4~8Hz (　)

③ 9~13Hz (　)　　④ 14~18Hz (　)

062 Q10 효과에 직접적인 영향을 미치는 인자를 체크
하시오.

① 고온 스트레스 (　)　　② 한랭한 작업장 (　)

③ 중량물의 취급 (　)　　④ 분진의 다량발생 (　)

063 사무실 또는 연구실의 감각온도를 체크하시오.

① 40~45[ET] (　)　　② 60~65[ET] (　)

③ 66~75[ET] (　)　　④ 76~85[ET] (　)

064 작업환경의 온열요소 또는 열환경에 영향을 주는
요소를 체크하시오.

① 기습(humidity) (　)

② 기온(temperature) (　)

③ 기류(air movement) (　)

④ 증발열(evaporation heat) (　)

065 실효온도(effective temperature : ET)의 종류에
해당하는 것을 체크하시오.

① Oxford지수 (　)

② 습구 글로브온도 (　)

③ Botsball지수 (　)

④ 열지수(heat index) (　)

066 열압박 지수 중 실효온도(effective temperature)
지수 개발 시 고려한 인체에 미치는 열효과의 조건
을 체크하시오.

① 온도 (　)　　　　② 습도 (　)

③ 공기유동 (　)　　④ 복사열 (　)

067 실효온도(Effective Temperature)에 대한 설명으
로 올바른지 체크하시오.

① 기온 및 기류에 의하여 정해진다. (　)

② 실제로 감각되는 온도로서 실감온도라고 한다.
(　)

③ 체온계로 입안의 온도를 측정하여 기준으로 한
다. (　)

④ 상대습도 100% 일 때의 건구온도에서 느끼는 것
과 동일한 온감이다. (　)

⑤ 온도, 습도 및 공기 유동이 인체에 미치는 열효과
를 나타낸 것이다. (　)

068 태양광이 내리쬐지 않는 옥내의 습구흑구 온도지수
(WBGT) 산출식을 체크하시오.

① 0.6×자연습구온도+0.3×흑구온도 (　)

② 0.7×자연습구온도+0.3×흑구온도 (　)

③ 0.6×자연습구온도+0.4×흑구온도 (　)

④ 0.7×자연습구온도+0.4×흑구온도 (　)

069 인간과 주위의 열교환 과정을 나타내는 열균형 방정
식에 적용되는 요소를 체크하시오.

① 대류 (　)　　　　② 복사 (　)

③ 증발 (　)　　　　④ 반사 (　)

⑤ 분자량 (　)

070 실내 전체를 일률적으로 밝히는 조명방법으로 실내
전체가 밝아지므로 기분이 명랑해지고 눈의 피로가
적어져서 사고나 재해가 적어지는 조명 방식을 체
크하시오.

① 직접조명 (　)　　② 간접조명 (　)

③ 국부조명 (　)　　④ 전반조명 (　)

071 조도의 기준을 결정하는 요소를 체크하시오.

① 시각기능 (　)

② 경제성 (　)

③ 작업부하 (　)

④ 작업의 대상과 내용 (　)

072 조명이 주는 영향에 관한 연구결과로 올바른지 체
크하시오.

① 밝을수록 작업수행이 좋아진다. (　)

② 반사광은 세밀한 작업을 하는데 도움을 준다. (　)

③ 독서를 하는데에는 직접조명이 더 효과적이다.
(　)

④ 작업장 전체 공간에 빛이 골고루 퍼지게 하는 것이 좋다. ( )

★중요 [03①, 04①②, 06①, 07③, 08①, 10②, 18①, 19②, 23④]

073 실내면에서 빛의 반사율이 낮은 곳에서부터 높은 순서대로 나열된 것을 체크하시오.

| A. 바닥 | B. 천정 |
| C. 가구 | D. 벽 |

① A ⟨ B ⟨ C ⟨ D ( )
② A ⟨ C ⟨ D ⟨ B ( )
③ A ⟨ C ⟨ B ⟨ D ( )
④ A ⟨ D ⟨ C ⟨ B ( )

★중요 [03②, 05③, 10①]

074 직사휘광을 제거하는 방법을 체크하시오.

① 가리개, 갓 또는 차양을 사용한다. ( )
② 광원을 시선에서 멀리 위치시킨다. ( )
③ 광원의 휘도를 줄이고 수를 늘인다. ( )
④ 휘광원 주위를 어둡게 하여 광속 발산도를 줄인다. ( )

[18③]

075 조도에 관련된 척도 및 용어 정의로 올바른지 체크하시오.

① 조도는 거리가 증가할 때 거리의 제곱에 반비례한다. ( )
② candela는 단위 시간당 한 발광점으로부터 투광되는 빛의 에너지양이다. ( )
③ lux는 1cd의 점광원으로부터 1m 떨어진 구면에 비추는 광의 밀도이다. ( )
④ lambert는 완전 발산 및 반사하는 표면에 표준 촛불로 1m 거리에서 조명될 때 조도와 같은 광도이다. ( )

[15①, 23④, 24①]

076 보통 작업을 하는 사업장의 근로자가 상시 작업하는 장소의 작업면 조도를 체크하시오.

① 75럭스 ( )　　② 150럭스 ( )
③ 300럭스 ( )　　④ 750럭스 ( )

★중요 [03①, 13③, 14②, 16①, 19②, 23①]

077 소음방지 대책에 있어 효과적인 방법을 체크하시오.

① 음원에 대한 대책 ( )
② 수음자에 대한 대책 ( )
③ 전파경로에 대한 대책 ( )
④ 거리감쇠와 지향성에 대한 대책 ( )
⑤ 소음원의 통제 ( )
⑥ 소음의 격리 ( )
⑦ 소음의 분배 ( )
⑧ 적절한 배치 ( )
⑨ 흡음재 사용 ( )
⑩ 차폐장치 사용 ( )
⑪ 음향처리제 사용 ( )
⑫ 설비의 격리 ( )
⑬ 적절한 재배치 ( )
⑭ 저소음 설비 사용 ( )
⑮ 귀마개 및 귀덮개 사용 ( )

[13②, 18②]

078 제한된 실내 공간에서의 소음문제에 대한 대책으로 적절한지 체크하시오.

① 진동 부분의 표면을 줄인다. ( )
② 소음에 적응된 인원으로 배치한다. ( )
③ 소음의 전달 경로를 차단한다. ( )
④ 벽, 천정, 바닥에 흡음재를 부착한다. ( )
⑤ 저소음 기계로 대체한다. ( )
⑥ 소음 발생원을 밀폐한다. ( )
⑦ 방음 보호구를 착용한다. ( )
⑧ 소음 발생원을 제거한다. ( )

[13③]

079 소음에 관한 설명으로 올바른지 체크하시오.

① 강한 소음에 노출되면 부신 피질의 기능이 저하된다. ( )
② 소음이란 주어진 작업의 존재나 완수와 정보적인 관련이 없는 청각적 자극이다. ( )
③ 가청범위에서의 청력손실은 15,000Hz 근처의 높은 영역에서 가장 크게 나타난다. ( )
④ 90dB(A) 정도의 소음에서 오랜 시간 노출되면 청력 장애를 일으키게 된다. ( )

080 소음 노출로 인한 청력 손실에 관한 설명으로 올바른지 체크하시오.

① 청력손실은 1,000Hz에서 크게 나타난다. (　)

② 청력손실의 정도는 노출 소음수준에 따라 증가한다. (　)

③ 약한 소음에 대해서는 노출기간과 청력손실의 관계가 없다. (　)

④ 강한 소음에 대해서는 노출기간에 따라 청력손실도 증가한다. (　)

[08③]

081 1sone에 대한 설명으로 올바른 것을 체크하시오.

① 1dB의 1,000Hz 순음의 크기 (　)

② 1dB의 4,000Hz 순음의 크기 (　)

③ 40dB의 1,000Hz 순음의 크기 (　)

④ 40dB의 4,000Hz 순음의 크기 (　)

★중요　　　　　　[05②, 15②, 19①]

082 음량수준을 측정할 수 있는 세 가지 척도에 해당하는 것을 체크하시오.

① Phone에 의한 음량수준 (　)

② 지수에 의한 수준 (　)

③ 인식소음 수준 (　)

④ Sone에 의한 음량수준 (　)

[13①]

083 소음의 1일 노출시간과 소음강도의 기준의 연결이 올바른지 체크하시오.

① 8hr − 90dB(A) (　)

② 2hr − 100dB(A) (　)

③ 1/2hr − 110dB(A) (　)

④ 1/4hr − 120dB(A) (　)

★중요　　　　　　[19②, 22②, 23①]

084 음량수준을 평가하는 척도를 체크하시오.

① HSI (　)　　　　② phon (　)

③ dB (　)　　　　④ sone (　)

[07①, 19③, 24③]

085 음의 은폐(Masking)에 대한 설명으로 올바른지 체크하시오.

① 은폐음 때문에 피은폐음의 가청역치가 높아진다. (　)

② 배경음악에 실내소음이 묻히는 것은 은폐효과의 예시이다. (　)

③ 음의 한 성분이 다른 성분에 대한 귀의 감수성을 감소시키는 상황을 말한다. (　)

④ 순음에서 은폐효과가 가장 큰 것은 은폐음과 배음(Harmonic Overtone)의 주파수가 멀 때이다. (　)

⑤ 사무실의 자판 소리 때문에 말소리가 묻히는 경우에 해당된다. (　)

⑥ 여러 음압 수준을 갖는 순음들과 확대역 소음에 대한 변화 감지 역을 나타낸 것이다. (　)

⑦ 피은폐된 한 음의 가청역치가 다른 은폐된 음 때문에 높아지는 현상을 말한다. (　)

[20②]

086 차폐효과에 대한 설명으로 올바른지 체크하시오.

① 차폐음과 배음의 주파수가 가까울 때 차폐효과가 크다. (　)

② 헤어드라이어 소음 때문에 전화 음을 듣지 못한 것과 관련이 있다. (　)

③ 유의적 신호와 배경 소음의 차이를 신호/소음(S/N) 비로 나타낸다. (　)

④ 차폐효과는 어느 한 음 때문에 다른 음에 대한 감도가 증가되는 현상이다. (　)

[03②, 06①]

087 정보가 음성으로 전달되어야 효과적인 경우를 체크하시오.

① 정보가 긴급할 때 (　)

② 정보가 어렵고 추상적일 때 (　)

③ 정보의 영구적인 기록이 필요할 때 (　)

④ 여러 종류의 정보를 동시에 제시해야 할 때 (　)

[13②]

088 사람이 음원의 방향을 결정하는 주된 암시신호(cue)를 체크하시오.

① 소리의 강도차와 진동수차 (　)

② 소리의 진동수차와 위상차 (　)

③ 음원의 거리차와 시간차 (　)

④ 소리의 강도차와 위상차 (　)

[13②]

089 가속도에 관한 설명으로 올바른지 체크하시오.

① 가속도란 물체의 운동 변화율이다. (　)
② 1G는 자유 낙하하는 물체의 가속도인 $9.8m/s^2$에 해당한다. (　)
③ 선형가속도는 운동속도가 일정한 물체의 방향 변화율이다. (　)
④ 운동방향이 전후방인 선형가속의 영향은 수직방향보다 덜하다. (　)

[04③, 18①, 25③]

090 에너지 대사율(RMR)에 대한 설명으로 올바른지 체크하시오.

① 작업에 있어서 에너지소요 정도 (　)
② RMR이 높을수록 산소 소모량이 많다. (　)
③ RMR과 작업강도와는 무관하다. (　)
④ RMR은 산소 소모량으로 측정한다. (　)
⑤ RMR = 운동대사량 / 기초대사량 (　)
⑥ 보통 작업 시 RMR은 4~7이다. (　)
⑦ 가벼운 작업 시 RMR은 0~2이다. (　)
⑧ RMR = (운동시 산소소모량 − 안정시 산소소모량) / 기초대사량 (　)

[17①]

091 조종 장치의 우발작동을 방지하는 방법을 체크하시오.

① 오목한 곳에 둔다. (　)
② 조종 장치를 덮거나 방호해서는 안 된다. (　)
③ 작동을 위해서 힘이 요구되는 조종 장치에는 저항을 제공한다. (　)
④ 순서적 작동이 요구되는 작업일 때 순서를 지나치지 않도록 잠김 장치를 설치한다. (　)

★중요　　　　　　　　　　　　[05②, 08①, 15②]

092 통제표시비(C/D비)에 대한 설명으로 올바른지 체크하시오.

① C/D비 = X/Y (X : 통제장치 변위량, Y : 표시장치 변위량) (　)
② 통제표시비는 단속 조종장치에 적용되는 개념이다. (　)

③ C/D비가 클수록 이동 시간은 작다. (　)
④ 최적 C/D비는 1.08~2.20으로 알려져 있다. (　)

[09①]

093 C/R비가 크다는 것의 의미를 체크하시오.

① 미세한 조종은 쉽지만 수행시간은 상대적으로 길다. (　)
② 미세한 조종은 쉽고 수행시간도 상대적으로 짧다. (　)
③ 미세한 조종이 어렵고 수행시간도 상대적으로 길다. (　)
④ 미세한 조종은 어렵지만 수행시간은 상대적으로 짧다. (　)

[11③, 13②]

094 조정–반응비율(C/R비)에 관한 설명으로 올바른지 체크하시오.

① C/R비가 작으면 민감하고, 크면 둔감하다고 한다. (　)
② C/R비가 작으면 표시장치 지침의 이동시간이 많이 걸린다. (　)
③ C/R비가 작으면 정확한 위치를 맞추는 데 있어 조종 시간이 적게 걸린다. (　)
④ C/R비가 크면 조정장치는 조금만 움직여도 표시장치의 지침이 많이 움직인다. (　)
⑤ C/R비가 클수록 민감한 제어장치이다. (　)
⑥ X가 조종장치의 변위량, Y가 표시장치의 변위량일 때 X/Y로 표현된다. (　)
⑦ Knob C/R비는 손잡이 1회전 시 움직이는 표시장치 이동거리의 역수로 나타낸다. (　)
⑧ 최적의 C/R비는 제어장치의 종류나 표시장치의 크기, 허용오차 등에 의해 달라진다. (　)

[08③]

095 통제표시비(C/D비)를 설계할 때 고려하여야 하는 5가지 요소에 해당하는 것을 체크하시오.

① 공차 (　)　　　　　② 방향성 (　)
③ 조작거리 (　)　　　④ 계기의 크기 (　)

096 양립성의 종류에 해당하는 것을 체크하시오.

① 공간 양립성 (　)　② 형태 양립성 (　)
③ 개념 양립성 (　)　④ 운동 양립성 (　)
⑤ 인지 양립성 (　)　⑥ 양식 양립성 (　)
⑦ 감성 양립성 (　)　⑧ 기능 양립성 (　)

[22②]

097 양식 양립성의 예시로 가장 적절한 것을 체크하시오.

① 자동차 설계 시 고도계 높낮이 표시 (　)
② 방사능 사업장에 방사능 폐기물 표시 (　)
③ 청각적 자극 제시와 이에 대한 음성 응답 (　)
④ 자동차 설계 시 제어장치와 표시장치의 배열 (　)

[05③]

098 양립성(Compatibility)에 가장 알맞게 설계된 예를 체크하시오.

① 오른쪽에 있는 자동차의 운전석 (　)
② 빨간색을 돌리면 뜨거운 물이 나오는 수도꼭지 (　)
③ 왼손잡이가 사용하는 야구 클럽 (　)
④ 소음이 작게 설계된 공기해머 (　)

[18①]

099 운동관계의 양립성을 고려하여 동목(moving scale)형 표시장치를 바람직하게 설계한 것을 체크하시오.

① 눈금과 손잡이가 같은 방향으로 회전하도록 설계한다. (　)
② 눈금의 숫자는 우측으로 감소하도록 설계한다. (　)
③ 꼭지의 시계 방향 회전이 지시치를 감소시키도록 설계한다. (　)
④ 위의 세 가지 요건을 동시에 만족시키도록 설계한다. (　)

[18②]

100 A회사에서 새로운 기계를 설계하면서 레버를 위로 올리면 압력이 올라가도록 하고, 오른쪽 스위치를 눌렀을 때 오른쪽 전등이 켜지도록 하였다면, 각각 어떤 유형의 양립성을 고려한 것인지 체크하시오.

① 레버 – 공간 양립성, 스위치 – 개념 양립성 (　)
② 레버 – 운동 양립성, 스위치 – 개념 양립성 (　)
③ 레버 – 개념 양립성, 스위치 – 운동 양립성 (　)
④ 레버 – 운동 양립성, 스위치 – 공간 양립성 (　)

[03③]

101 인체계측치 이용 시 만족비율 95%의 조절 가능한 범위치수(제 2.5백분위수에서 제 97.5백분위수의 범위)를 적용한 예를 체크하시오.

① 조종장치까지의 거리 (　)
② 자동차 운전석 의자의 위치 (　)
③ 전동차의 손잡이 높이 (　)
④ 공구의 손잡이 크기 (　)

[04③]

102 산업재해분석에 사용되는 상해발생율의 시점간 비교를 위한 안전 T–점수(safe–T–score)를 주어진 자료로써 계산하고 해석한 내용으로 올바른지 체크하시오. (단, 과거의 도수율 : 14.13, 현재의 도수율 : 13.25, 연근로시간 : 24만시간)

① –0.12로서 과거에 비해 별 차이가 없다. (　)
② –0.12로서 과거에 비해 상황이 크게 나빠졌다. (　)
③ –0.63으로서 과거에 비해 낮아졌다. (　)
④ –0.63으로서 과거에 비해 상황이 나빠졌다. (　)

103 감각저장으로부터 정보를 작업기억으로 전달하기 위한 코드화 분류에 해당하는 것을 체크하시오.

① 시각코드 (　)　② 촉각코드 (　)
③ 음성코드 (　)　④ 의미코드 (　)

[06③, 09③, 25②]

104 인간의 기억체계 가운데 정보가 잠깐 지속되었다가 정보의 코드화 없이 원래 상태로 되돌아가는 것을 체크하시오.

① 감각 저장 (　)　② 작업기억 저장 (　)
③ 단기기억 저장 (　)　④ 장기기억 저장 (　)

[04③]

105 작업에 소요되는 표준시간을 구하기 위해 사용되는 PTS법(Predetermined Time Standards : 기설동작표준시간법)의 종류에 해당하는 것을 체크하시오.

① Work Sampling법 (　)
② Method Time Measurement법 (　)

③ Work Factor법 (　　)

④ Basic Motion Times법 (　　)

★중요　　　　　　　　　　　[05③, 12②, 18③, 21③]

106 인간공학적 수공구 설계원칙을 체크하시오.

① 조직에 가해지는 압력을 피하라. (　　)

② 손목을 곧게 유지하라. (　　)

③ 반복적인 손가락 동작을 피하라. (　　)

④ 손잡이 접촉 면적을 작게 설계하라. (　　)

⑤ 손잡이의 단면이 원형을 이루어야 한다. (　　)

⑥ 정밀작업을 요하는 손잡이의 직경은 2.5 ~ 4cm로 한다. (　　)

⑦ 일반적으로 손잡이의 길이는 95%tile 남성의 손 폭을 기준으로 한다. (　　)

⑧ 양손잡이를 모두 고려하여 설계한다. (　　)

⑨ 손바닥 부위에 압박을 주는 손잡이 형태로 설계한다. (　　)

⑩ 동력공구 손잡이는 최소 두 손가락 이상으로 작동하도록 설계한다. (　　)

　　　　　　　　　　　　　　　　　　[13③, 16②]

107 기계설비가 설계 사양대로 성능을 발휘하기 위한 적정 윤활의 원칙에 해당하는 것을 체크하시오.

① 적량의 규정 (　　)

② 윤활기간의 올바른 준수 (　　)

③ 올바른 윤활법의 채용 (　　)

④ 주유방법의 통일화 (　　)

　　　　　　　　　　　　　　　　　　　　[14③]

108 VE(Value Engineering) 활동으로 각 분석항목에 대한 안전성과의 관계의 연결이 올바른지 체크하시오.

① 재료 – 불량률 (　　)

② 검사포장 – 육체피로 (　　)

③ 설비 – 사고재해 건수 (　　)

④ 운반 Layout – 작업피로 (　　)

02 단답형 문제

001 신호 및 경보 등을 설계할 때 초당 3~10회의 점멸 속도로 얼마의 지속시간을 쓰시오.

> ⚙ **해설** 신호 및 경보 등 설계시 점멸 속도는 점멸 융합 주파수 보다 훨씬 적어야 하고, 초단 3~10회의 점멸 속도와 지속 시간은 0.05초 이상이 적당하다.

002 통화이해도 척도로서 통화 이해도에 영향을 주는 잡음의 영향을 추정하는 지수에 관한 용어를 쓰시오.

★중요

003 작업이나 운동이 격렬해져서 근육에 생성되는 젖산의 제거속도가 생성속도에 미치지 못하면, 활동이 끝난 후에도 남아있는 젖산을 제거하기 위하여 산소가 더 필요하게 되는 것을 의미하는 용어를 쓰시오.

004 인간의 눈의 부위 중에서 실제로 빛을 수용하여 두뇌로 전달하는 역할을 하는 부위가 어디인지 쓰시오.

005 중이소골(ossicle)이 고막의 진동을 내이의 난원창(oval window)에 전달하는 과정에서 음파의 압력은 어느 정도 증폭되는지 쓰시오.

> ⚙ **해설** 중이소골(ossicle)이 고막의 진동을 내이의 난원창(oval window)에 전달하는 과정에서 음파의 압력은 22배로 증폭된다.

006 가장 보편적으로 사용되는 시력의 척도를 쓰시오.

007 인간이 신호나 경고등을 지각하는 데 영향을 끼치는 인자가 있다. 예를 들어 신호등이 네온사인이나 크리스마스 트리 등이 있는 지역에 설치되어 있을 경우 식별이 어려운데, 이와 같은 영향을 미치는 인자를 쓰시오.

008 시식별에 영향을 미치는 인자 중 자동차를 운전하면서 도로변의 물체를 보는 경우에 주된 영향을 미치는 것을 쓰시오.

[03①]

009 보행속도에 따라 사람이 소비하는 에너지가 달라진다. 가장 적은 에너지를 사용하는 속도를 쓰시오.

[04③]

013 인간이 한 자극차원 내의 자극을 절대적으로 식별할 수 있는 능력은 사실상 그리 크지 못한데, Miller는 이와 같은 식별범위를 어떻게 표현하고 있는지 쓰시오.

[03③, 05③]

010 보통 작업자의 정상적인 인간 시계를 쓰시오.

[16①]

014 매직넘버라고도 하며, 인간이 절대식별시 작업기억 중에 유지할 수 있는 항목의 최대수를 쓰시오.

[04①]

011 인체에는 23일 내지 28일 주기의 바이오리듬이 있는 반면, 대뇌의 활동수준에도 1일 주기의 조석리듬이 존재한다. 조석리듬 수준이 가장 낮아 재해사고의 가능성이 가장 높은 시간대를 쓰시오.

[05③]

015 절대 식별에 관한 Miller의 마법의 숫자를 쓰시오.

[04②, 25①]

012 인간의 신장이나 체중은 하루 중 시간의 경과와 함께 변화한다. 신장의 경우 하루 중 언제 측정하여야 가장 큰 키를 얻을 수 있는지 쓰시오.

★중요 [05③, 06①, 07①, 08①, 16①]

016 인간의 생리적 부담 척도 중 국소적 근육 활동의 척도로 이용되는 것을 쓰시오.

|정답|

001 0.05초 이상   **002** 통화 간섭 수준   **003** 산소부채   **004** 망막   **005** 22배   **006** 최소가분시력   **007** 배경불빛   **008** 과녁 이동
009 70m/분   **010** 200˚   **011** 오전 6시   **012** 기상 직후   **013** 7±2(5~9)   **014** 7±2(5~9)   **015** 7
016 근전도(EMG, 근육 활동의 전위차 기록)

017 표시장치에 숫자를 설계할 때 권장되는 표준 종횡비를 쓰시오.

018 시각을 주로 사용하는 작업에서 작업의 수행도를 가장 나쁘게 하는 진동수의 범위를 쓰시오.

019 인간의 모든 신체부위의 동작은 기본적인 몇 가지로 분류된다. 몸의 중심선으로부터 밖으로 이동하는 동작을 지칭하는 용어를 쓰시오.

020 신체의 일부가 등의 중심 방향으로 이동하는 동작을 지칭하는 용어를 쓰시오.

021 관절을 중심으로 두 부위 사이의 각도가 감소하게 되는 신체의 운동을 지칭하는 용어를 쓰시오.

022 외부로부터 별도의 반응을 요하는 여러 가지의 자극이 주어졌을 때 인간이 반응하는 데 소요되는 시간을 선택 반응시간이라고 한다. 자극의 수를 N이라 할 때, 선택 반응시간 T와의 관계식을 쓰시오. (단, a, b는 관련 동작 유형에 관계된 실험 상수)

023 하나의 특정 자극에 대하여 반응을 하는 데 소요되는 시간을 의미하는 용어를 쓰시오.

024 영상표시단말기(VDT)를 사용하는 작업에 있어 일반적으로 화면과 그 인접 주변과의 광도비를 쓰시오.

025 서서 하는 작업에서 정밀한 작업, 경작업, 중작업 등을 위한 작업대의 높이에 기준이 되는 신체 부위를 쓰시오.

[14①, 20③]

026 열중독증(heat illness)의 강도를 작은 것부터 큰 것의 순으로 올바르게 나열하시오.

> ⓐ 열소모(heat exhaustion)
> ⓑ 열발진(heat rash)
> ⓒ 열경련(heat cramp)
> ⓓ 열사병(heat stroke)

⚙ **해설** ⓑ 열발진(heat rash, 땀띠) : 작업환경에서 가장 흔히 발생하는 피부장해를 말한다.
ⓒ 열경련(heat cramp) : 땀에 의해 손실(고온에서 심한 운동으로 땀을 다량 흘렸을 경우와 장시간 힘든 일을 한 경우)된 전해질이 부족하여 발생하는 근육의 경련 현상을 말한다.
ⓐ 열소모(heat exhaustion, 열피로) : 땀에 의해 손실(고온에서 심한 운동으로 땀을 다량 흘렸을 경우와 장시간 힘든 일을 한 경우)한 염분을 보충하지 못했을 경우에 주로 발생한다.
ⓓ 열사병(heat stroke) : 고온, 다습한 환경에 노출되어 갑자기 발생한 심각한 체온 조절장해를 일으키며 체온 상승(땀의 배출이 불가능하고, 직장 온도가 40°이상) 등이 나타나고, 심한 경우에는 혼수 상태에 빠지거나 생명을 잃을 수 있다.
결과적으로 열발진 〈 열경련 〈 열소모 〈 열사병의 순이다.

★중요

[12①, 16②, 23②, 24①]

027 국내 규정상 1일 노출회수가 100일 때 최대 음압수준이 몇 db(A)를 초과하는 충격소음에 노출되어서는 안 되는지 쓰시오.

⚙ **해설** 충격소음 노출기준

충격소음의 강도 dB(A) 초과	140	130	120
1일 노출 횟수 이상	100	1,000	10,000

[21③]

028 NIOSH 지침에서 최대허용한계(MPL)는 활동한계(AL)의 몇 배인지 쓰시오.

⚙ **해설** NIOSH 지침에서 들기 작업은 작업장에서 가장 빈번히 일어나므로 안전작업무게를 제시하고 들기 작업의 위험 요인을 제거할 수 있도록 하였다. 최대허용무게는 안전작업무게의 3배이고, 들기 작업 시 요추 디스크에 650kg 이상의 인간 공학적 무게가 부과되는 작업물의 무게이다.

[21①, 23②]

029 작업면상의 필요한 장소만 높은 조도를 취하는 조명이 무엇인지 쓰시오.

[13①]

030 강한 음영 때문에 근로자의 눈 피로도가 큰 조명방법이 무엇인지 쓰시오.

|정답|

017 약 3 : 5 018 10~25Hz 019 외전(abduction) 020 내전(adduction) 021 굴절(flexion) 022 T = a+blog₂N
023 단순반응시간 024 1 : 3 025 팔꿈치 026 ⓑ 〈 ⓒ 〈 ⓐ 〈 ⓓ 027 140 028 3배 029 국소(국부)조명 030 직접조명

031 실내 면(面)의 추천 반사율이 가장 높은 곳이 어디인지 쓰시오.

★중요　　　　　　　　　　　　　[04②, 06①, 13①, 22②]

032 밝은 곳에서 어두운 곳으로 갈 때 망막에 시홍이 형성되는 생리적 과정인 암조응이 발생하는데, 완전 암조응(Dark adaptation)이 발생하는 데 소요되는 시간을 쓰시오.

⚙ **해설** 완전 암조응(밝은 곳에서 어두운 곳으로 갈 때 원추세포의 감수성 상실, 간상세포에 의해 물체식별) 시간은 보통 30~40분 정도이고, 명조응시간은 수초 내지 1~2분 정도이다.

[13③]

033 수술실 내 작업면에서의 조도를 쓰시오.

[15①]

034 광원의 밝기에 비례하고, 거리의 제곱에 반비례하며, 반사체의 반사율과는 상관없이 일정한 값을 갖는 것을 의미하는 용어를 쓰시오.

[21③]

035 물체의 표면에 도달하는 빛의 밀도를 뜻하는 용어를 쓰시오.

[16③]

036 소음에 의한 청력 손실이 가장 크게 나타나는 주파수대를 쓰시오.

★중요　　　　　　　　　　　　　[03③, 09③, 15③]

037 50phon의 기준음을 들려준 후 70phon의 소리를 듣는다면, 작업자는 주관적으로 몇 배의 소리로 인식하는지 쓰시오.

⚙ **해설** 음량 수준의 배수 산정은 phon을 sone치로 변환

$$\text{(sone치} = 2^{\frac{(\text{phon치}-40)}{10}}\text{)하여 비교한다.}$$

$$50\text{phon} = 2^{\frac{(50-40)}{10}} = 2\text{sone이고,}$$

$$70\text{phon} = 2^{\frac{(70-40)}{10}} = 2^3 = 8\text{sone}$$

2sone에서 8sone으로 변화하였으므로 4배의 소리로 인식한다.

[22②]

038 1sone에 관한 설명에서 괄호 안에 들어갈 숫자를 순서대로 쓰시오.

> 1sone이란 (㉠)Hz, (㉡)dB의 음압수준을 가진 순음의 크기이다.

[04①, 24②]

039 고음은 멀리 가지 못한다. 300m 이상의 장거리용 신호는 몇 Hz 이하의 진동수를 사용하여야 하는지 쓰시오.

⚙ **해설** 가청범위는 2,000~20,000[Hz], 회화이해는 500~3,500[Hz]정도이다.

[19①]

040 음압수준이 70dB인 경우, 1,000Hz에서 순음의 phon치를 구하시오.

> ⚙ **해설** phon은 1,000Hz 순음의 음압수준(dB)을 나타내므로 70phon이다. 즉, 1,000Hz 순음의 음압수준에서 dB값과 phon값은 일치한다.

[21③]

041 음압수준이 60dB일 때 1,000Hz에서 순음의 phon의 값을 구하시오.

> ⚙ **해설** phon은 1,000Hz 순음의 음압수준[dB]을 나타내므로 60phon이다. 즉, 1,000Hz 순음의 음압수준에서 dB값과 phon값은 일치한다.

[16②]

042 물질 내 실제 입자의 진동이 규칙적일 경우 주파수의 단위는 헤르츠(Hz)를 사용하는데, 통상적으로 초음파는 몇 Hz 이상의 음파를 의미하는지 쓰시오.

[03③, 06①, 25②]

043 작업강도는 에너지 대사율(RMR)로서 측정할 수 있다. 사무작업이나 감시작업 등의 중(中)작업의 에너지 대사율을 쓰시오.

[07③, 17②]

044 자극-반응 조합의 관계에서 인간의 기대와 모순되지 않는 성질을 의미하는 용어를 쓰시오.

[21③]

045 조작과 반응과의 관계, 사용자의 의도와 실제 반응과의 관계, 조종장치와 작동결과에 관한 관계 등 사람들이 기대하는 바와 일치하는 관계를 의미하는 용어를 쓰시오.

[11②, 20②]

046 직무에 대하여 청각적 자극 제시에 대한 음성 응답을 하도록 할 때 가장 관련 있는 양립성의 종류를 쓰시오.

|정답|

031 천정   032 30~40분   033 10,000 ~ 20,000 럭스   034 조도   035 조도   036 4,000Hz   037 4배   038 ⊙ 1,000, ⓛ 40
039 1,000[Hz]   040 70   041 60   042 20,000[Hz]   043 2~4 RMR   044 양립성   045 양립성   046 양식 양립성

047 조작장치와 표시장치의 위치가 상호연관되게 한다는 인간 공학적 설계원칙이 무엇인지 쓰시오.

> ⚙️**해설** 공간 양립성은 조정장치나 표시장치에서의 공간적 배치와 물리적 형태를 의미한다.

048 "표시장치와 이에 대응하는 조종장치 간의 위치 또는 배열이 인간의 기대와 모순되지 않아야 한다."는 인간공학적 설계원리를 쓰시오.

★중요

049 어떠한 신호가 전달하려는 내용과 연관성이 있어야 하는 것으로 정의되며, 그 예로는 위험신호는 빨간색, 주의신호는 노란색, 안전신호는 파란색으로 표시하는 것을 들 수 있는 양립성(compatibility)은 무엇인지 쓰시오.

050 자동차 운전대를 시계 방향으로 돌리면 자동차 오른쪽으로 회전하도록 설계한 것은 어떠한 양립성을 구현한 것인지 쓰시오.

051 운전 또는 워드작업과 같이 인체의 각 부분이 서로 조화를 이루며 움직이는 자세에서의 인체치수를 측정하는 것에 해당하는 용어를 쓰시오.

> ⚙️**해설** 기능적 치수란 동적 인체 계측에 해당하며, 체위의 움직임이나 하지나 상지의 운동에 따른 상태에서의 계측하는 것을 의미한다. 현실성 있는 인체 치수를 구할 수 있으며, 실제 작업 또는 생활 조건에 밀접한 관계를 가지고 있다.

052 똑딱스위치 및 누름단추를 작동할 때에는 중심으로부터 몇°쯤 되는 위치에 있을 때가 작동시간이 가장 짧은지 쓰시오.

053 기존 키보드의 영문 키(key)에 배당된 오른손과 왼손의 작업량 비율을 쓰시오.

| 정답 |

047 공간 양립성　　048 공간 양립성　　049 개념 양립성　　050 운동 양립성　　051 기능적 치수　　052 25°　　053 1 : 1.3

03 계산형 문제

[20②]

001 눈과 물체의 거리가 23cm, 시선과 직각으로 측정한 물체의 크기가 0.03cm일 때 시각(분)을 구하시오. (단, 시각은 600 이하이며, radian 단위를 분으로 환산하기 위한 상수값은 57.3과 60을 모두 적용하여 계산)

> ⚙ 해설
>
> 시각(분)의 산정은 다음과 같이 구한다.
>
> $$시각(분) = \frac{57.3 \times 60 \times L}{D}$$
>
> (여기서, L : 시선과 직각으로 측정한 물체의 크기(cm), D : 물체와 눈 사이의 거리(cm), $57.3 = \frac{180}{\pi}$, $1° = 60'$)
>
> 그러므로, $시각(분) = \frac{57.3 \times 60 \times L}{D} = \frac{57.3 \times 60 \times 0.03}{23} = 4.484 ≒ 4.48$이다.

★중요

[04②, 06②]

002 눈과 물체의 거리가 28cm, 시선과 직각으로 측정한 물체의 크기가 0.03cm일 때 시각(분)을 구하시오. (단, 시각은 600' 이하일 때이며, radian 단위를 분으로 환산하기 위한 상수값은 57.3과 60을 모두 적용하여 계산함)

> ⚙ 해설
>
> 시각(분)의 산정은 다음과 같이 구한다.
>
> $$시각(분) = \frac{57.3 \times 60 \times L}{D}$$
>
> (여기서, L : 시선과 직각으로 측정한 물체의 크기, D : 물체와 눈 사이의 거리)
>
> 그러므로, $시각(분) = \frac{57.3 \times 60 \times L}{D} = \frac{57.3 \times 60 \times 0.03}{28} = 3.684 ≒ 3.68$이다.

★중요

[12③]

003 4m 또는 그보다 먼 물체에만 잘 볼 수 있는 원시안경의 D를 구하시오. (단, 명시거리는 25cm로 함)

> ⚙ 해설
>
> $$D = \frac{1}{초점거리(m)}(\infty \rightarrow X_m)이다.$$
>
> ① $0.25m의 D = \frac{1}{초점거리(m)} = \frac{1}{0.25m} = 4D$
>
> ② $4m의 D = \frac{1}{초점거리(m)} = \frac{1}{4m} = 0.25D$
>
> ①과 ②에 의해서, 원시 안경 $= (4-0.25)D = 3.75D$

004 25cm 거리에서 글자를 식별하기 위하여 2디옵터(Diopter) 안경이 필요하였다. 동일한 사람이 1m의 거리에서 글자를 식별하기 위한 안경의 디옵터를 구하시오.

⚙ 해설

① 0.25m의 $D = \dfrac{1}{초점거리(m)} = \dfrac{1}{0.25m} = 4D$

　그런데, 실제 시력은 $= 4D + 2D = 6D$ (여기서, $2D$는 안경의 디옵터이다.)

② 1m의 $D = \dfrac{1}{초점거리(m)} = \dfrac{1}{1m} = 1D$

①과 ②에 의해서, 1m 거리의 안경 $= 6D - 1D = 5D$

★중요

005 평균신장을 측정하기 위해 추정의 오차범위를 ±10%로 할 경우 피측정자의 수를 구하시오. (단, 신뢰계수는 2, 모표준편차는 5로 함)

⚙ 해설

피측정자 수의 산정

피측정자의 수 $= \left(\dfrac{신뢰계수 \times 모표준편차}{오차범위}\right)^2$ 이고, 최소 표본수는 50~100명 정도이다.

문제에서 신뢰계수는 2, 모표준편차는 5, 오차범위는 ±10%이다.

그러므로, 피측정자의 수 $= \left(\dfrac{신뢰계수 \times 모표준편차}{오차범위}\right)^2 = \left(\dfrac{2 \times 5}{0.1}\right)^2 = 10,000$명이다.

---

006 주어진 조건으로 인적 사고 발생의 빈도 및 강도를 종합한 지표로서 FSI(frequency severity indicator)를 구하시오. [단, 상해발생률(F) = 8, 상해강도율(S) = 500]

⚙ 해설

$FSI = \sqrt{\dfrac{FR(도수율) \times SR(강도율)}{1,000}}$ 이다.

문제에서 $FR = 8$, $SR = 500$이다.

그러므로, $FSI = \sqrt{\dfrac{FR(도수율) \times SR(강도율)}{1,000}} = \sqrt{\dfrac{8 \times 500}{1,000}} = 2.0$

[05③, 17①]

★중요

007 건구온도 40℃, 습구온도 27℃일 때의 옥스퍼드(Oxford)지수를 구하시오.

> **⚙ 해설**
>
> 옥스퍼드(Oxford, 습건)지수는 건구·습구온도의 가중 평균한 값으로서 다음과 같이 산정한다.
>
> 옥스퍼드(Oxford, 습건)지수 = $0.85W$(습구온도)$+0.15d$(건구온도)
>
> 문제에서 $W = 27\,^{\circ}\mathrm{C}$이고, $d = 40\,^{\circ}\mathrm{C}$이므로,
>
> 옥스퍼드(Oxford, 습건)지수 = $0.85W+0.15d = 0.85×27+0.15×40 = 28.95\,^{\circ}\mathrm{C}$

[10②]

008 습구온도가 20℃, 건구온도가 30℃일 때 Oxford지수를 구하시오.

> **⚙ 해설**
>
> 옥스퍼드(Oxford, 습건)지수 = $0.85W+0.15d$
>
> 문제에서 $W = 20\,^{\circ}\mathrm{C}$이고, $d = 27\,^{\circ}\mathrm{C}$이므로,
>
> 옥스퍼드(Oxford, 습건)지수 = $0.85W+0.15d = 0.85×20+0.15×30 = 21.5\,^{\circ}\mathrm{C}$

[12②, 17③, 25②]

★중요

009 건습구온도에서 건구온도가 24℃이고, 습구온도가 20℃일 때 Oxford지수를 구하시오.

> **⚙ 해설**
>
> 옥스퍼드(Oxford, 습건)지수 = $0.85W+0.15d$
>
> 문제에서 $W = 20\,^{\circ}\mathrm{C}$이고, $d = 24\,^{\circ}\mathrm{C}$이므로,
>
> 옥스퍼드(Oxford, 습건)지수 = $0.85W+0.15d = 0.85×20+0.15×24 = 20.6\,^{\circ}\mathrm{C}$

[18③]

010 습구온도가 23℃이며, 건구온도가 31℃일 때의 Oxford지수(건습지수)를 구하시오.

> **⚙ 해설**
>
> 옥스퍼드(Oxford, 습건)지수 = $0.85W+0.15d$
>
> 문제에서 $W = 23\,^{\circ}\mathrm{C}$이고, $d = 31\,^{\circ}\mathrm{C}$이므로,
>
> 옥스퍼드(Oxford, 습건)지수 = $0.85W+0.15d = 0.85×23+0.15×31 = 24.2\,^{\circ}\mathrm{C}$

★중요

011 태양광선이 내리쬐는 옥외장소의 자연습구 온도 20℃, 흑구온도 18℃, 건구온도 30℃일 때 습구흑구온도지수 (WBGT)를 구하시오.

🔧 **해설**

태양광이 내리쬐는 옥외에 있어서 습구흑구 온도지수(WBGT)
= 0.7×자연습구온도+0.2×흑구온도+0.1×건구온도 (∵ 일사의 영향을 고려하므로 건구온도를 반영함)
= 0.7×20+0.2×18+0.1×30 = 20.6℃

★중요

012 A 작업장에서 1시간 동안에 480Btu의 일을 하는 근로자의 대사량은 900Btu이고, 증발 열손실이 2,250Btu, 복사 및 대류로부터 열이득이 각각 1,900Btu 및 80Btu라 할 때, 열축적(Btu)은 얼마인지 구하시오.

🔧 **해설**

인간과 주위와의 열교환 과정은 다음과 같이 열균형 방정식으로 나타낼 수 있다.
ΔS(열축척, 열취득과 열손실량) = M(대사열)$-E$(증발) $\pm R$(복사) $\pm C$(대류)$-W$(한 일)
한편, 열평형 상태에서는 S(열축척, 열취득과 열손실량) = 0이다.
그러므로, S(열축척) = $M-E \pm R \pm C-W$
= 900$-$2,250+1,900+80$-$480 = 150Btu

★중요

013 신체의 열교환과정을 나타내는 공식을 쓰시오. (단, ΔS는 신체열함량변화, M은 대사열발생량, W는 수행한 일, R는 복사열교환량, C는 대류열교환량, E는 증발열발산량을 의미함)

🔧 **해설**

$\Delta S = M-E \pm R \pm C-W$

014 반사율이 80%, 글자의 밝기가 400cd/m²인 VDT화면에 314lux의 조명이 있을 경우의 대비를 구하시오. [단, 대비의 정의는 (배경광−목표광)/배경광을 사용함]

🔧 **해설**

대비의 산정은 다음과 같이 구한다.
$$대비 = \frac{VDT화면(배경)의\ 광속발산도 - 글자(표적)의\ 광속발산도}{VDT화면(배경)의\ 광속발산도}$$
① VDT화면(배경)의 광속발산도 = $\dfrac{조명(lux)×반사율}{\pi} = \dfrac{314×0.80}{\pi} = 80$
② 글자(표적)의 광속발산도 = 배경 밝기+글자 밝기 = 80+400 = 480
①과 ②를 대입하면, $\dfrac{80-480}{80} = -5$

⚡중요   [08②, 17②, 20①, 24②]

015 반사율이 85%, 글자의 밝기가 400cd/m²인 VDT화면에 350ℓX의 조명이 있을 경우 대비를 구하시오.

> **⚙ 해설**
>
> 대비의 산정은 다음과 같이 구한다.
>
> $$대비 = \frac{VDT화면(배경)의\ 광속발산도 - 글자(표적)의\ 광속발산도}{VDT화면(배경)의\ 광속발산도}$$
>
> ① VDT화면(배경)의 광속발산도 $= \dfrac{조명(lux) \times 반사율}{\pi} = \dfrac{350 \times 0.85}{\pi} = 94.70$
>
> ② 글자(표적)의 광속발산도 = 배경 밝기 + 글자 밝기 = 94.7 + 400 = 494.7
>
> ①과 ②를 대입하면, $\dfrac{94.7 - 494.7}{94.7} = -4.224$

⚡중요   [18③]

016 형광등과 물체의 거리가 50cm이고, 광도가 30fL일 때, 반사율을 구하시오.

> **⚙ 해설**
>
> 반사율이란 물체의 표면에 도달하는 조명과 광속발산도의 관계이다.
>
> 그러므로, $반사율 = \dfrac{광속\ 발산도}{조도} \times 100$이고, $조도 = \dfrac{광속\ 발산도}{거리^2}$이다.
>
> ① $조도 = \dfrac{광속\ 발산도}{거리^2} = \dfrac{30}{0.5^2} = 120$
>
> ② $반사율 = \dfrac{광속\ 발산도}{조도} \times 100 = \dfrac{30}{120} \times 100 = 25\%$

                                                                                [11②, 18①]

017 반사율이 60%인 작업 대상물에 대하여 근로자가 검사 작업을 수행할 때 휘도(luminance)가 90fL이라면, 이 작업에서의 소요조명(fc)을 구하시오.

> **⚙ 해설**
>
> $반사율 = \dfrac{광속\ 발산도}{소요\ 조도} \times 100$이다.
>
> 그러므로, $소요\ 조도 = \dfrac{광속\ 발산도}{반사율} \times 100 = \dfrac{90}{60} \times 100 = 150[fc]$이다.

[17①]

018 반사경 없이 모든 방향으로 빛을 발하는 점광원에서 5m 떨어진 곳의 조도가 120lux라면 2m 떨어진 곳의 조도를 구하시오.

> **해설**
>
> 조도 $= \dfrac{광도}{(거리)^2}$ 이다.
>
> ① 5m 떨어진 곳의 조도 $= \dfrac{광도}{5^2} = 120$lux이므로, 광도 $= 120 \times 5^2 = 3{,}000$
>
> ② 2m 떨어진 곳의 조도 $= \dfrac{3{,}000}{2^2} = 750$lux
>
> 〈다른 풀이 과정〉
>
> 조도는 거리의 제곱에 반비례 하므로, $5^2 : 2^2 = x : 120$
>
> $\therefore x = \dfrac{5^2 \times 120}{2^2} = 750$lux

[22①]

★중요

019 반사경 없이 모든 방향으로 빛을 발하는 점광원에서 3m 떨어진 곳의 조도가 300lux라면 2m 떨어진 곳에서 조도 (lux)를 구하시오.

> **해설**
>
> 조도 $= \dfrac{광도}{(거리)^2}$ 이다.
>
> ① 3m 떨어진 곳의 조도 $= \dfrac{광도}{3^2} = 300$lux이므로, 광도 $= 300 \times 3^2 = 2{,}700$
>
> ② 2m 떨어진 곳의 조도 $= \dfrac{2{,}700}{2^2} = 675$lux
>
> 〈다른 풀이 과정〉
>
> 조도는 거리의 제곱에 반비례 하므로, $3^2 : 2^2 = x : 300$
>
> $\therefore x = \dfrac{3^2 \times 300}{2^2} = 675$lux

[19①, 23④, 25①]

020 점광원으로부터 0.3m 떨어진 구면에 비추는 광량이 5Lumen일 때, 조도를 구하시오.

> **해설**
>
> 조도 $= \dfrac{광도}{(거리)^2}$ 이다. 그러므로, 조도 $= \dfrac{5}{0.3^2} = \dfrac{5}{0.09} = 55{,}555 \fallingdotseq 55{,}56$lux

[08②]

021 소음이 심한 기계로부터 2m 떨어진 곳의 음압수준이 100dB이라면 이 기계로부터 4.5m 떨어진 곳의 음압수준은 약 몇 dB인지 구하시오.

해설

소음원으로부터 d_1만큼 떨어진 위치에서 음압 수준이 dB_1인 경우 d_2만큼 떨어진 위치에서 음압 수준인 $dB_2 = dB_1 - 20\log\dfrac{d_2}{d_1}$이 된다. 그러므로, $dB_2 = dB_1 - 20\log\dfrac{d_2}{d_1} = 100 - 20\log\dfrac{4.5}{2} = 92.956[dB]$

[12②, 16③]

022 경보사이렌으로부터 10m 떨어진 곳에서 음압수준이 140dB이면 100m 떨어진 곳에서 음의 강도[dB]을 구하시오.

해설

$dB_2 = dB_1 - 20\log\dfrac{d_2}{d_1} = 140 - 20\log\dfrac{100}{10} = 140 - 20 = 120[dB]$

[11①]

023 소음원으로부터의 거리와 음압수준은 역비례한다. 동일한 소음원에서 거리가 2배 증가하면 음압수준은 몇 dB정도 감소하는지 구하시오.

해설

소음원으로부터 d_1만큼 떨어진 위치에서 음압 수준이 dB_1인 경우 d_2만큼 떨어진 위치에서 음압 수준인 $dB_2 = dB_1 - 20\log\dfrac{d_2}{d_1}$이 된다. 그러므로, 감소의 dB은 $20\log\dfrac{d_2}{d_1} = 20\log2 = 6.021[dB]$이다.

[11③, 18②, 20③]

024 어떤 소리가 1000Hz, 60dB인 음과 같은 높이임에도 4배 더 크게 들린다면, 이 소리의 음압수준을 구하시오.

해설

① 기준음의 sone치 $= 2^{\frac{(60-40)}{10}} = 2^2 = 4$이다.

② 기준음의 4배 : $4 \times 4 = 16$sone이다.

③ 기준음의 4배의 sone치를 산정하면, $16 = 2^{\frac{(x-40)}{10}}$이 된다.

$\therefore \log_2 16 = \log_2(\dfrac{x-40}{10})$

$\therefore x = 10\log_2 16 + 40 = 10\log_2 2^4 + 40 = 40 + 40 = 80[dB]$

★중요

[12③]

025 인간이 청각으로 느끼는 소리의 크기를 측정하는 두 가지 척도는 sone과 phon이다. 50phon은 몇 sone에 해당하는지 구하시오.

> **⚙ 해설**
>
> phon을 sone치로 변환하면, sone치 = $2^{\frac{(\text{phon치}-40)}{10}}$ 이다.
>
> 그러므로, sone치 = $2^{\frac{(\text{phon치}-40)}{10}} = 2^{\frac{(50-40)}{10}} = 2\text{sone}$이다.

[14③, 21①, 23④, 24③]

026 어떤 사람이 자동차를 생산하는 공장에서 95dB(A)의 소음수준에서 하루 8시간 작업하며 매시간 조용한 휴게실에서 20분씩 휴식을 취한다고 가정하였을 때, 8시간 시간가중평균(TWA)을 구하시오. (단, 소음은 누적소음노출량측정기로 측정하였으며, OSHA에서 정한 95dB(A)의 허용시간은 4시간임)

> **⚙ 해설**
>
> 시간가중평균(TWA) = $16.61\log\dfrac{D}{100}+90$이다.
>
> 그런데, D(누적소음노출량, %) = $\dfrac{C(\text{하루작업시간})}{T(\text{소음노출허용시간})}\times100 = \dfrac{\frac{8\times(60-20)}{60}}{4} = 133.33\%$
>
> 여기서, C(하루작업시간) = $\dfrac{\text{하루작업시간}\times(60-\text{휴식시간})}{60} = \dfrac{8\times(60-20)}{60} = 5.33$시간이고,
>
> T(소음노출허용시간) = $95dB$(A), 4시간이다. 또한, 분모의 60은 시간으로 변환하기 위함이다.
>
> 그러므로, 시간가중평균(TWA)은
>
> $16.61\log\dfrac{D}{100}+90 = 16.61\log\dfrac{133.33}{100}+90 = 92.075 ≒ 92.08[dB](A)$

[21②]

027 작업장의 설비 3대에서 각각 80dB, 86dB, 78dB의 소음이 발생되고 있을 때 작업장의 음압수준을 구하시오.

> **⚙ 해설**
>
> 설비 3대의 소음 차이가 10dB 이내여서 합성 소음을 적용하므로,
>
> SPL(합성 소음) = $10\log(10^{\frac{SPL_1}{10}}+10^{\frac{SPL_2}{10}}+\cdots\cdots+10^{\frac{SPL_n}{10}})$이다.
>
> 그러므로, SPL(합성 소음)을 계산하면,
>
> $10\log(10^{\frac{80}{10}}+10^{\frac{86}{10}}+10^{\frac{78}{10}}) = 87.49 ≒ 87.5[dB]$

[07③]

028 통제기기를 5cm 이동시켰더니 표시계기의 지침이 30cm 움직였다면 이 계기의 통제표시비를 구하시오.

> **🔧해설**
>
> 통제표시비(C/D비)는 조정장치(통제기기)와 표시장치의 이동비율을 나타내는 것으로 다음과 같이 산정한다.
>
> $$\frac{C}{D} = \frac{X}{Y} \quad (X : 조정장치(통제기기)의 변위량, Y : 표시장치의 변위량)$$
>
> 그러므로, $\dfrac{C}{D} = \dfrac{X}{Y} = \dfrac{5}{30} = \dfrac{1}{6}$

[06①]

029 회전운동을 하는 조종구와 같은 조종장치의 반경이 10cm이고 30°만큼 움직였을 때, 선형표시장치의 눈금이 4.84cm 움직였다. 이 때의 통제표시비를 구하시오.

> **🔧해설**
>
> 통제표시비(C/D비)는 조정장치(통제기기)와 표시장치의 이동비율을 나타내는 것으로, 조정장치(통제기기)의 움직이는 요소(거리 또는 회전수 등)와 표시 장치상의 이동 요소(활자, 지침 등)의 움직이는 거리(각도)의 비를 말한다.
>
> $$\frac{C}{D} = \frac{X}{Y} \quad (X : 조정장치(통제기기)의 변위량, Y : 표시장치의 변위량)$$
>
> 그런데, 회전운동을 하는 조종구에서 조정장치(통제기기)의 변위량은 다음과 같이 구한다.
>
> $$원둘레 \times \frac{조정장치가\ 움직인\ 각도}{360} = 2\pi R(= \pi D) \times \frac{\alpha}{360} = (R : 반경, D : 직경)$$
>
> $$X = 2\pi R(= \pi D) \times \frac{\alpha}{360} = 2\pi \times 10 \times \frac{30}{360} = 5.236 이고, Y = 4.84 이다.$$
>
> 그러므로, $\dfrac{C}{D} = \dfrac{X}{Y} = \dfrac{5.236}{4.84} = 1.0818 ≒ 1.08$

★중요

[08②, 09③, 25③]

030 반경 10cm의 조종구(ball control)를 30° 움직였을 때 표시장치는 1cm 이동하였다. 이 때의 통제표시비(C/D)를 구하시오.

> **🔧해설**
>
> 통제표시비(C/D비)는 조정장치(통제기기)와 표시장치의 이동비율을 나타내는 것으로, 다음과 같이 산정한다.
>
> $$\frac{C}{D} = \frac{X}{Y} \quad (X : 조정장치(통제기기)의 변위량, Y : 표시장치의 변위량)$$
>
> $$X = 2\pi R(= \pi D) \times \frac{\alpha}{360} = 2\pi \times 10 \times \frac{30}{360} = 5.236 이고, Y = 1 이다.$$
>
> 그러므로, $\dfrac{C}{D} = \dfrac{X}{Y} = \dfrac{5.236}{1} = 5.236 ≒ 5.24$

★중요

031 반경이 15cm인 조종구(ball control)를 50˚ 움직일 때 커서(cursor)는 2cm 이동한다. 이러한 선형표시장치의 회전형 제어장치의 C/D비를 구하시오.

> **⚙ 해설**
>
> 통제표시비(C/D비)는 조정장치(통제기기)와 표시장치의 이동비율을 나타내는 것으로, 다음과 같이 산정한다.
>
> $$\frac{C}{D} = \frac{X}{Y} \quad (X : 조정장치(통제기기)의\ 변위량,\ Y : 표시장치의\ 변위량)$$
>
> $$X = 2\pi R(= \pi D) \times \frac{\alpha}{360} = 2\pi \times 15 \times \frac{50}{360} = 13.08996 ≒ 13.090이고,\ Y = 2이다.$$
>
> 그러므로, $\dfrac{C}{D} = \dfrac{X}{Y} = \dfrac{13.090}{2} = 6.5449 ≒ 6.54$

★중요

032 A 공장의 한 설비는 평균수리율이 0.5/시간이고, 평균 고장율은 0.001/시간이다. 이 설비의 가동성을 구하시오. (단, 평균수리율과 평균고장율은 지수분포를 따름)

> **⚙ 해설**
>
> $$설비의\ 가동성 = \frac{평균\ 수리율(\mu)}{평균\ 고장률(\lambda) + 평균\ 수리율(\mu)} = \frac{0.5}{0.001 + 0.5} = 0.998$$
>
> 〈다른 풀이 과정〉
>
> $$설비의\ 가동성 = e^{-\frac{t}{t_0}} = e^{-\frac{0.001}{0.5}} = 0.998$$

★중요

033 어느 공장에서는 작업자 1인과 불량탐지기 1대가 동시에 완제품을 검사하는 방식으로 품질 검사를 수행하고 있다. 오랜 시간 관찰한 결과, 불량품에 대한 작업자의 발견 확률이 0.9이고, 불량 탐지기의 발견 확률이 0.8이라면, 불량품이 품질 검사에서 발견되지 않고 통과될 확률을 구하시오. (단, 작업자와 불량탐지기의 불량 발견 확률은 서로 독립임)

> **⚙ 해설**
>
> 작업자 1인과 불량탐지기 1대가 동시에 완제품을 검사하는 방식은 합(병렬)연결구조이므로, 신뢰도 = 1 − (1 − 0.9)(1 − 0.8) = 0.98이다. 즉, 신뢰도가 0.98이므로 불신뢰도(발견되지 않고 통과될 확률) = 1 − 0.98 = 0.02이다. 이를 백분율(%)로 환산하면 0.02 × 100 = 2%

★중요

034 기계를 10,000시간 작동시키는 동안 부품에서 3번의 고장이 발생하였다. 3번의 수리를 하는 동안 6시간의 시간이 소요되었다면 가용도를 구하시오.

> **⚙ 해설**
>
> $$가용도 = \frac{작동가능시간}{작동가능시간 + 작동불능시간} = \frac{(10,000 - 6)}{(10,000 - 6) + 6} = \frac{9,994}{10,000} = 0.994$$
>
> ※ 문제에서는 고장(수리)시간의 합계가 제시됐지만, 만약 1회의 고장(수리)시간이 제시되는 경우라면 고장(수리)시간과 횟수의 곱으로 구하여야 함에 주의해야 한다.

01 진위형 문제

▶해설편 158p

※ 다음 문제를 읽고, 옳으면 〇, 틀리면 ✕를 괄호 안에 표기하시오.

[08①, 25③]

001 시각적 부호의 3가지 유형을 체크하시오.

① 임의적 부호 ( )　　② 묘사적 부호 ( )

③ 사실적 부호 ( )　　④ 추상적 부호 ( )

[10③, 17②]

002 시각적 부호의 유형과 내용의 연결이 올바른지 체크하시오.

① 임의적 부호 – 주의를 나타내는 삼각형 ( )

② 묘사적 부호 – 보도 표지판의 걷는 사람 ( )

③ 명시적 부호 – 위험표지판의 해골과 뼈 ( )

④ 추상적 부호 – 별자리를 나타내는 12궁도 ( )

[12②, 16②]

003 특정한 목적을 위해 시각적 암호, 부호 및 기호를 의도적으로 사용할 때에 반드시 고려하여야 할 사항을 체크하시오.

① 검출성 ( )　　② 판별성 ( )

③ 심각성 ( )　　④ 양립성 ( )

[14②]

004 일반적으로 대부분의 임무에서 시각적 암호의 효능에 대한 결과 중 가장 성능이 우수한 암호를 체크하시오.

① 구성 암호 ( )

② 영자와 형상 암호 ( )

③ 숫자 및 색 암호 ( )

④ 영자 및 구성 암호 ( )

[20③]

005 암호체계의 사용 시 고려해야 할 사항을 체크하시오.

① 정보를 암호화한 자극은 검출이 가능하여야 한다. ( )

② 다 차원의 암호보다 단일 차원화된 암호가 정보 전달이 촉진된다. ( )

③ 암호를 사용할 때는 사용자가 그 뜻을 분명히 알 수 있어야 한다. ( )

④ 모든 암호 표시는 감지장치에 의해 검출될 수 있고, 다른 암호 표시와 구별될 수 있어야 한다. ( )

[15①, 19②]

006 정성적 표시장치를 설명한 것으로 올바른지 체크하시오.

① 연속적으로 변하는 변수의 대략적인 값이나 변화 추세, 변화율 등을 알고자 할 때 사용된다. ( )

② 정성적 표시장치의 근본 자료 자체는 정량적인 것이다. ( )

③ 색체 부호가 부적합한 경우에는 계기판 표시 구간을 형상 부호화하여 나타낸다. ( )

④ 전력계에서와 같이 기계적 혹은 전자적으로 숫자가 표시된다. ( )

[13②, 18①]

007 정량적 표시장치에 관한 설명으로 올바른지 체크하시오.

① 연속적으로 변화하는 양을 나타내는 데에는 일반적으로 아날로그보다 디지털 표시장치가 유리하다. ( )

② 정확한 값을 읽어야 하는 경우 일반적으로 디지털보다 아날로그 표시장치가 유리하다. ( )

③ 동침(moving pointer)형 아날로그 표시장치는 바늘의 진행 방향과 증감 속도에 대한 인식적인 암시 신호를 얻는 것이 불가능하다는 단점이 있다. ( )

④ 동목(moving scale)형 아날로그 표시장치는 표시장치의 면적을 최소화할 수 있는 장점이 있다. ( )

008 아날로그 표시장치를 선택하는 일반적인 요구 사항을 체크하시오.

① 일반적으로 동침형보다 동목형을 선호한다. (　)
② 일반적으로 동침과 동목은 혼용하여 사용하지 않는다. (　)
③ 움직이는 요소에 대한 수동 조절을 설계할 때는 바늘(pointer)을 조정하는 것이 눈금을 조정하는 것보다 좋다. (　)
④ 중요한 미세한 움직임이나 변화에 대한 정보를 표시할 때는 동침형을 사용한다. (　)

[05③]

009 다음 중 그 성격이 다른 용어를 체크하시오.

① Bit (　)　　　　② 정보량 (　)
③ 불확실성 (　)　　④ Weber비 (　)

[06②③]

010 동적 표시장치에 해당하는 것을 체크하시오.

① 도로표지판 (　)　　② 도표 (　)
③ 지도 (　)　　　　　④ 고도계 (　)
⑤ 온도계 (　)

[09②, 25②]

011 정적(static) 표시장치에 해당하는 것을 체크하시오.

① 속도계 (　)
② 습도계 (　)
③ 안전표지판 (　)
④ 교차로의 신호등 (　)

[11②]

012 청각적 표시장치에 관한 설명으로 올바른지 체크하시오.

① 귀 위치에서 신호의 강도는 110dB과 은폐가청역치의 중간정도가 적당하다. (　)
② 귀는 순음에 대하여 즉각적으로 반응하므로 순음의 청각적 신호는 0.2초 이내로 지속하면 된다. (　)
③ JND(Just Noticeable Difference)가 작을수록 차원의 변화를 쉽게 검출할 수 있다. (　)
④ 다차원암호시스템을 사용할 경우 일반적으로 차원의 수가 적고 수준의 수가 많을 때보다 차원의 수가 많고 수준의 수가 적을 때 식별이 수월하다. (　)

[03①, 15③]

013 청각적 표시장치의 설계 시 적용하는 일반원리로 올바른지 체크하시오.

① 양립성이란 긴급용 신호일 때는 낮은 주파수를 사용한다는 것을 말한다. (　)
② 근사성(approximation)이란 복잡한 정보를 나타내고자 할 때 2단계 신호를 고려하는 것을 말한다. (　)
③ 분리성이란 두 가지 이상의 채널을 듣고 있다면 각 채널의 주파수가 분리되어야 한다는 것을 말한다. (　)
④ 검약성(parsimony)이란 조작자에 대한 입력신호는 꼭 필요한 정보만을 제공하는 것을 말한다. (　)
⑤ 양립성(compatibility)이란 가능한 한 사용자가 알고 있거나 자연스러운 신호차원과 코드를 선택하는 것을 말한다. (　)
⑥ 분리성(dissociability)이란 주의신호와 지정신호를 분리하여 나타낸 것을 말한다. (　)

[11①]

014 경고등의 설계 지침으로 올바른지 체크하시오.

① 1초에 한 번씩 점멸시킨다. (　)
② 일반 시야 범위 밖에 설치한다. (　)
③ 배경보다 2배 이상의 밝기를 사용한다. (　)
④ 일반적으로 2개 이상의 경고등을 사용한다. (　)

★중요　[05①, 06③, 07②, 10 ①③, 11③, 15①, 20①, 21①, 23④]

015 우리가 흔히 사용하는 시각적 표시장치와 청각적 표시장치 중 청각적 표시장치를 사용하는 것이 더 좋은 경우를 체크하시오.

① 전언이 공간적인 위치를 다룬 경우 (　)
② 수신자의 청각계통이 과부하 상태일 때 (　)
③ 직무상 수신자가 한 곳에 머무르는 경우 (　)
④ 수신장소가 너무 밝거나 암조응이 요구될 때 (　)
⑤ 메시지가 길고 복잡한 경우 (　)
⑥ 주위 환경이 너무 밝은 경우 (　)
⑦ 메시지를 추후 참고할 필요가 있는 경우 (　)

⑧ 정보의 내용이 즉각적인 행동을 요구하지 않는 경우 (　)

⑨ 정보의 내용이 복잡하고 긴 경우 (　)

⑩ 메시지가 즉각적인 행동이 요구되는 경우 (　)

⑪ 정보 전달 장소가 너무 소란할 때 (　)

⑫ 메시지에 대한 즉각적인 반응이 필요할 때 (　)

⑬ 정보의 내용이 후에 재참조되지 않는 경우 (　)

★중요　　[07②, 09①, 12③, 13①, 14②, 16①, 21②③, 23①]

016 청각적 표시장치와 시각적 표시장치 중 시각적 표시장치를 선택해야 하는 경우를 체크하시오.

① 정보의 내용이 간단한 경우 (　)

② 정보가 일정시간 경과 후 재참조 될 때 (　)

③ 직무상 수신자가 자주 움직일 때 (　)

④ 정보전달이 즉각적인 행동을 요구할 때 (　)

⑤ 메시지가 긴 경우 (　)

⑥ 메시지가 시간적 사상(event)을 다룬 경우 (　)

⑦ 정보의 내용이 시간적인 사건을 다루는 경우 (　)

⑧ 메시지가 간단한 경우 (　)

⑨ 메시지가 추후에 재창조되지 않는 경우 (　)

⑩ 메시지가 즉각적인 행동을 요구하지 않는 경우 (　)

[14③, 20①]

017 조종장치를 촉각적으로 식별하기 위하여 사용되는 촉각적 코드화의 방법으로 올바른지 체크하시오.

① 크기를 이용한 코드화 (　)

② 조정장치의 형상 코드화 (　)

③ 표면 촉감을 이용한 코드화 (　)

④ 피부 자극을 활용한 코드화 (　)

⑤ 색감을 활용한 코드화 (　)

[16②]

018 정보의 촉각적 암호화 방법으로만 구성된 것을 체크하시오.

① 점자, 진동, 온도 (　)

② 초인종, 점멸등, 점자 (　)

③ 신호등, 경보음, 점멸등 (　)

④ 연기, 온도, 모스(Morse)부호 (　)

[20②, 23②]

019 후각적 표시장치(olfactory display)와 관련된 설명으로 올바른지 체크하시오.

① 냄새의 확산을 제어할 수 없다. (　)

② 시각적 표시장치에 비해 널리 사용되지 않는다. (　)

③ 냄새에 대한 민감도의 개별적 차이가 존재한다. (　)

④ 경보 장치로서 실용성이 없기 때문에 사용되지 않는다. (　)

[21①, 25①]

020 다음 현상을 설명한 이론을 체크하시오.

> 인간이 감지할 수 있는 외부의 물리적 자극 변화의 최소 범위는 표준 자극의 크기에 비례한다.

① 피츠(Fitts) 법칙 (　)

② 웨버(Weber) 법칙 (　)

③ 신호검출이론(SDT) (　)

④ 힉 – 하이만(Hick – Hyman) 법칙 (　)

[14②, 23④]

021 Weber의 법칙에 관한 설명으로 올바른지 체크하시오.

① Weber비는 분별의 질을 나타낸다. (　)

② Weber비가 작을수록 분별력은 낮아진다. (　)

③ 변화감지역(JND)이 작을수록 그 자극차원의 변화를 쉽게 검출할 수 있다. (　)

④ 변화감지역(JND)은 사람이 50%를 검출할 수 있는 자극차원의 최소변화이다. (　)

[15①]

022 인간의 제어 및 조정능력을 나타내는 법칙인 Fitts' law와 관련된 변수를 체크하시오.

① 표적의 너비 (　)

② 표적의 색상 (　)

③ 시작점에서 표적까지의 거리 (　)

④ 작업의 난이도(Index of Difficulty) (　)

023 Fitts의 법칙에 관한 설명으로 올바른지 체크하시오.

① 표적이 크고 이동거리가 길수록 이동시간이 증가한다. (　)

② 표적이 작고 이동거리가 길수록 이동시간이 증가한다. (　)

③ 표적이 크고 이동거리가 작을수록 이동시간이 증가한다. (　)

④ 표적이 작고 이동거리가 작을수록 이동시간이 증가한다. (　)

★중요　[09③, 15③, 19②, 23④]

024 인간의 오류모형에서 "알고 있음에도 의도적으로 따르지 않거나 무시한 경우"를 체크하시오.

① 착오(Mistake) (　)　② 실수(Slip) (　)

③ 건망증(Lapse) (　)　④ 위반(Violation) (　)

[11①, 24②]

025 인간이 과오를 범하기 쉬운 성격의 상황을 체크하시오.

① 단독작업 (　)

② 공동작업 (　)

③ 장시간 감시 (　)

④ 다경로 의사결정 (　)

[07②]

026 기계나 그 부품에 파손·고장이나 기능 불량이 발생하여도 항상 안전하게 작동할 수 있는 구조와 기능을 가진 시스템을 체크하시오.

① fail safety system (　)

② Lock system (　)

③ Monitoring system (　)

④ Fool proof system (　)

[03①, 06③]

027 페일세이프(fail safe)의 개념 중 고장 시 에너지를 최저화(정지)시키는 개념의 용어를 체크하시오.

① fail – passive (　)

② fail – active (　)

③ fail – operational (　)

④ fail – negative (　)

[12②]

028 기계 또는 설비에 이상이나 오동작이 발생하여도 안전사고를 발생시키지 않도록 2중 또는 3중으로 통제를 가하도록 한 체계를 체크하시오.

① 다경로하중구조 (　)　② 하중경감구조 (　)

③ 교대구조 (　)　　　　④ 격리구조 (　)

[04③]

029 페일세이프(fail safe)의 개념을 체크하시오.

① 안전사고를 예방할 수 없는 불안전한 조건과 상태 (　)

② 기계장비의 성능이 생산에는 지장이 없으나 안전상 위험한 상태 (　)

③ 인간 또는 기계가 동작상의 실패가 있어도 사고를 발생시키지 않도록 하는 통제 (　)

④ 안전장치가 고장나 있는 상태 (　)

[04③]

030 심리학자 Rassmusen에 의하면 인간의 거동은 3가지로 분류된다고 보았다. 휴먼에러와 관련하여 분류되는 인간거동에 해당하는 것을 체크하시오.

① 진단(Diagnosis) 기반 거동 (　)

② 기술(Skill) 기반 거동 (　)

③ 법칙(Rule) 기반 거동 (　)

④ 지식(Knowledge) 기반 거동 (　)

★중요　[06③, 12①, 20①]

031 휴먼에러(Human Error)의 심리적 요인에 해당하는 것을 체크하시오.

① 일이 너무 복잡한 경우 (　)

② 일의 생산성이 너무 강조될 경우 (　)

③ 동일 형상의 것이 나란히 있을 경우 (　)

④ 서두르거나 절박한 상황에 놓여있을 경우 (　)

[07③, 24③]

032 휴먼 에러의 분류 중에서 필요한 작업이나 절차의 불확실한 수행으로 일어난 실수에 해당하는 것을 체크하시오.

① Qmission Error (　)

② Commission Error (　)

③ Time Error (　)

④ Sequential Error (　)

★중요 [06②, 08③, 15①, 20②]

033 인간 에러(Human Error)에 관한 설명으로 올바른지 체크하시오.

① 생략오류(Omission Error) : 필요한 작업 또는 절차를 수행하지 않는데 기인한 에러 ( )

② 실행오류(Commission Error) : 필요한 작업 또는 절차의 수행지연으로 인한 에러 ( )

③ 과잉행동오류(Extraneous Error) : 불필요한 작업 또는 절차를 수행함으로써 기인한 에러 ( )

④ 순서오류(Sequential Error) : 필요한 작업 또는 절차의 순서 착오로 인한 에러 ( )

[13②]

034 Swain에 의해 분류된 휴먼에러 중 독립행동에 관한 분류에 해당하는 것을 체크하시오.

① omission error ( )

② commission error ( )

③ extraneous error ( )

④ command error ( )

[05①]

035 인간 실수의 형태를 크게 작위(Commission) 실수와 부작위(Omission) 실수로 나눌 수 있다. 작위(Commission) 실수에 해당하는 것을 체크하시오.

① 생략한 형태의 실수 ( )

② 다른 것으로 착각하여 실행한 실수 ( )

③ 수행해야 할 작업을 수행하지 않는 실수 ( )

④ 불안전한 행동에 의한 실수 ( )

[18②, 22④]

036 안전교육을 받지 못한 신입직원이 작업 중 전극을 반대로 끼우려고 시도했으나, 플러그의 모양이 반대로는 끼울 수 없도록 설계되어 있어서 사고를 예방할 수 있었다. 작업자가 범한 오류와 이와 같은 사고 예방을 위해 적용된 안전설계 원칙을 올바르게 연결한 것을 체크하시오.

① 누락(omission) 오류, fail safe 설계원칙 ( )

② 누락(omission) 오류, fool proof 설계원칙 ( )

③ 작위(commission) 오류, fail safe 설계원칙 ( )

④ 작위(commission) 오류, fool proof 설계원칙
( )

[19③]

037 작위실수(Commission Error)의 유형에 해당하는 것을 체크하시오.

① 선택착오 ( )　　② 순서착오 ( )

③ 시간착오 ( )　　④ 직무누락착오 ( )

[03①, 24①]

038 인간 실수의 개인 특성에 해당되는 항목을 체크하시오.

① 심신기능 ( )　　② 건강상태 ( )

③ 작업부적응성 ( )　　④ 욕구결함 ( )

[18①]

039 휴먼 에러 예방 대책 중 인적 요인에 대한 대책을 체크하시오.

① 설비 및 환경 개선 ( )

② 소집단 활동의 활성화 ( )

③ 작업에 대한 교육 및 훈련 ( )

④ 전문인력의 적재적소 배치 ( )

[22①]

040 다음 설명에 해당하는 James Reason의 원인적 휴먼에러 종류를 체크하시오.

> 자동차가 우측 운행하는 한국의 도로에 익숙해진 운전자가 좌측 운행을 해야 하는 일본에서 우측 운행을 하다가 교통사고를 냈다.

① 고의 사고(Violation) ( )

② 숙련 기반 에러(Skill based error) ( )

③ 규칙 기반 착오(Rule based mistake) ( )

④ 지식 기반 착오(Knowledge based mistake) ( )

[14③]

041 인간에러 원인 중 작업특성 및 환경조건의 상태악화로 인한 원인을 체크하시오.

① 낮은 자율성 ( )

② 혼동되는 신호의 탐색 및 검출 ( )

③ 매뉴얼과 체크리스트 등의 부족 ( )

④ 판단과 행동에 복잡한 조건이 관련된 작업 ( )

[05①]

042 신호검출이론의 적용대상을 체크하시오.

① 성역화 (　) 　　② 품질검사 (　)

③ 의학처방 (　) 　　④ 법정에서의 판정 (　)

[20③]

043 신호검출이론(SDT)의 판정결과 중 신호가 없었는데도 있었다고 말하는 경우를 체크하시오.

① 긍정(hit) (　)

② 누락(miss) (　)

③ 허위(false alarm) (　)

④ 부정(correct rejection) (　)

[17②]

044 신호검출이론에 대한 설명으로 올바른지 체크하시오.

① 신호와 소음을 쉽게 식별할 수 없는 상황에 적용된다. (　)

② 일반적인 상황에서 신호 검출을 간섭하는 소음이 있다. (　)

③ 통제된 실험실에서 얻은 결과를 현장에 그대로 적용 가능하다. (　)

④ 긍정(hit), 허위(false alarm), 누락(miss), 부정(correct rejection)의 네 가지 결과로 나눌 수 있다. (　)

[13①]

045 설비관리 책임자 A는 동종 업종의 TPM 추진사례를 벤치마킹하여 설비관리 효율화를 꾀하고자 한다. 그 중 작업자 본인이 직접 운전하는 설비의 마모율 저하를 위하여 설비의 윤활관리를 일상에서 직접 행하는 활동과 가장 관계가 깊은 TPM 추진단계를 체크하시오.

① 개별개선활동단계 (　)

② 자주보전활동단계 (　)

③ 계획보전활동단계 (　)

④ 개량보전활동단계 (　)

[13①, 25③]

046 항공기나 우주선 비행 등에서 허위감각으로부터 생긴 방향감각의 혼란과 착각 등의 오판을 해결하는 방법을 체크하시오.

① 주위의 다른 물체에 주의를 한다. (　)

② 정상비행 훈련을 반복하여 오판을 줄인다. (　)

③ 여러 가지의 착각의 성질과 발생상황을 이해한다. (　)

④ 정확한 방향 감각 암시신호를 의존하는 것을 익힌다. (　)

[11②, 24①]

047 일반적인 조건에서 정량적 표시장치의 두 눈금 사이의 간격은 0.13cm를 추천하고 있다. 142cm의 시야 거리에서 가장 적당한 눈금 사이의 간격을 체크하시오.

① 0.52cm (　) 　　② 0.39cm (　)

③ 0.26cm (　) 　　④ 0.13cm (　)

02 단답형 문제

★중요 [03②, 06②, 10②, 16①]

001 산업안전표지로서 경고표지는 삼각형, 안내표지는 사각형, 지시표지는 원형 등으로 부호가 고안되어 있다. 이처럼 부호가 이미 고안되어 있으므로 이를 배워야 하는 부호에 해당하는 것을 쓰시오.

[04③, 06③]

002 "정보를 암호화한 자극은 주어진 상황하의 감지장치나 사람이 감지할 수 있어야 한다."라는 것은 암호체계 사용의 일반적 지침 중 어느 것에 해당하는지 쓰시오.

[19③]

003 정성적 시각 표시장치에 관한 사항 중 다음에서 설명하는 특성에 해당하는 것을 쓰시오.

> 복잡한 구조 그 자체를 완전한 실체로 지각하는 경향이 있기 때문에, 이 구조와 어긋나는 특성은 즉시 눈에 띈다.

[07①, 08②]

004 주어진 자극에 대해 인간이 갖는 변화감지역을 표현하는 데에는 웨버(Weber)의 법칙을 이용한다. 이때 웨버(Weber) 비의 관계식을 쓰시오. (단, 변화감지역을 △I, 표준자극을 I 라 함)

[20②, 24①]

005 컴퓨터 스크린 상에 있는 버튼을 선택하기 위해 커서를 이동시키는 데 걸리는 시간을 예측하는 데 가장 적합한 법칙을 쓰시오.

⚙ 해설 피츠(Fitts) 법칙이란 이동하는 거리가 증가하고, 목표물의 크기가 작을수록 운동시간이 증가한다는 의미로, 정확성의 요구가 커질수록 운동속도는 느려지고, 정확성의 요구가 작을수록 운동속도는 빨라진다. 표적이 작고, 이동거리가 길수록 이동시간이 증가한다.

★중요 [10②, 13③, 21③, 22②]

006 상황해석을 잘못하거나 틀린 목표를 착각하여 행하는 인간의 실수를 무엇이라 하는지 쓰시오.

|정답|

001 임의적 부호   **002** 검출성   **003** 형태성   **004** 웨버(Weber) 비 $= \dfrac{\Delta I}{I}$ **005** 피츠(Fitts) 법칙   **006** 착오(Mistake)

007 다음 설명에 해당하는 인간의 오류모형이 무엇인지 쓰시오.

> 상황이나 목표의 해석은 정확하나 의도와는 다른 행동을 한 경우

★중요 [09②, 19①, 21②]

008 의도는 올바른 것이었지만, 행동이 의도한 것과는 다르게 나타나는 오류가 무엇인지 쓰시오.

[07③]

009 직무의 내용이 시간에 따라 전개되지 않고 명확한 시작과 질을 가지고 미리 잘 정의되어 있는 경우 인간 신뢰도의 기본 단위가 무엇인지 쓰시오.

[17②]

010 부품에 고장이 있더라도 플레이너 공작기계를 가장 안전하게 운전할 수 있는 방법을 쓰시오.

🔧 **해설** fail-operational : 부품에 고장이 발생하면 기계는 짧은 시간 동안의 운전이 가능하고, 경보를 울린다.

[22①, 25①]

011 부품고장이 발생하여도 기계가 추후 보수될 때까지 안전한 기능을 유지할 수 있도록 하는 기능이 무엇인지 쓰시오.

★중요 [05②, 09③, 15②]

012 기계에 고장이 발생하였을 경우 어느 기간 동안 기계의 기능이 계속되어 재해로 발전되는 것을 방지하는 제어가 무엇인지 쓰시오.

[11②]

013 조작상의 과오로 기기의 일부에 고장이 발생하는 경우, 이 부분의 고장으로 인하여 사고가 발생하는 것을 방지하도록 설계하는 방법이 무엇인지 쓰시오.

[10③, 19③]

014 산업 현장의 생산설비의 경우 안전장치가 부착되어 있으나 생산성을 위해 제거하고 사용하는 경우가 있다. 이러한 경우를 대비하여 설계 시 안전장치를 제거하면 작동이 되지 않는 구조를 채택하는데 이러한 예방 설계 개념이 무엇인지 쓰시오.

🔧 **해설** Temper proof : 안전장치를 고의로 제거하는 경우에 대비한 예방설계 개념

★중요 [05②, 15②, 20③, 25③]

015 가스밸브를 잠그는 것을 잊어 사고가 났다면 작업자는 어떤 인적오류를 범한 것인지 쓰시오.

[10①]

016 프레스 작업 중에 금형 내에 손이 오랫동안 남아 있어 발생한 재해의 경우, 휴먼 에러가 무엇인지 쓰시오.

[06①, 21①]

017 인간의 에러 중 불필요한 작업 또는 절차를 수행함으로써 기인한 에러가 무엇인지 쓰시오.

[03②]

018 어떤 장치에 이상을 알려주는 경보기가 있어서 그것이 울리면 일정시간 이내에 장치의 운전을 정지하고, 상태를 점검하여 필요한 조치를 하여야 한다. 장치에 고장이 발생한 상황을 조사한, 즉 이 작업자는 두 개의 장치에 대해서 같은 일을 담당하고 있고, 그 두 대는 장소적으로 떨어져 있기 때문에 한쪽에 가까이 있을 때에 다른 쪽의 경보가 울리면 시간 내 조절을 할 수 없었다. 이 때의 error를 무엇이라 하는지 쓰시오.

[14②]

019 인간 오류에 관한 설계기법에 있어 전적으로 오류를 범하지 않게는 할 수 없으므로 오류를 범하기 어렵도록 사물을 설계하는 방법이 무엇인지 쓰시오.

🔧해설 배타설계(exclusive design)는 오류를 범할 수 없도록 하는 설계인 반면, 예방설계(prevent design)는 전적으로 오류를 범하지 않게는 할 수 없으므로 오류를 범하기 어렵도록 사물을 설계하는 방법이다.

[11②]

020 신호검출이론(SDT)에서 두 정규분포 곡선이 교차하는 부분에 판별기준이 놓였을 경우 Beta 값을 쓰시오.

🔧해설 신호의 유무판정은 신호의 적중률에 대한 판별 기준의 위치에 관계되는 것으로 Beta값이 있는데, 기준점에서 신호와 잡음(두 곡선의 높이의 비)로서, 이 두 분포 곡선이 교차하는 위치에 기준점이 있는 경우 Beta = 1이 된다.

|정답|

007 실수(Slip)　　**008** 실수(Slip)　　**009** HEP(인간오류확률)　　**010** fail-operational　　**011** fail-operational
012 페일 세이프(fail safe)　　**013** 페일 세이프(fail safe) 설계　　**014** Temper proof　　**015** 누락 또는 생략(Omission) 오류
016 시간 오류(timing error)　　**017** 과잉행동에러(Extraneous Error)　　**018** secondary error(2차 에러)
019 예방설계(prevent design)　　**020** Beta = 1

제3과목

건설재료

01 진위형 문제

▶ 해설편 166p

※ 다음 문제를 읽고, 옳으면 O, 틀리면 ×를 괄호 안에 표기하시오.

[05①, 23③]

001 바닥재에 관한 설명으로 올바른지 체크하시오.

① 하중조건에 대응하는 강도 및 강성을 가져야 한다. ( )

② 바닥이 전혀 미끄럽지 않을 정도로 표면 마찰저항이 높아야 한다. ( )

③ 자연석과 인조석은 일반적으로 차갑고 단단하므로 거주 성능이 나쁘다. ( )

④ 아스팔트계 시트는 내유성, 내산성이 우수하나 내알칼리성이 나쁘다. ( )

[20③]

002 건축물에 사용되는 천장마감재의 요구성능에 해당하는 것을 체크하시오.

① 내충격성 ( )   ② 내화성 ( )

③ 흡음성 ( )   ④ 차음성 ( )

[12③, 15①]

003 건축 구조재료의 요구성능에는 역학적 성능, 화학적 성능, 방내화 성능 등이 있는데, 이 중에서 역학적 성능에 해당하는 것을 체크하시오.

① 내열성 ( )   ② 강도 ( )

③ 강성 ( )   ④ 내피로성 ( )

[17②, 22①]

004 건축재료의 마감재료의 요구성능으로 가장 필요성이 적은 것을 체크하시오.

① 화학적 성능 ( )

② 역학적 성능 ( )

③ 내구 성능 ( )

④ 방화·내화성능 ( )

[14③]

005 건축재료의 화학조성에 의한 분류 중에서 무기재료에 포함되는 것을 체크하시오.

① 콘크리트 ( )   ② 철강 ( )

③ 목재 ( )   ④ 석재 ( )

★중요   [07①, 13①, 17①, 25③]

006 재료에 외력을 가할 때 작은 변형만 나타나도 파괴되는 성질에 해당하는 것을 체크하시오.

① 연성 ( )   ② 취성 ( )

③ 인성 ( )   ④ 탄성 ( )

★중요   [05②, 15②, 21②, 22④, 24①]

007 재료의 단단한 정도를 나타내는 용어를 체크하시오.

① 강성(stiffness) ( )

② 인성(toughness) ( )

③ 취성(brittleness) ( )

④ 경도(hardness) ( )

[14③, 21③]

008 건축재료의 성질을 물리적 성질과 역학적 성질로 구분할 때 물체의 운동에 관한 성질인 역학적 성질에 해당하는 것을 체크하시오.

① 비중 ( )   ② 탄성 ( )

③ 강성 ( )   ④ 소성 ( )

[09①]

009 재료의 성질을 나타낸 용어에 대한 설명으로 올바른지 체크하시오.

① 강성 : 외력을 받았을 때 변형에 저항하는 성질

( )

② 연성 : 재료를 두들길 때 얇게 펴지는 현상 ( )

③ 취성 : 작은 변형에도 파괴되는 성질 ( )

④ 소성 : 힘을 제거해도 본래 상태로 돌아가지 않고 영구 변형이 남는 성질 ( )

[11①]

010 재료에 가해진 외력을 제거한 후에도 영구변형하지 않고 원형으로 되돌아올 수 있는 한계를 의미하는 것을 체크하시오.

① 극한강도 (　)

② 상위항복점 (　)

③ 하위항복점 (　)

④ 탄성한계 (　)

[11②]

011 재료에 하중이 반복하여 작용할 때 정적 강도보다 낮은 강도에서 파괴되는 것을 체크하시오.

① 충격 파괴 (　)

② 전단 파괴 (　)

③ 크리프 파괴 (　)

④ 피로 파괴 (　)

[12③]

012 비강도가 가장 큰 재료를 체크하시오.

① 비닐 (　)

② 소나무 (　)

③ 연강 (　)

④ 콘크리트 (　)

[22①]

013 열전도율이 가장 낮은 것을 체크하시오.

① 콘크리트 (　)

② 코르크판 (　)

③ 알루미늄 (　)

④ 주철 (　)

[18①]

014 에너지절약, 유해물질 저감, 자원의 절약 등을 유도하기 위한 목적으로 건설자재의 환경성에 대한 일정기준을 정하여 제품에 부여하는 인증제도를 체크하시오.

① 환경표지 (　)

② NEP인증 (　)

③ GD마크 (　)

④ KS마크 (　)

[16②]

015 초고층 인텔리젠트 빌딩이나, 핵융합로 등과 같이 강력한 자기장이 발생할 가능성이 있는 철골 구조물의 강재나, 철근 콘크리트용 봉강으로 사용되는 것을 체크하시오.

① 초고장력강 (　)

② 비정질(Amorphous)금속 (　)

③ 구조용 비자성강 (　)

④ 고크롬강 (　)

[12③, 17①, 20②, 22④]

016 어떤 재료의 초기 탄성변형량이 2.0cm이고, 크리프(creep) 변형량이 4.0cm라면, 이 재료의 크리프 계수를 체크하시오.

① 4 (　)　　　② 3.5 (　)

③ 2 (　)　　　④ 0.5 (　)

01　진위형 문제

▶해설편 170p

※ 다음 문제를 읽고, 옳으면 ○, 틀리면 ×를 괄호 안에 표기하시오.

★중요

[04①, 06③, 14③, 15①, 17①②, 24②]

001 목재의 일반적인 특징에 해당하는 것을 체크하시오.

① 열전도율이 적다. (　　)

② 건습에 의한 변형 및 팽창 수축이 크다. (　　)

③ 풍화에 의해서는 부패하지 않는다. (　　)

④ 재질 및 섬유방향에 따라 강도의 차이가 있다.
　　　　　　　　　　　　　　　　　　　　(　　)

⑤ 생목은 도장이 곤란하다. (　　)

⑥ 건조재는 부식될 가능성이 적다. (　　)

⑦ 건조재의 함수율이 적을수록 강도는 낮아진다.
　　　　　　　　　　　　　　　　　　　　(　　)

⑧ 건조재는 수축변형이 적다. (　　)

⑨ 물속에 담가 둔 목재, 땅속 깊이 묻은 목재 등은 산소부족으로 균의 생육이 정지되고 썩지 않는다. (　　)

⑩ 목재의 함유수분 중 자유수는 목재의 물리적 또는 기계적 성질에 많은 영향을 끼친다. (　　)

⑪ 목재는 열전도도가 아주 낮아 여러 가지 보온재료로 사용된다. (　　)

⑫ 목재는 섬유포화점 이상의 함수상태에서는 함수율의 증감에도 불구하고 신축을 일으키지 않는다. (　　)

⑬ 함수율 변화에 따른 신축변형이 크다. (　　)

⑭ 침엽수가 활엽수보다 재질이 강하다. (　　)

⑮ 구조용 재료로 침엽수가 주로 쓰인다. (　　)

⑯ 화재나 충해에 취약하다. (　　)

⑰ 섬유포화점 이상의 함수상태에서는 함수율이 증가할수록 강도는 감소한다. (　　)

⑱ 기건상태란 통상 대기의 온도·습도와 평형한 목재의 수분 함유 상태를 말한다. (　　)

⑲ 섬유방향에 따라서 전기전도율은 다르다. (　　)

★중요

[07③, 11②, 16②, 22②, 24①]

002 목재의 역학적 성질에 대한 설명으로 올바른지 체크하시오.

① 함수율 변화에 따라 강도가 일정하다. (　　)

② 비중과 강도는 역비례 한다. (　　)

③ 압축과 인장강도는 섬유 평행 방향이 가장 크다.
　　　　　　　　　　　　　　　　　　　　(　　)

④ 옹이에 따른 압축강도 감소는 없다. (　　)

⑤ 목재 섬유 평행방향에 대한 인장강도가 다른 여러 강도 중 가장 크다. (　　)

⑥ 목재의 압축강도는 옹이가 있으면 증가한다. (　　)

⑦ 목재를 휨부재로 사용하여 외력에 저항할 때는 압축, 인장, 전단력이 동시에 일어난다. (　　)

⑧ 목재의 전단강도는 섬유간의 부착력, 섬유의 곧음, 수선의 유무 등에 의해 결정된다. (　　)

⑨ 목재의 섬유 방향의 강도는 인장〉압축〉전단 순이다. (　　)

⑩ 목재의 기건 상태에서의 함수율은 13~17%정도이다. (　　)

⑪ 보통 사용상태에서 목재의 흡습팽창은 열팽창에 비해 영향이 적다. (　　)

⑫ 목재의 화재 연화온도는 260℃ 정도이다. (　　)

⑬ 목재 섬유에 직각 방향의 인장강도는 평행 방향에 비해 상당히 크다. (　　)

⑭ 목재의 경도는 면 중에서 마구리면이 약간 크고 곧은 결면과 널결면은 별로 차이가 없다. (　　)

⑮ 목재의 전단강도는 섬유의 평행 방향이 직각 방향보다 약하다. (　　)

⑯ 목재의 휨강도는 옹이의 크기와 위치에는 영향을 받지 않는다. (　　)

[13①, 18②]

003 목재 조직에 관한 설명으로 올바른지 체크하시오.

① 추재의 세포막은 춘재의 세포막보다 두껍고 조직이 치밀하다. (　　)

② 변재는 심재보다 수축이 크다. (　　)

③ 변재는 수심의 주위에 둘러져 있는 생활기능이

줄어든 세포의 집합이다. ( )

④ 침엽수의 수지구는 수지의 분비, 이동, 저장의 역할을 한다. ( )

[12③]

004 활엽수의 조직에 관한 설명으로 올바른지 체크하시오.

① 수선은 활엽수에서는 가늘어 잘 보이지 않으나 침엽수에는 잘 나타난다. ( )

② 도관은 활엽수에만 있는 관으로 변재에서 수액을 운반하는 역할을 한다. ( )

③ 변재는 심재보다 수피쪽에 가까이 위치한다. ( )

④ 목세포는 가늘고 긴 모양으로 침엽수에서는 가도관 역할을 한다. ( )

★중요   [04③, 17②, 18③, 24②]

005 목재의 심재와 변재를 비교한 설명으로 올바른지 체크하시오.

① 심재가 변재보다 다량의 수액을 포함하고 있어 비중이 작다. ( )

② 심재가 변재보다 신축이 적다. ( )

③ 심재가 변재보다 내후성, 내구성이 크다. ( )

④ 일반적으로 심재가 변재보다 강도가 크다. ( )

⑤ 변재는 심재 외측과 수피 내측 사이에 있는 생활 세포의 집합이다. ( )

⑥ 심재는 수액의 통로이며 양분의 저장소이다. ( )

⑦ 심재는 변재보다 단단하여 강도가 크고 신축 등 변형이 적다. ( )

⑧ 심재의 색깔은 짙으며 변재의 색깔은 비교적 엷다. ( )

[13②, 19②]

006 목재가 대기의 온도와 습도에 맞게 평형에 도달한 상태를 의미하는 기건상태의 함수율에 해당하는 것을 체크하시오.

① 약 5% ( )   ② 약 15% ( )

③ 약 25% ( )   ④ 약 35% ( )

★중요   [14①, 22④, 23②, 24①]

007 섬유포화점 이하에서 목재의 함수율 감소에 따른 목재의 성질 변화에 해당하는 것을 체크하시오.

① 강도가 증가하고 인성이 증가한다. ( )

② 강도가 증가하고 인성이 감소한다. ( )

③ 강도가 감소하고 인성이 증가한다. ( )

④ 강도가 감소하고 인성이 감소한다. ( )

[21②]

008 목재의 함수율과 섬유포화점에 관한 설명으로 올바른지 체크하시오.

① 섬유포화점은 세포 사이의 수분은 건조되고, 섬유에만 수분이 존재하는 상태를 말한다. ( )

② 벌목 직후 함수율이 섬유포화점까지 감소하는 동안 강도 또한 서서히 감소한다. ( )

③ 전건상태에 이르면 강도는 섬유포화점 상태에 비해 3배로 증가한다. ( )

④ 섬유포화점 이하에서는 함수율의 감소에 따라 인성이 감소한다. ( )

[03①]

009 소나무(육송)의 강도 중 가장 큰 것을 체크하시오.

① 휨강도 ( )   ② 압축강도 ( )

③ 인장강도 ( )   ④ 전단강도 ( )

[04②, 16③]

010 목재의 섬유방향 강도에 대한 일반적인 대소관계를 표기한 것으로 올바른지 체크하시오.

① 압축강도 〉 휨강도 〉 인장강도 〉 전단강도 ( )

② 전단강도 〉 인장강도 〉 압축강도 〉 휨강도 ( )

③ 인장강도 〉 휨강도 〉 압축강도 〉 전단강도 ( )

④ 휨강도 〉 압축강도 〉 인장강도 〉 전단강도 ( )

[18③, 23③]

011 목재의 강도 중에서 가장 작은 것을 체크하시오.

① 섬유방향의 인장강도 ( )

② 섬유방향의 압축강도 ( )

③ 섬유 직각방향의 인장강도 ( )

④ 섬유방향의 휨강도 ( )

★중요   [05③, 09②③, 10③, 17③, 19②, 20②, 21①, 25②]

012 목재의 압축강도에 영향을 미치는 원인에 대한 설명으로 올바른지 체크하시오.

① 기건비중이 클수록 압축강도는 증가한다. ( )

② 가력방향이 섬유방향과 평행일 때 압축강도는 최대가 된다. ( )

③ 섬유포화점 이상에서 목재의 함수율이 커질수록 압축 강도는 계속 낮아진다. (　)
④ 옹이가 있으면 압축강도는 저하하고 옹이 지름이 클수록 더욱 감소한다. (　)
⑤ 벌목의 계절은 목재의 강도에 영향을 끼친다. (　)
⑥ 일반적으로 응력의 방향이 섬유방향에 평행인 경우 압축강도가 인장강도보다 작다. (　)
⑦ 목재의 건조는 중량을 경감시키지만 강도에는 영향을 끼치지 않는다. (　)
⑧ 함수율이 섬유포화점 이상에서는 함수율이 증가하더라도 강도는 일정하다. (　)
⑨ 함수율이 섬유포화점 이하에서는 함수율이 감소할수록 강도가 증가한다. (　)
⑩ 목재의 비중과 강도는 대체로 비례한다. (　)
⑪ 목재의 제강도 중 전단강도의 크기가 가장 크다.
(　)

[12①]

013 목재의 비중에 대한 설명으로 올바른지 체크하시오.
① 공극을 함유하지 않는 비중을 통상비중이라 하고, 공극을 함유한 용적중량을 진비중이라 한다.
(　)
② 진비중은 "실질용량 / 실질중량"을 말하고 수종에 관계없이 1.54로 하여 통용되고 있다. (　)
③ 일반적으로 목재의 비중은 절건상태의 겉보기 비중으로 나타내며 0.1~0.3 정도의 것이 많다. (　)
④ 목재의 영계수는 비중에 비례하고, 무거운 것일수록 단단하다고 할 수 있다. (　)

★중요　　[03③, 07②, 08②, 14①, 19①③, 24②]

014 목재의 신축에 관한 설명으로 올바른지 체크하시오.
① 보통 비중이 클수록 신축이 크다. (　)
② 섬유방향은 거의 수축하지 않는다. (　)
③ 변재는 심재보다 신축이 크다. (　)
④ 곧은결 방향의 신축이 널결 방향의 신축보다 크다. (　)
⑤ 동일 나뭇결에서 심재는 변재보다 신축이 크다.
(　)
⑥ 섬유포화점 이상에서는 함수율에 따른 신축 변화가 크다. (　)

⑦ 일반적으로 곧은결폭보다 널결폭이 신축의 정도가 크다. (　)
⑧ 신축의 정도는 수종과는 상관없이 일정하다. (　)
⑨ 변재는 심재보다 수축률 및 팽창률이 일반적으로 크다. (　)
⑩ 섬유포화점 이상의 함수상태에서는 함수율이 클수록 수축률 및 팽창률이 커진다. (　)
⑪ 수종에 따라 수축률 및 팽창률에 상당한 차이가 있다. (　)
⑫ 수축이 과도하거나 고르지 못하면 할열, 비틀림 등이 생긴다. (　)

[10③, 14③]

015 목재의 수분·습기의 변화에 따른 팽창수축을 감소시키는 방법에 해당하는 것을 체크하시오.
① 사용하기 전에 충분히 건조시켜 균일한 함수율이 된 것을 사용할 것 (　)
② 가능한 곧은결 목재를 사용할 것 (　)
③ 가능한 저온 처리된 목재를 사용할 것 (　)
④ 파라핀·크레오소트 등을 침투시켜 사용할 것(　)

★중요　　[06①, 09③, 16③, 21①, 24①]

016 목재의 건조 목적에 해당하는 것을 체크하시오.
① 전기 절연성의 감소 (　)
② 목재 수축에 의한 손상 방지 (　)
③ 목재 강도의 증가 (　)
④ 균류 발생의 방지 (　)
⑤ 중량의 경감 (　)
⑥ 가공성의 증진 (　)

★중요　　[12②, 20③, 22④, 23④, 24①]

017 목재 건조 시 생재를 수중에 일정기간 침수시키는 주된 이유를 체크하시오.
① 연해져서 가공하기 쉽게 하기 위하여 (　)
② 목재의 내화도를 높이기 위하여 (　)
③ 강도를 크게 하기 위하여 (　)
④ 건조기간을 단축시키기 위하여 (　)

[05①, 19①]

018 목재의 건조에 대한 설명으로 올바른지 체크하시오.
① 전기절연성의 증가는 목재를 건조시키는 목적에 포함된다. (　)

② 침수건조는 생목을 수중에 수침시켜 수액을 용실(溶失)시킨 후 대기건조시키는 방법이다. (　)

③ 열기건조는 건조실에 목재를 쌓고 온도, 습도, 풍속 등을 인위적으로 조절하면서 건조하는 방법이다. (　)

④ 활엽수가 침엽수보다 건조가 빠르다. (　)

⑤ 온도가 높을수록 건조속도는 빠르다. (　)

⑥ 풍속이 빠를수록 건조속도는 빠르다. (　)

⑦ 목재의 비중이 클수록 건조속도는 빠르다. (　)

⑧ 목재의 두께가 두꺼울수록 건조시간이 길어진다.

(　)

[13③]

019 목재의 천연건조의 특성에 해당하는 것을 체크하시오.

① 넓은 잔적(piling)장소가 필요하지 않다. (　)

② 비교적 균일한 건조가 가능하다. (　)

③ 기후와 입지의 영향을 많이 받는다. (　)

④ 열기건조의 예비건조로서 효과가 크다. (　)

[17③]

020 목재의 용적변화, 팽창수축에 관한 설명으로 올바른지 체크하시오.

① 변재는 일반적으로 심재보다 용적변화가 크다.

(　)

② 비중이 큰 목재일수록 팽창 수축이 적다. (　)

③ 연륜에 접선 방향(널결)이 연륜에 직각 방향(곧은결)보다 수축이 크다. (　)

④ 급속하게 건조된 목재는 완만히 건조된 목재보다 수축이 크다. (　)

★중요　　　　　　　　[07②, 15③, 22④]

021 목재의 열 및 전기에 대한 성질에 해당하는 것을 체크하시오.

① 목재는 조직 가운데 공간이 있기 때문에 열전도율이 크다. (　)

② 목재의 함수율이 1% 증가하면 열전도율은 2% 감소한다. (　)

③ 목재의 전기저항은 비중과 상관없다. (　)

④ 목재의 전기전도율은 함수율이 클수록 증가한다.

(　)

⑤ 겉보기비중이 작은 목재일수록 열전도율은 작다.

(　)

⑥ 섬유에 평행한 방향의 열전도율이 섬유 직각방향의 열전도율보다 작다. (　)

⑦ 목재는 불에 타는 단점이 있으나 열전도율이 낮아 여러 가지 용도로 사용되고 있다. (　)

⑧ 가벼운 목재일수록 착화되기 쉽다. (　)

[20①]

022 목재의 나뭇결 중 다음 설명에 해당하는 것을 체크하시오.

> 나이테에 직각방향으로 켠 목재면에 나타나는 나뭇결로, 일반적으로 외관이 아름답고 수축변형이 적으며, 마모율도 낮다.

① 무늬결 (　)　　　② 곧은결 (　)

③ 널결 (　)　　　　④ 엇결 (　)

[16③]

023 목재의 결점에 해당하는 것을 체크하시오.

① 옹이 (　)　　　　② 수심 (　)

③ 껍질박이 (　)　　④ 지선 (　)

★중요　　　[09①, 10①, 13②, 24①]

024 목재에 대한 설명으로 올바른지 체크하시오.

① 목재 건조의 목적으로는 목재강도의 증가, 도장성의 개선, 전기절연성의 증가 등이 있다. (　)

② 목재는 450℃에서 장시간 가열하면 자연발화 하므로 이 온도를 화재위험온도라고 한다. (　)

③ 열기건조는 건조실에 목재를 쌓고 온도, 습도, 풍속 등을 인위적으로 조절하면서 건조하는 방법이다. (　)

④ 목재의 진비중은 수종·수령 등에 관계없이 거의 일정하다. (　)

⑤ 섬유포화점 이하에서는 함수율이 감소할수록 강도는 증대하며 인성은 감소한다. (　)

⑥ 기건상태에서 목재의 함수율은 15% 정도이다.

(　)

⑦ 섬유포화점 이상의 함수상태에서는 함수율의 증감에 비례하여 신축을 일으킨다. (　)

⑧ 열전도가 낮아 여러 가지 보온재료로 사용된다. (　)

⑨ 추재의 세포막은 춘재의 세포막보다 두껍고 조직이 치밀하다. (　)

⑩ 변재는 심재보다 수축이 크다. (　)

⑪ 변재는 수심의 주위에 둘려져 있는 생활기능이 줄 어든 세포의 집합이다. (　)

⑫ 침엽수의 수지구는 수지의 분비, 이동, 저장의 역할을 한다. (　)

[07③, 19①, 22②]

025 목재의 내연성 및 방화에 관한 설명으로 올바른지 체크하시오.

① 목재 표면에 방화페인트 등을 도포하여 화염의 접근을 방지한다. (　)

② 암모니아염류의 약제를 도포 주입하여 가연성 가스의 발생을 적게 하거나 인화를 곤란하여 한다. (　)

③ 크레오소트 오일을 사용하여 가연성 분해가스의 발산을 방지한다. (　)

④ 목재표면에 플라스터바름을 하여 화재위험온도에 달하지 않도록 한다. (　)

⑤ 목재의 방화는 목재 표면에 불연소성 피막을 도포 또는 형성시켜 화염의 접근을 방지하는 조치를 한다. (　)

⑥ 방화제로는 방화페인트, 규산나트륨 등이 있다. (　)

⑦ 목재가 열이 닿으면 먼저 수분이 증발하고 160℃ 이상이 되면 소량의 가연성가스가 유출된다. (　)

⑧ 목재는 450℃에서 장시간 가열하면 자연발화 하게 되는데, 이 온도를 화재위험온도라고 한다. (　)

[18②]

026 목재의 화재 시 온도별 대략적인 상태변화로 올바른지 체크하시오.

① 100℃ 이상 : 분자 수준에서 분해 (　)

② 100~150℃ : 열 발생률이 커지고 불이 잘 꺼지지 않게 됨 (　)

③ 200℃ 이상 : 빠른 열분해 (　)

④ 260~350℃ : 열분해 가속화 (　)

[11③]

027 목재에 주입시켜 인화점을 높이는 방화제를 체크하시오.

① 물유리 (　)　　　② 붕산암모늄 (　)

③ 인산나트륨 (　)　　④ 인산암모늄 (　)

[13①]

028 목재의 방화제에 해당하는 것을 체크하시오.

① 방화페인트 (　)

② 규산나트륨 (　)

③ 불화소다 2% 용액 (　)

④ 제2인산암모늄 (　)

[15③]

029 목재의 내화성에 관한 설명으로 올바른지 체크하시오.

① 목재의 발화 온도는 450℃이상이다. (　)

② 목재의 밀도가 작을수록 착화가 어렵다. (　)

③ 수산화나트륨 도포도 목재의 방화에 효과적이다. (　)

④ 목재의 대단면화는 안전한 목재 방화법이다. (　)

[12②]

030 목재의 방부제에 해당하는 것을 체크하시오.

① 황산구리 1%의 수용액 (　)

② 불화소다 (　)

③ 테레핀유 (　)

④ 염화아연 (　)

[22②]

031 목재에 사용되는 크레오소트 오일에 대한 설명으로 올바른지 체크하시오.

① 냄새가 좋아서 실내에서도 사용이 가능하다. (　)

② 방부력이 우수하고 가격이 저렴하다. (　)

③ 독성이 적다. (　)

④ 침투성이 좋아 목재에 깊게 주입된다. (　)

[12③]

032 유용성(油溶性) 방부제에 해당하는 것을 체크하시오.

① 크레오소트유(ceeosote oil) (　)

② 불화소다2%용액 (　)

③ PCP(penta-chloro phenol) (　)

④ 황산동1%용액 (　)

[14①, 15①]

033 목재의 방부제에 대한 설명으로 올바른지 체크하시오.

① 유성 및 유용성 방부제는 물에 의해 용출하는 경우가 많으므로 습윤의 장소에는 사용하지 않는다. (　)

② 유성페인트를 목재에 도포하면 방습, 방부효과가 있고 착색이 자유로우므로 외관을 미화하는데 효과적이다. (　)

③ 황산동 1%용액은 방부성은 좋으나 철재를 부식시키며 인체에 유해하다. (　)

④ 크레오소트 오일은 방부성은 우수하나 악취가 있고 흑갈색이므로 외관이 미려하지 않아 토대, 기둥 등에 주로 사용된다. (　)

⑤ PCP는 방부력이 매우 우수하나, 자극적인 냄새가 난다. (　)

⑥ 크레오소트유는 방부성은 우수하나, 악취가 나고 외관이 좋지 않다. (　)

⑦ 아스팔트는 가열용해하여 목재에 도포하면 미관이 뛰어나 자주 활용된다. (　)

⑧ 유성페인트는 방부, 방습효과가 있고, 착색이 자유롭다. (　)

★중요　　　　　　　　[03②, 10①, 21③, 24②]

034 목재의 방부제 처리법에 해당하는 것을 체크하시오.

① 자비법 (　)　　　② 침지법 (　)

③ 주입법 (　)　　　④ 약제도포법 (　)

⑤ 표면탄화법 (　)　　⑥ 진공탈수법 (　)

⑦ 가압주입법 (　)　　⑧ 훈연법 (　)

★중요　　　　　[06②, 08①, 16①, 20②, 22②]

035 합판에 대한 설명으로 올바른지 체크하시오.

① 함수율 변화에 의한 신축변형이 크고 방향성이 있다. (　)

② 3장 이상의 홀수의 단판(Veneer)을 접착제로 붙여 만든 것이다. (　)

③ 곡면 가공을 하여도 균열이 생기지 않는다. (　)

④ 표면가공법으로 흡음효과를 낼 수가 있고 의장적 효과도 높일 수 있다. (　)

⑤ 단판을 섬유방향이 서로 평행하도록 홀수로 적층하면서 접착시켜 합친 판을 말한다. (　)

⑥ 함수율 변화에 따라 팽창·수축의 방향성이 없다. (　)

⑦ 뒤틀림이나 변형이 적은 비교적 큰 면적의 평면 재료를 얻을 수 있다. (　)

⑧ 균일한 강도의 재료를 얻을 수 있다. (　)

⑨ 방향에 따른 강도차가 적다. (　)

⑩ 여러 가지 아름다운 무늬를 얻을 수 있다. (　)

⑪ 함수율 변화에 의한 신축변형이 크다. (　)

★중요　　　　　　　　[04②, 11②, 20②]

036 목재 또는 기타 식물질을 절삭 또는 파쇄하고 소편으로 하여 충분히 건조시킨 후 합성수지 접착제와 같은 유기질의 접착제를 첨가하여 열압제판한 보드로써 상판, 칸막이벽, 가구 등에 사용되는 목재 제품을 체크하시오.

① 파티클보드 (　)　　　② 집성목재 (　)

③ 코펜하겐리브 (　)　　④ 코르크보드 (　)

[18①]

037 목재 및 기타 식물의 섬유질소편에 합성수지접착제를 도포하여 가열압착 성형한 판상제품을 체크하시오.

① 합판 (　)　　　② 시멘트 목질판 (　)

③ 집성목재 (　)　　④ 파티클보드 (　)

★중요　　　　　[12③, 17②, 22①, 25②]

038 목재를 작은 조각으로 하여 충분히 건조시킨 후 합성수지와 같은 유기질의 접착제를 첨가하여 열압제판한 목재 가공품을 체크하시오.

① 섬유판(Fiber board) (　)

② 파티클 보드(Particle board) (　)

③ 코르크판(Cork board) (　)

④ 집성목재(Glulam) (　)

★중요　　　　　[05③, 06③, 09①, 25③]

039 강당, 집회장 등의 음향조절용으로 쓰이거나 일반 건물의 벽 수장재료로 사용하여 음향효과를 거둘 수 있는 목재 가공품을 체크하시오.

① 파키트 블록 (　)

② 코펜하겐 리브 (　)

③ 플로링 보드 (　)

④ 파키트 패널 (　)

040 집성목재의 장점에 해당하는 것을 체크하시오.

① 목재의 강도를 인공적으로 조절할 수 있다. (　)

② 응력에 따라 필요한 단면을 만들 수 있다. (　)

③ 톱밥, 대팻밥, 나무부스러기를 이용하므로 경제적이다. (　)

④ 길고 단면이 큰 부재를 만들 수 있다. (　)

★중요　　　　　　　　　　　　　　　[08②, 14②, 19③]

041 집성목재의 사용에 관한 설명으로 올바른지 체크하시오.

① 판재와 각재를 접착재로 결합시켜 대재(大材)를 얻을 수 있다. (　)

② 보, 기둥 등의 구조재료로 사용할 수 없다. (　)

③ 옹이, 균열 등의 결점을 제거하거나 분산시켜 균질의 인공목재로 사용할 수 있다. (　)

④ 임의의 단면 형상을 갖도록 제작할 수 있어 목재 활용면에서 경제적이다. (　)

⑤ 요구된 치수, 형태의 재료를 비교적 용이하게 제조할 수 있다. (　)

⑥ 충분히 건조된 건조재를 사용하므로 비틀림, 변형 등이 생기지 않는다. (　)

⑦ 목재의 강도를 인공적으로 자유롭게 조정할 수 있다. (　)

⑧ 하드 텍스라고도 불리우며 목재의 결정이 분산되어 높은 강도를 얻을 수 있다. (　)

[17②, 23④]

042 구조용 집성재의 품질기준에 따른 구조용 집성재의 집착강도 시험에 해당하는 것을 체크하시오.

① 침지 박리 시험 (　)　　② 블록 전단 시험 (　)

③ 삶음 박리 시험 (　)　　④ 할렬 인장 시험 (　)

★중요　　　　　　　[05②, 14②, 15②, 19③, 25①]

043 경질섬유판(hard fiber board)에 대한 설명으로 올바른지 체크하시오.

① 비중이 0.5g/cm³ 이상이다. (　)

② 소프트 텍스라고도 불리우며 수장판으로 사용된다. (　)

③ 소판이나 소각재의 부산물 등을 이용하여 접착, 접합에 의해 소요 형상의 인공목재를 제조할 수 있다. (　)

④ 펄프를 접착제로 제판하여 양면을 열압 건조시킨 것이다. (　)

⑤ 밀도가 0.3g/cm³ 정도이다. (　)

[08①]

044 MDF의 특성에 관한 설명으로 올바른지 체크하시오.

① 무게가 가볍고 습기에 강하다. (　)

② 천연목재보다 강도가 크고 변형이 적다. (　)

③ 재질이 천연목재보다 균일하다. (　)

④ 한 번 고정철물을 사용한 곳에는 재시공이 어렵다. (　)

[04①]

045 목재의 가공제품에 해당하는 것을 체크하시오.

① 코펜하겐 리브(copenhagen rib) (　)

② 경질 섬유판(hard fiber board) (　)

③ 펄라이트(perlite) (　)

④ 파키트 블록(parquetry block) (　)

[14①, 20③]

046 목재의 가공제품에 대한 설명으로 올바른지 체크하시오.

① 코르크판(Cork board)은 유공판으로 단열성·흡음성 등이 있어 천장 등에 흡음재로 사용된다. (　)

② 연질섬유판은 밀도가 0.8g/cm3 이상으로 강도 및 경도가 비교적 큰 보드(board)로 수장판으로 사용된다. (　)

③ 무늬목(Wood veneer)은 아름다운 원목을 종이처럼 얇게 벗겨내 합판 등의 표면에 부착시켜 장식재로 사용된다. (　)

④ 집성재란 제재판재 또는 소각재 등의 각판재를 서로 섬유방향을 평행하게 길이·너비 및 두께방향으로 겹쳐 접착제로 붙여서 만든 것을 말한다. (　)

⑤ 집성재는 두께 1.5~3cm의 널을 접착제로 섬유 평행방향으로 겹쳐 붙여서 만든 제품이다. (　)

⑥ 합관은 3매 이상의 얇은 판을 1매마다 접착제로 섬
　유평행방향으로 겹쳐 붙여서 만든 제품이다. (　　)

⑦ 연질섬유판은 두께 50mm, 나비 100mm의 긴 판
　에 표면을 리브로 가공하여 만든 제품이다. (　　)

⑧ 파티클보드는 코르크나무의 수피를 분말로 가열,
　성형, 접착하여 만든 제품이다. (　　)

[17③]

047 **목재의 치수표시로 제재 치수(Dressed size)와 마무리 치수(Finishing size)에 관한 설명으로 올바른지 체크하시오.**

① 창호재와 가구재 치수는 제재 치수로 한다. (　　)

② 구조재는 단면을 표시한 지정 치수에 측기가 없
　으면 마무리 치수로 한다. (　　)

③ 제재 치수는 제재된 목재의 실제 치수를 말한다.

(　　)

④ 수장재는 단면을 표시한 지정 치수에 측기가 없
　으면 마무리 치수로 한다. (　　)

[03③]

048 **목재의 취급단위로 올바른지 체크하시오.**

① 1재(才) = 1치 × 1치 × 10자 (　　)

② 1재(才) = 0.00324m³ (　　)

③ 1bf(board feet) = 0.00228m³ (　　)

④ 1석(石) = 83.3재(才) (　　)

★중요   [03②, 06②, 12③, 16②, 18①, 22①, 23②, 24①]

001 목재에서 흡착수만이 최대한도로 존재하고 있는 상태인 섬유포화점(Fiber Saturation Point)의 함수율은 중량비로 몇 % 정도인지 쓰시오.

★중요   [05①, 12①, 17①, 23②, 24②]

002 목재의 역학적 특성상 응력방향이 섬유방향의 평행인 경우 가장 높은 강도를 쓰시오.

[11①]

003 수목이 성장 도중 세로방향의 외상으로 수피가 말려들어간 것을 뜻하는 목재의 흠의 명칭을 쓰시오.

[15③, 22①]

004 목재의 결점 중 벌채 시의 충격이나 그 밖의 생리적 원인으로 인하여 세로축에 직각으로 섬유가 절단된 형태를 의미하는 명칭을 쓰시오.

[13③, 17①]

005 유성 목재방부제로 철류의 부식이 적고 처리재의 강도가 감소하지 않는 조건을 구비하고 있으나 악취가 나고, 흑갈색으로 외관이 불미하므로 눈에 보이지 않는 토대, 기둥 등에 이용되는 방부제를 쓰시오.

[14③]

006 목재의 방부제 중 독성이 적고 자극적인 냄새가 나며, 처리재는 갈색으로 가격이 저렴하여 많이 사용되는 방부제를 쓰시오.

[17③, 20②]

007 목재용 유성 방부제의 대표적인 것으로 방부성이 우수하나, 악취가 나고 흑갈색으로 외관이 불미하여 눈에 보이지 않는 토대, 기둥, 도리 등에 이용되는 방부제를 쓰시오.

[14②]

008 목재의 유용성 방부제로서 자극적인 냄새 등으로 인체에 피해를 주기도 하여 사용이 규제되고 있는 방부제의 명칭을 쓰시오.

★중요   [10②, 16①, 18②, 20①, 25③]

009 목재의 방부 처리법 중 압력용기 속에 목재를 넣어서 처리하는 방법으로 가장 신속하고 효과적인 방부제 처리법을 쓰시오.

[06①, 08③]

010 목재, 기타 식물 섬유질을 잘게 썰어 합성수지 접착제를 섞어 열압하여 인공적으로 판을 만든 목재 가공품으로, 일명 칩보드라고 하는 것을 쓰시오.

[10②]

011 목재 또는 식물질을 절삭, 파쇄하고 작은 조각으로 하여 충분히 건조시킨 후 유기질 접착제인 합성수지 접착제를 첨가 혼합하여 열압제판한 목재의 가공품을 쓰시오.

[16①]

012 마루판 재료 중 파키트리 보드를 3~5장씩 상호 접합하여 각판으로 만들어 방습처리 한 것으로 모르타르나 철물을 사용하여 콘크리트 마루 바닥용으로 사용되는 것을 쓰시오.

[21③]

013 직사각형으로 자른 얇은 나뭇조각을 서로 직각으로 겹쳐지게 배열하고 방수성 수지로 강하게 압축 가공한 보드를 쓰시오.

[13①]

014 제재판재 또는 소각재 등의 부재를 섬유평행방향으로 접착시킨 제품을 쓰시오.

| 정답 |

001 30%   002 섬유방향에 평행한 경우의 인장 강도   003 껍질박이   004 컴프레션페일러   005 크레오소트 오일

006 크레오소트유(Creosote Oil)   007 크레오소트 오일   008 펜타클로로 페놀(PCP, Penta-Chloro Phenol)   009 가압주입법

010 파티클보드(particle board)   011 파티클보드(particle board)   012 파키트리 블록   013 O.S.B(Oriented Stand Board)

014 집성목재

[08③, 11③, 14①②, 21②, 24①]

001 건조 전 중량 5kg인 목재를 건조시켜 전건중량이 4kg이 되었다면 이 목재의 함수율을 구하시오.

> ⚙ **해설**
>
> 목재의 함수율은 절건 중량에 대한 목재 내부의 물의 량의 비를 말한다.
>
> 즉, 목재의 함수율 $= \dfrac{\text{물의 중량}}{\text{절건 중량}} \times 100(\%) = \dfrac{\text{건조 전의 중량}-\text{건조 후의 중량}}{\text{절건 중량}} \times 100(\%)$이다.
>
> 그러므로, 목재의 함수율 $= \dfrac{\text{건조 전의 중량}-\text{건조 후의 중량}}{\text{절건 중량}} \times 100 = \dfrac{5-4}{4} \times 100 = 25\%$

[07①, 09②, 16②]

002 목재의 절건 비중이 0.45일 때, 목재 내부의 공극률을 구하시오.

> ⚙ **해설**
>
> $V(\text{목재의 공극률}) = \left(1 - \dfrac{w(\text{목재의 전건 비중})}{1.54(\text{세포 자체의 비중})}\right) \times 100(\%)$
>
> 그런데, 목재의 절건 비중이 0.45이므로,
>
> $V = (1 - \dfrac{w}{1.54}) \times 100(\%) = (1 - \dfrac{0.45}{1.54}) \times 100(\%) = 70.77 \fallingdotseq 71\%$

[11②, 16③]

003 목재의 절대건조비중이 0.8일 때, 이 목재의 공극률을 구하시오.

> ⚙ **해설**
>
> $V(\text{목재의 공극률}) = \left(1 - \dfrac{w(\text{목재의 전건 비중})}{1.54(\text{세포 자체의 비중})}\right) \times 100(\%)$
>
> 그런데, 목재의 절건 비중이 0.8이므로,
>
> $V = (1 - \dfrac{w}{1.54}) \times 100(\%) = (1 - \dfrac{0.8}{1.54}) \times 100(\%) = 48.05 \fallingdotseq 48\%$

01 진위형 문제

▶ 해설편 178p

※ 다음 문제를 읽고, 옳으면 O, 틀리면 ×를 괄호 안에 표기하시오.

[04②③, 06②, 07②, 08①, 09③, 10①, 13③, 14①, 17①, 18③, 19③, 20②, 21①, 22①②, 24③]

★중요

001 점토의 물리적 성질로 올바른지 체크하시오.

① 양질의 점토는 습윤 상태에서 현저한 가소성을 나타내며, 점토 입자가 미세할수록 가소성은 좋아진다. ( )

② 기공율은 점토의 입자간에 존재하는 모공용적으로 입자의 형상, 크기에 관계한다. ( )

③ 수축은 건조 및 소성시 일어나며 건조수축은 점토의 조직에 관계하는 이외에 가하는 수량도 영향을 준다. ( )

④ 함수율은 기건시 적은 것은 3~5%, 많은 것은 10~15%이다. ( )

⑤ 점토의 인장강도는 압축강도의 약 5배 정도이다. ( )

⑥ 입자의 크기는 보통 2 μm 이하의 미립자지만 모래알 정도의 것도 약간 포함되어 있다. ( )

⑦ 공극률은 점토의 입자 간에 존재하는 모공용적으로 입자의 형상, 크기에 관계한다. ( )

⑧ 점토입자가 미세하고, 양지의 점토일수록 가소성이 좋으나, 가소성이 너무 클 때는 모래 또는 샤모트를 섞어서 조절한다. ( )

⑨ 사질점토는 적갈색으로 내화성이 높은 특성이 있다. ( )

⑩ 자토는 순백색이며 내화성이 우수하나 가소성은 부족하다. ( )

⑪ 석기점토는 유색의 견고치밀한 구조로 내화도가 높고 가소성이 있다. ( )

⑫ 석회질점토는 백색으로 용해되기 쉽다. ( )

⑬ 점토의 색상은 철산화물 또는 석회물질에 의해 나타난다. ( )

⑭ 점토의 가소성은 점토입자가 미세할수록 좋다. ( )

⑮ 압축강도와 인장강도는 거의 비슷하다. ( )

⑯ 소성수축은 점토 중 휘발분의 양, 조직, 용융도 등이 영향을 준다. ( )

⑰ 가소성은 점토입자가 클수록 좋다. ( )

⑱ 저온으로 소성된 제품은 화학변화를 일으키기 쉽다. ( )

⑲ Fe_2O_3 등의 성분이 많으면 건조수축이 커서 고급 도자기 원료로 부적합하다. ( )

⑳ 습윤상태에서 가소성이 좋다. ( )

㉑ 압축강도는 인장강도의 약 5배 정도이다. ( )

㉒ 점토의 소성온도는 점토의 성분이나 제품의 종류에 상관없이 같다. ( )

㉓ 비중은 일반적으로 2.5~2.6의 범위이다. ( )

㉔ 함수율은 모래가 포함되지 않은 것은 30~100%의 범위이다. ( )

㉕ 양질의 점토는 건조상태에서 현저한 가소성을 나타내며 점토 집자가 미세할수록(작을수록)가소성은 나빠진다. ( )

㉖ 점토의 주성분은 실리카와 알루미나이다. ( )

㉗ 인장강도는 점토의 조직에 관계하며 입자의 크기가 큰 영향을 준다. ( )

㉘ 점토제품의 색상은 철산화물 또는 석회물질에 의해 나타난다. ( )

㉙ 강도는 점토의 종류에 관계없이 일정하며, 인장강도는 압축강도의 약 5배 정도이다. ( )

㉚ 가소성은 점토입자가 미세할수록 좋고 또한 미세부분은 콜로이드로서의 특성을 가지고 있다. ( )

㉛ 입도는 보통 2 μ 이하의 미립자나 모래알 정도의 조립을 포함한 것도 있다. ( )

㉜ 가소성이 너무 큰 경우에는 모래 또는 샤모트 등을 혼합하여 조절한다. ( )

㉝ 색상은 철산화물 또는 석회물질에 의해 나타내며, 철산화물이 많으면 적색이 되고, 석회물질이 많으면 황색을 띠게 된다. ( )

㉞ 점토를 가공 소성하여 냉각하면 금속성의 강성을 나타낸다. ( )

㉟ 소성 색상은 석회물질이 많을수록 짙은 적색이
　된다. (　)
㊱ 점토를 소성하면 용적, 비중 등의 변화가 일어나
　며 강도가 현저히 증대된다. (　)
㊲ 소성된 점토제품의 색상은 철화합물, 망간화합
　물, 소성온도 등에 의해 나타난다. (　)

[10①]

002 점토제품 공정에 대한 설명으로 올바른지 체크하시오.

① 소성은 보통 터널요에 넣어서 서서히 가열한다.
　　　　　　　　　　　　　　　　　　　(　)
② 시유는 반드시 소성 전에 제품의 표면에 고르게
　바른다. (　)
③ 건조는 자연건조 또는 소성가마의 여열을 이용한
　다. (　)
④ 반죽은 조합된 점토에 물을 부어 비벼 수분이나
　경도를 균질하게 하고, 필요한 점성을 부여한다.
　　　　　　　　　　　　　　　　　　　(　)

[07①]

003 점토제품에서 점토제품 자체가 흡수한 수분이 동결
함에 따라 생기는 균열과 제품 뒷면에 물이 스며들
어 그것이 얼어서 제품을 박리시키는 현상을 의미
하는 것을 쓰시오.

① 동상 (　)　　　　② 백화 (　)
③ 응결 (　)　　　　④ 동해 (　)

[13②]

004 점토제품에 발생하는 백화방지 대책에 해당하는 것
을 체크하시오.

① 흡수율이 작은 벽돌이나 타일을 사용한다. (　)
② 벽돌이나 줄눈에 빗물이 들어가지 않는 구조로
　한다. (　)
③ 줄눈 모르타르의 단위 시멘트량을 높게 한다. (　)
④ 수용성 염류가 적은 소재를 사용한다. (　)

[16③]

005 점토제품 시공 후 발생하는 백화에 관한 설명으로
올바른지 체크하시오.

① 타일 등의 시유소성한 제품은 시멘트 중의 경화
　체가 백화의 주된 요인이 된다. (　)

② 작업성이 나쁠수록 모르타르의 수밀성이 저하되
　어 투수성이 커지게 되고, 투수성이 커지면 백화
　발생이 커지게 된다. (　)
③ 점토제품의 흡수율이 크면 모르타르 중의 함유수
　를 흡수하여 백화 발생을 억제한다. (　)
④ 물시멘트비가 크게 되면 잉여수가 증대되고, 이
　잉여수가 증발할 때 가용 성분의 용출을 발생시
　켜 백화 발생의 원인이 된다. (　)

★중요　　　　　[03③, 09①, 18②, 20③, 22④, 24②]

006 양질의 도토 또는 장석분을 원료로 하며, 흡수율
이 1% 이하로 거의 없으며 소성온도가 약 1230 ~
1460℃인 점토 제품에 해당하는 것을 체크하시오.

① 토기 (　)　　　　② 석기 (　)
③ 자기 (　)　　　　④ 도기 (　)

[04①]

007 점토제품 중에서 흡수율이 가장 적은 것을 체크하
시오.

① 토기 (　)　　　　② 도기 (　)
③ 석기 (　)　　　　④ 자기 (　)

[05①, 16③]

008 소지의 질에 의한 타일의 구분에서 흡수율이 가장
낮은 것을 체크하시오.

① 토기질 타일 (　)　　　② 석기질 타일 (　)
③ 자기질 타일 (　)　　　④ 도기질 타일 (　)

[05③, 18③]

009 바닥용으로 사용되는 모자이크 타일의 재료에 해당
하는 것을 체크하시오.

① 도기질 (　)　　　　② 자기질 (　)
③ 석기질 (　)　　　　④ 토기질 (　)

[15③, 23①]

010 타일의 소지(素地) 중 규산을 화학성분으로 한 석
영·수정 등의 광물로서 도자기 속에 넣으면 점성을
제거하는 효과가 있으며, 소지 속에서 미분화하는
것을 체크하시오.

① 고령토 (　)　　　　② 점토 (　)
③ 규석 (　)　　　　④ 납석 (　)

[10③, 16②, 23③]

011 외벽용 타일 붙임재료로 가장 적당한 것을 체크하시오.

① 시멘트 모르타르 (　　)

② 아크릴 에멀젼 (　　)

③ 합성고무 라텍스 (　　)

④ 에폭시 합성고무 라텍스 (　　)

[11③]

012 식염유를 바른 진한 다갈색 타일로서 다른 타일에 비해 두께가 두껍고 홈줄을 넣은 외부 바닥용 특수 타일을 체크하시오.

① 스크래치 타일 (　　)　　② 보더 타일 (　　)

③ 아란뎀 타일 (　　)　　④ 클링커 타일 (　　)

[19①]

013 표면을 연마하여 고광택을 유지하도록 만든 시유타일로 대형 타일에 많이 사용되며, 천연화강석의 색깔과 무늬가 표면에 나타나게 만들 수 있는 것을 체크하시오.

① 모자이크 타일 (　　)　　② 징크판넬 (　　)

③ 논슬립타일 (　　)　　④ 폴리싱타일 (　　)

[06①]

014 스크래치 타일에 대한 설명으로 올바른지 체크하시오.

① 표면이 긁힌 모양인 외장형 타일로, 습식 제법으로 만든 성형품이다. (　　)

② 소형 타일로 바닥에 많이 쓰이고 다수의 색을 조합하여 화려한 무늬가 특색이다. (　　)

③ 계단 모서리의 미끄럼 방지용으로 주로 사용되며, 내마모성은 금속보다도 우수하다. (　　)

④ 고온으로 충분한 소성을 거친 타일로, 석기질이며 시유를 한다. (　　)

★중요

[08②, 15③, 19①, 24③]

015 점토제품에서 SK번호의 의미로 올바른지 체크하시오.

① 소성온도를 표시 (　　)

② 점토원료를 표시 (　　)

③ 점토제품의 종류를 표시 (　　)

④ 점토제품 제법 순서를 표시 (　　)

[15①]

016 점토제품의 성형에 있어 가장 중요한 성질에 해당하는 것을 체크하시오.

① 흡수성 (　　)　　② 점성 (　　)

③ 가소성 (　　)　　④ 강성 (　　)

[08②, 11①]

017 점토소성제품 중 보통 벽돌에 대한 설명으로 올바른지 체크하시오.

① 제조공정은 "점도조정 – 혼합 – 원료배합 – 성형 – 건조 – 소성"의 단계이다. (　　)

② 소성온도는 1,500~2,000℃이다. (　　)

③ 적색 또는 적갈색을 띠는 것은 점토 중에 포함된 산화 철분에 기인한다. (　　)

④ 압축강도는 1종의 경우 20.59N/mm² 이상이다. (　　)

[03①, 21③]

018 자기질 점토소성제품에 대한 설명으로 올바른지 체크하시오.

① 조직이 치밀하지만, 도기나 석기에 비하여 약하다. (　　)

② 1,230℃~1,460℃ 정도의 고온으로 소성한다. (　　)

③ 흡수성이 매우 낮으며, 반투명한 백색을 띤다. (　　)

④ 주로 타일 및 위생도기 등에 사용된다. (　　)

★중요

[05②, 07①③, 15②, 24③]

019 점토벽돌에 관한 설명으로 올바른지 체크하시오.

① 치수의 허용차는 길이의 경우 ±1.5mm이다. (　　)

② 겉모양이 균일하고 사용상 해로운 균열이나 결함 등이 없어야 한다. (　　)

③ 표준형 점토벽돌의 크기는 190mm × 90mm × 57mm이다. (　　)

④ 1종 점토벽돌의 압축강도는 20.59N/mm² 이상이다. (　　)

⑤ 표준형 점토벽돌의 길이 치수 허용차는 ±5.0mm이다. (　　)

⑥ 1종 점토벽돌의 흡수율은 13% 이하이어야 한다. (　　)

⑦ 점토벽돌의 종류는 품질에 따라 크게 미장벽돌과 유약 벽돌로 구분할 수 있다. (　　)

[09①, 18③]

020 내화벽돌의 원료 광물로서 가장 적절한 것을 체크하시오.

① 형석 (   )　　　② 방해석 (   )
③ 활석 (   )　　　④ 납석 (   )

[03①, 06①]

021 내화벽돌에 대한 설명으로 올바른지 체크하시오.

① 내화벽돌의 원료는 자토이다. (   )
② 내화벽돌은 제게르콘 26 이상의 내화도를 가진 것이다. (   )
③ 내화벽돌은 쌓기 전 물축임 한다. (   )
④ 내화벽돌의 크기는 붉은 벽돌과 동일한 치수이다. (   )
⑤ 제품에 따라 내화온도가 다르다. (   )
⑥ 비중이 보통 점토벽돌보다 높은 편이다. (   )
⑦ 규격치수는 표준형 점토벽돌과 다르며 약간 크다. (   )
⑧ 광재 벽돌(slag brick)을 말하며 소성온도가 2,000℃ 정도이다. (   )

★중요　　　[03②, 10③, 17②, 22④, 25②]

022 내화벽돌의 내화도에 해당하는 것을 체크하시오.

① 500~1,000℃ (   )　　② 1,500~2,000℃ (   )
③ 2,500~3,000℃ (   )　　④ 3,500~4,000℃ (   )

[09③]

023 저급점토, 목탄가루, 톱밥 등을 혼합하여 성형 후 소성한 것으로 단열과 방음성이 우수한 벽돌을 체크하시오.

① 내화벽돌 (   )　　　② 보통벽돌 (   )
③ 중량벽돌 (   )　　　④ 경량벽돌 (   )

[06②, 15①]

024 각종 벽돌에 대한 설명으로 올바른지 체크하시오.

① 내화벽돌은 내화점토를 원료로 하여 소성한 벽돌로서 내화도는 1,500~2,000℃의 범위이다. (   )
② 다공벽돌은 점토에 톱밥, 겨, 탄가루 등을 혼합, 소성한 것으로 방음, 흡음성이 좋다. (   )
③ 이형벽돌은 형상, 치수가 규격에서 정한 바와 다른 벽돌로서 특수한 구조체에 사용될 목적으로 제조된다. (   )

④ 포도벽돌은 벽돌에 오지물을 칠해 소성한 벽돌로서, 건물의 내외장 또는 장식물의 치장에 쓰인다. (   )

★중요　　　[03③, 05②, 14①, 15②, 24②]

025 건축용 세라믹 제품에 대한 설명으로 올바른지 체크하시오.

① 점토벽돌은 콘크리트벽돌에 비해 압축강도와 내투수성이 우수하다. (   )
② 테라코타는 건축물의 패러핏, 주두 등의 장식에 사용되는 공동의 대형 점토제품이다. (   )
③ 위생도기는 철분이 많은 장석점토를 주원료로 사용한다. (   )
④ 일반적으로 모자이크타일 및 내장타일은 건식법, 외장타일은 습식법에 의해 제조된다. (   )
⑤ 자기질 타일은 내장타일, 외장타일, 바닥타일, 모자이크타일로 사용된다. (   )
⑥ 도기질 타일은 소성온도가 가장 높으며 클링커타일에 사용된다. (   )
⑦ 내화벽돌 중 보통형 벽돌의 치수는 230 × 114 × 65mm이다. (   )
⑧ 벽돌색이 적색 또는 적갈색을 띠는 것은 원료점토에 포함되어 있는 산화철에서 기인한다. (   )

[20③]

026 세라믹재료의 일반적인 특성에 관한 설명으로 올바른지 체크하시오.

① 내열성, 화학저항성이 우수하다. (   )
② 전·연성이 매우 뛰어나 가공이 용이하다. (   )
③ 단단하고, 압축강도가 높다. (   )
④ 전기절연성이 있다. (   )

[04②, 21②]

027 주로 석기질 점토나 상당히 철분이 많은 점토를 원료로 사용하며, 건축물의 패러핏, 주두 등의 장식에 사용되는 공동의 대형 점토제품에 해당하는 것을 체크하시오.

① 테라쪼 (   )　　　② 도관 (   )
③ 타일 (   )　　　④ 테라코타 (   )

028 [22①] **점토기와 중 훈소와의 정의를 체크하시오.**

① 소소와에 유약을 발라 재소성한 기와 ( )

② 기와 소성이 끝날 무렵에 식염증기를 충만시켜 유약 피막을 형성시킨 기와 ( )

③ 저급점토를 원료로 900~1,000℃로 소소하여 만든 것으로 흡수율이 큰 기와 ( )

④ 건조제품을 가마에 넣고 연료로 장작이나 솔잎 등을 써서 검은 연기로 그을려 만든 기와 ( )

★중요   [18②, 20③, 23②]

029 **점토로 만든 제품에 해당하는 것을 체크하시오.**

① 경량벽돌 ( )

② 테라코타 ( )

③ 위생도기 ( )

④ 파키트리 패널 ( )

[18③]

030 **제품의 품질시험으로 올바른지 체크하시오.**

① 기와 : 흡수율과 인장강도 ( )

② 타일 : 흡수율 ( )

③ 벽돌 : 흡수율과 압축강도 ( )

④ 내화벽돌 : 내화도 ( )

02 단답형 문제

[09③]

001 점토 반죽에 샤모테를 첨가하여 사용하는 경우가 있는데, 이 샤모테의 사용 목적을 쓰시오.

🔧해설 점토의 가소성은 양질의 점토일수록 가소성이 좋고, 소성된 점토를 빻아 만든 것은 샤모트이다.

[14③]

004 점토소성제품 중 흡수성이 극히 작고 경도와 강도가 가장 크며, 소성온도는 1,250~1,430℃로써 고급타일이나 위생 도기를 만드는 데 사용되는 것을 쓰시오.

[08③]

002 소성 점토벽돌의 붉은색을 결정하는 가장 중요한 요소를 쓰시오.

🔧해설 소성 색상은 석회물질이 많을수록 황색을 띠고, 철산화물이 많으면 적색을 띤다.

★중요   [08③, 12③, 22②]

005 점토제품 중 소성온도가 가장 고온하고 흡수성이 매우 작으며 모자이크 타일, 위생도기 등에 주로 쓰이는 것을 쓰시오.

[04③, 08①]

003 타일 및 위생도기에 사용하는 점토제품으로 흡수성이 아주 작고 소성온도가 가장 높은 것을 쓰시오.

[06③]

006 가장 높은 온도에서 소성되어 흡수율이 1% 이하이며 두드리면 청음이 발생하는 점토제품을 쓰시오.

007 표준형벽돌의 벽돌치수를 쓰시오. [13①, 23③]

★중요 [04①, 05①, 17②, 20①, 21①②, 22④, 24②]

008 점토벽돌 1종의 압축강도의 최소치를 쓰시오.

⚙해설 점토 벽돌의 품질 기준

품질	종류	
	1종	2종
흡수율(%)	10 이하	15 이하
압축 강도 $(N/mm^2, MPa)$	24.50	14.70

009 1종 점토벽돌의 흡수율 기준을 쓰시오. [18①]

010 표준형 내화벽돌 중 보통형의 기본치수를 쓰시오. [07②]

011 경질이며 흡습성이 적은 특성이 있으며 도로나 마룻바닥에 까는 두꺼운 벽돌로서 원료로 연와토 등을 쓰고 식염유로 시유소성한 벽돌의 명칭을 쓰시오. [12②, 18①]

012 외부에 노출되는 마감용 벽돌로써 벽돌면의 색깔, 형태, 표면의 질감 등의 효과를 얻기 위한 벽돌의 명칭을 쓰시오. [21③]

|정답|

001 가소성(점성) 조절용   **002** 산화철   **003** 자기   **004** 자기   **005** 자기   **006** 자기   **007** 190mm × 90mm × 57mm
008 24.50Mpa   **009** 10% 이하   **010** 230mm × 114mm × 65mm   **011** 포도벽돌   **012** 치장벽돌

4단원 시멘트 및 콘크리트

01 진위형 문제

▶ 해설편 183p

※ 다음 문제를 읽고, 옳으면 ○, 틀리면 ×를 괄호 안에 표기하시오.

★중요   [03③, 06②③, 08①, 17①, 25①]

001 시멘트에 대한 설명으로 올바른지 체크하시오.

① 시멘트가 풍화하면 응결이 빨라지지만, 경화 후의 강도가 저하된다. (　)

② 시멘트 응결은 첨가된 석고의 질과 양에 큰 영향을 받지 않는다. (　)

③ 시멘트의 분말도가 크고 온도가 높을수록 응결은 늦어진다. (　)

④ 시멘트의 수화열은 시멘트의 종류, 화학조성, 물시멘트비, 분말도 등에 의해서 달라진다. (　)

⑤ 안정성이란 시멘트가 경화될 때 용적이 팽창하는 정도를 말한다. (　)

⑥ 일반적으로 비표면적이 큰 시멘트일수록 수화작용이 빠르고, 충분히 행하여진다. (　)

⑦ 수화반응에 의하여 생기는 수산화칼슘은 콘크리트의 중성화를 촉진하여 철근을 부식하게 된다. (　)

⑧ 시멘트의 비중은 약 3.15 정도이며, 르 샤틀리에의 비중병으로 측정된다. (　)

⑨ 포틀랜드시멘트의 3가지 주요 성분은 실리카(SiO_2), 알루미나(Al_2O_3), 석회(CaO)이다. (　)

⑩ 시멘트는 응결경화 시 수축성 균열이 생겨 변형이 일어난다. (　)

⑪ 슬래그의 함유량이 많은 고로시멘트는 수화열의 발생량이 많다. (　)

⑫ 시멘트의 응결 및 강도 증진은 분말도가 클수록 빨라진다. (　)

⑬ 응결시간은 신선한 시멘트로서 분말도가 미세한 것일수록, 또 수량이 작고 온도가 높을수록 짧아진다. (　)

⑭ 시멘트의 풍화란 시멘트가 습기를 흡수하여 생성된 수산화칼슘과 공기 중의 탄산가스가 작용하여 탄산칼슘을 생성하는 작용을 말한다. (　)

⑮ 시멘트의 안정성은 단위중량에 대한 표면적에 의하여 표시되며, 브레인법에 의해 측정된다. (　)

[06②, 13③]

002 시멘트에 약간의 물을 첨가하여 혼합시키면 가소성 있는 페이스트가 얻어지나 시간이 지나면 유동성을 잃고 응고하는데, 이 현상을 체크하시오.

① 백화 (　)   ② 풍화 (　)

③ 중성화 (　)   ④ 응결 (　)

[10③]

003 수치가 높을수록 시멘트의 응결 속도가 빨라지는 인자에 해당하는 것을 체크하시오.

① 온도 (　)

② 습도 (　)

③ 분말도 (　)

④ 알루미네이트 비율 (　)

[11②]

004 응결이 진행된 시멘트를 콘크리트에 사용함에 따른 결과에 해당하는 것을 체크하시오.

① 강도의 저하 (　)   ② 단위수량의 증가 (　)

③ 균열 발생 (　)   ④ 슬럼프의 증가 (　)

★중요   [08③, 12②, 16②, 23③, 25①]

005 시멘트 풍화의 척도로 사용되는 것을 체크하시오.

① 강열감량 (　)   ② 불용해 잔분 (　)

③ 수경률 (　)   ④ 규산율 (　)

[10③]

006 시멘트의 수경률을 구하는 식에서 분자에 속하는 것을 체크하시오.

① CaO (　)   ② SiO_2 (　)

③ Al_2O_3 (　)   ④ Fe_2O_3 (　)

[10③]

007 시멘트 풍화에 대한 설명으로 올바른지 체크하시오.

① 시멘트가 저장 중 공기와 접촉하여 공기 중의 수분 및 이산화탄소를 흡수하면서 나타나는 수화반응이다. (　)

② 풍화한 시멘트는 감열감량이 감소한다. (　)

③ 시멘트가 풍화하면 밀도가 떨어진다. (　)

④ 풍화는 고온다습한 경우 급속도로 진행된다. (　)

[11①]

008 시멘트에 대한 각 특성과 관련된 시험이 올바르게 연결됐는지 체크하시오.

① 비중 – 르샤틀리에 비중병 (　)

② 분말도 – 브레인 공기투과장치 (　)

③ 안정성 – 오토클레이브 팽창도시험 (　)

④ 수화열 – 제게르·케겔 온도표 (　)

★중요　[09②, 12①, 19②, 22④, 23②④, 24③]

009 시멘트의 경화시간을 지연시키는 용도로 일반적으로 사용하고 있는 지연제의 종류를 체크하시오.

① 리그닌설폰산염 (　)

② 옥시칼폰산염 (　)

③ 알루민산소다 (　)

④ 마그네시아염 또는 인산염 (　)

[07①]

010 시멘트 클링커의 구성화합물 중 다음과 같은 특징을 가지는 것을 체크하시오.

> • 베리트라고도 부르며 장기에 걸쳐 강도가 증진하고, 건조수축이 작으며, 수화열도 작다.
> • 28일 이후의 강도를 지배한다.

① 규산제3칼슘($3CaO \cdot SiO_2$) (　)

② 알루민산제3칼슘($3CaO \cdot Al_2O_3$) (　)

③ 규산제2칼슘($2CaO \cdot SiO_2$) (　)

④ 알루민산철제4칼슘($4CaO \cdot Al_2O_3 \cdot F_2O_3$) (　)

[10②]

011 포틀랜드시멘트의 주요 화합물을 구성하는 4가지 성분에 해당하는 것을 체크하시오.

① $2CaO \cdot SiO_2$ (　)　　② $3CaO \cdot SiO_2$ (　)

③ $2CaO \cdot Al_2O_3$ (　)　　④ $3CaO \cdot Al_2O_3$ (　)

[11③, 14②]

012 보통포틀랜드시멘트의 주성분 중 함유량이 가장 작은 것을 체크하시오.

① SiO_2 (　)　　② CaO (　)

③ Al_2O_3 (　)　　④ Fe_2O_3 (　)

[10③, 15③]

013 시멘트 클링커 화합물에 대한 설명으로 올바른지 체크하시오.

① C_3S양이 많을수록 조강성을 나타낸다. (　)

② C_2S의 양이 많을수록 강도의 발현이 서서히 된다. (　)

③ 재령 1년에서 C_4AF의 강도는 매우 낮다. (　)

④ 시멘트의 수축률을 감소시키기 위해서는 C_3A를 증가시켜야 한다. (　)

★중요　[05②, 07②, 15②, 24②]

014 포틀랜드시멘트 제조 시 석고를 넣는 주된 이유를 체크하시오.

① 분말도를 높이기 위하여 (　)

② 초기 강도를 높이기 위하여 (　)

③ 시멘트의 응결시간을 조절하기 위하여 (　)

④ 장기 강도를 높이기 위하여 (　)

★중요　[05②, 07①, 11②, 12③, 14①, 15②, 17②, 20①, 25①]

015 시멘트의 분말도에 관한 설명으로 올바른지 체크하시오.

① 시멘트의 분말이 미세할수록 수화반응이 느리게 진행하여 강도의 발현이 느리다. (　)

② 분말이 과도하게 미세하면 풍화되기 쉽고 또한 사용 후 균열이 발생하기 쉽다. (　)

③ 시멘트의 분말도 시험으로는 체분석법, 피크노메타법, 브레인법 등이 있다. (　)

④ 분말도는 시멘트의 성능 중 수화반응, 블리딩, 초기강도 등에 크게 영향을 준다. (　)

⑤ 분말도가 클수록 수화반응이 촉진된다. (　)

⑥ 분말도가 클수록 조기강도는 작으나 장기강도는 크다. (　)

⑦ 분말도가 클수록 시멘트 분말이 미세하다. (　)

⑧ 분말이 미세할수록 비표면적값은 적다. (　)

⑨ 분말이 미세할수록 수화속도가 빠르다. (　)

⑩ 분말이 과도하게 미세한 것은 풍화되기 쉽다. ( )

⑪ 분말이 미세할수록 강도의 발현속도가 빠르다.
( )

⑫ 시멘트 분말도의 측정은 블레인시험으로 행한다.
( )

⑬ 비표면적으로 클수록 초기강도의 발현이 빠르다.
( )

⑭ 분말도가 지나치게 크면 풍화되기 쉽다. ( )

⑮ 분말도가 큰 시멘트일수록 수화열이 낮다. ( )

★중요   [03①, 04①, 18③]

016 분말도가 높은 시멘트에 관한 일반적인 설명으로 올바른지 체크하시오.

① 수화작용이 빠르다. ( )

② 조기강도가 크다. ( )

③ 풍화되기 쉽다. ( )

④ 열의 발생이 적어 균열이 생기기 어렵다. ( )

⑤ 시멘트 입자 표면적의 증대로 수화반응이 늦다.
( )

⑥ 풍화작용에 대하여 내구적이다. ( )

⑦ 건조수축이 적다. ( )

⑧ 초기강도 발현이 빠르다. ( )

⑨ 수화속도가 빠르다. ( )

⑩ 초기강도가 높다. ( )

⑪ 컨시스턴시가 크다. ( )

⑫ 시멘트 페이스트의 점성이 높다. ( )

[12③, 16②]

017 콘크리트의 수밀성에 미치는 요인에 대한 설명으로 올바른지 체크하시오.

① 물시멘트비 : 물시멘트비를 크게 할수록 수밀성이 커진다. ( )

② 굵은골재 최대치수 : 굵은골재의 최대치수가 클수록 수밀성은 커진다. ( )

③ 양생방법 : 초기재령에서 건조하면 수밀성은 작아진다. ( )

④ 혼화재료 : AE제를 사용하면 수밀성이 작아진다.
( )

★중요   [05③, 08①, 12②]

018 포틀랜드시멘트의 주원료를 체크하시오.

① 응회암과 석고 ( )

② 마그네시아와 트래버틴 ( )

③ 코우크스와 화강암 ( )

④ 석회석과 점토 ( )

★중요   [08③, 09②, 13①, 24①]

019 시멘트의 분류 중 혼합시멘트를 체크하시오.

① 고로슬래그 시멘트 ( )

② 팽창시멘트 ( )

③ 실리카시멘트 ( )

④ 플라이애시 시멘트 ( )

⑤ 폴리머시멘트 ( )

⑥ 중용열포틀랜드시멘트 ( )

⑦ 알루미나시멘트 ( )

[12②, 23①]

020 수화열량이 많으며 초기의 강도 발현이 가능하므로 긴급공사, 동절기 공사에 주로 사용되는 시멘트를 체크하시오.

① 보통포틀랜드시멘트 ( )

② 조강포틀랜드시멘트 ( )

③ 중용열포틀랜드시멘트 ( )

④ 내황산염포틀랜드시멘트 ( )

★중요   [05③, 08③, 10②, 19③, 24③]

021 보통포틀랜드시멘트의 일반적 성질에 대한 설명으로 올바른지 체크하시오.

① 분말도는 시멘트의 성능 중 초기강도, 블리딩 등에 크게 영향을 준다. ( )

② 주성분은 CaO, SiO_2, Al_2O_3 및 Fe_2O_3 등이다.
( )

③ 시멘트의 수화반응속도에 영향을 주는 요인은 재령, 온도, 혼화제 등의 요인에 의해 좌우된다. ( )

④ 분말도가 클수록 풍화에 잘 견디며 사용 후 균열이 잘생기지 않는다. ( )

⑤ 시멘트의 응결시간은 분말도가 미세한 것일수록, 또 수량이 많고 온도가 낮을수록 짧아진다. ( )

⑥ 시멘트의 안정성 측정법으로 오토클레이브 팽창도 시험방법이 있다. ( )

⑦ 시멘트의 비중은 소성온도나 성분에 의하여 다르며, 동일시멘트인 경우에 풍화한 것일수록 작아진다. (   )

⑧ 시멘트의 비표면적이 너무 크면 풍화하기 쉽고 수화열에 의한 축열량이 커진다. (   )

[07②]

022 조강포틀랜드시멘트에 대한 설명으로 올바른지 체크하시오.

① 한중공사에 사용이 가능하다. (   )

② 매스콘크리트용으로 주로 사용된다. (   )

③ 경화에 따른 수화열이 크다. (   )

④ 공사속도를 빨리 할 수 있다. (   )

[12①]

023 조강포틀랜드시멘트를 보통포틀랜드시멘트와 비교한 것으로 올바른지 체크하시오.

① 분말도가 크다. (   )

② 규산3석회 성분과 석고 성분이 많다. (   )

③ 콘크리트 제조시 수밀성과 내화학성이 낮아진다. (   )

④ 수축이 커진다. (   )

[05③, 17③]

024 중용열포틀랜드시멘트에 대한 설명으로 올바른지 체크하시오.

① 건축용 매스콘크리트용으로 사용된다. (   )

② 조기강도는 보통포틀랜드시멘트보다 높으나 장기강도는 조금 낮다. (   )

③ 건조수축이 작고 내황산염성이 크다. (   )

④ 시멘트의 발열량이 작다. (   )

⑤ C_3S나 C_3A가 적고, 장기강도를 지배하는 C_2S를 많이 함유한 시멘트이다. (   )

⑥ 내황산염성이 작기 때문에 댐공사에는 사용이 불가능하다. (   )

⑦ 수화속도를 지연시켜 수화열을 작게 한 시멘트이다. (   )

⑧ 건조수축이 작고 건축용 매스콘크리트에 사용된다. (   )

[19②, 21③]

025 대규모 지하구조물, 댐 등 매스콘크리트의 수화열에 의한 균열발생을 억제하기 위해 벨라이트의 비율을 높인 시멘트를 체크하시오.

① 보통포틀랜드시멘트 (   )

② 저열 포틀랜드시멘트 (   )

③ 실리카퓸 시멘트 (   )

④ 팽창 시멘트 (   )

[10①]

026 백색 포틀랜드시멘트에 대한 설명으로 올바른지 체크하시오.

① 제조 시 흰색의 석회석을 사용한다. (   )

② 제조 시 사용하는 점토에는 산화철이 가능한 한 포함되지 않도록 한다. (   )

③ 보통포틀랜드시멘트에 비하여 강도가 매우 낮다. (   )

④ 안료를 섞어 착색 시멘트를 만들 수 있다. (   )

★중요 [03③, 06①, 13③]

027 보통포틀랜드시멘트에 비하여 초기 수화열이 낮고, 장기 강도 증진이 크며, 화학 저항성이 큰 시멘트로 매스 콘크리트용에 적합한 것을 체크하시오.

① 백색포틀랜드시멘트 (   )

② 조강포틀랜드시멘트 (   )

③ 알루미나시멘트 (   )

④ 플라이애시시멘트 (   )

[07③, 11③]

028 실리카 시멘트에 대한 설명으로 올바른지 체크하시오.

① 블리딩이 감소하고, 워커빌리티를 증가시킨다. (   )

② 초기강도는 크나 장기강도가 작다. (   )

③ 건조수축은 약간 증대하지만 화학저항성 및 내수, 내해수성이 우수하다. (   )

④ 알칼리골재반응에 의한 팽창의 저지에 유효하다. (   )

⑤ 수밀성이 감소된다. (   )

⑥ 장기강도가 커진다. (   )

★중요

029 고로시멘트의 특징에 해당하는 것을 체크하시오.

① 모르타르나 콘크리트의 거푸집을 접하지 않는 자
유표면은 경화불량에서 오는 약화현상이 따르기
쉽다. (　)

② 수화열량이 적어 매스콘크리트로 사용할 수 있
다. (　)

③ 바닷물에 대한 저항이 크다. (　)

④ 재령 초기에는 강도가 크나 장기강도는 작다. (　)

⑤ 해수에 대한 내식성이 작다. (　)

⑥ 잠재수경성의 성질을 가지고 있다. (　)

⑦ 수화열량이 적어 매스콘크리트용으로 사용이 가
능하다. (　)

⑧ 고로시멘트는 포틀랜드시멘트 클링커에 급랭한
고로슬래그를 혼합한 것이다. (　)

⑨ 초기강도는 약간 낮으나 장기강도는 보통포틀랜
드시멘트와 같거나 그 이상이 된다. (　)

⑩ 보통포틀랜드시멘트에 비해 화학저항성은 크나
수밀성이 적다. (　)

⑪ 초기강도는 낮지만 슬래그의 잠재 수경성 때문에
장기강도는 크다. (　)

⑫ 해수, 하수 등의 화학적 침식에 대한 저항성이 크
다. (　)

⑬ 슬래그 수화에 의한 포졸란 반응으로 공극 충전
효과 및 알칼리 골재반응 억제효과가 크다. (　)

⑭ 슬래그를 함유하고 있어 건조수축에 대한 저항성
이 크다. (　)

⑮ 수화열이 낮고 수축률이 적어 댐이나 항만공사
등에 적합하다. (　)

⑯ 보통포틀랜드시멘트에 비하여 비중이 크고 풍화
에 대한 저항성이 뛰어나다. (　)

⑰ 응결시간이 느리기 때문에 특히 겨울철 공사에
주의를 요한다. (　)

⑱ 고로 슬래그를 다량으로 사용하게 되면 콘크리트
의 화학저항성 및 수밀성, 알칼리골재반응 억제
등에 효과적이다. (　)

030 알루미나시멘트에 관한 설명으로 올바른지 체크하
시오.

① 강도 발현속도가 매우 빠르다. (　)

② 수화작용시 발열량이 매우 크다. (　)

③ 매스콘크리트, 수밀콘크리트에 사용된다. (　)

④ 보크사이트와 석회석을 원료로 한다. (　)

⑤ 내화성이 풍부하므로 내화용 콘크리트에 적합하
다. (　)

⑥ 건조수축이 적으며 장기에 걸친 강도의 증진으로
장기강도는 높다. (　)

⑦ 경화체는 규산염시멘트와 달리 알칼리를 방출하
지 않으므로 철근이 부식되기 쉽다. (　)

⑧ 발열량이 크므로 양생할 때 주의해야 한다. (　)

★중요

031 콘크리트의 방수성, 내약품성, 변형성능의 향상을
목적으로 다량의 고분자재료를 혼입시킨 시멘트를
체크하시오.

① 내황산염포틀랜드시멘트 (　)

② 초속경시멘트 (　)

③ 폴리머시멘트 (　)

④ 고로시멘트 (　)

★중요

032 폴리머 시멘트란 시멘트에 폴리머를 혼입하여 콘크
리트의 성능을 개선시키기 위하여 사용되는데, 개
선되는 성능에 해당하는 것을 체크하시오.

① 내열성 (　)　　　② 방수성 (　)

③ 내약품성 (　)　　④ 변형성 (　)

★중요

033 각종 시멘트의 특성에 대한 설명으로 올바른지 체
크하시오.

① 중용열포틀랜드시멘트는 수화시 발열량이 비교
적 크다. (　)

② 고로시멘트를 사용한 콘크리트는 일반 콘크리트
보다 단기강도가 작은 편이다. (　)

③ 알루미나시멘트는 내화성이 좋아서 내화물용으
로 많이 사용된다. (　)

④ 실리카시멘트로 만든 콘크리트는 수밀성과 화학
저항성이 크다. (　)

⑤ 중용열포틀랜드시멘트는 겨울철 공사나 긴급공사에 사용된다. (　)

⑥ 조강시멘트는 C_3S가 다량 혼입되어 있다. (　)

⑦ 백색시멘트는 건물 내·외면의 마감, 각종 인조석 제조에 사용된다. (　)

⑧ 플라이애시시멘트는 건조수축이 보통포틀랜드시멘트에 비하여 적다. (　)

[04③, 12③]

034 보통포틀랜드시멘트와 비교한 플라이애시시멘트의 특성으로 올바른지 체크하시오.

① 워커빌리티가 나쁘다. (　)

② 장기강도가 높다. (　)

③ 수밀성이 크다. (　)　④ 수화열이 낮다. (　)

★중요　[18②, 22②, 23②]

035 플라이애시시멘트에 관한 설명으로 올바른지 체크하시오.

① 수화할 때 불용성 규산칼슘 수화물을 생성한다. (　)

② 화력발전소 등에서 완전연소한 미분탄의 회분과 포틀랜드시멘트를 혼합한 것이다. (　)

③ 재령 1~2시간 안에 콘크리트 압축강도가 20MPa에 도달할 수 있다. (　)

④ 용광로의 선철제작 부산물을 급랭시키고 파쇄하여 시멘트와 혼합한 것이다. (　)

[13③, 19①]

036 기성 배합 모르타르 바름에 대한 설명으로 올바른지 체크하시오.

① 현장에서의 시공이 간편하다. (　)

② 공장에서 미리 배합하므로 재료가 균질하다. (　)

③ 접착력 강화제가 혼입되기도 한다. (　)

④ 주로 바름 두께가 두꺼운 경우에 많이 쓰인다. (　)

[14②]

037 화재 시 가열에 대하여 연소되지 않고 방화상 유해한 변형, 균열 등 기타 손상을 일으키지 않으며, 유해한 연기나 가스를 발생하지 않는 불연재료를 체크하시오.

① 콘크리트 (　)　　② 석재 (　)

③ 알루미늄 (　)　　④ 목모시멘트판 (　)

[21③]

038 목모시멘트판을 보다 향상시킨 것으로서, 폐기목재의 삭편을 화학처리하여 비교적 두꺼운 판 또는 공동블록 등으로 제작하여 마루, 지붕, 천장, 벽 등의 구조체에 사용되는 것을 체크하시오.

① 펄라이트시멘트판 (　)

② 후형슬레이트 (　)

③ 석면슬레이트 (　)

④ 듀리졸(durisol) (　)

[03②]

039 시멘트의 저장 및 사용에 관한 설명으로 올바른지 체크하시오.

① 품종별로 구분해서 저장하고 입하된 순서대로 사용한다. (　)

② 단시일 사용분을 제외하고는 13포대 이상 쌓아 올려서는 안된다. (　)

③ 지상에서 30cm 이상 떨어진 바닥판 위에 쌓는다. (　)

④ 외부 공기의 유통이 원활하게 이루어지는 곳에 보관한다. (　)

★중요　[04②, 16②, 22③]

040 콘크리트에 관한 설명으로 올바른지 체크하시오.

① 콘크리트의 강도는 대체로 물시멘트비로 결정된다. (　)

② 일정한 물시멘트비의 콘크리트에 공기 연행제를 넣으면 워커빌리티를 증진시키는 이점은 있으나 강도는 약간 저하한다. (　)

③ 콘크리트는 온도가 내려가면 경화가 늦으므로 동절기에 타설할 경우에는 충분히 양생하여야 한다. (　)

④ 철근콘크리트는 직류 및 교류에 의해서 피해를 입지 않는다. (　)

⑤ 콘크리트는 장기간 화재를 당해도 결정수를 방출할 뿐이므로 강도상 영향은 없다. (　)

⑥ 콘크리트는 알칼리성이므로 철근콘크리트의 경우 철근을 방청하는 큰 장점이 있다. (　)

041 보통 콘크리트는 화학적으로 어떤 성질을 지니는지 체크하시오.

① 강한 산성 (　　) ② 중성 (　　)
③ 약한 산성 (　　) ④ 알칼리성 (　　)

042 콘크리트의 인장강도는 압축강도의 얼마 정도에 해당하는지 체크하시오.

① 약 1/2~1/4 (　　) ② 약 1/4~1/7 (　　)
③ 약 1/10~1/13 (　　) ④ 약 1/20~1/25 (　　)

★중요　　　　　　　　　　　

043 콘크리트의 강도 및 내구성 증가에 가장 큰 영향을 주는 것을 체크하시오.

① 물과 시멘트의 배합비 (　　)
② 모래와 자갈의 배합비 (　　)
③ 시멘트와 자갈의 배합비 (　　)
④ 시멘트와 모래의 배합비 (　　)

044 콘크리트의 압축강도에 영향을 주는 요인에 관한 설명으로 올바른지 체크하시오.

① 양생온도가 높을수록 콘크리트의 초기강도는 낮아진다. (　　)
② 일반적으로 물-시멘트비가 같으면 시멘트의 강도가 큰 경우 압축강도가 크다. (　　)
③ 동일한 재료를 사용하였을 경우에 물-시멘트비가 작을수록 압축강도가 크다. (　　)
④ 습윤양생을 실시하게 되면 일반적으로 압축강도는 증진된다. (　　)

045 콘크리트의 열적성질 및 내구성에 관한 설명으로 올바른지 체크하시오.

① 콘크리트의 열팽창계수는 상온의 범위에서 $1 \times 10^{-5}/℃$ 전후이며 500℃에 이르면 가열 전에 비하여 약 40%의 강도발현을 나타낸다. (　　)
② 콘크리트의 내동해성을 확보하기 위해서는 흡수율이 적은 골재를 이용하는 것이 좋다. (　　)
③ 콘크리트에 염화물이온이 일정량 이상 존재하면 철근표면의 부동태피막이 파괴되어 철근부식을 유발하기 쉽다. (　　)

④ 공기량이 동일한 경우 경화콘크리트의 기포간극계수가 작을수록 내동해성은 저하된다. (　　)

046 골재의 함수상태에 대한 설명으로 올바른지 체크하시오.

① 습윤상태의 수량에서 절건상태의 수량을 뺀 것을 전함수량이라 한다. (　　)
② 습윤상태의 수량에서 표건상태의 수량을 뺀 것을 표면수량이라 한다. (　　)
③ 표건상태의 수량에서 기건상태의 수량을 뺀 것을 흡수량이라 한다. (　　)
④ 기건상태의 수량에서 절건상태의 수량을 뺀 것을 기건 함수량이라 한다. (　　)
⑤ 절대건조상태는 대기중에서 골재의 표면이 완전히 건조된 상태를 말한다. (　　)
⑥ 습윤상태는 골재입자의 내부에 물이 채워져 있고, 표면에도 물이 부착되어 있는 상태를 말한다. (　　)
⑦ 표면건조포화상태는 골재입자의 표면에 물은 없으나 내부의 공극에는 물이 꽉차 있는 상태를 말한다. (　　)
⑧ 공기중건조상태는 실내에 방치한 경우 골재입자의 표면과 내부의 일부가 건조한 상태를 말한다. (　　)
⑨ 함수량이란 습윤상태의 골재의 내외에 함유하는 전체 수량을 말한다. (　　)
⑩ 흡수량이란 표면건조 내부포수상태의 골재 중에 포함하는 물의 양을 말한다. (　　)
⑪ 유효흡수량이란 절건상태와 기건상태의 골재 내에 함유된 수량과의 차를 말한다. (　　)
⑫ 표면수량이란 함수량과 흡수량의 차를 말한다. (　　)

047 골재의 함수상태에서 유효흡수량의 정의에 해당하는 것을 체크하시오.

① 습윤상태와 절대건조상태의 수량의 차이 (　　)
② 표면건조포화상태와 기건상태의 수량의 차이 (　　)
③ 기건상태와 절대건조상태의 수량의 차이 (　　)
④ 습윤상태와 표면건조포화상태의 수량의 차이 (　　)

[11①]

048 경량골재에 해당하는 것을 체크하시오.

① 자철광 (　) 　　② 팽창혈암 (　)
③ 중정석 (　) 　　④ 산자갈 (　)

[09③]

049 중량콘크리트용 골재로서 가장 적합한 것을 체크하시오.

① 석회암 (　) 　　② 화강암 (　)
③ 중정석 (　) 　　④ 슬래그 (　)

[10②]

050 분말화시킨 후 조립 소성하여 구조용 경량골재를 제조하는 원료에 해당하는 것을 체크하시오.

① 팽창혈암 (　) 　　② 팽창진주암 (　)
③ 팽창규조토 (　) 　　④ 화산사 (　)

★중요

[07②, 09①②, 11①, 14③, 16①, 18①, 20③, 21①, 23②, 24③]

051 콘크리트용 골재에 대한 설명으로 올바른지 체크하시오.

① 잔골재로서 사용할 모래의 절건밀도는 $2.5g/cm^3$ 이상의 값을 표준으로 한다. (　)
② 잔골재의 최대 염화물 이온 함유량은 질량백분율로 0.05%이다. (　)
③ 화학적으로 불안정한 골재는 사용할 수 없다. (　)
④ 잔골재로서 사용할 모래의 흡수율은 3.0% 이하의 값을 표준으로 한다. (　)
⑤ 청정하며 가능한 염화물을 많이 포함할수록 우수한 골재이다. (　)
⑥ 골재는 콘크리트의 워커빌리티에 영향을 미친다. (　)
⑦ 물리·화학적으로 안전성이 있어야 한다. (　)
⑧ 골재는 청정·견경해야 한다. (　)
⑨ 골재는 소요의 내화성과 내구성을 가져야 한다. (　)
⑩ 골재는 표면이 매끄럽지 않으며 예각으로 된 것이 좋다. (　)
⑪ 골재는 밀실한 콘크리트를 만들 수 있는 입형과 입도를 갖는 것이 좋다. (　)
⑫ 골재의 강도는 경화한 시멘트페이스트 강도보다 커야 한다. (　)
⑬ 골재의 형태가 예각이며, 표면은 매끄러워야 한다. (　)
⑭ 골재의 입형이 둥글고 입도가 고른 것이어야 한다. (　)
⑮ 먼지 또는 유기불순물을 포함하지 않아야 한다. (　)
⑯ 시멘트 페이스트 이상의 강도를 가진 단단하고 강한 것이어야 한다. (　)
⑰ 운모가 함유된 것이어야 한다. (　)
⑱ 연속적인 입도분포를 가진 것이어야 한다. (　)
⑲ 표면이 거칠고 구형에 가까운 것이어야 한다. (　)
⑳ 입형과 입도가 좋은 골재는 실적율이 작고 동일 슬럼프를 얻기 위한 단위수량이 크다. (　)
㉑ 골재의 입도를 수치적으로 나타내는 지표로서는 조립률이 이용된다. (　)
㉒ 실적률이 큰 골재를 사용하면 시멘트 페이스트량이 적게 든다. (　)
㉓ 콘크리트용 골재의 입형은 편평, 세장하지 않은 것이 좋다. (　)

[14③]

052 철근콘크리트의 골재로서 불가피하게 해사를 사용할 경우 중점을 두어 반드시 취해야 할 조치에 해당하는 것을 체크하시오.

① 충분히 물에 씻어 사용한다. (　)
② 잔골재의 혼합비를 높게 한다. (　)
③ 구조내력상 중요한 부분에 보강근을 넣는다. (　)
④ 충분히 건조시킨 후 사용한다. (　)

[13③]

053 골재의 선팽창계수에 의해 영향을 받을 수 있는 콘크리트의 성질을 체크하시오.

① 마모에 대한 저항성 (　)
② 습윤건조에 대한 저항성 (　)
③ 동결융해에 대한 저항성 (　)
④ 온도변화에 대한 저항성 (　)

★중요　　　　　　　　　[09③, 14②, 19③, 22①]

054 골재의 실적률에 관한 설명으로 올바른지 체크하시오.

① 실적률은 골재 입형의 양부를 평가하는 지표이다. (　)

② 깬자갈의 실적률은 그 입형 때문에 강자갈의 실적률보다 적다. (　)

③ 실적률 산정 시 골재의 비중은 절대건조상태의 비중을 말한다. (　)

④ 골재의 단위용적 중량이 동일하면 비중이 클수록 실적률도 크다. (　)

★중요　　　　　　[14②, 21②, 23③, 24②]

055 실적률이 큰 골재로 이루어진 콘크리트의 특성에 해당하는 것을 체크하시오.

① 시멘트 페이스트의 양이 커져 콘크리트 제조 시 경제성이 낮다. (　)

② 내구성이 증대된다. (　)

③ 투수성, 흡습성의 감소를 기대할 수 있다. (　)

④ 건조수축 및 수화열이 감소된다. (　)

[06①]

056 부순모래를 이용한 콘크리트에 대한 설명으로 올바른지 체크하시오.

① 강모래를 이용한 콘크리트와 동일한 슬럼프를 얻기 위해서는 단위수량이 5~10% 더 필요하다. (　)

② 미세한 분말량이 많아지면 공기량이 줄어들기 때문에 필요시 공기량을 증가시킨다. (　)

③ 콘크리트의 압축강도는 미세한 분말량이 10% 이하이면 큰 차이를 보인다. (　)

④ 미세한 분말량이 많아짐에 따라 응결의 초결시간과 종결시간이 빨라진다. (　)

[10③, 19②]

057 부순굵은골재에 대한 품질규정치가 KS에 정해져 있지 않은 항목을 체크하시오.

① 압축강도 (　)　　　② 절대건조밀도 (　)

③ 흡수율 (　)　　　④ 안정성 (　)

★중요　　　　　　[13①, 15③, 22①]

058 깬자갈을 사용한 콘크리트가 동일한 시공연도의 보통 콘크리트보다 유리한 점을 체크하시오.

① 시멘트 페이스트와의 부착력 증가 (　)

② 수밀성 증가 (　)

③ 내구성 증가 (　)

④ 단위수량 감소 (　)

[17②]

059 굳지 않은 콘크리트의 성질을 표시한 용어를 체크하시오.

① 워커빌리티(workability) (　)

② 펌퍼빌리티(pumpability) (　)

③ 플라스티시티(plasticity) (　)

④ 크리프(creep) (　)

[08①②]

060 굳지 않은 콘크리트의 성질을 표시하는 용어에 대한 설명으로 올바른지 체크하시오.

① 워커빌리티(workability)는 정성적인 것으로 정량적으로 표시하기가 어렵다. (　)

② 컨시스턴스(consistency)는 주로 수량에 의해서 변화하는 유동성의 정도를 의미한다. (　)

③ 피니셔빌리티(finishability)는 마감성의 난이 또는 마무리하기 쉬운 정도를 표시하는 성질이다. (　)

④ 펌퍼빌리티(pumpability)는 거푸집 등의 형상에 순응하여 채우기 쉽고, 분리가 일어나지 않는 성질을 말한다. (　)

⑤ 펌퍼빌리티(pumpability)는 펌프용 콘크리트의 워커빌리티를 판단하는 하나의 궤도로 사용된다. (　)

⑥ 워커빌리티(workability)는 컨시스턴시에 의한 부어넣기의 난이도 점도 및 재료분리에 저항하는 정도를 나타낸다. (　)

⑦ 플라스티시티(plasticity)는 수량에 의해서 변화하는 콘크리트 유동성의 정도이다. (　)

★중요　　　[14③, 17②, 18①, 20③, 23③, 25①]

061 콘크리트 워커빌리티(workability)에 관한 설명으로 올바른지 체크하시오.

① 과도하게 비빔시간이 길면 시멘트의 수화를 촉진하여 워커빌리티가 나빠진다. (　)

② 단위수량을 너무 증가시키면 재료분리가 생기기 쉽기 때문에 워커빌리티가 좋아진다고 볼 수 없다. (　)

③ AE제를 혼입하면 워커빌리티가 좋게 된다. (　　)

④ 깬자갈이나 깬모래를 사용할 경우, 잔골재를 작게 하고 단위수량을 감소시키면 워커빌리티가 좋아진다. (　　)

⑤ 골재의 입도가 적당하면 워커빌리티가 좋다. (　　)

⑥ 시멘트의 성질에 따라 워커빌리티가 달라진다.
(　　)

⑦ 단위수량이 증가할수록 재료분리를 예방할 수 있다. (　　)

⑧ AE제를 혼입하면 워커빌리티가 좋게 된다. (　　)

★중요　　　　　　　　　　　　　　　[13③, 16②, 22①]

062 슬럼프 시험에 대한 설명으로 올바른지 체크하시오.

① 콘크리트의 시공연도를 측정하기 위하여 행한다.
(　　)

② 슬럼프 값이 높을 경우 콘크리트는 묽은 비빔이다. (　　)

③ 슬럼프 콘에 콘크리트를 3층으로 분할하여 채운다. (　　)

④ 슬럼프 시험시 각 층을 50회 다진다. (　　)

⑤ 슬럼프 콘의 치수는 윗지름 10cm, 밑지름 30cm, 높이가 20cm이다. (　　)

⑥ 수밀한 철판을 수평으로 놓고 슬럼프 콘을 놓는다. (　　)

⑦ 혼합한 콘크리트를 1/3씩 3층으로 나누어 채운다. (　　)

⑧ 매 회마다 표준철봉으로 25회 다진다. (　　)

[11①]

063 콘크리트에서 발생되는 블리딩에 관한 설명으로 올바른지 체크하시오.

① AE제, 감수제의 사용은 블리딩량을 저감시키는 데 효과가 있다. (　　)

② 블리딩과 콘크리트 마감면 근처의 침강균열과는 무관하다. (　　)

③ 물시멘트비가 클수록 블리딩은 증가한다. (　　)

④ 콘크리트 표면에 발생하는 백색의 미세한 침전 물질은 블리딩에 의해 발생한다. (　　)

★중요　　　　　　　[14①②, 18①, 21③, 23①, 25①]

064 콘크리트의 블리딩 현상에 의한 성능저하에 해당하는 것을 체크하시오.

① 골재와 페이스트의 부착력 저하 (　　)

② 철근과 페이스트의 부착력 저하 (　　)

③ 콘크리트의 수밀성 저하 (　　)

④ 콘크리트의 응결성 저하 (　　)

[20②]

065 블리딩 현상이 콘크리트에 미치는 가장 큰 영향을 체크하시오.

① 공기량이 증가하여 결과적으로 강도를 저하시킨다. (　　)

② 수화열을 발생시켜 콘크리트에 균열을 발생시킨다. (　　)

③ 콜드조인트의 발생을 방지한다. (　　)

④ 철근과 콘크리트의 부착력 저하, 수밀성 저하의 원인이 된다. (　　)

★중요　　　　[04①, 05③, 16③, 19②, 20①, 25②]

066 콘크리트의 건조수축에 대한 설명으로 올바른지 체크하시오.

① 시멘트의 화학성분이나 분말도에 따라 건조수축량은 변화한다. (　　)

② 콘크리트의 건조수축을 적게 하기 위해서 배합시 가능한 한 단위수량을 적게 한다. (　　)

③ 사암이나 점판암을 골재로 이용한 콘크리트는 수축량이 크고, 석영이나 석회암을 이용한 것은 적다. (　　)

④ 콘크리트의 습윤양생기간은 건조수축에 크게 영향을 주며 이 기간이 길면 길수록 건조수축은 적어진다. (　　)

⑤ 골재로서 사암이나 점판암을 이용한 콘크리트는 수축량이 크고, 석영·석회암·화강암을 이용한 것은 적다. (　　)

⑥ 일반적으로 건조개시 재령의 영향은 거의 받지 않는다. (　　)

⑦ 골재 중에 포함된 미립분이나 점토, 실트는 일반적으로 건조수축을 증대시킨다. (　　)

⑧ 단위수량이 증가되면 수축량은 감소한다. (　　)

⑨ 시멘트의 제조성분에 따라 수축량이 다르다. (　　)

⑩ 골재의 성질에 따라 수축량이 다르다. (　)
⑪ 시멘트량의 다소에 따라 수축량이 다르다. (　)
⑫ 된비빔일수록 수축량이 많다. (　)

[07②]

067 **콘크리트의 내구성에 관한 설명으로 올바른지 체크하시오.**

① 염해는 철근과 무관하게 콘크리트 자체가 열화되는 것을 말한다. (　)
② 알칼리 골재반응은 시멘트의 알칼리 성분과 골재를 구성하는 실리카광물이 반응하여 콘크리트를 팽창시키는 반응이다. (　)
③ 콘크리트중의 연행기포가 많을수록 동결융해저항성은 높아지나 강도가 떨어질 수 있다. (　)
④ 중성화현상은 경화콘크리트중의 알칼리성분이 탄산가스등의 침입으로 중화되는 현상이다. (　)

★중요
[04②, 05①, 07③, 12②, 13①, 15①, 25③]

068 **콘크리트의 크리프에 대한 설명으로 올바른지 체크하시오.**

① 재하 초기에 증가가 현저하고, 장기화될수록 증가율은 작게 되고 보통 3~4년에 정지한다. (　)
② 재하재령이 빠를수록 크리프는 적다. (　)
③ 물시멘트비가 클수록 크리프는 크다. (　)
④ 크리프는 응력집중을 감소시키고 균열발생의 위험성을 줄이는 효과가 있다. (　)
⑤ 시멘트페이스트가 많을수록 크다. (　)
⑥ 물시멘트비가 작을수록 크다. (　)
⑦ 재하초기에 현저히 증가한다. (　)
⑧ 시멘트량이 많을수록 크다. (　)
⑨ 부재의 건조 정도가 높을수록 크다. (　)
⑩ 재하시의 재령이 짧으면 크리프는 커진다. (　)
⑪ 부재의 단면치수가 클수록 크다. (　)
⑫ 단위수량이 작을수록 크다. (　)
⑬ 구조부재 치수가 클수록 적다. (　)
⑭ 시멘트 페이스트가 묽을수록 크리프는 크다. (　)
⑮ 하중 또는 작용응력이 클수록 크리프는 크다. (　)
⑯ 재하재령이 느릴수록 크리프는 크다. (　)
⑰ 부재의 단면치수가 작으면 크리프는 커진다. (　)
⑱ 시멘트 페이스트의 양이 적으면 크리프는 커진다. (　)

[03②, 18③]

069 **콘크리트 공기량에 관한 설명으로 올바른지 체크하시오.**

① AE 콘크리트의 공기량은 보통 4%를 표준으로 한다. (　)
② 콘크리트를 진동시키면 공기량이 감소한다. (　)
③ 콘크리트의 온도가 높으면 공기량이 줄어든다. (　)
④ 비빔시간이 길면 길수록 공기량은 증가한다. (　)

★중요
[03③, 05①, 09①, 25③]

070 **굳지 않은 콘크리트의 성질 중 굵은 골재의 분리는 모르타르 부분에서 굵은 골재가 분리되어 불균일하게 존재하는 상태를 말하는데, 굵은 골재의 분리에 영향을 주는 인자를 체크하시오.**

① 단위수량 (　)　　② 골재의 종류 (　)
③ 골재의 강도 (　)　　④ 골재의 입형 (　)

[06③, 17③]

071 **콘크리트의 중성화에 대한 설명으로 올바른지 체크하시오.**

① 중성화는 철근의 부식을 촉진시킨다. (　)
② 중성화는 공기 중의 질소에 의해 영향을 받는다. (　)
③ 중성화 속도는 물시멘트비가 적을수록 늦다. (　)
④ 중성화가 진행되어도 콘크리트의 강도, 기타의 물리적 성질은 거의 변하지 않는다. (　)
⑤ 중성화되면 콘크리트는 알칼리성이 된다. (　)
⑥ 중성화되면 콘크리트 내 철근은 녹이 슬기 쉽다. (　)
⑦ 콘크리트의 중의 수산화석회가 탄산가스에 의해서 중화되는 현상이다. (　)
⑧ 물시멘트비가 크면 클수록 중성화의 진행속도는 빠르다. (　)

[13③]

072 **콘크리트의 중성화에 대한 저감대책에 해당하는 것을 체크하시오.**

① 물–시멘트비(W/C)를 낮춘다. (　)
② 단위시멘트량을 증대시킨다. (　)
③ 혼합시멘트를 사용한다. (　)
④ AE감수제나 고성능감수제를 사용한다. (　)

[13①, 23②, 24③]

073 콘크리트 내구성에 영향을 주는 다음 화학반응식의 현상을 체크하시오.

$$Ca(OH)_2 + CO_2 \rightarrow CaCO_3 + H_2O \uparrow$$

① 콘크리트 염해 (　)　② 동결융해현상 (　)

③ 콘크리트 중성화 (　)④ 알칼리 골재반응 (　)

[19③]

074 콘크리트의 탄산화에 관한 설명으로 올바른지 체크하시오.

① 탄산가스의 농도, 온도, 습도 등 외부환경조건도 탄산화 속도에 영향을 준다. (　)

② 물–시멘트비가 클수록 탄산화의 진행속도가 빠르다. (　)

③ 탄산화된 부분은 페놀프탈레인액을 분무해도 착색되지 않는다. (　)

④ 일반적으로 보통 콘크리트가 경량골재 콘크리트보다 탄산화 속도가 빠르다. (　)

★중요　[04①, 11②, 18③, 24①]

075 신축이음(Expansion Joint) 재료에 요구되는 성능 조건에 해당하는 것을 체크하시오.

① 콘크리트의 수축에 순응할 수 있는 탄성 (　)

② 콘크리트의 팽창에 저항할 수 있는 압축강도 (　)

③ 콘크리트에 잘 접착하는 접착성 (　)

④ 콘크리트 이음 사이의 충분한 수밀성 (　)

[07③]

076 콘크리트의 재료분리에 대한 설명으로 올바른지 체크하시오.

① 잔골재율이 클수록 분리경향은 감소한다. (　)

② 잔골재의 조립율이 커질수록 분리경향은 적어진다. (　)

③ 굵은골재와 모르타르의 비중차가 적을수록 분리경향은 적어진다. (　)

④ 모르타르의 점도가 커질수록 분리경향은 적어진다. (　)

[14②]

077 콘크리트 재료분리의 원인을 체크하시오.

① 콘크리트의 플라스티시티(plasticity)가 작은 경우 (　)

② 잔골재율이 큰 경우 (　)

③ 단위수량이 지나치게 큰 경우 (　)

④ 굵은골재의 최대치수가 지나치게 큰 경우 (　)

[03①]

078 콘크리트의 배합설계 조건을 체크하시오.

① 소정의 강도를 가질 것 (　)

② 소정의 슬럼프를 가질 것 (　)

③ 워커빌리티가 좋을 것 (　)

④ 미세한 공기량이 최대한 많을 것 (　)

★중요　[10①, 11③, 16②, 19③, 21③, 25①]

079 콘크리트 혼화재 중 하나인 플라이애시가 콘크리트에 미치는 작용에 대한 설명으로 올바른지 체크하시오.

① 콘크리트 내부의 알칼리를 감소시키기 때문에 중성화를 촉진시킬 염려가 있다. (　)

② 콘크리트 수화 초기시의 발열량을 감소시키고 장기적으로 시멘트의 석회와 결합하여 장기강도를 증진시키는 효과가 있다. (　)

③ 입자가 구형이므로 유동성이 증가되어 단위 수량을 감소시키므로 콘크리트의 워커빌리티의 개선, 압송성을 향상시킨다. (　)

④ 알칼리골재반응에 의한 팽창을 증가시키고 콘크리트의 수밀성을 약화시킨다. (　)

⑤ 콘크리트의 워커빌리티를 좋게 하고 사용 수량을 감소시킨다. (　)

⑥ 초기 재령의 강도는 다소 작으나 장기 재령의 강도는 증가한다. (　)

⑦ 시멘트의 수화열에 의한 균열 발생을 억제한다.
(　)

⑧ 건조 수축이 다소 심하므로 매스콘크리트에 사용하는 것을 피한다. (　)

⑨ 단위 수량이 커져 블리딩 현상이 증가한다. (　)

⑩ 초기 재령에서 콘크리트 강도를 저하시킨다. (　)

⑪ 콘크리트의 수밀성을 향상시킨다. (　)

[09②, 13①, 14②, 17①, 21①, 25②]

080 콘크리트 배합 시 사용되는 혼화재료에 대한 설명으로 올바른지 체크하시오.

① 실리카 흄은 콘크리트의 경량화 목적으로 사용된다. ( )

② AE제를 사용한 콘크리트는 동결융해에 대한 저항성이 향상된다. ( )

③ 염화칼슘은 우수한 촉진제로서 저온에서도 상당한 강도 증진을 볼 수 있어 한중콘크리트 사용에 유효하다. ( )

④ 플라이애시를 사용하면 초기강도는 낮지만 장기강도는 증가한다. ( )

⑤ 플라이애시는 콘크리트의 장기강도를 증진하는 효과는 있으나 수밀성은 감소된다. ( )

⑥ 감수제를 이용하여 시멘트의 분산작용의 효과를 얻을 수 있다. ( )

⑦ 염화칼슘은 경화촉진을 목적으로 이용되는 혼화제이다. ( )

⑧ 발포제는 시멘트의 혼입시켜 화학반응에 의해 발생하는 가스를 이용하여 기포를 발생시킨다. ( )

⑨ AE 감수제는 작업성능이나 동결융해 저항성능을 향상시킨다. ( )

⑩ 유동화제는 강력한 감수효과와 강도의 대폭적인 증가를 불러온다. ( )

⑪ 방청제는 염화물에 의한 강재의 부식을 억제시킨다. ( )

⑫ 증점제는 점성, 응집작용 등을 향상시켜 재료분리를 억제한다. ( )

⑬ 플라이애시는 워커빌리티, 펌퍼빌리티를 개선한다. ( )

⑭ 고로슬래그 미분말은 수화열을 억제하고, 알칼리골재반응도 억제한다. ( )

⑮ 실리카 흄은 화학적 저항성을 증대시키고, 블리딩을 저감시킨다. ( )

⑯ 가용성 규산 미분말은 수화열을 억제하고, 알칼리골재반응도 억제한다. ( )

[22①]

081 콘크리트의 혼화재료 중 혼화제를 체크하시오.

① 플라이애시 ( )

② 실리카 흄 ( )

③ 고로슬래그 미분말 ( )

④ 고성능 감수제 ( )

[12①, 18③]

082 계면활성 효과를 이용하는 콘크리트용 혼화제의 계면활성 작용에 해당하는 것을 체크하시오.

① 경화작용 ( )　　② 기포작용 ( )

③ 분산작용 ( )　　④ 습윤작용 ( )

[03②]

083 콘크리트 강도 변화를 가장 적게 주고 시공연도를 조절하는 방법을 체크하시오.

① 물의 증감 ( )

② 시멘트량의 증감 ( )

③ 모래, 자갈의 증감 ( )

④ 물시멘트비의 증감 ( )

[03①, 13③]

084 콘크리트 슬래브의 거푸집 패널 또는 바닥판 및 지붕판으로 사용하는 것을 체크하시오.

① 키스톤 플레이트 ( )

② 데크 플레이트 ( )

③ 익스팬디드 메탈 ( )

④ 메탈 폼 ( )

[05③, 15①]

085 ALC(Autoclaved Lightweight Concrete, 경량기포콘크리트) 제조 시 기포제로 사용되는 것을 체크하시오.

① 알루미늄 분말 ( )　　② 플라이애시 ( )

③ 규산백토 ( )　　　　④ 실리카 시멘트 ( )

[03①②, 04②③, 06③, 08②, 11③, 12①, 16①, 18①, 19①②, 21②, 24②]

086 ALC(Autoclaved Lightweight Concrete)에 관한 설명으로 올바른지 체크하시오.

① ALC란 포화증기 양생 경량기포콘크리트로 주로 지붕, 바닥, 벽재로 사용된다. ( )

② ALC는 압축강도가 작아서 구조재로서는 부적합하며 주로 비내력벽으로 사용된다. ( )

③ ALC는 큰 팽창수축률로 인하여 균열발생이 용이하므로 사용개소에 유의해야 한다. ( )

④ ALC는 현장에서 절단 및 가공이 용이하며 인력으로 취급할 수 있다. (　　)

⑤ 중성화의 우려가 높으므로 중성화 방지를 위한 대책이 필요하다. (　　)

⑥ 흡음률은 10~20% 정도로 비닐막을 붙이면 더욱 향상시킬 수 있다. (　　)

⑦ 구성재료는 아연분말, 생석회, 펄라이트 등이다. (　　)

⑧ 오토클레이브 내에서 고온, 고압 상태로 양생된다. (　　)

⑨ ALC의 제반 물리적 특성은 일반적으로 비중과 밀접한 관계가 있다. (　　)

⑩ 보통콘크리트에 비하여 중성화의 우려가 있다. (　　)

⑪ 보통콘크리트와 마찬가지로 압축강도에 비해서 휨강도나 인장강도는 상당히 약한 수준이다. (　　)

⑫ 흡수율이 낮아 동결, 융해에 대한 저항성이 크다. (　　)

⑬ 열전도율은 보통 콘크리트와 비슷하여 단열성은 약한 편이다. (　　)

⑭ 경량이고 다공질이어서 가공 시 톱을 사용할 수 있다. (　　)

⑮ 불연성 재료로 내화성이 매우 우수하다. (　　)

⑯ 흡음성과 차음성은 비교적 약한 편이다. (　　)

⑰ 무수한 기포를 독립적으로 분산시켜 중량을 가볍게 한 기포콘크리트의 일종이다. (　　)

⑱ 주원료는 생석회, 시멘트 등의 석회질 원료, 규사, 규석, 플라이애시 등의 규산질 원료 및 발포제로 알루미늄 분말 등이 있다. (　　)

⑲ 흡수성이 없어서 저온(低溫)시 동해(凍害)방지, 단열 성능이 우수하다. (　　)

⑳ 경량으로 인력에 의한 취급이 가능하고, 또한 필요에 따라 현장에서 절단 및 가공이 용이하다. (　　)

㉑ 단열성이 낮아 결로가 발생한다. (　　)

㉒ 강도가 낮아 주로 비내력용으로 사용된다. (　　)

㉓ 내화구조로 사용 가능하다. (　　)

㉔ 보통콘크리트에 비하여 탄산화의 우려가 낮다. (　　)

㉕ 열전도율은 보통콘크리트의 약 1/10 정도로 단열성이 우수하다. (　　)

㉖ 현장에서 취급이 편리하고 절단 및 가공이 용이하다. (　　)

㉗ 다공질이므로 흡수성이 높은 편이다. (　　)

㉘ 규산질, 석회질 원료를 주원료로 하여 기포제와 발포제를 첨가하여 만든다. (　　)

㉙ 경량이며 내화성이 상대적으로 우수하다. (　　)

㉚ 별도의 마감 없이도 수분이 차단되어 주로 외벽에 사용된다. (　　)

㉛ 동일용도의 건축자재 중 상대적으로 우수한 단열 성능을 가지고 있다. (　　)

㉜ 보통콘크리트에 비하여 중성화의 우려가 높다. (　　)

㉝ 압축강도에 비해서 휨강도나 인장강도는 상당히 약하다. (　　)

㉞ 경량성, 단열성, 내화성 등에서 우수한 성능을 보인다. (　　)

㉟ 흡수성이 높고 부서지기 쉬운 단점이 있다. (　　)

[14①, 22②]

087 일반 콘크리트 대비 ALC의 물리적 성질에 해당하는 것을 체크하시오.

① 경량성 (　　)

② 높은 단열성 (　　)

③ 높은 흡음·차음성 (　　)

④ 높은 방수성 (　　)

[10①]

088 ALC블록(Autoclaved Lightweight Concrete Block) 0.5품의 절건비중에 해당하는 것을 체크하시오.

① 0.45 초과 0.55 미만 (　　)

② 1.05 초과 1.15 미만 (　　)

③ 1.5 초과 1.6 미만 (　　)

④ 1.95 초과 2.05 미만 (　　)

[06②, 16③]

089 서중콘크리트 타설 시 슬럼프 저하나 수분의 급격한 증발 등의 우려가 있다. 이러한 문제점을 해결하기 위한 재료상 대책에 해당하는 것을 체크하시오.

① 단위수량을 증가시킨다. (　　)

② 고온의 시멘트를 사용한다. (　　)

③ 콘크리트의 운반 및 부어넣는 시간을 되도록 길게 한다. ( )

④ 수화발열을 줄이기 위해 조강포틀랜드시멘트를 사용한다. ( )

⑤ 혼화재료는 AE감수제 지연형 및 감수제 지연형을 사용한다. ( )

[17①]

090 서중콘크리트에 대한 설명으로 올바른지 체크하시오.

① 시멘트는 고온의 것을 사용하지 않아야 하고 골재 및 물은 가능한 한 낮은 온도의 것을 사용한다. ( )

② 표면활성제는 공사시방서에 정한 바가 없을 때에는 AE감수제 지연형 등을 사용한다. ( )

③ 콘크리트를 부어 넣은 후 수분의 급격한 증발이나 직사광선에 의한 온도 상승을 막고 습윤상태가 유지되도록 양생한다. ( )

④ 거푸집 해체시기 검토를 위하여 적산온도를 활용한다. ( )

[03②]

091 수밀콘크리트를 만드는 방법에 관한 설명으로 올바른지 체크하시오.

① 물·시멘트비는 55% 이하로 한다. ( )

② 시공연도를 좋게 하기 위하여 AE제를 쓴다. ( )

③ 골재는 둥글고 굳은 것을 사용한다. ( )

④ 다짐은 손다짐을 하는 것을 원칙으로 한다. ( )

[03②]

092 폴리머합침콘크리트의 특징을 체크하시오.

① 폴리머합침을 하지 않은 기본재료에 비하여 강도와 탄성이 크다. ( )

② 폴리머합침을 하지 않은 기본재료에 비하여 내약품성이 우수하다. ( )

③ 폴리머합침을 하지 않은 기본재료에 비하여 수밀성이 양호하다. ( )

④ 폴리머합침을 하지 않은 기본재료에 비하여 내화성이 크다. ( )

[20③, 23③]

093 보통시멘트콘크리트와 비교한 폴리머시멘트콘크리트의 특징으로 올바른지 체크하시오.

① 유동성이 감소하여 일정 워커빌리티를 얻는 데 필요한 물−시멘트비가 증가한다. ( )

② 모르타르, 강재, 목재 등의 각종 재료와 잘 접착한다. ( )

③ 방수성 및 수밀성이 우수하고 동결융해에 대한 저항성이 양호하다. ( )

④ 휨, 인장강도 및 신장능력이 우수하다. ( )

[07①, 12①]

094 플레인 콘크리트와 비교한 AE 콘크리트의 성질에 관한 설명으로 올바른지 체크하시오.

① 콘크리트의 워커빌리티가 양호하다. ( )

② 동일 물시멘트비인 경우 강도가 높다. ( )

③ 동결 융해에 대한 내구성이 크다. ( )

④ 블리딩 등의 재료분리가 작다. ( )

[08①, 21①]

095 고강도 강선을 사용하여 인장응력을 미리 부여함으로서 단면을 적게 하면서 큰 응력을 받을 수 있는 콘크리트를 체크하시오.

① 매스 콘크리트 ( )

② 프리팩트 콘크리트 ( )

③ 프리스트레스트 콘크리트 ( )

④ AE 콘크리트 ( )

[10②]

096 특정한 입도를 가진 굵은 골재를 거푸집에 채워넣고 그 굵은 골재 사이의 공극에 특수한 모르타르를 적당한 압력으로 주입하여 만드는 콘크리트를 체크하시오.

① 수밀 콘크리트 ( )

② 프리플레이스트 콘크리트 ( )

③ 유동화 콘크리트 ( )

④ 프리스트레스트 콘크리트 ( )

[19③]

097 프리플레이스트 콘크리트에 사용되는 골재에 관한 설명으로 올바른지 체크하시오.

① 굵은 골재의 최소 치수는 15mm 이상, 굵은 골재

의 최대 치수는 부재단면 최소 치수의 1/4 이하,
철근 콘크리트의 경우 철근 순간격의 2/3 이하로
하여야 한다. (　　)

② 굵은 골재의 최대 치수와 최소 치수와의 차이를
작게 하면 굵은 골재의 실적률이 커지고 주입모
르타르의 소요량이 적어진다. (　　)

③ 대규모 프리플레이스트 콘크리트를 대상으로 할
경우, 굵은 골재의 최소 치수를 크게 하는 것이 효
과적이다. (　　)

④ 골재의 적절한 입도 분포를 위해 일반적으로 굵
은 골재의 최대 치수는 최소 치수의 2~4배 정도
로 한다. (　　)

★중요　　　　　　　　　　　　[10②, 13①, 18②, 24③]
098 콘크리트의 종류 중 방사선 차폐용으로 주로 사용
되는 것을 체크하시오.

① 경량콘크리트 (　　)　　② 한중콘크리트 (　　)

③ 매스콘크리트 (　　)　　④ 중량콘크리트 (　　)

⑤ 프리플레이스트 콘크리트 (　　)

⑥ 프리스트레스트 콘크리트 (　　)

[05①]
099 레디믹스드 콘크리트(ready mixed concrete)의
규격을 나타내는 (25 − 24 − 150)의 수치가 뜻하는
것을 순서대로 연결한 것을 체크하시오.

① 잔골재 최대치수 − 압축강도 − 슬럼프값 (　　)

② 굵은골재 최대치수 − 압축강도 − 슬럼프값 (　　)

③ 슬럼프값 − 압축강도 − 잔골재 최대치수 (　　)

④ 굵은골재 최대치수 − 인장강도 − 슬럼프값 (　　)

[22①]
100 콘크리트에 AE제를 첨가했을 경우 공기량 증감에
큰 영향을 주는 것을 체크하시오.

① 혼합시간 (　　)　　② 시멘트의 사용량 (　　)

③ 주위온도 (　　)　　④ 양생방법 (　　)

★중요　　　　　　[11②, 12②, 16②, 19②, 24①]
101 AE제를 사용한 콘크리트에 대한 설명으로 올바른
지 체크하시오.

① AE제를 쓰지 않아도 생기는 공기를 entrained
air라 한다. (　　)

② AE제를 사용함으로써 콘크리트의 블리딩이 감소
된다. (　　)

③ AE제만 사용하는 것보다는 감수제를 병용하면
워커빌리티 개선에 더욱 효과가 크다. (　　)

④ AE제를 사용하면 동결융해 작용에 대한 내동해
성이 증가한다. (　　)

⑤ 강도가 증가된다. (　　)

⑥ 워커빌리티가 좋아지고 재료의 분리가 감소된다.
(　　)

⑦ 단위수량이 저감된다. (　　)

⑧ 시공연도가 좋고 재료분리가 적다. (　　)

⑨ 단위수량을 줄일 수 있다. (　　)

⑩ 제물지창 콘크리트 시공에 적당하다. (　　)

⑪ 철근에 대한 부착강도가 증가한다. (　　)

⑫ 동일 물시멘트비인 경우 압축강도가 높다. (　　)

⑬ 블리딩 등의 재료분리가 적다. (　　)

[16③]
102 경량콘크리트의 골재로서 슬래그(slag)를 사용하기
전 물축임하는 이유를 체크하시오.

① 시멘트 모르타르와의 접착력을 좋게 하기 위해
(　　)

② 유기 불순물이나 진흙을 씻어 내기 위해 (　　)

③ 콘크리트의 자체 무게를 줄이기 위해 (　　)

④ 시멘트가 수화하는 데 필요한 수량을 확보하기
위해 (　　)

[08③, 10③]
103 유동화 콘크리트에 관한 설명으로 올바른지 체크하
시오.

① 초기강도는 감소되고 장기강도가 증대된다. (　　)

② 높은 강도, 내구성, 수밀성을 갖는 콘크리트를 얻
을 수 있다. (　　)

③ 유동화제라고 불리는 분산성능이 높은 혼화제를
혼입한 것이다. (　　)

④ 건조수축이 통상의 묽은 비빔콘크리트보다 적게
된다. (　　)

104 콘크리트의 유동성 증대를 목적으로 사용하는 유동화제의 주성분에 해당하는 것을 체크하시오.

① 나프탈렌설폰산염계 축합물 (　)

② 폴리알킬아릴설폰산염계 축합물 (　)

③ 멜라민설폰산염계 축합물 (　)

④ 변성 리그닌설폰산계 축합물 (　)

★중요　　　　　　　　　　　　　　[11③, 13②, 17②, 24②]

105 매스콘크리트의 균열을 방지 또는 감소시키기 위한 대책을 체크하시오.

① 중용열포틀랜드시멘트를 사용한다. (　)

② 수밀하게 타설하기 위해 슬럼프값은 될 수 있는 한 크게 한다. (　)

③ 혼화제로서 조기 강도발현을 위해 응결경화촉진제를 사용한다. (　)

④ 골재치수를 작게 함으로써 시멘트량을 증가시켜 고강도화를 꾀한다. (　)

⑤ 고발열성 시멘트를 사용한다. (　)

⑥ 파이프 쿨링을 실시한다. (　)

⑦ 포졸란계 혼화재를 사용한다. (　)

⑧ 온도균열지수에 의한 균열발생을 검토한다. (　)

⑨ 저발열성시멘트를 사용한다. (　)

⑩ 골재치수를 작게 한다. (　)

⑪ 물시멘트비를 낮춘다. (　)

[17①, 20③]

106 한중콘크리트에 관한 설명으로 올바른지 체크하시오. (단, 콘크리트표준시방서 기준)

① 한중콘크리트에는 공기연행 콘크리트를 사용하는 것을 원칙으로 한다. (　)

② 단위수량은 초기동해를 적게 하기 위하여 소요의 워커빌리티를 유지할 수 있는 범위 내에서 되도록 적게 정하여야 한다. (　)

③ 물−결합재비는 원칙적으로 50% 이하로 하여야 한다. (　)

④ 배합강도 및 물−결합재비는 적산온도 방식에 의해 결정할 수 있다. (　)

⑤ 한중 콘크리트에는 일반콘크리트만을 사용하고, AE콘크리트의 사용을 금한다. (　)

⑥ 물−결합재비는 원칙적으로 60% 이하로 하여야 한다. (　)

[07③]

107 쇄석을 골재로 사용하는 콘크리트의 최대 결점에 해당하는 것을 체크하시오.

① 압축강도 저하 (　)

② 시공연도 불량 (　)

③ 골재입자의 부착강도 저하 (　)

④ 흡수율 증가 (　)

[21②, 23③]

108 콘크리트용 골재 중 깬자갈에 관한 설명으로 올바른지 체크하시오.

① 깬자갈의 원석은 안산암·화강암 등이 많이 사용된다. (　)

② 깬자갈을 사용한 콘크리트는 동일한 워커빌리티의 보통자갈을 사용한 콘크리트보다 단위수량이 일반적으로 약 10% 정도 더 많이 요구된다. (　)

③ 깬자갈을 사용한 콘크리트는 강자갈을 사용한 콘크리트보다 시멘트 페이스트와의 부착성능이 매우 낮다. (　)

④ 콘크리트용 굵은 골재로 깬자갈을 사용할 때는 한국산업표준(KS F 2527)에서 정한 품질에 적합한 것으로 한다. (　)

[07③]

109 철근콘크리트용 골재에 포함된 불순물의 종류와 그 영향에 대한 설명으로 올바른지 체크하시오.

① 진흙 − 콘크리트 강도 저하, 건조수축 증가 (　)

② 푸민산 − 시멘트 수화반응과 경화 방해, 콘크리트 강도 저하 (　)

③ 당분 − 응결촉진, 수화열 증가 (　)

④ 염분 − 철근 부식 촉진, 철근콘크리트 내구성 저하 (　)

★중요　　　　　　　　　　　[05①, ②, 10③, 15②, 24③]

110 콘크리트용 골재의 조건에 해당하는 것을 체크하시오.

① 강도는 콘크리트 중의 경화시멘트 페이스트의 강도 이상이어야 한다. (　)

② 표면이 깨끗하고 매끄러워야 한다. (　)

③ 입형은 가능한 한 편평, 세장하지 않아야 한다. (　)

④ 입도는 조립에서 세립까지 연속적으로 균등히 혼합되어 있어야 한다. (　)

⑤ 무근콘크리트에 바다모래를 사용할 경우 염화물 함유량의 허용한도를 따로 정하지 않아도 된다. (　)

⑥ 골재의 받아들이기, 저장 및 취급에 있어서는 대소의 알이 분리하지 않도록, 먼지, 잡물 등이 혼입되지 않도록 주의하여야 한다. (　)

⑦ 잔골재로서 사용할 모래의 흡수율은 6.0% 이하의 값을 표준으로 한다. (　)

⑧ 경량골재는 콘크리트의 중량을 경감시킬 목적으로 사용한다. (　)

[20②, 22②]

111 고로슬래그 쇄석에 관한 설명으로 올바른지 체크하시오.

① 철을 생산하는 과정에서 용광로에서 생기는 광재를 공기 중에서 서서히 냉각시켜 경화된 것을 파쇄하여 입도를 고른 것이다. (　)

② 다른 암석을 사용한 콘크리트보다 고로슬래그 쇄석을 사용한 콘크리트가 건조수축이 매우 큰 편이다. (　)

③ 투수성은 보통골재를 사용한 콘크리트보다 크다. (　)

④ 다공질이기 때문에 흡수율이 높다. (　)

⑤ 투수성은 보통골재의 경우보다 작으므로 수밀콘크리트에 적합하다. (　)

⑥ 고로슬래그 쇄석을 활용한 콘크리트는 다른 암석을 사용한 콘크리트보다 건조수축이 적다. (　)

⑦ 다공질이기 때문에 흡수율이 크므로 충분히 살수하여 사용하는 것이 좋다. (　)

[19①]

112 골재의 입도분포를 측정하기 위한 시험에 해당하는 것을 체크하시오.

① 플로우 시험 (　)

② 블레인 시험 (　)

③ 체가름 시험 (　)

④ 비카트침 시험 (　)

[06②]

113 철근콘크리트 공사에서 이형철근을 사용하는 가장 주된 이유를 체크하시오.

① 원형철근보다 인장강도가 우수하다. (　)

② 콘크리트와의 부착력이 우수하다. (　)

③ 콘크리트 구조물의 압축력을 증가시킨다. (　)

④ 부재의 휨 응력을 증가시킨다. (　)

[18②]

114 콘크리트의 비파괴 시험에 해당하는 것을 체크하시오.

① 방사선 투과 시험 (　)

② 초음파 시험 (　)

③ 침투탐상 시험 (　)

④ 표면경도 시험 (　)

[12②]

001 한국산업표준에 따른 보통포틀랜드시멘트가 물과 혼합한 후 응결이 시작되는 시간은 얼마 이후부터 인지 쓰시오.

⚙**해설** 시멘트의 응결 시간은 가수한 후 1시간에 시작하여 10시간 후에 종결하나, 시결 시간은 작업을 할 수 있도록 여유를 가지기 위하여 1시간 이상이 되는 것이 좋으며, 종결은 10시간 이내가 됨이 좋다.

[12①, 21②, 24①]

002 수화열의 감소와 황산염 저항성을 높이려면 시멘트에 어느 화합물을 감소시켜야 하는지 쓰시오.

[14①]

003 포틀랜드시멘트의 화학성분 중 가장 많은 부분을 차지하는 성분을 쓰시오.

⚙**해설**

종류＼성분	실리카 (SiO$_2$)	알루미나 (Al$_2$O$_3$)	석회 (CaO)	산화철 (Fe$_2$O$_3$)	마그네시아 (MgO)	무수 황산 (SO$_2$)
보통 포틀랜드 시멘트	21~23	5~6	63~66	3~4	1~2	1~1.6

[09②]

004 시멘트의 발열량을 저감시킬 목적으로 제조한 시멘트로 매스콘크리트용으로 사용되며, 건조수축이 적고 화학저항성이 일반적으로 큰 시멘트를 쓰시오.

[12③]

005 시멘트의 수화반응에서 발생하는 수화열이 가장 낮은 시멘트를 쓰시오.

[15③]

006 시멘트 중 안전성이 좋고 발열량이 적으며 내침식성·내구성이 좋아 댐공사, 방사능차폐용 등으로 사용되는 시멘트를 쓰시오.

⭐중요 [08②, 10①, 17①, 24③]

007 포틀랜드시멘트 클링커에 철용광로로부터 나온 슬래그를 급랭한 급랭슬래그를 혼합하여 이에 응결 시간 조정용 석고를 혼합하여 분쇄한 것으로, 수화열량이 적어 매스콘크리트용으로도 사용할 수 있는 시멘트를 쓰시오.

[13②]

008 팽창균열이 없고 화학저항성이 높아 해수·공장폐수·하수 등에 접하는 콘크리트에 적합하고 수화열이 적어 매스콘크리트에 적합한 시멘트를 쓰시오.

[20①]

009 초기강도가 아주 크고 초기 수화발열이 커서 긴급공사나 동절기 공사에 가장 적합한 시멘트를 쓰시오.

[05②, 15②]

010 양질의 골재를 사용하고, 밀실하게 다져진 보통 콘크리트에 있어서, 강도에 가장 큰 영향을 주는 요인을 쓰시오.

[17②, 23②]

011 골재의 단위용적중량을 계산할 때 골재는 어느 상태를 기준으로 하는지 쓰시오. (단, 굵은골재가 아닌 경우임)

⚙ **해설** 골재의 단위용적중량은 골재를 일정한 용기에 채출 때, $1m^3$, 1L와 같은 단위용적에 대한 골재의 무게를 말하고, 골재는 절대건조상태를 기준으로 한다.

[05①, 12①]

012 일반적으로 설계에 있어서 콘크리트의 열(선)팽창계수를 쓰시오.

[04①, 10①]

013 굳지 않은 콘크리트의 성질을 표시하는 용어 중 거푸집 등의 형상에 순응하여 채우기 쉽고 분리가 일어나지 않는 성질을 말하는 것을 쓰시오.

[19①, 22④]

014 부재 혹은 구조물의 치수가 커서 시멘트의 수화열에 의한 온도상승 및 강하를 고려하여 설계·시공해야 하는 콘크리트를 무엇이라 하는지 쓰시오.

[04①]

015 콘크리트용의 잔골재와 굵은골재를 구분하는 체눈금의 크기는 어느 것을 기준으로 하는지 쓰시오.

⚙ **해설** 잔골재는 5mm체에 85% 이상 통과하는 골재이고, 굵은 골재는 5mm체에 85% 이상 남는 골재이다.

|정답|

001 1시간 후   002 알루민산 3칼슘   003 석회(CaO)   004 중용열포틀랜드시멘트   005 중용열포틀랜드시멘트

006 중용열포틀랜드시멘트   007 고로슬래그 시멘트   008 고로슬래그 시멘트   009 알루미나시멘트   010 물·시멘트비

011 절대건조상태   012 $1 \times 10^{-5}/℃$ 013 플라스티시티(plasticity)   014 매스 콘크리트   015 5mm체

[19②, 23①]

001 공시체(천연산 석재)를 (105±2)℃로 24시간 건조한 상태의 질량이 100g, 표면건조포화상태의 질량이 110g, 물 속에서 구한 질량이 60g일 때 이 공시체의 표면건조포화상태의 비중을 구하시오.

해설

표면건조 포화상태의 비중 산정

표면건조 포화상태의 비중 $= \dfrac{\text{절건(전건)상태의 무게}}{\text{표면건조 내부포화상태의 무게-수중에서의 무게}}$ 이다.

그런데, 절건(전건)상태의 무게는 100g, 표면건조포화상태의 무게는 110g, 수중에서의 무게는 60g이다.

표면건조 포화상태의 비중 $= \dfrac{100}{110-60} = 2$ 이다.

[09①]

002 재하 하중이 120kN에서 파괴된 지름 100mm, 길이 200mm인 콘크리트시험체의 인장강도(Mpa)를 구하시오.

해설

콘크리트 시험체의 인장강도 산정

콘크리트 시험체의 인장강도 $= \dfrac{\text{최대 하중}}{\text{시험체의 단면적}} = \dfrac{2P(\text{인장강도})}{\pi D(\text{직경})L(\text{길이})}$ 이다.

그런데 P= 120kN = 120,000N, D = 100mm, L = 200mm이다.

그러므로, 콘크리트 시험체의 인장강도 $= \dfrac{2P}{\pi DL} = \dfrac{2\times120,000}{\pi\times100\times200} = 3.819\text{N/mm}^2 \fallingdotseq 3.82\text{Mpa}$

여기서, 1Pa = 1N/m²이고, 1Mpa = 1Pa × 10⁶ = 1N/m²×10⁶ = 1×10⁶N/m² = 1×10⁶N/1×10⁶mm²
$= 1\text{N/mm}^2$이다.

[03①, 06①, 08③, 18③, 22②, 24②]

003 비중이 2.6이고 단위용적중량이 1,750kg/m³인 굵은골재의 공극률을 구하시오.

해설

골재의 공극률 산정

골재의 공극률 $= (1 - \dfrac{\omega(\text{단위용적중량, kg}/\ell)}{\rho(\text{비중})})\times100(\%)$ 이다.

그런데, ρ = 2.6, ω = 1,750kg/m³ = 1.75kg/ℓ이다. 그러므로,

골재의 공극률 $= (1 - \dfrac{\omega}{\rho})\times100(\%) = (1 - \dfrac{1.75}{2.6})\times100 = 32.69 \fallingdotseq 32.7\%$

여기서, ω(단위용적중량)의 단위를 kg/ℓ의 단위로 변환하여야 하므로,

ω = 1,750kg/m³ = 1,750kg/1,000ℓ= 1.75kg/ℓ이다.($\because$1m³ = 1,000ℓ임)

[17③]

004 굵은골재의 단위용적중량이 1.7kg/ℓ, 절건밀도가 2.65g/cm³일 때, 이 골재의 공극율을 구하시오.

⚙ 해설

골재의 공극률 산정

골재의 공극률 $= (1 - \dfrac{\omega(\text{단위용적중량, kg/}\ell)}{\rho(\text{비중})}) \times 100(\%)$이다.

그런데, $\rho = 2.65$, $\omega = 1.75\text{kg/}\ell$이다. 그러므로,

골재의 공극률 $= (1 - \dfrac{\omega}{\rho}) \times 100(\%) = (1 - \dfrac{1.7}{2.65}) \times 100 = 35.84 ≒ 35.9\%$

★중요   [04②, 06①, 07②, 12①, 15③, 21①, 24③]

005 표면건조포화상태의 잔골재 500g을 건조시켜 기건상태에서 측정한 결과 460g, 절대건조상태에서 측정한 결과 440g이었다. 흡수율(%)을 구하시오.

⚙ 해설

흡수율의 산정

흡수율이란 전건(절건)중량에 대한 흡수량이다.

즉, 흡수율 $= \dfrac{\text{흡수량}}{\text{절건(전건)중량}} \times 100(\%) = \dfrac{\text{전함수량−표면수량}}{\text{절건(전건)중량}} \times 100(\%)$

$= \dfrac{\text{기건함수량+유효함수량}}{\text{절건(전건)중량}} \times 100(\%) = \dfrac{\text{표면건조 내부포수상태 중량+절건상태 중량}}{\text{절건(전건)중량}} \times 100(\%)$이다.

그러므로, 흡수율 $= \dfrac{\text{표면건조 내부포수상태 중량+절건상태 중량}}{\text{절건(전건)중량}} \times 100(\%) = \dfrac{500-440}{440} \times 100(\%) = 13.63 ≒ 13.6\%$

[10①, 17②, 23①]

006 자갈의 절대건조상태 질량이 400g, 습윤상태 질량이 413g, 표면건조내부포수상태 질량이 410g일 때, 흡수율(%)을 구하시오.

⚙ 해설

흡수율의 산정

흡수율이란 전건(절건)중량에 대한 흡수량이다.

즉, 흡수율 $= \dfrac{\text{흡수량}}{\text{절건(전건)중량}} \times 100(\%) = \dfrac{\text{전함수량−표면수량}}{\text{절건(전건)중량}} \times 100(\%)$

$= \dfrac{\text{기건함수량+유효함수량}}{\text{절건(전건)중량}} \times 100(\%) = \dfrac{\text{표면건조 내부포수상태 중량+절건상태 중량}}{\text{절건(전건)중량}} \times 100(\%)$이다.

그러므로, 흡수율 $= \dfrac{\text{표면건조 내부포수상태 중량+절건상태 중량}}{\text{절건(전건)중량}} \times 100(\%) = \dfrac{410-400}{400} \times 100(\%) = 2.5\%$

★중요

007 습윤상태의 모래 780g을 건조로에서 건조시켜 절대건조상태 720g으로 되었다. 이 모래의 표면수율을 구하시오. (단, 이 모래의 흡수율은 5%임)

⚙해설

표면수율의 산정

표면수율이란 표면건조내부포수(포화)상태의 중량에 대한 표면수량 비를 말한다.

$$\text{즉, 표면수율} = \frac{\text{표면수량}}{\text{표면건조내부포수(포화)상태의 중량}} \times 100(\%)$$

$$= \frac{\text{전함수량} - \text{흡수량}}{\text{표면건조내부포수(포화)상태 중량}} \times 100(\%)$$

$$= \frac{780 - (720 + 720 \times 0.05)}{(720 + 720 \times 0.05)} \times 100(\%) = 3.174 \fallingdotseq 3.17\%$$

여기서, 표면수량 = 전함수량 − 흡수량 = 전함수량 − (기건함수량 + 유효흡수량)이다.

표면수량 = 습윤상태의 중량 − (표면건조내부포수(포화)상태의 중량 + 절대건조상태의 중량 × 흡수율)이다.

★중요

008 자갈 시료의 표면수를 포함한 중량이 2,100g이고 표면건조내부포화상태의 중량이 2,090g이며 절대건조상태의 중량이 2,070g이라면 흡수율(%)과 표면수율(%)을 구하시오.

⚙해설

① 흡수율의 산정

$$\text{즉, 흡수율} = \frac{\text{흡수량}}{\text{절건(전건)중량}} \times 100(\%) = \frac{\text{전함수량} - \text{표면수량}}{\text{절건(전건)중량}} \times 100(\%)$$

$$= \frac{\text{기건함수량} + \text{유효함수량}}{\text{절건(전건)중량}} \times 100(\%) = \frac{\text{표면건조 내부포수상태 중량} + \text{절건상태 중량}}{\text{절건(전건)중량}} \times 100(\%)\text{이다.}$$

$$\text{그러므로, 흡수율} = \frac{\text{표면건조 내부포수상태의 중량} - \text{전건(절건)상태의 중량}}{\text{절건(전건)중량}} \times 100(\%)$$

$$= \frac{2,090 - 2,070}{2,070} \times 100(\%) = 0.966 \fallingdotseq 0.97\%$$

② 표면수율의 산정

$$\text{즉, 표면수율} = \frac{\text{표면수량}}{\text{표면건조내부포수(포화)상태의 중량}} \times 100(\%)$$

$$= \frac{\text{표면건조내부포수상태의 중량(표면수 포함)} - \text{표면건조내부포수상태의 중량(표면수 제외)}}{\text{표면건조내부포수(포화)상태의 중량}} \times 100(\%)$$

$$= \frac{2,100 - 2,090}{2,090} \times 100(\%) = 0.478 \fallingdotseq 0.48\%$$

[06③, 20①]

009 골재의 함수상태에 따른 질량이 다음과 같을 경우 표면수율을 구하시오.

> 절대 건조 상태 : 490g, 표면 건조 상태 : 500g, 습윤 상태 : 550g

⚙ 해설

표면수율의 산정

표면수율이란 표면건조내부포수(포화)상태의 중량에 대한 표면수량 비를 말한다.

$$즉,\ 표면수율 = \frac{표면수량}{표면건조내부포수(포화)상태의\ 중량} \times 100(\%)$$

$$= \frac{전함수량 - 흡수량}{표면건조내부포수(포화)상태\ 중량} \times 100(\%)$$

$$= \frac{550 - 500}{500} \times 100(\%) = 10\%$$

여기서, 표면수량 = 습윤 상태의 중량 – 표면건조내부포수(포화)상태의 무게이다.

[03③]

010 콘크리트 배합 시 시멘트 1m³, 물 2000ℓ인 경우 물시멘트 비를 구하시오. (단, 시멘트의 비중은 3.15임)

⚙ 해설

물시멘트 비의 산정

$$물시멘트\ 비 = \frac{W(물의\ 중량)}{C(시멘트의\ 중량)} \times 100(\%)이다.$$

$$물시멘트비 = \frac{W(물의\ 중량)}{C(시멘트의\ 중량)} \times 100(\%) = \frac{2,000kg}{1,000kg/m^3 \times 3.15} \times 100(\%) = 63.45\% ≒ 63.5\%$$

여기서, 시멘트의 중량 = 시멘트의 부피×시멘트의 비중이다.

★중요

[04③, 07②, 09①, 15①]

011 콘크리트 배합 설계에서 물의 양은 150ℓ/m³, 시멘트의 양은 100ℓ/m³로 하였을 경우 물시멘트비를 구하시오. (단, 시멘트의 비중은 3.14이며, 물의 비중은 1.00임)

⚙ 해설

물시멘트 비의 산정

$$물시멘트\ 비 = \frac{W(물의\ 중량)}{C(시멘트의\ 중량)} \times 100(\%)이다.$$

$$물시멘트비 = \frac{W(물의\ 중량)}{C(시멘트의\ 중량)} \times 100(\%) = \frac{150kg}{100kg/m^3 \times 3.14} \times 100(\%) = 47.77\% ≒ 47.8\%$$

여기서, 시멘트의 중량 = 시멘트의 부피×시멘트의 비중이다.

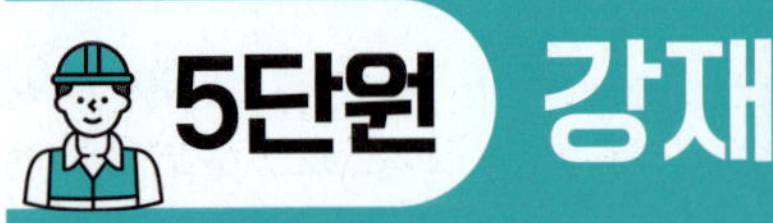

5단원 강재

01 진위형 문제

▶ 해설편 199p

※ 다음 문제를 읽고, 옳으면 ○, 틀리면 ×를 괄호 안에 표기하시오.

★중요
[05②, 11③, 13②, 15②, 16①, 21③, 25②]

001 강의 일반적인 성질에 관한 설명으로 올바른지 체크하시오.

① 탄소강의 물리적 성질은 탄소량에 따라 직선적으로 변화한다. ( )

② 인장강도는 탄소량에 관계되며, 조직성분 중 펄라이트의 인장강도가 가장 낮다. ( )

③ 동일 성분의 탄소강이라도 온도에 따라 그 기계적 성질은 매우 달라진다. ( )

④ 연신율은 온도상승에 따라 감소하다가 인장강도가 최대로 되는 온도에서 최소로 되고는 점차 다시 증가한다. ( )

⑤ 강도와 탄성계수가 크다. ( )

⑥ 경도 및 내마모성이 크다. ( )

⑦ 열전도율이 작고 부식성이 크다. ( )

⑧ 비중이 큰 편이다. ( )

⑨ 열과 전기의 양도체이다. ( )

⑩ 광택을 가지고 있으며, 빛에 불투명하다. ( )

⑪ 경도가 높고 내마멸성이 크다. ( )

⑫ 전성이 일부 있으나 소성변형능력은 없다. ( )

⑬ 금속은 일반적으로 결정 구조를 갖고 있다. ( )

⑭ 순수한 금속일수록 저온에서의 전자이동이 어려워진다. ( )

⑮ 금속은 열전도율, 전기전도율이 크다. ( )

⑯ 금속은 일반적으로 소성가공이 가능하다. ( )

⑰ 구조용 강재에 인장력을 가하게 되면 응력–변형도(stress–strain curve) 선도를 얻을 수 있다. ( )

⑱ 탄성구간의 기울기를 탄성계수라 한다. ( )

⑲ 강재를 압축할 경우 압축강도는 항복점 부근까지는 인장인 경우와 같으나, 그 이후는 압축이 진행됨에 따라 최대하중은 인장인 경우보다 높아진다. ( )

⑳ 강은 250℃ 부근에서 인장강도가 최대로 되나 반대로 연신율, 단면수축률은 극소로 된다. ( )

[10②]

002 92~96%의 철을 함유하고 나머지는 크롬·규소·망간·유황·인 등으로 구성되어 있으며 창호철물, 자물쇠, 맨홀 뚜껑 등의 재료로 사용되는 것을 체크하시오.

① 선철 ( ) ② 주철 ( )

③ 강철 ( ) ④ 순철 ( )

[09①, 14①]

003 강을 제조할 때 사용하는 제강법을 체크하시오.

① 평로 제강법 ( ) ② 전기로 제강법 ( )

③ 반사로 제강법 ( ) ④ 도가니 제강법 ( )

★중요
[04②③, 18①, 23①, 25①]

004 강재 탄소의 함유량이 0%에서 0.8%로 증가함에 따른 제반 물성 변화에 대한 설명으로 올바른지 체크하시오.

① 인장강도는 증가한다. ( )

② 항복점은 커진다. ( )

③ 신율은 증가한다. ( )

④ 경도는 증가한다. ( )

⑤ 비중이 적어진다. ( )

⑥ 열팽창계수가 적어진다. ( )

⑦ 열전도율이 적어진다. ( )

⑧ 비열, 전기저항이 적어진다. ( )

[07③]

005 탄소함유량에 따른 강의 성질 변화에 대한 설명으로 올바른지 체크하시오.

① 탄소함유량이 많을수록 연성이 낮아진다. ( )

② 탄소함유량이 많을수록 전성이 나빠진다. ( )

③ 탄소함유량이 적을수록 용접성이 좋아진다. ( )

④ 탄소함유량이 적을수록 연성이 낮아진다. ( )

006 강재의 온도에 따른 기계적 성질에 해당하는 것을 체크하시오.　[04①]

① 신율은 200~300℃에서 최소로 된다. (　)

② 인장강도는 500℃ 정도에서 상온 강도의 약 1/2로 된다. (　)

③ 인장강도는 100℃ 정도에서 최대로 된다. (　)

④ 인장강도는 600℃ 정도에서 상온 강도의 약 1/3로 된다. (　)

007 강의 종류와 해당 용도의 연결이 올바른지 체크하시오.　[07②]

① 연강 – 스프링, 강선 (　)

② 극연강 – 리벳, 철선 (　)

③ 반경강 – 레일 (　)

④ 경강 – 공구, 실린더재 (　)

008 건축용 강재(철근, 철골, 리벳 등)의 재료 시험 항목을 체크하시오.　[05①, 07③, 11①, 18①]

① 압축강도 시험 (　)

② 인장강도 시험 (　)

③ 굽힘 시험 (　)

④ 연신율 시험 (　)

009 철골작업에서 용접예정부위의 녹막이칠 재료를 체크하시오.　[07③]

① 보일드유 (　)

② 유성페인트 (　)

③ 바니쉬칠 (　)

④ 에나멜페인트 (　)

★중요

010 강의 열처리방법 중 결정을 미립화하고 균일하게 하기 위해 800~1,000°C의 온도로 가열한 후 대기 중에서 냉각하는 열처리법을 체크하시오.　[05②, 15②, 21①, 23①, 25②]

① 풀림(annealing) (　)

② 불림(normalizing) (　)

③ 담금질(quenching) (　)

④ 뜨임(tempering) (　)

★중요

011 강재의 열처리 방법에 해당하는 것을 체크하시오.　[08③, 12③, 16②, 19③, 24①]

① 단조 (　)　　② 불림 (　)

③ 담금질 (　)　④ 뜨임 (　)

⑤ 풀림 (　)

★중요

012 강의 가공과 처리에 대한 설명으로 올바른지 체크하시오.　[08①, 13②, 17②, 25①]

① 소정의 성질을 얻기 위해 가열과 냉각을 조합반복하여 행한 조작을 열처리라고 한다. (　)

② 열처리에는 단조, 불림, 풀림 등의 처리방식이 있다. (　)

③ 압연은 구조용 강재의 가공에 주로 쓰인다. (　)

④ 압출가공은 재료의 움직이는 방향에 따라 전방압출과 후방압출로 분류할 수 있다. (　)

013 주조성이 좋은 철의 순으로 올바르게 나열된 것을 체크하시오.　[11②]

① 주철 〉강 〉순철 (　)

② 강 〉주철 〉순철 (　)

③ 주철 〉순철 〉강 (　)

④ 순철 〉강 〉주철 (　)

★중요

014 다음 그림은 일반 구조용 강재의 응력도–변형도 곡선이다, 이에 대한 설명으로 올바른지 체크하시오.　[05①, 13①, 23①, 24③]

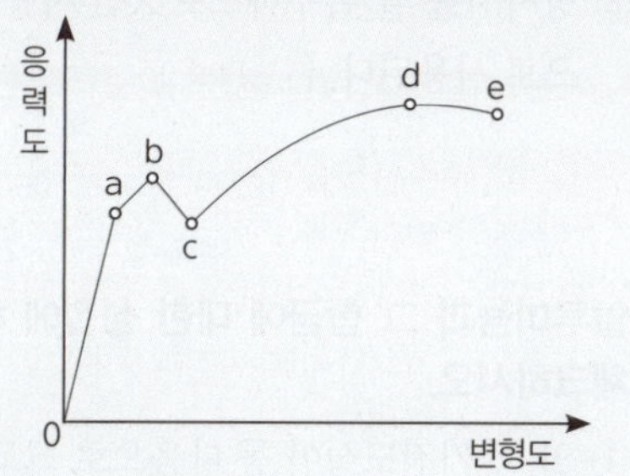

① a는 비례한도이다. (　)

② b는 탄성한도이다. (　)

③ c는 하위항복점이다. (　)

④ d는 최대강도이다. (　)

015 강재 시편의 인장시험 시 나타나는 응력–변형률 곡선에 대한 설명으로 올바른지 체크하시오.

① 하위항복점까지 가력한 후 외력을 제거하면 변형은 원상으로 회복된다. (　)

② 인장강도점에서 응력값이 가장 크게 나타난다. (　)

③ 냉간성형한 강재는 항복점이 명확하지 않다. (　)

④ 상위항복점 이후에 하위항복점이 나타난다. (　)

★중요 [03③, 07②, 23②]

016 비중이 크고 연하면서 연성이 크며, 방사선실의 방사선 차폐용으로 사용되는 금속재료를 체크하시오.

① 주석 (　)　　　② 납 (　)

③ 철 (　)　　　④ 크롬 (　)

[11③, 19②, 23③]

017 금속 중 연(鉛)에 관한 설명으로 올바른지 체크하시오.

① X선 차단효과가 큰 금속이다. (　)

② 산, 알칼리에 침식되지 않는다. (　)

③ 공기 중에서 탄산연($PbCO_3$) 등이 표면에 생겨 내부를 보호한다. (　)

④ 인장강도가 극히 작은 금속이다. (　)

⑤ 청백색의 광택이 있고, 비중이 비교적 크다. (　)

⑥ 알칼리에도 강하고 콘크리트와 접촉하여도 침식되지 않는다. (　)

⑦ 전연성·가공성·주조성이 풍부하다. (　)

⑧ 방사선을 잘 흡수하므로 X선 사용개소에 방호용으로 사용된다. (　)

★중요 [03①③, 05③, 06②③, 12①, 13②, 14②③, 18①, 20③, 22④, 25②]

018 알루미늄과 그 합금에 대한 성질에 해당하는 것을 체크하시오.

① 열, 전기전도성이 동 다음으로 크고, 반사율도 높다. (　)

② 융점이 낮아 용해주조도는 좋으나 내화성이 부족하다. (　)

③ 부식률을 대기 중의 습도와 염분함류량, 불순물의 양과 질 등에 관계되며 0.08mm/년 정도이다. (　)

④ 상온에서 판, 선으로 압연가공하면 경도와 연신율이 증가한다. (　)

⑤ 반사율이 높다. (　)

⑥ 콘크리트에 접하면 부식되기 쉽다. (　)

⑦ 내화성이 크다. (　)

⑧ 황산, 인산 중에서는 침식되지만 염산 중에서는 침식되지 않는다. (　)

⑨ 열, 전기의 양도체이며 반사율이 크다. (　)

⑩ 알루미늄은 독특한 흰 광택을 지닌 중금속으로 광선 및 열 반사율이 크다. (　)

⑪ 산이나 알칼리 및 해수에 침식되기 쉬우므로 해안가 공사 시 특히 주의해야 한다. (　)

⑫ 순도가 높은 것은 표면에 산화피막이 생겨 잘 부식된다. (　)

⑬ 연성, 전성이 나빠서 가공하기 어렵고 얇은 부재로 만들기도 어렵다. (　)

⑭ 순도가 높을수록 내식성이 좋지 않다. (　)

⑮ 알칼리나 해수에 침식되기 쉽다. (　)

⑯ 내화성이 부족하다. (　)

⑰ 비중은 약 2.7, 융점은 약 659℃ 정도이다. (　)

⑱ 열팽창은 철과 거의 유사하다. (　)

⑲ 상온에서 판, 선으로 압연가공하면 경도와 인장강도는 증가하고 연신율은 감소한다. (　)

⑳ 산과 알칼리에 약하다. (　)

㉑ 순도가 높은 알루미늄일수록 부식되기 쉽다. (　)

㉒ 비중이 철의 1/3 정도로 경량이다. (　)

㉓ 알루미늄은 내식성이 크므로 직접 콘크리트 중에 매입해도 지장이 없다. (　)

㉔ 알루미늄의 비중은 철의 약 1/3이다. (　)

㉕ 알루미늄의 응력–변형곡선은 강재와 같은 명확한 항복점이 없다. (　)

㉖ 알루미늄과 강관을 접촉하여 사용하면 알루미늄판이 부식된다. (　)

㉗ 알루미늄은 비중이 철의 1/3 정도로 경량인 반면, 열·전기전도성이 크고 반사율이 높다. (　)

㉘ 알루미늄의 내식성은 그 표면에 치밀한 산화피막을 형성하기 때문에 부식이 쉽게 일어나지 않으며 알칼리나 해수에도 강하다. (　)

㉙ 알루미늄의 부식률은 대기 중의 습도와 염분함유량, 불순물의 양과 질 등에 관계되며 0.25mm/년

정도이다. (　)

㉚ 알루미늄은 상온에서 판, 선으로 압연가공하면 경도와 인장강도가 감소하고 연신율이 증가한다. (　)

㉛ 순도가 높은 알루미늄은 맑은 물에 대해 내식성이 크고 전연성이 크다. (　)

㉜ 연질이고 강도가 낮다. (　)

㉝ 산, 알칼리 및 해수에 대해 내식성이 크다. (　)

㉞ 콘크리트에 접하거나 흙 중에 매몰된 경우에는 부식되기 쉽다. (　)

★중요　[04②, 09③, 17③]

019 알루미늄 새시에 관한 설명으로 올바른지 체크하시오.

① 압연, 인발 등의 가공성이 좋다. (　)

② 알칼리에 약하다. (　)

③ 강제창호에 비해 내화성이 약하다. (　)

④ 철에 비해 열에 의한 팽창·수축이 작다. (　)

⑤ 공작이 자유롭고 기밀성이 우수하다. (　)

⑥ 도장 등 색상의 자유도가 있다. (　)

⑦ 이종금속과 접촉하면 부식되고 알칼리에 약하다. (　)

⑧ 내화성이 높아 방화문으로 주로 사용된다. (　)

[10②, 15③]

020 강(鋼)과 비교한 알루미늄의 특징을 체크하시오.

① 강도가 작다. (　)

② 전기 전도율이 높다. (　)

③ 열팽창율이 작다. (　)

④ 비중이 작다. (　)

[08②]

021 건축용으로는 박판으로 제작하여 지붕재료로 이용되며, 못 등으로도 이용되나 알칼리성에 약하므로 시멘트 콘크리트 등에 접하는 곳에서 부식의 속도가 빠르므로 주의하여야 하는 비철금속을 체크하시오.

① 동 (　)　　　② 납 (　)

③ 주석 (　)　　④ 니켈 (　)

[05①③, 09③]

022 동(銅)에 대한 설명으로 올바른지 체크하시오.

① 연성이고 가공성이 풍부하여 판재, 선, 봉 등으로

만들기가 용이하다. (　)

② 열 및 전기전도율이 매우 크다. (　)

③ 맑은 물에서는 부식되나 염수(鹽水)에서는 부식되지 않는다. (　)

④ 콘크리트 등에 접하는 곳이나 가스가 발생되는 곳에서는 부식의 속도가 빠르므로 주의하여야 한다. (　)

⑤ 건조한 공기 중에서는 산화하지 않는다. (　)

⑥ 시멘트, 콘크리트 등 알칼리에 접하는 경우에는 빨리 부식하기 때문에 주의해야 한다. (　)

⑦ 해수에는 침식되지 않는다. (　)

[08②, 10②]

023 황동의 주요 성분을 올바르게 나열한 것을 체크하시오.

① 동과 아연 (　)

② 동, 아연과 니켈 (　)

③ 동과 주석 (　)

④ 동, 주석, 아연과 납 (　)

[08①]

024 아연함유량에 따른 황동의 성질에 대한 설명으로 올바른지 체크하시오.

① 아연함유량 50% 이상의 황동은 구조용으로 부적합하다. (　)

② 인장강도는 아연함유량 15% 부근에서 최소값을 나타내고 그 이상에서 급히 증가한다. (　)

③ 아연함유량이 35~45%의 것은 고온 가공을 하는 데 적절하다. (　)

④ 아연함유량 30% 부근에서 최대의 연신율을 나타낸다. (　)

[13③]

025 비철금속 중 아연에 대한 설명으로 올바른지 체크하시오.

① 건조한 공기 중에서는 거의 산화되지 않는다. (　)

② 묽은 산류에 쉽게 용해된다. (　)

③ 주용도는 철판의 아연도금이다. (　)

④ 불순물인 철(Fe)·카드뮴(cd)·주석(Sn) 등을 소량 함유하게 되면 광택이 매우 우수해진다. (　)

026 은백색의 굵은 금속원소로서 불순물이 포함되면 강해지는 경향이 있으며, 스테인리스강보다 우수한 내식성을 갖는 합금을 체크하시오.

① 티타늄과 그 합금 (　)

② 연과 합금 (　)

③ 주석과 그 합금 (　)

④ 니켈과 그 합금 (　)

027 스테인리스 강재의 종류 중에서 건축재로 가장 많이 사용되고 내외장과 설비 등 모든 용도에 적합한 것을 체크하시오.

① STS 304 (　)　　② STS 316 (　)

③ STS 430 (　)　　④ STS 410 (　)

★중요

028 금속재료에 대한 설명으로 올바른지 체크하시오.

① 동(銅)은 박판으로 제작하여 지붕재료로 이용된다. (　)

② 납은 방사선 투과도가 낮아서 차폐용 벽체에 이용된다. (　)

③ 주석은 주조성, 단조성이 나쁘기 때문에 각종 금속과 합금화가 어렵다. (　)

④ 티탄은 산성에 강하므로 지붕재에 이용되지만 고가이다. (　)

⑤ 동은 건조한 공기 중에서는 산화하지 않으나, 습기가 있거나 탄산가스가 있으면 녹이 발생한다. (　)

⑥ 납은 비중이 비교적 작고 융점이 높아 가공이 어렵다. (　)

⑦ 알루미늄은 비중이 철의 1/3 정도로 경량이며 열·전기 전도성이 크다. (　)

⑧ 청동은 구리와 주석을 주체로 한 합금으로 건축장식부품 또는 미술공예 재료로 사용된다. (　)

⑨ 주철은 탄소량이 2.5~5%이고 주조성이 매우 양호하여 복잡한 형상도 쉽게 성형할 수 있다. (　)

⑩ 납은 비중이 아주 크고 연질이며 전연성, 가공성이 풍부하다. (　)

⑪ 동은 전기전도율과 열전도율이 매우 높으며 산이나 암모니아에 침식되지 않는 재료이다. (　)

⑫ 알루미늄은 콘크리트에 접하거나 흙 중에 매몰된 경우에는 부식되기 쉽다. (　)

⑬ 주석은 인체에 무해하며 유기산에 침식되지 않아 식품 보관용의 용기류에 이용된다. (　)

⑭ 알루미늄은 대기 중에서는 부식이 쉽게 일어나지 않지만 알칼리나 해수에는 약하다. (　)

⑮ 니켈은 전연성이 풍부하고 내식성이 크며 청백색 광택이 있다. (　)

⑯ 스테인레스강은 고탄소인 것일수록 녹이 잘 슬지 않지만 연질이고, 저탄소인 것은 녹이 슬기 쉽지만 강도는 크다. (　)

⑰ 철은 염산 등의 산에 내식성이 강하므로 콘크리트와 함께 사용한다. (　)

⑱ 동은 대기 중에서는 비교적 내구성이 좋으나 암모니아에 침식된다. (　)

⑲ 납은 방사선을 잘 차단하므로 X선을 사용하는 개소에 방호용으로 사용된다. (　)

⑳ 알루미늄은 대기 중에 방치하면 표면에 산화알루미늄의 피막이 형성되어 내구적이다. (　)

㉑ 아연은 산 및 알칼리에 약하나 일반대기나 수중에서는 내식성이 크다. (　)

㉒ 동은 전기 및 열전도율이 매우 크다. (　)

㉓ 알루미늄 전기 전도성이 크고 반사율이 높다. (　)

㉔ 주석은 강산, 강알칼리에는 침식하지만 중성에는 내식성을 갖는다. (　)

㉕ 납은 용점이 높으며 산에는 약하나 알칼리에 강하다. (　)

㉖ 청동은 구리와 아연을 주체로 한 합금으로 건축용 장식철물에 사용된다. (　)

㉗ 알루미늄은 산 및 알칼리에 약하다. (　)

㉘ 동은 맑은 물에는 침식되지 않으나 해수에는 침식된다. (　)

㉙ 황동은 청동과 비교하여 주조성과 내식성이 더욱 우수하다. (　)

㉚ 알루미늄은 동에 비해 융점이 높기 때문에 용해주조도가 좋지 않다. (　)

㉛ 순도가 높은 알루미늄일수록 내식성과 전·연성이 작아진다. (　)

㉜ 알루미늄은 용점이 낮기 때문에 용해주조도는 좋으나 내화성이 부족하다. (　)

③③ 납은 비중이 11.4로 아주 크고 연질이며 전·연성이 크다. (　)

③④ 구리는 건조한 공기 중에서는 산화하지 않으나, 습기가 있거나 탄산가스가 있으면 녹이 발생한다. (　)

③⑤ 주석은 주조성·단조성은 좋지 않으나 인장강도가 커서 선재(船材)로 주로 사용된다. (　)

③⑥ 납은 융점이 높아 가공은 어려우나, 내알칼리성이 커서 콘크리트 중에 매입하여도 침식되지 않는다. (　)

③⑦ 주석은 인체에 무해하며 유기산에 침식되지 않는다. (　)

③⑧ 아연은 인장강도나 연신율이 낮기 때문에 열간가공하여 결정을 미세화하여 가공성을 높일 수 있다. (　)

③⑨ 동은 전연성이 풍부하므로 가공하기 쉽다. (　)

④⓪ 납은 산이나 알칼리에 강하므로 콘크리트에 침식되지 않는다. (　)

④① 아연은 이온화경향이 크고 철에 의해 침식된다. (　)

④② 대부분의 구조용 특수강에는 니켈을 함유한다. (　)

[09①, 11②]

029 합금에 대한 설명으로 올바른지 체크하시오.

① 구조용 특수강은 탄소강에 니켈, 망간 등을 첨가하여 강인성을 높인 것이다. (　)

② 황동은 구리와 주석으로 된 합금이며 산, 알칼리에 침식되지 않는다. (　)

③ 스테인리스강은 크롬 및 니켈 등을 함유하며 탄소 강이 적고 내식성이 우수하다. (　)

④ 강의 합금인 내후성 강은 부식되는 정도가 보통강 의 1/3~1/10 정도이다. (　)

[16①]

030 경량형강에 대한 설명으로 올바른지 체크하시오.

① 단면이 작은 얇은 강판을 냉간성형하여 만든 것이다. (　)

② 조립 또는 도장 및 가공 등의 목적으로 축판에 구멍을 뚫어서는 안 된다. (　)

③ 가설구조물 등에 많이 사용된다. (　)

④ 휨내력은 우수하나 판 두께가 얇아 국부좌굴이나 녹막이 등에 주의할 필요가 있다. (　)

[22①]

031 금속판에 관한 설명으로 올바른지 체크하시오.

① 알루미늄 판은 경량이고 열반사도 좋으나 알칼리에 약하다. (　)

② 스테인리스 강판은 내식성이 필요한 제품에 사용된다. (　)

③ 함석판은 아연도철판이라고도 하며 외관미는 좋으나 내식성이 약하다. (　)

④ 연판은 X선 차단효과가 있고 내식성도 크다. (　)

[03②, 06①]

032 환기공이나 방열기 덮개 등으로 사용되는 것을 체크하시오.

① 인서트(insert) (　)

② 와이어메시(wire mesh) (　)

③ 폼타이(form tie) (　)

④ 펀칭메탈(punching metal) (　)

[07①]

033 인서트(INSERT)의 재질로 가장 좋은 것을 체크하시오.

① 주철 (　)　　　　② 알루미늄 (　)

③ 목재 (　)　　　　④ 구리 (　)

★중요　　　　　　　　　　　　　　　[03②, 12③, 19②]

034 코너 비드(Corner Bead)의 용도를 체크하시오.

① 벽의 모서리 (　)　　② 변소 칸막이 (　)

③ 형틀(거푸집) (　)　　④ 계단 손잡이 (　)

⑤ 천장 달대 (　)

[03③, 04①]

035 천장·벽 등의 모르터바름 바탕용 금속재료에 해당하는 것을 체크하시오.

① 메탈라스 및 논슬립 (　)

② 와이어라스 및 메탈라스 (　)

③ 와이어메쉬 및 폼타이 (　)

④ 메탈라스 및 피벗힌지 (　)

036 목재 접합에서 2개의 부재 접합부에 끼워 볼트와 같이 사용하여 전단에 견디도록 하는 것을 체크하시오.

① 인서트 (　　)　　　② 조이너 (　　)
③ 듀벨 (　　)　　　④ 드라이브 핀 (　　)

[12②, 20①]

037 조이너(joiner)의 설치목적으로 올바른지 체크하시오.

① 벽, 기둥 등의 모서리에 미장 바름의 보호 (　　)
② 인조석깔기에서의 신축균열방지나 의장효과 (　　)
③ 천장에 보드를 붙인 후 그 이음새를 감추기 위한 목적 (　　)
④ 환기구멍이나 라디에이터의 덮개 역할 (　　)

★중요　　　[05②, 15②, 16③, 19③, 22①, 24①]

038 각 창호철물에 대한 설명으로 올바른지 체크하시오.

① 피벗 힌지(pivot hinge) : 정첩대신 축을 사용하여 여닫이문을 회전시킨다. (　　)
② 나이트 래치(night latch) : 외부에서는 열쇠, 내부에서는 작은 손잡이를 틀어 열 수 있는 실린더 장치로 된 것이다. (　　)
③ 크레센트(crescent) : 여닫이문의 상하단에 붙여 경첩과 같은 역할을 한다. (　　)
④ 레버토리 힌지(lavatory hinge) : 스프링 힌지의 일종으로 공중용 화장실, 전화실 출입문 등에 사용된다. (　　)

★중요　　　[19①, 23①②]

039 창호용 철물 중 경첩으로 유지할 수 없는 무거운 자재여닫이문에 쓰이는 철물을 체크하시오.

① 도어 스톱 (　　)　　　② 래버터리 힌지 (　　)
③ 도어 체크 (　　)　　　④ 플로어 힌지 (　　)

[16②]

040 장부가 구멍에 들어 끼어 돌게 만든 철물로서 회전창에 사용되는 것을 체크하시오.

① 크레센트 (　　)　　　② 스프링힌지 (　　)
③ 지도리 (　　)　　　④ 도어체크 (　　)

[10①, 13③, 18③]

041 이온화경향이 가장 큰 금속을 체크하시오.

① Al (　　)　　　② Mg (　　)
③ Zn (　　)　　　④ Ni (　　)
⑤ Fe (　　)　　　⑥ Cu (　　)

[17②]

042 철재의 표면 부식방지 처리법을 체크하시오.

① 유성페인트, 광명단을 도포 (　　)
② 시멘트 모르타르로 피복 (　　)
③ 마그네시아 시멘트 모르타르로 피복 (　　)
④ 아스팔트, 콜타르를 도포 (　　)

★중요　　　[07②, 11③, 14③, 17③, 20②, 21①, 22②, 24③]

043 금속재의 방식 방법으로 올바른지 체크하시오.

① 상이한 금속은 두 금속을 인접 또는 접촉시켜 사용한다. (　　)
② 균질의 것을 선택하고 사용할 때 큰 변형을 주지 않는다. (　　)
③ 표면을 평활, 청결하게 하고 가능한 한 건조상태로 유지한다. (　　)
④ 큰 변형을 준 것은 가능한 한 풀림하여 사용한다. (　　)
⑤ 가능한 다른 종류의 금속을 인접 또는 접촉시켜 사용한다. (　　)
⑥ 가공 중에 생긴 변형은 뜨임질, 풀림 등에 의해서 제거한다. (　　)
⑦ 표면은 깨끗하게 하고, 물기나 습기가 없도록 한다. (　　)
⑧ 부분적으로 녹이 나면 즉시 제거한다. (　　)
⑨ 큰 변형을 준 것은 가능한 한 풀림하여 사용해야 한다. (　　)
⑩ 표면을 평활하고 깨끗이 하며, 가능한 한 건조상태로 유지해야 한다. (　　)
⑪ 표면을 거칠게 하고 가능한 한 습윤상태로 유지해야 한다. (　　)
⑫ 방식법 중 아연피복은 대기 중에서 상당히 내구력이 있다. (　　)
⑬ 철강의 표면은 대기 중의 습기나 탄산가스와 반응하여 녹을 발생시킨다. (　　)
⑭ 공기나 탄산가스가 적은 땅 속에서는 대기 중보다도 오히려 부식이 적다. (　　)
⑮ 일반적으로 산에는 부식되지 않으나 알칼리에는 부식된다. (　　)

02 단답형 문제

[20③]

001 부재 두께의 증가에 따른 강도저하, 용접성 확보 등에 대응하기 위해 열간압연 시 냉각조건을 조절하여 냉각속도에 의해 강도를 상승시킨 구조용 특수 강재의 명칭을 쓰시오.

★중요 [03②, 04②, 09②, 10③, 24①]

002 강재(鋼材)의 인장강도는 온도에 따라 다르다. 인장강도가 최대로 되는 경우의 온도를 쓰시오.

⚙ **해설** 강재의 온도에 의한 영향

온도	0~250℃	250℃	500℃	600℃	900℃
영향	강도 증가	최대 강도	0℃ 강도의 1/2	0℃ 강도의 1/3	0℃ 강도의 1/10

★중요 [12①, 18③, 23①, 25②]

003 강재는 탄소 함유량에 따라 각종 성질이 변한다. 인장강도가 최대일 경우의 탄소 함유량을 쓰시오.

[20①]

004 강은 탄소 함유량의 증가에 따라 인장강도가 증가하지만 어느 이상이 되면 다시 감소한다. 이때 인장강도가 가장 큰 시점의 탄소 함유량을 쓰시오.

⚙ **해설** 인장강도, 항복강도는 탄소의 량이 증가함에 따라 상승하여 약 0.85%에서 최대가 되고, 그 이상이 되면 다시 내려가고, 이 사이의 신장률은 점차 작아진다.

[08①]

005 탄소강에 대한 설명에서 괄호 안에 알맞은 용어를 쓰시오.

> 탄소강은 (   )에서 인장강도가 가장 크고, 신율이 가장 작으나 상온에서 보다 굳고 취약한 청열취성(靑熱脆性)을 나타낸다.

[06③, 07①]

006 강의 열처리 중에서 조직을 개선하고 결정을 미세화하기 위해 800~1,000℃로 가열하여 소정의 시간까지 유지한 후에 대기 중에서 냉각시키는 처리법을 쓰시오.

| 정답 |

001 TMCP 강재　　**002** 250℃(250~300℃)　　**003** 0.8~1.0%　　**004** 약 0.9%　　**005** 250℃(250~300℃)　　**006** 불림(normalizing, 소준)

007 강을 연화하거나 내부응력을 제거할 목적으로 실시하는 것으로 강을 적당한 온도(800~1,000℃)로 일정한 시간 가열한 후에 로(爐) 안에서 천천히 냉각시키는 처리법을 쓰시오.

★중요

008 비중이 크고 연성이 크며, 방사선실의 방사선 차폐용으로 사용되는 금속재료의 명칭을 쓰시오.

009 건축용으로 판재지붕에 많이 사용되는 금속재료의 명칭을 쓰시오.

010 벽·기둥 등의 모서리를 보호하기 위하여 미장바름질을 할 때 붙이는 보호용 철물을 쓰시오.

011 2개의 목재를 접합할 때 두 부재 사이에 끼워 볼트와 병용하여 전단력에 저항하도록 한 철물의 명칭을 쓰시오.

012 일종의 못박기총을 사용하여 콘크리트나 강재 등에 박는 특수못을 의미하는 것을 쓰시오.

013 인조석 갈기 및 테라조 현장갈기 등에 사용되는 구획용 철물의 명칭을 쓰시오.

014 천장이나 내벽판류의 접합부처리를 위한 덮개로 사용하는 것을 쓰시오.

[09③]

015 천장, 벽 등에 보드류를 붙이고 그 이음새를 감추고 누르는 데 쓰이는 것으로, 아연도금철판제·경금속제·황동제의 얇은 판을 프레스한 제품을 쓰시오.

[11①]

★중요

016 얇은 강판에 마름모꼴의 구멍을 연속적으로 뚫어 그물처럼 만든 것으로 천장·벽 등의 미장 바탕에 사용되는 것을 쓰시오.

[06③, 10③, 12①, 24②]

017 연강판에 일정한 간격으로 그물눈을 내고 늘여 철망모양으로 만든 것으로, 천장·벽 등의 모르타르바름 바탕용으로 사용되는 재료를 쓰시오.

[14①, 22②]

018 연강 철선을 전기 용접하여 정방형 또는 장방형으로 만든 것으로 블록을 쌓을 때나 보호 콘크리트를 타설할 때 사용하며, 균열을 방지하고 교차 부분을 보강하기 위해 사용하는 금속제품 명칭을 쓰시오.

[08③]

★중요

019 콘크리트 다짐바닥, 콘크리트 도로포장의 전열방지를 위해 사용되는 것을 쓰시오.

[13②, 22④, 23②④, 24③]

|정답|

007 풀림(annealing, 소순)　　008 납[연(鉛)]　　009 동(구리)　　010 코너 비드　　011 듀벨　　012 드라이브 핀
013 줄눈대(metallic joiner)　　014 조이너　　015 조이너　　016 메탈라스(metal lath)　　017 메탈라스(metal lath)
018 와이어메시(wire mesh)　　019 와이어메시(wire mesh)

★중요

[16③]

001 상온에서 인장강도가 360Mpa인 강재가 500℃로 가열되었을 때 강재의 인장강도를 구하시오.

> ⚙ 해설
>
> 500℃에서는 0℃ 강도의 1/2이므로, $360 \times \dfrac{1}{2} = 180$Mpa

★중요

[03①, 21③]

002 직경이 18mm인 봉강을 인장시험을 행하여 항복점하중 27kN, 최대하중 41kN을 얻었다. 이 강봉의 인장강도를 구하시오.

> ⚙ 해설
>
> $$\sigma_t(\text{인장강도}) = \frac{P(\text{인장력})}{A(\text{단면적})} = \frac{P}{\dfrac{\pi D^2}{4}} = \frac{41,000}{\dfrac{\pi \times 18^2}{4}} = 161.119\text{N/mm}^2 = 161.12\text{Mpa}$$

01 진위형 문제

▶ 해설편 207p

※ 다음 문제를 읽고, 옳으면 O, 틀리면 ×를 괄호 안에 표기하시오.

[21③]

001 미장재료의 구성재료에 관한 설명으로 올바른지 체크하시오.

① 부착재료는 마감과 바탕재료를 붙이는 역할을 한다. ( )
② 무기혼화재료는 시공성 향상 등을 위해 첨가된다. ( )
③ 풀재는 강도증진을 위해 첨가된다. ( )
④ 여물재는 균열방지를 위해 첨가된다. ( )

[05③]

002 미장재료의 구성재료 중 경화되어 바름벽에 필요한 강도를 발휘시키기 위한 재료로서, 바름벽의 기본 소재가 되는 것을 체크하시오.

① 부착재료 ( )   ② 결합재료 ( )
③ 보강재료 ( )   ④ 혼화재료 ( )

[10②]

003 무정형의 미장재료를 경화시키는 결합재에 해당하는 것을 체크하시오.

① 석고플라스터 ( )   ② 합성수지 ( )
③ 여물재 ( )   ④ 아스팔트 ( )

★중요   [03②, 04②, 16②, 20③, 25②]

004 미장재료 중 수경성 재료를 체크하시오.

① 회반죽 ( )
② 회사벽 ( )
③ 석고 플라스터 ( )
④ 돌로마이트 플라스터 ( )
⑤ 소석회 ( )
⑥ 시멘트 모르타르 ( )
⑦ 진흙 ( )
⑧ 섬유벽 ( )

★중요   [04③, 06③, 08③, 11①, 13①, 17②, 19①, 24①]

005 공기 중의 탄산가스와 반응하여 경화하는 기경성 미장재에 해당하는 것을 체크하시오.

① 소석회 ( )   ② 시멘트 모르타르 ( )
③ 회반죽 ( )
④ 돌로마이트 플라스터 ( )
⑤ 경석고 플라스터 ( )
⑥ 회사벽 ( )
⑦ 혼합석고 플라스터 ( )

[16①]

006 미장재료의 경화에 대한 설명으로 올바른지 체크하시오.

① 회반죽은 공기 중의 탄산가스와의 화학반응으로 경화한다. ( )
② 이수석고($CaSO_4 \cdot 2H_2O$)는 물을 첨가해도 경화하지 않는다. ( )
③ 돌로마이트 플라스터는 물과의 화학반응으로 경화한다. ( )
④ 시멘트 모르타르는 물과의 화학반응으로 경화한다. ( )

[09①, 21①]

007 미장재료의 경화과정별 분류가 올바른지 체크하시오.

① 돌로마이트 플라스터 : 기경성 ( )
② 시멘트모르타르 : 수경성 ( )
③ 석고플라스터 : 수경성 ( )
④ 인조석 바름 : 기경성 ( )
⑤ 회반죽 : 수경성 ( )
⑥ 테라조 현장바름 : 수경성 ( )

[17③]

008 미장재료 중 시공 후 강재의 초기 부식을 유발하는 재료를 체크하시오.

① 마그네시아 시멘트 ( )
② 시멘트 모르타르 ( )
③ 경석고 플라스터 ( )
④ 보드용석고 플라스터 ( )

009 석고(gypsum)에 대한 설명으로 올바른지 체크하시오.

① 결정수의 유무에 따라 무수석고, 반수석고, 이수석고, 삼수석고의 4종류가 있다. ( )

② 건축용 석고 제품의 대부분은 반수석고를 주원료로 한다. ( )

③ 무수석고는 경화가 늦기 때문에 경화촉진제를 필요로 한다. ( )

④ 회반죽에 석고를 약간 첨가하면 수축균열을 방지할 수 있는 효과가 있다. ( )

⑤ 석고의 화학성분은 황산칼슘이다. ( )

⑥ 무수석고에 경화 촉진제로서 화학처리한 것을 경석고플라스터라 한다. ( )

⑦ 공기 중의 탄산가스에 의해 경화하는 기경성 재료이다. ( )

010 KS L9007에서 규정하는 미장재료로 사용되는 소석회의 주요 품질평가항목을 체크하시오.

① 분말도 잔량 ( ) ② 점도계수 ( )

③ 경도계수 ( ) ④ 응결시간 ( )

★중요

011 석고보드에 관한 설명으로 올바른지 체크하시오.

① 신축성이 작다. ( )

② 페인트를 칠할수 있다. ( )

③ 내화성이 부족하다. ( )

④ 경량이다. ( )

⑤ 신축변형이 커서 균열의 위험이 크다. ( )

⑥ 부식이 안 되고 충해를 받지 않는다. ( )

⑦ 단열성, 차음성이 우수하다. ( )

⑧ 시공이 용이하여 천장, 칸막이 등에 주로 사용된다. ( )

⑨ 내수성, 탄력성이 부족하다. ( )

⑩ 화재시 화염과 열의 확산을 지연시킨다. ( )

⑪ 연소나 석회화 하기 전까지 100℃ 이상의 열을 전달하지 않는다. ( )

⑫ 흡수성이 없어 흡수로 인한 강도의 저하가 없다. ( )

012 미장재료 중 건조 시 무수축성의 성질을 가진 재료에 해당하는 것을 체크하시오.

① 시멘트 모르타르 ( )

② 돌로마이트 플라스터 ( )

③ 회반죽 ( )

④ 석고 플라스터 ( )

★중요

013 석고 플라스터에 대한 설명으로 올바른지 체크하시오.

① 시멘트에 비해 경화속도가 느리다. ( )

② 내화성이 높다. ( )

③ 경화·건조시 치수 안정성이 뛰어나다. ( )

④ 물에 용해되는 성질이 있어 물을 사용하는 장소에는 부적합하다. ( )

⑤ 미장재료 중 점성이 가장 작다. ( )

⑥ 경화시간이 극히 짧다. ( )

⑦ 목재에 접할 경우 방부효과가 있다. ( )

⑧ 건조수축이 커서 균열이 쉽게 발생한다. ( )

⑨ 원칙적으로 해초 또는 풀 즙을 사용하지 않는다. ( )

014 경석고 플라스터에 대한 설명으로 올바른지 체크하시오.

① 소석고보다 응결속도가 빠르다. ( )

② 표면 강도가 크고 광택이 있다. ( )

③ 습윤 시 팽창이 크다. ( )

④ 다른 석고계의 플라스터와 혼합을 피해야 한다. ( )

015 킨즈 시멘트 제조 시 무수석고의 경화를 촉진시키기 위해 사용하는 혼화재료를 체크하시오.

① 규산백토 ( )

② 플라이애쉬 ( )

③ 화산회 ( )

④ 백반 ( )

016 [17③] 재료배합 시 간수($MgCl_2$)를 사용하여 백화현상이 많이 발생되는 재료를 체크하시오.

① 돌로마이트 플라스터 ( )

② 무수석고 ( )

③ 마그네시아 시멘트 ( )

④ 실리카 시멘트 ( )

017 [08③, 10②] 미장재료의 응결시간을 단축시킬 목적으로 첨가하는 대표적인 촉진제를 체크하시오.

① 옥시카르본산 ( )

② 폴리알코올류 ( )

③ 마그네시아염 ( )

④ 염화칼슘 ( )

018 [16③] 미장용 혼화재료 중 착색을 목적으로 하는 착색재를 체크하시오.

① 염화칼슘 ( )　　② 합성산화철 ( )

③ 카본블랙 ( )　　④ 이산화망간 ( )

★중요　[03③, 06③, 07③, 14③, 17①, 18②, 22②, 23④, 25③]

019 미장 바탕면으로 요구되는 조건을 체크하시오.

① 바름층과 유해한 화학반응을 하지 않을 것 ( )

② 바름층을 지지하는데 필요한 접착강도를 얻을 수 있을 것 ( )

③ 바름층보다 강도, 강성이 크지 않을 것 ( )

④ 바름층의 경화, 건조에 지장을 주거나, 방해하지 않을 것 ( )

⑤ 미장층보다 강도, 강성이 작을 것 ( )

⑥ 미장층과 유효한 접착강도를 얻을 수 있을 것 ( )

⑦ 미장층보다 강도는 크지만 강성은 작을 것 ( )

⑧ 미장층의 시공에 적합한 흡수성을 가질 것 ( )

⑨ 미장층보다는 강도가 클 것 ( )

020 [09③, 14②] 접착을 주목적으로 하며, 바탕의 요철을 완화시키는 바름공정에 해당하는 것을 체크하시오.

① 바탕조정 ( )　　② 초벌 ( )

③ 재벌 ( )　　④ 정벌 ( )

021 [03①] 시멘트 모르타르 미장바름 방법에 대한 설명으로 올바른지 체크하시오.

① 전체 바름 두께의 표준은 10mm이다. ( )

② 모르터의 배합 용적비는 초벌바름의 경우 1 : 2 또는 1 : 3이다. ( )

③ 초벌 바름 후 방치기간은 1주일 이상으로 한다. ( )

④ 각이 진 면, 모서리 면, 구석 면에는 비드를 사용하여 보호한다. ( )

022 [11②] 시멘트 모르타르나 석회, 또는 석고 등을 흙손을 사용하여 바를 경우의 주의사항을 체크하시오.

① 바탕조정은 아주 중요한 작업이므로 가능한 한 바탕면이 유리면처럼 될 수 있도록 조정하여 둔다. ( )

② 재료배합은 원칙적으로 바탕에 가까운 바름층일수록 부배합, 정벌바름에 가까울수록 빈배합으로 한다. ( )

③ 재료의 비빔에는 기계비빔과 손비빔이 있으며 균일할 때까지 충분하게 섞는다. ( )

④ 바름면의 흙손작업은 갈라지거나 들뜨는 것을 방지하기 위하여 바름층이 굳기 전에 끝낸다. ( )

023 [09①] 회반죽 바름을 한 벽체는 공기 중의 무엇과 반응하여 경화하는지 체크하시오.

① 탄산가스 ( )　　② 산소 ( )

③ 질소 ( )　　④ 수소 ( )

024 [07①] 회반죽에 대한 설명에서 괄호 안에 들어갈 말을 순서대로 고른 것을 체크하시오.

> 회반죽은 소석회에 (㉠), (㉡), (㉢) 등을 혼합하여 바르는 미장재료로서 콘크리트 블록 및 벽돌 바탕에 바른다.

① ㉠ 석고, ㉡ 모래, ㉢ 해초풀 ( )

② ㉠ 시멘트, ㉡ 모래, ㉢ 해초풀 ( )

③ ㉠ 석고, ㉡ 돌로마이트, ㉢ 여물 ( )

④ ㉠ 모래, ㉡ 해초풀, ㉢ 여물 ( )

★중요

025 회반죽에 여물을 넣는 가장 주된 이유를 체크하시오.

① 균열을 방지하기 위하여 (　)

② 점성을 높이기 위하여 (　)

③ 경화를 촉진하기 위하여 (　)

④ 레이턴스를 제거하기 위하여 (　)

★중요

026 바름 재료 중 여물에 대한 설명으로 올바른지 체크하시오.

① 바름에 있어서 재료에 끈기를 주어 처져 떨어지는 것을 방자한다. (　)

② 흙손질이 쉽게 퍼져 나가도록 하는 효과가 있다. (　)

③ 바름 중에는 보수성을 향상시키고, 바름 후에는 건조에 따라 생기는 균열을 방지한다. (　)

④ 여물의 섬유는 질기고 굵으며 색이 짙고 뻣뻣한 것일수록 상품이다. (　)

027 미장재료 중 여물(hair)이 필요한 것을 체크하시오.

① 돌로마이트 플라스터 (　)

② 경석고 플라스터 (　)

③ 회반죽 (　)

④ 회사벽 (　)

★중요

028 회반죽에 대한 설명으로 올바른지 체크하시오.

① 소석회에 모래, 해초풀, 여물 등을 혼합하여 바르는 미장재료이다. (　)

② 경화건조에 의한 수축률은 미장바름 중 큰 편이다. (　)

③ 발생하는 균열은 여물로 분산·경감시킨다. (　)

④ 다른 미장재료에 비해 건조에 걸리는 시일이 상당히 짧다. (　)

⑤ 경화속도가 느린 편이다. (　)

⑥ 일반적으로 연약하고, 비내수성이다. (　)

⑦ 여물은 접착력 증대를, 해초풀은 균열방지를 위해 사용된다. (　)

⑧ 소석회가 주원료이다. (　)

★중요

029 돌로마이트 플라스터 미장재료의 특성에 해당하는 것을 체크하시오.

① 건조수축이 커서 균열이 생기기 쉽다. (　)

② 풀재를 사용하지 않으면 바름벽을 시공할 수 없다. (　)

③ 킨즈시멘트라고도 한다. (　)

④ 석회보다 보수성, 시공성이 나쁘다. (　)

⑤ 보수성이 크고 응결시간이 길다. (　)

⑥ 소석회에 모래, 해초풀, 여물 등을 혼합하여 바르는 미장재료이다. (　)

⑦ 회반죽에 비하여 조기강도 및 최종강도가 크고 착색이 쉽다. (　)

⑧ 여물을 혼입하여도 건조수축이 크기 때문에 수축균열이 발생한다. (　)

⑨ 건조수축에 대한 저항성이 크다. (　)

⑩ 소석회에 비해 점성이 높고 작업성이 좋다. (　)

⑪ 변색, 냄새, 곰팡이가 없으며 보수성이 크다. (　)

⑫ 회반죽에 비해 조기강도 및 최종강도가 크다. (　)

⑬ 수축 균열이 거의 없다. (　)

⑭ 대기중의 이산화탄소와 화합해서 경화한다. (　)

030 통풍이 잘 되지 않는 지하실의 미장재료에 해당하는 것을 체크하시오.

① 시멘트 모르타르 (　)

② 석고 플라스터 (　)

③ 돌로마이트 플라스터 (　)

④ 킨즈 시멘트 (　)

⑤ 회반죽 (　)

⑥ 회사벽 (　)

031 미장재료 중 가소성이 커서 재료 반죽 시 풀이 필요 없으며, 경화 시 수축률이 가장 큰 것을 체크하시오.

① 소석회 (　)

② 돌로마이트 플라스터 (　)

③ 소석고 (　)

④ 경석고 (　)

[14③]

032 돌로마이트에 화강석 부스러기, 색모래, 안료 등을 섞어 정벌 바름하고 충분히 굳지 않은 때에 표면에 거친솔, 얼레빗 같은 것으로 긁어 거친 면으로 마무리한 미장 재료를 체크하시오.

① 리신바름 (　　)　　② 라프코트 (　　)

③ 섬유벽바름 (　　)　　④ 회반죽바름 (　　)

[14②]

033 알키드수지·아크릴수지·에폭시수지·초산비닐수지를 용제에 녹여서 착색제를 혼입하여 만든 재료로 내화학성, 내후성, 내식성 및 치장효과가 있는 내·외장 도장재료를 체크하시오.

① 비닐모르타르 (　　)

② 플라스틱라이닝 (　　)

③ 플라스틱 스펀지 (　　)

④ 합성수지 스프레이 코팅제 (　　)

[08②, 17①]

034 건축물 뿜칠마감재의 조성에 관한 설명으로 올바른지 체크하시오.

① 안료 : 내알칼리성, 내후성, 착색력, 색조의 안정 (　　)

② 유동화제 : 재료를 유동화시키는 재료(물이나 유기용제 등) (　　)

③ 골재 : 치수안정성을 향상하고 흡음성, 단열성 등의 성능개선(모래, 석분, 펌프입자, 질석 등) (　　)

④ 결합재 : 바탕재의 강도를 유지하기 위한 재료(골재, 시멘트 등) (　　)

★중요

[05②, 06②, 08②, 10①, 15②, 18②, 21②, 25③]

035 미장재료에 관한 설명으로 올바른지 체크하시오.

① 보강재는 결합재의 고체화에 직접 관계하는 것으로 여물, 풀, 수염 등이 이에 속한다. (　　)

② 수경성 미장재료에는 돌로마이트 플라스터, 소석회가 있다. (　　)

③ 소석회는 돌로마이트 플라스터에 비해 점성이 높고, 작업성이 좋다. (　　)

④ 회반죽에 석고를 약간 혼합하면 수축균열을 방지할 수 있는 효과가 있다. (　　)

⑤ 회반죽은 시멘트 모르타르와 같이 수경성이다. (　　)

⑥ 돌로마이트 플라스터는 기경성이다. (　　)

⑦ 석고 플라스터는 수경성이다. (　　)

⑧ 생석회에 물을 첨가하면 소석회가 된다. (　　)

⑨ 돌로마이트 플라스터는 응결기간이 짧으므로 지연제를 첨가한다. (　　)

⑩ 회반죽은 소석회에서 모래, 해초풀, 여물 등을 혼합한 것이다. (　　)

⑪ 반수석고는 가수 후 20~30분에 급속 경화한다. (　　)

⑫ 돌로마이트 플라스터는 소석회보다 점성이 낮아 풀이 필요하며 건조수축이 적은 특징이 있다. (　　)

⑬ 회반죽 바름은 소석회를 사용한다. (　　)

⑭ 회반죽 바름에 사용하는 해초풀은 채취 후 1~2년 경과된 것이 좋다. (　　)

⑮ 석고플라스터는 경화·건조시 치수 안정성이 우수하다. (　　)

[05③]

001 미장재료 중 소석회는 대기 중 어느 것과 작용해서 경화하는지 쓰시오.

✿해설 소석회는 회반죽과 회사벽의 고결재로 수산화칼슘 $[Ca(OH)_2]$을 말하고, 석회석을 1,000℃ 내외로 소성하면 이산화 탄소가 방출되고 생석회인 산화칼슘(CaO)이 생성되는데, 생석회에 물을 가하면 소석회가 된다. 즉, "CaO + H_2O → $CA(OH)_2$ + 에너지"가 된다.
이것을 다시 물과 반죽하여 벽면에 얇게 바르면 수분이 공기 중으로 증발하면서 소석회는 공기 중의 CO_2(이산화탄소)와 반응을 하여 단단한 석회석이 된다. 즉, 다음과 같이 반응한다.
"$CA(OH)_2$ + CO_2 → $CACO_3$ + H_2O"가 된다.

[17③]

002 미장재료 중 고온소성의 무수석고를 특별한 화학처리를 한 것으로 '킨즈 시멘트'라고도 불리우는 재료를 쓰시오.

[22②]

003 미장재료 중 균열저항성이 가장 큰 재료를 쓰시오.

[16②]

004 미장재료 중 비교적 강도가 크고, 응결시간이 길며 부착은 양호하나, 강재를 녹슬게 하는 성분도 포함하는 재료를 쓰시오.

[15①, 16③]

005 소석회에 모래, 해초풀, 여물 등을 혼합하여 바르는 미장재료로서 목조바탕, 콘크리트블록 및 벽돌 바탕 등에 사용되는 것을 쓰시오.

|정답|

001 CO_2(이산화탄소)　　**002** 경석고 플라스터(킨즈 시멘트)　　**003** 경석고 플라스터(킨즈 시멘트)　　**004** 경석고 플라스터(킨즈 시멘트)
005 회반죽

7단원 합성 수지

01 진위형 문제

▶해설편 212p

※ 다음 문제를 읽고, 옳으면 ○, 틀리면 ×를 괄호 안에 표기하시오.

★중요 [03②③, 06①②, 07①③, 09②, 15①, 17③, 25③]

001 합성 수지의 일반적인 성질에 대한 설명으로 올바른지 체크하시오.

① 성형성, 가공성이 좋다. (　)
② 강성과 강도가 커서 구조재료로 사용된다. (　)
③ 타재료와의 부착성이 좋아 접착제, 실링재로 널리 사용된다. (　)
④ 전성, 연성이 크고 유리와 같은 파쇄성이 없다. (　)
⑤ 내약품성이 우수하다. (　)
⑥ 전기절연성이 우수하다. (　)
⑦ 내열성, 내화성이 적다. (　)
⑧ 인장강도가 압축강도보다 크다. (　)
⑨ 가소성, 가공성이 크다. (　)
⑩ 전성, 연성이 작다. (　)
⑪ 탄성계수가 강재보다 작다. (　)
⑫ 가소성이 크며 성형 가공이 용이하다. (　)
⑬ 내수성이 양호하다. (　)
⑭ 열에 의한 팽창 및 수축이 크다. (　)
⑮ 탄성계수가 금속재에 비해 매우 크다. (　)
⑯ 전성, 연성이 크고 피막이 강하다. (　)
⑰ 접착성이 크고 기밀성, 안정성이 큰 것이 많다. (　)
⑱ 마모가 적고 탄력성이 작다. (　)
⑲ 착색이 자유롭고 투수성이 없다. (　)
⑳ 투광율이 비교적 큰 것이 있어 유리대용의 효과를 가진 것이 있다. (　)
㉑ 착색이 자유로우며 형태와 표면이 매끈하고 미관이 좋다. (　)
㉒ 흡수율, 투수율이 작으므로 방수효과가 좋다. (　)
㉓ 경도가 높아서 마멸되기 쉬운 곳에 사용하면 효과적이다. (　)
㉔ 일반적으로 내열성, 내화성이 적고 비교적 저온에서 연화, 연질된다. (　)

㉕ 폴리스티렌 수지는 발포제로서 보드 상으로 성형하여 단열재로 사용된다. (　)
㉖ 실리콘 수지는 내열성·내한성이 우수한 수지로 접착제, 도료로 사용된다. (　)
㉗ 염화 비닐 수지는 내산·내알칼리성 및 내후성 등이 크며 열경화성 수지에 속한다. (　)

★중요 [03①, 07②, 10①, 16②, 23①, 24②]

002 일반적인 플라스틱 재료에 대한 설명으로 올바른지 체크하시오.

① 플라스틱은 가공성, 내수성, 내화학성 등이 좋아 건설재료로 광범위하게 사용되고 있다. (　)
② 섬유보강 플라스틱인 FRP는 알키드 수지를 사용하여 만든다. (　)
③ 열에 의한 체적변화가 크고 열팽창계수가 온도변화에 따라 다르다. (　)
④ 수명이 반영구적이어서 환경오염의 우려가 있다. (　)
⑤ 플라스틱은 인장강도가 압축강도보다 작다. (　)
⑥ 열에 의한 팽창 및 수축이 크며, 각종 변화가 다양하다. (　)
⑦ 직사일광에 의한 자외선폭로나 열적변화의 영향 등에 따라 강도저하, 노화 등이 발생된다. (　)
⑧ 하중과 신장이 후크의 법칙에 적용되지 않지만, 응력변화에 있어서 명확한 탄성한계의 구별이 용이하다. (　)
⑨ 압축강도보다 인장강도가 크다. (　)
⑩ 전·연성 및 접착성이 크다. (　)
⑪ 전기절연성이 양호하다. (　)
⑫ 아크릴 수지의 성형품은 색조가 선명하고 광택이 있어 아름다우나 내용제성이 약하므로 상처나기 쉽다. (　)
⑬ 폴리에틸렌 수지는 상온에서 유백색의 탄성이 있는 수지로서 얇은 시트로 이용된다. (　)
⑭ 실리콘 수지는 발포제로서 보드상으로 성형하여 단열재로 널리 사용된다. (　)
⑮ 염화 비닐 수지는 P.V.C라고 칭하며 내산, 내알칼리성 및 내후성이 우수하다. (　)

003 열가소성 수지인 것을 체크하시오.   [04②, 05③, 07③, 21①, 22①③, 23②, 24③]

① 에폭시 수지 (　)　　② 멜라민 수지 (　)
③ 우레탄 수지 (　)　　④ 염화 비닐 수지 (　)
⑤ 알키드 수지 (　)　　⑥ 아크릴 수지 (　)
⑦ 폴리프로필렌 수지 (　)
⑧ 폴리에스테르 수지 (　)
⑨ 폴리에틸렌 수지 (　)

004 열경화 수지에 해당하는 것을 체크하시오.   [06①, 07②, 08③, 09①, 11①, 13③, 14③, 19③, 21③, 22②, 25③]

① 멜라민 수지 (　)　　② 불소 수지 (　)
③ 셀룰로이드 (　)　　④ 아크릴 수지 (　)
⑤ 알키드 수지 (　)　　⑥ 에폭시 수지 (　)
⑦ 염화비닐 수지 (　)　　⑧ 요소 수지 (　)
⑨ 초산비닐 수지 (　)　　⑩ 페놀 수지 (　)
⑪ 폴리스티렌 수지 (　)　⑫ 폴리아미드 수지 (　)
⑬ 폴리에스테르 수지 (　)
⑭ 폴리에틸렌 수지 (　)　⑮ 프란 수지 (　)

005 수지성형품 중에서 표면경도가 크고 아름다운 광택을 지니면서 착색이 자유롭고 내열성이 우수한 수지로 마감재, 전기부품 등에 활용되는 수지를 체크하시오.   [11②]

① 멜라민 수지 (　)　　② 에폭시 수지 (　)
③ 폴리우레탄 수지 (　)④ 실리콘 수지 (　)

006 투명도가 높으므로 유기유리라는 명칭이 있으며, 착색이 자유롭고 내충격강도가 크며 평판, 골판 등의 각종 형태의 성형품으로 만들어 채광판, 도어판, 칸막이벽 등에 쓰이는 합성 수지를 체크하시오.   [04①, 19①]

① 폴리스티렌 수지 (　)② 에폭시 수지 (　)
③ 요소 수지 (　)　　　④ 아크릴 수지 (　)

007 다음과 같은 특성을 가진 플라스틱을 체크하시오.   [18①, 23③]

> • 가열하면 연화 또는 용해하며 가소성이 되고, 냉각하면 경화하는 재료이다.
> • 분자 구조가 쇄상 구조로 이루어져 있다.

① 멜라민 수지 (　)　　② 아크릴 수지 (　)
③ 요소 수지 (　)　　　④ 페놀 수지 (　)

008 전기절연성, 내열성이 우수하고 특히 내약품성이 뛰어나며 유리섬유로 보강하여 강화플라스틱(F.R.P)의 제조에 사용되는 합성 수지를 체크하시오.   [04②, 09①, 21①, 25②]

① 멜라민 수지 (　)
② 불포화폴리에스테르 수지 (　)
③ 페놀 수지 (　)
④ 염화 비닐 수지 (　)

009 폴리에스테르 수지의 일종으로 내후성, 접착성이 우수하여 페인트, 바니시, 래커 등의 도료로 주로 사용되는 수지를 체크하시오.   [05②, 15②]

① 알키드 수지 (　)　　② 에폭시 수지 (　)
③ 페놀 수지 (　)　　　④ 요소 수지 (　)

010 알키드 수지의 주용도에 해당하는 것을 체크하시오.   [05③]

① 자동차의 시트 (　)　② 접착제 (　)
③ 내화학성의 파이프 (　)
④ 도료 (　)

011 건축용으로는 글라스섬유로 강화된 평판 또는 판상 제품으로 주로 사용되고 있는 열경화성 수지를 체크하시오.   [07①, 11②, 12①]

① 폴리에틸렌 수지 (　)
② 아크릴 수지 (　)
③ 폴리에스테르 수지 (　)
④ 염화 비닐 수지 (　)

012 내수성, 내약품성, 전기절연성이 우수하고 두께가 얇은 시트를 만들어 건축용 방수재료로 이용되며, 내화학성의 파이프로도 쓰이지만, 도료로서의 사용은 곤란한 합성 수지를 체크하시오.   [04③]

① 폴리프로필렌 수지 (　)
② 폴리에틸렌 수지 (　)
③ 아크릴 수지 (　)
④ 실리콘 수지 (　)

★중요 [03②, 20③, 23④]

013 실리콘(silicon) 수지에 대한 설명으로 올바른지 체크하시오.

① 실리콘 수지는 내열성, 내한성이 우수하여 -60℃ ~260℃의 범위에서 안정하다. (　)

② 도료로 사용한 경우 안료로서 알루미늄 분말을 혼합한 것은 내화성이 부족하다. (　)

③ 탄성을 지니고 있고, 내후성도 우수하다. (　)

④ 발수성이 있기 때문에 건축물, 전기 절연물 등의 방수에 쓰인다. (　)

★중요 [04③, 07③, 08②, 16③, 24③]

014 에폭시 수지에 대한 설명으로 올바른지 체크하시오.

① 내수성과 내약품성이 좋다. (　)

② 접착성이 매우 좋고 경화시 휘발물의 발생이 없다. (　)

③ 전기 절연성이 우수하다. (　)

④ 방수성이 없어 방수재료로는 사용할 수 없다. (　)

⑤ 에폭시수재 접착제는 급경성으로 내알칼리성 등의 내확성이나 접착력이 크다. (　)

⑥ 에폭시 수지 접착제는 금속, 석재, 도자기, 글라스, 콘크리트, 플라스틱재, 도자기, 고무 등의 접착에 모두 사용된다. (　)

⑦ 에폭시 수지 도료는 충격 및 마모에 약해 내부 방청용으로 사용된다. (　)

⑧ 경화시 휘발성이 없으므로 용적의 감소가 극히 적다. (　)

⑨ 에폭시 수지는 유기용제에는 침식된다. (　)

[10②]

015 열가소성 플라스틱 중 투광성이 높고 경량이며 내후성과 내약품성, 역학적 성질이 뛰어나기 때문에 유리 대용품으로서 광범위하게 이용되고 있는 것을 체크하시오.

① 염화 비닐 수지 (　)　② 메타크릴 수지 (　)

③ 폴리에틸렌 수지 (　)　④ 폴리프로필렌 수지 (　)

[06③]

016 열가소성 수지의 일종인 폴리에틸렌 수지의 특징으로 올바른지 체크하시오.

① 얇은 시트나 내화학성의 파이프로 이용된다. (　)

② 내약품성, 전기절연성이 좋다. (　)

③ 내수성이 좋지 않다. (　)

④ 도장 재료로서 사용은 적당하지 않다. (　)

[12②]

017 콘크리트 보강용으로 사용되고 있는 유리섬유에 대한 설명으로 올바른지 체크하시오.

① 고온에 견디며, 불에 타지 않는다. (　)

② 화학적 내구성이 있기 때문에 부식하지 않는다. (　)

③ 전기절연성이 크다. (　)

④ 내마모성이 크고, 잘 부서지거나 부러지지 않는다. (　)

★중요 [16①, 19③, 23①]

018 콘크리트 구조물의 강도 보강용 섬유소재에 해당하는 것을 체크하시오.

① 석면 섬유 또는 PCP (　)

② 유리 섬유 (　)

③ 탄소 섬유 (　)

④ 아라미드 섬유 (　)

★중요 [04①, 05①, 08①, 15③, 19①, 24①]

019 각종 합성 수지에 대한 설명으로 올바른지 체크하시오.

① 불포화 폴리에스테르 수지는 유리와의 접착성이 좋고, 유리섬유와 적층하여 사용된다. (　)

② 염화 비닐 수지는 열경화성 수지로 내수성이 우수하나 유기용제에 잘 녹으므로 내약품성이 낮다. (　)

③ 멜라민 수지는 표면경도가 크고 압축성형한 판은 내장재로 쓰인다. (　)

④ 초산비닐 수지는 열가소성 수지로 접착제와 도료로 쓰인다. (　)

⑤ 에폭시 수지는 접착성은 우수하나 경화 시 휘발성이 있어 용적의 감소가 매우 크다. (　)

⑥ 요소 수지는 무색이어서 착색이 자유롭고 내수성이 크며 내수합판의 접착제로 사용된다. (　)

⑦ 폴리에스테르 수지는 전기절연성, 내열성이 우수하고 특히 내약품성이 뛰어나다. (　)

⑧ 실리콘 수지는 내약품성, 내후성이 좋으며 방수 피막 등에 사용된다. (　)

⑨ 실리콘 수지는 내열성, 내한성이 우수한 수지로 콘크리트의 발수성 방수도료에 적당하다. (　)
⑩ 불포화 폴리에스테르 수지는 유리섬유로 보강하여 사용되는 경우가 많다. (　)
⑪ 아크릴 수지는 투명도가 높아 유기유리로 불린다. (　)
⑫ 멜라민 수지는 내수, 내약품성은 우수하나 표면 경도가 낮다. (　)

[03①]

020 PVC계 강화복합 수지 위에 융착 프린팅 공정을 거친 벽, 천장용 패널로서 내약품성, 내화학성, 방수성, 방음, 방습 효과가 우수하며 Honey Comb 공법으로 결로 현상을 방지할 수 있어 욕실, 사우나, 수영장의 천장, 벽에 주로 사용하는 합성 수지제품을 체크하시오.

① 엑사판 (　)
② 바리솔 (　)
③ 폴리에스텔 치장판 (　)
④ 멜라민 치장판 (　)

★중요
[05②, 10①, 15②]

021 유리섬유를 불규칙하게 상온가압하여 성형한 판으로 알칼리 이외의 화학약품에 대한 저항성이 있고 설비재, 내외 수장재로 쓰이는 제품을 체크하시오.

① 폴리에스테르강화판 (　)
② 멜라민치장판 (　)
③ 페놀수지판 (　)
④ 염화 비닐판 (　)

[15③, 18③]

022 유리섬유를 폴리에스테르 수지에 혼입하여 가압·성형한 판으로 내구성이 좋아 내·외수장재로 사용하는 제품을 체크하시오.

① 아크릴평판 (　)　　② 멜라민치장판 (　)
③ 폴리스티렌투명판 (　)
④ 폴리에스테르강화판 (　)

[15①]

023 보통 F.R.P 판이라고 하며, 내외장재, 가구재 등으로 사용되며 구조재로도 사용가능한 제품을 체크하시오.

① 아크릴판 (　)
② 강화 폴리에스테르판 (　)
③ 페놀수지판 (　)
④ 경질염화 비닐판 (　)

[06②, 14①]

024 플라스틱 용도에 관한 설명으로 올바른지 체크하시오.

① 멜라민 수지 : 치장판 (　)
② 염화 비닐 수지 : 판재, 파이프 등의 각종 성형품 (　)
③ 에폭시 수지 : 접착제 (　)
④ 폴리에스테르 수지 : 스티로폴 등의 흡음발포제 (　)

[06③, 19②]

025 플라스틱 건설재료의 현장적용 시 고려사항에 대한 설명으로 올바른지 체크하시오.

① 열가소성 플라스틱 재료들은 열팽창계수가 작으므로 경질판의 정착에 있어서는 열에 의한 팽창 및 수축여유를 고려할 필요가 없다. (　)
② 열가소성 평판의 곡면가공은 반지름을 판두께의 300배 이내로 하는 것이 좋다. (　)
③ 열경화성 접착제에 경화제 및 촉진제 등을 혼입하여 사용할 경우, 심한 발열이 생기지 않도록 적정량의 배합을 한다. (　)
④ 두께 2mm 이상의 열경화성 평판을 현장에서 가공할 경우, 가열가공 하지 않도록 한다. (　)
⑤ 마감 부분에 사용하는 경우 표면의 흠, 얼룩 부분이 생기지 않도록 하고, 필요에 따라 종이, 천 등으로 보호하여 양생한다. (　)

[10②]

026 연질타일계 바닥재에 대한 설명으로 올바른지 체크하시오.

① 고무계 타일은 내마소성이 우수하고 내소성이 있다. (　)
② 리놀륨계 타일은 내유성이 우수하고 탄력성이 있으나 내알칼리성, 내마모성, 내수성이 약하다. (　)
③ 전도성 타일은 정전기 발생이 우려되는 반도체, 전기전자제품의 생산장소에 주로 사용된다. (　)
④ 아스팔트 타일은 내마모성과 내유성이 우수하여

실내 주차장 바닥재로 많이 사용된다. ( )

[13①, 22④]

027 바닥마감재로 적당한 탄성이 있고, 내마모성, 흡습성이 있어 아파트, 학교, 병원 복도 등에 사용되는 것을 체크하시오.

① 탄성우레탄 수지 바름바닥 ( )

② 에폭시 수지 바름바닥 ( )

③ 폴리에스테르 수지 바름바닥 ( )

④ 인조석 깔기바닥 ( )

[13②]

028 바닥마감재 중 유지계 바닥재료를 체크하시오.

① 리놀륨타일 ( )　　② 아스팔트타일 ( )

③ 비닐바닥타일 ( )　　④ 고무타일 ( )

[18①]

029 건물 바닥용 제품에 해당하는 것을 체크하시오.

① 염화 비닐 타일 ( )

② 아스팔트 타일 ( )

③ 시멘트 사이딩 보드 ( )

④ 리놀륨 ( )

[22①]

030 PVC 바닥재에 대한 일반적인 설명으로 올바른지 체크하시오.

① 보통 두께 3mm 이상의 것을 사용한다. ( )

② 접착제는 비닐계 바닥재용 접착제를 사용한다. ( )

③ 바닥시트에 이용하는 용접봉, 용집액 혹은 줄눈재는 제조업자가 지정하는 것으로 한다. ( )

④ 재료보관은 통풍이 잘 되고 햇빛이 잘 드는 곳에 보관한다. ( )

[12②]

031 U자형 줄눈에 충전하는 실링재를 밑면에 접착시키지 않기 위해 붙이는 테이프로, 3면접착에 의한 파단을 방지하기 위한 것을 체크하시오.

① FRP(fiber reinforced plastics) ( )

② 아스팔트 프라이머(asphalt primer) ( )

③ 본드 브레이커(bond breaker) ( )

④ 블로운 아스팔트(blown asphalt) ( )

[08②]

032 합성 수지관류에 대한 설명으로 올바른지 체크하시오.

① 폴리에스테르판은 가성소다나 알칼리에 약하다. ( )

② 아크릴평판은 투명도는 좋지만 착색을 할 수 없으며 가공이 어렵다. ( )

③ 페놀수지판은 화재시 Cl_2 가스 발생이 크다. ( )

④ 염화 비닐판은 다갈색의 색조와 석탄산의 취기가 결점이다. ( )

★중요　　[13③, 17③, 20③]

033 비닐 레더(vinyl leather)에 대한 설명으로 올바른지 체크하시오.

① 색채, 모양, 무늬 등을 자유롭게 할 수 있다. ( )

② 면포로 된 것은 찢어지지 않고 튼튼하다. ( )

③ 두께는 0.5~1mm이고, 길이는 10m 두루마리로 만든다. ( )

④ 커튼, 테이블크로스, 방수막으로 사용된다. ( )

[15③]

034 건성유에 연백 또는 안료를 더하여 만든 것으로, 주로 유성페인트의 바탕만들기에 사용되는 퍼티에 해당하는 것을 체크하시오.

① 하드오일 퍼티 ( )　　② 오일 퍼티 ( )

③ 페인트 퍼티 ( )　　　 ④ 캐슈 수지 퍼티 ( )

★중요　　[15③, 18②, 23①]

035 건축용 코킹재료의 일반적인 특징에 관한 설명으로 올바른지 체크하시오.

① 수축률이 크다. ( )

② 내부의 점성이 지속된다. ( )

③ 내산·내알칼리성이 있다. ( )

④ 각종 재료에 접착이 잘 된다. ( )

[16①]

036 건축물의 창호나 조인트의 충전재로서 사용되는 실(seal) 재에 대한 설명으로 올바른지 체크하시오.

① 퍼티 : 탄산칼슘, 연백, 아연화 등의 충전재를 각종 건성유로 반죽한 것을 말한다. ( )

② 유성 코킹재 : 석면, 탄산칼슘 등의 충전재와 천연유지 등을 혼합한 것을 말하며 접착성, 가소성이 풍부하다. ( )

③ 2액형 실링재 : 휘발성분이 거의 없어 충전 후의
체적변화가 적고 온도변화에 따른 안정성도 우수
하다. ( )

④ 아스팔트성 코킹재 : 전색재로서 유지나 수지 대
신에 블로운 아스팔트를 사용한 것으로 고온에
강하다. ( )

[09③]

037 생고무에 유황을 혼합하여 그 물리적, 화학적 성질
을 개량하여 전선피복, 파이프, 호스, 스펀지 등에
사용되는 것을 체크하시오.

① 부나에스 ( )　　　② 고무유도체 ( )

③ 가류고무 ( )　　　④ 라텍스 ( )

[19③]

038 수밀성, 기밀성 확보를 위하여 유리와 새시의 접합
부, 패널의 접합부 등에 사용되는 재료로서 내후성
이 우수하고 부착이 용이한 특징이 있으며, 형상이
H형, Y형, ㄷ형으로 나누어지는 것을 체크하시오.

① 유리퍼티(Glass Putty) ( )

② 2액형 실링재(Two-Part Liquid Sealing
Compound) ( )

③ 개스킷(Gasket) ( )

④ 아스팔트코킹(Asphalt Caulking Materials) ( )

02 단답형 문제

[18③, 22④]

001 평판성형되어 유리대체재로서 사용되는 것으로 유기질 유리라고 불리는 수지를 쓰시오.

★중요

[03③, 04③, 12②, 13③, 17①, 21③, 24②]

002 발포제로서 보드상으로 성형하여 단열재로 널리 사용되며 건축물의 천장재, 블라인드 등에 널리 쓰이는 열가소성 수지를 쓰시오.

[17③]

003 열가소성 수지 제품은 전기절연성·가공성이 우수하며, 발포제품은 저온 단열재로서 널리 쓰이는 것의 명칭을 쓰시오.

[12①]

004 투명성, 기계적 강도, 내수성은 좋지만 내충격성이 약하며, 발포제를 사용하여 넓은 판으로 만들어 단열재로서 널리 사용되며, 장식품과 일용품으로도 성형하여 사용되는 열가소성 수지를 쓰시오.

[12③]

005 상온에서 유백색의 탄성이 있는 열가소성 수지로서, 얇은 시트로 이용되는 것을 쓰시오.

[15①]

006 열경화성 수지 중 내마모성이 있어 우레탄고무, 도료 접착제로 사용되는 수지를 쓰시오.

|정답|

001 아크릴 수지   002 폴리스티렌 수지   003 폴리스티렌 수지   004 폴리스티렌 수지   005 폴리에틸렌 수지   006 폴리우레탄 수지

[18①, 23②]

007 도막방수재 및 실링재로써 이용이 증가하고 있는 합성 수지로서, 기포성 보온재로도 사용되는 합성 수지를 쓰시오.

[09③]

010 합성 수지 제품 중 경도가 크나 내열, 내수성이 부족하여 외장재료는 부적당하며 내장재, 가구재로 사용되는 제품을 쓰시오.

[08①]

008 합성 수지 중 내열성이 가장 우수한 것을 쓰시오.

★중요   [09②, 13②, 19②, 23①, 25②]

009 내열성이 크고 발수성을 나타내어 방수제로 쓰이며 저온에서도 탄성이 있어 gasket, packing의 원료로 쓰이는 합성 수지를 쓰시오.

[16③, 20②, 24③]

011 리녹신에 수지, 고무물질, 코르크분말 등을 섞어 마포(hemp cloth) 등에 발라 두꺼운 종이모양으로 압면·성형한 제품의 명칭을 쓰시오.

|정답|

007 폴리우레탄 수지   008 실리콘 수지   009 실리콘 수지   010 멜라민 치장판   011 리놀륨

01 진위형 문제

▶ 해설편 219p

※ 다음 문제를 읽고, 옳으면 O, 틀리면 ×를 괄호 안에 표기하시오.

[05①]

001 도료에 관한 설명으로 올바른지 체크하시오.
① 유성 페인트 – 건조시간이 길고 내알칼리성이 떨어진다. (   )
② 수성 페인트 – 광택이 좋고 내마모성이 크다. (   )
③ 수지성페인트 – 내산, 내알칼리성이 우수하다. (   )
④ 알루미늄페인트 – 분리가 적고 솔질이 용이하다. (   )

[06①]

002 유성 페인트에 대한 설명으로 올바른지 체크하시오.
① 내알칼리성이 떨어진다. (   )
② 붓바름 작업성이 좋다. (   )
③ 내후성이 좋다. (   )
④ 건조시간이 짧다. (   )

[11②, 22①]

003 수성 페인트에 대한 설명으로 올바른지 체크하시오.
① 수성 페인트의 일종인 에멀션 페인트는 수성 페인트에 합성수지와 유화제를 섞은 것이다. (   )
② 수성 페인트를 칠한 면은 외관은 온화하지만 독성 및 화재발생의 위험이 있다. (   )
③ 수성 페인트의 재료로 아교·전분·카세인 등이 활용된다. (   )
④ 광택이 없으며 회반죽면 또는 모르타면의 칠에 적당하다. (   )

[19③]

004 안료를 적은 양의 물로 용해하여 수용성 교착제와 혼합한 분말상태의 도료를 체크하시오.
① 수성 페인트 (   )   ② 바니시 (   )
③ 래커 (   )   ④ 에나멜 페인트 (   )

[14①]

005 도료를 건조과정에 의해 분류할 때 가열건조형 도료에 해당하는 것을 체크하시오.
① 바니시 (   )
② 비닐 수지 도료 (   )
③ 아미노알키드 수지 도료 (   )
④ 에멀션 도료 (   )

[17③]

006 도장공사에 사용되는 투명도료를 체크하시오.
① 오일바니시 (   )   ② 에나멜 페인트 (   )
③ 래커 에나멜 (   )   ④ 합성수지 페인트 (   )

[14③]

007 바니시에 대한 설명으로 올바른지 체크하시오.
① 바니시는 합성수지, 아스팔트, 안료 등에 건성유나 용제를 첨가한 것이다. (   )
② 휘발성 바니시에는 락(lock), 래커(lacquer) 등이 있다. (   )
③ 휘발성 바니시는 건조가 빠르나 도막이 얇고 부착력이 약하다. (   )
④ 유성 바니시는 불투명도료로 내후성이 커서 외장용으로 사용된다. (   )

★중요   [09②, 13①, 16③]

008 건물의 외장용 도료에 해당하는 것을 체크하시오.
① 유성 페인트 (   )
② 수성 페인트 (   )
③ 합성수지 에멀션페인트 (   )
④ 유성 바니시 (   )

[15③, 23③, 25②]

009 유성 페인트나 바니시와 비교한 합성수지 도료의 전반적인 특성으로 올바른지 체크하시오.
① 도막이 단단하지 못한 편이다. (   )
② 건조 시간이 빠른 편이다. (   )
③ 내산, 내알칼리성을 가지고 있다. (   )
④ 방화성이 더 우수한 편이다. (   )

010 유성 에나멜 페인트에 대한 설명으로 올바른지 체크하시오.

① 안료에 유성 바니시를 혼합한 액상재료이다. (　)
② 알루미늄페인트는 유성 에나멜 페인트의 일종이다. (　)
③ 도막은 광택이 있고 경도가 크다. (　)
④ 안료나 휘발성 용제를 적게 혼합하면 무광택 에나멜이 된다. (　)

011 도장공사에 사용되는 유성도료에 관한 설명으로 올바른지 체크하시오.

① 아마인유 등의 건조성 지방유를 가열 연화시켜 건조제를 첨가한 것을 보일유라 한다. (　)
② 보일유와 안료를 혼합한 것이 유성 페인트이다. (　)
③ 유성 페인트는 내알칼리성이 우수하다. (　)
④ 유성 페인트는 내후성이 우수하다. (　)

★중요　　　　　　　　　　　　

012 자연에서 용제가 증발하여 표면에 피막이 형성되어 굳는 도료를 체크하시오.

① 유성조합페인트 (　)
② 염화비닐 수지 에나멜 (　)
③ 에폭시 수지 도료 (　)
④ 알키드 수지 도료 (　)

013 도장재료 중 물이 증발하여 수지입자가 굳는 융착건조경화를 하는 도료를 체크하시오.

① 알키드 수지 도료 (　)
② 에폭시 수지 도료 (　)
③ 불소 수지 도료 (　)
④ 합성수지 에멀션 페인트 (　)

014 시공된 지 얼마 되지 않은 콘크리트면에 도장하고자 할 때 사용하는 도료를 체크하시오.

① 유성 페인트 (　)　　　② 유성조합 페인트 (　)
③ 합성수지 에멀션 페인트 (　)
④ 클리어 래커 (　)

015 수성 페인트에 합성수지와 유화제를 섞은 페인트를 체크하시오.

① 에멀션 페인트 (　)　　② 조합 페인트 (　)
③ 견련 페인트 (　)　　　④ 방청 페인트 (　)

016 도료 중 뉴트로셀룰로오스 등의 천연 수지를 이용한 자연건조형으로 단시간에 도막이 형성되는 도료를 체크하시오.

① 셀락니스 (　)
② 래커 에나멜 (　)
③ 캐슈(cashew) 수지 도료 (　)
④ 유성 에나멜 페인트 (　)

017 목재바탕의 무늬를 살리기 위해 사용되는 도료를 체크하시오.

① 클리어 래커 (　)　　② 에나멜 페인트 (　)
③ 수성 페인트 (　)　　④ 유성 페인트 (　)

018 도료 중 주로 목재면의 투명도장에 쓰이고 오일 니스에 비하여 도막이 얇으나 견고하며, 담색으로서 우아한 광택이 있고 내부용으로 쓰이는 도료를 체크하시오.

① 클리어 래커(clear lacquer) (　)
② 에나멜 래커(enamel lacquer) (　)
③ 에나멜 페인트(enamel paint) (　)
④ 하이 솔리드 래커(high solid lacquer) (　)

019 도장재료 중 래커(lacquer)에 관한 설명으로 올바른지 체크하시오.

① 내구성은 크나 도막이 느리게 건조된다. (　)
② 클리어 래커는 투명래커로 도막은 얇으나 견고하고 광택이 우수하다. (　)
③ 클리어 래커는 내후성이 좋지 않아 내부용으로 주로 쓰인다. (　)
④ 래커 에나멜은 불투명 도료로서 클리어 래커에 안료를 첨가한 것을 말한다. (　)

[08①, 11①]

020 도료 중 내알칼리성이 가장 적은 도료를 체크하시오.

① 페놀 수지 도료 (   )

② 멜라민 수지 도료 (   )

③ 초산 비닐 도료 (   )

④ 프탈산 수지 에나멜 (   )

[10②]

021 크롬산 아연을 안료로 하고, 알키드 수지를 전색제로 한 것으로서 알루미늄 녹막이 초벌칠에 적당한 도료를 체크하시오.

① 광명단 (   )

② 징크로메이트 도료 (   )

③ 그래파이트 도료 (   )

④ 알루미늄 도료 (   )

★중요 **[11③, 16①, 18③, 19②③, 20③, 23①③, 25①]**

022 방청 도료에 해당하는 것을 체크하시오.

① 광명단 도료 (   )　　② 에멀션 페인트 (   )

③ 징크로메이트 도료 (   )

④ 워시 프라이머 (   )　　⑤ 다채무늬 도료 (   )

⑥ 크롬산 아연 (   )　　⑦ 클리어 래커 (   )

⑧ 에칭 프라이머 (   )　　⑨ 형광 도료 (   )

⑩ 탄산칼슘 (   )　　⑪ 알루미늄 도료 (   )

⑫ 광명단 조합페인트 (   )

★중요 **[10③, 11②, 20①, 23③, 25①]**

023 도료의 건조제(dryer) 중 상온에서 기름에 용해되는 건조제에 해당하는 것을 체크하시오.

① 붕산망간 (   )

② 이산화망간(MnO_2) (   )

③ 초산염 (   )

④ 연(Pb) 또는 코발트의 수지산 (   )

⑤ 일산화연 (   )

⑥ 연단 (   )

[18②]

024 도료의 건조제로 사용되는 것을 체크하시오.

① 리사지 (   )　　② 나프타 (   )

③ 연단 (   )　　④ 이산화망간 (   )

[13③]

025 도료의 도막을 형성하는 데 필요한 유동성을 얻기 위하여 첨가하는 것을 체크하시오.

① 안료 (   )　　② 가소제 (   )

③ 수지 (   )　　④ 용제 (   )

[16③]

026 도료 중 광택이 없는 것을 체크하시오.

① 수성 페인트 (   )　　② 유성 페인트 (   )

③ 래커 (   )　　④ 에나멜 페인트 (   )

[11①, 14①, 24③]

027 목부의 옹이땜, 송진막이, 스밈막이 등에 사용되나, 내후성이 약한 도장재를 체크하시오.

① 캐슈 (   )　　② 워시 프라이머 (   )

③ 셀락니스 (   )　　④ 페인트 시너 (   )

[11①]

028 도장결함 중 주름발생 현상의 방지대책을 체크하시오.

① 도료의 점도를 낮춘다. (   )

② 교반을 충분하게 하고 겹칠을 한다. (   )

③ 바탕과 도료와의 심한 온도차이를 피한다. (   )

④ 도포 후 즉시 직사광선을 쬐이지 않는다. (   )

[14①, 20①]

029 도료의 저장 중 또는 용기 내 방치 시 도료의 표면에 피막이 형성되는 현상의 발생 원인을 체크하시오.

① 피막방지제의 부족이나 건조제가 과잉일 경우 (   )

② 용기 내에 공간이 커서 산소의 양이 많을 경우 (   )

③ 부적당한 시너로 희석하였을 경우 (   )

④ 사용잔량을 뚜껑을 열어둔 채 방치하였을 경우

(   )

030 수직면으로 도장하였을 경우 도장직후에 도막이 흘러내리는 현상의 발생 원인을 체크하시오.

① 얇게 도장하였을 때 (　)
② 지나친 희석으로 점도가 낮을 때 (　)
③ 저온으로 건조시간이 길 때 (　)
④ airless 도장 시 팁이 크거나 2차압이 낮아 분무가 잘 안되었을 때 (　)

★중요　[06③, 07①, 08②, 20③, 21①, 22③, 24①]

031 도료에 관한 설명으로 올바른지 체크하시오.

① 유성 바니시는 수지를 지방유와 가열용합하고, 건조제를 첨가한 다음 용제를 사용하여 희석한 것을 말한다. (　)
② 보일유는 단독으로 도료에 이용되는 경우가 거의 없다. (　)
③ 유성 에나멜 페인트는 유성 페인트와 비교하여 도막의 평활정도, 광택, 경도 등이 뛰어나다. (　)
④ 유성 페인트는 모르타르, 콘크리트 바탕에 주로 사용된다. (　)
⑤ 유성 페인트는 건조시간이 길고 피막이 튼튼하고 광택이 있다. (　)
⑥ 수성 페인트는 유성 페인트에 비하여 광택이 매우 우수하고 내구성 및 내마모성이 크다. (　)
⑦ 합성수지 페인트는 도막이 단단하고 내산성 및 내알칼리성이 우수하다. (　)
⑧ 에나멜 페인트는 건조가 빠르고, 내수성 및 내약품성이 우수하다. (　)
⑨ 유성 페인트는 내알칼리성이 좋지 않다. (　)
⑩ 유성 에나멜 페인트는 유성 바니시를 비히클로하여 안료를 첨가한 것을 말한다. (　)
⑪ 유성 바니시는 수지를 지방유와 가열용합하고, 건조제를 첨가한 다음 용제를 사용하여 희석한 것이다. (　)
⑫ 수성 페인트는 건조 후 수지의 도막이 생기므로 유성 페인트와 동등하거나 그 이상의 내수성을 나타낸다. (　)
⑬ 유성 바니시는 투명도료이며, 목재마감에도 사용 가능하다. (　)
⑭ 유성 페인트는 모르타르, 콘크리트면에 발라 착색방수피막을 형성한다. (　)
⑮ 합성수지 에멀션페인트는 콘크리트면, 석고보드 바탕 등에 사용된다. (　)
⑯ 클리어 래커는 목재면의 투명도장에 사용된다. (　)
⑰ 유성 페인트의 도막은 견고하나 바탕의 재질을 살릴 수 없다. (　)
⑱ 유성 에나멜 페인트는 도막이 견고할 뿐만 아니라 광택도 좋다. (　)
⑲ 광명단은 철재의 방청제는 물론 목재의 방부제로도 사용된다. (　)
⑳ 알루미늄 페인트는 금속 알루미늄분말과 유성 바니시로 구성된다. (　)

[22②]

032 건축용 접착제로서 요구되는 성능을 체크하시오.

① 진동, 충격의 반복에 잘 견딜 것 (　)
② 취급이 용이하고 독성이 없을 것 (　)
③ 장기부하에 의한 크리프가 클 것 (　)
④ 고화 시 체적수축 등에 의한 내부변형을 일으키지 않을 것 (　)

[03①]

033 카세인의 주성분을 체크하시오.

① 녹말 (　)
② 동물의 가죽이나 뼈 (　)
③ 난백 (　)
④ 우유 (　)

[21③]

034 접착제를 동물질 접착제와 식물질 접착제로 분류할 때, 동물질 접착제에 해당하는 것을 체크하시오.

① 아교 (　)
② 덱스트린 접착제 (　)
③ 카세인 접착제 (　)
④ 알부민 접착제 (　)

[20②]

035 단백질계 접착제에 해당하는 것을 체크하시오.

① 카세인 접착제 (　)

② 푸란 수지 접착제 (　)

③ 에폭시 수지 접착제 (　)

④ 실리콘 수지 접착제 (　)

[16②]

036 페놀 수지 접착제에 관한 설명으로 올바른지 체크하시오.

① 유리나 금속의 접착에 적합하다. (　)

② 내열, 내수성이 우수한 편이다. (　)

③ 기온이 20°C 이하에서는 충분한 접착력을 발휘하기 어렵다. (　)

④ 완전히 경화하면 적동색을 띤다. (　)

[15①]

037 멜라민 수지 접착제에 관한 설명으로 올바른지 체크하시오.

① 내수성이 크다. (　)

② 순백색 또는 투명백색이다. (　)

③ 멜라민과 포름알데히드로 제조된다. (　)

④ 고무나 유리접착에 적당하다. (　)

[05③]

038 멜라민 수지 접착제의 사용이 가장 적합한 재료를 체크하시오.

① 목재 (　)　　　　② 금속 (　)

③ 고무 (　)　　　　④ 유리 (　)

[04②]

039 기본 점성이 크며 내수성, 내약품성, 전기절연성이 모두 우수한 만능형 접착제로 금속, 플라스틱, 도자기, 유리, 콘크리트 등의 접합에 사용되는 접착제를 체크하시오.

① 페놀 수지 접착제 (　)

② 멜라민 수지 접착제 (　)

③ 에폭시 수지 접착제 (　)

④ 요소 수지 접착제 (　)

[14②③, 18①]

040 에폭시 수지 접착제에 관한 설명으로 올바른지 체크하시오.

① 비스페놀과 에피클로로하이드린의 반응에 의해 얻을 수 있다. (　)

② 내수성, 내습성, 전기절연성이 우수하다. (　)

③ 접착제의 성능을 지배하는 것은 경화제라고 할 수 있다. (　)

④ 피막이 단단하지 못하나 유연성이 매우 우수하다. (　)

⑤ 금속제 접착에 적당한 재료이다. (　)

⑥ 접착할 때 압력을 가할 필요가 없다. (　)

⑦ 경화제가 불필요하다. (　)

⑧ 내산, 내알칼리, 내수성이 우수하다. (　)

⑨ 금속, 석재, 도자기의 접착에 사용이 가능하다. (　)

⑩ 급경성이며 내화학성이 크다. (　)

⑪ 접착력이 크고 내수성이 우수하다. (　)

⑫ 내알칼리성이 적어 콘크리트에는 사용이 어렵다. (　)

★중요　　**[09③, 19②, 25①]**

041 비닐 수지 접착제에 관한 설명으로 올바른지 체크하시오.

① 용제형과 에멀션(emulsion) 형이 있다. (　)

② 작업성이 좋다. (　)

③ 내열성 및 내수성이 우수하다. (　)

④ 목재 접착에 사용가능하다. (　)

[17①]

042 합성수지계 접착제 중 내수성이 가장 좋지 않은 접착제를 체크하시오.

① 에폭시 수지 접착제 (　)

② 초산비닐 수지 접착제 (　)

③ 멜라민 수지 접착제 (　)

④ 요소 수지 접착제 (　)

[11③]

043 연질염화비닐을 접착하기에 가장 적합한 접착제를 체크하시오.

① 초산비닐 수지제 접착제 (　　)

② 니크릴고무계 접착제 (　　)

③ 클로로프렌고무계 접착제 (　　)

④ 고무라텍스형 접착제 (　　)

★중요　　　　　　　　　　　　　　　[13③, 16②, 17②, 25③]

044 건축용 접착제에 관한 설명으로 올바른지 체크하시오.

① 아교는 내수성이 부족한 편이다. (　　)

② 카세인은 우유를 주원료로 하여 만든 접착제이다. (　　)

③ 초산비닐 수지 에멀젼은 목공용으로 사용된다.
(　　)

④ 에폭시 수지는 금속접착제로 적합하지 않다. (　　)

⑤ 요소 수지 접착제는 목공용에 적당하며 내수합판의 제조에 사용된다. (　　)

⑥ 에폭시 수지 접착제는 금속, 플라스틱, 도자기, 유리, 콘크리트 등의 접합에 사용된다. (　　)

⑦ 실리콘 수지 접착제는 내수성은 작으나 열에는 매우 강하다. (　　)

⑧ 멜라민 수지 접착제는 내수성 등이 좋고 목재의 접합에 사용된다. (　　)

⑨ 페놀 수지 집착제는 용제형과 에멀젼형이 있고, 멜라민, 초산비닐 등과 공중합시킨 것도 있다. (　　)

⑩ 요소 수지 접착제는 내열성이 200℃이고 내수성이 매우 크며 전기절연성도 우수하다. (　　)

⑪ 멜라민 수지 접착제는 열경화성 수지 접착제로 내수성이 우수하여 내수합판용으로 사용된다. (　　)

⑫ 비닐 수지 접착제는 값이 저렴하여 작업성이 좋으며, 에멀젼형은 카세인의 대용품으로 사용된다. (　　)

02 단답형 문제

★중요 [03③, 09①, 12②, 24③]

001 유용성 수지를 건조성 기름에 가열 용해하여 이것을 휘발성 용제로 희석한 것으로, 광택이 있고 강인하며 내구, 내수성이 큰 도장재료를 쓰시오.

[06②]

002 수지를 지방유와 가열 융합하고, 건조제를 첨가한 다음 용제를 사용하여 희석한 것을 쓰시오.

[21②]

003 안료가 들어가지 않는 도료로서 목재면의 투명도장에 쓰이며, 내후성이 좋지 않아 외부에 사용하기에는 적당하지 않고 내부용으로 주로 사용하는 도료를 쓰시오.

[03②]

004 가열가압에 의해 두꺼운 합판도 쉽게 접합할 수 있으며, 내수, 내열, 내한성이 우수한 접착제로, 목재, 금속, 유리 등의 접합에 사용되는 접착제를 쓰시오.

[11③]

005 수용형, 용제형, 분말형 등이 있으며 목재, 금속, 플라스틱 및 이들 이종재(異種材) 간의 접착에 사용되는 합성수지 접착제를 쓰시오.

[14①]

006 목재접합, 합판제조 등에 사용되며, 다른 접착제와 비교하여 내수성이 부족하고 값이 저렴한 접착제를 쓰시오.

✿해설 요소 수지 접착제는 상온에서 사용이 가능하고, 가격이 저렴하며, 접착력은 크나, 내수성이 부족하다. 목재 및 합판의 접착제로 사용된다.

|정답|

001 유성 바니시   002 유성 바니시   003 클리어 래커   004 페놀 수지 접착제   005 페놀 수지 접착제   006 요소 수지 접착제

007 내수성(耐水性)이 가장 부족한 내수합판용 접착제를 쓰시오.

⚙해설 과년도 출제 문제에서 합성수지 접착제 중 내수성이 적은 접착제에는 비닐 수지 접착제와 요소 수지 접착제 등이 있다.

008 알루미늄과 같은 경금속 접착에 가장 적합한 합성수지 접착제를 쓰시오.

009 비스페놀과 에피클로로히드린의 반응으로 얻어지며 주제와 경화제로 이루어진 2성분계의 접착제로서 금속, 플라스틱, 도자기, 유리 및 콘크리트 등의 접합에 널리 사용되는 접착제를 쓰시오.

010 합성수지 접착제 중 금속접착에 가장 알맞은 접착제를 쓰시오.

011 접착제 중 급경성으로 내화학성, 내수성이 우수하며 금속, 석재, 콘크리트 등 거의 모든 재료의 접착에 사용되는 고가의 접착제를 쓰시오.

012 급경성으로 내알칼리성 등의 내화학성이나 접착력이 크고 내수성이 우수한 합성수지 접착제로 금속, 석재, 도자기, 유리, 콘크리트, 플라스틱재 등의 접착에 사용되는 접착제를 쓰시오.

|정답|

007 요소 수지 접착제　　008 에폭시 수지 접착제　　009 에폭시 수지 접착제　　010 에폭시 수지 접착제　　011 에폭시 수지 접착제
012 에폭시 수지 접착제

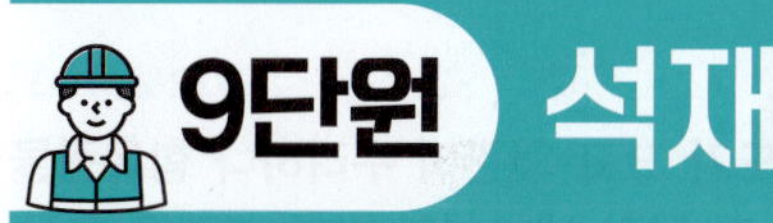

01 진위형 문제

▶ 해설편 226p

※ 다음 문제를 읽고, 옳으면 ○, 틀리면 ×를 괄호 안에 표기하시오.

★중요　[04①, 05①②③, 06①②, 08①, 09①, 10②, 17①, 24③]

001 석재의 일반적인 성질에 대한 설명으로 올바른지 체크하시오.

① 내구성, 내화학성, 내마모성이 우수하다. (　)

② 인장강도는 압축강도에 비해 매우 작다. (　)

③ 같은 종류의 석재라도 산지나 조직에 따라 다양한 외관과 색조를 나타낸다. (　)

④ 응회암, 사암은 대리석보다 내화성이 작다. (　)

⑤ 화강암의 내구연한은 75~200년 정도로서 다른 석재에 비하여 비교적 수명이 길다. (　)

⑥ 흡수율은 동결과 융해에 대한 내구성의 지표가 된다. (　)

⑦ 인장강도는 압축강도의 1/10~1/30 정도이다. (　)

⑧ 비중이 클수록 강도가 크며, 공극률이 클수록 내화성이 작다. (　)

⑨ 외관이 장중한 멋이 있고 치밀한 것은 갈면 광택이 난다. (　)

⑩ 불연성이고 내구성, 압축강도가 크고, 내화성이다. (　)

⑪ 인장강도가 압축강도에 비해 매우 크며 비중이 작아서 운반하기에 편리하다. (　)

⑫ 석재의 강도는 비중에 비례한다. (　)

⑬ 석재의 공극률이 크면 동결융해 반복으로 동해하기 쉽다. (　)

⑭ 석재의 함수율이 높을수록 강도가 저하된다. (　)

⑮ 석재의 강도 중에서 가장 큰 것은 인장강도이며, 압축, 휨 및 전단강도는 인장강도에 비하여 매우 작다. (　)

⑯ 석재의 강도는 비중의 대소와 관련이 있으며, 비중이 클수록 강도는 커진다. (　)

⑰ 석재의 공극률이란 암석의 총 부피에 대한 공극부피의 비로 정의된다. (　)

⑱ 일반적으로 화강암, 안산암 등이 화성암 종류가 내마모성이 크다. (　)

⑲ 큰 간사이 구조에 적합하다. (　)

⑳ 내구적이며 압축강도가 크다. (　)

㉑ 가공성이 좋으며 인성이 크다. (　)

㉒ 취도계수가 적고 내충격성이 크다. (　)

㉓ 석재의 강도는 보통 압축강도를 말하며 구조용으로 사용할 경우 압축력을 받는 부분에 사용해야 한다. (　)

㉔ 일반적으로 규산분을 많이 함유한 석재는 내산성이 크고 석회분을 포함한 것은 내산성이 적다.

(　)

㉕ 일반적으로 화강암, 안산암 등의 화성암 종류가 내마모성이 작고 수성암 종류는 내마모성이 큰 편이다. (　)

㉖ 석재는 비중의 대소로 강도나 내구성의 정도를 추정할 수 있다. (　)

㉗ 석재의 중량은 운반, 가공, 강도 등을 판단하는 데 중요한 요소이고, 조성광물과 조직의 조밀 등에 관계된다. (　)

㉘ 대리석과 사문암은 화열에는 변색할 뿐 대체로 강하여 900~1,200℃까지는 충분히 견딘다. (　)

㉙ 석재의 공극률은 산지와 밀접한 관계가 있으며, 고압에서 생산되는 심성암 등은 공극률이 작다. (　)

㉚ 조암광물이 미립자, 등입자일수록 내구성이 크고, 흡수율이 큰 다공질일수록 동해를 받기 쉽다.

(　)

[03②, 12②]

002 석재의 장점에 해당하는 것을 체크하시오.

① 색조와 광택이 있어 외관이 장중하고 미려하다.

(　)

② 불연성이며 압축강도가 크다. (　)

③ 취도계수가 작으며 가공성이 좋다. (　)

④ 내수성, 내화학성이 풍부하다. (　)

⑤ 내화성이 뛰어나다. (　)

⑥ 내구성 및 내마모성이 우수하다. (　)

[03①, 13①, 21②, 25②]

★중요

003 석재의 화학적 성질에 해당하는 것을 체크하시오.

① 석재는 공기 중의 탄산가스나 약산의 빗물에 의해 침식한다. (　)

② 석재의 용해는 공기오염에 의한 빗물의 영향이 크다. (　)

③ 규산분을 많이 포함한 석재는 내구성이 크다. (　)

④ 석회분을 포함한 석재는 내산성이 크다. (　)

⑤ 규산분을 많이 함유한 석재는 내산성이 약하므로 산을 접하는 바닥은 피한다. (　)

⑥ 대리석, 사문암 등은 내장재로 사용하는 것이 바람직하다. (　)

⑦ 조암광물 중 장석, 방해석 등은 산류의 침식을 쉽게 받는다. (　)

⑧ 산류를 취급하는 곳의 바닥재는 황철광, 갈철광 등을 포함하지 않아야 한다. (　)

[10③]

004 암석을 이루고 있는 조암광물에 대한 설명으로 올바른지 체크하시오.

① 각섬석·휘석은 검정색을 띤다. (　)

② 방해석은 산에 쉽게 용해된다. (　)

③ 흑운모는 백운모에 비해 안정도가 떨어진다. (　)

④ 석영은 산·알칼리에 약하다. (　)

[10①, 20①]

005 암석의 구조를 나타내는 용어에 대한 설명으로 올바른지 체크하시오.

① 절리란 암석 특유의 천연적으로 갈라진 금을 말하며, 규칙적인 것과 불규칙적인 것이 있다. (　)

② 층리란 퇴적암 및 변성암에 나타나는 퇴적할 당시의 지표면과 방향이 거의 평행한 절리를 말한다. (　)

③ 석리란 암석이 가장 쪼개지기 쉬운 면을 말하며, 절리보다 불분명하지만 방향이 대체로 일치되어 있다. (　)

④ 편리란 변성암에 생기는 절리로서 방향이 불규칙하고 얇은 판자모양으로 갈라지는 성질을 말한다. (　)

[12②, 14③]

006 내구성 및 강도가 크고 외관이 수려하나 함유광물의 열팽창계수가 달라 내화성이 약한 석재로 외장, 내장, 구조재, 도로포장재, 콘크리트 골재 등에 사용되는 것을 체크하시오.

① 응회암 (　)　　　　② 화강암 (　)

③ 화산암 (　)　　　　④ 대리석 (　)

[07①]

007 화성암에 속하는 것을 체크하시오.

① 안산암 (　)　　　　② 현무암 (　)

③ 응회암 (　)　　　　④ 화강암 (　)

[11②]

008 수성암의 성인 중 유기물의 침전에 의해 생기는 암석을 체크하시오.

① 응회암 (　)　　　　② 석회암 (　)

③ 백운암 (　)　　　　④ 규조토 (　)

[12①, 14③]

009 변성암인 석재를 체크하시오.

① 대리석 (　)　　　　② 석면 (　)

③ 석회석 (　)　　　　④ 트래버틴 (　)

⑤ 펄라이트 (　)　　　⑥ 사문석 (　)

★중요

[09②, 20②, 23②]

010 석재를 성인에 의해 분류하면 크게 화성암, 수성암, 변성암으로 대별되는데, 수성암에 속하는 것을 체크하시오.

① 사문암 (　)　　　　② 대리암 (　)

③ 현무암 (　)　　　　④ 응회암 (　)

[03②, 14②]

011 화강암에 대한 설명으로 올바른지 체크하시오.

① 화재 시 화강암이 파괴되는 이유는 각 조암 광물들의 팽창계수가 다르기 때문이다. (　)

② 너무 단단하여 건축용 휨재나 조각 등에는 부적당하다. (　)

③ 내화도가 높으므로 내화재로서 사용된다. (　)

④ 마모, 풍화 등에 대한 내구성이 크다. (　)

⑤ 바탕색과 반점이 미려하므로 내·외장재로 쓰인다. (　)

⑥ 결정체의 크고 작음에 따라 외관과 강도가 다르다. ( )

⑦ 경도가 크기 때문에 세밀한 조각 등에 적당하지 않다. ( )

⑧ 내화도가 커서 고열을 받는 곳에 적당하다. ( )

[16①]

012 화강암의 색상에 관한 설명으로 올바른지 체크하시오.

① 전반적인 색상은 밝은 회백색이다. ( )

② 흑운모, 각섬석, 휘석 등은 검은색을 띤다. ( )

③ 산화철을 포함하면 미홍색을 띤다. ( )

④ 화강암의 색은 주로 석영에 좌우된다. ( )

[07③]

013 화강암을 구성하고 있는 3가지 주요 성분에 해당하는 것을 체크하시오.

① 장석, 운모, 휘석 ( )　② 운모, 휘석, 석영 ( )

③ 석회, 석영, 장석 ( )　④ 석영, 장석, 운모 ( )

[06③]

014 석재의 압축강도가 큰 것에서 작은 것 순으로 올바르게 나열한 것을 체크하시오.

① 화강암 – 대리석 – 사암 – 응회암 ( )

② 화강암 – 응회암 – 대리석 – 사암 ( )

③ 대리석 – 사암 – 화강암 – 응회암 ( )

④ 대리석 – 화강암 – 응회암 – 사암 ( )

[13②]

015 석재의 일반적 강도에 관한 설명으로 올바른지 체크하시오.

① 석재의 강도는 중량에 비례한다. ( )

② 석재의 함수율이 클수록 강도는 저하된다. ( )

③ 석재의 강도의 크기는 "휨강도 〉 압축강도 〉 인장강도"이다. ( )

④ 석재의 구성입자가 작을수록 압축강도가 크다.

( )

[07①]

016 석재 중에서 일반적으로 내구연한이 가장 짧은 것을 체크하시오.

① 화강석 ( )　　② 대리석 ( )

③ 사암결정 ( )　　④ 석회암 ( )

[10①]

017 흡수율(%)이 가장 작은 석재를 체크하시오.

① 대리석 ( )　　② 안산암 ( )

③ 응회암 ( )　　④ 사암 ( )

[08①]

018 석재의 내구성에 대한 설명으로 올바른지 체크하시오.

① 조암광물이 미립자일수록 내구성이 크다. ( )

② 흡수율이 큰 다공질일수록 동해를 받기 쉽다. ( )

③ 조암광물 중에 황화물, 철분함유광물, 탄산마그네시아, 탄산칼슘 등은 풍화되기 어렵다. ( )

④ 석재의 내구성은 조직, 조암광물의 종류, 기후 및 풍토, 노출상태 등에 따라 달라진다. ( )

[12③]

019 석재 중 구조용으로 부적합한 것을 체크하시오.

① 사문암 ( )　　② 화강암 ( )

③ 안산암 ( )　　④ 사암 ( )

[04③, 23③]

020 석재 중 그 생성과정이 다른 것을 체크하시오.

① 사암 ( )　　② 점판암 ( )

③ 응회암 ( )　　④ 화강암 ( )

[03③]

021 주성분은 탄산석회이며, 강도는 높지만 내화성이 낮고 풍화되기 쉬워 실외용으로는 적합하지 않으나 석질이 치밀하고 연마하면 아름다운 광택을 내므로 실내장식용으로 많이 사용되는 석재를 체크하시오.

① 대리석 ( )　　② 화강석 ( )

③ 사문석 ( )　　④ 석회석 ( )

[06②]

022 대리석에 관한 설명으로 올바른지 체크하시오.

① 산에 약하다. ( )

② 실내장식재, 조각재로 사용된다. ( )

③ 주성분은 탄산석회이다. ( )

④ 수성암에 속한다. ( )

★중요

023 운모계 광석을 800~1,000℃ 정도로 가열 팽창시켜 체적이 5~6배로 된 다공질의 경석으로 각종 형상 및 공동품의 경량, 보온, 방음, 결로방지의 목적으로 시멘트와 배합하여 제조, 사용되는 석재 제품을 체크하시오.

① 암면(rock wool) (　)

② 질석(vermiculite) (　)

③ 트래버틴(travertin) (　)

④ 석면(asbestos) (　)

[13①]

024 사문암 또는 각섬암이 열과 압력을 받아 변질하여 섬유 모양의 결정질이 된 것으로 단열재·보온재 등으로 사용되었으나, 인체 유해성으로 사용이 규제되고 있는 것을 체크하시오.

① 암면(rock wool) (　)

② 석면(asbestos) (　)

③ 질석(vermiculite) (　)

④ 샌드스톤(sand stone) (　)

[19②, 22④, 25①]

025 진주석 등을 800~1200℃로 가열 팽창시킨 구상 입자 제품으로 단열, 흡음, 보온 목적으로 사용되는 것을 체크하시오.

① 암면 보온판 (　)

② 유리면 보온판 (　)

③ 카세인 (　)

④ 펄라이트 보온재 (　)

[11①]

026 석재제품에 대한 설명으로 올바른지 체크하시오.

① 펄라이트 – 흑요석 등을 분쇄해서 고열로 가열 팽창시킨 경량골재 (　)

② 석면 – 현무암 등을 고열로 용융, 고압공기로 불어날려 냉각, 섬유화한 것 (　)

③ 고압벽돌 – 모래에 약 5%의 소석고를 섞어 고압으로 압축한 것 (　)

④ 질석 – 일반 석재보다 비중 및 열용량이 커서 단열재로 사용된다. (　)

[05①]

027 대리석의 쇄석, 백색시멘트, 안료, 물을 혼합하여 매끈한 면에 타설 후 가공 연마하여 대리석과 같은 광택을 내도록 한 제품을 체크하시오.

① 테라조 (　)　　　　② 의석(모조석) (　)

③ 수지계 인조석 (　)　　④ 감람석 (　)

★중요

[04②, 07②, 14①, 25①]

028 트래버틴(travertin)에 대한 설명으로 올바른지 체크하시오.

① 석질이 불균일하고 다공질이다. (　)

② 특수 외장용 장식재로서 사용된다. (　)

③ 변성암으로 황갈색의 반문이 있다. (　)

④ 탄산석회를 포함한 물에서 침전, 생성된 것이다. (　)

[13②]

029 시멘트 제품 중 테라조판의 정의를 체크하시오.

① 목재의 단열성과 경량의 특성에 시멘트의 난연성이 조합된 제품 (　)

② 시멘트, 펄라이트를 주원료로 하고 섬유 등으로 오토클레이브 양생 및 상압 양생하여 판재로 만든 제품 (　)

③ 대리석, 화강암 등의 부순골재, 안료, 시멘트 등을 혼합한 콘크리트로 성형하고 경화한 후 표면을 연마하고 광택을 내어 마무리한 제품 (　)

④ 시멘트와 모래를 주원료로 하여 가압 성형한 시멘트 판기와 제품 (　)

[03①, 04③]

030 돌다듬기의 시공순서를 옳게 나열한 것을 체크하시오.

A. 도드락 다듬	B. 물갈기
C. 잔다듬	D. 정다듬
E. 혹두기	

① E – A – D – C – B (　)

② E – D – A – C – B (　)

③ A – E – D – C – B (　)

④ D – A – E – C – B (　)

031 석재의 가공작업 중 양날망치를 사용하는 작업을 체크하시오. [11②]

① 정다듬 (　　) ② 도드락다듬 (　　)
③ 잔다듬 (　　) ④ 혹두기 (　　)

★중요

032 석재의 종류와 용도의 연결이 올바른 것을 체크하시오. [04②, 05③, 06③, 08②, 09①, 12①, 20①, 21①, 23①, 24②]

① 화산암 – 바닥용 (　　)
② 대리석 – 장식용 (　　)
③ 점판암 – 지붕용 (　　)
④ 응회암 – 구조용 석재 (　　)
⑤ 점판암 – 천연슬레이트 (　　)
⑥ 안산암 – 장식재 (　　)
⑦ 석회암 – 구조재 (　　)
⑧ 화산암 – 경량골재 (　　)
⑨ 화강암 – 콘크리트용 골재 (　　)
⑩ 대리석 – 조각재 (　　)
⑪ 대리석 – 실내장식재 (　　)
⑫ 화강암 – 외부장식재 (　　)

033 각 변이 30cm 정도의 4각추형 네모뿔의 석재로서 석축공사에 사용되는 것을 체크하시오. [06①]

① 질석 (　　) ② 견치석 (　　)
③ 판석 (　　) ④ 잡석 (　　)

034 석공사에서 촉 구멍고정을 위하여 사용되는 재료를 체크하시오. [11①]

① 유황 (　　) ② 납 (　　)
③ 코킹재 (　　) ④ 모르타르 (　　)

★중요

035 석재에 대한 설명으로 올바른지 체크하시오. [08②③, 09②, 11②③, 15①, 18③, 25②]

① 화강암은 화성암으로 고온의 화재에도 강도 저하가 거의 없는 내화재료이다. (　　)
② 외장용으로는 화강암, 안산암 등이 있고, 내장용에는 대리석, 사문암 등이 있다. (　　)
③ 대리석은 석회암이 변화되어 결정화한 것으로 주성분은 탄산석회이다. (　　)
④ 응회암은 가공은 용이하나 흡수성이 높고, 강도가 높지 않아 건축용으로는 부적당하다. (　　)
⑤ 화강암의 내화도는 응회암보다 낮다. (　　)
⑥ 규산질사암의 강도는 석회질사암보다 높다. (　　)
⑦ 점판암은 슬레이트로서 지붕 등에 쓰인다. (　　)
⑧ 대리석은 석영, 장석, 운모 등으로 구성되어 있다. (　　)
⑨ 사암 중 일반적으로 규산질 사암이 가장 강하고 내구성이 크나 가공이 어렵다. (　　)
⑩ 안산암은 강도는 크지만 내화성이 좋지 않아 구조용 석재로 사용할 수 없다. (　　)
⑪ 대리석은 트래버틴이 변화되어 결정화한 것으로 주성분은 SiO_2이다. (　　)
⑫ 화강암은 수성암으로 응회암보다 흡수율이 크다. (　　)
⑬ 석회암은 석질이 치밀하나 내화성이 부족하다. (　　)
⑭ 현무암은 석질이 치밀하여 토대석, 석축에 쓰인다. (　　)
⑮ 테라조는 대리석을 종석으로 한 인조석의 일종이다. (　　)
⑯ 화강암은 석회, 시멘트의 원료로 사용된다. (　　)
⑰ 대리석은 석회암이 변화되어 결정화된 것으로 치밀, 견고하고 외관이 아름답다. (　　)
⑱ 화강암은 건축 내·외장재로 많이 쓰이며 견고하고 대형재가 생산되므로 구조재로 사용된다. (　　)
⑲ 응회석은 다공질이고 내화도가 높으므로 특수 장식제나 경량골재, 내화재 등에 사용된다. (　　)
⑳ 안산암은 크롬, 철광으로 된 흑록색의 치밀한 석질의 화성암으로 건축 장식재로 이용된다. (　　)

036 석재의 단기보전법에 해당하는 것을 체크하시오. [10③]

① 페인트, 건성유 등으로 도포한다. (　　)
② 칼라비누의 8% 수용액을 바르고 그 후에 명반수 5%를 칠한다. (　　)
③ 아마인유에 혼합하여 도포한다. (　　)
④ 물유리를 2~3배의 수용액으로 해서 충분히 도포한다. (　　)

[03③, 07③, 10③, 18①, 24①]

037 **석재 사용 시의 주의점에 해당하는 것을 체크하시오.**

① 외벽 특히 콘크리트 표면 첨부용 석재는 연석을 사용하여야 한다. (　)

② 동일건축물에는 동일석재로 시공하도록 한다. (　)

③ 석재를 구조재로 사용할 경우 직압력재로 사용하여야 한다. (　)

④ 중량이 큰 것은 높은 곳에 사용하지 않도록 한다. (　)

⑤ 취급상 치수는 최대 $2m^3$ 이내로 하며 중량이 큰 것은 높은 곳에 사용한다. (　)

⑥ 콘크리트 표면 첨부용 석재는 연석을 사용한다. (　)

⑦ 석재는 취약하므로 구조재는 직압력재로만 사용한다. (　)

⑧ 석재의 예각부는 풍화 방지에 도움이 된다. (　)

02 단답형 문제

[07②]

001 석회암이 변성된 것으로 강도가 높고 색채와 결이 아름다우나, 풍화하기 쉬우므로 주로 내장재로 사용되는 것을 쓰시오.

★중요 [05②, 08①, 15②, 21③, 25①]

002 대리석의 일종으로 다공질이며 황갈색의 반문이 있고 갈면 광택이 나서 우아한 실내장식에 사용되는 것의 명칭을 쓰시오.

[13①]

003 암녹색 바탕에 흑백색의 아름다운 무늬가 있고, 경질이나 풍화성이 있어 외장재보다는 내장 마감용 석재로 이용되는 것의 명칭을 쓰시오.

[14③]

004 입자가 잘거나 치밀하며 색은 검은색·암회색이고 석질이 견고하여 토대석·석축으로 쓰이는 석재의 명칭을 쓰시오.

[09③]

005 대리석, 화강석 등을 종석으로 하여 시멘트와 혼합하여 시공하고 경화 후 가공 연마하여 미려한 광택을 갖도록 마감한 것의 명칭을 쓰시오.

| 정답 |

001 대리석   002 트래버틴   003 사문암   004 현무암   005 테라조

01 진위형 문제

▶ 해설편 232p

※ 다음 문제를 읽고, 옳으면 ○, 틀리면 ×를 괄호 안에 표기하시오.

[11③, 21①]

001 단열재가 구비해야 할 조건에 해당하는 것을 체크하시오.

① 어느 정도의 기계적인 강도가 있어야 한다. ( )
② 열전도율이 낮고 비중이 커야 한다. ( )
③ 내화성 및 내부식성이 좋아야 한다. ( )
④ 흡수율이 낮아야 한다. ( )
⑤ 열전도율이 높을수록 단열성능이 좋다. ( )
⑥ 같은 두께인 경우 경량재료인 편이 단열에 더 효과적이다. ( )
⑦ 일반적으로 다공질의 재료가 많다. ( )
⑧ 단열재료의 대부분은 흡음성도 우수하므로 흡음재료로서도 이용된다. ( )

[13②, 15③, 20①]

002 일반적으로 단열재에 습기나 물기가 침투하면 발생하는 현상을 체크하시오.

① 열전도율이 높아져 단열성능이 좋아진다. ( )
② 열전도율이 높아져 단열성능이 나빠진다. ( )
③ 열전도율이 낮아져 단열성능이 좋아진다. ( )
④ 열전도율이 낮아져 단열성능이 나빠진다. ( )

[11②]

003 무기질 단열 재료 중 송풍 덕트 등에 감아서 열손실을 막는 용도로 쓰이는 것을 체크하시오.

① 셀룰로즈 섬유관 ( )
② 연질 섬유관 ( )
③ 유리면 ( )
④ 경질 우레탄 폼 ( )

[20①]

004 무기질 단열재에 해당하는 것을 체크하시오.

① 발포폴리스티렌 보온재 ( )
② 셀룰로즈 보온재 ( )
③ 규산칼슘판 ( )
④ 경질폴리우레탄폼 ( )

[11③]

005 유기질 단열재료에 해당하는 것을 체크하시오.

① 연질 섬유관 ( )
② 세라믹 파이버 ( )
③ 폴리스틸렌 폼 ( )
④ 셀룰로즈 섬유관 ( )

[12②, 21②, 24②]

006 건축용 단열재에 해당하는 것을 체크하시오.

① 유리면(glass wool) ( )
② 암면(rock wool) ( )
③ 펄라이트판 ( )
④ 테라코타 ( )

[15①]

007 1,000℃ 이상의 고온에서도 견디는 섬유로 본래 공업용 가열로의 내화 단열재로 사용되었으나 최근에는 철골의 내화 피복재로 쓰이는 단열재에 해당하는 것을 체크하시오.

① 펄라이트판 ( )
② 세라믹 파이버 ( )
③ 규산칼슘판 ( )
④ 경량기포콘크리트 ( )

[20③]

008 경질우레탄폼 단열재에 관한 설명으로 올바른지 체크하시오.

① 규격은 한국산업표준(KS)에 규정되어 있다. ( )
② 공사현장에서 발포시공이 가능하다. ( )
③ 사용시간이 경과함에 따라 부피가 팽창하는 결점이 있다. ( )
④ 초저온 장치용 보냉제로 사용된다. ( )

11단원 방수 재료

01 진위형 문제

▶ 해설편 233p

※ 다음 문제를 읽고, 옳으면 ○, 틀리면 ×를 괄호 안에 표기하시오.

[03①]

001 콘크리트지붕 슬랩의 아스팔트 방수공사에 사용되는 재료에 관한 설명으로 올바른지 체크하시오.

① 아스팔트를 용융시키는 온도는 아스팔트의 연화점에 140℃를 더한 것을 최고한도로 한다. ( )

② 아스팔트 프라이머를 도포하고 건조한 후 아스팔트 루핑의 붙임작업을 행한다. ( )

③ 한냉지에서 사용하는 방수공사용 아스팔트의 침입도는 큰쪽이 좋다. ( )

④ 아스팔트의 침입도는 연화점과 정비례의 관계를 가진다. ( )

★중요   [04③, 12①, 19③, 23③, 25①]

002 도막방수에 사용되는 재료를 체크하시오.

① 우레탄 도막재 ( )

② 아크릴고무 도막재 ( )

③ 고무아스팔트 도막재 ( )

④ 염화비닐 도막재 ( )

★중요   [08③, 12①, 22①]

003 도료상태의 방수재를 바탕면에 여러 번 칠하여 얇은 수지피막을 만들어 방수효과를 얻는 것으로 에멀션형, 용제형, 에폭시계 형태의 방수공법에 해당하는 것을 체크하시오.

① 도막 방수 ( )

② 아스팔트 방수 ( )

③ 시멘트 방수 ( )

④ 시트 방수 ( )

[09②, 19③]

004 내약품성, 내마모성이 우수하여, 화학공장의 방수층을 겸한 바닥 마무리로 가장 적합한 것을 체크하시오.

① 에폭시 도막 방수 ( )

② 아스팔트 방수 ( )

③ 무기질 침투 방수 ( )

④ 합성고분자 방수 ( )

[09③, 22②]

005 콘크리트 바탕에 이음새 없는 방수 피막을 형성하는 공법으로, 도료상태의 방수재를 여러번 칠하여 방수막을 형성하는 방수공법을 체크하시오.

① 아스팔트 루핑 방수 ( )

② 합성고분자 도막 방수 ( )

③ 시멘트 모르타르 방수 ( )

④ 규산질 침투성 도포 방수 ( )

[18②]

006 지붕 및 일반바닥에 가장 일반적으로 사용되는 것으로 주제와 경화제를 일정 비율 혼합하여 사용하는 2성분형과 주제와 경화제가 이미 혼합된 1성분형으로 나누어지는 도막방수재를 체크하시오.

① 우레탄고무계 도막재 ( )

② FRP 도막재 ( )

③ 고무아스팔트계 도막재 ( )

④ 클로로프렌고무계 도막재 ( )

[10①, 12③]

007 멤브레인(membrane) 방수층에 포함되는 것을 체크하시오.

① 아스팔트 방수층 ( )

② 스테인리스 시트 방수층 ( )

③ 합성고분자계 시트 방수층 ( )

④ 도막 방수층 ( )

⑤ 규산질 침투성 도포 방수 ( )

008 시멘트 모르타르 중 방수 모르타르에 해당하는 것을 체크하시오.

① 질석 모르타르 (　)

② 규산질 모르타르 (　)

③ 발수제 모르타르 (　)

④ 액체방수 모르타르 (　)

009 벤토나이트 방수재료에 대한 설명으로 올바른지 체크하시오.

① 팽윤특성을 지닌 가소성이 높은 광물이다. (　)

② 염분을 포함한 해수에서는 벤토나이트의 팽창반응이 강화되어 차수력이 강해진다. (　)

③ 콘크리트 시공조인트용 수팽창 지수재로 사용된다. (　)

④ 콘크리트 믹서를 이용하여 혼합한 벤토나이트와 토사를 롤러로 전압하여 연약한 지반을 개량한다. (　)

12단원 기타 재료

01 진위형 문제

▶해설편 235p

※ 다음 문제를 읽고, 옳으면 O, 틀리면 ×를 괄호 안에 표기하시오.

★중요 [04①, 06②, 21①, 25③]

001 천연 아스팔트에 해당하는 것을 체크하시오.

① 블론(Blown) 아스팔트 ( )

② 록크(Rock) 아스팔트 ( )

③ 레이크(Lake) 아스팔트 ( )

④ 아스팔타이트(Asphaltite) ( )

⑤ 스트레이트 아스팔트 ( )

[19①, 23③]

002 원유에서 인위적으로 만든 아스팔트를 체크하시오.

① 블론 아스팔트 ( )

② 로크 아스팔트 ( )

③ 레이크 아스팔트 ( )

④ 아스팔타이트 ( )

★중요 [03③, 08①, 12②, 25③]

003 스트레이트 아스팔트에 대한 설명으로 올바른지 체크하시오.

① 연화점이 비교적 낮고 온도에 의한 변화가 크다. ( )

② 주로 지하실 방수공사에 사용되며, 아스팔트 루핑의 제작에 사용된다. ( )

③ 신장성, 점착성, 방수성이 풍부하다. ( )

④ 아스팔트에 동·식물유지나 광물성 분말 등을 혼합하여 만든 것이다. ( )

[20①, 23②]

004 아스팔트의 물리적 성질에 관한 설명으로 올바른지 체크하시오.

① 감온성은 블로운 아스팔트가 스트레이트 아스팔트보다 크다. ( )

② 연화점은 블로운 아스팔트가 스트레이트 아스팔트보다 낮다. ( )

③ 신장성은 스트레이트 아스팔트가 블로운 아스팔트보다 크다. ( )

④ 점착성은 블로운 아스팔트가 스트레이트 아스팔트보다 크다. ( )

[09①]

005 아스팔트의 물리적 성질에 있어 아스팔트의 견고성 정도를 평가한 것을 체크하시오.

① 신도 ( ) ② 침입도 ( )

③ 내후성 ( ) ④ 인화점 ( )

[19①]

006 역청재료의 침입도 값과 비례하는 것을 체크하시오.

① 역청재의 중량 ( ) ② 역청재의 온도 ( )

③ 대기압 ( ) ④ 역청재의 비중 ( )

★중요 [05③, 07③, 18②, 25③]

007 방수공사에서 쓰이는 아스팔트의 양부를 판별하는 성질에 해당하는 것을 체크하시오.

① 침입도 ( ) ② 신율 ( )

③ 마모도 ( ) ④ 연화점 ( )

[07②]

008 아스팔트에 있어서 침입도, 점도, 경도, 연신도 등에 가장 큰 영향을 주는 것을 체크하시오.

① 수분 ( ) ② 온도 ( )

③ 압력 ( ) ④ 비중 ( )

[05①]

009 솔, 로울러 등으로 용이하게 도포할 수 있도록 아스팔트를 휘발성 용제에 용해한 비교적 저점도의 액체로써 방수시공의 첫째 공정에 쓰는 바탕처리재를 체크하시오.

① 아스팔트 프라이머 ( )

② 아스팔트 펠트 ( )

③ 블로운 아스팔트 ( )

④ 아스팔트 루핑 ( )

010 천연석유가 지층의 갈라진 틈과 암석의 깨진 틈에 침입한 후 지열이나 공기 등의 작용으로 장기간 그 내부에서 중합반응 또는 축합반응을 일으켜 탄성력이 풍부한 화합물로 된 것을 체크하시오.

① 아스팔트타이트(asphaltite) ( )

② 스트레이트 아스팔트(straight asphalt) ( )

③ 아스팔트 컴파운드(asphalt compound) ( )

④ 아스팔트 프라이머(asphalt primer) ( )

★중요 [03②, 06①, 11①]

011 목면, 마사, 양모, 폐지 등을 혼합하여 만든 원지에 스트레이트 아스팔트를 침투시킨 두루마리 제품으로 흡수성이 크기 때문에 단독으로 사용하는 경우 방수효과가 적어 주로 아스팔트방수의 중간층 재료로 이용되는 것을 체크하시오.

① 아스팔트 펠트 ( )   ② 아스팔트 루핑 ( )

③ 아스팔트 싱글 ( )   ④ 아스팔트 블록 ( )

[20①]

012 지붕공사에 사용되는 아스팔트 싱글제품 중 단위중량이 10.3kg/m² 이상 12.5kg/m² 미만인 것을 체크하시오.

① 경량 아스팔트 싱글 ( )

② 일반 아스팔트 싱글 ( )

③ 중량 아스팔트 싱글 ( )

④ 초중량 아스팔트 싱글 ( )

★중요 [05②, 10①, 15②]

013 아스팔트 루핑에 대한 설명으로 올바른지 체크하시오.

① 펠트의 양면에 스트레이트 아스팔트를 가열 용융시켜 피복한 것이다. ( )

② 블론 아스팔트를 용제에 녹인 것으로 액상을 하고 있다. ( )

③ 석유, 석탄공업에서 경유, 중유 및 중유분을 뽑은 나머지로 대부분은 광택이 없는 고체로 연성이 전혀 없다. ( )

④ 평지붕의 방수층, 슬레이트평판, 금속판 등의 지붕깔기 바탕 등에 이용된다. ( )

[18②]

014 아스팔트 접착제에 관한 설명으로 올바른지 체크하시오.

① 아스팔트 접착제는 아스팔트를 주체로 하여 이에 용제를 가하고 광물질 분말을 첨가한 풀 모양의 접착제이다. ( )

② 아스팔트 타일, 시트, 루핑 등의 접착용으로 사용한다. ( )

③ 화학약품에 대한 내성이 크다. ( )

④ 접착성은 양호하지만 습기를 방지하지 못한다.

( )

[12①]

015 콜타르에 대한 설명으로 올바른지 체크하시오.

① 건유에 의하여 얻어진 것은 경유를 가하여 증류하고, 수분을 제거하여 정제한다. ( )

② 인화점은 60~160℃이며, 흑색 또는 흙갈색을 띤다. ( )

③ 방부제로도 이용되나, 크레오소트유에 비하여 효과가 떨어진다. ( )

④ 일광에 의한 산화나 중합은 아스팔트보다 약하고 휘발분의 증발로 인해 연성이 크게 된다. ( )

★중요 [04③, 06③, 14③, 19②, 25②]

016 아스팔트계 방수재료에 대한 설명으로 올바른지 체크하시오.

① 아스팔트 프라이머는 블로운 아스팔트를 용제에 녹인 것으로 액상이고, 아스팔트 방수, 아스팔트 타일의 바탕처리재로 사용된다. ( )

② 아스팔트 펠트는 유기천연섬유 또는 석면섬유를 결합한 원지에 연질의 블론 아스팔트를 침투시킨 것이다. ( )

③ 아스팔트 루핑은 아스팔트 펠트의 양면에 블로운 아스팔트를 가열 용융시켜 피복한 것이다. ( )

④ 아스팔트 컴파운드는 블론 아스팔트의 성능을 개량하기 위해 동식물성 유지와 광물질 분말을 혼입한 것이다. ( )

⑤ 블론 아스팔트의 성능을 개량하기 위해 동식물성 유지와 광물질 분말을 혼입한 것이 아스팔트 컴파운드이다. ( )

⑥ 아스팔트 펠트 제조 시 사용되는 침투용 아스팔트는 블론 아스팔트이다. (　)

⑦ 아스팔트 블록은 아스팔트 모르타르를 벽돌형으로 만든 것으로 화학공장의 내약품 바닥마감재로 이용된다. (　)

⑧ 아스팔트 유제는 블로운 아스팔트를 용제에 녹여 석면, 광물질분말, 안정제를 가하여 혼합한 것으로 점도가 높다. (　)

⑨ 아스팔트 펠트는 유기천연섬유 또는 석면섬유를 결합한 원지에 연질의 스트레이트 아스팔트를 침투시킨 것이다. (　)

[10③]

017 유리의 성질에 대한 일반적인 설명으로 올바른지 체크하시오.

① 굴절률은 1.5~1.9 정도이고 납을 함유하면 낮아진다. (　)

② 열전도율 및 열팽창률이 작다. (　)

③ 광선에 대한 성질은 유리의 성분, 두께, 표면의 평활도 등에 따라 다르다. (　)

④ 약한 산에는 침식되지 않지만 염산·황산·질산 등에는 서서히 침식된다. (　)

[20③]

018 유리의 주성분 중 가장 많이 함유되어 있는 것을 체크하시오.

① CaO (　)　　② SiO_2 (　)

③ Al_2O_3 (　)　　④ MgO (　)

[21①]

019 유리의 중앙부와 주변부와의 온도 차이로 인해 응력이 발생하여 파손되는 현상을 유리의 열파손이라 한다. 열파손에 관한 설명으로 올바른지 체크하시오.

① 색유리에 많이 발생한다. (　)

② 동절기의 맑은 날 오전에 많이 발생한다. (　)

③ 두께가 얇을수록 강도가 약해 열팽창응력이 크다. (　)

④ 균열은 프레임에 직각으로 시작하여 경사지게 진행된다. (　)

[17②]

020 내열성이 좋아서 내열식기에 사용하기에 가장 적합한 유리를 체크하시오.

① 소다석회유리 (　)　　② 칼륨연유리 (　)

③ 붕규산유리 (　)　　④ 물유리 (　)

[19③]

021 강화유리에 관한 설명으로 올바른지 체크하시오.

① 유리 표면에 강한 압축응력층을 만들어 파괴강도를 증가시킨 것이다. (　)

② 강도는 플로트 판유리에 비해 3~5배 정도이다. (　)

③ 주로 출입문이나 계단 난간, 안전성이 요구되는 칸막이 등에 사용된다. (　)

④ 깨어질 때는 판유리 전체가 파편으로 잘게 부서지지 않는다. (　)

[19①]

022 강화유리의 검사항목에 해당하는 것을 체크하시오.

① 파쇄시험 (　)　　② 쇼트백시험 (　)

③ 내충격성시험 (　)　　④ 촉진노출시험 (　)

[20②]

023 플로트판유리를 연화점부근까지 가열 후 양 표면에 냉각공기를 흡착시켜 유리의 표면에 20 이상 60 이하(N/mm²)의 압축응력층을 갖도록 한 가공유리를 체크하시오.

① 강화유리 (　)

② 열선반사유리 (　)

③ 로이유리 (　)

④ 배강도 유리 (　)

[22①]

024 파손방지, 도난방지 또는 진동이 심한 장소에 적합한 망입(網入)유리의 제조 시 사용되는 금속선을 체크하시오.

① 철선(철사) (　)

② 황동선 (　)

③ 청동선 (　)

④ 알루미늄선 (　)

025 스팬드럴 유리에 대한 설명으로 올바른지 체크하시오.

① 건축물의 외벽 층간이나 내·외부 장식용 유리로 사용한다. (　)

② 판유리 한쪽면에 세라믹질의 도료를 도장한 후 고온에서 융착, 반강화한 것으로 내구성이 뛰어나다. (　)

③ 색상이 다양하고 중후한 질감을 갖고 있으며 건축물의 모양에 따라 선택의 폭이 넓다. (　)

④ 열깨짐의 위험이 있으므로 유리표면에 페인트도장을 하거나 종이, 테이프 등을 부착하지 않는다. (　)

026 프리즘(prism)판 유리의 용도를 체크하시오.

① 지하실 채광용 (　)　　② 방도용 (　)

③ 흡음용 (　)　　　　　④ 방화용 (　)

027 특수유리와 사용장소의 조합으로 올바른지 체크하시오.

① 진열용 창 – 무늬유리 (　)

② 병원의 일광욕실 – 자외선투과유리 (　)

③ 채광용 지붕 – 프리즘유리 (　)

④ 형틀 없는 문 – 강화유리 (　)

028 유리공사에 사용되는 자재에 관한 설명으로 올바른지 체크하시오.

① 흡습제는 작은 기공을 수억 개 갖고 있는 입자로 기체분자를 흡착하는 성질에 의해 밀폐공간에 건조상태를 유지하는 재료이다. (　)

② 세팅 블록은 새시 하단부의 유리끼움용 부재료로서 유리의 자중을 지지하는 고임재이다. (　)

③ 단열간봉은 복층유리의 간격을 유지하는 재료로 알루미늄간봉을 말한다. (　)

④ 백업재는 실링 시공인 경우에 부재의 측면과 유리면 사이에 연속적으로 충전하여 유리를 고정하는 재료이다. (　)

029 비닐벽지에 관한 설명으로 올바른지 체크하시오.

① 시공이 용이하다. (　)

② 오염이 되더라도 청소가 용이하다. (　)

③ 통기성 부족으로 결로의 우려가 있다. (　)

④ 타 벽지에 비해 경제적으로 가격이 비싸다. (　)

030 벽지에 관한 설명으로 올바른지 체크하시오.

① 종이 벽지는 자연적 감각 및 방음효과가 우수하다. (　)

② 비닐 벽지는 물청소가 가능하고 시공이 용이하며, 색상과 디자인이 다양하다. (　)

③ 직물 벽지는 벽지 표면을 코팅 처리함으로서 내오염, 내수, 내마찰성이 우수하다. (　)

④ 초경 벽지는 먼지를 많이 흡수하고 퇴색하기 쉽지만 단열 효과 및 통기성이 우수하다. (　)

02 단답형 문제

[21②]

001 아스팔트 침입도 시험에 있어서 아스팔트의 온도 (℃)를 쓰시오.

★중요   [04②, 07①, 15③, 21③, 23②, 25③]

002 역청재료의 침입도 시험에서 중량 100g의 표준침이 5초 동안에 10mm 관입했다면 이 재료의 침입도를 구하시오.

⚙**해설** 역청 재료에 있어서 침입도의 단위는 0.1mm, 즉 침입도 1 = 0.1mm이고, 표준 침의 굵기는 1.0mm이다. 그러므로, 10mm 침입했다면, 침입도는 10 ÷ 0.1 = 100이다.

[13②, 21③]

003 블론 아스팔트의 내열성, 내한성 등을 개량하기 위해 동물섬유나 식물섬유를 혼합하여 유동성을 증대시킨 것을 쓰시오.

[14②]

004 석유계 아스팔트로 점착성, 방수성은 우수하지만 연화점이 비교적 낮고 내후성 및 온도에 의한 변화 정도가 커 지하실 방수공사 이외에 사용하지 않는 것을 쓰시오.

[16①, 22②]

005 블론 아스팔트(blown asphalt)를 휘발성 용제에 녹이고 광물분말 등을 가하여 만든 것으로 방수, 접합부 충전 등에 쓰이는 아스팔트 제품을 쓰시오.

★중요   [06②, 12③, 15①, 24①]

006 블론 아스팔트를 용제에 녹인 것으로 액상을 하고 있으며 아스파트 방수의 바탕처리제로 이용되는 것을 쓰시오.

★중요   [18③, 21②, 23①, 25②]

007 아스팔트 방수시공을 할 때 바탕재와의 밀착용으로 사용하는 것을 쓰시오.

|정답|

001 25℃   002 100   003 아스팔트 컴파운드(Asphalt compound)   004 스트레이트 아스팔트(Straight asphalt)
005 아스팔트 코팅(asphalt coating)   006 아스팔트 프라이머   007 아스팔트 프라이머

★중요

008 아스팔트 루핑의 생산에 사용되는 아스팔트를 쓰시오.

⚙ 해설 아스팔트 루핑은 아스팔트 펠트의 양면에 아스팔트 콤파운드[블론 아스팔트의 성능(내열성, 내한성 등)을 개량하기 위해 동식물성 유지와 광물질 분말을 혼입한 것]를 피복한 다음 그 위에 활석 또는 운석 분말을 부착시킨 것이다.

009 다음 설명과 관련 있는 유리에서 발생하는 작용을 쓰시오.

- 폭우 등이 반복되는 충격작용
- 공기 중의 탄산가스나 암모니아, 황화수소, 아황산 가스 등에 의한 표면 변색, 감모 발생

010 2장 이상의 판유리 등을 나란히 넣고, 그 틈새에 대기압에 가까운 압력의 건조한 공기를 채우고 그 주변을 밀봉·봉착한 유리의 명칭을 쓰시오.

011 유리 중 결로 현상의 발생이 가장 적은 유리의 명칭을 쓰시오.

012 적외선을 반사하는 도막을 코팅하여 방사율을 낮춘 고단열 유리로 일반적으로 복층유리로 제조되는 유리의 명칭을 쓰시오.

013 유리가 불화수소에 부식하는 성질을 이용하여 5mm 이상 판유리면에 그림, 문자 등을 새긴 유리의 명칭을 쓰시오.

|정답|

008 블론 아스팔트   **009** 풍화작용   **010** 복층 유리   **011** 복층 유리   **012** 로이(Low-E) 유리   **013** 에칭 유리

제4과목

건설시공

01 진위형 문제

▶ 해설편 242p

※ 다음 문제를 읽고, 옳으면 ○, 틀리면 ✕를 괄호 안에 표기하시오.

[16①]

001 현대 건축시공의 변화에 따른 특징에 해당하는 것을 체크하시오.

① 인공지능 빌딩의 출현 (　)

② 건설 시공법의 습식화 (　)

③ 도심지 지하 심층화에 따른 신기술 발달 (　)

④ 건축 구성재 및 부품의 PC화·규격화 (　)

[12②, 19①]

002 건축시공의 현대화 방안 중 3S system에 해당하는 것을 체크하시오.

① 작업의 표준화 (　)　　② 작업의 기계화 (　)

③ 작업의 단순화 (　)　　④ 작업의 전문화 (　)

★중요　　[08②, 09③, 17②, 23①]

003 건설공사의 입찰 및 계약의 순서에 해당하는 것을 체크하시오.

① 입찰통지 → 입찰 → 개찰 → 낙찰 → 현장설명 → 계약 (　)

② 입찰통지 → 현장설명 → 입찰 → 개찰 → 낙찰 → 계약 (　)

③ 입찰통지 → 입찰 → 현장설명 → 개찰 → 낙찰 → 계약 (　)

④ 현장설명 → 입찰통지 → 입찰 → 개찰 → 낙찰 → 계약 (　)

[17①, 20①]

004 공사계약방식 중 직영공사방식에 관한 설명으로 올바른지 체크하시오.

① 직영으로 운영하므로 공사비가 감소된다. (　)

② 의사소통이 원활하므로 공사기간이 단축된다. (　)

③ 특수한 상황에 비교적 신속하게 대처할 수 있다. (　)

④ 입찰이나 계약 등 복잡한 수속이 필요하다. (　)

⑤ 사회간접자본(SOC : Social Overhead Capital)의 민간투자유치에 많이 이용되고 있다. (　)

⑥ 영리목적의 도급공사에 비해 저렴하고 재료선정이 자유로운 장점이 있으나, 고용기술자 등에 의한 시공관리능력이 부족하면 공사비 증대, 시공성의 결함 및 공기가 연장되기 쉬운 단점이 있다. (　)

⑦ 도급자가 자금을 조달하면 설계, 엔지니어링, 시공의 전부를 도급받아 시설물을 완성하고 그 시설을 일정기간 운영하는 것으로, 운영수입으로부터 투자자금을 회수한 후 발주자에게 그 시설을 인도하는 방식이다. (　)

⑧ 수입을 수반한 공공 혹은 공익 프로젝트(유료도로, 도시철도, 발전도 등)에 많이 이용되고 있다. (　)

[18③]

005 발주자가 수급자에게 위탁하지 않고 직영공사로 공사를 수행하기에 적합한 것을 체크하시오.

① 공사 중 설계변경이 빈번한 공사 (　)

② 아주 중요한 시설물공사 (　)

③ 군비밀상 부득이한 공사 (　)

④ 공사현장 관리가 비교적 복잡한 공사 (　)

★중요　　[03③, 05②, 12②, 15②, 16②, 21③, 25②]

006 공사 실시방식에 따른 공사계약 방식의 구분에 해당하는 것을 체크하시오.

① 일식 도급계약 (　)

② 분할 도급계약 (　)

③ 공종별 도급계약 (　)

④ BOT (　)

⑤ 실비정산보수가산도급 계약제도 (　)

⑥ 공동도급 계약제도 (　)

★중요　　[03②, 05①, 06②, 13②, 18②]

007 공동도급(joint venture) 방식의 장점에 해당하는 것을 체크하시오.

① 2 이상의 도급자가 공동으로 기업체를 만들기 때문에 자금 부담이 경감된다. (　)

② 공동도급 구성원 상호간의 이해충돌이 없고 현장관리가 용이하다. (　)

③ 신기술 및 신공법을 적용할 경우 상호기술의 확충 및 새로운 경험을 얻을 수 있다. (　)

④ 주문자로서는 시공의 확실성을 기대할 수 있다. (　)

⑤ 정밀시공이 가능하다. (　)

⑥ 공사수급의 경쟁완화수단이 된다. (　)

⑦ 일식도급공사의 경우보다 경비가 줄어든다. (　)

⑧ 기술, 자본 및 위험 등의 부담을 분산시킬 수 있다. (　)

⑨ 각 회사의 상호신뢰와 협조로써 긍정적인 효과를 거둘 수 있다. (　)

⑩ 공사의 진행이 수월하며 위험부담이 분산된다. (　)

⑪ 기술의 확충, 강화 및 경험의 증대 효과를 얻을 수 있다. (　)

⑫ 시공이 우수하고 공사비를 절약할 수 있다. (　)

★중요　　　[05②, 09①③, 10②, 11①,
14②, 15②, 17③, 20①, 21①, 24①]

008 공동도급(Joint Venture Contract)의 장점에 해당하는 것을 체크하시오.

① 융자력의 증대 (　)　② 위험의 분산 (　)

③ 이윤의 증대 (　)

④ 시공의 확실성 기대 (　)

⑤ 공기단축 (　)　　⑥ 책임소재 명확 (　)

⑦ 기술력 확충 (　)　⑧ 신용도의 증대 (　)

⑨ 현장관리의 용이 (　)　⑩ 위험부담의 감소 (　)

[06①, 14①, 23①]

009 1개 회사가 단독으로 도급을 수행하기에는 규모가 클 경우 또는 복수 공사일 때 2개 이상의 회사가 임시로 결합하여 연대 책임으로 공사를 하고 공사 완성 후 해산하는 방식을 체크하시오.

① 협력도급 (　)　　② 분할도급 (　)

③ 공동도급 (　)　　④ 일식도급 (　)

[14①, 21③]

010 건축 공사의 각종 분할도급의 장점에 관한 설명으로 올바른지 체크하시오.

① 전문공종별 분할도급은 설비업자의 자본, 기술이 강화되어 능률이 향상된다. (　)

② 공정별 분할도급은 후속공사를 다른 업자로 바꾸거나 후속공사 금액의 결정이 용이하다. (　)

③ 공구별 분할도급은 중소업자에 균등기회를 주고 업자 상호간 경쟁으로 공사기일 단축, 시공 기술 향상에 유리하다. (　)

④ 직종별, 공종별 분할도급은 전문직종으로 분할하여 도급을 주는 것으로 건축주의 의도를 철저하게 반영시킬 수 있다. (　)

★중요　　　　　　　[06①, 24①]

011 실비정산보수가산계약(cost plus fee contract)에 대한 설명으로 올바른지 체크하시오.

① 복잡한 변경이 예상되는 공사나 긴급을 요하는 공사로서 설계도서의 완성을 기다리지 않고 착공하는 경우에 적합하다. (　)

② 발주자의 위험성이 감소되고 행정적인 절차가 간소화 된다. (　)

③ 설계와 시공의 중첩이 가능한 단계별 시공이 가능하게 되어 공사기간을 단축할 수 있다. (　)

④ 설계변경 및 공사중 발생되는 돌발상황에 적절히 대처할 수 있다. (　)

[19②]

012 실비에 제한을 붙이고 시공자에게 제한된 금액 이내에 공사를 완성할 책임을 주는 공사방식을 체크하시오.

① 실비비율 보수가산식 (　)

② 실비정액 보수가산식 (　)

③ 실비한정비율 보수가산식 (　)

④ 실비준동률 보수가산식 (　)

★중요　　　　　　[08③, 17②, 20③]

013 주문받은 건설업자가 대상 계획의 기업, 금융, 토지 조달, 설계, 시공 등 기타 모든 요소를 포괄하는 도급계약방식을 체크하시오.

① 실비청산 보수가산도급 (　)

② 정액도급 (　)

③ 공동도급 (　)

④ 턴키도급 (　)

★중요

014 공사도급방식에 관한 설명으로 올바른지 체크하시오.

① 직영공사는 수속이 줄어들고 임기응변처리가 가능한 이점이 있다. (　)

② 일식도급은 공사비가 확정되고 책임한계가 명료하며 공사관리가 용이하다. (　)

③ 공정별 분할도급을 공사를 지역별로 분리발주 하여 공사기간 단축에 유리하다. (　)

④ 공동도급은 업체간의 공사수급의 경쟁을 완화하고 위험을 분산시킨다. (　)

⑤ 분할도급은 전문공종별, 공정별, 공구별 분할도급으로 나눌수 있으며, 이 경우 재료는 건축주가 직접 조달하여 지급하고 노무만을 도급하는 것이다. (　)

⑥ 공동도급이란 대규모 공사에 대하여 여러 개의 건설회사가 공동출자 기업체를 조직하여 도급하는 방식이다. (　)

⑦ 공구별 분할도급은 대규모 공사에서 지역별로 분리하여 발주하는 방식이다. (　)

⑧ 일식도급은 한 공사 전부를 도급자에게 맡겨 재료, 노무, 현장시공업무 일체를 일괄하여 시행시키는 방법이다. (　)

015 CM(Construction Management) 제도에 대한 설명으로 올바른지 체크하시오.

① 대리인형 CM(CM for fee) 방식은 프로젝트 전반에 걸쳐 발주자의 컨설턴트 역할을 수행한다. (　)

② 시공자형 CM(CM at risk) 방식은 공사관리자의 능력에 의해 사업의 성패가 좌우된다. (　)

③ 대리인형 CM(CM for fee) 방식에 있어서 독립된 공종별 수급자는 공사관리자와 공사계약을 한다. (　)

④ 시공자형 CM(CM at risk) 방식에 있어서 CM조직이 직접공사를 수행하기도 한다. (　)

★중요

016 공사관리 계약(Construction Management Contract) 방식에 의한 계약의 장점에 해당하는 것을 체크하시오.

① 공사 시공 시 단계별 시공법을 적용할 수 있어 설계 및 시공기간을 단축시킬 수 있다. (　)

② 건설에 전문적인 지식을 가진 공사관리자가 설계과정부터 참여하여 설계도서의 현실성을 향상시킬 수 있다. (　)

③ 설계자와 시공자 사이의 마찰을 감소시킬 수 있다. (　)

④ 시공자의 의견이 설계 전과정에 걸쳐 충분히 반영될 수 있다. (　)

⑤ 설계과정에서 설계가 시공에 미치는 영향을 예측할 수 있어 설계도서의 현실성을 향상시킬 수 있다. (　)

⑥ 기획 및 설계과정에서 발주자와 설계자 간의 의견대립 없이 설계대안 및 특수공법의 적용이 가능하다. (　)

⑦ 대리인형 CM(CM for fee)방식은 공사비와 품질에 직접적인 책임을 지는 공사관리계약 방식이다. (　)

017 공사계약형태로서의 BOT 방식(build-operate-transfer contract)에 대한 설명으로 올바른지 체크하시오.

① 사회간접자본(SOC ; Social Overhead Capital)의 민간투자유치에 많이 이용되고 있다. (　)

② 발주처의 사무가 번잡해 지고 도급공사의 경우에 비하여 경제적 개념이 희박하고 종업원의 능률이 저하 되어 결국 공사비가 증대되고 공사기한이 지연되는 경향이 있다. (　)

③ 도급자가 자금을 조달하고 설계, 엔지니어링, 시공의 전부를 도급받아 시설물을 완성하고 그 시설을 일정기간 운영하는 것으로, 운영수입으로부터 투자자금을 회수한 후 발주자에게 그 시설을 인도하는 방식이다. (　)

④ 수입을 수반한 공공 혹은 공익 프로젝트 (유료도로, 도시철도, 발전소 등)에 많이 이용되고 있다. (　)

018 도급업자의 선정방식 중 공개경쟁입찰의 장점에 해당하는 것을 체크하시오. [07②]

① 일반업자에게 균등한 기회를 준다. ( )

② 부적격업자에게 낙찰될 우려가 없다. ( )

③ 응찰자가 많으므로 담합의 소지가 적다. ( )

④ 경쟁으로 인한 공사비가 절감된다. ( )

★중요 [03②, 05③, 08①, 24①]

019 건설업계의 하도급 계열화를 촉진하고 불공정 하도급거래를 예방하고자 운영되는 제도를 체크하시오.

① PQ(pre-qualification) 제도 ( )

② Turn-key 제도 ( )

③ 부대입찰제도 ( )

④ 대안입찰제도 ( )

[09①, 10②, 13③, 21③]

020 건설사업이 대규모화, 고도화, 다양화, 전문화되어 감에 따라 단순 기술에 의한 시공만이 아닌 고부가 가치를 추구하기 위하여 업무영역 확대를 의미하는 것을 체크하시오.

① CM ( )   ② EC ( )

③ BOT ( )   ④ SOC ( )

[09②, 18①, 23①]

021 건축주가 시공회사의 신용, 자산, 공사경력, 보유기술 등을 고려하여 그 공사에 가장 적격한 단일 업체에게 입찰시키는 방법을 체크하시오.

① 일반공개입찰 ( )   ② 특명입찰 ( )

③ 지명경쟁입찰 ( )   ④ 대안입찰 ( )

[13③]

022 다음 설명에 해당하는 공사낙찰자 선정방식을 체크하시오.

> 예정가격 대비 85% 이상 입찰자 중 가장 낮은 금액으로 입찰한 자를 선정하는 방식으로, 최저가 낙찰자를 통한 덤핑의 우려를 방지할 목적을 지니고 있다.

① 부찰제 ( )

② 최저가 낙찰제 ( )

③ 제한적 최저가 낙찰제 ( )

④ 최적격 낙찰제 ( )

[21②]

023 발주자가 직접 설계와 시공에 참여하고 프로젝트 관련자들이 상호 신뢰를 바탕으로 Team을 구성해서 프로젝트의 성공과 상호이익 확보를 공동 목표로 하여 프로젝트를 추진하는 공사수행 방식을 체크하시오.

① PM 방식(Project Management) ( )

② 파트너링 방식(Partnering) ( )

③ CM 방식(Construction Management) ( )

④ BOT 방식(Build Operate Transfer) ( )

[20③]

024 공사의 도급계약에 명시하여야 할 사항을 체크하시오. (단, 첨부서류가 아닌 계약서상 내용을 의미)

① 공사내용 ( )

② 구조설계에 따른 설계방법의 종류 ( )

③ 공사착수의 시기와 공사완성의 시기 ( )

④ 하자담보책임기간 및 담보방법 ( )

[18③, 21①]

025 공사계약 중 재계약 조건에 해당하는 것을 체크하시오.

① 설계도면 및 시방서(specification)의 중대결함 및 오류에 기인한 경우 ( )

② 계약상 현장조건 및 시공조건이 상이(difference)한 경우 ( )

③ 계약사항에 중대한 변경이 있는 경우 ( )

④ 정당한 이유 없이 공사를 착수하지 않은 경우 ( )

[04①, 06②]

026 공사감리자 업무에 해당하는 것을 체크하시오.

① 공정 및 기성고 산정 ( )

② 설계변경사항 검토 ( )

③ 현장 작업원의 의욕 고취 ( )

④ 시공계획, 공정표의 검토 승인 ( )

[15③, 21①, 23③]

027 다음 설명에 해당하는 공정표를 체크하시오.

> 한 공종의 작업이 하나의 숫자로 표기되고 컴퓨터에 적용하기 용이한 이점 때문에 많이 사용되고 있다. 각 작업은 node로 표기하고 더미의 사용이 불필요하며 화살표는 단순히 작업의 선후관계만을 나타낸다.

① 횡선식 공정표 ( )   ② CPM ( )

③ PDM ( )   ④ LOB ( )

028 PERT/CPM의 장점에 해당하는 것을 체크하시오.

① 변화에 대한 신속한 대책수립이 가능하다. ( )

② 비용과 관련된 최적안 선택이 가능하다. ( )

③ 작업선후 관계가 명확하고 책임소재 파악이 용이
하다. ( )

④ 주공정(Critical path)에 의해서만 공기관리가 가
능하다. ( )

029 네트워크 공정표에 대한 설명으로 올바른지 체크하
시오.

① 공사단축 가능요소의 발견이 용이하다. ( )

② 작업 상호 간의 관련성을 알기 쉽다. ( )

③ 작성자 이외의 사람도 이해하기 쉽다. ( )

④ 공사의 진척관리를 정확히 알 수 없다. ( )

030 네트워크 공정표의 장점에 해당하는 것을 체크하시오.

① 개개의 작업관련이 도시되어 있어 내용이 알기
쉽다. ( )

② 공정계획 관리면에서 신뢰도가 높다. ( )

③ 작성자 이외의 사람도 이해하기 쉽다. ( )

④ 작성 및 검사에 특별한 기능이 요구된다. ( )

★중요　[03①, 08①, 11②, 13③, 20③, 25③]

031 네트워크 공정표의 단점에 해당하는 것을 체크하시오.

① 다른 공정표에 비하여 작성기간이 길다. ( )

② 작성 및 검사에 특별한 기능이 요구된다. ( )

③ 진척관리에 있어서 특별한 연구가 필요하다. ( )

④ 개개의 작업관련이 도시되어 있어 내용을 알기
어렵다. ( )

★중요　[16③, 17③, 22①]

032 네트워크 공정표에 사용되는 용어에 관한 설명으로
올바른지 체크하시오.

① 크리티컬 패스(Critical path) : 개시 결합전에서
종료 결합점에 이르는 가장 긴 경로 ( )

② 더미(Dummy) : 결합점이 가지는 여유시간 ( )

③ 플로트(Float) : 작업의 여유시간 ( )

④ 패스(Path) : 네트워크 중에서 둘 이상의 작업이
이어지는 경로 ( )

⑤ 디펜던트 플로트(Dependent float) : 후속작업
의 토탈 플로트에 영향을 주는 플로트 ( )

⑥ Event : 작업의 결합점, 개시점 또는 종료점 ( )

⑦ Activity : 네트워크 중 둘 이상의 작업을 잇는 경
로 ( )

⑧ Slack : 결합점이 가지는 여유시간 ( )

⑨ Float : 작업의 여유시간 ( )

033 네트워크 공정표의 주공정(Critical Path)에 관한
설명으로 올바른지 체크하시오.

① TF가 0(Zero)인 작업을 주공정작업이라 하고, 이
들을 연결한 공정을 주공정이라 한다. ( )

② 총 공기는 공사착수에서부터 공사완공까지의 소
요시간의 합계이며, 최장시간이 소요되는 경로
이다. ( )

③ 주공정은 고정적이거나 절대적인 것이 아니고 공
사 진행상황에 따라 가변적이다. ( )

④ 주공정에 대한 공기단축은 불가능하다. ( )

★중요　[10③, 12②, 17①, 20①, 25②]

034 네트워크 공정표에서 후속작업의 가장 빠른 개시시
간(EST)에 영향을 주지 않는 범위 내에서 한 작업이
가질 수 있는 여유시간을 의미하는 것을 체크하시오.

① 전체여유(TF) ( )

② 자유여유(FF) ( )

③ 독립여유(IF) ( )

④ 종속여유(DF) ( )

035 공정관리의 기법에 관계된 용어를 체크하시오.

① 특성요인도 ( )

② 간트챠트 ( )

③ 네트워크 ( )

④ 여유시간 ( )

★중요　[03①, 05③, 07①, 11①, 13②, 16③, 18①②, 22②, 24②]

036 건축시공계획을 세움에 있어서 우선 순위의 사항에
해당하는 것을 체크하시오.

① 공종별 재료량 및 품셈 ( )

② 재해방지 대책 ( )

③ 상세 공정표 작성 ( )

④ 원척도(原尺圖)의 제작 (　　)

⑤ 노무, 기계재료 등의 조달, 사용 계획에 따른 수송계획 수립 (　　)

⑥ 현장관리 조직계획 수립 (　　)

⑦ 실행예산의 편성 및 조정 (　　)

⑧ 현장 직원의 조직편성 (　　)

⑨ 예정 공정표의 작성 (　　)

⑩ 시공상세도의 작성 (　　)

⑪ 현치도 작성 (　　)

[03③, 08②]

037 **건축공사의 시공에서 공사준비 시 가장 먼저 결정해야 할 사항을 체크하시오.**

① 현장원의 편성 (　　)　　② 가설물의 건설 (　　)

③ 대지의 조성 (　　)　　④ 하도급의 선정 (　　)

⑤ 공정표의 작성 (　　)　　⑥ 실행예산의 편성 (　　)

[17①]

038 **일반적인 공사의 시공속도에 관한 설명으로 올바른지 체크하시오.**

① 시공속도를 느리게 할수록 직접비는 증가된다. (　　)

② 급속공사를 강행할수록 품질은 나빠진다. (　　)

③ 시공속도는 간접비와 직접비의 합이 최소가 되도록 함이 가장 적절하다. (　　)

④ 시공속도를 빠르게 할수록 간접비는 감소된다.

(　　)

[14②]

039 **착공을 위한 공사계획에 필요한 것을 체크하시오.**

① 설계 여건 숙지 (　　)

② 설계도면, 공사시방서 숙지 (　　)

③ 현장 여건 조사 (　　)

④ 공사의 특성과 공종별 공사 수량파악 (　　)

[03③]

040 **건축공사 기간을 결정하는 요소 중 1차적으로 가장 큰 영향을 주는 것을 체크하시오.**

① 지리적 요건 (　　)

② 건물의 규모 및 용도 (　　)

③ 발주자의 요구 (　　)

④ 노무 및 자재사정 (　　)

★중요　　[04②, 07③, 14③, 21②, 23②]

041 **건축공사를 수행하기 위하여 필요한 서류 중 시방서에 기재할 사항을 체크하시오.**

① 사용재료의 품질시험방법 (　　)

② 건물의 인도시기 (　　)

③ 각 부위별 시공방법 (　　)

④ 각 부위별 사용 재료의 품질 (　　)

⑤ 재료의 종류, 품질 및 사용처에 관한 사항 (　　)

⑥ 검사 및 시험에 관한 사항 (　　)

⑦ 공정에 따른 공사비 사용에 관한 사항 (　　)

⑧ 보양 및 시공상 주의사항 (　　)

[13①, 19③, 23①]

042 **시방서의 작성원칙에 해당하는 것을 체크하시오.**

① 시공자가 정확하게 시공하도록 설계자의 의도를 상세히 기술 (　　)

② 공사 전반에 대한 지침을 세밀하고 간단명료하게 서술 (　　)

③ 공종을 세밀하게 나누고, 단위 시방의 수를 최대한 늘려 상세히 기술 (　　)

④ 재료의 성능, 성질, 품질의 허용 범위 등을 명확하게 규명 (　　)

⑤ 지정 고시된 신재료 또는 신기술을 적극 활용 (　　)

[06③]

043 **시방서에 관한 설명으로 올바른지 체크하시오.**

① 도면과 시방서와의 차이가 있을 때 감독기술자의 지시에 따른다. (　　)

② 공법의 정밀도와 마무리 정도를 명확하게 규정한다. (　　)

③ 시방서의 작성순서는 공사진행순서와 일치하도록 함이 합리적이다. (　　)

④ 규격은 모두 시방서에 기입한다. (　　)

★중요　　[11②, 19①, 22②, 25②]

044 **시방서 및 설계도서가 서로 상이할 때의 우선순위에 대한 설명으로 올바른지 체크하시오.**

① 설계도면과 공사시방서가 상이할 때는 설계도면을 우선한다. (　　)

② 설계도면과 내역서가 상이할 때는 설계도면을 우선한다. (　　)

③ 표준시방서와 전문시방서가 상이할 때는 전문시
방서를 우선한다. ( )

④ 설계도면과 상세도면이 상이할 때는 설계도면을
우선한다. ( )

★중요　　　　　　　　　　　[09②, 10③, 18③, 23②]

045 당해 공사의 특수한 조건에 따라 표준시방서에 대하
여 추가, 변경, 삭제를 규정한 시방서를 체크하시오.

① 안내시방서 ( )　　　② 특기시방서 ( )

③ 자료시방서 ( )　　　④ 공사시방서 ( )

[03①]

046 건축시공관리 항목에서 중요한 시공의 5대 관리에
해당하는 것을 체크하시오.

① 공정관리 ( )　　　② 노무관리 ( )

③ 안전관리 ( )　　　④ 품질관리 ( )

[04①]

047 공사현장에서 실시하는 공무적 현장관리에 해당하
는 것을 체크하시오.

① 자재관리 ( )　　　② 노무관리 ( )

③ 안전관리 ( )　　　④ 일지관리 ( )

[18①, 24①]

048 비산먼지 발생사업 신고 적용대상 규모기준으로 올
바른지 체크하시오.

① 건축물 축조공사로 연면적 $1,000m^2$ 이상 ( )

② 굴정공사로 총 연장 300m 이상 또는 굴착토사량
$300m^3$ 이상 ( )

③ 토공사/정지공사로 공사면적 합계 $1,500m^2$ 이상
( )

④ 토목공사로 구조물 용적합계 $2,000m^3$ 이상 ( )

[06①]

049 공사 착공단계에서 현장관리자가 계획해야 할 일에
해당하는 것을 체크하시오.

① 현장인원 편성 ( )

② 기성금 신청 ( )

③ 가설물 설치계획 ( )

④ 공정표 작성 ( )

[06③]

050 현장감독원과 감리자가 사전에 협의해야 할 사항에
해당하는 것을 체크하시오.

① 공사현장의 재해방지 ( )

② 재료의 반입 및 반출검사 ( )

③ 공사자금 조달 ( )

④ 원척도의 작성 ( )

★중요　　　　[09①, 12③, 16②, 17②, 21①, 24③]

051 시공의 품질관리를 위하여 사용하는 통계적 수법
(도구)에 해당하는 것을 체크하시오.

① 작업표준 ( )　　　② 파레토그램 ( )

③ 관리도 ( )　　　④ 산포도 ( )

⑤ LOB기법 ( )　　　⑥ 특성요인도 ( )

⑦ 체크시트 ( )

[04③]

052 QC의 7가지 도구 중에서 공사 또는 제품의 품질상
태가 만족한 상태에 있는가의 여부를 판단하는 데
사용되는 것을 체크하시오.

① 히스토그램 ( )　　　② 체크시트 ( )

③ 관리도 ( )　　　④ 산포도 ( )

[20②]

053 품질관리를 위한 통계 수법으로 이용되는 7가지 도
구(Tools)를 특징별로 연결한 것이 올바른지 체크
하시오.

① 히스토그램–분포도 ( )

② 파레토그램–영향도 ( )

③ 특성요인도–원인결과도 ( )

④ 체크시트–상관도 ( )

[14③]

054 전사적 품질관리 즉 T.Q.C(Total Quality Control)
도구에 대한 설명으로 올바른지 체크하시오.

① 파레토도 : 결과에 원인이 어떻게 관계되고 있는
가를 알아보기 위하여 작성하는 것이다. ( )

② 산점도 : 불량, 결점, 고장 등의 발생 건수를 분류
항목별로 나누어 크기 순서대로 나열해 놓은 것
이다. ( )

③ 체크시트 : 계수치의 데이터가 분류항목의 어디
에 집중되어 있는가를 알아보기 쉽게 나타낸 것

이다. (   )

④ 특성요인도 : 서로 대응되는 두 개의 짝으로 된 데이터를 그래프용지에 점으로 나타낸 것이다. (   )

[04②, 08①, 25①]

055 건설공사 원가계산에 관한 설명으로 올바른지 체크하시오.

① 노무비는 크게 직접노무비와 간접노무비로 나눈다. (   )

② 재료비는 공사목적물의 실체를 형성하는 것만을 말하며 직접재료비, 가설재료비, 간접재료비로 나눈다. (   )

③ 직접노무비는 작업에 종사하는 종업원, 노무자의 기본급, 제수당, 퇴직급여 등이 포함된다. (   )

④ 공사원가란 시공과정에서 필요한 재료비, 노무비, 경비의 합계액이다. (   )

[11③]

056 건설공사의 원가관리에 대한 설명으로 올바른지 체크하시오.

① 원가관리는 원가수치를 이용하여 원가절감을 목적으로 원가통계를 하는 것이다. (   )

② 경비란 직접 물건을 만드는 데 필요한 자재나 노무비용을 말한다. (   )

③ 총원가는 공사원가와 일반관리비로 구성된다. (   )

④ 사후원가란 건물이 완성된 뒤에 실제로 발생한 공사비이다. (   )

[11①]

057 공통가설공사 항목에 해당하는 것을 체크하시오.

① 차수·배수설비 (   )　　② 가설울타리 (   )

③ 비계설비 (   )　　　　④ 양중설비 (   )

[15①]

058 원가구성 항목 중 직접공사비에 해당하는 것을 체크하시오.

① 외주비 (   )

② 노무비 (   )

③ 경비 (   )

④ 일반관리비 (   )

[14②]

059 총공사금액을 부기(附記)한 뒤 당해연도 예산범위 내에서 차수별로 계약을 체결하여 수년에 걸쳐서 공사를 이행하는 계약방식을 체크하시오.

① 단년도 계약방식 (   )

② 계속비 계약방식 (   )

③ 주계약자 관리방식 (   )

④ 장기계속 계약방식 (   )

[10③, 13①, 23①]

060 설계가 시작되기 전에 프로젝트의 실행 가능성을 알아보거나 설계의 초기단계 또는 진행단계에서 여러 설계 대안의 경제성을 평가하기 위하여 수행되는 것을 체크하시오.

① 개산견적 (   )　　　② 명세견적 (   )

③ 상세견적 (   )　　　④ 입찰견적 (   )

[12③]

061 건축공사 견적방법 중 가장 정확한 공사비의 산출이 가능한 견적방법을 체크하시오.

① 단위면적당 견적 (   )

② 단위설비별 견적 (   )

③ 부분별 견적 (   )

④ 명세 견적 (   )

[05①, 13③]

062 건설공사에서 발생하는 클레임 유형에 해당하는 것을 체크하시오.

① 작업범위 관련 클레임 (   )

② 작업인원 축소에 관한 클레임 (   )

③ 현장조건 변경에 따른 클레임 (   )

④ 공사지연에 의한 클레임 (   )

⑤ 계약문서의 결함에 따른 클레임 (   )

[15③]

063 가치공학(Value Engineering)적 사고방식으로 올바른지 체크하시오.

① 풍부한 경험과 직관 위주의 사고 (   )

② 기능 중심의 사고 (   )

③ 사용자 중심의 사고 (   )

④ 생애비용을 고려한 최소의 총비용 (   )

[18②, 25①]

064 LOB(Line of Balance) 기법에 대한 설명으로 올바른지 체크하시오.

① 세로축에 작업명을 순서에 따라 배열하고 가로축에 날짜를 표기한 다음, 각 작업의 시작과 끝을 연결한 횡선의 길이로 작업 길이를 표시한 기법 (　)

② 종래의 건축공사에 있어서 낭비요인을 배제하고, 작업의 고밀도화와 인원, 기계, 자재의 효율화를 꾀함으로써 공기의 단축과 원가절감을 이루는 기법 (　)

③ 반복작업에서 각 작업조의 생산성을 유지시키면서 그 생산성을 기울기로 하는 직선으로 각 반복작업의 진행을 표시하여 전체공사를 도식화하는 기법 (　)

④ 공구별로 직렬 연결된 작업을 다수 반복하여 사용하는 기법 (　)

[21③]

065 철거작업 시 지중장애물 사전조사항목에 해당하는 것을 체크하시오.

① 주변 공사장에 설치된 모든 계측기 확인 (　)

② 기존 건축물의 설계도, 시공기록 확인 (　)

③ 가스, 수도, 전기 등 공공매설물 확인 (　)

④ 시험굴착, 탐사 확인 (　)

02 단답형 문제

[07①, 24③]

001 다음 내용을 참고하여 입찰의 순서를 순서대로 쓰시오.

㉠ 현장 설명 및 질의 응답	㉡ 낙찰
㉢ 적산 및 견적 기간	㉣ 입찰 공고
㉤ 입찰 등록	㉥ 개찰
㉦ 계약	㉧ 입찰
㉨ 설계도서 배부	

⚙ **해설** 입찰의 순서는 입찰공고 또는 입찰통지 → 참가등록 → 설계도서 배부, 현장설명(입찰공고 후에 즉시 이루어짐), 질의응답, 적산 및 견적 → 입찰등록 → 입찰 → 개찰, 재입찰, 수의계약 → 낙찰 → 계약의 순이다.

★중요 [06②, 09③, 11②, 15③, 18②, 19①, 21②, 23①]

002 분할도급 발주 방식 중 지하철공사, 고속도로공사 및 대규모 아파트단지 등의 공사에 채용하면 가장 효과적인 것을 쓰시오.

★중요 [07③, 12①, 16③, 18②, 20②, 25①]

003 대규모공사에서 지역별로 공사를 분리하여 발주하는 방식이고 각 공구마다 총괄도급으로 하는 것이 보통이며, 중소업자에게 균등기회를 주고 또 업자 상호간의 경쟁으로 공사기일단축, 시공기술향상 및 공사의 높은 성과를 기대할 수 있어 유리한 도급방법을 쓰시오.

[19③, 22②, 24①]

004 설계도와 시방서가 명확하지 않거나 설계는 명확하지만 공사비 총액을 산출하기 곤란하고 발주자가 양질의 공사를 기대할 때 채택될 수 있는 가장 타당한 방식을 쓰시오.

[04③]

005 금융, 토지, 설계, 시공, 시운전 등 모든 요소를 포괄한 도급계약방식으로 주문자가 필요로 하는 모든 것을 조달하여 주문자에게 인도하는 방식을 쓰시오.

[20①, 23②]

006 건설의 전 과정에 걸쳐 프로젝트를 보다 효율적이고 경제적으로 수행하기 위하여 각 부문의 전문가들로 구성된 통합관리기술을 발주자에세 서비스하는 것을 쓰시오.

|정답|

001 ㉣ → ㉨ → ㉠ → ㉢ → ㉤ → ㉧ → ㉥ → ㉡ → ㉦   **002** 공구별 분할도급   **003** 공구별 분할도급

004 실비정산(청산) 보수가산식 도급   **005** 설계시공일괄입찰도급(턴키도급, Turn-key base)   **006** Construction Management

007 입찰제도 중 발주자가 입찰자로 하여금 입찰내역서 상에 동 입찰금액을 구성하는 공사 중 하도급할 공종, 하도급금액 등 하도급에 관한 사항을 기재하여 입찰서와 함께 제출하도록 하는 제도를 쓰시오.

[22②, 25②]

008 예정가격범위 내에서 최저가격으로 입찰한 자를 낙찰자로 선정하는 낙찰자 선정 방식을 쓰시오.

[11③, 14①, 24①]

009 다음의 항목을 시공계획 순서에 맞게 옳게 나열하시오.

> A. 계약 조건의 확인   B. 시공계획의 입안
> C. 현지 조사   D. 설계도서의 파악
> E. 주요 수량의 파악

⚙ 해설 시공계획 순서는 계약 조건의 확인 → 설계도서의 파악 → 현지 조사 → 주요 수량의 파악 → 시공계획의 입안의 순이다.

★중요 [07②③, 13②, 19③, 23①]

010 품질관리(TQC)를 위한 7가지 도구 중에서 불량수, 결점수 등 셀 수 있는 데이터를 분류하여 항목별로 나누었을 때 어디에 집중되어 있는가를 알기 쉽도록 한 그림 또는 표의 명칭을 쓰시오.

★중요 [09③, 13①, 16①, 22①, 25①]

011 불량품, 결점, 고장 등의 발생건수를 현상과 원인별로 분류하고, 여러 가지 데이터를 항목별로 분류해서 문제의 크기 순서로 나열하여, 그 크기를 막대그래프로 표기한 품질관리 도구를 쓰시오.

[10①, 25②]

012 QC의 도구 중에서 층별 요인이나 특성에 대한 불량 점유율을 나타낸 그림으로서 가로축에는 층별 요인이나 특성을, 세로축에는 불량건수나 불량손실금액 등을 표시한 것을 쓰시오.

| 정답 |

007 부대입찰   008 최저가 낙찰제   009 A → D → C → E → B   010 체크 시트   011 파레토그램   012 파레토그램

03 계산형 문제

[05③, 16①, 23①]

★중요

001 다음 네트워크 공정표에서 결합점 ②에서의 가장 늦은 완료 시각을 구하시오.

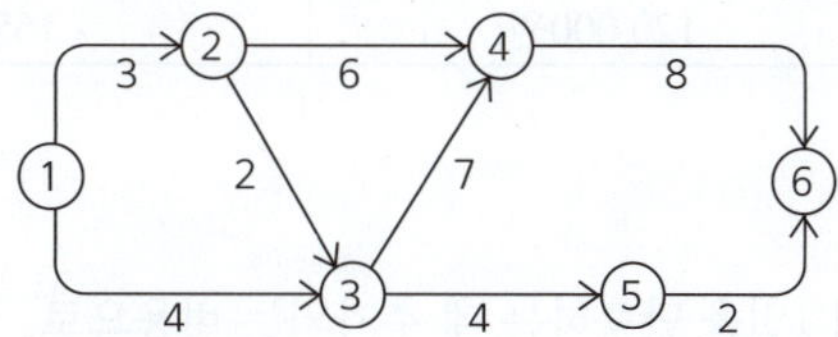

> ⚙ **해설**
>
> 다음의 일정 산정에 의한 도표를 참고하여 보면 LFT(Latest Finish Time, 가장 늦은 완료 시각)는 △안의 숫자이므로 3일이다.

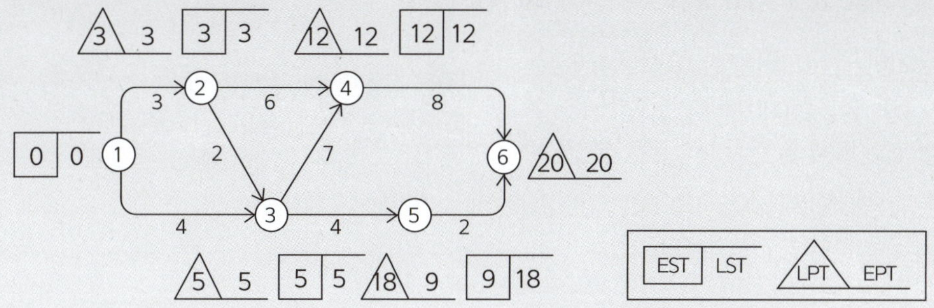

[21②, 24②]

★중요

002 다음 네트워크 공정표에서 주공정선에 의한 총 소요공기(일수)를 구하시오. (단, 결함점 간 사이의 숫자는 작업일수임)

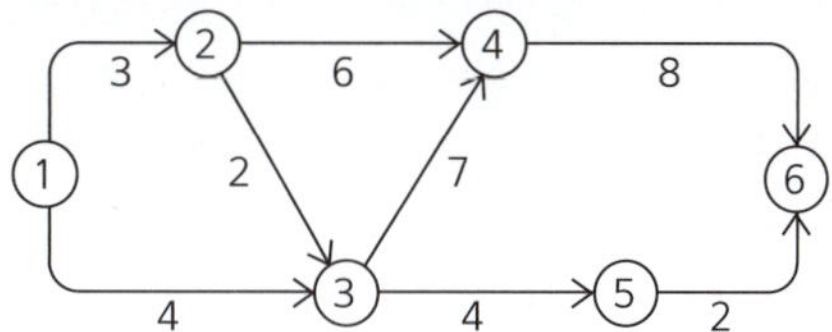

> ⚙ **해설**
>
> 다음의 일정 산정에 의한 도표를 참고하여 보면 EST, EFT, LST, LFT가 모두 동일한 일정을 찾아가면 주공정선(크리티컬 패스, 굵은 선으로 표기)이 되므로, 이 일정 ① → ② → ③ → ④ → ⑥의 일정을 모두 합하면, 3+2+7+8 = 20일이 된다.

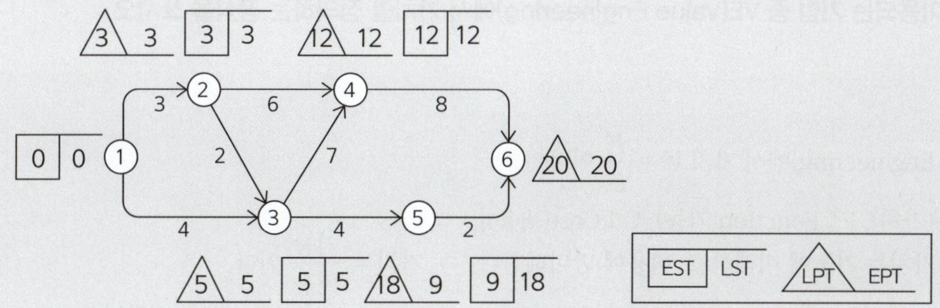

★중요

003 다음과 같이 정상 및 특급공기와 공비가 주어질 경우 비용구배(Cost Slope)를 구하시오.

정상		특급	
공기	공비	공기	공비
20일	120,000원	15일	180,000원

⚙ 해설

비용 구배(cost slope)란 공기 1일을 단축하는 데 추가되는 비용으로, 정상점과 급속점을 연결한 기울기를 Cost Slope라 한다.

$$비용구배 = \frac{특급\ 공사비-표준\ 공사비}{표준\ 공기-특급\ 공기}$$ 이므로,

$$비용구배 = \frac{특급\ 공사비-표준\ 공사비}{표준\ 공기-특급\ 공기} = \frac{180,000-120,000}{20-15} = 12,000원/일이다.$$

★중요

004 원가절감에 이용되는 기법 중 VE(Value Engineering)에서 가치를 정의하는 공식을 쓰시오.

⚙ 해설

VE(Value Engineering)에서 가치 $V = \dfrac{F}{C}$ 이다.

[V : Value(가치), F : Function(기능), C : Cost(비용)]

그러므로, 가치는 기능에 비례하고, 비용에 반비례한다. 즉, 가치 $= \dfrac{기능}{비용}$ 이다.

01 진위형 문제

▶ 해설편 252p

※ 다음 문제를 읽고, 옳으면 ○, 틀리면 ×를 괄호 안에 표기하시오.

001 가설공사에서 건물의 각부 위치, 기초의 너비 또는 길이 등을 정확히 결정하기 위한 것을 체크하시오.

① 벤치마크 (   )

② 수평 규준틀 (   )

③ 세로 규준틀 (   )

④ 현상측량 (   )

002 공사 현장의 가설건축물에 대한 설명으로 올바른지 체크하시오.

① 하도급자 사무실은 후속 공정에 지장이 없는 현장사무실과 가까운 곳에 둔다. (   )

② 시멘트 창고는 통풍이 되지 않도록 출입구 외에는 개구부 설치를 금하고, 벽, 천장, 바닥에는 방수, 방습처리한다. (   )

③ 변전소는 안전상 현장사무실에서 가능한 멀리 위치시킨다. (   )

④ 인화성 재료 저장소는 벽, 지붕, 천장의 재료를 방화 구조 또는 불연구조로 하고 소화설비를 갖춘다. (   )

003 건축공사 시 가설건축물에 대한 설명으로 올바른지 체크하시오.

① 시멘트 창고는 통풍이 되지 않도록 출입구 외에는 개구부 설치를 금한다. (   )

② 화기 위험물인 유류·도료 등의 인화성 재료 저장소는 벽, 지붕, 천장의 재료를 방화구조 또는 불연구조로 하고 소화설비를 갖춘다. (   )

③ 변전소의 위치는 안전을 고려하여 현장사무소에서 최대한 멀리 떨어진 곳이 좋다. (   )

④ 현장사무소의 경우 필요면적은 3.3m²/인 정도로 계획한다. (   )

004 가설공사에 관한 설명으로 올바른지 체크하시오.

① 비계 및 발판은 직접 가설공사에 속한다. (   )

② 비계 다리참의 높이는 7m마다 설치한다. (   )

③ 파이프 비계에서 비계 기둥 간 적재하중은 7kN 이하로 한다. (   )

④ 낙하물 방지망은 수평에 대하여 45° 정도로 하고, 높이는 지상 2층 바닥 부분부터 시작한다. (   )

005 공사 현장에 135명이 근무할 가설사무소를 건축할 때 기준면적으로 올바른 것을 체크하시오.

① 445.5m² (   ) ② 405m² (   )

③ 420m² (   ) ④ 400m² (   )

006 기준점(bench mark)에 대한 설명으로 올바른지 체크하시오.

① 바라보기 좋고 공사에 지장이 없는 곳에 설치한다. (   )

② 공사 착수 전에 설정되어야 한다. (   )

③ 이동의 우려가 없는 곳에 설치한다. (   )

④ 반드시 기준점은 1개만 설치한다. (   )

007 기준점(bench mark)에 관한 설명으로 올바른지 체크하시오.

① 신축할 건축물의 높이의 기준을 삼고자 설정하는 것으로 대개 발주자, 설계자 입회 하에 결정된다. (   )

② 바라보기 좋고 공사에 지장이 없는 1개소에 설치한다. (   )

③ 부동의 인접 도로 경계석이나 인근 건물의 벽 또는 담장을 이용한다. (   )

④ 공사가 완료된 뒤라도 건축물의 침하, 경사 등을 확인하기 위해 사용되는 경우가 있다. (   )

008 고층 건물공사 시 많은 자재를 올려 놓고 작업해야 할 외장공사용 비계로서 적합한 것을 체크하시오.

① 겹비계 (　　)

② 외줄비계 (　　)

③ 쌍줄비계 (　　)

④ 달비계 (　　)

009 강관비계 설치에 대한 설명으로 올바른지 체크하시오.

① 비계기둥의 간격은 도리 방향 1.5~1.8m, 간사이 방향 0.9~1.5m로 한다. (　　)

② 띠장의 간격은 1.8m 이내로 한다. (　　)

③ 지상 제1띠장은 지상에서 2m 이하의 위치에 설치한다. (　　)

④ 비계 장선의 간격은 1.5m 이내로 한다. (　　)

010 가설공사에서 강관비계 시공에 대한 내용으로 올바른지 체크하시오.

① 가새는 수평면에 대하여 40~60°로 설치한다.
(　　)

② 강관비계의 기둥 간격은 띠장 방향 1.5~1.8m를 기준으로 한다. (　　)

③ 띠장의 수직 간격은 2.5m 이내로 한다. (　　)

④ 수직 및 수평 방향 5m 이내의 간격으로 구조체에 연결한다. (　　)

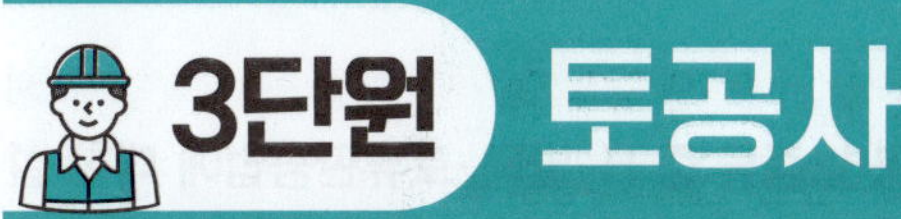

01 진위형 문제

▶ 해설편 253p

※ 다음 문제를 읽고, 옳으면 ○, 틀리면 ×를 괄호 안에 표기하시오.

★중요 [05②, 09②, 15②, 23②]

001 투수성이 좋은 사질지반에서 흙막이 벽 뒷면의 수위가 높아서 지하수가 흙막이 벽을 돌아서 모래와 같이 솟아오르는 현상을 체크하시오.

① 히빙파괴 (　)　　② 보일링 현상 (　)

③ 파이핑 현상 (　)　④ 피압수 (　)

[15①]

002 흙막이 붕괴원인 중 히빙(Heaving)파괴가 일어나는 주원인을 체크하시오.

① 흙막이벽의 재료 차이 (　)

② 지하수의 부력 차이 (　)

③ 지하수위의 깊이 차이 (　)

④ 흙막이벽 내외부 흙의 중량 차이 (　)

[03③, 06③]

003 흙막이 피해의 원인에 해당하는 것을 체크하시오.

① 언더피닝(underpining) (　)

② 히빙(heaving) (　)

③ 보일링(boiling) (　)

④ 파이핑(piping) (　)

★중요 [03③, 07①, 15③, 16①, 18①, 22①, 25③]

004 널말뚝(steel sheet pile) 시공상 주의해야 할 사항을 체크하시오.

① 널말뚝은 수직방향으로 똑바로 박는다. (　)

② 널말뚝에 적합한 항타기를 사용하여 되도록 여러 장씩 박도록 한다. (　)

③ 널말뚝의 끝부분은 기초파기 바닥면보다 깊이 박도록 한다. (　)

④ 널말뚝 끝부분에서 용수에 의한 토사의 유출이 발생할 수 있다. (　)

⑤ 수밀성을 갖지 않는 것이 특징이다. (　)

⑥ 널말뚝의 이음은 강도적으로 이탈되지 않는 것으로 한다. (　)

⑦ 가급적 틈이 적은 것이 좋다. (　)

⑧ 인장을 받아도 끊어지지 않는 것이 좋다. (　)

⑨ 도심지에서는 소음, 진동 때문에 무진동 유압장비에 의해 실시해야 한다. (　)

⑩ 강제 널말뚝에는 U형, Z형, H형, 박스형 등이 있다. (　)

⑪ 타입 시에는 지반의 체적변형이 작아 항타가 쉽고 이음부를 볼트나 용접접합에 의해서 말뚝의 길이를 자유로이 늘일 수 있다. (　)

⑫ 비교적 연약지반이며 지하수가 많은 지반에는 적용이 불가능하다. (　)

⑬ 무소음 설치가 어렵다. (　)

⑭ 관입, 철거 시 주변 지반침하가 일어나지 않는다. (　)

⑮ 타입 시 지반의 체적 변형이 커서 항타가 어렵다. (　)

⑯ 용접접합 등에 의해 파일의 길이연장이 가능하다. (　)

⑰ 몇 회씩 재사용이 가능하다. (　)

⑱ 적당한 보호처리를 하면 물 위나 아래에서 수명이 길다. (　)

[05①]

005 큰 토압, 수압에 견디며 일반적으로 널리 쓰이는 강재 널말뚝에 해당하는 것을 체크하시오.

① 라르젠 (　)

② 유니버설 조인트 (　)

③ 테레스 로기스 (　)

④ 랜섬 (　)

006 널말뚝 후면부를 천공하고 인장재를 삽입하여 경질 지반에 정착시킴으로서 흙막이널을 지지시키는 공법을 체크하시오.

① 버팀대식 흙막이 공법 ( )

② 아일랜드공법 ( )

③ 어미말뚝식 흙막이 공법 ( )

④ 어스앵커공법 ( )

★중요

007 흙막이 지지공법 중 수평버팀대 공법에 대한 장단점으로 올바른지 체크하시오.

① 토질에 대해 영향을 적게 받는다. ( )

② 가설구조물이 적어 중장비작업이나 토량제거작업의 능률이 좋다. ( )

③ 인근 대지로 공사범위가 넘어가지 않는다. ( )

④ 강재를 전용함에 따라 재료비가 비교적 적게 든다. ( )

008 어스앵커 공법에 관한 설명으로 올바른지 체크하시오.

① 인근구조물이나 지중매설물에 관계없이 시공이 가능하다. ( )

② 앵커체가 각각의 구조체이므로 적용성이 좋다. ( )

③ 앵커에 프리스트레스를 주기 때문에 흙막이벽의 변형을 방지하고 주변 지반의 침하를 최소한으로 억제할 수 있다. ( )

④ 본 구조물의 바닥과 기둥의 위치에 관계없이 앵커를 설치할 수도 있다. ( )

009 Earth Anchor 시공에서 정착부 Grout의 밀봉을 목적으로 설치하는 것을 체크하시오.

① Angle Bracket ( )

② Packer ( )

③ Sheath ( )

④ Anchor Head ( )

010 흙막이공법 종류 중 H-말뚝, 토류판공법에 대한 설명으로 올바른지 체크하시오.

① 응력부담재인 강제의 연직 H-형강을 중심간격 1.5~1.8m의 일정한 간격으로 미리 지중에 타입시킨다. ( )

② 띠장의 간격 감소 및 버팀대 좌우 좌굴방지를 위해서 가새나 귀잡이가 필요한 공법이다. ( )

③ 지하수가 많은 지반에는 차수공법을, 인접가옥이 접근하여 있을 때는 언더피닝공법을 채용한다. ( )

④ 보일링, 파이핑에 대하여 매우 견고하여, 연약한 점성토 지반에 활용 시 효과가 크다. ( )

011 흙막이공법에 사용하는 지지공법에 해당하는 것을 체크하시오.

① 경사 오픈 컷 공법 ( )

② 탑다운 공법 ( )

③ 어스앵커 공법 ( )

④ 스트러트 공법 ( )

012 흙막이 공법과 관련된 내용의 연결이 올바른지 체크하시오.

① 버팀대공법-띠장, 지지말뚝 ( )

② 지하연속벽-안정액, 트레미관 ( )

③ 자립식공법-안내벽, 인터록킹 파이프 ( )

④ 어스앵커공법-인장재, 그라우팅 ( )

013 흙막이공사의 공법에 관한 설명으로 올바른지 체크하시오.

① 지하연속벽(Slurry wall) 공법은 인접건물의 근접시공은 어려우나 수평방향의 연속성이 확보된다. ( )

② 어스앵커 공법은 지하 매설물 등으로 시공이 어려울 수 있으나 넓은 작업장 확보가 가능하다. ( )

③ 버팀대(Strut) 공법은 가설구조물을 설치하지만 토량제거 작업의 능률이 향상된다. ( )

④ 강재 널말뚝(Steel sheet pile) 공법은 철재관재를 사용하므로 수밀성이 부족하다. ( )

[05③, 20①, 23②]

014 흙을 이김에 의해서 약해지는 정도를 나타내는 흙의 성질을 체크하시오.

① 간극비 (　)

② 함수비 (　)

③ 예민비 (　)

④ 전단강도 (　)

[04①]

015 토공사에 이용되는 각종 식으로 올바른지 체크하시오.

① 간극비 = 간극의 용적 / 토립자의 용적 (　)

② 함수율 = (물의 중량 / 토립자의 중량)×100 (　)

③ 포화도 = (물의 용적 / 간극의 용적)×100 (　)

④ 예민비 = 이긴시료의 강도 / 자연시료의 강도 (　)

★중요

[09②, 13①, 18①, 25②]

016 흙의 함수율을 구하기 위한 식으로 올바른 것을 체크하시오.

① (물의용적 / 토립자의용적)×100(%) (　)

② (물의중량 / 토립자의중량)×100(%) (　)

③ (물의용적 / (토립자+물의용적))×100(%) (　)

④ (물의중량 / (토립자+물의중량))×100(%) (　)

[14②, 21②]

017 흙이 소성 상태에서 반고체 상태로 바뀔 때 함수비를 의미하는 용어를 체크하시오.

① 예민비 (　)

② 액성한계 (　)

③ 소성한계 (　)

④ 소성지수 (　)

[09②, 13③, 25③]

018 토질시험에 관한 사항으로 올바른지 체크하시오.

① 표준관입시험에서는 N값이 클수록 밀실한 토질을 의미한다. (　)

② 베인테스트는 진흙의 점착력을 판별하는 데 쓰인다. (　)

③ 지내력시험은 재하를 지반선에서 실시한다. (　)

④ 3축압축시험은 흙의 전단강도를 알아보기 위한 시험이다. (　)

[13③]

019 포화된 느슨한 모래가 진동과 같은 동하중을 받으면 부피가 감소되어 간극수압이 상승하여 유효응력이 감소하는 것을 체크하시오.

① 액상화 현상 (　)

② 원형 Slip (　)

③ 부동침하 현상 (　)

④ Negative friction (　)

[08③, 13②, 23②]

020 지반의 성질에 대한 설명으로 올바른지 체크하시오.

① 점착력이 강한 점토층은 투수성이 적고 또한 압밀되기도 한다. (　)

② 흙에서 토립자 이외의 물과 공기가 점유하고 있는 부분을 간극이라 한다. (　)

③ 모래층은 점착력이 비교적 적거나 무시할 수 있는 정도이며 투수가 잘 된다. (　)

④ 흙의 예민비는 보통 그 흙의 함수비로 표현된다. (　)

[15①]

021 흙의 휴식각에 대한 설명으로 올바른지 체크하시오.

① 터파기의 경사는 휴식각의 2배 정도로 한다. (　)

② 습윤 상태에서 휴식각은 모래 30~45°, 흙 25~45° 정도이다. (　)

③ 흙의 흘러내림이 자연 정지될 때 흙의 경사면과 수평면이 이루는 각도를 말한다. (　)

④ 흙의 휴식각은 흙의 마찰력, 응집력 등에 관계되나 함수량과는 관계없이 동일하다. (　)

★중요

[09②, 12①, 17②, 24②]

022 흙막이벽의 안전관리를 위하여 계측관리 중 흙막이벽 버팀대의 응력변화를 측정하여 이상변화 파악 및 대책을 수립하는 데 사용되는 계측기를 체크하시오.

① 경사계(inclino meter) (　)

② 변형률계(strain gauge) (　)

③ 토압계(soil pressure gauge) (　)

④ 진동측정계(vibro meter) (　)

⑤ 간극수압계(piezometer) (　)

023 토공사 시 사용하는 현장 계측장비로서 주변 건물이나 옹벽, 철탑 등 터파기 주위의 주요 구조물에 설치하여 구조물의 경사, 변형상태를 측정하는 장비를 체크하시오.

① piezo meter ( ) ② tilt meter ( )

③ load cell ( ) ④ strain gauge ( )

★중요   [14②, 22②, 25②]

024 건축물의 지하공사에서 계측관리에 대한 설명으로 올바른지 체크하시오.

① 계측관리의 목적은 위험의 징후를 발견하는 것이다. ( )

② 계측관리의 중점관리사항으로 흙막이 변위에 따른 배면지반의 침하가 있다. ( )

③ 계측관리는 인적이 뜸하고 위험이 적은 안전한 곳에 설치하여 주기적으로 실시한다. ( )

④ 일일점검항목으로는 흙막이벽체, 주변지반, 지하수위 및 배수량 등이 있다. ( )

[06②]

025 현장토질시험에 관한 설명으로 올바른지 체크하시오.

① 베인테스트(Vane Test) – 경질 점토지반의 전단강도 측정 ( )

② 페네트레이션 테스트(Penetration Test) – 점토의 밀도 측정 ( )

③ 지내력시험(Loading Test) – 매회 재하는 2ton 이하 또는 예정파괴 하중의 1/3 이하로 실시 ( )

④ 신월 샘플링(Thin Wall Sampling) – 부드러운 점토 채취에 적합 ( )

[10②]

026 다음의 설명이 올바른지 체크하시오.

① 예민비(Sensitivity Ratio)란 흙의 이김에 의해 약해지는 정도를 말하는 것으로 자연시료의 강도에 이긴 시료의 강도를 나눈 값으로 나타낸다. ( )

② 재하판에 하중을 가하여 단기 지내력도를 구하는 방법을 베인 테스트(vane test)라고 한다. ( )

③ 표준관입시험 63.5kg의 해머로, 샘플러를 76cm에서 타격하여 관입 깊이 30cm에 도달할 때까지

의 타격에 걸리는 시간은 N값을 구하는 시험이다. ( )

④ 수동토압이란 흙막이벽에 토압이 작용해서 전면(全面)으로 움직이기 시작할 때의 토압으로 토압의 최소치를 말한다. ( )

[04②, 07②, 23②]

027 지면에 기계를 두고 깊이 8m 정도의 연약한 지반의 깊은 기초 흙파기를 할때 사용하는 기계로 가장 적당한 것을 체크하시오.

① 파워 쇼벨(power shovel) ( )

② 불도우저(bulldozer) ( )

③ 백호우(back hoe) ( )

④ 드래그라인(drag line) ( )

[12③]

028 굴착용 기계 중 드래그라인에 대한 설명으로 올바른지 체크하시오.

① 모래 채취에 많이 사용된다. ( )

② 긴 붐(boom)과 로프를 이용해 굴착반경이 크다. ( )

③ 토질이 매우 단단한 경우에는 부적합하다. ( )

④ 기계의 설치 지반보다 높은 곳을 파는 데 유리하다. ( )

[05②, 17②, 25③]

029 토공사용 장비에 해당하는 것을 체크하시오.

① 로더(loader) ( )

② 파워쇼벨(power shovel) ( )

③ 가이데릭(guy derrick) ( )

④ 클렘쉘(clamshell) ( )

[08②]

030 굴착용 기계에 해당하는 것을 체크하시오.

① 드래그 셔블 ( ) ② 크렘쉘 ( )

③ 드래그 라인 ( ) ④ 댐핑 롤러 ( )

[11②, 16②, 23①]

031 정지 및 배토기계에 해당하는 것을 체크하시오.

① 불도저 ( ) ② 트랙터셔블 ( )

③ 모터그레이더 ( ) ④ 스크레이퍼 ( )

⑤ 파워셔블 ( )

[16①]

032 토공사에 사용되는 각종 건설기계에 관한 설명으로 올바른지 체크하시오.

① 클램쉘은 협소한 장소의 흙을 퍼 올리는 장비로서, 연한 지반에 적합하다. (　)

② 파워쇼벨은 위치한 지면보다 낮은 곳의 굴착에 적합하다. (　)

③ 드래그셔블은 버킷으로 토사를 굴삭하며 적재하는 기계로써, 로더(loader)라고 불린다. (　)

④ 드래그라인은 좁은 범위의 경질지반 굴착에 적합하다. (　)

[08③]

033 지반 굴착 시 안정액을 사용하여 지반의 붕괴를 방지하면서 굴착하고 그 속에 철근망을 넣고 콘크리트를 타설하여 연속으로 콘크리트 흙막이벽을 설치하는 공법을 체크하시오.

① 슬러리월공법 (　)　　② 이코스공법 (　)

③ CIP공법 (　)　　④ PIP공법 (　)

★중요

[03①, 05③, 06③, 07②, 08①, 09③, 10②, 11③, 16③, 20②, 21②, 22②, 24①]

034 흙막이 공사방법 중 지하연속벽(slurry wall) 공법에 대한 설명으로 올바른지 체크하시오.

① 흙막이벽 자체의 강도, 강성이 우수하기 때문에 연약 지반의 변형 및 이면침하를 최소한으로 억제할 수 있다. (　)

② 지수성 또는 차수성이 부족해 지하수가 많은 지반에는 사용할 수 없다. (　)

③ 시공시의 소음, 진동이 작다. (　)

④ 다른 흙막이벽의 공사비에 비해 공사비가 많다. (　)

⑤ 흙막이벽의 강성이 적어 보강재를 필요로 한다. (　)

⑥ 지수벽의 기능도 갖고 있다. (　)

⑦ 인접건물의 경계선까지 시공이 가능하다. (　)

⑧ 암반을 포함한 대부분의 지반에 시공이 가능하다. (　)

⑨ 단면강성이 높다. (　)

⑩ 경질 또는 연약지반에도 적용가능하다. (　)

⑪ 벽 두께를 자유로이 설계할 수 있다. (　)

⑫ 굴착 중 안정액 처리가 용이하다. (　)

⑬ 흙막이벽 및 물막이벽의 기능도 갖고 있다. (　)

⑭ 영구 지하벽이나 깊은 기초로 활용하기도 한다. (　)

⑮ 저진동, 저소음의 공법이다. (　)

⑯ 강성이 높은 지하구조체를 만든다. (　)

⑰ 타 공법에 비하여 공기, 공사비 면에서 불리한 편이다. (　)

⑱ 인접 구조물에 근접하도록 시공이 불가하여 대지 이용의 효율성이 낮다. (　)

⑲ 차수효과가 확실하다. (　)

⑳ 기계, 부대설비가 소형이서 소규모 현장의 시공에 적당하다. (　)

[20③]

035 지하연속벽(Slurry wall) 굴착 공사 중 공벽붕괴의 원인에 해당하는 것을 체크하시오.

① 지하수위의 급격한 상승 (　)

② 안정액의 급격한 점도 변화 (　)

③ 물다짐하여 매립한 지반에서 시공 (　)

④ 공사 시 공법의 특성으로 발생하는 심한 진동 (　)

[10①]

036 연속 콘크리트벽 흙막이 공법에 해당하는 것을 체크하시오.

① ICOS공법 (　)

② OWS공법 (　)

③ Auger pile (　)

④ Caisson공법 (　)

[04③, 06②, 24③]

037 배수에 의한 연약 지반의 안정공법에서 지름 3~5cm 정도의 파이프 끝에 여과기를 달아 1~2m 간격으로 때려 박고, 이를 수평으로 굵은 파이프에 연결하여 진공으로 물을 빨아냄으로써 지하수위를 저하시키는 공법을 체크하시오.

① 웰 포인트(Well point) 공법 (　)

② 오픈 컷(Open cut) 공법 (　)

③ 트렌치 컷(Trench cut) 공법 (　)

④ 샌드 드레인(Sand drain) 공법 (　)

★중요

038 웰포인트 공법에 관한 설명으로 올바른지 체크하시오.

① 인접지 침하의 우려에 따른 주의가 필요하다. (　)
② 비교적 지하수위가 얕은 모래지반의 배수에 유리하다. (　)
③ 점토질 지반의 배수에 효과가 크다. (　)
④ 지반이 압밀되어 흙의 전단저항이 증가된다. (　)
⑤ 강제배수공법의 일종이다. (　)
⑥ 투수성이 비교적 낮은 사질실트층까지도 배수가 가능하다. (　)
⑦ 흙의 안전성을 대폭 향상시킨다. (　)
⑧ 인근 건축물의 침하에 영향을 주지 않는다. (　)
⑨ 지하수위를 낮추는 공법이다. (　)
⑩ 1~3m의 간격으로 파이프를 지중에 박는다. (　)
⑪ 주로 사질지반에 이용하면 유효하다. (　)
⑫ 기초파기에 히빙 현상을 방지하기 위해 사용한다. (　)
⑬ 점토지반보다는 사질지반에 유효한 공법이다. (　)
⑭ 지반 내의 기압이 대기압보다 높아져서 토층은 대기압에 의해 다져진다. (　)
⑮ 지하수위의 저하에 따라서 부력이 감소되어 지반을 다지게 된다. (　)
⑯ 사질지반보다 점토질 지반에서 효과가 좋다. (　)
⑰ 흙막이의 토압이 경감된다. (　)
⑱ 흙의 전단저항이 증가된다. (　)

039 지하수를 처리하는 데 사용되는 배수공법에 해당하는 것을 체크하시오.

① 집수정 공법 (　)
② 웰포인트 공법 (　)
③ 전기침투 공법 (　)
④ 샌드드레인 공법 (　)
⑤ 동결 공법 (　)
⑥ 깊은 우물 공법 (　)

040 지하수위 저하공법 중 강제배수공법에 해당하는 것을 체크하시오.

① 전기침투 공법 (　)
② 웰포인트 공법 (　)
③ 표면배수 공법 (　)
④ 진공 Deep Well 공법 (　)

041 대지 주위의 흙파기면에 따라 널말뚝을 박은 다음, 널말뚝 주변부의 흙을 남겨 가면서 중앙부의 흙을 파고, 그 부분에 기초 또는 지하구조체를 축소한 후, 이를 지점으로 흙막이 버팀대로 경사지게 가설하여 널말뚝 주변의 흙을 파내는 터파기 공법을 체크하시오.

① 아일랜드 컷(island cut) 공법 (　)
② 트랜치 컷(Trench Cut) 공법 (　)
③ 경사면 오픈 컷(Sloped Open Cut) 공법 (　)
④ 자립 흙막이 공법(self-support method) (　)

042 토공사에서 토사 파내기 경사각이 가장 큰 지반에 해당하는 것을 체크하시오.

① 습윤모래 (　)
② 일반자갈 (　)
③ 건조진흙 (　)
④ 건조한 보통흙 (　)

043 기초파기에 있어서 주의할 사항을 체크하시오.

① 잡석지정 시 침하를 감안하여 기초파기 바닥을 약간 낮게 한다. (　)
② 토사의 붕괴우려가 있는 경우, 휴식각을 참조하여 구배를 잡는다. (　)
③ 기초파기로 인한 부근 침하는 고려할 필요가 없다. (　)
④ 삽으로 파기는 약 3~6m마다 단젖힘을 한다. (　)

044 흙파기 공법의 종류에 해당하는 것을 체크하시오.

① 오픈 컷 공법 (　)　　② 아일랜드 공법 (　)
③ 트렌치컷 공법 (　)　　④ 이코스 공법 (　)

045 지수 흙막이 벽으로 말뚝구멍을 하나 걸름으로 뚫고 콘크리트를 부어 넣어 만든 후, 말뚝과 말뚝 사이에 다음 말뚝구멍을 뚫어 흙막이 벽을 완성하는 공법을 체크하시오.

① 어스 드릴공법(Earth drill method) ( )

② CIP 말뚝공법(Cast-in-place pile method) ( )

③ 콤프레솔 파일공법(Compressol pile method) ( )

④ 이코스 파일공법(Icos pile method) ( )

046 베노토 공법(Benoto method)에 대한 설명으로 올바른지 체크하시오.

① 케이싱 튜브(casing tube)를 뽑을 때 철근도 떠오를 우려가 있다. ( )

② 긴 말뚝(50~60m)의 시공은 불가능하다. ( )

③ 주위의 지반에 영향을 주는 일 없이 안전하고 확실하게 시공할 수 있다. ( )

④ 기계 및 부속기기의 가격이 비싸므로 시공경비가 높다. ( )

047 공법과 서로 관련이 없는 것을 체크하시오.

① 베노토공법 – 해머그래브 ( )

② 프리팩트 콘크리트 파일공법 – 드릴링 버켓 ( )

③ 이코스 파일공법 – 벤토나이트 용액 ( )

④ 콤프레솔 콘크리트 파일공법 – 원뿔추 ( )

048 지하구조물의 설계시공 시 부력 대처방법에 해당하는 것을 체크하시오.

① 고정하중의 부가방법 ( )

② 록–앵커(Rock anchor)공법 ( )

③ 팽창성 파쇄제공법 ( )

④ 배수(draining)공법 ( )

049 흙파기 공법에 대한 설명으로 올바른지 체크하시오.

① 경사 오픈컷 공법은 흙막이 벽이나 가설구조물 없이 굴착하는 공법이다. ( )

② 아일랜드 컷 공법은 실트층에서 흙의 양이 적어지므로 유리하다. ( )

③ 트렌치 컷 공법은 공사기간이 길어지고 널말뚝을 이중으로 박아야 한다. ( )

④ 용기잠함은 용수량이 극히 많을 때 사용한다. ( )

02 단답형 문제

★중요 [05①, 19①, 21②, 23②]

001 연질의 점토지반에서는 굴착에 의한 흙막이벽 바깥에 있는 흙의 중량과 지표위의 적재하중의 중량에 못 견디어 저면 흙이 붕괴되고 흙막이벽 바깥에 있는 흙이 저면 지표안으로 밀려 불룩하게 되는 현상을 쓰시오.

★중요 [06①, 10①, 12③, 25③]

002 하부 지반이 연약한 경우 흙파기 저면선에 대하여 흙막이 바깥에 있는 흙의 중량과 지표 적재하중을 이기지 못하고 흙이 붕괴되어서 흙막이 바깥 흙이 안으로 밀려들어와 불룩하게 되는 현상을 쓰시오.

[18③]

003 연약한 점토지반에서 지반의 강도가 굴착규모에 비해 부족할 경우에 흙이 돌아 나오거나 굴착바닥면이 융기하는 현상을 쓰시오.

[16②, 23①]

004 사질지반일 경우 지반 저부에서 상부를 향하여 흐르는 물의 압력이 모래의 자중 이상으로 되면 모래 입자가 심하게 교란되는 현상을 쓰시오.

005 모래지반 흙막이에 대한 수밀성이 불량하여 널말뚝의 틈새로 물과 토사가 흘러들어, 기초저면의 모래지반을 들어 올리는 현상을 쓰시오.

[06③]

006 흙막이 공사에서 나무 널말뚝을 사용할 수 있는 최대 깊이를 쓰시오.

⚙ **해설** 목제 널말뚝은 낙엽송, 소나무 등의 생나무가 좋고, 나무 널말뚝을 사용할 수 있는 흙막이 벽의 높이는 4m 정도까지로 한다. 4m 이상인 경우에는 강제널말뚝을 사용한다.

[04②, 07②, 23②]

007 지면에 기계를 두고 깊이 8m 정도의 연약한 지반의 깊은 기초 흙파기를 할 때 사용하는 기계로 가장 적당한 것을 쓰시오.

[17③, 25②]

008 기계를 설치한 지반보다 낮은 장소, 넓은 범위의 굴착이 가능하며 주로 수로, 골재채취용으로 많이 사용되는 토공사용 굴착기계를 쓰시오.

009 [04③]
토사를 파내는 형식으로 깊은 흙파기용, 흙막이의 버팀대가 있어 좁은 곳, 케이슨(caisson) 내의 굴착 등에 가장 적합한 기계를 쓰시오.

010 [09③, 23①]
수직굴착, 수중굴착 등 일반적으로 협소한 장소의 굴착, 자갈 등의 적재에 적합한 기계를 쓰시오.

011 [12①]
위치한 지면보다 낮은 우물통과 같은 협소한 장소의 흙을 퍼올리는 장비로 가장 적당한 것을 쓰시오.

012 [11①, 14③, 24②]
일정한 폭의 구덩이를 연속으로 파며, 좁고 깊은 도랑 파기에 가장 적당한 토공장비를 쓰시오.

013 [14①, 19②, 25②]
터파기용 기계장비 가운데 장비의 작업면보다 상부의 흙을 굴삭하는 장비를 쓰시오.

014 [10②, 16③, 24②]
지반보다 높은 곳의 굴착에 적합하며, 굴착은 디퍼(dipper)가 행하는 토공사용기계로 적합한 것을 쓰시오.

015 [14②]
지반보다 6m 정도 깊은 경질지반의 기초파기에 가장 적합한 굴착 기계를 쓰시오.

★중요
016 [08②, 11③, 15①, 23③]
토공사용 기계로서 흙을 깎으면서 동시에 기체 내에 담아 운반하고 깔기작업을 겸할 수 있으며, 작업거리는 100~1,500m 정도의 중장거리용으로 쓰이는 장비를 쓰시오.

|정답|

001 Heaving 파괴 002 히빙(heaving) 003 히빙(heaving) 004 보일링(boiling) 005 파이핑 현상(Piping) 006 4m
007 드래그라인(drag line) 008 드래그라인(drag line) 009 클램셸(clam shell) 010 클램셸(clam shell) 011 클램셸(clam shell)
012 트렌처(Trencher) 013 파워쇼벨(power shovel) 014 파워쇼벨(power shovel) 015 Back hoe 016 캐리올 스크레이퍼

017 토공기계 중 흙의 적재, 운반, 정지의 기능을 가지고 있는 장비로써 일반적으로 중거리 정지공사에 많이 사용되는 장비를 쓰시오.

018 토질시험 중 흙속에 수분이 거의 없고 바삭바삭한 상태의 정도를 알아보기 위한 시험을 쓰시오.

019 신축할 건축물의 높이의 기준이 되는 주요 가설물로 이동의 위험이 없는 인근 건물의 벽 또는 담자에 설치하는 것의 명칭을 쓰시오.

★중요 [03①, 04②, 09①, 23①]

020 흙의 종류에서 알의 크기가 모래보다 작고 육안으로 헤아릴 수 없으나 대체로 모래와 같고 알은 구형에 가깝고 끈기가 없고, 동상에 노출되기 가장 쉬운 흙의 명칭을 쓰시오.

★중요 [03①, 04①, 05③, 25①]

021 토공사에서 일반 흙으로 되메우기 할 경우 두께에서 얼마 정도의 간격마다 다짐밀도의 규정 또는 공사시방서에서 요구하는 다짐밀도로 다지는가를 쓰시오. (단, 단위는 mm)

⚙ **해설** 되메우기 및 뒤채움(KCS 11 20 25)
모래로 되메우기 할 경우 충분한 물다짐을 실시하고, 일반 흙으로 되메우기 할 경우에는 두께 약 300mm마다 이 기준의 다짐밀도 규정 또는 공사시방서에서 요구하는 다짐밀도로 다진다.

[07①, 12①, 24①]

022 다음 내용을 참고하여 지중연속벽공법의 시공순서를 순서대로 쓰시오.

> A. 가이드월 설치
> B. 인터록킹 파이프 설치
> C. 인터록킹 파이프 제거
> D. 굴착
> E. 슬라임 제거
> F. 지상조립 철근 삽입
> G. 콘크리트 타설

⚙ **해설** 지중연속벽공법의 시공순서는 "가이드월 설치 → 굴착 → 슬라임 제거 → 인터록킹 파이프 설치 → 지상조립 철근 삽입 → 콘크리트 타설 → 인터록킹 파이프 제거"의 순이다.

★중요 [04②, 09②, 16③, 23③]

023 일반적으로 사질지반의 지하수위를 낮추기 위해 이용하는 것으로, 펌프를 통해 강제로 지하수를 뽑아내는 공법을 쓰시오.

[07③]

024 흙파기 공법 중 측벽이나 주열선 부분을 먼저 파내고 그 부분에 기초와 지하구조체를 축조한 다음 중앙부의 나머지 부분을 파내어 지하구조물을 완성해 나가는 공법을 쓰시오.

[04③]

026 터파기 공법 중 지반이 연약하고 히빙의 우려가 있어 터파기 평면 전체를 한번에 굴삭할 수 없거나, 광대하여 버팀대를 가설하여도 그 변형이 심하여 실질적으로 불가능할 때 채택하는 공법을 쓰시오

[09①, 24③]

025 터파기 공법 중 지반이 극히 연약하여 온통파기를 할 수 없을 때, 또 히빙 현상이 예상될 때 효과적인 공법을 쓰시오.

[07②, 09③, 25③]

027 굴착지반이 연약하여 구조물 위치 전체를 동시에 파내지 않고 측벽을 먼저 파내고 그 부분의 기초와 지하구조체를 축조한 다음 중앙부의 나머지 부분을 파내어 지하구조물을 완성하는 흙파기 공법을 쓰시오.

|정답|

017 캐리올 스크레이퍼　　018 소성한계시험　　019 벤치마크　　020 실트　　021 300mm　　022 A → D → E → B → F → G → C
023 웰포인트 공법　　024 트랜치 컷 공법(Trench cut method)　　025 트랜치 컷 공법(Trench cut method)
026 트렌치 컷 공법(Trench cut method)　　027 트렌치 컷 공법(Trench cut method)

[14③]

001 파워셔블의 1시간당 추정 굴착 작업량을 구하시오. (단, 버킷용량 0.6m³, 굴삭토의 용적변화 계수 1.28, 작업효율 0.83, 굴삭계수 0.8, 싸이클 타임 30sec)

> **☼ 해설**
>
> 굴삭 기계에 의한 단위 작업 시간당 시공량은 다음과 같이 산정한다.
>
> $$굴삭\ 토량(V) = Q \times \frac{3,600}{C_m} \times E \cdot K \cdot f(\text{m}^3/\text{h})$$
>
> [Q : 버킷 용량(m³), C_m : 사이클 타임(sec), E : 작업 효율,
>
> K : 굴삭계수(작업조건, 자세 등에 의하여 변화되는 작업효율(0.2~0.8)과 흙의 성질에 의하여 변하는 효율 (0.45~1.0), 보통 0.6~0.8이 채용됨)
>
> f : 굴삭토의 용적변화계수(사질토 1.15, 보통토 1.25, 점토 1.43 정도)]
>
> 1시간 굴삭량(V)에 1일 실가동시간(보통 6시간) 또는 1개월 가동일수(17~25일, 보통 20일)를 계산하면 1개월 총 굴삭량을 계산할 수 있다.
>
> 흙의 굴삭은 그 조건에 적당한 기종(機種)을 선택해야 하고 또 이것은 운반, 기타 다른 작업과 조합되어 이루어 지므로 서로 지체시키지 않게 작업능력이 균형되도록 덤프 트럭의 용량, 대수 등을 정해야 한다.
>
> $$V = Q \times \frac{3,600}{C_m} \times E \cdot K \cdot f\text{에서},$$
>
> $$Q = 0.6\text{m}^3, C_m = 30초, E = 0.83, K = 0.8, f = 1.28$$
>
> $$\therefore V = Q \times \frac{3,600}{C_m} \times E \cdot K \cdot f = 0.6 \times \frac{3,600}{30} \times 0.83 \times 0.8 \times 1.28 = 61.19\text{m}^3/h$$

★중요

[12②, 15①, 23②]

002 다음과 같은 조건의 굴삭기로 2시간 작업할 경우의 작업량을 구하시오.

• 버킷 용량 : 0.8m³	• 사이클 타임 : 40초
• 작업 효율 : 0.8	• 굴삭토의 용적변화계수 : 1.1
• 굴삭 계수 : 0.7	

> **☼ 해설**
>
> 굴삭 토량의 산정
>
> $$굴삭\ 토량(V) = Q \times \frac{3,600}{C_m} \times E \cdot K \cdot f(\text{m}^3/\text{h})\text{에서},$$
>
> $$Q = 0.8\text{m}^3, C_m = 40초, E = 0.8, K = 0.7, f = 1.1$$
>
> $$\therefore V = Q \times \frac{3,600}{C_m} \times E \cdot K \cdot f = 0.8 \times \frac{3,600}{40} \times 0.8 \times 0.7 \times 1.1 = 44.35\text{m}^3/h$$
>
> 2시간 작업할 경우의 작업량 = 44.35 × 2 = 88.7m³

[06①, 12①, 17①, 21①, 24③]

003 다음 조건에 따른 백호의 단위시간당 추정 굴삭량을 구하시오.

- 버킷 용량 : 0.5m³
- 작업 효율 : 0.9
- 굴삭 계수 : 0.7
- 사이클 타임 : 20초
- 굴삭토의 용적변화계수 : 1.25

> **⚙ 해설**
>
> 굴삭 토량의 산정
>
> 굴삭 토량$(V) = Q \times \dfrac{3,600}{C_m} \times E \cdot K \cdot f$(m³/h)에서,
>
> $Q = 0.5$m³, $C_m = 20$초, $E = 0.9$, $K = 0.7$, $f = 1.25$
>
> $\therefore V = Q \times \dfrac{3,600}{C_m} \times E \cdot K \cdot f = 0.5 \times \dfrac{3,600}{20} \times 0.9 \times 0.7 \times 1.25 = 70.875$m³$/h ≒ 70.88$m³$/h$

[06③, 18③, 23①]

004 자연상태로서의 흙의 강도가 1MPa이고, 이긴상태로의 강도는 0.2MPa라면 이 흙의 예민비를 구하시오.

> **⚙ 해설**
>
> 예민비는 흙을 이김에 의해서 약해지는 정도를 나타내는 흙의 성질로, 다음의 식으로 구한다.
>
> 예민비 $= \dfrac{\text{자연시료의 강도}}{\text{이긴시료의 강도}} = \dfrac{1}{0.2} = 5$이다.

[09①, 13②, 16②, 23③]

005 수직응력 $\sigma = 0.2$Mpa, 점착력 $C = 0.05$Mpa, 내부마찰각 $\varnothing = 20°$의 흙으로 구성된 사면의 전단강도를 구하시오.

> **⚙ 해설**
>
> S(흙의 전단강도) $= C + \sigma \tan\theta$이다.
>
> (C : 점착력, σ : 전단면에 작용하는 수직응력, θ : 내부마찰각)
>
> 그러므로, $S = C + \sigma \tan\theta = 0.05 + 0.2 \tan 20° = 0.1228 ≒ 0.12$

01 진위형 문제

▶ 해설편 262p

※ 다음 문제를 읽고, 옳으면 ○, 틀리면 ✕를 괄호 안에 표기하시오.

[17①]

001 지정공사 시 사용되는 모래의 장기허용지내력에 해당하는 것을 체크하시오.

① 장기 허용압축강도 50kN/m² (   )

② 장기 허용압축강도 100kN/m² (   )

③ 장기 허용압축강도 150kN/m² (   )

④ 장기 허용압축강도 200kN/m² (   )

[16③]

002 지정 및 기초공사 용어에 관한 설명으로 올바른지 체크하시오.

① 드레인 재료 : 지반개량을 목적으로 간극수 유출을 촉진하는 수로로서의 역할을 하는 재료 (   )

② 슬라임 : 지반을 천공할 때 천공벽 또는 공저에 모인 침전물 (   )

③ 히빙 : 굴착면 저면이 부풀어 오르는 현상 (   )

④ 원위치 시험 : 현지의 지반과 유사한 지반에서 행하는 시험 (   )

★중요

[10②, 12③, 17②, 20①, 23③]

003 기초공사에 있어 지정에 관한 설명으로 올바른지 체크하시오.

① 긴주춧돌 지정 : 지름 30cm 정도의 토관을 기초 저면에 설치하고, 한옥건축에서는 주춧돌로 화강석을 사용한다. (   )

② 밑창콘크리트 지정 : 콘크리트 설계기준 강도는 15Mpa 이상의 것을 두께 5~6cm 정도로 설계한다. (   )

③ 잡석지정 : 수직지지력이나 수평지지력에 대한 효과가 매우 크다. (   )

④ 모래지정 : 모래는 장기 허용압축강도가 20~40t/m² 정도로 큰 편이어서 잘 다져 지정으로 쓸 경우 효과적이다. (   )

⑤ 잡석지정 : 기초 콘크리트 타설 시 흙의 혼입을 방지하기 위해 사용한다. (   )

⑥ 모래지정 : 지반이 단단하며 건물이 경량일 때 사용한다. (   )

⑦ 자갈지정 : 굳은 지반에 사용되는 지정이다. (   )

⑧ 밑창 콘크리트 지정 : 잡석이나 자갈 위 기초부분의 먹매김을 위해 사용한다. (   )

[18③]

004 깊은 기초지정에 해당하는 것을 체크하시오.

① 잡석지정 (   )

② 피어기초지정 (   )

③ 밑창콘크리트지정 (   )

④ 긴주춧돌지정 (   )

[07①]

005 버림 콘크리트 지정의 설명으로 올바른지 체크하시오.

① 최소두께 3cm 이상의 콘크리트가 필요하다. (   )

② 버림 콘크리트는 기초의 일부로 취급하며, 일명 밑창콘크리트라고도 한다. (   )

③ 잡석이나 자갈지정이 있는 경우는 생략하는 것이 일반적이다. (   )

④ 버림 콘크리트는 기초저부의 먹매김을 용이하게 하기 위하여 필요하므로 생략하지 않는 것이 좋다. (   )

[21①]

006 기초의 종류 중 지정형식에 따른 분류에 해당하는 것을 체크하시오.

① 직접 기초 (   )　　② 피어 기초 (   )

③ 복합 기초 (   )　　④ 잠함 기초 (   )

[17①, 21②]

007 기초의 종류에 관한 설명으로 올바른지 체크하시오.

① 온통 기초 – 기둥 하나에 기초판이 하나인 기초 (   )

② 복합 기초 – 2개 이상의 기둥을 1개의 기초판으로 받치게 한 기초 (   )

③ 독립 기초 – 조적조의 벽기초, 철근콘크리트의 연결기초 ( )

④ 연속 기초 – 건물 하부 전체 또는 지하실 전체를 기초판으로 구성한 기초 ( )

[10②, 17③]

008 기초의 종류 중 기초슬래브의 형식에 따른 분류에 해당하는 것을 체크하시오.

① 직접 기초 ( ) ② 복합 기초 ( )

③ 독립 기초 ( ) ④ 줄 기초 ( )

★중요   [10③, 15③, 22①, 25②]

009 철근콘크리트 말뚝머리와 기초와의 접합에 대한 설명으로 올바른지 체크하시오.

① 말뚝머리는 커팅위치를 정한 다음 해머로 때려 두부를 정리한다. ( )

② 말뚝머리 길이가 짧은 경우는 기초저면까지 보강하여 시공한다. ( )

③ 말뚝머리 철근은 기초에 30cm 이상의 길이로 정착한다. ( )

④ 말뚝머리와 기초와의 확실한 정착을 위해 파일앵커링을 시공한다. ( )

⑤ 두부를 커팅 기계로 정리할 경우 본체에 균열이 생기므로 응력 손실이 발생하여 설계 내력을 상실하게 된다. ( )

[14①, ③, 20②]

010 지반조사 시 시추주상도 보고서에서 확인사항에 해당하는 것을 체크하시오.

① 지중의 확인 ( )

② Slime의 두께 ( )

③ 지하수위 확인 ( )

④ N값의 확인 ( )

⑤ 보링방법 ( )

⑥ 지내력 ( )

[14③]

011 토공사와 관련하여 신뢰성이 높은 현장시험에 해당하는 것을 체크하시오.

① 흙의 투수시험 ( )

② 베인테스트 ( )

③ 표준관입시험 ( )

④ 평판재하시험 ( )

[14③]

012 지층의 변화 심도(深度)를 측정하는 데 가장 적합한 지반조사 방법을 체크하시오.

① 전기 저항식 지하탐사(electric resistivity prospecting) ( )

② 베인테스트(vane test) ( )

③ 표준관입시험(penetration test) ( )

④ 딘월 샘플링(thin wall sampling) ( )

[15③]

013 지반 조사에 관한 설명으로 올바른지 체크하시오.

① 각종 지반 조사를 먼저 실시한 후 기존의 조사 자료와 대조하여 본다. ( )

② 과거 또는 현재의 지층 표면의 변천 사항을 조사한다. ( )

③ 상수면의 위치와 지하 유수 방향을 조사한다. ( )

④ 지하 매설물 유무와 위치를 파악한다. ( )

★중요   [03②, 05③, 11③, 19①, 24①]

014 지반개량공법 중 강제압밀공법에 해당하는 것을 체크하시오.

① 수위저하법 ( )

② 주입공법 ( )

③ 샌드드레인공법 ( )

④ 성토공법 ( )

⑤ 프리로딩공법 ( )

⑥ 페이퍼드레인공법 ( )

⑦ 고결공법 ( )

★중요   [14②, 18②, 21①, 24②]

015 지반개량 지정공사 중 응결공법에 해당하는 것을 체크하시오.

① 플라스틱 드레인공법 ( )

② 시멘트 처리공법 ( )

③ 석회 처리공법 ( )

④ 심층혼합 처리공법 ( )

                                                      [14③, 18③, 22②, 23③]

016 지반개량 공법 중 동다짐(Dynamic Compaction) 공법의 장·단점으로 올바른지 체크하시오.

① 시공 시 지반진동에 의한 공해문제가 발생하기도 한다. (　)

② 지반 내에 암괴 등의 장애물이 있으면 적용이 불가능하다. (　)

③ 특별한 약품이나 자재를 필요로 하지 않는다. (　)

④ 깊은 심도의 지반개량에 대해서는 초대형 장비가 필요하다. (　)

[03①]

017 지반조사법에서 지하탐사법에 해당하는 것을 체크하시오.

① 터파보기 (　)　　② 탐사간 (　)

③ 철관박아넣기 (　)　　④ 물리적탐사법 (　)

[06③]

018 사질지반의 토질조사를 할 때 가장 신뢰성이 있는 방법을 체크하시오.

① 표준관입시험(penetration test) (　)

② 딘월 샘플링(thin wall sampling) (　)

③ 베인 테스트(vane test) (　)

④ 전기 탐사법 (　)

[20①]

019 표준관입시험의 N치에서 추정이 곤란한 사항을 체크하시오.

① 사질토의 상대밀도와 내부 마찰각 (　)

② 선단지지층이 사질토지반일 때 말뚝 지지력 (　)

③ 점성토의 전단강도 (　)

④ 점성토 지반의 투수 계수와 예민비 (　)

[07①]

020 지반조사 방법 중에서 +자의 저항날개를 로드선단에 붙여 지중에 박아가며 회전시켜 그때의 최대저항치에서 지반의 전단강도를 구하는 시험방법을 체크하시오.

① 표준관입시험 (　)

② 스웨덴식 사운딩시험 (　)

③ 화란식관입시험 (　)

④ 베인 시험 (　)

                                                      [03③, 08②, 13①, 25③]

021 지반조사방법 중 로드에 붙인 저항체를 지중에 넣고 관입, 회전, 빼올리기 등의 저항력으로 두 층의 성상을 탐사·판별하는 방법에 해당하는 것을 체크하시오.

① 표준관입시험 (　)　　② 화란식 관입시험 (　)

③ 지내력 시험 (　)　　④ 베인 테스트 (　)

                                            [03②③, 04③, 06①, 07③, 08①, 11②, 24③]

022 지반지내력시험 중에서 평판재하시험에 관한 설명으로 올바른지 체크하시오.

① 시험은 원칙적으로 예정 기초 저면(밑면)에서 행한다. (　)

② 매회의 재하는 1t 이하 또는 예정파괴하중의 1/5 이하로 한다. (　)

③ 총침하량이 30mm에 도달했을 때의 하중을 구하여 단기허용지내력을 구한다. (　)

④ 침하의 증가량이 2시간에 약 0.1mm 비율 이하가 될 때 침하가 정지한 것으로 본다. (　)

⑤ 장기하중에 대한 허용지내력은 단기하중 허용지내력의 절반이다. (　)

⑥ 재하판은 두께 25mm의 철판재로서 정방형 또는 원형으로 면적 $0.2m^2$의 것을 표준으로 하여 45cm각이 쓰인다. (　)

⑦ 장기하중에 대한 허용지내력은 단기하중에 대한 허용지내력의 2배로 한다. (　)

⑧ 지내력시험은 가장 적합한 기초구조를 결정하기 위해 실시한다. (　)

⑨ 시험 하중은 매회 1ton 이상 또는 예정파괴 하중을 한꺼번에 재하한다. (　)

[06①]

023 기초공사에서 잡석지정을 하는 목적으로 올바른지 체크하시오.

① 철근의 피복두께를 확보하기 위하여 한다. (　)

② 이완된 지표면을 다진다. (　)

③ 구조물의 안정을 유지하게 한다. (　)

④ 기초 또는 바닥밑의 방습 및 배수처리에 이용된다. (　)

024 기초공사 중 말뚝지정에 관한 설명으로 올바른지 체크하시오.

① 나무말뚝은 소나무, 낙엽송 등 부패에 강한 생나무를 주로 사용한다. (　)

② 기성 콘크리트 말뚝으로는 심플렉스 파일, 컴프레솔파일, 페테스탈 파일 등이 있다. (　)

③ 강재말뚝은 중량이 가볍고, 휨저항이 크며 길이 조절이 가능하다. (　)

④ 무리말뚝의 말뚝 한 개가 받는 지지력을 단일말뚝의 지지력보다 감소되는 것이 보통이다. (　)

025 지반개량공법에 대한 설명으로 올바른지 체크하시오.

① 웰포인트공법은 사질지반의 강제탈수 공법이다. (　)

② 샌드드레인공법은 연약점토지반에 사용하는 탈수 공법이다. (　)

③ 바이브로 플로테이션공법은 사질지반에서 주로 사용하는 진동다짐공법이다. (　)

④ 그라우팅 공법은 점토지반에서 주로 사용하는 시멘트 주입공법이다. (　)

026 지반개량을 위한 지정 공법에 해당하는 것을 체크하시오.

① 샌드드레인공법 (　)　② 틸트업공법 (　)

③ 페이퍼드레인공법 (　)

④ 치환공법 (　)　　⑤ 그라우팅공법 (　)

⑥ 다짐공법 (　)　　⑦ 탈수공법 (　)

⑧ 가동매입공법 (　)　⑨ 탑다운공법 (　)

027 지하수가 많은 지반을 탈수하여 건조한 지반으로 만들기 위한 공법을 체크하시오.

① 샌드드레인 공법(sand drain) (　)

② 웰포인트 공법(well point) (　)

③ 생석회말뚝 공법 (　)

④ 바이브로플로테이션 공법 (　)

028 보링방법 중 연속적으로 시료를 채취할 수 있어 지층의 변화를 비교적 정확히 알 수 있는 방법을 체크하시오.

① 수세식 보링 (　)　　② 충격식 보링 (　)

③ 회전식 보링 (　)　　④ 압입식 보링 (　)

029 지질조사에서 보링에 관한 설명으로 올바른지 체크하시오.

① 보링의 깊이는 경미한 건물에서는 기초폭의 1.5~2.0배 정도로 한다. (　)

② 보링은 부지 내에서 2개소 이상 행하는 것이 바람직하다. (　)

③ 보링 간격은 30m 정도로 하고, 중간지점은 물리적 지하 탐사법에 의해 보충한다. (　)

④ 보링구멍은 수직으로 파는 것이 중요하다. (　)

030 지반조사의 방법에 해당하는 것을 체크하시오.

① 보링(Boring) (　)

② 사운딩(Sounding) (　)

③ 언더피닝(Under pinning) (　)

④ 샘플링(Sampling) (　)

031 용수가 심한 곳 또는 강, 바다 등의 토사유입이 심한 곳에 많이 사용되는 것으로, 압축공기에 의해 작업식을 고기압으로 하여 용수를 배제하면서 굴착하여 기초 구조체를 침하시켜 나가는 공법을 체크하시오.

① 슬러리월 공법 (　)　② 빗버팀대식 공법 (　)

③ 이코스 공법 (　)　　④ 용기잠함 공법 (　)

032 개방잠함공법(open caisson method)에 대한 설명으로 올바른지 체크하시오.

① 건물 외부 작업이므로 기후의 영향을 많이 받는다. (　)

② 지하수가 많은 지반에는 침하가 잘 되지 않는다. (　)

③ 소음발생이 크다. (　)

④ 실의 내부 갓 둘레부분을 중앙 부분보다 먼저 판다. (　)

033 건축물의 부동침하를 일으키는 요인을 체크하시오.

① 기초배근 철근량 (　)

② 이질지반 (　)

③ 경사지반 (　)

④ 지하수위의 이동 (　)

034 건물의 부동침하 방지대책을 체크하시오.

① 건물의 경량화 (　)　　② 이질지정 (　)

③ 지하실 설치 (　)　　④ 지지말뚝 사용 (　)

035 말뚝기초 재하시험의 종류를 체크하시오.

① 표준관입재하시험 (　)

② 동재하시험 (　)

③ 수직재하시험 (　)

④ 수평재하시험 (　)

036 말뚝재하시험의 주요목적을 체크하시오.

① 말뚝길이의 결정 (　)　② 말뚝 관입량 결정 (　)

③ 지하수위 추정 (　)　　④ 지지력 추정 (　)

★중요　　　　　　　　　　　

037 간접 지내력시험인 말뚝박기시험방법에서 주의해야 할 사항을 체크하시오.

① 말뚝은 연속적으로 타격하되 휴식시간을 두지 않는다. (　)

② 5회 타격 총관입량이 10mm 이하일 때를 거부현상으로 판단한다. (　)

③ 소정의 침하량에 도달하면 그 이상 무리하게 박지 않는다. (　)

④ 최종관입량은 5회 또는 10회 타격한 평균값을 적용한다. (　)

⑤ 햄머의 중량은 말뚝 중량의 1/2 이상으로 통상 2~3배 정도로 한다. (　)

⑥ 공이가 떨어지는 높이는 가벼운 공이는 2~3m, 무거운 공이는 1~2m로 한다. (　)

⑦ 10회 타격 총관입량이 5mm 이하일 때를 거부현상으로 판단한다. (　)

★중요　　　　　　　　　　　

038 시험말뚝에 변형률계(strain gauge)와 가속도계(accelero meter)를 부착하여 말뚝항타에 의한 파형으로부터 지지력을 구하는 시험을 체크하시오.

① 정적재하시험 (　)　　② 동적재하시험 (　)

③ 정·동적재하 시험 (　)

④ 인발시험 (　)

039 기성콘크리트 말뚝의 장·단점에 대한 설명으로 올바른지 체크하시오.

① 말뚝이음 부위에 대한 신뢰성이 높다. (　)

② 재료의 균질성이 우수하다. (　)

③ 자재하중이 크므로 운반과 시공에 각별한 주의가 필요하다. (　)

④ 시공과정상의 항타로 인하여 자재균열의 우려가 높다. (　)

★중요　　　　　　　　　

040 원심력 고강도 프리스트레스트 콘크리트말뚝(PHC말뚝)의 이음방법 중 건설현장에서 가장 강성이 우수하고 안전하여 많이 사용하는 이음방법에 해당하는 것을 체크하시오.

① 충전식이음 (　)　　② 볼트식이음 (　)

③ 용접식이음 (　)　　④ 강관말뚝의 이음 (　)

★중요　　　　　　　　　

041 기성콘크리트 말뚝에 표기된 "PHC-A·450-12"에서 각 기호에 대한 설명으로 올바른지 체크하시오.

① PHC - 원심력 고강도 프리스트레스트 콘크리트 말뚝 (　)

② A - A종 (　)

③ 450 - 말뚝바깥지름 (　)

④ 12 - 말뚝삽입 간격 (　)

042 원심력 고강도 프리스트레스트 콘크리트말뚝(PHC말뚝)에 대한 설명으로 올바른지 체크하시오.

① 고강도콘크리트에 프리스트레스를 도입하여 제조한 말뚝이다. (　)

② 설계기준강도 30MPa~40MPa 정도의 것을 말한다. (　)

③ 강재는 특수 PC강선을 사용한다. (　　)

④ 견고한 지반까지 항타가 가능하며 지지력 증강에 효과적이다. (　　)

★중요　　　　　　　　　　　　[10③, 15③, 20②, 25③]

043 기초굴착 방법 중 굴착 공에 철근망을 삽입하고 콘크리트를 타설하여 말뚝을 형성하는 공법으로, 안정액으로 벤토나이트 용액을 사용하고 표층부에서만 케이싱을 사용하는 방법을 체크하시오.

① 리버스 서큘레이션 공법 (　　)

② 베노토공법 (　　)

③ 심초공법 (　　)

④ 어스드릴공법 (　　)

[03①, 11①, 20①]

044 기초공사 시 활용되는 현장타설 콘크리트 말뚝공법에 해당하는 것을 체크하시오.

① 프리보링(preboring) 공법 (　　)

② 베노토 말뚝(benoto pile) 공법 (　　)

③ 리버스서큘레이션(reverse circulation pile) 공법

(　　)

④ 어스드릴(earth drill) 공법 (　　)

[14②]

045 제자리 콘크리트 말뚝 시공법 중 Earth Drill공법의 장·단점에 대한 설명으로 올바른지 체크하시오.

① 진동소음이 적은 편이다. (　　)

② 좁은 장소에서는 작업이 어렵고 지하수가 없는 점성토에 부적합하다. (　　)

③ 기계가 비교적 소형으로 굴착속도가 빠르다. (　　)

④ Slime 처리가 불확실하여 말뚝의 초기 침하 우려가 있다. (　　)

[16③]

046 순환수와 함께 지반을 굴착하고 배출시키면서 공 내에 철근망을 삽입, 콘크리트를 타설하여 말뚝기초를 형성하는 현장타설 말뚝공법을 체크하시오.

① S.I.P(Soil cement Injected Pile) (　　)

② D.R.A(Double Rod Auger) (　　)

③ R.C.D(Reverse Circulation Drill) (　　)

④ S.I.G(Super Injection Grouting) (　　)

★중요　　　　　　　[07②, 10①, 12③, 17②, 21③, 24③]

047 리버스 서큘레이션 드릴(Reverse Circulation Drill, 역순환 공법)공법의 특징에 해당하는 것을 체크하시오.

① 드릴 로드 끝에서 물을 빨아올리면서 말뚝구멍을 굴착하는 공법이다. (　　)

② 지름 0.8~3.0m, 심도 60m 이상의 말뚝을 형성한다. (　　)

③ 시공 시 소량의 물로 가능하며, 해상작업이 불가능하다. (　　)

④ 세사층 굴착이 가능하나 드릴파이프 지경보다 큰 호박돌이 존재할 경우 굴착이 곤란하다. (　　)

⑤ 드릴파이프 직경보다 큰 호박돌이 있는 경우 굴착이 불가하다. (　　)

⑥ 깊은 심도까지 굴착이 가능하다. (　　)

⑦ 시공속도가 빠른 장점이 있다. (　　)

⑧ 유연한 지반부터 암반까지 굴삭할 수 있다. (　　)

⑨ 시공직경은 0.3m 정도이다. (　　)

⑩ 수압에 의해 공벽면을 안정시킨다. (　　)

⑪ 점토, 실트층 등에 사용한다. (　　)

⑫ 시공심도는 30~70m 정도까지 가능하다. (　　)

⑬ 시공직경은 0.5m 정도이다. (　　)

⑭ 지하수위보다 2m 이상 물을 채워 정수압으로 공벽을 유지한다. (　　)

[03②, 17①]

048 제자리 콘크리트 말뚝박기 공법 중 말뚝이라기보다는 지수벽(止水壁)을 만드는 공법으로서 말뚝구멍을 하나 걸러서 뚫고 콘크리트를 부어넣어 만들고 말뚝과 말뚝 사이에 다음 말뚝구멍을 뚫어 만들면 흙막이벽이 되는 것으로서 도시 소음방지 또는 근접건물의 침하우려 시 유효한 공법을 체크하시오.

① 이코스파일 공법 (　　)　② 베노토 공법 (　　)

③ 어스드릴 공법 (　　)　　④ 칼웰드 공법 (　　)

[08①, 16①]

049 현장타설 콘크리트말뚝 중 외관과 내관의 2중관을 소정의 위치까지 박은 다음, 내관은 빼내고 관내에 콘크리트를 부어 넣고 내관을 넣어 다지며 외관을 서서히 빼 올리면서 콘크리트 구근을 만드는 말뚝을 체크하시오.

① 페데스탈 파일 (　　)　　② 레이먼드 파일 (　　)

③ P.I.P 파일 (　　)　　　　④ C.I.P 파일 (　　)

050 CIP(Cast In Place prepacked pile) 공법에 관한 설명으로 올바른지 체크하시오.

① 주열식 강성체로서 토류벽 역할을 한다. (　)

② 소음 및 진동이 적다. (　)

③ 협소한 장소에는 시공이 불가능하다. (　)

④ 굴착을 깊게 하면 수직도가 떨어진다. (　)

⑤ 협소한 장소에도 시공이 가능하다. (　)

⑥ 굴착을 깊게 하여도 수직도가 일정하게 유지된다. (　)

⑦ 구멍에 삽입하는 철근의 조립은 원형철근조립으로 당초 설계치수보다 작게 하여 콘크리트 타설을 쉽게 하여야 한다. (　)

⑧ 공벽붕괴방지를 위한 케이싱을 설치하고 구멍을 뚫어야 하며, 콘크리트 타설 후에 양생되기 전에 인발한다. (　)

⑨ 구멍깊이는 풍화암 이하까지 뚫어 말뚝선단이 충분한 지지력이 나오도록 시공한다. (　)

⑩ 콘크리트 타설 시 재료분리가 발생하지 않도록 한다. (　)

051 말뚝지정 중 강재말뚝에 대한 설명으로 올바른지 체크하시오.

① 자재의 이음 부위가 안전하게 소요길이의 조정이 자유롭다. (　)

② 기성콘크리트말뚝에 비해 중량으로 운반이 쉽지 않다. (　)

③ 지중에서의 부식 우려가 높다. (　)

④ 상부구조물과의 결합이 용이하다. (　)

⑤ 휨강성이 크고 자중이 철근콘크리트말뚝보다 가벼워 운반취급이 용이하다. (　)

⑥ 강재이기 때문에 균질한 재료로서 대량생산이 가능하고 재질에 대한 신뢰성이 크다. (　)

⑦ 표준관입시험 N값 50 정도의 경질지반에도 사용이 가능하다. (　)

⑧ 지중에서 부식되지 않으며 타 말뚝에 비하여 재료비가 저렴한 편이다. (　)

052 강재말뚝공법의 장점에 해당하는 것을 체크하시오.

① 깊은 지지층까지 박을 수 있다. (　)

② 휨모멘트에 대한 저항이 크다. (　)

③ 말뚝의 절단·가공 및 현장접합이 가능하다. (　)

④ 부식에 따른 내구성이 우수하다. (　)

⑤ 강한 타격에도 견디며 다져진 중간지층의 관통도 가능하다. (　)

⑥ 지지력이 크고 이음이 안전하고 강하며 확실하므로 장척말뚝에 적당하다. (　)

⑦ 상부구조와의 결합이 용이하다. (　)

⑧ 방부력이 뛰어나 내구성이 우수하다. (　)

053 말뚝박기 기계 중 디젤해머(Diesel hammer)에 관한 설명으로 올바른지 체크하시오.

① 타격정밀도가 높다. (　)

② 타격 시의 압축·폭발 타격력을 이용하는 공법이다. (　)

③ 타격 시의 소음이 작아 도심지 공사에 적용된다. (　)

④ 램의 낙하 높이 조정이 곤란하다. (　)

054 기존건물 또는 공작물의 기초나 지정을 보강하거나 또는 거기에 새로운 기초를 삽입하거나 지지면을 더 깊은 지반에 옮겨 안전하게 하기 위한 지반개량 공법을 체크하시오.

① 언더피닝 공법(underpinning) (　)

② 웰포인트 공법(well point) (　)

③ 뉴매틱 웰 케이슨 공법(pneumatic well caisson) (　)

④ 톱다운 공법(top-down) (　)

055 기존에 구축된 건축물 가까이에서 건축공사를 실시할 경우 기존건물의 지반과 기초를 보강하는 공법을 체크하시오.

① 이코스(ICOS)공법 (　)

② 언더피닝공법 (　)　　③ 파이핑공법 (　)

④ 탑다운(Top-Down)공법 (　)

★중요 [04①, 06②, 09②, 24③]

056 언더피닝 공법에 대한 설명으로 올바른지 체크하시오.

① 기존 건물의 기초나 지정을 보강하는 공법이다. ( )

② 터파기 공법의 일종이다. ( )

③ 용수량이 많은 깊은 기초의 축조에 사용하는 공법이다. ( )

④ 일명 지하연속 공법이라고도 한다. ( )

⑤ 인접건축물 기초의 침하의 우려에 대비한 공법이다. ( )

[14③, 19②]

057 기초공사 중 언더피닝(Under pinning) 공법에 해당하는 것을 체크하시오.

① 2중 널말뚝 공법 ( ) ② 전기침투 공법 ( )

③ 강제말뚝 공법 ( ) ④ 약액주입법 ( )

[04③, 06③]

058 파이프 회전봉의 선단에 커터(cutter)를 장치한 것으로 지중을 파고 다시 회전시켜 빼내면서 모르타르를 분출시켜 지중에 소일 콘크리트 파일(soil concrete pile)을 형성시킨 말뚝을 체크하시오.

① 오거 파일(Auger pile) ( )

② 시 아이 피 파일(CIP pile) ( )

③ 엠 아이 피 파일(MIP pile) ( )

④ 피 아이 피 파일(PIP pile) ( )

[04①]

059 피어(pier)기초공사에 사용되는 것을 체크하시오.

① 트레미(tremic)관 ( )

② 케이싱(casing) ( )

③ 디젤해머(diesel hammer) ( )

④ 벤토나이트(ventonite)액(液) ( )

★중요 [11②, 14①, 18②, 21③]

060 피어기초공사에 대한 설명으로 올바른지 체크하시오.

① 중량구조물을 설치하는 데 있어서 지반이 연약하거나 말뚝으로도 수직지지력이 부족하고 그 시공이 불가능한 경우와 기초지반의 교란을 최소화해야 할 경우에 채용한다. ( )

② 굴착된 흙을 직접 탐사할 수 있고 지지층의 상태를 확인할 수 있다. ( )

③ 무진동, 무소음공법이며, 여타 기초형식에 비하여 공기 및 비용이 적게 소요된다. ( )

④ 피어기초를 채용한 국내의 초고층 건축물에는 63빌딩이 있다. ( )

[10③]

061 지하수가 많은 지반을 탈수하여 건조한 지반으로 만들기 위한 공법을 체크하시오.

① 웰포인트 공법 ( ) ② 샌드드레인 공법 ( )

③ 베노토 공법 ( ) ④ 깊은우물 공법 ( )

★중요 [08③, 16①, 20①, 23③]

062 제자리 콘크리트 말뚝지정 중 베노토 파일의 특징에 관한 설명으로 올바른지 체크하시오.

① 기계가 저가이고 굴착속도가 비교적 빠르다. ( )

② 케이싱을 지반에 압입해가면서 관 내부 토사를 특수한 버킷으로 굴착 배토한다. ( )

③ 말뚝구멍의 굴착 후에는 철근콘크리트 말뚝을 제자리치기 한다. ( )

④ 여러 지질에 안전하고 정확하게 시공할 수 있다. ( )

★중요 [08③, 12②, 13③, 17①, 23③]

063 탑-다운(Top-Down) 공법에 관한 설명으로 올바른지 체크하시오.

① 공기단축이 가능하다. ( )

② 지하연속벽을 본 구조물의 벽체로 이용한다. ( )

③ 지하 굴착시 소음 및 분진을 방지한다. ( )

④ 기둥이음 등 수직부 일체화 시공이 원활하다. ( )

⑤ 역타공법이라고도 한다. ( )

⑥ 굴토작업이 슬래브 하부에서 진행되므로 작업능률 및 작업환경 조건이 저하된다. ( )

⑦ 건물의 지하구조체에 시공이음이 적어 건물방수에 대한 우려가 적다. ( )

⑧ 지상과 지하를 동시에 시공할 수 있으므로 공기를 절감할 수 있다. ( )

⑨ 1층 바닥 기준으로 상방향, 하방향 중 한쪽 방향으로만 공사가 가능하다. ( )

⑩ 타 공법 대비 주변지반 및 인접건물에 미치는 영향이 작다. ( )

⑪ 소음 및 진동이 적어 도심지 공사로 적합하다. ( )

[15③, 25①]

001 밑창 콘크리트 지정공사에서 밑창콘크리트 설계기준강도(Mpa)를 쓰시오. (단, 설계도서에서 별도로 정한 바가 없는 경우임)

[20③, 23③]

002 다음은 표준시방서에 따른 기성말뚝 세우기 작업 시 준수사항이다. 괄호 안에 들어갈 내용을 쓰시오. (단, D는 말뚝의 바깥지름임)

> 말뚝의 연직도나 경사도는 (㉠) 이내로 하고, 말뚝박기 후 평면상의 위치가 설계도면의 위치로부터 (㉡)와 100mm 중 큰 값 이상으로 벗어나지 않아야 한다.

⚙ **해설** 기성말뚝 세우기(KCS 11 50 15 기성말뚝)
① 말뚝을 정확하고도 안전하게 세우기 위해서는 정확한 규준틀을 설치하고 중심선 표시를 용이하게 하여야 하며, 말뚝을 세운 후 검측은 직교하는 2방향으로부터 하여야 한다.
② 말뚝의 연직도나 경사도는 1/50 이내로 하고, 말뚝박기 후 평면상의 위치가 설계도면의 위치로부터 D/4(D는 말뚝의 바깥지름)와 100mm 중 큰 값 이상으로 벗어나지 않아야 한다.

[05①]

003 모래의 전단력의 차이에 의해 모래의 불교란 시료를 채취하기 곤란한 경우 현지의 지반에서 직접 밀도를 측정하는 시험방법을 쓰시오.

★중요

[08①, 09③, 16①, 23③]

004 지반의 누수방지 또는 지반개량을 위하여 지반 내부의 틈 또는 굵은 알 사이의 공극에 시멘트죽 또는 교질규산염이 생기는 약액 등을 주입하여 흙의 투수성을 저하하는 공법을 쓰시오.

★중요

[10①, 14①, 19②, 25③]

005 깊이 7m 정도의 우물을 파고 이곳에 수중 모터펌프를 설치하여 지하수를 양수하는 배수공법으로 지하 용수량이 많고 투수성이 큰 사질지반에 적합한 공법을 쓰시오.

[08③, 25②]

006 나무말뚝을 상수면 이하에 박는 이유를 쓰시오.

⚙ **해설** 나무 말뚝의 재료는 직경 15~20cm 정도, 길이는 5~20m 정도의 소나무, 낙엽송, 밤나무 등으로 곧고 긴 생통나무의 껍질을 벗겨서 사용하며, 나무 말뚝의 머리는 상수면 이하에 두어 산소를 차단함으로써 부패(부식)를 방지한다. 목재 부식의 4가지 필수 요소인 공기(산소), 온도, 습도, 양분 중 공기(산소)를 차단하여 부패를 방지한다.

007 [09②, 24②]

얇은 철판의 외관에 심대를 넣어 쳐박은 후 심대를 빼내고 콘크리트를 다져넣는 방법으로 만드는 말뚝 공법을 쓰시오.

008 [12①, 24①]

제자리콘크리트 말뚝 중 내·외관을 소정의 깊이까지 박은 후에 내관을 빼낸 후, 외관에 콘크리트를 부어 넣어 지중에 콘크리트말뚝을 형성하는 공법을 쓰시오.

009 [20②]

프리플레이스트 콘크리트 말뚝으로 구멍을 뚫어 주입관과 굵은 골재를 채워 넣고 관을 통하여 모르타르를 주입하는 공법을 쓰시오.

★중요 [05②, 07③, 09①, 15②, 21①, 24③]

010 지하수가 없는 비교적 경질인 지층에서 어스 오거로 구멍을 뚫고 그 내부에 철근과 자갈을 채운 후 미리 삽입해 둔 파이프를 통해 저면에서부터 모르타르를 채워 올라오게 하는 공법을 쓰시오.

011 [10①, 23②]

지하 터파기와 지상의 구조체 공사를 병행하여 시공하는 공법을 쓰시오.

|정답|

001 15MPa 이상　　002 ㉠ 1/50, ㉡ D/4　　003 표준관입시험　　004 그라우팅 공법　　005 깊은 우물(deep well) 공법
006 부패(부식)를 방지　　007 레이몬드 파일(Raymond pile)　　008 레이몬드 파일(Raymond pile)　　009 CIP 파일(Cast In Place pile)
010 CIP 말뚝　　011 탑다운(top down) 공법

[17③]

001 지내력시험을 한 결과 침하곡선이 그림과 같이 항복 상황을 나타냈을 때 이 지반의 단기하중에 대한 허용 지내력을 구하시오. (단, 허용지내력은 m²당 하중의 단위를 기준으로 함)

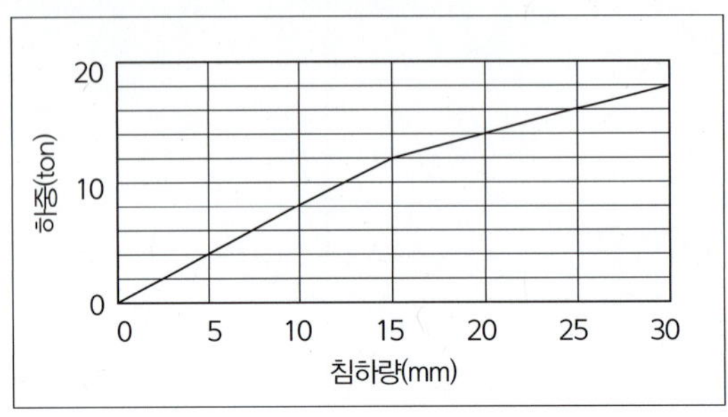

> ⚙ **해설**
>
> 단기 하중에 대한 허용 지내력은 총 침하량이 2cm에 도달하였을 때 또는 침하량이 2cm 이하라도 침하곡선이 항복상태를 보일 때로 한다. 침하량이 1.5cm인 경우에 $12t/m^2$이다.

[19①, 25①]

002 잡석지정의 다짐량이 $5m^3$일 때 틈막이로 넣는 자갈의 양을 구하시오.

> ⚙ **해설**
>
> 잡석지정은 지름 10~25cm 정도의 호박돌을 전단력을 유지하기 위해 옆세워 깔고 그 사이에 사춤 자갈(잡석량의 30% 정도)을 넣고 가장자리에서 중앙부로 다지며, 사용 목적은 콘크리트 두께의 절약, 기초 바닥판의 방습 및 배수, 이완된 지표면을 다짐 등이다.
> 그러므로, $5m^3 \times 0.3 = 1.5m^3$이다.

01 진위형 문제

▶ 해설편 272p

※ 다음 문제를 읽고, 옳으면 ○, 틀리면 ×를 괄호 안에 표기하시오.

[06③]

001 시멘트에 관한 설명으로 올바른지 체크하시오.

① 포틀랜드시멘트는 실리카, 알루미나, 산화철 및 석회를 혼합하여 사용한다. (　)

② 시멘트의 종류마다 비중, 분말도, 응결시간, 강도, 물리적성질 등이 다르다. (　)

③ 분말도는 수화작용에 큰 영향을 미치고 시공연도, 공기량, 내구성에도 영향을 주며 분말도가 클수록 풍화되기 어렵다. (　)

④ 시멘트시험의 종류에는 비중시험, 분말도시험, 안정성시험, 강도시험 등이 있다. (　)

[13②, 18③]

002 콘크리트 골재의 비중에 따른 분류로서 초경량골재에 해당하는 것을 체크하시오.

① 중정석 (　)　　　② 펄라이트 (　)

③ 강모래 (　)　　　④ 부순자갈 (　)

★중요　　　[11①, 12①, 13③, 15③, 18①, 24①]

003 콘크리트의 재료로 사용되는 골재에 대한 설명으로 올바른지 체크하시오.

① 골재는 견고하고, 밀도가 크고, 내구성이 커서 풍화가 잘 되지 않아야 한다. (　)

② 콘크리트나 모르타르를 만들 때는 물, 시멘트와 함께 혼합하는 모래, 자갈 및 부순돌 기타 유사한 재료를 골재라고 한다. (　)

③ 콘크리트 중 골재가 차지하는 용적은 절대용적으로 50%를 넘지 않도록 한다. (　)

④ 일반적으로 골재의 강도는 시멘트 페이스트 강도 이상이 되어야 한다. (　)

⑤ 골재는 청정, 견경, 내구성 및 내화성이 있어야 한다. (　)

⑥ 골재에 포함된 부식토, 석탄 등의 유기물은 콘크리트의 경화를 촉진하여 혼화재 대용으로 사용할 수 있다. (　)

⑦ 골재의 입형은 편평, 세장하지 않은 구형의 입상이 좋다. (　)

⑧ 골재의 강도는 콘크리트 중에 경화한 모르타르의 강도 이상이 요구된다. (　)

⑨ 골재에 포함된 부식토, 석탄 등의 유기물은 콘크리트의 경화를 방해하여 콘크리트 강도를 떨어뜨리게 한다. (　)

⑩ 실트, 점토, 운모 등의 미립분은 골재와 시멘트의 부착을 좋게 한다. (　)

[19②]

004 시간이 경과함에 따라 콘크리트에 발생되는 크리프(Creep)의 증가 원인에 해당하는 것을 체크하시오.

① 단위 시멘트량이 적을 경우 (　)

② 단면의 치수가 작을 경우 (　)

③ 재하시기가 빠를 경우 (　)

④ 재령이 짧을 경우 (　)

★중요　　　[03②, 05③, 09②, 10③, 16②, 23①]

005 콘크리트 이어붓기의 위치에 관한 설명으로 올바른지 체크하시오.

① 보, 바닥판의 이음은 그 간사이의 중앙부에 수직으로 한다. (　)

② 캔틸레버 내민보나 바닥판은 지점부분에서 수직으로 한다. (　)

③ 기둥은 기초판, 연결보 또는 바닥판 위에서 수평으로 한다. (　)

④ 아치의 이음은 아치축에 직각으로 설치한다. (　)

⑤ 보 및 슬래브는 전단력이 작은 스팬의 중앙부에 수직으로 한다. (　)

⑥ 기둥 및 벽에서는 바닥 및 기초의 상단 또는 보의 하단에 수평으로 한다. (　)

⑦ 벽은 문꼴 등 끊기 쉽고 또한 막기, 떼어내기에 편리한 곳에 수직 또는 수평으로 한다. (　)

⑧ 바닥판은 그 간사이의 중앙부에 작은 보가 있을 때는 작은보 너비의 2배 정도 떨어진 곳에서 이어 붓는다. (   )

⑨ 기둥은 기초판, 연결보 또는 바닥판 위에 수직으로 한다. (   )

⑩ 보, 바닥슬래브 및 지붕슬래브의 수직 타설이음부는 스팬의 중앙 부근에 주근과 수평방향으로 설치한다. (   )

⑪ 기둥 및 벽의 수평 타설이음부는 바닥슬래브, 보의 하단에 설치하거나 바닥슬래브, 보, 기초보의 상단에 설치한다. (   )

⑫ 콘크리트의 타설이음면은 레이턴스나 취약한 콘크리트 등을 제거하여 새로 타설하는 콘크리트와 일체가 되도록 처리한다. (   )

⑬ 타설이음부의 콘크리트는 살수 등에 의해 습윤시킨다. 다만, 타설이음면의 물은 콘크리트 타설 전에 고압공기 등에 의해 제거한다. (   )

[04①, 05①, 08②, 10②, 11③, 12①, 14②, 16①, 19③, 20②, 23②]

★중요

006 콘크리트 타설 시의 일반적인 주의사항에 해당하는 것을 체크하시오.

① 자유낙하 높이를 가능한 한 작게 한다. (   )

② 콘크리트를 수직으로 낙하시킨다. (   )

③ 운반거리가 가까운 곳에서부터 타설을 시작하여 먼곳으로 진행해 나간다. (   )

④ 콜드조인트가 생기지 않도록 한다. (   )

⑤ 콘크리트의 재료분리를 방지하기 위하여 횡류, 즉 옆에서 흘려 넣지 않도록 한다. (   )

⑥ 타설 시 콘크리트가 매입 철근에 충격을 주지 않도록 주의한다. (   )

⑦ 콘크리트 타설은 바닥판, 보, 계단, 벽체, 기둥의 순서로 한다. (   )

⑧ 콘크리트 타설은 운반거리가 먼 곳부터 타설을 시작한다. (   )

⑨ 콘크리트를 타설할 때는 다짐이 잘 되도록 타설 높이를 최대한 높게 한다. (   )

⑩ 진동기로 거푸집과 철근에 직접 진동을 주어 밀실하게 콘크리트를 다진다. (   )

⑪ 콘크리트는 그 표면이 한 구획 내에서는 거의 수

평이 되도록 타설하는 것을 원칙으로 한다. (   )

⑫ 한 구획내의 콘크리트는 타설이 완료될 때까지 연속해서 타설하여야 한다. (   )

⑬ 타설한 콘크리트를 거푸집 안에서 횡방향으로 이동시켜 밀실하게 채워질 수 있도록 한다. (   )

⑭ 콘크리트 타설의 1층 높이는 다짐능력을 고려하여 결정하여야 한다. (   )

⑮ 타설할 위치와 가까운 곳에서 낙하시킨다. (   )

[14①, 19②]

007 콘크리트 타설과 관련하여 거푸집 붕괴사고 방지를 위하여 우선적으로 검토·확인하여야 할 사항을 체크하시오.

① 콘크리트 측압 파악 (   )

② 조임철물 배치간격 검토 (   )

③ 콘크리트의 단기 집중타설 여부 검토 (   )

④ 콘크리트의 강도 측정 (   )

[16③]

008 콘크리트 타설 후 블리딩 현상으로 콘크리트 표면에 물과 함께 떠오르는 미세한 물질에 해당하는 것을 체크하시오.

① 피이닝(Peening) (   )

② 블로우 홀(Blow hole) (   )

③ 레이턴스(Laitance) (   )

④ 버블쉬트(Bubble sheet) (   )

[04②, 07①, 25③]

009 철근 콘크리트에 관한 설명으로 올바른지 체크하시오.

① 철근과 콘크리트는 선팽창 계수가 거의 같다. (   )

② 형태의 변경이나 파괴, 철거가 용이하다. (   )

③ 콘크리트는 산성으로 알칼리성인 철근의 부식을 방지한다. (   )

④ 철근은 압축력을, 콘크리트는 인장력을 부담한다. (   )

[09①, 18②]

010 콘크리트의 워커빌리티에 영향을 미치는 요소에 대한 설명으로 올바른지 체크하시오.

① 시멘트의 분말이 미세할수록 수화작용이 느리고 워커빌리티가 저하된다. (   )

② 단위수량을 과도하게 증가시키면 재료분리를 일으키기 쉬워 워커빌리티가 좋아진다고 볼 수 없다. ( )

③ 비빔시간이 길어질수록 수화작용을 촉진시켜 워커빌리티가 저하된다. ( )

④ 쇄석의 사용은 워커빌리티를 저하시킨다. ( )

⑤ 시멘트의 분말도가 클수록 수화작용이 빠르다. ( )

⑥ 단위수량을 증가시킬수록 재료분리가 감소하여 워커빌리티가 좋아진다. ( )

[16②]

011 콘크리트의 시공성과 관계 있는 것을 체크하시오.

① 반발경도 ( )　　② 슬럼프 ( )

③ 슬럼프 플로 ( )　④ 공기량 ( )

[03③]

012 거푸집공사에서 지주 바꿔대기 순서로 올바른지 체크하시오.

① 큰보 – 바닥판 – 작은보 ( )

② 작은보 – 큰보 – 바닥판 ( )

③ 큰보 – 작은보 – 바닥판 ( )

④ 바닥판 – 큰보 – 작은보 ( )

[12③, 15①, 25①]

013 콘크리트 공사의 일정계획에 영향을 주는 주요 요인을 체크하시오.

① 건축물의 규모 ( )

② 거푸집의 존치기간 및 전용횟수 ( )

③ 시공도(Shop Draeing) 작성 기간 ( )

④ 강우, 강설, 바람 등의 기후 조건 ( )

⑤ 요구 품질 및 정밀도 수준 ( )

★중요　[05①, 08①, 11③]

014 슈미트 해머를 이용하여 측정 후 콘크리트의 강도를 계산할 때 실시하는 보정 방법을 체크하시오.

① 타격방향에 따른 보정 ( )

② 콘크리트 습윤상태에 따른 보정 ( )

③ 압축응력에 따른 보정 ( )

④ 반발경도에 따른 보정 ( )

★중요　[03③, 07②, 09③, 24①]

015 콘크리트의 중성화 이론에 대한 설명으로 올바른지 체크하시오.

① 콘크리트 중에 있는 강재는 콘크리트의 중성화가 진행되면 철근의 부동태 피막이 파괴되어 녹이 발생한다. ( )

② 중성화 측정시 페놀프탈레인 1%용액을 분사시켜 분홍색으로 착색된 부분이 중성화된 부위이다. ( )

③ 중성화의 깊이는 시멘트 품질, 골재의 품질 등에 의해 영향을 받는다. ( )

④ 물시멘트비가 작은 콘크리트일수록 중성화 속도는 늦다. ( )

⑤ 물시멘트비가 클수록 중성화는 빨라진다. ( )

⑥ 조강 포틀랜드 시멘트를 사용하면 중성화가 지연된다. ( )

⑦ 천연경량골재를 사용하면 중성화가 지연된다. ( )

⑧ 표면활성제를 사용하면 중성화가 지연된다. ( )

[04③, 06①]

016 콘크리트 중성화에 철근부식에 관한 설명으로 올바른지 체크하시오.

① pH11 이상의 환경에서는 철근 표면에 시멘트 페이스트 피막이 생겨 부식을 방지한다. ( )

② 정상적인 콘크리트가 경화할 경우 규산칼슘 수화물과 수산화칼슘이 생성된다. ( )

③ 공기중의 탄산가스의 작용을 받아 수산화칼슘이 탄산칼슘을 변해가며 알칼리성을 상실해 가는 것을 중성화라 한다. ( )

④ 수산화칼슘에 의해 콘크리트는 강알칼리성을 나타낸다. ( )

[06②, 16①, 19①, 22①]

017 철근콘크리트에서 염해로 인한 철근부식 방지대책을 체크하시오.

① 콘크리트중의 염소 이온량을 적게 한다. ( )

② 에폭시 수지 도장 철근을 사용한다. ( )

③ 방청제 투입이나 전기제어 방식을 취한다. ( )

④ 물–시멘트비를 크게 한다. ( )

⑤ 철근피복두께를 충분히 확보한다. ( )

⑥ 콘크리트중의 염소이온을 적게 한다. ( )

⑦ 수밀콘크리트를 만들고 콜드조인트가 없게 시공한다. ( )

⑧ 물시멘트비(W/C)가 높은 콘크리트를 타설한다. ( )

⑨ 물-시멘트비를 크게하고 고로슬래그 분말을 사용한다. ( )

★중요　　　　　[05②, 10②, 14③, 15①, ②, 18③, 19③, 23②]

018 콘크리트 다짐 시 진동기의 사용에 관한 설명으로 올바른지 체크하시오.

① 진동다지기를 할 때에는 내부진동기는 하층 콘크리트에 10cm 정도 삽입하여 상하층 콘크리트를 일체화 시킨다. ( )

② 1개소당 진동시간은 다짐할 때 시멘트풀이 표면 상부로 약간 부상하기까지가 적절하다. ( )

③ 내부진동기는 콘크리트로부터 천천히 빼내어 구멍이 남지 않도록 한다. ( )

④ 내부진동기는 콘크리트를 횡방향으로 이동시킬 목적으로 사용한다. ( )

⑤ 진동기는 될 수 있는 대로 수직방향으로 사용한다. ( )

⑥ 묽은 반죽에서 진동다짐은 별 효과가 없다. ( )

⑦ 진동의 효과는 봉의 직경, 진동수, 진폭 등에 따라 다르며, 진동수가 큰 것일수록 다짐효과가 크다. ( )

⑧ 진동기는 신속하게 꽂아놓고 신속하게 뽑는다. ( )

⑨ 유효한 다짐시간은 관찰과 경험에 의하여 결정하는 것이 좋다. ( )

⑩ 진동기의 사용간격은 60cm를 넘지 않도록 한다. ( )

⑪ 진동기를 빼낼 때는 서서히 뽑아 구멍이 남지 않도록 한다. ( )

⑫ 된비빔 콘크리트의 경우 구조체의 철근에 진동을 주어 진동효과를 좋게 한다. ( )

⑬ 진동기는 가능한 연직방향으로 찔러 넣는다. ( )

[04②③]

019 콘크리트의 건조수축에 대한 설명으로 올바른지 체크하시오.

① C_3A가 많을수록 수축을 증가시킨다. ( )

② 사암이나 점판암을 골재로 사용하는 경우 수축량이 감소한다. ( )

③ AE제 및 감수제는 건조수축을 감소시킨다. ( )

④ 단위수량이 동일한 경우 단위시멘트량을 증가시켜도 수축량은 크게 변하지 않는다. ( )

⑤ 시멘트의 화학성분이나 분말도에 따라 건조수축량이 변화한다. ( )

⑥ 단위수량이 동일할 때는 단위시멘트량이 증가되면 수축량도 크게 변한다. ( )

⑦ 경화한 콘크리트의 건조수축은 초기에 급격히 진행하고 시간이 경과함에 따라 완만히 진행된다. ( )

⑧ 콘크리트는 물을 흡수하면 팽창하고 건조하면 수축한다. ( )

[15①]

020 콘크리트 구조물의 보수·보강법 중 구조보강 공법에 해당하는 것을 체크하시오.

① 표면처리 공법 ( )　　② 주입공법 ( )

③ 강재보강 공법 ( )　　④ 단면증대 공법 ( )

★중요　　　　　　　[04①, 06③, 09③, 25①]

021 진공 콘크리트(Vacuum Concrete)에 대한 설명으로 올바른지 체크하시오.

① 콘크리트 타설 후 진공 압출에 의하여 물·시멘트비가 감소한다. ( )

② 콘크리트의 초기강도가 낮아진다. ( )

③ 콘크리트의 내구성이 증대된다. ( )

④ 콘크리트의 압축강도가 증대된다. ( )

⑤ 콘크리트의 경화수축량이 크게 감소한다. ( )

⑥ 콘크리트의 장기강도가 증가한다. ( )

⑦ 콘크리트의 동해저항성이 증대된다. ( )

[10①, 14③, 24②]

022 경량 콘크리트의 범주에 해당하는 것을 체크하시오.

① 신더 콘크리트 ( )

② 톱밥 콘크리트 ( )

③ AE 콘크리트 ( )

④ 경량 기포 콘크리트 ( )

★중요 [04②, 06①, 18②]

023 경량 콘크리트의 특징에 해당하는 것을 체크하시오.

① 자중이 작고 건물 중량이 경감된다. (　)

② 강도가 작다. (　)

③ 건조수축이 작다. (　)

④ 내화성이 크고 열전도율이 작으며 방음효과가 크다. (　)

[15③]

024 제치장 콘크리트(exposed concrete)에 관한 설명으로 올바른지 체크하시오.

① 구조물에 균열과 이로 인한 백화가 나타난 경우 재시공 및 보수가 쉽다. (　)

② 타설 콘크리트면 자체가 치장이 되게 마무리한 자연 그대로의 콘크리트를 말한다. (　)

③ 재료의 절약은 물론 구조물 자중을 경감할 수 있다. (　)

④ 거푸집이 견고하고 흠이 없도록 정확성을 기해야 하기 때문에 상당한 비용과 노력비가 증대한다. (　)

★중요 [04③, 08①, 09③, 13②, 24①]

025 서머콘(thermo-con)에 대한 설명으로 올바른지 체크하시오.

① 제물치장 콘크리트로 주로 바닥공사의 마무리를 하는 것으로 콘크리트를 부어넣은 후 그 콘크리트가 경화하지 않은 시간에 흙손으로 마감하는 것이다. (　)

② 콘크리트가 경화하기 전에 진공 매트(vacuum mat)로 수분과 공기를 흡수하여 내구성을 향상하는 것이다. (　)

③ 자갈, 모래 등의 골재를 사용하지 않고 시멘트와 물 그리고 발포제를 배합하여 만드는 일종의 경량콘크리트이다. (　)

④ 건나이트(gunite)라고도 하며 모르타르를 압축공기로 분사하여 바르는 것이다. (　)

★중요 [04③, 06①, 08②③, 13③, 17②, 20③]

026 ALC(Autoclaved Lightweight Concrete)의 특징에 해당하는 것을 체크하시오.

① 경량성이 있다. (　)

② 내화성이 좋다. (　)

③ 내진성능이 좋다. (　)

④ 시공성이 우수하다. (　)

⑤ 현장에서 절단 및 가공이 용이하다. (　)

⑥ 흡수율이 매우 낮은 편이며, 동해에 대해 방수·방습처리가 불필요하다. (　)

⑦ 열전도율은 보통콘크리트의 약 1/10로써 단열성이 우수하다. (　)

⑧ 불연재인 동시에 내화재료이다. (　)

⑨ 경량으로 인력에 의한 취급이 가능하고, 필요에 따라 현장에서 절단 및 가공이 용이하다. (　)

[12②]

027 ALC 블록공사의 비내력벽쌓기에 대한 기준에 해당하는 것을 체크하시오.

① 슬래브나 방습턱 위에 고름 모르타르를 10~20mm 두께로 깐 후 첫단 블록을 올려놓고 고무망치 등을 이용하여 수평을 잡는다. (　)

② 쌓기 모르타르는 교반기를 사용하여 배합하며 2시간 이내에 사용해야 한다. (　)

③ 줄눈의 두께는 1~3mm 정도로 한다. (　)

④ 블록 상·하단의 겹침길이는 블록길이의 1/3~1/2을 원칙으로 하고 100mm 이상으로 한다. (　)

[03①, 04①②③, 05①②, 06②, 07①③, 08①②, 09①, 11③, 13①, 15①②, 16②, 18③, 19①, 22①, 24③]

★중요

028 콘크리트의 측압에 영향을 주는 요소에 관한 설명으로 올바른지 체크하시오.

① 콘크리트 측압은 부어넣기 속도가 빠를수록 크다. (　)

② 콘크리트 측압은 온도가 높을수록 크다. (　)

③ 콘크리트의 슬럼프값이 클수록 측압은 커진다. (　)

④ 콘크리트의 붓기 속도가 빠를수록 측압이 크다. (　)

⑤ 묽은 콘크리트일수록 측압이 작다. (　)

⑥ 콘크리트 치기 및 붓는 속도가 빠를수록 크다. (　)

⑦ 부배합이 빈배합보다 측압은 적다. (　)

⑧ 콘크리트의 타설 속도가 빠를수록 측압이 크다.
（　　）
⑨ 진동기를 사용하여 다질수록 측압은 커진다.
（　　）
⑩ 기온이 낮을수록 측압은 작아진다. （　　）
⑪ 조강시멘트 등을 활용하면 측압은 작아진다.
（　　）
⑫ 거푸집 표면이 평활하면 측압이 크다. （　　）
⑬ 거푸집의 투수성이 클수록 측압이 크다. （　　）
⑭ 콘크리트 온도가 낮으면 경화속도가 느려 측압은
작아진다. （　　）
⑮ 슬럼프가 크고, 배합이 좋을수록 크다. （　　）
⑯ 콘크리트 비중이 클수록 측압이 크다. （　　）
⑰ 벽 두께가 두꺼울수록 커진다. （　　）
⑱ 기온이 낮을수록 크다. （　　）
⑲ 부재의 수평단면이 클수록 크다. （　　）
⑳ 거푸집의 강성이 작을수록 측압이 크다. （　　）
㉑ 진동기를 사용하면 측압은 커진다. （　　）
㉒ 거푸집의 강성이 클수록 측압이 작다. （　　）
㉓ 진동다짐시 측압이 크다. （　　）
㉔ 거푸집의 수평단면이 클수록 측압은 크다. （　　）
㉕ 거푸집의 강성이 클수록 측압은 크다. （　　）
㉖ 다짐이 충분할수록 커진다. （　　）
㉗ 단면이 클수록 측압이 크다. （　　）
㉘ 벽 두께가 얇을수록 측압은 작아진다. （　　）
㉙ 철근량이 많을수록 측압이 크다. （　　）
㉚ 생콘크리트 측압은 붓기 속도, 붓기 높이, 시공부
위에 따라 계산한다. （　　）

[11③]

029 콘크리트 타워에 의한 콘크리트 타설에서 콘크리트
가 마지막으로 통과하는 곳을 체크하시오.

① 슈트 （　　）　　　　　② 버킷 （　　）
③ 플로어호퍼 （　　）　　④ 타워호퍼 （　　）

[05①, 06③, 24③]

030 시멘트의 응결에 관한 설명으로 올바른지 체크하시오.

① 분말도가 고우면 응결이 빨라진다. （　　）
② 석고량이 많으면 응결이 늦어진다. （　　）
③ 물·시멘트비가 크면 응결이 늦어진다. （　　）
④ 온도가 낮으면 응결이 빨라진다. （　　）

[05①]

031 콘크리트에는 균열이 반드시 생긴다는 기본 생각을
토대로 해서, 균열이 생길만한 구조물의 부재에 미
리 결함부위를 만들어 두는 것을 체크하시오.

① 신축줄눈 （　　）　　　② 팽창줄눈 （　　）
③ 시공줄눈 （　　）　　　④ 조절줄눈 （　　）

[21③]

032 콘크리트 공사 시 시공이음에 관한 설명으로 올바
른지 체크하시오.

① 시공이음은 될 수 있는 대로 전단력이 작은 위치
에 설치하고, 부재의 압축력이 작용하는 방향과
직각이 되도록 하는 것이 원칙이다. （　　）
② 외부의 염분에 의한 피해를 받을 우려가 있는 해
양 및 항만 콘크리트 구조물 등에 있어서는 시공
이음부를 최대한 많이 설치하는 것이 좋다. （　　）
③ 이음부의 시공에 있어서는 설계에 정해져 있는
이음의 위치와 구조는 지켜져야 한다. （　　）
④ 수밀을 요하는 콘크리트에 있어서는 소요의 수밀
성이 얻어지도록 적절한 간격으로 시공이음부를
두어야 한다. （　　）

★중요　　　　[05②, 06③, 15②, 23②]

033 콘크리트의 균열원인으로, 콘크리트의 재료적 성질
에 해당하는 것을 체크하시오.

① 콘크리트 중성화 （　　）　② 시멘트의 수화열 （　　）
③ 콜드조인트 （　　）　　　④ 알칼리 골재반응 （　　）

[05③, 07①]

034 수밀콘크리트 공사에서 배합에 대한 설명으로 올바
른지 체크하시오.

① 콘크리트의 소요 슬럼프는 가급적 크게 한다. （　　）
② 혼화제를 사용하며, 이 때 공기량은 4% 정도 이
하가 되게 한다. （　　）
③ 배합은 콘크리트의 소요품질이 얻어지는 범위 내
에서 단위 굵은골재량을 가급적 크게 한다. （　　）
④ 배합은 콘크리트의 소요품질이 얻어지는 범위 내
에서 단위수량 및 물시멘트비를 가급적 적게 한
다. （　　）

[19①]

035 프리플레이스트 콘크리트의 서중 시공 시 유의사항을 체크하시오.

① 애지데이터 안의 모르타르 저류시간을 짧게 한다. ( )

② 수송관 주변의 온도를 높여 준다. ( )

③ 응결을 지연시키며 유동성을 크게 한다. ( )

④ 비빈 후 즉시 주입한다. ( )

[08③, 12③, 25②]

036 유동화 콘크리트에 대한 설명으로 올바른지 체크하시오.

① 베이스 콘크리트의 단위수량은 185kg/m³ 이하로 한다. ( )

② 유동화 콘크리트의 슬럼프는 210mm 이하로 한다. ( )

③ 유동화 콘크리트의 공기량은 공사시방서에 정한 바가 없을 때 보통 콘크리트는 4.5%를 표준으로 한다. ( )

④ 유동화제는 질량 또는 용적으로 계량하고, 그 계량오차는 1회 계량분의 5% 이내로 한다. ( )

[05③]

037 콘크리트의 품질관리에 관한 설명으로 올바른지 체크하시오.

① 레미콘을 받는 지점에서 콘크리트의 강도시험을 실시한다. ( )

② 사용 콘크리트량 100~150m³마다 1회 이상 시험한다. ( )

③ 1회 시험의 강도는 3개의 공시체의 7일 강도의 평균값으로 한다. ( )

④ 공시체는 20±3℃의 표준양생을 한다. ( )

[06③]

038 콘크리트의 양생에 관한 설명으로 올바른지 체크하시오.

① 콘크리트 표면의 건조에 의한 내부콘크리트 중의 수분증발 방지를 위해 습윤양생을 실시한다. ( )

② 동해를 방지하기 위해 5℃ 이상을 유지한다. ( )

③ 콘크리트의 초기 양생온도가 높을수록 장기강도가 증진된다. ( )

④ 응결 중 진동 등의 외력을 방지해야 한다. ( )

[06②, 11①]

039 조골재를 먼저 투입한 후에 골재와 골재 사이 빈틈에 시멘트 모르타르를 주입하여 제작하는 방식의 콘크리트를 체크하시오.

① 수밀 콘크리트 ( )

② 버큠 콘크리트 ( )

③ 프리팩트 콘크리트 ( )

④ AE 콘크리트 ( )

★중요 [06②, 10①, 15①, 25②]

040 한중콘크리트에 대한 설명으로 올바른지 체크하시오.

① W/C비를 하절기 공사 때보다 약간 높게 한다. ( )

② 콘크리트 비비기에서 재료를 가열할 경우, 물 또는 골재를 가열한다. ( )

③ 한중콘크리트에는 AE콘크리트를 사용하는 것을 원칙으로 한다. ( )

④ 하루의 평균기온이 4℃ 이하가 되는 기상조건 하에서는 한중콘크리트로 시공한다. ( )

⑤ 재료를 가열하는 경우, 물을 가열하는 것을 원칙으로 한다. ( )

⑥ AE제, AE감수제 및 고성능 AE감수제 중 어느 한 종류는 반드시 사용한다. ( )

⑦ 콘크리트의 비빔온도는 기상조건 및 시공조건 등을 고려하여 정한다. ( )

⑧ 재료를 가열하는 경우, 물 또는 골재를 가열하는 것을 원칙으로 하며, 골재는 직접 불꽃에 대어 가열한다. ( )

⑨ 타설 시의 콘크리트 온도는 5℃ 이상 20℃ 미만의 범위에서 정하여야 한다. ( )

⑩ 빙설이 혼입된 골재, 동결상태의 골재는 원칙적으로 비빔에 사용하지 않는다. ( )

[07①, 16③, 19②, 24②]

041 콘크리트에 AE제를 넣어주는 가장 큰 목적에 해당하는 것을 체크하시오.

① 압축강도 증진 ( )

② 부착강도 증진 ( )

③ 워커빌리티 증진 ( )

④ 내화성 증진 (　)

⑤ 초기강도 및 경화속도의 증진 (　)

⑥ 동결융해 저항성의 증대 (　)

⑦ 워커빌리티 개선으로 시공이 용이 (　)

⑧ 내구성 및 수밀성의 증대 (　)

[10③]

042 AE제 계량장치에 해당하는 것을 체크하시오.

① 리바운드 기록지(Rebound check sheet) (　)

② 디스펜서(Dispenser) (　)

③ 워싱턴 미터(Washington meter) (　)

④ 이넌데이터(Inundator) (　)

[18②]

043 공기량 측정기에 해당하는 것을 체크하시오.

① 리바운드 기록지(Rebound check sheet) (　)

② 디스펜서(Dispenser) (　)

③ 워싱턴 미터(Washington meter) (　)

④ 이넌데이터(Inundator) (　)

[22②]

044 AE콘크리트에 관한 설명으로 올바른지 체크하시오.

① 공기량은 기계비빔이 손비빔의 경우보다 적다. (　)

② 공기량은 비벼놓은 시간이 길수록 증가한다. (　)

③ 공기량은 AE제의 양이 증가할수록 감소하나 콘크리트의 강도는 증대한다. (　)

④ 시공연도가 증진되고 재료분리 및 블리딩이 감소한다. (　)

[13①]

045 콘크리트 공사에서 사용되는 혼화재료 중 혼화제에 해당하는 것을 체크하시오.

① 공기연행제 (　)　　② 감수제 (　)

③ 방청제 (　)　　④ 팽창재 (　)

[11②]

046 시멘트 혼화제(Chemical Admixture)에 대한 설명으로 올바른지 체크하시오.

① 콘크리트의 물성을 개선하기 위하여 시멘트중량의 5% 이상 사용한다. (　)

② AE제는 시공연도를 향상시키고 단위수량을 감소시킨다. (　)

③ 지연제는 서중콘크리트, 매스콘크리트 등에 석고를 혼합하여 응결을 지연시킨다. (　)

④ 촉진제는 응결을 촉진시켜 콘크리트의 조기강도를 크게 한다. (　)

[07②, 22①, 23②]

047 매스 콘크리트(Mass concrete)의 시공에 대한 설명으로 올바른지 체크하시오.

① 내부온도가 최고온도에 달한 후에는 보온하여 중심부의 온도 강하 속도가 크지 않도록 양생한다. (　)

② 부어넣는 콘크리트의 온도는 일반적으로 35℃ 이하로서 공사시방서에 따른다. (　)

③ 이어붓기시간간격은 외기온이 25℃ 초과일 때는 2시간으로 한다. (　)

④ 28일을 초과하는 재령을 기준으로 계획배합을 정할 경우, 기준으로 하는 재령은 42일까지로 한다. (　)

⑤ 매스 콘크리트의 타설온도는 온도균열을 제어하기 위한 관점에서 가능한 한 낮게 한다. (　)

⑥ 매스 콘크리트 타설 시 기온이 높을 경우에는 콜드조인트가 생기기 쉬우므로 응결촉진제를 사용한다. (　)

⑦ 매스 콘크리트 타설 시 침하발생으로 인한 침하균열을 예방을 하기 위해 재진동 다짐 등을 실시한다. (　)

⑧ 매스 콘크리트 타설 후 거푸집 탈형 시 콘크리트 표면의 급랭을 방지하기 위해 콘크리트 표면을 소정의 기간 동안 보온해주어야 한다. (　)

[21①]

048 콘크리트에서 사용하는 호칭강도의 정의에 해당하는 것을 체크하시오.

① 레디믹스트 콘크리트 발주 시 구입자가 지정하는 강도 (　)

② 구조계산 시 기준으로 하는 콘크리트의 압축강도 (　)

③ 재령 7일의 압축강도를 기준으로 하는 강도 (　)

④ 콘크리트의 배합을 정할 때 목표로 하는 압축강
도로 품질의 표준편차 및 양생온도 등을 고려하
여 설계기준강도에 할증한 것 (　　)

★중요 [08②, 13③, 16③, 24①]

049 특수콘크리트에 관한 설명으로 올바른지 체크하시오.

① 서중콘크리트는 동일 슬럼프를 얻기 위한 단위수
량이 감소한다. (　　)

② 매스콘크리트란 단면치수가 최소 60cm 이상인
콘크리트를 지칭한다. (　　)

③ 섬유보강콘크리트는 섬유 혼입률이 큰 경우에 단
위수량, 잔골재율이 크게 되고 블리딩 또는 재료
분리가 일어나기 쉽게 된다. (　　)

④ 유동화콘크리트는 사용 혼화제의 불 베어링 작용
으로 슬럼프가 증가된다. (　　)

⑤ 한중콘크리트는 동해를 받지 않도록 시멘트를 가
열하여 사용한다. (　　)

⑥ 경량콘크리트는 자중이 적고, 단열효과가 우수하
다. (　　)

⑦ 중량콘크리트는 방사성 차폐용으로 사용된다. (　　)

⑧ 매스콘크리트는 수화열이 적은 시멘트를 사용한
다. (　　)

[09②]

**050 Pop out 현상과 가장 관계가 깊은 콘크리트 내구성
저하 원인을 체크하시오.**

① 콘크리트 건조수축 (　　)

② 알칼리 골재반응 (　　)

③ 콘크리트 중성화 (　　)

④ 염해 (　　)

[10③]

**051 PC(Precast Concrete) 공사의 특징에 해당하는 것
을 체크하시오.**

① 기후의 영향을 받지 않으므로 동절기 공사가 일
반 콘크리트 공사보다 유리하다. (　　)

② RC공사에 비해 일체성 확보에 유리하다. (　　)

③ 자유로운 형상제작이 어려우므로 설계상의 제약
이 따른다. (　　)

④ 대규모 공사에 적용하는 것이 유리하다. (　　)

[22②]

052 콘크리트의 고강도화와 관계 있는 설명을 체크하시오.

① 물시멘트비를 작게 한다. (　　)

② 시멘트의 강도를 크게 한다. (　　)

③ 폴리머(polymer)를 함침(含浸)한다. (　　)

④ 골재의 입자분포를 가능한 한 균일 입자분포로
한다. (　　)

[12③, 14③]

**053 일반 콘크리트의 슬럼프 시험 결과 중 균등한 슬럼
프를 나타내는 가장 좋은 상태를 체크하시오.**

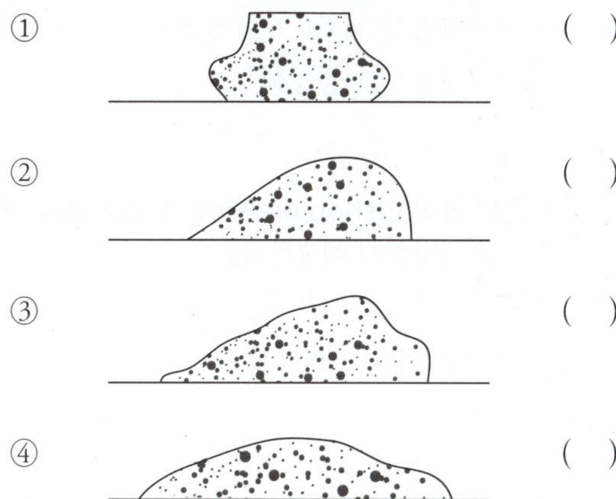

① 　　　　　　　　　　　　　　　　　　(　　)

② 　　　　　　　　　　　　　　　　　　(　　)

③ 　　　　　　　　　　　　　　　　　　(　　)

④ 　　　　　　　　　　　　　　　　　　(　　)

★중요 [13①, 18①, 21①, 24③]

**054 콘크리트 구조물의 품질관리에서 활용되는 비파괴
시험(검사)방법에 해당하는 것을 체크하시오.**

① 슈미트해머법 (　　)　　② 방사선 투과법 (　　)

③ 초음파법 (　　)　　　　④ 자기분말 탐상법 (　　)

[17①]

**055 콘크리트공사용 재료의 취급 및 저장에 관한 설명
으로 올바른지 체크하시오.**

① 시멘트는 종류별로 구분하여 풍화되지 않도록 저
장한다. (　　)

② 골재는 잔골재, 굵은골재 및 각 종류별로 저장하
고, 먼지, 흙 등의 유해물의 혼입을 막도록 한다.
(　　)

③ 골재는 잔·굵은 입자가 잘 분리되도록 취급하고,
물빠짐이 좋은 장소에 저장한다. (　　)

④ 혼화재료는 품질의 변화가 일어나지 않도록 저장
하고 또한 종류별로 저장한다. (　　)

[10②, 19①, 25③]

056 철근공사의 배근순서로 올바른지 체크하시오.
① 벽 – 기둥 – 슬래브 – 보 ( )
② 기둥 – 벽 – 보 – 슬래브 ( )
③ 벽 – 기둥 – 보 – 슬래브 ( )
④ 기둥 – 벽 – 슬래브 – 보 ( )

[03③]

057 철근가공계획 단계에서의 검토사항을 체크하시오.
① 재료저장 및 가공장소 ( )
② 가공 및 저장의 설비 ( )
③ 가공방법 및 현치도작성 준비 ( )
④ 재료저장 및 가공공장 ( )

[13③]

058 철근의 공작도(shop drawing) 작성요령에 관한 설명으로 올바른지 체크하시오.
① 공작도란 철근구조도에 의거하여 현장에서 실제 철근 작업을 편리하게 시공하기 위하여 작성된 것이다. ( )
② 기초상세도는 다른 부위와 접속되는 철근의 정착 및 다른 부재와의 관계를 명확히 기입한다. ( )
③ 기둥상세도는 층높이에 맞추어 적당한 이음위치를 정하고 띠철근의 지름, 길이 등을 기입한다. ( )
④ 바닥판상세도는 바닥판끝선을 기준으로 보, 벽, 계단, 개구부 등의 위치를 명시한다. ( )

★중요   [21③, 22①②, 25③]

059 철근 조립에 관한 설명으로 올바른지 체크하시오.
① D35를 초과하는 철근은 겹침이음을 할 수 없다. 다만, 서로 다른 크기의 철근을 압축부에서 겹침이음하는 경우 D35 이하의 철근과 D35를 초과하는 철근은 겹침이음을 할 수 있다. ( )
② 거푸집에 접하는 고임재 및 간격재는 콘크리트 제품 또는 모르타르 제품을 사용하여야 한다. ( )
③ 경미한 황갈색의 녹이 발생한 철근은 콘크리트와의 부착이 매우 불량하므로 사용이 불가하다. ( )
④ 철근의 표면에는 흙, 기름 또는 이물질이 없어야 한다. ( )
⑤ 철근이 바른 위치를 확보할 수 있도록 결속선으로 결속하여야 한다. ( )

⑥ 철근을 조립한 다음 장기간 경과한 경우에는 콘크리트의 타설 전에 다시 조립검사를 하고 청소하여야 한다. ( )
⑦ 철근의 피복두께를 정확하게 확보하기 위해 적절한 간격으로 고임재 및 간격재를 배치하여야 한다. ( )
⑧ 조립용 철근은 철근을 구부리기할 때 철근의 위치를 확보하기 위하여 쓰는 보조적인 철근이다. ( )
⑨ 철근의 용접부에 순간최대풍속 2.7m/s 이상의 바람이 불 때는 철근을 용접할 수 없으며, 풍속을 2.7m/s 이하로 저감시킬 수 있는 방풍시설을 설치하는 경우에만 용접할 수 있다. ( )
⑩ 가스압점이음은 철근의 단면을 산소–아세틸렌 불꽃 등을 사용하여 가열하고 기계적 압력을 가하여 용접한 맞대이음을 말한다. ( )

[16②, 19②]

060 철근콘크리트 구조의 철근 선조립 공법 순서에 해당하는 것을 체크하시오.
① 시공도 – 공장절단 – 가공 – 이음·조립 – 운반 – 현장부재양중 – 이음·설치 ( )
② 공장절단 – 시공도 – 가공 – 이음·조립 – 이음·설치 – 운반 – 현장부재양중 ( )
③ 시공도 – 가공 – 공장절단 – 운반 – 이음·조립 – 현장부재양중 – 이음·설치 ( )
④ 공장절단 – 시공도 – 운반 – 가공 – 이음·조립 – 현장부재양중 – 이음·설치 ( )

★중요   [03①, 13①, 14②, 17①, 18②, 19①, 21②, 22①, 23①]

061 철근콘크리트부재의 피복두께를 확보하는 목적을 체크하시오.
① 부재의 내화성 유지 및 확보 ( )
② 부재의 내구성 유지 및 확보 ( )
③ 부재의 소요 구조 내력 확보 ( )
④ 블리딩 현상 방지 ( )
⑤ 철근이음 시 편의성 ( )
⑥ 철근의 방청 ( )
⑦ 콘크리트의 유동성 확보 ( )
⑧ 콘크리트의 강도 증대 ( )
⑨ 철근의 순간격 유지 ( )
⑩ 철근의 좌굴방지 ( )

⑪ 철근과 콘크리트의 부착응력 확보 ( )

⑫ 화재, 중성화 등으로부터 철근 보호 ( )

[03②, 20①]

062 철근에 대한 콘크리트의 피복두께를 유지해야 되는 가장 큰 이유를 체크하시오.

① 시공성을 편리하게 하기 위하여 ( )

② 내구성, 내화성 및 응력 전달면에서 ( )

③ 구조물의 미관을 좋게 하기 위하여 ( )

④ 콘크리트 타설을 쉽게 하기 위하여 ( )

⑤ 콘크리트의 인장강도 증진을 위하여 ( )

[17①]

063 건설공사 현장의 철근재료 실험항목을 체크하시오.

① 압축강도시험 ( )　　② 인장강도시험 ( )

③ 휨시험 ( )　　④ 연신율시험 ( )

[13②, 19③]

064 철근콘크리트 공사 시 철근의 최소 피복두께가 가장 큰 것을 체크하시오.

① 수중에서 치는 콘크리트 ( )

② 흙에 접하여 콘크리트를 친 후 영구히 흙에 묻혀 있는 콘크리트 ( )

③ 옥외의 공기나 흙에 직접 접하지 않는 콘크리트 중 슬래브 ( )

④ 옥외의 공기나 흙에 직접 접하지 않는 콘크리트 중 벽체 ( )

★중요　　[08①, 11①, 12①, 14③, 17③, 25①]

065 철근의 이음 방법에 해당하는 것을 체크하시오.

① 겹침이음 ( )　　② 기계적이음 ( )

③ 병렬이음 ( )　　④ 용접이음 ( )

⑤ 갈고리이음 ( )

[15①, 18③, 25①]

066 철근 용접이음 방식 중 Cad Welding 이음의 장점을 체크하시오.

① 실시간 육안검사 가능 ( )

② 기후의 영향이 적고 화재위험 감소 ( )

③ 각종 이형철근에 대한 적용범위가 넓음 ( )

④ 예열 및 냉각이 필요없고 용접시간이 짧음 ( )

[11③]

067 철근콘크리트 공사에서 가스압접을 하는 이점에 해당하는 것을 체크하시오.

① 철근조립부가 단순하게 정리되어 콘크리트 타설이 용이하다. ( )

② 불량부분의 검사가 용이하다. ( )

③ 겹친이음이 없어 경제적이다. ( )

④ 철근의 조작변화가 적다. ( )

[11②, 16①]

068 가스압접에 대한 설명으로 올바른지 체크하시오.

① 접합온도는 대략 1,200~1,300℃이다. ( )

② 압접 작업은 철근을 완전히 조립하기 전에 행한다. ( )

③ 철근의 지름이나 종류가 다른 것을 압접하는 것이 좋다. ( )

④ 기둥, 보 등의 압접 위치는 한 곳에 집중되지 않게 한다. ( )

★중요　　[12③, 18①, 22②, 23①]

069 철근 가스압접 이음 시 외관 검사 결과 불합격된 압접부의 조치 내용으로 올바른지 체크하시오.

① 압접면의 엇갈림이 규정값을 초과했을 때는 재가열하여 수정한다. ( )

② 철근중심축의 편심량이 규정값을 초과했을 때는 압접부를 떼어내고 재압접한다. ( )

③ 형태가 심하게 불량하거나 또는 압접부에 유해하다고 인정되는 결함이 생긴 경우는 압접부를 잘라내고 재압접한다. ( )

④ 심하게 구부러졌을 때는 재가열하여 수정한다. ( )

[20②]

070 철근 이음의 종류 중 기계적 이음의 검사 항목을 체크하시오.

① 위치 ( )

② 초음파 탐상검사 ( )

③ 인장시험 ( )

④ 외관 검사 ( )

071 철근이음에 관한 설명으로 올바른지 체크하시오.

① 철근의 이음부는 구조내력상 취약점이 되는 곳이다. ( )

② 이음위치는 되도록 응력이 큰 곳을 피하도록 한다. ( )

③ 이음이 한 곳에 집중되지 않도록 엇갈리게 교대로 분산시켜야 한다. ( )

④ 응력 전달이 원활하도록 한 곳에서 철근 수의 반 이상을 이어야 한다. ( )

[04①②, 06①, 08①, 12③, 20②③, 21①, 23②]

072 철근의 정착위치에 관한 설명으로 올바른지 체크하시오.

① 보의 주근은 슬랩에 정착한다. ( )

② 큰보의 주근은 기둥에 정착한다. ( )

③ 작은보의 주근은 기둥에 정착한다. ( )

④ 직교하는 단부 보의 밑에 기둥이 없을 때는 상호간에 정착한다. ( )

⑤ 지중보의 주근은 기초 또는 기둥에 정착한다. ( )

⑥ 기둥의 주근은 기초에 정착한다. ( )

⑦ 기둥철근의 주근은 큰보에 정착한다. ( )

⑧ 바닥철근은 보 또는 벽체에 정착한다. ( )

⑨ 바닥철근은 보에만 정착해야 한다. ( )

⑩ 벽체의 주근은 기둥 또는 큰보에 정착한다. ( )

⑪ 벽 철근은 기둥과 보 또는 바닥판에 정착한다. ( )

★중요 [11①③]

073 철근의 정착에 대한 설명으로 올바른지 체크하시오.

① 벽 철근은 기둥, 보, 기초 또는 바닥판에 정착한다. ( )

② 정착길이는 후크 중심간의 거리로 한다. ( )

③ 후크의 길이는 정착길이에 포함하지 않는다. ( )

④ 철근의 정착은 기둥이나 보의 중심위치에 둔다. ( )

⑤ 철근를 정착하지 않으면 구조체가 큰 외력을 받을 때 철근과 콘크리트가 분리될 수 있다. ( )

⑥ 큰 인장력을 받는 곳일수록 철근의 정착길이는 길다. ( )

⑦ 후크의 길이는 정착길이에 포함하여 산정한다. ( )

⑧ 철근의 정착은 기둥이나 보의 중심을 벗어난 위치에 둔다. ( )

[05③]

074 철근에 대한 설명으로 올바른지 체크하시오.

① 일반적인 철근 이외에 최근 사용이 늘어나고 있는 용접철망은 배근이 복잡한 기둥과 보에 가장 많이 사용한다. ( )

② 이형철근은 마디와 리브(Rib)가 있는 원형철근으로, 보통의 원형철근보다 부착력이 40% 정도 이상 크다. ( )

③ 이형철근은 부착력이 크기 때문에 이음정착길이를 짧게 할 수 있고, 장소에 따라서는 갈고리(Hook)를 생략할 수도 있다. ( )

④ 철근은 부재에 발생하는 인장응력, 전단응력에 저항하는 역할을 주로 하며, 압축응력과는 큰 관계가 없다. ( )

★중요 [03③, 04①, 05③]

075 철근의 이음 및 정착길이에 대한 설명으로 올바른지 체크하시오.

① 이음의 겹침길이는 갈고리 중심간의 거리로 한다. ( )

② 압축력 또는 작은 인장력을 받는 곳은 주근 지름의 25배 이상, 큰 인장력을 받는 곳은 40배 이상으로 한다. ( )

③ 지름이 서로 다른 주근을 잇는 경우에는 굵은 주근 지름으로 한다. ( )

④ 철근의 이음의 위치는 응력이 큰 곳을 피하고 동일개소에 철근 수의 반 이상을 이어서는 안된다. ( )

⑤ 이음 및 정착길이는 압축력 또는 작은 인장력을 받는 곳은 주근 지름의 25배 이상, 큰 인장력을 받는 곳은 30배 이상으로 한다. ( )

⑥ 경미한 압축근의 이음길이는 20배로 할 수 있다. ( )

★중요   [06③, 12②, 16③, 19③, 24①]

076 슬래브에서 4변 고정인 경우 철근배근을 가장 많이 하여야 하는 부분을 체크하시오.

① 짧은 방향의 주간대 ( )

② 짧은 방향의 주열대 ( )

③ 긴 방향의 주간대 ( )

④ 긴 방향의 주열대 ( )

[19①]

077 거푸집이 콘크리트 구조체의 품질에 미치는 영향과 역할에 해당하는 것을 체크하시오.

① 콘크리트가 응결하기까지의 형상, 치수의 확보

                                     ( )

② 콘크리트 수화반응의 원활한 진행을 보조 ( )

③ 철근의 피복두께 확보 ( )

④ 건설 폐기물의 감소 ( )

★중요   [03①, 05②, 11②, 15②, 24②]

078 거푸집공사에 사용되는 자재와 역할에 대한 설명으로 올바른지 체크하시오.

① 거푸집공사에 사용되는 주요부재로 거푸집판, 장선, 보강재, 동바리, 긴결재 등이 있다. ( )

② 거푸집판은 콘크리트와 직접 접촉하여 구조물의 표면 형태를 조성한다. ( )

③ 장선은 거푸집판의 변형을 방지하며, 측압 또는 하중을 거푸집판으로부터 전달받는다. ( )

④ 폼타이, 컬럼밴드는 기둥과 보거푸집을 움직이지 않도록 긴결할 때 사용한다. ( )

[03①, 07②, 13②, 14①, 20①]

079 거푸집공사에서 철판제, 철근제, 파이프제 또는 모르타르제를 사용하여 콘크리트의 측압력을 부담하지 않고 거푸집 상호간의 간격을 유지하는 것을 체크하시오.

① 긴장재(form tie) ( )

② 격리재(separater) ( )

③ 박리제(form oil) ( )

④ 캠버(camber) ( )

⑤ 클램프 ( )

⑥ 인서트 ( )

⑦ 플랫타이(Flat tie) ( )

⑧ 스페이서(Spacer) ( )

[08②, 13①, 25①]

080 격리재(separator)에 대한 설명으로 올바른지 체크하시오.

① 철근과 거푸집의 간격을 유지한다. ( )

② 철근과 철근의 간격을 유지한다. ( )

③ 골재와 거푸집과의 간격 유지재이다. ( )

④ 거푸집 상호간의 간격을 유지한다. ( )

[11③, 16②]

081 거푸집의 조립에서 긴결재로 사용하는 것을 체크하시오.

① 폼타이 ( )   ② 플랫타이 ( )

③ 철재 동바리 ( )   ④ 컬럼밴드 ( )

[19③]

082 철재 거푸집에서 사용되는 철물로 지주를 제거하지 않고 슬래브 거푸집만 제거할 수 있도록 한 철물을 체크하시오.

① 와이어클리퍼(wire Clipper) ( )

② 캠버(Camber) ( )

③ 드롭헤드(Drop Head) ( )

④ 베이스플레이트(Base Plate) ( )

[11②, 18③, 21②, 25②]

083 철근콘크리트 구조물(5~6층)을 대상으로 한 벽, 지하외벽의 철근 고임재 및 간격재의 배치표준으로 올바른지 체크하시오.

① 상단은 보 밑에서 0.5m ( )

② 중단은 상단에서 2.0m 이내 ( )

③ 횡간격은 0.5m 정도 ( )

④ 단부는 2.0m 이내 ( )

[03②]

084 거푸집에 대한 설명으로 올바른지 체크하시오.

① 콘크리트 표면에 타일붙임 등의 마감을 할 경우에는 표면이 거칠도록 한 거푸집이 필요하다. ( )

② 거푸집은 콘크리트의 타입시 변형, 파열 또는 도괴하지 않도록 충분한 강성 및 강도가 필요하다.

                                     ( )

③ 거푸집 동바리의 구성요소는 장선, 띠장이다. ( )

④ 거푸집널은 수밀성이 요구된다. ( )

085 시스템 거푸집의 종류에 해당하는 것을 체크하시오.

① 터널폼 (　)　　　② 슬립폼 (　)

③ 유로폼 (　)　　　④ 슬라이딩폼 (　)

★중요

086 Sliding form에 대한 설명으로 올바른지 체크하시오.

① 1일 5~10m 정도 수직시공이 가능하도록 시공속도가 빠르다. (　)

② 마감작업이 동시에 진행되므로 공정이 단순화된다. (　)

③ 구조물 형태에 따른 사용 제약이 없다. (　)

④ 형상 및 치수가 정확하며 시공오차가 적다. (　)

⑤ 일반적으로 돌출물이 있는 건축물에 많이 적용된다. (　)

⑥ 타설작업과 마감작업을 병행할 수 없어 공정이 복잡하다. (　)

⑦ 구조물 형태에 따른 사용 제약이 있다. (　)

087 터널 폼에 대한 설명으로 올바른지 체크하시오.

① 거푸집의 전용횟수는 약 10회 정도이다. (　)

② 노무 절감, 공기단축이 가능하다. (　)

③ 벽체 및 슬래브거푸집을 일체로 제작한 거푸집이다. (　)

④ 이 폼의 종류에는 트윈 쉘(twin shell)과 모노 쉘(mono shell)이 있다. (　)

088 갱폼(Gang Form) 거푸집의 장점을 체크하시오.

① 가설비 절약이 가능하다. (　)

② 타워크레인 등의 시공장비에 의해 한번에 설치가 가능하다. (　)

③ 공기가 단축되고 인건비가 절약된다. (　)

④ 기본계획 및 계획안의 융통성이 있다. (　)

⑤ 미장공사를 생략할 수 있다. (　)

★중요

089 갱폼(gang form)에 관한 설명으로 올바른지 체크하시오.

① 갱폼은 크게 거푸집판과 보강재가 일체로 된 기본

패널, 작업을 위한 작업 발판대 및 수직도 조정과 횡력을 지지하는 빗버팀대로 구성되어 있다. (　)

② 경제적인 전용횟수는 30~40회 정도이다. (　)

③ 타워크레인, 이동식 크레인 같은 양중장비가 필요하다. (　)

④ 현장제작은 불가능하고 공장제작만 가능하다. (　)

⑤ 대형화 패널 자체에 버팀대와 작업대를 부착하여 유니트화 한다. (　)

⑥ 수직, 수평 분할 타설 공법을 활용하여 전용도를 높인다. (　)

⑦ 설치와 탈형을 위하여 대형 양중장비가 필요하다. (　)

⑧ 두꺼운 벽체를 구축하기에는 적합하지 않다. (　)

⑨ 조립, 분해 없이 설치와 탈형만 함에 따라 인력절감이 가능하다. (　)

⑩ 콘크리트 이음부위(joint) 감소로 마감이 단순해지고 비용이 절감된다. (　)

⑪ 경량으로 취급이 용이하다. (　)

⑫ 제작장소 및 해체 후 보관장소가 필요하다. (　)

⑬ 벽과 바닥의 콘크리트 타설을 한 번에 가능하게 하기 위하여 벽체 및 슬래브거푸집을 일체로 제작한다. (　)

⑭ 공사초기 제작기간이 길고 투자비가 큰 편이다. (　)

090 시스템 거푸집에 대한 설명으로 올바른지 체크하시오.

① 슬라이딩 폼은 요크(york)로 벽거푸집을 상향 이동하는 수직용 거푸집이다. (　)

② 갱폼은 주로 콘도미니엄, 병원, 사무소 같은 벽식 구조 건물에 사용된다. (　)

③ 크라이밍 폼은 거푸집과 벽체 마감공사를 위한 비계틀을 일체화시킨 거푸집이다. (　)

④ 플라잉폼은 벽체 전용거푸집으로 수평, 수직이동이 가능하다. (　)

091 각 거푸집 공법에 대한 설명으로 올바른지 체크하시오.

① 클라이밍 폼(Climbing form) : 대형바닥거푸집으로써 인력절감과 공기단축, 고소작업자의 안전성 확보 등의 장점이 있다. ( )

② 갱폼(Gang form) : 대형벽체거푸집으로써 인력절감 및 재사용이 가능한 장점이 있다. ( )

③ 유로 폼(Euro form) : 합판거푸집에 비해 정밀도가 높고 타 거푸집과의 조합이 대체로 쉽다. ( )

④ 트래블링 폼(Traveling form) : 해체 및 이동에 편리하도록 제작한 시스템화 된 이동성 거푸집공법이다. ( )

⑤ 플라잉 폼 : 벽체 전용거푸집으로 거푸집과 벽체 마감공사를 위한 비계틀을 일체로 조립한 거푸집을 말한다. ( )

⑥ 터널 폼 : 벽체용, 바닥용 거푸집을 일체로 제작하여 벽과 바닥 콘크리트를 일체로 하는 거푸집 공법이다. ( )

⑦ 트래블링 폼 : 수평으로 연속된 구조물에 적용되며 해체 및 이동에 편리하도록 제작된 이동식 거푸집공법이다. ( )

⑧ 트래블링 폼(Travelling Form) : 무량판 시공 시 2방향으로 된 상자형 기성재 거푸집이다. ( )

⑨ 슬라이딩 폼(Sliding Form) : 수평활동 거푸집이며 거푸집 전체를 그대로 떼어 다음 사용 장소로 이동시켜 사용할 수 있도록 한 거푸집이다. ( )

⑩ 터널폼(Tunnel Form) : 한 구획 전체의 벽판과 바닥판을 ㄱ자형 또는 ㄷ자형으로 짜서 이동시키는 형태의 기성재 거푸집이다. ( )

⑪ 워플폼(Waffle Form) : 거푸집 높이는 약 1m이고 하부가 약간 벌어진 원형 철판 거푸집을 요오크(yoke)로 서서히 끌어 올리는 공법으로, Silo 공사 등에 적당하다. ( )

★중요 [21③]

092 알루미늄 거푸집에 관한 설명으로 올바른지 체크하시오.

① 경량으로 설치시간이 단축된다. ( )

② 이음매(Joint) 감소로 견출작업이 감소된다. ( )

③ 주요 시공 부위는 내부벽체, 슬래브, 계단실 벽체이며, 슬래브 필러 시스템이 있어서 해체가 간편하다. ( )

④ 녹이 슬지 않는 장점이 있으나 전용횟수가 매우 적다. ( )

[05③]

093 거푸집과 관련한 사고방지 대책으로 올바른지 체크하시오.

① 저온 시 콘크리트 타설을 피한다. ( )

② 합판패널은 표면 나뭇결에 수평으로 하여 띠장을 댄다. ( )

③ 부재 간 강성차이가 커서 부재간 강성차이가 많은 것과는 조합을 피한다. ( )

④ 장시간 진동기 사용을 피한다. ( )

[17①, 20③]

094 지하 합벽거푸집에서 측압에 대비하여 버팀대를 삼각형으로 일체화한 공법을 체크하시오.

① 1회용 리브라스 거푸집 ( )

② 와플 거푸집(waffle form) ( )

③ 무폼타이 거푸집 (tie-less formwork) ( )

④ 단열 거푸집 ( )

[06②]

095 철근콘크리트 공사 중에서 거푸집공사의 용어에 해당하는 것을 체크하시오.

① 장선과 멍에 ( ) ② 보우빔과 박리제 ( )

③ 방수제와 경화제 ( ) ④ 격리재와 긴장재 ( )

[12③, 15③]

096 고층 건축물 시공 시 적용되는 거푸집에 대한 설명으로 올바른지 체크하시오.

① ACS(Automatic climbing system) 거푸집은 거푸집에 부착된 유압장치 시스템을 이용하여 상승한다. ( )

② ACS(Automatic climbing system) 거푸집은 초고층 건축물 시공 시 코어 선행 시공에 유리하다. ( )

③ 알루미늄 거푸집의 주요 시공 부위는 내부벽체, 슬래브, 계단실 벽체이며, 슬래브 필러 시스템에 있어서 해체가 간편하다. ( )

④ 알루미늄 거푸집은 녹이 슬지 않는 장점이 있으나 전용횟수가 적다. ( )

[03②]

097 거푸집과 동바리(support) 설계 시 고려되는 하중에 해당하는 것을 체크하시오.

① 생콘크리트의 측압력 (　)

② 충격하중 (　)

③ 작업하중 (　)

④ 거푸집과 동바리의 중량 (　)

●중요　　　　　　　　　[09②, 13② 17③, 19②, 22②]

098 바닥판 거푸집의 구조 계산 시 연직하중에 해당하는 것을 체크하시오.

① 굳지 않은 콘크리트 중량 (　)

② 작업하중 (　)

③ 충격하중 (　)

④ 굳지 않은 콘크리트 측압 (　)

⑤ 콘크리트 자중 (　)

⑥ 거푸집 중량 (　)

[12③, 13③, 17②]

099 거푸집의 구조계산에서 거푸집의 강도 및 강성의 계산 시 고려할 사항에 해당하는 것을 체크하시오.

① 동바리 자중 (　)

② 콘크리트 시공시의 수직하중 (　)

③ 콘크리트 시공시의 수평하중 (　)

④ 콘크리트 측압 (　)

⑤ 작업 하중 (　)

⑥ 콘크리트 자중 (　)

●중요　　　　　　　　　　[10③, 14②, 22①]

100 거푸집공사(form work)에 대한 설명으로 올바른지 체크하시오.

① 거푸집은 일반적으로 콘크리트를 부어넣어 콘크리트 구조체를 형성하는 거푸집널과, 이것을 정확한 위치로 유지하는 동바리, 즉 지지들의 총칭이다. (　)

② 콘크리트 표면에 모르타르, 플라스터 또는 타일붙임 등의 마감을 할 경우에는 평활하고 광택 있는 면이 얻어질 수 있도록 철제 거푸집(metal form)을 사용하는 것이 좋다. (　)

③ 거푸집공사비는 건축공사비에서의 비중이 높으므로, 설계단계부터 거푸집 공사의 개선과 합리

화 방안을 연구하는 것이 바람직하다. (　)

④ 폼타이(form tie)는 콘크리트를 부어넣을 때 거푸집이 벌어지거나 우그러들지 않게 연결, 고정하는 긴결재이다. (　)

●중요　　　　　　　[11①, 16①, 18②, 21②]

101 거푸집공사 중 거푸집 해체상의 검사에 해당하는 것을 체크하시오.

① 각종 배관 슬리브, 매설물, 인서트, 단열재 등 부착 여부 (　)

② 수직, 수평부재의 존치기간 준수 여부 (　)

③ 소요의 강도 확보 이전에 지주의 교환 여부 (　)

④ 거푸집 해체용 압축강도 확인시험 실시 여부 (　)

⑤ 거푸집의 내공 치수 (　)

02 단답형 문제

[17③]

001 콘크리트의 배합설계에서 구조물의 종류가 무근콘크리트인 경우 굵은 골재의 최대치수를 쓰시오.

⚙ **해설** 굵은 골재의 최대 치수

구조물의 종류	일반적인 경우	단면이 큰 경우	무근 콘크리트
굵은 골재의 최대 치수(mm)	20mm 또는 25mm	40mm	40mm, 부재 최소 치수의 1/4을 초과해서는 안 됨

[03①, 07③, 24①]

002 콘크리트의 일반적인 배합설계순서를 순서대로 쓰시오.

① 설계기준강도 결정 ② 시멘트강도 결정
③ 슬럼프 값의 결정 ④ 배합강도의 결정
⑤ 물·시멘트비 결정 ⑥ 시방 배합의 산출 및 조정
⑦ 현장배합의 결정

⚙ **해설** 콘크리트의 일반적인 배합설계순서는 "설계기준강도(소요 강도) 결정 → 배합강도의 결정 → 시멘트강도 결정 → 물·시멘트비 결정 → 슬럼프 값의 결정 → 시방 배합의 산출 및 조정 → 현장배합의 결정" 순이다.

[14①]

003 철근 콘크리트 타설에서 외기온이 25℃ 이하일 때 이어붓기 시간간격의 한도를 쓰시오.

⚙ **해설** 허용 이어치기 시간간격의 표준

외기온도	25℃ 초과	2.0 시간	허용 이어치기 시간간격은 하층 콘크리트 비비기 시작에서부터 콘크리트 타설 완료한 후, 상층 콘크리트가 타설되기까지의 시간
허용 이어치기 시간 간격	25℃ 이하	2.5 시간	

[20②, 23②]

004 콘크리트 공사 시 콘크리트를 2층 이상으로 나누어 타설할 경우 허용 이어치기 시간간격의 표준값을 쓰시오. (단, 외기온도가 25℃ 이하일 경우이며, 허용이어치기 시간간격은 하층 콘크리트 비비기 시작에서부터 콘크리트 타설 완료한 후, 상층 콘크리트가 타설되기까지의 시간을 의미)

[21③]

005 콘크리트는 신속하게 운반하여 즉시 타설하고, 충분히 다져야 하는데, 비비기로부터 타설이 끝날 때까지의 시간은 원칙적으로 얼마를 넘어서면 안 되는지 쓰시오. (단, 외기온도가 25℃ 이상일 경우)

| 정답 |

001 40mm, 부재 최소 치수의 1/4을 초과해서는 안 됨   **002** ① → ④ → ② → ⑤ → ③ → ⑥ → ⑦   **003** 2.5시간   **004** 2.5시간
005 1.5시간

★중요

006 콘크리트 부어넣기에서 진동기를 사용하는 가장 큰 목적을 쓰시오.

⚙**해설** 진동기로 콘크리트에 대단히 빠른 진동 충격을 주면 콘크리트는 액체처럼 되고, 시멘트와 골재에 중력이 유효하게 작용하여 각기 그 안에서 상태에 따라 유동하여 낙착되므로 콘크리트의 밀도가 증가(콘크리트의 밀실화)되고, 치밀하게 다져져서 안정된다.

007 수중 콘크리트 공사 시 굵은골재의 최대치수를 쓰시오. (단, 현장 타설말뚝 및 지하연속벽에 사용하는 콘크리트의 경우)

⚙**해설** 수중 콘크리트[물이 많이 나고 배수가 불가능한 공사(지하층 공사 및 호안, 하천변의 기초 공사 또는 가물막이 공사 등)에 적용되는 콘크리트]는 배합재 간의 비중 차이에 의한 블리딩 발생과 골재의 침강현상을 고려하여 굵은골재의 최대치수는 25mm를 사용하여야 한다.

008 유동화 콘크리트를 제조할 때 유동화제를 첨가하기 전 기본 배합 콘크리트인 베이스 콘크리트의 슬럼프 기준을 쓰시오. (단, 일반 콘크리트의 경우임)

⚙**해설** 베이스 콘크리트의 슬럼프 값(mm)

콘크리트의 종류	베이스 콘크리트	유동화 콘크리트
보통 콘크리트	150mm 이하	210mm 이하
경량 콘크리트	180mm 이하	

009 지하굴착공사 중 깊은 구멍 속이나 수중에서 콘크리트 타설 시 재료가 분리되지 않게 타설할 수 있는 기구를 쓰시오.

010 다음 내용에서 괄호 안에 공통으로 들어갈 용어를 쓰시오.

> 콘크리트의 타설공법에는 수직부재인 기둥·벽, 수평 부재인 보·슬래브를 구획하며 타설하는 (   )분리타설법과 동시에 타설하는 (   )동시타설법이 있다.

⚙**해설** 콘크리트의 타설공법에는 수직부재인 기둥·벽, 수평부재인 보·슬래브를 구획하며 타설하는 Vertical Horizontal(VH)분리타설법과 동시에 타설하는 Vertical Horizontal(VH)동시타설법이 있다.

011 결함부위로 균열의 집중을 유도하기 위해 균열이 생길만한 구조물의 부재에 미리 결함부위를 만들어 두는 줄눈의 명칭을 쓰시오.

012 콘크리트 이어붓기에 있어 계획상 의도되지 않은 줄눈의 명칭을 쓰시오.

[20①, 24①]

013 콘크리트 타설 중 응결이 어느 정도 진행된 콘크리트에 새로운 콘크리트를 이어치면 시공불량이음부가 발생하여 경화 후 누수의 원인 및 철근의 녹 발생 등 내구성에 손상을 일으키는 줄눈의 명칭을 쓰시오.

[07②, 13①, 23③]

014 콘크리트 공사의 시공과정 중 휴식시간 등으로 응결하기 시작한 콘크리트에 새로운 콘크리트를 이어칠 때 일체화가 저해되어 생기는 줄눈의 명칭을 쓰시오.

[08③, 10③, 12②, 23③]

015 레디믹스트 콘크리트(ready mixed concrete)의 슬럼프가 80mm 이상일 때의 슬럼프 허용오차 기준을 쓰시오.

⚙ **해설** 레디믹스트 콘크리트의 슬럼프와 공기량의 허용오차

슬럼프			공기량
25mm	50mm 및 65mm	80mm 이상	
±10mm	±15mm	±25mm	±1.5%

[17③]

016 래디믹스트 콘크리트 운반 차량에 특수보온시설을 하여야 할 외기온도 기준을 쓰시오.

[12②, 25③]

017 콘크리트공사에서 현장에 반입된 콘크리트는 일정 간격으로 강도시험을 실시하여야 하는데, KS F 4009에서 규정을 따를 때 강도시험 1회를 실시하는 콘크리트의 체적을 쓰시오.

[11②, 23②]

018 콘크리트의 시공성에 영향을 주는 요인 중 공기량 1% 증가 시 슬럼프 값과 압축강도 변화값을 쓰시오.

[14②, 19②, 24③]

019 다음 내용에서 일반적인 철근의 조립순서를 순서대로 쓰시오.

㉠ 계단 철근	㉡ 기둥 철근
㉢ 벽 철근	㉣ 보 철근
㉤ 바닥 철근	

⚙ **해설** 일반적으로 철근의 조립순서는 "기둥 철근 → 벽 철근 → 보 철근 → 바닥(슬래브) 철근 → 계단 철근"의 순이다.

|정답|

006 콘크리트의 밀실화 유지   **007** 25mm   **008** 150mm 이하   **009** 트레미(Tremi)관   **010** Vertical Horizontal(VH)
011 조절줄눈(control joint)   **012** 콜드 조인트(cold joint)   **013** 콜드 조인트(cold joint)   **014** 콜드 조인트(cold joint)   **015** ±25mm
016 30℃ 이상 또는 0℃ 이하   **017** 150m³   **018** 슬럼프 값 : 2% 증가, 압축강도 변화값 : 4~6% 감소   **019** ㉡ - ㉢ - ㉣ - ㉤ - ㉠

[12②, 17②, 25③]

020 흙에 접하거나 옥외공기에 직접 노출되는 현장치기 콘크리트로서, D16 이하 철근의 최소피복두께를 쓰시오.

🔧 **해설** 피복두께의 규정

(단위 : mm)

구분	수중에서 치는 콘크리트	흙에 접하여 콘크리트를 친 후 영구히 흙에 묻히는 콘크리트	흙에 접하거나 옥외공기에 직접 노출되는 콘크리트		옥외의 공기나 흙에 접하지 않는 콘크리트			
			D19 이상	D16 이하, 16mm 이하 철선	슬래브, 벽체, 장선구조		보, 기둥	셀, 절판 부재
					D35 초과	D35 이하		
피복두께	100	75	50	40	40	20	40	20

※ 보와 기둥의 경우 콘크리트의 설계기준압축강도(f_{ck})가 40MPa 이상인 경우에는 규정된 값에서 10mm를 저감할 수 있다.

[21③]

021 철근이음의 종류 중 나사를 가지는 슬리브 또는 커플러, 에폭시나 모르타르 또는 용융 금속 등을 충전한 슬리브, 클립이나 편체 등의 보조장치 등을 이용한 이음을 쓰시오.

[18①, 21①, 25③]

022 다음은 표준시방서에 따른 철근의 이음에 관한 내용이다. 괄호 안에 공통으로 들어갈 내용을 쓰시오.

> (   )를 초과하는 철근은 겹침이음을 할 수 없다. 다만, 서로 다른 크기의 철근을 압축부에서 겹침이음하는 경우 (   ) 이하의 철근과 (   )를 초과하는 철근은 겹침이음을 할 수 있다.

🔧 **해설** D35를 초과하는 철근은 겹침이음을 할 수 없다. 다만, 서로 다른 크기의 철근을 압축부에서 겹침이음하는 경우 D35 이하의 철근과 D35를 초과하는 철근은 겹침이음을 할 수 있다.

[09①]

023 거푸집 패널을 일정한 간격으로 양면을 유지시키고 콘크리트 측압을 지지하는 긴결재를 쓰시오.

[13③, 16③, 24③]

024 폼타이, 컬럼밴드 등을 의미하며, 거푸집을 고정하여 작업 중의 콘크리트 측압을 최종적으로 부담하는 것을 쓰시오.

[22②]

025 통상적으로 스팬이 큰 보 및 바닥판의 거푸집을 걸 때에 스팬의 캠버(camber) 값을 쓰시오.

[18②]

026 수평, 수직적으로 반복된 구조물을 시공 이음 없이 균일한 형상으로 시공하기 위하여 요크(yoke), 로드(rod), 유압잭(jack)을 이용하여 거푸집을 연속적으로 이동시키면서 콘크리트를 타설할 수 있는 시스템 거푸집을 쓰시오.

[10②, 14③, 24③]

027 바닥전용 거푸집으로서 테이블폼이라고도 부르며 거푸집판, 장선, 멍에, 서포트 등을 일체로 제작하여 수평, 수직방향으로 이동하는 시스템 거푸집을 쓰시오.

★중요   [09①, 10①, 12②, 14①, 21②, 23①]

028 벽과 바닥의 콘크리트 타설을 한 번에 가능하게 하기 위하여 벽체 및 슬래브 거푸집을 일체로 제작하여 한 번에 설치하고 해체할 수 있도록 한 시스템 거푸집을 쓰시오.

★중요   [07①, 12①, 17①, 24③]

029 특수한 거푸집 가운데 무량판구조 또는 평판구조와 관계가 가장 깊은 거푸집을 쓰시오.

[14②]

030 고층 구조물의 내부 코어 시스템에 가장 적당한 시스템 거푸집을 쓰시오.

[10②]

031 수평 활동 거푸집이며, 거푸집 전체를 그대로 떼어 다음 장소로 이동시켜 사용가능한 거푸집을 쓰시오.

[13③, 18①, 24②]

032 해체 및 이동에 편리하도록 제작한 시스템화된 이동식 거푸집으로써 건축분야에서 쉘, 아치, 돔 같은 건축물에도 적용되는 거푸집을 쓰시오.

★중요   [04③, 06①, 16②, 25①]

033 공장에서 경량형강과 합판을 사용하여 벽판이나 바닥판용 거푸집을 제작한 것으로, 현장에서 못을 쓰지 않고 간단히 조립할 수 있는 거푸집을 쓰시오.

★중요   [05②, 11①, 15②, 23①]

034 가장 초보적인 단계의 시스템 거푸집으로서 건물의 평면 형상이 규격화되어 표준 형태의 거푸집을 변형시키지 않고 조립함으로써 현장제작에 소요되는 인력을 줄여 생산성을 향상시키고 자재의 전용횟수를 증대시키는 목적으로 사용되는 거푸집 패널을 쓰시오.

|정답|

020 40mm   021 기계적 이음   022 D35   023 폼타이(긴장재, Form tie)   024 긴결재   025 1/300~1/500   026 슬라이딩(슬립)폼
027 플라잉(테이블)폼   028 터널폼   029 워플폼   030 클라이밍폼(Climbing Form)   031 트레블링폼(Travelling Form)
032 트레블링폼(Travelling Form)   033 유로폼(Euro Form)   034 유로폼(Euro Form)

035 일명 테이블 폼(table form)으로 불리는 것으로 거푸집 널에 장선, 멍에, 서포트 등을 기계적인 요소로 부재화한 대형 바닥판거푸집을 쓰시오.

036 강관틀비계에서 두꺼운 콘크리트판 등의 견고한 기초 위에 설치하게 되는 틀의 기둥관 1개당의 수직하중 한도(N)를 쓰시오

⚙**해설** 강관틀비계의 틀의 기둥관의 1개당 수직하중 한도는 2,500kg이다. 그런데, 1kg = 9.8N이므로 이를 환산하면, 2,500 × 9.8 = 24,500(N)이다.

037 "슬래브 및 보의 밑면" 부재를 대상으로 콘크리트 압축강도를 시험할 경우 단층구조로서 거푸집널의 해체가 가능한 콘크리트 압축강도의 기준을 쓰시오. (단, 콘크리트표준시방서 기준)

⚙**해설** 콘크리트 압축강도를 시험할 경우 거푸집널의 해체 시기

부재		콘크리트 압축강도
기초, 보, 기둥, 벽등의 측면		5Mpa 이상(내구성이 중요한 구조물인 경우 10Mpa 이상)
슬래브 및 보의 밑면, 아치 내면	단층구조인 경우	설계기준압축강도의 2/3배 이상, 또한 최소강도 14Mpa 이상
	다층구조인 경우	설계기준압축강도 이상(필러 동바리 구조를 이용할 경우는 구조계산에 의해 기간을 단축할 수 있음. 단, 이 경우라도 최소강도는 14Mpa 이상으로 함)

038 콘크리트의 압축강도를 시험하지 않을 경우 거푸집 널의 해체시기를 쓰시오. (단, 기타 조건은 다음과 같음)

- 평균 기온 : 20℃ 이상
- 보통포틀랜드시멘트 사용
- 대상 : 기초, 보, 기둥 및 벽의 측면

⚙**해설** 콘크리트의 압축강도를 시험하지 않을 경우 거푸집널의 해체시기(기초, 보, 기둥, 벽의 측면)

시멘트의 종류 / 평균기온	조강포틀랜드시멘트	보통포틀랜드시멘트, 고로슬래그시멘트(1종), 플라이애시시멘트(1종), 포틀랜드포졸란시멘트(A종)	고로슬래그시멘트(2종), 플라이애시시멘트(2종), 포틀랜드포졸란시멘트(B종)
20℃ 이상	2일	3일	4일
20℃ 미만 10℃ 이상	3일	4일	6일

039 거푸집 설치와 관련하여 다음 설명에 해당하는 것을 쓰시오.

보, 슬래브 및 트러스 등에서 그의 정상적 위치 또는 형상으로부터 처짐을 고려하여 상향으로 들어올리는 것 또는 들어 올린 크기이다.

ㅣ정답ㅣ

035 플라잉폼(flying form)　**036** 24,500(N)　**036** 설계기준압축강도의 2/3배 이상, 또한 최소강도 14Mpa 이상　**038** 3일　**039** 캠버

03 계산형 문제

★중요   [10①, 14②, 23③]

001 콘크리트 배합 시 시멘트 15포대(600kg)가 소요되고 물시멘트비가 60%일 때 필요한 물의 중량(kg)을 구하시오.

> ⚙ **해설**
>
> $$물 \cdot 시멘트비 = \frac{물의\ 중량}{시멘트의\ 중량} \times 100(\%)이다.$$
>
> $$그러므로,\ 물의\ 중량 = \frac{시멘트의\ 중량 \times 물 \cdot 시멘트의\ 비}{100} = \frac{600 \times 60}{100} = 360kg$$

                                                                         [15③]

002 철근콘크리트공사에서 철근과 철근의 순간격은 굵은 골재 최대치수에 최소 몇 배 이상인지 쓰시오.

> ⚙ **해설**
>
> 보의 주근의 순간격은 25mm 이상, 철근의 공칭 직경 이상, 굵은 골재의 최대 치수의 $\frac{4}{3}$ 이상이다.

★중요   [03③, 22①, 25①,]

003 철근콘크리트조 보에 사용된 굵은 골재의 최대치수가 25mm일 때, D22철근(동일 평면에서 평행한 철근)의 간격을 구하시오. (단, 콘크리트를 공극없이 칠 수 있는 다짐방법을 사용할 경우에는 제외)

> ⚙ **해설**
>
> 보의 주근의 순간격은 다음과 같다.
>
> ① 25mm 이상
>
> ② 철근의 공칭 직경 이상 : D22($\frac{7}{8}$inch $= \frac{7}{8} \times 25.4 = 22.225$mm) 이상
>
> ③ 굵은 골재의 최대 치수의 $\frac{4}{3}$ 이상 : $25 \times \frac{4}{3} = 33.34$mm 이상
>
> ①, ②, ③의 최대값을 택하면, 33.33mm → 33.34mm 이상이다.

★중요

004 철골콘크리트 공사에 있어서 철근의 순간격의 최소값을 구하시오. (단, 철근은 D19, 사용자갈의 최대치수는 25mm)

⚙ 해설

보의 주근의 순간격은 다음과 같다.

① 25mm 이상

② 철근의 공칭 직경 이상 : D19($\frac{4}{8}$inch = $\frac{4}{8}$×25.4 = 12.7mm) 이상

③ 굵은 골재의 최대 치수의 $\frac{4}{3}$ 이상 : 25×$\frac{4}{3}$ = 33.34mm 이상

①, ②, ③의 최대값을 택하면, 33.33mm → 33.34mm 이상이다.

01 진위형 문제

▶ 해설편 286p

※ 다음 문제를 읽고, 옳으면 ○, 틀리면 ✕를 괄호 안에 표기하시오.

★중요　　　　　　　　　[03③, 04①, 05③, 07②, 24②]

001 철골작업의 공장가공 제작순서를 나열한 것으로 올바른지 체크하시오.

① 원척도 → 본뜨기 → 금매김 → 절단 → 구멍뚫기 → 가조립 – 리벳치기 (　　)

② 원척도 → 본뜨기 → 금매김 → 구멍뚫기 → 절단 → 리벳치기 – 가조립 (　　)

③ 본뜨기 → 원척도 → 금매김 → 절단 → 구멍뚫기 → 가조립 – 리벳치기 (　　)

④ 본뜨기 → 원척도 → 금매김 → 구멍뚫기 → 절단 → 리벳치기 – 가조립 (　　)

[13①, 18③]

002 철골부재 공장제작에서 강재의 절단 방법에 해당하는 것을 체크하시오.

① 기계 절단법 (　　)

② 가스 절단법 (　　)

③ 로터리 베니어 절단법 (　　)

④ 프라즈마 절단법 (　　)

[19②, 22②, 23③]

003 철골작업용 장비 중 절단용 장비를 체크하시오.

① 프릭션 프레스(friction press) (　　)

② 플레이트 스트레이닝 롤(plate straining roll) (　　)

③ 파워 프레스(power press) (　　)

④ 핵 소우(hack saw) (　　)

[11①]

004 철골작업용 장비 중 변형 바로 잡기 장비에 해당하는 것을 체크하시오.

① 프릭션 프레스(friction press) (　　)

② 플레이트 스트레이닝 롤(plate straining roll) (　　)

③ 파워 프레스(power press) (　　)

④ 플레이트 쉐어링 머신(plate shearing machine) (　　)

[14①]

005 철골공사 현장에 자재반입 시 치수검사 항목을 체크하시오.

① 기둥 폭 및 층 높이 검사 (　　)

② 휨 정도 및 뒤틀림 검사 (　　)

③ 브래킷의 길이 및 폭, 각도 검사 (　　)

④ 고력 볼트 접합부 검사 (　　)

[21③]

006 강구조물 부재 제작 시 마킹(금긋기)에 관한 설명으로 올바른지 체크하시오.

① 주요부재의 강판에 마킹할 때에는 펀치(punch) 등을 사용하여야 한다. (　　)

② 강판 위에 주요부재를 마킹할 때에는 주된 응력의 방향과 압연 방향을 일치시켜야 한다. (　　)

③ 마킹할 때에는 구조물이 완성된 후에 구조물의 부재로서 남을 곳에는 원칙적으로 강판에 상처를 내어서는 안 된다. (　　)

④ 마킹 시 용접열에 의한 수축 여유를 고려하여 최종 교정, 다듬질 후 정확한 치수를 확보할 수 있도록 조치해야 한다. (　　)

[22①]

007 강구조 공사 시 앵커링(anchoring)에 관한 설명으로 올바른지 체크하시오.

① 필요한 앵커링 저항력을 얻기 위해서는 콘크리트에 피해를 주지 않도록 적절한 대책을 수립하여야 한다. (　　)

② 앵커볼트 설치 시 베이스플레이트 위치의 콘크리트는 설계도면 레벨보다 −30mm ~ −50mm 낮게 타설하고, 베이스플레이트 설치 후 그라우팅 처리한다. (　　)

③ 구조용 앵커볼트를 사용하는 경우 앵커볼트 간의 중심선은 기둥중심선으로부터 3mm 이상 벗어나지 않아야 한다. (　　)

④ 앵커볼트로는 구조용 혹은 세우기용 앵커볼트가 사용되어야 하고, 나중매입공법을 원칙으로 한다. (　)

[20②]

008 강구조 건축물의 현장조립 시 볼트시공에 관한 설명으로 올바른지 체크하시오.

① 마찰내력을 저감시킬 수 있는 틈이 있는 경우에는 끼움판을 삽입해야 한다. (　)
② 볼트조임 작업 전에 마찰접합면의 흙, 먼지 또는 유해한 도료, 유류, 녹, 밀스케일 등 마찰력을 저감시키는 불순물을 제거해야 한다. (　)
③ 1군의 볼트조임은 가장자리에서 중앙부의 순으로 한다. (　)
④ 현장조임은 1차 조임, 마킹, 2차 조임(본조임), 육안검사의 순으로 한다. (　)

★중요

[03②, 06③, 08①, 23③]

009 고장력 볼트의 특징에 해당하는 것을 체크하시오.

① 재해의 위험이 적다. (　)
② 피로강도가 낮다. (　)
③ 현장시공설비가 간단하다. (　)
④ 소음이 적다. (　)
⑤ 접합부의 강성이 크다. (　)
⑥ 불량개소의 수정이 어렵다. (　)
⑦ 너트가 풀리지 않는다. (　)
⑧ 노동력 절약, 공기단축이 된다. (　)

[04①]

010 Reamer(리머)의 사용목적을 체크하시오.

① 말뚝박기에 사용한다. (　)
② 철골구멍을 가셔낸다. (　)
③ 목재에 홈을 판다. (　)
④ 콘크리트에 진동을 준다. (　)

★중요

[06①, 09①, 11③, 17③, 18②, 25②]

011 공장에서의 철골작업 중 녹막이칠을 해야 되는 부분에 해당하는 것을 체크하시오.

① 콘크리트에 매립되는 부분 (　)
② 현장용접 부위 및 그곳에 인접하는 양측 50㎝ 이내 (　)
③ 고력볼트 마찰 접합부의 마찰면 (　)
④ 콘크리트에 매입되지 않는 부분 (　)
⑤ 폐쇄형 단면을 한 부재의 밀폐된 면 (　)
⑥ 조립상 표면접합이 되는 부위 (　)
⑦ 현장접합에 의한 볼트류의 두부, 너트, 와셔 (　)
⑧ 볼트의 접합부 (　)
⑨ 리벳 머리 (　)

[12③, 13②, 15①, 20③]

012 철골 공사 중 현장에서 보수 도장이 필요한 부위를 체크하시오.

① 현장에서 깎기 마무리가 필요한 부위 (　)
② 운반 또는 양중 시 생긴 손상부위 (　)
③ 현장용접을 한 부위 (　)
④ 현장접합 재료의 손상부위 (　)

[08③]

013 철골공사에 관한 용어와 설명의 연결이 올바른지 체크하시오.

① 게이지 라인(Gaue Line) – 한 열의 리벳 중심을 통하는 선을 말한다. (　)
② 드리프트 핀(Drift Pin) – 철골의 리벳구멍 중심을 맞추는 공구이다. (　)
③ 슬래그(Slag) – 용접할 때 용착금속의 표면에 생기는 비금속의 물질을 말한다. (　)
④ 밀 스케일(Mill Scale) – 뚫는 구멍의 지름을 정확하고 보기 좋게 가심하는 공구를 말한다. (　)

[19③, 20①]

014 강구조용 강제의 절단 및 개선가공에 관한 사항으로 올바른지 체크하시오.

① 주요 부재의 강판 절단은 주된 응력의 방향과 압연방향을 직각으로 교차하여 절단함을 원칙으로 한다. (　)
② 절단할 강재의 표면에 녹, 기름, 도료가 부착되어 있는 경우에는 제거 후 절단해야 한다. (　)
③ 용접선의 교차부분 또는 한 부재를 다른 부재에 접합시킬 때 불필요한 접촉을 피하기 위하여 모퉁이따기를 할 경우에는 10mm 이상 둥글게 해야 한다. (　)

④ 스캘럽 가공은 절삭 가공기 또는 부속장치가 달
린 수동가스 절단기를 사용한다. (　　)

[03②, 06③, 24②]

015 철강공사의 현장용접 시 재해방지법에 해당하는 것을 체크하시오.

① 개로전압이 높은 용접기를 사용한다. (　　)

② 전격방지기를 설치한다. (　　)

③ 가죽장갑, 가죽구두 등을 착용한다. (　　)

④ 용접기의 바깥상자를 접지한다. (　　)

[16②, 20③]

016 철근기둥의 이음부분 면을 절삭가공기를 사용하여 마감하고 충분히 밀착시킨 이음에 해당하는 용어를 체크하시오.

① 밀 스케일(mill scale) (　　)

② 스캘럽(scallop) (　　)

③ 스패터(spatter) (　　)

④ 메탈터치(metal touch) (　　)

[07①]

017 철골공사의 용접작업시 맞댄 용접의 앞벌림 모양에 해당하는 것을 체크하시오.

① I자형 (　　)　　　　② U자형 (　　)

③ Z자형 (　　)　　　　④ H자형 (　　)

[09②, 17③, 23②]

018 철골공사의 모살용접에 대한 설명으로 올바른지 체크하시오.

① 모살용접의 유효면적은 유효길이에 유효목두께를 곱한 것으로 한다. (　　)

② 모살용접의 유효길이는 모살용접의 총길이에서 2배의 모살사이즈를 공제한 값으로 해야 한다. (　　)

③ 모살용접의 유효목두께는 모살사이즈의 0.3배로 한다. (　　)

④ 구멍모살과 슬롯 모살용접의 유효길이는 목두께의 중심을 잇는 용접 중심선의 길이로 한다. (　　)

[12②]

019 철골공사에서 부재의 용접접합에 관한 설명으로 올바른지 체크하시오.

① 불량용접 검사가 매우 쉽다. (　　)

② 기후나 기온에 따라 영향을 받는다. (　　)

③ 단면결손이 없어 이음효율이 높다. (　　)

④ 무소음, 무진동 방법이다. (　　)

[19③]

020 철골공사에서 용접접합의 장점을 체크하시오.

① 강재량을 절약할 수 있다. (　　)

② 소음을 방지할 수 있다. (　　)

③ 일체성 및 수밀성을 확보할 수 있다. (　　)

④ 접합부의 품질검사가 매우 간단하다. (　　)

[21①]

021 강구조 부재의 용접 시 예열에 관한 설명으로 올바른지 체크하시오.

① 모재의 표면온도가 0℃ 미만인 경우는 적어도 20℃ 이상 예열한다. (　　)

② 이종금속 간에 용접을 할 경우는 예열과 층간온도는 하위등급을 기준으로 하여 실시한다. (　　)

③ 버너로 예열하는 경우에는 개선면에 직접 가열해서는 안 된다. (　　)

④ 온도관리는 용접선에서 75mm 떨어진 위치에서 표면온도계 또는 온도쵸크 등에 의하여 온도관리를 한다. (　　)

★중요　　　　　　　　　　　[13②③, 16②, 21②, 25②]

022 철골공사의 용접작업 시 유의사항을 체크하시오.

① 용접할 소재는 수축변형 및 마무리에 대한 고려로서 지수에 여분을 두어야 한다. (　　)

② 용접으로 인하여 모재에 균열이 생긴 때에는 원칙적으로 모재를 교환한다. (　　)

③ 용접자세는 부재의 위치를 조절하여 될 수 있는 대로 아래보기로 한다. (　　)

④ 수축량이 가장 작은 부분부터 최초로 용접하고 수축량이 큰 부분은 최후에 용접한다. (　　)

⑤ 기온이 0℃ 이하로 될 때에는 용접하지 않도록 한다. (　　)

⑥ 용접 시 발생하는 가스 등으로 질식 또는 중독되지 않도록 환기 또는 기타 필요한 조치를 해야 한다. (　　)

⑦ 용접할 소재는 정확한 시공과 정밀도를 위하여 치수에 여분을 두지 말아야 한다. (　)

⑧ 용접할 소재는 수축변형이 일어나지 않으므로 치수에 여분을 두지 않아야 한다. (　)

⑨ 용접할 모재의 표면에 녹·유분 등이 있으면 접합부에 공기포가 생기고 용접부의 재질을 약화시키므로 와이어 브러시로 청소한다. (　)

⑩ 강우 및 강설 등으로 모재의 표면이 젖어 있을 때나 심한 바람이 불 때는 용접하지 않는다. (　)

⑪ 용접봉을 교환하거나 다층용접일 때는 슬래그와 스패터를 제거한다. (　)

[09②, 14②, 18③, 22②, 24②]

023 철골공사의 용접접합에서 플럭스(flux)에 대한 설명으로 올바른지 체크하시오.

① 용접 시 용접봉의 피복제 역할을 하는 분말상의 재료 (　)

② 압연강판의 층 사이에 균열이 생기는 현상 (　)

③ 용접작업의 종단부에 임시로 붙이는 보조판 (　)

④ 용접부에 생기는 미세한 구멍 (　)

[16③]

024 모재표면 위에 플럭스를 살포하여, 플러스 속에 용접봉을 꽂아 넣는 자동 아크용접을 체크하시오.

① 일렉트로 슬래그(Electro slag) 용접 (　)

② 서브머지드 아크(Submerged arc) 용접 (　)

③ 피복 아크 용접 (　)

④ CO_2 아크 용접 (　)

[05①, 07②, 17②, 21①③, 23①]

025 철골재의 용접결함에 해당하는 것을 체크하시오.

① 위핑(weeping) (　)

② 슬래그(slag)감싸들기 (　)

③ 피트(Pit) (　)

④ 공기구멍(blow hole) (　)

⑤ 오버 랩(Over lap) (　)

⑥ 가우징(Gouging) (　)

⑦ 스캘럽(scallop) (　)

⑧ 엔드탭(end tab) (　)

⑨ 언더컷(under cut) (　)

[08①, 10①, 12②]

026 용접결함 중 용접금속과 모재가 융합되지 않고 단순히 겹쳐지는 것에 해당하는 용어를 체크하시오.

① 언더컷(under cut) (　)

② 크레이터(crater) (　)

③ 크랙(crack) (　)

④ 오버랩(overlap) (　)

[04①, 09①]

027 용접불량에 대한 원인에 해당하는 것을 체크하시오.

① 언더컷 – 운봉불량, 전류과대, 용접봉의 선택 부적합 (　)

② 용입불량 – 너무 느린 속도, 전류과대, 봉경과소 (　)

③ 크레이터 – 전류과대, 운봉부족 (　)

④ 크랙 – 전류과대, 모재불량 (　)

⑤ 슬래그 말림 – 운봉부적, 전류과소 (　)

[04②, 08②, 10③, 12②, 18①]

028 철골보와 콘크리트 슬래브를 연결하는 쉬어 커넥터(shear connector)의 역할을 하는 부재에 해당하는 것을 체크하시오.

① 리인포싱 바(reinforcing bar) (　)

② 가이데릭(guy derrick) (　)

③ 메탈 서포트(metal support) (　)

④ 스터드(stud) (　)

[12③]

029 철골공사에서 철골부재의 용접과 관련된 용어를 체크하시오.

① 위빙(Weeving) (　)　② 토크(Torque) (　)

③ 루트(Root) (　)　④ 크랙(Crack) (　)

[16①]

030 건설현장의 두께가 두꺼운 철골구조물 용접 결함 확인을 위한 비파괴검사 중 모재의 결함 및 두께측정이 가능한 것을 체크하시오.

① 방사선투과검사(Radiographic Test) (　)

② 초음파탐상검사(Ultrasonic Test) (　)

③ 자기탐상검사(Magnetic Particle Test) (　)

④ 액체침투탐상검사(Liquid Penetration Test) (　)

[04③, 06①, 23③]

031 철골용접부의 내부결함을 검사하는 방법을 체크하시오.

① 방사선 검사 (　)

② 초음파 탐상검사 (　)

③ 침투 탐상검사 (　)

④ 베인 테스트 (　)

[09③, 13②, 14①, 16②]

032 철골공사에서는 용접작업 종료 후 용접부의 안전성을 확인하기 위해 비파괴 검사를 실시하는데, 이 비파괴 검사의 종류를 체크하시오.

① 방사선 검사 (　)

② 침투 탐상 검사 (　)

③ 반발 경도 검사 (　)

④ 초음파 탐상 검사 (　)

⑤ X선 투과법 (　)

⑥ 개선 정도 검사 (　)

⑦ 자기탐상법 (　)

★중요 [09①, 11②, 17②, 20③, 25③]

033 철골용접 부위의 비파괴검사에 대한 설명으로 올바른지 체크하시오.

① 방사선검사는 필름의 밀착성이 좋지 않은 건축물에서는 검출이 어렵다. (　)

② 침투탐상검사는 액체의 모세관현상을 이용한다. (　)

③ 초음파탐상검사는 인간이 들을 수 있는 20kHz 이하의 주파수를 갖는 음파를 이용한다. (　)

④ 외관검사는 용접을 한 용접공이나 용접관리 기술자가 한다. (　)

[05①]

034 철골공작 용어에서 스패터(spatter)의 의미에 해당하는 것을 체크하시오.

① 철골용접 중 튀어나오는 슬래그 및 금속입자 (　)

② 전단절단에서 생기는 뒤꺽임 현상 (　)

③ 수동 가스절단에서 절단선이 곧지 못하여 생기는 잘록한 자국의 거치렁이 (　)

④ 철골용접에서 용접부의 상부를 넓는 용접 불순물 (　)

[05③]

035 철골공사에 관한 설명으로 올바른지 체크하시오.

① 고장력볼트의 조임은 임팩트렌치 및 토오크렌치를 사용한다. (　)

② 삼각데릭(Stiff Leg Derrick) 부움(Boom)의 길이는 마스트(Mast)보다는 길고 수평선회각도는 360°이다. (　)

③ 기초콘크리트를 시공할 때의 고정매립공법은 앵커볼트의 기능이 완전히 발휘되는, 우수한 공법이나 시공의 정밀도가 요구된다. (　)

④ 기온이 0℃ 이하일 때는 특별한 조치를 하는 경우를 제외하고 용접을 해서는 안 된다. (　)

★중요 [03①, 05②, 07③, 10②, 12①, 13①, 15②, 17②, 25③]

036 강관구조에 대한 설명으로 올바른지 체크하시오.

① 일반형강에 비하여 국부좌굴에 불리하여 강도가 약하다. (　)

② 콘크리트 충전 시 내부의 콘크리트와 외부 강관의 역적 거동에서 합성구조라 볼 수 있다. (　)

③ 콘크리트 충전 시 별도의 거푸집이 필요 없다. (　)

④ 접합부 용접기술이 발달한 일본 등에서 활성화되어 있다. (　)

⑤ 경량이며 외관이 경쾌하다. (　)

⑥ 휨 강성 및 비틀림 강성이 크다. (　)

⑦ 접합부 및 관 끝의 절단가공이 간단하다. (　)

⑧ 국부좌굴, 가로좌굴에 유리하다. (　)

⑨ 국부좌굴에 대해서 강하다. (　)

[18③, 21②]

037 강재 중 "SN 355 B"에 관한 설명으로 올바른지 체크하시오.

① 건축 구조물에 사용된다. (　)

② 냉간 압연 강재이다. (　)

③ 강재의 두께가 6mm 이상 40mm 이하일 때 최소 항복강도가 355N/mm²이다. (　)

④ 충격흡수 에너지등급은 중간 정도이다. (　)

⑤ S : Steel (　)

⑥ N : 일반 구조용 압연강재 (　)

⑦ 355 : 최저 항복강도 355N/mm² (　)

038 철골 구조의 내화피복공법에 해당하는 것을 체크하시오.

① 락울(rockwool)뿜칠 공법 (　)

② 성형판붙임공법 (　)

③ 콘크리트 타설공법 (　)

④ 메탈라스(metal lath)공법 (　)

⑤ 조적공법 (　)

⑥ 세라믹울 피복공법 (　)

⑦ 타설공법 (　)

⑧ 뿜칠공법 (　)

⑨ 표면탄화법 (　)

[16③]

039 철골 내화피복 공법 중 습식공법에 해당하는 것을 체크하시오.

① 타설공법 (　)   ② 미장공법 (　)

③ 뿜칠공법 (　)   ④ 성형판 붙임공법 (　)

040 철골 내화피복공법의 종류와 사용되는 재료의 연결이 올바른지 체크하시오.

① 타설공법 – 콘크리트, 경량콘크리트 (　)

② 뿜칠공법 – 뿜칠 암면, 습식 뿜칠 암면, 뿜칠 모르타르 (　)

③ 조적공법 – 콘크리트, 경량콘크리트 블록, 돌, 벽돌 (　)

④ 성형판붙임공법 – 양면 흡음판 (　)

⑤ 미장공법 – 뿜칠 플라스터, 알루미나 계열 모르타르 (　)

[15①, 22①]

041 철골구조의 내화피복에 대한 설명으로 올바른지 체크하시오.

① 조적공법은 용접철망을 부착하여 경량모르타르, 퍼라이트 모르타르와 플라스터 등을 바름하는 공법이다. (　)

② 뿜칠공법은 철골표면에 접착제를 혼합한 내화피복재를 뿜어서 내화피복을 한다. (　)

③ 성형판 공법은 내화단열성이 우수한 각종 성형판을 철골 주위에 접착제와 철물 등을 설치하고 그

위에 붙이는 공법으로 주로 기둥과 보의 내화피복에 사용된다. (　)

④ 타설공법은 아직 굳지 않은 경량콘크리트나 기포모르타르 등을 강재주위에 거푸집을 설치하여 타설한 후 경화시켜 철골을 내화피복하는 공법이다. (　)

042 철골공사에서 세우기 계획을 수립할 때 철골제작공장과 협의해야 할 사항을 체크하시오.

① 반입철골의 중량 (　)

② 반입시간의 확인 (　)

③ 반입부재수의 확인 (　)

④ 부재반입의 순서 (　)

043 베이스 플레이트를 완전 밀착시키기 위한 기초상부 고름질법에 해당하는 것을 체크하시오.

① 고정매입공법 (　)

② 나중채워넣기법 (　)

③ 나중채워넣기 중심바름법 (　)

④ 나중채워넣기 +자 바름법 (　)

⑤ 전면바름 마무리법 (　)

⑥ 나중 매입공법 (　)

[04①]

044 앵커 볼트를 기초에 고정시킬 때 나중 매입공법을 사용하는 경우를 체크하시오.

① 앵커 볼트의 지름이 큰 경우 (　)

② 앵커 볼트의 지름이 작은 경우 (　)

③ 구조물의 이동조립을 가능하게 하기 위한 경우 (　)

④ 시공의 정밀도를 높이고자 하는 경우 (　)

[05①, 07①]

045 철골세우기에서 앵커 볼트(anchor bolt) 묻기에 대한 설명으로 올바른지 체크하시오.

① 고정매입법은 기초 콘크리트 시공 시 앵커 볼트를 정확한 위치에 고정시켜 콘크리트를 치기 때문에 시공이 간단하다. (　)

② 가동매입법은 앵커 볼트를 완전히 매입하지 않고 상부에 함석판을 끼우고 콘크리트를 시공한다. (　)

③ 나중매입법은 기초 콘크리트에 앵커 볼트를 묻을
　구멍을 내두었다가 나중에 고정한다. (　　)

④ 나중매입법은 경미한 구조에 이용된다. (　　)

★중요　　　　　　　　　[04②, 10②, 18②, 21②, 25①]

046 철골세우기용 기계에 해당하는 것을 체크하시오.

① Stiff leg derrick (　　)

② Guy derrick (　　)

③ Penumatic hammer (　　)

④ Truck crane (　　)

⑤ 진폴 (　　)

⑥ 드래그라인 (　　)

[09②, 12②]

047 고층건축물 시공 시 사용하는 재료와 인력의 수직
이동을 위해 설치하는 장비를 체크하시오.

① 리프트카 (　　)

② 크레인 (　　)

③ 원치 (　　)

④ 데릭 (　　)

★중요　　　　　　　[05③, 07③, 17①, 23②]

048 철골공사에서 베이스 플레이트 설치 기준에 대한
설명으로 올바른지 체크하시오.

① 이동식 공법에 사용하는 모르타르는 무수축 모르
　타르로 한다. (　　)

② 앵커볼트 설치 시 베이스플레이트 위치의 콘크리
　트는 설계도면 레벨보다 30~50mm 낮게 타설한
　다. (　　)

③ 모르타르의 크기는 200mm 각 또는 직경
　200mm 이상으로 한다. (　　)

④ 베이스 모르타르는 강구조 부재 설치 전 2일 이상
　양생하여야 한다. (　　)

⑤ 베이스플레이트 설치 후 그라우팅 처리한다. (　　)

[07③, 11②]

049 철골세우기에 있어서의 주의사항을 체크하시오.

① 가볼트수는 현장치기 리벳수의 1/10 이하를 표준
　으로 한다. (　　)

② 기둥의 베이스 플레이트는 중심선 및 높이를 정
　확히 설치한다. (　　)

③ 세운 철골에 달아올리는 철골이 충돌되지 않게
　한다. (　　)

④ 지붕트러스 등 구성재를 달아올릴 때에 반대하중
　으로 변형되기 쉬운 것은 보강하거나, 지주를 세
　워 대고 조립한다. (　　)

⑤ 기둥은 독립되지 않도록 바로 보로 연결한다. (　　)

⑥ 가조임 볼트의 개수는 본조임 개수의 1/4~1/5 또
　는 1개 이상으로 한다. (　　)

⑦ 조립된 철골이 변형, 도괴되는 위험에 대비하여
　수직, 수평방향에 가새로 보강한다. (　　)

⑧ 작업 중에는 강재를 끌거나 굴리는 것은 피해야
　하며, 이미 세워놓은 부재에 부딪히지 않도록 해
　야 한다. (　　)

[12③, 18①]

050 경량형강공사에 사용되는 부재 중 지붕에서 지붕내
력을 받는 경사진 구조부재로서 트러스와 달리 하
현재가 없는 것을 체크하시오.

① 스터드 (　　)

② 헤더 (　　)

③ 브레이싱 (　　)

④ 래프터 (　　)

⑤ 윈드 칼럼 (　　)

⑥ 아웃리거 (　　)

[16③]

051 경량철골공사에서 녹막이도장에 관한 설명으로 올
바른지 체크하시오.

① 경량 철골구조물에 이용되는 강재는 판두께가 얇
　아서 녹막이 조치가 불필요하다. (　　)

② 강제는 물의 고임에 의해 부식될 수 있기 때문에
　부재배치에 충분히 주의하고, 필요에 따라 물구멍
　을 설치하는 등 부재를 건조상태로 유지한다. (　　)

③ 녹막이도장의 도막은 노화, 타격 등에 의한 화학
　적, 기계적 열화에 따라 재도장을 할 수 있다. (　　)

④ 재도장이 곤란한 건축물 및 녹이 발생하기 쉬운
　환경에 있는 건축물의 녹막이는 녹막이 용융아연
　도금을 활용한다. (　　)

[08②, 19②, 25②]

052 그림과 같이 H–400×400×30×50인 형강재의 길이가 10M일 때 이 형강의 개산 중량을 체크하시오.
(단, 철의 비중은 7.85ton/m³)

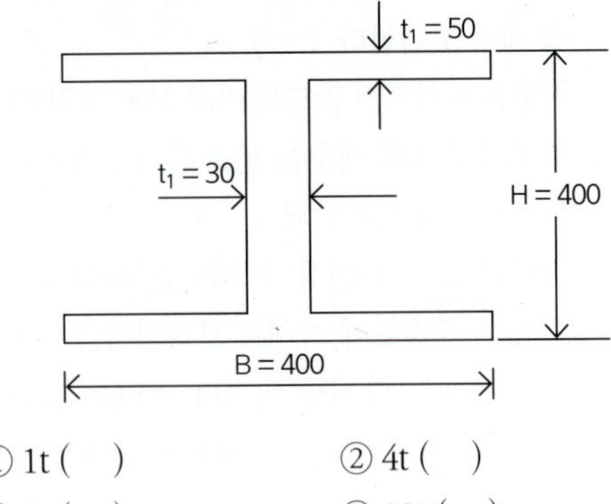

① 1t (　)　　② 4t (　)

③ 8t (　)　　④ 12t (　)

02 단답형 문제

★중요 [13③, 17①, 20②, 24②]

001 철골부재 절단 방법 중 가장 정밀한 절단방법으로 앵글커터(angle cutter), 프릭션 소(friction saw) 등으로 작업하는 절단을 쓰시오.

★중요 [06③, 09③, 11②, 16①, 23②]

002 철골 부재가공 시 절단면의 상태가 가장 양호하게 되는 절단 방법을 쓰시오.

★중요 [03①, 07①, 21①, 25②]

003 철골공사의 미장 및 뿜칠공법 검사 시 시공면적 얼마당 1개소를 핀 등으로 두께를 확인하여야 하는 시공면적을 쓰시오.

> **⚙ 해설** 미장공법, 뿜칠공법의 경우, 검사항목, 방법 등은 해당 공사시방서에 따른다. 해당 공사시방서에 정한 바가 없는 경우에는 아래에 따른다.
> ① 시공 시에는 시공면적 $5m^2$당 1개소 단위로 핀 등을 이용하여 두께를 확인하면서 시공한다.
> ② 뿜칠공법의 경우 시공 후 두께나 비중은 코어를 채취하여 측정한다. 측정빈도는 각 층마다 또는 바닥면적 $1500m^2$마다 각 부위별 1회를 원칙으로 하고, 1회에 5개로 힌다. 그러나 연면직이 $1500m^2$ 미만의 건물에 대해서는 2회 이상으로 한다.

[15③, 22②, 25①]

004 철골 부재 조립 시 구멍의 위치가 다소 다를 때 구멍을 맞추기 위한 작업을 쓰시오.

★중요 [03③, 08②, 10①, 25①]

005 철골가공 및 용접에 있어 자동용접의 경우 용접봉의 피복재 역할로 쓰이는 분말상의 재료를 무엇이라 하는지 쓰시오.

[17③]

006 철골공사에서 강재의 기계적 성질, 화학성분, 외관 및 치수공차 등 재원과 제조회사 확인으로 제품의 품질확보를 위해 공인된 시험기관에서 발행하는 검사증명서의 명칭을 쓰시오.

[17①, 22①, 24②]

007 다음 모살용접(Fillet Welding)의 단면상 이론 목두께에 해당하는 것의 기호를 쓰시오.

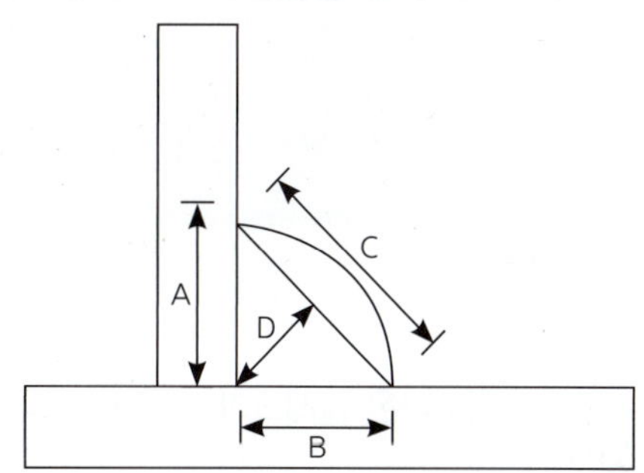

> **⚙ 해설** 모살용접의 목두께는 용접의 유효 단면의 두께를 의미하며, 그림에서 D이다. 각장(다리길이)은 모살용접에서 모재의 표면을 만난 점에서 다리 끝까지의 길이를 말한다. 각장부족은 한쪽 용접면의 다리길이가 부족한 현상으로, 용접결함의 일종이다.

|정답|

001 톱절단 **002** 톱절단 **003** $5m^2$ **004** 리밍(Reaming) **005** 플럭스(Flux) **006** Mill sheet **007** D

008 용접불량의 일종으로 용접의 끝부분에서 용착금속이 채워지지 않고 홈처럼 우묵하게 남아 있는 부분을 무엇이라 하는지 쓰시오.

009 용접봉을 용접방향에 대해서 서로 엇갈리게 움직여서 용가(鎔可)금속을 용착시키는 운봉방법을 무엇이라고 하는지 쓰시오.

010 다음 설명에서 괄호 안에 들어갈 용접 용어를 쓰시오.

> - (㉠) : 용접 시 튀어나온 슬래그가 굳은 현상을 의미하는 것
> - (㉡) : 용접 금속과 모재가 융합되지 않고, 겹쳐지는 것을 의미하는 용접 불량

011 용접 시 튀어나온 슬래그가 굳은 현상의 명칭을 쓰시오.

012 철골용접이음 후 용접부의 내부결함 검출을 위하여 실시하는 검사로써 빠르고 경제적이어서 현장에서 주로 사용하는 초음파를 이용한 비파괴 검사법을 쓰시오.

★중요

013 두께 50mm의 일반구조용 압연강재 SS400의 항복강도(f_y) 기준값을 쓰시오.

014 철골조 내화피복공사 중 피복된 철골의 형상에 대해 제약이 적고 큰 면적의 내화피복을 소수인으로 단시간에 시공할 수 있는 공법을 쓰시오.

015 철공공사 세우기 시공순서를 순서대로 쓰시오.

> ㉠ 앵커볼트 매입   ㉡ 변형바로잡기
> ㉢ 볼트 가조립   ㉣ 세우기
> ㉤ 볼트 본조립

⚙ 해설 철공공사 세우기 시공순서는 "앵커볼트 매입 → 세우기 → 볼트 가조립 → 변형바로잡기 → 볼트 본조립"의 순이다.

016 철골공사에서 철골 세우기 순서를 기호로 쓰시오.

> A : 기초 볼트 위치 재점검
> B : 기둥 중심선 먹매김
> C : 기둥 세우기
> D : 주각부 모르타르 채움
> E : Base plate의 높이 조정용 plate 고정

⚙ 해설 철골공사에서 철골 세우기 순서는 "기둥 중심선 먹매김 → 기초 볼트 위치 재점검 → Base plate의 높이 조정용 plate 고정 → 기둥 세우기 → 주각부 모르타르 채움"의 순이다.

★중요 [03③, 05②, 15②, 23①]

017 철골세우기 공사에서 가조임 볼트수는 현장치기 리벳수의 얼마를 표준으로 하는지 쓰시오.

⚙ **해설** 리벳수와 가조립 볼트수

현장치기 리벳 수	전 리벳 수의 1/2 (약 30%)
공장치기 리벳 수	전 리벳 수의 2/3 (약 70%)
세우기용 가볼트 수	전 리벳 수의 20~50% 또는 현장치기 리벳 수의 1/5 이상

[03②, 11③, 25②]

018 철골세우기용 기계설비 중 수평이동이 용이하고 건물의 층수가 적을 때 또는 당김줄을 마음대로 맬 수 없을 때 가장 유리한 기계를 쓰시오.

[07②, 18①]

019 철골세우기용 기계설비 중에서 수평이동이 가능하므로 건물의 층수가 적은 긴 평면에 유리하며 회전 범위가 270°인 기계를 쓰시오.

[08①, 24②]

020 소규모 또는 가이 데릭으로 할 수 없는 펜트하우스 등의 돌출부에 쓰이고 중량재료를 달아 올리기에 편리한 철골 세우기용 기계설비를 쓰시오.

[09③]

021 운반작업에 편리하고 평면적인 넓은 장소에 기동력 있게 작업할 수 있는 철골용 기계장비에 해당하는 기계를 쓰시오.

[18①, 25②]

022 상하기복형으로 협소한 공간에서 작업이 용이하고 장애물이 있을 때 효과적인 장비로서 초고층건축물 공사에 많이 사용되는 장비를 쓰시오.

|정답|

008 언더컷　　**009** 위빙(weaving)　　**010** ㉠ 스패터(spatter), ㉡ 오버랩(overlap)　　**011** 스패터(spatter)
012 초음파 탐상법(ultrasonic flaw detection test) 또는 UT(Ultrasonic Testing)　　**013** 235Mpa　　**014** 뿜칠공법
015 ㉠ → ㉣ → ㉢ → ㉡ → ㉤　　**016** B → A → E → C → D　　**017** 1/5 이상　　**018** 스티프레그 데릭(stiff leg derrick)
019 스티프레그 데릭(stiff leg derrick)　　**020** 진 폴(gin pole)　　**021** 트럭크레인　　**022** 러핑크레인

해체공사

01 진위형 문제

▶ 해설편 294p

※ 다음 문제를 읽고, 옳으면 〇, 틀리면 ✕를 괄호 안에 표기하시오.

[03①, 11①③, 13②, 14①, 23③]

001 철근콘크리트 구조물의 해체를 위한 장비에 해당하는 것을 체크하시오.

① 램머(Rammer) (　)

② 압쇄기 (　)

③ 철제 해머 (　)

④ 핸드 브레이커(Hand Breaker) (　)

⑤ 스크레이퍼 (　)

⑥ 잭 (　)

[05②, 15②, 20②, 24②]

002 해체작업용 기계·기구에 해당하는 것을 체크하시오.

① 압쇄기 (　)

② 핸드 브레이커 (　)

③ 철햄머 (　)

④ 진동 롤러 (　)

[07②]

003 해체(철거)용 장비로서 작은 부재의 파쇄에 유리하고 소음·진동 및 분진이 발생되므로 작업원이 보호구를 착용하여야 하고, 특히 작업원의 작업시간을 제한하여야 하는 장비에 해당하는 것을 체크하시오.

① 압쇄기 (　)

② 철재 해머 (　)

③ 대형 브레이커 (　)

④ 핸드 브레이커 (　)

[16②]

004 구조물 해체방법으로 사용되는 공법에 해당하는 것을 체크하시오.

① 압쇄공법 (　)

② 잭공법 (　)

③ 절단공법 (　)

④ 진공공법 (　)

[03③, 20③]

005 도심지 폭파해체공법에 대한 설명으로 올바른지 체크하시오.

① 장기간 발생하는 진동, 소음이 적다. (　)

② 해체 속도가 빠르다. (　)

③ 주위의 구조물에 영향이 적다. (　)

④ 많은 분진 발생으로 민원을 발생시킬 우려가 있다. (　)

[13③]

006 해체공사에 따른 직접적인 공해방지대책을 수립해야 되는 대상에 해당하는 것을 체크하시오.

① 소음 및 분진 (　)

② 폐기물 (　)

③ 지반침하 (　)

④ 수질오염 (　)

[03③, 20①]

007 해체공사 시 작업용 기계기구의 취급 안전기준에 관한 설명으로 올바른지 체크하시오.

① 압쇄기의 중량 등을 고려 자체에 무리를 초래하는 중량의 압쇄기 부착을 금지하여야 한다. (　)

② 팽창제 사용 천공직경은 50~60mm 정도를 유지하여야 한다. (　)

③ 팽창제 천공간격은 콘크리트 강도에 의하여 결정되나 30~70㎝ 정도가 적당하다. (　)

④ 압쇄기 부착과 해체에는 경험이 풍부한 사람이 해야 한다. (　)

⑤ 철제햄머와 와이어로프의 결속은 경험이 많은 사람으로서 선임된 자에 한하여 실시하도록 하여야 한다. (　)

⑥ 팽창제 천공간격은 콘크리트 강도에 의하여 결정되나 70~120cm 정도를 유지하도록 한다. (　)

⑦ 쐐기타입으로 해체 시 천공구멍은 타입기 삽입부분의 직경과 거의 같아야 한다. (　)

⑧ 화염방사기로 해체작업 시 용기 내 압력은 온도에 의해 상승하기 때문에 항상 40℃ 이하로 보존해야 한다. (　　)

[04①, 05③, 07①③, 09③, 18③, 23①]

008 해체작업을 하는 때에는 미리 해체계획을 작성하여야 하는데, 이에 포함될 사항을 체크하시오.

① 해체의 방법 및 해체순서도면 (　　)

② 사업장 내 연락방법 (　　)

③ 작업구역 내 관계근로자 외의 자의 출입금지 조치 (　　)

④ 해체작업용 기계·기구 등의 작업계획서 (　　)

⑤ 악천후 시 작업계획 (　　)

⑥ 주변 민원 처리계획 (　　)

⑦ 악천후 시 작업조치계획서 (　　)

⑧ 해체물의 처분 계획 (　　)

⑨ 해체방법 및 해체순서 도면 (　　)

⑩ 가설설비, 방호설비, 환기설비 등의 방법 (　　)

[15①]

009 해체공사에 있어서 발생되는 진동공해에 대한 설명으로 올바른지 체크하시오.

① 진동수의 범위는 1~90Hz이다. (　　)

② 일반적으로 연직진동이 수평진동보다 작다. (　　)

③ 진동의 전파거리는 예외적인 것을 제외하면 진동원에서부터 100m 이내이다. (　　)

④ 지표에 있어 진동의 크기는 일반적으로 지진의 진도계급이라고 하는 미진에서 강진의 범위에 있다. (　　)

[04③]

010 발파작업 안전에 관한 사항으로 올바른지 체크하시오.

① 점화 후 장전된 화약류가 폭발하지 아니한 경우 또는 장전된 화약류의 폭발 여부를 확인하기 곤란한 경우에는 전기뇌관에 의한 경우에는 발파모선을 점화기에서 떼어 그 끝을 단락시켜 놓는 등 재점화되지 않도록 조치하고 그 때부터 5분 이상 경과한 후가 아니면 화약류의 장전장소에 접근시키지 않도록 할 것 (　　)

② 화약류를 수납하는 용기는 나무 기타 전기의 부도체로 만든 견고한 구조로 하고 내부에는 철재

류가 드러나지 않도록 할 것 (　　)

③ 사용하다 남은 화약은 즉시 소각하거나 매설하여 위험을 방지할 것 (　　)

④ 얼어붙은 다이나마이트는 화기에 접근시키거나 그 밖의 고열물에 직접 접촉시키는 등 위험한 방법으로 융해되지 않도록 할 것 (　　)

[04③, 12③, 15①, 21③, 23②]

011 해체 공법에 대한 설명으로 올바른지 체크하시오.

① 압쇄기와 대형 브레이커(Breaker)는 파워쇼벨 등에 설치하여 사용한다. (　　)

② 철제 햄머(Hammer)는 크롤러 크레인 등에 설치하여 사용한다. (　　)

③ 핸드 브레이커(Hand breaker) 사용 시 수직보다는 경사를 주어 파쇄하는 것이 적절하다. (　　)

④ 절단톱의 회전날에는 접촉방지 커버를 설치하여야 한다. (　　)

01 진위형 문제

▶ 해설편 296p

※ 다음 문제를 읽고, 옳으면 O, 틀리면 X를 괄호 안에 표기하시오.

[03③, 05①②, 07②, 08①, 09③, 12①,
13①, 14①, 15②, 17①, 19③, 21②, 24③]

★중요

001 벽돌벽면에 발생하는 백화(百花)의 방지 대책에 해당하는 것을 체크하시오.

① 소성이 잘되고 흡수율이 큰 벽돌을 사용한다. ( )

② 줄눈 모르타르에 방수제를 혼합한다. ( )

③ 분말도가 큰 시멘트를 사용한다. ( )

④ 재료배합 시 W/C를 감소시키고 조립률이 큰 모래를 사용한다. ( )

⑤ 석회를 혼합한 줄눈 모르타르를 활용하여 바른다. ( )

⑥ 흡수율이 낮은 벽돌을 사용한다. ( )

⑦ 쌓기용 모르타르에 파라핀 도료와 같은 혼화제를 사용한다. ( )

⑧ 돌림대, 차양 등을 설치하여 빗물이 벽체에 직접 흘러내리지 않게 한다. ( )

⑨ 물–시멘트비를 증가시킨다. ( )

⑩ 흡수율이 작은 소성이 잘 된 벽돌을 사용한다. ( )

⑪ 줄눈 모르타르에 방수제를 혼합한다. ( )

⑫ 벽면의 돌출 부분에 차양, 루버 등을 설치한다. ( )

⑬ 염분을 함유한 모래나 석회질이 섞인 모래를 사용한다. ( )

⑭ 흡수율이 작고, 질이 좋은 벽돌 및 모르타르를 사용하여 줄눈을 치밀하게 한다. ( )

⑮ 잘 구워진 벽돌을 사용한다. ( )

⑯ 줄눈으로 비가 새어들지 않도록 방수처리한다. ( )

⑰ 줄눈 모르타르에 석회를 혼합한다. ( )

⑱ 벽돌벽의 상부에 비막이를 설치한다. ( )

⑲ 벽면에 빗물이 스며들지 못하도록 실리콘계의 도료를 바른다. ( )

⑳ 줄눈 모르타르에 석회를 첨가하여 줄눈을 밀실하게 한다. ( )

㉑ 양질의 벽돌을 사용한다. ( )

㉒ 줄눈 모르타르에 방수제를 넣는다. ( )

㉓ 흡수율이 작고 고온소성 벽돌을 사용한다. ( )

㉔ 벽돌면에 실리콘을 뿜칠한다. ( )

㉕ 줄눈 모르타르에 석회를 사용한다. ( )

㉖ 10% 이하의 흡수율을 가진 양질의 벽돌을 사용한다. ( )

㉗ 벽돌면 상부에 빗물막이를 설치한다. ( )

㉘ 쌓기 후 전용발수제를 발라 벽면에 수분흡수를 방지한다. ( )

㉙ 흡수율이 작은 양질의 벽돌을 사용한다. ( )

㉚ 파라핀 도료를 발라 염류가 나오는 것을 방지한다. ( )

㉛ 차양, 돌림대를 설치하여 빗물이 벽체에 직접 흘러내리지 않게 한다. ( )

[16②]

002 한켜는 길이로 쌓고 다음켜는 마구리 쌓기로 하는 것으로 통줄눈이 생기지 않고 모서리 벽 끝에 이오토막을 사용하는 가장 튼튼한 쌓기방식을 체크하시오.

① 영식 쌓기 ( )　　② 화란식 쌓기 ( )

③ 불식쌓기 ( )　　④ 미식 쌓기 ( )

[13①]

003 벽돌벽면에 구멍을 내어 쌓는 방식으로 장식적인 효과를 내는 벽돌쌓기법을 체크하시오.

① 영롱쌓기 ( )　　② 엇모쌓기 ( )

③ 세워쌓기 ( )　　④ 옆세워쌓기 ( )

★중요

[04①, 12②, 18①②, 20②, 21①, 24①]

004 벽돌쌓기 시 일반사항에 관한 설명으로 올바른지 체크하시오.

① 가로 및 세로줄눈의 너비는 도면 또는 공사시방서에서 정한 바가 없을 때에는 10mm를 표준으로 한다. ( )

② 벽돌쌓기는 도면 또는 공사시방서에서 정한 바가 없을 때에는 영식 쌓기 또는 화란식 쌓기로 한다. (   )

③ 세로줄눈은 통줄눈이 되도록 유도하여, 미관을 향상시키도록 한다. (   )

④ 세로규준틀은 건물의 모서리나 구석에 설치함을 원칙으로 한다. (   )

⑤ 벽돌쌓기는 모서리, 구석 및 중간요소에 먼저 기준쌓기를 하고 나머지 부분을 쌓아 나간다. (   )

⑥ 가로, 세로줄눈의 너비는 10mm가 표준이며 세로줄눈에 통줄눈이 생기지 않도록 한다. (   )

⑦ 하루의 쌓기 높이는 1.0m를 표준으로 하고 1.2m 이내로 한다. (   )

⑧ 벽돌쌓기 전에 벽돌은 완전히 건조시켜야 한다. (   )

⑨ 하루 벽돌의 쌓는 높이는 1.2m를 표준으로 하고 최대 1.5m 이내로 한다. (   )

⑩ 사춤모르타르는 일반적으로 3~5켜마다 한다. (   )

⑪ 벽돌쌓기는 도면 또는 공사시방서에서 정한 바가 없을 때에는 불식쌓기 또는 미식쌓기로 한다. (   )

⑫ 벽돌은 각부를 가급적 동일한 높이로 쌓아 올라가고, 벽면의 일부 또는 국부적으로 높게 쌓지 않는다. (   )

⑬ 연속되는 벽면의 일부를 트이게 하여 나중쌓기로 할 때에는 그 부분을 층단 들여쌓기로 한다. (   )

⑭ 하루의 쌓기 높이는 1.8m를 표준으로 한다. (   )

⑮ 세로줄눈은 구조적으로 우수한 통줄눈이 되도록 한다. (   )

⑯ 벽돌벽이 블록벽과 서로 직각으로 만날 때는 연결철물을 만들어 블록 3단마다 보강하며 쌓는다. (   )

★중요   [04②, 07②, 13①]

005 벽돌의 품질을 결정하는 데 가장 중요한 사항을 체크하시오.

① 흡수율 및 인장강도 (   )

② 흡수율 및 전단강도 (   )

③ 흡수율 및 휨강도 (   )

④ 흡수율 및 압축강도 (   )

[11③]

006 벽돌벽의 균열을 방지하기 위한 방법을 체크하시오.

① 건물의 평면·입면의 불균형을 초래하지 않는다. (   )

② 벽돌벽의 길이, 높이에 비해 두께가 부족하거나 벽체강도가 부족하지 않도록 한다. (   )

③ 온도변화와 신축을 고려한 control joint를 설치한다. (   )

④ 벽돌강도는 모르타르의 강도보다 크게 한다. (   )

[04③, 06②]

007 벽돌벽 균열 결함에 대한 사항 중 시공상 결함에 해당하는 것을 체크하시오.

① 벽돌벽 두께, 높이에 대한 벽체강도 부족 (   )

② 벽돌 및 모르타르의 강도 부족 (   )

③ 불리한 개구부의 크기 및 배치의 불균형 (   )

④ 기초의 부동침하 (   )

★중요   [05②, 08②, 12①, 15②, 19②, 23②]

008 벽돌, 블록 등 조적공사에서 가장 많이 이용되는 치장줄눈 형태를 체크하시오.

① 평줄눈 (   )   ② 볼록줄눈 (   )

③ 오목줄눈 (   )   ④ 민줄눈 (   )

[21③]

009 벽돌쌓기 시 사전준비에 관한 설명으로 올바른지 체크하시오.

① 줄기초, 연결보 및 바닥 콘크리트의 쌓기면은 작업 전에 청소하고, 우묵한 곳은 모르타르로 수평지게 고른다. (   )

② 벽돌에 부착된 흙이나 먼지는 깨끗이 제거한다. (   )

③ 모르타르는 지정한 배합으로 하되 시멘트와 모래는 건비빔으로 하고, 사용할 때에는 쌓기에 지장이 없는 유동성이 확보되도록 물을 가하고 충분히 반죽하여 사용한다. (   )

④ 콘크리트 벽돌은 쌓기 직전에 충분한 물축이기를 한다. (   )

010 벽돌공사에 관한 설명으로 올바른지 체크하시오.

① 하루쌓기 높이는 1.2m~1.5m 정도이다. ( )
② 통줄눈, 실줄눈은 극력 피하여야 한다. ( )
③ 사춤모르타르는 매 켜마다 하는 것이 좋다. ( )
④ 치장줄눈은 벽돌로 쌓은 후 가급적 늦게 하는 편이 좋다. ( )
⑤ 연속되는 벽면의 일부를 트이게 하여 나중쌓기로 할 때에는 그 부분을 층단 들여쌓기로 한다. ( )
⑥ 모르타르는 벽돌강도 이하의 것을 사용한다. ( )
⑦ 1일 쌓기 높이는 1.5m~3.0m를 표준으로 한다. ( )
⑧ 세로줄눈은 통줄눈이 구조적으로 우수하다. ( )
⑨ 벽돌의 1일 쌓기 높이는 최대 1.5m 이하로 한다. ( )
⑩ 벽돌쌓기는 도면 또는 공사시방서에서 정한 바가 없을 때에는 영식 쌓기 또는 화란식 쌓기로 한다. ( )
⑪ 벽돌벽이 콘크리트 기둥과 만날 때 그 사이에 모르타르를 충전하지 않는다. ( )
⑫ 벽돌은 품질, 등급별로 정리하여 사용하는 순서별로 쌓아둔다. ( )
⑬ 규준틀에 의하여 벽돌나누기를 정확히 하고 토막벽돌이 생기지 않게 한다. ( )
⑭ 내력벽 쌓기에서는 세워쌓기나 옆쌓기로 쌓는 것이 좋다. ( )
⑮ 벽돌벽은 균일한 높이로 쌓아 올라간다. ( )
⑯ 둥근줄눈은 외관이 부드러워 좋으나 벽돌접착부의 시공이 곤란하다. ( )
⑰ 붉은 벽돌은 충분히 물축임을 한 후 쌓는다. ( )
⑱ 세로줄눈은 통줄눈이 생기지 않도록 한다. ( )
⑲ 하루쌓기 높이는 1.2m 정도로 한다. ( )
⑳ 벽돌은 흡수성이 강하므로 가능한 한 건조 상태에서 시공한다. ( )
㉑ 내화벽돌은 건조 상태에서 시공한다. ( )
㉒ 1일 쌓기 높이는 1.5m 이내, 보통 1.2m 정도로 한다. ( )
㉓ 줄눈 사용 모르타르의 강도는 벽돌강도보다 작아서는 안 된다. ( )

㉔ 모든 벽돌은 사전에 충분히 물에 축여 표면의 물기가 빠진 뒤에 쌓는다. ( )
㉕ 모르타르는 벽돌강도와 같은 정도의 것을 쓰고 굳기 시작한 것은 쓰지 않는다. ( )
㉖ 벽돌은 균일한 높이로 쌓고 굳기 전에 벽돌을 움직이지 않도록 한다. ( )
㉗ 벽돌은 각부가 가급적 동일한 높이로 쌓아 올리도록 한다. ( )
㉘ 가로 및 세로줄눈의 너비는 도면 또는 공사시방서에 정한 바가 없을 때에는 10mm를 표준으로 한다. ( )
㉙ 하루의 쌓기 높이는 1.0m를 표준으로 하고, 최대 1.2m 이하로 한다. ( )
㉚ 1일 쌓기 높이는 1.5m 이내로 하고, 보통 1.2m정도로 한다. ( )
㉛ 치장줄눈은 되도록 짧은 시일에 하는 것이 좋다. ( )
㉜ 하루 일이 끝날 때에 켜에 차가 나면 층단 들여쌓기로 하여 다음 날의 일과 연결이 쉽게 한다. ( )

011 건설현장에서 시멘트벽돌쌓기 시공 중에 붕괴사고가 가장 많이 일어날 것으로 예상할 수 있는 경우를 체크하시오.

① 0.5B쌓기를 1.0B쌓기로 변경하여 쌓을 경우 ( )
② 1일 벽돌쌓기 기준높이를 초과하여 높게 쌓을 경우 ( )
③ 습기가 있는 시멘트벽돌을 사용할 경우 ( )
④ 신축줄눈을 설치하지 않고 시공할 경우 ( )

012 벽돌치장면의 청소방법으로 올바른지 체크하시오.

① 벽돌 치장면에 부착된 모르타르 등의 오염은 물과 솔을 사용하여 제거하며 필요에 따라 온수를 사용하는 것이 좋다. ( )
② 세제세척은 물 또는 온수에 중성세제를 사용하여 세정한다. ( )
③ 산세척은 다른 방법으로 오염물을 제거하기 곤란한 장소에 적용하고, 그 범위는 가능한 작게 한다. ( )

④ 산세척은 오염물을 제거한 후 물세척을 하지 않
는 것이 좋다. (   )

[11①②]

013 블록쌓기에 대한 설명으로 올바른지 체크하시오.

① 보강근은 모르타르 또는 그라우트를 사춤하기 전
에 배근하고 고정한다. (   )

② 블록은 살두께가 작은 편을 위로 하여 쌓는다. (   )

③ 인방블록은 창문틀의 좌우 옆 턱에 200mm 이상
물린다. (   )

④ 모서리 등 기준이 되는 부분을 정확하게 쌓은 다
음 수평실을 친다. (   )

⑤ 살 두께가 두꺼운 쪽이 위로 해야 한다. (   )

⑥ 기초 및 바닥면 윗면은 충분히 물축이기를 해야
한다. (   )

⑦ 블록보강용 메시는 #10~#12철선을 사용하며 블
록의 너비보다 한 치수 큰 것을 사용한다. (   )

⑧ 하루 쌓기의 높이는 7켜 정도가 적당하다. (   )

★중요

[09③, 14②, 20③, 24③]

**014 단순조적블록쌓기에 대한 설명으로 올바른지 체크
하시오.**

① 세로줄눈은 통상적으로 막힌줄눈으로 한다. (   )

② 살두께가 큰 편을 위로 하여 쌓는다. (   )

③ 하루의 쌓기 높이는 1.5m(블록 7켜 정도) 이내를
표준으로 한다. (   )

④ 치장줄눈을 할 때에는 줄눈이 완전히 굳은 후에
줄눈파기를 한다. (   )

⑤ 단순조적블록쌓기의 세로줄눈은 도면 또는 공사
시방서에서 정한 바가 없을 때에는 막힌 줄눈으
로 한다. (   )

⑥ 살두께가 작은 편을 위로 하여 쌓는다. (   )

⑦ 줄눈 모르타르는 쌓은 후 줄눈누르기 및 줄눈파
기를 한다. (   )

⑧ 특별한 지정이 없으면 줄눈은 10mm가 되게 한
다. (   )

[06①, 18③]

**015 철근콘크리트 보강 블록공사에 관한 설명으로 올바
른지 체크하시오.**

① 보강 블록조 쌓기에서 세로줄눈은 막힌줄눈으로
하는 것이 좋다. (   )

② 블록을 쌓을 때 지나치게 물축이기하면 팽창수축
으로 벽체에 균열이 생기기 쉬우므로, 접착면에
적당히 물축여 모르타르 경화강도에 지장이 없도
록 한다. (   )

③ 보강블록공사 시 철근은 굵은 것보다 가는 철근
을 많이 넣는 것이 좋다. (   )

④ 벽체를 일체화시키기 위한 철근콘크리트조의 테
두리 보의 춤은 내력벽 두께의 1.5배 이상으로 한
다. (   )

⑤ 블록의 빈속을 철근과 콘크리트로 보강하여 장막
벽을 구성하는 것이다. (   )

⑥ 세로근은 기초, 테두리 보에서 위층 테두리 보까
지 이음없이 배근하는 것을 원칙으로 한다. (   )

⑦ 가로근의 간격은 60cm 또는 80cm로 하며 단부
는 갈고리를 만들어 배근한다. (   )

⑧ 보강블록조는 원칙적으로 통줄눈 쌓기로 한다. (   )

★중요

[14①, 20①, 21③]

**016 보강블록공사 시 벽의 철근 배치에 관한 설명으로
올바른지 체크하시오.**

① 가로근은 배근 상세도에 따라 가공하되 그 단부
는 90°의 갈구리로 구부려 배근한다. (   )

② 모서리에 가로근의 단부는 수평방향으로 구부려
서 세로근의 바깥쪽으로 두르고, 정착길이는 공
사시방서에 정한 바가 없는 한 40d(d : 철근지름)
이상으로 한다. (   )

③ 창 및 출입구 등의 모서리 부분에 가로근의 단부
를 수평방향으로 정착할 여유가 없을 때에는 갈
구리로 하여 단부 세로근에 걸고 결속선으로 결
속한다. (   )

④ 개구부 상하부의 가로근을 양측 벽부에 묻을 때
의 정착길이는 40d(d : 철근지름) 이상으로 한다.
(   )

⑤ 가로근을 배근 상세도에 따라 가공하되, 그 단부
는 180°의 갈구리로 구부려 배근한다. (   )

⑥ 블록의 공동에 보강근을 배치하고 콘크리트를 다져 넣기 때문에 세로줄눈은 막힌줄눈으로 하는 것이 좋다. (　)
⑦ 세로근은 기초 및 테두리보에서 위층의 테두리보까지 이음없이 배근하여 그 정착길이가 철근 직경의 40배 이상으로 한다. (　)
⑧ 벽의 세로근은 구부리지 않고 항상 진동 없이 설치한다. (　)
⑨ 철근은 굵은 것보다 가는 철근을 많이 넣는 것이 좋다. (　)

⑮ 벽의 세로근은 원칙적으로 이음을 만들지 않는다. (　)
⑯ 가로근의 모서리는 서로 40d(d : 철근지름) 이상으로 정착시킨다. (　)
⑰ 보강근은 모르타르 또는 그라우트를 사춤하기 전에 배근하고 고정한다. (　)
⑱ 블록은 살두께가 작은 편을 위로 하여 쌓는다. (　)
⑲ 인방블록은 창문틀의 좌우 옆 턱에 200mm 이상 물린다. (　)
⑳ 모서리 등 기준이 되는 부분을 정확하게 쌓은 다음 수평실을 친다. (　)

[03②, 20②]

017 보강콘크리트 블록조에 대한 설명으로 올바른지 체크하시오.

[03①, 04①, 05②, 07①, 10①, 12③, 15①②, 16②, 23③]

① 블록은 살두께가 두꺼운 쪽을 위로 하여 쌓는다. (　)
② 보강블록은 모르타르, 콘크리트 사춤이 용이하도록 원칙적으로 막힌줄눈 쌓기로 한다. (　)
③ 블록 1일 쌓기 높이는 6~7켜 이하로 한다. (　)
④ 2층 건축물인 경우 세로근은 원칙적으로 기초, 테두리보에서 윗층의 테두리보까지 잇지 않고 배근한다. (　)
⑤ 보강 블록 조는 원칙적으로 막힌줄눈 쌓기를 한다. (　)
⑥ 가로근의 피복두께는 1.5cm 이상으로 한다. (　)
⑦ 세로근은 기초에서 테두리보까지 설치하며 중간에 잇기가 가능하다. (　)
⑧ 가로근의 정착 길이는 40d(d : 철근지름) 이상으로 하며 단부는 180°갈고리를 둔다. (　)
⑨ 블록의 모르타르 접착면은 적당히 물축이기를 하여 경화에 지장이 없도록 한다. (　)
⑩ 줄눈은 통줄눈이 되게 하는 것이 보통이다. (　)
⑪ 세로 보강철근은 2~3개를 이어서 테두리 보와 기초에 정착시킨다. (　)
⑫ 1일 쌓기 높이는 1.5m 이내가 되도록 한다. (　)
⑬ 보강철근콘크리트 블록은 응력분산을 위해 막힌줄눈쌓기로 한다. (　)
⑭ 블록 1일 쌓기 높이는 1.5m(블록 7켜 정도) 이내로 한다. (　)

018 단순조적 블록공사 시 방수 및 방습처리에 관한 설명으로 올바른지 체크하시오.

① 방습층은 도면 또는 공사시방서에서 정한 바가 없을 때에는 마루밑이나 콘크리트 바닥판 밑에 접근되는 세로줄눈의 위치에 둔다. (　)
② 물빼기 구멍은 콘크리트의 윗면에 두거나 물끊기 및 방습층 등의 바로 위에 둔다. (　)
③ 도면 또는 공사시방서에서 정한 바가 없을 때 물빼기 구멍의 직경은 10mm 이내, 간격 1.2m마다 1개소로 한다. (　)
④ 물빼기 구멍에는 다른 지시가 없는 한 직경 6mm, 길이 100mm가 되는 폴리에틸렌 플라스틱 튜브를 만들어 집어넣는다. (　)
⑤ 액체방수 모르타르를 10mm 두께로 블록 윗면 전체에 바른다. (　)

[03②, 06①, 17①, 20③]

019 ALC 블록공사에 관한 설명으로 올바른지 체크하시오.

① 쌓기 모르타르는 배합 후 1시간 이내에 사용해야 한다. (　)
② 줄눈의 두께는 1~3mm 정도로 한다. (　)
③ 하루 쌓기 높이는 1.8m를 표준으로 하며, 최대 2.4m 이내로 한다. (　)
④ 연속되는 벽면의 일부를 트이게 하여 나중쌓기로 할 경우 그 부분을 켜거름 들여쌓기로 한다. (　)

★중요 [04②, 05③, 07③, 18②, 24③]

020 조적조의 벽체 상부에 철근 콘크리트 테두리 보를 설치하는 가장 중요한 이유를 체크하시오.

① 벽체에 개구부 설치를 하기 위하여 (　)
② 조적조의 벽체와 일체가 되어 건물의 강도를 높이고 하중을 균등하게 전달하기 위하여 (　)
③ 인방보에 하중이 전달되는 것을 방지하기 위하여 (　)
④ 상층부 조적조 시공을 편리하게 하기 위하여 (　)

★중요 [09②, 15③, 18③, 21①, 23②]

021 속빈 콘크리트블록의 규격 중 기본블록치수를 체크하시오. (단, 단위는 mm)

① 390 × 190 × 190 (　)
② 390 × 190 × 150 (　)
③ 390 × 190 × 100 (　)
④ 390 × 190 × 80 (　)

[03②]

022 석축에 신축줄눈을 설치하는 일반적인 간격을 체크하시오.

① 5~10m (　)　　② 10~20m (　)
③ 20~30m (　)　　④ 30~50m (　)

[06③, 24②]

023 석재공사에서 석재를 시공할 때 사용되는 부속 재료를 체크하시오.

① 꽂임촉 (　)
② 앵커(Anchor) (　)
③ 패스너(fastner) (　)
④ 크레이터(Crater) (　)

[16①]

024 석축쌓기 공법에 해당하는 것을 체크하시오.

① 건쌓기 (　)　　② 메쌓기 (　)
③ 찰쌓기 (　)　　④ 막쌓기 (　)

★중요 [04②, 12①, 18①, 22①, 25②]

025 돌붙임을 위한 앵커긴결공법에서 사용하는 재료를 체크하시오.

① 앵커 (　)　　② 볼트 (　)
③ 연결철물 (　)　　④ 모르타르 (　)

[16②]

026 석공사 앵커긴결공법에 관한 설명으로 올바른지 체크하시오.

① 연결철물의 장착을 휘한 세트 앵커용 구명을 45mm 정도로 천공하고 캡이 구조체보다 5mm 정도 깊게 삽입하여 외부의 충격에 대처한다. (　)
② 연결철물용 앵커와 석재는 접착용 에폭시를 사용하여 고정한다. (　)
③ 연결철물은 석재의 상하 및 양단에 설치하여 하부의 것은 지지용으로, 상부의 것은 고정용으로 사용한다. (　)
④ 판석재와 철재가 직접 접촉하는 부분에는 적절한 완충재를 사용한다. (　)

[12①]

027 네모돌을 수평줄눈이 부분적으로만 연속되게 쌓고, 일부 상하 세로줄눈이 통하게 쌓는 돌쌓기 방식을 체크하시오.

① 완자쌓기 (　)　　② 마름돌쌓기 (　)
③ 막돌쌓기 (　)　　④ 바른층쌓기 (　)

[03③, 06②, 23①]

028 석재사용에 대한 설명으로 올바른지 체크하시오.

① 석재 중에서 대리석은 열에 강하므로 특히 내화를 필요로 하는 곳에 적당하다. (　)
② 석재의 최대치수는 운반상, 가공상 등의 제반조건을 고려하여 정해야 한다. (　)
③ 석재는 압축력을 받는 곳에 사용함이 좋다. (　)
④ 석재는 석질이 균질한 것을 쓰도록 해야 한다. (　)

★중요 [06③, 07③, 12③, 13①, 15③, 17①, 25①]

029 석재 사용상 주의사항에 해당하는 것을 체크하시오.

① 1m³ 이상 되는 석재는 높은 곳에 사용하지 않는다. (　)
② 압축 및 인장응력을 크게 받는 곳에 사용한다. (　)
③ 되도록 흡수율이 낮은 석재를 사용한다. (　)
④ 가공 시 예각은 피한다. (　)
⑤ 동일건축물에는 동일석재로 시공하도록 한다. (　)
⑥ 석재를 다듬어 사용할 때는 그 질이 균질한 것을 사용하여야 한다. (　)

⑦ 인장 및 휨모멘트를 받는 곳에 보강용으로 사용한다. (　)
⑧ 외벽, 도로포장용 석재는 연석 사용을 피한다. (　)
⑨ 휨, 인장강도가 약하므로 압축응력을 받는 곳에 사용한다. (　)
⑩ 외장, 바닥사용 시에는 내수성과 산에 강한 것을 사용한다. (　)
⑪ 1m³ 이상 석재는 구조상 안전을 위하여 가급적 높은 곳에 사용한다. (　)
⑫ 석재는 중량이 크므로 최대치수는 운반상 문제를 고려하여 정한다. (　)

[10③, 15①, 23①]

030 석공사에서 대리석붙이기에 관한 설명으로 올바른지 체크하시오.

① 대리석은 주로 실내보다는 외장용으로 많이 사용한다. (　)
② 대리석 붙이기 연결철물은 10#~20#의 황동쇠선을 사용한다. (　)
③ 대리석 붙이기 최하단은 충격에 쉽게 파손되므로 충진재를 넣는다. (　)
④ 대리석은 시멘트 모르타르로 붙이면 알칼리성분에 의하여 변색·오염될 수 있다. (　)

[11①]

031 판석재 돌붙이기의 안전시공과 관련한 주의사항을 체크하시오.

① 돌붙이는 모체(콘크리트벽, 조적벽체 등)의 균열 및 바탕면의 상태가 양호한지 점검한다. (　)
② 판석재 돌붙이기는 하부가 충격에 약하여 파손되기 쉬우므로 모르타르 사춤을 실시한다. (　)
③ 판석재 돌붙이기는 비계발판 위에 한곳에 높이 쌓아 놓고 작업하는 것이 능률이 높다. (　)
④ 건식붙임공법의 경우는 패스너(fastener)가 돌무게를 충분히 견딜 수 있는 구조로 해야 한다. (　)

★중요　[11②, 12①, 14①③, 19①, 24①]

032 석공사에서 건식공법 시공 시 유의사항을 체크하시오.

① 하지철물의 길이, 두께 등 부식문제와 내부 단열재 설치문제 등, 풍하중, 지진하중에 대한 구조계산을 충분히 검토하여 작업한다. (　)

② 실런트(Sealant) 시공 시 경화시간, 기상조건에 따른 영향은 미미하며 시공 정밀도가 다른 부분에 비해 덜 요구된다. (　)
③ 실런트(Sealant) 유성분에 의한 석재면의 오염문제는 비오염성 실런트로 대체하거나, Open Joint 공법으로 대체하기도 한다. (　)
④ 강재트러스, 트러스지지공법 등 건식공법은 시공 정밀도가 우수하고, 작업능률이 개선되며, 공기단축이 가능하다. (　)
⑤ 석재의 건식 붙임에 사용되는 모든 구조재 또는 긴 결철물은 녹막이 처리를 한다. (　)
⑥ 석재의 색상, 석질, 가공형상, 마감 정도, 물리적 성질 등이 동일한 것으로 한다. (　)
⑦ 건식 석재 붙임에 사용되는 앵커볼트, 너트, 와셔 등은 주철제를 사용한다. (　)
⑧ 화강석 특유의 무늬를 제외한 눈에 띄는 반점 등을 제거한다. (　)

[13①]

033 화강암의 표면에 묻은 시멘트 모르타르를 제거하기 위하여 사용되는 것을 체크하시오.

① 염산 (　)　　　　② 소금물 (　)
③ 황산 (　)　　　　④ 질산 (　)

[17②]

034 돌붙임 앵커 긴결공법 중 파스너 설치방식에 해당하는 것을 체크하시오.

① 논 그라우팅 싱글 파스너 방식 (　)
② 논 그라우팅 더블 파스너 방식 (　)
③ 그라우팅 더블 파스너 방식 (　)
④ 그라우팅 트리플 파스너 방식 (　)

[16③]

035 석공사 건식공법의 종류에 해당하는 것을 체크하시오.

① 앵커긴결공법 (　)
② 개량압착공법 (　)
③ 강제트러스 지지공법 (　)
④ GPC공법 (　)

[17③]

036 건식 석재공사에 관한 설명으로 올바른지 체크하시오.

① 촉구멍 깊이는 기준보다 3mm 이상 더 깊이 천공한다. ( )

② 석재는 두께 30mm 이상을 사용한다. ( )

③ 석재의 하부는 고정용으로, 석재의 상부는 지지용으로 설치한다. ( )

④ 모든 구조재 또는 트러스 철물은 반드시 녹막이 처리한다. ( )

[07②]

037 암석의 분류상 변성암에 속하는 것을 체크하시오.

① 안산암 ( )　　　② 반려암 ( )

③ 사문암 ( )　　　④ 석회암 ( )

[12②, 22①, 24②]

038 석공사에 사용하는 석재 중에서 수성암계에 해당하는 것을 체크하시오.

① 사암 ( )　　　② 석회암 ( )

③ 안산암 ( )　　　④ 응회암 ( )

[07③, 18②]

039 포틀랜드 시멘트의 종류에 해당하는 것을 체크하시오.

① 고로 포틀랜드 시멘트 ( )

② 조강 포틀랜드 시멘트 ( )

③ 저열 포틀랜드 시멘트 ( )

④ 중용열 포틀랜드 시멘트 ( )

[10③]

040 가설건축물 중 시멘트창고에 대한 설명으로 올바른지 체크하시오.

① 바닥구조는 일반적으로 마루널깔기로 한다. ( )

② 창고의 크기는 시멘트 100포당 2~3m²로 하는 것이 바람직하다. ( )

③ 공기의 유통이 잘 되도록 개구부를 가능한 한 크게 한다. ( )

④ 벽은 널판붙임으로 하고 장기간 사용하는 것은 함석붙이기로 한다. ( )

[16①]

041 지하실 방수공법 중 바깥방수의 단점에 해당하는 것을 체크하시오.

① 하자보수가 용이하다. ( )

② 바탕처리를 따로 만들어야 한다. ( )

③ 안방수에 비해 비용이 고가이다. ( )

④ 시공방법이 복잡하여 공기가 많이 소요된다. ( )

[06③]

042 넓은 의미의 안전유리 종류에 해당하는 것을 체크하시오.

① 망입유리 ( )　　　② 접합유리 ( )

③ 형판유리 ( )　　　④ 강화유리 ( )

02 단답형 문제

001 벽돌공사에서 치장줄눈의 모르타르 배합비를 쓰시오.

⚙ **해설** 모르타르 배합비

종류	배합비 (시멘트 : 모래)	용도
일반 쌓기용 모르타르	1 : 3	내력벽, 비내력 벽(장막벽)
특수 쌓기용 모르타르	1 : 1 ~ 1 : 2	아치 쌓기, 특수 부분 쌓기
치장 줄눈용 모르타르	1 : 1 (1 : 1 : 3 = 시멘트 : 모래 : 석회)	치장 쌓기

002 벽돌공사에서 치장줄눈용 모르타르 용적배합비(잔골재/결합재) 비율을 쓰시오.

⚙ **해설** 모르타르의 배합비

모르타르의 종류		용적배합비 (잔골재/결합재)
줄눈 모르타르	벽용	2.5~3.0
	바닥용	3.0~3.5
붙임 모르타르	벽용	1.5~2.5
	바닥용	0.5~1.5
깔 모르타르	바탕용	2.5~3.0
	바닥용	3.0~6.0
안채움 모르타르		2.5~3.0
치장줄눈용 모르타르		0.5~1.5

003 조적식구조에서 건축물 높이가 5m 미만, 벽의 길이가 8m 이상일 때의 1층 내력벽 두께의 최소값을 쓰시오.

⚙ **해설** 조적식 내력벽의 두께는 건축물의 층수·높이 및 벽의 길이에 따라 각각 다음 표의 두께 이상으로 하되, 조적재가 벽돌인 경우에는 당해 벽 높이의 1/20 이상, 블록인 경우에는 당해 벽 높이의 1/16 이상으로 하여야 한다.

건축물의 높이	5m 미만		5m 이상 11m 미만		11m 이상	
벽의 길이	8m 미만	8m 이상	8m 미만	8m 이상	8m 미만	8m 이상
층별 두께 1층	150 mm	190 mm				290 mm
2층	–	–	190mm			190 mm

⭐중요

004 소규모 건축물의 구조기준에 따라 조적조로 담을 쌓을 경우 최대로 쌓는 높이를 쓰시오.

⚙ **해설** 조적식구조인 담(건축물의 구조기준 등에 관한 규칙 제39조)
조적식구조인 담의 구조는 다음의 기준에 의한다.
① 높이는 3m 이하로 할 것
② 담의 두께는 190mm 이상으로 할 것. 다만, 높이가 2m 이하인 담에 있어서는 90mm 이상으로 할 수 있다.
③ 담의 길이가 2m 이내마다 담의 벽면으로부터 그 부분의 담의 두께 이상 튀어나온 버팀벽을 설치하거나, 담의 길이가 4m 이내마다 담의 벽면으로부터 그 부분의 담의 두께의 1.5배 이상 튀어나온 버팀벽을 설치할 것. 다만, 각 부분의 담의 두께가 ②의 규정에 의한 담의 두께의 1.5배 이상인 경우에는 그러하지 아니하다.

005 [04①, 24②]

2층 조적조 건물에 있어서 최상층의 조적조 내력벽 높이의 최대값을 쓰시오.

⚙**해설** 내력벽의 높이 및 길이(건축물의 구조기준 등에 관한 규칙 제31조)
① 조적식구조인 건축물 중 2층 건축물에 있어서 2층 내력벽의 높이는 4m를 넘을 수 없다.
② 조적식구조인 내력벽의 길이[대린벽(서로 직각으로 교차되는 벽)의 경우에는 그 접합된 부분의 각 중심을 이은 선의 길이]는 10m를 넘을 수 없다.
③ 조적식구조인 내력벽으로 둘러쌓인 부분의 바닥면적은 80㎡를 넘을 수 없다.

006 [09①, 25①]

매 켜에 길이쌓기와 마구리쌓기가 번갈아 나오는 방식의 벽돌쌓기 방식을 쓰시오.

007 [08③, 12①, 23③]

치장벽돌을 사용하여 벽체의 앞면 5~6켜까지는 길이쌓기로 하고 그 위 한 켜는 마구리쌓기로 하여 본 벽돌벽에 물려 쌓는 벽돌쌓기 방식을 쓰시오.

008 [12①, 25③]

벽돌쌓기 공사에 대한 설명에서 괄호 안에 들어갈 용어를 쓰시오.

> 벽돌쌓기 공사에 있어 내력벽 쌓기의 경우 세워쌓기나 (㉠)는 피하는 것이 좋으며, 세로줄눈은 (㉡)이 되지 않도록 하고 한 켜 걸름으로 수직 일직선상에 오도록 배치한다.

009 [18③, 22②, 24③]

벽돌쌓기법 중에서 마구리를 세워 쌓는 방식을 쓰시오.

010 [14②, 19③, 23②]

벽돌을 내쌓기 할 때 일반적으로 이용되는 벽돌쌓기 방법을 쓰시오.

|정답|

001 1 : 1 **002** 0.5~1.5 **003** 190mm **004** 3m **005** 4m **006** 불식쌓기 **007** 미식쌓기 **008** ㉠ 옆쌓기, ㉡ 통줄눈
009 옆세워 쌓기 **010** 마구리 쌓기

011 벽돌 벽면 중간에서 내쌓기를 할 경우 1켜씩 어느 정도 내쌓기 하는지를 쓰시오.

해설 벽돌의 내쌓기
벽돌, 돌 등을 쌓을 때 벽(면)보다 내밀어서 쌓는 것으로, 벽체에 마루를 설치한다든지 또는 방화벽으로 처마 부분을 가리기 위해 사용한다. 벽돌벽 내쌓기(마루나 방화벽을 설치하고자 할 때 벽돌을 벽에서 부분적으로 내어 쌓는 방식) 방식은 1단씩 내쌓을 경우에는 B/8씩, 2단씩 내쌓을 경우에는 B/4씩을 내밀어 쌓으며, 내미는 정도는 2.0B 정도이다.

★중요

012 벽돌공사에서 직교하는 벽돌벽의 한쪽을 나중쌓기로 할 때에는 그 부분에 벽돌물림 자리를 벽돌 한켜 걸름으로 어느 정도 들여 쌓는지를 쓰시오.

013 조적조의 내력벽으로 둘러쌓인 부분의 최대가능면적(m²)을 쓰시오.

해설 조적식구조인 내력벽으로 둘러쌓인 부분의 바닥면적은 $80m^2$를 넘을 수 없다.

014 내화벽돌 줄눈의 표준 너비를 쓰시오.

해설 내화벽돌은 기건성이므로 물축이기를 하지 않고 쌓아야 하고, 모르타르는 내화모르타르 또는 단열모르타르를 사용하며, 줄눈의 너비는 6mm를 표준으로 한다.

015 다음 내용에서 블록쌓기 전 과정을 순서대로 쓰시오.

① 시공도 작성	② 규준틀 설치
③ 가설 형틀 설치	④ 블록의 선별 및 마름질 하기
⑤ 블록 나누기	⑥ 비계 발판의 설치

해설 블록쌓기의 전 과정은 "시공도 작성 → 규준틀 설치 → 가설 형틀 설치 → 블록의 선별 및 마름질 하기 → 블록 나누기 → 비계 발판의 설치"의 순이다.

016 다음 내용에서 블록쌓기 시공순서를 순서대로 쓰시오.

A : 접착면 청소	B : 세로규준틀 설치
C : 규준 쌓기	D : 중간부 쌓기
E : 줄눈 누르기 및 파기	F : 치장줄눈

해설 블록쌓기 시공순서는 "접착면 청소 → 세로규준틀 설치 → 규준 쌓기 → 중간부 쌓기 → 줄눈 누르기 및 파기 → 치장줄눈"의 순이다.

017 콘크리트 블럭공사의 중공벽(cavity wall) 쌓기 중 긴결 철물의 수직간격의 최대값을 쓰시오.

해설 공간쌓기의 경우 공사시방서 또는 도면에서 규정한 사항이 없으면 바깥쪽을 주벽체로 하고, 내부공간은 50mm~90mm 정도로 하고, 수평거리 900mm, 수직거리 600mm마다 철물연결재로 긴결시킨다.

018 블록의 하루 쌓기 높이의 최대값을 쓰시오.

해설 하루의 쌓기 높이는 1.5m(블록 7켜 정도) 이내를 표준으로 한다.

★중요　　　　　　　　[05③, 08①, 11③, 16①, 19①, 25③]

019 보강콘크리트 블록조 공사에서 원칙적으로 이음을 만들지 않아야 하는 철근을 쓰시오.

⚙해설 보강콘크리트 블록조 공사에 있어서 세로근은 원칙으로 기초 및 테두리보에서 위층의 테두리보까지 잇지 않고 배근하여 그 정착길이는 철근 직경(d)의 40배 이상으로 하며, 상단의 테두리보 등에 적정 연결철물로 세로근을 연결한다.

[17③, 25①]

020 콘크리트 블록에서 A종 블록의 압축강도 기준을 쓰시오.

⚙해설 속빈 콘크리트 블록의 등급

구분	기건 비중	전단면적에 대한 압축 강도(N/mm², Mpa)	흡수율	투수성
A종	1.7 미만	4.0	–	–
B종	1.9 미만	6.0	–	–
C종	–	8.0	10 이하	10 이하

여기서, 전단면적이란 가압면(길이×두께)으로서, 속빈 부분 및 양 끝의 오목하게 들어간 부분의 면적도 포함한다. 또한, 투수성은 방수블록에만 적용한다.

[05①, 06②, 25③]

021 돌쌓기 방법의 한가지로 돌과 돌 사이에 모르타르를 다져넣고, 뒤 고임에도 콘크리트를 채워넣는 돌쌓기공법을 쓰시오.

[08③, 25②]

022 석재의 다듬기를 시공순서에 맞게 쓰시오.

⚙해설 석재의 가공
석재의 가공 순서는 "혹두기(메다듬, 쇠메 망치, 마름돌의 거친 면의 돌출부를 쇠메 등으로 쳐서 면을 보기 좋게 다듬는 것) → 정다듬(정, 혹두기의 면을 정으로 곱게 쪼아 표면에 미세하고 조밀한 흔적을 내어 평탄하고 거친 면으로 만드는 것) → 도드락 다듬(도드락 망치, 거친 정다듬한 면을 도드락 망치로 더욱 평탄하게 다듬는 것) → 잔다듬(양날 망치, 도드락 다듬한 면을 양날 망치로 평행 방향으로 정밀하게 곱게 쪼아 표면을 더욱 평탄하게 만드는 것) → 물갈기(와이어 톱, 다이아몬드 톱, 글라인더 톱, 원반 톱, 플레이너, 글라인더로 잔다듬한 면에 금강사를 뿌려 철판, 숫돌 등으로 물을 뿌려 간 다음, 산화 주석을 헝겊에 묻혀서 잘 문질러 광택을 낸 것)" 순으로 한다.

[09③, 25③]

023 금속 커튼월 시공 시 구체 부착철물의 설치위치 연직방향 허용차를 쓰시오. (단, 부재 길이 3m당)

⚙해설 커튼월 부재의 설치위치 치수 허용차는 공사시방서에 따르나, 공사시방서에 정한 바가 없을 때에는 다음을 따른다.
① 수직도 : 부재 길이 3m당 2mm 이내, 12m마다 5mm 오차를 넘어서는 안 된다.
② 수평도 : 부재 길이 6m당 2mm 이내, 12m마다 5mm 오차를 넘어서는 안 된다.

[20①, 25①]

024 금속제 천장틀 공사 시 반자틀의 적정한 간격을 쓰시오. (단, 공사시방서가 없는 경우)

|정답|

011 B/8　　012 B/4　　013 80m²　　014 6mm　　015 ① → ② → ③ → ④ → ⑤ → ⑥
016 A → B → C → D → E → F　　017 600mm　　018 1.5m　　019 세로근　　020 4.0Mpa　　021 찰쌓기
022 혹두기 → 정다듬 → 도드락 다듬 → 잔다듬 → 물갈기　　023 2mm　　024 900mm 정도

03 계산형 문제

★중요
[07①, 25③]

001 표준형 벽돌 4.5B 벽돌쌓기일 경우 벽돌벽 두께를 구하시오.

> ⚙ **해설**
>
> 표준형 벽돌 4.5B는 다음 그림과 같다.
>
> 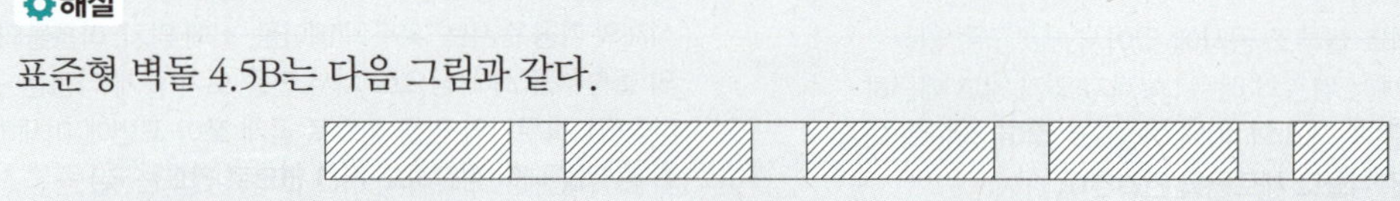
>
> 그러므로, 벽돌 4장 반의 길이는 $4×190+90 = 850mm$와 모르타르 $4×10 = 40mm$를 합하면,
> $850+40 = 890mm$이다.

★중요
[15③, 25②]

002 기본벽돌($190×90×57$)을 기준으로 1.5B 쌓기 할 때 벽돌 2,000매 쌓는 데 필요한 모르타르량을 구하시오.

> ⚙ **해설**
>
> 모르타르 소요량 (정미량 1,000매당 모르타르량, m^3)
>
> | 벽두께 | 표준형(m^3) | 기존형(m^3) |
> |:---:|:---:|:---:|
> | 0.5B | 0.25 | 0.3 |
> | 1.0B | 0.33 | 0.37 |
> | 1.5B | 0.35 | 0.4 |
>
> 즉, 1.5B로 쌓는 경우 벽돌 1,000매당 모르타르 $0.35m^3$가 필요하므로, $0.35×2 = 0.7m^3$가 필요하다.

★중요   [16③, 20①, 24①]

003 벽돌벽 두께 1.0B, 벽높이 2.5m, 길이 8m인 벽면에 소요되는 점토벽돌의 매수를 구하시오. (단, 규격은 190×90× 57mm, 할증은 3%로 하며, 소수점 이하 결과는 올림하여 정수매로 표기)

⚙ **해설**

벽돌량의 산출

① 벽 면적의 산정 : 벽의 길이×벽의 높이 = 8×2.5 = 20m²이다.

② 표준형(190mm×90mm×57mm)이고, 벽의 두께가 1.0B이므로 149매/m²이며, 할증률은 3%이다.

①과 ②에 의해서, 벽돌량 = 벽의 면적×단위면적당 소요매수(매/m²) = 20×149 × (1+0.03) = 3,069.4 ≒ 3,070매

★중요   [22②]

004 벽길이 10m, 벽높이 3.6m인 블록벽체를 기본블록(390mm×190mm×150mm)으로 쌓을 때 소요되는 블록의 수량을 구하시오. (단, 블록은 온장으로 고려하고, 줄눈 나비는 가로, 세로 10mm, 할증은 고려하지 않음)

⚙ **해설**

벽돌량의 산출

① 벽 면적의 산정 : 벽의 길이 × 벽의 높이 = 10×3.6 = 36m²이다.

② 기본형 블록(390mm×190mm×150mm)이고, 13매/m²(12.5매이나 4%의 할증률을 고려하여 13매로 산 정)이다.

①과 ②에 의해서, 벽돌량 = 벽의 면적 × 단위면적당 소요매수(매/m²) = 36×13 = 468매

제5과목

건설공사 안전 관리

01 진위형 문제

▶ 해설편 304p

※ 다음 문제를 읽고, 옳으면 ○, 틀리면 ×를 괄호 안에 표기하시오.

[03①]

001 건설공사안전관리계획서에 있어 다음 사항이 포함되어야 할 계획서를 체크하시오.

> 1. 공사 개요
> 2. 안전 관리 조직
> 3. 공정별 안전 점검 계획
> 4. 공사장 및 주변 안전 점검 계획
> 5. 통행 안전시설 설치 및 교통 소통 계획
> 6. 안전 관리비 집행 계획
> 7. 안전 교육 계획

① 총괄 안전관리계획서 (　　)
② 공종별 안전관리계획서 (　　)
③ 유해위험방지계획서 (　　)
④ 안전개선계획서 (　　)

[06②]

002 사용 중인 구조물의 안전진단방법을 체크하시오.

① 초음파 검사법 (　　)
② 탄성파법 (　　)
③ 베인테스트법 (　　)
④ 레이다법 (　　)

[12③, 17①, 24③]

003 건설공사 시공단계에 있어서 안전관리의 문제점에 해당하는 것을 체크하시오.

① 발주자의 조사, 설계 발주 미흡 및 감독 소홀 (　　)
② 용역자의 조사, 설계 부실 (　　)
③ 발주자의 감독 소홀 (　　)
④ 사용자의 시설 운영관리 능력 부족 (　　)

★중요

[13③, 16①, 20①, 24①]

004 구축물에 안전진단 등 안전성 평가를 실시하여 근로자에게 미칠 위험성을 미리 제거하여야 하는 경우를 체크하시오.

① 구축물 등의 인근에서 굴착·항타작업 등으로 침하·균열 등이 발생하여 붕괴의 위험이 예상될 경우 (　　)
② 구축물 등이 그 자체의 무게·적설·풍압 또는 그 밖에 부가되는 하중 등으로 붕괴 등의 위험이 있을 경우 (　　)
③ 화재 등으로 구축물 등의 내력(耐力)이 심하게 저하됐을 경우 (　　)
④ 구축물 등의 구조 내력상 주요한 부분에 대한 설계 및 시공 방법의 전부 또는 일부를 변경하는 경우 (　　)
⑤ 구축물의 구조체가 과도한 안전측으로 설계가 되었을 경우 (　　)

[16③]

005 위험성평가에 활용하는 안전보건정보에 해당하는 것을 체크하시오.

① 사업장 근로자수와 금년 퇴직자수 (　　)
② 작업표준, 작업절차 등에 관한 정보 (　　)
③ 기계·기구, 설비 등의 사양서 (　　)
④ 물질안전보건자료(MSDS) (　　)

[14②]

006 흙의 특성에 대한 설명으로 올바른지 체크하시오.

① 흙은 선형재료이며, 응력−변형률 관계가 일정하게 정의된다. (　　)
② 흙의 성질은 본질적으로 비균질, 비등방성이다. (　　)
③ 흙의 거동은 연약지반에 하중이 작용하면 시간의 변화에 따라 압밀침하가 발생한다. (　　)
④ 점토 대상이 되는 흙은 지표면 밑에 있기 때문에 지반의 구성과 공학적 성질은 시추를 통해서 자세히 판명된다. (　　)

★중요 [14②, 17①, 21①, 25①]

007 흙의 투수계수에 영향을 주는 인자에 대한 설명으로 올바른지 체크하시오.

① 공극비 : 공극비가 클수록 투수계수는 작다. ( )

② 포화도 : 포화도가 클수록 투수계수는 크다. ( )

③ 유체의 점성계수 : 점성계수가 클수록 투수계수는 작다. ( )

④ 유체의 밀도 : 유체의 밀도가 클수록 투수계수는 크다. ( )

[16②, 19③]

008 토질시험 중 액체 상태의 흙이 건조되어 가면서 액성, 소성, 반고체, 고체 상태의 경계선과 관련된 시험의 명칭을 체크하시오.

① 아터버그 한계시험 ( )

② 압밀 시험 ( )

③ 삼축압축 시험 ( )

④ 투수시험 ( )

[21③]

009 토공사에서 성토용 토사의 일반조건을 체크하시오.

① 다져진 흙의 전단강도가 크고 압축성이 작을 것 ( )

② 함수율이 높은 토사일 것 ( )

③ 시공장비의 주행성이 확보될 수 있을 것 ( )

④ 필요한 다짐정도를 쉽게 얻을 수 있을 것 ( )

[14①]

010 지반조사 보고서 내용에 해당하는 것을 체크하시오.

① 지반공학적 조건 ( )

② 표준관입시험치, 콘관입저항치 결과분석 ( )

③ 시공예정인 흙막이 공법 ( )

④ 건설할 구조물 등에 대한 지반특성 ( )

[14②]

011 지반조사의 간격 및 깊이에 대한 설명으로 올바른지 체크하시오.

① 조사간격은 지층상태, 구조물 규모에 따라 정한다. ( )

② 지층이 복잡한 경우에는 기 조사한 간격 사이에 보완조사를 실시한다. ( )

③ 절토, 개착, 터널구간은 기반암의 심도 5~6m까지 확인한다. ( )

④ 조사깊이는 액상화문제가 있는 경우에는 모래층 하단에 있는 단단한 지지층까지 조사한다. ( )

[17①]

012 지반조사의 목적에 해당하는 것을 체크하시오.

① 토질의 성질 파악 ( )

② 지층의 분포 파악 ( )

③ 지하수위 및 피압수 파악 ( )

④ 구조물의 편심에 의한 적절한 침하 유도 ( )

[13③]

013 직접기초의 터파기 공법에 해당하는 것을 체크하시오.

① 개착 공법 ( )

② 시트 파일 공법 ( )

③ 트렌치 컷 공법 ( )

④ 아일랜드 컷 공법 ( )

[03①]

014 지반침하 발생 원인 중 지하수위 변화로 인하여 발생되는 현상을 체크하시오.

① 토압에 의한 Heaving ( )

② 지하굴착을 위한 Boring ( )

③ 지표수에 의한 Boiling ( )

④ 흙막이 벽체 부실의 Piping ( )

★중요 [11②③, 16③, 24②]

015 흙속의 전단응력을 증대시키는 원인을 체크하시오.

① 자연 또는 인공에 의한 지하공동의 형성 ( )

② 함수비의 감소에 따른 흙의 단위체적 중량의 감소 ( )

③ 지진, 폭파에 의한 진동 발생 ( )

④ 균열 내에 작용하는 수압증가 ( )

⑤ 굴착에 의한 흙의 일부 제거 ( )

⑥ 외력의 작용 ( )

★중요

016 연약지반 처리공법 중 점성토지반의 개량공법에 해당하는 것을 체크하시오.

① 샌드드레인(Sand drain) 공법 (　　)
② 생석회 말뚝(Chemico pile) 공법 (　　)
③ 페이퍼드레인(Paper drain) 공법 (　　)
④ 바이브로 플로테이션(Vibro flotation) 공법 (　　)
⑤ 여성토(preloading) 공법 (　　)
⑥ 치환공법 (　　)
⑦ 압밀공법 (　　)

★중요

017 점토질 지반의 침하 및 압밀 재해를 막기 위하여 실시하는 지반 개량 탈수공법을 체크하시오.

① 샌드드레인 공법 (　　)
② 생석회 공법 (　　)
③ 페이퍼드레인 공법 (　　)
④ 진동 공법 (　　)

018 연약지반 개량공법 중에서 사질토 지반을 강화하는 공법을 체크하시오.

① 치환공법 (　　)
② sand drain 공법 (　　)
③ 생석회말뚝공법 (　　)
④ 다짐말뚝공법 (　　)

019 연약지반 처리공법 중 재하공법을 체크하시오.

① 여성토(pre-loading) 공법 (　　)
② 서차지(sur-charge) 공법 (　　)
③ 사면선단재하공법 (　　)
④ 폭파치환 공법 (　　)

020 연약지반 개량공법에 해당하는 것을 체크하시오.

① 폭파치환공법 (　　)
② 샌드드레인공법 (　　)
③ 우물통공법 (　　)
④ 모래다짐말뚝공법 (　　)

021 발파공의 충전재료에 해당하는 것을 체크하시오.

① 점토 (　　)
② 모래 (　　)
③ 비발화성 물질 (　　)
④ 인화성 물질 (　　)

022 토공에서 토량을 균형 있게 배분하기 위하여 토적곡선(Mass curve)을 이용한다. 토적곡선에 대한 설명으로 올바른지 체크하시오.

① 곡선으로부터 각 구간의 경사도와 단면적을 구할 수 있다. (　　)
② 절토구간은 상승곡선이 되고 성토구간은 하강곡선이 된다. (　　)
③ 곡선의 극대치와 그 다음에 있는 극소치의 차가 두 점간의 전토량이다. (　　)
④ 수평선이 곡선과 교차한 점을 토공균형점이라 한다. (　　)

023 굴착 작업 시 지반의 붕괴에 의한 위험을 방지하기 위해 안전담당자가 작업시작 전에 점검해야 할 사항을 체크하시오.

① 작업장소 선정 (　　)
② 부석, 균열유무 점검 (　　)
③ 작업순서 결정 (　　)
④ 함수, 용수 및 동결상태 (　　)

024 지반의 굴착작업 시 굴착시기와 작업순서를 정하기 위하여 조사하여야 할 사항을 체크하시오.

① 형상, 지질 및 지층의 상태 (　　)
② 흙막이지보공의 설치여부 (　　)
③ 균열, 함수, 용수 및 동결의 유무 (　　)
④ 지반의 지하수위 상태 (　　)

025 지반의 굴착 작업에 있어서 비가 올 경우를 대비한 직접적인 대책에 해당하는 것을 체크하시오.

① 측구 설치 (　　)
② 낙하물 방지망 설치 (　　)

③ 추락 방호망 설치 (　)

④ 매설물 등의 유무 또는 상태 확인 (　)

[03③, 19①, 24①]

026 사질지반 굴착 시, 굴착부와 지하수위차가 있을 때 수두차에 의하여 삼투압이 생겨 흙막이벽 근입부분을 침식하는 동시에 모래가 액상화되어 솟아오르는 현상을 체크하시오.

① 히빙(heaving) (　)

② 보일링(boiling) (　)

③ 항복(yielding) (　)

④ 붕괴(failure) (　)

⑤ 동상현상 (　)

⑥ 연화현상 (　)

[03③]

027 잠함, 우물통, 수직갱에서 굴착작업을 할 경우, 굴착 깊이가 20m를 초과하거나 산소농도 측정결과 산소의 결핍이 인정될 때 조치해야 할 사항 중 가장 중요한 것을 체크하시오.

① 산소농도 측정자를 정하여 측정한다. (　)

② 근로자의 안전을 위한 승강설비를 한다. (　)

③ 외부와의 연락을 위한 전화설비를 한다. (　)

④ 필요한 양의 공기를 보내주는 송기설비를 한다.

(　)

[14②]

028 말뚝을 절단할 때 내부응력에 가장 큰 영향을 받는 말뚝을 체크하시오.

① 나무말뚝 (　)　　② PC말뚝 (　)

③ 강말뚝 (　)　　④ RC말뚝 (　)

[04①]

029 지지말뚝의 하중지지도로 올바른 것을 체크하시오.

①　　　　　　　　　　(　)

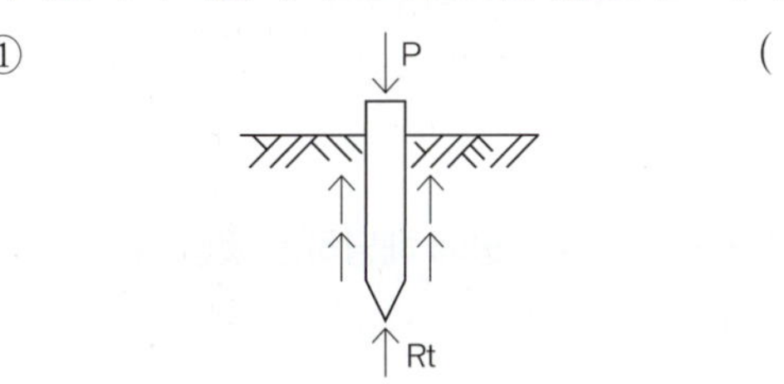

②　　　　　　　　　　(　)

③　　　　　　　　　　(　)

④　　　　　　　　　　(　)

[04②, 05③, 12①, 20②, 25②]

030 토질시험 중 연약한 점토질 지반의 점착력을 판별하기 위하여 실시하는 현장시험을 체크하시오.

① 베인테스트(Vane Test) (　)

② 표준관입시험(SPT) (　)

③ 하중재하시험 (　)

④ 삼축압축시험 (　)

[18③]

031 깊이 10m 이내에 있는 연약점토의 전단강도를 구하기 위한 가장 적당한 시험을 체크하시오.

① 베인 시험 (　)　　② 표준관입시험 (　)

③ 평판재하시험 (　)　　④ 블레인 시험 (　)

[07②, 15③]

032 표준관입시험에서 30cm 관입에 필요한 타격회수(N)가 50 이상일 때 모래의 상대밀도 상태를 체크하시오.

① 몹시 느슨하다. (　)

② 느슨하다. (　)

③ 보통이다. (　)

④ 대단히 조밀하다. (　)

033 표준관입시험에 대한 설명으로 올바른지 체크하시오.

① N치(N-value)는 지반을 30cm 굴진하는 데 필요한 타격 횟수를 의미한다. ( )

② 50/3의 표기에서 50은 굴진수치, 3은 타격횟수를 의미한다. ( )

③ 63.5kg 무게의 추를 76cm 높이에서 자유낙하하여 타격하는 시험이다. ( )

④ 사질지반에 적용하며, 점토지반에서는 편차가 커서 신뢰성이 떨어진다. ( )

⑤ N치가 4~10일 경우 모래의 상대밀도는 매우 단단한 편이다. ( )

034 토질시험(soil test) 방법 중 전단시험에 해당하는 것을 체크하시오.

① 일면 전단 시험 ( )

② 베인 테스트 ( )

③ 일축 압축 시험 ( )

④ 투수시험 ( )

035 토질시험 중 사질토 시험에서 얻을 수 있는 값을 체크하시오.

① 체적압축계수 ( )

② 내부마찰각 ( )

③ 액상화 평가 ( )

④ 탄성계수 ( )

036 일반적으로 사용되는 암질의 판별 기준에 해당하는 것을 체크하시오.

① R. Q. D(%) ( )

② 삼축 압축강도(kg/cm^2) ( )

③ R. M. R(%) ( )

④ 탄성파 속도(kine) ( )

037 흙의 연경도(Atterberg)에서 소성상태와 액성상태 사이의 한계에 해당하는 것을 체크하시오.

① 에터버그(Atterberg)한계 ( )

② 액성한계 ( )

③ 소성한계 ( )

④ 수축한계 ( )

038 토공계획을 수립하기 위해 고려할 사항에 해당하는 것을 체크하시오.

① 토공기계 선정 ( )　　② 토질의 종류 ( )

③ 토적곡선 ( )

④ 절토 및 성토량의 균형 ( )

039 사용하중을 적용하여 검토하여야 할 옹벽의 안정조건에 해당하는 것을 체크하시오.

① 전도 ( )　　　　　　② 활동 ( )

③ 지반지지력 ( )　　　④ 부력 ( )

040 지하수위 측정에 사용되는 계측기를 체크하시오.

① 로드 쉘(Load Cell) ( )

② 인크리노미터(Inclino meter) ( )

③ 익스텐소미터(Extenso meter) ( )

④ 워터레벨미터(Water level meter) ( )

041 흙의 안식각을 가장 잘 설명한 것을 체크하시오.

① 자연 경사각 ( )　　② 비탈면 각 ( )

③ 시공 경사각 ( )　　④ 계획 경사각 ( )

042 사면(slope)의 안정계산에 고려되는 것을 체크하시오.

① 흙의 간극비 ( )

② 흙의 점착력 ( )

③ 흙의 내부마찰각 ( )

④ 흙의 단위 중량 ( )

043 사면의 보호공법에 해당하는 것을 체크하시오.

① 식생 공법 ( )

② 피복 공법 ( )

③ 낙석 방호 공법 ( )

④ 주입 공법 ( )

044 법면 붕괴에 의한 재해 예방조치를 체크하시오. [22①]

① 지표수와 지하수의 침투를 방지한다. (　)

② 법면의 경사를 증가한다. (　)

③ 절토 및 성토높이를 증가한다. (　)

④ 토질의 상태에 관계없이 구배조건을 일정하게 한다. (　)

★중요 [06①, 08③, 18③]

045 동력을 사용하는 항타기 또는 항발기의 무너짐을 방지하기 위한 사항을 체크하시오.

① 연약한 지반에 설치하는 경우에는 아웃트리거·받침 등 지지구조물의 침하를 방지하기 위하여 깔판·받침목 등을 사용할 것 (　)

② 시설 또는 가설물 등에 설치하는 경우에는 그 내력을 확인하고 내력이 부족하면 그 내력을 보강할 것 (　)

③ 아웃트리거·받침 등 지지구조물이 미끄러질 우려가 있는 경우에는 말뚝 또는 쐐기 등을 사용하여 해당 지지구조물을 고정시킬 것 (　)

④ 궤도 또는 차로 이동하는 항타기 또는 항발기에 대해서는 불시에 이동하는 것을 방지하기 위하여 견고한 버팀·말뚝 또는 철골 등으로 고정시킬 것 (　)

[16③, 22②]

046 항타기 또는 항발기의 사용 시 준수사항을 체크하시오.

① 해머의 운동에 의하여 공기호스와 해머의 접속부가 파손되거나 벗겨지는 것을 방지하기 위하여 그 접속부가 아닌 부위를 선정하여 공기호스를 해머에 고정시킬 것 (　)

② 공기를 차단하는 장치를 작업지휘자가 쉽게 조작할 수 있는 위치에 설치할 것 (　)

③ 항타기나 항발기의 권상장치의 드럼에 권상용 와이어로프가 꼬인 경우에는 와이어로프에 하중을 걸어서는 아니 된다. (　)

④ 항타기나 항발기의 권상장치에 하중을 건 상태로 정지하여 두는 경우에는 쐐기장치 또는 역회전방지용 브레이크를 사용하여 제동하는 등 확실하게 정지시켜 두어야 한다. (　)

★중요 [06③, 07③, 08②, 11③, 14③, 16②, 18②③, 19②③, 20②, 21①, 22②, 25③]

047 유해·위험방지계획서를 제출해야 할 대상 공사에 해당하는 것을 체크하시오.

① 최대지간 길이가 50m 이상인 다리의 건설 등 공사 (　)

② 지상높이가 40m 이상인 건축물 또는 인공구조물 등의 건설·개조 또는 해체공사 (　)

③ 깊이가 15m 이상인 굴착공사 (　)

④ 지상높이가 40m 이상인 건축물 또는 인공구조물 등의 건설·개조 또는 해체공사 (　)

⑤ 지상높이가 30m 이상인 건축물 또는 인공구조물 등의 건설, 개조 또는 해체공사 (　)

⑥ 지상높이가 31m 이상인 건축물 또는 인공구조물 등의 건설, 개조 또는 해체공사 (　)

⑦ 다목적댐·발전용댐 및 저수용량 2,000만톤 이상의 용수전용 댐 건설 등의 공사 (　)

⑧ 지상높이 25m 이상인 건축물 또는 인공구조물 등의 건설 등 공사 (　)

⑨ 최대 지간길이가 60m인 다리의 건설 등 공사 (　)

⑩ 지상높이가 31m 이상인 건축물 또는 인공구조물, 연면적 30,000㎡ 이상인 건축물 또는 연면적 5,000㎡ 이상의 문화 및 집회시설(전시장 및 동물원·식물원은 제외)의 건설공사 (　)

⑪ 연면적이 4,000㎡인 관광숙박시설의 공사 (　)

⑫ 최대지간 길이가 100m인 다리의 건설 등 공사 (　)

⑬ 지상 높이가 31m 이상인 건축물 또는 인공구조물 등의 건설·개조 또는 해체공사 (　)

⑭ 깊이 10m 이상인 굴착공사 (　)

⑮ 최대지간 길이가 40m인 다리의 건설 등 공사 (　)

⑯ 터널의 건설 등 공사 (　)

⑰ 다목적댐, 발전용댐, 저수용량 3,000만톤 이상의 용수 전용 댐 및 지방상수도 전용 댐의 건설 등 공사 (　)

⑱ 연면적 3,000㎡ 이상의 냉동·냉장창고시설의 설비공사 및 단열공사 (　)

★중요

048 관련법규에 의해 유해·위험방지를 위한 방호조치를 하지 아니하고는 양도·대여·설치·사용하거나, 양도·대여의 목적으로 진열하여서는 안되는 기계·기구에 해당하는 것을 체크하시오.

① 금속절단기 (　　)
② 페이퍼드레인 머신 (　　)
③ 진공 포장기 (　　)
④ 공기 압축기 (　　)
⑤ 지게차 (　　)
⑥ 덤프트럭 (　　)
⑦ 원심기 (　　)
⑧ 예초기 (　　)
⑨ 포장기계 (　　)
⑩ 선반 (　　)

★중요

[06①, 17②③, 22①]

049 대통령령으로 정하는 사업의 종류 및 규모에 해당하는 사업으로서 해당 제품의 생산 공정과 직접적으로 관련된 건설물·기계·기구 및 설비 등 전부를 설치·이전하거나 그 주요 구조부분을 변경하려는 경우에 해당하는 사업주가 유해위험방지계획서를 제출할 때 첨부하는 서류를 체크하시오.

① 건축물 각 층의 평면도 (　　)
② 기계·설비의 개요를 나타내는 서류 (　　)
③ 기계·설비의 배치도면 (　　)
④ 설치장소의 개요를 나타내는 서류 (　　)

★중요

[16①, 17①, 20③, 21③, 23①]

050 유해하거나 위험한 작업 또는 장소에서 사용하거나 건강장해를 방지하기 위하여 사용하는 기계·기구 및 설비로서 대통령령으로 정하는 기계·기구 및 설비를 설치·이전하거나 그 주요 구조부분을 변경하려는 경우에 유해·위험방지 계획서 제출 시 첨부서류에 해당하는 것을 체크하시오.

① 건축물 각 층의 평면도 (　　)
② 설치장소의 개요를 나타내는 서류 (　　)
③ 설비의 도면 (　　)
④ 그 밖에 고용노동부장관이 정하는 도면 및 서류 (　　)

[11②, 16①]

051 다음 설명에서 제시된 산업안전보건법에서 말하는 고용노동부령으로 정하는 공사를 체크하시오.

> 건설업 중 고용노동부령으로 정하는 공사를 착공하려는 사업주는 고용노동부령으로 정하는 자격을 갖춘 자의 의견을 들은 후 유해·위험방지계획서를 작성하며 고용노동부령으로 정하는 바에 따라 고용노동부장관에게 제출하여야 한다.

① 지상높이가 31m인 건축물의 건설·개조 또는 해체공사 (　　)
② 최대 지간길이가 50m인 다리의 건설 등 공사 (　　)
③ 깊이가 8m인 굴착공사 (　　)
④ 터널의 건설 등 공사 (　　)

[20①]

052 사업주가 유해·위험방지 계획서 제출 후 건설공사 중 6개월 이내마다 안전보건공단의 확인을 받아야 할 내용에 해당하는 것을 체크하시오.

① 유해위험방지 계획서의 내용과 실제공사 내용이 부합하는지 여부 (　　)
② 유해위험방지 계획서 변경 내용의 적정성 (　　)
③ 자율안전관리 업체 유해·위험방지 계획서 제출·심사 면제 (　　)
④ 추가적인 유해·위험요인의 존재 여부 (　　)

★중요

[05②, 08②, 10②, 15②, 25①]

053 화물취급작업 시 관리감독자의 유해·위험방지업무에 해당하는 것을 체크하시오.

① 그 작업장소에는 관계 근로자가 아닌 사람의 출입을 금지하는 일 (　　)
② 기구 및 공구를 점검하고 불량품을 제거하는 일 (　　)
③ 대비방법을 미리 교육하는 일 (　　)
④ 작업방법 및 순서를 결정하고 작업을 지휘하는 일 (　　)

[13①③]

054 유해·위험방지계획서의 첨부서류 중 공사 개요 및 안전보건관리계획에 해당되는 항목을 체크하시오.

① 산업안전보건관리비 사용계획서 (　)

② 공사현장의 주변 현황 및 주변과의 관계를 나타내는 도면 (　)

③ 재해발생 위험시 연락 및 대피방법 (　)

④ 근로자 건강진단 실시계획 (　)

⑤ 교통처리계획 (　)

⑥ 안전관리 조직표 (　)

⑦ 공사개요서 (　)

⑧ 전체 공정표 (　)

[13③, 16③]

055 관리감독자의 유해·위험 방지 업무에서 달비계 또는 높이 5m 이상의 비계를 조립·해체하거나 변경하는 작업과 관련된 직무수행 내용을 체크하시오.

① 재료의 결함 유무를 점검하고 불량품을 제거하는 일 (　)

② 기구·공구·안전대 및 안전모 등의 기능을 점검하고 불량품을 제거하는 일 (　)

③ 작업방법 및 근로자 배치를 결정하고 작업 진행 상태를 감시하는 일 (　)

④ 작업에 종사하는 근로자의 보안경 및 안전장갑의 착용 상황을 감시하는 일 (　)

★중요

[09①, 10③, 12②, 25②]

056 철골공사 시 사전안전성 확보를 위해 공작도에 반영하여야 할 사항에 해당하는 것을 체크하시오.

① 주변 고압전주 (　)

② 외부비계받이 (　)

③ 기둥 승강용 트랩 (　)

④ 방망 설치용 부재 (　)

[18②]

001 흙의 간극비를 나타낸 식을 쓰시오.

[13③]

002 흙의 연경도 변화 한계를 애터버그(Atterberg) 한계라 한다. 체적변화에 따른 함수변화가 그림과 같을 때 PL과 LL 사이는 어떤 상태인지를 쓰시오.

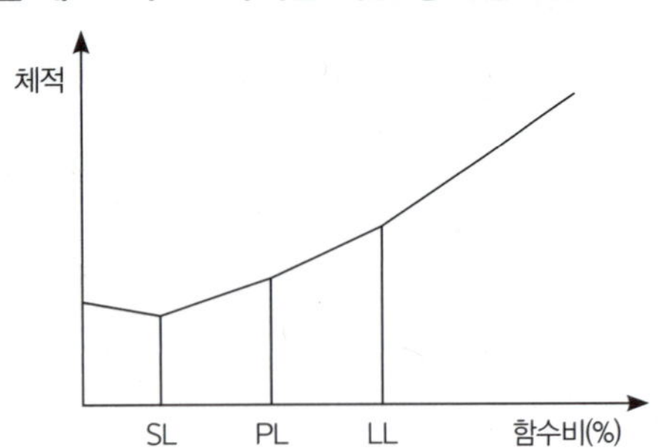

⚙️해설 원점에서 SL(수축한계)까지는 고체 상태로 단단하게 굳어 있고, SL(수축한계)에서 PL(소성한계)까지는 반고체 상태로 바삭바삭하고 끈기가 없는 상태이며, PL(소성한계)에서 LL(액성상태)까지는 소성상태로서 끈기가 있고, 반죽할 수 있는 상태이다. 또한, LL(액성상태)에서 최종까지는 질컥한 액성 상태이다.

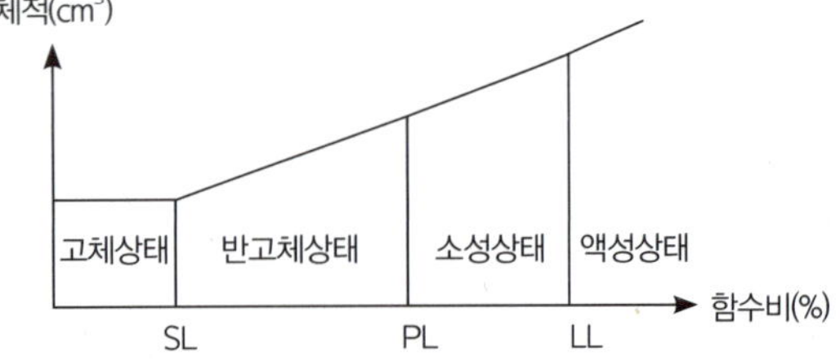

 [05③, 07③, 16②, 23③]

003 항타기 또는 항발기에 사용되는 권상용 와이어로프의 최소 안전계수를 쓰시오.

⚙️해설 사업주는 항타기 또는 항발기의 권상용 와이어로프의 안전계수가 5 이상이 아니면 이를 사용해서는 아니 된다. (안전보건규칙 제211조)

[04①]

004 건설업체를 대상으로 하는 환산재해율의 공식을 쓰시오.

⚙️해설 건설업 환산재해율이란 건설현장의 사고발생에 대한 중점적 관리를 위하여 고용노동부에서 매년 건설업의 산업재해 발생률을 조사하여 발표하는 것을 의미한다.

★중요　　　　　　　　　　　[05②, 15②, 19①, 21②, 25②]

005 산업안전보건법령에 따른 건설공사 중 다리 건설공사의 경우 유해위험방지계획서를 제출하여야 하는 기준을 쓰시오.

⚙해설 유해위험방지계획서 제출대상 건설공사(법 제42조, 영 제42조 제3항)
③ 최대 지간(支間)길이(다리의 기둥과 기둥의 중심사이의 거리)가 50m 이상인 다리의 건설 등 공사

　　　　　　　　　　　　　　　　[07③, 22②]

006 건설공사의 유해·위험 방지계획서 제출기준일을 쓰시오.

⚙해설 대통령령으로 정하는 크기, 높이 등에 해당하는 건설공사를 착공하려는 경우에 해당하는 사업주가 유해위험방지계획서를 제출할 때에는 건설공사 유해·위험방지계획서에 서류를 첨부하여 해당 공사의 착공(유해위험방지계획서 작성 대상 시설물 또는 구조물의 공사를 시작하는 것을 말하며, 대지 정리 및 가설사무소 설치 등의 공사 준비기간은 착공으로 보지 않는다) 전날까지 공단에 2부를 제출해야 한다. 이 경우 해당 공사가 「건설기술 진흥법」 제62조에 따른 안전관리계획을 수립해야 하는 건설공사에 해당하는 경우에는 유해위험방지계획서와 안전관리계획서를 통합하여 작성한 서류를 제출할 수 있다. (규칙 제42조 제3항)

|정답|

001 흙의 간극(공극)비 $= \dfrac{(공기+물)의\ 체적}{흙의\ 체적}$　　002 소성상태　　003 5　　004 환산 재해율 $= \dfrac{환산\ 재해자\ 수}{상시\ 근로자\ 수} \times 100(\%)$

005 최대 지간(支間)길이 50m 이상　　006 해당 공사의 착공 전날까지

01 진위형 문제

▶ 해설편 313p

※ 다음 문제를 읽고, 옳으면 ○, 틀리면 ×를 괄호 안에 표기하시오.

[03①]

001 건설현장에서 안전대의 폐기기준을 체크하시오.

① 벨트 부분 끝 또는 폭에 1mm 이상인 손상이 있을 때 ( )

② 재봉부분 재봉실이 1개소 이상 절단된 곳이 있을 때 ( )

③ D링 부분 링이 깊이 1mm 이상 손상이 있을 때 ( )

④ 후크 외측에 깊이 5mm 이상의 손상이 있을 때 ( )

[03③, 12②, 24②]

002 추락재해는 고소작업을 줄이는 방법이 가장 이상적인데, 이에 해당하는 것을 체크하시오.

① 방망(안전망) 설치 ( )

② 철골기둥과 빔을 일체 구조화 ( )

③ 안전대 사용 ( )

④ 비계 등에 의한 작업대 설치 ( )

[11①]

003 추락자를 보호할 수 있는 설비로서 작업발판 설치가 어렵거나 개구부 주위로 난간 설치가 어려운 곳에 설치하는 재해방지설비를 체크하시오.

① 안전그네 ( )　　　② 비계 ( )

③ 석면포 ( )　　　④ 추락 방호망 ( )

[19①]

004 건설현장에서 근로자의 추락재해를 예방하기 위한 안전난간을 설치하는 경우 그 구성요소에 해당하는 것을 체크하시오.

① 상부난간대 ( )　　　② 중간난간대 ( )

③ 사다리 ( )　　　④ 발끝막이판 ( )

[17②]

005 다음 설명에 해당하는 안전대와 관련된 용어를 체크하시오. (단, 보호구 안전인증 고시 기준)

> 신체 지지의 목적으로 전신에 착용하는 띠 모양의 것으로서 상체 등 신체 일부분만 지지하는 것은 제외한다.

① 안전그네 ( )　　　② 벨트 ( )

③ 죔줄 ( )　　　④ 버클 ( )

[17①, 20③, 23②]

006 작업발판 및 통로의 끝이나 개구부로서 근로자가 추락할 위험이 있는 장소에서 난간 등의 설치가 매우 곤란하거나 작업의 필요상 임시로 난간 등을 해체하여야 하는 경우에 설치하여야 하는 것을 체크하시오.

① 구명구 ( )　　　② 수직보호망 ( )

③ 수직형 추락방망 ( )　④ 석면포 ( )

[08①, 18②]

007 추락의 위험이 있는 개구부에 대한 방호조치에 해당하는 것을 체크하시오.

① 안전난간·울타리 및 수직형 추락방망 등으로 방호조치를 한다. ( )

② 충분한 강도를 가진 구조의 덮개를 뒤집히거나 떨어지지 아니하도록 설치한다. ( )

③ 어두운 장소에서도 식별이 가능한 개구부 주의 표지를 부착한다. ( )

④ 폭 30cm 이상의 발판을 설치한다. ( )

★중요　　　[04②, 13③, 22①, 23②]

008 추락 재해방지 설비 중 근로자의 추락재해를 방지할 수 있는 설비로 작업발판 설치가 곤란한 경우에 필요한 설비를 체크하시오.

① 경사로 ( )

② 추락방호망 ( )

③ 고장사다리 ( )

④ 달비계 ( )

009 추락의 위험이 있는 개구부에 덮개를 설치할 수 없을 때 취할 수 있는 안전조치 사항을 체크하시오. [04②]

① 90cm 정도 높이의 안전난간을 설치한다. (　)

② 작업자에게 안전대를 착용하도록 한다. (　)

③ 어두운 장소에서도 식별이 가능한 개구부 주의 표지를 부착한다. (　)

④ 폭 30cm 이상의 발판을 설치한다. (　)

010 추락을 방지하기 위한 안전대의 종류에 대하여 등급과 사용구분이 올바르게 짝지어진 것을 체크하시오. [08③]

① 1종 : U자걸이 전용 (　)

② 2종 : 1개걸이 전용 (　)

③ 3종 : 1개걸이, U자걸이 공용 (　)

④ 4종 : 추락방지대 (　)

★중요 [09①, 16③, 19②, 23③]

011 안전대의 종류는 사용구분에 따라 벨트식과 안전그네식으로 구분되는데, 이 중 안전그네식에만 적용하는 것으로만 묶인 것을 체크하시오.

① 1개걸이용, U자걸이용 (　)

② 1개걸이용, 추락방지대 (　)

③ U자걸이용, 안전블록 (　)

④ 추락방지대, 안전블록 (　)

012 높이 또는 깊이 2m 이상의 추락할 위험이 있는 장소에서의 작업에 필수적으로 지급되어야 하는 보호구를 체크하시오. [12①, 13①]

① 안전대 (　)　　② 보안경 (　)

③ 보안면 (　)　　④ 방열복 (　)

013 추락방지용 방망의 기준에 해당하는 것을 체크하시오. [05③]

① 소재는 합성섬유 또는 그 이상의 물리적 성질을 갖는 것이어야 한다. (　)

② 그물코는 가로, 세로가 15cm 이하로 한다. (　)

③ 방망은 매듭방향으로서 매듭은 원칙적으로 단매듭을 한다. (　)

④ 달기로우프는 3회 이상 엮어 묶는 방법 등으로 테두리로 우프에 결속하여야 한다. (　)

★중요 [10③, 15①, 19①, 24①]

014 방망에 표시해야 할 사항을 체크하시오.

① 제조자명 (　)　　② 제조연월 (　)

③ 재봉 치수 (　)　　④ 방망의 신축성 (　)

015 아파트의 외벽 도장 작업 시 추락방지를 위해 주로 수직 구명줄에 부착하여 사용하는 보호장구를 체크하시오. [15③]

① 1개 걸이 전용 (　)

② 추락방지대 (　)

③ 2개 걸이 전용 (　)

④ U자 걸이 전용 (　)

016 안전대와 관련된 설명에 해당하는 용어를 체크하시오. [20①, 25③]

> 로프 또는 레일 등과 같은 유연하거나 단단한 고정줄로서 추락 발생시 추락을 저지시키는 추락방지대를 지탱해 주는 줄 모양의 부품이다.

① 안전블록 (　)　　② 수직구명줄 (　)

③ 죔줄 (　)　　④ 보조죔줄 (　)

017 낙하·비래재해의 발생 원인을 체크하시오. [14③]

① 매달기 작업 시 결속방법 불량 (　)

② 자재투하 시 투하설비 미설치 (　)

③ 작업바닥의 폭, 간격 등 구조불량 (　)

④ 낙하물 방지망의 과다 설치 (　)

★중요 [10③, 18①, 21③, 24③]

018 작업 중이던 미장공이 상부에서 떨어지는 공구에 의해 상해를 입었다면 어느 부분에 대한 결함인지 체크하시오.

① 작업대 설치 (　)

② 작업방법 (　)

③ 낙하물 방지시설 설치 (　)

④ 비계설치 (　)

[04③, 09③, 10①, 13②, 15③, 19③, 20①, 21②, 24①]

★중요

019 작업으로 인하여 물체가 떨어지거나 날아올 위험이 있는 경우 위험방지를 위해 준수해야 할 조치사항을 체크하시오.

① 낙하물방지망 설치 (　)

② 출입금지구역 설정 (　)

③ 보호구 착용 (　)

④ 작업지휘자 선정 (　)

⑤ 투하설비 설치 (　)

⑥ 수직보호망 설치 (　)

⑦ 안전대 착용 (　)

⑧ 안전모 착용 (　)

⑨ 울타리설치 (　)

[09①, 10②]

020 건설공사 중 물체의 낙하 또는 비래에 의하여 재해가 발생할 위험이 있을 때 이에 대한 방지대책을 체크하시오.

① 낙하물 방지망 또는 방호선반을 설치한다. (　)

② 출입금지구역을 설정하여 출입통제를 한다. (　)

③ 안전난간을 설치한다. (　)

④ 보호구를 착용하고 작업하도록 한다. (　)

[18①, 20②]

021 터널 등의 건설작업을 하는 경우에 낙반 등에 의하여 근로자가 위험해질 우려가 있는 경우에 필요한 직접적인 조치사항을 체크하시오.

① 터널지보공 설치 (　)

② 부석의 제거 (　)

③ 울 설치 (　)

④ 록볼트 설치 (　)

⑤ 환기, 조명시설을 설치 (　)

[07①, 09③, 25①]

022 유자격자가 충전전로 인근에서 작업하는 경우 접근한계거리에 해당하는 것을 체크하시오.

① 0.75kV 초과 2kV 이하 : 45cm (　)

② 37kV 초과 88kV 이하 : 120cm (　)

③ 145kV 초과 169kV 이하 : 170cm (　)

④ 362kV 초과 550kV 이하 : 550cm (　)

[09①]

023 인체가 감전되었을 때 그 위험도에 영향을 미치는 요소에 대한 설명으로 올바른지 체크하시오.

① 인체의 통전전류가 클수록 위험성은 커진다. (　)

② 같은 크기의 전류에서는 감전시간이 길 경우에 위험성은 커진다. (　)

③ 같은 전류의 크기라도 상징으로 전류가 흐를 때 위험성은 커진다. (　)

④ 상용주파수의 교류전원보다 직류전원이 더 위험하다. (　)

[09②]

024 감전재해의 직접적인 요인을 체크하시오.

① 통전전압의 크기 (　)　② 통전전류의 크기 (　)

③ 통전시간의 크기 (　)　④ 통전경로 (　)

[19①, 22①, 25③]

025 건설작업장에서 근로자가 상시 작업하는 장소의 작업면 조도기준으로 올바른지 체크하시오. (단, 갱내 작업장과 감광재료를 취급하는 작업장의 경우는 제외)

① 초정밀작업 : 600럭스(lux) 이상 (　)

② 정밀작업 : 300럭스(lux) 이상 (　)

③ 보통작업 : 150럭스(lux) 이상 (　)

④ 초정밀, 정밀, 보통작업을 제외한 기타 작업 : 75럭스(lux) 이상 (　)

02 단답형 문제

[04②]

001 추락으로 인하여 근로자에게 위험이 발생할 우려가 있을 때에는 높이가 몇 m 이상인 장소에 작업발판을 설치하여야 하는지를 쓰시오. (단, 작업발판의 끝, 개구부 등은 제외)

⚙해설 작업발판의 구조(안전보건규칙 제56조)
사업주는 비계(달비계, 달대비계 및 말비계는 제외)의 높이가 2m 이상인 작업장소에 기준에 맞는 작업발판을 설치하여야 한다.

[11③, 20③]

002 근로자의 추락 등의 위험을 방지하기 위한 안전난간의 설치요건에서 상부 난간대를 120cm 이상 지점에 설치하는 경우 중간 난간대를 최소 몇 단 이상 균등하게 설치하여야 하는지를 쓰시오.

⚙해설 안전난간의 구조 및 설치요건(안전보건규칙 제13조)
사업주는 근로자의 추락 등의 위험을 방지하기 위하여 안진난간을 설치하는 경우 상부 난간대는 바닥면·발판 또는 경사로의 표면("바닥면 등")으로부터 90cm 이상 지점에 설치하고, 상부 난간대를 120cm 이하에 설치하는 경우에는 중간 난간대는 상부 난간대와 바닥면 등의 중간에 설치해야 하며, 120cm 이상 지점에 설치하는 경우에는 중간 난간대를 2단 이상으로 균등하게 설치하고 난간의 상하 간격은 60cm 이하가 되도록 할 것. 다만, 난간기둥 간의 간격이 25cm 이하인 경우에는 중간 난간대를 설치하지 않을 수 있다.

[06②, 09③, 23③]

003 근로자의 추락에 의한 위험을 방지하기 위하여 안전난간을 설치하는 때 상부 난간대는 바닥면·발판 또는 경사로의 표면으로부터 최소 어느 정도의 높이에 설치하여야 하는지를 쓰시오.

[04③, 07①]

004 추락을 방지하기 위하여 사용하는 안전대 중 안전대에 의지하지 않아도 작업할 수 있는 발판이 확보되었을 때 사용하는 2종 안전대의 명칭을 쓰시오.

[11③, 18③]

005 추락재해 방지를 위한 방망의 그물코 규격기준을 쓰시오.

|정답|

001 2m 이상　**002** 2단 이상　**003** 90cm 이상　**004** 1개 걸이 전용
005 그물코는 사각 또는 마름모로서 그 크기는 10cm 이하이어야 한다.

★중요

006 추락방지용 방망의 그물코 크기가 가로, 세로 각각 10cm인 매듭방망 방망사의 신품에 대해 등속인장 강도 시험을 하였을 경우 그 강도가 최소 얼마 이상 이어야 하는지를 쓰시오.

해설 방망사의 강도(추락재해방지 표준안전작업지침 제5조)
방망사는 시험용사로부터 채취한 시험편의 양단을 인장시험기로 시험하거나 또는 이와 유사한 방법으로서 등속인장시험을 한 경우 그 강도는 표에 정한 값 이상이어야 한다.
[표1] 방망사의 신품에 대한 인장강도

그물코의 크기 (단위 : cm)	방망의 종류 (단위 : kg)	
	매듭없는 방망	매듭 방망
10	240	200
5		110

★중요

007 추락방지망 설치 시 그물코의 크기가 10cm인 매듭 없는 방망의 인장강도는 얼마 이상이어야 하는지를 쓰시오. (단, 신품의 경우임)

★중요

008 추락안전방망 중 5cm 그물코로서 매듭방망일 경우 인장강도는 최소 얼마 이상이어야 하는지를 쓰시오. (단, 신품의 경우임)

009 그물코의 크기가 5cm인 매듭방망의 폐기기준 인장 강도를 쓰시오.

해설 방망사의 폐기 시 인장강도(추락재해방지 표준안전작 업지침 제5조)

그물코의 크기 (단위 : cm)	방망의 종류 (단위 : kg)	
	매듭없는 방망	매듭 방망
10	150	135
5		60

010 방망사의 폐기 시 인장강도를 쓰시오. (단, 그물코의 크기는 10cm이며 매듭없는 방망의 경우임)

★중요

011 건설현장의 중요 안전설비인 방망은 사용개시 후 1 년 이내에 한 번 시험하고, 그 후 몇 개월마다 한 번 씩 정기적으로 시험용사에 대해서 등속인장시험을 하여야 하는지 쓰시오.

해설 정기시험(추락재해방지 표준안전작업지침 제10조)
정기시험 등은 다음에 정하는 바에 의하여 행한다.
① 방망의 정기시험은 사용개시 후 1년 이내로 하고, 그 후 6개월 마다 1회씩 정기적으로 시험용사에 대해서 등속인장시험을 하여야 한다. 다만, 사용상태가 비슷한 다수의 방망의 시험용사에 대하여는 무작위 추출한 5개 이상을 인장시험 했을 경우 다른 방망에 대한 등속 인장시험을 생략할 수 있다.
② 방망의 마모가 현저한 경우나 방망이 유해가스에 노출된 경우에는 사용후 시험용사에 대해서 인장시험을 하여야 한다.

012 [04③, 08③, 10③, 23①] ★중요

012 방망의 관리기준에 대한 설명에서 괄호 안에 들어갈 내용을 순서대로 쓰시오.

> 방망의 정기시험은 사용개시 후 (㉠)년 이내로 하고, 그 후 (㉡)개월마다 1회씩 정기적으로 시험용사에 대해서 등속인장시험을 하여야 한다.

---

013 [13①]

안전방망 설치 시 작업면으로부터 망의 설치지점까지의 수직거리 한계 기준을 쓰시오.

⚙️ **해설** 추락의 방지(안전보건규칙 제42조)
사업주는 작업발판을 설치하기 곤란한 경우 다음의 기준에 맞는 추락방호망을 설치해야 한다. 다만, 추락방호망을 설치하기 곤란한 경우에는 근로자에게 안전대를 착용하도록 하는 등 추락위험을 방지하기 위해 필요한 조치를 해야 한다.
① 추락방호망의 설치위치는 가능하면 작업면으로부터 가까운 지점에 설치하여야 하며, 작업면으로부터 망의 설치지점까지의 수직거리는 10m를 초과하지 아니할 것

---

014 [06①, 07③, 08②, 09③, 23②] ★중요

추락의 위험이 있는 경우 안전방망을 설치할 때 일반적으로 방망 지지점은 최소 몇 kg의 외력에 견딜 수 있는 강도를 보유하여야 하는지를 쓰시오. (단, 연속적인 구조물이 방망 지지점인 경우의 외력이 "200×지지점 간격[m]"에 견딜 수 있는 것은 제외)

⚙️ **해설** 지지점의 강도(추락재해방지 표준안전작업지침 제8조)
지지점의 강도는 다음에 의한 계산값 이상이어야 한다.
방망 지지점은 600kg의 외력에 견딜 수 있는 강도를 보유하여야 한다(다만, 연속적인 구조물이 방망 지지점인 경우의 외력이 다음 식에 계산한 값에 견딜 수 있는 것은 제외).
$F = 200B$, 여기에서 F는 외력(단위 : kg), B는 지지점간격(단위 : m)이다.

---

015 [19②]

근로자에게 작업 중 또는 통행 시 전락(轉落)으로 인하여 근로자가 화상·질식 등의 위험에 처할 우려가 있는 케틀(kettle), 호퍼(hopper), 피트(pit) 등이 있는 경우에 그 위험을 방지하기 위하여 최소 얼마 이상의 울타리를 설치하여야 하는지를 쓰시오.

⚙️ **해설** 울타리의 설치(안전보건규칙 제48조)
사업주는 근로자에게 작업 중 또는 통행 시 굴러 떨어짐으로 인하여 근로자가 화상·질식 등의 위험에 처할 우려가 있는 케틀(kettle, 가열 용기), 호퍼(hopper, 깔때기 모양의 출입구가 있는 큰 통), 피트(pit, 구덩이) 등이 있는 경우에 그 위험을 방지하기 위하여 필요한 장소에 높이 90cm 이상의 울타리를 설치하여야 한다.

|정답|

006 200kg 이상　007 240kg 이상　008 110kg 이상　009 60kg　010 150kg　011 6개월　012 ㉠ 1, ㉡ 6
013 10m를 초과하지 않을 것(10m 이하)　014 600kg　015 90cm 이상

016 토사붕괴의 예측에 사용하는 Coulomb 법칙의 식을 쓰시오. (단, τ : 전단응력, σ : 수직응력, $\varnothing$: 내부마찰각, C : 점착력)

⚙ **해설** 전단응력 = 점착력+수직응력×tan 내부마찰각

★중요 [07③, 09③, 13②, 21③, 25②]

017 산업안전보건법령에 따른 투하설비 설치에 관련된 사항이다. 괄호 안에 들어갈 내용을 쓰시오.

> 사업주는 높이가 (　　)m 이상인 장소로부터 물체를 투하하는 때에는 적당한 투하설비를 설치하거나 감시인을 배치하는 등 위험방지를 위하여 필요한 조치를 하여야 한다.

⚙ **해설** 투하설비 등(안전보건규칙 제15조)
사업주는 높이가 3m 이상인 장소로부터 물체를 투하하는 경우 적당한 투하설비를 설치하거나 감시인을 배치하는 등 위험을 방지하기 위하여 필요한 조치를 하여야 한다.

[13③]

018 물체를 투하하는 경우 위험 방지를 위하여 필요한 조치를 하여야 하는데, 투하설비를 설치하여야 하는 물체 투하장소의 최소 높이 기준을 쓰시오.

★중요 [10①, 12②, 14①, 16①, 24②]

019 물체가 떨어지거나 날아올 위험을 방지하기 위한 낙하물방지망 또는 방호선반을 설치할 때 수평면과의 적정한 각도를 쓰시오.

[04②]

020 특별고압 활선작업에서 37kV 초과 88kV 이하의 충전전로에 대한 접근 한계거리를 쓰시오.

|정답|

016 $\tau = C + \sigma\tan\varnothing$　　**017** 3　　**018** 3m 이상　　**019** 20° 이상 30° 이하　　**020** 110cm

03 계산형 문제

[03②]

001 추락 시 로우프의 지지점에서 최하단까지의 거리 h(m)를 구하시오. (단, 로우프의 길이는 150㎝, 로우프의 신율은 30%이며 근로자의 신장은 180㎝임)

> ⚙ **해설**
>
> 신체의 최하단까지의 거리(h) = 로프 길이+(로프의 길이×신장률)+(신장의 $\frac{1}{2}$)
>
> $$= 1.5+(1.5\times0.3)+(1.8\times\frac{1}{2}) = 2.85m$$

[18②]

⭐중요
002 로프 길이 2m의 안전대를 착용한 근로자가 추락으로 인한 부상을 당하지 않기 위한 지면으로부터 안전대 고정점까지의 높이(H)를 구하시오. (단, 로프의 신율 30%, 근로자의 신장 180cm)

> ⚙ **해설**
>
> H(부상을 당하지 않기 위한 지면으로부터 안전대 고정점까지의 높이) = 로프의 길이 + 로프의 늘어난 길이 (로프의 길이 × 신율) + 신장의 1/2
>
> 그러므로, $H = 2+(2\times0.3)+\frac{1.8}{2} = 3.5m$이다.
>
> 이때, H 〉 3.5m : 안전, H = 3.5m : 위험, H 〈 3.5m : 중상 또는 사망이다.

[04②, 09①, 21③, 23③]

⭐중요
003 10cm 그물코인 방망을 설치한 경우에 망 밑부분에 충돌 위험이 있는 바닥면 또는 기계설비와의 수직거리(H_2)를 구하시오. [단, L(1개의 방망일 때 가장 짧은 변의 길이) = 12m, A(방망 주변의 지지점 간격) = 6m]

> ⚙ **해설**
>
> 방망의 허용낙하높이(작업발판과 방망 부착위치의 수직거리, 추락재해방지 표준안전작업지침 제7조)
>
> | 높이 | 낙하높이 | | 방망과 바닥면 높이 | | 방망의 처짐길이 |
> | --- | --- | --- | --- | --- | --- |
> | 조건 | 단일 방망 | 복합 방망 | 10cm 그물코 | 5cm 그물코 | |
> | $L 〈 A$ | $\frac{1}{4}(L+2A)$ | $\frac{1}{5}(L+2A)$ | $\frac{0.85}{4}(L+3A)$ | $\frac{0.95}{4}(L+3A)$ | $\frac{1}{12}(L+2A)$ |
> | $L \geq A$ | $\frac{3L}{4}$ | $\frac{3L}{5}$ | $0.85L$ | $0.95L$ | $\frac{L}{4}$ |
>
> L : 방망의 단변방향 최소길이(m), A : 장변방향의 방망의 지지간격(m)
>
> 그러므로, L ≥ A인 경우, 0.85L이므로, 허용낙하높이 = 0.85L = 0.85 × 12 = 10.2m이다.

01 진위형 문제

▶ 해설편 317p

※ 다음 문제를 읽고, 옳으면 O, 틀리면 ×를 괄호 안에 표기하시오.

[03②, 07②, 18①, 19③]

001 건설업 산업안전보건관리비 중 안전시설비로 사용하는 것을 체크하시오.

① 외부인 출입금지를 위한 가설울타리 (　)
② 안전대 부착설비 (　)
③ 소화기의 구입·임대 비용 (　)
④ 스마트 안전장비 구입·임대 비용 (　)

[07①, 16③]

002 대상액 50억원 이상의 공사종류에 따른 산업안전보건관리비 계상기준에 해당하는 것을 체크하시오.

① 건축공사 : 2.37% (　)
② 토목공사 : 2.60% (　)
③ 중건설공사 : 3.11% (　)
④ 특수건설공사 : 1.27% (　)

[07③, 08②, 12③, 15①, 17②]

003 건설업 산업안전보건관리비의 사용 항목에 해당하는 것을 체크하시오.

① 안전관리자·보건관리자의 임금 등 (　)
② 교통통제를 위한 교통정리·신호수의 임금 등 (　)
③ 안전보건교육 대상자 등에게 구조 및 응급처치에 관한 교육을 실시하기 위해 소요되는 비용 (　)
④ 보호구의 구입·수리·관리 등에 소요되는 비용 (　)
⑤ 안전시설비 등 (　)
⑥ 휴게시설을 갖춘 경우 온도, 조명 설치·관리기준을 준수하기 위해 소요되는 비용 (　)
⑦ 안전보건진단비 등 (　)
⑧ 덤프트럭수리비 (　)　⑨ 운반기계 수리비 (　)
⑩ 외부비계, 작업발판 등의 가설구조물 설치 소요비 (　)
⑪ 근로자 건강장해예방비 등 (　)
⑫ 건설재해예방전문지도기관의 지도에 대한 대가로 자기공사자가 지급하는 비용 (　)

[18②, 22①]

004 건설업 산업안전보건관리비 계상 및 사용기준에서 보호구 등에 해당하는 것을 체크하시오.

① 보호구의 구입·수리·관리 등에 소요되는 비용 (　)
② 근로자가 가목에 따른 보호구를 직접 구매·사용하여 합리적인 범위 내에서 보전하는 비용 (　)
③ 유해위험방지계획서의 작성 등에 소요되는 비용 (　)
④ 안전관리자 및 보건관리자가 안전보건 점검 등을 목적으로 건설공사 현장에서 사용하는 차량의 유류비·수리비·보험료 (　)

[16②]

005 산업안전보건관리비의 효율적인 집행을 위하여 고용노동부장관이 정할 수 있는 기준에 해당하는 것을 체크하시오.

① 안전, 보건에 관한 협의체 구성 및 운영 (　)
② 공사의 진척정도에 따른 사용기준 (　)
③ 사업의 규모별 사용방법 및 구체적인 내용 (　)
④ 사업의 종류별 사용방법 및 구체적인 내용 (　)

[18③]

006 산업안전보건관리비 계상 방법에 해당하는 것을 체크하시오.

① 대상액이 5억 원 이상 50억 원 미만인 경우에는 대상액에 별표에서 정한 비율을 곱한 금액에 기초액을 제외한 금액으로 계상한다. (　)
② 발주자는 제1항에 따라 계상한 산업안전보건관리비를 입찰공고 등을 통해 입찰에 참가하려는 자에게 알려야 한다. (　)
③ 발주자와 건설공사도급인 중 자기공사자를 제외하고 발주자로부터 해당 건설공사를 최초로 도급받은 수급인은 공사계약을 체결할 경우 별표의 규정에 따라 계상된 산업안전보건관리비를 공사도급계약서에 별도로 표시하여야 한다. (　)
④ 발주자 또는 자기공사자는 설계변경 등으로 대상액의 변동이 있는 경우 별표에 따라 지체 없이 산업안전보건관리비를 조정 계상하여야 한다. (다만, 설계변경으로 공사금액이 800억 원 이상으로 증액된 경우는 제외) (　)

02 단답형 문제

004 다음은 산업안전보건법령에 따른 산업안전보건관리비의 사용에 관한 규정이다. 괄호 안에 들어갈 내용을 순서대로 쓰시오.

> 건설공사도급인은 고용노동부장관이 정하는 바에 따라 해당 건설공사를 위하여 계상된 산업안전보건관리비를 그가 사용하는 근로자와 그의 관계수급인이 사용하는 근로자의 산업재해 및 건강장해 예방에 사용하고, 그 사용명세서를 (㉠) 작성하고 건설공사 종료 후 (㉡) 동안 보존해야 한다.

⚙️ 해설 건설공사도급인은 법 제72조제3항에 따라 산업안전보건관리비를 사용하는 해당 건설공사의 금액(고용노동부장관이 정하여 고시하는 방법에 따라 산정한 금액을 말한다)이 4천만 원 이상인 때에는 고용노동부장관이 정하는 바에 따라 매월(건설공사가 1개월 이내에 종료되는 사업의 경우에는 해당 건설공사가 끝나는 날이 속하는 달) 사용명세서를 작성하고, 건설공사 종료 후 1년 동안 보존해야 한다.

[10①, 13②, 19①, 20②, 21③, 23①]

001 산업안전보건관리비계상기준에 따른 건축공사 대상액 "5억원 이상 50억원 미만"의 안전관리비 비율 및 기초액을 쓰시오.

[17①]

002 산업안전보건관리비 계상 및 사용기준에 따른 공사 종류별 계상기준의 비율을 쓰시오. (단, 특수건설공사이고, 대상액이 5억원 미만인 경우)

[11②, 20③, 24①]

005 건설공사의 산업안전보건관리비 계상 시 대상액이 구분되어 있지 않은 공사는 도급계약 또는 자체사업 계획상의 총공사금액 중 몇 %를 대상액으로 하는지 쓰시오.

⚙️ 해설 대상액이 명확하지 않은 경우에는 제1항의 도급계약 또는 자체사업계획상 책정된 총공사금액의 $\frac{7}{10}$(70%)에 해당하는 금액을 대상액으로 하고, 대상액이 5억 원 미만 또는 50억 원 이상인 경우와 대상액이 5억 원 이상 50억 원 미만인 경우에는 대상액에 별표 1에서 정한 비율을 곱한 금액에 기초액을 합한 금액에 따라 계상한다.

[22②]

003 건설업 산업안전보건관리비 계상 및 사용기준에서 산업재해보상 보험법의 적용을 받는 공사의 최소 총공사금액을 쓰시오. (단, 단가계약에 의하여 행하는 공사는 제외)

⚙️ 해설 건설업 산업안전보건관리비 계상 및 사용기준은 산업재해보상 보험법의 적용을 받는 공사 중 건설공사(건설공사, 전기공사, 정보통신공사, 소방시설공사, 국가유산 수리공사) 중 총공사금액 2천만 원 이상인 공사에 적용한다. 다만, 단가계약에 의하여 행하는 공사에 대하여는 총계약금액을 기준으로 적용한다.

| 정답 |

001 비율 : 2.28%, 기초액 : 4,325,000원　　**002** 2.07%　　**003** 2천만 원　　**004** ㉠ 매월, ㉡ 1년　　**005** 70%

006 건설업 산업안전보건관리비의 사용내역에 대하여 수급인 또는 자기공사자는 공사 시작 후 몇 개월마다 1회 이상 발주자 또는 감리원의 확인을 받아야 하는지를 쓰시오.

🔧 **해설** 도급인은 산업안전보건관리비 사용내역에 대하여 공사 시작 후 6개월마다 1회 이상 발주자 또는 감리자의 확인을 받아야 한다. 다만, 6개월 이내에 공사가 종료되는 경우에는 종료 시 확인을 받아야 한다.

007 공사진척에 따른 안전관리비 사용기준에서 공정율이 70% 이상 90% 미만일 경우의 최소 사용기준의 비율을 쓰시오.

🔧 **해설** 공사진척에 따른 산업안전보건관리비 사용기준

공정율	50% 이상 70% 미만	70% 이상 90% 미만	90% 이상
사용 기준	50% 이상	70% 이상	90% 이상

※ 공정률은 기성공정률을 기준으로 한다.

008 공정율이 65%인 건설현장의 경우 공사 진척에 따른 산업안전보건관리비의 최소 사용기준의 비율을 쓰시오.

009 건설업의 공사금액이 850억 원일 경우 산업안전보건법령에 따른 안전관리자의 최소 인원을 쓰시오. (단, 전체 공사기간을 100으로 할 때 공사 전·후 15에 해당하는 경우는 고려하지 않음)

🔧 **해설** 울설업의 경우, 사업장의 안전관리자의 수는 공사금액 800억 원 이상 1,500억 원 미만인 때에는 2명 이상으로 한다. 다만, 전체 공사기간을 100으로 할 때 공사 시작에서 15에 해당하는 기간과 공사 종료 전의 15에 해당하는 기간 동안은 1명 이상으로 한다.

|정답|

006 6개월   **007** 70%   **008** 50%   **009** 2명

03 계산형 문제

[16①]

001 시급자재비가 30억원, 직접노무비가 35억원, 관급자재비가 20억원인 빌딩신축공사를 할 경우 계상해야 할 산업안전보건관리비를 구하시오. (단, 공사종류는 건축공사임)

> ⚙ **해설**
>
> "산업안전보건관리비 = (시급자재비 + 관급자재비 + 직접노무비) × 적용 비율"이다. 그런데, 대상액이 50억원 이상(=30억원+20억원+35억원)이므로, 적용 비율은 2.37%(0.0237)이다.
>
> 그러므로, 산업안전보건관리비 = (30억 + 20억 + 35억) × 0.0237 = 201,450,000원

[16③, 24③]

002 산업안전보건관리비 사용과 관련하여 산업안전보건법령에 따른 재해예방 전문지도기관의 기술 지도를 받아야 하는 횟수를 구하시오. (단, 공사 기일은 360일이고, 공사 금액이 40억원 미만인 경우)

> ⚙ **해설**
>
> 건설재해예방전문지도기관의 지도 기준(영 제60조, 별표 18)
>
> 기술지도는 특별한 사유가 없으면 공사시작 후 15일 이내마다 1회 실시한다.
>
> 즉, 기술지도횟수(회) $= \dfrac{공사기간(일)}{15}$ 이다. (다만, 소수점은 버림)
>
> 그러므로, 기술지도횟수(회) $= \dfrac{공사기간(일)}{15} = \dfrac{360}{15} = 24$회이다.

01 진위형 문제

▶ 해설편 319p

※ 다음 문제를 읽고, 옳으면 ○, 틀리면 ×를 괄호 안에 표기하시오.

[03①]

001 철근콘크리트 슬라브 윗면에 철근을 따라 규칙적으로 발생하는 균열을 체크하시오.

① 수축균열 (　　)
② 경화열에 의한 균열 (　　)
③ 침하균열 (　　)
④ 전단력에 의한 균열 (　　)

[06③]

002 철근콘크리트 구조물에서 철근의 길이방향을 따라 발생하는 균열을 체크하시오.

① 구조적 균열 (　　)
② 동결에 의한 균열 (　　)
③ 휨모멘트에 의한 균열 (　　)
④ 철근부식에 의한 균열 (　　)

★중요 　　[03①, 05②, 15②, 25②]

003 시멘트의 수화반응에서 생성되는 수산화칼슘은 pH 12~13 정도의 알칼리성을 나타낸다. 이 수산화칼슘이 대기 중에 있는 약산성의 이산화탄소와 접촉, 반응하여 pH 8~10 정도의 탄산칼슘과 물로 변화하는 현상을 체크하시오.

① 알카리-골재반응 (　　)　　② 염해 (　　)
③ 동결융해 (　　)　　④ 중성화 (　　)

[03①, 25①]

004 수밀 콘크리트에 관한 설명으로 올바른지 체크하시오.

① 밀도가 높고 내구적, 방수적이어서 물의 침투를 방지 한다. (　　)
② 산, 알칼리, 해수 동결 융해에 대한 저항력이 크다. (　　)
③ 풍화를 방지한다. (　　)
④ 전류에 영향을 받지 않는다. (　　)

[07①]

005 수중 콘크리트 타설작업 시 준수사항을 체크하시오.

① 물을 정지시킨 정수 중에서 타설하는 것이 좋다. (　　)
② 트레미 혹은 콘크리트 펌프로 타설하는 것이 좋다. (　　)
③ 콘크리트 면을 가능한 한 수평하게 유지하면서 소정의 높이 또는 수면 상에 이를 때까지 연속해서 타설해야 한다. (　　)
④ 수중에 그대로 낙하시켜 재료의 분리를 줄인다. (　　)

[03②]

006 팽창제에 의해 해체작업에서 사용물질 취급상의 안전기준을 체크하시오.

① 팽창제를 저장하는 경우에는 건조한 장소에 보관하고 직접 바닥에 두지말고 습기를 피하여야 한다. (　　)
② 팽창제와 물과의 혼합비율을 확인하여야 한다. (　　)
③ 개봉된 팽창제는 별도 장소에 보관하여 사용하고 쓰다 남은 팽창제 처리에 유의할 것 (　　)
④ 천공간격은 콘크리트 강도에 의하여 결정되나 30~70cm 정도를 유지하도록 한다. (　　)
⑤ 개봉된 팽창제는 사용하지 않는다. (　　)

[06①]

007 철근의 이음법에 해당하는 것을 체크하시오.

① 겹침이음 (　　)　　② 용접이음 (　　)
③ 기계적이음 (　　)　　④ 화학적이음 (　　)

★중요 　　[08③, 10①, 14②, 24②]

008 철근인력운반에 대한 설명으로 올바른지 체크하시오.

① 긴 철근은 두 사람이 한 조가 되어 어깨메기로 운반하는 것이 좋다. (　　)
② 긴 철근을 운반할 때에는 중앙을 묶어 운반한다. (　　)

③ 운반시 1인당 무게는 25kg 정도가 적당하다. ( )

④ 긴 철근을 한 사람이 운반할 때는 한쪽을 어깨에 메고 한쪽 끝을 땅에 끌어서 운반한다. ( )

[03①, 06①③, 08①, 09②, 14②, 16②③, 17①, 18③, 20①, 24③]

★중요

009 **콘크리트 타설 시 거푸집이 받는 측압에 대한 설명으로 올바른지 체크하시오.**

① 대기의 온도, 습도가 높을수록 크다. ( )

② 타설속도가 클수록 측압은 크다. ( )

③ 부어넣기 속도가 빠를수록 커진다. ( )

④ 콘크리트의 단위 중량(밀도)이 클수록 크다. ( )

⑤ 거푸집 수밀성이 크면 측압은 작다. ( )

⑥ 외기의 온도가 낮을수록 측압은 크다. ( )

⑦ 부어 넣기 속도가 빠르면 측압은 작아진다. ( )

⑧ 철근의 양이 적으면 측압은 작아진다. ( )

⑨ 구조물의 단면이 크면 측압은 작다. ( )

⑩ 기온이 높을수록 측압은 크다. ( )

⑪ 슬럼프가 클수록 측압은 크다. ( )

⑫ 다짐이 과할수록 측압은 크다. ( )

⑬ 대기의 온도가 높을수록 크다. ( )

⑭ 거푸집의 강성이 클수록 크다. ( )

⑮ 슬럼프가 클수록 작다. ( )

⑯ 거푸집 속의 콘크리트 온도가 낮을수록 크다. ( )

⑰ 콘크리트의 높이가 높을수록 크다. ( )

⑱ 슬럼프가 클수록, 벽 두께가 두꺼울수록 커진다. ( )

⑲ 다지기가 충분할수록 커진다. ( )

[04②]

010 **교량을 시공하는 과정에서 연속보로 시공할 때 나타나는 특징에 해당하는 것을 체크하시오.**

① 지점침하에 의해 응력이 발생하지 않는다. ( )

② 정정구조물에 비해 구조물의 안전도를 증가시킨다. ( )

③ 처짐의 크기가 작다. ( )

④ 부재가 작아져서 재료가 절약된다. ( )

[04②, 08②, 25①]

011 **콘크리트 강도에 영향을 주는 요소를 체크하시오.**

① 콘크리트 재령 및 배합 ( )

② 양생 온도와 습도 ( )

③ 타설 및 다지기 ( )

④ 거푸집 모양과 형상 ( )

[04③, 07②, 23①]

012 **콘크리트 타설 이후 발생되는 블리이딩(bleeding)을 방지하기 위한 대책을 체크하시오.**

① 단위 수량을 적게 해야 한다. ( )

② 분말도가 낮은 시멘트를 사용한다. ( )

③ 골재 중 먼지와 같은 유해물의 함량을 적게 한다. ( )

④ AE제나 포졸란 등을 사용한다. ( )

[04②, 07③]

013 **건설재료인 시멘트를 저장할 시 주의할 점을 체크하시오.**

① 시멘트를 쌓아올리는 높이는 13포대 이하로 하는 것이 바람직하다. ( )

② 1개월 이상 된 시멘트는 사용할 때 재시험을 통해 품질을 확인하여야 한다. ( )

③ 통풍이 안 되고 방습이 되는 창고에서 입하 순서대로 사용한다. ( )

④ 덩어리 시멘트는 사용을 금지한다. ( )

⑤ 통풍이 잘 되는 곳에 보관해야 한다. ( )

⑥ 저장 장소는 방습이 되어야 한다. ( )

⑦ 포대 시멘트는 13포대 이상 쌓아서는 안된다. ( )

⑧ 지상에서는 30cm 이상에 있는 마루에 쌓아서 보관하는 것이 좋다. ( )

[05①]

014 **콘크리트 타설 시 내부진동기를 이용한 진동다지기를 할 때 사용상의 주의사항을 체크하시오.**

① 여러 층으로 나누어 진동다지기를 할 때는 진동기를 하층의 콘크리트 속으로 찔러 넣어서는 안 된다. ( )

② 진동기는 수직방향으로 넣고 간격은 약 50cm 이하로 한다. ( )

③ 진동기를 넣고 나서 뺄 때까지 시간은 보통 5~15초가 적당하다. ( )

④ 진동기를 가지고 거푸집 속의 콘크리트를 옆 방향으로 이동시켜서는 안 된다. ( )

★중요

015 콘크리트 타설작업을 하는 경우에 준수해야 할 사항을 체크하시오.

① 당일의 작업을 시작하기 전에 해당 작업에 관한 거푸집 동바리등의 변형·변위 및 지반의 침하유무 등을 점검하고 이상이 있으면 보수할 것 (　)

② 작업 중에는 거푸집동바리 등의 변형·변위 및 침하 유무 등을 감시할 수 있는 감시자를 배치하여 이상이 있으면 작업을 중지하고 근로자를 대피시킬 것 (　)

③ 설계도서상의 콘크리트 양생기간을 준수하여 거푸집 동바리 등을 해체할 것 (　)

④ 콘크리트 타설작업 시 거푸집붕괴의 위험이 발생할 우려가 있는 때에는 보강조치 없이 즉시 해체할 것 (　)

⑤ 콘크리트를 타설하는 경우에는 한쪽면부터 채워질 수 있도록 편심을 발생시켜 타설할 것 (　)

⑥ 슬래브의 경우 한쪽부터 순차적으로 콘크리트를 타설하는 등 편심을 유발하여 빠른 시간 내 타설이 완료되도록 할 것 (　)

⑦ 작업 중에는 감시자를 배치하는 등의 방법으로 거푸집 및 동바리의 변형·변위 및 침하 유무 등을 확인해야 하며, 이상이 있으면 작업을 빠른 시간에 우선 완료하고 근로자를 대피시킬 것 (　)

⑧ 콘크리트 타설작업 시 거푸집붕괴의 위험이 발생할 우려가 있으면 충분한 보강조치를 할 것 (　)

⑨ 콘크리트를 타설하는 경우에는 편심이 발생하지 않도록 골고루 분산하여 타설할 것 (　)

★중요

016 콘크리트 타설작업의 안전대책을 체크하시오.

① 작업 시작 전 거푸집동바리 등의 변형, 변위 및 지반침하 유무를 점검한다. (　)

② 작업 중 감시자를 배치하여 거푸집동바리 등의 변형, 변위 유무를 확인한다. (　)

③ 슬래브콘크리트 타설은 한쪽부터 순차적으로 타설하여 붕괴 재해를 방지해야 한다. (　)

④ 손수레로 콘크리트를 운반할 때에는 손수레를 타설하는 위치까지 천천히 운반하여 거푸집에 충격을 주지 아니하도록 타설하여야 한다. (　)

⑤ 타설순서는 계획에 의하여 실시하여야 한다. (　)

⑥ 진동기는 최대한 많이 사용하여야 한다. (　)

⑦ 콘크리트를 치는 도중에는 거푸집, 지보공 등의 이상유무를 확인하여야 한다. (　)

⑧ 콘크리트 타설 도중 표면에 떠올라 고인 블리딩수가 있을 경우에는 콘크리트 표면에 홈을 만들어 흐르게 하는 등 적당한 조치를 취해야 한다. (　)

⑨ 비비기로부터 타설 시까지 시간은 외기온도 25℃ 이상에서는 1.5시간을 넘어서는 안된다. (　)

⑩ 타설 시 콘크리트의 재료분리는 가능한 적게 일어나도록 해야 한다. (　)

⑪ 타설한 콘크리트를 거푸집 안에서 횡방향으로 이동시켜서는 안 된다. (　)

⑫ 콘크리트 치는 도중에는 지보공·거푸집 등의 이상유무를 확인한다. (　)

⑬ 높은 곳으로부터 콘크리트를 타설할 때는 호퍼로 받아 거푸집 내에 꽂아 넣는 슈트를 통해서 부어 넣어야 한다. (　)

⑭ 진동기를 가능한 한 많이 사용할수록 거푸집에 작용하는 측압상 안전하다. (　)

⑮ 콘크리트를 한 곳에만 치우쳐서 타설하지 않도록 주의한다. (　)

⑯ 콘크리트 타설 전에 거푸집동바리 등의 변형·변위 등을 점검하고 이상이 있는 경우 보수해야 한다. (　)

⑰ 작업 중 거푸집동바리 등의 이상유무를 점검하여 이상을 발견한 때에는 근로자를 대피시켜야 한다. (　)

⑱ 진동기의 사용은 많이 할수록 균일한 콘크리트를 얻을 수 있으므로 가급적 많이 사용해야 한다. (　)

⑲ 설계도서상의 콘크리트 양생기간을 준수하여 거푸집동바리 등을 해체해야 한다. (　)

017 콘크리트의 크리프 특성에 대한 설명으로 올바른지 체크하시오.

① 물-시멘트비가 큰 콘크리트는 물-시멘트비가 작은 콘크리트보다 크리프가 크게 일어난다. (　)

② 하중이 실릴 때의 콘크리트 재령이 클수록 크리프는 적게 일어난다. (　)

③ 부재치수가 작을수록 크리프가 크게 일어난다.
　　　　　　　　　　　　　　　　　　　(　)

④ 콘크리트가 놓이는 주위의 온도가 높을수록, 습기가 낮을수록 크리프 변형은 작아진다. (　)

[06①]

018 콘크리트의 워커빌리티(workability)를 측정하는 시험 방법을 체크하시오.

① 슬럼프 시험(Slump test) (　)

② 베인시험(Vane test) (　)

③ 흐름시험(Flow test) (　)

④ 캐리볼관입시험(Kelly Ball Penetration test) (　)

[06①]

019 구조물의 보수·보강공법을 체크하시오.

① 에폭시 주입공법 (　)

② 탄소섬유부착공법 (　)

③ 반발경도법 (　)

④ 강판압착법 (　)

[08③]

020 콘크리트의 비파괴검사 방법을 체크하시오.

① 슈미트해머법 (　)　　② 초음파속도법 (　)

③ 염색침투 탐상법 (　)　④ 인발법 (　)

★중요　　　　　　　　　　　　　　　　　　[19①, 25③]

021 건설현장에서 높이 5m 이상인 콘크리트 교량의 설치작업을 하는 경우 재해예방을 위해 준수해야 할 사항을 체크하시오.

① 작업을 하는 구역에는 관계 근로자가 아닌 사람의 출입을 금지할 것 (　)

② 재료, 기구 또는 공구 등을 올리거나 내릴 경우에는 근로자로 하여금 크레인을 이용하도록 하고 달줄, 달포대 등의 사용을 금하도록 할 것 (　)

③ 중량물 부재를 크레인 등으로 인양하는 경우에는 부재에 인양용 고리를 견고하게 설치하고, 인양용 로프는 부재에 두 군데 이상 결속하여 인양하여야 하며, 중량물이 안전하게 거치되기 전가지는 걸이로프를 해체시키지 아니할 것 (　)

④ 자재나 부재의 낙하·전도 또는 붕괴 등에 의하여 근로자에게 위험을 미칠 우려가 있을 경우에는 출입금지구역의 설정, 자재 또는 가설시설의 좌굴(坐屈) 또는 변형 방지를 위한 보강재 부착 등의 조치를 할 것 (　)

[17③]

022 철골공사 시 구조물의 건립 후에 가설부재나 부품을 부착하는 것은 고소 작업 등 위험한 작업이 수반됨에 따라 사전안전성 확보를 위해 미리 공작도에 반영하여야 하는 항목이 있는데, 이에 해당하는 것을 체크하시오.

① 주변 고압전주 (　)　② 외부비계받이 (　)

③ 기둥 승강용 트랩 (　)④ 방망 설치용 부재 (　)

[15③]

023 철골 건립기계 선정 시 사전 검토사항을 체크하시오.

① 입지 조건 (　)　　② 인양물 종류 (　)

③ 건물 형태 (　)　　④ 작업 반경 (　)

★중요　　　　　　　　　[15①, 19①, 22②, 24①]

024 철골건립준비를 할 때 준수하여야 할 사항을 체크하시오.

① 지상 작업장에서 건립준비 및 기계기구를 배치할 경우에는 낙하물의 위험이 없는 평탄한 장소를 선정하여 정비하고 경사지에는 작업대나 임시발판 등을 설치하는 등 안전조치를 한 후 작업하여야 한다. (　)

② 건립작업에 다소 지장이 있다하더라도 수목은 제거하여서는 안 된다. (　)

③ 사용전에 기계기구에 대한 정비 및 보수를 철저히 실시하여야 한다. (　)

④ 기계에 부착된 앵커 등 고정장치와 기초구조 등을 확인하여야 한다. (　)

[03①]

025 용접작업을 할 때 전류의 과대 또는 용접봉의 부적당에 의하여 모재가 녹아 용착금속이 채워지지 않고 홈으로 남게 된 부분에 해당하는 것을 체크하시오.

① 언더컷(under cut) (　)

② 블로홀(blow hole) (　)

③ 피트(pit) (　)

④ 크랙(crack) (　)

[03②, 18②]

026 철골기둥, 빔 및 트러스 등의 철골구조물을 일체화 또는 지상에서 조립하는 이유를 체크하시오.

① 고소작업의 감소 (　)

② 화기사용의 감소 (　)

③ 중량물의 감소 (　)

④ 운반물량의 감소 (　)

[04①②, 06②③, 07①, 08②, 09③, 10③, 11①, 12③, 14②③, 16①, 17②, 18③, 19③, 21①, 25①]

★중요

027 철골 작업 시 기상조건에 따라 안전상 작업을 중지 토록 하는 기준에 해당하는 것을 체크하시오.

① 풍속이 초당 30m 이상인 경우 (　)

② 강우량이 시간당 10mm 이상인 경우 (　)

③ 풍속이 초당 10m 이상인 경우 (　)

④ 강우량이 시간당 20mm 이상인 경우 (　)

⑤ 강설량이 분당 1mm 이상인 경우 (　)

⑥ 강우량이 시간당 1cm 이상인 경우 (　)

⑦ 강설량이 시간당 5mm 이상인 경우 (　)

⑧ 강설량이 분당 1cm 이상인 경우 (　)

⑨ 풍속이 초당 1m 이상인 경우 (　)

⑩ 강설량이 시간당 1cm 이상인 경우 (　)

⑪ 강우량이 시간당 5mm 이상인 경우 (　)

⑫ 강설량이 시간당 20mm 이상인 경우 (　)

⑬ 강우량이 시간당 1mm 이상의 경우 (　)

⑭ 강우량이 1mm/h 이상인 경우 (　)

★중요

[05①, 08③, 11③, 25②]

028 철골공사 작업 시 산업안전보건법상 작업을 중지해야 할 악천후를 체크하시오.

① 풍속이 초당 10m 이상인 경우 (　)

② 강우량이 시간당 1mm 이상인 경우 (　)

③ 강설량이 시간당 1cm 이상인 경우 (　)

④ 지진 진도가 1.0 이상인 경우 (　)

[03②, 07①, 10①, 11②, 15③, 16②, 17③, 18①, 19②, 24②]

★중요

029 건립 중 강풍에 의한 풍압 등 외압에 대한 내력이 설계에 고려되었는지 확인하여야 하는 철골구조물을 체크하시오.

① 이음부가 현장용접인 구조물 (　)

② 높이 15m인 건물 (　)

③ 기둥이 타이플레이트(tie plate)형인 구조물 (　)

④ 구조물의 폭과 높이의 비가 1 : 5인 건물 (　)

⑤ 높이 20m 이상인 구조물 (　)

⑥ 구조물의 폭과 높이의 비가 1 : 4 이상인 구조물 (　)

⑦ 연면적당 철골량이 60kg/m² 이상인 구조물 (　)

⑧ 높이 10m 이상의 구조물 (　)

⑨ 단면구조에 현저한 차이가 있는 구조물 (　)

⑩ 이음부가 공장 제작인 구조물 (　)

⑪ 연면적당 철골량이 50kg/m² 이하인 구조물 (　)

⑫ 단면구조가 일정한 구조물 (　)

[10③, 14①, 23②]

030 철골구조물의 앵커 볼트 매립과 관련된 사항으로 올바른지 체크하시오.

① 앵커 볼트는 매립 후에 수정하지 않도록 설치하여야 한다. (　)

② 기둥중심은 기준선 및 인접기둥의 중심에서 3mm 이상 벗어나지 않을 것 (　)

③ 베이스플레이트의 하단은 기준 높이 및 인접기둥의 높이에서 3mm 이상 벗어나지 않을 것 (　)

④ 앵커 볼트는 기둥중심에서 2mm 이상 벗어나지 않을 것 (　)

[04①]

031 철골공사용 기계에 대한 설명으로 올바른지 체크하시오.

① 타워 크레인은 고층 작업이 가능하고 360° 작업이 가능하다. (　)

② 크로라 크레인은 트럭크레인보다 흔들림이 적고 하물인양 시 안정성이 크다. (　)

③ 진폴 데릭은 간단하게 설치할 수 있으며 경미한 건물의 철골 건립에 사용된다. (　)

④ 삼각 데릭은 2본의 다리에 의해서 고정된 것으로, 작업회전 반경은 약 270° 정도다. (　)

[05②, 15②]

032 교류아크용접기를 사용하여 용접할 때 자동 전격 방지 장치를 사용하여야 하는 장소를 체크하시오.

① 물체의 낙하에 의해 근로자에게 재해의 위험이 있는 곳 (　)

② 추락할 위험이 있는 높이 2m 이상의 장소로 철골 등 도전성이 높은 물체에 근로자가 접촉할 우려가 있는 장소 (　)

③ 선박의 이중 선체 내부, 밸러스트 탱크(ballast tank, 평형수 탱크), 보일러 내부 등 도전체에 둘러싸인 장소 (　)

④ 근로자가 물·땀 등으로 인하여 도전성이 높은 습윤 상태에서 작업하는 장소 (　)

★중요　　　　　　　　　　　　　　[11②, 16②, 18③]

033 철골보 인양 시 준수해야 할 사항을 체크하시오.

① 인양 와이어로프의 매달기 각도는 양변 60°를 기준으로 한다. (　)

② 크램프로 부재를 체결할 때는 크램프의 정격용량 이상 매달지 않아야 한다. (　)

③ 크램프는 부재를 수평으로 하는 한 곳의 위치에만 사용하여야 한다. (　)

④ 인양 와이어 로프는 후크의 중심에 걸어야 한다. (　)

[12①, 20①, 23②]

034 철골공사 시의 안전작업방법 및 준수사항을 체크하시오.

① 풍속이 초당 10m 이상인 경우는 작업을 중지한다. (　)

② 철골 부재 반입 시 시공순서가 빠른 부재는 상단부에 위치하도록 한다. (　)

③ 구명줄 설치 시 마닐라 로프 직경 10mm를 기준하여 설치하고 작업방법을 충분히 검토하여야 한다. (　)

④ 철골보의 두 곳을 매어 인양시킬 때 와이어로프의 내각은 60° 이하이어야 한다. (　)

[14③, 20③]

035 철골용접부의 내부결함을 검사하는 방법을 체크하시오.

① 알칼리 반응 시험 (　)

② 방사선 투과 시험 (　)

③ 자기분말 탐상 시험 (　)

④ 침투 탐상 시험 (　)

[06②]

036 다짐기계 중 철재 원통에 다수의 돌기를 붙여 접지면적을 작게 하여 접지압을 증가시킨 롤러로서, 깊은 다짐이나 고함수비 지반의 다짐에 많이 이용하며, 흙의 혼합효과가 발생하므로 점성토지반에 적합한 것을 체크하시오.

① 템핑롤러 (　)　　　② 타이어롤러 (　)

③ 진동롤러 (　)　　　④ 탠덤롤러 (　)

[03②]

037 장비 자체보다 높은 장소의 굴착에 유효하여 굴착과 운반 차량과의 조합 시공에 적절한 장비를 체크하시오.

① 불도저(Bulldozer) (　)

② 파워셔블(Power Shovel) (　)

③ 파일 드라이버(Pile Driver) (　)

④ 클램쉘(Clam Shell) (　)

★중요　　　[06①③, 07①, 17①③, 20①, 21②, 23②]

038 굴착과 싣기를 동시에 할 수 있는 토공기계를 체크하시오.

① 트랙터 셔블(tractor shovel) (　)

② 백호(back hoe) (　)

③ 파워 셔블(power shovel) (　)

④ 모터 그레이더(motor grader) (　)

★중요　　　　　[04①, 15①, 21②, 25②]

039 기계가 위치한 지면보다 낮은 장소를 굴착하는 데 적합하고 비교적 굳은 지반의 토질에서도 사용 가능한 장비를 체크하시오.

① 백호우(backhoe) (　)

② 파워셔블(power shovel) (　)

③ 드래그라인(dragline) (　)

④ 크레인(crane) (　)

★중요　　　　[10②, 12③, 16①, 23②]

040 토공기계 중 굴착기계에 해당하는 것을 체크하시오.

① Clam shell (　)　　② Road Roller (　)

③ Shovel loader (　)　④ Belt conveyer (　)

⑤ 드래그라인 (　)　　⑥ 파워셔블 (　)

⑦ 소일콤팩터 (　)　　⑧ 탬퍼 (　)

---

041 앵글도저보다 큰 각으로 움직일 수 있어 흙을 깎아 옆으로 밀어내면서 전진하므로 제설, 제토작업 및 다량의 흙을 전방으로 밀어 가는데 적합한 불도저를 체크하시오.

① 스트레이트 도저 (　) ② 틸트 도저 (　)

③ 레이크 도저 (　) ④ 힌지 도저 (　)

042 차량계 건설기계의 사용에 의한 위험의 방지를 위한 사항으로 올바른지 체크하시오.

① 암석의 낙하 등에 의한 위험이 예상될 때 차량용 건설기계인 불도저, 로더, 트랙터 등에 견고한 헤드가드를 갖추어야 한다. (　)

② 차량계 건설기계로 작업 시 전도 또는 전락 등에 의한 근로자의 위험을 방지하기 위한 노견의 붕괴방지, 지반침하방지 조치를 해야 한다. (　)

③ 차량계 건설기계의 붐, 암 등을 올리고 그 밑에서 수리·점검작업 등을 할 때 안전지주 또는 안전블록을 사용해야 한다. (　)

④ 항타기 및 항발기 사용 시 버팀대만으로 상단부분을 안정시키는 때에는 2개 이상으로 하고 그 하단 부분을 고정시켜야 한다. (　)

★중요　　　　　　　[06①, 09②, 16③, 17①, 25②]

043 산업안전보건법령에서 규정하고 있는 차량계 건설기계에 해당하는 것을 체크하시오.

① 불도저 (　)　　　　② 어스드릴 (　)

③ 타워크레인 (　)　　④ 콘크리트 펌프카 (　)

⑤ 스크레이퍼 (　)　　⑥ 항타기 (　)

⑦ 모터그레이더 (　)　⑧ 브레이커 (　)

⑨ 덤프트럭 (　)　　　⑩ 드래그라인 (　)

⑪ 크레인 (　)

★중요　[10①, 11①, 12③, 15①③, 18②, 19③, 21③, 25③]

044 차량계 건설기계를 사용하는 작업을 할 때에 그 기계가 넘어지거나 굴러떨어짐으로써 근로자가 위험해질 우려가 있는 경우에 필요한 조치하여야 할 사항을 체크하시오.

① 갓길의 붕괴 방지 (　)

② 작업반경 유지 (　)

③ 지반의 부동침하 방지 (　)

④ 도로 폭의 유지 (　)

⑤ 변속기능의 유지 (　)

⑥ 운행 경로 변경 (　)

⑦ 안전통로 및 조도 확보 (　)

⑧ 유도하는 사람 배치 (　)

⑨ 차체에 견고한 헤드가드를 갖춤 (　)

★중요　[06①, 07③, 08①, 09③, 12②, 16②, 21①, 23①]

045 차량계 건설기계를 사용하여 작업 시 작업계획에 포함되어야 할 사항을 체크하시오.

① 차량계 건설기계의 운행경로 (　)

② 차량계 건설기계의 신호방법 및 유도자 배치 위치 (　)

③ 차량계 건설기계에 의한 작업방법 (　)

④ 사용하는 차량계 건설기계의 종류 및 능력 (　)

046 지게차(fork lift)의 안전운전에 대한 설명으로 올바른지 체크하시오.

① 주행 시 포크는 반드시 운전자의 눈 높이까지 올리고 운전해야 한다. (　)

② 일반적으로 백레스트를 갖추지 않은 지게차는 사용해서는 안된다. (　)

③ 짐을 인양한 밑으로 사람을 통과시키는 것을 금한다. (　)

④ 마스트 이상 짐을 높이 실어서는 안된다. (　)

047 백호우(Backhoe)의 운행방법에 대한 설명으로 올바른지 체크하시오.

① 경사로나 연약지반에서는 무한궤도식보다는 타이어식이 더 안전하다. (　)

② 작업계획서를 작성하고 계획에 따라 작업을 실시하여야 한다. (　)

③ 작업장소의 지형 및 지반상태 등에 적합한 제한속도를 정하고 운전자로 하여금 이를 준수하도록 하여야 한다. (　)

④ 작업 중 승차석 외의 위치에 근로자를 탑승시켜서는 안 된다. (　)

[14①]

048 클램쉘(Clam shell)의 용도를 체크하시오.

① 잠함안의 굴착에 사용된다. (　)

② 수면아래의 자갈, 모래를 굴착하고 준설선에 많이 사용된다. (　)

③ 건축구조물의 기초 등 정해진 범위의 깊은 굴착에 적합하다. (　)

④ 단단한 지반의 작업도 가능하며 작업속도가 빠르고 특히 암반굴착에 적합하다. (　)

[10③, 20③, 25①]

049 불도저를 이용한 작업 중 안전조치사항에 해당하는 것을 체크하시오.

① 작업종료와 동시에 삽날을 지면에서 띄우고 주차제동장치를 건다. (　)

② 모든 조종간은 엔진시동 전에 중립 위치에 놓는다. (　)

③ 장비의 승차 및 하차시에는 뛰어내리거나 오르지 말고 안전하게 잡고 오르내린다. (　)

④ 야간 작업시는 자주 장비에서 내려와 장비 주위를 살피며 점검하여야 한다. (　)

[12②, 14③, 23③]

050 건설기계에 관한 설명으로 올바른지 체크하시오.

① 가이데릭(guy derrick)은 철골세우기 공사에 사용된다. (　)

② 백호(back hoe)는 기계가 위치한 지면보다 높은 곳의 땅을 파는 데 적합하다. (　)

③ 항타기 또는 항발기의 권상용 와이어로프의 안전계수가 7 이상이 아니면 이를 사용해서는 아니 된다. (　)

④ 불도저의 규격은 블레이드의 길이로 표시한다. (　)

⑤ 타워크레인(tower crane)은 고층건물의 건설용으로 많이 쓰인다. (　)

⑥ 진동 롤러(vibration roller)는 아스팔트콘크리트 등의 다지기에 효과적으로 사용된다. (　)

[03②]

051 지게차 헤드가드의 구비조건을 체크하시오.

① 시야 확보를 위해 상부틀의 각 개구의 폭 또는 길이는 20cm 이상일 것 (　)

② 강도는 포크리프트 최대하중의 2배 값의 등분포 정하중에 견딜 수 있을 것 (　)

③ 운전자가 앉아서 조작하거나 서서 조작하는 지게차의 헤드가드는 한국산업표준에서 정하는 높이 기준일 것 (　)

④ 상부틀의 각 개구의 폭 또는 길이가 16cm 미만일 것 (　)

[09①]

052 건설현장에서 사용하는 임시조명기구에 대한 안전대책을 체크하시오.

① 모든 조명기구에는 외부의 충격으로부터 보호될 수 있도록 보호망을 씌워야 한다. (　)

② 이동식 조명기구의 배선은 유연성이 좋은 코드선을 사용해야 한다. (　)

③ 이동식 조명기구의 손잡이는 견고한 금속재료로 제작해야 한다. (　)

④ 이동식 조명기구를 일정한 장소에 고정시킬 경우에는 견고한 받침대를 사용해야 한다. (　)

[16①, 24②]

053 가설구조물에서 많이 발생하는 중대 재해의 유형을 체크하시오.

① 도괴재해 (　)

② 낙하물에 의한 재해 (　)

③ 굴착기계와의 접촉에 의한 재해 (　)

④ 추락재해 (　)

[21②]

054 건설공사도급인은 건설공사 중에 가설구조물의 붕괴 등 산업재해가 발생할 위험이 있다고 판단되면 건축·토목 분야의 전문가의 의견을 들어 건설공사 발주자에게 해당 건설공사의 설계변경을 요청할 수 있는데, 이러한 가설구조물의 기준을 체크하시오.

① 높이 20m 이상인 비계 (　)

② 작업발판 일체형 거푸집 또는 높이 5m 이상인 거푸집 동바리 (　)

③ 터널의 지보공 또는 높이 2m 이상인 흙막이 지보
공 ( )

④ 동력을 이용하여 움직이는 가설구조물 ( )

[22①②, 23②]

055 가설구조물의 문제점에 해당하는 것을 체크하시오.

① 도괴재해의 가능성이 크다. ( )

② 추락재해 가능성이 크다. ( )

③ 부재의 결합이 간단하나 연결부가 견고하다. ( )

④ 구조물이라는 통상의 개념이 확고하지 않으며 조
립의 정밀도가 낮다. ( )

⑤ 연결재가 적은 구조로 되기 쉽다. ( )

⑥ 부재 결합이 간략하여 불안전 결합이다. ( )

⑦ 구조물이라는 개념이 확고하여 조립의 정밀도가
높다. ( )

⑧ 사용부재는 과소단면이거나 결함재가 되기 쉽다.
( )

[13①]

**056 안전의 정도를 표시하는 것으로서 재료의 파괴응력도
와 허용응력도의 비율을 의미하는 것을 체크하시오.**

① 설계하중 ( )

② 안전율 ( )

③ 인장강도 ( )

④ 세장비 ( )

★중요

[11③, 16③, 19①③, 24②]

**057 구축물이 풍압·지진 등에 의하여 붕괴 또는 전도하
는 위험을 예방하기 위한 조치를 체크하시오.**

① 설계도면 ( )

② 시방서 ( )

③「건축물의 구조기준 등에 관한 규칙」에 따른 구
조설계도서 ( )

④ 보호구 및 방호장치의 성능검정 합격품을 사용했
는지 확인 ( )

⑤ 소방시설법령에 의해 소방시설을 설치했는지 확
인 ( )

[19③]

**058 건설작업장에서 재해예방을 위해 작업조건에 따라
근로자에게 지급하고 착용하도록 하여야 할 보호구
에 해당하는 것을 체크하시오.**

① 물체가 떨어지거나 날아올 위험 또는 근로자가
추락할 위험이 있는 작업 : 안전모 ( )

② 높이 또는 깊이 2m 이상의 추락할 위험이 있는
장소에서 하는 작업 : 안전대 ( )

③ 용접 시 불꽃이나 물체가 흩날릴 위험이 있는 작
업 : 보안경 ( )

④ 물체의 낙하·충격, 물체에의 끼임, 감전 또는 정전
기의 대전에 의한 위험이 있는 작업 : 안전화 ( )

[19③]

**059 보호구 자율안전확인 고시에 따른 안전모의 시험항
목을 체크하시오.**

① 전처리 ( )　　　　② 착용높이측정 ( )

③ 충격흡수성시험 ( )　④ 절연시험 ( )

[22②, 24②]

**060 고소작업대를 설치 및 이동하는 경우에 준수하여야
할 사항을 체크하시오.**

① 와이어로프 또는 체인의 안전율은 3 이상일 것 ( )

② 붐의 최대 지면경사각을 초과 운전하여 전도되지
않도록 할 것 ( )

③ 고소작업대를 이동하는 경우 작업대를 가장 낮게
내릴 것 ( )

④ 작업대에 끼임·충돌 등 재해를 예방하기 위한 가
드 또는 과상승방지장치를 설치할 것 ( )

02 단답형 문제

[03③, 09①, 25①]

001 콘크리트 압축강도는 표준양생을 실시한 재령 몇 일을 기준으로 하는지를 쓰시오.

> **⚙ 해설** 설계기준강도는 콘크리트 부재의 설계 시 계산이 되는 콘크리트 강도로서 일반적으로 재령 28일(4주 압축강도)를 기준으로 한다.

[03③]

002 철근 D22에서 D가 의미하는 것을 쓰시오.

[04②, 23③]

003 일반적으로 콘크리트를 지탱하지 않는 부위인 보의 측면, 기둥, 벽의 거푸집널을 24시간 이상 양생한 후 시험을 통해 확인하여 해체할 수 있는 콘크리트의 압축강도를 쓰시오.

> **⚙ 해설** 콘크리트의 압축강도를 시험할 경우 거푸집 널의 해체시기

부재		콘크리트 압축강도
기초, 보, 기둥, 벽 등의 측면		5MPa 이상
슬래브 및 보의 밑면, 아치 내면	단층구조 인 경우	설계기준 압축강도의 2/3배 이상
	다층구조 인 경우	설계기준 압축강도 이상 (필러 동바리 구조를 이용할 경우는 구조계산에 의해 기간을 단축할 수 있다. 단, 이 경우라도 최소 강도는 14MPa 이상으로 함)

[07③]

004 슬래브 및 보의 밑면, 아치 내면의 거푸집을 해체 가능한 기준은 압축강도를 시험하는 경우 콘크리트의 압축강도가 얼마 이상이어야 하는지를 쓰시오. (단, 단층구조인 경우)

[11①]

005 다음은 산업안전기준에 관한 규칙의 콘크리트 타설 작업에 관한 사항이다. 괄호 안에 들어갈 적절한 용어를 순서대로 쓰시오.

> 당일의 작업을 시작하기 전에 해당 작업에 관한 거푸집 동바리 등의 (㉠), 변위 및 (㉡) 등을 점검하고 이상을 발견한 때에는 이를 보수할 것.

> **⚙ 해설** 콘크리트의 타설작업(안전보건규칙 제334조 제1호) 사업주는 콘크리트 타설작업을 하는 경우에는 당일의 작업을 시작하기 전에 해당 작업에 관한 거푸집 및 동바리의 변형·변위 및 지반의 침하 유무 등을 점검하고 이상이 있으면 보수해야 한다.

★중요 [04③, 06①, 13①, 23①]

006 철골작업에서는 강풍과 같은 악천후 시 작업을 중지하도록 하여야 하는데, 건립작업을 중지하여야 하는 풍속기준을 쓰시오.

> **⚙ 해설** 풍속이 초당 10m 이상인 경우

|정답|

001 28일   **002** 이형철근의 공칭지름   **003** 5MPa 이상   **004** 설계기준강도의 2/3 이상일 때   **005** ㉠ 변형, ㉡ 지반의 침하 유무   **006** 10m/s

★중요

007 철골작업 시 철골부재에서 근로자가 수직방향으로 이동하는 경우에 설치하여야 하는 고정된 승강로의 최대 답단 간격을 쓰시오.

🔧**해설** 승강로의 설치(안전보건규칙 제381조)
사업주는 근로자가 수직방향으로 이동하는 철골부재에는 답단 간격이 30cm 이내인 고정된 승강로를 설치하여야 하며, 수평방향 철골과 수직방향 철골이 연결되는 부분에는 연결작업을 위하여 작업발판 등을 설치하여야 한다.

[11②, 14②]

008 다음의 철골작업에서의 승강로 설치기준에서 괄호 안에 알맞은 숫자를 쓰시오.

> 사업주는 근로자가 수직방향으로 이동하는 철골 부재에는 답단간격이 (　)cm 이내인 고정된 승강로를 설치하여야 한다.

[03①]

009 다짐용 전압롤러로 점착력이 큰 진흙다짐에 가장 적합한 것을 쓰시오.

[08①②]

010 철륜 표면에 다수의 돌기를 붙여 접지를 면적을 작게 하여 접지압을 증가시킨 롤러로서, 고함수비의 점성토지반의 다짐 작업에 적합한 롤러의 명칭을 쓰시오.

★중요

[05①, 09①, 11②, 14③, 23②]

011 롤러의 표면에 돌기를 만들어 부착한 것으로 돌기가 전압층에 매입함에 의해 풍화암을 파쇄하여 흙 속의 간극수압을 소산하게 하고, 다짐의 유효 깊이가 큰 롤러의 명칭을 쓰시오.

[07②]

012 도로건설 작업중 측구를 굴착하고자 한다. 가장 적합한 기계를 쓰시오.

[13③, 20①, 25②]

013 지면보다 낮은 땅을 파는 데 적합하고 수중굴착도 가능한 굴착기계를 쓰시오.

[13①]

016 굴착, 싣기, 운반, 흙깔기 등의 작업을 하나의 기계로서 연속적으로 행할 수 있으며 비행장과 같이 대규모 정지 작업에 적합하고 피견인식 자주식으로 구분할 수 있는 차량계 건설 기계를 쓰시오.

[14②, 16②, 20②, 25③]

014 장비 자체보다 높은 장소의 땅을 굴착하는 데 적합한 장비를 쓰시오.

★중요 [11③, 18①, 21①, 24③]

017 미리 작업장소의 지형 및 지반상태 등에 적합한 제한속도를 정하지 않아도 되는 차량계 건설기계의 최대 제한 속도를 쓰시오.

[08③, 14③, 24③]

015 수중굴착 공사에 가장 적합한 건설기계를 쓰시오.

⚙ 해설 제한속도의 지정 등(안전보건규칙 제98조 제1항)
사업주는 차량계 하역운반기계, 차량계 건설기계(최대제한속도가 10km/h 이하인 것은 제외)를 사용하여 작업을 하는 경우 미리 작업장소의 지형 및 지반 상태 등에 적합한 제한속도를 정하고, 운전자로 하여금 준수하도록 하여야 한다.

|정답|

007 30cm 이내   **008** 30   **009** 탬핑롤러   **010** 탬핑롤러   **011** 탬핑롤러   **012** 백호우   **013** 백호우

014 파워쇼벨(power shovel)   **015** 클램쉘   **016** 스크레이퍼(scraper)   **017** 10km/h 이하

[04③]

001 철근 시편(공칭지름 2.22cm)을 인장시험기로 시험한 결과 최대 인장력이 251,600N이었다면, 이 철근의 인장강도를 구하시오.

> **⚙ 해설**
>
> $$\sigma(\text{응력}) = \frac{P(\text{하중})}{A(\text{단면적})} = \frac{P}{\dfrac{\pi D^2}{4}} = \frac{4P}{\pi D^2} = \frac{4 \times 251,600}{\pi \times 2.22^2} = 65,000.2 = 65,000\text{N/cm}^2 = 650\text{N/mm}^2 = 650\text{Mpa}$$

★중요 [07①]

002 단면적이 153mm²인 철근을 인장 시험한 결과 115kN에서 파단되었다. 이 철근의 인장강도를 구하시오.

> **⚙ 해설**
>
> $$\sigma(\text{응력}) = \frac{P(\text{하중})}{A(\text{단면적})} = \frac{115,000}{153} = 751.633N/mm^2 = 751.633Mpa$$

★중요 [04①, 07②, 25③]

003 지름이 10cm이고 높이가 20cm인 원기둥 콘크리트 공시체가 할렬인장강도 시험에서 100kN에서 파괴되었다. 이 때 콘크리트의 할렬인장강도(Mpa)를 구하시오.

> **⚙ 해설**
>
> $$\sigma(\text{할렬인장강도}) = \frac{2P}{\pi D(\text{직경})l(\text{공시체의 높이 또는 길이})} \text{이다.}$$
>
> $$\text{즉, } \sigma = \frac{2P}{\pi Dl} = \frac{2 \times 100,000}{\pi \times 100 \times 200} = 3.183N/mm^2 = 3.18Mpa$$

[04①]

004 폭이 10cm, 높이 10cm, 길이 40cm인 콘크리트 공시체가 그림과 같이 휨시험에서 10kN에 파괴되었다. 이 때 콘크리트의 휨강도(Mpa)를 구하시오.

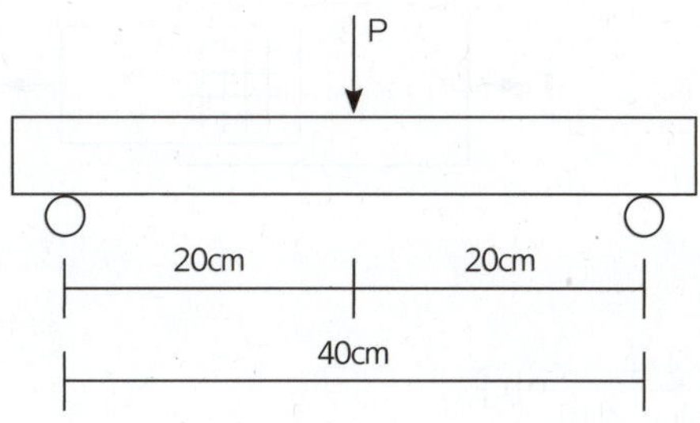

⚙ 해설

σ(허용휨응력도) $= \dfrac{M(\text{최대휨모멘트})}{Z(\text{단면계수})}$ 이고,

단순보의 중앙점에 하중이 작용하는 경우의 최대휨모멘트$(M) = \dfrac{Pl}{4}$ 이며, Z(단면계수) $= \dfrac{bh^2}{6}$ 이다.

그런데, $M_{\max} = \dfrac{Pl}{4} = \dfrac{10,000 \times 400}{4} = 1,000,000 N/mm$ 이고,

Z(단면계수) $= \dfrac{bh^2}{6} = \dfrac{100 \times 100^2}{6} = 166,666.67 mm^2$ 이다.

그러므로, $\sigma = \dfrac{M}{Z} = \dfrac{1,000,000}{166,666.67} = 6N/mm^2 = 6Mpa$ 이다.

⭐중요

[06①, 10②, 12②, 24②]

005 지름이 15cm이고 높이가 30cm인 원기둥 콘크리트 공시체에 대해 압축강도시험을 한 결과 460kN에 파괴되었다. 이때 콘크리트의 압축강도를 구하시오.

⚙ 해설

σ(응력) $= \dfrac{P(\text{하중})}{A(\text{단면적})} = \dfrac{P}{\dfrac{\pi D^2}{4}} = \dfrac{4P}{\pi D^2} = \dfrac{4 \times 460,000}{\pi \times 150^2} = 26.03 \fallingdotseq 26N/mm^2 = 26Mpa$

★중요

006 그림과 같이 인장력 T = 550kN을 받는 두 개의 판에 체결해야 할 허용전단응력 τ_a = 112.5N/mm²인 M22(직경 22mm) 볼트의 최소 개수를 구하시오.

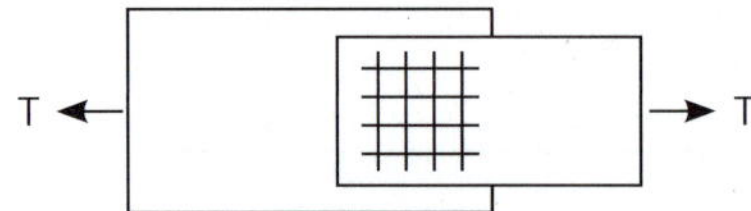

⚙ 해설

$n(볼트의 개수) = \dfrac{총\ 인장력}{볼트\ 1개당\ 인장력}$이다.

그런데, 볼트 1개당 인장력 = 볼트의 단면적×볼트의 허용전단응력

$$= \frac{\pi D^2}{4} \times 112.5 = \frac{\pi \times 22^2}{4} \times 112.5 = 42,764.93N 이다.$$

그러므로, 볼트의 개수 $= \dfrac{총\ 인장력}{볼트\ 1개당\ 인장력} = \dfrac{550,000}{42,764.93} = 12.86 ≒ 13개$

★중요

007 덤프트럭이 적재 위치에서 출발하여 되돌아 오는 시간이 50분, 싣기 기계가 트럭 1대에 흙을 싣는 시간이 9분 걸린 다면, 싣기 기계가 쉬지 않고 작업하기 위해서 필요한 트럭의 대수를 구하시오.

⚙ 해설

트럭의 대수 = (트럭의 운반시간+흙을 싣는 시간)×8시간(1일 작업시간)

$$= (\frac{50}{60} + \frac{9}{60}) \times 8 = 7.86 ≒ 8대$$

여기서, 시간을 계산하는 경우 50분을 $\dfrac{50}{60}$으로 산정한 것임

★중요

008 근거리 토공작업에서 불도저로 토량 91,080m³를 60일에 작업을 끝내려고 할 때 불도저의 최소 소요대수를 구하시 오. (단, 1시간당 작업량 = 23m³/h, 1일 작업시간 = 8시간, 1일 효율(가동률) = 75%)

⚙ 해설

불도저의 소요대수 $= \dfrac{총토량}{1일\ 작업토량×작업일수}$이고,

1일 작업토량 = 1시간당 작업토량 × 작업시간 × 1일 효율(가동률)이다.

그런데, 총토량은 91,080m³, 1일 작업토량 = 23 × 8 × 0.75 = 138m³, 작업일수는 60일이다.

그러므로, 불도저의 소요대수 $= \dfrac{총토량}{1일\ 작업토량×작업일수} = \dfrac{91,080}{138×60} = 11대$

01 진위형 문제

▶ 해설편 330p

※ 다음 문제를 읽고, 옳으면 ○, 틀리면 ×를 괄호 안에 표기하시오.

[20②]

001 비계의 부재 중 기둥과 기둥을 연결시키는 부재를 체크하시오.

① 띠장 (　) 　　② 장선 (　)

③ 가새 (　) 　　④ 작업발판 (　)

★중요

[14②, 15①, 20①, 22②, 23①]

002 곤돌라형 달비계에 사용하는 와이어로프의 사용금지 기준을 체크하시오.

① 이음매가 있는 것 (　)

② 열과 전기 충격에 의해 손상된 것 (　)

③ 지름의 감소가 공칭지름의 7%를 초과하는 것 (　)

④ 와이어로프의 한 꼬임에서 끊어진 소선의 수가 7% 이상인 것 (　)

⑤ 지름의 감소가 공칭지름의 8%인 것 (　)

⑥ 이음매가 없는 것 (　)

⑦ 심하게 변형되거나 부식된 것 (　)

⑧ 와이어로프의 한 꼬임에서 끊어진 소선의 수가 10%인 것 (　)

[09③, 16③]

003 달비계용 달기 체인의 사용금지기준을 체크하시오.

① 달기 체인의 길이가 달기 체인이 제조된 때의 길이의 3%를 초과한 것 (　)

② 링의 단면지름이 달기 체인이 제조된 때의 해당 링의 지름의 10%를 초과하여 감소한 것 (　)

③ 균열이 있는 것 (　)

④ 심하게 변형된 것 (　)

⑤ 늘어난 체인 길이의 증가가 제조된 때 길이의 5%를 초과한 것 (　)

⑥ 이음매가 있는 것 (　)

★중요

[05①, 06③, 07②, 09②, 10①, 12②, 13①②, 14③, 19②, 20③, 22①, 24①]

004 비계의 높이가 2미터 이상인 작업장소에는 작업발판을 설치해야 한다. 이때 작업발판의 설치기준에 해당하는 것을 체크하시오. (단, 달비계, 달대비계 및 말비계를 제외)

① 작업발판의 폭은 40cm 이상으로 할 것 (　)

② 작업발판재료는 뒤집히거나 떨어지지 않도록 둘 이상의 지지물에 연결하거나 고정시킬 것 (　)

③ 추락의 위험이 있는 장소에는 안전난간을 설치할 것 (　)

④ 발판재료 간의 틈은 5cm 이하로 할 것 (　)

⑤ 발판의 폭은 20cm 이상으로 할 것 (　)

⑥ 발판재료간의 틈은 3cm 이하로 할 것 (　)

⑦ 작업발판의 폭은 40cm 이상으로 하고, 발판재료 간의 틈은 3cm 이하로 할 것 (　)

⑧ 작업발판의 지지물은 하중에 의하여 파괴될 우려가 없는 것을 사용할 것 (　)

⑨ 작업발판재료는 뒤집히거나 떨어지지 않도록 1개 이상의 지지물에 연결하거나 고정시킬 것 (　)

⑩ 작업발판의 설치가 필요한 비계의 높이는 최소 2m 이상으로 할 것 (　)

⑪ 작업발판이 뒤집히거나 떨어지지 아니하도록 3 이상의 지지물에 연결하거나 고정할 것 (　)

⑫ 작업발판을 작업에 따라 이동할 때에는 불시의 이동에 따른 위험방지 조치를 할 것 (　)

[06②]

005 높이 2m 이상의 작업발판 끝이나 개구부 부근에서 작업 중 추락재해가 발생하였다면 이를 예방할 수 있는 조치 사항을 체크하시오.

① 울타리나 안전난간을 설치하여야 한다. (　)

② 개구부에 덮개를 설치하고 고정하여야 한다. (　)

③ 수직형 추락방망을 설치하도록 한다. (　)

④ 승강 설비를 설치하도록 한다. (　)

⭐중요

006 말비계를 조립하여 사용할 때에 준수하여야 할 기준을 체크하시오.

① 말비계의 높이가 2m를 초과할 경우에는 작업발판의 폭을 30cm 이상으로 할 것 ( )

② 지주부재와 수평면과의 기울기는 75° 이하로 할 것 ( )

③ 지주부재의 하단에는 미끄럼 방지장치를 할 것 ( )

④ 지주부재와 지주부재 사이를 고정시키는 보조부재를 설치할 것 ( )

[05②, 06①, 10①, 13③, 14②, 15②, 18①, 21①③, 22②, 24③]

⭐중요

007 이동식 비계를 조립하여 작업을 하는 경우의 준수기준을 체크하시오.

① 비계의 최상부에서 작업을 하는 경우에는 안전난간을 설치할 것 ( )

② 작업발판의 최대적재하중은 400kg을 초과하지 않도록 할 것 ( )

③ 승강용 사다리는 견고하게 설치할 것 ( )

④ 작업발판은 항상 수평을 유지하고 작업발판 위에서 안전난간을 딛고 작업을 하거나 받침대 또는 사다리를 사용하여 작업하지 않도록 할 것 ( )

⑤ 작업발판은 항상 수평을 유지하고 작업발판 위에서 작업을 위한 거리가 부족할 경우에는 받침대 또는 사다리를 사용할 것 ( )

⑥ 작업발판의 최대적재하중은 250kg을 초과하지 않도록 할 것 ( )

⑦ 작업 중 갑작스러운 이동을 방지하기 위해 바퀴는 브레이크 등으로 고정시킬 것 ( )

[07①②, 08②, 10③, 11①, 17③, 18①③, 19①②, 21①②③, 24②]

⭐중요

008 강관을 사용하여 비계를 구성하는 경우 준수하여야 할 기준을 체크하시오.

① 비계기둥에는 미끄러지거나 침하하는 것을 방지하기 위하여 밑받침철물을 사용하거나 깔판·받침목 등을 사용하여 밑둥잡이를 설치하는 등의 조치를 할 것 ( )

② 강관의 접속부 또는 교차부는 적합한 부속철물을 사용하여 접속하거나 단단히 묶을 것 ( )

③ 교차 가새로 보강할 것 ( )

④ 강관비계 중 단관비계의 조립간격은 수평방향 5m, 수직방향 6m로 할 것 ( )

⑤ 강관비계 중 틀비계(높이가 5m 이상)의 조립간격은 수평방향 6m, 수직방향 7m로 할 것 ( )

⑥ 강관·통나무 등의 재료를 사용하여 견고한 것으로 할 것 ( )

⑦ 인장재와 압축재로 구성된 경우에는 인장재와 압축재의 간격을 1.5m 이내로 할 것 ( )

[09②, 15③]

009 강관비계(외줄·쌍줄 및 돌출비계)의 벽이음 및 버팀 설치 시 기준을 체크하시오.

① 인장재와 압축재와의 간격은 70cm 이내로 할 것 ( )

② 단관비계의 수직방향 조립간격은 7m 이하로 할 것 ( )

③ 틀비계의 수평방향 조립간격은 10m 이하로 할 것 ( )

④ 강관·통나무등의 재료를 사용하여 견고한 것으로 할 것 ( )

[05③, 18②]

010 강관을 사용하여 비계를 구성하는 때 준수하여야 할 사항을 체크하시오.

① 비계기둥의 간격은 띠장방향에서는 1.85m 이하, 장선방향에서는 1.5m 이하로 할 것 ( )

② 띠장간격은 2.0m 이하로 설치할 것. 다만, 작업의 성질상 이를 준수하기가 곤란하여 쌍기둥틀 등에 의하여 해당 부분을 보강한 경우에는 그러하지 아니함 ( )

③ 비계기둥의 최고로부터 31m 되는 지점 밑부분의 비계기둥은 2본의 강관으로 묶어 세울 것 ( )

④ 비계기둥간의 적재하중은 300kg을 초과하지 않도록 할 것 ( )

⭐중요

[04①, 10③, 18②, 19③, 21②, 22①, 25①]

011 강관틀비계를 조립하여 사용하는 경우 준수해야 할 기준을 체크하시오.

① 수직방향으로 6m, 수평방향으로 8m 이내마다 벽이음을 할 것 ( )

② 높이가 20m를 초과하거나 중량물의 적재를 수반하는 작업을 할 경우에는 주틀 간의 간격을 2.4m 이하로 할 것 (　)

③ 길이가 띠장 방향으로 4m 이하이고 높이가 10m를 초과하는 경우에는 10m 이내마다 띠장 방향으로 버팀기둥을 설치할 것 (　)

④ 주틀 간에 교차 가새를 설치하고 최상층 및 5층 이내마다 수평재를 설치할 것 (　)

⑤ 비계기둥의 밑둥에는 밑받침철물을 사용하여야 하며, 고저차가 있는 경우에도 틀비계는 항상 수평, 수직을 유지할 것 (　)

⑥ 높이가 20m를 초과하거나 중량물의 적재를 수반하는 작업을 할 경우에는 주틀 간의 간격을 1.8m 이하로 할 것 (　)

★중요 　　　　　　　　　[05②, 14③, 15②, 24①]

012 비계 설치 시 벽이음을 하는 가장 중요한 이유를 체크하시오.

① 비계설치의 작업성을 높이기 위하여 (　)

② 비계 점검 및 보수의 편의를 위하여 (　)

③ 비계의 도괴방지와 좌굴을 방지하기 위하여 (　)

④ 비계 작업발판의 설치를 위하여 (　)

　　　　　　　　　　　　　　　　[17③]

013 시스템비계를 사용하여 비계를 구성하는 경우의 준수사항을 체크하시오.

① 수직재·수평재·가새재를 견고하게 연결하는 구조가 되도록 할 것 (　)

② 비계 밑단의 수직재와 받침철물은 밀착되도록 설치하고, 수직재와 받침철물의 연결부의 겹침길이는 받침철물 전체길이의 4분의 1 이상이 되도록 할 것 (　)

③ 수평재는 수직재와 직각으로 설치하여야 하며, 체결 후 흔들림이 없도록 견고하게 설치할 것 (　)

④ 수직재와 수직재의 연결철물은 이탈되지 않도록 견고한 구조로 할 것 (　)

★중요 　　　　　[08③, 10②, 11①, 12①, 16①, 25①]

014 안전난간의 구조 및 설치요건에 대한 기준에 해당하는 것을 체크하시오.

① 상부 난간대는 바닥면·발판 또는 경사로의 표면으로부터 90cm 이상 지점에 설치하고, 상부 난간

대를 120cm 이하에 설치하는 경우에는 중간 난간대는 상부 난간대와 바닥면 등의 중간에 설치할 것 (　)

② 발끝막이판은 바닥면 등으로부터 10cm 이상의 높이를 유지할 것 (　)

③ 난간대는 지름 1.5cm 이상의 금속제파이프나 그 이상의 강도를 가진 재료일 것 (　)

④ 안전난간은 구조적으로 가장 취약한 지점에서 가장 취약한 방향으로 작용하는 100kg 이상의 하중에 견딜 수 있는 튼튼한 구조일 것 (　)

⑤ 상부 난간대는 120cm 이상 지점에 설치하는 경우에는 중간 난간대를 2단 이상으로 균등하게 설치하고 난간의 상하 간격은 60cm 이하가 되도록 할 것 (　)

⑥ 상부난간대와 중간난간대는 난간길이 전체에 걸쳐 바닥면과 평행을 유지할 것 (　)

⑦ 안전난간은 임의의 점에서 임의의 방향으로 움직이는 최소 80kg 이상의 하중에 견딜 수 있어야 할 것 (　)

⑧ 발끝막이판은 바닥면 등으로부터 20cm 이하의 높이를 유지할 것 (　)

⑨ 난간대는 지름 2.7cm 이상의 금속제파이프나 그 이상의 강도를 가진 재료일 것 (　)

★중요 　　　[08③, 11③, 17②, 20③, 22①②, 25①]

015 사다리식 통로 등의 구조에 대한 설치기준에 해당하는 것을 체크하시오.

① 발판의 간격은 일정하게 할 것 (　)

② 발판과 벽과의 사이는 15cm 이상의 간격을 유지할 것 (　)

③ 사다리식 통로의 길이가 10m 이상인 때에는 7m 이내마다 계단참을 설치할 것 (　)

④ 사다리의 상단은 걸쳐놓은 지점으로부터 60cm 이상 올라가도록 할 것 (　)

⑤ 사다리식 통로의 길이가 10m 이상인 경우에는 3m 이내마다 계단참을 설치할 것 (　)

⑥ 발판과 벽과의 사이는 10cm 이상의 간격을 유지할 것 (　)

⑦ 사다리식 통로의 길이가 10m 이상인 때에는 5m 이내마다 계단참을 설치할 것 (　)

⑧ 이동식 사다리식 통로의 기울기는 75° 이하로 할
　것 (　　)

⑨ 폭은 40cm 이상으로 한다. (　　)

⑩ 사다리식 통로의 길이가 10m 이상인 때에는 9m
　이내마다 계단참을 설치할 것 (　　)

[03②]

016 건설현장에서 가설계단을 설치할 때의 내용으로 올
바른지 체크하시오.

① 가설계단은 1단 높이 30cm, 발판의 폭 35~40
　cm 를 표준으로 한다. (　　)

② 계단 폭은 옥내 85cm 이상, 옥외 75cm 이상으로
　한다. (　　)

③ 계단 경사는 40°~45°가 적당하다. (　　)

④ 난간의 기둥간격은 120~150cm로 하며 적절한
　조명 설비를 갖춘다. (　　)

★중요

[03③, 04②, 06②, 07②, 08①, 09①③, 11②③, 12③,
13①, 15③, 17②③, 18②③, 20①, 21①, 22①②, 24③]

017 가설통로를 설치하는 경우 준수하여야 할 기준에
해당하는 것을 체크하시오.

① 경사는 30° 이하로 할 것 (　　)

② 경사가 15°를 초과하는 경우에는 미끄러지지 아
　니하는 구조로 할 것 (　　)

③ 추락할 위험이 있는 장소에는 안전난간을 설치할
　것 (　　)

④ 수직갱에 가설된 통로의 길이가 15m 이상인 경
　우에는 7m 이내마다 계단참을 설치할 것 (　　)

⑤ 수직갱에 가설된 통로의 길이가 15m 이상인 때
　에는 12m 이내마다 계단참을 설치할 것 (　　)

⑥ 수직갱에 가설된 통로의 길이가 15m 이상일 경
　우에는 15m 이내마다 계단참을 설치할 것 (　　)

⑦ 높이 8m 이상인 비계다리에는 7m 이내에 계단
　참을 설치할 것 (　　)

⑧ 경사가 20°를 초과하는 경우에는 미끄러지지 아
　니하는 구조로 할 것 (　　)

⑨ 건설공사에 사용하는 높이 8m 이상인 비계다리
　에는 8m 이내마다 계단참을 설치할 것 (　　)

⑩ 견고한 구조로 할 것 (　　)

⑪ 건설공사에 사용하는 높이 8m 이상인 비계다리
　에는 4m 이내마다 계단참을 설치할 것 (　　)

⑫ 수평경사가 30°를 초과할 때는 미끄럼 방지 조치
　를 할 것 (　　)

⑬ 수평경사는 35° 이하로 할 것 (　　)

⑭ 수직갱에 가설된 통로의 길이가 15m 이상인 때
　에는 10m 이내마다 계단참을 설치할 것 (　　)

⑮ 경사가 15°를 초과하는 경우에는 미끄러지지 아
　니하는 구조로 할 것 (　　)

⑯ 경사는 20° 이하로 할 것 (　　)

⑰ 수직갱에 가설된 통로의 길이가 10m 이상인 때
　에는 8m 이내마다 계단참을 설치할 것 (　　)

⑱ 경사가 10°를 초과하는 경우에는 미끄러지지 않
　는 구조로 할 것 (　　)

⑲ 작업상 부득이한 때에는 필요한 부분에 한하여
　안전난간을 임시로 해체할 수 있음 (　　)

⑳ 수직갱에 가설된 통로의 길이가 10m 이상인 때
　에는 5m 이내마다 계단참을 설치할 것 (　　)

㉑ 경사가 25°를 초과하는 경우에는 미끄러지지 아
　니하는 구조로 할 것 (　　)

㉒ 통로에는 75럭스(Lux) 이상의 조명시설을 할 것
(　　)

㉓ 통로의 주요 부분에 통로표시를 하고, 근로자가
　안전하게 통행할 수 있도록 할 것 (　　)

[19③]

018 갱내에 설치한 사다리식 통로에 권상장치가 설치된
경우 권상장치와 근로자의 접촉에 의한 위험이 있
는 장소에 설치해야 하는 것을 체크하시오.

① 판자벽 (　　)　　　② 울 (　　)

③ 건널다리 (　　)　　　④ 덮개 (　　)

[08①]

019 이동식 사다리를 사용하여 작업 가능한 조건으로
올바른지 체크하시오.

① 이동식 사다리의 제조사가 정하여 표시한 이동식
　사다리의 최대사용하중을 초과하지 않는 범위 내
　에서만 사용할 것 (　　)

② 이동식 사다리를 설치한 바닥면에서 높이 3.5m
　이하의 장소에서만 작업할 것 (　　)

③ 이동식 사다리의 최상부 발판 및 그 하단 디딤대
　에 올라서서 작업하지 않을 것. 다만, 높이 1m 이
　하의 사다리는 제외한다. (　　)

④ 안전모를 착용하되, 작업 높이가 3m 이상인 경우
에는 안전모와 안전대를 함께 착용할 것 (　)

[11②, 15①]

020 안전난간대에 폭 목(toe board)를 대는 이유를 체크하시오.

① 작업자의 손을 보호하기 위하여 (　)

② 작업자의 작업능률을 높이기 위하여 (　)

③ 안전난간대의 강도를 높이기 위하여 (　)

④ 공구 등 물체가 작업발판에서 지상으로 낙하되지
않도록 하기 위하여 (　)

[06③, 15①, 23③]

021 철골조립작업에서 안전한 작업발판과 안전난간을
설치하기가 곤란한 경우 작업원에 대한 안전대책을
체크하시오.

① 안전대 및 지지로프 사용 (　)

② 안전모 및 안전화 사용 (　)

③ 출입금지 조치 (　)

④ 작업중지 조치 (　)

[10②, 17③]

022 표준안전난간의 설치 장소를 체크하시오.

① 흙막이 지보공의 상부 (　)

② 중량물 취급 개구부 (　)

③ 작업대 (　)　　　　④ 리프트 입구 (　)

★중요　　　[10①, 11③, 19③, 23③]

023 공사용 가설도로에 대한 설명으로 올바른지 체크하시오.

① 도로는 장비 및 차량이 안전하게 운행할 수 있도
록 견고하게 설치한다. (　)

② 도로는 배수에 상관없이 평탄하게 설치한다. (　)

③ 도로와 작업장이 접하여 있을 경우에는 방책 등
을 설치한다. (　)

④ 차량의 속도제한 표지를 부착한다. (　)

★중요　　　[11②, 14②, 22①]

024 작업장 출입구 설치 시 준수해야 할 사항을 체크하시오.

① 출입구의 위치, 수 및 크기가 작업장의 용도와 특
성에 맞도록 할 것 (　)

② 주된 목적이 하역운반기계용인 출입구에는 보행
자용 출입구를 따로 설치하지 않을 것 (　)

③ 출입구에 문을 설치하는 경우에는 근로자가 쉽게
열고 닫을 수 있도록 할 것 (　)

④ 계단이 출입구와 바로 연결된 경우에는 작업자의
안전한 통행을 위하여 그 사이에 1.2m 이상 거리
를 두거나 안내표지 또는 비상벨 등을 설치할 것
(　)

★중요　　　[12②, ③, 17②, 18①]

025 흙막이 지보공을 조립하는 경우 조립도에 명시되어
야 할 사항을 체크하시오.

① 부재의 배치 (　)

② 부재의 치수 (　)

③ 부재의 가격 (　)

④ 설치 방법 및 순서 (　)

⑤ 부재의 긴압정도 (　)

⑥ 버팀대의 긴압의 정도 (　)

★중요　　　[11①, 15①, 22②]

026 토사붕괴로 인한 재해를 방지하기 위한 흙막이 지
보공설비에 해당하는 것을 체크하시오.

① 흙막이판 (　)

② 말뚝 (　)

③ 턴버클 (　)

④ 띠장 (　)

★중요　　　[09①, 17①, ③, 19①, 20①, 21③, 24②]

027 흙막이 지보공을 설치하였을 때에 정기적으로 점검
하고 이상을 발견하면 즉시 보수하여야 하는 사항
을 체크하시오.

① 부재의 손상·변형·부식·변위 및 탈락의 유무와
상태 (　)

② 부재의 접속부·부착부 및 교차부의 상태 (　)

③ 침하의 정도 (　)

④ 설계상 부재의 경제성 검토 (　)

⑤ 경보장치의 작동상태 (　)

⑥ 버팀대의 긴압의 정도 (　)

⑦ 굴착 깊이의 정도 (　)

028 부재 좌굴에 대한 억제 대책을 체크하시오.

① 부재의 끝을 회전하지 않도록 구속한다. (   )

② 부재의 중간에 사재를 연결한다. (   )

③ 부재에 작용하는 하중을 증대시킨다. (   )

④ 부재의 중간에 보를 연결한다. (   )

[03①, 18③, 22②, 23①]

029 거푸집 동바리의 침하를 방지하기 위한 직접적인 조치를 체크하시오.

① 수평연결재 사용 (   )

② 받침목이나 깔판의 사용 (   )

③ 콘크리트의 타설 (   )

④ 말뚝박기 (   )

[05②, 15②]

030 콘크리트 거푸집 설계 시 고려하여야 할 연직하중을 체크하시오.

① 콘크리트 하중 (   )   ② 풍하중 (   )

③ 충격하중 (   )   ④ 작업하중 (   )

[05③]

031 거푸집 및 동바리의 구조계산에 고려되는 연직방향 하중은 고정하중 및 활하중으로 분류할 수 있다. 활하중에 해당하는 것을 체크하시오.

① 작업원 (   )   ② 콘크리트 자중 (   )

③ 충격하중 (   )   ④ 경량의 장비하중 (   )

[05③]

032 벽체거푸집의 콘크리트 최대측압을 구하기 위해 필요한 요소를 체크하시오.

① 콘크리트의 타설속도 (   )

② 굳지 않은 콘크리트의 타설높이 (   )

③ 거푸집 속의 콘크리트 온도 (   )

④ 수평부재의 간격 (   )

[12③, 21③]

033 벽체 콘크리트 타설 시 거푸집이 터져서 콘크리트가 쏟아지는 사고가 발생하였다. 이 사고의 발생원인에 해당하는 것을 체크하시오.

① 진동기를 사용하지 않았다. (   )

② 철근 사용량이 많았다. (   )

③ 콘크리트의 슬럼프가 작았다. (   )

④ 콘크리트의 타설속도가 빨랐다. (   )

★중요   [05③, 14③, 17②, 19②, 21①, 22①, 25③]

034 거푸집 해체작업 시 준수사항을 체크하시오.

① 해당 작업을 하는 구역에는 관계 근로자가 아닌 사람의 출입을 금지할 것 (   )

② 비, 눈, 그 밖의 기상상태의 불안정으로 날씨가 몹시 나쁜 경우에는 그 작업을 중지할 것 (   )

③ 재료, 기구 또는 공구 등을 올리거나 내리는 경우에는 근로자로 하여금 달줄·달포대 등을 사용하지 않도록 할 것 (   )

④ 낙하·충격에 의한 돌발적 재해를 방지하기 위하여 버팀목을 설치하고 거푸집 및 동바리를 인양 장비에 매단 후에 작업을 하도록 하는 등 필요한 조치를 할 것 (   )

[07②]

035 오일러의 좌굴하중공식 $P_{cr} = \dfrac{\pi^2 EI}{L^2}$ 이 적용되는 기둥단부의 구속조건에 해당하는 것을 체크하시오. (단, L은 부재의 길이)

① 양단고정 (   )

② 일단고정 타단 자유단 (   )

③ 일단고정 타단 힌지 (   )

④ 양단힌지 (   )

[05①, 08③]

036 강재 거푸집의 장점에 해당하는 것을 체크하시오.

① 강성이 크고 정밀도가 높다. (   )

② 초기 투자비용이 낮다. (   )

③ 수밀성이 좋다. (   )

④ 운용도가 좋다. (   )

[10①, 17②]

037 로드(rod)·유압잭(jack) 등을 이용하여 거푸집을 연속적으로 이동시키면서 콘크리트를 타설할 때 사용되는 것으로, silo 공사 등에 적합한 거푸집을 체크하시오.

① 메탈폼 (   )   ② 슬라이딩폼 (   )

③ 워플폼 (   )   ④ 페코빔 (   )

038 작업발판 일체형 거푸집에 해당하는 것을 체크하시오. [14②, 21②]

① 갱 폼(Gang Form) ( )

② 슬립 폼(Slip Form) ( )

③ 유로 폼(Euro Form) ( )

④ 클라이밍 폼(Climbing form) ( )

★중요
[09③, 10③, 11①, 13①②, 14②, 18①,
19①③, 20②③, 21①②, 22②, 25②]

039 거푸집동바리 등을 조립하는 경우에 준수하여야 할 안전조치기준을 체크하시오.

① 높이가 3.5m 초과하는 경우에는 높이 2m 이내마다 수평연결재를 2개 방향으로 만들고 수평연결재의 변위를 방지할 것 ( )

② 동바리로 사용하는 파이프 서포트는 3개 이상 이어서 사용하지 않도록 할 것 ( )

③ 동바리로 사용하는 파이프 서포트를 이어서 사용하는 경우에는 5개 이상의 볼트 또는 전용철물을 사용하여 이을 것 ( )

④ 동바리로 사용하는 강관틀과 강관틀 사이에는 교차가새를 설치할 것 ( )

⑤ 동바리로 사용하는 파이프 서포트를 이어서 사용하는 경우에는 3개 이상의 볼트 또는 전용철물을 사용하여 이을 것 ( )

⑥ 높이가 3.5m 초과하는 경우에는 높이 3m 이내마다 수평연결재를 2개 방향으로 만들고 수평연결재의 변위를 방지할 것 ( )

⑦ 받침목이나 깔판의 사용, 콘크리트 타설, 말뚝박기 등 동바리의 침하를 방지하기 위한 조치를 할 것 ( )

⑧ 개구부 상부에 동바리를 설치하는 때에는 상부하중을 견딜 수 있는 견고한 받침대를 설치할 것 ( )

⑨ 강재의 접속부 및 교차부는 볼트·클램프 등의 철물사용을 금지할 것 ( )

⑩ 동바리의 이음은 같은 품질의 재료를 사용할 것 ( )

⑪ 동바리의 상하고정 및 미끄러짐 방지조치를 하고 하중의 지지상태를 유지할 것 ( )

⑫ 파이프 서포트를 제외한 동바리로 사용하는 강관은 높이 2m마다 수평연결재를 2개 방향으로 만들고 수평연결재의 변위를 방지할 것 ( )

⑬ 거푸집의 형상에 따른 부득이한 경우를 제외하고는 깔판이나 받침목은 3단 이상 끼우지 않도록 할 것 ( )

⑭ 동바리로 사용하는 파이프 서포트를 2본 이상 이어서 사용하지 말 것 ( )

⑮ 거푸집이 곡면인 경우에는 버팀대의 부착 등 그 거푸집의 부상(浮上)을 방지하기 위한 조치를 할 것 ( )

040 콘크리트 타설을 위한 거푸집동바리의 구조검토 시 가장 선행되어야 할 작업을 체크하시오. [14①, 20②]

① 각 부재에 생기는 응력에 대하여 안전한 단면을 산정한다. ( )

② 하중·외력에 의하여 각 부재에 생기는 응력을 구한다. ( )

③ 가설물에 작용하는 하중 및 외력의 종류, 크기를 산정한다. ( )

④ 사용할 거푸집동바리의 설치간격을 결정한다. ( )

041 가설공사 표준안전 작업지침에 따른 통로발판을 설치하여 사용함에 있어 준수사항을 체크하시오. [22②]

① 추락의 위험이 있는 곳에는 안전난간이나 철책을 설치하여야 한다. ( )

② 작업발판의 최대폭은 1.6m 이내이어야 한다. ( )

③ 비계발판의 구조에 따라 최대 적재하중을 정하고 이를 초과하지 않도록 하여야 한다. ( )

④ 발판을 겹쳐 이음하는 경우 장선 위에서 이음을 하고 겹침길이는 10cm 이상으로 하여야 한다. ( )

★중요
[03①, 05③, 06③, 11③, 23①]

042 옹벽의 안정조건에 해당하는 사항을 체크하시오.

① 전도에 대한 안정 ( )

② 활동에 대한 안정 ( )

③ 침하에 대한 안정 ( )

④ 균열에 대한 안정 ( )

⑤ 지반지지력에 대한 안정 ( )

⑥ 부마찰력 ( )

⑦ 강도에 대한 안정 ( )

043 폭우 시 옹벽배면의 배수시설이 취약하면 옹벽 저면을 통하여 침투수(seepage)의 수위가 올라간다. 이 침투수가 옹벽의 안정에 미치는 영향으로 올바른지 체크하시오.

① 옹벽 배면토의 단위수량 감소로 인한 수직 저항력 증가 ( )

② 옹벽 바닥면에서의 양압력 증가 ( )

③ 수평 저항력(수동토압)의 감소 ( )

④ 포화 또는 부분 포화에 따른 뒷채움용 흙무게의 증가 ( )

044 흙막이 공법 선정 시 고려사항을 체크하시오.

① 흙막이 해체를 고려 ( )

② 안전하고 경제적인 공법 선택 ( )

③ 차수성이 낮은 공법 선택 ( )

④ 지반성상에 적합한 공법 선택 ( )

045 흙막이 공법을 흙막이 지지방식에 의한 분류와 구조방식에 의한 분류로 나눌 때, 지지방식에 의한 분류에 해당하는 것을 체크하시오.

① 수평 버팀대식 흙막이 공법 ( )

② H-Pile 공법 ( )

③ 지하연속벽 공법 ( )

④ Top down method 공법 ( )

046 흙막이벽 설치공법에 해당하는 것을 체크하시오.

① 강제 널말뚝 공법 ( )

② 지하연속벽 공법 ( )

③ 어스앵커 공법 ( )

④ 트렌치컷 공법 ( )

047 흙막이 및 널말뚝의 제거에 관한 설명으로 올바른지 체크하시오.

① 흙막이나 널말뚝은 본 공사에 지장이 없도록 제거한다. ( )

② 건축공사에 지장이 없도록 띠장 및 버팀대를 설치한다. ( )

③ 흙막이 널과 축조물과의 자리에는 버팀, 띠장을 떼어낸 후 흙 또는 모래로 잘 되메우기 한다. ( )

④ 흙막이 및 널말뚝을 제거한 다음 구멍은 모래 등으로 잘 메운다. ( )

048 일반적으로 사면이 가장 위험한 때를 체크하시오.

① 사면의 수위가 급격히 하강할 때 ( )

② 사면의 수위가 서서히 하강할 때 ( )

③ 사면이 완전포화상태에 있을 때 ( )

④ 사면이 완전건조상태에 있을 때 ( )

★중요

049 토사붕괴 예방을 위해 지반종류에 따른 굴착면의 기울기 기준에 해당하는 것을 체크하시오.

① 그 밖의 흙 1 : 1.2 ( )

② 풍화암 1 : 1.0 ( )

③ 연암 1 : 1.0 ( )

④ 경암 1 : 0.2 ( )

⑤ 그 밖의 흙 1 : 1.5 ( )

⑥ 풍화암 1 : 0.8 ( )

⑦ 연암 1 : 0.5 ( )

⑧ 경암 1 : 0.3 ( )

⑨ 경암 1 : 0.5 ( )

⑩ 풍화암 1 : 0.5 ( )

⑪ 그 밖의 흙 1 : 1 ( )

⑫ 모래 1 : 1.8 ( )

⑬ 연암 및 풍화암 1 : 1.5 ( )

050 굴착공사에서 비탈면 또는 비탈면 하단을 성토하여 붕괴를 방지하는 공법을 체크하시오.

① 배수공 ( )

② 배토공 ( )

③ 공작물에 의한 방지공 ( )

④ 압성토공 ( )

051 사면 보호 공법 중 구조물에 의한 보호공법을 체크하시오.

① 식생구멍공 ( )

② 블럭공 (　)

③ 돌쌓기공 (　)

④ 현장타설 콘크리트 격자공 (　)

[16①]

052 건설재해대책의 사면보호공법을 체크하시오.

① 쉴드공 (　)　　　② 식생공 (　)

③ 뿜어 붙이기공 (　)　④ 블록공 (　)

★중요　　　[10②, 14③, 22①, 25②]

053 사면지반 개량공법에 해당하는 것을 체크하시오.

① 전기 화학적 공법 (　)

② 석회 안정처리 공법 (　)

③ 이온 교환 공법 (　)

④ 옹벽 공법 (　)

[20③]

054 건설재해대책의 사면보호공법 중 식물을 생육시켜 그 뿌리로 사면의 표층토를 고정하여 빗물에 의한 침식, 동상, 이완 등을 방지하고, 녹화에 의한 경관 조성을 목적으로 시공하는 것을 체크하시오.

① 식생공 (　)　　　② 쉴드공 (　)

③ 뿜어 붙이기공 (　)　④ 블록 쌓기공 (　)

[03②]

055 현장타설 콘크리트 말뚝 중에서 관입구멍을 만들어 콘크리트를 타설하여 말뚝을 만드는 관입공법을 체크하시오.

① Franky 말뚝 (　)　② Pedestal 말뚝 (　)

③ Simplex 말뚝 (　)　④ Benoto 말뚝 (　)

★중요　　　[07①, 09③, 10①, 11③, 19③, 25③]

056 굴착작업을 하는 경우 근로자의 위험을 방지하기 위하여 작업장의 지형·지반 및 지층상태 등에 대하여 실시하여야 하는 사전조사 내용을 체크하시오.

① 형상·지질 및 지층의 상태 (　)

② 균열·함수(含水)·용수 및 동결의 유무 또는 상태 (　)

③ 지상의 배수 상태 (　)

④ 매설물 등의 유무 또는 상태 (　)

⑤ 지표수의 흐름 상태 (　)

⑥ 지반의 지하수위 상태 (　)

⑦ 버팀대의 긴 압의 상태 (　)

[03③, 07③]

057 암반을 천공하고 화약을 충진하여 발파한 후 스틸 리브(Steel rib) 및 와이어매쉬(Wire mesh)를 설치하고 숏크리트(Shot crete)를 타설하여 시공하는 터널공법을 체크하시오.

① NATM공법 (　)

② TBM공법 (　)

③ 개착식 공법(Open cut) (　)

④ 실드공법 (　)

[20③]

058 NATM공법 터널공사의 경우 록 볼트 작업과 관련된 계측결과를 체크하시오.

① 내공변위 측정 결과 (　)

② 천단침하 측정 결과 (　)

③ 인발시험 결과 (　)

④ 진동 측정 결과 (　)

★중요　　　[03③, 05①, 07②, 09②, 16③, 20②, 24①]

059 본 터널(main tunnel)을 시공하기 전에 터널에서 약간 떨어진 곳에 지질조사, 환기, 배수, 운반 등의 상태를 알아보기 위하여 설치하는 터널을 체크하시오.

① 파이럿(pilot) 터널 (　)

② 프리패브(prefab) 터널 (　)

③ 사이드(side) 터널 (　)

④ 쉴드(shield) 터널 (　)

[04②]

060 교량의 가설공법 중에서 교량의 상부구조를 교대 후방에 미리 설치되어 있는 작업장에서 15~20m 길이의 일정한 세그먼트를 제작하여 교축방향으로 밀어 점차적으로 교량을 가설하는 공법을 체크하시오.

① ILM 공법 (　)

② P&Z 공법 (　)

③ MSS 공법 (　)

④ FSM 공법 (　)

  [03③, 04③, 05①, 06②③, 18③, 19②, 23③]

061 터널공사 작업 전 작업계획서를 작성할 때 시공계획에 반드시 포함되어야 할 사항을 체크하시오.

① 굴착방법 (　)
② 터널지보공 및 복공의 시공방법과 용수의 처리방법 (　)
③ 환기 또는 조명시설을 설치할 때에는 그 방법 (　)
④ 긴급 통신설비 설치방법 (　)
⑤ 지질조사 방법 (　)
⑥ 터널지보공 및 복공의 시공방법 (　)
⑦ 용수의 처리 방법 (　)
⑧ 계기의 이상 유무 점검 (　)
⑨ 암석의 분할방법 (　)

[05③, 06①③, 09②, 10①, 11②, 12③, 13①, ②③, 14①, 18①, 19②, 20③, 23③]

062 터널붕괴를 방지하기 위한 지보공 점검사항을 체크하시오.

① 버팀대의 긴압의 정도 (　)
② 부재의 손상·변형·부식·변위 및 탈락의 유무와 상태 (　)
③ 침하의 정도 (　)
④ 터널 거푸집 지보공의 수량 상태 (　)
⑤ 부재의 접속부·부착부 및 교차부의 상태 (　)
⑥ 계측기 설치상태 (　)
⑦ 부재의 제조사 확인 (　)
⑧ 검지부의 이상유무 (　)
⑨ 경보장치의 작동 상태 (　)
⑩ 작업 중 안전대 및 안전모 등 보호구 착용 상황 감시 (　)
⑪ 지표수의 흐름 상태 (　)

[21②]

063 터널 지보공을 조립하는 경우에는 미리 그 구조를 검토한 후 조립도를 작성하고, 그 조립도에 따라 조립하도록 하여야 하는데, 이 조립도에 명시하여야 할 사항을 체크하시오.

① 이음방법 (　)
② 단면규격 (　)
③ 재료의 재질 (　)
④ 재료의 구입처 (　)

  [12①, 14①, 18②, 21①]

064 터널 지보공을 조립하거나 변경하는 경우에 조치하여야 하는 사항을 체크하시오.

① 주재(主材)를 구성하는 1세트의 부재는 동일 평면 내에 배치할 것 (　)
② 목재의 터널 지보공은 그 터널 지보공의 각 부재의 긴압정도가 위치에 따라 차이나도록 할 것 (　)
③ 기둥에는 침하를 방지하기 위하여 받침목을 사용하는 등의 조치를 할 것 (　)
④ 강(鋼)아치 지보공의 조립은 연결볼트 및 띠장 등을 사용하여 주재 상호 간을 튼튼하게 연결할 것 (　)

  [09②, 12①②, 17②③, 18①, 21①, 22②, 23①]

065 발파작업에 종사하는 근로자의 준수사항을 체크하시오.

① 전기뇌관에 의한 발파의 경우 점화하기 전에 화약류를 장전한 장소로부터 20m 이상 떨어진 안전한 장소에서 전선에 대하여 저항측정 및 도통시험을 할 것 (　)
② 화약이나 폭약을 장전하는 경우에는 그 부근에서 화기를 사용하거나 흡연을 하지 않도록 할 것 (　)
③ 장전구는 마찰·충격·정전기 등에 의한 폭발의 위험이 없는 안전한 것을 사용할 것 (　)
④ 발파공의 충진재료는 점토·모래 등 발화성 또는 인화성의 위험이 없는 재료를 사용할 것 (　)
⑤ 발파공의 장전구는 마찰, 충격에 강한 강봉을 사용한다. (　)
⑥ 얼어붙은 다이너마이트는 화기에 접근시키거나 그 밖의 고열물에 직접 접촉시키는 등 위험한 방법으로 융해되지 않도록 할 것 (　)

[06②, 13②]

066 터널 굴착공사에서 뿜어 붙이기 콘크리트 효과에 대한 설명으로 올바른지 체크하시오.

① 굴착면을 덮음으로써 지반의 침식을 방지한다. (　)
② 굴착면의 요철을 줄이고 응력집중을 증대시킨다. (　)
③ Rock Bolt의 힘을 지반에 분산시켜 전달한다. (　)
④ 암반의 크랙(crack)을 보강한다. (　)

★중요　[05②, 12①, 15②, 16①, 20②, 21③, 24③]

067 터널작업에 있어서 자동경보장치가 설치된 경우에 이 자동경보장치에 대하여 당일의 작업시작 전 점검하여야 할 사항을 체크하시오.

① 계기의 이상 유무 (　　)

② 검지부의 이상 유무 (　　)

③ 경보장치의 작동 상태 (　　)

④ 환기 또는 조명시설의 이상 유무 (　　)

⑤ 발열 여부 (　　)

[15③]

068 터널 출입구 부근의 지반의 붕괴 또는 토석의 낙하에 의하여 근로자가 위험해질 우려가 있을 경우에 위험을 방지하기 위해 필요한 조치를 체크하시오.

① 물의 분사 (　　)

② 보링에 의한 가스제거 (　　)

③ 흙막이 지보공 설치 (　　)

④ 감시인의 배치 (　　)

★중요　[05①, 07③, 08①, 10①, 14③, 16①, 23③]

069 토석붕괴 방지방법에 대한 설명으로 올바른지 체크하시오.

① 말뚝(강관, H형강, 철근콘크리트)을 박아 지반을 강화시킨다. (　　)

② 활동의 가능성이 있는 토석은 제거한다. (　　)

③ 지표수가 침투되지 않도록 배수시키고 지하수위 저하를 위해 수평보링을 하여 배수시킨다. (　　)

④ 활동에 의한 붕괴를 방지하기 위해 비탈면, 법면의 상단을 다진다. (　　)

⑤ 비탈면 하단을 다져서 활동이 되지 않도록 한다. (　　)

⑥ 비탈면 상단에 다짐 또는 하중을 재하한다. (　　)

⑦ 말뚝을 박아 토석 붕괴를 방지한다. (　　)

⑧ 절토 및 성토 높이를 증가시킨다. (　　)

⑨ 적절한 경사면의 기울기를 계획한다. (　　)

⑩ 지하수위를 높인다. (　　)

[05①]

070 특수지반 개량공법 중 하나인 지하연속벽 공법(Slurry Wall)의 특징에 해당하는 것을 체크하시오.

① 소음과 진동이 다른 항타, 인발 등을 동반하는 공법에 비해 낮다. (　　)

② 시공 조인트의 처리를 잘하면 높은 차수성을 기대할 수 있다. (　　)

③ 지반 조건에 좌우되지 않는다. (　　)

④ 차수성이 우수하나 임의의 치수와 형상을 선택할 수 없다. (　　)

[05①, 06②]

071 강말뚝의 특징에 해당하는 것을 체크하시오.

① 허용응력이 크다. (　　)

② 내부식성이 크다. (　　)

③ 말뚝길이에 비교적 제한을 받지 않는다. (　　)

④ 굳은 지층에도 관입시킬 수 있다. (　　)

[05③]

072 노천 굴착 작업 시 안전 담당자의 유해·위험방지업무 내용을 체크하시오.

① 안전한 작업 방법을 결정하고 작업을 지휘하는 일 (　　)

② 재료 및 기구의 결함 유무를 점검하고 불량품을 제거하는 일 (　　)

③ 작업 중 안전대 및 안전모 등 보호구 착용 상황을 감시하는 일 (　　)

④ 버팀대 긴압의 정도를 체크하는 일 (　　)

[08②, 14②]

073 흙막이 벽을 설치하여 기초 굴착 작업 중 굴착부 바닥이 솟아 올랐다. 이에 대한 대책을 체크하시오.

① 흙막이 벽의 근입길이를 깊게 한다. (　　)

② 굴착작업의 속도를 빨리 한다. (　　)

③ 수평버팀을 추가하여 흙막이벽의 지지력을 강화시킨다. (　　)

④ 흙막이 벽의 변위가 생기지 않도록 시공의 정도를 높인다. (　　)

⑤ 굴착주변의 상재하중을 증가시킨다. (　　)

⑥ 토류벽의 배면토압을 경감시킨다. (　　)

⑦ 지하수 유입을 막는다. (　　)

 [03①, 08①②③, 12①, 13②, 17③, 24③]
074 굴착공사표준안전작업지침에서 정한 토석붕괴의 외적 원인에 해당하는 것을 체크하시오.

① 공사에 의한 진동 및 반복 하중의 증가 (　)
② 절토 및 성토 높이의 증가 (　)
③ 지표수 및 지하수의 침투에 의한 토사 중량의 증가 (　)
④ 토석의 강도 저하 (　)
⑤ 사면, 법면의 경사 및 기울기의 증가 (　)
⑥ 토사 및 암석의 혼합층 두께 (　)
⑦ 굴착사면의 높이 증가 (　)
⑧ 빗물의 침투로 인하여 토사의 중량 증가 (　)
⑨ 함수비 증가로 인한 점착력 증가 (　)
⑩ 지진, 차량, 구조물의 하중작용 (　)

[12②]
075 토사붕괴의 내적원인에 해당하는 것을 체크하시오.

① 토석의 강도 저하 (　)
② 사면, 법면의 기울기 증가 (　)
③ 절토 및 성토 높이 증가 (　)
④ 공사에 의한 진동 및 반복 하중 증가 (　)

 [07②, 10②, 11①, 13①, 18③, 22②, 24①]
076 토석붕괴의 원인에 해당하는 것을 체크하시오.

① 사면 법면의 경사 및 기울기의 증가 (　)
② 절토 및 성토의 높이 증가 (　)
③ 토석의 강도 상승 (　)
④ 지표수·지하수의 침투에 의한 토사중량의 증가 (　)
⑤ 건설기계 등 하중작용 (　)
⑥ 토사 중량의 감소 (　)
⑦ 지하수위 증가 (　)
⑧ 내부 마찰각의 증가 (　)
⑨ 점착력의 감소 (　)
⑩ 차량에 의한 진동하중 증가 (　)

[14②]
077 토석 붕괴의 위험이 있는 사면에서 작업할 경우의 행동에 해당하는 것을 체크하시오.

① 동시작업의 금지 (　)
② 대피공간의 확보 (　)
③ 2차재해의 방지 (　)
④ 급격한 경사면 계획 (　)

 [05③, 07①, 11①, 16③, 25①]
078 토류벽의 붕괴예방에 관한 조치를 체크하시오.

① 웰 포인트(Well Point) 공법 등에 의해 수위를 저하시킨다. (　)
② 근입 깊이를 가급적 짧게 한다. (　)
③ 어스앵커(Earth Anchor) 시공을 한다. (　)
④ 토류벽 인접지반에 중량물 적치를 피한다. (　)

[08①, 14③]
079 흙막이 말뚝에 대한 지하수 재해방지상 유의하여야 할 점을 체크하시오.

① 토압, 수압, 적재하중 등에 대하여 계획과 시공 중 관찰측정한 결과를 비교 검토한다. (　)
② 흙막이 말뚝의 근입 길이를 짧게 하여 히이빙 및 보일링 현상을 방지한다. (　)
③ 지하수, 복류수 등의 상황을 고려하여 충분한 지수효과를 같도록 조치한다. (　)
④ 누수, 출수 등을 조기 발견할 수 있도록 해야 하며, 누수, 출수의 우려가 있을 경우에는 적절한 조치를 취한다. (　)

 [09①, 13①, 21②]
080 굴착공사에 있어서 비탈면 붕괴를 방지하기 위하여 행하는 대책을 체크하시오.

① 지표수의 침투를 막기 위해 표면배수공사를 한다. (　)
② 지하수위를 내리기 위해 수평배수공을 설치한다. (　)
③ 비탈면하단을 성토한다. (　)
④ 비탈면 상부에 토사를 적재한다. (　)

 [08③, 12③, 15③, 17③]
081 구축하고자 하는 지하구조물이 인접구조물보다 깊은 위치에 근접하여 건설할 경우에 주변지반과 인접건축물 기초의 침하에 대한 우려 때문에 실시하는 기초보강공법을 체크하시오.

① H-말뚝 토류관공법 (　)
② S.C.W공법 (　)

③ 지하연속벽공법 (　　)

④ 언더피닝공법 (　　)

[11③, 17②]

082 흙막이 계측의 종류 중 주변 지반의 변형을 측정하는 기기를 체크하시오.

① tilt meter (　　)

② lnclino meter (　　)

③ strain gauge (　　)

④ load cell (　　)

★중요　　　　[06②, 10②, 14①, 16②, 19②, 21③, 24②]

083 흙막이 가시설 공사 시 사용되는 각 계측기와 그 설치목적의 연결이 올바른지 체크하시오.

① 지표침하계 – 지표면의 침하량 변화 측정 (　　)

② 간극수압계 – 지반 내 지하수위 변화 측정 (　　)

③ 변위계 – 토류 구조물의 각 부재와 콘크리트 등의 응력 변화 측정 (　　)

④ 하중계 – 버팀보, 어스앵커(Earth anchor) 등의 실제 축하중 변화 측정 (　　)

⑤ 수위계 – 지반 내 지하수위의 변화 측정 (　　)

⑥ 하중계 – 상부 적재하중 변화 측정 (　　)

⑦ 지중경사계 – 지중의 수평 변위량 측정 (　　)

[13③]

084 강변 근처 흙막이 공사 중 굴착 바닥에서 물과 모래가 솟아올라 흙막이가 붕괴되었다. 이런 현상에 해당하는 용어를 체크하시오.

① 동상 (　　)

② 보일링 (　　)

③ 파이핑 (　　)

④ 틱스트로피 (　　)

[06②, 18②]

085 지반에서 나타나는 보일링(boiling) 현상의 직접적인 원인을 체크하시오.

① 굴착부와 배면부의 지하수위의 수두차 (　　)

② 굴착부와 배면부의 흙의 중량차 (　　)

③ 굴착부와 배면부의 흙의 함수비차 (　　)

④ 굴착부와 배면부의 흙의 토압차 (　　)

★중요　　　　[08①, 10③, 13②, 15①, 25③]

086 흙막이 붕괴원인 중 보일링(boiling) 현상이 발생하는 원인을 체크하시오.

① 지하수위가 높은 지반을 굴착할 때 주로 발생한다. (　　)

② 연약 사질토 지반의 경우 주로 발생한다. (　　)

③ 시트파일(sheet pile) 등의 저면에 분사현상이 발생한다. (　　)

④ 연약 점토지반에 굴착면의 융기로 발생한다. (　　)

⑤ 지반을 굴착시, 굴착부와 지하수위 차가 있을 때 주로 발생한다. (　　)

⑥ 굴착저면에서 액상화 현상에 기인하여 발생한다.
(　　)

⑦ 연약 점토질 지반에서 배면토의 중량이 굴착부 바닥의 지지력 이상이 되었을 때 주로 발생한다.
(　　)

[21②]

087 흙막이 가시설 공사 중 발생할 수 있는 보일링(Boiling) 현상에 대한 설명으로 올바른지 체크하시오.

① 이 현상이 발생하면 흙막이 벽의 지지력이 상실된다. (　　)

② 지하수위가 높은 지반을 굴착할 때 주로 발생한다. (　　)

③ 흙막이벽의 근입장 깊이가 부족할 경우 발생한다. (　　)

④ 연약한 점토지반에서 굴착면의 융기로 발생한다.
(　　)

[21①]

088 지하수위 상승으로 포화된 사질토 지반의 액상화 현상을 방지하기 위한 가장 직접적이고 효과적인 대책을 체크하시오.

① well point 공법 적용 (　　)

② 동다짐 공법 적용 (　　)

③ 입도가 불량한 재료를 입도가 양호한 재료로 치환 (　　)

④ 밀도를 증가시켜 한계간극비 이하로 상대밀도를 유지하는 방법 강구 (　　)

089 [10②, 14①, 15①, 24②]
연약지반의 이상 현상 중 하나인 히빙(heaving)현상에 대한 안전대책을 체크하시오.

① 굴착배면의 상재하중 등 토압을 경감시킨다. (　)
② 시트파일(sheet pile) 등의 근입심도를 검토한다.
　(　)
③ 굴착저면에 토사 등 인공 중력을 감소시킨다. (　)
④ 굴착주변을 웰 포인트(well point)공법과 병행한다. (　)
⑤ 흙막이 벽체의 근입깊이를 깊게 한다. (　)
⑥ 굴착 저면에 토사 등으로 하중을 가한다. (　)
⑦ 흙막이 배면의 표토를 제거하여 토압을 경감한다. (　)
⑧ 주변 수위를 높인다. (　)
⑨ 소단굴착을 실시하여 소단부 흙의 중량이 바닥을 누르게 한다. (　)
⑩ 흙막이 벽체 배면의 지반을 개량하여 흙의 전단강도를 높인다. (　)
⑪ 부풀어 솟아오르는 바닥면의 토사를 제거한다.
　(　)

090 [16①, 22①]
흙막이벽 근입깊이를 깊게 하고, 전면의 굴착부분을 남겨두어 흙의 중량으로 대항하게 하거나, 굴착예정부분의 일부를 미리 굴착하여 기초콘크리트를 타설하는 등의 대책과 가장 관계가 깊은 것을 체크하시오.

① 파이핑현상이 있을 때 (　)
② 히빙현상이 있을 때 (　)
③ 지하수위가 높을 때 (　)
④ 굴착깊이가 깊을 때 (　)

091 [11②, 16③]
연약지반에서 발생하는 히빙(Heaving)현상에 대한 설명으로 올바른지 체크하시오.

① 배면의 토사가 붕괴된다. (　)
② 지보공이 파괴된다. (　)
③ 굴착저면이 솟아오른다. (　)
④ 저면이 액상화된다. (　)

092 [10①]
굴착작업 시 준수사항으로 올바른지 체크하시오.

① 작업 전에 산소농도를 측정하고 산소량은 18% 이상이야 하며, 발파 후 반드시 환기설비를 작동시켜 가스배출을 한 후 작업을 하여야 한다. (　)
② 쉬이트파일의 설치시 수직도는 1/100 이내이어야 한다. (　)
③ 토압이 커서 링이 변형될 우려가 있는 경우 스트러트 등으로 보강하여야 한다. (　)
④ 굴착 및 링의 설치와 동시에 철사다리를 설치 연장하여야 하는데 철사다리는 굴착 바닥면과 2m 이내가 되게 한다. (　)

093 [10③]
굴착작업의 안전조치사항으로 올바른지 체크하시오.

① 굴착구간으로 표면수가 유입되는 것을 방지하고 배수구를 설치하여 굴착작업부근의 표면수가 원활히 배수되도록 한다. (　)
② 암석을 제외한 토질의 굴착시 구조물의 안전성과 작업전의 안전조치가 선행되지 않은 경우는 굴착작업을 중지시켜야 한다. (　)
③ 굴착구간 위로 작업원이나 자재를 운반할 필요가 있을 경우 필히 난간이 부착된 안전통로를 설치한 후 작업한다. (　)
④ 지층이 상이한 토질의 굴착시 지지층의 사면 안식각이 그 위 지층의 사면안식각보다 작아야 한다. (　)

094 [09①, 13③, 18③, 23①]
굴착공사에서 경사면의 안전성을 확인하기 위한 검토 사항을 체크하시오.

① 지질조사 (　)
② 토질시험 (　)
③ 풍화의 정도 (　)
④ 경보장치 작동상태 (　)

095 [11③, 12②, 16①, 23②]
굴착기의 운행 시 안전대책을 체크하시오.

① 안전 반경 내에 사람이 있을 때는 회전을 중지한다. (　)
② 장비의 주차 시 버킷을 지면에 놓아야 한다. (　)

③ 버킷이나 다른 부수장치 등에 사람을 태우지 않는다. (　)

④ 유압계통 분리 시 붐을 들어올린 상태에서 엔진을 정지시킨 다음 유압을 제거한 후 실시한다. (　)

⑤ 운전반경 내에 사람이 있을 때 회전용 10rpm 이하의 느린 속도로 하여야 한다. (　)

⑥ 장비의 주차 시 경사지나 굴착작업장으로부터 충분히 이격시켜 주차한다. (　)

⑦ 전선 밑에서는 주의하여 작업하여야 하며, 전선과 안전장치의 안전간격을 유지하여야 한다. (　)

[12③]

096 개착식 굴착방법에 해당하는 것을 체크하시오.

① 타이로드 공법 (　)　② 어스앵커 공법 (　)
③ 버팀대 공법 (　)　④ TBM 공법 (　)

[18②]

097 개착식 흙막이벽의 계측 내용을 체크하시오.

① 경사 측정 (　)
② 지하수위 측정 (　)
③ 변형률 측정 (　)
④ 내공변위 측정 (　)

[09③]

098 지하 매설물의 인접작업에 대한 안전지침을 체크하시오.

① 사전조사 (　)
② 매설물의 방호조치 (　)
③ 지하매설물의 파악 (　)
④ 소규모 구조물의 방호 (　)

[10①]

099 잠함 또는 우물통의 내부에서 굴착작업을 할 때의 준수사항을 체크하시오.

① 굴착깊이가 10m를 초과하는 경우에는 당해작업 장소와 외부와의 연락을 위한 통신설비 등을 설치한다. (　)

② 산소결핍의 우려가 있는 때에는 산소의 농도를 측정하는 자를 지명하여 측정하도록 한다. (　)

③ 근로자가 안전하게 승강하기 위한 설비를 설치한다. (　)

④ 측정결과 산소의 결핍이 안정될 때에는 송기를 위한 설비를 설치하여 필요한 양의 공기를 송급하여야 한다. (　)

[21①]

100 발파구간 인접구조물에 대한 피해 및 손상을 예방하기 위한 건물기초에서의 허용진동치(cm/sec) 기준에 해당하는 것을 체크하시오. (단, 기존 구조물에 금이 가 있거나 노후구조물 대상일 경우 등은 고려하지 않음)

① 문화재 : 0.2cm/sec (　)
② 주택, 아파트 : 0.5cm/sec (　)
③ 상가 : 1.0cm/sec (　)
④ 철골콘크리트 건물 : 0.8~1.0cm/sec (　)

02 단답형 문제

★중요 [03②, 06②, 15③, 17①, 19①, 24②]

001 달비계란 와이어 로우프, 강재 등으로 상부지점으로부터 간단한 물품이나, 작업자가 승강할 수 있는 발판이다. 달비계의 작업발판 최소 폭을 쓰시오.

⚙해설 달비계의 구조(안전보건규칙 제63조 제1항 제6호)
작업발판은 폭을 40cm 이상으로 하고 틈새가 없도록 할 것

[18②, 21③]

002 다음은 산업안전보건법령에 따른 달비계를 설치하는 경우에 준수해야 할 사항이다. 괄호 안에 들어갈 내용을 쓰시오.

> 작업 발판은 폭을 (   ) 이상으로 하고, 틈새가 없도록 할 것

★중요 [11③, 12①, 19②, 25③]

003 다음은 달비계 또는 높이 5m 이상의 비계를 조립·해체하거나 변경하는 작업에 대한 준수사항이다. 괄호 안에 들어갈 내용을 쓰시오.

> 비계재료의 연결·해체 작업을 하는 경우에는 폭 (   ) cm 이상의 발판을 설치하고 근로자로 하여금 안전대를 사용하도록 하는 등 추락을 방지하기 위한 조치를 할 것

⚙해설 비계 등의 조립·해체 및 변경(안전보건규칙 제57조)
① 사업주는 달비계 또는 높이 5m 이상의 비계를 조립·해체하거나 변경하는 작업을 하는 경우 다음의 사항을 준수하여야 한다.
⑩ 비계재료의 연결·해체작업을 하는 경우에는 폭 20cm 이상의 발판을 설치하고 근로자로 하여금 안전대를 사용하도록 하는 등 추락을 방지하기 위한 조치를 할 것

[14②, 21③]

004 비계의 높이가 2m 이상인 작업장소에 작업발판을 설치할 때 그 폭의 최소치를 쓰시오.

⚙해설 작업발판의 폭은 40cm 이상으로 하고, 발판재료 간의 틈은 3cm 이하로 할 것. 다만, 외줄비계의 경우에는 고용노동부장관이 별도로 정하는 기준에 따른다.

★중요 [03③, 18②, 20③, 25①]

005 말비계를 조립하여 사용하는 경우에 지주부재와 수평면이 이루는 최대 각도를 쓰시오.

⚙해설 말비계(안전보건규칙 제67조)
지주부재와 수평면의 기울기를 75° 이하로 하고, 지주부재와 지주부재 사이를 고정시키는 보조부재를 설치할 것

[07①]

006 말비계를 설치하고자 할 때 작업면의 높이가 2m 이상인 경우 작업발판의 최소 폭을 쓰시오.

⚙해설 말비계(안전보건규칙 제67조)
말비계의 높이가 2m를 초과하는 경우에는 작업발판의 폭을 40cm 이상으로 할 것

★중요   [12①, 17③, 20②, 25②]

007 다음은 말비계 조립 시 준수사항이다. 괄호 안에 알맞은 내용을 순서대로 쓰시오.

> - 지주 부재와 수평면의 기울기를 (㉠)°이하로 하고 지주 부재와 지주 부재 사이를 고정시키는 보조 부재를 설치할 것
> - 말비계의 높이가 2m를 초과하는 경우에는 작업발판의 폭을 (㉡)cm 이상으로 할 것

⚙️ **해설** 말비계(안전보건규칙 제67조)
① 지주부재와 수평면의 기울기를 75° 이하로 하고, 지주부재와 지주부재 사이를 고정시키는 보조부재를 설치할 것
② 말비계의 높이가 2m를 초과하는 경우에는 작업발판의 폭을 40cm 이상으로 할 것

       [12②]

008 이동식비계를 조립하여 작업을 하는 경우에 작업발판의 최대적재하중을 쓰시오.

⚙️ **해설** 이동식비계(안전보건규칙 제68조)
이동식비계의 작업발판의 최대적재하중은 250kg을 초과하지 않도록 할 것

       [04①]

009 이동식비계의 바닥면적이 2.5m²인 경우 설계에 쓰이는 적재하중을 쓰시오.

★중요   [08③, 13①, 15③, 25①]

010 이동식비계를 조립하여 사용할 경우, 밑변 가로, 세로의 길이가 각각 2m, 3m일 때, 이 비계의 사용가능 최대 높이를 구하시오.

⚙️ **해설** 가설공사 표준안전 작업지침 제13조의 규정에 의하면, 이동식비계의 최대높이는 밑변 최소폭의 4배 이하이어야 한다. 밑변의 최소 폭은 2m이므로, 비계의 사용가능 최대 높이 = 2m× 4 = 8m 이하이다.

       [09①]

011 통나무비계를 사용할 때 벽연결은 수직방향에서 몇 미터 이하로 하여야 하는지 쓰시오.

⚙️ **해설** 통나무비계(가설공사 표준안전 작업지침 제7조)
사업주는 통나무비계를 조립하여 사용함에 있어서 다음의 사항을 준수하여야 한다.
⑥ 벽연결은 수직방향에서 5.5m 이하, 수평방향에서는 7.5m 이하 간격으로 연결하여야 한다.

       [07②, 25①]

012 통나무비계의 벽연결의 간격은 수직방향에서 (㉠) m 이하, 수평방향에서 (㉡)m 이하로 한다. 괄호 안에 들어갈 수치를 순서대로 쓰시오.

|정답|

001 40cm 이상   002 40cm   003 20   004 40cm   005 75° 이하   006 40cm 이상   007 ㉠ 75, ㉡ 40   008 250kg
009 250kg   010 8m 이하   011 5.5m 이하   012 ㉠ 5.5, ㉡ 7.5

013 통나무비계의 비계 이음을 겹침이음할 경우 그 겹침이 최소 이음길이를 쓰시오.

⚙**해설** 비계기둥은 겹침이음 하는 경우 1m 이상 겹쳐대고 2개소 이상 결속하여야 하며, 맞댄이음을 하는 경우 쌍 기둥틀로 하거나 1.8m 이상의 덧댐목을 대고 4개소 이상 결속하여야 한다.

★중요 [07③, 08①, 09②]

014 통나무비계를 조립할 때 준수하여야 할 사항에 대한 다음 설명에서 괄호 안에 들어갈 수치를 순서대로 쓰시오.

> 비계기둥이음에서 맞댄이음을 하는 경우 쌍 기둥틀로 하거나 (㉠)m 이상의 덧댐목을 사용하며 (㉡)개소 이상을 묶을 것.

★중요 [05①, 08①, 10②, 16①, 23②]

015 강관비계의 종류 중 단관비계를 설치할 때 조립간격을 쓰시오. (단, 수직방향, 수평방향의 순서임)

⚙**해설** 강관비계의 조립간격(안전보건규칙 제59조, 별표 5)

강관비계의 종류	조립간격(m)	
	수직 방향	수평 방향
단관비계	5	
틀비계(높이가 5m 미만인 것은 제외)	6	8

[12①, 20①]

016 강관비계의 수직방향 벽이음 조립간격(m)을 쓰시오. (단, 틀비계이며 높이가 5m 이상일 경우임)

★중요 [13②, 16②, 19③, 24③]

017 단관비계를 조립하는 경우 벽이음 및 버팀을 설치할 때의 수평방향 조립간격 기준을 쓰시오.

[13②, 17①]

018 다음은 강관을 사용하여 비계를 구성하는 경우에 대한 내용이다. 괄호 안에 들어갈 내용을 쓰시오.

> 비계기둥 간격은 띠장 방향에서는 ( )m, 장선 방향에서는 1.5m 이하로 할 것

⚙**해설** 강관비계의 구조(안전보건규칙 제60조)
사업주는 강관을 사용하여 비계를 구성하는 경우 다음의 사항을 준수해야 한다.
① 비계기둥의 간격은 띠장 방향에서는 1.85m 이하, 장선 방향에서는 1.5m 이하로 할 것. 다만, 다음의 어느 하나에 해당하는 작업의 경우에는 안전성에 대한 구조검토를 실시하고 조립도를 작성하면 띠장 방향 및 장선 방향으로 각각 2.7m 이하로 할 수 있다.
㉮ 선박 및 보트 건조작업
㉯ 그 밖에 장비 반입·반출을 위하여 공간 등을 확보할 필요가 있는 등 작업의 성질상 비계기둥 간격에 관한 기준을 준수하기 곤란한 작업

[05②]

019 강관비계 기둥 간의 적재하중에 대한 기준을 쓰시오.

⚙**해설** 비계기둥 간의 적재하중은 400kg을 초과하지 않도록 할 것

★중요 [06②, 12③, 14①, 16③, 19③, 23③]

020 52m 높이로 강관비계를 세우려면 지상에서 몇 미터까지 2개의 강관으로 묶어 세워야 하는지를 쓰시오.

🔧 해설 비계기둥의 제일 윗부분으로부터 31m 되는 지점 밑부분의 비계기둥은 2개의 강관으로 묶어 세울 것. 다만, 브라켓(bracket, 까치발) 등으로 보강하여 2개의 강관으로 묶을 경우 이상의 강도가 유지되는 경우에는 그러하지 아니하다(안전보건규칙 제60조). 그러므로, 52 − 31 = 21m

[15③]

021 다음은 강관비계의 구조에 관한 사항이다. 괄호 안에 들어갈 수치를 순서대로 쓰시오.

> • 띠장 간격은 (㉠)m 이하로 설치할 것. 다만, 작업의 성질상 이를 준수하기가 곤란하여 쌍기둥틀 등에 의하여 해당 부분을 보강한 경우에는 그러하지 아니하다.
> • 비계기둥의 제일 윗 부분으로부터 31m 되는 지점 밑부분의 비계기둥은 (㉡)개의 강관으로 묶어 세울 것.

🔧 해설 강관비계의 구조(안전보건규칙 제60조)
① 띠장 간격은 2.0m 이하로 할 것. 다만, 작업의 성질상 이를 준수하기가 곤란하여 쌍기둥틀 등에 의하여 해당 부분을 보강한 경우에는 그러하지 아니하다.
② 비계기둥의 제일 윗부분으로부터 31m되는 지점 밑부분의 비계기둥은 2개의 강관으로 묶어 세울 것. 다만, 브라켓(bracket, 까치발) 등으로 보강하여 2개의 강관으로 묶을 경우 이상의 강도가 유지되는 경우에는 그러하지 아니하다.

★중요 [11②, 14③, 20②]

022 다음은 강관틀비계를 조립하여 사용할 때 준수해야 하는 기준이다. 괄호 안에 알맞은 숫자를 쓰시오.

> 길이가 띠장 방향으로 (㉠)m 이하이고, 높이가 (㉡)m를 초과하는 경우에는 (㉢)m 이내마다 띠장방향으로 버팀 기둥을 설치할 것

🔧 해설 강관틀 비계(안전보건규칙 제62조 제5항)
길이가 띠장 방향으로 4m 이하이고 높이가 10m를 초과하는 경우에는 10m 이내마다 띠장 방향으로 버팀기둥을 설치할 것

★중요 [04②, 06①, 21②]

023 강관틀비계(높이 5m 이상)의 넘어짐을 방지하기 위하여 사용하는 벽이음 및 버팀의 설치간격 기준을 쓰시오. (단, 수직방향과 수평방향 모두 포함)

🔧 해설 강관틀 비계(안전보건규칙 제62조 제4항)
수직방향으로 6m, 수평방향으로 8m 이내마다 벽이음을 할 것

★중요 [04②, 06①③, 13③, 21②, 24②]

024 강관틀비계의 도괴 또는 전도를 방지하기 위하여 사용하는 벽이음에 대한 수직, 수평간격 기준을 쓰시오.

|정답|

013 1m 이상 **014** ㉠ 1.8, ㉡ 4 **015** 5m **016** 6m **017** 5m **018** 1.85 **019** 400kg **020** 21m **021** ㉠ 2.0, ㉡ 2
022 ㉠ 4, ㉡ 10, ㉢ 10 **023** 수직방향으로 6m, 수평방향으로 8m 이내 **024** 수직방향 6m, 수평방향 8m 이내

025 비계에서 벽 고정을 하고 기둥과 기둥을 수평재(띠장)나 가새로 연결하는 가장 큰 이유를 쓰시오.

026 다음은 시스템 비계구성에 관한 내용이다. 괄호 안에 알맞은 것을 쓰시오.

> 비계 말단의 수직재와 받침철물은 밀착되도록 설치하고, 수직재와 받침철물의 연결부의 겹침길이는 받침철물 (   ) 이상이 되도록 할 것

027 사다리식 통로 등을 설치하는 경우 고정식 사다리식 통로의 최대 기울기(°)를 쓰시오.

🔧 **해설** 사다리식 통로의 기울기는 75° 이하로 할 것. 다만, 고정식 사다리식 통로의 기울기는 90° 이하로 하고, 그 높이가 7m 이상인 경우에는 다음의 구분에 따른 조치를 할 것

028 사다리식통로 설치 시 길이가 10m 이상인 때에는 몇 m 이내마다 계단참을 설치해야 하는지 쓰시오.

🔧 **해설** 사다리식 통로의 길이가 10m 이상인 경우에는 5m 이내마다 계단참을 설치할 것

029 이동식 사다리를 조립할 때 사다리의 구조에 대해 준수하여야 할 사항 중 다리의 벌림은 벽 높이의 어느 정도인지를 쓰시오.

🔧 **해설** 이동식 사다리(가설공사 표준안전 작업지침 제20조)
사업주는 이동식 사다리를 설치하여 사용함에 있어서 다음의 사항을 준수하여야 한다.
① 길이가 6m를 초과해서는 안된다.
② 다리의 벌림은 벽 높이의 1/4 정도가 적당하다.
③ 벽면 상부로부터 최소한 60cm 이상의 연장길이가 있어야 한다.

030 사다리식 통로의 구조에 대한 설명에서 괄호 안에 알맞은 것을 쓰시오.

> 사다리의 상단은 걸쳐 놓은 지점으로부터 (   )cm 이상 올라가도록 할 것.

🔧 **해설** 사다리의 상단은 걸쳐놓은 지점으로부터 60cm 이상 올라가도록 할 것

031 가설계단 및 계단참을 설치하는 때에는 매 m²당 몇 kg 이상의 하중에 견딜 수 있는 강도를 가진 구조로 설치하여야 하는지 쓰시오.

🔧 **해설** 계단의 강도(안전보건규칙 제26조)
사업주는 계단 및 계단참을 설치하는 경우 매 m²당 500kg 이상의 하중에 견딜 수 있는 강도를 가진 구조로 설치하여야 하며, 안전율(안전의 정도를 표시하는 것으로서 재료의 파괴응력도와 허용응력도의 비율)은 4 이상으로 하여야 한다.

[11①]

032 사업주는 높이가 3m를 초과하는 계단의 경우 높이 3m 이내마다 최소 얼마 이상의 너비를 가진 계단참을 설치하여야 하는지 쓰시오.

⚙ **해설** 계단참의 설치(안전보건규칙 제28조)
사업주는 높이가 3m를 초과하는 계단에 높이 3m 이내마다 진행 방향으로 길이 1.2m 이상의 계단참을 설치해야 한다.

[15①]

033 가설통로를 설치하는 경우 경사는 최대 몇 도 이하로 하여야 하는가를 쓰시오.

⚙ **해설** 경사는 30° 이하로 할 것. 다만, 계단을 설치하거나 높이 2m 미만의 가설통로로서 튼튼한 손잡이를 설치한 경우에는 그러하지 아니하다.

[15①, 21②]

034 가설통로 설치에 있어 경사가 최소 얼마를 초과하는 경우에는 미끄러지지 아니하는 구조로 하여야 하는가를 쓰시오.

⚙ **해설** 경사가 15°를 초과하는 경우에는 미끄러지지 아니하는 구조로 할 것

[10③, 19②, 25③]

035 가설통로와 관련된 다음 내용에서 괄호 안에 들어갈 수치를 순서대로 쓰시오.

> • 수직갱에 가설된 통로의 길이가 15m 이상인 때에는 (㉠)m 이내마다 계단참을 설치할 것
> • 건설공사에 사용하는 높이 8m 이상인 비계다리에는 (㉡)m 이내마다 계단참을 설치할 것

⚙ **해설** • 수직갱에 가설된 통로의 길이가 15m 이상인 경우에는 10m 이내마다 계단참을 설치할 것
• 건설공사에 사용하는 높이 8m 이상인 비계다리에는 7m 이내마다 계단참을 설치할 것

[12②]

036 작업장으로 통하는 장소 또는 작업장 내에 근로자가 사용할 통로설치에 대한 준수사항에서 괄호 안에 알맞은 수치를 쓰시오.

> • 사업주는 통로의 주요 부분에 통로표시를 하고, 근로자가 안전하게 통행할 수 있도록 하여야 한다.
> • 사업주는 통로면으로부터 높이 (   )m 이내에는 장애물이 없도록 하여야 한다.

⚙ **해설** 통로의 설치(안전보건규칙 제22조)
① 사업주는 작업장으로 통하는 장소 또는 작업장 내에 근로자가 사용할 안전한 통로를 설치하고 항상 사용할 수 있는 상태로 유지하여야 한다.
② 사업주는 통로의 주요 부분에 통로표시를 하고, 근로자가 안전하게 통행할 수 있도록 하여야 한다.
③ 사업주는 통로면으로부터 높이 2m 이내에는 장애물이 없도록 하여야 한다. 다만, 부득이하게 통로면으로부터 높이 2m 이내에 장애물을 설치할 수밖에 없거나 통로면으로부터 높이 2m 이내의 장애물을 제거하는 것이 곤란하다고 고용노동부장관이 인정하는 경우에는 근로자에게 발생할 수 있는 부상 등의 위험을 방지하기 위한 안전 조치를 하여야 한다.

|정답|

025 좌굴을 방지하기 위해   026 전체 길이의 3분의 1   027 90° 이하   028 5m 이내   029 1/4   030 60   031 500kg 이상
032 1.2m 이상   033 30° 이하   034 15° 초과   035 ㉠ 10, ㉡ 7   036 2

037 옥내통로에는 통로면으로부터 높이 몇 m 이내에 장애물이 없도록 해야 하는가를 쓰시오.

038 30° 경사각의 가설통로에서 미끄럼막이 간격을 쓰시오.

🔧**해설** 비탈면의 경사각은 30° 이내로 하고 미끄럼막이 간격은 다음 표에 의한다.(가설공사 표준안전 작업지침 제14조 제3호)

경사각	30°	29°	27°	24°15′	22°	19°20′	17°	14°
미끄럼막이 간격(cm)	30	33	35	37	40	43	45	47

039 부두 등의 하역작업장에서 부두 또는 안벽의 선에 따라 통로로 설치할 때의 최소 폭을 쓰시오.

🔧**해설** 하역작업장의 조치기준(안전보건규칙 제390조)
사업주는 부두·안벽 등 하역작업을 하는 장소에 다음의 조치를 하여야 한다.
② 부두 또는 안벽의 선을 따라 통로를 설치하는 경우에는 폭을 90cm 이상으로 할 것

040 사다리식 통로의 구조에서 사다리식 통로의 최대 기울기(°)를 쓰시오.

🔧**해설** 사다리식 통로의 기울기는 75° 이하로 할 것. 다만, 고정식 사다리식 통로의 기울기는 90°이하로 하고, 그 높이가 7m 이상인 경우에는 다음의 구분에 따른 조치를 할 것

041 다음은 거푸집동바리 등을 조립하는 경우의 준수사항이다. 괄호 안에 알맞은 내용을 순서대로 쓰시오.

> 동바리로 사용하는 조립강주의 경우 조립강주의 높이가 (㉠)m를 초과하는 경우에는 높이 (㉡)m 이내마다 수평연결재를 (㉢)개 방향으로 설치하고 수평연결재의 변위를 방지할 것

🔧**해설** 동바리 유형에 따른 동바리 조립 시의 안전조치(안전보건규칙 제332조의2 제3호)
동바리로 사용하는 조립강주의 경우 조립강주의 높이가 4m를 초과하는 경우에는 높이 4m 이내마다 수평연결재를 2개 방향으로 설치하고 수평연결재의 변위를 방지할 것

042 다음 설명에서 괄호 안에 알맞은 숫자를 순서대로 쓰시오.

> 동바리로 사용하는 파이프 서포트의 경우
> ㉮ 파이프 서포트를 (㉠)개 이상 이어서 사용하지 않도록 할 것
> ㉯ 높이가 (㉡)m 초과하는 경우에는 높이 (㉢)m 이내마다 수평연결재를 (㉣)개 방향으로 만들고 수평연결재의 변위를 방지할 것

🔧**해설** 동바리로 사용하는 파이프 서포트의 경우(안전보건규칙 제332의2)
① 파이프 서포트를 3개 이상 이어서 사용하지 않도록 할 것
② 파이프 서포트를 이어서 사용하는 경우에는 4개 이상의 볼트 또는 전용철물을 사용하여 이을 것
③ 높이가 3.5m 초과하는 경우에는 높이 2m 이내마다 수평연결재를 2개 방향으로 만들고 수평연결재의 변위를 방지할 것

043 기초, 보의 측면, 기둥, 벽의 거푸집널은 24시간 이상 양생한 후에 콘크리트의 압축강도가 일정한 값 이상에 도달하였을때 시험에 의하여 확인된 경우에 해체할 수 있는데, 이때 그 기준이 되는 콘크리트의 압축강도를 쓰시오.

[08②]

⚙ **해설** 콘크리트 압축강도를 시험할 경우 거푸집의 해체 시기는 기초, 보, 기둥, 벽 등의 측면은 5MPa 이상이다. 슬래브, 보의 밑면, 아치 내면은 단층 구조인 경우 설계기준 압축강도의 2/3배 이상 또는 최소 14MPa 이상이다. 다층구조인 경우에는 설계기준 압축강도 이상 또는 구조계산에 의해 단축할 수 있으나, 최소 강도 14MPa 이상이다.

[11③, 16③]

044 동바리로 사용하는 파이프 서포트에서 높이 2m 이내마다 수평연결재를 2개 방향으로 연결해야 하는 경우에 해당하는 파이프 서포트 설치 높이 기준을 쓰시오.

⚙ **해설** 동바리로 사용하는 파이프 서포트의 경우, 높이가 3.5m 초과하는 경우에는 높이 2m 이내마다 수평연결재를 2개 방향으로 만들고 수평연결재의 변위를 방지할 것

[17②]

045 동바리로 사용하는 파이프 서포트는 최대 몇 개 이상 이어서 사용하지 않아야 하는지를 쓰시오.

⚙ **해설** 동바리로 사용하는 파이프 서포트의 경우(안전보건규칙 제332조의2)
① 파이프 서포트를 3개 이상 이어서 사용하지 않도록 할 것

[07①, 19②]

046 그 밖의 흙의 지반을 흙막이지보공 없이 굴착하려 할 때 적합한 굴착면의 기울기 기준을 쓰시오.

★중요 [05①, 09②, 12③, 16②, 17①, 21③, 23②]

047 지반의 종류가 암반 중 풍화암일 경우 굴착면 기울기 기준을 쓰시오.

|정답|

037 2m 이내   038 30cm   039 90cm 이상   040 75° 이하   041 ㉠ 4, ㉡ 4, ㉢ 2   042 ㉠ 3, ㉡ 3.5, ㉢ 2, ㉣ 2   043 5MPa
044 3.5m 초과   045 3개 이상   046 1 : 1.2   047 1 : 1.0

048 지반 등의 굴착작업 시 연암의 굴착면 기울기 기준을 쓰시오.

049 암반 중 경암의 굴착면 기울기 기준을 쓰시오.

050 굴착작업 시 굴착깊이가 몇 m 이상인 경우 사다리, 계단 등 승강설비를 설치하여야 하는지를 쓰시오.

⚙ **해설** 트렌치 굴착(굴착공사 표준안전 작업지침 제8조 제15호) 굴착 깊이가 1.5m 이상인 경우 적어도 30m 간격 이내로 사다리, 계단 등 승강설비를 설치하여야 한다.

051 지표면에서 소정의 위치까지 파내려간 후 구조물을 축조하고 되메운 후 지표면을 원상태로 복구시키는 공법을 쓰시오.

052 가설구조물에 대하여 기초부분을 신설, 개축 또는 증축하는 공사에 기초를 보강하기 위하여 시공하는 공법으로, 기존 구조물의 기능을 유지하고 인접구조물이나 지반에 피해가 없도록 하는 공법을 쓰시오.

053 버팀보, 앵커 등의 축하중 변화상태를 측정하여 이들 부재의 지지효과 및 그 변화 추이를 파악하는 데 사용되는 계측기기를 쓰시오.

★중요

054 물이 결빙되는 위치로 지속적으로 유입되는 조건에서 온도가 하강함에 따라 토중수가 얼어 생성된 결빙크기가 계속 커져 지표면이 부풀어오르는 현상을 쓰시오.

055 점토지반의 토공사에서 흙막이 밖에 있는 흙이 안으로 밀려 들어와 내측흙이 부풀어 오르는 현상을 쓰시오.

[17①]

056 산소결핍이라 함은 공기 중 산소농도가 몇 퍼센트 (%) 미만인지를 쓰시오.

⚙ **해설** 정의(안전보건규칙 제618조)
"산소결핍"이란 공기 중의 산소농도가 18% 미만인 상태를 말한다.

[21③]

057 파쇄하고자 하는 구조물에 구멍을 천공하여 이 구멍에 가력봉을 삽입하고 가력봉에 유압을 가압하여 천공한 구멍을 확대시킴으로써 구조물을 파쇄하는 공법을 쓰시오.

[13①]

058 잠함 또는 우물통의 내부에서 굴착작업을 하는 경우에 잠함 또는 우물통의 급격한 침하에 의한 위험 방지를 위해 바닥으로부터 천장 또는 보까지의 높이(m)는 최소 얼마 이상으로 하여야 하는지 쓰시오.

⚙ **해설** 급격한 침하로 인한 위험 방지(안전보건규칙 제376조)
사업주는 잠함 또는 우물통의 내부에서 근로자가 굴착작업을 하는 경우에 잠함 또는 우물통의 급격한 침하에 의한 위험을 방지하기 위하여 다음의 사항을 준수하여야 한다.
① 침하관계도에 따라 굴착방법 및 재하량(載荷量) 등을 정할 것
② 바닥으로부터 천장 또는 보까지의 높이는 1.8m 이상으로 할 것

[12①]

059 발파구간 인접 구조물에 대한 피해 및 손상을 예방하기 위한 건물기초에서의 허용 진동치를 쓰시오. (단, 아파트일 경우임)

⚙ **해설** 건물기초에서의 허용 진동치

구분	문화재, 정밀기기설치 건물	주택, 아파트	상가, 사무실, 공공건물	철근콘크리트 건물, 철골조 공장
건물기초에서의 허용진동치 (cm/s)	0.2	0.5	1.0	4.0

|정답|

048 1 : 1.0　　049 1 : 0.5　　050 1.5m 이상　　051 개착식 터널공법　　052 언더피닝공법　　053 load cell(하중계)
054 동상(frost heave)　　055 히빙(heaving)　　056 18% 미만　　057 록잭(Rock Jack)공법　　058 1.8m 이상　　059 0.5cm/s

[03①]

001 비계의 작업발판(폭 24cm × 높이 3cm)을 그림과 같이 중앙집중하중 P = 2kN과 자중 w = 0.6N/cm을 받는 단순보로 가정할 때, 이 작업발판의 최대휨응력도를 구하고, 안전성을 판단하시오. (단, 허용휨응력도 f_{ba} = 1,650N/cm²)

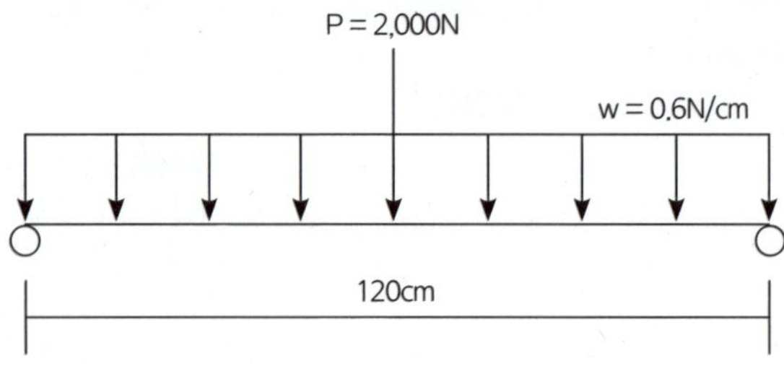

⚙**해설**

작업발판의 안전성을 판단하기 위하여 최대휨응력도와 허용휨응력도를 비교한다. 최대휨응력도가 허용휨응력도보다 작으면 안전하고, 최대휨응력도가 허용휨응력도보다 크면 불안전하다.

σ(허용휨응력도) = $\dfrac{M(\text{최대휨모멘트})}{Z(\text{단면계수})}$이다.

그런데, M(최대휨모멘트) = $\dfrac{Pl}{4} + \dfrac{wl^2}{8} = \dfrac{2,000 \times 120}{4} + \dfrac{0.6 \times 120^2}{8} = 61,080\text{N} \cdot \text{cm}$,

Z(단면계수) = $\dfrac{bh^2}{6} = \dfrac{24 \times 3^2}{6} = 36\text{cm}^3$, 그러므로 $\sigma = \dfrac{M}{Z} = \dfrac{61,080}{36} = 1,696.67\text{N/cm}^2$이다.

작업발판의 허용휨응력도는 1,650N/cm²이므로, 작업발판의 허용휨응력도(1,650N/cm²)와 최대휨응력도(1,696.67N/cm²)를 비교하면, 최대휨응력도가 허용휨응력도보다 크므로 작업발판은 불안전하다.

[04③, 08③, 24①]

002 길이가 10m인 단순보의 중앙에 40kN의 힘이 작용할 때 중앙점에서의 휨모멘트를 구하시오.

⚙**해설**

단순보의 중앙점에 하중이 작용하는 경우의 최대휨모멘트 = $\dfrac{Pl}{4}$이다.

그러므로, $M_{\max} = \dfrac{Pl}{4} = \dfrac{40 \times 10}{4} = 100kN \cdot m$

[04①]

★중요

003 가설자재의 안전율이 4라면, 4kN의 허용하중을 받아야 할 자재의 파괴 하중을 구하시오.

> **⚙ 해설**
>
> 안전율 $= \dfrac{\text{파괴 하중}}{\text{허용 하중}}$ 이다. 그러므로, 파괴 하중 = 안전율×허용 하중이다.
>
> 그러므로, 파괴 하중 = 안전율×허용 하중 = $4\times4 = 16kN$이다.

[07③]

★중요

004 거푸집동바리 구조에서 파이프받침의 높이가 2배로 된다면, 이 파이프받침이 견딜 수 있는 허용내력의 변화를 구하시오.

> **⚙ 해설**
>
> 오일러의 좌굴하중공식 $P_{\mathrm{cr}} = \dfrac{\pi^2 EI}{l_k^2}$ 이므로, 좌굴하중은 E(탄성계수), I(단면2차모멘트)에 비례하고,
>
> l_k(좌굴길이)의 제곱에 반비례하며, 허용내력은 부재의 길이가 2배가 되므로 이것의 제곱에 반비례한다.
>
> 즉 $= \dfrac{1}{l_k^2} = \dfrac{1}{2^2} = \dfrac{1}{4}$이 되므로, $\dfrac{1}{4}$로 감소한다.

[06③, 13③, 25②]

★중요

005 거푸집동바리 구조에서 높이가 ℓ = 3.5m인 파이프 서포트의 좌굴하중을 구하시오. (단, 상부받이판과 하부받이판은 힌지로 가정하고, 단면2차모멘트(I) = 8.31cm⁴, 탄성계수 E = 2.1×10⁶ MPa)

> **⚙ 해설**
>
> 오일러의 좌굴하중공식 $P_{\mathrm{cr}} = \dfrac{\pi^2 EI}{l_k^2}$ 이고, $l_k = \alpha l$이다.
>
> 그런데, 상부받이판과 하부받이판은 힌지로 가정하므로 $\alpha = 1$이고, $l_k = l$이다.
>
> 그러므로, $P_{\mathrm{cr}} = \dfrac{\pi^2 EI}{l_k^2} = \dfrac{\pi^2 \times 2.1\times10^6 \times 83{,}100}{3{,}500^2} = 140{,}599.56N$

★중요

006 경암을 다음 그림과 같이 굴착하고자 한다. 굴착면의 기울기를 1 : 0.5로 하고자 할 경우 L의 길이를 구하시오.

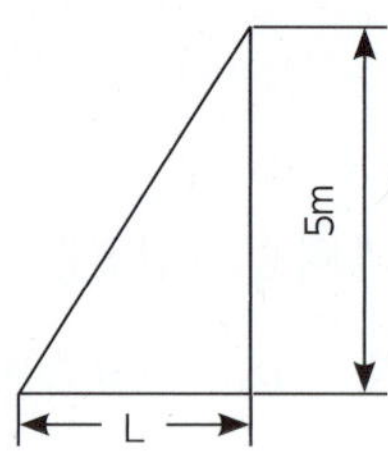

> **⚙ 해설**
>
> 굴착면의 기울기 1 : 0.5의 의미는 삼각형의 높이(수직) : 삼각형의 밑변(수평)이다.
>
> 그러므로, 굴착면의 기울기 $= \dfrac{밑변(수평)}{높이(수직)} = \dfrac{L}{5} = \dfrac{0.5}{1}$ $\therefore$ L = 2.5m

★중요

007 설계하중 P = 300,000N을 견딜 수 있는 어스앵커(Earth anchor)의 최소길이를 구하시오. (단, 안전율 : F_s = 1.5, 앵커체 직경 : D = 12cm, 앵커체와 지반과의 마찰저항응력 : τ_u = 20N/cm²)

> **⚙ 해설**
>
> 어스앵커 최소길이$(L) = \dfrac{T(앵커력 \ 또는 \ 설계하중) \times F_s(안전율)}{\pi D(앵커의 \ 직경)\tau_u(마찰저항응력)}$이다.
>
> 그러므로, $= \dfrac{T \times F_s}{\pi D \tau} = \dfrac{300,000 \times 1.5}{\pi \times 12 \times 20} = 596.83cm \fallingdotseq 597cm$

★중요

008 어떤 모래층의 간극비 e = 0.3, 비중 G_s = 2.60이라면, 이 모래가 보일링(Boiling)현상이 일어날 한계동수경사를 구하시오.

> **⚙ 해설**
>
> 한계동수경사 $= \dfrac{G_s(비중) - 1}{1 + e(간극비)} = \dfrac{2.6 - 1}{1 + 0.3} = 1.2307 \fallingdotseq 1.23$이다.
>
> 여기서, 한계동수경사란 흙의 내부에서 입자가 받고 있는 압력(응력)이 상향의 침투수에 의해서 유효응력이 제로(0)가 된 상태의 동수경사를 말한다.

01 진위형 문제

▶ 해설편 348p

※ 다음 문제를 읽고, 옳으면 ○, 틀리면 ×를 괄호 안에 표기하시오.

[03①]

001 크레인에 의한 재해 원인 중 크레인의 설치방법이 나쁘고 규정 이상의 중량물을 적재하였을 경우에 예상되는 재해발생 형태를 체크하시오.
① 낙하재해 (　)　　② 협착재해 (　)
③ 감전재해 (　)　　④ 도괴재해 (　)

[12②, 14③]

002 크레인을 사용하여 작업을 하는 경우 준수하여야 하는 사항을 체크하시오.
① 인양할 하물을 바닥에서 끌어당기거나 밀어내는 작업을 할 것 (　)
② 고정된 물체를 직접분리·제거하는 작업을 하지 아니할 것 (　)
③ 미리 근로자의 출입을 통제하여 인양 중인 하물이 작업자의 머리 위로 통과하지 않도록 할 것 (　)
④ 인양할 하물이 보이지 아니하는 경우에는 어떠한 동작도 하지 아니할 것(신호하는 사람에 의하여 작업을 하는 경우는 제외함) (　)

★중요　　[03②, 06③, 10①, 16③, 25③]

003 사업주는 리프트를 조립 또는 해체 작업할 때 작업을 지휘하는 자를 선임하여야 한다. 이때 작업을 지휘하는 자가 이행하여야 할 사항을 체크하시오.
① 근로자의 배치를 결정하고 당해 작업을 지휘하는 일 (　)
② 기구 및 공구의 기능을 점검하고 불량품을 제거하는 일 (　)
③ 운전방법 또는 고장났을 때의 처치방법 등을 근로자에게 주지시키는 일 (　)
④ 작업중 안전대 등 보호구의 착용상황을 감시하는 일 (　)
⑤ 근로자의 배치를 정하는 일 (　)

⑥ 공구의 기능을 점검하여 불량품을 제거하는 일 (　)
⑦ 작업방법은 운전자 의사에 따르는 일 (　)
⑧ 작업 중 안전대 등 보호구의 착용상태를 감독하는 일 (　)

★중요　　[11②]

004 사람이나 화물을 운반하는 것을 목적으로 하는 기계설비인 리프트의 종류에 해당하는 것을 체크하시오.
① 건설용리프트 (　)　　② 상용리프트 (　)
③ 산업용리프트 (　)
④ 자동차정비용 리프트 (　)

[03②, 19①, 25②]

005 타워 크레인(Tower Crane)을 선정하기 위한 사전 검토사항에 해당하는 것을 체크하시오.
① 인양능력 (　)　　② 작업반경 (　)
③ 붐의 높이 (　)　　④ 붐의 모양 (　)

[04③, 09①, 12①, 16①, 17①]

006 타워크레인을 사용하는 작업 시작 전에 점검하여야 하는 사항에 해당하는 것을 체크하시오.
① 권과방지장치, 브레이크, 클러치 및 운전장치의 기능 (　)
② 주행로의 상측 및 트롤리가 횡행하는 레일의 상태 (　)
③ 와이어 로우프가 통하는 곳의 상태 (　)
④ 붐의 경사 각도 (　)
⑤ 방호장치의 이상유무 (　)
⑥ 압력방출장치의 기능 (　)

[09①]

007 타워크레인의 설치·조립·해체작업을 하는 때에 작성하는 작업계획서에 포함시켜야 할 사항을 체크하시오.
① 타워크레인의 종류 및 형식 (　)
② 중량물의 운반 경로 (　)
③ 작업인원의 구성 및 직업근로자의 역할범위 (　)
④ 작업도구·장비·가설설비 및 방호설비 (　)

008 타워크레인을 자립고(自立高) 이상의 높이로 설치할 때 지지벽체가 없어 와이어로프로 지지하는 경우의 준수사항을 체크하시오.

① 와이어로프를 고정하기 위한 전용 지지프레임을 사용할 것 (　)

② 와이어로프 설치각도는 수평면에서 60° 이내로 하되. 지지점은 4개소 이상으로 하고, 같은 각도로 설치할 것 (　)

③ 와이어로프와 그 고정부위는 충분한 강장력을 갖도록 설치하되, 와이어로프를 클립·샤클(shackle) 등의 기구를 사용하여 고정하지 않도록 유의할 것 (　)

④ 와이어로프가 가공전선(架空電線)에 근접하지 않도록 할 것 (　)

⑤ 와이어로프 설치각도는 수평면에서 60° 이상으로 할 것 (　)

⑥ 와이어로프의 고정부위는 충분한 강도와 장력을 갖도록 설치할 것 (　)

[21③]

009 크레인의 와이어로프가 감기면서 붐 상단까지 후크가 따라 올라올 때 더 이상 감기지 않도록 하여 크레인 작동을 자동으로 정지시키는 안전장치를 체크하시오.

① 권과방지장치 (　)　　② 후크해지장치 (　)

③ 과부하방지장치 (　)　④ 속도제한장치 (　)

★중요 [11②, 12③, 16②, 22①, 23③]

010 재해사고를 방지하기 위하여 크레인에 설치된 방호장치를 체크하시오.

① 공기정화장치 (　)　② 비상정지장치 (　)

③ 제동장치 (　)　　　④ 권과방지장치 (　)

⑤ 과부하 방지장치 (　)

⑥ 브레이크 장치 (　)

⑦ 호이스트 스위치 (　)

[04③, 08①]

011 이동식 크레인에 대한 설명으로 올바른지 체크하시오.

① 이동식 크레인을 사용하는 경우에 이동식 크레인의 설계기준을 준수하여야 한다. (　)

② 유압을 동력으로 사용하는 이동식 크레인의 과도한 압력상승을 방지하기 위한 안전밸브에 대하여 최대의 정격하중을 건 때의 압력 이하로 작동되도록 조정하여야 한다. (　)

③ 이동식 크레인을 사용하여 하물을 운반하는 경우에는 해지장치를 사용하여야 한다. (　)

④ 이동식 크레인을 사용하여 작업을 하는 경우 이동식 크레인 명세서에 적혀 있는 지브의 경사각의 범위 밖에서 사용하도록 하여야 한다. (　)

[07③, 18①, 23②]

012 이동식 크레인을 사용하여 작업을 할 때 작업시작 전 점검사항에 해당하는 것을 체크하시오.

① 주행로의 상측 및 트롤리(trolley)가 횡행하는 레일의 상태 (　)

② 권과방지장치 그 밖의 경보장치의 기능 (　)

③ 브레이크·클러치 및 조정장치의 기능 (　)

④ 와이어로프가 통하고 있는 곳 및 작업장소의 지반상태 (　)

⑤ 트롤리가 횡행하는 레일의 상태 (　)

[12③]

013 가설다리에서 이동식 크레인으로 작업 시 주의사항을 체크하시오.

① 다리강도에 대해 담당자와 함께 확인한다. (　)

② 작업하중이 과하중으로 되지 않는가 확인한다. (　)

③ 아웃트리거가 지지기둥 바로 위에 있을 때 충분히 보강한다. (　)

④ 가설다리를 이동하는 경우는 진동을 크게 발생하지 않도록 하여 운전한다. (　)

[08③]

014 고정식 크레인에 해당하는 것을 체크하시오.

① 천장 크레인 (　)　② 크롤러 크레인 (　)

③ 지브 크레인 (　)　④ 타워 크레인 (　)

[03③]

015 크롤러 크레인 사용 시 준수사항을 체크하시오.

① 아웃트리거가 있어 경사지 작업에 적합하다. (　)

② 운반에는 수송차가 필요하다. (　)

③ 부움의 조립, 해체장소를 고려해야 한다. (　)

④ 크롤러의 폭을 넓게 할 수 있는 형을 사용할 경우에는 최대 폭을 고려하여 계획한다. (　)

★중요　[04①, 07②, 09①, 23②]

016 그림과 같이 두 곳에 줄을 달아 중량물을 들어올릴 때, 힘 p의 크기에 관한 설명으로 올바른지 체크하시오.

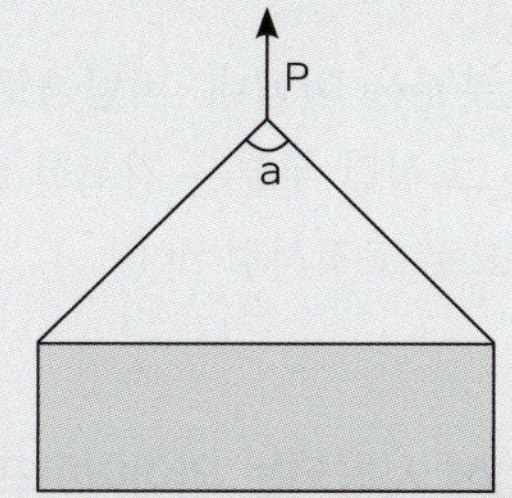

① 매단 줄의 각도(α)가 0°일 때 최소가 된다. (　)

② 매단 줄의 각도(α)가 60°일 때 최소가 된다. (　)

③ 매단 줄의 각도(α)가 120°일 때 최소가 된다. (　)

④ 매단 줄의 각도(α)와 상관없이 모두 같다. (　)

[05②, 15②]

017 와이어로프의 안전계수로서 5 이상을 사용하도록 기준되어 있는 대상을 체크하시오.

① 화물의 하중을 직접지지하는 와이어로프 (　)

② 근로자가 탑승하는 운반구를 지지하는 와이어로프 (　)

③ 훅, 샤클, 클램프, 리프팅 빔에 사용되는 와이어로프 (　)

④ 그 밖의 경우에 사용되는 와이어로프 (　)

★중요　[04②, 05②, 06③, 15②, 21③, 24①]

018 산업안전보건법령에 따른 중량물 취급작업 시 작업계획서에 포함시켜야 할 사항을 체크하시오.

① 협착위험을 예방할 수 있는 안전대책 (　)

② 감전위험을 예방할 수 있는 안전대책 (　)

③ 추락위험을 예방할 수 있는 안전대책 (　)

④ 전도위험을 예방할 수 있는 안전대책 (　)

[19①]

019 중량물을 운반할 때의 바른 자세로 올바른지 체크하시오.

① 허리를 구부리고 양손으로 들어올린다. (　)

② 중량은 보통 체중의 60%가 적당하다. (　)

③ 물건은 최대한 몸에서 멀리 떼어서 들어올린다. (　)

④ 길이가 긴 물건은 앞쪽을 높게 하여 운반한다. (　)

★중요　[05①③, 06③, 08①②, 09③, 10③, 15①③, 16②, 20③, 21②, 24③]

020 산업안전보건기준에 관한 규칙에서 규정한 양중기에 해당하는 것을 체크하시오.

① 곤돌라 (　)　　② 리프트 (　)

③ 크레인 (　)　　④ 지게차 (　)

⑤ 이동식 크레인 (　)　　⑥ 어스드릴 (　)

⑦ 하이랜드(High land) (　)

⑧ 트롤리 컨베이어 (　)

⑨ 클램쉘 (　)　　⑩ 고소작업차 (　)

⑪ 승강기 (　)　　⑫ 에스컬레이터 (　)

⑬ 이삿짐운반용 리프트의 경우에는 적재하중이 0.1톤 이상인 것 (　)

★중요　[05②, 06①②③, 08①, 10①②③, 15②③, 17②, 19③, 25②]

021 양중기에 사용이 금지되는 와이어로프의 기준에 해당하는 것을 체크하시오.

① 이음매가 있는 것 (　)

② 지름의 감소가 공칭지름의 5%를 초과하는 것 (　)

③ 와이어로프의 한 꼬임에서 끊어진 소선의 수가 10% 이상인 것 (　)

④ 꼬인 것 (　)

⑤ 길이의 증가가 제조길이의 10%를 초과하는 것 (　)

⑥ 이음매가 없는 것 (　)

⑦ 와이어로프의 한 꼬임(스트랜드)에서 끊어진 소선의 수가 8%인 것 (　)

⑧ 지름의 감소가 공칭지름의 8%인 것 (　)

⑨ 심하게 변형되거나 부식된 것 (　)

⑩ 와이어로프의 한 꼬임에서 끊어진 소선의 수가 5% 이상일 것 (　)

⑪ 지름의 감소가 공칭지름의 7%를 초과하는 것 (　)

⑫ 열과 전기충격에 의해 손상된 것 (　)

022 산업안전보건기준에 관한 규칙에서 정의하고 있는 양중기에 해당하는 것을 체크하시오.

① 최대하중이 12톤(Ton)인 타워크레인(Tower Crane) (　)

② 이삿짐운반용 리프트의 경우에는 적재하중이 0.2톤 이상인 리프트(Lift) (　)

③ 최대하중이 5톤(Ton)인 곤돌라 (　)

④ 최대하중이 0.2톤(Ton)인 승강기 (　)

⑤ 지게차 (　)

023 승강기에 부착시키는 방호장치를 체크하시오.

① 과부하방지장치 (　)　② 비상정지장치 (　)

③ 조속기 (　)　　　　　④ 권과방지장치 (　)

024 설치·이전하는 경우 안전인증을 받아야 하는 기계·기구에 해당하는 것을 체크하시오.

① 크레인 (　)　　　　② 리프트 (　)

③ 곤돌라 (　)　　　　④ 산업용 로봇 (　)

025 항타기 및 항발기에 대한 설명으로 올바른지 체크하시오.

① 도괴방지를 위해 시설 또는 가설물 등에 설치하는 때에는 그 내력을 확인하고 내력이 부족한 때에는 그 내력을 보강하여야 한다. (　)

② 와이어로프의 한 꼬임에서 끊어진 소선(필러선을 제외한다)의 수가 10% 이상인 것은 권상용 와이어로프로 사용을 금한다. (　)

③ 지름 감소가 호칭 지름의 7%를 초과하는 것은 권상용 와이어로프로 사용을 금한다. (　)

④ 권상용 와이어로프의 안전계수가 4 이상이 아니면 이를 사용하여서는 안된다. (　)

026 건설현장에서 동력을 사용하는 항타기 또는 항발기에 대하여 무너짐을 방지하기 위하여 준수하여야 할 사항을 체크하시오.

① 연약한 지반에 설치하는 경우에는 아웃트리거·받침 등 지지구조물의 침하를 방지하기 위하여 깔판·받침목 등을 사용할 것 (　)

② 시설 또는 가설물 등에 설치하는 경우에는 그 내력을 확인하고 내력이 부족하면 그 내력을 보강할 것 (　)

③ 궤도 또는 차로 이동하는 항타기 또는 항발기에 대해서는 불시에 이동하는 것을 방지하기 위하여 레일 클램프(rail clamp) 및 쐐기 등으로 고정시킬 것 (　)

④ 하단 부분은 버팀대·버팀줄로 고정하여 안정시키고, 그 상단 부분은 견고한 버팀·말뚝 또는 철골 등으로 고정시킬 것 (　)

027 양중작업에 사용되는 와이어로프의 안전계수에 관한 사항으로 올바른지 체크하시오.

① 와이어로프의 안전계수는 그 절단하중의 값을 와이어로프에 걸리는 하중의 평균값으로 나눈 값이다. (　)

② 근로자가 탑승하는 운반구를 지지하는 경우의 안전계수는 10 이상이어야 한다. (　)

③ 화물의 하중을 직접 지지하는 경우의 안전계수는 5 이상이어야 한다. (　)

④ 근로자가 탑승하는 운반구를 지지하거나 화물의 하중을 직접 지지하는 경우 외의 와이어로프 안전계수는 4 이상이어야 한다. (　)

028 인력운반 시 같은 중량의 물체일지라도 작업자가 그 물체를 들어올리는 자세에 따라 신체부위에 걸리는 부하가 달라진다. 가장 부하가 많이 걸리는 경우를 체크하시오.

① 어깨운반 (　)　　　② 끌어올림 (　)

③ 양손들음운반 (　)　④ 손으로 당김 (　)

029 중량물 취급작업 시 작업계획서에 포함시켜야 할 사항을 체크하시오.

① 충돌위험을 예방할 수 있는 안전대책 (　)

② 추락위험을 예방할 수 있는 안전대책 (　)

③ 낙하위험을 예방할 수 있는 안전대책 (　)

④ 전도위험을 예방할 수 있는 안전대책 (　)

④ 전조등, 후미등, 방향지시기 및 경보장치 기능의
이상 유무 ( )

[06②, 19③]

030 인력운반 작업에서 길이가 긴 화물운반에 대한 안전사항으로 올바른지 체크하시오.

① 사다리 등을 혼자서 어깨에 멜 경우에는 화물의 끝을 자신의 신장보다 약간 낮게 하여 모서리에 충돌하지 않도록 한다. ( )

② 길이가 긴 화물을 공동으로 어깨에 멜 경우에는 작업자 모두 같은쪽 어깨에 메고 지정된 신호에 따라 작업한다. ( )

③ 원통이나 드럼통을 굴려야 할 경우에는 양손을 모두 이용하고 양손은 드럼통 가장자리를 잡지 않도록 한다. ( )

④ 마대류을 운반할 때는 마대가 어깨, 팔, 등위에 골고루 하중이 얹혀지도록 한다. ( )

★중요

[04③, 08①, 12③, 15③, 25①]

031 운반작업 시 주의사항으로 올바른지 체크하시오.

① 단독으로 긴 물건을 어깨에 메고 운반할 때에는 뒤쪽을 위로 올린 상태로 운반한다. ( )

② 운반 시의 시선은 진행방향을 향하고 뒷걸음 운반을 하여서는 안 된다. ( )

③ 무거운 물건을 운반할 때 무게 중심이 높은 하물은 인력으로 운반하지 않는다. ( )

④ 물건을 들고 일어날 때는 허리보다 무릎의 힘으로 일어선다. ( )

⑤ 어깨높이보다 높은 위치에서 하물을 들고 운반하여서는 안된다. ( )

[06③]

032 구내운반차의 작업시작 전 점검사항을 체크하시오.

① 바퀴의 이상 유무 ( )

② 전조등 기능의 이상 유무 ( )

③ 리미트스위치 기능의 이상 유무 ( )

④ 제동장치 기능의 이상 유무 ( )

★중요

[07②, 09①, 10②, 23③]

033 지게차의 작업시작 전 점검사항을 체크하시오.

① 권과방지장치, 브레이크, 클러치 및 운전장치 기능의 이상 유무 ( )

② 하역장치 및 유압장치 기능의 이상 유무 ( )

③ 제동장치 및 조종장치 기능의 이상 유무 ( )

[08①]

034 지게차 운전 시의 안전사항을 체크하시오.

① 하물을 적재한 상태에서 주행할 때에는 안전속도로 주행하여야 한다. ( )

② 적재하물이 크고 현저하게 시계를 방해할 때에는 유도자를 붙여 차를 유도시키고, 후진으로 진행하며, 경적을 울리면서 서행해야 한다. ( )

③ 경사면을 내려갈 때에는 전진 운전을 하고 엔진 브레이크를 사용하여야 한다. ( )

④ 선회를 할 때에는 속도를 줄이고 하물의 안정과 후부차체가 주변에 접촉되지 않도록 주의하고 천천히 운행하여야 한다. ( )

[08③]

035 산업안전보건법상 지게차 사용 시 적합한 헤드가드로서의 요건을 체크하시오.

① 강도는 지게차의 최대하중의 1.5배값의 등분포하중에 견딜 수 있을 것 ( )

② 상부틀의 각 개구의 폭 또는 길이가 20cm 미만일 것 ( )

③ 강도는 지게차의 최대하중의 값이 4톤을 넘는 값에 대해서는 4톤의 등분포정하중에 견딜 수 있을 것 ( )

④ 운전자가 앉아서 조작하거나 서서 조작하는 지게차의 헤드가드는 한국산업표준에서 정하는 높이 기준 이하일 것 ( )

[18①]

036 화물운반하역 작업 중 걸이 작업에 관한 설명으로 올바른지 체크하시오.

① 와이어로프 등은 크레인의 후크 중심에 걸어야 한다. ( )

② 인양 물체의 안정을 위하여 2줄 걸이 이상을 사용하여야 한다. ( )

③ 매다는 각도는 60° 이상으로 하여야 한다. ( )

④ 근로자를 매달린 물체 위에 탑승시키지 않아야 한다. ( )

037 **취급·운반의 원칙에 해당하는 것을 체크하시오.**

① 연속 운반을 할 것 (　)

② 곡선 운반을 할 것 (　)

③ 운반 작업을 집중하여 시킬 것 (　)

④ 최대한 시간과 경비를 절약할 수 있는 운반방법을 고려할 것 (　)

038 **운반작업을 인력운반작업과 기계운반작업으로 분류할 때 기계운반작업의 실시 대상에 해당하는 것을 체크하시오.**

① 단순하고 반복적인 작업 (　)

② 표준화되어 있어 지속적이고 운반량이 많은 작업 (　)

③ 취급물의 형상, 성질, 크기 등이 다양한 작업 (　)

④ 취급물이 중량인 작업 (　)

039 **항만하역작업에 대한 안전조치사항을 체크하시오.**

① 400톤급 이상의 선박에서 하역작업을 하는 때에는 근로자들이 안전하게 승강할 수 있는 현문사다리를 설치하고, 이 사다리 밑에 안전망을 설치한다. (　)

② 섭씨 영하 18℃ 이하인 급냉동어창에서 하역작업을 하는 때에는 당해 작업에 종사하는 근로자로 하여금 방한모·방한복·방한화 등의 보호구를 착용한다. (　)

③ 양화장치 등을 사용하여 작업을 하는 때에는 선창 내부의 화물을 미리 해치의 바로 아래에 옮겨 놓는다. (　)

④ 항만하역작업을 하는 때에는 당해 작업을 안전하게 하는 데 필요한 조명을 유지한다. (　)

040 **항만하역작업에서 선박승강설비의 설치기준에 대한 설명으로 올바른지 체크하시오.**

① 400톤급 이상의 선박에서 하역작업을 하는 경우에 근로자들이 안전하게 승강할 수 있는 현문사다리를 설치하여야 한다. (　)

② 현문사다리는 견고한 재료로 제작된 것으로 너비는 55cm 이상이어야 한다. (　)

③ 현문사다리의 양측에서 82cm 이상의 높이로 울타리를 설치하여야 한다. (　)

④ 현문사다리는 근로자의 통행에만 사용하여야 하며, 화물용 발판 또는 화물용 보관으로 사용하도록 하여서는 아니 된다. (　)

⑤ 200톤급 이상의 선박에서 하역작업을 하는 경우에 근로자들이 안전하게 오르내릴 수 있는 현문사다리를 설치하여야 한다. (　)

041 **차량계 하역운반기계, 차량계 건설기계의 안전조치사항을 체크하시오.**

① 최대제한속도가 시속 10km를 초과하는 차량계 건설기계를 사용하여 작업을 하는 경우 미리 작업장소의 지형 및 지반상태 등에 적합한 제한속도를 정하고, 운전자로 하여금 준수하도록 할 것 (　)

② 차량계 건설기계의 운전자가 운전위치를 이탈하는 경우 해당 운전자로 하여금 포크 및 버킷, 디퍼 등의 하역장치를 가장 높은 위치에 두도록 할 것 (　)

③ 차량계 하역운반기계 등에 화물을 적재하는 경우 하중이 한쪽으로 치우치지 않도록 적재할 것 (　)

④ 차량계 건설기계를 사용하여 작업을 하는 경우 승차석이 아닌 위치에 근로자를 탑승시키지 말 것 (　)

⑤ 싣거나 내리는 작업을 평탄하고 견고한 장소에서 할 것 (　)

042 **산업안전보건법상 차량계 하역운반기계 등에 단위화물의 무게가 100kg 이상인 화물을 싣는 작업 또는 내리는 작업을 하는 경우에 해당 작업 지휘자가 준수하여야 할 사항으로 올바른지 체크하시오.**

① 작업순서 및 그 순서마다의 작업방법을 정하고 작업을 지휘할 것 (　)

② 기구와 공구를 점검하고 불량품을 제거할 것 (　)

③ 대피방법을 미리 교육하는 일 (　)

④ 로프 풀기 작업 또는 덮개 벗기기 작업은 적재함의 화물이 떨어질 위험이 없음을 확인한 후에 하

도록 할 것 (　)

⑤ 가설대 등을 사용하는 경우에는 충분한 폭 및 강도와 적당한 경사를 확보할 것 (　)

[04②, 16①, 24②]

043 차량계 하역운반기계를 사용하는 작업에 있어 고려되어야 할 사항을 체크하시오.

① 작업지휘자의 지정 (　)

② 안전관리자의 선임 (　)

③ 작업지휘자의 배치 (　)

④ 유도자의 배치 (　)

⑤ 갓길 붕괴 방지 조치 (　)

★중요　　　　　　　　[07①, 16③, 18③, 19②, 25③]

044 차량계 하역운반기계를 사용하여 작업을 할 때에 그 기계가 넘어지거나 굴러떨어짐으로써 근로자의 위험을 방지하기 위해 취해야 할 조치를 체크하시오.

① 갓길의 붕괴방지 (　)

② 지반의 침하방지 (　)

③ 유도자 배치 (　)

④ 브레이크 및 클러치 등의 기능 점검 (　)

⑤ 근로자의 출입금지 조치 (　)

⑥ 경보 장치 설치 (　)

⑦ 운전자의 시야를 살짝 가리는 정도로 화물을 적재 (　)

★중요　　　　　　　　[10③, 13①, 17②, 19②, 24③]

045 차량계 하역운반기계 등에 화물을 적재하는 경우에 준수해야 할 사항을 체크하시오.

① 하중이 한쪽으로 치우치도록 하여 공간상 효율적으로 적재할 것 (　)

② 구내운반차 또는 화물자동차의 경우 화물의 붕괴 또는 낙하에 의한 위험을 방지하기 위하여 화물에 로프를 거는 등 필요한 조치를 할 것 (　)

③ 운전자의 시야를 가리지 않도록 화물을 적재할 것 (　)

④ 화물을 적재하는 경우 최대적재량을 초과하지 않을 것 (　)

⑤ 차륜의 이상 유무를 점검할 것 (　)

★중요　　　[05②, 07①, 09②③, 11③, 15②, 17②, 20③, 24③]

046 화물취급작업과 관련하여 부두, 안벽 등 하역작업을 할 경우에 위험방지를 위해 준수하여야 할 사항에 해당하는 것을 체크하시오.

① 하역작업을 하는 장소에서 작업장 및 통로의 위험한 부분에는 안전하게 작업할 수 있는 조명을 유지할 것 (　)

② 차량 등에서 화물을 내리는 작업을 하는 경우에 해당 작업에 종사하는 근로자에게 쌓여 있는 화물 중간에서 화물을 빼내도록 하지 말 것 (　)

③ 육상에서의 통로 및 작업장소로서 다리 또는 선거 갑문을 넘는 보도 등의 위험한 부분에는 안전난간 또는 울타리 등을 설치할 것 (　)

④ 부두 또는 안벽의 선을 따라 통로를 설치하는 경우에는 폭을 50cm 이상으로 할 것 (　)

⑤ 하적단을 쌓는 경우에는 기본형을 조성하여 쌓을 것 (　)

⑥ 침하의 우려가 없는 튼튼한 기반 위에 적재할 것 (　)

⑦ 꼬임이 끊어진 섬유로프 등을 화물운반용 또는 고정용으로 사용하지 말 것 (　)

⑧ 부두 또는 안벽의 선을 따라 통로를 설치할 때는 폭을 75cm 이상으로 할 것 (　)

⑨ 바닥으로부터의 높이가 2m 이상 되는 하적단(포대·가마니 등으로 포장된 화물이 쌓여 있는 것만 해당)과 인접 하적단 사이의 간격을 하적단의 밑부분을 기준하여 10cm 이상으로 할 것 (　)

[21①]

047 화물을 적재하는 경우의 준수사항을 체크하시오.

① 침하 우려가 없는 튼튼한 기반 위에 적재할 것 (　)

② 건물의 칸막이나 벽 등이 화물의 압력에 견딜 만큼의 강도를 지니지 아니한 경우에는 칸막이나 벽에 기대어 적재하지 않도록 할 것 (　)

③ 불안정할 정도로 높이 쌓아 올리지 말 것 (　)

④ 하중을 한쪽으로 치우치더라도 화물을 최대한 효율적으로 적재할 것 (　)

★중요
[04①, 14②, 18②, 25①]

001 압쇄기를 사용하여 건물해체 시의 순서를 쓰시오.

> A. 보 B. 기둥
> C. 슬래브 D. 벽체

[13①]

002 해체용 장비로서 작은 부재의 파쇄에 유리하고 소음, 진동 및 분진이 발생되므로 작업원은 보호구를 착용하여야 하고 특히 작업원의 작업시간을 제한하여야 하는 장비를 쓰시오.

[22②]

003 건설용 리프트의 붕괴 등을 방지하기 위해 받침의 수를 증가시키는 등 안전조치를 하여야 하는 순간풍속 기준을 쓰시오.

🔧 **해설** 붕괴 등의 방지(안전보건규칙 제154조)
사업주는 순간풍속이 35m/s를 초과하는 바람이 불어올 우려가 있는 경우 건설용 리프트(지하에 설치되어 있는 것은 제외한다)에 대하여 받침의 수를 증가시키는 등 그 붕괴 등을 방지하기 위한 조치를 하여야 한다.

★중요
[11③, 17①, 20①, 24①]

004 크레인 운전실 또는 운전대를 통하는 통로의 끝과 건설물 등의 벽체의 최대 간격을 쓰시오.

🔧 **해설** 건설물 등의 벽체와 통로의 간격 등(안전보건규칙 제145조)
사업주는 다음의 간격을 0.3m 이하로 하여야 한다. 다만, 근로자가 추락할 위험이 없는 경우에는 그 간격을 0.3m 이하로 유지하지 아니할 수 있다.
① 크레인의 운전실 또는 운전대를 통하는 통로의 끝과 건설물 등의 벽체의 간격
② 크레인 거더(girder)의 통로 끝과 크레인 거더의 간격
③ 크레인 거더의 통로로 통하는 통로의 끝과 건설물 등의 벽체의 간격

★중요
[04②, 10②, 19①, 25③]

005 승강기 강선의 과다감기를 방지하는 장치를 쓰시오.

[11③]

006 훅걸이용 와이어로프 등이 훅으로부터 벗겨지는 것을 방지하기 위한 장치를 쓰시오.

★중요 [13③, 17①, 21①, 23①]

007 다음 설명에서 괄호 안에 알맞은 내용을 순서대로 쓰시오.

> 사업주는 충전전로 인근에서 차량, 기계장치 등("차량 등")의 작업이 있는 경우에는 차량 등을 충전전로의 충전부로부터 (㉠)cm 이상 이격시켜 유지시키되, 대지전압이 (㉡)kV를 넘는 경우 이격시켜 유지하여야 하는 거리("이격거리")는 (㉢)kV 증가할 때마다 (㉣) cm씩 증가시켜야 한다.

⚙ **해설** 충전전로 인근에서의 차량·기계장치 작업(안전보건규칙 제322조)
사업주는 충전전로 인근에서 차량, 기계장치 등("차량 등")의 작업이 있는 경우에는 차량 등을 충전전로의 충전부로부터 300cm 이상 이격시켜 유지시키되, 대지전압이 50kV를 넘는 경우 이격시켜 유지하여야 하는 거리("이격거리")는 10kV 증가할 때마다 10cm씩 증가시켜야 한다. 다만, 차량 등의 높이를 낮춘 상태에서 이동하는 경우에는 이격거리를 120cm 이상(대지전압이 50kV를 넘는 경우에는 10kV 증가할 때마다 이격거리를 10cm씩 증가)으로 할 수 있다.

[09①, 19②, 25③]

008 크레인 또는 데릭에서 붐각도 및 작업반경별로 작용시킬 수 있는 최대하중에서 후크(Hook), 와이어로프 등 달기구의 중량을 공제한 하중을 쓰시오.

[09③]

009 화물의 하중을 직접 지지하는 경우, 와이어로프의 안전계수 기준값을 쓰시오.

⚙ **해설** 와이어로프 등 달기구의 안전계수(안전보건규칙 163조)
사업주는 양중기의 와이어로프 등 달기구의 안전계수(달기구 절단하중의 값을 그 달기구에 걸리는 하중의 최대값으로 나눈 값)가 다음의 구분에 따른 기준에 맞지 아니한 경우에는 이를 사용해서는 아니 된다.
① 근로자가 탑승하는 운반구를 지지하는 달기와이어로프 또는 달기체인의 경우 : 10 이상
② 화물의 하중을 직접 지지하는 달기와이어로프 또는 달기체인의 경우 : 5 이상
③ 훅, 샤클, 클램프, 리프팅 빔의 경우 : 3 이상
④ 그 밖의 경우 : 4 이상

[10③]

010 양중기에 사용되는 와이어로프 중 근로자가 탑승하는 운반구를 지지하는 경우의 안전계수 기준을 쓰시오.

[17②]

011 양중기에 사용하는 와이어로프 화물의 하중을 직접 지지하는 달기와이어로프 또는 달기체인의 안전계수 기준을 쓰시오.

|정답|

001 C(슬래브) → A(보) → D(벽체) → B(기둥)   002 핸드 브레이커   003 35m/s   004 0.3m 이하   005 권과방지장치
006 후크 해지장치   007 ㉠ 300, ㉡ 50, ㉢ 10, ㉣ 10   008 정격하중   009 5   010 10   011 5

★중요

012 옥외에 설치되어 있는 주행크레인에 대하여 이탈방지장치를 작동시키는 등 그 이탈을 방지하기 위한 조치를 하여야 하는 순간풍속에 대한 기준을 쓰시오.

🔧 **해설** 폭풍에 의한 이탈 방지(안전보건규칙 제140조)
사업주는 순간풍속이 30m/s를 초과하는 바람이 불어올 우려가 있는 경우 옥외에 설치되어 있는 주행 크레인에 대하여 이탈방지장치를 작동시키는 등 이탈 방지를 위한 조치를 하여야 한다.

013 항타기 또는 항발기의 권상용 와이어로프는 추 또는 해머가 최저의 위치에 있는 때 또는 널말뚝을 빼어내기 시작한 때를 기준으로 하여 권상장치의 드럼에 최소한 몇 회 감기고 남을 수 있는 길이이어야 하는지 쓰시오.

🔧 **해설** 권상용 와이어로프의 길이 등(안전보건규칙 제212조)
사업주는 항타기 또는 항발기에 권상용 와이어로프를 사용하는 경우에 다음의 사항을 준수해야 한다.
① 권상용 와이어로프는 추 또는 해머가 최저의 위치에 있을 때 또는 널말뚝을 빼내기 시작할 때를 기준으로 권상장치의 드럼에 적어도 2회 감기고 남을 수 있는 충분한 길이일 것

014 항타기 또는 항발기의 권상장치의 드럼축과 권상장치로부터 첫 번째 도르래의 축과의 거리는 권상장치의 드럼폭의 최초 몇 배 이상인지를 쓰시오.

🔧 **해설** 도르래의 부착 등(안전보건규칙 제216조)
사업주는 항타기 또는 항발기의 권상장치의 드럼축과 권상장치로부터 첫 번째 도르래의 축 간의 거리를 권상장치 드럼폭의 15배 이상으로 하여야 한다.

015 그림과 같은 케이블 단면의 표기를 쓰시오.

🔧 **해설** 와이어로프(케이블)의 단면표기 기준에서 6은 스트랜드수(모든 로프 공통)과 7은 소선(1묶음을 형성하는 강선의 수)의 수 7개이다. 여기서, 소선은 스트랜드(복수의 소선을 서로 꼬아 구성한 것으로 밧줄 또는 연선이라고 한다.)를 구성하는 각각의 강선이며, 스트랜드 표면에 배열된 것을 외층소선, 내측에 배열된 것을 내층소선이라고 한다.
즉, 케이블 단면의 표기는 스트랜드 × 소선으로 6 × 7이다.

016 중량물 운반 시 크레인에 매달아 올릴 수 있는 최대 하중으로부터 달아올리기 기구의 중량에 상당하는 하중을 제외한 하중을 쓰시오.

017 화물자동차에서 짐을 싣는 작업 또는 내리는 작업을 행하는 때에 추락 위험을 방지하기 위해 근로자로 하여금 안전대를 착용하게 하여야 하는 경우에 해당하는 조건은 바닥으로부터 짐 윗면과의 높이가 몇 m 이상인지를 쓰시오.

🔧 **해설** 보호구의 지급 등(안전보건규칙 제32조)
사업주는 다음의 어느 하나에 해당하는 작업을 하는 근로자에 대해서는 다음의 구분에 따라 그 작업조건에 맞는 보호구를 작업하는 근로자 수 이상으로 지급하고 착용하도록 하여야 한다.
② 높이 또는 깊이 2m 이상의 추락할 위험이 있는 장소에서 하는 작업 : 안전대(安全帶)

★중요 [05③, 09③, 12②, 14③, 18①, 25①]

018 선박에서 하역작업 시 근로자들이 안전하게 오르내릴 수 있는 현문 사다리 및 안전망을 설치하여야 하는 것은 선박이 최소 몇 톤급 이상일 경우인지를 쓰시오.

⚙해설 선박승강설비의 설치(안전보건규칙 제397조)
사업주는 300톤급 이상의 선박에서 하역작업을 하는 경우에 근로자들이 안전하게 오르내릴 수 있는 현문(舷門) 사다리를 설치하여야 하며, 이 사다리 밑에 안전망을 설치하여야 한다.

[14①]

019 다음은 항만하역작업 시 통행설비의 설치에 관한 내용이다. 괄호 안에 알맞은 숫자를 쓰시오.

> 사업주는 갑판의 윗면에서 선창 밑바닥까지의 깊이가 (   )m를 초과하는 선창의 내부에서 화물취급작업을 하는 경우에 그 작업에 종사하는 근로자가 안전하게 통행할 수 있는 설비를 설치하여야 한다.

⚙해설 통행설비의 설치 등(안전보건규칙 제394조)
사업주는 갑판의 윗면에서 선창 밑바닥까지의 깊이가 1.5m를 초과하는 선창의 내부에서 화물취급작업을 하는 경우에 그 작업에 종사하는 근로자가 안전하게 통행할 수 있는 설비를 설치하여야 한다. 다만, 안전하게 통행할 수 있는 설비가 선박에 설치되어 있는 경우에는 그러하지 아니하다.

[06①, 07②, 09②, 12②, 25②]

020 선창의 내부에서 화물취급 작업을 하는 때에는 갑판의 윗면에서 선창 밑바닥까지 깊이가 몇 m를 초과하는 경우에 당해 작업 근로자가 안전하게 통행할 수 있는 설비를 설치하여야 하는지를 쓰시오.

★중요 [04①, 05③, 07①, 08①, 09①, 24①]

021 하역운반기계에 화물을 적재하거나 내리는 작업을 할 때 작업지위자를 지정해야 하는 경우는 단위화물의 무게가 몇 kg 이상일 때인지를 쓰시오.

⚙해설 싣거나 내리는 작업(안전보건규칙 제177조)
사업주는 차량계 하역운반기계 등에 단위화물의 무게가 100kg 이상인 화물을 싣는 작업(로프 걸이 작업 및 덮개 덮기 작업을 포함) 또는 내리는 작업(로프 풀기 작업 또는 덮개 벗기기 작업을 포함)을 하는 경우에 해당 작업의 지휘자를 지정하여야 한다.

★중요 [14①, 17③, 18②, 19①, 21②, 23②]

022 부두·안벽 등 하역작업을 하는 장소에서 부두 또는 안벽의 선을 따라 통로를 설치하는 경우에는 폭을 최소 얼마 이상으로 해야 하는지를 쓰시오.

⚙해설 하역작업장의 조치기준(안전보건규칙 제390조)
사업주는 부두·안벽 등 하역작업을 하는 장소에 다음의 조치를 하여야 한다.
② 부두 또는 안벽의 선을 따라 통로를 설치하는 경우에는 폭을 90cm 이상으로 할 것

|정답|

012 30m/s   013 2회   014 15배 이상   015 6×7   016 정격하중   017 2m 이상   018 300톤급 이상   019 1.5   020 1.5m
021 100kg 이상   022 90cm 이상

★중요

[04③]

001 다음 그림과 같이 7,500kN의 화물을 인양하려 할 때 와이어로프 한가닥에 작용되는 장력(T)을 구하시오.

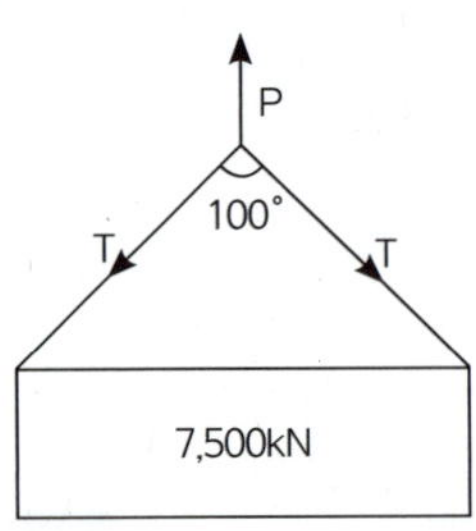

⚙ 해설

힘의 비김조건 중 $\Sigma Y = 0$(수직 방향의 힘의 합이 0이다)에 의해서,

$-2T\cos 50° + P = 0$, 즉, $-2T\cos 50° + 7,500 = 0$이다. 그런데, $\cos 50° = 0.64279$이다.

$\therefore T = \dfrac{7,500}{2\cos 50°} = \dfrac{7,500}{2 \times 0.64279} = 5,833.96kN$

★중요

[04①, 17③, 25①]

002 화물 하중을 직접 지지하는 경우 양중기의 와이어 로프(Wire rope)에 대한 최대허용하중은 절단하중의 몇 배인지를 구하시오.

⚙ 해설

최대허용하중 $= \dfrac{절단(인장)하중}{안전계수(안전율)}$ 이고, 안전계수(안전율) $= \dfrac{절단(인장)하중}{최대허용하중}$ 이며,

화물의 하중을 직접 지지하는 달기와이어로프 또는 달기체인의 안전계수는 5 이상이다.

1줄걸이 허용하중 $= \dfrac{절단(인장)하중}{안전계수(안전율)} = \dfrac{절단(인장)하중}{5}$ 이므로, 5배이다.

003 정격하중이 10톤인 크레인의 화물용 와이어로프에 대한 절단하중을 구하시오. (단, 화물용 와이어로프의 안전계수는 5임)

> ⚙ **해설**
>
> 허용하중 $= \dfrac{절단(인장)하중}{안전계수(안전율)}$ 이다. 그런데, 안전계수는 5이므로,
>
> 절단(인장)하중 = 허용하중×안전계수 = 10×5 = 50톤

004 항타기 또는 항발기의 권상용 와이어로프의 절단하중이 1,000kN일 때 와이어로프에 걸리는 최대하중을 구하시오.

> ⚙ **해설**
>
> 1줄걸이 허용하중 $= \dfrac{절단(인장)하중}{안전계수(안전율)} = \dfrac{절단(인장)하중}{5} = \dfrac{1,000}{5} = 200kN$

005 안전계수가 4이고 2,000MPa의 인장강도를 갖는 강선의 최대허용응력을 구하시오.

> ⚙ **해설**
>
> 최대허용응력 $= \dfrac{절단(인장)하중}{안전계수(안전율)} = \dfrac{2,000}{4} = 500MPa$이다.

건설안전기사 필기

유형별 총정리 기출문제집

문제편

✓ 23년간 출제된 8,280 문제 분석, 중복 문제는 통합·정리하여 3,160 문제로 학습분량 최소화!

✓ 2026년부터 변경된 출제기준을 반영하여 유형별로 기출문제를 정리, 시험에 반복 출제되는 문제 파악 용이!

✓ 정답과 해설을 별도로 수록하여 학습의 편의성 증대!

✓ 모바일 모의고사(2회분) 제공!

(주)다락원 경기도 파주시 문발로 211
☎ (02)736-2031(내용문의: 내선 291~296 / 구입문의: 내선 250~252)
🖨 (02)732-2037
🌐 www.darakwon.co.kr
http://cafe.naver.com/1qpass

※ 출판등록 1977년 9월 16일 제406-2008-000007호
※ 출판사의 허락 없이 이 책의 일부 또는 전부를 무단 복제·전재·발췌할 수 없습니다.

정가 33,000원

13530
9788927774631
ISBN 978-89-277-7463-1

Engineer Construction Safety

2026
최/신/판

해설편

건설안전기사 필기

정하정 지음

유형별 총정리 기출문제집

- ✓ 23년간 출제된 8,280 문제 분석, 중복 문제는 통합·정리하여 3,160 문제로 학습분량 최소화!
- ✓ 2026년부터 변경된 출제기준을 반영하여 유형별로 기출문제를 정리, 시험에 반복 출제되는 문제 파악 용이!
- ✓ 정답과 해설을 별도로 수록하여 학습의 편의성 증대!

모바일 모의고사
2회분 제공

다락원

 는 '**원큐에 패스**'
즉, **한 번에 합격**을 뜻합니다.

정하정

약력
- 인하대학교 공과대학 건축공학과 졸업
- 동국대학교 산업기술환경대학원 건설공학 졸업
- (전) 유한공업고등학교 교사
- (전) 연성대학교, 대림대학교 강사

저서
- 『한권으로 끝내는 건축기사』
- 『한번에 합격하기 건축설비기사』
- 『실내건축기사』
- 『건축구조역학』
- 『건축법규』
- 『건축계획일반』

건설안전기사 필기
유형별 총정리 기출문제집

지은이 정하정
펴낸이 정규도
펴낸곳 (주)다락원

1판 1쇄 발행 2025년 12월 15일

기획 권혁주, 김태광
편집장 이후준
편집 윤성미, 송영진

디자인 최예원, 이승현, 김희정

다락원 경기도 파주시 문발로 211
내용문의: (02)736-2031 내선 291~296
구입문의: (02)736-2031 내선 250~252
Fax: (02)732-2037
출판등록 1977년 9월 16일 제406-2008-000007호

ISBN 978-89-277-7463-1 13530

● 원큐패스 카페(http://cafe.naver.com/1qpass)를 방문하시면 각종 시험에 관한 최신 정보와
　자료를 얻을 수 있습니다.

건설안전기사

필기

정하정 지음

유형별 총정리 기출문제집

해설편

제1과목

산업재해예방 및 안전보건교육

번호	정답		번호	정답
001	① × ② ○ ③ ○ ④ ○		002	① ○ ② × ③ ○ ④ ○
003	① × ② ○ ③ ○ ④ ○ ⑤ ○ ⑥ × ⑦ ×		004	① × ② × ③ × ④ ○
005	① ○ ② ○ ③ ○ ④ ×		006	① ○ ② × ③ × ④ ○
007	① × ② × ③ × ④ ○		008	① × ② × ③ × ④ ○
009	① ○ ② × ③ ○ ④ ×		010	① ○ ② × ③ × ④ ×
011	① ○ ② × ③ × ④ ×		012	① × ② × ③ ○ ④ ×
013	① × ② × ③ × ④ ○		014	① ○ ② ○ ③ × ④ ○
015	① ○ ② ○ ③ × ④ ○		016	① × ② × ③ ○ ④ ×
017	① × ② × ③ ○ ④ ×		018	① × ② × ③ × ④ ×
019	① ○ ② × ③ × ④ ×		020	① ○ ② ○ ③ ○ ④ ○
021	① × ② ○ ③ ○ ④ ○		022	① ○ ② × ③ × ④ ×
023	① ○ ② × ③ × ④ ×			
024	① ○ ② ○ ③ × ④ ○ ⑤ ○ ⑥ ○ ⑦ ○ ⑧ × ⑨ ○ ⑩ ×			
025	① ○ ② ○ ③ × ④ ○		026	① ○ ② × ③ × ④ × ⑤ × ⑥ ×
027	① × ② × ③ × ④ ○			
028	① ○ ② ○ ③ ○ ④ × ⑤ × ⑥ ○ ⑦ ○ ⑧ ○ ⑨ ○ ⑩ × ⑪ ×			
029	① × ② ○ ③ × ④ ×		030	① ○ ② × ③ ○ ④ ○
031	① × ② ○ ③ ○ ④ ○ ⑤ ×		032	① × ② ○ ③ × ④ ×
033	① ○ ② ○ ③ ○ ④ ×			
034	① ○ ② ○ ③ ○ ④ ○ ⑤ ○ ⑥ × ⑦ × ⑧ × ⑨ ×			
035	① ○ ② ○ ③ × ④ ○		036	① ○ ② ○ ③ × ④ ○
037	① ○ ② ○ ③ ○ ④ ×		038	① ○ ② × ③ × ④ ×
039	① ○ ② ○ ③ ○ ④ ×		040	① ○ ② × ③ ○ ④ ○
041	① × ② × ③ × ④ ○		042	① × ② × ③ × ④ ○
043	① ○ ② × ③ × ④ ×		044	① ○ ② × ③ ○ ④ ○
045	① × ② × ③ × ④ ○		046	① ○ ② × ③ ○ ④ ○
047	① × ② ○ ③ × ④ × ⑤ × ⑥ × ⑦ ○ ⑧ × ⑨ ×			
048	① ○ ② × ③ ○ ④ ○		049	① × ② ○ ③ × ④ ×
050	① × ② ○ ③ × ④ ×			
051	① ○ ② × ③ ○ ④ ○ ⑤ ○ ⑥ ○ ⑦ × ⑧ ○ ⑨ × ⑩ ○ ⑪ ○ ⑫ ○ ⑬ ○ ⑭ × ⑮ ○ ⑯ × ⑰ × ⑱ × ⑲ × ⑳ ×			
052	① × ② ○ ③ × ④ ×		053	① ○ ② ○ ③ ○ ④ ×
054	① × ② ○ ③ ○ ④ ○		055	① ○ ② × ③ ○ ④ × ⑤ × ⑥ ×
056	① × ② ○ ③ ○ ④ ○ ⑤ ○ ⑥ × ⑦ ○ ⑧ ○ ⑨ ○ ⑩ × ⑪ ○ ⑫ × ⑬ ○			
057	① × ② × ③ × ④ ○		058	① × ② × ③ × ④ ○
059	① ○ ② × ③ × ④ ×		060	① ○ ② ○ ③ × ④ ○ ⑤ ○
061	① × ② × ③ × ④ ○		062	① ○ ② ○ ③ ○ ④ ×
063	① ○ ② ○ ③ ○ ④ × ⑤ ○ ⑥ × ⑦ ○ ⑧ ○ ⑨ ×			
064	① ○ ② × ③ ○ ④ ○		065	① × ② × ③ × ④ ○ ⑤ × ⑥ ○ ⑦ ×

No.	Answers	No.	Answers
066	① O ② O ③ X ④ O	067	① O ② O ③ O ④ X
068	① O ② O ③ O ④ X	069	① X ② O ③ O ④ O
070	① O ② X ③ O ④ O ⑤ O ⑥ X ⑦ X		
071	① O ② X ③ O ④ O ⑤ O ⑥ O ⑦ O ⑧ X ⑨ O ⑩ O		
072	① O ② X ③ X ④ X	073	① X ② O ③ X ④ X
074	① X ② X ③ X ④ O	075	① O ② O ③ O ④ X
076	① O ② O ③ X ④ O	077	① O ② O ③ O ④ X
078	① X ② O ③ O ④ O	079	① X ② X ③ X ④ O
080	① X ② O ③ O ④ O	081	① X ② X ③ O ④ X
082	① O ② X ③ X ④ X	083	① X ② X ③ O ④ X
084	① X ② X ③ X ④ O	085	① O ② X ③ X ④ X
086	① X ② X ③ X ④ O	087	① X ② X ③ O ④ X
088	① X ② X ③ X ④ O	089	① X ② O ③ X ④ X
090	① O ② O ③ X ④ O	091	① X ② O ③ O ④ O
092	① X ② O ③ X ④ X	093	① O ② O ③ O ④ X
094	① O ② X ③ O ④ O	095	① O ② X ③ X ④ X
096	① O ② O ③ O ④ X ⑤ O ⑥ O ⑦ O ⑧ X ⑨ X ⑩ X ⑪ O ⑫ X ⑬ X ⑭ X ⑮ O ⑯ X		
097	① O ② O ③ X ④ O	098	① X ② X ③ O ④ X
099	① X ② O ③ O ④ O ⑤ O ⑥ X		
100	① O ② O ③ O ④ O ⑤ O ⑥ O ⑦ O ⑧ O ⑨ O ⑩ X ⑪ O ⑫ X ⑬ X ⑭ O ⑮ O ⑯ O ⑰ X ⑱ O ⑲ O ⑳ X ㉑ X ㉒ X ㉓ X ㉔ O ㉕ X ㉖ X ㉗ O		
101	① O ② O ③ O ④ X	102	① O ② O ③ X ④ O
103	① O ② X ③ O ④ O	104	① O ② O ③ O ④ X
105	① X ② O ③ X ④ X	106	① X ② O ③ X ④ X
107	① O ② O ③ O ④ X	108	① O ② O ③ X ④ O
109	① X ② O ③ X ④ X	110	① X ② O ③ X ④ X
111	① X ② X ③ O ④ X	112	① X ② O ③ X ④ X
113	① O ② X ③ X ④ X	114	① X ② X ③ X ④ O
115	① O ② O ③ X ④ O	116	① X ② O ③ X ④ X
117	① O ② X ③ X ④ X	118	① X ② O ③ O ④ O
119	① X ② O ③ X ④ X	120	① O ② X ③ X ④ X
121	① X ② O ③ O ④ O ⑤ O ⑥ X ⑦ X	122	① O ② O ③ X ④ O
123	① O ② X ③ X ④ X	124	① O ② X ③ O ④ O
125	① X ② O ③ X ④ X ⑤ O ⑥ O ⑦ O ⑧ X	126	① O ② O ③ X ④ O
127	① O ② O ③ O ④ X	128	① O ② X ③ O ④ O ⑤ O ⑥ O ⑦ O ⑧ X
129	① O ② X ③ O ④ X ⑤ O ⑥ X ⑦ O ⑧ O	130	① X ② O ③ O ④ O
131	① X ② O ③ O ④ O	132	① X ② O ③ O ④ O ⑤ O ⑥ X
133	① O ② X ③ X ④ X	134	① X ② O ③ O ④ O
135	① O ② O ③ O ④ X	136	① O ② O ③ X ④ O
137	① X ② O ③ X ④ X	138	① O ② X ③ O ④ O ⑤ O ⑥ O ⑦ X ⑧ O
139	① X ② O ③ O ④ O ⑤ X ⑥ X ⑦ X		
140	① O ② X ③ O ④ O ⑤ O ⑥ O ⑦ X ⑧ O ⑨ X ⑩ X		

141	① ○ ② ○ ③ × ④ ○ ⑤ ○ ⑥ ○ ⑦ × ⑧ ○ ⑨ × ⑩ ○ ⑪ ○ ⑫ ○ ⑬ ○ ⑭ × ⑮ ○ ⑯ ○ ⑰ ○ ⑱ × ⑲ × ⑳ ○ ㉑ ×
142	① ○ ② ○ ③ × ④ ○
143	① ○ ② ○ ③ × ④ ○ ⑤ ○ ⑥ ○ ⑦ × ⑧ ○ ⑨ ○ ⑩ ○ ⑪ ○ ⑫ ○ ⑬ × ⑭ ○ ⑮ ○ ⑯ × ⑰ ○ ⑱ × ⑲ ○ ⑳ × ㉑ × ㉒ ○ ㉓ × ㉔ × ㉕ ×
144	① × ② × ③ ○ ④ ×
145	① × ② × ③ ○ ④ × ⑤ × ⑥ ○ ⑦ × ⑧ × ⑨ × ⑩ × ⑪ ×
146	① × ② × ③ × ④ ○
147	① ○ ② ○ ③ × ④ ○ ⑤ × ⑥ ×
148	① ○ ② ○ ③ × ④ ○
149	① ○ ② × ③ ○ ④ ○
150	① × ② × ③ ○ ④ ×
151	① × ② ○ ③ ○ ④ ○
152	① ○ ② ○ ③ × ④ ○
153	① ○ ② × ③ ○ ④ ○

001 안전관리의 근본이념의 목적으로는 ②·③·④ 이외에도 안전제일의 이념인 인간 존중 등이 있다.

002 안전관리 계획수립 시 계획의 목표(재해의 감소)는 점진적으로 수준을 높이도록 한다.

003 안전관리의 4사이클(주기)은 일반적으로 P → D → C → A의 순으로 순환한다.
① 계획을 세운다(Plan) → ② 세운 계획대로 실시한다(Do) → ③ 실시한 결과를 검토한다(Check) →
④ 검토한 결과에 의한 조치를 강구한다(Action)

004 운영안전성분석(OSA)은 제조, 조립 및 시험단계에서 실시한다.

005 안전보건교육의 목적에는 작업 환경의 안전화, 작업 방법의 안전화, 행동(동작)과 정신(의식)의 안전화, 기계·기구 및 설비의 안전화 등이 있다.

006~007 재해 발생의 사고연쇄반응이론

구분	1단계	2단계	3단계	4단계	5단계
하인리히의 도미노이론	사회적 환경과 유전적 요소	개인적 결함	불안전한 행동과 상태(직접원인)	사고	상해(재해)
버드의 도미노이론	제어의 부족(관리)	기본원인 (기원)	직접원인 (징후)	사고 (접촉)	상해 (손실)
아담스 이론	관리 구조의 결함	작전적 에러	전술적 에러	사고	상해(손해)

008 재해 발생의 직접 원인은 불안전한 상태(물적 원인)과 불안전한 행동(인적 원인)으로 구분할 수 있으며, 주요 원인을 보면 다음과 같다.

불안전한 상태 (물적 원인)	물적 자체의 결함, 안전 방호장치의 결함, 복장 및 보호구의 결함, 물적의 배치 및 작업장소의 불량, 작업 환경의 결함, 생산 공정의 결함, 작업 순서의 결함 등
불안전한 행동 (인적 원인)	위험 장소로의 접근, 안전장치 기능의 제거, 복장 및 보호구의 잘못된 사용, 기계, 기구의 잘못된 사용, 운전 중 기계장치의 손질, 불안전한 속도 조작, 위험물의 취급 부주의, 불안전한 상태의 방치, 불안전한 자세 및 동작, 감독 및 연락 불충분 등

009~011 버드(F. Bird)의 사고 5단계 연쇄성 이론

1단계	2단계	3단계	4단계	5단계
제어의 부족(관리)	기본원인 (기원)	직접원인 (징후)	사고 (접촉)	상해 (손실)

012~013 아담스(Edword Adams)의 사고 연쇄 이론

1단계	2단계	3단계	4단계	5단계
관리구조의 결함	작전(전략)적 에러	전술적 에러	사고	상해
선천적 결함	감독자, 경영자의 행동	작업자의 실수, 불안전한 행동 및 상태	물적 사고	재해, 손실

014~015 1) 웨버의 연쇄성 이론

단계	제1단계	제2단계	제3단계	제4단계	제5단계
내용	유전과 환경	인간의 결함	불안전한 행동과 상태	사고	상해

2) 웨버의 작전적 에러의 질문 유형

　㉮ What : 사고의 원인이 무엇인가? 즉, 무엇이 불안전한 행동과 상태인가?

　㉯ Why : 사고의 원인(불안전한 행동과 상태)이 왜 용납되었는가?

　㉰ Whether : 사고 방지에 대한 안전 지식을 갖고 있는 것이 감독과 경영 중 어느 쪽인가?

016 매슬로우의 욕구 5단계

단계	제1단계	제2단계	제3단계	제4단계	제5단계
내용	생리적 욕구	안전 욕구	사회적 욕구	존경의 욕구	자아실현의 욕구

017　① : 사람이 에너지 활동 구역에 침입함　　② : 인체가 에너지에 충돌함

　　　③ : 에너지 폭주형　　　　　　　　　　④ : 대기 중 유해·유독물 사고를 의미함

018　①은 단순자극(집중)형으로, 상호 자극에 의해 일시(순간)적으로 재해가 발생하는 유형이다.

　　　②는 단순연쇄형으로, 하나의 사고 요인이 다른 요인을 발생시키면서 재해가 발생하는 유형이다.

　　　③은 복합연쇄형으로, 하나의 사고 요인이 다른 요인을 발생시키면서 복합적으로 재해가 발생하는 유형이다.

　　　④는 복합형으로, 단순자극(집중)형과 연쇄형의 복합형으로 재해가 발생하는 유형이다.

019　①은 단순자극(집중)형, ②는 단순연쇄형, ③은 복합연쇄형, ④는 복합형이다.

020　012~013 해설 참조

021　근로자가 안전수단을 생략하는 경우는 작업이 자신의 몸에 익숙하다고 생각할 때, 몸이 피곤할 때, 작업장의 환경적인 분위기(안전수단을 무시) 때문이다.

022 ②는 동일화, ③은 모방, ④는 암시에 대한 설명이다.

인간관계의 매커니즘 적응기제

투사	자신의 억압된 것을 다른 사람의 것으로 생각함
동일화	다른 사람의 행동 양식이나 태도를 투입함
모방	남의 행동이나 판단을 표본으로 따라함
승화	억압당한 욕구를 다른 가치있는 목적을 위해 노력하여 충족함
보상	자신의 무능에 따른 열등감과 긴장을 해소하기 위해 장점 같은 것으로 결함을 보충함
합리화	자신의 실패를 그럴듯한 이유를 들어 남에게 비난받지 않도록 함

023~026 하인리히의 안전사고 예방대책의 5단계

단계	과정	내용
1단계	안전관리조직 (안전관리 조직의 구성)	경영층의 참여, 안전활동방침 및 계획의 수립. 안전관리자의 선임, 조직을 통한 안전활동의 전개
2단계	사실의 발견 (불안전한 요소의 발견)	사고 조사, 각종 사고 및 안전활동기록의 검토, 작업 분석, 안전 점검 및 검사, 안전회의 및 토의, 근로자의 건의 및 여론조사
3단계	분석 및 평가 (사고의 직·간접 원인의 규명)	사고 원인 및 경향 분석, 인적·물적·사회적·환경적 조건 분석, 작업공정의 분석, 교육 및 훈련의 분석,
4단계	시정방법(대책)의 선정 (효과적인 개선 방법의 선정)	기술·교육·훈련·안전 행정·규정·수칙·제도의 개선, 안전 운동의 개선
5단계	시정대책의 적용	3E(기술, 교육, 규제의 대책)를 완성

027 시정대책의 적용은 3E(안전교육, 안전기술, 안전독려)를 완성함으로써 이루어진다.

028 교육과 훈련의 분석, 현장조사, 재해조사분석은 제3단계(분석 평가)에 속하고, 제도적인 개선안은 제4단계(시정방법의 선정)에 속한다.
하인리히(H. W. Heinrich) 재해사고의 5단계 중 제2단계[사실의 발견(불안전한 요소의 발견)] 과정의 내용에는 사고조사, 각종 사고 및 활동기록의 검토, 작업 분석, 자료수집 및 위험확인, 안전 점검 및 검사, 안전회의 및 토의, 근로자의 건의 및 여론조사 등이 있다.

029 ① 위험 확인과 ③ 사고 및 활동 기록 검토은 제2단계, ④ 기술의 개선 및 인사조정은 제4단계의 내용이다.

030 사고방지의 기본 원리 중 그 시정책을 선정하는 데 필요한 조치 사항에는 기술적 개선, 인사 조정, 기술 교육 및 훈련의 개선, 규칙 및 수칙의 개선, 안전관리 행정 업무의 개선 등이 있다.

031 ① 재해예방의 기본원칙에서 재해의 손실은 사고가 발생한 경우 사고 대상의 조건에 따라 달라지며, 사고의 결과로 생긴 재해의 손실은 우연적이다. 즉, 사고와 손실의 관계는 우연적인 관계이다.
⑤ 재해발생에는 반드시 손실을 수반하지는 않는다. 즉, 사고 대상의 조건에 따라 달라진다.

032 재해예방을 하는 위험원에 대한 조치 중 위험원의 제거는 강도가 가장 큰 조치이다.

033 재해예방활동의 3원칙에는 재해 요인의 발견, 발생의 예상, 제거 및 시정 등이 있다.

034 재해 예방의 4원칙

예방 가능의 원칙	재해는 원인을 제거하면 모든 재해(자연 재해는 제외)는 예방이 가능하다.
손실 우연의 원칙	재해의 손실은 사고가 발생한 경우 사고 대상의 조건에 따라 달라지며, 사고의 결과로 생긴 재해의 손실은 우연적이다. 즉, 사고와 손실의 관계는 우연적인 관계이다.
원인 연계의 원칙	사고(재해 발생)에는 반드시 원인이 있다. 즉, 사고와 손실과의 관계는 우연적인 관계이나, 사고와 원인과의 관계는 필연적인 관계이다.
대책 선정의 원칙	사고(재해 발생)을 위한 안전대책은 반드시 존재한다.

035~036 하베이(Harvery)의 3E(재해 예방 대책의 선정 원칙)

기술적 대책 (Engineering)	기계 장치의 설계로부터 설치, 운전에 이르기까지의 모든 대책으로 공장의 계획이나 공정의 내용을 포함한다. 즉, 안전 설계, 점검 보존의 확립, 환경설비의 개선 등이 있다.
교육적 대책 (Education)	위험을 찾아 위험이 어떻게 되면 사고로 전이될 수 있는지를 알고, 그 대책을 수립할 수 있도록 하는 구체적인 안전 교육(안전 수칙의 준수)과 기술적인 내용을 관계자에게 알려주는 대책이다.
관리적 대책 (규제, Enforcement)	국가와 행정 기관이 규정하는 안전에 관한 법률, 규칙 및 조례와 사규의 내용을 근로자에게 강제적으로 준수하도록 하는 대책이다.

037 안전대책의 우선수위 결정 시 4가지 기본사항에는 목표 달성에 대한 기여도, 대책의 긴급성, 대책의 난이성, 문제의 확대 여부를 확인 등이 있다.

038 하베이(Harvery)의 3E(재해 예방 대책의 선정 원칙) 중 관리적(규제적, Enforcement) 대책은 국가와 행정 기관이 규정하는 안전에 관한 법률, 규칙 및 조례와 사규의 내용을 근로자에게 강제적으로 준수하도록 하는 대책이다. 즉, 적합한 기준 설정이 이에 해당한다.

039 재해 예방의 대책 중 기술(Engineering)적 대책은 기계 장치의 설계로부터 설치·운전에 이르기까지의 모든 대책으로, 공장의 계획이나 공정의 내용을 포함한다. 즉, 안전 설계, 점검 보존의 확립, 환경설비의 개선 등이 있다. 안전수칙의 준수는 관리적 대책에 포함된다.

040 국한 대책, 소화 대책 및 피난 대책은 사후 대책이고, 예방 대책은 사전 대책이다.

사전 대책	예방 대책	화재가 발생하지 않도록 최초 발화를 방지하는 대책이다.
사후 대책	국한 대책	화재가 발생하게 되었을 때, 그 화재를 연소에 의해 확대되지 않도록 하는 것으로, 가연물의 집적방지, 건물·설비 등의 불연화, 방화벽·방유제·방액체 등의 정비, 공한지의 확보 등이 있다.
	소화 대책	초기 소화(최초 발화 직후에 소화기나 소화설비로 대처하는 응급조치 방법)와 본격적 소화(공장 내의 자위소방대나 공설 소방대에 의한 본격적인 소화 방법) 등이 있다.
	피난 대책	화재 발생 시 위험구역으로부터 안전한 장소로 대피하는 대책으로 배연 설비, 비상통로 및 비상구, 정전유도등, 활강대 등이 있다.

041 Near accident(아차 사고)는 사고가 발생한다고 하더라도 인적·물적 피해가 모두 발생하지 않은 사고를 의미한다. 즉, 손실(인적, 물적 등)을 수반하지 않는다.

042 위험(Risk)은 재해 발생 가능성과 재해 발생 시 그 결과의 크기의 조합(combination)으로 위험의 크기나 정도를 의미한다.

> 위험의 크기 또는 정도 = 재해 발생의 가능성(발생 확률)×재해 발생의 결과의 크기(사고로 인한 인적, 물적 피해)

043 맥그리거의 인간분석이론(인간의 욕구와 동기부여이론)의 관리처방

X이론	Y이론
• 권위주의적 리더십의 확립 • 면밀한 감독과 엄격한 통제 • 상부책임제도의 강화 • 경제적 보상 체제 강화	• 민주적 리더십 확립 • 자체평가 제도의 활성화 • 분권화와 권한 위임 • 직무 확장 • 목표에 의한 관리 • 조직구조의 평면화(비공식적 조직의 활용)

044 업무상의 재해의 인정 기준(산업재해보상법 시행령 제37조)

근로자가 다음의 어느 하나에 해당하는 사유로 부상·질병 또는 장해가 발생하거나 사망하면 업무상의 재해로 본다. 다만, 업무와 재해 사이에 상당인과관계가 없는 경우에는 그러하지 아니하다.

① 업무상 사고
  ㉮ 근로자가 근로계약에 따른 업무나 그에 따르는 행위를 하던 중 발생한 사고
  ㉯ 사업주가 제공한 시설물 등을 이용하던 중 그 시설물 등의 결함이나 관리소홀로 발생한 사고
  ㉰ 사업주가 주관하거나 사업주의 지시에 따라 참여한 행사나 행사준비 중에 발생한 사고
  ㉱ 휴게시간 중 사업주의 지배관리하에 있다고 볼 수 있는 행위로 발생한 사고
  ㉲ 그 밖에 업무와 관련하여 발생한 사고

② 업무상 질병
  ㉮ 무수행 과정에서 물리적 인자(因子), 화학물질, 분진, 병원체, 신체에 부담을 주는 업무 등 근로자의 건강에 장해를 일으킬 수 있는 요인을 취급하거나 그에 노출되어 발생한 질병
  ㉯ 업무상 부상이 원인이 되어 발생한 질병
  ㉰ 「근로기준법」에 따른 직장 내 괴롭힘, 고객의 폭언 등으로 인한 업무상 정신적 스트레스가 원인이 되어 발생한 질병
  ㉱ 그 밖에 업무와 관련하여 발생한 질병

③ 출퇴근 재해
  ㉮ 사업주가 제공한 교통수단이나 그에 준하는 교통수단을 이용하는 등 사업주의 지배관리하에서 출퇴근하는 중 발생한 사고
  ㉯ 그 밖에 통상적인 경로와 방법으로 출퇴근하는 중 발생한 사고

045 안전사고(위험요인에 의한 위험에 노출되어 바람직스럽지 못한 결과를 초래한 사건으로 재산상의 손실, 인적 상해 등이 있다.)란 생산공정이 잘못되었다는 것을 암시하는 잠재적 정보지표이다. 또한, 사고는 비계획적인 사상(unplaned event), 원하지 않는 사상(undesired event), 비효율적인 사상(ineffcient event)이다.

046 재해조사 항목은 사고의 형태, 기인물, 가해물, 피해자(자신의 생명이나 신체, 재산, 명예 따위에 침해 또는 위협을 받은 사람)의 불안전 행동, 피해자의 불안전한 인적요소, 기인물의 불안전한 상태 및 관리적 요소의 결격 등이다. 피해자 가족 사항과는 무관하다.

047 재해 조사의 주된 목적 중 가장 큰 요인은 동종 또는 유사 재해의 재발을 방지하기 위함이다.

048 ② 재해요인을 조사하여 책임 소재를 명확히 하기 위함은 재해 사례 연구의 주된 목적과는 무관하다.

049~050 산업재해가 발생하였을 때의 조치사항
 (ⅰ) 산업재해 발생 → 긴급처리 → 재해조사 → 원인강구 → 대책수립 → 대책실시계획 → 실시 → 평가
 (ⅱ) 피재 기계의 정지 → 피해자 구조 → 피해자의 응급 조치 → 관계자에게 통보 → 2차 재해방지 → 현장 보존

051 ② 과거의 사고 경향, 사례 조사기록 등은 의견을 적용하여 이후의 사고에 대비하기 위함이다.
 ⑦ 재해조사는 재해자의 응급(구급)조치가 끝난 뒤 실시한다.
 ⑨ 목격자의 기억보존과는 무관하게 조사는 반드시 2인 이상으로 신속하게 실시한다
 ⑭ 목격자의 단정적 표현이나 추측은 사실과 구별하여 참고만 하고, 기록을 남기며, 진술은 가능하면 사고 직후에
   기록하는 것이 좋다. 특히, 조사는 2인 이상으로 한다.
 ⑯ 조사는 객관적인(제3자) 입장에서 공정하게 조사하고, 반드시 조사는 2인 이상으로 한다.
 ⑰ 책임소재 파악보다 재발방지 목적을 우선으로 하는 기본적 태도를 갖는다.
 ⑱ 목격자 등이 증언하는 사실 이외의 추측하는 말은 사실과 구별하여 참고자료로 한다.
 ⑲ 조사자의 전문성을 고려하나, 반드시 2인 이상으로 조사하며, 사고 정황을 객관적으로 추정한다.
 ⑳ 사람, 기계설비, 환경적인 측면에서 사람의 재해요인을 가장 먼저 도출한다.

052 049~050 해설 참조

053 잠재위험요인 적출은 재해조사 후의 문제이다.

054 재해조사 발생 시 정확한 사고원인 파악을 위해 재해조사를 직접 실시하는 자로는 안전관리자, 노동조합 간부, 현장
 관리감독자 등이 있다. 사업주는 해당하지 않는다.

055 ②, ③, ④, ⑤, ⑥은 물적 원인(불안전한 상태)에 속한다.
 불안전한 행동(인적 원인)에는 위험 장소로의 접근, 안전장치 기능의 제거, 복장 및 보호구의 잘못된 사용, 기계,
 기구의 잘못된 사용, 운전 중 기계장치의 손질, 불안전한 속도 조작, 위험물의 취급 부주의, 불안전한 상태의 방
 치, 불안전한 자세 및 동작, 감독 및 연락 불충분 등이 있다.

056 위험 장소의 접근, 안전장치의 기능제거, 불안전한 운반 및 보호구 미착용 등은 불안전한 행동(인적 원인)에 속한다.

057 하인리히의 안전사고 예방대책의 5단계 중 2단계(사실의 발견, 불안전한 요소의 발견)는 인간 중에서는 재해를
 일으키기 쉬운 성격을 가진 사람과 그렇지 않은 사람이 있다. 이것은 어디까지나 개인의 성격차인 것이지만 무모,
 격한 기질, 신경질, 흥분성, 안전작업에 대한 소홀이나 무시 등은 성격적으로 재해 발생에 아주 밀접한 관계를 가
 진다.

058 ①, ②, ③은 직접 원인에 속한다. 간접 원인(부원인, Subcause)에는 부적절한 태도(이기적인 불협조), 지식 또는 기
 능의 결여, 신체적인 부적격 등이 있다.

059 버드(Bird)가 발표한 새로운 사고연쇄예방이론에서 사건을 방지하기 위해 제기한 직전의 사상은 인적 원인의 기준 이하의 행동과 물적 원인인 기준 이하의 조건이다.

060 안전진단에 있어서 작업위험 분석방법에는 면접방식, 관찰방식, 질문방식 및 혼합방식 등이 있다.

061 작업위험분석 시 유의하여야 할 사항에는 인간관계, 작업환경 조건, 육체적 요구조건, 위험성(잠재적, 보건상 등), 개인 보호구 등이 있다.

062 ① 가해물은 직접 근로자(사람)에게 접촉되어 위해를 가하는 물제로서 구조물, 물체, 물질, 기계, 장치 환경 등을 의미한다.
② 기인물은 직접적으로 재해를 일으키거나, 영향을 끼친 요소(열, 전기, 위치, 운동 등)를 지닌 구조물, 물체, 물질, 기계, 장치 환경 등을 의미한다.
③ 사고 유형(재해 또는 발생 형태)은 질병 또는 재해가 발생된 형태, 가해물(물체)과 근로자(사람)가 상관(접촉)된 현상이다.
즉, 산업재해 분석시 기본사항에는 가해물, 기인물, 재해 형태(사고 유형, 발생 형태) 등이 있다.

063 ④ 결함 있는 기계설비 및 장비는 재해 발생의 직접 원인 중 불안전한 상태(물적 원인)에 속한다.
⑥ 숙련도 부족은 재해 발생의 간접 원인 중 2차 원인의 교육적 원인에 속한다.
⑨ 생산공정에 결함이 존재한다는 불안전한 상태(물적 원인)에 속한다.

064~066 불안전한 상태(물적 원인)와 불안전한 행동(인적 원인)은 직접 원인에 속한다.

재해 발생의 간접 원인

기초 원인	학교 교육적 원인	
	관리적 원인	안전관리조직의 결함, 인사 배치와 작업 지시의 부적당, 작업 준비 불충분, 안전 수직의 미제정, 책임감 부족, 근로 의욕의 침체 등이 있다.
	사회적 원인	
2차 원인	기술적 원인	건물 및 기계의 설계 불량, 구조 및 재료의 부적합, 생산 공정의 부적당, 점검, 정비 보존의 불량 등이다.
	교육적 원인	안전 지식과 경험의 부족, 경험 훈련의 미숙, 안전 수칙의 오해, 작업 방법 및 유해·위험 작업의 교육 불충분 등이다.
	정신적 원인	태만, 초조, 불안, 긴장, 공포, 반항 등이다.
	신체적 원인	스트레스, 피로, 수면 부족 등이다.

067 재해 발생의 분류

인적 요인	무의식 행동, 착오, 연령, 피로, 커뮤니케이션 등
설비적 요인	기계·설비의 설비상의 결함, 방호 장치의 불량, 작업 표준화의 부족, 점검·정비의 부족 등
작업·환경적 요인	작업 정보의 부적절, 작업자세·동작의 결함, 작업 방법의 부적절, 작업환경 조건의 불량 등
관리적 요인	관리조직의 결함, 규정·메뉴얼의 불비·불철저, 안전교육의 부족, 지도 감독의 부족 등

068 작업지시 부적당은 관리적 원인이다.

069 재해발생의 원인 중 불안전한 상태(물적 원인)와 불안전한 행동(인적 원인)은 직접 원인에 속한다.

070 재해발생의 간접원인 중 기술적 원인에는 건물 및 기계의 설계 불량, 구조 및 재료의 부적합, 생산 공정의 부적당, 점검, 정비 보존의 불량 등이 있다.
② 안전수칙의 오해와 ⑥ 경험 및 훈련의 미숙은 간접원인 중 2차 원인의 교육적 원인에 속한다.
⑦ 안전장치의 기능제거는 직접원인 중 불안전한 행동에 속한다.

071 간접 원인에는 기초 원인(학교 교육적 원인, 관리적 원인, 사회적 원인)과 2차 원인(기술적 원인, 교육적 원인, 정신적 원인, 신체적 원인) 등이 있다.
⑤ 스트레스는 정신적 원인, ⑥ 안전수칙의 오해는 교육적 원인, ⑦ 작업준비 불충분은 관리적 원인에 속한다.
② 물적 원인(불안전한 상태)과 ⑧ 안전방호장치 결함은 직접 원인에 속한다.

072 재해사례연구의 진행단계

단계	내용
전제 조건(재해 상황 파악)	재해 발생 일시 및 장소, 업종, 규모, 상해의 상황, 피해 상황, 사고의 형태, 기인물, 가해물, 조직 계통도 등
1단계(사실 확인)	재해의 발생까지 진행과정 중 재해와 관계가 있는 사실 및 재해 요인을 객관적으로 확인한다.
2단계(문제점 발견)	파악된 사실과 법규, 사내규정 등과 차이의 문제점을 발견한다. (직접 원인 발견)
3단계(근본적 문제점 결정)	발견된 문제점 중 재해의 중심이 되는 문제점을 결정한 후에 재해 원인을 결정한다. (기초 원인의 결정)
4단계(대책 수립)	사례를 해결하기 위한 대책을 수립한다.

073 재해사례연구의 진행단계 중 2단계(문제점 발견)는 제1단계(사살의 확인)에서 파악된 사실과 법규, 사내규정 등과 차이의 문제점과 직접 원인을 발견하는 단계이다.

074 ①은 전제조건(재해 상황 파악) 단계, ②는 제2단계(문제점 발견으로 직접 원인을 발견하는 단계), ③은 제1단계(사실 확인으로 기초 원인을 파악하는 단계)이다.

075 전제 조건(재해 상황 파악)으로 재해 발생 일시 및 장소, 업종, 규모, 상해의 상황, 물적 피해 상황(손실 금액), 재해 발생의 형태, 상해의 종류, 기인물, 가해물, 조직 계통도, 피해 근로자의 특성(성명, 연령 등), 재해 현장 도면(평면도, 측면도) 등이 있다.

076 재해사례연구를 할 때, 유의해야 될 사항에는 ①·②·④가 포함된다. 그외에도 객관적이고 정확성이 있어야 하며, 주관성은 반드시 배제되어야 한다.

077 재해사례연구에 있어서, 어떠한 경우라고 하더라도 안전관리자의 주관적 판단이 아닌 객관적인 판단을 기반으로 현장조사 및 대책을 설정한다

078 재해 사례 연구법(Accident Analysis and control Method)에서 활용하는 안전관리 열쇠에는 작업순서, 이상 시 조치, 작업방법 개선 등이 있다. 적성 배치는 인사 관리와 관계가 깊다.

079 ① 소질성 누발자 : 낮은 지능, 소심한 성격, 비협조성, 주의력 산만 및 주의력 지속 불능 등의 선천적으로 위험에 대응하지 못하는 자이다. (예 기계치, 무감각 등)

② 습관성 누발자 : 한 번의 사고 또는 재해를 일으켰음에도 불구하고, 불안전한 상태(물적 원인)를 인지하고 있으면서 개념없이 행동함으로써 반복적으로 유사한 사고를 일으키는 자이다.

③ 미숙성 누발자 : 어떤 작업이나 업무를 시작할 때, 기초(기본)적인 지식없이 작업을 행하다가 재해를 일으키는 자이다. (예 초보 운전 등)

④ 상황성 누발자 : 기초적 지식은 습득되어 있으나, 우발적 변화에 대응하지 못하여 사고를 유발하는 자로서, 작업의 자세가 어렵고, 심신에 근심이 있으며, 기계 설비의 결함과 환경상 주의력 집중이 곤란하여 발생하는 재해이다. 기회설과 관계되는 재해누발 소질자에 해당된다.

080 사고 조사의 본질적 특성

사고의 시간성	사고는 공간적인 것이 아니고, 시간적인 것이다.
우연의 법칙성	사고가 우연히 발생한 것이라고 생각하나, 직접적인 원인 등의 법칙에 의해서 발생한다.
필연 중의 우연성	사고는 우연성에 의해 사고 발생의 원인이 제공된다.
사고의 재현 불가능성	사고는 사람의 의지와는 무관하게 급작스럽게 발생하고, 시간이 지나면 재현이 불가능하다.

081 • 사고 유형(발생 형태)은 질병 또는 재해가 발생된 형태, 가해물(물체)와 근로자(사람)가 상관(접촉)된 현상이다. "공구에 걸려 넘어지는 현상"은 전도(넘어짐)이다.

• 기인물은 직접적으로 재해를 일으키거나, 영향을 끼친 요소(열, 전기, 위치, 운동 등)를 지닌 구조물, 물체, 물질, 기계, 장치 환경 등을 의미한다. "공구"는 넘어뜨리는 요소이므로, 기인물은 공구이다.

• 가해물은 직접 근로자(사람)에게 접촉되어 위해를 가하는 물체로서 구조물, 물체, 물질, 기계, 장치 환경 등을 의미한다. "바닥에 머리를 부딪혔다"이므로, 가해물은 바닥이다.

082 • 사고 유형은 근로자(사람)와 물체와의 접촉현상을 의미하며, "벽돌을 떨어뜨림"은 "낙하(맞음)"이다.

• 기인물은 불안전한 상태에 있는 물체 또는 환경을 의미하며, "이동하는 물체"는 "벽돌"이다.

• 가해물은 근로자(사람)에게 직접 접촉되어 위해를 가한 물체를 의미하며, 사례에서는 "벽돌"이 이에 해당한다.

083 • 기인물은 불안전한 상태에 있는 물체 또는 환경을 의미하며, "이동하는 물체"는 "벽돌"이다.

• 가해물은 근로자(사람)에게 직접 접촉되어 위해를 가한 물체를 의미하며, 벽돌이 이에 해당한다.

084 • 기인물은 불안전한 상태에 있는 물체 또는 환경을 의미하며, "비계에서 마감작업"는 "비계"이다.

• 가해물은 근로자(사람)에게 직접 접촉되어 위해를 가한 물체를 의미하며, "머리가 바닥에 부딪힘"는 "바닥"이다.

• 사고 유형은 근로자(사람)와 물체와의 접촉현상을 의미하며, "바닥으로 떨어뜨림"은 "추락"이다.

085 • 기인물 : 불안전한 상태에 있는 물체 또는 환경 : "작업장 바닥에 쌓여있던 자재"는 "자재"이다.

• 가해물 : 근로자(사람)에게 직접 접촉되어 위해를 가한 물체 : "바닥에 머리를 부딪힘"는 "바닥"이다.

086 · 가해물은 근로자(사람)에게 직접 접촉되어 위해를 가한 물체를 의미하며, "바닥에 머리를 다침"에서는 "바닥"이다.
· 기인물은 불안전한 상태에 있는 물체 또는 환경을 의미하며, "미끄러져 계단에서 굴러 떨어짐"에서는 "계단"이다.
· 사고 유형은 근로자(사람)와 물체와의 접촉현상을 의미하며, "굴러 떨어짐"은 "전도·전락"이다.

087 · 기인물은 불안전한 상태에 있는 물체 또는 환경을 의미하며, "제품을 운반하던 중"에서는 "제품"이다.
· 가해물은 근로자(사람)에게 직접 접촉되어 위해를 가한 물체를 의미하며, "제품이 발에 떨어짐"에서는 "제품"이다.
· 사고 유형은 근로자(사람)와 물체와의 접촉현상을 의미하며, "발에 떨어뜨림"은 "낙하(맞음)"이다.

088 · 기인물은 불안전한 상태에 있는 물체 또는 환경을 의미하며, "작업대에서 작업하던 중"에서는 "작업대"이다.
· 가해물은 근로자(사람)에게 직접 접촉되어 위해를 가한 물체를 의미하며, "지면에 머리를 부딪힘"에서는 "지면"이다.

089 · 기인물은 불안전한 상태에 있는 물체 또는 환경을 의미하며, "작업자가 무심코 걷다가 크레인의 매단짐에 부딪힘"에서는 "크레인"이다.
· 가해물은 근로자(사람)에게 직접 접촉되어 위해를 가한 물체를 의미하며, "매단짐에 정통으로 부딪힘"에서는 "매단짐"이다.
· 사고 유형은 근로자(사람)와 물체와의 접촉현상을 의미하며, "정통으로 부딪힘"에서는 "충돌(부딪힘)"이다.

090 ① 추락은 사람이 인력(중력)에 의하여 건축물, 구조물, 가설물, 수목, 사다리 등의 높은 장소에서 떨어지는 것이다.
② 전도(넘어짐)는 사람이 거의 평면, 경사면, 계단 등에서 구르거나 넘어짐 또는 미끄러진 경우와 물체가 전도·전복된 경우이다.
④ 충돌(부딪힘)은 재해자 자신의 움직임, 동작으로 인하여 기인물에 접촉 또는 부딪히거나, 물체가 고정부에서 이탈하지 않은 상태로 움직임(규칙 또는 불규칙) 등에 의해 접촉·충돌한 경우이다.
③ 낙하·비래(맞음)는 구조물, 기계 등에 고정되어 있던 물체가 여러 힘(중력, 원심력, 관성력 등)에 의해 고정부에서 이탈하거나 또는 설비 등으로부터 물질이 분출되어 사람을 가해하는 경우이다.

091 작업으로 인하여 물체가 떨어지거나 날아올 위험이 있는 경우(낙하와 비래) 사업주의 일반적인 조치사항에는 낙하물 방지망 설치, 방호선반의 설치, 출입금지구역의 설정 등이 있다. 격벽 설치는 포함되지 않는다.

092 ① 재해자가 구조물 상부에서 전도(넘어짐)로 인하여 추락되어 두개골 골절이 발생한 경우에는 추락(떨어짐)으로 분류한다.
③ 재해자가 전도(넘어짐) 또는 추락(떨어짐)으로 물에 빠져 익사한 경우에는 유해·위험물질 노출·접촉으로 분류한다.
④ 재해자가 전주에서 작업 중 전류접촉으로 추락(떨어짐)한 경우 상해결과가 골절인 경우에는 추락(떨어짐)으로 분류하고, 상해결과가 전기쇼크인 경우에는 전류접촉으로 분류한다.

093 경험연수가 10년 내외의 경험자에게 중상재해가 많은 이유는 위험의 정도가 높은 업무를 담당, 작업에 안전수단을 생략, 고령이 되어 위험에 대비하는 능력이 감퇴 등이 있고, 작업에 대한 집중도나 열의가 떨어지는 것과는 무관하다.

094 TWI(Training Within Industry)는 직장에서 제일선의 감독자에 대해서 감독 능력을 한층 더 발휘하고 멤버와의 인간관계를 개선하여 생산성을 높이기 위하여 특별히 연구·계획하고, 정형시키는 훈련방법으로서, 1학급에 약 10명으로 구성되어 회의(토의)방식에 의해 실시되는 방법이다. 미국에서 완성되어 보급되었고, 유럽 각국에 도입·실시되기도 했다. 훈련(교육진행)의 4단계는 다음과 같다.

단계 구분	내용
제1단계	• 도입단계로서, 학습할 준비를 시킨다. • 마음을 안정시키고, 무슨 작업을 할 것인가를 말해주며, 그 작업에 대해 알고 있는 정도를 확인한다. 또한, 작업을 배우고 싶은 의욕을 갖게 하고, 정확하 위치에 자리잡게 한다.
제2단계	• 제시단계로서, 작업을 설명한다. • 주요 단계를 하나씩 설명해주고, 시험해보이며, 그려보인다. • 급소를 강조하고, 확실하게 빠짐없이 끈기 있게 지도한다.
제3단계	• 적용단계로서 작업을 시켜본다. • 작업을 지켜보고, 잘못을 고쳐주며, 작업을 시키면서 설명하게 한다. • 다시 한번 시키면서 급소를 말하게 하고, 확실히 알았다고 할 때까지 확인한다. 또한, 이해할 수 있는 능력 이상으로 강요하지 않는다.
제4단계	• 확인단계로서 가르친 뒤 살펴본다. • 일에 임하도록 하고, 모르는 것이 있는 경우에는 물어볼 사람을 정해둔다. • 질문하도록 분위기를 조성하고, 점차 지도횟수를 줄여간다.

095 건설업의 특성

> • 건설업은 시설 공사의 발주자 또는 건축주로부터 공사의 주문을 받아 건설하는 주문 생산 위주의 산업이다.
> • 건설업은 공사의 형태나 내용면에서 복합적인 종합산업이다.
> • 건설업은 주문 생산 산업인 동시에 이동 산업이다.
> • 건설업은 대부분의 공사가 옥외에서 이루어지므로 기상과 자연 조건의 영향을 크게 받는 산업이다.

이상의 내용으로 보아 작업 환경의 특수성이 사고 예방을 위한 사고발생 위험성의 사전 예측이 어려운 이유이다.

096 하인리히의 재해손실비용

• 재해손실 총비용 = 직접손실비(산재보상비) + 간접손실비(직접비의 4배)
• 직접손실비 : 간접손실비 = 1 : 4
• 직접손실비와 간접손실비의 종류

직접 손실비 (산재보상비)	요양급여, 휴양급여, 장해급여, 간병급여, 유족급여, 직업재활급여, 상해보상연금, 장의비, 기타 비용 등이다.
간접 손실비	생산 손실(생산의 저하와 작업 중지에 따른 손실), 임금 손실(본인과 제3자의 임금 손실), 영업 손실, 인적·물적 손실, 시간 손실 등이다.

097 회사가 부담해야 되는 의료비 및 휴업수당, 작업중지로 인한 임금코스트, 신규 근로자의 교육훈련코스트 등은 비보험코스트에 해당되나, 재해로 인한 보상금은 보험코스트(직접 손실비)에 속한다.

098 A·B·C·D의 의미는 장해 정도별 비보험코스트의 평균치로서 다음과 같다.

구분	A	B	C	D
장해 정도	휴업상해건수	통원상해건수	응급조치건수	무상해건수
	비보험코스트의 평균치			

099 총재해cost = 산재보험보상비 + [(A × 휴업상해건수) + (B × 통원상해건수) + (C × 응급조치건수) + (D × 무상해사고건수)]

여기서, A, B, C, D는 장해 정도별 비보험코스트의 평균치로서
A : 휴업상해건수에 대한 비보험 코스트의 평균치   B : 통원상해건수에 대한 비보험 코스트 평균치
C : 응급조치건수에 대한 비보험 코스트 평균치   D : 무상해건수에 대한 비보험 코스트 평균치이다.

①항의 사망재해 건수는 보험 코스트에 속하고, ⑥항의 무손실사고 건수는 비보험 코스트와 무관하다.

100 ⑩ 근로자와의 제3자에게 신체적 상해를 입혔을 때의 손실비는 직접손실비이다.
⑫ 사망 시 장의비용은 직접손실비이다.
⑬ 요양급여는 직접손실비이다.
⑰ 유족에게 지불된 보상비용은 유족급여로서 직접손실비이다.
⑳ 휴업중의 손실시간 손비는 직접손실비이다.
㉑ 장의비는 직접손실비이다.
㉒ 장해보상비는 직접손실비이다.
㉓ 유족보상시는 직접손실비이다.
㉕ 직업재활급여는 직접손실비이다.
㉖ 상병(傷病)보상연금는 직접손실비이다.

101 총 재해 cost = 산재보험 보상비+ (A × 휴업상해건수) + (B × 통원상해건수) + (C × 응급조치건수) + (D × 무상해건수)이다. 공식에서 A, B, C, D는 장해 정도별 비보험 코스트의 평균치를 의미한다.

102 시몬즈 재해사고 분류

분류	내용
휴업상해	영구 일부 노동불능 및 일시 전노동 불능 상해
통원상해	일시 일부 노동불능 및 의사의 통원 조치를 요하는 상해
응급처치	20달러 미만의 재산손실 또는 8시간 미만의 휴업손실 상해
무상해사고	무상해사고는 의료조치를 필요로 하지 않은 경미한 상해, 사고 또는 무상해 사고로서 20달러 이상의 재산손실 또는 8시간 이상의 손실 사고

103 재해코스트에 있어서 직접손실비 : 간접손실비 = 1 : 4이므로, 직접손실비는 간접손실비보다 작다.

104~105 보험급여의 종류에는 요양급여, 휴업급여, 장해급여, 간병급여, 유족급여, 상병(傷病)보상연금, 장례비, 직업재활급여 등이 있다(산업재해보상보험법 제36조). 생산손실급여는 간접비에 속한다.

106 버드(F. E. Bird's Jr)의 사고 구성 비율

비율	1	10	30	600
재해 구성	중상 또는 폐질	경상 (물적·인적 손실)	무상해 사고 (물적 손실)	무상해, 무사고 고장 (위험 순간)

107 재해의 통계적 원인분석 시 사용되는 기법에는 원인(개별적·통계적 원인) 분석 방법의 적용, 파레토도, 특성요인도, 클로즈 분석도, 관리도 등이 있다.

FMEA(Failure Mode & Effect Analysis, 고장형태 및 영향분석)은 제품 및 공정의 잠재적 고장형태를 규명하고 이를 제거하기 위하여 체계적인 기법을 사용하는 분석도구이다.

108 안전활동률은 안전활동건수를 평균 근로자의 총근로시간수(=근로시간수×평균 근로자수)로 나눈 값에 10^6을 곱한 값이다.

$$\text{안전활동률} = \frac{\text{안전활동건수}}{\text{평균 근로자의 총근로시간수}} \times 10^6 = \frac{\text{안전활동건수}}{(\text{근로시간수} \times \text{평균 근로자수})} \times 10^6$$

109 $$\text{안전활동률} = \frac{\text{안전활동건수}}{(\text{근로시간수} \times \text{평균근로자수})} \times 10^6$$

110 · $$\text{환산재해율} = \frac{\text{환산재해자수}}{\text{상시근로자수}} \times 100$$

· 환산재해자수는 1년 동안(1월 1일부터 12월 31일까지) 시공하는 건설현장에서 산업재해를 입은 근로자수의 합계이다.

· $$\text{상시 근로자수} = \frac{\text{국내공사 연간실적액} \times \text{노무비율}}{\text{건설업 월평균 임금} \times 12}$$

111~112 · 강도율 : 연간 총 근로시간의 합계 1,000시간당 재해로 인한 근로손실일수

· $$\text{강도율} = \frac{\text{총 근로손실일수}}{\text{연간 총근로시간수}} \times 1,000$$

· $$\text{근로손실일수} = \text{장애등급별 손실일수} + \text{휴업일수} \times \frac{\text{연 근로일수}}{365}$$

113 ② 사망, 영구 전노동 불능상태 신체장해등급은 1~3등급이다.

③ 영구 일부 노동불능 신체장해등급은 4~14등급이다.

④ 일시 전노동 불능은 휴업일수에 $\frac{\text{연 근로일수}}{365}$ 를 곱한다.

114 강도율은 연간 총 근로시간의 합계 1,000시간당 재해로 인한 근로손실일수로서, "강도율 7.5"의 의미는 연간 총 근로시간의 합계 1,000시간당 재해로 인한 근로손실일수가 7.5일이라는 것을 의미한다.

115 $$\text{종합재해지수}(F.S.I) = \sqrt{\text{도수율}(FR) + \text{강도율}(SR)}$$

116~117 ① $$\text{safe-t-score} = \frac{\text{현재의 도수(빈도)율} - \text{과거의 도수(빈도)율}}{\sqrt{\dfrac{\text{과거의 도수(빈도)율}}{\text{현재의 근로총시간수}} \times 10^6}} = \frac{10.2 - 10.5}{\sqrt{\dfrac{10.5}{850,000} \times 10^6}} = 1.337 \fallingdotseq 1.34$$

② safe-t-score에 따른 평가

　㉮ +2.00 이상 : 과거에 비해 심각하게 나빠졌음

　㉯ +2.00 ~ −2.00 : 별 차이 없음

　㉰ −2.00 이하 : 과거보다 좋아짐

118 국제노동기구(ILO)의 근로불능 상해의 종류에는 사망, 영구 전노동불능상해, 영구 일부노동불능상해, 일시 전노동불능상해, 일시 일부노동불능상해, 응급(구급)조치상해 등이 있다. 중상해는 ILO에서 규정한 산업재해의 상해정도별 분류와는 무관하다.

119 ① 사망, 신체장해등급 1~3등급의 경우 7,500일로 산정한다.

③ 영구 전노동불능의 경우 신체장해등급에 따라 7,500일 이하로 계산한다.

④ 영구 일부노동불능의 경우 신체장해등급은 4~14등급으로 구분하며, 14등급의 근로손실일수는 50일로 산정한다. 또한, 근로손실산정일수는 다음 표와 같다.

신체장해등급	4	5	6	7	8	9	10	11	12	13	14
근로손실일수	5,500	4,000	3,000	2,200	1,500	1,000	600	400	200	100	50

120 ②는 일시 일부노동불능상해, ③은 영구 전노동불능상해, ④는 응급(구급)조치상해이다.

국제노동기구(ILO)의 근로불능 상해의 종류

분류	정의
사망	안전사고로 사망하거나 또는 사고의 결과로 생명을 잃는 것으로서 근로손실일수는 7,500일이다.
영구 전노동불능상해	부상 결과로 노동기능을 완전히 잃게되는 부상으로서 신체장해등급 제1급에서 제3급에 해당하고, 근로손실일수는 7,500일이다.
영구 일부노동불능상해	부상 결과로 신체 부분의 일부가 노동기능을 상실한 부상으로서, 신체장해등급 제4급에서 제14급에 해당하는 상해이다.
일시 전노동불능상해	의사의 진단에 따라 일정기간 정규 노동에 종사할 수 없는 상해로서, 신체장해가 남지 않는 일반적인 휴업 재해이다.
일시 일부노동불능상해	의사의 진단으로 일정기간 정규 노동에 종사할 수 없으나, 휴무 상태가 아닌 상해로서 일시 가벼운 노동에 종시하는 경우의 상해이다.
응급(구급)조치상해	부상을 입은 다음 1일 미만의 치료를 받고 다음부터 정상작업에 일할 수 있는 정도의 상해이다.

121 상해의 종류에는 골절, 동상, 부종, 찔림(자상), 타박상(좌상), 절단, 중독 및 질식, 찰과상, 베임(창상), 화상, 뇌진탕, 익사, 피부염, 청력장해, 시력장해, 기타 등이 있다. 재해발생 형태별 종류에는 추락, 전도, 충돌, 낙하(비래), 붕괴(도괴), 협착, 감전, 폭발, 파열, 화재, 무리한 동작, 이상온도접촉, 유해물 접촉, 기타 등이 있다.

122 산업재해통계의 산출방법 및 정의(산업재해통계업무처리규정 제3조)

사망자수는 근로복지공단의 유족급여가 지급된 사망자(지방고용노동관서의 산재 미보고 적발 사망자를 포함한다.) 수를 말함. 다만, 사업장 밖의 교통사고(운수업, 음식숙박업은 사업장 밖의 교통사고도 포함)·체육행사·폭력행위·통상의 출퇴근에 의한 사망, 사고 발생일로부터 1년을 경과하여 사망한 경우는 제외함

123~124 안전점검의 시스템 중 4M은 Man(사람), Management(관리), Machine(도구로서, 기계, 설비 장비 등), Media(사고 발생의 과정)의 4요소로 구성된다.

125 안전점검의 목적
- 기기 및 설비의 결함이나 불안전한 상태 및 위험의 제거로 사전에 안전성을 확보한다.
- 설비의 안전 확보와 인적 안전 행동 유지 및 합리적인 생산관리를 확보한다.
- 생산량의 증가와는 무관하다.

126 안전점검의 대상

기계 및 설비에 관한 사항	• 작업 환경(일반 환경과 유해·위험 관리와 작업 환경 관리) • 안전 장치(목적 및 법규의 적합성, 성능 유지와 관리 상황) • 보호구, 정리 정돈, 운반 설비(표준화, 생력화, 안전 표지 등) • 위험물과 방화 관리 등
일반적인 사항과 작업 방법에 대한 사항	• 안전관리 조직체계(안전관리 조직 체계와 운영 실태) • 안전 교육(안전교육계획 및 실시 상황) • 안전 활동 및 안전 점검 등

127 안전점검의 기준 작성시에 고려 사항에는 안전점검 대상의 기능적 특성, 위험도, 사고 이력, 관리 상태 등이 있다. 대상물의 크기와 형태는 무관하다.

128 ② 중점도(위험성, 긴급)가 높은 것부터 순서대로 작성할 것
⑧ 최고의 기술적 수준 보다 점검자의 기능수준을 우선으로 하여 원칙적인 기준조항에 준수하도록 한다.

129 ② 사소한 사항이라도 큰 문제를 야기시킬 수 있기 때문에 철저하게 조사한다.
④ 중대재해에 영향을 미치지 않는 사소한 사항이라도 철저하게 조사하여 미연에 사고를 방지한다.
⑥ 과거의 재해 발생장소는 대책이 수립되어 그 원인이 해소되었는지를 확인한다.

130~131 안전점검은 점검자의 주관적 판단에 의하여 점검하거나 판단하지 말고, 객관적 판단에 의해서 점검이나 판단을 하여야 한다.

132 점검시기에 의한 구분에 있어 안전점검의 종류에는 수시(일상)점검, 정기(계획)점검, 특별 점검 및 임시 점검 등이있다.

133 ② 수시(일상)점검은 작업 전·중·후에 실시하는 점검으로 작업자, 작업 책임자, 관리감독자가 실시하고, 넓은 의미에서는 사업주의 안전 순찰도 포함된다.
③ 특별 점검은 천재지변 또는 중대재해가 발생한 후 또는 안전강조기간 내 주로 실시하며, 기계·기구·설비 등의 신설 시, 변경 또는 고장 시에 실시하는 점검으로, 기술책임자가 실시한다.
④ 임시 점검은 정기 점검과 정기 검사의 기간 사이에 실시하는 점검으로 이상 발견 시 임시로 실시하는 점검이다.

134 ① 방호장치의 작동여부는 작업 전 점검 내용이다.

135 안전 점검표의 판정기준에는 법령에 의한 기준(안전관계 법령), 기술 지침(KS기준 등), 기업의 자율적 안전기준(자체검사기준) 등이 있다. 재해 통계 분석은 판정기준과는 무관하고, 안전활동을 진행하는 자료로 사용된다.

136 점검표에 포함될 사항에는 점검 대상(점검 기계와 기구), 점검 부분(점검 개소), 점검 항목(마모, 균열, 부식, 파손, 변형 등의 점검 내용), 점검 주기 또는 기간(점검 시기), 점검 방법(육안 점검, 기능 점검, 기기 점검, 정밀 점검 등), 판정 기준(자체검사기준, 법령에 의한 기준, KS기준 등), 조치 사항(점검 결과에 따른 결함의 시정 사항) 등이 있다.

137 ① 육안 검사는 시각, 촉각 등으로 검사, ③ 조작검사는 간단한 조작에 의한 검사, ④ 시험에 의한 검사는 간단한 시험 방법에 의한 검사이다.

138 재해방지를 위한 안전관리 조직의 목적
- 위험요소의 제거와 조직적 사고 예방활동
- 재해방지 기술의 수준 향상과 기업의 손실을 근본적으로 방지
- 재해 예방율의 향상 및 단위당 예방비용의 절감
- 조직 계층 간 신속한 정보처리

139 ① 생산라인이나 현장과는 밀접하게 결합된 조직이어야 한다.
⑤ 생산조직과 밀접하게 결합된 조직이 되도록 한다.
⑥ 조직 구성원의 책임과 권한에 대하여 분명하게 구분되게 하여야 한다.
⑦ 안전지시나 명령이 작업현장에 전달되기 전이나 후에 스태프의 기능이 유지되도록 한다.

140 ② 라인(line, 직계)식 조직은 100명 미만의 기업에 적합하다.
⑦ 스태프(참모)식 조직은 권한 다툼이나 조정이 난이하여 통제수속이 복잡하다.
⑨ 라인(line, 직계)식 조직은명령과 보고가 상하관계 뿐이므로 간단명료하다.
⑩ 라인-스태프(직계-참모)식 조직은 조직원 전원을 자율적으로 안전 활동에 참여시킬 수 있다.

141 ③ 라인(직계)식 조직은 참모식 조직에 비해 경제적이다.
⑦ 스태프(참모)식 조직은 안전에 관한 전반사항을 별도의 전문팀으로 구성하여 운영한다.
⑨ 스태프(참모)식 조직은 안전정보 수집이 빠르고 전문적이다.
⑭ 스태프(참모)식 조직은 별도의 안전관리 전담요원이 직접 통제한다.
⑱ 라인-스태프(직계-참모)식 조직은 대규모 사업장에 적합하다.
⑲ 스태프(참모)식 조직은 안전지식이나 기술축적이 용이하다
㉑ 스태프(참모)식 조직은 독립된 안전참모 조직을 보유하고 있고, 의존도가 크다.

142 라인(line, 직계)식 조직은 안전지시, 명령의 신속화가 가능하다.

143 ③ 스태프(참모)식 조직은 라인의 관리·감독자에게는 안전에 관한 책임과 권한이 부여되지 않는다.
⑦ 스태프(참모)식 조직은 안전활동을 전담하는 부서를 두어 안전에 관한 업무를 관장하는 제도이다.
⑬ 라인-스태프(직계-참모)식 조직은 특별한 사업장에만 적용되지 않고, 근로자 1,000명 이상의 대규모 사업장에 적용하는 것이 일반적이다.
⑯ 라인-스태프(직계-참모)식 조직은 라인에 과중한 책임을 부여할 우려가 없다.
⑱ 라인(line, 직계)식 조직은 소규모 사업장에 적합하다.
⑳ 라인(line, 직계)식 조직은 명령과 보고가 상하관계로 간단명료하다.
㉑ 라인(line, 직계)식 조직은 안전에 대한 전문적인 지식이나 정보가 불충분하다.

㉓ 스태프(참모)식 조직은 생산부분에는 안전에 대한 책임과 권한이 없다.
㉔ 라인(line, 직계)식 조직은 안전에 대한 정보가 불충분하다.
㉕ 라인-스태프(직계-참모)식은 안전과 생산이 분리되지 않으므로 별도로 생각하지 않는다.

144 ① 라인(line, 직계)식 조직은 안전정보가 불충분하다.
② 스태프(참모)식 조직은 생산부문은 안전에 대한 책임과 권한이 없다.
④ 스태프(참모)식 조직은 생산부문에 협력하여 안전명령을 전달 실시하여 안전과 생산을 별도 취급한다.

145 ① 스태프(참모)식 조직은 중규모 사업장에 적합하고, 라인-스태프(직계-참모)식 조직은 대규모 사업장에 적합하다.
② 라인(line, 직계)식 조직은 권한 다툼의 해소나 조정이 용이하여 시간과 노력이 감소된다.
④ 라인-스태프(직계-참모)식 조직은 대규모 사업장에 적합하고, 직원 전원을 자율적 참여시킬 수 있는 장점이 있다.
⑤ 라인(line, 직계)식 조직은 100명 이하의 소규모 사업장에 적합하다.
⑦ 스태프(참모)식 조직은 안전활동과 생산업무가 유리되기 쉬워 균형을 유지하는 데 중점을 두어야 한다.
⑧ 라인(line, 직계)식 조직은 모든 권한이 포괄적이고 직선적으로 행사되어 지시나 조치가 철저하고 그 실시가 가장 빠르다.
⑨ 스태프(참모)식 조직은 100명 이상의 중규모 사업장에 적합하다.
⑩ 스태프형 조직은 100명 이상 1,000명 미만의 중규모 사업장에 적합하다.
⑪ 라인-스태프(직계-참모)식 조직은 1000명 이상의 대규모 사업장에 적합하나 조직원 전원의 자율적 참여가 가능하다.

146 ① 안전과 생산에 관한 부서가 서로 협력할 수 있도록 조직한다.
② 소요되는 비용의 절감보다는 안전을 우선적으로 고려하여야 한다.
③ 안전 업무는 스태프에서 실천하고, 생산기술 안전대책은 현장(라인)에서 실천하도록 한다.

147 작업 표준의 주목적은 위험 요인의 제거, 손실 요인의 제거, 작업의 효율화 등이 있다.

148 동작분석의 목적은 작업을 함에 있어서 가장 경제적인 방법을 발견하기 위해 그 작업에 종사하는 작업자의 동작을 분석하여 개선하는 것이다. 표준 동작의 설정, 동작 계열의 개선 및 작업의 모션마이드의 체질화 등이 있다.

149 동작 개선의 원칙(design of tools and equipments)

동작의 자동화	반복적인 동작은 자동화 시스템을 적용한다.
관성, 중력, 기계력의 활용	관성, 중력, 기계력을 이용하여 작업을 쉽게 한다.
에너지 소비의 최소화	불필요한 에너지를 줄여 피로를 최소화한다.
안전하고 편안한 작업 환경	작업자가 안전하고 편안한 작업 환경에서 작업할 수 있도록 환경을 조성한다.

150 작업표준의 올바른 작성순서는 "작업의 분류와 정리 → 작업 분해 → 동작 순서 및 급소를 정함 → 작업표준안 작성 → 작업표준의 제정과 교육 실시" 순으로 한다. 즉, b → a → e → c → d의 순이다.

151 안전성 평가의 기본원칙 (6단계)

제1단계	제2단계	제3단계	제4단계	제5단계	제6단계
관계 자료의 정비검토	정성적 평가	정량적 평가	안전대책 수립	재해정보에 의한 재평가	F.T.A에 의한 재평가

152 표준작업이 정착되지 않거나 저해되는 경우
- 신체적 조건의 배려 소홀
- 작업 표준에 대한 감독자의 무관심
- 작업 표준의 내용 부족

153 TWI 과정에서 활용하는 작업개선 기법 단계에는 작업분해, 요소작업의 세부내용 검토, 작업분석으로 새로운 방법 전개 등이 있다.

2단원 안전보호구 관리

▶ 문제편 61p

001	① ○	② ○	③ ×	④ ○									**002**	① ○	② ○	③ ○	④ ×	⑤ ×	⑥ ○	⑦ ○
003	① ×	② ○	③ ○	④ ○	⑤ ○	⑥ ○							**004**	① ×	② ○	③ ○	④ ○	⑤ ×		
005	① ×	② ○	③ ×	④ ×									**006**	① ○	② ×	③ ○	④ ○			
007	① ×	② ○	③ ○	④ ○									**008**	① ○	② ○	③ ○	④ ×			
009	① ×	② ○	③ ○	④ ○									**010**	① ×	② ×	③ ○	④ ×			
011	① ○	② ○	③ ○	④ ×	⑤ ○	⑥ ○	⑦ ×	⑧ ×	⑨ ○	⑩ ×										
012	① ×	② ×	③ ○	④ ○									**013**	① ×	② ○	③ ○	④ ○			
014	① ○	② ×	③ ○	④ ○	⑤ ○								**015**	① ○	② ○	③ ○	④ ×			
016	① ○	② ○	③ ○	④ ×									**017**	① ×	② ○	③ ○	④ ○			
018	① ×	② ○	③ ○	④ ×									**019**	① ○	② ○	③ ×	④ ○	⑤ ○	⑥ ×	
020	① ○	② ○	③ ○	④ ○									**021**	① ○	② ×	③ ×	④ ×			
022	① ×	② ×	③ ×	④ ○									**023**	① ○	② ○	③ ○	④ ×			
024	① ○	② ×	③ ○	④ ○									**025**	① ×	② ×	③ ×	④ ○			
026	① ×	② ○	③ ○	④ ×									**027**	① ○	② ×	③ ×	④ ×			
028	① ×	② ○	③ ○	④ ×	⑤ ×	⑥ ×	⑦ ×						**029**	① ×	② ×	③ ×	④ ○	⑤ ○	⑥ ○	⑦ ×
030	① ○	② ○	③ ○	④ ×	⑤ ○	⑥ ○	⑦ ○	⑧ ×	⑨ ○	⑩ ○										
031	① ×	② ○	③ ×	④ ×									**032**	① ○	② ○	③ ○	④ ×			
033	① ○	② ○	③ ○	④ ×	⑤ ○	⑥ ○	⑦ ×	⑧ ○	⑨ ×											
034	① ×	② ×	③ ×	④ ○									**035**	① ○	② ×	③ ×	④ ×			
036	① ○	② ○	③ ○	④ ×																
037	① ×	② ×	③ ○	④ ×	⑤ ×	⑥ ○	⑦ ×	⑧ ×	⑨ ○	⑩ ○	⑪ ×	⑫ ○	⑬ ×							
038	① ○	② ○	③ ○	④ ×	⑤ ○	⑥ ×							**039**	① ×	② ×	③ ×	④ ○			
040	① ×	② ○	③ ○	④ ○	⑤ ×								**041**	① ×	② ×	③ ○	④ ×	⑤ ×	⑥ ×	⑦ ×	⑧ ○
042	① ×	② ○	③ ○	④ ○									**043**	① ×	② ○	③ ×	④ ×			
044	① ○	② ×	③ ×	④ ×									**045**	① ○	② ×	③ ×	④ ×			
046	① ×	② ○	③ ○	④ ○	⑤ ○	⑥ ○	⑦ ×	⑧ ○	⑨ ○											
047	① ○	② ○	③ ×	④ ○																

001 보호구의 관리방법에는 세척한 후에는 햇볕을 피하여 그늘에서 완전히 건조시켜 보관하고, 발열성 물질을 보관하는 주변에 가까이 두지말며, 오물(모래, 진흙 등)이 묻은 경우에는 깨끗이 씻고, 그늘에서 건조할 것 등이 있다.

002 안전인증제품에는 형식 또는 모델명, 규격 또는 등급 등, 제조자명, 제조번호 및 제조연월, 안전인증 번호 등의 사항을 표시한다(고시 제34조).

003 방진마스크의 선정기준은 ②, ③, ④, ⑤ 이외에도 흡기 및 배기 저항이 작아야 하고, 시야가 넓어야 하며, 피부 접촉 부위의 고무질이 양질이어야 한다.

004 방진마스크의 등급과 사용 장소

등급	사용 장소
특급	• 베릴륨 등과 같이 독성이 강한 물질들을 함유한 분진 등 발생장소 • 석면 취급장소
1급	• 특급마스크 착용장소를 제외한 분진 등 발생장소 • 금속흄 등과 같이 열적으로 생기는 분진 등 발생장소 • 기계적으로 생기는 분진 등 발생장소(규소 등과 같이 2급 방진마스크를 착용하여도 무방한 경우는 제외)
2급	특급 및 1급 마스크 착용장소를 제외한 분진 등 발생장소

※ 배기밸브가 없는 안면부여과식 마스크는 특급 및 1급 장소에 사용해서는 안 된다.

005 정화통 외부 측면의 표시 색

종류	표시색	종류	표시색
유기화합물용	갈색	아황산용	노랑색
할로겐용	회색	암모니아	녹색
황화수소용		복합용	해당가스 모두 표시 (2층 분리)
시안화수소용		겸용	백색과 해당가스 모두 표시 (2층 분리)

※ 증기밀도가 낮은 유기화합물 정화통의 경우 색상표시 및 화학물질명 또는 화학기호를 표기

006 안전인증제품에는 형식 또는 모델명, 규격 또는 등급 등, 제조자명, 제조번호 및 제조연월, 안전인증 번호 등의 사항을 표시하고, 추가 표시 사항에는 파과곡선도, 사용시간 기록카드, 정화통의 외부측면의 표시 색, 사용상의 주의사항 등의 내용을 추가로 표시해야 한다(고시 제34조, 별표 5).

007 방독마스크 종류와 시험가스

종류	시험가스	종류	시험가스
유기화합물용	시클로헥산(C_6H_{12}) 디메틸에테르(CH_3OCH_3) 이소부탄(C_4H_{10})	시안화수소용	시안화수소가스(HCN)
할로겐용	염소가스 또는 증기(Cl_2)	아황산용	아황산가스(SO_2)
황화수소용	황화수소가스(H_2S)	암모니아용	암모니아가스(NH_3)

008 방독마스크의 시험성능기준 항목에는 안면부 흡기저항, 정화통의 제독능력, 안면부 배기저항, 안면부 누설율, 배기밸브 작동, 시야, 강도, 신장률 및 영구변형률, 불연성, 음성전달판, 투시부의 내충격성, 정화통 질량(여과재가 있는 경우 포함), 정화통 호흡저항, 안면부 내부의 이산화탄소 농도 등이 있다.

009 전면형은 호흡 시에 투시부가 흐려지지 않을 것이고, 전면형의 시야는 다음 표와 같아야 한다.

형태		시야(%)	
		유효시야	겹침시야
전면형	1 안식	70 이상	80 이상
	2 안식		20 이상

010 호흡용 보호구의 사용 장소

산소결핍 장소		산소농도 18% 이상의 유독가스, 소방 작업, 석면 작업
분진	유독가스	
방진 마스크		방독 마스크
송기 마스크, 공기 호흡기		

011 안전모의 성능시험기준(인증고시 제4조, 별표 1)

안전모의 시험성능기준 항목에는 내관통성, 충격흡수성, 내전압성, 내수성, 난연성, 턱끈풀림 등이 있다.

항목	시험성능기준
내관통성	AE, ABE종 안전모는 관통거리가 9.5mm 이하이고, AB종 안전모는 관통거리가 11.1mm 이하이어야 한다.
충격흡수성	최고전달충격력이 4,450N을 초과해서는 안되며, 모체와 착장체의 기능이 상실되지 않아야 한다.
내전압성	AE, ABE종 안전모는 교류 20kV 에서 1분간 절연파괴 없이 견뎌야 하고, 이때 누설되는 충전전류는 10mA 이하이어야 한다.
내수성	AE, ABE종 안전모는 질량증가율이 1% 미만이어야 한다.
난연성	모체가 불꽃을 내며 5초 이상 연소되지 않아야 한다.
턱끈풀림	150N 이상 250N 이하에서 턱끈이 풀려야 한다.

012 ②는 AB형, ③은 AE형에 대한 설명이다.

안전모의 종류(인증고시 제4조, 별표 1)

종류 (기호)	사용구분	비고
AB	물체의 낙하 또는 비래 및 추락에 의한 위험을 방지 또는 경감시키기 위한 것	비내전압성
AE	물체의 낙하 또는 비래에 의한 위험을 방지 또는 경감하고, 머리부위 감전에 의한 위험을 방지하기 위한 것	내전압성
ABE	물체의 낙하 또는 비래 및 추락에 의한 위험을 방지 또는 경감하고, 머리부위 감전에 의한 위험을 방지하기 위한 것	내전압성

※ 내전압성이란 7,000V 이하의 전압에 견디는 것을 말한다.

013 ③은 AE형, ④는 ABE형에 대한 설명이다.

014 안전모의 일반구조에는 ①, ②, ③, ⑤ 이외에도 다음과 같은 내용이 포함된다.

> • 착장체의 머리고정대는 착용자의 머리부위에 적합하도록 조절할 수 있을 것
> • 모체, 착장체 등 안전모의 부품은 착용자에게 상해를 줄 수 있는 날카로운 모서리 등이 없을 것
> • 턱끈은 사용 중 탈락되지 않도록 확실히 고정되는 구조일 것
> • 안전모의 내부수직거리는 25mm 이상 50mm 미만일 것
> • 안전모의 수평간격은 5mm 이상일 것
> • 머리받침끈이 섬유인 경우에는 각각의 폭이 15mm 이상이어야 하며, 교차지점 중심으로부터 방사되는 끈폭의 총합은 72mm 이상일 것

015 안전화의 성능시험기준(인증고시 제4조, 별표 1)

> 안전화 완성품에 대한 시험성능기준은 다음과 같이 한다.
> ① 내압박성과 내충격성은 시험하였을 때, 선심내부높이를 다음 표 값 이상이어야 한다.
>
> 〈표 5〉 압박 또는 충격시 선심 내부의 높이
>
> 단위 : mm
>
> | 안전화의 크기 | ~ 225 | 230 ~ 240 | 245 ~ 250 | 255 ~ 265 | 270 ~ 280 | 285 ~ |
> |---|---|---|---|---|---|---|
> | 선심 내부의 높이 | 12.5 | 13.0 | 13.5 | 14.0 | 14.5 | 15.0 |
>
> ② 몸통과 겉창의 박리저항은 중작업용 및 보통작업용은 4.0N/㎜ 이상이어야 하고, 경작업용은 3.0N/㎜ 이상이어야 한다.
> ③ 내답발성은 중작업용 또는 보통작업용은 1,000N, 경작업용은 500N의 정하중을 걸어 창을 관통하지 않아야 한다.

016 내수성 시험에서 AE, ABE종 안전모의 내수성 시험은 시험 안전모의 모체를 (20~25)℃의 수중에 24시간 담가놓은 후, 대기중에 꺼내어 마른천 등으로 표면의 수분을 닦아내고 다음 산식으로 질량증가율(%)을 산출한다.

$$질량증가율(\%) = \frac{담근 \ 후의 \ 질량 - 담그기 \ 전의 \ 질량}{담그기 \ 전의 \ 질량} \times 100$$

017 안전화의 종류(인증고시, 별표 2)

종류	성능 구분
가죽제안전화	물체의 낙하, 충격 또는 날카로운 물체에 의한 찔림 위험으로부터 발을 보호하기 위한 것
고무제안전화	물체의 낙하, 충격 또는 날카로운 물체에 의한 찔림 위험으로부터 발을 보호하고 내수성을 겸한 것
정전기안전화	물체의 낙하, 충격 또는 날카로운 물체에 의한 찔림 위험으로부터 발을 보호하고 정전기의 인체대전을 방지하기 위한 것
발등안전화	물체의 낙하, 충격 또는 날카로운 물체에 의한 찔림 위험으로부터 발 및 발등을 보호하기 위한 것
절연화	물체의 낙하, 충격 또는 날카로운 물체에 의한 찔림 위험으로부터 발을 보호하고 저압의 전기에 의한 감전을 방지하기 위한 것
절연장화	고압에 의한 감전을 방지 및 방수를 겸한 것
화학물질용안전화	물체의 낙하, 충격 또는 날카로운 물체에 의한 찔림 위험으로부터 발을 보호하고 화학물질로부터 유해위험을 방지하기 위한 것

018 ① 보안면 : 용접 시 불꽃이나 물체가 흩날릴 위험이 있는 작업 시 착용한다.

② 방열복 : 고열에 의한 화상 등의 위험이 있는 작업시 착용한다.

③ 방한모·방한복·방한화·방한장갑 : 영하 18℃ 이하인 급냉동어창에서 하는 하역작업 시 착용한다.

019 안전대의 일반구조는 ①·②·④·⑤ 이외에 다음과 같은 기준을 가져야 한다.

안전대의 성능기준(보호구 27조, 별표 9)

① 벨트 또는 지탱벨트에 D링 또는 각 링과의 부착은 벨트 또는 지탱벨트와 같은 재료를 사용하여 견고하게 봉합할 것(U자걸이 안전대에 한함)

② 벨트 또는 안전그네에 버클과의 부착은 벨트 또는 안전그네의 한쪽 끝을 꺾어 돌려 버클을 꺾어 돌린 부분을 봉합사로 견고하게 봉합할 것

③ 죔줄 또는 보조죔줄 및 수직구명줄에 D링과 훅 또는 카라비너(“D링 등”)와의 부착은 죔줄 또는 보조죔줄 및 수직구명줄을 D링 등에 통과시켜 꺾어돌린 후 그 끝을 3회 이상 얽어매는 방법(풀림방지장치의 일종) 또는 이와 동등이상의 확실한 방법으로 할 것

④ ① 또는 ③의 부착은 벨트 또는 지탱벨트 및 죔줄, 수직구명줄 또는 보조죔줄에 씸블(thimble)등의 마모방지장치가 되어있을 것

⑤ 안전대에 사용하는 죔줄은 충격흡수장치가 부착될 것(다만 U자걸이, 추락방지대 및 안전블록에는 해당하지 않는다.)

020 안전대 충격흡수장치의 동하중 시험성능기준 중 최대전달충격력은 6.0kN 이하이어야 하고, 감속거리는 1,000mm 이하이어야 함(보호구 안전인증 고시 별표 9)

021 내전압용절연장갑의 등급

등급		00	0	1	2	3	4
최대사용전압	교류(V, 실효값)	500	1,000	7,500	17,000	26,500	36,000
	직류(V)	750	1,500	11,250	25,500	39,750	54,000

022 귀마개·귀덮개 차음성능 기준

중심주파수(Hz)	차음치(dB)		
	EP-1(귀마개1종)	EP-2(귀마개2종)	EM(귀덮개)
125	10 이상	10 미만	5 이상
250	15 이상	10 미만	10 이상
500	15 이상	10 미만	20 이상
1,000	20 이상	20 미만	25 이상
2,000	25 이상	20 이상	30 이상
4,000	25 이상	25 이상	35 이상
8,000	20 이상	20 이상	20 이상

023 방음용 귀마개 또는 귀덮개의 종류·등급 등(고시 제33조, 별표 12)

종류	등급	기호	성능	비고
귀마개	1종	EP-1	저음부터 고음까지 차음하는 것	귀마개의 경우 재사용 여부를 제조특성으로 표기
	2종	EP-2	주로 고음을 차음하고, 저음(회화음영역)은 차음하지 않는 것	
귀덮개	–	EM		

024 안전보건표지의 종류, 형태, 색채 및 용도 등 [법 제37조, 규칙 제38조, 별표 6(안전보건표지의 종류와 형태), 별표 7(안전보건표지의 종류별 용도, 설치·부착 장소, 형태 및 색채)]

025~029 안전보건표지의 색도기준 및 용도(규칙 별표 8)

색채	색도 기준	용도	사용례
빨간색	7.5R 4/14	금지	정지신호, 소화설비 및 그 장소, 유해행위의 금지
		경고	화학물질 취급장소에서의 유해·위험 경고
노란색	5Y 8.5/12	경고	화학물질 취급장소에서의 유해·위험 경고 이외의 위험경고, 주의표지 또는 기계 방호물
파란색	2.5PB 4/10	지시	특정 행위의 지시 및 사실의 고지
녹색	2.5G 4/10	안내	비상구 및 피난소, 사람 또는 차량의 통행 금지
흰색	N9.5		파란색 또는 녹색에 대한 보조색
검은색	N0.5		문자 및 빨간색 또는 노란색에 대한 보조색

030 ④ 빨간색(7.5R 4/14) – 인화성물질경고

⑧ 빨간색 – 화학물질 취급장소에서의 유해·위험경고

031 안전보건표지(규칙 별표 6)

① 금연 – 금지표시

③ 고압전기 – 경고표시

④ 안전모 착용 – 지시표시

032 산업안전보건법에서 정한 안전보건표지의 종류에는 금지표지, 경고표지, 지시표지, 안내표지, 출입금지표지 등이 있다.

033 안전보건표지의 종류 중 금지표지에는 출입금지, 보행금지, 차량통행금지, 사용금지, 탑승금지, 금연, 화기금지 및 물체이동금지 등이 있다.

④ 접촉금지는 안전보건표지와는 무관하다.

⑦ 방진마스크 착용은 지시표지이다.

⑨ 접근금지는 안전보건표지와는 무관하다.

034 ①은 안전보건표지에 속하지 않고, 이와 유사한 것은 인화성물질 및 산화성 물질 경고 등이 있다. ②는 지시표지 중 방독마스크 착용, ③은 경고표지 중 급성독성물질경고, ④는 금지표지 중 탑승금지이다.

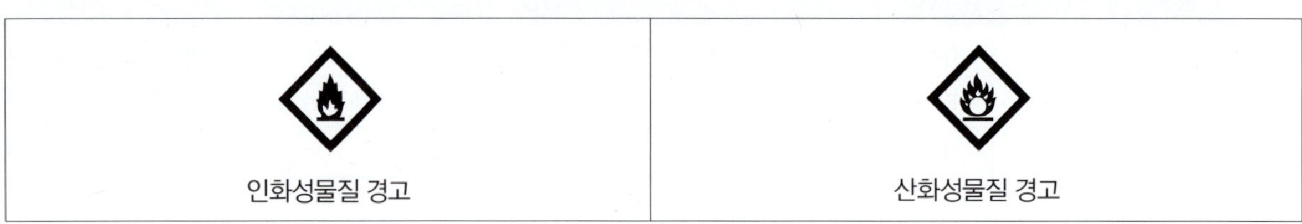

인화성물질 경고	산화성물질 경고

035 ①은 경고표지 중 급성독성물질경고, ②는 금지표지 중 금연, ③은 지시표지 중 귀마개 착용, ④는 안내표지 중 비상구이다.

036 산업안전보건법상 안전보건표지의 종류 중 경고표지에는 인화성물질, 산화성물질, 폭발성물질, 급성독성물질, 부식성물질, 방사성물질, 고압전기, 매달린 물체, 낙하물체, 고온, 저온, 몸균형 상실, 레이저광선, 위험장소 경고 등이 있다. 금연은 금지표지에 속한다.

037 산업안전보건법규에서 정하는 안전보건표지의 종류 중 지시표지에는 보안경 착용, 방독마스크 착용, 방진마스크 착용, 보안면 착용, 안전모 착용, 귀마개 착용, 안전화 착용, 안전장갑 착용, 안전복 착용 등이 있다.
① 금연은 금지표지이다.
② 들 것은 안내표지이다.
④ 금지유해물질취급은 출입금지표지이다.
⑤ 화기 금지는 금지표지이다.
⑦ 낙하물체 경고는 경고표지이다.
⑧ 응급구호표지는 안내표지이다.
⑪ 방열복 착용은 안전보건표지와는 무관하다.
⑬ 안전대 착용은 안전보건표지와는 무관하다.

038 안전보건표지의 종류 중 안내표지에는 녹십자표지, 응급구호표지, 들 것, 세안장치, 비상용 기구, 비상구(좌측, 우측) 등이 있다. 귀마개착용은 지시표지, 금연은 금지표지이다.

039 안내표지에는 녹십자표지, 응급구호표지, 들 것, 세안장치, 비상용 기구, 비상구(좌측, 우측) 등이 있다.

040 안전보건표지의 분류에 있어 출입금지표지의 종류에는 허가대상물질 취급, 석면취급 및 해체·제거, 금지유해물질 등이 있다. 차량통행금지와 화기금지는 금지표지에 속한다.

041 ① 금연은 금지표지이다.
② 비상구는 안내표지이다.
④ 안전모 착용은 지시표지이다.
⑤ 고압전기는 경고표지이다.
⑥ 금연은 금지표지이다.
⑦ 안전모착용은 지시표지이다.

042 안전보건표지의 색채

구분	바탕	기본모형	관련부호 및 그림	글자
금지표지	흰색	빨간색	검은색	
경고표지	노란색	검은색		
	무색	빨간(검정)색		
지시표지	파란색		흰색	
안내표지	흰색	녹색		
	녹색	흰색		
관계자외 출입금지표지				흰색 바탕에 흑색 다음 글자는 적색

043 산업안전보건법상 안전보건표지의 종류 중 출입금지표지는 금지표지에 속한다. 금지표지는 바탕은 흰색, 기본모형은 빨간색, 관련부호 및 그림은 검정색이다.

044 산업안전보건법상 안전보건표지의 종류 중 경고표지는 바탕은 노란색, 기본모형, 관련부호 및 그림은 검정색이다. 그러나 그중에서 인화성물질, 산화성물질, 폭발성물질, 급성독성물질, 부식성물질 등의 경고는 바탕은 무색, 기본모형은 빨간색 또는 검정색이다.

045 방독마스크 착용은 지시표지에 속하므로 바탕은 파란색 원형, 관련그림 및 부호는 흰색이다.

046 ① 금연 : 바탕은 흰색, 기본모형은 빨간색, 관련부호 및 그림은 검은색
⑦ 화학물질 취급 장소에서의 유해 · 위험 경고 : 빨간색

047 화학물질 취급장소에서의 유해 · 위험 경고에 사용되는 색채는 빨간색이다.

▶ 문제편 70p

001 ①○ ②○ ③○ ④×	**002** ①○ ②× ③○ ④○
003 ①○ ②○ ③× ④○	**004** ①× ②○ ③○ ④○
005 ①× ②× ③○ ④×	**006** ①× ②○ ③× ④×
007 ①× ②○ ③× ④× ⑤○ ⑥× ⑦○ ⑧○ ⑨○ ⑩×	
008 ①× ②× ③○ ④×	**009** ①× ②○ ③× ④×
010 ①× ②○ ③× ④×	**011** ①× ②○ ③○ ④○
012 ①× ②× ③× ④○ ⑤× ⑥×	**013** ①× ②× ③○ ④○
014 ①○ ②× ③× ④×	**015** ①○ ②○ ③○ ④× ⑤×
016 ①× ②○ ③× ④×	**017** ①○ ②× ③○ ④○
018 ①○ ②○ ③○ ④×	**019** ①○ ②○ ③× ④○
020 ①○ ②× ③○ ④×	**021** ①○ ②× ③○ ④○
022 ①× ②○ ③○ ④○ ⑤×	**023** ①○ ②× ③○ ④○
024 ①○ ②○ ③○ ④×	**025** ①○ ②× ③× ④○
026 ①× ②○ ③○ ④○	**027** ①○ ②○ ③○ ④×
028 ①○ ②○ ③× ④○	**029** ①× ②× ③○ ④×
030 ①○ ②× ③○ ④○	**031** ①× ②○ ③× ④×
032 ①× ②× ③○ ④○	**033** ①○ ②○ ③○ ④×
034 ①○ ②○ ③○ ④× ⑤× ⑥× ⑦× ⑧○	**035** ①× ②○ ③× ④× ⑤○ ⑥○ ⑦○ ⑧×
036 ①○ ②× ③× ④×	**037** ①○ ②× ③○ ④○
038 ①○ ②○ ③○ ④○	**039** ①× ②○ ③○ ④○
040 ①× ②○ ③○ ④○	**041** ①○ ②× ③× ④×
042 ①○ ②○ ③○ ④×	**043** ①○ ②○ ③○ ④× ⑤× ⑥×
044 ①○ ②× ③○ ④○	**045** ①○ ②× ③○ ④×
046 ①○ ②○ ③○ ④○	**047** ①○ ②× ③× ④×
048 ①× ②○ ③○ ④○	**049** ①○ ②× ③× ④×
050 ①× ②○ ③○ ④×	**051** ①○ ②× ③○ ④○
052 ①○ ②○ ③○ ④×	
053 ①○ ②○ ③○ ④× ⑤× ⑥× ⑦○ ⑧○ ⑨○ ⑩×	
054 ①○ ②○ ③○ ④×	**055** ①○ ②○ ③○ ④×
056 ①× ②× ③○ ④× ⑤○ ⑥○	**057** ①○ ②○ ③○ ④×
058 ①○ ②○ ③× ④○	

001 산업심리와 인간관계에 작용하는 요소에는 집단과의 거리, 자기 속성, 사교상의 위치 등이 있다. 기계적 조작은 이와 무관하다.

002~003 초기 산업심리학에 영향을 준 "과학적 관리"는 공학자 F. Taylor가 창시자이다. 직무를 인간 중심이 아닌 과업 중심(직무를 과업 단위로 나누고, 작업자의 선택 등)으로 고도의 전문화, 분업화 및 표준화하였으며, 시간–동작 연구를 통해서, 작업방법을 효율화시켰다. 또한, 작업자를 동기화시킬 수 있는 절대적인 차별적 성과급제였고, 과거, 현재 및 미래에도 성과급제의 찬성(고입금을 희망)은 변함이 없으나, 성과급을 과학적이라고 볼 수 없다.

004 면접 결과에 영향을 미치는 요인은 ②, ③, ④ 이외에도 지원자에 대한 긍정적 정보보다 부정적 정보가 더 중요하게 영향을 미친다.

005 사람의 기술분류에는 전신적, 조작적, 인식적, 언어적 기술의 4가지로 구분하고 있다.

006~007 적응 기제의 분류

구분	방어적 기제	도피적 기제	공격적 기제
종류	보상, 합리화, 동일시, 승화, 치환	고립, 퇴행, 억압, 백일몽	직접적 공격 기제, 간접적 공격 기제

방어적 기제 (갈등을 이겨내려는 적극성과 능동성)	보상 (compensation)	자신의 결함이나 무능으로 인하여 발생하는 열등감 등을 해소 또는 보상받기 위해 자신의 감정을 지나치게 강조하는 것으로, 대상이라고도 한다.
	합리화 (rationalization)	자신의 결함이나 무능을 남이 비난하지 못하도록 그럴 듯한 설명이나 이유를 들어 합리적이고 정당한 것으로 만드는 것이다.
	동일시 (identification)	주변의 중요한 사람들의 태도나 행동을 닮는 것으로 자기의 것이 아님에도 불구하고 자기의 것인 듯 행동하여 인정받는 것이다.
	승화 (subimation)	욕구를 충족하는 기제로서 개인적으로나 사회적으로 본능적인 에너지를 용납되는 형태로 변화시켜 사용하는 것이다.
도피적 기제 (갈등을 해결하지 않고 소극성과 수동성)	고립(isolation)	자신감이 없는 경우 현재의 상황을 피함으로써 곤란한 상황을 벗어나 본인의 내부로 도피하려는 행동이다.
	퇴행(regression)	발전단계를 역행함으로써 욕구를 충족하려는 행동으로, 심한 스트레스나 좌절을 당한 경우, 현재의 발전단계보다 이전의 발달단계로 후퇴하는 것이다.
	억압(repression)	현실적인 욕망, 감정, 충동 및 생각을 무의식 속에 머물 수 있도록 하여 자신의 안정을 유지하려는 행동이다.
	백일몽(day-dream)	현실에서는 도저히 만족시킬 수 없는 사항, 즉 욕구나 소원을 상상의 세계에서 이루려고 하는 도피의 한 방식이다.
공격적 기제	직접적 공격기제	힘에 의한 싸움, 폭행, 기물 파손 등을 말한다.
	간접적 공격기제	말에 의한 폭언, 욕설, 비난, 중상모략, 조소 등을 말한다.

008 인간관계의 메커니즘 적용기제

- 투사 : 합리화의 유형 중 자기의 실패나 결함을 다른 대상에게 책임을 전가시키는 유형으로, 자기의 잘못에 대해 조상 탓을 하거나 축구선수가 공을 잘못 찬 후 신발 탓을 하는 것에 해당하는 기제임
- 승화 : 억압당한 욕구를 다른 가치있는 목적을 위해 노력하여 충족함
- 모방 : 인간관계 메커니즘 중에서 남의 행동이나 판단을 표본으로 하여 그것과 같거나 또는 그것에 가까운 행동 또는 판단을 취하려는 것임
- 동일화 : 다른 사람의 행동 양식이나 태도를 투입함
- 보상 : 자신의 무능에 따른 열등감과 긴장을 해소하기 위해 장점 같은 것으로 결함을 보충함
- 합리화 : 자신의 실패를 그럴듯한 이유를 들어 남에게 비난받지 않도록 함

009 합리화(rationalization)는 자신의 결함이나 무능을 남이 비난하지 못하도록 그럴 듯한 설명이나 이유를 들어 정당화하는 것으로, 다음과 같이 구분한다.

신포도형	자아를 보호하기 위하여 어떤 목표를 위해 노력했으나, 실패한 경우에 본래는 그렇게 원하지 않았다고 하는 형태이다.
투사형	자기의 실패나 결함을 다른 대상에게 책임을 전가시키는 유형으로, 자기의 잘못에 대해 조상 탓을 하거나 축구선수가 공을 잘못 찬 후 신발 탓을 하는 등에 해당된다.
망상형	원하는 목표가 제대로 되지 않은 경우, 실패의 원인을 합리화하기 위하여 자신의 능력에 대해 허구적 신념을 가지는 형태이다.
달콤한 레몬형	자기 자신이 가장 원했던 것이 자기가 현재 가지고 있는 것이라고 믿는 형태이다.

010 ① 자아존중감(self-esteem) : 자아 개념의 평가적 측면으로 자신의 가치에 대한 판단과 감정을 의미한다.
③ 통제의 착각(illusion of control) : 우연에 의한 결과물도 자신의 통제할 수 있다는 믿는 것으로 부정적 결과를 낮게 보고, 긍정적 결과를 높게 봄으로 발생하는 현상이다.
④ 자기중심적 편견(egocentric bias) : 공동의 활동에 의한 결과 즉, 성공과 실패에 대해서 자신의 공로와 책임을 과장하는 편향을 나타내는 현상이다.

011 ① 집단역학(group dynamics)은 집단 구성원 상호간에 상호작용을 분석하여 생산성과 단결성을 향상시키기 위한 연구 또는 사회 집단 내에서, 또는 사회 집단 간에 발생하는 행동 및 심리적 과정의 체계를 말한다.

커뮤니케이션의 개선 방안

제안제도	인간 관계를 유지하고, 경영층의 참가 의식을 높이며, 작업자가 자신의 일에 보람을 느끼고, 근로 의욕을 높인다.
고충처리제도	근로자가 가지고 있는 불평 불만에 대한 고충을 해소하는 것으로 근로조건, 대우, 직장 환경 등이 있다.
인사상담제도	종업원의 사기를 높이고, 건강한 상태를 유지하며, 제품 개발에 사용하는 방법으로 지식적 방법과 비지시적 방법이 있다.
사기조사	감정조사, 근로자의 조직이나 개인의 목표에 영향을 미치고, 근로 의욕을 높인다.
문호개방정책	비효율적인 방법이므로 소규모의 기업에만 적용하는 정책이다.

012~014 호손의 실험은 메이오에 의한 실험으로, 작업자의 생산성 향상(작업 능률)은 물리적 작업환경 이외에 심리적 요인이 영향을 미친다는 것이다. 즉, 물리적인 작업 조건보다는 근로자의 감정, 심리적인 태도를 규제하는 인간 관계에 의해 결정됨을 밝혔다. 호손의 연구에서 작업 능률은 노동 조건(노동 시간, 임금)과 물적 조건(조명, 환기, 그 밖의 작업 환경 등)보다 종업원의 태도(심리적, 내적 양심과 감정 등)가 중요하다. 물적 조건도 개선을 하면 작업 능률과 효과에 영향을 주나, 가장 중요한 요소는 종업원의 태도, 즉, 심리적, 내적 양심과 감정이다. 결과적으로 호손은 인간적 상호작용의 중요성(인간관계)을 주장하였다.

015 개인적인 카운슬링 방법
- 직접 충고(안전수칙 불이행 시에 가장 적합한 방법이다.)
- 설득적 방법
- 설명적 방법

016 카운슬링(counseling)의 순서는 '장면 구성 → 내담자와의 대화 → 의견 재분석 → 감정 표출 → 감정의 명확화'의 순
이다.

017 모랄서베이(morale survey, 사기 조사)의 주요 방법

통계에 의한 방법	여러 통계(사고 상해율, 생산성, 근무태도, 이직 등)를 분석하여 파악하는 방법이다.
사례 연구법	경영 관리상의 여러 가지 제도에 나타나는 사례에 대해 연구함으로써 현상을 파악하는 방법이다.
실험 연구법	두 개의 그룹(실험 그룹과 통제 그룹)으로 나누어 자극이나 정황을 주어서 태도 변화 여부를 조사하는 방법이다.
관찰법	종업원의 근무실태(결근, 지각, 조퇴, 외출 등)를 계속 관찰함으로써 문제점을 찾아내는 방법이다.
태도(의견)조사법	질문지법, 문답법, 면접법, 집단토의법, 투사법 등에 의해 의견을 조사하는 방법이다.

018 상대방으로 하여금 당신이 그를 좋아한다는 것을 알려주어 상대방과의 인간 관계를 맺는다.

019 ① 기계적성 검사 : 기계적 원리의 이해와 제조 및 생산 직무에 적합여부를 측정한다.
　② 성격 검사 : 제시된 진술문에 대하여 어느 정도 동의하는지에 관해 응답하고, 이를 척도점수로 측정한다.
　③ 지능 검사 : 인지능력이 직무수행을 얼마나 예측하는지 측정한다.

020 인사 심리검사의 구비조건

표준화	조건과 절차가 통일성과 일관성을 구비해야 하며, 검사장소, 환경, 시간에 따라 차이가 발생하므로 표준화가 필요하다.
신뢰성	반복검사 시에도 재현성을 나타내고, 측정하고자 하는 심리적 개념을 일관성 있게 측정하는 정도를 의미한다.
실용성	검사를 실시하고, 채점하기가 쉽다.
타당성	선발 후에 검사점수와 직무수행 능력의 상관관계를 유지한다.
객관성	채점자의 편견이나 주관성을 제외한다.
기준(규준)성	개인의 성적을 타인과 비교할 수 있는 참조 또는 비교의 기준을 정립한다.

021 적성검사는 일정한 방식에 의해서 객관적으로 인간 능력의 측정 행위이며 개인의 소질, 개성, 재능 등이 적합한 분야
가 적합한지 확인하는 행위이다. 작업자들에게 적성검사를 실시하는 가장 큰 목적은 작업자의 생산능률을 높이기 위
함이다.

022 직업적성검사의 종류

시각적 판단검사	형태의 비교, 언어의 판단, 평면도 판단, 입체도 판단, 공구 판단, 명칭 판단 검사 등
정밀도(정확도 및 기민성)검사	교환, 회전, 조립, 분해 검사 등
계산에 의한 검사	계산, 수학 응용, 기록 검사 등
운동 능력 검사	추적, 두드리기, 점찍기, 복사, 위치, 블록, 추적 등
직무적성도 판단검사	설문지법, 색채법, 설문지에 의한 컴퓨터 방식
속도 검사	타점 속도 검사

023 인간의 적성 발견 방법에는 자기이해, 적성검사, 계발적 경험의 3가지가 있다.

024 직업 적성의 기본 요소에는 지능, 흥미, 인간성 등이 있어 단기적으로 개발이 불가능하므로, 장기적으로 신중하게 사용해야 한다.

025 지각의 정확도와 속도, 지능 등은 직업의 적성 중 사무적 적성에 속한다. 기계적 이해, 공간의 시각화, 손과 팔의 솜씨 등은 직업의 적성 중 기계적 적성에 속한다.

026 적성배치 시 작업과 작업자의 특성

적성배치 시 작업의 특성	적성배치 시 작업자의 특성
환경적 조건, 작업적 조건, 작업 내용, 작업 형태, 법적 자격 및 제한 등	지적 능력, 성격, 기능, 업무수행력, 연령적 특성, 신체적 특성 등

적성배치 시 기본적으로 고려할 사항에는 ②·③·④ 이외에도 주관적인 감정요소를 배제하고, 객관적인 감성요소를 고려한다는 것이 있다.

027 심리검사의 목적은 기업 내의 숨은 인재를 발견하여 선발된 직원을 적재적소에 배치하기 위함이며, 결론적으로 심리검사는 탈락을 시키는 것이 아니라 선발을 하는 데 목적이 있다.

028 심리검사의 구비조건에는 표준화(Standardization), 객관성(Objectivity), 규준(Norms), 신뢰성(Reliability), 타당성(Validity), 실용성(Practicability) 등이 있다.

표준화 (standardization)	검사관리를 위한 조건과 검사 절차에 있어서 일관성과 통일성을 표준화한다.
객관성 (objectivity)	검사 결과의 채점에 관한 것으로 채점자의 편견과 주관성이 배제되고, 채점자가 누구라고 하더라도 동일한 결과가 되도록 객관성이 있어야 한다.
규준 (norms)	비교할 수 있는 참조 또는 틀로서 검사 규준이 사용된다.
신뢰성 (reliability)	동일한 사람에게 시간 간격을 두고 동일한 검사를 한 결과는 동일해야 한다. 즉, 측정하고자 하는 심리적 개념을 일관성 있게 측정하는 정도를 말한다.
타당성 (validity)	측정하고자 하는 것을 실제로 잘 측정하는가 여부를 판별하는 것으로 구인 및 내용 타당도, 전이 타당도, 조직내 타당도, 조직간 타당도 등이 있다.
실용성 (practicability)	비용이 적게 든다는 것, 검사를 실시하고 채점이 용이하다는 것, 결과의 해석이나 이용의 방법이 간단하다는 것이다.

029 인사 선발을 위한 심리검사의 구비조건에는 표준화(Standardization), 객관성(Objectivity), 규준(Norms), 신뢰성(Reliability), 타당성(Validity), 실용성(Practicability) 등이 있다.

030 직무에 적합한 근로자를 위한 심리검사는 합리적 타당성(구인 타당도, 내용 타당도)을 갖추어야 한다

031~036 레윈(Lewin)의 행동 방정식

1) 인간의 행동(B)은 그 사람이 가진 자질 즉, 개체(P)와 심리학적 환경(E)과의 상호 함수 관계에 있다고 하였다.

그러므로, $B = f(P \cdot E)$이다.

> - B : 인간의 행동
> - f : 함수관계
> - P(Person) : 개체(소질, 자질 등)로서 연령, 경험, 성격, 지능, 심신 상태 등이 있다.
> - E(Environment) : 심리적 환경으로 인간 관계와 작업 환경(조명, 온도, 소음 등) 등이 있다.

2) P와 E에 의해서 성립되는 심리학적인 상태 S를 심리학적 생활공간 또는 생활공간이라고 한다.
　그러므로, $B = f(L \cdot S \cdot P)$

037 레윈의 3단계 조직변화모델은 다음과 같다.

구분	제1단계	제2단계	제3단계
내용	해빙(Unfreezing)	변화(Changing)	재동결(Refreezing)

038 ① 구성 타당도(construct validity)는 측정하고자 하는 추상적 개념이 실제로 측정도구에 의해 제대로 측정되었는지의 정도를 의미한다.
② 내용 타당도(content validity)는 측정하고자 하는 분야의 전문가가 자신의 지식이나 논리에 의해서 타당성을 결정하는 방법이다.
③ 동시(동등) 타당도(concurrent validity)는 시험 점수가 실제로 시험 문제를 얼마나 잘 평가하는지 정도를 나타낸다.
④ 검사-재검사 신뢰도는 어느 정도의 시간을 두고 두 번의 검사를 했을 때, 두 검사의 점수가 일치하는 정도이다.

039 전이타당도를 높이기 위한 방법으로는 ②·③·④ 이외에도 훈련상황과 직무상황 간의 유사성을 최대화하여야 한다.

040~041 관리 그리드란 리더의 행동에서 사람에 대한 관심을 Y축에, 생산에 대한 관심을 X축에 표기하고 X와 Y축에 그리드로 개량화하여 분류한 것으로 유형은 다음과 같다. (수학적인 X, Y값에 의함)

무관심(1, 1)형	• X축(생산)의 값이 1, Y축(사람)의 값이 1인 경우 • 생산과 사람에 대한 관심이 모두 낮은(1, 1) 무관심한 유형 • 리더 자신의 직분을 유지하는 데 최소의 노력만을 투입하는 유형
인기(1, 9)형	• X축(생산)의 값이 1, Y축(사람)의 값이 9인 경우 • 생산의 관심은 매우 낮고, 사람에 대한 관심이 매우 높은 유형 • 인간 관계(직원들과 친밀한 분위기, 원만한 관계)를 조성하는 데 모든 노력을 기울이는 리더의 유형
과업(9, 1)형	• X축(생산)의 값이 9, Y축(사람)의 값이 1인 경우 • 생산의 관심은 매우 높고, 사람에 대한 관심이 매우 낮은 유형 • 인간 관계보다는 업무상의 능력을 중요시하는 리더의 유형
타협(5, 5)형	• X축(생산)의 값이 5, Y축(사람)의 값이 5인 경우 • 인간 관계와 업무상 능력의 중간형(인간과 사람의 절충형) 유형 • 업무상의 능력을 적당한 수준의 성과를 지향하는 리더의 유형
이상(9, 9)형	• X축(생산)의 값이 9, Y축(사람)의 값이 9인 경우 • 생산과 사람에 대한 관심이 모두 높은(9, 9) 유형 • 구성원과의 공동 목표, 상호 의존관계를 강조하고, 상호 신뢰와 존경의 구성원들의 몰입을 통하여 최고 수준의 성과를 지향하는 리더의 유형

042 능률과 안전을 위한 기계의 통제수단(가능) 3가지에는 반응에 의한 통제, 개폐(불연속조절 통제장치)에 의한 통제, 양(量)의 조절(연속조절조종장치)에 의한 통제 등이 있다.

043 사회행동 기본형태

협력	대립	도피	융합
조력, 분업	공격, 경쟁	고립, 정신병, 자살	강제 타협, 통합

044 경쟁은 대립, 통합은 융합에 속한다.

045 인간의 경향성 또는 지각의 오류에는 해석 과정에서의 후광효과, 관찰 단계에서의 관대화효과, 중심화효과, 최근(최신)효과, 초두효과, 주관적 투사, 방어적 지각(지각적 방어) 등이 있다.
② 최신 효과 : 나중의 인상이 가장 큰 영향을 미친다는 경향을 의미한다.
③ 단순노출 효과 : 상대방과 만남의 횟수를 반복할수록 호감을 갖게 되는 현상을 의미한다.
④ 관대화 효과 : 종업원 또는 다른 사람을 평가할 때, 야박하게 평가하지 않고 후하게 평가하려는 경향을 의미한다.

046 ① 후광효과 : 해석 과정에서 발생하는 효과로서 본질적인 측면을 여러 측면에서 파악하지 못하는 것이다. 지각 대상의 어느 특성을 그 대상 전체를 평가하는 오류를 의미한다. 또한, 한 가지 특성에 기초하여 그 사람의 모든 측면을 판단하는 인간의 경향성을 지칭한다.
② 최근(최신)효과 : 관찰 단계에서 발생하는 효과로서 기억하기 쉬운 최근 정보만을 대상으로 지각하고, 과거의 정보는 쉽게 잊어버리는 오류이다.
④ 초두(첫머리)효과 : 나중에 들어온 정보가 초기에 제시된 정보보다 전반적인 인상 현상에 더욱 강력하게 영향을 미치는 오류이다.

047 지각(perception)이란 의미를 부여하는 심리적 과정으로서 외부의 환경으로부터 자극을 선택적으로 받아들여서 해석한다. 물적 작업조건 자체가 아니라 물적 작업조건에 대한 지각이 능률에 영향을 끼친다. 또한, 지각의 과정은 '감지 → 선택 → 조직화 → 해석 → 의사결정 → 실행'의 순으로 이루어진다.

048 아담스의 공평성이론이란 직무에 있어 투입에 대한 산출의 비율이 타 종업원과 일치할 때 공정성이 존재하고, 일치하지 않을 때 공정성이 존재하지 않는다는 이론이다. 불공정성이 지각될 때, 공정성 회복을 위해 긴장이 유발되고, 긴장이 커진다. 즉, 작업동기는 자신의 투입대비 성과결과만으로 비교하는 것이 아니라 자신과 비교 대상인 타인의 투입과 산출의 비교에 의해서 발생하는 것이다.

049 인간의 정보처리과정은 '표시기(정보원) → 감각 → 지각(인지) → 판단(평가) → 응답(지령) → 출력 → 조작구'의 순이다.

050~052 인간의 특성

인간동작의 외적조건	인간동작의 내적조건
① 동적조건 : 가장 최대 요인으로 대상물의 동적 성질을 나타낸다.	① 생리적 조건 : 피로, 긴장 등
② 정적조건 : 대상물의 크기(높이, 크기, 길이 등)에 좌우된다.	② 경력 : 근무 경력에 의한 경험시간
③ 환경조건 : 기온, 습도, 조명, 소음 등에 의해 좌우된다.	③ 개인의 차이 : 적성, 성격, 개성 등

053 작업 분석의 방법

① 결정적 사건기법(행동상태 면담법) : 목적으로는 우수한 수행자의 능력과 평균 수준의 수행자의 능력을 확인하기 위함이고, 방법은 특수한 환경에서 작업하는 작업자의 사건의 원인 또는 원인이 될 수 있었던 행위, 장비, 다른 사람에 관한 사항을 서면이나 구두로 보고를 받는다.

② 직접적인 안전 측정, 관찰(관찰법) : 가장 보편적이면서 가장 효과적인 방법으로 직접적으로 안전을 진단하고, 참여하여 관찰하는 방법이다.

③ 주요 직무분석 방법 : 면접법, 관찰법, 조사법, 직무 수행법, 절차 검토법, 설문지(질문지)법, 작업일지(일지작성)법 등이 있다.

054 직무분석을 통해 얻은 정보는 인사선발, 종업원 모집공고와 배치, 교육 및 훈련, 직무수행평가 등에 활용된다. 그러나 팀빌딩에 활용된다고 보기는 어렵다.

055 직무동기 이론 중 기대이론에서 성과를 나타냈을 때 보상이 있을 것이라는 수단성을 높이기 위해 유의하여야 할 점은 보상의 약속 보장과 객관적인 기준, 성과의 측정 방법 등이 있다.

④ "직무수행을 위한 충분한 정보와 자원을 공급받는다."는 성과를 내기 위한 자료에 불과하고, 보상과는 무관한 사항이다.

056 ① 중요사건법은 특별한 내용을 기록하여 정보를 수집하여 분석하는 방법으로, 해당 직무에 대한 포괄적인 정보를 얻기는 힘들다. 성과와 행동에 관한 관계의 파악이 가능(성공자와 실패자의 구별)하나, 시간과 노력이 많이 소모되는 단점이 있다.

② 설문지법은 많은 사람들로부터 짧은 시간 내에 정보를 얻을 수 있으며, 관찰법이나 면접법과는 달리 다른 직무에 대한 자료 비교는 쉬우나, 질적인 자료보다는 주로 양적인 자료를 얻을 수 있다.

④ 관찰법은 직무의 시작에서 종료까지의 작업 주기가 짧은 직무에 적용하기 어렵다. 즉, 짧은 시간이 소요되는 직무관찰에 부적합하다.

057 인간의 행동에 영향을 미치는 작업 조건 중 물리적 성격의 작업 조건에는 조명, 소음, 환경, 분진, 습도, 온도 등이 있다.

058 색채조절(색을 과학적으로 선택하여 색채를 사용하는 것)의 효과

• 자연스럽게 일할 기분이 생기고, 분위기를 바꾸면 일의 능률이 오른다. (작업환경 개선, 작업 능력의 향상, 생산 증진 등)

• 신체의 피로, 특히 눈의 피로를 막는다. (피로의 감소)

• 일에 주의가 집중되고, 실패의 확률이 작으며, 정리·정돈과 청소가 잘 된다.

• 안전이 유지되고, 사고가 줄어들며, 건물의 보호·유지하는 데 좋다.

4단원 인간의 행동과학

▶ 문제편 80p

001 ① × ② ○ ③ ○ ④ ○		**002** ① × ② ○ ③ × ④ ×	
003 ① ○ ② × ③ × ④ ×		**004** ① ○ ② ○ ③ ○ ④ ×	
005 ① ○ ② ○ ③ ○ ④ ×		**006** ① ○ ② ○ ③ ○ ④ ×	
007 ① ○ ② ○ ③ × ④ ○		**008** ① ○ ② × ③ ○ ④ ○	
009 ① ○ ② ○ ③ ○ ④ × ⑤ × ⑥ ○			
010 ① ○ ② ○ ③ ○ ④ × ⑤ ○ ⑥ × ⑦ × ⑧ × ⑨ ○ ⑩ ×			
011 ① × ② ○ ③ ○ ④ ○		**012** ① ○ ② ○ ③ × ④ ○	
013 ① ○ ② × ③ × ④ ×		**014** ① × ② ○ ③ ○ ④ ○ ⑤ × ⑥ ○	
015 ① ○ ② ○ ③ ○ ④ ×		**016** ① ○ ② ○ ③ ○ ④ ×	
017 ① ○ ② ○ ③ ○ ④ ×		**018** ① ○ ② ○ ③ ○ ④ × ⑤ ○ ⑥ ○ ⑦ ×	
019 ① ○ ② ○ ③ × ④ ○		**020** ① × ② ○ ③ × ④ ×	
021 ① ○ ② × ③ × ④ ×		**022** ① × ② ○ ③ ○ ④ ○	
023 ① ○ ② ○ ③ ○ ④ ○ ⑤ × ⑥ × ⑦ × ⑧ × ⑨ × ⑩ ○ ⑪ ○			
024 ① × ② ○ ③ × ④ ×		**025** ① ○ ② × ③ ○ ④ ○	
026 ① × ② ○ ③ × ④ ○		**027** ① × ② ○ ③ × ④ ○ ⑤ ×	
028 ① ○ ② ○ ③ × ④ ○			
029 ① ○ ② ○ ③ ○ ④ × ⑤ ○ ⑥ ○ ⑦ ○ ⑧ ○ ⑨ × ⑩			
030 ① ○ ② ○ ③ × ④ ○ ⑤ ○ ⑥ ○ ⑦ × ⑧ × ⑨ × ⑩ × ⑪ ○			
031 ① ○ ② ○ ③ ○ ④ ×		**032** ① × ② × ③ × ④ ○	
033 ① × ② ○ ③ ○ ④ ○		**034** ① × ② ○ ③ ○ ④ ○	
035 ① ○ ② × ③ ○ ④ ○		**036** ① ○ ② ○ ③ ○ ④ ×	
037 ① × ② ○ ③ × ④ ×		**038** ① × ② × ③ ○ ④ ×	
039 ① × ② × ③ × ④ ○ ⑤ × ⑥ ○ ⑦ × ⑧ × ⑨ ○ ⑩ ○			
040 ① ○ ② ○ ③ × ④ ×			
041 ① × ② ○ ③ × ④ × ⑤ × ⑥ ○ ⑦ ○ ⑧ × ⑨ × ⑩ × ⑪ × ⑫ × ⑬ × ⑭ ○ ⑮ ○ ⑯ ○ ⑰ ○ ⑱ ×			
042 ① × ② ○ ③ ○ ④ ○		**043** ① × ② × ③ ○ ④ ×	
044 ① × ② ○ ③ × ④ ×		**045** ① ○ ② × ③ × ④ ×	
046 ① ○ ② × ③ × ④ ×		**047** ① ○ ② ○ ③ ○ ④ ○	
048 ① ○ ② ○ ③ ○ ④ ○		**049** ① ○ ② ○ ③ ○ ④ ○	
050 ① ○ ② × ③ × ④ ×		**051** ① × ② ○ ③ × ④ ×	
052 ① ○ ② ○ ③ ○ ④ ×		**053** ① × ② ○ ③ ○ ④ ○	
054 ① ○ ② ○ ③ × ④ ○ ⑤ ○ ⑥ × ⑦ ○		**055** ① ○ ② × ③ ○ ④ ○	
056 ① ○ ② ○ ③ ○ ④ ×		**057** ① ○ ② ○ ③ ○ ④ ×	
058 ① × ② ○ ③ × ④ ×		**059** ① ○ ② × ③ × ④ ×	
060 ① ○ ② × ③ × ④ ×		**061** ① ○ ② × ③ ○ ④ ○	
062 ① × ② × ③ × ④ ○		**063** ① ○ ② × ③ ○ ④ ○	

064	①×	②×	③×	④○					**065**	①○	②○	③×	④○			
066	①○	②×	③○	④○					**067**	①○	②○	③×	④○	⑤○	⑥○	⑦○
068	①○	②○	③×	④○					**069**	①○	②○	③○	④×	⑤×		
070	①×	②×	③○	④×					**071**	①×	②○	③×	④×			
072	①○	②×	③×	④×					**073**	①○	②×	③○	④×			
074	①○	②×	③×	④×					**075**	①×	②○	③○	④○			
076	①×	②○	③○	④○	⑤○	⑥○	⑦×	⑧○	**077**	①×	②○	③○	④○			
078	①×	②○	③○	④○					**079**	①×	②×	③○	④×	⑤○	⑥○	⑦○	⑧×
080	①○	②×	③×	④×					**081**	①○	②×	③×	④×			
082	①×	②×	③×	④○					**083**	①×	②×	③○	④×			
084	①×	②×	③×	④○					**085**	①○	②○	③×	④○			
086	①×	②○	③○	④○	⑤×	⑥○	⑦○	⑧○	**087**	①×	②○	③○	④○			
088	①×	②×	③○	④×					**089**	①×	②○	③×	④×			
090	①○	②○	③○	④×					**091**	①○	②○	③○	④×	⑤×		
092	①○	②×	③○	④○	⑤×	⑥○	⑦×	⑧× ⑨×								
093	①×	②×	③×	④○					**094**	①○	②○	③○	④×			
095	①○	②○	③×	④○					**096**	①○	②×	③○	④○			
097	①○	②×	③○	④○					**098**	①○	②○	③○	④×			
099	①○	②×	③×	④×												
100	①○	②×	③×	④×	⑤×	⑥○	⑦○	⑧○ ⑨○ ⑩○ ⑪×								
101	①×	②×	③○	④×					**102**	①○	②○	③×	④○			
103	①○	②×	③×	④×					**104**	①○	②○	③○	④×			
105	①×	②○	③○	④○					**106**	①○	②○	③○	④×			
107	①○	②○	③○	④×					**108**	①×	②○	③×	④×			
109	①○	②×	③×	④×					**110**	①×	②×	③×	④○			
111	①○	②×	③×	④○	⑤×				**112**	①○	②×	③○	④○	⑤×	⑥○	
113	①×	②○	③×	④×					**114**	①○	②×	③○	④○			
115	①○	②×	③×	④×					**116**	①○	②×	③○	④○			
117	①×	②○	③×	④×					**118**	①○	②○	③○	④×			
119	①○	②○	③○	④×					**120**	①○	②×	③×	④×			
121	①○	②○	③×	④○					**122**	①○	②○	③○	④×			
123	①×	②○	③×	④×					**124**	①×	②×	③×	④○			
125	①○	②×	③×	④×					**126**	①○	②○	③×	④○			
127	①○	②×	③×	④×					**128**	①○	②○	③×	④○			
129	①×	②×	③○	④×					**130**	①×	②○	③○	④○			
131	①○	②○	③×	④○					**132**	①○	②×	③○	④○	⑤×	⑥×	⑦× ⑧○
133	①○	②○	③×	④○					**134**	①○	②×	③○	④○			
135	①×	②○	③○	④○	⑤×				**136**	①×	②×	③×	④○	⑤○		
137	①×	②○	③×	④×					**138**	①×	②○	③○	④×			
139	①○	②×	③×	④×					**140**	①○	②×	③×	④×			
141	①×	②○	③×	④×					**142**	①×	②×	③○	④×			
143	①×	②×	③○	④×					**144**	①○	②×	③○	④○			
145	①○	②○	③×	④○					**146**	①○	②×	③○	④○			

147	① × ② × ③ × ④ ○	148	① × ② × ③ ○ ④ ×
149	① ○ ② ○ ③ ○ ④ ×		
150	① ○ ② ○ ③ × ④ ○ ⑤ ○ ⑥ × ⑦ ○ ⑧ ○ ⑨ ○ ⑩ ○		
151	① ○ ② × ③ ○ ④ ○	152	① × ② × ③ ○ ④ × ⑤ × ⑥ × ⑦ ○ ⑧ ×
153	① × ② × ③ × ④ ○	154	① × ② ○ ③ × ④ ×
155	① × ② ○ ③ ○ ④ ○ ⑤ × ⑥ ○ ⑦ ○ ⑧ ○	156	① ○ ② × ③ ○ ④ ○
157	① ○ ② ○ ③ ○ ④ ×	158	① × ② ○ ③ ○ ④ ○
159	① ○ ② × ③ ○ ④ ○	160	① ○ ② ○ ③ ○ ④ ×
161	① × ② ○ ③ × ④ ×	162	① ○ ② ○ ③ ○ ④ ×
163	① × ② ○ ③ ○ ④ ○	164	① ○ ② ○ ③ ○ ④ × ⑤ ×
165	① × ② × ③ × ④ ○	166	① ○ ② ○ ③ × ④ ○ ⑤ ×
167	① × ② ○ ③ × ④ ×	168	① ○ ② ○ ③ × ④ ○
169	① × ② × ③ ○ ④ ×	170	① ○ ② × ③ × ④ ×
171	① × ② × ③ × ④ ○	172	① × ② × ③ × ④ ○
173	① ○ ② ○ ③ × ④ ○	174	① × ② × ③ ○ ④ ×
175	① × ② ○ ③ × ④ ×	176	① ○ ② × ③ ○ ④ ○
177	① ○ ② × ③ ○ ④ ○	178	① ○ ② × ③ × ④ ×
179	① × ② × ③ ○ ④ ×	180	① × ② × ③ ○ ④ ×
181	① × ② ○ ③ ○ ④ ○	182	① ○ ② ○ ③ ○ ④ × ⑤ × ⑥ ×
183	① ○ ② ○ ③ ○ ④ × ⑤ × ⑥ × ⑦ × ⑧ ○	184	① ○ ② × ③ × ④ ×
185	① ○ ② ○ ③ ○ ④ × ⑤ ○ ⑥ × ⑦ ○ ⑧ ○ ⑨ ○ ⑩ × ⑪ ○ ⑫ ○		
186	① × ② × ③ × ④ ○	187	① × ② × ③ × ④ ○
188	① × ② × ③ × ④ ○	189	① × ② × ③ × ④ ○
190	① ○ ② × ③ × ④ ×		
191	① ○ ② × ③ × ④ × ⑤ ○ ⑥ ○ ⑦ ○ ⑧ × ⑨ ○		
192	① × ② × ③ ○ ④ ×	193	① × ② × ③ ○ ④ ×
194	① × ② × ③ ○ ④ ×	195	① × ② ○ ③ ○ ④ × ⑤ × ⑥ ○
196	① × ② × ③ ○ ④ ×	197	① × ② ○ ③ ○ ④ ○
198	① ○ ② × ③ × ④ ×	199	① × ② ○ ③ × ④ ×

001 사고(Accident, 재해를 일으키는 원인 또는 행동범위)는 비효율적인 사상(ineffcient event), 원하지 않는 사상(undesired event), 비계획적인 사상(unplaned event), 변형된 사상(strained event, 물체가 외력을 받아 견디지 못하고 변형되는 것처럼 인간이 심리적으로 견딜 수 있는 스트레스의 한계를 넘어선 변형된 사상) 등이 있다.

002~004 정신상태 불량으로 일어나는 안전사고의 요소

구분	정신(심리)적 요소	생리적 요소	개성적 요소
내용	• 주의력 부족 • 개성적 결함 • 감정의 불안정 • 안전의식의 부족 • 방심 및 공상 • 판단력 부족과 잘못됨	• 시력, 청각의 이상 • 신경계통의 이상 • 극도의 피로 • 근육운동의 부적합 • 육체적 능력의 초과	• 과도한 자만심과 자존심 • 인내력 부족과 다혈질 • 연약한 마음과 도전적 성격 • 감정의 장기 지속성과 과도한 집착성 • 경솔성, 배타성, 태만(게으름) 등

005 소질성 누발자의 소질적 사고 요인에는 낮은 지능, 소심한 성격, 비협조성, 감각(시각, 청각, 촉각, 미각, 후각)기능, 주의력 산만 및 주의력 지속 불능 등의 선천적으로 위험에 대응하지 못하는 자로서 예를 들면, 기계치, 무감각 등이 있다.

006 재해 발생의 직접 원인은 불안전한 상태(물적 원인)과 불안전한 행동(인적 원인)으로 구분할 수 있으며, 주요 원인을 보면 다음과 같다.

불안전한 상태 (물적 원인)	물적 자체의 결함, 안전 방호장치의 결함, 복장 및 보호구의 결함, 물적의 배치 및 작업장소의 불량, 작업 환경의 결함, 생산 공정의 결함, 작업 순서의 결함 등이 있다.
불안전한 행동 (인적 원인)	위험 장소로의 접근, 안전장치 기능의 제거, 복장 및 보호구의 잘못된 사용, 기계, 기구의 잘못된 사용, 운전 중 기계장치의 손질, 불안전한 속도 조작, 위험물의 취급 부주의, 불안전한 상태의 방치, 불안전한 자세 및 동작, 감독 및 연락 불충분 등이 있다.

007 동작경제의 원칙에는 신체의 사용에 의한 원칙, 작업장의 배치에 관한 원칙, 공구 및 설비 디자인에 관한 원칙 등이 있다.

008 안전의식고취 운동에서의 포스터는 장면과 함께 부정적인 문구보다는 긍정적인 문구의 사용이 효과적이다.

009 안전수단이 생략(단락)되는 경우는 의식과잉이 있을 때, 피로하거나 과로했을 때, 주변의 영향이 있을 때, 부적합한 업무에 배치될 때 등이다.

010 산업(안전)심리의 5대 요소에는 습관, 기질, 동기, 감정, 습성(어떤 사람이 자기도 모르게 반복적으로 나타내는 일정한 행동. ㉨ 버릇. 습관 등)이 있다.
산업(안전)습관의 4요소에는 기질, 동기, 감성, 습성이 있다. 즉, 산업(안전)심리 5대 요소 중 습관을 제외한다.
　1) 습관은 성장 과정을 통하여 형성된 특성 등이 오랫동안 되풀이하여 행해져서 그렇게 하는 것이 규칙처럼 되어 있는 일로서, 습관에 미치는 요소에는 기질, 동기, 감성, 습성 등이 있다.
　2) 기질은 감정적인 경향이나 반응에 관계되는 성격의 한 측면으로 개인적인 특성(성격, 능력 등)으로 성장 과정의 생활 환경, 주변 사람들과의 접촉, 주위 환경에 따라서 달라진다.
　3) 동기는 능동적인 감각에 의한 자극에서 일어난 사고의 결과로서 사람의 마음을 움직이는 원동력이 되는 것이다.
　4) 감정은 대상의 성질(사고, 지각 등)을 아는 것이 아니고, 희로애락의 의식으로 인간과 밀접한 관계를 가지고 사고를 일으키는 정신적 동기를 만든다.
　5) 습성은 인간의 행동에 영향을 미치도록 하는 것으로 동기, 기질, 감정 등이 밀접한 관계를 갖고 있다.

011 습관은 인간의 행동에 영향을 미치는 요인으로 한 종에 속하는 개체의 대부분에서 볼 수 있는 일정한 생활양식이다. 본능, 학습, 조건반사 등에 따라 형성되며, 습관에 직접적으로 영향을 미치는 요소에는 동기, 감정, 기질, 습성 등이 있다.

012 ③ 감정은 생활체가 어떤 행동을 할 때 생기는 주관적인 동요를 뜻한다.
산업(안전)심리의 5대 요소에는 습관, 기질, 동기, 감성, 습성이 있다. 이 중에서 감정은 안전과 밀접한 관계를 갖게 되고, 사고를 할 수 있는 정신적 동기이며, 대상의 성질이 아닌 희로애락 등의 의식을 말한다.

013 시간에 따른 행동의 변화는 "지식변화 → 태도변화 → 개인적행동변화 → 집단성취변화"의 순이다.

014 동기유발의 요인

구분	내적 요인	외적 요인	구체적 요인
내용	동기, 기분, 의지, 욕구	유인, 강화	기회, 참여, 권력, 안정, 인정, 성과, 의 사소통, 적용도, 경제, 독자성 등
	습관, 식욕, 감정, 자율행동반사, 본능 과 신체적 행동, 자기표현욕구, 놀이와 운동경기, 적절한 암시와 명상	상과 벌, 경쟁과 협동, 금지와 장려, 성 숙과 동기의 조정, 학습의 결과와 진전 정도의 확인, 성적 충동, 참여적 활동	

015 동기유발의 방법에는 ①·②·③ 이외에도 다음 내용이 포함된다.
- 안전 목표를 정확히 설정한다.
- 경쟁과 협동을 유도하며, 성취감을 만끽하고, 호기심을 유발한다.

016 종업원의 동기부여와 관련된 목표설정이론의 내용에는 구체적인 목표를 주는 것이 좋고, 피드백이 중요하며, 목표설정과정에서 종업원의 참여가 중요하다.

017 Tiffin의 동기유발요인

구분		내용
공식적 자극 요인	적극적	돈, 상여금, 승진, 특권, 작업계획의 선택 등
	소극적	견책, 처벌, 해고, 임시고용, 특권박탈 등
비공식적 자극 요인	적극적	칭찬, 격려, 직장동료에 의한 존경, 친절한 태도 등
	소극적	악평, 배척, 비난, 동료간의 비협조 등

018 ④ 목표는 높은 기대를 하지 않아야 한다.
⑦ 목표는 현실적이어야 한다.

019 친구를 선택하는 기준(Dickens & Perlman)은 ①·③·④ 이외에도 다음 내용이 포함된다.
- 우리는 우리와 유사한 성격을 지닌 사람을 좋아한다.
- 또한, 우리는 우리와 유사한 태도, 유사한 성격, 우리 곁에 가까이 사는 사람, 같은 성(性)을 가진 사람과 친구가 되고, 좋아한다.

020 기대이론

구분	내용	감과 비교
힘	직무수행과 관련이 있는 특정한 행동이나 일련의 행동에 개인이 몰입하는 동기의 정도	감을 따는 행위에 몰입
기대	한 개인이 어떠한 행동을 수행할 자신의 능력에 대해 갖고 있는 주관적인 확률	감을 딸수 있는 확률
유인가	개인에게 주어진 결과물 또는 보상의 가치, 개인이 특정한 무엇인가를 원하거나 바라는 정도	감을 좋아하는 정도
도구성	주어진 행동이 특정한 보상을 낳을 것이라는 것에 대해 갖는 주관적인 확률 또는 수행과 평가 간의 관계	감나무에 오르려는 의지

021　① 미숙성 누발자 : 어떤 작업이나 업무를 시작할 때, 기초(기본)적인 지식없이 작업을 행하다가 재해를 일으키는 자로서, 기능 및 환경에 익숙하지 못한 자, 예를 들면, 초보 운전 등이 있다.

　　② 상황성 누발자 : 기초적 지식은 습득되어 있으나, 우발적 변화에 대응하지 못하여 사고를 유발하는 자로서, 작업과 작업의 자세가 어렵고, 심신에 근심이 있으며, 기계 설비의 결함과 환경상 주의력 집중이 곤란하여 발생하는 재해이다.

　　③ 습관성 누발자 : 한 번의 사고 또는 재해를 일으켰음에도 불구하고, 불안전한 상태(물적 원인)를 인지하고 있으면서 개념없이 행동함으로써 반복적으로 유사한 사고를 일으키는 자이다.

　　④ 소질성 누발자 : 낮은 지능, 소심한 성격, 비협조성, 주의력 산만 및 주의력 지속 불능, 감각(시각, 청각, 촉각, 미각, 후각) 기능 등의 선천적으로 위험에 대응하지 못하는 자로서 예를 들면, 기계치, 무감각 등이 있다.

022　소질성 누발자는 특정 환경보다는 개인의 성격에 의해 훨씬 더 사고가 일어나기 쉽다. 즉, 사고 경향성이 없는 사람은 침착 숙고형이다.

023　③ 기능 미숙은 미숙성 누발자의 재해유발원인이다.

　　⑤ 감각 운동이 부적절한 경우는 소질성 누발자의 재해유발원인이다.

　　⑥ 침착성과 도덕성 결여는 소질성 누발자의 재해유발원인이다.

　　⑦ 저지능인 경우는 소질성 누발자의 재해유발원인이다.

　　⑧ 도덕성이 결여된 경우는 소질성 누발자의 재해유발원인이다.

　　⑨ 소심한 성경의 경우는 소질성 누발자의 재해유발원인이다.

024　상황성 누발자는 기초적 지식은 습득되어 있으나, 우발적 변화에 대응하지 못하여 사고를 유발하는 자로서, 작업과 작업의 자세가 어렵고, 심신에 근심이 있으며, 기계 설비의 결함과 환경상 주의력 집중이 곤란하여 발생하는 재해이다.

025　② "주의력 범위가 좁고 편중되어 있다."는 사고 유발자의 특성이다.

026　돌발적 사태하에서는 인간의 주의력이 집중된다.

027　① 태도가 결정되면 장(오랜)시간 동안 유지된다.

　　③ 집단의 심적 태도교정보다 개인의 심적 태도교정이 난이하다. 즉, 집단의 심적 태도교정이 용이하다.

　　⑤ 행동결정을 판단하고, 지시하는 내적 행동체계라고 할 수 있다.

028　태도 형성의 기능에는 사회적 적응(적응기능), 지식 구축(가치표현적 기능), 자아 방어(자아방위적인 기능) 등이 있다.

029　허즈버그의 동기-위생이론

구분	정의	요소
위생요인 (유지욕구, 직무환경, 직무불만족)	인간의 동물적 욕구를 반영하는 것으로 매슬로우의 생리적, 안전, 사회적 욕구와 유사하다.	회사의 정책, 관리, 감독, 개인의 대인 관계, 작업 조건, 임금, 지위, 승진 등
동기요인 (만족욕구, 직무내용, 직무만족)	자아 실현을 하려는 인간의 독특한 성향을 반영하는 것으로 매슬로우의 존경, 자아실현 욕구와 유사하다.	작업 자체, 성취감(자기발전), 책임감, 도전과 보람, 성장과 발달, 안정감, 상사로부터의 인정, 자율성 부여와 권한위임 등

030 ③ 임금 수준, ⑦ 작업 조건 등은 허츠버그의 위생요인에 속한다.

⑧ 배고픔, ⑨ 호기심, ⑩ 애정은 매슬로우의 욕구위계이론에 해당하는 인간의 기본적인 욕구이다.

031 성취감은 동기요인(만족욕구, 직무내용)에 속한다.

032 동기부여 이론

매슬로우 욕구단계이론	생리(신체)적 욕구	안전 욕구		사회적 욕구	존경 욕구	자아실현(성취) 욕구
		신체적	대인적			
허즈버그의 2요인이론	위생요인(유지욕구, 직무환경, 직무불만족)				동기요인 (만족욕구, 직무내용, 직무만족)	
맥그리거의 X, Y이론	X이론				Y이론	

033 ① 급여 인상은 위생요인(유지욕구, 직무환경, 직무불만족)이다.

구분	정의	요소
위생요인 (유지욕구, 직무환경, 직무불만족)	인간의 동물적 욕구를 반영하는 것으로 매슬로우의 생리적, 안전, 사회적 욕구와 유사하다.	회사의 정책, 관리, 감독, 개인의 대인 관계, 작업 조건, 임금, 지위, 승진 등
동기요인 (만족욕구, 직무내용, 직무만족)	자아 실현을 하려는 인간의 독특한 성향을 반영하는 것으로 매슬로우의 존경, 자아실현 욕구와 유사하다.	작업 자체, 성취감(자기발전), 책임감, 도전과 보람, 성장과 발달, 안정감 등

034 ① 직무 확충의 원리는 책임을 지고 일하는 동안에는 규제와 통제를 가하지 않아야 한다.

> **직무 확충의 원리**
> • 직무 교체 : 여러 가지의 직무를 통하여 넓은 시야와 경험을 터득하게 하기 위하여 각종 직무를 주어진 기간 동안 차례대로 계획적으로 담당하게 한다.
> • 직무 확대 : 수평적 확대라고도 하고, 단조로움을 완화하기 위하여 전문화보다는 개인이 담당하는 직무 내용을 몇 가지 다른 내용으로 담당하도록 구성하는 것을 의미한다.
> • 직무 충실 : 수직적 확대라고도 하고, 신체적 활동의 내용의 다양화와 판단적·의사결정적 내용을 포함시킨 것이다.

035 직무 충실의 원리는 수직적 확대라고도 하고, 신체적 활동의 내용의 다양화와 판단적·의사결정적 내용을 포함시킨 것이다. 종업원들에게 직무에 부가되는 자유와 권위를 부여하고, 완전하고 자연스러운 작업 단위를 제공하며, 여러 가지 규제를 제거하여 개인적 책임감을 증대시킨다.

036 작업표준 작성 시 유의사항
• 작업표준은 구체적이어야 하며 생산성과 품질특성에 적합할 것을 고려하여야 한다.
• 작업의 표준 설정은 실정에 적합하여야 한다.
• 좋은 작업의 표준이어야 하고, 이상 시 조치 기준이 설정되어 있어야 한다.

037 데이비스의 동기부여 이론

경영의 성과 = 인간의 성과 × 물적 성과 = 능력 × 동기 유발 = (지식 × 기능) × (상황 × 태도)이다.

또한, 인간의 성과 = 능력 = (지식 × 기능)이고, 물적 성과 = 동기 유발 = (상황 × 태도)이다.

038~044 맥그리거(Mcgregor)의 X, Y이론과 관리 처방

구분	X이론(인간의 부정적 측면)	Y이론(인간의 긍정적 측면)
이론의 특징	인간의 불신감	상호 신뢰감
	성악설	성선설
	인간은 원래 게으르고 태만하여 남의 지배를 받기를 원한다.	인간은 부지런하고 근면, 적극적이며, 자주적이다.
	물질 욕구(저차원의 욕구)	정신 욕구(고차원 욕구)
	명령 통제에 의한 관리	목표 통합과 자기 통제에 의한 자율 관리
	저개발국형	선진국형
이론의 관리처방	경제적 보상체제의 강화	분권화와 권한의 위임
	권위주의적 리더십의 확립	민주적 리더십의 확립
	면밀한 감독과 엄격한 통제	목표에 의한 관리
	상부 책임제도의 강화	직무 확장
	조직 구조의 고층성	비공식적 조직의 활용 자체평가제도의 활성화

045~046 매슬로우(Maslow)의 욕구단계

단계	매슬로우 욕구단계이론	허즈버그의 위생–동기요인
제1단계	생리(신체)적 욕구(인간의 가장 기본적인 욕구인 종족 보존, 기아, 갈증, 호흡, 배설, 성욕 등)	위생 요인
제2단계	안전 욕구(안전을 구하려는 욕구로서 기술적 능력 등)	
제3단계	사회적 욕구(애정적, 소속감 욕구 등)	
제4단계	존경과 긍지에 대한 욕구(인정받으려는 욕구로서, 포괄적 능력과 승인의 욕구인 자존심, 명예, 성취 등)	동기 요인
제5단계	자아실현(성취)욕구(잠재적인 능력을 실현하고자 하는 욕구로서, 종합적인 능력, 성취 욕구	

047 동기 요소간의 상호 관계

매슬로우 욕구단계이론	생리(신체)적 욕구	안전 욕구		사회적 욕구	존경 욕구	자아실현(성취) 욕구
		신체적	대인적			
허즈버그의 요인론	위생요인(유지욕구, 직무환경, 직무불만족)				동기요인 (만족욕구, 직무내용, 작무만족)	

※ 안전의 욕구는 위생요인(유지욕구, 직무환경, 직무불만족)에 속한다.

048 매슬로우(Maslow)의 욕구 5단계 중 인간의 가장 기본적이고, 강력한 욕구는 제1단계인 생리(신체)적 욕구(인간의 가장 기본적인 욕구인 종족 보존, 기아, 갈증, 호흡, 배설, 성욕 등)이다. 생리적 욕구는 가장 기본적이고 강력한 능력이다.

049 기본적 욕구는 선천적인 성질을 지닌다.

050 매슬로우의 "욕구의 위계이론"에 있어서 하위 욕구로부터 상위 욕구로 발달하고, 하위의 욕구일수록 강하고, 우선 순위가 높으며, 상위로 올라갈수록 욕구의 만족비율이 낮아진다.

051 인간의 생리적 욕구에 대한 의식적 통제가 어려운 것부터 나열하면 '호흡의 욕구 → 안전의 욕구 → 해갈의 욕구 → 배설의 욕구'의 순이다.

052 동기 요소간의 상호 관계

매슬로우 욕구단계이론	생리(신체)적 욕구	안전 욕구		사회적 욕구	존경 욕구	자아실현(성취) 욕구
		신체적	대인적			
알더퍼의 ERG 이론	생존			관계		성장

위의 표에서 알더퍼의 생존 욕구는 매슬로우 욕구단계이론의 생리(신체)적 욕구와 안전 욕구 중 신체적 욕구의 개념과 유사하다.

053 동기 요소간의 상호 관계

매슬로우 욕구단계이론	생리(신체)적 욕구	안전 욕구		사회적 욕구	존경 욕구	자아실현(성취) 욕구
		신체적	대인적			
알더퍼의 ERG 이론	생존			관계		성장
허즈버그의 요인론	위생요인(유지욕구, 직무환경, 직무불만족)				동기요인 (만족욕구, 직무내용, 작무만족)	
맥그리거의 X, Y이론	X이론				Y이론	

※ 브룸의 기대이론은 의사결정을 하는 사람과 인지적 요소가 의사 결정을 위해 이 요소들을 처리해 가는 방법을 나타내는 것으로, 동기적인 힘 = 유인가 × 기대이다.

힘	행동을 결정하는 역할을 하고, 동기와 같은 의미이다.
유인가	여러 행동 대안의 결과에 대해서 개인이 갖고 있는 매력의 강도를 의미한다.
기대	여러 행동 대안을 선택했을 때, 성공할 확률이 얼마인가를 예측하는 것을 의미한다.

054 행동과학자의 이론

과학자	매슬로우	맥그리거	맥클레랜드	리커트	알더퍼	허즈버그
이론	욕구위계 이론	X · Y 이론	성취동기 이론	상호작용 영향력	ERG 이론	위생동기 이론

055 작업동기의 개념과 행동의 비교

구분	내용				
동기의 5가지 개념	능력	동기	상황적 제약조건	수행	행동
행동의 3가지 결정요인					

056 동작실패의 원인이 되는 조건 중 작업강도는 작업량, 작업속도, 작업시간 등이 있다. 작업 환경과 심리적 환경은 환경 조건에 포함되고, 기상 조건에는 온도, 습도, 기타 조건 등이 있다. 또한, 피로도는 질병, 스트레스, 신체 조건 등이 있다.

057 작업 위험 분석의 범위

system analysis적 견지에서 작업의 주요소라고 할 수 있는 man(인간, 근로자), machine(기계 및 설비), method(작업 방법), material(재료), environment(환경)를 비교 분석 및 평가하여 새로운 안전 작업 방법을 도출한다.

058 위험예지 훈련의 4단계

구분	1단계	2단계	3단계	4단계
내용	현상파악 (사실의 파악) • 잠재 위험의 종류 • 문제제기와 현상파악	본질 추구 (원인파악) • 위험의 포인트 • 문제점 발견과 중요문제 결정	대책 수립 (대책 마련) • 실천 대책 • 해결책 구상과 구체적 대책 수립	목표 설정 (행동계획의 결정) • 실천의 방향 • 중점사항 결정과 실시계획 결정

059 가이드 워드(Guide words)

NO 또는 NOT	설계 의도의 완전한 부정함을 의미한다.
AS WELL AS	부가적인 행위(설계의도와 운전 조건 등)와 함께 일어나는 것을 의미하고, 성질상의 증가를 나타내는 것을 의미한다.
PART OF	성취가 성취되지 않음 또는 성질상의 감소를 나타낸다.
MORE LESS	양과 성질을 함께 나타내는 것으로서 양의 증가 또는 양의 감소를 의미한다.
OTHER THAN	완전하게 대체를 의미한다.
REVERSE	논리적인 역과 설계의도를 의미한다.

060~061 미국국립산업안전보건연구원(NIOSH)의 직무스트레스 모형

구분	내용
작업 요인	작업 부하, 교대 근무, 작업 과정과 속도에 대한 조절 권한 등
조직 요인	역할 요구, 역할 갈등과 모호성, 고용의 불확실성, 의사결정 참여, 경력 및 직무의 안전성, 관리 유형 등
물리적 환경 요인	소음, 한랭, 환기 불량, 부적절한 조명 등

062 스트레스(Stress)에 영향을 주는 요인 중 환경이나 외부를 통해서 일어나는 자극 요인에는 직장에서의 대인관계, 갈등과 대립, 경제적인 어려움, 자신의 건강 문제, 가족의 죽음이나 질병, 가족에서의 가족관계의 갈등 등이 있다.

스트레스(Stress)에 영향을 주는 요인 중 내부(마음속)에서 일어나는 자극요인에는 ①·②·③ 이외에도 업무상의 죄책감, 타인에게 의지하고자 하는 심리, 지나친 경쟁심과 재물에 대한 욕심, 지나친 과거에의 집착과 허탈, 가족 간의 대화 단절 및 의견의 불일치 등이 있다.

063 ① 역할 갈등은 개인이 다른 역할 기대에 직면하게 되는 상황으로 한 가지 역할 요건에 대한 순응이 다른 역할 요건과의 순응을 힘들게 할 때 나타나게 되는 것이다. 또한, 직무의 역할 수행이 다른 역할과 모순되는 현상이다.

③ 역할 모호성은 역할 기대가 모호하고 역할 담당자가 자신의 의무, 권한 및 책임에 대해 지각의 명료성이 부족한 상태를 의미한다. 또한, "역할 스트레스 = 역할 갈등 + 역할 모호성"이고, 역할 스트레스는 조직 만족, 직무 만족, 직무 몰입에 부정적 영향을 끼친다. 즉, 역할의 모호성이 클수록 성과가 낮은 것이고, 조직의 구성원은 자신의 업무를 명확히 파악하고 있을 때 생산성이 올라간다.

④ 역할 과중은 능력은 충분하지만 너무 여러 가지 역할을 동시에 하고 있어서 주어진 역할을 감당하지 못하는 상태이거나, 어떠한 역할을 수행할 능력이 부족한데도 그 역할을 떠맡기는 것을 말한다.

064 작업환경 복잡성이 증가함에 따라서 직무 스트레스가 커지며, 작업 효율성은 적정 수준까지는 증가하다가 그 이후부터는 감소한다.

065 스트레스 관리대책

> • 개인적 차원에서의 스트레스 관리 대책에는 긴장 이완법, 적절한 시간관리, 규칙적인 식사와 적절한 운동, 원만한 대인 관계를 유지, 적절한 방법으로 스트레스를 발산 등이 있다.
> • 기업에서 관리적 차원에서의 스트레스 관리대책에는 직무 재설계, 조직 차원에서의 노력, 체력 증진의 활성화, 전문가의 조언과 상담의 실시 등이 있다.

③ 직무 재설계는 스트레스의 원인이 된다.

066 분노의 관리 방안은 분노하기 전 상대방에 대한 애정, 존경 및 관심을 먼저 표현한 뒤에 대화를 '본인' 중심으로 진행하고, 상대의 잘못된 행동에만 화를 내야 한다. 특히, 분노를 상대방에게 표현하려면 자신의 입장을 진솔하고도 명확하게 밝혀야 한다.

067 스트레스 반응의 개인 차이는 자기 존중감의 차이, 성(性)의 차이, 강인성의 차이, 심리 상태, 개인의 능력, 신체적 조건 등이 있다. 작업시간의 차이는 환경 차이의 이유로 구분된다.

068 A유형의 종업원(까다롭고 공격적이며, 반항의 기질과 공격에 대한 높은 잠재성, 조바심이 많은 시간적 감각을 갖고 있는 유형)은 B유형의 종업원(A유형의 종업원에 대조적으로 이완된 행동을 보이고, 침착하며, 시간에 대한 긴박성이 적은 사람들의 유형)보다 스트레스를 더 받는다.

069 ④는 순기능 스트레스에 대한 설명이다. 역기능 스트레스 또는 디스트레스(Distress)는 부정적이고, 불필요한 스트레스를 의미하며, 이것은 과도한 부담, 불안, 걱정 등을 초래하며, 신체적, 정신적, 감정적 건강에 부정적 영향을 미칠 수 있다. 즉, 역기능 스트레스는 스트레스의 반응이 부정적이고, 건전하지 못한 결과로 나타나는 현상이다.

⑤ 스트레스 수준과 수행성의 관계는 U자형의 관계(적당한 스트레스는 수행성과를 향상시키나 과도한 스트레스

는 수행성과에 좋지 않은 영향을 끼친다.)를 갖고 있으므로 스트레스 수준이 증가할수록 수행성과는 급격하게 증가한다.

070~072 ① 작업 강도의 구분

경(가벼운)작업	보통 작업	중(힘든)작업	굉장히 힘든 작업
0~2RMR	2~4RMR	4~7RMR	7RMR 이상

② 에너지대사율(RMR) 특징 등

㉮ 에너지대사율(RMR)이란 특정 작업을 수행하는 데 있어서 생리적 부하를 측정하는 지표이다. 또한 동적근력작업이나 정적근력작업의 강도를 측정하여 연속작업이 가능한 시간을 예측하기 위해 사용하는 지표이다.

㉯ $\text{RMR} = \dfrac{\text{작업(운동)대사량}}{\text{기초대사량}} = \dfrac{\text{작업(운동)시 산소소모량} - \text{안정시 산소소모량}}{\text{기초대사량(산소소비량)}}$ 이고,

RMR의 값이 커짐에 따라서 작업 시간은 짧아진다.

073 휴식시간 산출방법

$R(\text{휴식 시간}) = \dfrac{60 \times (E-e)}{E-e_1}$ 이다. 그런데, E = 5kcal/min, e = 5kcal/min, e_1 = 1.5kcal/min이다.

그러므로, $R(\text{휴식 시간}) = \dfrac{60 \times (E-e)}{E-e_1} = \dfrac{60 \times (E-5)}{E-1.5}$ 이다.

- E : 실제 작업 시 평균 에너지의 소비량(kcal/분)
- 총 작업시간 : 60분
- e : 기초 대사를 포함한 에너지 상한값 또는 작업시 평균에너지 값(kcal/분)
- e_1 : 휴식 시간 중의 에너지 소비량(kcal/분)

074~075 허세이의 피로와 회복 대책

피로의 종류	회복 대책
신체 활동	작업의 교대, 기계의 힘을 사용, 휴식, 목적 이외의 동작을 배제
정신적 노력	휴식, 양성 훈련
정신적 긴장	작업 계획의 수립과 이행을 주도 면밀, 동적으로 한다. 불필요한 마찰을 배제
신체적 긴장	운동 및 휴식을 통한 긴장 해소
천후	기후 요소(온도, 습도 및 통풍 등)를 조절한다.
환경과의 관계	작업장에서의 적절하지 못한 제 관계를 배제, 가정과 직장의 위생 교육
영양 및 배설의 불충분	식사의 습관 감시, 보건 식량의 준비, 신체의 위생 교육과 운동의 필요성 계몽
질병	유해한 작업상의 조건을 개선, 신속하고 적절한 치료, 예방법의 교육 등
권태감, 단조감	휴식을 제공, 일의 가치와 동작의 교대를 교육

076 ① 작업 부하를 작게 할 것

㉠ 정적 작업을 피하고, 가벼운 운동 등으로 변경할 것

이외에도 작업에 수반되는 피로의 예방대책으로는 충분한 영양을 섭취할 것, 휴식과 수면, 음악 감상 및 오락, 물리적 요법(목욕, 맛사지 등) 등이 있다.

077 심리(정신)적 피로(정신적 긴장에 의한 중추신경계의 피로로서 작업 자세, 작업 태도, 작업 동작 경로, 정서, 사고 활동 등의 변화가 일어남)와 생리(육체)적 피로(신체 피로로서, 육체적 근육에 의한 피로)는 동반해서 발생하지 않는다.

078 피로의 측정

구분	검사항목
심리학적 방법	변별 역치, 정신 작업, 피부(전위)저항, 동작 분석, 행동 기록, 연속 반응시간, 집중 유지기능, 전신자각증상 등
생화학적 방법	혈색소 농도, 요단백, 요교질 배설량, 혈단백, 혈액 수분, 응혈시간, 혈액, 요전해질, 부신피질 기능
생리적 방법	근력, 근활동, 대뇌피질활동, 호흡순환기능, 플리커법에 의한 인지 역치

079 ① 혈색소 농도는 생화학적 방법이다. ② 연속반응시간, ④ 동작분석, ⑤ GSR(Galvanic Skin Reflex, 피부전기반사)은 심리학적 방법이다.

080 ② 근전도검사, ③ 뇌파검사, ④ 심전도검사는 생리적 방법에 속한다. 혈액검사는 생화학적 방법에 속한다.

081 플리커법(CFF법, flicker fusion frequency, 점멸융합파수)
빛의 단속(광원의 앞에 사이가 벌어진 원판을 회전속도를 변화시켜서 눈에 들어오는 빛을 단속)과 융합(회전 속도가 느리면 빛이 아른거리다가 빨라지면 융합되어 하나의 광점으로 보인다.)의 경계에서 빛의 단속주기를 플리커치라 하고, 감각기능검사(정신·신경기능검사)의 측정대상으로 특성은 다음과 같다.

플리커치가 상승하는 경우	정신 활동이 높은 때, 정오에 최대치
플리커치가 하강하는 경우	잠을 잘 때, 멍하게 있을 때, 보통 3시간 이상 작업 시, 오후 10시에 하강하기 시작하여 새벽 6시에 최소치

082 피로의 검사방법에 있어 인지역치를 이용한 생리적 방법은 플리커법(CFF법, flicker fusion frequency, 점멸융합주파수)이다.

083 ① ENG(Electroneurogram, 뇌전도 검사) : 신경활동 전위차의 기록
② ECG(Electrocardiogram, 심전도 검사) : 심근활동 전위차의 기록
③ EMG(Electromyogram, 근전도 검사) : 근육활동 전위차의 기록
④ EOG(Electrooculogram, 안전도 검사) : 안구 운동 전위차의 기록

084 ① 스텝 테스트 : 일정한 높이의 발판을 승강하고 일정 시간이 경과한 후 승강을 중지한 후 맥박을 측정하는 검사법으로 간단한 체력검사의 하나이다.
② 슈나이더 테스트 : 대표적인 순환기능 검사의 하나로서 득점을 심폐계수라 하여 체력 측정의 자료로 심폐검사에 사용한다.

085 피로의 내·외부 요인

구분	내용
외부요인	작업 조건, 환경 조건, 생활 조건, 대인 관계
내부요인	신체적 특징, 호흡기, 순환기, 뇌신경 질환, 성별, 연령, 성격, 기질, 감정, 경험, 습관, 영양, 책임감 등

086~087 피로의 증상

구분	증상
신체(생리)적 증상	• 작업에 대한 몸자세가 흐트러지고, 지치게 되며, 무감각, 무표정, 경련 등이 일어난다. • 작업량과 작업 효과가 하강 또는 감소한다. • 감각기능, 대사기능, 대사물의 질량, 순환기능, 반사기능 등의 변화
정신(심리)적 증상	• 주의력이 감소 또는 감퇴된다. 불쾌감의 증가, 긴장감이 해소 또는 해지된다. • 태만과 권태해지고, 관심과 흥미를 상실하며, 졸음, 두통, 짜증 등이 일어난다. • 사고활동, 정서, 작업태도, 작업자세, 작업동작경로 등의 변화

피로의 3단계에는 제1단계(중추 신경피로), 제2단계(반사운동 신경피로), 제3단계(근육 피로) 등이 있다.

088 급성·만성 피로

급성(건강·정상)피로	일반적으로 휴식에 의해서 회복되는 피로이다.
만성(축적)피로	급성 피로와 같이 휴식에 의해서 회복되는 피로가 아니고, 오랜 시간 동안 축적되어 일어나는 피로이다.

089 피로의 단계

단계	구분	현상
1단계	잠재기	거의 지각이 불가능한 단계로서 외관상으로 능률저하가 나타난다.
2단계	현재기	각종 증상(두통, 구갈, 탈력감, 관절통, 근육통, 이상발한 등)을 수반하여 신체의 움직임이 귀찮아지고, 능률저하가 확실히 나타나며, 피로의 증상을 지각한다. 특히, 자율신경의 불안상태가 나타난다.
3단계	진행기	활동을 중지하고 수일 간의 휴양이 필요한 단계로서 충분한 휴식 없이 계속하는 경우, 회복이 곤란한 상태가 된다.
4단계	축적피로기	수 개월 또는 수 년까지 요양을 필요로 하는 단계로서 무리한 활동을 계속하여 만성피로가 축적되어 질병이 발생한다.

090 사람의 자율 신경계는 교감 신경계(동공의 확대, 수축력과 맥박의 증가)와 부교감 신경계(동공의 축소, 맥박의 감소)로 나누어지고, 몸이 흥분한 상태일 때는 교감신경이 우세하고 수면을 취하거나 휴식을 할 때는 부교감신경이 우세하다.

091 생체 리듬의 종류

종류	표기		반복주기	특징
육체적 리듬	P(청색)	23일	• 육체적 활동기간 : 11.5일 • 휴식기간 : 11.5일	신체적 상태의 율동적인 발현, 즉 소화력, 식욕, 스테미너, 지구력과 밀접한 관계이다.
지성적 리듬	I(녹색)	33일	• 사고능력 발휘기간 : 16.5일 • 사고능력 휴식기간 : 16.5일	사고력, 상상력, 기억력, 의지, 비판, 판단력 등과 밀접한 관계이다.
감성적 리듬	S(적색)	28일	• 감성이 예민한 기간 : 14일 • 감성이 둔한 기간 : 14일	신경조직의 모든 기능을 통하여 발현되는 감정으로 정서의 희로애락, 주의력, 창조력, 예감 및 통찰력 등을 좌우한다.

092 ② 감성적 리듬은 'S(적색)'로 나타내며, 28일을 주기로 반복된다.

⑤ 각각의 리듬이 (+)에서 (−)로, (−)에서 (+)로 변화하는 점(안정기와 불안정기의 교차점)이 위험일이다.

⑦ 육체적 리듬은 영문으로 P(청색)라 표시하며, 23일을 주기로 반복된다.

⑧ 감성적 리듬은 영문으로 S(적색)라 표시하며, 28일을 주기로 반복된다.

⑨ 각각의 리듬이 (+)에서 (−)로, (−)에서 (+)로 변화하는 점(안정기와 불안정기의 교차점)이 위험일이다.

093 ① 매트릭스형 조직 : 두 개의 단위조직(기능 부서와 용역 형태별의 팀)이 속한 형태로 상황에 따라서 인적 자원을 효율적으로 활용할 수 있는 조직이다.

② 프로젝트 조직 : 목적에 효율적인 조직으로 활용되고, 조직의 과제와 새로운 목적을 달성하기 위하여 각 부서의 전문가를 모아서 프로젝트를 진행하고, 진행 후에는 원래의 부서로 복귀하는 조직이다.

094 조직 구성원의 태도 구성요소 3가지

인지적 요소	임의의 대상에 대한 개인의 주관적인 신념과 지식을 의미한다.
정서적 요소	임의의 대상에 대한 긍정적, 부정적인 느낌을 의미한다.
행동경향 요소	임의의 대상에 대한 행동 경향 또는 성향을 의미한다.

095 직무평가의 방법에는 다음의 4가지가 있다.

서열법 (ranking method)	서열법은 직무간 비교로서, 다른 직무와 비교하여 상대적 중요도에 따라 주관적으로 직무의 서열을 부여하는 방법이다.
분류법 (classification method)	등급기준으로서, 평가하려는 직무를 사전에 규정된 기준의 등급에 배정하여 평가하는 방법이다.
요소비교법 (factor comparison)	임금액 기준으로서, 기준이 될 수 있는 직무를 선정한 후 기준 직무와 비교하여 지급되는 임금을 평가요소에 배분하여 서열화한다. 서열화 이후 기준직무의 평가요소와 평가하려는 직무의 평가요소를 비교하여 직무의 상대적 가치를 도출한다.
점수법 (point ranking method)	점수 기준으로서, 직무를 구성하는 직무요소를 찾아 각 요소별로 등급화하여 점수를 부여하고 평가한다.

③ 투사법은 교육심리학의 연구방법 중 의식적으로 의견을 발표하도록 하여 인간의 내면에서 일어나고 있는 심리적 상태를 사물과 연관시켜 인간의 성격을 알아보는 방법이다.

096 집단역학(Group Dynamics)에서 의미하는 집단의 기능에는 응집력 발생, 행동의 규범 존재, 집단의 목표 설정과 의사 결정 등이 있다.

097 집단 간의 갈등 요인에는 제한된 자원(상호 의존성), 집단 간의 목표 차이, 동일한 사안을 바라보는 집단 간의 인식 차이, 행동의 차이 등이 있다. 욕구 좌절은 욕구가 발생하지 않으면 의욕이 없으므로 집단 간의 갈등도 발생하지 않는다.

098 집단 간 갈등의 해소방안
① 집단 간 접촉 기회의 증대 : 상호 간의 이해를 돕고, 갈등을 해소하기 위하여 대면 회의를 통하여 갈등 요인의 입장을 밝히며, 오해도 해소한다.
② 상위 목표의 설정 : 단합을 조성하는 방법으로 공동목표를 설정한다.
③ 공동의 문제 설정 : 주의를 집중시킬 수 있는 공동의 문제를 설정한다.

099 ② 대립분산형은 직장에 대한 애착이나 소속감도 없으며 직장은 단지 소득을 얻는 곳이고, 직장 구성원 간에 감정적 갈등이 심하며 직장 내 인간관계에 구심점이 없는 경우이다. 이렇게 직장 내 구성원 간의 호감도나 응집력에 따라 인간관계의 유형이 달라지고 조직에 대한몰입도도 달라지게 된다.
③ 화합응집형은 구성원간에 긍정적 감정과 친밀감이 높고, 직장에 대한 소속감과 단결력이 높은 화합 응집형은 정서적 유대를 중시하는 지도력 있는 상사가 있어서 업무분담이 명료화 되어 있고 그로 인해 구성원 간의 갈등이 적고, 서로 개인적 대화의 기회도 많아서 자유로운 직장 분위기를 지니고 있다.
④ 대립분리형은 직장 구성원들이 서로 적대시하는 두 개 이상의 하위집단으로 분리되어 있는 경우이다. 이 하위집단은 서로 반목하지만 한 하위 집단 내에는 친밀감이나 응집력이 높은 경우로 이 집단은 부서나 친교관계에 따라 형성되기도 한다.

100 ② 구성원들이 서로에 매력적으로 끌리어 목표를 효율적으로 달성하는 정도를 도식화하는 것은 소시오그램이다.
③ 리더십을 인간 중심과 과업 중심으로 나누어 이를 계량화하고, 리더의 행동경향을 표현, 분류하는 기법은 상황 리더십에 대한 설명이다.
④ 리더의 유형을 분류하는 데 있어 리더들이 자기가 싫어하는 동료에 대한 평가를 점수로 환산하여 비교·분석하는 기법은 상황 리더십에 대한 설명이다.
⑤ 소시오그램은 집단 내의 하위 집단들과 내부의 세부집단과 비세력집단을 구분할 수 있다. 즉, 집단의 리더를 알아낼 수 있다.
⑪ 소시오그램은 집단 구성원들 간의 선호, 거부 혹은 무관심의 관계를 기호로 표현하지만, 이를 통해 다양한 집단 내의 비공식적 관계에 대한 역학 관계는 파악할 수 있다.

101 허즈버그(Herzberg)의 직무확충의 원리에는 자신의 일에 대해서 책임을 더 지도록 하고, 직무에서 자유를 제공하기 위하여 부가적 권위를 부여하며, 전문가가 될 수 있도록 전문화된 과제들을 부과한다. 즉, 현대조직 이론에서 직무확충은 작업자의 수직적 직무 권한을 확대하는 방안이다.

102 직무 확대는 수평적 확대라고도 하고, 단조로움을 완화하기 위하여 전문화보다는 개인이 담당하는 직무 내용을 몇 가지 다른 내용으로 담당하도록 구성하는 것을 의미한다.

103 ② 행동관찰척도(BOS : Behavioral Observation Scales)는 행동기준평가법을 보완한 것으로서, 고과자에게 평가의 기준점으로 제시되는 구체적 행동을 서술한 문항에 대해 피고과자가 관련행동을 수행한 빈도를 측정하는 방식이다.

③ 행동기술척도(BDS)는 행동의 한 차원을 연속성이 있는 몇 개의 범주로 나누어 기술하고 관찰자로 하여금 대상의 행동과 특징을 가장 잘 나타내는 진술문을 택하게 하는 방법이다. 대개 3~5개의 기술적인 범주에 따라 평가를 하게 된다

④ 행동내용척도(BCS)는 어떤 사람의 행동 특성을 구체적으로 기술하거나 수치화하여 평가하는 도구 또는 방법을 의미한다.

104 직무기술서에 포함되어야 하는 내용에는 직무의 직종, 수행되는 과업, 직무수행 방법, 직무수행에 필요한 각종 장비 및 도구 등이 있다. 직무 분석은 직무의 내용과 직무를 담당하는 자의 자격요건을 체계화하는 활동으로서 직무에 관한 정보를 수집, 분석하는 것이다. 직무를 구성하는 3요소에는 과업, 의무, 책임 등이 있다. 작업자의 요구되는 능력은 직무 분석에 해당되고, 직무명세서에 포함되어야 할 내용이다.

105 직무명세서 내용에 포함되는 사항에는 직무명칭, 소속·직종, 기능·기술 수준(교육수준), 지식, 책임정도, 작업경험, 정신적 특성 및 육체적 능력 등이 있다. 직무수행에 필요한 각종 장비 및 도구는 직무기술서에 포함되어야 하는 내용이다.

106 작업 표본은 해당 작업에 대한 경험이 있는 지원자에 한하여 직무에 포함된 작업을 수행 정도를 평가하는 도구로서, 작업 표본은 개인 간의 차이에 대한 다양성의 고려와 개발 시 고가의 비용과 많은 시간을 필요로 하기 때문에 집단 검사가 난이하다. 집단 검사가 아니라 개인의 작업 행동을 관찰하는 검사이고, 동시타당도만 측정이 가능하다.

107 직무수행준거(종업원이 주어진 임무를 수행한 결과를 측정하기 위한 항목)가 갖추어야 할 바람직한 3가지에는 적절성, 안정성, 실용성 등이 있다.

108 직무만족감을 생성하는 요인은 일의 내용이다.

직무기술서에 포함되어야 하는 내용에는 직무의 직종, 수행되는 과업, 직무수행 방법 등이 있다. 직무 분석은 직무의 내용과 직무를 담당하는 자의 자격요건을 체계화하는 활동으로서 직무에 관한 정보를 수집, 분석하는 것이다. 직무를 구성하는 3요소에는 과업, 의무, 책임 등이 있다.

109 ② 엄격(가혹)화오류 : 능력이나 성과를 실제와 달리 매우 낮게 평가하는 오류이다.

③ 중앙집중오류 : 평가 점수가 대부분 중심점에 집중하는 경향의 오류이다.

④ 관대화오류 : 능력이나 성과를 실제와 달리 더 높게 평가하는 오류이다.

110 집단의 응집성(집단 내부로부터 생기는 힘)의 결정요인

① 구성원들이 함께 하는 시간이 많을수록 응집성이 커진다.

② 집단에 가입하기가 어려운 집단일수록 그 집단의 응집성은 커진다.

③ 집단의 수가 적을수록 응집성은 커진다.

④ 집단구성원들은 외부압력으로부터 위협을 받는 경우 자신들을 보호하고 집단의 안전을 위하여 서로 단결함으로써 집단의 응집성이 커진다.

111 집단의 효과에는 동조효과(응집력 발생), 시너지(synergy, 상승)효과, 견물(絹物, 자랑스럽게 생각)효과 등이 있다. 리스크 테이킹(risk taking, 위험감수, 억측 판단)은 객관적인 위험을 주관적인 사고로 판단하여 의지 결정을 하고, 행동으로 실천하는 현상이다.

112 리더의 일반적인 구비요건은 화합성, 통찰력, 판단력, 집단의 이익 추구성, 정서적 안전성과 활발성 등이 있다.

113 ①은 2차 집단, ③은 준거 집단, ④는 1차 집단에 대한 설명이다. 이외의 집단에는 성원집단(가족, 소속, 종교집단, 정치집단 등과 같이 현재 본인이 소속되어 있는 집단)과 세력집단(핵심구성원들의 집단으로 집단의 규정을 형성, 유지하는 데 중요한 역할을 함)이 있다.

114~115 집단 행동의 분류

구분		내용
통제있는 집단행동	관습	풍습, Mores(풍습에 도덕적인 제재가 추가), 예의, 금기(금지적 기능을 가지는 관습) 등으로 구분한다.
	제도적 행동	집단의 안정을 유지하기 위해 합리적으로 성원의 행동을 통제하고, 표준화한다.
	유행	공통적인 태도나 행동양식 등을 의미한다.
비통제적 집단행동	군중	공통된 규범이나 조직성 없이 우연히 조직된 인간의 일시적 집합으로 성원 사이에 지위, 역할의 분담이 없고, 책임감도 없으며, 비판력도 없다.
	모브	감정만에 의해서 행동하고, 군중보다 한층 합의성이 없으며, 공격적이다.
	패닉	이상적인 상황 아래에서 방어적인 행동을 보이는 집단행동이다.
	심리적 전염	유행과 비슷하고, 행동 양식이 이상적이며, 비합리성이 강하다. 또한, 어떤 사상을 오랜 기간에 걸쳐 광범위하게 사고적, 논리적 근거 없이 무비판으로 받아들인다.

116 비공식 집단의 특성
- 규모가 작기 때문에 개인적 접촉 기회가 많고, 수평적 동료집단으로 룰 대신에 관습이 존재한다. 예로서, 가정, 혈연 등이 있다.
- 동료애의 욕구가 있고, 응집력이 크며, 조직구성원의 태도, 행동 및 생산성에 지대한 영향력을 행사한다.
- 비공식 집단은 관리영역과 경영통제권 밖에 존재하고 조직표에 나타나지 않는다.
- 혼합적 혹은 우선적 동료집단은 각기 상이한 부서에 근무하는 직위가 다른 성원들로 구성된다.

117 ① 폐합의 요인 : 항아리 입구 모양이 실제로는 열려 있으나 닫혀진 것 같이 보이는 착시현상이다.
② 간결성의 원리 : 인간의 심리활동에 있어서 최소 에너지에 의해 어떤 목적에 달성하도록 하려는 경향으로 작업장의 정리정돈 태만 등 생략행위를 유발하는 심리적 요인(단락, 생략, 착오, 착각 등)에 해당하는 것이다.
③ 리스크 테이킹(Risk taking, 억측 판단, 위험 감수) : 객관적인 위험을 본인 의사대로 판단하고, 의지 결정을 하여 실천(행동)하는 현상(부적절한 태도)으로 리스크 테이킹이 적은 사람은 안전 태도가 양호하며, 안전 태도의 수준이 동일한 경우에는 리스크 테이킹의 정도가 변화하는 요인에는 작업의 달성 동기, 적성 배치, 심리 상태, 성격, 일의 능률 등이 있다. 또한, 리스크 테이킹의 발생 요인은 부적절한 태도에서 발생한다.
④ 주의의 일점집중 현상 : 한 지점에 주의를 집중하면 다른 곳의 주의는 약해지는 현상이다.

118 욕구저지 반응기제는 다음과 같다.

① 욕구저지-공격가설 : 욕구저지는 공격을 유발한다는 가설이다.

② 욕구저지-퇴행가설 : 욕구저지는 원시적 단계로 역행한다는 가설이다.

③ 욕구저지-고착가설 : 욕구저지는 자포자기적 반응을 유발한다는 가설이다.

119 욕구저지의 장애반응의 종류

① 장애우위형 : 좌절을 일으키는 장애가 반응 속에 현저하게 드러날 때 즉 좌절을 일으키는 장애를 분명히 승인하고 말하는 경우이다.

② 자아방위형 : 자아를 강조하는 경우이다.

③ 욕구고집형 : 좌절의 해결을 지향하는 경우이다.

120 생산성의 향상(기업경영)의 단계

세계제일의 제철회사인 미국의 US 제강회사의 게리(Gary) 사장의 시책은 다음과 같다.

구분	제1순위	제2순위	제3순위
초기 방침	생산	품질	안전
개선 방침	안전	품질	생산

121~122 리더십의 유형

구분	내용
지도형태에 따른 분류	• 인간 지향성 • 업무 지향성
선출방식에 따른 분류	• 리더십(선출된 자의 권한 대행) • 헤드십(임명된 자의 권한 행사)
업무추진의 방식에 따른 분류	• 권위주의(전제)적 리더 • 민주적 리더 • 자유방임적 리더

123 ① 변환적 리더십 : 리더는 구성원들에 대한 교육적 역할을 담당하고, 목표와 가치를 변경하거나 이를 더욱 고차원적으로 고양(양만 있고 음이 없는 것)할 수도 있으며, 리더와 구성원들은 합의된 공동목표를 추구한다.

③ 교류적 리더십 : 리더가 부하에게 보상 내용(명확한 목표와 목표의 달성)을 명확히 알리고, 부하들은 보상의 가치를 명확히 인지하여 성과를 달성할 수 있도록 노력하는 과정을 거치는 리더십이다.

④ 참여적 리더십 : 의사 결정에 있어서 부하의 의사를 반영하고, 부하와의 원만한 관계를 유지하며, 관계는 높이고, 과업은 낮추는 리더십이다.

124 지능이 우수한 리더는 스트레스를 적게 받는 리더이다.

125 점수가 높은 관계지향적 리더는 부하 및 동료들과 긴밀한 인간 관계를 맺은 후에 과업 목표 달성에 관심을 가지고, 부하에 대해 배려있는 행동을 하며, 지원을 해 주려는 태도를 갖고 있는 리더이다. ②·③·④는 점수가 낮은 과업지향적 리더의 특성이다.

126 리더십의 상황 분류

① 과제의 구조화 : 과업의 복잡성과 단순성
② 리더와 부하간의 관계 : 신뢰성, 존경, 친밀감 등
④ 리더의 직위상 권한 : 공식적, 강압적, 합법적 등

127 ②는 보상적 권력, ③은 전문적 권력, ④는 강압적 권력에 대한 설명이다. 또한, 합법적 권력은 조직에서 특정 역할을 맡은 사람이 다른 사람에게 구체적인 행동을 요구할 수 있는 권력이다.

128 리더십 이론 중 경로목표이론에서 과업이 구조화(집단이 미성숙)되어 있으면 지원적, 참여적 리더십이 효과적이고, 비구조적(성숙된 집단)인 경우에는 지시적 리더가 효과적이다.

129 허시(Hersay)와 브랜차드(Blandchard)가 주장한 상황적 리더십 이론은 부하 성숙도(부하의 성숙수준)'라는 하나의 상황조정 변인과 '관계적 행동'과 '과업적 행동'이라는 2가지 리더 행동을 다루고 있는데, 부하 성숙도가 리더 행동의 효과를 어떻게 조정하는가를 주 핵심으로 다루고 있다.

130 허시(Hersey)와 브랜차드(Blanchard)의 상황적 리더십의 유형

라더십의 유형	과업 행동	관계 행동
지시적 리더십	높다	낮다
설득적 리더십	높다	높다
참여형 리더십	낮다	높다
위임형 리더십	낮다	낮다

131 변혁적 리더십 이론(Transformational Leadership)은 리더가 비전을 설정하고, 영감을 주며, 변화를 추구한다는 개념에 중점을 둔다. 이 이론은 조직과 직원들의 잠재력을 최대화하는 데 초점을 맞춘다. 변혁적 리더십의 4가지 구성 요소에는 영향의 이상화(카리스마), 영감의 동기 유발(비전 제시), 지적 자극, 개별적 배려 등이 있다.

132~133 ② 권위(전제)적 리더십은 의사교환이 제한된다.
⑤ 대외적인 상징적 존재에 가능하다.
⑥ 적극적으로 조직 활동에 참가한다.
⑦ 조직 구성원의 신념과 판단을 최상으로 믿는다.

리더십의 유형

유효성 변수	행동방식	리더와 집단과의 관계	집단행위의 특성	리더부재 시 구성원 행동	생산성 (성과)
민주적	집단의 토론, 회의에 의해 정책을 결정	매우 호의적	안정적, 응집력이 크다.	계속 작업유지	장기적 효과, 우위결정난이
권위 (전제)적	지도자가 모든 권한 행사를 독단적으로 처리	주의환기를 요하고, 수동적	노동이 많고, 공격적, 냉담	좌절감을 가짐	단기적 효과, 우위결정용이
자유 방임적	명목상 구성원에게 자유를 부여	리더에 무관심	초조하고, 냉담	불만족, 불변	혼란과 갈등, 작업의 양과 질이 최악

134 리더십을 결정하는 주요한 3가지 요소에는 리더와 부하의 특성과 행동, 리더십이 발생하는 상황의 특성 등이 있다.

135~136 리더십의 권한

조직이 리더에게 부여한 권한	보상적 권한	조직의 리더들은 그들의 부하에게 보상할 수 있는 권한으로 부하들의 통제와 행동에 영향을 끼칠 수 있는 권한이다.
	합법적 권한	조직의 규정에 의해 리더의 권한이 합법화(리더의 권한과 이 권한을 받아들여야 하는 부하들의 의무를 합법화)한 권한이다.
	강압적 권한	부하들을 처벌, 임금 삭감을 할 수 있는 권한으로 지도자들이 부여받은 권한 중에서 보상적 권한만큼 중요한 권한이다.
리더 자신이 리더에게 부여한 권한	전문성의 권한	집단의 목표 성취를 위한 분야에 리더가 갖고 있는 지식이 얼마나 많은가에 연관된 권한이다.
	위임된 권한	집단의 목표 성취를 위해 부하들이 리더가 정한 목표를 자신의 것으로 받아들이고 집단의 목표 성취를 위해 리더와 함께 일하는 권한이다.

137 권력은 구성원의 행동에 영향을 줄 수 있는 잠재능력으로 부하를 순종하도록 할 수 있는 영향력이고, 권한은 부하로부터 순종을 강요할 수 있는 공식적 통제 권리이다. 그러므로, 보기의 권력을 권한으로 변화시켜 생각할 수 있다. 즉 강압권력(강압적 권한)에 해당된다.

138 리더십의 이론

① 행동이론 : 리더가 행하는 행동에 역점을 두고 설명하는 이론으로 리더 자신의 행동에 따라 집단의 구성원에 의해 리더로 추천되고, 리더로서 역할과 리더십이 결정된다는 이론이다.

② 상황이론 : 리더가 처해있는 상황을 강조하고 분석하는 이론으로서 상황에 따라서 리더의 가치가 판단된다고 간주한다. 즉, 리더의 행동과 효율적인 작업은 상황이 만든 것이라는 이론이다.

③ 관리이론 : 리커트(Rensis Likert)에 의한 분류된 이론으로 관리형태를 참여체계와 권위주의체계를 바탕으로 관리전략을 제시한 리더십의 이론이다. 4가지 유형으로 분류하였다.

139 ② 상황접근법은 리더십이 발휘되는 주변 상황(부하의 특성, 조직의 분위기, 업무의 본질, 외부 환경 등)에 중점을 둔 접근법이다.

③ 행동접근법은 리더가 부하들의 앞에서 어떻게 부하들을 대하고, 이끄는지가 보다 중요하다고 보는 접근법이다.

④ 제한된 특질접근법(특성 이론)은 리더십의 이론으로 지도자가 될 수 있는 남다른 특성을 선천적으로 지니고 있다는 것이다. 또한, 특질접근법은 리더 개인의 특별한 성격과 자질에 의존하나, 양극적 차원, 가산적, 독립적이다.

140 교환적 리더십은 보상적 리더십과 유사하다.

② 변혁적 리더십은 리더는 팀이나 조직에 비전을 제시하고, 구성원들이 그 비전을 성취하도록 동기를 부여하며, 이들은 변화를 통해 조직의 성장, 구성원의 성장과 자기계발을 중요시하는 리더십이다.

③ 참여(민주)적 리더십은 의사결정 과정에서 구성원들의 의견을 적극적으로 반영하고, 팀 내에서 공동체 의식을 강화하며, 팀원들의 아이디어와 피드백을 중요한 자원으로 한다.

④ 지시적 리더십은 지시를 내리거나 강압적인 리더십과 유사하고, 지시적 리더는 명확한 목표와 목적을 가지고 이를 팀에 전달하여 따르게 한다. 또한, 리더는 체계를 수립하기 위해 절차와 정책을 마련하여야 한다.

141 리더십의 유형

과업형 리더십	과업완수(생산)의 관심은 매우 높고, 인간관계(사람)에 대한 관심이 매우 낮은 유형이고, 인간 관계보다는 업무상의 능력을 중요시하는 리더의 유형이다.
이상형 리더십	과업완수(생산)와 인간관계(사람)에 대한 관심이 모두 높은 유형이고, 구성원과의 공동 목표, 상호 의존관계를 강조하고, 상호 신뢰와 존경의 구성원들의 몰입을 통하여 최고 수준의 성과를 지향하는 리더의 유형이다.
타협형 리더십	과업완수(생산)와 인간관계(사람)에 대한 관심이 중간형(인간과 사람의 절충형)인 유형이고, 업무상의 능력과 적당한 수준의 성과를 지향하는 리더의 유형이다.
무관심형 리더십	과업완수(생산)과 인간관계(사람)에 대한 관심이 모두 낮은 무관심한 유형이고, 리더 자신의 직분을 유지하는 데 최소의 노력만을 투입하는 유형이다.

142 민주적 리더십의 행동방식은 집단의 토론, 회의에 의해 정책을 결정하고, 리더와 집단의 관계는 매우 호의적이며, 집단행위의 특성은 안정적, 응집력이 크다. 또한, 리더의 부재 시 구성원들은 계속 작업을 유지하고, 생산성(성과)은 장기적 효과, 우위결정이 난이하다.

143 리더십과 헤드십의 특징

개인과 상황변수	권한 행사	권한 부여	권한 근거	권한 귀속	상사와 부하의 관계	부하와 사회적 관계	책임 귀속	지휘 형태
헤드십	임명	상부 위임	법적	공식화된 규정	지배적	넓다	상사	권위주의적
리더십	선출	하부 동의	개인적	목표에 공로인정	개인적인 영향	좁다	상사와 부하	민주적

특히, 리더십은 집단 구성원에 의해 사내에서 선출된 리더로 사실상의 리더십이고, 헤드십은 외부(집단 구성원은 제외)에 의해 선출 또는 임명된 리더로 명목상 리더십을 말한다.

144 집중발상법(brain storming, 브레인 스토밍)의 4원칙에는 자유 분방, 비판 금지, 대량 발언, 수정 발언 등의 4가지가 있다. 비판 금지 원칙에 의하면 아이디어 산출과정에서 모든 아이디어는 어떤 방식으로든 평가해서는 안 된다.

145 창의력을 발휘의 3가지 요소에는 전문 지식, 상상력, 내적 동기 등이 있다. 업무 몰입도는 업무상 작업활동에 대한 집중력을 의미한다.

146 카리스마석 리더의 주요한 특성은 다른 사람들에게 영감을 주고 동기를 부여하기 위해 리더의 개인적인 매력, 카리스마, 영향력에 의존하는 리더십 유형이다. 카리스마적 리더는 강력한 비전제시 능력, 사명감, 대의에 대한 열정, 수사학(설득의 수단으로 문장과 언어의 사용법, 특히 대중 연설의 기술을 연구하는 학문)적 능력을 갖고 있다. 또한 높은 수준의 자신감, 주장, 낙천주의를 갖고 있으며, 자신과 조직에 대해 긍정적이고 강력한 이미지를 투사할 수 있다.

147 ① 경로–목표 이론 : 로버트 하우스(Robert House)가 개발한 이론으로, 리더가 리더십 행동 유형에 따라 구성원들의 기대감에 영향을 미치고 동기 유발시켜 설정된 목표에 어떻게 도달할 것인가에 관한 이론이다.

② 인지적 자원이론 : Fiedler와 Garcia에 의해 수정과 보완된 이론으로 상황조건별 리더십 이론에서 상황조건 외에 리더의 지능, 경험 등의 인지적 자원, 지적 과제를 요구하는 상황, 직무 스트레스, 집단 구성원의 지원 등을 고려하여 리더의 성과에 영향을 미치는 요소들을 분석하는 이론이다.

③ 내현 리더십이론 : 리더십을 리더에 대한 부하들의 지각 과정의 결과(리더로 인식되는지, 생각하는 방식에 변화를 주었는지)로 보며, 내현 리더십의 핵심 아이디어는 대부분의 사람들이 리더의 개인적 자질과 행동에 관해서 암묵적인 신념을 갖고 있다는 것이다.

148 리더 자신이 리더에게 부여한 권한 중 전문성의 권한은 집단의 목표 성취를 위한 분야에 리더가 갖고 있는 지식이 얼마나 많은가에 연관된 권한이다.

149 매 순간 신속하게 의사결정을 하는 것이 아니라 매 순간 신중하게 의사결정을 하여야 한다.

150 ③ 상사에 대한 강한 긍정적 의식과 부하직원에 대한 관심이 크다.
⑥ 실패에 대한 강한 예견과 두려움을 가지고 있다.
이외에도 성공한 지도자들의 특성에는 업무 판단 능력과 원만한 사교성, 매우 활동적이며 공격적인 도전, 자신의 건강과 체력 단련 등이 있다.

151 ② "집단 구성원들의 활동을 조정한다."는 과업 지향적 리더의 행동 특성에 속한다.
관계 지향적 리더십은 조직의 리더가 구성원과의 상호작용을 하게 되고, 서로간의 협동, 직무의 만족도와 조직과의 밀접한 관계성을 형성하게 된다. 이러한 리더는 개발, 지원, 갈등 및 문제의 관리, 보상 등을 다루게 된다.

152 ① 민주주의적이기보다는 권위주의적 지휘형태를 따른다.
② 리더십 중 최고의 통솔력을 발휘하는 리더십은 리더십이다.
④ 전문적 지식을 발휘해 조직 구성원들을 결집시키는 리더십은 리더십이다.
⑤ 권위주의적 리더십을 발휘하기 쉽다.
⑥ 책임귀속이 상사에게 있다.
⑧ 구성원의 동의를 통하여 발휘하는 리더십은 리더십이다.

153 ① 헤드십은 부하와의 사회적 간격이 넓다.
② 헤드십에서의 책임은 부하에게 있지 않고 상사에게 있다.
③ 리더십의 지휘형태는 민주주의적인 반면, 헤드십의 지휘형태는 권위주의적이다.

154 ① ST(Sensitivity Training) 훈련 : 개인의 행동을 개선하려면 자기 스스로에 대한 인식은 물론, 행동의 형성과정을 지배하고 있는 개인의 가치관이 변화되어야 한다는 전제하에 자신의 행동에 대한 감수성을 높임으로써 행동의 개선을 가져오려는 시도를 의미한다.
③ OJT(On the Job Training) : 사내에서 현장중심교육으로 직속 상사가 현장에서 업무상과 관련된 개별 교육이나 지도 훈련을 하는 교육 형태이다.
④ TA(Transactional Analysis, 교류 분석) 훈련 : 에릭 번에 의해 창시되었고, 자신과 타인을 바르게 이해하고, 인생의 재결단을 통해 언제든지 더 나은 삶을 살아갈 수 있다는 이론으로, 기업 및 사회조직 분야의 전반에 걸쳐 많이 활용되고 있으며, 커뮤니케이션 및 대인 관계증진에 가장 효과적인 진단이라는 평가를 받고 있다.

155 ① 정보공유는 직무만족과 정적으로 관계된다.
⑤ 정보통제는 비례적 관계가 성립이 불가능하다.

156 의사소통망의 유형

사슬형	사슬형은 공식적인 계통을 통해 수직적인 경로를 통해 의사소통이 이루어지는 형태이다. 명령 및 권한체계가 분명하고 관료적인 조직에서 주로 사용하며, 사슬의 길이가 길수록 정보 왜곡의 가능성도 높아진다.
Y형	라인과 스태프의 혼합집단에서 주로 사용되고 단순한 문제 해결에 정확도가 높으며, 명확한 리더는 없지만 대표할 수 있는 인물이 있는 경우 나타난다.

바퀴(수레바퀴)형	조직 내 명확한 리더가 있을 경우 만들어진다. 리더가 모든 정보를 받고 전달하므로 구성원들 간 정보 공유가 잘 안되는 특성이 있다.
원형	권력과 지위의 집중이 없는 태스크포스 조직에서 사용하며, 특정 문제 해결을 위해 만들어진 조직에서 사용한다.
완전연결형	완전연결형은 모든 구성원이 서로 연결되어 적극적인 소통을 하며, 규칙 없이 자유로운 의견 교환을 이룰 수 있으며 창의적인 아이디어 산출이 가능한 형태이다. 외부환경 변화가 많은 현대 조직에 있어 가장 이상적인 의사소통 네트워크의 형태이다.

의사소통의 4가지 요소(구성요소)에는 발신자(Caller), 메시지(Message), 통로(채널, Channel), 수신자(Receiver) 등이 있다.

157 의사소통의 4가지 구성요소에는 발신자(Caller), 메시지(Message), 통로(채널, Channel), 수신자(Receiver) 등이 있다.

158 관료주의 조직(공정성, 합리성, 효율성을 위해 위계적 질서를 형성하고 있는 체계)의 특징에는 ②·③·④ 이외에도 구성원들 간의 상하구조관계가 있고, 윗사람의 지시에 따라 행동해야 하며, 개인의 능력에 따라 승진이 가능하다는 점이 있다.

159 직무수행 성과에 대한 효과적인 피드백의 원칙에는 ①, ③, ④ 이외에도 긍정적 피드백(직원의 동기를 강화)을 먼저 제시하고 그 다음에 부정적 피드백(수행을 개선)을 제시하는 것이 효과적이다는 것이 있다.

160 작업특성조건에는 환경조건(작업자의 건강상태와 체력, 근로의욕과 밀접), 작업조건(작업빈도, 작업시간, 작업방법, 작업강도, 치밀성, 복잡성, 정확성 등), 작업내용(능력의 필요정도, 기초지식, 경험, 기능정도 등), 작업형태 또는 수준(단독과 공동, 중근과 경근, 정상과 비정상, 단속과 지속, 일반과 감시작업 등), 법적자격 및 제한 등이 있다.

161 에너지대사율(RMR)은 특정 작업을 수행하는 데 있어서 생리적 부하를 측정하는 지표 또는 작업의 강도를 객관적으로 측정하기 위한 지표이다.

162 동작능력 활용의 원칙
- 발 또는 왼손으로 할 수 있는 것은 오른손을 사용하지 않는다.
- 양손이 동시에 쉬지 않도록 하고, 동작이 자동적으로 이루어지도록 한다.
- 양손으로 동시에 작업을 시작하고 동시에 끝낸다.

163 휴먼에러(인간실수)의 독립행동(심리적)의 분류

시간 지연 오류	• time error, 지연 오류 • 계획된 시간 내에 직무를 실행하지 못하거나, 계획된 시간보다 너무 빠르거나, 너무 느리게 직무를 수행한 경우의 오류이다.
순서 오류	• sequential error, 순서적 과오 • 순서에 따르지 않고, 직무를 수행하거나, 수행에 들어갔을 때 생기는 오류이다.
생략 오류	• omission error, 부작위 실수 또는 누락 오류 • 직무를 수행함에 있어서 어떤 단계의 직무를 수행하지 않는 오류이다.
실행 오류	• commission error, 작위 실수 • 직무의 불확실한 수행 또는 잘못된 수행으로 예로서, 순서, 시간, 선택, 정성적 착오 등이 있다.
불필요한 오류	• extraneous error, 과잉행동에러 • 수행하지 않아야 할 직무를 수행함으로써 발생하는 오류이다.

164 착오의 요인에는 위치의 착오, 순서의 착오, 패턴의 착오, 행태의 착오, 기억의 착오 등이 있다.

165~167 착오의 분류

구분	인지과정의 착오	판단과정의 착오	조치(조작)과정의 착오
내용	• 생리적, 심리적 능력의 한계 • 정보량 저장의 한계 • 감각 차단 현상 : 단조로운 업무, 반복작업 • 정서 불안정 : 불만, 불평, 공포	• 능력 부족 • 정보 부족 • 자기 합리화 • 작업(환경) 조건의 불량	• 피로 • 작업경험(기술) 부족 • 작업자의 기능 미숙

168 인간과오(Human-Error)의 4요인(4M)에는 Man(인간), Machine(기계설비), Media(매체), Management(관리) 등이 있다.

169 ① 규칙기반 행동은 친숙한 상황에 적용되며 저장된 규칙을 적용하는 행동이고, 상황을 잘못 인식하여 에러가 발생한다.

④ 숙련기반 행동은 무의식에 의한 행동, 행동 패턴에 의한 자동적 행동이고, 대부분 실행과정에서의 에러(실수와 망각으로 구분)이다.

170 착시현상

구분	그림	현상
쾰러(Köhler)의 착시		평행한 호를 먼저 본 다음에 직선을 보면, 반대 방향으로 굽어보인다.
헤링(Hering)의 착시		가운데의 두 직선이 곡선으로 보인다.
포겐도르프(Poggendorf)의 착시		실제는 (a)와 (b)가 일직선인데 (a)와 (c)가 일직선으로 보인다.

171 ① 쾰러(Köhler)의 착시현상으로 평행한 호를 먼저 본 다음에 직선을 보면, 반대 방향으로 굽어보인다.

② 쵤러(Zöller)의 착시현상으로 세로의 수직선이 굽어보이는 현상이다.

③ 포겐도르프(Poggendorf)의 착시현상으로 실제는 일직선인데 다른 일직선으로 보인다.

172 ① β(가현)운동 : 어떤 자극이 일시적으로 제시되었다가 시간이 경과한 후 다른 곳에서 동일한 자극이 순간적으로 제시되면, 물체가 처음 장소에서 다른 장소로 이동하는 것처럼 보이는 착시 현상으로 영화, 영상의 기법에 사용한다.

② 유도운동 : 실제로 움직이지 않는 물체가 어느 기준의 이동에 유도되어 움직이는 것처럼 느껴지는 현상이다.

③ 운동잔상 : 일정시간 동일하게 움직이는 물체를 응시하면 움직이는 잔상이 남는 것을 말한다.

173 문제에서 설명하는 현상은 자동 운동으로, 이 운동이 생기기 쉬운 조건에는 광점과 광의 강도가 작아야 하고, 대상이 단순하며, 시야의 다른 부분이 어두울 것 등이 있다.

174 ① 잔상(afterimage)은 외부 자극이 사라진 뒤에도 감각 경험이 지속되어 나타나는 현상으로, 촛불을 한참 바라본 뒤에 눈을 감아도 그 촛불의 상이 나타나는 현상 등이다.
② 원근 착시란 보는 동안에 가깝고 먼 형태가 반대로 되는 현상으로, 사진을 찍을 때 멀리 있는 물체를 가까이 있는 것처럼 사진을 찍는 것이 바로 이 원근 착시를 사용한 것이다.

175 ① 자동운동은 착시현상 중 암실 내에서 하나의 광점을 보고 있으면 그 광점이 움직이는 것처럼 보이는 현상이다.
③ 유도운동은 실제로 움직이지 않는 물체가 어느 기준의 이동에 유도되어 움직이는 것처럼 느껴지는 현상이다.
④ 반사운동은 특정 자극에 대해 중추신경계의 개입없이 빠르게 일어나는 자동적인 근육운동으로 의식적인 통제가 불가능하고, 신속하게 반응하는 특성이 있다.

176~177 운동에 대한 착각 현상에는 자동운동, 유도운동, 가현(β)운동 등이 있다.
항상운동은 최소 20분 이상 멈추지 않고 지속적으로 운동하는 것으로 유산소 운동(걷기, 자전거, 수영, 등산 등)과 무산소운동(힘이 들고 숨이 차서 오랫동안 유지할 수 없는 운동으로 웨이트 트레이닝, 팔굽혀펴기, 윗몸일으키기 등)이 있다.

178 가현운동(β운동)은 인간의 착각현상 가운데 객관적으로 정지하고 있는 대상물이 급속히 나타났다가 소멸하는 것으로 인하여 일어나는 운동으로, 마치 대상물이 운동하는 것처럼 인식되는 현상을 말하며, 영화 영상의 방법으로 쓰인다.

179 착오(mistake)는 잘못된 줄 모르고 시행하는 것으로, 인지 착오(상황에 대한 이해 및 평가가 잘못된 경우와 목표에 대한 이해가 부족한 경우)와 판단 착오(조작 행위의도 형성의 잘못된 경우)가 있다. ①은 착각, ②는 부주의, ④는 실수에 대한 설명이다.

180 군화의 법칙(계슈탈트, 물건의 정리)

좋은 모양의 원리 (단순성, 규칙성, 상징성, 대칭성)	좋은 모양을 만드는 것끼리 한 군데에 모임으로써 좋아보이는 현상
폐쇄성의 원리	시각적인 요소들이 어떤 형상을 지각하게 하는 데 있어서 폐쇄된 느낌을 주는 법칙
유사성의 원리	• 여러 종류의 형들이 모두 일정한 규모, 색채, 질감, 명암, 윤곽선을 갖고 모양만이 다를 경우에는 모양에 따라 그룹화되어 지각됨 • 비슷한 형태, 규모, 색채, 질감, 명암, 패턴의 그룹(원형과 마름모꼴)을 하나의 그룹으로 지각하려는 경향을 말하는 형태의 지각 심리
연속성의 원리 (공동 운명의 법칙)	• 유사한 배열로 구성된 형들이 방향성을 지니고 연속되어 보이는 하나의 그룹으로 지각되는 법칙 • 형태의 지각 심리에서 공동운명의 법칙이라고도 하며 유사한 배열이 하나의 묶음이 되어 선이나 형으로 지각되는 것

181 착각(illusion)은 어떤 사물이나 현상을 실제와 다르게 인지하는 감각적 착각과 사실이나 생각을 인식하는 개념적 착각등이 있고, 감각적 착각의 종속적인 의미로 보며, 착각은 인간의 노력으로 고칠 수 없다. 착각의 조건에는 인간, 기계, 환경 등이 있다.

182 주의의 특성은 다음과 같다.
- 변동성은 주의에는 주기적으로 부주의적 리듬이 존재하는 기능을 말한다.
- 선택성은 여러 가지의 자극을 지각할 때 소수의 특정한 지각에 한하여 선택하는 기능을 말한다.
- 방향성은 공간적으로 보면 시선의 주시점만을 인지하는 기능으로 한 지점에 주의를 집중하면 다른 곳의 주의는 약해지는 기능을 말한다.
- 단속성은 강도가 높은 주의는 장시간 집중이 곤란하다는 기능을 말한다.
- 주의력의 중복집중곤란은 동시에 방향을 2개 이상 잡지 못한다는 기능을 말한다.

183 ④ 변동(단속)성은 항상 일정하나 수준을 유지할 수 없으므로 강도가 높은 주의는 장시간 집중이 곤란하다는 기능을 말한다.
⑤ 지속성은 인간의 주의력과는 무관하다.
⑥ 변동(단속)성은 인간의 주의 집중은 내향과 외향의 변동이 언제나 일정한 수순을 지키지는 못한다는 것이다.
⑦ 방향성은 인간의 주의력을 집중하는 방향은 상하 좌우 중 시선에서 벗어난 부분은 무시되기 쉽다는 것이다.

184 의식 레벨의 단계

단계	제0단계	제1단계	제2단계	제3단계	제4단계
의식의 모드	무의식, 실신	정상 이하, 의식 몽롱함	정상, 이완 상태	정상, 상쾌한 상태	초긴장, 과긴장 상태
주의 작용	없음	부주의	수동적 마음이 안쪽으로 향함	능동적, 시야가 넓다, 앞으로 향하는 주의	일점 집중, 판단 정지
생리적 상태	수면, 뇌발작	피로, 단조, 졸음, 술취함	안정 기거, 휴식, 정례작업	적극 활동 시	긴급 방위반응, 당황 흥분
신뢰성	0	0.99 이하	0.99~0.99999 이하	0.999999 이상	0.9 이하

185 ④ 한 자극에 주의를 집중하여도 다른 자극에 대한 주의력은 약해진다.
⑥ 주의와 반응의 목적은 대부분의 경우 서로 종속적이다.
⑩ 주의력을 강화하면 기능은 강화(증대)된다.

186 ① 무의식 동작은 최단거리를 거쳐 나타낸다.
② 감각기의 기능이 비정상적으로 작동되는 동작이다.
③ 인간의 일상동작에서 작업에 익숙해지면 무의식 동작은 증가한다.

187 184 해설 참조

188 부주의 현상(원인)

현상	의식수준	내용
의식의 단절 감각의 차단	Phase 0 상태	지속적인 의식의 흐름에 단절이 생기고 공백상태가 나타나는 경우로서 특수한 질병이 있다.
의식의 우회	Phase 0 상태	의식의 흐름이 사잇길로 빗나가는 경우로서, 작업도중 걱정, 고뇌, 욕구불만에 의해 발생한다. (내적 조건, 카운슬링에 의해 부주의 방지가 가능함)
의식수준의 저하	Phase I 이하 상태	혼미한 의식 상태로 심신이 피로하거나 단조로운 작업에 의해 발생한다.
의식의 혼란	Phase I 이하 상태	외적 조건(외부의 자극이 약할 때와 강할 때)에 의해 의식의 혼란, 분산되어 위험요인에 대응할 수 없는 경우에 발생한다.

의식의 과잉	Phase IV 상태	긴급이상 상태, 돌발 사태 직면시 일시적으로 의식이 긴장하고, 한 쪽 방향으로만 집중하는 주의의 일점집중 현상(판단력 정지, 긴급 방위반응)이 발생한다.

189 ①의 TBM(Tool Box Meeting)은 위험예지 훈련에 적용하고, ②의 STOP(Safety Training Observaion Program)은 감독자 안전 관찰 훈련이다.

③ BS(Brain Storming, 집중발상법)의 4원칙에는 자유 분방, 비판 금지, 대량 발언, 수정 발언 등이 있다.

190~195 부주의 발생 원인 및 대책

구분	원인	대책
외적 원인과 대책	작업 및 환경조건의 불량	환경 정비
	작업 순서의 부적당	작업 순서의 정비
내적 원인과 대책	작업 순서의 부자연성	인간공학적으로 접근
	소질적 문제	적성 배치
	의식의 우회	상담(카운슬링)
	경험과 미경험, 미숙련	안전교육훈련

정신적 측면에서의 대책	주의력 집중 훈련, 스트레스의 해소, 안전 의식 및 작업의욕 고취 등
기능 및 작업적 측면에서의 대책	적성 배치, 안전 작업 방법 습득, 표준 작업 동작의 습관화 등
설비 및 환경적 측면에서의 대책	설비 및 작업환경의 안전화, 표준작업 제도의 도입, 긴급시의 안전 대책 등

196 의식의 우회는 Phase 0 상태로서 의식의 흐름이 사잇길로 빗나가는 경우이다. 작업도중 걱정, 고뇌, 욕구불만에 의해 발생한다. (내적 조건, 카운슬링에 의해 부주의 방지가 가능함)

197 인간의 경계(Vigilance, 긴장, 주의, 경계상태) 현상에서 작업시작 직후에는 검출율이 가장 높고, 이후에는 검출률이 급속도로 저하된다.

198 ② 힉의 법칙(Hick's Law) 또는 힉-하이먼 법칙(Hick–Hymann law)은 인지심리학 및 인터랙션 디자인 분야에서 사용자에게 주어진 선택 가능한 선택지의 숫자에 따라 사용자가 결정하는 데 소요되는 시간이 결정된다는 법칙이다.

③ Weber의 법칙은 감각 지각의 기본 원리를 이해하는 데 중요한 역할을 한다. 감각 자극의 변화가 지각되는 정도는 자극의 원래 강도에 비례한다는 원리를 설명하는 심리학적 법칙이다.

④ 양립성 법칙은 기계의 작동이나 표시가 인간이 예상하는 바와 일치하는 것으로 운동의 양립성(조작장치 방향과 기계의 움직이는 방향이 일치), 공간 양립성(공간적 배치가 인간의 기대와 일치), 개념의 양립성(인간이 가지고 있는 개념적 연상과 일치)의 3가지가 있다.

199 ① 리스크 테이킹(risk taking, 위험감수, 억측 판단)은 객관적인 위험을 주관적인 사고로 판단하여 의지 결정을 하고, 행동으로 실천하는 현상이다. 한 지점에 주의를 집중할 때 다른 곳의 주의가 약해져 발생한 위험은 주의의 일점집중 현상이다.

③ 역할갈등이란 한 직무의 역할 수행이 다른 역할과 모순되는 현상으로, 이때 갈등이 발생하게 되는 것이다. 역할 조성(Role shaping)은 개인에게 어떤 개의 역할기대가 있을 경우 그 중의 어떤 역할기대는 불응, 거부하는 것을 말한다.

④ 투사란 인간관계의 매커니중 적응기제의 하나로서, 자신의 억압된 것을 다른 사람의 것으로 생각하는 것이다. 암시(Suggestion)는 다른 사람으로부터의 판단이나 행동에 대하여 무비판적으로 논리적, 사실적 근거 없이 수용하는 것을 말한다.

5단원 안전보건교육의 내용 및 방법

▶ 문제편 110p

001	① ○	② ○	③ ○	④ ×												
002	① ○	② ○	③ ○	④ ×	⑤ ×	⑥ ○	⑦ ○	⑧ ○	⑨ ×							
003	① ○	② ×	③ ○	④ ○	⑤ ×	⑥ ○										
004	① ○	② ×	③ ○	④ ○												
005	① ○	② ○	③ ○	④ ×												
006	① ○	② ×	③ ○	④ ○												
007	① ○	② ○	③ ×	④ ○	⑤ ○	⑥ ○	⑦ ○	⑧ ×								
008	① ○	② ○	③ ○	④ ○												
009	① ○	② ○	③ ○	④ ×	⑤ ○	⑥ ○	⑦ ○	⑧ ×								
010	① ○	② ○	③ ×	④ ○												
011	① ×	② ○	③ ○	④ ○												
012	① ×	② ○	③ ○	④ ○												
013	① ×	② ○	③ ×	④ ×												
014	① ×	② ×	③ ×	④ ○												
015	① ×	② ×	③ ×	④ ○												
016	① ×	② ×	③ ×	④ ○												
017	① ×	② ○	③ ○	④ ○	⑤ ○	⑥ ×										
018	① ○	② ○	③ ○	④ ×												
019	① ○	② ○	③ ○	④ ×	⑤ ×											
020	① ○	② ○	③ ×	④ ○	⑤ ×											
021	① ○	② ×	③ ○	④ ○												
022	① ×	② ○	③ ○	④ ○												
023	① ×	② ○	③ ×	④ ×												
024	① ×	② ×	③ ×	④ ○												
025	① ○	② ○	③ ○	④ ×												
026	① ○	② ○	③ ○	④ ×												
027	① ○	② ×	③ ○	④ ○												
028	① ○	② ○	③ ○	④ ×	⑤ ×											
029	① ○	② ○	③ ○	④ ×	⑤ ○	⑥ ○	⑦ ×	⑧ ○	⑨ ○	⑩ ×						
030	① ×	② ○	③ ×	④ ×												
031	① ×	② ×	③ ×	④ ○												
032	① ○	② ×	③ ×	④ ×												
033	① ○	② ○	③ ○	④ ○												
034	① ×	② ○	③ ○	④ ○												
035	① ○	② ○	③ ○	④ ×												
036	① ○	② ×	③ ×	④ ×												
037	① ○	② ○	③ ○	④ ○												
038	① ×	② ○	③ ○	④ ○												
039	① ○	② ×	③ ×	④ ×												
040	① ○	② ○	③ ○	④ ×												
041	① ○	② ○	③ ×	④ ○	⑤ ○	⑥ ○	⑦ ×	⑧ ○	⑨ ×	⑩ ○						
042	① ×	② ○	③ ○	④ ×												
043	① ×	② ○	③ ○	④ ○												
044	① ○	② ○	③ ○	④ ×												
045	① ×	② ○	③ ×	④ ×												
046	① ○	② ×	③ ×	④ ×												
047	① ×	② ○	③ ○	④ ○												
048	① ○	② ×	③ ×	④ ×												
049	① ○	② ○	③ ○	④ ×	⑤ ×	⑥ ○	⑦ ○									
050	① ×	② ×	③ ○	④ ×												
051	① ×	② ×	③ ×	④ ○												
052	① ×	② ○	③ ○	④ ○	⑤ ×	⑥ ○	⑦ ○									
053	① ○	② ○	③ ×	④ ○	⑤ ○	⑥ ○	⑦ ○	⑧ ×	⑨ ○							
054	① ×	② ○	③ ○	④ ○	⑤ ○	⑥ ○	⑦ ×									
055	① ○	② ○	③ ×	④ ○												
056	① ○	② ○	③ ×	④ ○	⑤ ○	⑥ ○	⑦ ○	⑧ ×	⑨ ○	⑩ ×	⑪ ×	⑫ ×	⑬ ○			
057	① ○	② ○	③ ○	④ ×												
058	① ○	② ×	③ ○	④ ○	⑤ ○	⑥ ×	⑦ ○	⑧ ○	⑨ ×	⑩ ○	⑪ ×	⑫ ×	⑬ ×	⑭ ×	⑮ ×	⑯ ×	⑰ ○
	⑱ ○	⑲ ○	⑳ ○	㉑ ×	㉒ ○											
059	① ○	② ○	③ ○	④ ×	⑤ ○	⑥ ○	⑦ ○	⑧ ×								
060	① ×	② ×	③ ○	④ ×	⑤ ○	⑥ ○	⑦ ×	⑧ ○	⑨ ×	⑩ ×	⑪ ○	⑫ ○	⑬ ○	⑭ ×		

061	① ○	② ○	③ ○	④ ×								
062	① ×	② ×	③ ○	④ ×								
063	① ×	② ×	③ ○	④ ×								
064	① ×	② ○	③ ○	④ ○								
065	① ×	② ○	③ ○	④ ○	⑤ ○	⑥ ×						
066	① ×	② ○	③ ×	④ ×								
067	① ○	② ○	③ ○	④ ×								
068	① ×	② ×	③ ×	④ ○								
069	① ○	② ○	③ ×	④ ○								
070	① ×	② ○	③ ○	④ ×								
071	① ○	② ×	③ ○	④ ○								
072	① ○	② ×	③ ○	④ ○								
073	① ○	② ×	③ ○	④ ○								
074	① ×	② ○	③ ×	④ ×								
075	① ○	② ×	③ ○	④ ×	⑤ ○	⑥ ×	⑦ ○	⑧ ○	⑨ ○	⑩ ○	⑪ ×	
076	① ○	② ×	③ ○	④ ○	⑤ ○	⑥ ○	⑦ ○					
077	① ○	② ×	③ ○	④ ×								
078	① ×	② ○	③ ○	④ ○	⑤ ×	⑥ ○						
079	① ○	② ×	③ ×	④ ×								
080	① ○	② ○	③ ○	④ ×								
081	① ×	② ○	③ ×	④ ×								
082	① ○	② ×	③ ○	④ ○								
083	① ×	② ○	③ ×	④ ×								
084	① ×	② ○	③ ○	④ ○								
085	① ○	② ○	③ ×	④ ×								
086	① ○	② ×	③ ○	④ ○	⑤ ○	⑥ ×						
087	① ○	② ×	③ ×	④ ×								
088	① ○	② ○	③ ×	④ ○								
089	① ○	② ○	③ ×	④ ○	⑤ ○	⑥ ×						
090	① ×	② ○	③ ○	④ ○								
091	① ○	② ○	③ ×	④ ○								
092	① ×	② ×	③ ○	④ ×								
093	① ×	② ○	③ ×	④ ×								
094	① ×	② ○	③ ○	④ ○								
095	① ○	② ×	③ ○	④ ○								
096	① ×	② ×	③ ×	④ ○								
097	① ○	② ○	③ ○	④ ×								
098	① ×	② ○	③ ×	④ ×								
099	① ○	② ○	③ ×	④ ○								
100	① ○	② ×	③ ○	④ ○								
101	① ×	② ○	③ ○	④ ○								
102	① ○	② ×	③ ○	④ ○	⑤ ×	⑥ ×	⑦ ×					
103	① ○	② ○	③ ○	④ ○	⑤ ×	⑥ ○	⑦ ×					
104	① ×	② ×	③ ○	④ ×								
105	① ×	② ○	③ ×	④ ×								
106	① ○	② ×	③ ○	④ ○								
107	① ○	② ○	③ ○	④ ×								
108	① ○	② ○	③ ×	④ ○								
109	① ×	② ○	③ ○	④ ○	⑤ ○	⑥ ×	⑦ ○					
110	① ×	② ×	③ ○	④ ×								
111	① ○	② ○	③ ×	④ ○	⑤ ○	⑥ ×	⑦ ○	⑧ ○				
112	① ○	② ○	③ ×	④ ○	⑤ ○	⑥ ×	⑦ ○	⑧ ○	⑨ ○	⑩ ○	⑪ ×	⑫ ○
113	① ×	② ×	③ ×	④ ○								
114	① ×	② ○	③ ×	④ ×								
115	① ○	② ○	③ ×	④ ○								
116	① ×	② ×	③ ×	④ ○								
117	① ○	② ○	③ ○	④ ×								
118	① ×	② ×	③ ×	④ ○								
119	① ○	② ○	③ ○	④ ×								
120	① ×	② ×	③ ○	④ ×								
121	① ×	② ×	③ ○	④ ×								
122	① ×	② ○	③ ×	④ ×								
123	① ○	② ×	③ ×	④ ×								
124	① ×	② ×	③ ×	④ ○								
125	① ×	② ×	③ ×	④ ○								
126	① ×	② ○	③ ×	④ ×								
127	① ×	② ×	③ ×	④ ○								
128	① ○	② ○	③ ○	④ ×								
129	① ○	② ○	③ ○	④ ×	⑤ ○	⑥ ×	⑦ ×	⑧ ○	⑨ ○	⑩ ×	⑪ ○	
130	① ○	② ○	③ ○	④ ○	⑤ ○	⑥ ○	⑦ ×	⑧ ×	⑨ ×	⑩ ×	⑪ ○	
131	① ○	② ×	③ ○	④ ○								
132	① ○	② ×	③ ○	④ ○								
133	① ×	② ○	③ ○	④ ○								
134	① ×	② ○	③ ○	④ ○								
135	① ○	② ○	③ ○	④ ×								

001 ④ 교육목적은 교육목표의 상위개념으로 학습경험을 통한 피교육자들의 행동변화를 지칭하는 것이다.

002 ④ 외부에 안전교육 실시를 알리기 위함이 아니라, 산업 재해를 미연에 방지하고, 근로자를 보호하기 위함이다.
⑤ 안전보건 확보를 위한 지식, 기능 및 태도의 향상을 시킴으로서 생산을 위한 방법의 개선, 향상을 목표로 한다.
⑨ 작업자에게 작업의 안전에 대한 안심감을 부여하고 기업에 대한 신뢰감을 증대시킨다.

003 안전보건 교육의 목적은 작업 환경, 행동(동작), 의식(인간 정신), 기계·기구, 설비와 물자의 안전화 등이 있다. 노무관리의 적정화와 경험의 안전화와는 무관하다.

004 교육목표에 포함되어야 할 사항 3가지에는 교육 및 훈련의 범위, 교육 보조자료의 준비 및 사용지침, 교육훈련의 의무와 책임한계의 명시 등이 있다. 교육과정의 소개와는 무관하다.

005 안전교육의 기본방향은 사고 사례 중심의 안전교육, 안전작업(표준작업)을 위한 안전교육, 안전의식 향상을 위한 안전교육이다.

006 교육의 본질적 기능 4요소
- 사회화 과정으로서의 기능
- 개인 형성(인간 완성) 작용으로서의 기능
- 문화전달, 문화형성, 창조적 작용으로서의 기능
- 가치형성 작용으로서의 기능

007 ③ 현실적으로 생긴 재해는 그 원인 관련요소가 매우 많아서, 되풀이해 실험적으로 재해환경을 복원하는 것이 불가능하다.
⑧ 안전 사고를 미연에 방지하여 생산지연을 방지한다.

008 안전교육은 조직의 공식 활동이므로 조직 효율성의 증진보다는 개인욕구의 실현을 위해서 필요성에 대한 분석을 해야 한다.

009 ④ 피교육자의 학습능력에 있어서 개인차보다는 효율을 중시하는 집합 강의법(교육) 활용이 많다.
⑧ 우리 기업의 경우를 보면, 교육훈련에 투자의 부족함이 있다.

010 교육훈련을 통하여 기업의 차원에서 기대할 수 있는 효과로는 안전사고의 예방으로 인하여 인적자원의 관리비용이 감소되는 경향이 있다.

011 교육훈련 시 발견학습적인 관점에서 자료(계획, 탐구, 발전 등)가 필요하다.

012 ① 지식교육내용에는 안전 규정의 숙지, 안전 의식의 향상과 안전에 대한 책임감 주입, 재해 발생 원리의 이해, 기능과 태도의 기초 지식 주입 등이다.
② 태도교육의 내용에는 표준 작업방법의 습관화, 공구 및 보호구의 취급과 관리자세의 확립, 안전에 대한 가치관 형성, 안전작업 지시전달 확인 등 언어 태도의 정확화와 습관화, 작업 전·중·후의 정확한 습관화 등이다.
③ 기능교육에는 전문적이고, 안전기술기능, 방호장치의 관리기능, 점검, 검사 등 사용방법에 대한 기능 등이다.

013 교육훈련 계획 수립 시 고려해야 할 사항은 교육과 관련된 사항으로 교육 대상, 목표, 방법, 장소, 시간 및 시기, 강사 등이다. 특히, 계획 수립 시 최우선적으로 고려해야 할 사항은 교육 대상이다.

014 안전보건교육 계획수립 및 추진의 순서는 '교육 목적의 필요성(설정) → 교육 대상 결정 → 교육 준비 → 교육 실시 → 교육 성과의 평가'의 순이다.

015 안전보건교육의 목표는 인간 의식(정신)의 안전화, 작업에 의한 동작(행동)의 안전화, 작업 환경의 안전화, 물자와 설비의 안전화 등이 있다.

016 안전보건교육 목표는 교육 및 훈련의 범위, 교육 보조자료의 준비 및 사용지침, 교육훈련의 의무와 책임한계 명시 등이다. ①·②·③은 준비 사항에 속한다.

017 안전보건교육계획의 준비계획에 포함되어야 할 사항은 교육목표 설정(첫째 과제), 교육의 과정 결정, 교육 대상자와 범위 설정, 교육의 방법 결정, 교육 장소, 보조자료 및 강사, 조교의 편성, 소요 예산의 산정, 교육 진행의 사항 등이다. 교육생의 의견과 교육 평가는 안전보건교육 준비계획과 무관하다.

018 안전의식 고취방법
- 안전행동의 실천을 위한 의식적인 노력
- 안전행동의 습관화를 위한 인센티브와 책임부과를 병행하여 운영
- 안전행동이 무의식적으로 이루어지도록 습관화한다. (칭찬과 격려)
- 안전보건교육 실시, 안전포스터의 부착, 안전경진대회 개최 등

019 태도형성의 기능 4가지에는 적응(식용적) 기능, 가치표현적 기능, 자아방위적 기능, 지식 기능 등이 있다.

020 학습평가의 기본적인 기준은 타당도(확실성), 신뢰도(신용성, 신뢰성), 객관도(객관성), 실용도(실용성), 경제성 등이 있다.

타당도(확실성)	측정하고자 하는 원래의 목적과 일치하는지의 정도를 나타내는 것이다.
신뢰도(신용성)	측정의 오차가 얼마나 적은지를 나타내는 것이다.
객관성(객관도)	측정의 결과에 대해 어느 누가 보아도 일치되는 의견이 나올 수 있는 성질이다.
간이성(실용도)	용이하게 적용시킬 수 있고, 사용이 편리한 것이 실용도가 높은 것을 의미한다.

021 새로운 기술을 학습하는 경우에는 집중연습(초보자에게 유리한 방법으로 학습 내용을 중단하지 않고, 지속적으로 반복해서 하는 학습 방법)보다 배분(분산)연습(학습 내용을 몇 회로 나누어서 충분한 휴식시간을 두어 학습하는 방법)이 더 효과적이다. ③은 비효과적연습 제거법에 대한 설명이다.

022 타당성(Validity)은 측정하고자 하는 것을 실제로 잘 측정하는가 여부를 판별하는 것으로 교육 타당도, 전이 타당도, 조직내 타당도, 조직간 타당도 등이 있다.

023~024 (1) 5감의 교육 효과

구분	시각	청각	촉각	미각	후각
교육효과(%)	60	20	15	3	2

(2) 이해의 정도

구분	귀	눈	귀+눈	입	머리+손, 발
이해도(%)	20	40	20+40=60	80	90

025 감각 기능별 반응시간

구분	청각(귀)	촉각(피부)	시각(눈)	미각(혀)	통각
반응시간	0.17초	0.18초	0.20초	0.29초	0.7초

여기서, 통각(apperception)이란, 심리학, 철학, 인식론에서의 개념으로 자신의 상태나 스스로의 경험 등 자신의 내면적인 것을 조회하고 이해하는 것을 가리킨다

026~027 교육의 3요소

구분	교육의 주체	교육의 객체	교육의 매개체
내용	교사(강사)	학생(교육생)	교육 내용(교재)

028 학습 목적의 3요소는 학습 목표, 학습 주제, 학습 정도(인지, 지각, 이해, 적용)이다.

029 ④ 많이 사용하는 것에서 적게 사용하는 순으로 실시한다.
⑦ 쉬운 것부터 어려운 것으로 실시한다.
⑩ 한 번에 한 가지씩 교육을 실시한다.

030~031 강의식 및 토의식 강의 시간 배분

구분＼교육의 4단계	제1단계(도입)	제2단계(제시)	제3단계(적용)	제4단계(확인)
강의식	5분	40분	10분	5분
토의식	5분	10분	40분	5분

032 작업지도 기법의 4단계 중 그 작업을 배우고 싶은 의욕을 갖도록 하는 단계는 제1단계이다.

작업지도 기법의 4단계

구분	제1단계	제2단계	제3단계	제4단계
내용	학습할 준비 (도입, 준비)	학습을 해보인다. (실연, 제시)	학습을 시켜본다 (적용, 실습)	보충수업의 단계 (확인, 평가)
	preparation	presentation	performance	follow up

033 일을 완성하는 단계는 안전교육 훈련의 기술교육 4단계에 포함되지 않는다.
①의 준비단계는 제1단계, ②의 보습지도의 단계는 제4단계, ④의 일을 시켜보는 단계는 제3단계이다.

034 좋은 교재는 내적요소(교육 목표와 내용 등)와 외적요소(학습환경 및 학습자 등)가 서로 상황에 맞는 능동적인 학습 자료가 되어야 한다. 교재의 선택기준에는 ②·③·④ 이외에도 동적이며, 진보적(새로운 내용)이어야 한다는 점이 있다.

035 안전 교육 시 강의안의 작성 원칙은 구체적, 논리적, 명확성, 독창성, 흥미(실용)성 등이다. 추상적과 구체적은 상반된 의미이다.

036 ① 조목열거식 : 교육할 내용을 항목별로 핵심요점만을 간략하게 정리하여 기술하는 방식이다.
② 시나리오식 : 강사가 교육하고자 하는 교육내용을 구체적인 교육내용으로 모두 적어 참고할 수 있도록 하거나, 상세히 이야기하는 방식으로 적거나 하는 방식이다.
③ 혼합형 방식 : 강의안 작성방법(조목열거식 강의안에 익숙한 교수자들이 선호)에 따라 내용을 보강하는 방식이다.

037 학습목적 정도의 4단계에는 인지(to aquaint, 무엇을 인지하여야 한다.), 지각(to know, 무엇을 알아야 한다.), 이해(to understand, 무엇을 이해하여야 한다.), 적용(to apply, 무엇을 어디에 적용하여야 한다.) 등이 있다.

038 교육 훈련 평가의 목적은 학습지도를 효과적으로 하기 위함이고, 작업자의 적정배치를 위함이며, 지도 방법을 개선하기 위함이다.

039 Kirkpatrick의 교육훈련 평가의 4단계

구분	제1단계	제2단계	제3단계	제4단계
내용	반응단계	학습단계	행동단계	결과단계

040 학습전이와 관련된 이론

일반화설 (동일원리설)	주드(C. H. Judd)에 의한 학설로 학습자가 하나의 경험을 하면 그와 유사한 것에서 같은 태도나 방법으로 대하려는 경향으로 인하여 전이가 이루어진다는 학설이다.
동일요소설	새로운 학습경험과 선행 학습경험 사이에 같은 요소가 있는 경우에는 서로의 사이에서 연결 또는 연합하려는 현상이 일어난다는 학설이다.
형태이조설	경험을 할 경우, 심리학적인 상태가 대체로 유사한 경우라면 먼저 학습할 때 머릿속에 형성되었던 구조가 동일하게 이동하므로 전이가 이루어진다는 학설이다.
형식도야설	형식(기본 및 일반능력)만 잘 훈련되면 그 효과는 다른 대부분의 분야에 전이된다는 이론이다.

041 학습 전이(transfer)의 조건은 학습방법, 학습정도, 학습내용, 학습자료의 유의성, 시간적 간격, 학습자의 지능과 태도 등이 있다.

042 학습 전이는 어떤 학습 내용을 학습한 결과가 다른 학습이나 반응에 영향을 주는 현상을 의미한다. 훈련 상황이 실제 작업장면과 유사할 때 학습전이가 일어나기 가장 쉽고 좋은 상황이 된다.

043 훈련생은 훈련과정에 대해서 사전정보가 없을수록 왜곡된 반응을 보일 것이다. 즉, 사전정보가 있을수록 왜곡된 반응은 보이지 않을 것이다.

044 교육법의 4단계

제1단계(도입)	학습준비의 단계로서 마음을 안정시키고, 작업의 종류, 내용 및 작업을 배우고 싶은 의욕, 수강자의 정확한 위치 배치 등
제2단계(제시)	작업의 설명 단계로서, 한 단계식 설명을 하고, 이해를 시키고, 급소를 강조하며, 지도(확실, 무누락, 끈기) 하고, 수강자의 능력 이상으로 이해하도록 강요하지 않는다.
제3단계(적용)	작업 습관의 토론과 확립을 통한 공감을 가질 수 있도록 이해시킨 내용을 실제적이고, 구체적인 문제에 활용 또는 응용시킨다.
제4단계(확인)	총괄 단계로서 교육 내용을 확인(과제 및 시험 등)하고, 확인 결과에 따라서 교육 방법을 개선한다.

045 "위험물 취급물질을 설명한다."는 제2단계(제시)에 해당된다.

046 교육지도의 5단계

구분	제1단계	제2단계	제3단계	제4단계	제5단계
내용	원리의 제시	관련된 개념의 분석	가설의 설정	자료의 평가	결론

047 학습경험 조직의 원리(테일러에 의한)

계속(연속)성의 원리	경험의 요소가 시간적, 계속적으로 반복되도록 조직화가 되어야 한다.
계열성의 원리	경험의 시간이 지나면서 깊이가 깊고, 폭이 넓은 경험이 되도록 하여야 한다.
통합성의 원리	경험 내용을 횡적으로 연계성이 있도록 조화롭게 통합하여야 한다.

048 행동변화의 전개과정(행동반응의 순서)은 '자극 – 욕구 – 판단 – 행동'의 순이다.

049 학습(교육)지도의 원리

자기활동(자발성)의 원리	학습자 자신이 자기 스스로 학습에 참여하는 데 중점을 두고 있는 원리이다.
개별화(계열성)의 원리	학습자가 갖고 있는 각자의 요구와 능력 등에 적합한 학습활동의 기회를 마련해 주어야 한다는 원리이다.
사회화의 원리	사회의 사상과 문제를 기반으로 하는 학습내용과 학교와 사회에서 경험한 내용을 교류시키고 공동학습을 통해서 우호적이고 협력적인 학습을 진행한다는 원리이다.
통합(통합성)의 원리	동시 학습 원리와 동일한 원리로서 학습을 총체적인 전체로서 교육한다는 원리이다.
직관의 원리	구체적 사물을 제시하거나 경험시킴으로써 효과를 보게 되는 학습지도의 원리이다.
목적의 원리	학습자가 적극적이고 자발적인 학습활동을 할 수 있도록 학습목표가 확실하게 인식되어야 한다는 원리이다.
기타의 원리	생활화의 원리, 과학화의 원리, 자연화의 원리 등

050 태도(의견)조사법이란 질문지법, 문답법, 면접법, 집단토의법, 투사법 등에 의해 의견을 조사하는 방법이다.

① 집단토의법 : 구두 표현을 통해 서로의 의견을 교환함으로써 각 개인이 해결할 수 없는 문제를 공동의 집단 사고로 해결하려는 방법이다.

② 면접법 : 직무를 직접 수행하는 근로자에게 직접 면접을 통하여 실시하는 방법으로 생산직 직무에 적절하며, 실시가 간단하고, 오랜시간이 필요한 직무에는 적용이 곤란하다.

④ 질문지법 : 질문지를 사용하는 방법으로 많은 정보를 단시간에 확보할 수 있고, 질문지 설계가 난이하다. 특히, 정보가 왜곡될 수 있다.

051 ① 강의식 : 강의의 진행을 교육 자료와 순서에 의해서 진행함으로써 이해하기 쉽고, 짧은 시간에 많은 내용을 교육하는 경우에 필요한 강의 방식이다. 최적 인원은 40~50명 정도이다.

② 토의식 : 쌍방 의사 전달에 의한 방법으로, 최적 인원이 10~20명이다. 피교육생들의 태도를 변화시키고자 할 때, 인원이 토의할 수 있는 적정 수준일 때, 토의 주제를 어느 정도 인지하고 있을 때 활용할 수 있다.

③ 문답식 : 수업은 문답과정을 통해 학생들은 지식이나 현상에 대해 새로운 의문을 제기하고, 개념이나 원리 등에 대하여 나름대로 정의를 내리고 인식을 하게 되는 방식이다.

052 O.J.T(On the Job Training)는 작업자의 현장 교육으로, 현장에서 업무상 개별 교육이나 지도 훈련을 하는 교육 형태이다. 관리감독자 등 직속상사가 실시하고 지식, 기능, 태도, 문제해결능력, 직무순환, 코칭, 멘토링, 도제식 교육, 현장직무교육 등으로 교육한다.

053 ③ Off-JT는 다수의 대상자를 일괄적, 조직적으로 교육할 수 있다.

⑧ Off-JT는 교육훈련 대상자가 교육훈련에만 몰두할 수 있어 학습효과가 높다.

054 ① Off-JT는 다수의 근로자에게 조직적 훈련이 가능하다.

⑦ Off-JT는 훈련에만 전념할 수 있다.

055

구분	교육 방법	교육 기법
OFF.J.T	공통된 교육 목적(계층별, 직능별)을 가진 근로자를 회사가 아닌 일정한 장소에 집합시켜 외부 강사를 초청하여 집체 교육 훈련을 실시하는 교육형태이다.	강의, 실습장 훈련, 역할연기법, 사례연구 방법, 프로그램식 학습, 회의식 방법, TWI(산업내 훈련), MTP(중간관리자 교육), 기초교육 및 도입교육 훈련 방법 등
O.J.T	작업자의 현장 교육으로, 현장에서 업무상 개별 교육이나 지도 훈련을 하는 교육 형태이다	시범, 코칭, 멘토링, 일상의 접촉지도, 직무순환, 미팅 등

056 ③ O.J.T(On the Job Training)는 개개인의 능력 및 정성에 적합한 세부교육이 가능하다.

⑧ O.J.T는 업무 및 사내의 특성에 맞춘 구체적이고 실제적인 지도교육이 가능하다.

⑩ O.J.T는 개개인에게 적절한 지도훈련이 가능하다.

⑪ O.J.T는 직장의 실정에 맞게 실제적 훈련이 가능하다.

⑫ O.J.T는 훈련에 필요한 업무의 계속성이 끊어지지 않는다.

057 Off-JT는 다수의 대상자를 일괄적, 조직적으로 교육할 수 있다.

058 ② 강사와 학습자가 시간을 효과적으로 이용할 수 없다.

⑥ 개인차를 고려한 학습이 불가능하다.

⑨ 수강자가 의타적이고, 소극적이 되기 쉽다.

⑪ 일방통행적이므로 비민주적이고, 비협조적이다.

⑫ 현실적인 문제의 학습이 불가능하다.

⑬ 학습자가 의타적, 소극적이 되므로 사고하는 능력을 기르지 못한다.

⑭ 토의법(시간의 소비가 많다)에 비하여 시간이 짧게 걸린다.

⑮ 대부분 일방통행적인 지식의 배합 형식이므로 집단으로서 결속력, 팀웍의 기반이 생기지 못한다. 토의법은 팀 워크가 필요한 경우에 사용한다.

⑯ 피교육자의 참여도가 낮고, 동기부여가 어렵다.

㉑ 토의법 장점은 학습자의 개성과 능력을 최대화할 수 있다.

059 ④ 시간이 별로 걸리지 않는다는 점은 장점에 속한다.

⑧ 수강자 1인당 경비는 적으나, 교육 효과를 상승시키기 어려운 경우도 있다.

060 ① 토의법은 수업의 중간이나 마지막 단계에 적용하고, 강의법은 수업의 도입, 초기 단계에 적용한다.

② 학급 인원수의 크기(40~50명)에 제약을 받지 않는다.

④ 학생 대 교사의 비율이 낮다.

⑦ 참가자 개개인에게 동기를 부여하기 어렵다.

⑨ 토의법의 사례연구법(case study, case method)에 대한 설명이다.

⑩ 교육의 주의 집중도와 흥미의 정도가 낮다.

⑭ 전 교과목에 적용이 가능하다.

061 핵심이 되는 점을 가르치는 단계는 제2단계(제시, 작업을 설명)와 제3단계(적용, 작업을 시키면서 핵심을 말하게 함) 이다.

062 ① 도입은 5분, ② 제시는 10분, ③ 적용은 40분, ④ 확인은 5분으로 구성된다. 따라서 가장 시간이 많이 소요되는 단계는 3단계인 적용단계이다.

063 모의법(Simulation Method)은 실제의 상태나 장면이 매우 유사한 사태를 인위적으로 만들어 놓은 상태에서 학습하도록 하는 교육방법이다. 시간의 소비가 매우 많고, 시설의 유지비가 고가이며, 단위 시간당 교육비가 많이 든다. 특히, 학생 대 교사의 비율이 매우 높다.

064 시청각 교육은 피교육생들 간에 학습능력의 차이가 클 경우와 교육 대상자수가 많은 경우에 활용된다.

065 ① 프로그램 학습법은 학습자의 사회성을 높이는 데 불리하다. 즉, 학습자의 사회성이 결여될 우려가 있다.

⑥ 프로그램 학습법은 문제해결력, 적용력, 평가력 등 고등정신을 기르는 데 불리하다.

066 ① 보충학습이 용이하다.

③ 수강생이 허용된 시간 내에 학습할 경우에는 시간적 활용이 용이하다.

④ 수강생의 개인적인 차이를 최대로 조절할 수 있다.

067 프로그램 학습법은 학습자가 프로그램 자료를 가지고 스스로가 학습하도록 교육하는 방법으로, 학습의 원리에 의해서 수업 프로그램이 만들어지고, 자기 학습속도에 따른 학습이 가능한 상태에서 실시하는 학습법이다. 특히, 개별학습이므로 자신의 허용된 시간에 학습이 가능하고, 훈련시간이 최대한으로 단축된다는 것이 최대 장점이다.

068 형식적 교육은 좁은 의미의 교육과 일치하는 개념이다. 즉, 체계적인 제도와 조직을 갖춘 형태로서 학교교육이다.

안전교육의 제3요소

구분	형식적 교육	비형식적 교육
정의	명확하게 문서화가 되고, 체계적인 제도와 조직을 갖춘 형태로서 학교교육이며, 좁은 의미의 교육이다.	특정한 제도와 형식 밖에서 행해지는 형태로서 가정교육, 부모교육, 사회안전 교육 등이 있으며, 넓은 의미의 교육이다.
교육의 주체	교도자(강사)	사회인사, 부모, 가족, 선배
교육의 객체	교육생(수강자, 학습자)	자녀와 미성숙자
교육의 매개체	교육자료(교재, 내용)	교육적 환경, 인간 관계

069~070 존 듀이의 5단계 사고과정

구분	제1단계	제2단계	제3단계	제4단계	제5단계
내용	시사를 받는다.	지식화(머리로 생각)한다.	가설을 설정한다.	추론한다.	행동에 의해 가설을 검토한다.

071 시청각적 교육방법(교육 과정에 시청각적 교육매체를 통합시켜 적절하게 활용함으로써 교수·학습 활동에 최대한 효과를 얻고자 하는 교육)은 인구 증가에 따른 대규모 수업체제의 구성이 용이하다.

072 시청각적 학습방법의 장점에는 ①, ③, ④ 이외에도 학습 지도의 효율화, 교육 내용을 간략화와 구체화, 집단지도 및 시간의 경제성, 과학적 사고 방식의 함양 등이 있다.
② 학생들의 사회성 결여는 프로그램 학습법의 단점이다.

073 ② 사례연구법 : 우선 사례를 제시하고 문제적 사실들과 그의 상관관계에 대하여 검토하고, 대책을 토의하는 방법이다.
③ 유사 실험법(모의법) : 교육 방법을 인위적으로 유사한 상태나 실제의 상태로 만들어 그 상태 또는 상황하에서 실시하는 교육방법이다.
④ 프로그램 학습법 : 학습자가 프로그램 자료를 가지고 스스로가 학습하도록 교육하는 방법이다. 학습의 원리에 의해서 수업 프로그램이 만들어지고, 자기 학습속도에 따른 학습이 가능한 상태에서 실시하는 학습법이다.

074 자동운동은 착시현상 중 암실 내에서 하나의 광점을 보고 있으면 그 광점이 움직이는 것처럼 보이는 현상이다.

075 ② 목적이 명확하지 않고, 다른 방법과 병용하지 않으면 높은 효과를 기대할 수 없다.
④ "높은 의지 결정의 훈련으로는 기대할 수 없다."는 역할 연기법의 단점이다.
⑥ 정도가 높은 의사결정의 훈련으로서 부적합하다.
⑪ 높은 수준의 의사 결정에 대한 훈련에는 효과를 기대할 수 없다.

076 사례연구법은 무의식적인 내용의 표현 기회를 주지 못하므로 적절한 사례 확보가 곤란하다.

077 ② 지능, 적성, 학습속도 등 개인차를 충분히 고려할 수 없다.
③ 학습의 다양성과 능률화에 기여할 수 있다.
④ 학습 자료를 시간과 장소에 제한 없이 제시할 수 없다.

078 ① 성인들은 자기주도적 학습을 선호한다.
⑤ 성인들은 과제중심적으로 학습하고자 한다.

079 집합 교육은 적절한 시설(교육 전용 시설 또는 그 밖에 교육을 실시하기에 적합한 시설)을 갖추어야 하고, 전용 교육
시설에서 실시하는 교육이다.
② 통신교육 : 오래 전에 사용하던 방식으로 우편을 통한 교육이다.
③ 현장교육 : O.J.T와 유사한 방법으로 수강자의 작업현장에서 실시하는 교육이다.
④ on-line교육 : 요사이 사용하는 방식으로 인터넷을 통한 교육이다.

080 Project method(구안법)는 시간과 에너지가 많이 소비된다.

081 구안법(Project Method)의 4단계는 '목적의 결정 → 계획의 수립 → 수행 또는 활동 → 평가'의 순이다.

단계	제1단계	제2단계	제3단계	제4단계
내용	목적	계획	수행	평가

082 ② 구안법은 학습자가 마음 속에 생각하고 있는 사항을 외부에 구체적으로 실현하고 형상화하기 위해서 학습자 스스
로 계획을 세워 수행하는 학습활동으로 이루어지는 형태로서, Collings는 구안법을 5가지(탐험, 구성, 의사소통,
유희, 기술)로 지적하고, 산업시찰, 현장실습 및 견학도 구안법에 해당된다고 하였다.

토의법의 유형

1) 문제법 : 다음의 5단계를 거치는 방법이다.

단계	제1단계	제2단계	제3단계	제4단계	제5단계
내용	문제의 인식	해결방법의 연구계획	자료의 수집	해결방법의 실시	정리와 결과의 검토

2) 사례연구법 : 우선 사례를 제시하고 문제적 사실 들과 그의 상화관계에 대하여 검토하고, 대책을 토의하는 방법이다.
3) 포럼(forum, 공개토론회) : 새로운 자료나 교재를 제시하고 여기서 발생하는 문제점을 피교육자로 하여금 의견을 발표하게 하
   거나, 제시하게 하고, 좀 더 깊이있게 토의하는 방법이다.
4) 심포지엄(symposium) : 소수의 전문가에 의해서 과제에 관한 내용을 발표하게 한 후에 참가자로 하여금 질문이나 의견을 제
   출하게 하여 토의하는 방법이다.
5) 패널 디스커션(panel discussion, workshop) : 패널 멤버(소수의 교육과제의 전문가)가 피교육자 앞에서 자유롭게 토의를 하
   고, 후에 피교육자 전원이 참가하여 사회자의 진행에 따라 토의하는 방법이다.
6) 버즈 세션(buzz session) : 일명 6-6회의라고도 한다. 우선적으로 사회자와 기록계를 선출한 후, 나머지 사람은 6명씩 소집단
   으로 구성하고, 소집단별로 각각 사회자를 선발하여 6분씩 자유로운 토의를 통하여 의견을 종합하는 방법이다.

083 ①은 사례연구법(Case Study, Case Method), ③은 포럼(Forum), ④는 패널 디스커션(Panel Discussion)에 대한 설명이다.

084~086 • CCS(Civil Communication Section) : ATP라고도 하며, 당초 일부 회사의 톱 매니지먼트(top management)에 대하여만 행하여졌으나 그 후 널리 보급되었다. 교육 내용이 정책의 수립, 조작, 통제 및 운영 등인 안전교육방법이다.

• TWI(Training Within Industry): 기업내 정형교육이라고 하고, 교육 대상자는 주로 감독자이며, 감독자의 구비 요건은 직무와 책임에 관한 지식, 사람을 다루는 기량, 작업을 가르치는 능력, 작업방법을 개선하는 기능 등의 5가지 중에서 사람을 다루는 기량, 작업을 가르치는 능력, 작업방법을 개선하는 기능 등을 교육 내용으로 하며, 교육 시간은 1일 2시간씩 5일간 10시간을 실시한다. 한 반은 10명 정도로서, 토의식과 실연법을 중심으로 하고 있다. TWI(Training Within Industry)의 교육 내용과 목표는 다음과 같다.

㉮ 작업 방법 훈련(Job Method Training, JMT) : 작업 개선

㉯ 작업 지도 훈련(Job Instruction Training, JIT) : 작업 지도 및 지시

㉰ 인간 관계 훈련(Job Relatons Training, JRT) : 부하의 통솔

㉱ 작업 안전 훈련(Job Safety Training, JST) : 작업 안전

• ATT(American Telephone & Telegram Co.) : 한 번의 훈련은 받은 관리감독자는 그 부하인 감독자에 대해 지도원이 될 수 있고, 대상 계층이 한정되어 있지 않는 교육 방법으로 교육은 1일 8시간씩 2주간 1차 훈련을 실시하고, 문제가 발생할 때마다 실시하는 2차 훈련으로 이루어지며, 교육 내용은 계획적인 감독, 작업의 감독, 개인 작업의 개선, 인사 관계, 인원 배치 및 작업 계획, 종업원의 기술 향상, 공구와 자료의 보고 및 기록, 훈련 및 안전, 고객관계, 안전부대 군인의 복무 규정 등이다.

087 ② 카운슬링(counseling, 상담)은 심리학적인 지식과 기술을 가지고, 상담자가 전문가로써 문제가 있는 내담자와 대화하며 문제 해결할 수 있도록 돕는 것이다. '장면을 구성 → 상담자와 대화 → 의견의 재분석 → 감정의 표현 → 감정을 명확하게 정의'의 순으로 진행한다.

③ CCS(Civil Communication Section)는 ATP라고도 하며, 당초 일부 회사의 톱 매니지먼트(top management)에 대하여만 행하여졌으나 그 후 널리 보급되었다. 교육 내용이 정책의 수립, 조작, 통제 및 운영 등이다.

④ ATT(American Telephone & Telegram Co.) : 한 번의 훈련을 받은 관리감독자는 그 부하인 감독자에 대해 지도원이 될 수 있고, 대상 계층이 한정되어 있지 않는 교육 방법이다. 교육은 1일 8시간씩 2주간 1차 훈련을 실시하고, 문제가 발생할 때마다 실시하는 2차 훈련으로 이루어진다.

088 슈퍼(Super)의 직업생활의 단계 내용

구분	20대	30대	40대	50대
내용	탐색의 단계	확립의 단계	유지의 단계	하강의 단계

089 슈퍼(Super)의 역할이론

역할 연기 (Role playing)	자아탐색인 동시에 자아실현의 수단이다.
역할 조성 (Role shaping)	개인에게 여러 개의 역할기대가 있을 경우, 그중에서 어떤 역할기대는 불응 또는 거부할 수도 있으며, 다른 역할을 해내기 위해 다른 일을 구할 수도 있다.

| 역할 갈등
(Role conflict) | 한 직무의 역할 수행이 다른 역할과 모순되는 현상으로 이 때에 갈등이 발생하게 된다. |
| 역할 기대
(Role expectation) | 자기의 역할을 기대하고 감수하는 사람은 그 직업에 충실할 것이다. |

090 역할 갈등의 주요 원인은 전달자의 내적 갈등, 전달자 간의 갈등, 역할 간의 갈등(부적합), 역할 과중, 개인과 역할 간의 갈등(마찰), 역할의 모호성 등이 있다.

091 교육심리학의 연구방법에는 관찰법(자연적 모습 그대로 어떤 현상이나 행동을 관찰하는 자연적 관찰법, 실험 조건을 구비하여 관찰하는 실험적 관찰법), 실험법(관찰하려는 조건이나 장면을 연구목적에 맞게 인위적으로 만들어진 실험 조건 아래서 발생하는 현상과 사실을 연구하는 방법), 투사법(인간의 성격을 알아보는 방법으로 사물에 인간의 내면에서 일어나고 있는 심리적 사태를 투사시키는 방법)이 있다.

092 기억의 과정 단계는 '기명 → 파지 → 재생 → 재인'의 순이다.

093 교육심리학에서 심리적 행동의 하나인 피그말리온(pygmalion) 효과는 교사의 기대에 따라 학습자의 성적이 향상되는 것을 말한다.

094 심리학적 측면에서 신규 채용자 교육의 유의할 점은 ②·③·④ 이외에도 모든 교육이 동일하지만 신규채용자에게는 특별히 관심과 친절을 베풀어야 한다.

095 파블로프(Pavlov)의 조건반사설(학습이론의 원리)에는 시간의 원리, 강도의 원리, 일관성의 원리, 계속성의 원리 등이 있다.

고전 정신분석학에는 Freud의 심리성적 발달이론이 있고, 신 정신분석학에는 Jung의 성격양향설, Erikson의 심리사회적 발달이론, Adler의 개인심리 상담이론 등이 있다.

096 ① 착각현상 : 어떤 사물이나 사실을 실제와 다르게 지각하거나 의식하는 현상을 말한다.
② 망각현상 : 개인의 장기 기억에 저축한 지식을 잃는 현상으로 자발적 또는 서서히 낡은 기억을 생각해 낼 수 없게 된다.
③ 피로현상 : 일정한 시간 동안 작업활동을 계속하면 객관적으로 생리적(주의력 감소, 착오의 증가), 심리적(권태, 불안감), 작업적인 면(흥미의 상실, 작업능률의 감퇴 및 저하)에서 변화를 발생하는 현상이다.

097 착상심리 또는 잘못 생각하는 내용에는 ①, ②, ③ 이외에 민첩한 사람은 느린 사람보다 착오가 많다. 또한, 무당은 미래를 예측할 수 있고, 여자는 남자보다 지력이 열등하며, 눈동자가 자주 움직이는 사람은 정직하지 못하다.

098 에빙하우스(Ebbinghaus)의 파지와 망각률

경과시간	0.33	1	8.8	24(1일)	48(2일)	144(6일)	744(31일)
망각률	41.8	55.8	64.2	66.3	72.2	74.6	78.9
파지율(%)	58.2	44.2	35.8	33.7	27.8	25.4	21.1

또한, 망각률 + 파지율 = 100%이다.

099 Skinner의 학습이론은 강화이론으로, 연속강화에 의하면 학습을 서서히 진행되나 빠른 속도로 학습효과가 사라진다.

100 파블로프(Pavlov)의 조건반사설의 학습원리

시간의 원리	강화가 잘 된다는 원리로서, 조건자극이 무조건자극보다 시간적으로 동시 또는 조금 앞서서 주어야 한다는 원리이다.
강도의 원리	먼저 준 자극의 정도에 비해 같거나, 강한 자극을 주어야 원하는 결과를 얻을 수 있어야 조건반사적인 행동이 이루어진다는 원리이다.
일관성의 원리	조건반사적인 행동이 이루어지려면 조건 자극은 일관된 자극물을 사용해야 한다는 원리이다.
계속성의 원리	조건화가 잘 형성되려면 자극과 반응과의 관계를 반복되는 횟수가 증대되도록 하여야 한다는 원리이다.

101 ① 톨만(E.C.Tolman)의 기호형태설은 톨만이 게슈탈트 심리학과 레비의 장이론에 영향을 받아 성립시킨 학습에 관한 학설로서 학습은 단순히 자극-반응(S-R, 학습을 자극에 의한 반응으로 보는 이론) 경향의 강화확립이 아니라 그 이상의 다양한 상황 속에서 가능하다는 것이다. 즉, 학습은 기호(sign)-형태(Gestalt)-기대(Expectation)의 관계 또는 기호-의미체 관계이거나 가설이 형성이라는 것이다. 따라서 학습은 행동을 학습하는 것이 아니라 목표로의 기호를 학습한다는 설이다.

학습이론 중 S-R 이론은 ②·③·④ 이외에도 구쓰리에(Guthrie)의 접근적 조건화설이 있다.

102 ② 동일성의 법칙(The law of identity)은 서로 다른 것들이 완전히 동일한 성질을 가지지 않을 수 있음을 나타내며, 이 법칙은 형식론적 논리의 기본 원칙 중 하나이다.

> **손다이크(Thorndike)의 시행착오설에 의한 학습법칙**
> - 연습 또는 반복의 법칙(the law of exercise or repetition) : 모든 학습은 연습과 반복으로 바람직한 행동의 변화와 진보되고 향상된다는 법칙이다.
> - 효과(결과)의 법칙(the law of effect) : 과제를 계획하고 실천하여 그 결과가 자신에게 만족스러운 상태에 된다면 더욱더 그 학습을 계속하고 하는 의욕이 발생한다는 법칙이다.
> - 준비성의 법칙(the law of readiness) : 준비성(학습을 하려는 모든 행동이 준비가 된 상태)이 사전에 충분히 갖추어진 학습 활동은 원하는 정도의 성취를 이룰 수 있으나, 준비성이 갖추어지지 않은 상태면 실패하기 쉽다는 법칙이다.

103 하버드 학파의 5단계 교수법

단계	제1단계	제2단계	제3단계	제4단계	제5단계
내용	준비	교시	연합	총괄	응용

104 ① 기명(記銘) : 사물의 인상을 마음 속에 보존하려는 것을 의미한다.
② 재생(再生) : 보존되어 있는 의식이 다시 의식으로 떠오르는 것을 의미한다.
④ 추상(追想) : 지나간 일을 돌이켜 생각하는 것을 의미한다.

105 ① 재생(회상, recall) : 보존된 인상이 다시 의식으로 떠오르는 것을 의미한다.

③ 재인(recognition) : 과거에 경험했던 것과 같은 유사한 상태가 발생했을 때 떠오르는 것이다.

④ 기명(memorizing) : 마음 속에 사물의 인상을 간직하는 것을 의미한다.

106 (1) 안전보건 교육의 3단계

단계	내용
제1단계(지식 교육)	• 지식의 전달과 이해를 위한 강의, 시청각 교육 • 교육의 범위는 작업의 종류나 내용에 따라 달라진다.
제2단계(기능 교육)	• 교육의 상대가 스스로 수행함으로써 습득된다. • 자신이 시행착오를 거치면서 얻어진다. • 경험 체득과 이해를 위해 현장실습교육, 실습, 견학, 시범 등을 이용한다.
제3단계(태도 교육)	안전의 습관화를 위한 작업동작 지도와 생활지도를 한다.

(2) 단계별 교육 목표와 내용

단계	교육 목표	교육 내용
제1단계 (지식 교육)	• 안전 의식의 제고와 감수성 향상 • 기능과 태도 지식의 기초 지식 주입	• 안전 규정의 숙지 • 안전 의식의 향상과 안전에 대한 책임감 주입 • 재해 발생 원리의 이해 • 기능과 태도의 기초 지식 주입
제2단계 (기능 교육)	• 안전작업의 기능, 표준작업의 기능 • 위험예측 및 응급처치의 기능 • 작업에 대한 전체적인 사항 숙지	• 전문적이고, 안전기술기능 • 방호장치의 관리기능 • 점검, 검사 등 사용방법에 대한 기능
제3단계 (태도 교육)	• 안전한 정신을 몸에 익히는 심리적 교육방법 으로 다음 사항의 내용 　– 작업 동작과 점검태도의 완벽함 　– 언어 태도, 공구, 보호구의 취급 태도의 안 　전화	• 표준 작업방법의 습관화 • 공구 및 보호구의 취급과 관리자세의 확립, 안전에 대한 가 치관 형성 • 안전작업 지시전달 확인 등 언어 태도의 정확화와 습관화 • 작업 전·중·후의 정확한 습관화

107 안전보건교육의 3단계 중 기능 교육(2단계)은 교육의 상대가 스스로 수행함으로써 습득되고, 자신이 시행착오를 거치면서 얻어진다. 즉, 교육 기간이 길고, 작업동작을 표준화시키며, 작업능력 및 기술능력을 부여한다. 경험 체득과 이해를 위해 현장실습교육, 실습, 견학, 시범 등을 이용하므로, 다수 인원에 대한 교육이 불가능하다.

108 ③ "방호 장치 관리 기능 습득"은 제2단계(기능교육)이다.

109~110 안전태도교육의 과정

청취한다 → 이해, 납득시킨다 → 모범(시범)을 보인다. → 평가(권장)한다. → 칭찬(장려)·처벌을 한다.

111 ③ "기계장치·계기류의 조작방법을 몸에 익힌다."는 2단계(기능교육)에 속한다.

⑥ "안전장치 및 장비 사용 능력의 빠른 습득"는 2단계(기능교육)에 속한다.

112 ③ 안전기능교육은 안전행동의 기초이므로 경영관리·감독자측 모두가 일체가 되어 추진되어야 한다.

⑥ 안전보건교육은 지식교육 → 기능교육 → 태도교육의 순서로 진행한다.

⑪ 추후지도교육은 지식, 기능 및 태도 교육을 반복하여 실시하고, 정기적인 OJT(사내에서 현장중심교육으로 직속 상사가 현장에서 업무상과 관련된 개별 교육이나 지도 훈련을 하는 교육 형태)를 실시하며, 태도교육 훈련 기본방식을 참가방식, 기능교육은 실습방식, 지식 교육은 제시방식으로 진행한다. 재해발생원리 및 잠재위험의 이해는 제1단계(지식교육단계)의 교육 내용이다.

113 지식, 기능 및 태도 교육의 방법

구분	지식교육	기능교육	태도교육
방법	강의, 시청각 교육	현장실습교육, 실습, 견학, 시범 등	안전작업동작지도, 생활지도

114 M.T.P(Management Training Program) 안전교육

- 교육 대상 : TWI(Training within industry, 관리감독자)보다 약간 높은 계층
- 교육 방법 : TWI와는 다르게 관리 문제에 더 치중하여 한 반에 10~15명 정도로서, 2시간씩 20회에 걸쳐 40시간을 교육한다.

115 안전프로그램은 대책이 시행되고 있지 않은 잠재 위험을 반드시 찾을 필요가 있다. 즉, 잠재위험이 있는 곳에 반드시 안전대책이 필요하다.

116 T-Group은 교육적으로 집약된 집단경험의 훈련으로 개인들이 학습자로서 참여하는 비교적 비조직적인 집단이다. 일종의 학습실험실로서 즉각적(여기, 지금)인 생각들과 느낌 및 반응들에 강조점을 두며, 학습하는 방법의 학습에 초점을 맞춰 학습자 자신의 인간관계, 집단관계의 개선을 탐색(집단상황에서 자신과 타인 및 집단에 대한 민감성을 증진시키)하려는 데 목적이 있다. 이러한 목적으로 달성하기 위하여 학습자들의 목표설정, 자료분석, 활동계획, 관찰, 피드백, 평가 등에 직접 관여하는 일련의 경험에 토대한 학습활동 등으로 진행된다.

117 ④ 문답방식에 의한 안전교육은 집단 안전교육에 속한다.

118 교육훈련 프로그램 순서

단계	내용
분석 (Analysis)	프로그램 개발의 초기단계로 직무 및 과제분석, 요구분석, 환경분석, 학습자분석 등이 실시되는 단계이다.
설계 (Disign)	분석과정에서 나온 산출물을 창조적으로 종합하여 효과적이고 효율적인 교육훈련프로그램을 개발하기 위한 단계이다.
개발 (Development)	수업에 사용될 자료를 실제로 개발하고 제작하는 단계로서, 분석과 설계단계에서 만들어진 청사진에 따라야 한다.
실행 (Implementation)	실제 현장에 개발된 프로그램을 사용하고 교육과정에 반영하며, 유지와 변화를 관리하는 활동의 단계이다.
평가 (Evaluation)	내용이 효과적으로 얼마나 전달되는가와 설계 과정의 효율성을 평가하는 단계이다.

119 사고예방을 위한 훈련프로그램은 안전차원을 중심(안전에 대한 지식·기술·태도·능력, 직무지식, 사고사례 보고서 등)으로 교육해야 한다. 생산성 향상 문제는 무관한 문제이다.

120 안전보건관리책임자 등에 대한 교육(규칙 제29조 제2항 관련)

교육대상	교육시간	
	신규교육	보수교육
가. 안전보건관리책임자	6시간 이상	6시간 이상
나. 안전관리자, 안전관리전문기관의 종사자	34시간 이상	24시간 이상
다. 보건관리자, 보건관리전문기관의 종사자	34시간 이상	24시간 이상
라. 건설재해예방전문지도기관의 종사자	34시간 이상	24시간 이상
마. 석면조사기관의 종사자	34시간 이상	24시간 이상
바. 안전보건관리담당자	–	8시간 이상
사. 안전검사기관, 자율안전검사기관의 종사자	34시간 이상	24시간 이상

121 관리감독자 안전보건교육(규칙 제26조 제1항 관련)

교육과정	교육시간
정기교육	연간 16시간 이상
채용 시 교육	8시간 이상
작업내용 변경 시 교육	2시간 이상
특별교육	16시간 이상(최초 작업에 종사하기 전 4시간 이상 실시하고, 12시간은 3개월 이내에서 분할하여 실시 가능)
	단기간 작업 또는 간헐적 작업인 경우에는 2시간 이상

122~123 근로자 안전보건교육(규칙 제26조 제1항, 제28조 제1항 관련)

교육과정	교육대상		교육시간
정기교육	사무직 종사 근로자		매반기 6시간 이상
	그 밖의 근로자	판매업무에 직접 종사하는 근로자	매반기 6시간 이상
		판매업무에 직접 종사하는 근로자 외의 근로자	매반기 12시간 이상
채용 시 교육	일용근로자 및 근로계약기간이 1주일 이하인 기간제근로자		1시간 이상
	근로계약기간이 1주일 초과 1개월 이하인 기간제근로자		4시간 이상
	그 밖의 근로자		8시간 이상
작업내용 변경 시 교육	일용근로자 및 근로계약기간이 1주일 이하인 기간제근로자		1시간 이상
	그 밖의 근로자		2시간 이상

여기서, 매반기는 상·하반기를 뜻하고, 종료일로부터 10일까지를 의미한다.

124~125 특별교육 교육시간 기준

교육과정	교육대상	교육시간
특별교육	일용근로자 및 근로계약기간이 1주일 이하인 기간제근로자 : 별표 5 제1호 라목(제39호는 제외)에 해당하는 작업에 종사하는 근로자에 한정한다.	2시간 이상
	일용근로자 및 근로계약기간이 1주일 이하인 기간제근로자 : 별표 5 제1호 라목 제39호에 해당하는 작업에 종사하는 근로자에 한정한다.	8시간 이상
	일용근로자 및 근로계약기간이 1주일 이하인 기간제근로자를 제외한 근로자 : 별표 5 제1호 라목에 해당하는 작업에 종사하는 근로자에 한정한다.	㉠ 16시간 이상(최초 작업에 종사하기 전 4시간 이상 실시하고 12시간은 3개월 이내에서 분할하여 실시 가능) ㉡ 단기간 작업 또는 간헐적 작업인 경우에는 2시간 이상

126 작업내용 변경 시 교육

교육과정	교육대상	교육시간
작업내용 변경 시 교육	일용근로자 및 근로계약기간이 1주일 이하인 기간제근로자	1시간 이상
	그 밖의 근로자	2시간 이상

127 건설업 기초안전·보건교육

교육과정	교육대상	교육시간
건설업 기초안전·보건교육	건설 일용근로자	4시간 이상

128 근로자 정기 안전보건교육의 내용(규칙 제26조 제1항 관련)

근로자 정기 안전보건교육의 내용에는 ①·②·③ 이외에도 위험성 평가에 관한 사항, 유해·위험 작업환경 관리에 관한 사항, 산업안전보건법령 및 산업재해보상보험 제도에 관한 사항, 직무스트레스 예방 및 관리에 관한 사항, 직장 내 괴롭힘·고객의 폭언 등으로 인한 건강장해 예방 및 관리에 관한 사항 등이 있다.

④ 기계·기구의 위험성과 작업의 순서 및 동선에 관한 사항은 근로자의 채용 시 교육 및 작업내용 변경 시 교육내용이다.

129 ④ 유해·위험 작업환경 관리에 관한 사항은 근로자 정기안전보건교육의 내용이다.

⑥ 건강증진 및 질병 예방에 관한 사항은 근로자 정기안전보건교육의 내용이다.

⑦ 사업장 내 안전보건관리체계 및 안전보건조치 현황에 관한 사항은 관리감독자의 정기안전보건교육의 내용이다.

⑩ 표준안전 작업방법 결정 및 지도·감독 요령에 관한 사항은 관리감독자의 채용 시의 교육 및 작업내용 변경 시의 교육내용이다.

채용시 교육 및 작업 내용 변경시 교육 내용에는 ①·②·③·⑤·⑧·⑨·⑪ 이외에도 산업안전 및 산업재해 예방에 관한 사항(화재·폭발 사고 발생 시 대피에 관한 사항을 포함), 산업보건 및 건강장해 예방에 관한 사항, 직무스트레스 예방 및 관리에 관한 사항, 직장 내 괴롭힘, 고객의 폭언 등으로 인한 건강장해 예방 및 관리에 관한 사항 등이 있다.

130 ⑦ 물질안전보건자료에 관한 사항은 근로자와 관리감독자의 채용 시의 교육 및 작업내용 변경 시의 교육내용이다.

⑧ 정리정돈 및 청소에 관한 사항은 근로자의 채용 시의 교육 및 작업내용 변경 시의 교육내용이다.

⑨ 기계·기구의 위험성과 작업의 순서 및 동선에 관한 사항은 근로자와 관리감독자의 채용 시의 교육 및 작업내용 변경 시의 교육내용이다.

⑩ 작업 개시 전 점검에 관한 사항은 근로자와 관리감독자의 채용 시의 교육 및 작업내용 변경 시의 교육내용이다.

131 건설용 리프트·곤돌라를 이용한 작업의 특별교육내용에는 ①, ③, ④ 이외에도 기계, 기구, 달기체인 및 와이어 등의 점검에 관한 사항, 화물의 권상·권하 작업방법 및 안전작업 지도에 관한 사항, 그 밖에 안전·보건관리에 필요한 사항 등이 있다.

132 ②는 비계의 조립·해체 또는 변경작업하는 경우의 특별교육내용이다.

콘크리트 파쇄기를 사용하여 하는 파쇄작업(2m 이상인 구축물의 파쇄작업만 해당)을 하는 경우 특별교육의 내용은 ①·③·④ 이외에도 보호구 및 방호장비 등에 관한 사항, 그 밖에 안전·보건관리에 필요한 사항 등이 있다.

133 ①은 굴착면의 높이가 2m 이상이 되는 지반 굴착(터널 및 수직갱 외의 갱 굴착은 제외)작업의 경우의 특별안전보건교육 내용이다.

굴착면의 높이가 2m 이상인 암석의 굴착작업에 대한 특별안전보건교육 내용에는 ②·③·④ 이외에도 방호물의 설치 및 기준에 관한 사항, 그 밖에 안전·보건관리에 필요한 사항 등이 있다.

134 ①은 분말·원재료 등을 담은 호퍼(하부가 깔대기 모양으로 된 저장통)·저장창고 등 저장탱크의 내부작업을 하는 경우의 교육 내용이다.

특별안전보건교육 중 화학설비 중 반응기, 교반기·추출기의 사용 및 세척작업을 하는 경우의 교육내용에는 ②·③·④ 이외에도 작업 절차에 관한 사항, 그 밖에 안전·보건관리에 필요한 사항 등이 있다.

135 산업안전보건법령상 근로자 안전보건교육 중 특별교육 대상작업은 다음과 같다.

> - 굴착면의 높이가 2m 이상이 되는 지반 굴착(터널 및 수직갱 외의 갱 굴착은 제외)작업
> - 콘크리트 파쇄기를 사용하여 하는 파쇄작업(2m 이상인 구축물의 파쇄작업만 해당)
> - 흙막이 지보공의 보강 또는 동바리를 설치하거나 해체하는 작업
> - 목재가공용 기계[둥근톱기계, 띠톱기계, 대패기계, 모떼기기계 및 라우터기(목재를 자르거나 홈을 파는 기계)만 해당하며, 휴대용은 제외]를 5대 이상 보유한 사업장에서 해당 기계로 하는 작업

6단원 산업안전관계법규

문항	정답
001	①○ ②× ③× ④○ ⑤○ ⑥× ⑦× ⑧× ⑨×
002	①○ ②× ③× ④×
003	①○ ②× ③○ ④× ⑤○ ⑥○ ⑦○ ⑧○ ⑨× ⑩○ ⑪× ⑫○ ⑬○ ⑭○ ⑮× ⑯○
004	①○ ②○ ③× ④○ ⑤× ⑥× ⑦○ ⑧× ⑨○ ⑩× ⑪× ⑫× ⑬×
005	①○ ②○ ③× ④○ ⑤× ⑥× ⑦×
006	①× ②○ ③○ ④× ⑤○ ⑥× ⑦○ ⑧× ⑨○ ⑩○ ⑪○ ⑫× ⑬○ ⑭○ ⑮○ ⑯× ⑰×
007	①× ②× ③× ④○
008	①× ②× ③× ④○
009	①× ②○ ③× ④×
010	①○ ②○ ③○ ④× ⑤○ ⑥○ ⑦× ⑧○ ⑨× ⑩○ ⑪○ ⑫× ⑬○ ⑭× ⑮× ⑯○
011	①○ ②○ ③○ ④○
012	①× ②○ ③○ ④○ ⑤○ ⑥○ ⑦× ⑧○ ⑨× ⑩○ ⑪× ⑫× ⑬○ ⑭○ ⑮× ⑯× ⑰× ⑱× ⑲×
013	①○ ②○ ③○ ④○ ⑤○ ⑥
014	①× ②× ③○ ④×
015	①○ ②○ ③○ ④○
016	①○ ②○ ③× ④○
017	①○ ②× ③○ ④○
018	①○ ②○ ③○ ④×
019	①○ ②× ③○ ④○ ⑤○ ⑥○
020	①× ②○ ③× ④×
021	①○ ②× ③○ ④○
022	①○ ②○ ③○ ④×
023	①× ②× ③○ ④× ⑤○ ⑥× ⑦○ ⑧○ ⑨× ⑩○
024	①× ②○ ③○ ④× ⑤○ ⑥○ ⑦○ ⑧○ ⑨× ⑩○
025	①× ②○ ③○ ④○ ⑤○ ⑥× ⑦×
026	①○ ②○ ③○ ④○ ⑤× ⑥× ⑦○ ⑧○
027	①○ ②× ③× ④×
028	①× ②○ ③○ ④○
029	①○ ②○ ③× ④○
030	①× ②× ③○ ④× ⑤× ⑥× ⑦○ ⑧× ⑨× ⑩○ ⑪○ ⑫○
031	①○ ②× ③× ④×
032	①× ②○ ③○ ④○ ⑤× ⑥○ ⑦× ⑧×
033	①○ ②○ ③○ ④×
034	①○ ②○ ③○ ④×
035	①○ ②○ ③× ④○
036	①○ ②○ ③× ④○ ⑤× ⑥○ ⑦○ ⑧○ ⑨× ⑩× ⑪× ⑫○ ⑬×
037	①○ ②○ ③○ ④×
038	①× ②○ ③○ ④○
039	①○ ②○ ③× ④○ ⑤○ ⑥○ ⑦× ⑧○ ⑨○ ⑩○
040	①× ②○ ③○ ④○ ⑤× ⑥○ ⑦○ ⑧○ ⑨× ⑩× ⑪×
041	①○ ②○ ③× ④○
042	①× ②○ ③○ ④○ ⑤○
043	①○ ②○ ③○ ④× ⑤○ ⑥× ⑦○ ⑧○ ⑨× ⑩× ⑪○ ⑫○ ⑬○ ⑭○ ⑮× ⑯○
044	①○ ②× ③○ ④○
045	①○ ②× ③× ④○ ⑤○ ⑥○ ⑦×
046	①× ②○ ③× ④×
047	①× ②× ③× ④○
048	①○ ②○ ③○ ④×
049	①○ ②× ③× ④×
050	①× ②× ③○ ④×
051	①× ②× ③○ ④×

052	① ○ ② × ③ ○ ④ ○	053	① ○ ② ○ ③ ○ ④ × ⑤ ○ ⑥ × ⑦ ○
054	① ○ ② × ③ × ④ ×	055	① × ② ○ ③ × ④ ×
056	① × ② ○ ③ ○ ④ ○ ⑤ × ⑥ ○ ⑦ ○ ⑧ ○	057	① ○ ② ○ ③ × ④ ○
058	① ○ ② ○ ③ × ④ ○	059	① × ② × ③ ○ ④ ×
060	① ○ ② ○ ③ × ④ ○	061	① ○ ② × ③ × ④ ×
062	① ○ ② ○ ③ × ④ ○	063	① ○ ② × ③ × ④ ×
064	① × ② × ③ ○ ④ ×	065	① × ② ○ ③ ○ ④ × ⑤ ○ ⑥ ×
066	① × ② × ③ ○ ④ ×	067	① ○ ② ○ ③ ○ ④ ×
068	① ○ ② ○ ③ ○ ④ ×	069	① × ② × ③ × ④ ○
070	① ○ ② ○ ③ × ④ ○ ⑤ ×		

001 ② "근로자대표"란 근로자의 과반수로 조직된 노동조합이 있는 경우에는 그 노동조합을, 근로자의 과반수로 조직된 노동조합이 없는 경우에는 근로자의 과반수를 대표하는 자를 말한다.

③ "중대재해"란 산업재해 중 사망 등 재해 정도가 심하거나 다수의 재해자가 발생한 경우로서 다음에서 정하는 재해를 말한다.

㉮ 사망자가 1명 이상 발생한 재해

㉯ 3개월 이상의 요양이 필요한 부상자가 동시에 2명 이상 발생한 재해

㉰ 부상자 또는 직업성 질병자가 동시에 10명 이상 발생한 재해

⑥ "근로자대표"란 근로자의 과반수로 조직된 노동조합이 있는 경우에는 그 노동조합을, 근로자의 과반수로 조직된 노동조합이 없는 경우에는 근로자의 과반수를 대표하는 자를 말한다.

⑦ "도급인"이란 물건의 제조·건설·수리 또는 서비스의 제공, 그 밖의 업무를 도급하는 사업주를 말한다. 다만, 건설공사발주자는 제외한다.

⑧ "안전보건진단"이란 산업재해를 예방하기 위하여 잠재적 위험성을 발견하고 그 개선대책을 수립할 목적으로 조사·평가하는 것을 말한다.

⑨ "중대재해"란 산업재해 중 부상자 또는 직업성 질병자가 동시에 10인 이상 발생한 재해를 말한다.

002 "산업재해"란 노무를 제공하는 사람이 업무에 관계되는 건설물·설비·원재료·가스·증기·분진 등에 의하거나 작업 또는 그 밖의 업무로 인하여 사망 또는 부상하거나 질병에 걸리는 것을 말한다. (법 제2조 제1호)

003 중대재해(법 제2조 제2호, 규칙 제3조)

②·④·⑪ 중대재해는 부상자 또는 직업성 질병자가 동시에 10명 이상 발생한 재해이다.

⑨·⑮ 중대재해는 3개월의 요양이 필요한 부상자가 동시에 2명 발생한 재해이다.

004 사업주 등의 의무(법 제5조)

> 사업주(특수형태근로종사자로부터 노무를 제공받는 자와 물건의 수거·배달 등을 중개하는 자를 포함)는 다음의 사항을 이행함으로써 근로자의 안전 및 건강을 유지·증진시키고 국가의 산업재해 예방정책을 따라야 한다.
> ① 이 법과 이 법에 따른 명령으로 정하는 산업재해 예방을 위한 기준
> ② 근로자의 신체적 피로와 정신적 스트레스 등을 줄일 수 있는 쾌적한 작업환경의 조성 및 근로조건 개선
> ③ 해당 사업장의 안전 및 보건에 관한 정보를 근로자에게 제공

005 공표대상 사업장(법 제10조, 영 제10조)

> 고용노동부장관은 산업재해를 예방하기 위하여 다음에서 정하는 사업장의 근로자 산업재해 발생건수, 재해율 또는 그 순위 등을 공표하여야 한다.
> ① 산업재해로 인한 사망자가 연간 2명 이상 발생한 사업장
> ② 사망만인율(연간 상시근로자 1만명당 발생하는 사망재해자 수의 비율)이 규모별 같은 업종의 평균 사망만인율 이상인 사업장
> ③ 중대산업사고가 발생한 사업장
> ④ 산업재해 발생 사실을 은폐한 사업장
> ⑤ 산업재해의 발생에 관한 보고를 최근 3년 이내 2회 이상 하지 않은 사업장

006 안전관리자 등의 증원·교체임명 명령(규칙 제12조)

> 지방고용노동관서의 장은 다음의 어느 하나에 해당하는 사유가 발생한 경우에는 사업주에게 안전관리자·보건관리자 또는 안전보건관리담당자를 정수 이상으로 증원하게 하거나 교체하여 임명할 것을 명할 수 있다.
> ① 해당 사업장의 연간재해율이 같은 업종의 평균재해율의 2배 이상인 경우
> ② 중대재해가 연간 2건 이상 발생한 경우. 다만, 해당 사업장의 전년도 사망만인율이 같은 업종의 평균 사망만인율 이하인 경우는 제외한다.
> ③ 관리자가 질병이나 그 밖의 사유로 3개월 이상 직무를 수행할 수 없게 된 경우
> ④ 화학적 인자로 인한 직업성 질병자가 연간 3명 이상 발생한 경우. 이 경우 직업성 질병자의 발생일은 「산업재해보상보험법 시행규칙」에 따른 요양급여의 결정일로 한다. 다만, 직업성 질병자 발생 당시 사업장에서 해당 화학적 인자를 사용하지 않은 경우에는 그렇지 않다.

007 산업안전보건법령상 사회복지 서비스업의 경우, 안전보건관리규정을 작성하여야 할 사업의 규모는 상시근로자 300명 이상을 사용하는 사업이다.

008~009 안전보건관리책임자를 두어야 하는 사업의 종류 및 사업장의 상시근로자(영 제14조 제1항 관련, 별표 2)

사업의 종류		사업장의 상시근로자 수
1. 토사석 광업	2. 식료품 제조업, 음료 제조업	상시근로자 50명 이상
3. 목재 및 나무제품 제조업; 가구 제외	4. 펄프, 종이 및 종이제품 제조업	
5. 코크스, 연탄 및 석유정제품 제조업	6. 화학물질 및 화학제품 제조업; 의약품 제외	
7. 의료용 물질 및 의약품 제조업	8. 고무 및 플라스틱제품 제조업	
9. 비금속 광물제품 제조업	10. 1차 금속 제조업	
11. 금속가공제품 제조업; 기계 및 가구 제외	12. 전자부품, 컴퓨터, 영상, 음향 및 통신장비 제조업	
13. 의료, 정밀, 광학기기 및 시계 제조업	14. 전기장비 제조업	
15. 기타 기계 및 장비 제조업	16. 자동차 및 트레일러 제조업	
17. 기타 운송장비 제조업	18. 가구 제조업	
19. 기타 제품 제조업	20. 서적, 잡지 및 기타 인쇄물 출판업	
21. 해체, 선별 및 원료 재생업	22. 자동차 종합 수리업, 자동차 전문 수리업	
23. 농업	24. 어업	상시근로자 300명 이상
25. 소프트웨어 개발 및 공급업	26. 컴퓨터 프로그래밍, 시스템 통합 및 관리업	
26의2. 영상·오디오물 제공 서비스업	27. 정보서비스업	
28. 금융 및 보험업	29. 임대업; 부동산 제외	
30. 전문, 과학 및 기술 서비스업(연구개발업은 제외) 31. 사업지원 서비스업		
32. 사회복지 서비스업		
33. 건설업		공사금액 20억원 이상
34. 1.부터 26.까지, 26의2. 27.부터 33.까지의 사업을 제외한 사업		상시근로자 100명 이상

010 안전보건 관리책임자의 업무(법 제15조)

> 사업주는 사업장을 실질적으로 총괄하여 관리하는 사람에게 해당 사업장의 다음의 업무를 총괄하여 관리하도록 하여야 한다.
> ① 사업장의 산업재해 예방계획의 수립에 관한 사항
> ② 안전보건관리규정의 작성 및 변경에 관한 사항
> ③ 안전보건교육에 관한 사항
> ④ 작업환경측정 등 작업환경의 점검 및 개선에 관한 사항
> ⑤ 근로자의 건강진단 등 건강관리에 관한 사항
> ⑥ 산업재해의 원인 조사 및 재발 방지대책 수립에 관한 사항
> ⑦ 산업재해에 관한 통계의 기록 및 유지에 관한 사항
> ⑧ 안전장치 및 보호구 구입 시 적격품 여부 확인에 관한 사항
> ⑨ 그 밖에 근로자의 유해·위험 방지조치에 관한 사항으로서 고용노동부령으로 정하는 사항

011 ③ 해당 사업장 안전교육계획의 수립 및 안전교육 실시에 관한 보좌 및 지도·조언은 안전관리자의 업무에 속한다.

> **관리감독자의 업무 등(법 제16조, 영 제15조)**
> ① 사업장 내 관리감독자가 지휘·감독하는 작업과 관련된 기계·기구 또는 설비의 안전·보건 점검 및 이상 유무의 확인
> ② 관리감독자에게 소속된 근로자의 작업복·보호구 및 방호장치의 점검과 그 착용·사용에 관한 교육·지도
> ③ 해당작업에서 발생한 산업재해에 관한 보고 및 이에 대한 응급조치
> ④ 해당작업의 작업장 정리·정돈 및 통로 확보에 대한 확인·감독
> ⑤ 사업장의 다음의 어느 하나에 해당하는 사람의 지도·조언에 대한 협조
>   ㉮ 안전관리자 또는 안전관리자의 업무를 같은 항에 따른 안전관리전문기관에 위탁한 사업장의 경우에는 그 안전관리전문기관의 해당 사업장 담당자
>   ㉯ 보건관리자 또는 보건관리자의 업무를 같은 항에 따른 보건관리전문기관에 위탁한 사업장의 경우에는 그 보건관리전문기관의 해당 사업장 담당자
>   ㉰ 안전보건관리담당자 또는 안전보건관리담당자의 업무를 안전관리전문기관 또는 보건관리전문기관에 위탁한 사업장의 경우에는 그 안전관리전문기관 또는 보건관리전문기관의 해당 사업장 담당자
>   ㉱ 산업보건의
> ⑥ 위험성평가에 관한 다음의 업무
>   ㉮ 유해·위험요인의 파악에 대한 참여
>   ㉯ 개선조치의 시행에 대한 참여
> ⑦ 그 밖에 해당작업의 안전 및 보건에 관한 사항으로서 고용노동부령으로 정하는 사항

012 안전관리자의 업무(영 제18조)

> ① 산업안전보건위원회 또는 안전 및 보건에 관한 노사협의체에서 심의·의결한 업무와 해당 사업장의 안전보건관리규정 및 취업규칙에서 정한 업무
> ② 위험성평가에 관한 보좌 및 지도·조언
> ③ 안전인증대상기계등과 자율안전확인대상기계등 구입 시 적격품의 선정에 관한 보좌 및 지도·조언
> ④ 해당 사업장 안전교육계획의 수립 및 안전교육 실시에 관한 보좌 및 지도·조언
> ⑤ 사업장 순회점검, 지도 및 조치 건의
> ⑥ 산업재해 발생의 원인 조사·분석 및 재발 방지를 위한 기술적 보좌 및 지도·조언
> ⑦ 산업재해에 관한 통계의 유지·관리·분석을 위한 보좌 및 지도·조언
> ⑧ 법 또는 법에 따른 명령으로 정한 안전에 관한 사항의 이행에 관한 보좌 및 지도·조언
> ⑨ 업무 수행 내용의 기록·유지
> ⑩ 그 밖에 안전에 관한 사항으로서 고용노동부장관이 정하는 사항

013 ① 상시근로자가 1,000명 이상인 통신업은 안전관리자를 2인 이상 선임하여야 한다. (시행령 제16조)

014 안전관리자의 선임(영 16조, 별표 3)

공사 금액	안전관리자의 수
공사금액 50억원 이상(관계수급인은 100억원 이상) 120억원 미만(「건설산업기본법 시행령」 별표 1 제1호 가목의 토목공사업의 경우에는 150억원 미만)	1명 이상
공사금액 120억원 이상(「건설산업기본법 시행령」 별표 1 제1호 가목의 토목공사업의 경우에는 150억원 이상) 800억원 미만	
공사금액 800억원 이상 1,500억원 미만	2명 이상. 다만, 전체 공사기간을 100으로 할 때 공사 시작에서 15에 해당하는 기간과 공사 종료 전의 15에 해당하는 기간(이하 "전체 공사기간 중 전·후 15에 해당하는 기간"이라 한다) 동안은 1명 이상으로 한다.
공사금액 1,500억원 이상 2,200억원 미만	3명 이상. 다만, 전체 공사기간 중 전·후 15에 해당하는 기간은 2명 이상으로 한다.
공사금액 2,200억원 이상 3천억원 미만	4명 이상. 다만, 전체 공사기간 중 전·후 15에 해당하는 기간은 2명 이상으로 한다.
공사금액 3천억원 이상 3,900억원 미만	5명 이상. 다만, 전체 공사기간 중 전·후 15에 해당하는 기간은 3명 이상으로 한다.
공사금액 3,900억원 이상 4,900억원 미만	6명 이상. 다만, 전체 공사기간 중 전·후 15에 해당하는 기간은 3명 이상으로 한다.
공사금액 4,900억원 이상 6천억원 미만	7명 이상. 다만, 전체 공사기간 중 전·후 15에 해당하는 기간은 4명 이상으로 한다.
공사금액 6천억원 이상 7,200억원 미만	8명 이상. 다만, 전체 공사기간 중 전·후 15에 해당하는 기간은 4명 이상으로 한다.
공사금액 7,200억원 이상 8,500억원 미만	9명 이상. 다만, 전체 공사기간 중 전·후 15에 해당하는 기간은 5명 이상으로 한다.
공사금액 8,500억원 이상 1조원 미만	10명 이상. 다만, 전체 공사기간 중 전·후 15에 해당하는 기간은 5명 이상으로 한다.
1조원 이상	11명 이상[매 2천억원(2조원 이상부터는 매 3천억원)마다 1명씩 추가한다]. 다만, 전체 공사기간 중 전·후 15에 해당하는 기간은 선임 대상 안전관리자 수의 2분의 1(소수점 이하는 올림한다) 이상으로 한다.

015 운수 및 창고업은 상시근로자수가 50명 이상 500명 미만인 경우에는 안전관리자의 수는 1명 이상, 상시근로자수가 500명 이상인 경우에는 안전관리자의 수는 2명 이상이다. (영 제16조 제1항, 별표 3)

016 제조업, 임업, 하수·폐수 및 분뇨 처리업, 폐기물 수집·운반·처리 및 원료 재생업, 환경 정화 및 복원업 사업의 사업주는 상시근로자 20명 이상 50명 미만인 사업장에 안전보건관리담당자를 1명 이상 선임해야 한다. 건설업은 공사금액에 따라 안전보건관리담당자를 선임하여야 한다. (법 제19조, 영 제24조)

017 ② 보호구의 구입 시 적격품의 선정은 안전보건관리담당자의 업무이다.

> **명예산업안전감독관의 업무 (영 제32조 제2항)**
> ① 사업장에서 하는 자체점검 참여 및 「근로기준법」에 따른 근로감독관이 하는 사업장 감독 참여
> ② 사업장 산업재해 예방계획 수립 참여 및 사업장에서 하는 기계·기구 자체검사 참석
> ③ 법령을 위반한 사실이 있는 경우 사업주에 대한 개선 요청 및 감독기관에의 신고
> ④ 산업재해 발생의 급박한 위험이 있는 경우 사업주에 대한 작업중지 요청
> ⑤ 작업환경측정, 근로자 건강진단 시의 참석 및 그 결과에 대한 설명회 참여
> ⑥ 직업성 질환의 증상이 있거나 질병에 걸린 근로자가 여러 명 발생한 경우 사업주에 대한 임시건강진단 실시 요청
> ⑦ 근로자에 대한 안전수칙 준수 지도
> ⑧ 안전·보건 의식을 북돋우기 위한 활동 등에 대한 참여와 지원
> ⑨ 그 밖에 산업재해 예방에 대한 홍보 등 산업재해 예방업무와 관련하여 고용노동부장관이 정하는 업무

018 산업안전보건위원회를 구성해야 할 사업의 종류 및 사업장의 상시근로자 수(영 제34조, 별표 9)

사업의 종류	사업장의 상시근로자 수
1. 토사석 광업 　　2. 목재 및 나무제품 제조업; 가구 제외 3. 화학물질 및 화학제품 제조업; 의약품 제외(세제, 화장품 및 광택제 제조업과 화학섬유 제조업은 제외한다) 4. 비금속 광물제품 제조업 　　5. 1차 금속 제조업 6. 금속가공제품 제조업; 기계 및 가구 제외 　　7. 자동차 및 트레일러 제조업 8. 기타 기계 및 장비 제조업(사무용 기계 및 장비 제조업은 제외한다) 9. 기타 운송장비 제조업(전투용 차량 제조업은 제외한다)	상시근로자 50명 이상
10. 농업 　　11. 어업 12. 소프트웨어 개발 및 공급업 　　13. 컴퓨터 프로그래밍, 시스템 통합 및 관리업 13의2. 영상·오디오물 제공 서비스업 　　14. 정보서비스업 15. 금융 및 보험업 　　16. 임대업; 부동산 제외 17. 전문, 과학 및 기술 서비스업(연구개발업은 제외한다) 18. 사업지원 서비스업 　　19. 사회복지 서비스업	상시근로자 300명 이상
20. 건설업	공사금액 120억원 이상
20.2. 종합적인 계획·관리 및 조정에 따라 토목공작물을 설치하거나 토지를 조성·개량하는 공사에 따른 토목공사업	공사금액 150억원 이상
21. 제1부터 제13까지, 제13의2 및 제14부터 제20까지의 사업을 제외한 사업	상시근로자 100명 이상

019 산업안전보건위원회의 구성(영 제35조 제2항)

> 산업안전보건위원회의 사용자위원은 다음의 사람으로 구성한다. 다만, 상시근로자 50명 이상 100명 미만을 사용하는 사업장에서는 ⑤에 해당하는 사람을 제외하고 구성할 수 있다.
> ① 해당 사업의 대표자(같은 사업으로서 다른 지역에 사업장이 있는 경우에는 그 사업장의 안전보건관리책임자)
> ② 안전관리자(안전관리자를 두어야 하는 사업장으로 한정하되, 안전관리자의 업무를 안전관리전문기관에 위탁한 사업장의 경우에는 그 안전관리전문기관의 해당 사업장 담당자를 말한다) 1명
> ③ 보건관리자(보건관리자를 두어야 하는 사업장으로 한정하되, 보건관리자의 업무를 보건관리전문기관에 위탁한 사업장의 경우에는 그 보건관리전문기관의 해당 사업장 담당자) 1명
> ④ 산업보건의(해당 사업장에 선임되어 있는 경우로 한정)
> ⑤ 해당 사업의 대표자가 지명하는 9명 이내의 해당 사업장 부서의 장

020~021 산업안전보건위원회의 회의는 정기회의와 임시회의로 구분하되, 정기회의는 분기마다 산업안전보건위원회의 위원장이 소집하며, 임시회의는 위원장이 필요하다고 인정할 때에 소집한다. (영 제37조 제1항)

022 회의 결과 등의 공지(영 제39조)

산업안전보건위원회의 위원장은 산업안전보건위원회에서 심의·의결된 내용 등 회의 결과와 중재 결정된 내용 등을 사내방송이나 사내보, 게시 또는 자체 정례조회, 그 밖의 적절한 방법으로 근로자에게 신속히 알려야 한다.

023 안전보건총괄책임자의 직무 (영 제53조)

> ① 위험성평가의 실시에 관한 사항
> ② 작업의 중지
> ③ 도급 시 산업재해 예방조치
> ④ 산업안전보건관리비의 관계수급인 간의 사용에 관한 협의·조정 및 그 집행의 감독
> ⑤ 안전인증대상기계 등과 자율안전확인대상기계 등의 사용 여부 확인

024 산업안전보건위원회의 심의·의결 사항(법 제24조 제2항)

> 사업주는 다음의 사항에 대해서는 산업안전보건위원회의 심의·의결을 거쳐야 한다.
> ① 사업장의 산업재해 예방계획의 수립에 관한 사항
> ② 안전보건관리규정의 작성 및 변경에 관한 사항
> ③ 안전보건교육에 관한 사항
> ④ 작업환경측정 등 작업환경의 점검 및 개선에 관한 사항
> ⑤ 근로자의 건강진단 등 건강관리에 관한 사항
> ⑥ 산업재해에 관한 통계의 기록 및 유지에 관한 사항
> ⑦ 산업재해의 원인 조사 및 재발 방지대책 수립에 관한 사항 중 중대재해에 관한 사항
> ⑧ 유해하거나 위험한 기계·기구·설비를 도입한 경우 안전 및 보건 관련 조치에 관한 사항
> ⑨ 그 밖에 해당 사업장 근로자의 안전 및 보건을 유지·증진시키기 위하여 필요한 사항

025 ① 산업재해 사례 및 대책에 관한 사항, ⑥ 산업재해손실비용 분석방법에 관한 사항, ⑦의 산업재해보상보험에 관한 사항은 안전보건관리규정에 포함되지 않는 사항이다. (법 제25조)

026 유해위험방지계획서의 작성·제출 등(법 제42조, 영 제42조)

> 사업주는 다음의 어느 하나에 해당하는 경우에는 이 법 또는 이 법에 따른 명령에서 정하는 유해·위험 방지에 관한 사항을 적은 계획서를 작성하여 고용노동부령으로 정하는 바에 따라 고용노동부장관에게 제출하고 심사를 받아야 한다.
> ① 지상높이가 31m 이상인 건축물 또는 인공구조물, 연면적 30,000m^2 이상인 건축물, 연면적 5,000m^2 이상인 시설로서 문화 및 집회시설(전시장 및 동물원·식물원은 제외), 판매시설, 운수시설(고속철도의 역사 및 집배송시설은 제외), 종교시설, 의료시설 중 종합병원, 숙박시설 중 관광숙박시설, 지하도상가, 냉동·냉장 창고시설 등 건축물 또는 시설 등의 건설·개조 또는 해체 공사
> ② 연면적 5,000m^2 이상인 냉동·냉장 창고시설의 설비공사 및 단열공사
> ③ 최대 지간(支間)길이(다리의 기둥과 기둥의 중심사이의 거리)가 50m 이상인 다리의 건설 등 공사
> ④ 터널 건설 등 공사
> ⑤ 다목적댐, 발전용댐, 저수용량 2천만톤 이상의 용수 전용 댐 및 지방상수도 전용 댐의 건설 등 공사
> ⑥ 깊이 10m 이상인 굴착공사

027 사업주는 안전보건개선계획을 수립할 때에는 산업안전보건위원회의 심의를 거쳐야 한다. 다만, 산업안전보건위원회가 설치되어 있지 아니한 사업장의 경우에는 근로자대표의 의견을 들어야 한다. (법 제49조 제2항)

028 근로자의 정기 안전보건교육 내용(규칙 제26조, 별표 5)

> ① 산업안전 및 사고 예방에 관한 사항
> ② 산업보건 및 직업병 예방에 관한 사항
> ③ 위험성 평가에 관한 사항
> ④ 건강증진 및 질병 예방에 관한 사항
> ⑤ 유해·위험 작업환경 관리에 관한 사항
> ⑥ 산업안전보건법령 및 산업재해보상보험 제도에 관한 사항
> ⑦ 직무스트레스 예방 및 관리에 관한 사항
> ⑧ 직장 내 괴롭힘, 고객의 폭언 등으로 인한 건강장해 예방 및 관리에 관한 사항

029 안전보건개선계획서에는 시설, 안전·보건관리체제, 안전·보건교육, 산업재해 예방 및 작업환경의 개선을 위하여 필요한 사항이 포함되어야 한다. (법 제49조, 규칙 제61조)

030~031 안전보건개선계획의 수립·시행 명령(법 제49조, 영 제49조)

> 안전보건진단을 받아 안전보건개선계획을 수립하여 시행할 것을 명할 수 있다.
> ① 산업재해율이 같은 업종 평균 산업재해율의 2배 이상인 사업장
> ② 사업주가 필요한 안전조치 또는 보건조치를 이행하지 아니하여 중대재해가 발생한 사업장
> ③ 직업성 질병자가 연간 2명 이상(상시근로자 1천명 이상 사업장의 경우 3명 이상) 발생한 사업장
> ④ 그 밖에 작업환경 불량, 화재·폭발 또는 누출 사고 등으로 사업장 주변까지 피해가 확산된 사업장으로서 고용노동부령으로 정하는 사업장

032 안전보건개선계획의 수립·시행 명령(법 제49조, 영 제50조)

> 고용노동부장관은 다음의 어느 하나에 해당하는 사업장으로서 산업재해 예방을 위하여 종합적인 개선조치를 할 필요가 있다고 인정되는 사업장의 사업주에게 고용노동부령으로 정하는 바에 따라 그 사업장, 시설, 그 밖의 사항에 관한 안전 및 보건에 관한 개선계획을 수립하여 시행할 것을 명할 수 있다.
> ① 산업재해율이 같은 업종의 규모별 평균 산업재해율보다 높은 사업장
> ② 사업주가 필요한 안전조치 또는 보건조치를 이행하지 아니하여 중대재해가 발생한 사업장
> ③ 직업성 질병자가 연간 2명 이상 발생한 사업장
> ④ 유해인자의 노출기준을 초과한 사업장

033 안전보건개선계획서를 제출해야 하는 사업주는 안전보건개선계획서 수립·시행 명령을 받은 날부터 60일 이내에 관할 지방고용노동관서의 장에게 해당 계획서를 제출(전자문서로 제출하는 것을 포함한다)해야 한다. (법 제50조, 규칙 제61조)

034 사업주는 중대재해가 발생한 사실을 알게 된 경우에는 지체 없이 발생 개요 및 피해 상황, 조치 및 전망, 그 밖의 중요한 사항을 사업장 소재지를 관할하는 지방고용노동관서의 장에게 전화·팩스 또는 그 밖의 적절한 방법으로 보고해야 한다. (법 제54조, 규칙 제67조)

035 산업재해 발생 은폐 금지 및 보고 등(법 제57조)

> ① 사업주는 산업재해가 발생하였을 때에는 그 발생 사실을 은폐해서는 아니 된다.
> ② 사업주는 고용노동부령으로 정하는 바에 따라 산업재해의 발생 원인 등을 기록하여 보존하여야 한다.
> ③ 사업주는 고용노동부령으로 정하는 산업재해에 대해서는 그 발생 개요·원인 및 보고 시기, 재발방지 계획 등을 고용노동부령으로 정하는 바에 따라 고용노동부장관에게 보고하여야 한다.

036 안전보건총괄책임자를 지정해야 하는 사업의 종류 및 사업장의 상시근로자 수는 관계수급인에게 고용된 근로자를 포함한 상시근로자가 100명(선박 및 보트 건조업, 1차 금속 제조업 및 토사석 광업의 경우에는 50명) 이상인 사업이나 관계수급인의 공사금액을 포함한 해당 공사의 총공사금액이 20억원 이상인 건설업으로 한다. (법 제62조, 영 제52조)

037~038 ④는 근로자 위원에 대한 사항이다.

노사협의체 구성(법 제75조, 영 제64조)
① 노사협의체는 다음과 같이 근로자위원과 사용자위원으로 구성한다.

근로자위원	• 도급 또는 하도급 사업을 포함한 전체 사업의 근로자대표 • 근로자대표가 지명하는 명예산업안전감독관 1명. (다만, 명예산업안전감독관이 위촉되어 있지 않은 경우에는 근로자대표가 지명하는 해당 사업장 근로자 1명) • 공사금액이 20억원 이상인 공사의 관계수급인의 각 근로자대표
사용자위원	• 도급 또는 하도급 사업을 포함한 전체 사업의 대표자 • 안전관리자 1명 • 보건관리자 1명(보건관리자 선임대상 건설업으로 한정) • 공사금액이 20억원 이상인 공사의 관계수급인의 각 대표자

② 노사협의체의 근로자위원과 사용자위원은 합의하여 노사협의체에 공사금액이 20억원 미만인 공사의 관계수급인 및 관계수급인 근로자대표를 위원으로 위촉할 수 있다.
③ 노사협의체의 근로자위원과 사용자위원은 합의하여 「건설기계관리법」에 따라 등록된 건설기계를 직접 운전하는 사람을 노사협의체에 참여하도록 할 수 있다.

039 노사협의체의 회의는 정기회의와 임시회의로 구분하여 개최하되, 정기회의는 2개월마다 노사협의체의 위원장이 소집하며, 임시회의는 위원장이 필요하다고 인정할 때에 소집한다. (법 제75조, 영 제64조, 제65조)

040 안전인증대상 기계 또는 설비, 방호장치, 보호구(법 제84조, 영 제74조)

> ① 산업안전보건법상 안전인증대상 기계 또는 설비에는 프레스, 전단기 및 절곡기, 크레인, 리프트, 압력용기, 롤러기, 사출성형기, 고소작업대, 곤돌라 등이 있다.
> ② 산업안전보건법상 안전인증대상 방호장치에는 프레스 및 전단기 방호장치, 양중기용 과부하 방지장치, 보일러 압력방출용 안전밸브, 압력용기 압력방출용 안전밸브 및 파열판, 절연용 방호구 및 활선작업용 기구, 방폭구조 전기기계·기구 및 부품, 추락·낙하 및 붕괴 등의 위험 방지 및 보호에 필요한 가설기자재로서 고용노동부장관이 정하여 고시하는 것, 충돌·협착 등의 위험 방지에 필요한 산업용 로봇 방호장치로서 고용노동부장관이 정하여 고시하는 것
> ③ 산업안전보건법상 안전인증대상 보호구에는 추락 및 감전 위험방지용 안전모, 안전화, 안전장갑, 방진마스크, 방독마스크, 송기마스크, 전동식 호흡보호구, 보호복, 안전대, 차광 및 비산물 위험방지용 보안경, 용접용 보안면, 방음용 귀마개 또는 귀덮개 등이 있다.

041~042 자율안전확인대상 기계·설비, 방호장치, 보호구 등(법 제84조, 영 제77조)

> ① 산업안전보건법령상 자율안전확인대상 기계 또는 설비는 연삭기 또는 연마기(휴대형은 제외) 산업용 로봇, 혼합기, 파쇄기 또는 분쇄기, 식품가공용 기계(파쇄·절단·혼합·제면기만 해당), 컨베이어, 자동차정비용 리프트, 공작기계(선반, 드릴기, 평삭·형삭기, 밀링만 해당), 고정형 목재가공용 기계(둥근톱, 대패, 루타기, 띠톱, 모떼기 기계만 해당), 인쇄기 등이 있다.
> ② 산업안전보건법령상 자율안전확인대상 방호장치에는 아세틸렌 용접장치용 또는 가스집합 용접장치용 안전기, 교류 아크용접기용 자동전격방지기, 롤러기 급정지장치, 연삭기 덮개, 목재 가공용 둥근톱 반발 예방장치와 날 접촉 예방장치, 동력식 수동대패용 칼날 접촉 방지장치, 추락·낙하 및 붕괴 등의 위험 방지 및 보호에 필요한 가설기자재(추락·낙하 및 붕괴 등의 위험 방지 및 보호에 필요한 가설기자재는 제외)로서 고용노동부장관이 정하여 고시하는 것 등이 있다.
> ③ 산업안전보건법령상 자율안전확인대상 보호구에는 안전모(추락 및 감전 위험방지용 안전모는 제외), 보안경(차광 및 비산물 위험방지용 보안경은 제외), 보안면(용접용 보안면은 제외) 등이 있다.

043 안전검사대상기계 등에는 프레스, 전단기, 크레인(정격 하중이 2톤 미만인 것은 제외), 리프트, 압력용기, 곤돌라, 국소 배기장치(이동식은 제외), 원심기(산업용만 해당), 롤러기(밀폐형 구조 는 제외), 사출성형기[형 체결력(型 締結力) 294KN 미만은 제외], 고소작업대(화물자동차 또는 특수자동차에 탑재한 고소작업대), 컨베이어, 산업용 로봇, 혼합기, 파쇄기 또는 분쇄기 등이 포함된다. (법 제93조, 영 제78조)

044 유해·위험작업에 대한 근로시간 제한 등(법 제139조, 영 제99조)

> ① 갱 내에서 하는 작업
> ② 다량의 고열물체를 취급하는 작업과 현저히 덥고 뜨거운 장소에서 하는 작업
> ③ 다량의 저온물체를 취급하는 작업과 현저히 춥고 차가운 장소에서 하는 작업
> ④ 라듐방사선이나 엑스선, 그 밖의 유해 방사선을 취급하는 작업
> ⑤ 유리·흙·돌·광물의 먼지가 심하게 날리는 장소에서 하는 작업
> ⑥ 강렬한 소음이 발생하는 장소에서 하는 작업
> ⑦ 착암기(바위에 구멍을 뚫는 기계) 등에 의하여 신체에 강렬한 진동을 주는 작업
> ⑧ 인력으로 중량물을 취급하는 작업
> ⑨ 납·수은·크롬·망간·카드뮴 등의 중금속 또는 이황화탄소·유기용제, 그 밖에 고용노동부령으로 정하는 특정 화학물질의 먼지·증기 또는 가스가 많이 발생하는 장소에서 하는 작업

045 사업주는 산업재해가 발생한 때에는 사업장의 개요 및 근로자의 인적사항, 재해 발생의 일시 및 장소, 재해 발생의 원인 및 과정, 재해 재발방지 계획을 기록·보존해야 한다. 다만, 산업재해조사표의 사본을 보존하거나 요양신청서의 사본에 재해 재발방지 계획을 첨부하여 보존한 경우에는 그렇지 않다. (규칙 제72조)

046 도급인은 작업장 순회점검을 다음의 구분에 따라 실시해야 한다. (규칙 제80조)

사업의 종류	① 건설업, 제조업, 토사석 광업, 서적, 잡지 및 기타 인쇄물 출판업, 음악 및 기타 오디오물 출판업, 금속 및 비금속 원료 재생업	①의 사업을 제외한 사업
순회점검횟수	2일에 1회 이상	1주일에 1회 이상

047 안전 인증 심사의 종류 및 방법(규칙 제110조)

> 유해·위험기계 등이 안전인증기준에 적합한지를 확인하기 위하여 안전인증기관이 하는 심사는 다음과 같다.
> ① 예비심사 : 기계 및 방호장치·보호구가 유해·위험기계 등 인지를 확인하는 심사(법 제84조제3항에 따라 안전인증을 신청한 경우만 해당한다)
> ② 서면심사 : 유해·위험기계 등의 종류별 또는 형식별로 설계도면 등 유해·위험기계 등의 제품기술과 관련된 문서가 안전인증기준에 적합한지에 대한 심사
> ③ 기술능력 및 생산체계 심사 : 유해·위험기계 등의 안전성능을 지속적으로 유지·보증하기 위하여 사업장에서 갖추어야 할 기술능력과 생산체계가 안전인증기준에 적합한지에 대한 심사. 다만, 다음 각 목의 어느 하나에 해당하는 경우에는 기술능력 및 생산체계 심사를 생략한다.
> ㉮ 방호장치 및 보호구를 고용노동부장관이 정하여 고시하는 수량 이하로 수입하는 경우
> ㉯ 개별 제품심사를 하는 경우
> ㉰ 안전인증(형식별 제품심사를 하여 안전인증을 받은 경우로 한정)을 받은 후 같은 공정에서 제조되는 같은 종류의 안전인증 대상기계등에 대하여 안전인증을 하는 경우
> ④ 제품심사 : 유해·위험기계 등이 서면심사 내용과 일치하는지와 유해·위험기계 등의 안전에 관한 성능이 안전인증기준에 적합한지에 대한 심사. 다만, 다음의 심사는 유해·위험기계등별로 고용노동부장관이 정하여 고시하는 기준에 따라 어느 하나만을 받는다.
> ㉮ 개별 제품심사 : 서면심사 결과가 안전인증기준에 적합할 경우에 유해·위험기계 등 모두에 대하여 하는 심사(안전인증을 받으려는 자가 서면심사와 개별 제품심사를 동시에 할 것을 요청하는 경우 병행할 수 있다)
> ㉯ 형식별 제품심사 : 서면심사와 기술능력 및 생산체계 심사 결과가 안전인증기준에 적합할 경우에 유해·위험기계 등의 형식별로 표본을 추출하여 하는 심사(안전인증을 받으려는 자가 서면심사, 기술능력 및 생산체계 심사와 형식별 제품심사를 동시에 할 것을 요청하는 경우 병행할 수 있다)

①은 예비 심사, ②는 제품 검사 중 형식별 제품검사, ③은 서면 검사에 대한 설명이다.

048 유해·위험기계 등이 안전인증기준에 적합한지를 확인하기 위하여 안전인증기관이 하는 심사의 종류에는 예비 심사, 서면 심사, 기술능력 및 생산체계 심사, 제품 심사(개별, 형식별) 등이 있다. (규칙 제110조)

049 국가통합인증마크의 표시기준 및 방법[국가표준기본법 시행령 15조의 6(별표 6), 산업안전보건법 시행규칙 (별표 14)]
국가통합인증마크 기본모형의 색채는 테와 문자는 남색(5PB 2/8)을 사용하고, 기타 부분은 백색이다.

050 ①은 공정위험성평가서 및 잠재위험에 대한 사고예방·피해 최소화 대책에, ②·④는 안전운전계획에 속한다.

> **공정안전자료의 세부내용 등(규칙 제50조)**
> 공정안전자료의 세부 내용은 다음과 같다.
> ① 취급·저장하고 있거나 취급·저장하려는 유해·위험물질의 종류 및 수량
> ② 유해·위험물질에 대한 물질안전보건자료
> ③ 유해하거나 위험한 설비의 목록 및 사양
> ④ 유해하거나 위험한 설비의 운전방법을 알 수 있는 공정도면
> ⑤ 각종 건물·설비의 배치도
> ⑥ 폭발위험장소 구분도 및 전기단선도
> ⑦ 위험설비의 안전설계·제작 및 설치 관련 지침서

051 안전검사의 주기와 합격표시 및 표시방법(규칙 제126조)

> ① 크레인(이동식 크레인은 제외), 리프트(이삿짐운반용 리프트는 제외) 및 곤돌라 : 사업장에 설치가 끝난 날부터 3년 이내에 최초 안전검사를 실시하되, 그 이후부터 2년마다(건설현장에서 사용하는 것은 최초로 설치한 날부터 6개월마다)
> ② 이동식 크레인, 이삿짐운반용 리프트 및 고소작업대 : 신규등록 이후 3년 이내에 최초 안전검사를 실시하되, 그 이후부터 2년마다
> ③ 프레스, 전단기, 압력용기, 국소 배기장치, 원심기, 롤러기, 사출성형기, 컨베이어, 산업용 로봇, 혼합기, 파쇄기 또는 분쇄기 : 사업장에 설치가 끝난 날부터 3년 이내에 최초 안전검사를 실시하되, 그 이후부터 2년마다(공정안전보고서를 제출하여 확인을 받은 압력용기는 4년마다)

052 같은 종류 업무 근속기간은 과거 다른 회사의 경력부터 현직 경력(동일·유사 업무 근무경력)까지 합하여 적는다. (질병의 경우, 관련 작업근무기간) (규칙 별지제30호서식)

053 ④ 항타기는 건설기계 등에 포함된다.

⑥ 컨베이어와 양중기는 무관하다.

> **양중기(안전보건규칙 제132조)**
> 양중기에는 크레인[호이스트(hoist)를 포함], 이동식 크레인, 리프트(이삿짐운반용 리프트의 경우에는 적재하중이 0.1톤 이상인 것), 곤돌라, 승강기 등이 있다.

054 개구부 덮개는 방호장치로서 산업안전보건관리비로 사용할 수 있다.

055 사용기준(건설업산업안전보건관리비 계상 및 사용기준 제7조)

> 도급인과 자기공사자는 산업안전보건관리비를 산업재해예방 목적으로 다음 기준에 따라 사용하여야 한다.
> ① 안전관리자·보건관리자의 임금 등
> ㉮ 안전관리 또는 보건관리 업무만을 전담하는 안전관리자 또는 보건관리자의 임금과 출장비 전액(지방고용노동관서에 선임 보고한 날부터 발생한 비용에 한정한다.)
> ㉯ 안전관리 또는 보건관리 업무를 전담하지 않는 안전관리자 또는 보건관리자의 임금과 출장비의 각각 1/2에 해당하는 비용(지방고용노동관서에 선임 보고한 날부터 발생한 비용에 한정한다.)
> ㉰ 안전관리자를 선임한 건설공사 현장에서 산업재해 예방 업무만을 수행하는 작업지휘자, 유도자, 신호자 등의 임금 전액

㉑ 별표 1의2에 해당하는 작업을 직접 지휘·감독하는 직·조·반장 등 관리감독자의 직위에 있는 자가 영 제15조제1항에서 정하는 업무를 수행하는 경우에 지급하는 업무수당(임금의 1/10 이내)

② 안전시설비 등

㉮ 산업재해 예방을 위한 안전난간, 추락방호망, 안전대 부착설비, 방호장치(기계·기구와 방호장치가 일체로 제작된 경우, 방호장치 부분의 가액에 한함) 등 안전시설의 구입·임대 및 설치 등을 위해 소요되는 비용

㉯ 「산업재해예방시설자금 융자금 지원사업 및 보조금 지급사업 운영규정」에 따른 "스마트안전장비 지원사업" 및 「건설기술진흥법」에 따른 스마트 안전장비 구입·임대 비용. 다만, 제4조에 따라 계상된 산업안전보건관리비 총액의 1/10를 초과할 수 없다.

㉰ 용접 작업 등 화재 위험작업 시 사용하는 소화기의 구입·임대비용

③ 보호구 등

㉮ 보호구의 구입·수리·관리 등에 소요되는 비용

㉯ 근로자가 보호구를 직접 구매·사용하여 합리적인 범위 내에서 보전하는 비용

㉰ 안전관리자 등의 업무용 피복, 기기 등을 구입하기 위한 비용

㉱ 안전관리자 및 보건관리자가 안전보건 점검 등을 목적으로 건설공사 현장에서 사용하는 차량의 유류비·수리비·보험료

④ 안전보건진단비 등

㉮ 유해위험방지계획서의 작성 등에 소요되는 비용

㉯ 안전보건진단에 소요되는 비용

㉰ 작업환경 측정에 소요되는 비용

㉱ 그 밖에 산업재해예방을 위해 법에서 지정한 전문기관 등에서 실시하는 진단, 검사, 지도 등에 소요되는 비용

⑤ 안전보건교육비 등

㉮ 의무교육이나 이에 준하여 실시하는 교육을 위해 건설공사 현장의 교육 장소 설치·운영 등에 소요되는 비용

㉯ 산업재해 예방이 주된 목적인 교육을 실시하기 위해 소요되는 비용

㉰ 「응급의료에 관한 법률」에 따른 안전보건교육 대상자 등에게 구조 및 응급처치에 관한 교육을 실시하기 위해 소요되는 비용

㉱ 안전보건관리책임자, 안전관리자, 보건관리자가 업무수행을 위해 필요한 정보를 취득하기 위한 목적으로 도서, 정기간행물을 구입하는 데 소요되는 비용

㉲ 건설공사 현장에서 안전기원제 등 산업재해 예방을 기원하는 행사를 개최하기 위해 소요되는 비용. 다만, 행사의 방법, 소요된 비용 등을 고려하여 사회통념에 적합한 행사에 한한다.

㉳ 건설공사 현장의 유해·위험요인을 제보하거나 개선방안을 제안한 근로자를 격려하기 위해 지급하는 비용

⑥ 근로자 건강장해예방비 등

㉮ 법·영·규칙에서 규정하거나 그에 준하여 필요로 하는 각종 근로자의 건강장해 예방에 필요한 비용

㉯ 중대재해 목격으로 발생한 정신질환을 치료하기 위해 소요되는 비용

㉰ 「감염병의 예방 및 관리에 관한 법률」에 따른 감염병의 확산 방지를 위한 마스크, 손소독제, 체온계 구입비용 및 감염병병체 검사를 위해 소요되는 비용

㉱ 휴게시설을 갖춘 경우 온도, 조명 설치·관리기준을 준수하기 위해 소요되는 비용

㉲ 건설공사 현장에서 근로자 심폐소생을 위해 사용되는 자동심장충격기(AED) 구입에 소요되는 비용

㉳ 온열·한랭질환으로부터 근로자 건강장해를 예방하기 위한 임시 휴게시설 설치·해체·임대 비용 및 냉·난방기기의 임대 비용

⑦ 건설재해예방전문지도기관의 지도에 대한 대가로 자기공사자가 지급하는 비용

⑧ 「중대재해 처벌 등에 관한 법률 시행령」에 해당하는 건설사업자가 아닌 자가 운영하는 사업에서 안전보건 업무를 총괄·관리하는 3명 이상으로 구성된 본사 전담조직에 소속된 근로자의 임금 및 업무수행 출장비 전액. 다만, 제4조에 따라 계상된 산업안전보건관리비 총액의 1/20을 초과할 수 없다.

⑨ 위험성평가 또는 「중대재해 처벌 등에 관한 법률 시행령」에 따라 유해·위험요인 개선을 위해 필요하다고 판단하여 산업안전보건위원회 또는 노사협의체에서 사용하기로 결정한 사항을 이행하기 위한 비용(산업안전보건위원회 또는 노사협의체가 없는 현장의 경우에는 근로자의 의견을 들어 안전 및 보건에 관한 협의체에서 결정한 사항을 이행하기 위한 비용을 말한다). 다만, 제4조에 따라 계상된 산업안전보건관리비 총액의 15/100를 초과할 수 없다.

안전관리계획을 수립해야 하는 건설공사는 다음과 같다. 이 경우 원자력시설공사는 제외하며, 해당 건설공사가 「산업안전보건법」에 따른 유해위험방지계획을 수립해야 하는 건설공사에 해당하는 경우에는 해당 계획과 안전관리계획을 통합하여 작성할 수 있다.

① 「시설물의 안전 및 유지관리에 관한 특별법」 1종시설물 및 2종시설물의 건설공사(유지관리를 위한 건설공사는 제외)

② 지하 10m 이상을 굴착하는 건설공사. 이 경우 굴착 깊이 산정 시 집수정(물저장고), 엘리베이터 피트 및 정화조 등의 굴착 부분은 제외하며, 토지에 높낮이 차가 있는 경우 굴착 깊이의 산정방법은 「건축법 시행령」을 따른다.

폭발물을 사용하는 건설공사로서 20m 안에 시설물이 있거나 100m 안에 사육하는 가축이 있어 해당 건설공사로 인한 영향을 받을 것이 예상되는 건설공사

④ 10층 이상 16층 미만인 건축물의 건설공사

⑤ 다음의 리모델링 또는 해체공사

  ㉮ 10층 이상인 건축물의 리모델링 또는 해체공사

  ㉯ 「주택법」에 따른 수직증축형 리모델링

⑥ 「건설기계관리법」에 따라 등록된 천공기(높이가 10m 이상인 것만 해당), 항타 및 항발기, 타워크레인에 해당하는 건설기계가 사용되는 건설공사

⑦ 다음의 가설구조물을 사용하는 건설공사

  ㉮ 높이가 31m 이상인 비계

  ㉯ 브라켓(bracket) 비계

  ㉰ 작업발판 일체형 거푸집 또는 높이가 5m 이상인 거푸집 및 동바리

  ㉱ 터널의 지보공(支保工) 또는 높이가 2m 이상인 흙막이 지보공

  ㉲ 동력을 이용하여 움직이는 가설구조물

  ㉳ 높이 10m 이상에서 외부작업을 하기 위하여 작업발판 및 안전시설물을 일체화하여 설치하는 가설구조물

  ㉴ 공사현장에서 제작하여 조립·설치하는 복합형 가설구조물

  ㉵ 그 밖에 발주자 또는 인·허가기관의 장이 필요하다고 인정하는 가설구조물

⑧ 앞의 건설공사 외의 건설공사로서 다음의 어느 하나에 해당하는 공사

  ㉮ 발주자가 안전관리가 특히 필요하다고 인정하는 건설공사

  ㉯ 해당 지방자치단체의 조례로 정하는 건설공사 중에서 인·허가기관의 장이 안전관리가 특히 필요하다고 인정하는 건설공사

시설물관리계획에는 다음의 사항이 포함되어야 한다.

① 시설물의 적정한 안전과 유지관리를 위한 조직·인원 및 장비의 확보에 관한 사항

② 긴급상황 발생 시 조치체계에 관한 사항

③ 시설물의 설계·시공·감리 및 유지관리 등에 관련된 설계도서의 수집 및 보존에 관한 사항

④ 안전점검 또는 정밀안전진단의 실시에 관한 사항

⑤ 보수·보강 등 유지관리 및 그에 필요한 비용에 관한 사항(시장·군수·구청장이 시설물관리계획을 수립하는 경우는 제외함)

058 시설물의 종류(시설물안전법 제7조, 시설물안전법 시행령 제4조, 별표 1)

시설물의 구분	시설물의 종류
제1종시설물 : 공중의 이용편의와 안전을 도모하기 위하여 특별히 관리할 필요가 있거나 구조상 안전 및 유지관리에 고도의 기술이 필요한 대규모 시설물로서 다음 각 목의 어느 하나에 해당하는 시설물 등 대통령령으로 정하는 시설물	① 고속철도 교량, 연장 500m 이상의 도로 및 철도 교량 ② 고속철도 및 도시철도 터널, 연장 1,000m 이상의 도로 및 철도 터널 ③ 갑문시설 및 연장 1,000m 이상의 방파제 ④ 다목적댐, 발전용댐, 홍수전용댐 및 총저수용량 1천만톤 이상의 용수전용댐 ⑤ 21층 이상 또는 연면적 50,000m^2 이상의 건축물 ⑥ 하구둑, 포용저수량 8천만톤 이상의 방조제 ⑦ 광역상수도, 공업용수도, 1일 공급능력 30,000t 이상의 지방상수도
제2종시설물 : 제1종시설물 외에 사회기반시설 등 재난이 발생할 위험이 높거나 재난을 예방하기 위하여 계속적으로 관리할 필요가 있는 시설물로서 다음 각 목의 어느 하나에 해당하는 시설물 등 대통령령으로 정하는 시설물	① 연장 100m 이상의 도로 및 철도 교량 ② 고속국도, 일반국도, 특별시도 및 광역시도 도로터널 및 특별시 또는 광역시에 있는 철도터널 ③ 연장 500m 이상의 방파제 ④ 지방상수도 전용댐 및 총저수용량 1백만톤 이상의 용수전용댐 ⑤ 16층 이상 또는 연면적 30,000m^2 이상의 건축물 ⑥ 포용저수량 1천만톤 이상의 방조제 ⑦ 1일 공급능력 30,000t 미만의 지방상수도
제3종시설물 : 제1종시설물 및 제2종시설물 외에 안전관리가 필요한 소규모 시설물로서 지정·고시된 시설물	

059~060 안전점검의 실시 등(법 제11조, 영 제8조)

"안전점검"이란 경험과 기술을 갖춘 자가 육안이나 점검기구 등으로 검사하여 시설물에 내재되어 있는 위험요인을 조사하는 행위를 말하며, 점검목적 및 점검수준을 고려하여 정기안전점검 및 정밀안전점검으로 구분한다.

정기안전점검	시설물의 상태를 판단하고 시설물이 점검 당시의 사용요건을 만족시키고 있는지 확인할 수 있는 수준의 외관조사를 실시하는 안전점검
정밀안전점검	시설물의 상태를 판단하고 시설물이 점검 당시의 사용요건을 만족시키고 있는지 확인하며 시설물 주요부재의 상태를 확인할 수 있는 수준의 외관조사 및 측정·시험장비를 이용한 조사를 실시하는 안전점검
긴급안전점검	시설물의 붕괴·전도 등으로 인한 재난 또는 재해가 발생할 우려가 있는 경우에 시설물의 물리적·기능적 결함을 신속하게 발견하기 위하여 실시하는 점검

061~063 안전점검, 정밀안전진단 및 성능평가의 실시시기(영 제8조, 영 제10조, 영 제28조, 별표 3)

안전등급	정기안전점검	정밀안전점검		정밀안전진단	성능평가
		건축물	건축물 외 시설물		
A 등급	반기(6개월)에 1회 이상	4년에 1회 이상	3년에 1회 이상	6년에 1회 이상	5년에 1회 이상
B·C 등급	반기(6개월)에 1회 이상	3년에 1회 이상	2년에 1회 이상	5년에 1회 이상	5년에 1회 이상
D·E 등급	1년에 3회 이상	2년에 1회 이상	1년에 1회 이상	4년에 1회 이상	5년에 1회 이상

064 사업주는 근로자가 상시 작업하는 장소의 작업면 조도(照度)를 다음의 기준에 맞도록 하여야 한다. 다만, 갱내 작업장과 감광재료를 취급하는 작업장은 그러하지 아니하다. (안전보건규칙 제8조)

구분	초정밀작업	정밀작업	보통작업	그 밖의 작업
조도 기준	750럭스(lux) 이상	300럭스 이상	150럭스 이상	75럭스 이상

065~070 작업시작 전 점검사항(안전보건규칙 제35조 제2항, 별표 3)

작업의 종류	점검내용
1. 공기압축기를 가동할 때	가. 공기저장 압력용기의 외관 상태 나. 드레인밸브(drain valve)의 조작 및 배수 다. 압력방출장치의 기능 라. 언로드밸브(unloading valve)의 기능 마. 윤활유의 상태 바. 회전부의 덮개 또는 울 사. 그 밖의 연결 부위의 이상 유무
2. 크레인을 사용하여 작업을 하는 때	가. 권과방지장치·브레이크·클러치 및 운전장치의 기능 나. 주행로의 상측 및 트롤리(trolley)가 횡행하는 레일의 상태 다. 와이어로프가 통하고 있는 곳의 상태
3. 이동식 크레인을 사용하여 작업을 할 때	가. 권과방지장치나 그 밖의 경보장치의 기능 나. 브레이크·클러치 및 조정장치의 기능 다. 와이어로프가 통하고 있는 곳 및 작업장소의 지반상태
4. 리프트(자동차정비용 리프트를 포함한다)를 사용하여 작업을 할 때	가. 방호장치·브레이크 및 클러치의 기능 나. 와이어로프가 통하고 있는 곳의 상태
5. 곤돌라를 사용하여 작업을 할 때	가. 방호장치·브레이크의 기능 나. 와이어로프·슬링와이어(sling wire) 등의 상태
6. 양중기의 와이어로프·달기체인·섬유로프·섬유벨트 또는 혹·샤클·링 등의 철구(이하 "와이어로프 등"이라 한다)를 사용하여 고리걸이작업을 할 때	와이어로프 등의 이상 유무
7. 지게차를 사용하여 작업을 하는 때	가. 제동장치 및 조종장치 기능의 이상 유무 나. 하역장치 및 유압장치 기능의 이상 유무 다. 바퀴의 이상 유무 라. 전조등·후미등·방향지시기 및 경보장치 기능의 이상 유무
8. 구내운반차를 사용하여 작업을 할 때	가. 제동장치 및 조종장치 기능의 이상 유무 나. 하역장치 및 유압장치 기능의 이상 유무 다. 바퀴의 이상 유무 라. 전조등·후미등·방향지시기 및 경음기 기능의 이상 유무 마. 충전장치를 포함한 홀더 등의 결합상태의 이상 유무
9. 고소작업대를 사용하여 작업을 할 때	가. 비상정지장치 및 비상하강 방지장치 기능의 이상 유무 나. 과부하 방지장치의 작동 유무(와이어로프 또는 체인구동방식의 경우) 다. 아웃트리거 또는 바퀴의 이상 유무 라. 작업면의 기울기 또는 요철 유무 마. 활선작업용 장치의 경우 홈·균열·파손 등 그 밖의 손상 유무
10. 화물자동차를 사용하는 작업을 하게 할 때	가. 제동장치 및 조종장치의 기능 나. 하역장치 및 유압장치의 기능 다. 바퀴의 이상 유무

11. 컨베이어 등을 사용하여 작업을 할 때	가. 원동기 및 풀리(pulley) 기능의 이상 유무 나. 이탈 등의 방지장치 기능의 이상 유무 다. 비상정지장치 기능의 이상 유무 라. 원동기·회전축·기어 및 풀리 등의 덮개 또는 울 등의 이상 유무
12. 근로자가 반복하여 계속적으로 중량물을 취급하는 작업을 할 때	가. 중량물 취급의 올바른 자세 및 복장 나. 위험물이 날아 흩어짐에 따른 보호구의 착용 다. 카바이드·생석회(산화칼슘) 등과 같이 온도상승이나 습기에 의하여 위험성이 존재하는 중량물의 취급방법 라. 그 밖에 하역운반기계 등의 적절한 사용방법

제2과목

인간공학 및 위험성 평가·관리

001 ① × ② × ③ × ④ ○				**002** ① × ② ○ ③ × ④ × ⑤ ○ ⑥ ○ ⑦ ○ ⑧ ×			
003 ① × ② × ③ × ④ ○				**004** ① ○ ② ○ ③ × ④ ○ ⑤ × ⑥ ○ ⑦ ○ ⑧ ×			
005 ① × ② ○ ③ ○ ④ ○				**006** ① ○ ② ○ ③ ○ ④ ×			
007 ① × ② × ③ × ④ ○				**008** ① ○ ② × ③ × ④ ×			
009 ① × ② × ③ ○ ④ ×				**010** ① ○ ② ○ ③ × ④ ○			
011 ① × ② × ③ × ④ ○				**012** ① ○ ② × ③ × ④ ×			
013 ① ○ ② ○ ③ × ④ ○				**014** ① × ② × ③ × ④ ○			
015 ① ○ ② ○ ③ × ④ ○				**016** ① × ② × ③ ○ ④ ×			
017 ① × ② ○ ③ ○ ④ ○				**018** ① ○ ② ○ ③ ○ ④ ×			
019 ① ○ ② ○ ③ × ④ ○				**020** ① ○ ② ○ ③ ○ ④ ×			
021 ① × ② × ③ × ④ ○				**022** ① ○ ② × ③ ○ ④ ○			
023 ① ○ ② × ③ ○ ④ ○ ⑤ ○ ⑥ ○ ⑦ ○ ⑧ ×				**024** ① ○ ② × ③ × ④ ×			
025 ① ○ ② × ③ × ④ ×				**026** ① ○ ② × ③ ○ ④ ○			
027 ① ○ ② ○ ③ ○ ④ ×				**028** ① ○ ② ○ ③ ○ ④ ×			
029 ① × ② × ③ × ④ ○				**030** ① ○ ② ○ ③ ○ ④ × ⑤ ○ ⑥ × ⑦ ×			
031 ① ○ ② × ③ × ④ ×				**032** ① × ② × ③ ○ ④ ×			
033 ① × ② ○ ③ × ④ ○				**034** ① ○ ② × ③ × ④ ×			
035 ① × ② × ③ × ④ ○				**036** ① ○ ② × ③ × ④ ×			
037 ① ○ ② ○ ③ × ④ ○ ⑤ ○				**038** ① ○ ② ○ ③ ○ ④ ×			
039 ① ○ ② ○ ③ × ④ ○				**040** ① ○ ② ○ ③ ○ ④ ×			
041 ① × ② ○ ③ × ④ ×				**042** ① × ② × ③ ○ ④ ×			
043 ① × ② ○ ③ × ④ ×				**044** ① × ② ○ ③ × ④ ×			
045 ① ○ ② × ③ ○ ④ ○ ⑤ ○ ⑥ ○ ⑦ × ⑧ ○ ⑨ ○ ⑩ × ⑪ ○ ⑫ ○ ⑬ × ⑭ × ⑮ ○ ⑯ ○ ⑰ × ⑱ ×							
046 ① × ② × ③ × ④ ○ ⑤ ○				**047** ① ○ ② × ③ × ④ ×			
048 ① ○ ② ○ ③ ○ ④ ×				**049** ① ○ ② ○ ③ ○ ④ ×			
050 ① × ② × ③ × ④ ○				**051** ① × ② × ③ ○ ④ ×			
052 ① × ② × ③ × ④ ○				**053** ① ○ ② ○ ③ × ④ ○ ⑤ ○ ⑥ ○ ⑦ × ⑧ ○			
054 ① × ② ○ ③ ○ ④ ○				**055** ① ○ ② ○ ③ × ④ ○			
056 ① × ② × ③ × ④ ○				**057** ① ○ ② × ③ × ④ ×			
058 ① × ② × ③ ○ ④ ×				**059** ① ○ ② × ③ × ④ ×			
060 ① × ② × ③ × ④ ×				**061** ① ○ ② × ③ × ④ ×			
062 ① ○ ② × ③ ○ ④ ○				**063** ① × ② ○ ③ × ④ ×			
064 ① ○ ② × ③ ○ ④ ○				**065** ① × ② × ③ × ④ ×			
066 ① ○ ② × ③ × ④ ×				**067** ① ○ ② ○ ③ ○ ④ ×			
068 ① × ② × ③ ○ ④ ×				**069** ① ○ ② × ③ ○ ④ ○			

001 인간공학이란 인간이 사용할 수 있도록 설계하는 과정으로, 인간의 특성, 능력과 한계에 기계와 기계의 조작 및 환경 조건이 잘 조화될 수 있도록 설계하기 위한 수단을 연구하는 것을 의미한다.

002 인간공학의 궁극적인 목적

- 사고 방지와 안전성 향상
- 기계조작의 조작성과 능률성의 향상(생산성 증대)
- 작업 환경의 쾌적성

이상의 궁극적인 목적은 안전성 및 효율성의 향상이다.

003 인간–기계 체계(Man–machine system)의 연구 목적은 안전의 극대화 및 생산능률의 향상이다.

004 인간공학의 가치

- 훈련비용의 절감과 성능의 향상
- 인력 이용률과 사용자의 수용도 향상
- 사고 및 오용으로부터의 손실 감소

005 인간공학을 기업에 적용할 때의 기대효과는 ②·③·④ 이외에도 노사 간의 신뢰 구축 및 증대, 생산성 및 직무 만족도의 향상, 기업 이미지 및 상품 선호도의 향상, 산재 손실비용(사고 및 오용)의 감소, 성능 향상 및 훈련 비용의 절감, 생산 및 정비 유지의 경제성 증대, 인력의 이용률 및 사용자의 수용도 향상, 국제경쟁력의 확보를 위해 높은 수준의 작업조건과 작업수준을 마련하는 것 등이 있다.

006 인간기준(Human Criteria)의 기본 유형

체계의 기준	체계가 본래에 의도한 바를 얼마나 달성하는가를 반영하는 기준
인간의 기준 (Human Criteria)	• 인간의 성능 척도로서, 자연성, 지속성, 빈도수 등이 있음 • 주관적 반응 : 개인 성능 연구 • 생리학적 지표 : 동공 확장 등의 연구 • 사고 및 과오 빈도

007 성능 자료에는 인간공학의 연구를 위한 수집자료 중 자극에 대한 반응시간과 같은 것이 있다.

008 생리적 척도(지표)의 특징

- 정보처리에 중추신경계 활동에 관여하고, 그 활동이나 그 징후를 측정할 수 있다.
- 생리적 지표에는 동공반응(확장), 심박수의 변동, 호흡속도, 뇌전위, 체액의 화학적 변화 등이 있고, 직무수행 중에 계속해서 자료를 수집할 수 있다.
- 사용 장비의 부피가 비교적 크고, 부수적인 활동이 필요 없는 장점이 있으며, 제1직무에 의해 부하된 정보처리의 어느 특정 단계를 격리하지 않는다.

009 시스템 안전에서의 사실의 발견방법

CA	• Criticality Analysis • 위험도 분석으로, 시스템 내의 위험상태 요소에 대해 정성적, 정량적으로 평가하고, 고장이 직접 시스템의 손실과 사상에 연결되는 고위험도를 가진 요소나 고장 형태에 따른 정량적 분석법이다.

FMEA	• Failure Mode and Effect Analysis • 고장의 유형과 영향 분석기법이다.
FTA	• Fault Tree Analysis • 결함수 분석(목분석법)
MORT	• Management Oversight and Risk Tree • 연역적, 정량적 분석기법이다.
FMECA	• Failure Mode Effect and Criticality Analysis • FMEA+CA(정성적+정량적)이다.
ETA	• Event Tree Analysis • 귀납적, 정량적 분석기법이다.
OS	• Operability Study • 안전요건 결정기법이다.

③ THERP(Technique for Human Error Rate Prediction, 인간과오율 예측기법)는 인간-기계시스템에서의 여러 가지 인간에러와 그것으로 인해 생길 수 있는 위험성의 예측과 개선을 위한 기법으로, 가지처럼 갈라지는 형태의 논리 구조와 나무 형태의 그래프를 이용하는 기법이다.

010~012 인간공학 연구조사에 사용되는 기준의 구비조건

적절성	수단 및 연구방법의 적합도를 의미한다.
무오염성	기준 척도는 측정하고자 하는 변수 외의 다른 변수들의 영향을 받아서는 안 된다.
신뢰성	반복성(검사 응답의 일관성)을 의미하는 것이다.
변별성	다른 암호 표시와 구분이 되어야 한다.
타당성	기준 척도는 측정하고자 하는 것을 실제로 측정하는 것을 의미한다.
민감도	피실험자 사이에서 볼 수 있는 예상 차이점에 비례하여 단위로 측정하는 것을 의미한다.
검출성	주어진 상황에서 사람이나 감지 장치가 감지할 수 있는 정보를 암호화한 자극이어야 한다.
표준화	검사의 절차와 검사를 위한 조건은 통일성과 일관성을 표준화하여야 한다.
객관성	어떤 사람이 채점하여도 동일한 결과를 가져올 수 있도록 채점자의 주관성과 편협된 생각이 배제되어야 한다.
규준	비교할 수 있는 비교와 참조의 틀을 제공하는 것은 검사결과를 해석하기 위함이다.

013~017 시스템 설계단계

단계	내용	설명
제1단계	목표 및 성능 설정	목적이나 존재 이유는 통상 개괄적으로 표현을 체계가 설계되기 전에 한다.
제2단계	시스템의 정의	제1단계 후 목적을 달성하기 위해 어떤 기본적인 기능이 필요한지 결정한다.
제3단계	기본설계	기능의 할당, 인간 성능 요건 명세, 직무분석, 작업설계 등이 포함된다.
제4단계	계면(인터페이스)설계	작업공간, 표시장치, 조종장치, 제어, 화면설계, 컴퓨터대화 등이 포함된다.
제5단계	촉진(보조)물설계	지시수첩, 성능보조자료 및 훈련도구와 계획이 있다.
제6단계	시험 및 평가	

018 인간공학이란 인간이 사용할 수 있도록 설계하는 과정으로, 인간의 특성, 능력과 한계에 기계와 기계의 조작 및 환경 조건이 잘 조화될 수 있도록 설계하기 위한 수단을 연구하는 것을 의미한다. 즉, 인간–물건(자재)–기계–컴퓨터–환경으로 이루어진 시스템을 설계함에 있고, 인간의 특징(생리학, 해부학적, 심리학, 사회학적)을 설계에 반영시키기 위하여 제반 공학적 방법을 제공하는 종합적인 학문이다.

019 ③ 개인이 시스템에서 효과적으로 기능을 하지 못하면 시스템의 수행은 변화한다.

> **인간공학의 기본과정**
> • 인간–기계 시스템의 효율은 인간 기능의 효율과 연계된다.
> • 장비, 물건, 환경 특성이 인간–기계 시스템의 성과와 인간의 수행도에 영향을 준다.
> • 인간에게 적절한 동기부여가 된다면 좀 더 좋은 성과를 얻게 된다.

020 인간공학 표기 방법

> • Ergonomics : 인간의 특성에 맞게 일을 수행하도록 하는 학문, 즉 작업 경제학이다.
> • Human Factor(인간요소) : 미국을 중심으로 사용한다.
> • Human Engineering(인간공학) : 인간이 사용할 수 있도록 설계하는 과정이다.
> • Human Factors Engineering : 미국에서 가장 많이 사용한다.

④ customize engineering은 고객의 요구에 의해서 제품이나 물건을 고객이 원하는 대로 만들어 준다는 뜻으로 상품 공학에서 사용하는 용어이다.

021 인간공학의 연구방법
• 조사연구 : 집단(사람)의 일반적인 특성(속성)을 연구한다.
• 실험연구 : 특정 현상의 이해와 관련된 연구로서 어떤 변수가 행동에 미치는 영향을 시험하는 것을 목적으로 한다.
• 평가연구 : 실제의 제품이나 시스템이 추구하는 특성 및 수준이 달성되는지를 비교하고 분석하는 것에 대한 연구이다.

022 사업장에서 인간공학의 적용분야
• 작업환경개선을 위한 작업관련성 유해·위험 작업분석
• 장비 및 공구설계와 같은 제품 설계에 있어서 인간에 대한 안전성 평가
• 작업 공간의 설계와 재해 및 질병 예방
• 인간–기계 계면(인터페이스) 설계
• 장비·공구·설비의 배치

023 ② 인간공학이란 인간이 사용할 수 있도록 설계하는 과정으로, 인간의 특성, 능력과 한계에 기계와 기계의 조작 및 환경조건이 잘 조화될 수 있도록 설계하기 위한 수단을 연구하는 것을 의미한다. 즉, 인간–물건(자재)–기계–컴퓨터–환경으로 이루어진 시스템을 설계함에 있고, 인간의 특징(생리학, 해부학적, 심리학, 사회학적)을 설계에 반영시키기 위하여 제반 공학적 방법을 제공하는 종합적인 학문이다.
⑧ 인간의 능력 및 한계에는 개인차가 있다고 인지한다.

024 행동의 변수에는 규칙성이 있다. 기계계 변수에는 정확성, 빈도, 강도 등이 있다.

025 인간공학의 인간-기계시스템(Man-Machine System)에서 기계가 의미하는 것은 인간이 만든 모든 것을 의미한다.

026 인간-기계시스템 설계 시 인간공학적 설계의 일반적인 원칙은 인간의 특성을 고려하고, 시스템을 인간의 예상과 양립시키며, 표시장치나 제어장치의 중요성, 사용빈도, 사용 순서, 기능에 따라 배치하도록 한다. "작업특성에 적합"과는 무관하다.

027 인간공학적 설계상의 문제로 발생하는 인간 error의 원인에는 식별하기 어려운 표시기기와 조작구, 표시기기와 조작구의 양립성 결여, 의미를 알기 어려운 신호형태 등이 있다. "작업의 흐름에 따른 배치"는 레이아웃(layout)의 원칙에 해당된다.

028 인간-기계시스템 설계 3원칙
- 제어장치나 표시장치의 중요성, 기능, 사용 순서 및 빈도에 따라서 배치하여야 한다. 즉, 배열을 고려한 설계를 한다.
- 체계는 인체의 특성에 적합한 설계를 하여야 한다.
- 양립성(정보입력 및 처리와 관련한 양립성은 인간의 기대와 모순되지 않은 반응들 간의, 자극들 간의 또는 자극 반응 조합의 관계)에 맞게 설계하여야 한다.

029~031 인간-기계 시스템의 기본 기능

기본 기능	내용	
	인간	기계
감지	시각, 청각, 촉각 같은 감각기관	전자, 사진 등의 기계적 장치
정보저장	기억된 학습 내용	펀치 카드, 자기 테이프, 형판, 기록, 자료표 등과 같은 물리적 방법으로 보관
정보처리 및 의사결정	감지한 정보를 가지고 수행하는 여러 종류의 행동과 조작으로 의사 결정	
행동 기능	의사 결정의 결과로 발생하는 조작행위 또는 물리적 조작행위나 과정, 통신행위(신호, 기록, 음성 등)	

032 기억은 정보 저장, 정보처리 및 의사결정은 행동 직전의 결정 및 조작, 행동 기능은 통제 및 작업 과정으로 구성되어 있다. 출력은 의사결정을 실행에 옮기는 과정이다.

033 인간-기계의 기본 4가지 기능에는 감지 기능, 정보 저장 기능, 정보처리 및 의사결정 기능, 행동기능(입력 및 출력 기능) 등이 있다. 사용분석 기능은 기본 기능에 해당되지 않는다.

034~035 인간-기계 체계(Man-Machine System)의 구분과 동력원 등

시스템 유형 및 운용 방식	융통성	부품	부품간의 연결장치	예	동력원
수동시스템, 사용자 조작	있음	손공구, 보조물	사용자(인간)	가수와 앰프, 장인과 공구	사람
기계시스템, 운전자 조정	없음	명확히 구분할 수 없고, 상호 관련도가 매우 높은 부품 및 연결장치로 구성		공작기계, 엔진, 자동차	기계
자동시스템, 미리 고정 또는 프로그램됨		동력, 기계시스템	제어회로 (도관, 지레, 전선 등)	컴퓨터, 자동교환대, NC공작기계, 자동화된 처리공장	

수동 체계는 동력원을 인간의 힘으로 하며, 수공구를 사용하는 시스템으로 장인과 공구가 대표적인 수동 체계라고 할 수 있다.

036 인간-기계 시스템의 작동 순서도표 기호에서 ①은 행동, ②는 결정, ③은 정보기억, ④는 정보수신을 의미하는 기호이다.

037 인간-기계 시스템의 구분에는 수동 체계, 기계화(반자동) 체계, 자동 체계의 3가지로 구분한다. ①은 수동 체계, ②는 자동 체계, ④는 기계화(반자동) 체계에 대한 설명이다. 수동 시스템에서 사람(인간)는 동력원을 제공하고 인간의 통제하에서 제품을 생산한다.

038 인간-컴퓨터 인터페이스(계면)설계는 인간의 편의를 기준으로 설계되어야 함이 매우 중요하다. 만일 사용자(인간)에게 불편을 주게되는 경우에는 시스템이 저하될 수 있으므로 인간-컴퓨터 인터페이스 설계는 기계보다 인간(사용자)의 효율이 우선적으로 고려되어야 한다.

039 인간은 소음, 이상온도 등의 환경에서 작업을 수행하는 능력이 기계에 비해 매우 열악하다. 즉, 기계는 외부 환경(소음, 이상온도 등의 환경) 등의 영향을 받지 않으나, 인간은 외부 환경에 많은 영향을 받는다.

040 인간과 기계의 3가지 차원에서의 조화성은 신체적 조화성, 지적 조화성, 감성적 조화성 등 3가지이다.

041 Lock system의 종류 3가지

Interlock system	기계 또는 인간과 기계 사이에 두는 안전장치를 의미한다.
Intralock system	인간의 내면에 존재하는 통제장치를 의미한다.
Translock system	Interlock과 Intralock 사이에 두는 안전장치를 의미한다.

042 ③ 반자동(기계)시스템 : 동력은 기계, 운전자는 조정장치를 사용하여 통제하고, 이 체계는 별로 변화가 없는 기능들을 수행하도록 되어있는 시스템이다.
① 수동 시스템 : 인간의 신체적인 동력원을 사용하여 작업을 통제하고, 수공구나 기타 보조물로 이루어진다.
④ 자동 시스템 : 인간은 주로 프로그램 입력, 정비 유지, 감시를 하고, 기계 자체가 감지, 정보처리, 의사결정, 행동기능, 정보기능 등을 설계된 대로 수행하는 시스템이다.

043 기계의 정보처리 기능은 연역적(일반적이고 보편적인 사실이나 원리로부터 개별적이고 특수한 사실이나 원리를 이끌어내는 사유 방식) 추리이고, 정량적 정보처리이다. 또한, 인간의 정보처리 기능은 귀납적(하나하나의 구체적이고 특수한 사실을 종합하여 그것으로부터 일반적인 원리를 이끌어내는 사유 방식) 추리이다.

044 기계와 비교하여 인간이 정보처리 및 결정의 측면에서 상대적으로 우수한 것은 다량의 정보를 장시간 보관, 관찰을 통한 일반화, 귀납적 추리, 원칙 적용, 다양한 문제의 해결 등이다. 인간과 비교하여 기계가 정보처리 및 결정의 측면에서 상대적으로 우수한 것은 연역적 추리, 정량적 정보처리, 암호화된 정보를 신속하게 대량 보관 등이다.

045 ② 인간은 관찰을 통해서 일반화하고 귀납적으로 추리한다.
⑦ 기계가 인간을 능가하는 사항으로, 명시된 절차에 따라 신속하고, 정량적인 정보처리를 한다.
⑩ 기계가 인간을 능가하는 사항으로, 단시간에 많은 양의 정보기억과 재생이 가능하다.
⑬ 기계가 인간을 능가하는 사항으로, 반복적인 작업을 신뢰성 있게 수행할 수 있다.
⑭ 기계가 인간을 능가하는 사항으로, 암호화된 정보를 신속하게 대량으로 보관할 수 있다.

⑰ 기계가 인간을 능가하는 사항으로, 신뢰성 있는 반복 작업이 가능하다.

⑱ 기계가 인간을 능가하는 사항으로, 신속하고 일관성 있는 반응이 가능하다.

046 현장 및 실험실 연구의 장·단점

구분	현장 연구	실험실 연구
장점	• 실험실 실험과는 달리 현실적이어서 결과의 일반화 가능성이 높다. • 현실적인 작업변수 설정이 가능하므로 인과적 결론을 내리는 것도 가능하다. • 실제 상황의 복잡한 행동들에 관해 많은 자료를 얻을 수 있다. • 피실험자의 자연스러운 반응을 기대할 수 있다.	• 비용 절감과 정확한 자료의 수집이 가능하다. • 실험 조건 등의 조절이 쉽다. • 변수의 통제가 용이하다.
단점	• 실험과정 전체를 통제하는 것이 난이하기 때문에 연구결과의 내적 타당성이 적다. • 실제 현장상황에서 연구자들이 실험을 하는 데 필요한 협조를 얻는 것이 매우 어렵다. • 주위 환경의 간섭에 영향받기 쉽다. • 실험 참가자의 안전을 확보하기가 어렵다.	일반화가 불가능하고, 현실성이 떨어진다.

047 실험실 환경에서 수행하는 인간공학 연구는 변수의 통제가 난이하다(어렵다).

048 인간전달함수(Human Transfer Function)

• 인간의 정신운동 반응은 비선형이므로, 인간 조작 성능을 수학적 전달함수로 나타내기에는 많은 어려움이 있다.

• 인간전달함수의 개입변수에는 감각과정, 인식과정, 중재과정, 정신운동통제 등이 있다.

• 인간전달함수의 결점에는 입력의 협소성 또는 한계성, 불충분한 직무묘사, 시점적 제약성 등이 있다.

049 인간정보처리 과정

처리 과정	입력 에러	매개 에러	판단 에러	출력 에러
실패 원인	확인 미스	결정 미스	기억 미스	동작 미스

050 ① 직렬연결구조의 신뢰도 $= R_1 \cdot R_2 \cdot R_3 \cdots R_n = \Pi R_i$ 이다.

② 병렬연결구조의 신뢰도 $= 1-\{(1-R_1)(1-R_2)(1-R_3) \cdots (1-R_n)\} = 1-\Pi(1-R_i)$ 이다.

051 시스템의 신뢰도 중에 고장 원인의 기여율이 가장 낮은 것은 제품이다. 즉, 전자 제품의 고장은 없고, 부품, 설계, 사용 시에 고장이 발생한다.

052 ① 대기구조 : 주 부품이 임무시간 동안에 기능을 수행하고, 고장이 발생하면, 대기 부품이 기능을 수행하는 구조이다.

② n중k구조 : n개의 부품으로 구성된 시스템에서 k개 이상의 부품이 작동하면 시스템이 정상적으로 가동되는 구조이다.

③ 병렬구조 : 구성 부품 전체가 동시에 고장이 나면 시스템은 고장이나, 구성부품 중 1개 이상 작동하면 시스템은 작동하는 구조이다.

053 ③ 신뢰성은 사후봉사(After Sales Service)는 사용자를 만족시킴과 동시에 사용 신뢰성을 향상시킨다.
⑦ 시스템의 병렬구조는 직렬구조와는 달리 시스템의 어느 한 부품이 고장 나더라도 시스템이 정상인 구조이다.
즉, 시스템의 직렬구조는 시스템의 어느 한 부품이 고장나면 시스템이 고장나는 구조이다.

054 시스템의 안전성 확보(신뢰성 설계 기준) 방법에는 ②·③·④ 이외에도 위험 상태의 존재 최소화, 안전장치의 채용, 경보장치의 채택, 특수 수단 개발과 표식 등의 규격화 등이 있다.

055 계층 구조적 제어는 서로 다른 컴퓨터나 정보통신 시스템 간에 원활하게 정보를 교환할 수 있도록 계층을 나누어 설명한 것이다.
수동 제어 시스템에는 연속적 추적 제어, 프로그램 제어, 시퀀셜 제어 등이 있다. 한편, 자동 제어의 시스템의 종류에는 시퀀스 제어, 되먹임 제어, 오토메이션 등이 있다.

056 라스무센의 행위모델 3가지

구분	내용
지식에 기초한 행동	• 초보자의 작업 및 행동 단계 • 분석적인 행위로서, 인지 → 해석 → 사고 및 결정 → 행동의 순이다. • 규칙이나 정보가 없기 때문에 상황이나 자극에 대해서 영(친숙하지 않은 상황, 부적절한 분석, 의사 결정의 실수)에서 시작한다.
규칙에 기초한 행동	• 중급자의 작업 및 행동 단계 • 직관적인 행위로서, 인지 → 과거의 경험에서의 유추 → 행동의 순이다. • 경험된 자신만의 규칙을 상황이나 자극에 대해서 사용하고, 조건 및 반사 조합으로 이루어진다.
기능에 기초한 행동	• 숙련자의 작업 및 행동 단계 • 자동적인 행위로서, 인지 → 행동의 순이다. • 자동적인 반응(습관)을 상황이나 자극에 대해서 사용하고, 속도와 효율성이 높아지며, 특정 자극과 비슷한 경우에도 숙달된 동작을 할 수 있다.

057 ② MTBF(수리가능 시의 평균고장간격, Mean Time Between Failures) : 고장이 발생한다고 하더라도 수리해서 사용할 수 있는 제품으로, 무고장 시간의 평균을 의미한다. 즉, 고장과 고장 사이 시간의 평균치이다.
㉮ 평균고장간격으로서 고장 사이의 작동시간의 평균값으로 보전성 개선에 목적을 둔다.
㉯ 정상상태에 머무르는 무고장 동작 시간의 평균값을 의미한다.
㉰ $\text{MTBF} = (\frac{1}{\lambda} + \frac{1}{2\lambda} + \frac{1}{3\lambda} + \cdots + \frac{1}{n\lambda})$이고, 고장률$(\lambda) = \frac{\text{고장(불량품)건수}}{\text{총 가동시간}}$(건/시간)이다.
③ MTTF(수리불가능의 고장까지의 평균시간 또는 동작시간의 평균치, Mean Time To Failures) : 고장이 발생하면 수명이 없어지는 제품으로 고장이 일어나기까지의 동작 시간 평균치이다. 계산식은 다음과 같다.
$$\text{MTTF} = \frac{\text{총 작동시간}}{\text{고장 갯수}}$$

058 • 직렬계의 경우 : 시스템의 수명 $= \dfrac{MTTF}{n}$

• 병렬계의 경우 : 시스템의 수명 $= MTTF \times (1 + \frac{1}{2} + \frac{1}{3} + \cdots\cdots \frac{1}{n})$

059 057 해설 참조

060 $\text{MTBF}_S = (\frac{1}{\lambda} + \frac{1}{2\lambda} + \frac{1}{3\lambda} + \cdots + \frac{1}{n\lambda})$이고, 고장률$(\lambda) = \dfrac{\text{고장(불량품)건수}}{\text{총 가동시간}}$(건/시간)이다.

061 시스템(기계설비)의 고장 유형

초기 고장기간	• 디버깅(debugging)기간이라고 하며, 생산 과정이나 불량제조에서의 품질관리 미비로 인하여 발생하는 결함을 찾아내어 고장률을 안정시키는 기간으로 시운전, 점검작업 등으로 사전에 방지할 수 있는 고장이며, 감소형이다. 특히 고장률이 가장 낮은 고장이다. • 비행기의 경우에는 3년 이상 시운전, 욕조곡선은 예방보전(디버깅, 번인, 에이징)을 하지 않는 경우의 곡선은 서양식 욕조 모양과 비슷하게 나타나는 현상이다.
우발 고장기간	실제로 사용하는 상태에서 예측이 불가능한 때에 발생하는 고장으로, 초기고장과 같이 시운전, 점검작업 등으로 사전에 방지할 수 없는 고장이며, 일정형이다.
마모 고장기간	제품을 구성하고 있는 부품 등이 마모나 노화 등에 의해 수명이 다 되어 어느 시기에 집중적으로 일어나는 고장으로, 안전진단 및 보수에 의해 방지할 수 있는 고장이며, 증가형이다.

062 ② 사용자의 과오는 우발 고장 원인에 속한다.

초기고장기간은 디버깅(debugging)기간이라고 하며, 생산 과정이나 불량제조에서의 품질관리 미비로 인하여 발생하는 결함을 찾아내어 고장률을 안정시키는 기간이다. 고장 원인으로는 설계상·구조상 결함, 불량 제조(빈약한 제조기술) 및 재료의 사용, 품질관리 미비 등이 있고, 시운전, 점검작업 등으로 사전에 방지할 수 있는 고장이다.

063 시스템(기계설비)의 고장 유형

구분	초기고장	우발고장	마모고장
형태	감소형(DFR)	일정형(CFR)	증가형(IFR)

064 마모고장 – 증가형 – IFR(Increasing Failure Rate)

065 ① 예방보전(preventive maintenance) : 설비의 건강상태를 확인하고 고장이 발생하지 않도록 일상보전(청소, 점검, 급유 등의 열화를 방지하기 위한 일상보전)과 예방보전(열화를 측정하기 위한 정기점검 또는 설비진단 열화를 적당한 시기에 복원시키기 위한 정비) 등이 있다.

② 설계감사(design review) : 개발 절차 중의 하나로서, 제품의 설계에 있어서 각 단계별로 비용, 성능, 납기, 안전성, 관련 법규 등에 대하여 각 부문의 전문가들이 모여 심사하고, 개선점을 찾기 위한 것이다.

④ 스크리닝(screening) : 잠재 결함(실제 사용 시 쉽게 고장이 발생)을 초기에 강제로 제거하는 기술로서 실제 사용 시 고장 모드와는 동일하지 않을 수 있다.

066 디버깅(Debugging)은 초기 고장의 결함을 찾아 고장 원인을 도출하여 고장률을 안정시키는 과정이다.

067 병렬계(系)의 수명은 요소(要素) 중에서 수명이 가장 긴 것으로 정해진다.

068 ① 요소의 수가 적을수록 고장확률이 작아 계(系)의 신뢰도는 높아진다.

② 직렬계는 어느 하나라도 고장이면 전체 고장이 된다.

④ 요소의 수가 많을수록 그 만큼 고장확률이 커지므로 계(系)의 수명이 짧아진다.

069 인간 신뢰도 분석기법 중 조작자 행동 나무(Operator Action Tree) 접근 방법이 환경적 사건에 대한 인간의 반응을 위해 인정하는 활동 3가지에는 감지(사고가 발생했다는 것을 알고 있는 단계에서의 에러), 진단(사건의 원인을 파악하고 조치를 취하는 단계에서의 에러), 반응(적절한 시기에 조치를 취하는 단계에서의 에러) 등이 있다.

001 ① ○ ② ○ ③ × ④ ○	**002** ① ○ ② × ③ × ④ ×
003 ① ○ ② × ③ × ④ × ⑤ ○ ⑥ × ⑦ ×	**004** ① ○ ② × ③ × ④ ×
005 ① ○ ② × ③ × ④ ×	**006** ① ○ ② ○ ③ × ④ ○
007 ① × ② × ③ × ④ ○	**008** ① ○ ② ○ ③ × ④ ○ ⑤ × ⑥ ○
009 ① × ② × ③ ○ ④ ×	**010** ① ○ ② ○ ③ × ④ ○
011 ① × ② ○ ③ ○ ④ ○ ⑤ ○ ⑥ × ⑦ × ⑧ ×	**012** ① ○ ② ○ ③ ○ ④ ×
013 ① × ② × ③ ○ ④ ×	**014** ① ○ ② × ③ × ④ ×
015 ① × ② ○ ③ ○ ④ ○	**016** ① ○ ② × ③ × ④ ×
017 ① × ② × ③ × ④ ○	**018** ① × ② ○ ③ ○ ④ ○
019 ① × ② ○ ③ ○ ④ ○	**020** ① ○ ② ○ ③ × ④ ○
021 ① ○ ② ○ ③ × ④ ○	
022 ① × ② ○ ③ ○ ④ ○ ⑤ ○ ⑥ × ⑦ × ⑧ ○ ⑨ ×	
023 ① ○ ② ○ ③ ○ ④ ×	**024** ① ○ ② ○ ③ × ④ ○
025 ① ○ ② ○ ③ ○ ④ × ⑤ ○ ⑥ × ⑦ ○ ⑧ ○ ⑨ ×	
026 ① ○ ② × ③ × ④ ×	**027** ① ○ ② ○ ③ × ④ ○
028 ① × ② ○ ③ ○ ④ ○	**029** ① ○ ② ○ ③ ○ ④ ×
030 ① × ② ○ ③ × ④ ×	**031** ① × ② × ③ ○ ④ ×
032 ① × ② ○ ③ × ④ ×	**033** ① × ② × ③ ○ ④ ×
034 ① × ② × ③ × ④ ○	**035** ① ○ ② × ③ ○ ④ ○ ⑤ ×
036 ① ○ ② × ③ ○ ④ ○	**037** ① × ② ○ ③ ○ ④ ○
038 ① × ② × ③ × ④ ○	**039** ① ○ ② ○ ③ ○ ④ ×
040 ① ○ ② ○ ③ ○ ④ × ⑤ ○ ⑥ ×	
041 ① × ② ○ ③ ○ ④ ○ ⑤ × ⑥ ○ ⑦ ○ ⑧ ○ ⑨ ○ ⑩ × ⑪ ×	
042 ① × ② ○ ③ × ④ ×	**043** ① × ② ○ ③ × ④ ×
044 ① × ② × ③ × ④ ○	**045** ① × ② × ③ ○ ④ ×
046 ① × ② × ③ ○ ④ ×	
047 ① × ② × ③ ○ ④ × ⑤ × ⑥ ○ ⑦ × ⑧ × ⑨ ○ ⑩ × ⑪ ○ ⑫ ○	
048 ① ○ ② × ③ ○ ④ ○ ⑤ ○ ⑥ × ⑦ ○	**049** ① ○ ② × ③ × ④ ×
050 ① ○ ② × ③ × ④ ×	**051** ① ○ ② × ③ × ④ ×
052 ① ○ ② × ③ × ④ ×	**053** ① ○ ② × ③ × ④ ×
054 ① ○ ② × ③ ○ ④ ○	**055** ① × ② × ③ ○ ④ ×
056 ① × ② ○ ③ × ④ ×	**057** ① ○ ② ○ ③ ○ ④ ×
058 ① × ② × ③ ○ ④ ×	**059** ① ○ ② × ③ ○ ④ ○
060 ① ○ ② × ③ ○ ④ ○	**061** ① ○ ② × ③ ○ ④ ×
062 ① ○ ② ○ ③ × ④ ○	**063** ① ○ ② ○ ③ ○ ④ × ⑤ ○ ⑥ ○
064 ① × ② ○ ③ ○ ④ ○	**065** ① × ② ○ ③ ○ ④ ○
066 ① × ② ○ ③ ○ ④ ○ ⑤ ○ ⑥ × ⑦ ×	**067** ① ○ ② ○ ③ ○ ④ ×
068 ① × ② × ③ ○ ④ ×	**069** ① ○ ② × ③ × ④ ×

070	①○ ②× ③○ ④○																

071	①×	②○	③○	④○	⑤×	⑥○	⑦×	⑧○	⑨×	⑩○	⑪○	⑫○	⑬○	⑭○	⑮×	⑯○	⑰○
	⑱○	⑲×	⑳○	㉑○	㉒○	㉓○	㉔○	㉕○	㉖○	㉗×	㉘○						

072	①× ②× ③× ④○	073	①○ ②× ③× ④×

001 위험(Risk)은 3가지 기본요소에는 사고 시나리오(S_t), 사고 발생 확률(P_t), 파급효과 또는 손실(X_t) 등이 있다. 시스템 불이용도(Q_t)와는 무관하다. 즉, 사고 시나리오(S_t) = 사고 발생 확률(P_t) + 파급효과 또는 손실(X_t)이다.

002 위험성 예측 평가단계

단계	제1단계	제2단계	제3단계	제4단계	제6단계
내용	위험성 도출	위험성 평가	위험성 관리	위험처리 방법의 선택	계속적인 감시

003~004 위험률(Risk) = 사고의 크기×사고의 빈도 = 사고발생빈도×파급효과 또는 손실

$$= 피해의 크기×발생확률 = \frac{영향의\ 정도}{사고\ 건수} = \frac{사고\ 건수}{단위\ 시간}$$

여기서, 사고발생빈도에는 위험물질의 누출, 주기 및 빈도, 설비 및 장치의 고장 등이 포함된다. 파급효과에는 상해의 정도, 재산 손실의 크기, 재해자 수 등이 포함된다.

005 위험도분석(CA)의 위험도 분류

Category(범주)	I	II	III	IV
상태	생명의 상실	작업의 실패	운영의 지연 또는 손실	극단적인 계획 외의 관리

006 위험성 평가는 유해·위험요인을 파악하고 해당 유해·위험요인에 의해 부상 또는 질병의 발생 가능성(빈도)과 중대성(강도)를 추정·결정하고 감소대책을 수립하여 실행하는 일련의 과정을 말한다. 위험성의 빈도는 가능성, 강도는 중대성을 곱셈, 덧셈, 행렬법 등의 방법으로 조합해서 위험성의 크기 또는 수준을 산출해 이 위험성의 크기가 허용 가능한 수준인지 여부를 판단하는 방법이다.

007~009 안전성 평가의 기본원칙 6단계

단계	제1단계	제2단계	제3단계	제4단계	제5단계	제6단계
내용	관계자료의 정비검토	정성적 평가	정량적 평가	안전대책 수립	재해사례(정보)에 의한 평가	FTA에 의한 재평가

010 예비위험 분석에서 달성하기 위하여 노력하여야 하는 4가지 주요 사항
- 시스템에 관한 주요 사고를 식별하고 개략적인 말로 표시할 것(사고 발생 확률은 식별 초기에는 고려하지 않는다.)
- 사고를 초래 또는 유발하는 요인을 식별할 것
- 식별된 위험을 4가지 범주(파국적 상태, 위험 상태, 한계적 상태, 무시가능 상태)로 분류할 것
- 시스템에 생기는 결과를 사고 발생의 가정 하에서 식별하고 평가할 것

011 위험조정(처리)기술의 4가지

> 1) 위험의 회피 : 예상되는 위험과 연관된 행동을 하지 않는 경우로서 예상되는 위험을 차단하는 방법이다.
> 2) 위험의 제거(경감, 감축)
>   ㉮ 위험의 방지 : 위험의 발생건수와 손실을 감소시키는 예방이다.
>   ㉯ 위험의 분산(분배) : 집중화(설비, 시설 등)를 방지하고, 분산하거나 재료의 분리 저장으로 위험 단위를 증대시키는 방법
>   이다.
>   ㉰ 위험의 결합 : 합병이나 협정 등으로 규모를 확대시키므로 위험 단위를 증대시키는 방법이다.
>   ㉱ 위험의 제한 : 기업의 위험을 제한(계약서, 서식 등을 작성)하는 방법이다.
> 3) 위험의 보류 : 위험을 확인하고 보류하는 적극적 보류와 무지로 인한 소극적 보류이다.
> 4) 위험의 전가 : 보증, 보험, 공제 및 기금 제도 등으로 이용하여 제거나 회피가 불가능한 경우 전가시키는 방법이다.

012 위험관리에서 위험의 분석 및 평가의 순서는 '위험성의 검출과 확인 → 위험성 측정과 분석 평가 → 위험성 처리(위험성의 제거 또는 극소화) → 위험성 처리 방법의 선택 → 지속적인 위험성의 감시'의 순으로 이루어진다. 또한, 위험의 분석 및 평가에서 유의하여야 할 사항과 '작업표준의 의미를 충분히 이해하고 있는지 점검하는 것'과는 무관하다.

013 위험관리의 단계는 '위험의 파악 → 위험의 분석 → 위험의 평가 → 위험의 처리'의 순이다. 발생빈도보다는 손실에 중점을 두며, 기업 간 의존도, 한 가지 사고가 여러 가지 손실을 수반하는 것에 대해 유의하여 안전에 미치는 영향의 강도를 평가하는 단계는 위험의 분석 및 평가 단계에서 이루어진다.

014 Chapanis의 위험확률 수준

위험 확률 수준	위험 발생률
전혀 발생하지 않는 (impossible)	10^{-8}/day 초과
극히 발생할 것 같지 않는 (extremely unlikely)	10^{-6}/day 초과
거의 발생하지 않은 (remote)	10^{-5}/day 초과
가끔 발생하는 (occasional)	10^{-4}/day 초과
합리적으로 가능성 있는 (reasonably probable)	10^{-3}/day 초과

015 기계설비의 안정성 평가 시 본질적인 안전을 진전시키기 위한 조치에는 ②·③·④ 이외에도 안전 기능이 기계설비에 내장되어 있거나 짜 넣어져 있어야 하고, 페일세이프 기능(기계설비의 조작이나 취급을 잘못하더라도 사고나 재해로 연결되지 않는 기능)과 풀프루프 기능(기계설비나 그 부품이 파손·고장 나더라도 안전 쪽으로 작동하도록 하는 기능)을 가지고 있어야 한다는 점이 있다.

016 1) 등급의 분류에서 점수는 다음 표와 같다.

등급	A급	B급	C급	D급
점수	10점	5점	2점	0점

2) 위험도 등급(점수에 따른 위험도)은 다음 표와 같다.

등급	I 등급	II등급	III등급
점수	16점 이상	11점 이상 15점 이하	10점 이하
내용	위험도가 높다	주위 상황, 다른 설비와 관련해서 평가	위험도가 낮다

㉮ 취급 물질은 A급(10점) + D급(0점) = 10점으로, III등급

㉯ 화학설비 용량은 A급(10점) + B급(5점) + C급(2점) = 17점으로, I 등급

㉰ 온도는 B급(5점) + C급(2점) + D급(0점) = 7점으로, III등급

㉱ 조작은 A급(10점) + C급(2점) + D급(0점) = 12점으로, II등급

㉲ 압력은 A급(10점) + B급(5점) + D급(0점) = 15점으로, II등급

그러므로, ㉮, ㉯, ㉰, ㉱, ㉲ 중에서 II등급은 ㉱ 조작, ㉲ 압력이다.

017 ① 취급물질은 17(= 10+5+2)점이므로 I 등급, 화학설비용량은 12(= 10+2)점이므로 II등급

② 온도는 15(= 10+5)점이므로 II등급, 화학설비용량은 12(= 10+2)점이므로 II등급

③ 취급물질은 17(= 10+5+2)점이므로 I 등급, 조작은 5점이므로 III등급

④ 온도는 15(= 10+5)점이므로 II등급, 압력은 7(= 5+2+0)점이므로 III등급

018 MIL-STD-882의 위험성 평가 매트릭스 분류

수준	A	B	C	D	E
분류	자주 발생 (Frequent)	보통 발생 (probable)	가끔 발생 (Occasional)	거의 발생 하지 않음 (Remote)	극히 발생 하지 않음 (Impossible)

019 시스템의 안전은 어떤 시스템에 있어서 제약 조건(기능, 시간, 코스트 등) 하에서 설비 및 인원 등이 당하는 손상 및 상해를 최소한으로 감소시키는 것으로, 시스템 안전을 달성하기 위하여 시스템의 안전관리 및 시스템 안전공학을 적용시키는 것이 반드시 필요하다. 특히, 주로 시행착오에 의해 위험을 파악하지 않는다.

020 System safety를 위한 잠재위험 요소의 검출방법에는 잠재위험 최소화를 위한 설계와 방법상의 잠재위험 제거, 경보장치와 방호장치 check list 등이 있다. 위험발생시 조치 check list는 사고 발생 시 필요한 사항이다.

021 MTBF(평균고장간격, Mean Time Between Failures)는 고장이 발생한다고 하더라도 수리해서 사용할 수 있는 제품으로 무고장 시간의 평균을 의미한다.

$$MTBF = (\frac{1}{\lambda} + \frac{1}{2\lambda} + \frac{1}{3\lambda} + \cdots\cdots + \frac{1}{n\lambda})$$이고, 고장률$(\lambda) = \frac{고장(불량품)건수}{총 가동시간}$(건/시간)이다.

즉, 수리가 가능한 시스템의 평균 수명(MTBF)은 평균 고장율(λ)과 반비례 관계가 성립한다.

022 시스템안전관리의 업무(내용)은 다음과 같다.

- 시스템 안전에 필요한 사항의 동일성에 대한 식별
- 안전활동의 조직, 계획 및 관리
- 시스템 안전 프로그램의 해석, 검토 및 평가
- 다른 시스템 프로그램 영역과의 조정

023 시스템의 사고조사에 관한 구체적 기준은 목표 사항으로 보증할 필요가 없다.

024 ECR제안 제도는 과오원인 제거법으로, 직접 작업을 하는 작업자 자신이 자기의 부주의 이외에 제반 오류의 원인을 생각함으로써 개선을 하도록 한다.
시스템 안전의 검토분석 내용에는 ①·②·④ 이외에도 기술 변경의 개발, 훈련, 산업 자료 정보 등이 있다.

025 시스템 안전 프로그램 계획(SSPP, System Safety Program Plan)에 포함되어야 할 사항에는 계획의 개요, 계약 조건, 안전조직, 안전성의 평가, 안전자료의 수집과 갱신, 시스템 안전의 기준 및 해석, 경과와 결과의 보고 등이 있다.

026 시스템 안전달성을 위한 프로그램 진행단계

단계	제1단계	제2단계	제3단계	제4단계	제5단계
	구상단계	사양결정단계	설계단계	제작(제조)단계	운영(조업)단계
내용	안전분석	안전사양	안전설계	안전확인	

027 자동화시스템은 시스템이 자동화된 경우에는 모든 업무(감지, 정보 처리 및 의사 결정, 행동 기능 및 정보 보관 등)를 미리 설계된 대로 기계가 수행한다. 인간의 기능은 감지와 처리 과정(설비 보전, 작업계획 수립, 모니터로 작업 상황 감시 등) 등이 있다.

028 시스템의 수명주기 6단계

단계 구분		내용
제1단계	구상 단계	시스템 기본 개념의 정의 단계로서 PHA(예비위험분석)를 적용하는 단계이다.
제2단계	정의 단계	생산기술과 예비설계의 확인 단계로서 생산물의 적합성과 시스템 안전성 위험분석을 확인한다.
제3단계	개발 단계	시스템의 설계와 구현 단계로서 FMEA(고장의 유형과 영향분석), HAZOP(위험과 운전분석) 등이 실시된다.
제4단계	생산 단계	시스템을 실제 환경에 적용하는 단계로서 안전교육 등의 교육이 실시된다.
제5단계	운전 단계	시스템의 운영 및 유지관리, 보수 단계로서 기술변경의 개발, 최종 성능검사, 시스템의 안전기준에 따른 평가 등이 실시된다.
제6단계	폐기 단계	시스템을 안전하고 확실하게 폐기하는 단계이다.

029 ④ FMEA(Failure Mode and Effect Analysis)는 고장의 유형과 영향 분석기법이다.
인간 신뢰도(Human Reliability) 평가방법은 사고의 발생 과정에서 일어날 수 있는 모든 인간의 오류를 파악하고, 이를 정량화, 모델링하는 방법이다. HCR, THERP, SLIM, OAT, CES 등이 있다.

HCR	• Human Cognitive Reliability • 초기 인간 신뢰도 평가 방법의 하나로서 사람에 근거한 인지 신뢰도의 모형이다.
THERP	• Technique for Human Error Rate Prediction, 인간과오율 예측기법 • 인간-기계시스템에서의 여러 가지 인간에러와 그것으로 인해 생길 수 있는 위험성의 예측과 개선을 위한 기법으로, 가지처럼 갈라지는 형태의 논리 구조와 나무 형태의 그래프를 이용하는 기법이다.
SLIM	• Success Likelihood Index Method • 오류 확률을 평가하는 방법으로 인간오류에 영향을 미치는 수행 특성인자의 영향력을 고려한 것이다.

030 ㉃ THERP는 인간의 과오를 정량적으로 평가하기 위하여 개발된 기법이다.

031 **시스템 안전에서의 사실의 발견방법**

CA	• Criticality Analysis • 위험도 분석으로, 시스템 내의 위험상태 요소에 대해 정성적·정량적으로 평가하고, 고장이 직접 시스템의 손실과 사상에 연결되는 고위험도를 가진 요소나 고장 형태에 따른 정량적 분석법이다. • 위험분석기법 중 고장이 시스템의 손실과 인명의 사상에 연결되는 높은 위험도를 가진 요소나 고장의 형태에 따른 분석법이다.
FMEA	• Failure Mode and Effect Analysis • 전체 요소의 고장을 유형별로 분석하여 그 영향을 분석하는 기법으로 정성적, 귀납적이고, 서브시스템, 구성요소, 기능 등의 잠재적 고장형태에 따른 시스템의 위험을 파악하는 위험 분석 기법이다. • 정량화를 위해 C.A(위험도 분석)을 함께 사용하는 것이 좋다.
MORT	• Management Oversight and Risk Tree • 1970년 이후 미국의 W.G.Johnson에 의해 개발된 최신 시스템 안전프로그램으로서 원자력 산업의 고도 안전 달성을 위해 개발된 분석기법이다. • 관리, 설계, 생산, 보전 등 광범위한 안전을 도모하기 위하여 개발된 분석기법이다.

032 ③ FMECA(Failure Mode Effect and Criticality Analysis) : FMEA와 CA를 혼합한 방법으로 '정성적+정량적'이다.

④ CA(Criticality Analysis, 위험도 분석) : 시스템 내의 위험상태 요소에 대해 정성적·정량적으로 평가하고, 고장이 직접 시스템의 손실과 사상에 연결되는 고위험도를 가진 요소나 고장 형태에 따른 정량적 분석법이다. 또는 위험분석기법 중 고장이 시스템의 손실과 인명의 사상에 연결되는 높은 위험도를 가진 요소나 고장의 형태에 따른 분석법이다.

033 ① FTA(Fault Tree Analysis, 결함수 분석)는 재해 원인의 정량적, 연역적(Top Down) 예측이 가능한 기법이다. 정상사상인 재해현상으로부터 기본사상인 재해원인을 찾기 위해 연역적 분석을 통하여 행하는 기법이다.

② 버텀-업(Bottom-Up) 방식은 고장형태와 영향분석(FMEA)의 특징이다.

034 ① PHA(Preliminary Hazards Analysis, 예비사고 위험분석) : 최초 단계의 분석으로 시스템 내의 위험 상태 요소에 대해서 정성적·귀납적으로 평가한 분석법이다.

② FHA(Fault Hazards Analysis, 결함사고 위험분석) : 복잡한 시스템에서 몇 명의 공동 계약자가 각각의 서브 시스템을 분담하고, 통합 계약업자가 각각의 서브 시스템을 통합함으로써 각 서브 시스템 해석에 사용된다. 시스템 내의 위험 상태 요소에 대해서 정량적·연역적으로 평가한 위험 분석법이다.

③ ETA(Event Tree Analysis, 사건수 분석) : 시스템의 안전도를 나타내는 시스템 모델로서, 사상의 안전도를 사용하고, 재해의 확대 요인을 분석하는 데 적합한 방법이다. 디시전 트리를 이용하며, 위험 상태 요소에 대해 정량적·귀납적으로 평가하는 방법이다.

035 FMEA(Failure Mode and Effect Analysis, 고장형태 영향분석)와 MORT(Management Oversight and Risk Tree, 경영소홀 및 위험수 분석)는 시스템 위험분석 기법이다.

036~039 FMEA(failure modes and effects analysis)의 실시순서

순서	개념	주요 내용
제1단계	대상 시스템의 분석	• 기기·시스템의 구성 및 기능의 전반적 파악 • FMEA 실시를 위한 기본 방침의 결정 • 기능 블록과 신뢰성 블록의 작성
제2단계	고장형태와 그 영향의 해석	• 고장형태의 예측과 설정 • 고장원인의 상정과 고장 등급의 평가 • 상위 체계의 고장 영향의 검토 • 고장 검지법의 검토 • 고장에 대한 보상법이나 대응법 검토 • FMEA 워크시트에 기입
제3단계	치명도 해석과 개선책의 검토	• 치명도의 해석 • 해석 결과의 정리와 설계 개선의 제언

040 FMEA에서 고장 평점을 결정하는 5가지 평가요소에는 ①·②·③·⑤ 이외에도 신규 설계의 정도 등이 있다.

즉, C_S(평가요소의 전부를 사용한 경우의 고장 평점) $= C_1 \cdot C_2 \cdot C_3 \cdot C_4 \cdot C_5$

(C_1 : 기능적 고장의 영향 중요도, C_2 : 영향을 미치는 시스템의 범위, C_3 : 고장발생의 빈도, C_4 : 고장방지의 가능성, C_5 : 신규 설계의 정도)

041 ① 각 요소(물체로 한정) 간의 영향을 분석하기 어렵기 때문에 동시에 두 가지 이상의 요소(물체)가 고장날 경우에는 분석이 곤란하다.

⑤ 서브시스템 분석 시 FTA가 FMEA보다 효과적이다.

⑩ 논리성이 부족하고, 특히 각 요소(물체로 한정) 간의 영향을 분석하기 어렵기 때문에 동시에 두 가지 이상의 요소(물체)가 고장날 경우에는 분석이 곤란하며, 요소가 물체로 한정되어 있으므로 인적원인을 분석하는 데 난이하고, 부적합하다.

⑪ 요소가 물체로 한정되어 있으므로 인적원인을 분석하는 데 곤란하다.

042 FMEA(Failure Mode and Effect Analysis, 고장형태와 영향분석)는 전체 요소의 고장을 유형별로 분석하여 그 영향을 분석하는 기법으로, 정성적·귀납적이다. 서브시스템, 구성요소, 기능 등의 잠재적 고장형태에 따른 시스템의 위험을 파악하는 위험 분석 기법이다. 고장 발생을 최소로 하고자 하는 경우 유효하고, 정량화를 위해 C.A(위험도 분석)를 함께 사용하는 것이 좋다.

043 위험성 분류

Category(범주)	1	2	3	4
상태	생명 또는 가옥의 상실	작업 수행의 실패	활동의 지연	영향 없음

044 고장의 영향

영향	실제의 손실	예상되는 손실	가능한 손실	영향 없음
발생확률(β)	$\beta = 1.00$	$0.10 \leq \beta \leq 1.00$	$0 \leq \beta \leq 0.1$	$\beta = 0$

045 ① FTA(Fault Tree Analysis, 결함수분석) : 재해 원인의 정량적, 연역적 예측이 가능한 기법이다. 정상사상인 재해현상으로부터 기본사상인 재해원인을 찾기 위해 연역적 분석을 통하여 행하는 기법이다.

② DT(Decision Tree, 의사결정수) : 귀납적이고 정량적인 분석 방법으로, 요소의 신뢰도를 이용하여 시스템의 신뢰도를 나타내는 시스템 모델의 하나이다.

④ OSA(운용안전성분석) : 목적은 시스템이 고장없이 안전하게 운용될 수 있도록 피해(인명, 환경, 재산 등)를 최소화하는 것으로, 시스템이나 장비가 실제 운용 중에 예상되는 위험 요소를 사전에 파악하고 이를 효과적으로 관리하기 위한 분석절차를 의미한다.

046 FTA(Fault Tree Analysis, 결함수 분석법)의 미니멀 패스 셋(minamal path set)은 시스템의 신뢰성을 나타낸다. 즉 어떤 고장이나 실수를 일으키지 않으면 재해는 일어나지 않는다는 의미이다. 미니멀 패스 셋(minamal path set)은 시스템의 기능을 활용할 수 있는 필요한 최소한의 요인의 집합이다.

047 ① 복잡하고 대형화된 시스템의 신뢰성 분석에 적절하다.

② 재해현상과 재해원인의 상호관계를 정확하게 해석하여 안전대책을 검토할 수 있다.

④ 정상사상(재해현상)으로부터 기본사상(재해원인)을 향해 연역적인 분석을 실시한다.

⑤ FTA는 기기나 시스템의 신뢰성 또는 안전성을 그림을 그려 연역적·정성적 평가 후에 정량적으로 해석하는 방법이다.

⑦ FT에 동일한 사건이 중복되어 나타나는 경우 하향식(Top-down)으로 정상 사건 T의 발생 확률을 계산할 수 있다.

⑧ 기초사건과 생략사건의 확률 값이 주어지게 되면 정상 사건의 최종적인 발생확률을 계산할 수 있다.

⑩ 결함수 분석법은 하향식(Top-down)기법이고, 버텀-업(상향식, Bottom-Up) 방식은 고장형태와 영향분석(FMEA)의 특징이다.

048 FTA의 기대효과에는 사고 원인 규명의 정량화와 간편화, 노력·시간의 절감과 시스템의 결함진단, 사고원인 분석의 일반화와 정량화, 복잡하고 대형화된 시스템에 따른 원인 분석, 안전점검 체크리스트의 작성 등이 있다.

049 ① PHA(Preliminary Hazards Analysis, 예비사고 위험분석)는 최초 단계의 분석으로 시스템 내의 위험 상태 요소에 대해서 정성적·귀납적으로 평가한 분석법이다. 즉, 최초 단계는 PHA(Preliminary Hazards Analysis, 예비사고 위험분석)이다.

② FHA(Fault Hazards Analysis, 결함사고 위험분석)은 시스템 내의 위험 상태 요소에 대해서 정량적, 연역적으로 평가한 위험 분석법이다. 복잡한 시스템에서 몇 명의 공동 계약자가 각각의 서브 시스템을 분담하고, 통합 계약업자가 각각의 서브 시스템을 통합함으로써 각 서브 시스템 해석에 사용된다. FHA의 단계는 시스템의 정의 단계에서부터 시스템 개발의 단계이다.

050 PHA(Preliminary Hazards Analysis, 예비사고 위험분석)는 최초 단계의 분석으로 시스템 내의 위험 상태 요소에 대해서 정성적·귀납적으로 평가한 분석법이다. 즉, 최초 단계는 ㉠이다. 또한, ㉡은 결함위험분석(FHA, fault hazard analysis)의 적용 단계이다.

구상단계	설계단계	제조, 조립, 시험 단계	운용단계	
SSP	PHA	SSHA	OSA	OSHA

051 PHA(Preliminary Hazards Analysis, 예비사고 위험분석)은 최초 단계의 분석으로, 시스템 내의 위험 상태 요소에 대해서 정성적·귀납적으로 평가한 분석법이다. 즉, 최초 단계는 시스템 구상 단계이다.

052~053 예비위험분석(PHA)의 목적은 시스템의 구상 및 개발 단계에서 시스템 고유의 위험상태를 식별하여 예상되는 위험수준을 결정하기 위한 것이다.

054 FHA(Fault Hazards Analysis, 결함사고 위험분석)는 복잡한 시스템에서 몇 명의 공동 계약자가 각각의 서브 시스템을 분담하고, 통합 계약업자가 각각의 서브 시스템을 통합함으로써 각 서브 시스템 해석에 사용되며, 시스템 내의 위험 상태 요소에 대해서 정량적·연역적으로 평가한 위험 분석법이다.

055 결함위험분석(FHA, Fault Hazard Analysis)의 단계는 시스템 정의 단계에서부터 시스템 생산 단계 전까지를 의미하며, 시스템 개발 단계를 포함한다. 즉, ⓒ의 단계이다.

056 시스템의 수명주기 6단계

단계 구분		내용
제1단계	구상 단계	시스템 기본 개념의 정의 단계로서 PHA(예비위험분석)를 적용하는 단계이다.
제2단계	정의 단계	생산기술과 예비설계의 확인 단계로서 생산물의 적합성과 시스템 안전성 위험분석을 확인한다.
제3단계	개발 단계	시스템의 설계와 구현 단계로서 FMEA(고장의 유형과 영향분석), HAZOP(위험과 운전분석) 등이 실시된다.
제4단계	생산 단계	시스템을 실제 환경에 적용하는 단계로서 안전교육 등의 교육이 실시된다.
제5단계	운전 단계	시스템의 운영 및 유지관리, 보수 단계로서 기술변경의 개발, 최종 성능검사, 시스템의 안전기준에 따른 평가 등이 실시된다.
제6단계	폐기 단계	시스템을 안전하고 확실하게 폐기하는 단계이다.

057~058 시스템 수명 5단계(5주기)는 구상 단계, 정의 단계, 개발 단계, 생산 단계, 운전 단계의 순이다.

059 운용위험분석(OHA)은 생산, 보전, 시험, 운반, 저장, 비상탈출 등에 사용되는 인원, 설비에 관하여 위험을 동정(同定)하고 제어하며, 그들의 안전요건을 결정하기 위하여 실시하는 분석기법이다. 일반적으로 결함위험분석(FHA)이나 예비위험분석(PHA)보다 간단하다.

060 ② 안전성이 손상되는 일이 없도록 조작장치, 사용설명서의 변경과 수정을 평가할 것은 운용(실증 및 감시)단계에서의 주된 작업이다.

061 ④ SLP(systematic layout planning)는 시스템 안전 해석과는 무관하다.
　① PHA(Preliminary Hazards Analysis, 예비사고 위험분석)는 최초 단계의 분석으로 시스템 내의 위험 상태 요소에 대해서 정성적·귀납적으로 평가한 분석법이다. 즉, 최초 단계는 PHA(Preliminary Hazards Analysis, 예비사고 위험분석)이다.
　② FHA(Fault Hazards Analysis, 결함사고 위험분석)는 시스템 내의 위험 상태 요소에 대해서 정량적·연역적으로 평가한 위험 분석법이다. 복잡한 시스템에서 몇 명의 공동 계약자가 각각의 서브 시스템을 분담하고, 통합 계약업자가 각각의 서브 시스템을 통합함으로써 각 서브 시스템 해석에 사용된다.

③ MORT(Management Oversight and Risk Tree) : 1970년 이후 미국의 W. G. Johnson에 의해 개발된 최신 시스템 안전프로그램으로서 원자력 산업의 고도 안전 달성을 위해 개발된 분석기법이다. 관리, 설계, 생산, 보전 등 광범위한 안전을 도모하기 위하여 개발된 분석기법이다.

062 HAZOP(위험 및 운전성 검토)는 각각의 장비에 대해 잠재된 위험이나 기능 저하, 운전 잘못 등과 전체로서의 시설에 결과적으로 미칠 수 있는 영향 등을 평가하기 위하여 설계도나 공정 등에 체계적이고 비판적인 검토를 행하는 것으로, 간단한 기법이지만 전문 인력(5~7명)이 필요하므로 노력과 시간이 많이 요구된다. 즉, 긴 시간에 고가의 비용으로 분석이 가능하다.

063 유인어란 창조적 사고를 유도하고 자극하여 이상을 발견하고 의도를 한정하기 위하여 사용되는 간단한 용어이며, 다음과 같다.

NOT 또는 NO	설계의도의 완전한 부정을 의미한다.
REVERSE	설계의도와 논리적인 역을 의미한다.
PART OF	성질상의 감소, 일부 변경으로 어떤 의도는 성취되나, 어떤 의도는 성취가 되지 않음을 의미한다.
OTHER THAN	완전한 대체(설계 의도가 완전히 바뀜)를 의미한다.
AS WELL AS	성질상 증가를 나타내는 것으로, 부가적인 행위(설계의도와 운전조건 등)와 함께 일어나는 것을 의미한다.
MORE, LESS	양(압력, 반응, 온도, 유량 등의 정량적인 면)의 증가 또는 감소로, 양과 성질을 동시에 나타내는 것을 의미한다.

064 HAZOP의 전제조건은 이상 발생 시 안전장치는 항상 정상적으로 동작하는 것으로 간주하는 것이다.

065 위험 및 운전성 검토(HAZOP)의 성패를 좌우하는 중요 요인에는 ②·③·④ 이외에도 위험 요인(이상, 원인, 결과 등)들을 발견하기 위하여 상상력을 동원하는 데 보조수단으로 사용할 수 있는 팀의 능력이 포함된다.

066 예비위험분석(PHA) 단계에서 식별하는 4가지 범주

범주	상태	내용
I	파국적 상태	시스템의 손상, 인원의 사망을 의미함
II	위험(중대) 상태	작업자의 부상 및 시스템의 중대한 손해를 초래하거나 작업자의 생존 및 시스템의 유지을 위하여 즉시 수정 조치를 필요로 하는 상태
III	한계적 상태	작업자의 부상 및 시스템의 중대한 손해를 초래하지 않고, 대처 또는 제어할 수 있는 상태
IV	무시가능 상태	경미 상태 및 시스템 저하는 없는 상태로 시스템 성능, 기능이나 인적 손실이 전혀 발생하지 않는다는 상태

067 좋은 코딩(암호화)시스템의 요건에는 코드의 검출성, 식별성, 표준화, 양립성, 부호의 의미, 다차원의 암호 사용 가능 등이 있다.

068 직·병렬의 혼합계산

- A는 합(병렬)구조이므로, $1-0.99 = 0.01$
- B는 합(병렬)구조이므로, $1-0.992 = 0.008$
- C는 합(병렬)구조이므로, $1-(0.3+0.2) = 0.5$

069 직·병렬의 혼합계산

- ㉠은 곱(직렬)연결구조이므로, $A×B = 0.99×0.95 = 0.9405$
- ㉡은 합(병렬)연결구조이므로, $A×(1-B) = 0.99× (1-0.95) = 0.0495$
- ㉢은 합(병렬)연결구조이므로, $1-A = 1-0.99 = 0.01$

070 공정과 작업 과정에서의 위험을 억제하여야 하므로, 위험을 억제하기 위한 직접적 조치에는 공정의 변경(방법, 원료 등), 공정조건의 변경(압력, 온도 등), 작업방법의 변경 등이 있다. 생산목표의 변경과는 무관하다.

071 ① 분배법칙($A·(\overline{A} + B) = A·\overline{A} + A+B$)과 항등법칙($A·\overline{A} = 0$)을 이용,

$$A·(\overline{A} + B) = A·\overline{A} + A·B = 0 + A·B = A·B$$

⑤ 흡수법칙($A(A + B) = A$)

⑦ 보수법칙($A + \overline{A} = 1$)

⑨ 항등법칙($A + 0 = A,\ A + 1 = 1,\ A·0 = 0,\ A·1 = A$)

⑮ 드모르간의 법칙($\overline{A} + \overline{B} = \overline{A·B},\ \overline{A}·\overline{B} = \overline{A + B}$)

⑲·㉒ 보수법칙($A·\overline{A} = 0,\ A + \overline{A} = 1$)

㉗ 교환법칙($A + B = B + A,\ A·B = B·A$)

072 $(A+B)·(A+B) = A·A+A·B+AB+BB$이다.

$A·\overline{A} = 0$이고, $B·B = B$이므로,

$A·\overline{A}+\overline{A}·B+AB+BB = 0 + \overline{A}·B+AB+B = B(\overline{A}+A)+B = B$

073 분배법칙에 의해서 $A+(B·C) = (A+B)·(A+C)$이다.

001	① ○	② ○	③ ×	④ ○						
002	① ×	② ○	③ ×	④ ×						
003	① ○	② ○	③ ○	④ ×						
004	① ○	② ○	③ ×	④ ○						
005	① ×	② ○	③ ○	④ ○	⑤ ○					
006	① ○	② ○	③ ○	④ ×	⑤ ×					
007	① ×	② ○	③ ○	④ ○	⑤ ×	⑥ ○				
008	① ○	② ○	③ ○	④ ×						
009	① ○	② ○	③ ×	④ ○	⑤ ×	⑥ ×	⑦ ○	⑧ ○	⑨ ×	
010	① ○	② ○	③ ○	④ ×	⑤ ×					
011	① ×	② ×	③ ×	④ ○	⑤ ○	⑥ ○				
012	① ×	② ○	③ ○	④ ○						
013	① ○	② ○	③ ○	④ ×						
014	① ○	② ○	③ ○	④ ×	⑤ ○	⑥ ×	⑦ ○	⑧ ×		
015	① ○	② ×	③ ○	④ ○						
016	① ×	② ×	③ ○	④ ○						
017	① ○	② ×	③ ○	④ ○						
018	① ×	② ○	③ ×	④ ×						
019	① ○	② ○	③ ○	④ ×	⑤ ×	⑥ ×	⑦ ×			
020	① ○	② ○	③ ×	④ ○	⑤ ×	⑥ ○	⑦ ○	⑧ ×	⑨ ×	
021	① ○	② ○	③ ×	④ ○						
022	① ○	② ×	③ ×	④ ×						
023	① ×	② ○	③ ○	④ ○						
024	① ○	② ×	③ ○	④ ○						
025	① ×	② ×	③ ○	④ ○						
026	① ○	② ×	③ ×	④ ×						
027	① ×	② ×	③ ○	④ ×						
028	① ○	② ○	③ ×	④ ○						

001 ③의 "물적원인과 인적원인 발생 상호간의 단속성"은 산업재해 발생의 배경과는 무관한 내용이고, 발생 상호간(인적 및 물적원인)의 계속성 또는 연속성이다.

002 사고 인과관계 이론(Accident-causation theory)

구분		내용
사고성향 이론	사고성향 이론 (Accident-proneness theory)	개인의 영구적 특성으로 특수한 상황에서는 사람들이 다소간에 사고를 일으키는 경향
	사고경향 이론 (Accident-liability theory)	사고 인과관계 이론에 있어 특정 상황에서는 사람들이 다소간에 사고를 일으키는 경향이 있고 이 성향은 영구적인 것이 아니라 시간에 따라 달라진다는 이론
직무요구량–작업 자능력 이론	스트레스 대응이론 (Adjustment-to-stress theory)	작업자가 가진 능력보다 직무에 필요한 정신운동 기량이나 근력이 크면 사고가 증가할 것으로 예상하는 이론
	각성–경제 이론 (Arousal-alertness theory)	각성수준이 너무 약할 경우나 너무 강할 경우 모두 사고가 자주 발생한다는 이론
심리사회학적 이론	목표–자유–경제이론 (Goals-freedom-alertness theory)	사기가 높거나, 새로운 절차의 프로그램을 시도(융통성 있게 관리하거나 결정권을 분산)하면 증상이 감소한다는 이론
	심리분석 이론 (Psychoanalysis theory)	사고란 자기징벌적 행위로서 오류와 적의가 원인이다.

003 생리적 요인에는 근력, 반응시간, 감지능력 등이 있다.

인간의 신뢰성(심리적) 3요소

주의력	주의력에는 깊이와 넓이가 있고, 외향성(시각을 통하여 사물을 관찰하면서 주의를 기울일 때이다.)과 내향성(시각을 통하여 사물을 관찰하는 경우에는 시신경계가 활동하지 않는 상태로서 사고의 상태이다.)이 있다.
의식 수준	경험 수준(근무경력의 연수), 지식 수준(안전에 대한 교육 및 훈련 등), 기술 수준(생산 및 안전기술의 정도) 등이 있다.
긴장 수준	긴장 수준(인체 에너지의 대사율, 체내 수분의 손실량, 흡기량의 억제도 등)을 측정하는 방법이 많이 사용하며, 긴장도의 측정에는 뇌파계를 사용하는 경우도 있다.

004 작업만족도(job satisfaction)는 작업설계(job design)를 함에 있어 철학적으로 고려해야 할 사항이다. 작업만족도에는 작업 확대, 작업 윤택화, 작업 순환 등이 있다.

005 금속이나 그 밖의 광물의 용해로, 화학설비, 건조설비, 가스집합 용접장치 및 근로자의 건강에 상당한 장해를 일으킬 우려가 있는 물질로서 고용노동부령으로 정하는 물질의 밀폐·환기·배기를 위한 설비를 설치·이전하거나 그 주요 구조부분을 변경하려는 경우는 유해위험방지계획서의 작성·제출 대상이다. (영 제42조)

006 심사 결과의 구분(규칙 제45조)

> 공단은 유해위험방지계획서의 심사 결과를 다음과 같이 구분·판정한다.
> ① 적정 : 근로자의 안전과 보건을 위하여 필요한 조치가 구체적으로 확보되었다고 인정되는 경우
> ② 조건부 적정 : 근로자의 안전과 보건을 확보하기 위하여 일부 개선이 필요하다고 인정되는 경우
> ③ 부적정 : 건설물·기계·기구 및 설비 또는 건설공사가 심사기준에 위반되어 공사착공 시 중대한 위험이 발생할 우려가 있거나 해당 계획에 근본적 결함이 있다고 인정되는 경우

007 제출서류 등(규칙 제42조)

> 사업주가 유해위험방지계획서를 제출할 때에는 사업장별로 제조업 등 유해위험방지계획서에 다음의 서류를 첨부하여 해당 작업 시작 15일 전까지 공단에 2부를 제출해야 한다. 이 경우 유해위험방지계획서의 작성기준, 작성자, 심사기준, 그 밖에 심사에 필요한 사항은 고용노동부장관이 정하여 고시한다.
> ① 건축물 각 층의 평면도
> ② 기계·설비의 개요를 나타내는 서류
> ③ 기계·설비의 배치도면
> ④ 원재료 및 제품의 취급, 제조 등의 작업방법의 개요
> ⑤ 그 밖에 고용노동부장관이 정하는 도면 및 서류

008 "건설안전 분야의 자격 등 고용노동부령으로 정하는 자격을 갖춘 자"란 다음의 어느 하나에 해당하는 사람을 말한다.
- 건설안전 분야 산업안전지도사
- 건설안전기술사 또는 토목·건축 분야 기술사
- 건설안전산업기사 이상의 자격을 취득한 후 건설안전 관련 실무경력이 건설안전기사 이상의 자격은 5년, 건설안전산업기사 자격은 7년 이상인 사람

009 ③ 연면적 5,000m² 이상인 시설로서 문화 및 집회시설(전시장 및 동물원·식물원은 제외), 판매시설, 운수시설 (고속철도의 역사 및 집배송시설은 제외) 등의 건설·개조 또는 해체 공사

⑤ 연면적 5,000m² 이상인 냉동·냉장 창고시설의 설비공사 및 단열공사

⑥ 최대 지간(支間)길이(다리의 기둥과 기둥의 중심사이의 거리)가 50m 이상인 다리 등의 건설·개조 또는 해체 공사

⑨ 깊이 10m 이상인 굴착공사

010 신뢰성과 보존성의 개선을 목적으로 하는 ECRS 원칙에는 제거(Eliminate, 불필요한 작업요소의 제거), 결합 (Combine, 작업요소의 결합), 재조정 또는 재배치(Rearrange, 작업순서의 재배치), 단순화(Simplity, 작업요소 의 단순화) 등이 있다.

011 신뢰성과 보존성의 개선을 목적으로 하는 효과적인 보전기록자료에는 MTBF분석표(분석한 내용을 기록한 카드 로서 설비의 고장 건수, 고장정지시간, 보존 내역 등을 포함), 설비이력카드(설비 이력을 기록한 카드로서 대상 물 품과 설비를 사용한 일자, 이력 내용 및 비고 등이 있음), 고장원인대책표(설비의 고장에 대한 내용 중 설비의 고 장, 원인, 대처 방안 등을 포함) 등이 있다.

012 설비고장도수율 $= \dfrac{\text{설비고장건수}}{\text{설비가동시간}}$

013 자료의 판독근거

정량적 자료를 정성적 판독근거로 사용	정성적 자료를 정량적 판독근거로 사용
• 변화 경향이나 변화율을 조사하고자 할 때 • 목표로 하는 어떤 범위의 값을 유지할 때 • 미리 정해 놓은 몇 개의 한계범위에 기초하여 변수의 상태나 조건을 관정할 때	세부 형태를 확대하여 동일한 시각을 유지해 주어야 할 때

014 ④ 필요한 안전장치는 레이아웃(평면배치)과는 무관하다.

⑥ 생산효율 증대를 위해 기계설비 주위에 충분한 공간을 두어 작업이 원활하도록 한다.

⑧ 기계설비의 주위에 작업을 원활히 하기 위해 충분한 공간을 둔다.

015 안전성 평가 6단계

구분	내용
제1단계	• 관계자료의 정비검토 • 입지 조건(입지에 관한 도표), 설비 배치도, 기계실 및 전기실의 평면도, 단면도 및 입면도, 공정 계통도, 운전 요령, 배관이나 계장 등의 계통도, 원재료, 중간체, 제품 등의 물리화학적인 성질 및 인체에 미치는 영향, 건조물의 평면도, 단면도 및 입면도, 제조 공정의 개요, 요원 배치 계획, 제조 공정상 일어나는 화학 반응, 공정기기목록 등
제2단계	• 정성적 평가 • 설계 관계(입지 조건, 공장 내 배치, 건조물, 소방 설비 등)와 운전 관계(원재료, 중간체, 제품, 공정, 수송, 저장, 공정 기기 등)가 있다.
제3단계	• 정량적 평가 • 설비의 취급물질과 용량, 압력, 온도, 조작 등

제4단계	• 안전대책 수립 • 설비 등에 관한 대책(안전 장치 및 방재 장치에 관한 대책)과 관리적 대책(적정한 인원 배치, 안전 교육 훈련, 보전 대책) 등
제5단계	재해사례(정보)에 의한 평가
제6단계	FTA에 의한 재평가

016 ①의 작성준비는 제1단계, ②의 정량적평가는 제3단계, ③의 안전대책은 제4단계에 속한다.

017 취급 물질은 정량적 평가 항목에 속한다.

018 안전성 평가의 2단계(정성적 평가)의 평가(진단)항목에는 설계 관계(입지 조건, 공장 내 배치, 건조물, 소방 설비 등)와 운전 관계(원재료, 중간체, 제품, 공정, 수송, 저장, 공정 기기 등)가 있다.

019 원재료는 제2단계(정성적 평가), 제조공정의 개요는 제1단계(관계자료의 작성준비), 재평가 방법 및 계획은 제6단계(FTA에 의한 재평가), 안전·보건교육 훈련계획은 제4단계(안전대책)의 항목이다.

020 안전성 평가의 3단계(정량적 평가)의 평가(진단)항목에는 화학설비의 취급물질과 용량, 압력, 온도, 조작 등이 있다.

021 화학설비에 대한 안전성 평가(safety assessment) 절차에 있어 안전대책 단계에 해당되는 사항에는 설비 등에 관한 대책(안전 장치 및 방재 장치에 관한 대책)과 관리적 대책(적정한 인원 배치, 안전 교육 훈련, 보전 대책) 등이 있다.

022 ② 초기고장은 Burn-In 기간(물품을 장시간 실제로 사용하여 그 동안에 고장난 부분을 제거하는 기간)을 통해서도 예방이 가능하다.
③ 설계한계를 변경하더라도 우발고장은 예방할 수 있다.
④ 고장율이 일정한 패턴을 유지하면 예방보전은 의미가 없다.

023 보전 방식

일상 보전	설비보전 방법 중 설비의 열화를 방지하고 그 진행을 지연시켜 수명을 연장하기 위한 점검, 청소, 주유 및 교체 등의 활동하는 보전방식이다.
예방 보전	장치를 사용 가능한 상태로 유지하거나, 장치의 사용 중 고장의 발생을 미연에 방지하기 위하여 계획적으로 하는 보전방식이다.
개량 보전	설비고장 대책으로 그 원인을 조사·해석하여 고장을 미연에 방지하기 위하여 설비 개조, 설계단계에서의 조치 등 설비의 체질개선을 도모하는 설비보전방식이다.
사후 보전	장치의 고장이 발생한 후에 장치의 작동가능상태로 회복하기 위하여 하는 보전방식이다.
보전 예방	설비보전 정보와 신기술을 기초로 신뢰성, 조작성, 보전성, 안전성, 경제성 등이 우수한 설비의 선정, 조달 또는 설계를 통하여 궁극적으로 설비의 설계, 제작 단계에서 보전활동이 불필요한 체제를 목표로 하는 설비보전 방법을 말한다.

024 제조물책임(PL, product liability)에서 제품손해 배상의 대상에는 제조상의 결함, 설계상의 결함, 경고 표시상의 결함 등이 있다. 보전이란 시스템이나 부품을 사용 가능한 상태로 유지시키고, 고장이나 결함을 원래 상태로 회복시키기 위한 조치 및 활동을 의미한다.

025 "진동작업"이란 착암기(鑿巖機), 동력을 이용한 해머, 체인톱, 엔진 커터(engine cutter), 동력을 이용한 연삭기, 임팩트 렌치(impact wrench), 그 밖에 진동으로 인하여 건강장해를 유발할 수 있는 기계 · 기구 등의 하나에 해당하는 기계 · 기구를 사용하는 작업을 말한다.

진동의 노출은 국소진동과 전신진동으로 구분할 수 있으며, 국소진동에는 착암기, 체인톱, 연마기, 임팩트 렌치 등의 진동 손공구가 있고, 전신진동에는 지게차, 대형운송차량 등이 있다.

026 음성 합성 방법에는 규칙 합성법과 분석 합성법이 있다.

규칙 합성법	진정한(규칙) 합성 음성으로 본인의 실제 음성 파형을 모형화하는 음성 정수화 방법이고, 컴퓨터 용량이 비교적 작은 것을 사용하여 다량의 어휘를 사용할 수 있다는 장점이 있다.
분석 합성법	디지털화한 인간의 음성을 압축된 자료 형식으로 변환하고, 디지털화에 비하여 컴퓨터의 기억 용량이 상당히 적은 것을 사용할 수 있다.

027 ① · ② · ④는 관례에 따라서 조작자의 동작 실수로 인하여 발생한 문제다. ③은 지침서에 따라 조작하다 범한 실수에 의한 오류로 발생한 문제로 볼 수 있다.

028 공정안전보고서의 제출 대상(산업안전보건법 시행령 제43조)

① 원유 정제처리업
② 기타 석유정제물 재처리업
③ 석유화학계 기초화학물질 제조업 또는 합성수지 및 기타 플라스틱물질 제조업. 다만, 합성수지 및 기타 플라스틱물질 제조업은
　　별표 10의 제1호와 제2호에 해당하는 경우로 한정한다.
④ 질소 화합물, 질소 · 인산 및 칼리질 화학비료 제조업 중 질소질 비료 제조
⑤ 복합비료 및 기타 화학비료 제조업 중 복합비료 제조(단순혼합 또는 배합에 의한 경우는 제외)
⑥ 화학 살균 · 살충제 및 농업용 약제 제조업(농약 원제 제조만 해당)
⑦ 화약 및 불꽃제품 제조업

번호	①	②	③	④	⑤	⑥	⑦
001	×	○	○	○			
002	×	×	○	×			
003	×	○	○	○	×	○	×
004	×	○	×	×			
005	×	×	○	×			
006	×	×	×	○			
007	○	×	×	×			
008	○	×	○	○			
009	×	○	×	×			
010	○	○	○	×			
011	○	×	×	×			
012	×	○	○	○	×	×	○
013	×	×	○	×			
015	○	×	×	×			
016	○	×	×	×			
017	×	×	×	○			
018	×	○	×	×			
019	○	○	×	○			
020	×	×	○	×			
021	×	○	×	×			
022	×	○	×	×			
023	×	○	×	×			
024	×	○	×	×			
025	○	×	×	×			
026	×	○	×	×			
027	×	×	○	×			
028	×	×	○	×			
029	○	×	×	×			
030	○	○	○	×			
031	○	×	○	○			
032	○	○	○	×			
033	×	×	×	○			
034	○	○	○	×	×	○	○
035	×	×	○	×			

014 ① ○ ② ○ ③ × ④ ○ ⑤ ○ ⑥ ○ ⑦ ○ ⑧ × ⑨ ○ ⑩ × ⑪ ○ ⑫ ○ ⑬ × ⑭ ○ ⑮ ○ ⑯ × ⑰ × ⑱ ○ ⑲ ○ ⑳ × ㉑ ○ ㉒ × ㉓ ○ ㉔ ○

001 ① 평균치를 기준으로 한 설계는 수퍼마켓의 계산대, 은행의 창구 등이다.

인체측정자료에서 극단치(최소치와 최대치)를 적용하는 경우는 다음과 같다.
- 최대치 적용(문의 높이, 비상 탈출구의 크기, 그네와 사다리 등의 지지 강도 등)
- 최소치 적용(선반의 높이, 조작에 필요한 힘, 조작자와 제어 버튼 사이의 거리 등)

002 인체계측 자료의 응용 원칙
- 평균치 설계원칙 : 최대, 최소치수, 조절식으로 하기 곤란할 때 평균치를 기준으로 하며, 수퍼마켓의 계산대, 은행의 창구 등이다.
- 최대치 설계원칙 : 최대치를 적용하고, 문의 높이, 비상 탈출구의 크기, 그네와 사다리 등의 지지 강도 등에 적용된다.
- 조절식 설계원칙 : 체격이 다른 여러 사람에게 맞도록 만드는 것으로 자동차의 좌석, 사무실의 의자, 책상 등에 사용된다.

003 인체측정자료에서 극단치 설계(최소치와 최대치 설계), 평균치 설계, 조절식 설계 등이 있다.

004 ①의 그네줄의 인장강도는 최대치 설계, ③의 전동차의 손잡이 높이와 ④의 은행의 창구 높이는 평균치 설계이다.

005 ① 구조적 인체 치수는 표준자세에서 움직이지 않는(정지 상태) 피측정자를 인체측정기로 측정한 것이다.

② 선반의 높이, 조작에 필요한 힘 등을 정할 때에는 인체 측정치의 최소집단치를 적용한다.

④ 수평 작업대에서의 최대작업영역은 전완과 상완을 곧게 펴서 파악할 수 있는 구역으로 50~65cm 정도이다.

006 ① 마틴식 인체계측기를 활용하고, 나체 측정을 원칙으로 한다.

② 전체 치수는 각 부위별 측정치수를 합하여 산정하지 않고, 전체를 한번에 측정한다.

③ 표준자세에서 움직이지 않는(정지하는) 피측정자를 인체측정기로 측정한 것이다.

007 ② 인체측정학은 신체의 구조와 물리적 특징을 다룬다.

③ 자세에 따른 신체치수(기능적 치수)는 자세의 변화에 따라 치수가 다르다.

④ 측정항목에는 주로 직경, 두께, 길이 등이 있고, 상황에 따라 무게 등도 포함된다.

008 ① 납땜 작업의 분당 에너지 소비량은 6.5kcal/min 이다.

에너지 소비량 = 1.3[ℓ/min]×5[kcal/ℓ] = 6.5kcal/min (∵ 1ℓ당 산소 소비량은 5kcal/min)

② 작업자는 NIOSH가 권장하는 기초 대사를 포함한 상한값을 따른다.

③ 작업자는 8시간의 작업시간 중 이론적으로 144분의 휴식시간이 필요하다.

휴식시간 산출방법 : R(휴식 시간) $= \dfrac{60\times(E-e)}{E-e_1}$이다.

그런데, E = 6.5kcal/min, e = 5kcal/min, e_1 = 1.5kcal/min이다.

그러므로, R(휴식 시간) $= \dfrac{(60\times8)\times(E-e)}{E-e_1} = \dfrac{(60\times8)\times(6.5-5)}{6.5-1.5}$ = 144분이다.

④ 납땜작업을 시작할 때 발생한 작업자의 산소결핍은 작업이 끝나야 해소된다. 작업자는 8시간의 작업시간 중 ③에서처럼 휴식 시간 144분이 필요하므로, 작업자는 작업이 끝난 후에 산소 결핍이 해소된다.

009 ① Flicker 측정 : 빛의 깜빡임. 원래는 영화의 초기에 영사기의 속도가 느려서 영화의 동영상이 어른거려 보이는 것을 측정하는 의미이다.

③ 근전도 측정 : 신경과 근육에서 발생하는 전기적 신호를 기계를 통해 분석해 말초신경이나 신경 주변 및 근육의 이상이 있는지 보기 위한 측정이다.

④ 피부전기반사(GSR) 측정 : 피부의 두 곳에 전극을 장착, 전류를 통하게 하고 어떤 정신적 자극을 주었을 때 나타나는 일과성의 전류변화이다.

010 신체의 안정성 증대방법에는 ①·②·③ 이외에도 기저면(접촉지점들로 둘러싸인 면적)의 크기를 증가시키고, 체중을 증가시키면 안정성이 증가한다는 점 등이 있다.

011~012 부품(공간)배치의 4원칙

중요성의 원칙	시스템 목표달성의 긴요도에 따라 우선순위를 설정하는 부품배치 원칙이다.
사용 빈도의 원칙	부품의 사용 빈도에 따라 우선순위를 설정하는 원칙이다.
사용 순서의 원칙	사용 순서에 따라 부품들을 근접시켜 배치하는 원칙이다.
기능별 배치의 원칙	조정장치, 표시장치 등과 같이 기능적으로 관련된 부품들을 통합하여 배치한다.

중요성과 사용빈도의 원칙은 목표달성의 긴요도에 따라 우선 순위(일반적 위치결정)를 설정하는 부품배치 원칙에 해당하는 것이고, 사용순서와 기능별 배치의 원칙은 일반적 위치 내에서의 구체적인 배치(배치 결정)를 결정하기 위한 기준에 해당하는 것이다.

013 부품배치의 원칙 중 부품의 일반적 위치 내에서의 구체적인 배치를 결정하기 위한 기준은 기능별 배치의 원칙(조정장치, 표시장치 등과 같이 기능적으로 관련된 부품들을 통합하여 배치)과 사용 순서의 원칙(사용 순서에 따라 부품들을 근접시켜 배치하는 원칙) 등이 있다.

014 ③ 일반적으로 좌판의 깊이는 장딴지 여유를 주고 대퇴를 압박하지 않도록 몸이 작은 사람을 기준으로 결정한다.
ⓧ 일정한 자세의 고정을 줄인다. (좋은 자세의 고정이라도 장기적으로는 디스크의 퇴행과정이 촉진되고, 영양물 공급이 감소된다.)
⑩ 요부전만을 촉진한다. (서 있을 때의 허리 S라인을 유지하는 것이 좋다.)
⑬ 좌판의 폭는 큰 사람에게 적합하도록, 깊이는 작은 사람에게 적합하도록 설계한다.
⑯ 요추(요부) 부위의 전만곡선을 유지한다.
⑰ 등근육의 정적 부하를 낮추(줄이)도록 한다.
⑳ 고정된 자세로 장시간 유지하지 않도록 한다.
㉒ 좌판의 높이는 최소 집단치를 적용하고, 좌판의 앞 부분이 대퇴를 압박하지 않도록 오금 높이보다 높지 않아야 한다. 이 때의 치수는 5[%]치 이상되는 모든 사람을 수용할 수 있게 선택하고, 신발의 뒤꿈치가 굽이 달려 있음(수 cm를 더한다는 점을 감안)에 주의하여야 한다.
이외에도 등과 어깨근육의 정적부하를 감소시켜 통증과 경련을 감소시키는 구조로 하고, 디스크의 압력이 감소되면 다리 전체에 대한 혈액순환을 증대시킬 수 있다.

015 의자 설계원칙–조절 가능한 설계

1) 체중분포 : 체중이 좌골 결절에 실려야 편안하다.
2) 의자 좌판의 높이 등
 ㉮ 좌판 앞부분이 오금 높이보다 높지 않아야 한다. (∵ 대퇴를 압박하지 않도록 하기 위함)
 ㉯ 치수는 5[%]치 이상되는 모든 사람을 수용할 수 있게 선택하며, 신발의 뒤꿈치가 수센티미터를 더한다는 점을 감안해야 한다.
 ㉰ 의자 좌판의 깊이와 폭 : 폭은 큰 사람에게, 깊이는 허벅지 길이보다 길어야 하고, 작은 사람에게 맞도록 해야 한다.
3) 의자 너비는 인체측정자료의 최대치, 의자 깊이는 인체측정자료의 최소치로 한다.
4) 몸통의 안정(등받이) : 의자의 좌판 각도는 3°, 좌판 등판간의 등판 각도는 95°~105°가 몸통 안정에 효과적이다. 또한, 등판의 높이는 50cm, 등판의 폭은 30.5cm 정도이다.

016 ②·③·④는 상·하체를 모두 사용하여야 하는 작업으로 입식 작업이 적합하다. ①의 정밀 조립 작업은 좌식 작업이 적합하다.

017 작업 공간의 포락면은 작업을 하는 데 한 장소에서 앉아서 사용하는 공간으로, 작업의 성질에 따라 포락면의 경계가 달라진다.

018 • 정상작업역 : 상완(위팔, 어깨에서 팔꿈치까지의 부분)을 자연스럽게 수직으로 늘어뜨린채 전완(팔꿈치부터 손목까지의 부분)만으로 자연스럽게 뻗어 파악할 수 있는 구역으로, 35~45cm 정도이다.
• 최대작업역 : 전완과 상완을 곧게 펴서 파악할 수 있는 구역으로, 50~65cm 정도이다.

019 NIOSH(미국 국립산업안전보건연구원) lifting guideline에서 권장무게한계(RWL) 산출에 사용되는 평가 요소

- 무게 : 들기 작업 시 물체의 중량(무게)를 의미한다.
- 수평거리 : 손에서 두 발목의 중심점까지의 거리이다.
- 수직거리 : 손에서 바닥까지의 거리이다.
- 수직이동거리 : 들기 작업 시 수직으로 움직인 거리이다.
- 비대칭 각도 : 물체가 작업자의 정시 상면으로부터 어느 정도 떨어져 있는가를 나타내는 각도를 말한다.
- 들기빈도 : 15분 동안에 평균적인 분당 들어올리는 횟수(회/분)를 의미한다.
- 커플링 분류 : 손과 드는 물체의 연결 상태, 또는 물체를 드는 경우, 떨어뜨리거나 미끄러지지지 않도록 하는 손잡이 등의 상태를 의미한다.

020~021 인간의 감각 중 반응시간

감각기관	청각	촉각	시각	미각	통각
반응시간	0.17초	0.18초	0.29초		0.70초

022 작업설계 시의 딜레마(dilemma)는 작업능률과 작업만족도 간의 딜레마를 의미한다.

023 사정효과(Range Effect)는 눈으로 보지 않고, 손을 수평면상에서 움직이는 경우에 있어서 긴 거리는 못 미치고, 짧은 거리는 지나치는 경향을 의미한다. 조작자는 작은 오차에는 과잉반응, 큰 오차에는 과소반응한다.

024 휴식시간 산출방법 : R(휴식 시간) $= \dfrac{T(E-e)}{E-e_1}$ 이다.

그런데, T(총 작업시간) = 60분, E : 실제 작업 시 평균 에너지의 소비량, e = 5kcal/min, e_1 =1.5kcal/min이다.

그러므로, R(휴식 시간) $= \dfrac{T(E-e)}{E-e_1} = 60 \times \dfrac{(E-4)}{E-1.5}$ 이다.

- E : 실제 작업 시 평균 에너지의 소비량(kcal/min)
- T : 총 작업시간(1시간을 기준으로 하는 경우에는 60)
- e : 기초 대사를 포함한 에너지 상한값 또는 작업시 평균에너지 값(kcal/분)
  남성 : 5kcal/min, 여성 : 4kcal/min
- e_1: 휴식 시간 중의 에너지 소비량(1.5kcal/min)

025 정지조정(static reaction)에서 문제가 되는 동작은 진전(tremor, 몸이 떨리는 현상)이다. 진전이 일어나기 쉬운 조건은 떨지 않도록 노력할 때이며, 진전이 가장 많이 일어나는 운동은 수직운동, 진전이 적게 일어나는 운동은 손이 심장 높이에 있을 때이다.

026 진전(tremor, 몸이 떨리는 현상)을 가장 감소시키는 손의 위치는 심장 높이에 있을 때이다.

027 중앙신경처리에 달린 임무(감시, 반응시간, 형태 식별 등)는 진동의 영향을 덜 받는다. 추적작업, 시각적 인식작업, 수동 제어작업은 진동에 의한 영향을 많이 받는다.

028 진동이 인간 성능에 끼치는 영향

- 시력의 손상 : 진동은 진폭에 비례하여 시력이 손상되고, 가장 심한 범위는 10~25[Hz]의 범위이다.
- 추적 능력의 손상 : 진동은 진폭에 비례하여 추적 능력이 손상되고, 가장 심한 범위는 5[Hz] 이하의 낮은 진동수이다.
- 근육 조절을 요하는 작업 : 진동에 의해서 저하된다.
- 중앙신경처리에 달린 임무(감시, 반응시간, 형태 식별 등) : 진동의 영향을 덜 받는다.
- 시력과 추적 능력의 손상 : 진동의 영향을 많이 받는다.

029 색의 중량감은 주로 명도에 의해 좌우되며, 명도가 낮은 색은 무겁게 느껴지고, 명도가 높은 색은 가볍게 느껴진다. 경쾌하고 가벼운 느낌에서 느리고 둔한 색의 순서는 "백색 → 노란색 → 녹색 → 등색 → 자색 → 빨간색 → 파란색 → 검은색" 순이다.

030 바닥의 추천 반사율은 20~40% 정도로 천장(80~90% 정도)과의 추천 반사율은 최소한 3:1 정도를 유지하여야 한다.

031 급정지스위치는 적색을 사용한다.

032 색 선택의 기본 조건

사용색	차분하고 밝은 색	한색계 사용	난색계 사용	악센트 부여	자극이 강한 색	순백색
느낌	작업자의 심신을 밝게 함	더운 작업장	차가운 작업장	지루함이나 권태감 제거	피로, 안정감 저해, 표지색과 구별함	반사도가 높아 시각 피로 현상 유발

033 1) 인체의 피부 감각

인체의 피부감각에 있어 민감한 곳부터 둔한 곳의 순으로 나열하면, '통각(신체 내부와 피부에 아픔을 느끼는 감각) → 압각(충격이나 압박을 피부에 줄 때, 느끼는 접촉 감각) → 촉각(접촉을 감지하는 감각) → 냉각(피부의 온도보다 낮은 온도를 갖는 것에 접촉되어 일어나는 감각) → 온각(피부의 온도보다 낮은 온도를 갖는 것에 접촉되어 일어나는 감각)'의 순이다.

2) 분포 밀도

감각	촉각	압각	통각	온각	냉각
분포밀도(개/㎠)	25	50	100~200	3	6~23
민감 순서	3	2	1	5	4

034 ④ 적온에서 고온 환경으로 변화할 때, 혈액의 많은 양이 피부를 경유하여 피부의 온도가 올라가고, 직장 온도가 내려가며, 발한이 시작된다.

⑤ 적온에서 저온 환경으로 변화할 때 직장온도가 약간 올라간다.

035 ① 운반 작업을 기계화한다. 기계를 활용하기 위해 집중화하는 것으로, 운반 기계(엘리베이터, 컨베이어 등)를 활용한 집중화는 기계나 인간의 이동을 효율적으로 할 수 있다.

② 중복 부분을 제거한다. 즉, 불필요한 부분(중복된 부분과 되돌림 등)을 제거한다.

④ 사람이나 물건의 이동거리를 단축하기 위해 기계 배치를 집중화한다.

번호	①	②	③	④	⑤	⑥	⑦	⑧	⑨	⑩
001	○	○	○	×	×	○	○	×		
002	×	○	×	×						
003	×	○	○	○	×	×	○	×		
004	×	×	○	×						
005	×	×	○	×						
006	×	○	×	×						
007	○	○	○	×						
008	○	×	×	×						
009	○	×	×	×						
010	○	×	×	×	○	○	×	○	○	
011	×	×	○	×						
012	×	×	○	×						
013	×	×	×	○	○	○	○	×		
014	×	×	○	×						
015	×	×	○	×						
016	×	○	×	×						
017	○	○	×	○	×	×	○	○	○	
018	○	○	○	×	×	○	○	○	×	○
019	×	×	×	○						
020	○	×	○	○						
021	×	○	○	○						
022	○	○	○	×						
023	○	×	○	○						
024	×	○	×	×						
025	○	×	×	×						
026	○	×	○	○						
027	×	×	○	×						
028	×	×	×	○						
029	×	×	○	×						
030	×	×	×	○						
031	×	○	×	×						
032	×	○	×	×						
033	×	×	×	○						
034	×	×	○	×						
035	○	×	×	×						

001 FTA(결함수분석법)는 정상 사상인 재해현상으로부터 기본 사상인 재해원인을 향해 연역적(Top down)인 분석을 행하므로 재해현상과 재해원인의 상호관련을 정확하게 해석하여 안전대책을 검토할 수 있다. 즉, FTA는 연역적(Top down) 해석이 가능하고, 정량적 해석기법이다.

002 중요도의 의미는 어느 기본 사상의 발생으로 인하여 정상 사상의 발생에 어느 정도 영향을 미치는가를 정량적으로 나타낸 것을 의미한다.
① 구조 중요도 : 기본 사상의 발생확률에 관여하지 않고, 결함수의 구조상, 각 기본사상과 갖는 이 갖는 치명상을 의미한다.
③ 치명 중요도 : 시스템 설계라고 하는 면에서는 이해가 쉽고, 치명 중요도 = $\dfrac{\text{정상사상 발생 확률의 변화율}}{\text{기본사상 발생확률의 변화율}}$이다.

003 ① 결함수 분석법(FTA)은 컴퓨터 처리가 원칙이고, 가능하다.
⑤ FTA(결함수분석법)는 정상 사상인 재해현상으로부터 기본 사상인 재해원인을 향해 연역적(Top down)인 분석을 행하므로, 재해현상과 재해원인의 상호관련을 정확하게 해석하여 안전대책을 검토할 수 있다. 즉, FTA는 연역적(Top down) 해석이 가능하고, 정량적 해석기법이다.

단계	제1단계	제2단계	제3단계	제4단계	제5단계
내용	톱(TOP)사상의 선정	사상마다 재해 원인 및 요인 규명	FT도 작성	개선 계획 작성	개선안 실시계획

007 정상(Top)사상 선정 시 고려하여야 할 사항은 정상사상에서 출발하여 순차적으로 중간사상과 말단사항 등의 원인사상을 논리기호로 이어나가므로, 가능한 한 다수의 하위 레벨사상을 포함하는 사상이어야 한다. 즉, 정상(Top)사상을 최소한 좁은 범위로 정의한다.

008 ② Path sets : 시스템 내에 포함되어 있는 모든 기본사상이 일어나지 않을 때 최초로 정상사항이 일어나지 않는 기본사상의 집합이다.
③ Minial cut sets : 시스템의 위험성을 나타내는 것이고, 어떤 고장이나 실수를 일으키면 재해가 일어난다. 또는 컷 셋 중 최소한의 필요한 것을 의미한다.
④ Mininal path sets : 시스템의 신뢰성을 나타내는 것이고, 어떤 고장이나 실수를 일으키지 않으면 재해는 일어나지 않는다 또는 패스셋 중 최소한의 필요한 것을 의미한다.

009 ② 미니멀 패스셋은 시스템의 신뢰성을 표시하는 것이다.
③ 미니멀 컷셋은 시스템의 위험성을 표시하는 것이다.
④ 미니멀 컷셋은 시스템의 고장을 발생시키는 최소의 컷셋이다.

010 ② 미니멀 패스셋에 대한 설명이다.
③ 컷셋에 대한 설명이다.
④ 패스셋에 대한 설명이다.
⑦ 패스셋에 대한 설명이다.

011 ①과 ②는 컷셋, ④는 미니멀 컷셋에 대한 설명이다.

012 ① 동일한 시스템에서 패스셋의 개수와 컷셋의 개수는 같지 않다.
② 패스셋은 기본 사상이 동시에 발생하지 않을 때 정상사상을 일으키지 않는 사상들의 집합이다.
④ 일반적으로 시스템에서 최소 컷셋 내의 사상 개수와는 무관하고, 최소 컷셋의 개수가 늘어나면 위험수준이 높아진다.

013 ①·② 최소 컷셋 중에 타 컷셋을 포함하고 있는 것을 배제하고 남은 컷셋들을 의미한다.
③ 최소 컷셋은 어떤 실수나 고장이 발생하면 재해가 발생하는 것으로 시스템의 위험성을 표시하고, 정상사상을 일으키기 위해 필요한 최소한 컷으로 컷 중 그 부분집합만으로 정상사상이 발생하지 않는 것이다.
⑧ 패스셋은 시스템에 고장이 발생하지 않도록 하는 모든 사상의 집합이다.

014 최소 컷셋은 어떤 실수나 고장이 발생하면 재해가 발생하는 것으로 시스템의 위험성을 표시하고, 정상사상을 일으키기 위해 필요한 최소한의 컷으로, 컷 중 그 부분집합만으로 정상사상이 발생하지 않는 것이다.

015 정상사상의 가장 가까운 쪽에 OR 게이트를 인터록이나 안전장치 등을 활용하여 AND 게이트로 바꿔주면 정상사상 발생률이 감소하므로 재해율의 급속한 감소가 발생한다.

016 ① 와이블 분포(Weibull Distribution) : 시간 간격 또는 고장 시간을 모델링하는 데 사용되는 연속확률분포이다.
③ 지수 분포(exponential Distribution) : 지수분포는 단위 시간 동안 평균 λ(고장률)회 발생하는 포아송사건이 1회 발생하기까지 걸린 시간 X의 분포를 의미한다.
④ 이항 분포(binomial distribution): 연속된 n번의 독립적 시행에서 각 시행이 확률 p를 가질 때의 이산 확률 분포이다.

017 동작경제의 3원칙에는 신체사용에 관한 원칙, 작업장 배치에 관한 원칙, 공구 및 설비 디자인(설계)에 관한 원칙이 있고, 공구의 기능을 결합하여 사용하도록 한다.

018 ④ 동작의 범위는 최대로 하되, 사용하는 신체의 범위는 작게 한다.
⑤ 두 팔의 동작은 동시에 서로 반대 방향으로 대칭적으로 움직여야 한다.
⑨ "공구, 재료 및 제어장치는 사용하기 가까운 곳에 배치해야 한다."는 작업장 배치에 관한 원칙에 속한다.

019 동작경제의 원칙 중 작업장 배치에 관한 원칙에 대한 문제이므로 동작경제의 3원칙(신체사용, 작업장 배치, 공구 및 설비 디자인(설계)에 관한 원칙)에 유의하여야 한다. ①은 공구 및 설비 디자인(설계)에 관한 원칙, ②와 ③은 신체사용에 관한 원칙에 속한다.

020 동작의 합리화를 위한 물리적 조건은 고유 진동을 이용하고, 인체 표면에 가해지는 힘을 적게 하며, 마찰력을 감소시킨다는 것이다. 즉, 마찰력을 감소시키기 위해 접촉 면적을 가능한 한 작게 하여야 한다.

021 흐름공정의 분류

가공공정	대상물을 목적에 접근시키는 상태로, 제조의 목적을 직접적으로 달성하는 공정이고, ○로 표시
운반공정	독립된 운반으로 볼 수 없고, 위치에 변화를 주는 공정이며, ⇨로 표시
검사공정	등급별로 분류하는 공정이고, 제품의 불량을 판정하며 품질로 ◇로 표시
정체공정	다음의 가공, 조립을 하기 위해 체류되어 있는 상태, D로 표시
저장	허가없이 이동하는 것이 금지된 상태이고, ▽로 표시

022 ④ 논리곱의 경우이다.

논리적(곱)과 논리화(합)의 확률
1) 정의
㉮ 논리적(곱)의 확률: $q(A \cdot B \cdot C \cdots N) = q_A \cdot q_B \cdot q_C \cdots q_N$
㉯ 논리화(합)의 확률: $q(A+B+C+ \cdots N) = 1-(1-q_A) \cdot (1-q_B) \cdot (1-q_C) \cdots (1-q_N)$
2) 기호와 명칭

명칭	AND(곱, 직렬)	OR(합, 병렬)
기호		

023 A는 B, C의 합(병렬)의 연결구조이다. 그러므로 B, C 중의 하나만 발생하면, A가 발생한다.

024 G_1은 G_2와 G_3의 합(병렬)이고, G_2는 ㉠과 ㉡의 합(병렬)이며, G_3는 ㉢과 ㉣의 합(병렬)의 연결구조이다. 그러므로, G_1은 G_2(㉠과 ㉡의 합(병렬))와 G_3(㉢과 ㉣의 합(병렬))의 합(병렬)이다. 그러므로 정답은 ②가 된다.

025 ② 기본사상 : 더 이상 해석(전개)할 필요가 없는 기본적인 사상으로, 작업자의 오동작, 기계의 결함 등을 나타낸다.
③ 생략사상 : 추적 불가능한 최후 사상으로, 정보부족 또는 해석기술 불충분 자료 등으로 결론을 내릴 수 없어 더 이상은 전개할 수 없는 사상 또는 작업 진행에 따라 해석이 가능할 때는 다시 속행한다.
④ 결함사상 : 사실의 상황 또는 결함이 재해로 연결되는 현상으로 개별적인 결함사상이다. 또는 두 가지 상태 중 하나가 고장 또는 결함으로 나타나는 비정상적인 사건이다.

026 기본사상은 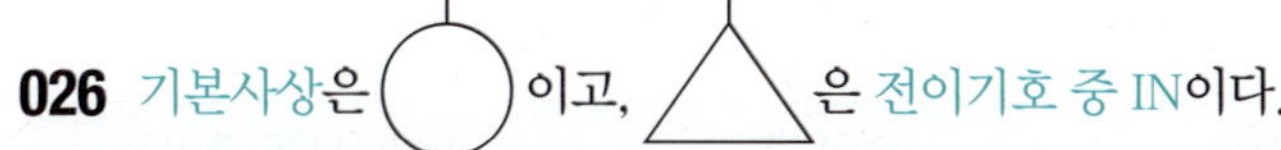 이고, 은 전이기호 중 IN이다.

027 ①은 생략사상, ②는 결함사상, ④는 기본사상이다.

028 ②는 기본사상, ③은 AND 게이트를 의미한다.

029 ①은 통상사상(통상의 작업이나 기계의 상태에서 재해의 발생 원인이 되는 사상), ②는 결함사상(사실의 상황 또는 결함이 재해로 연결되는 현상으로 개별적인 결함사상), ④는 생략사상(추적 불가능한 최후 사상으로 정보부족, 해석기술 불충분 자료 등으로 결론을 내릴 수 없어 더 이상은 전개할 수 없는 사상 또는 작업 진행에 따라 해석이 가능할 때는 다시 속행함)이다.

030 ①은 결함사항(사실의 상황 또는 결함이 재해로 연결되는 현상으로 개별적인 결함사상), ②는 기본사상(더 이상 해석(전개)할 필요가 없는 기본적인 사상으로 작업자의 오동작, 기계의 결함 등을 나타내는 사상), ③은 생략사상(추적 불가능한 최후 사상으로 정보부족, 해석기술 불충분 자료 등으로 결론을 내릴 수 없어 더 이상은 전개할 수 없는 사상 또는 작업 진행에 따라 해석이 가능할 때는 다시 속행함)이다.

031 ①은 결함사항(사실의 상황 또는 결함이 재해로 연결되는 현상으로 개별적인 결함사상), ③은 생략사상(추적 불가능한 최후 사상으로 정보부족, 해석기술 불충분 자료 등으로 결론을 내릴 수 없어 더 이상은 전개할 수 없는 사상 또는 작업 진행에 따라 해석이 가능할 때는 다시 속행함), ④는 통상사상(통상의 작업이나 기계의 상태에서 재해의 발생 원인이 되는 사상)이다.

032 ①은 전이기호(FT도 상에서 다른 부분으로의 연결 또는 이행을 나타내는 기호), ③은 결함사항(사실의 상황 또는 결함이 재해로 연결되는 현상으로 개별적인 결함사상), ④는 생략사상(추적 불가능한 최후 사상으로 정보부족, 해석기술 불충분 자료 등으로 결론을 내릴 수 없어 더 이상은 전개할 수 없는 사상 또는 작업 진행에 따라 해석이 가능할 때는 다시 속행함)이다.

033 문제에서 "통상의 작업이나 기계의 상태에서 재해의 발생 원인이 되는 사상"은 "통상사상"을 의미한다. ①은 결함사상, ②는 기본사상, ③은 생략사상, ④는 통상사상을 의미한다.

034 문제의 사상기호는 생략사상 기호이다. 생략사상은 추적 불가능한 최후 사상으로 정보부족, 해석기술 불충분 자료 등으로 결론을 내릴 수 없어 더 이상은 전개할 수 없는 사상 또는 작업 진행에 따라 해석이 가능할 때는 다시 속행한다. ②는 정상사상, ④는 기본 사상에 대한 설명이다.

035 ① 부정게이트 : 부정 모디화이어라고도 하고, 입력 현상의 반대인 출력이 된다.
② 위험지속기호 : 입력사상이 발생하여 일정시간동안 지속되었을 경우에는 출력사상이 생긴다.
③ 수정기호 : 입력사상이 발생함과 동시에 어떤 조건을 나타내는 사상이 발생할 때만 출력사상이 발생한다는 것을 나타낸다.
④ 배타적 OR 게이트 : OR 게이트로 입력사상이 a, b, c 중 어느 하나가 발생해도 출력 사상이 일어난다고 하는 논리이다.

이상의 기호는 다음과 같다.

구분	부정 게이트	위험지속기호	수정기호	배타적 OR 게이트
기호	A	위험지속 시간 a c	출력 조건 입력	동시 발생 안됨 a b c

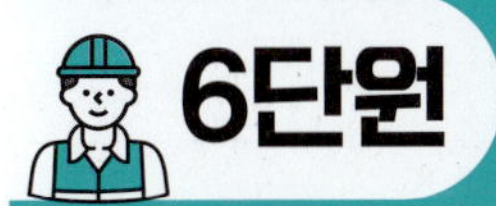

6단원 작업환경 관리

001	①× ②○ ③× ④×	**002**	①× ②× ③○ ④×
003	①○ ②○ ③× ④○	**004**	①○ ②× ③○ ④○
005	①○ ②× ③○ ④○	**006**	①○ ②× ③× ④×
007	①○ ②× ③× ④×	**008**	①× ②○ ③× ④×
009	①× ②○ ③× ④×	**010**	①○ ②× ③× ④×
011	①○ ②○ ③○ ④×	**012**	①× ②× ③× ④○
013	①× ②○ ③× ④×	**014**	①○ ②× ③× ④×
015	①○ ②× ③× ④×	**016**	①× ②○ ③○ ④○ ⑤○
017	①× ②○ ③○ ④○	**018**	①× ②○ ③○ ④○
019	①× ②○ ③○ ④○	**020**	①× ②× ③× ④○
021	①× ②○ ③○ ④○	**022**	①○ ②× ③× ④×
023	①○ ②○ ③× ④○	**024**	①○ ②× ③○ ④○ ⑤○ ⑥○
025	①× ②× ③× ④○	**026**	①× ②× ③× ④○
027	①○ ②○ ③○ ④× ⑤×	**028**	①× ②× ③○ ④×
029	①× ②○ ③× ④×	**030**	①× ②○ ③× ④×
031	①○ ②× ③○ ④○ ⑤× ⑥○ ⑦○ ⑧○	**032**	①× ②○ ③× ④×
033	①○ ②○ ③× ④○ ⑤× ⑥○ ⑦○ ⑧○ ⑨×		
034	①○ ②○ ③○ ④× ⑤○ ⑥× ⑦○ ⑧○	**035**	①○ ②× ③○ ④○
036	①○ ②× ③○ ④○	**037**	①× ②× ③× ④○
038	①○ ②○ ③○ ④○	**039**	①× ②× ③× ④○
040	①× ②× ③× ④○	**041**	①○ ②○ ③× ④○ ⑤○
042	①× ②× ③× ④○	**043**	①○ ②○ ③○ ④×
044	①○ ②○ ③○ ④× ⑤×	**045**	①× ②○ ③× ④×
046	①○ ②× ③× ④×	**047**	①○ ②× ③× ④×
048	①× ②× ③○ ④×	**049**	①○ ②○ ③○ ④×
050	①× ②○ ③× ④×	**051**	①× ②○ ③○ ④○
052	①○ ②○ ③○ ④×	**053**	①○ ②× ③○ ④○
054	①× ②× ③× ④○	**055**	①○ ②○ ③× ④○
056	①○ ②× ③× ④×	**057**	①○ ②× ③○ ④○
058	①× ②× ③× ④○	**059**	①× ②× ③× ④○
060	①× ②× ③× ④○	**061**	①× ②○ ③× ④×
062	①○ ②× ③× ④×	**063**	①× ②○ ③× ④×
064	①○ ②○ ③○ ④×	**065**	①○ ②○ ③○ ④×
066	①○ ②○ ③○ ④×	**067**	①○ ②○ ③× ④○ ⑤○
068	①× ②○ ③× ④×	**069**	①○ ②○ ③○ ④× ⑤×
070	①× ②× ③× ④○	**071**	①○ ②○ ③× ④○
072	①× ②× ③× ④○	**073**	①× ②○ ③× ④×
074	①○ ②○ ③○ ④×	**075**	①○ ②○ ③○ ④×

076	①× ②○ ③× ④×
077	①○ ②× ③× ④× ⑤○ ⑥○ ⑦× ⑧○ ⑨○ ⑩○ ⑪○ ⑫○ ⑬○ ⑭○ ⑮×
078	①○ ②× ③○ ④○ ⑤○ ⑥○ ⑦× ⑧○
079	①○ ②○ ③× ④○
080	①× ②○ ③○ ④○
081	①× ②× ③○ ④×
082	①○ ②× ③○ ④○
083	①○ ②○ ③○ ④×
084	①× ②○ ③○ ④○
085	①○ ②○ ③○ ④× ⑤○ ⑥× ⑦○
086	①○ ②○ ③○ ④×
087	①○ ②× ③× ④×
088	①× ②× ③× ④○
089	①○ ②○ ③× ④○
090	①○ ②○ ③× ④○ ⑤○ ⑥× ⑦○ ⑧○
091	①○ ②× ③○ ④○
092	①○ ②○ ③× ④○
093	①○ ②× ③× ④×
094	①○ ②× ③× ④× ⑤× ⑥○ ⑦○ ⑧○
095	①○ ②○ ③× ④○
096	①○ ②× ③○ ④○ ⑤× ⑥○ ⑦× ⑧×
097	①× ②× ③○ ④×
098	①× ②○ ③× ④×
099	①○ ②× ③× ④×
100	①× ②× ③× ④○
101	①× ②○ ③× ④×
102	①○ ②× ③× ④×
103	①○ ②× ③○ ④○
104	①○ ②× ③× ④×
105	①× ②○ ③○ ④○
106	①○ ②○ ③○ ④× ⑤○ ⑥× ⑦○ ⑧○ ⑨× ⑩○
107	①○ ②○ ③○ ④×
108	①× ②○ ③○ ④○

001 ① 주관적(subjective) 척도 : 정신적 작업 부하의 개념으로 관리가 쉽고, 작업자들의 널리 받아들이며, Simpson 과 Sheridan은 주관적 정신 부하(시간부하, 정신적 노력 부하, 정신적 스트레스의 3차원 등)로 정의하였다.

③ 주 임무(primary task, 제1) 척도 : 직무 수행에 필요한 시간을 직무 수행에 사용(허용)할 수 있는 시간으로 나눈 값이다.

④ 부 임무(secondary task, 제2) 척도 : 주 임무에서 사용하지 않는 예비 용량을 부 임무에 이용하는 것으로, 주 임무의 자원요구량이 클수록 부 임무의 자원이 작아지므로 성능이 나빠진다.

002 점멸-융합(flicker-fusion) 주파수(플리커 테스트, 깜박이는 불빛이 계속 켜진 것처럼 보일 때의 주파수, 약 30Hz)는 피로 정도의 척도에 사용되며, 가장 적합한 주파수는 3~10Hz 정도이다.

003 신호 및 경보 등 설계 시 점멸 속도는 점멸 융합 주파수보다 훨씬 적어야 하고, 초당 3~10회의 점멸 속도와 지속 시간은 0.05초 이상이 적당하다.

004 경계 및 경보신호의 설계지침에서 귀는 중음역에 가장 민감하므로 500~3,000Hz의 진동수를 사용하고, 고음은 멀리가지 못하므로 300m 이상의 장거리용으로는 1,000Hz 이하의 진동수를 사용한다.

005 ② MAA(Minimum Audible Angle, 최소 가청 각도)는 청각신호에 있어서 위치를 파악하는 데 사용하는 척도의 지수이다.

> **소음환경과 관련한 음성통신지수**
> - AI(Articulation Index): 명료도(잡음 대 잡음비를 기반)지수는 음성의 명료도를 측정하는 척도이다.
> - PSIL(Preferred-Octave Speech Interference Level) : 회화방해레벨(음성간섭수준)의 개념으로, 소음에 대한 상호대화를 방해하는 기준을 정리한 지수이다.
> - PNC(Preferred Noise Criteria Curves) : 선호 소음판단 기준(실내소음 평가지수)곡선으로 작업자에 대한 설문 조사, 청각 실험, 소음에 대한 실태 조사 등에 의해서 정리한 지수이다.

006 ② 통화 간섭 수준 : 3옥타브대(500, 1,000, 2,000Hz에 중심)의 소음 dB 수준의 평균치로서, 통화이해도에 잡음이 미치는 영향을 추정하는 지수이다.

③ 이해도 지수 : 수화자가 통화의 내용을 몇 % 정도 알아들었는지를 나타내는 지수이다.

④ 소음 기준 곡선 : 2요소(음의 크기 레벨과 회화 방해 레벨)를 조합한 실내 소음의 기준 곡선으로 통화(회의실, 공장, 사무실 등)를 평가할 때 사용하는 소음기준이다.

007 ② 산소 소비율 : 작업 중의 산소소비량과 섭취하는 음식량을 통해 에너지 소비량을 측정할 수 있다. 산소는 에너지 방출과 음식물의 대사에 사용된다.

③ 작업 대사량 : 작업 시 필요로 하는 에너지 소비량으로 다음과 같이 산정한다.

> 작업 시 필요로 하는 에너지 소비량 = 작업 시 소비되는 에너지 − 안정된 경우의 소비되는 에너지

④ 에너지 소비율 : 산소소모량(작업을 수행하기 위하여 소비)이 기초대사량의 몇 배에 해당하는가를 나타내는 지수로, $\dfrac{\text{활동대사량}}{\text{기초대사량}}$ 이다.

008 2점 문턱값(two-point threshold)은 두 점을 눌렀을 때, 별개로 지각할 수 있는 두 점 사이의 최소거리로서, 손가락 끝에서 손바닥으로 갈수록 감도는 감소하게 되고, 민감도와 2점 문턱값은 반비례하므로 2점 문턱값은 증가하게 된다.

009 ① 각막 : 최초로 빛이 통과하는 곳으로, 눈을 보호한다.

③ 중심와(forvea centralis, 황반중심와) : 망막의 황반 속에 있는 중앙의 작은 함몰 부위를 말한다.

④ 공막(강막) : 안구 바깥쪽을 에워싸는 튼튼한 교원 섬유질 막으로, 이것에 의해 안구의 모양이 보호되고, 앞면은 투명해져서 각막이 되며, 뒤쪽의 한곳에서 시신경 다발에 연결되어 있다.

010 D(렌즈의 굴절률로서, 단위는 디옵터) $= \dfrac{1}{m\text{단위의 초점거리}}(\infty \to X_m)$이고, 사람의 눈의 굴절률 $= \dfrac{1}{0.017}$ $= 59D$이다.

011 고막은 외이(바깥 귀)와 중이(가운데 귀)의 경계부위에 위치해 있으며, 두께는 0.1mm 정도로 얇고, 투명한 막으로 소리의 자극에 의해서 진동하여 이소골(귀속뼈)을 통해서 속귀의 달팽이관까지 소리의 진동을 전달하는 역할을 한다.

012 1) 강렬한 소음 작업(안전보건규칙 제512조)

1일 노출시간(h)	8	4	2	1	1/2(30분)	1/4(15분)
소음강도(dB)A	90	95	100	105	110	115

2) 충격소음 허용기준

충격소음강도(dB)	140	130	120
허용노출횟수(회)	10,000	1,000	100

013 012 해설의 "1) 강렬한 소음작업" 도표를 참고하면, 90dB일 때 8시간을 기준으로 하며, 5dB이 증가할 때마다 1일 노출시간을 1/2로 감소함을 알 수 있다.

① 1공정 100dB 1시간 : 1/2에 해당 ($\because$ 100dB인 경우 1일에 2시간이다.)
② 2공정 95dB 1시간 : 1/4에 해당 ($\because$ 95dB인 경우 1일에 4시간이다.)
③ 3공정 90dB 1시간 : 1/8에 해당 ($\because$ 90dB인 경우 1일에 8시간이다.)

그러므로, 총 소음량(TND)=1공정+2공정+3공정 $= \dfrac{1}{2} + \dfrac{1}{4} + \dfrac{1}{8} = \dfrac{7}{8} = 0.875$

총 소음량(TND) 적합성 판정은 TND 〈 1.0인 경우 "적합", TND ≥ 1.0인 경우 "부적합"으로 판정한다. 그런데, 총 소음량이 0.875이므로 적합임을 알 수 있다.

014 ② 열경련 : 심한 근육 작업 후에 탈수와 체내 염분농도 부족에 의해 야기되고, 근육의 수축이 격렬하게 일어나는 장해로서, 고열 작업환경에서 발생한다.
③ 열부종 : 처음 7일 또는 10일 동안에 사지 특히 발과 발목에 가벼운 부종이 생기고, 열대성 고열에 폭로된 후에 발생한다.
④ 열피로 : 증상(두통, 구역감, 현기증, 무기력증, 갈증 등)이 발생하고, 땀을 많이 흘려 염분과 수분손실이 많을 때 발생한다.

015 **고열에 의한 건강장해 예방 대책**
- 작업 조건 : 열에 노출되는 횟수 및 노출 시간, 작업량에 따른 에너지 대사량 등
- 환경 개선 : 온열환경에서 작업 할 때의 체열교환, 휴식처의 온열조건 등
- 작업 조건과 환경 개선 : 착의 상태 등

016 시(視)식별기능에 영향을 주는 조건에는 광도, 휘도, 조도, 광속발산도, 노출 시간, 반사율, 이동, 대비 등이 있고, 영향을 주는 외적 요인은 다음과 같다.

> - 표적물체나 관측자의 이동(이동)
> - 색채의 사용과 조명(반사율)
> - 물체와 배경간의 대비 또는 대조도(대비)
> - 대소규격과 주요 세부사항에 대한 공간의 배분

017 광원의 세기는 광도이다. 조도는 단위 면적당 비추는 빛의 양 또는 밀도이다. 즉, 조도 $= \dfrac{광도}{(거리)^2}$ 이다.

018 시(視)식별기능에 영향을 주는 조건에는 광도, 휘도, 조도, 광속발산도, 노출 시간, 반사율, 이동, 대비 등이 있다.

019 **게슈탈트의 4법칙**

근접(접근)성	• 한 종류의 형들이 동등한 간격으로 반복되어 있을 경우에는 이를 그룹화하여 평면처럼 지각되고 상하와 좌우의 간격이 다를 경우 수평, 수직으로 지각되는 법칙이다. • 두 개 또는 그 이상의 유사한 시각 요소들이 서로 가까이 있으면 하나의 그룹으로 보려는 경향과 관련된 형태의 지각 심리이다.
유사성	여러 종류의 형들이 모두 일정한 규모, 색채, 질감, 명암, 윤곽선을 갖고 모양만이 다를 경우에는 모양에 따라 그룹화되어 지각되고, 비슷한 형태, 규모, 색채, 질감, 명암, 패턴의 그룹을 하나의 그룹으로 지각하려는 경향을 말하는 형태의 지각 심리이다.

연속성	• 유사한 배열로 구성된 형들이 방향성을 지니고 연속되어 보이는 하나의 그룹으로 지각되는 법칙이다. • 형태의 지각 심리에서 공동운명의 법칙이라고도 하며, 유사한 배열이 하나의 묶음이 되어 선이나 형으로 지각되는 것이다.
폐쇄성	시각 요소들이 어떤 형상을 지각하게 하는 데 있어서 폐쇄된 느낌을 주는 법칙이다.

020 절대적 식별 능력

1) 5감의 교육효과치

구분	시각	청각	촉각	미각	후각
효과치(%)	60	20	15	3	2

2) 절대적 식별 능력이 가장 좋은 감각 기관은 후각(2,000~3,000가지의 냄새를 구분함)이다.

021 암호화 방법에는 형상, 크기, 색채, 촉감, 위치, 조작법, 라벨 등이 있다.

022 ① 근전도(EMG : electromyogram)는 근육활동의 전위차를 기록한 것으로, 특히 심장근의 근전도를 심전도(ECG : electrocardiogram)라 한다. 신경활동 전위차의 기록은 ENG(electroneurogram)라 한다. 부하평가에 가장 적당한 측정 변수가 EMG이다.

② 산소소비량 : 작업 중의 산소소비량과 섭취하는 음식량을 통해 에너지 소비량을 측정할 수 있다. 산소는 에너지 방출과 음식물의 대사에 사용된다.

③ 심장박동수 : 생리적 긴장의 신체적 요소로서 전신 운동 및 상태에서의 적합한 측정 변수이다.

④ 에너지소비량 : 산소소모량(작업을 수행하기 위하여 소비)이 기초대사량의 몇 배에 해당하는가를 나타내는 지수이며, $\dfrac{활동대사량}{기초대사량}$이다.

023 ③ 근전도(EMG : electromyogram)는 근육활동의 전위차를 기록한 것으로, 특히 심장근의 근전도를 심전도(ECG : electrocardiogram)라 한다. 근전도는 부하평가에 가장 적당한 측정 변수이나, 정신활동의 부담을 측정하는 방법이 아니다. 신경활동 전위차의 기록은 ENG(electroneurogram)라 한다.

정신활동의 부담을 측정하는 방법에는 부정맥 점수, 점멸 융합 주파수(Flicker Fusion Frequency), JND(Just-Noticeable Difference) 등이 있다. JND(Just-Noticeable Difference)는 인간이 신호의 50%를 검출할 수 있는 강도, 진동수 등 자극 차원의 차이를 의미한다.

024 근전도는 근육활동의 부하에 관한 생리적 척도이다. 정신적 작업 부하에 관한 생리적 척도에는 부정맥 지수, 점멸융합주파수, 뇌파도, 뇌전도, 심박수, JND(Just-Noticeable difference) 등이 있다.

025 특수 작업역(특정 공간에서 작업하는 구역)

구분	선 자세	쪼그려앉은 자세	누운 자세	구부린 자세	엎드린 자세
가로(a)	75	110	190	100	100(등 상부)+215(등 하부)
세로(b)	180	120	60		45

※ 가로(a)는 작업자의 전후의 거리를 의미하고, 세로(b)는 높이를 의미한다.

026 생리학적 측정방법

구분	뇌전도(EEG)	심전도(ECG)	안전도(EOG)	근전도(EMG)
내용	신경활동의 전위차 기록	심장근육활동의 전위차 기록	안구운동의 전위차 기록	근육활동의 전위차 기록

027~028 스트레인의 척도

심리적 긴장	활동	눈의 깜박임, 실수, 작업 속도 등
	태도	태도, 권태
생리적 긴장	화학적	성분(혈액, 요), 산소(소비량, 결손, 회복 등), 열량 등
	전기적	근전도(EMG), 안전도(EOG), 심전도(ECG), 뇌전도(EEG), 전기 피부반응(GSR)
	신체적	혈압, 심박(맥박)수, 부정맥, 박동 결손과 박동량, 호흡수, 신체 온도 등

029 주의산만, 피로, 부주의는 지각현상이 아니며, 심리적이고 정신적이다.

030 생체역학은 뼈와 근육의 구조와 그들이 생성할 수 있는 운동뿐만 아니라 혈액 순환, 신장 기능 및 기타 신체 기능의 메커니즘을 포함한다. 또한, 생체역학적 분석에 필요한 정보에는 거리, 중량(weight), 각도 등이 있다.

031 신체 부위의 기본적인 동작

	구분	내용	예
손운동	하향(pronation)	손바닥을 아래로	
	상향(supination)	손바닥을 위로	
발운동	내선(medial rotation)	몸의 중심선으로의 회전	발을 안쪽으로 회전
	외선(lateral rotation)	몸의 중심선으로부터의 회전	발을 바깥쪽으로 회전
팔, 다리 운동	내전(adduction, 모으기)	몸의 중심선(방향)으로의 이동	팔을 수평으로 편 상태에서 수직으로 내림
	외전(abduction, 벌리기)	몸의 중심선(방향)으로부터의 밖으로 이동	팔을 옆으로 펼 때
팔꿈치 운동	굴곡(flexion, 굽히기)	관절을 중심으로 두 부위 간의 각도가 감소	팔꿈치를 구부릴 때
	신전(extension, 펴기)	부위 간의 각도가 증가	팔꿈치를 펼 때

② 외전(abduction, 이동)은 몸의 중심선(바깥쪽 방향)으로의 이동이고, 몸의 중심으로의 밖으로 회전하는 것은 외선(lateral rotation, 회전)이다.

⑤ 굴곡(flexion, 굽히기)은 관절을 중심으로 두 부위 간의 각도가 감소하는 신체의 움직임을 의미하고, 신전(extension, 펴기)은 관절을 중심으로 부위 간의 각도가 증가하는 신체의 움직임을 의미한다.

032 • 반응시간 : 동작을 개시하기 전까지의 시간으로, 반응해야 할 신호의 발생에서부터 응답을 시작하기까지의 시간이다.

- 동작시간 : 동작을 시작할 때부터 끝낼 때까지 걸리는 시간은 약 0.3초로, 조종 활동에서의 최소치로서 응답을 육체적으로 하는 데 필요한 시간이다.
- 단순반응시간 : 하나의 특정한 자극이 발생할 때 반응에 걸리는 시간으로, 자극을 예상하고 있을 때 반응시간이며, 약 0.15~0.2초 정도이다.

033 심인성 스트레스는 정신적 피로원인이다. 누적외상장애(CTDs)란 반복적인 동작이나 장시간의 자세로 인해 발생할 수 있는 의학적 질환들의 집합으로 관절을 사용하는 부위(손목, 손가락, 팔, 어깨 등)에서 발생하고, 노화로 인한 경우보다는 직업 특성과 밀접한 관계가 있는 질병이다. 발생 원인은 반복성, 과도한 힘, 잘못된 공구, 부자연스러운 자세, 취하기 어려운 자세, 진동, 기타 요인(온도, 조명 등) 등이 있다.

034 근골격계 질환은 여러 가지의 요인(반복적인 동작, 날카로운 면과의 신체 접촉, 진동, 온도, 장시간 동안의 진동, 무리한 힘의 사용, 부적절한 작업 자세 등)에 의해 발생하는 건강장해로서 목, 어깨, 허리, 상·하지의 신경·근육 및 그 주변 신체 조직 등에 나타난다.

035 ② NASA-TLX는 여러 작업부하 평가도구 중 정신적 작업부하를 주관적으로 평가하는 도구이므로 근골격계질환과는 무관하다.
　① OWAS(Ovako Working posture Analysis System) : 특별한 기구를 사용하지 않고, 관찰만을 통해 작업 자세(허리, 몸통, 목, 팔, 머리, 다리, 무게(하중) 등)를 평가하므로 현장에 적용하기가 용이하나, 팔과 몸통의 자세에 대한 분류가 부정확하고, 팔목 등에 대한 정보가 적용되지 않는 단점이 있다.
　③ NLE : NOISH 들기 작업 지침에 의한 권장무게 한계를 산출하도록 작업의 위험성(직업성 요통)을 예방하기 위한 프로그램이다.
　④ RULA(Rapid Upper Limb Assessment) : 상지(어깨, 팔목, 목, 손목 등)에 초점을 맞추어 작업 자세로 인한 작업 부하를 빠르고, 쉽게 평가하는 방법이다.
근골격계질환의 유해요인조사방법 중 인간공학적 평가기법에는 ①·③·④ 이외에도 REBA(Rapid Entire Body Assessment), JSI(Job Strain Index) 등이 있다.

036~037 OWAS(Ovako Working posture Analysis System)는 특별한 기구를 사용하지 않고, 관찰만을 통해 작업 자세(허리, 몸통, 목, 팔, 머리, 다리, 무게(하중) 등)를 평가하므로 현장에 적용하기가 용이하나, 팔과 몸통의 자세에 대한 분류가 부정확하고, 팔목(손목) 등에 대한 정보가 적용되지 않는 단점이 있다.
RULA(Rapid Upper Limb Assessment)는 상지(어깨, 팔목, 목, 손목 등)에 초점을 맞추어 작업 자세로 인한 작업 부하를 빠르고, 쉽게 평가하는 방법이다. 즉, 손목이 포함된다.

038 사업주는 근로자가 근골격계부담작업을 하는 경우에 ①·②·④ 이외에도 근골격계질환 발생 시의 대처요령, 그 밖에 근골격계질환 예방에 필요한 사항을 근로자에게 알려야 한다. 또한, 사업주는 유해요인 조사 및 그 결과, 조사방법 등을 해당 근로자에게 알려야 한다. (안전보건규칙 제661조)

039 유해요인 조사(안전보건규칙 제657조)

① 사업주는 근로자가 근골격계부담작업을 하는 경우에 3년마다 다음의 사항에 대한 유해요인조사를 하여야 한다. 다만, 신설되는 사업장의 경우에는 신설일부터 1년 이내에 최초의 유해요인 조사를 하여야 한다.
   ㉮ 설비·작업공정·작업량·작업속도 등 작업장 상황
   ㉯ 작업시간·작업자세·작업방법 등 작업조건
   ㉰ 작업과 관련된 근골격계질환 징후와 증상 유무 등
② 사업주는 다음의 어느 하나에 해당하는 사유가 발생하였을 경우에 ①에 불구하고 1개월 이내에 조사대상 및 조사방법 등을 검토하여 유해요인 조사를 해야 한다. 다만, ㉮에 해당하는 경우로서 해당 근골격계질환에 대하여 최근 1년 이내에 유해요인 조사를 하고 그 결과를 반영하여 작업환경 개선에 필요한 조치를 한 경우는 제외한다.
   ㉮ 법에 따른 임시건강진단 등에서 근골격계질환자가 발생하였거나 근로자가 근골격계질환으로 「산업재해보상보험법 시행령」 별표에 따라 업무상 질병으로 인정받은 경우(근골격계부담작업이 아닌 작업에서 근골격계질환자가 발생하였거나 근골격계부담작업이 아닌 작업에서 발생한 근골격계질환에 대해 업무상 질병으로 인정 받은 경우를 포함한다)
   ㉯ 근골격계부담작업에 해당하는 새로운 작업·설비를 도입한 경우
   ㉰ 근골격계부담작업에 해당하는 업무의 양과 작업공정 등 작업환경을 변경한 경우
③ 사업주는 유해요인 조사에 근로자 대표 또는 해당 작업 근로자를 참여시켜야 한다.

040 ① 결절종 : 손가락과 손목에 가장 흔하게 생겨나는 양성종양이자 물혹의 일부로, 관절이나 건부에 부착되어 생기는 증상이다.
② 방아쇠수지병 : 원인으로는 반복적인 손사용으로 인해, 손가락을 구부리는 힘줄에 염증이 발생하여 힘줄이 두꺼워져서 나타나는 질환이다.
③ 수근관 증후군(손목뼈터널 증후군) : 원인은 지속적이고 반복적인 손목의 압박 및 굽힘 자세이고, 증상으로는 손가락 저림 및 통증, 감각 저하 등이 있다.

041 근골격계부담작업(근골격계부담작업의 범위 및 유해요인조사 방법에 관한 고시 제3조)

근골격계부담작업이란 다음의 어느 하나에 해당하는 작업을 말한다. 다만, 단기간 작업 또는 간헐적인 작업은 제외한다.
① 하루에 4시간 이상 집중적으로 자료입력 등을 위해 키보드 또는 마우스를 조작하는 작업
② 하루에 총 2시간 이상 목, 어깨, 팔꿈치, 손목 또는 손을 사용하여 같은 동작을 반복하는 작업
③ 하루에 총 2시간 이상 머리 위에 손이 있거나, 팔꿈치가 어깨위에 있거나, 팔꿈치를 몸통으로부터 들거나, 팔꿈치를 몸통뒤쪽에 위치하도록 하는 상태에서 이루어지는 작업
④ 지지되지 않은 상태이거나 임의로 자세를 바꿀 수 없는 조건에서, 하루에 총 2시간 이상 목이나 허리를 구부리거나 트는 상태에서 이루어지는 작업
⑤ 하루에 총 2시간 이상 쪼그리고 앉거나 무릎을 굽힌 자세에서 이루어지는 작업
⑥ 하루에 총 2시간 이상 지지되지 않은 상태에서 1kg 이상의 물건을 한손의 손가락으로 집어 옮기거나, 2kg 이상에 상응하는 힘을 가하여 한손의 손가락으로 물건을 쥐는 작업
⑦ 하루에 총 2시간 이상 지지되지 않은 상태에서 4.5kg 이상의 물건을 한 손으로 들거나 동일한 힘으로 쥐는 작업
⑧ 하루에 10회 이상 25kg 이상의 물체를 드는 작업
⑨ 하루에 25회 이상 10kg 이상의 물체를 무릎 아래에서 들거나, 어깨 위에서 들거나, 팔을 뻗은 상태에서 드는 작업
⑩ 하루에 총 2시간 이상, 분당 2회 이상 4.5kg 이상의 물체를 드는 작업
⑪ 하루에 총 2시간 이상 시간당 10회 이상 손 또는 무릎을 사용하여 반복적으로 충격을 가하는 작업

042 전신진동 장해
- 운동성능에 영향 : 전신 또는 상체는 5[Hz]의 전신진동 주파수에 공명현상을 나타내고, 진폭에 비례하여 추적 능력을 손상한다.
- 신경계에 영향 : 견부(어깨 부분)와 두부는 20~30[Hz]의 전신진동 주파수에 공명현상을 나타낸다.
- 시성능에 영향 : 안구는 60~90[Hz]의 전신진동 주파수에 공명현상을 나타낸다.

043 고온에서 생리적 반응
- 피부혈관의 확장작용으로 인한 피부온도가 상승하고, 순환혈액량이 많아지며, 체열방출이 증대된다.
- 근육의 이완, 호흡의 증가, 체표면적의 증가 등의 신체변화가 일어나고, 피부온도가 34.5[℃]부터 땀이 나기 시작된다.

044 뼈의 주요 기능은 인체의 지주, 장기의 보호, 골수의 조혈 기능, 인과 칼슘의 저장·공급, 근육을 부착하여 근육 수축에 의한 힘을 전달하는 지렛대 역할(인체의 운동 기능)을 한다.

045 ② 정중 신경(median nerve) : 팔의 말초신경 중 하나로, 팔신경얼기(5번째 목뼈와 1번째 등뼈에 걸쳐 나오는 척수신경다발)의 일부 가닥이 정중 신경을 형성한다. 정중 신경은 일부 손바닥의 감각과 일부 손가락의 움직임, 손목의 뒤집힘 등의 운동 기능을 담당한다.
① 감각 신경(sensor nerve) : 들신경(afferent nerve) 또는 구심성 신경은 중추신경계통으로 감각 정보를 전달하는 신경이며, 외부나 내부 자극들을 감지하고 인식하는 기능을 한다.
③ 중추 신경(central nerve) : 중추신경계는 두개골에 싸여있는 뇌와 척수를 포함하는 신경계로 말초신경계와 함께 동물의 행동이나 신체 기작을 제어한다.
④ 자율 신경(autonomic nerve) : 자율신경계는 말초신경계에 속하는 신경계로 평활근과 심근, 외분비샘과 일부 내분비샘을 통제하여 동물 내부의 환경을 일정하게 유지하는 역할을 한다.

046 ② 작업장 주변 환경의 조도를 화면의 바탕 색상이 흰색 계통일 때에는 500~700Lux로 유지하도록 한다.
③ 작업장 주변 환경의 조도를 화면의 바탕 색상이 검정색 계통일 때에는 300~500Lux로 유지하도록 한다.
④ 작업실 내의 창·벽면 등은 반사되지 않는 재질로 하여야 하며, 조명은 화면과 명암의 대조가 심하지 않도록 하여야 한다.

047 ② 더 많은 산소를 얻기 위해 호흡이 빨라진다.
③ 중요한 장기인 뇌·심장·근육으로 가는 혈류가 증가한다.
④ 상황 판단과 빠른 행동 대응을 위해 감각기관은 매우 민감해진다.

048 팔꿈치 높이(작업대 높이 기준)

구분	경조립 작업	중조립 작업	정밀 작업	서서 하는 작업
팔꿈치 높이와 비교	팔꿈치 높이보다 5~10cm 낮게	팔꿈치 높이보다 15~20cm 낮게	팔꿈치 높이보다 5~20cm 높게	팔꿈치를 기준으로 한다.

049 작업대 설계 시 고려할 사항

착석식 작업대	입식 작업대
의자의 높이, 작업대의 두께, 대퇴의 여유, 작업의 성질(정밀 작업, 거친 작업 등)	근전도(EMG), 신장 등의 인체 계측, 물체의 무게 및 크기 등으로 무게 중심 결정

050 산소소모량(작업을 수행하기 위하여 소비)이 기초대사량의 몇 배에 해당하는가를 나타내는 지수 즉, $\dfrac{\text{활동대사량}}{\text{기초대사량}}$ 이다.

산소소모량 측정 후 작업 시 소비 에너지값은 $1\ell O_2$ 소비 $= 5\mathrm{kcal}$ 이고, 근로자가 작업 중에 소모하는 에너지의 양을 측정하는 방법 중 가장 먼저 측정하는 것은 작업 중에 소비한 산소소모량이다.

051 요통재해예방 고려요소에는 작업 대상물 하중의 직하 위치, 작업대상물의 인양 높이, 인양 방법 및 빈도, 작업 대상물의 특성(크기, 모양 등)등이 있다.

요통 방지대책으로는 단위시간당 작업량과 취급중량을 적절히 하고, 작업전 체조 및 휴식을 부여하며, 적정배치 및 교육훈련을 실시한다. 또한, 운반작업을 기계화와 작업자세의 안전화를 도모한다.

052 VL_8(시성능기준함수) 수준설정기준

현실상황에 적합한 조명수준으로 가시역치보다는 높고, 표적 탐지 확률은 50[%]에서 99[%]로 하며, 표적(target)은 정적인 과녁에서 동적인 과녁으로 한다. 또한, 언제, 시계 내의 어디에 과녁이 나타날지 모르는 경우이다.

053 역학적으로 분석한 인체 관련 자료에는 관절 각도, 분절(segment) 무게와 무게 중심 등이 있다. 관절의 종류와는 무관하다.

054 디스플레이가 형성하는 목시각

수평작업조건	최적 조건	15° 좌우 및 아래쪽
	제한 조건	95° 좌우
수직작업조건	최적 조건	0°~30° 하한
	제한 조건	75° 상한, 85° 하한

055 ①·②·④ 이외에도 고령자의 정보처리 과업을 설계할 경우 지켜야 할 지침에는 정보처리능력에 한계가 있으므로 시분할(여러 명의 사용자가 사용하는 시스템에서 컴퓨터가 사용자들의 프로그램을 번갈아가며 처리해줌으로써 각 사용자에게 독립된 컴퓨터를 사용하는 느낌을 주는 것) 요구량을 줄인다는 점이 있다.

056 근섬유의 구분

구분	장점	단점
Type I (Type S)	장시간 지속시키고 피로가 쉽게 발생하지 않는다.	근섬유의 직경이 작아서 큰 힘을 발휘하지 못한다.
Type II	큰 힘을 낼 수 있다.	피로가 쉽게 발생한다.
TypeF	큰 힘과 오랜 시간 활동이 가능하다.	

057 권장 무게한계 산출 평가요소(들기 작업 시 요통재해 예방 고려 사항)

평가 요소	내용
들기 빈도	15분 동안의 평균적인 분당 들어올리는 횟수
손잡이 형상	물체를 들 때 떨어뜨리거나 미끄러지지 않도록 하는 손잡이의 상태 또는 물체와 손과의 연결상태
허리의 비대칭 각도	작업자의 정시상면으로부터 물체가 어느 정도 이격되어 있는가를 나타내는 각도 또는 정면에서 비틀린 정도를 나타내는 각도
수직거리	손에서 바닥까지의 거리(cm)
수평거리	두 발의 뒤꿈치 뼈의 중점(두 발목의 중점)에서 손까지의 거리(cm)
무게	들기 작업 시 물체의 무게(kg)
수직이동거리	들기 작업 시 물체의 수직으로 이동한 거리(cm)

058 ① 신호 대 배경의 휘도대비가 작을 때는 주변 배경과 휘도 차이가 큰 것을 사용하여 눈에 잘 띌 수 있도록 하는 것이 효과적이다.
② 광원의 노출시간이 1초보다 작으면 광속발산도는 커야 한다.
③ 표적의 크기가 커짐에 따라 광도의 역치가 안정되는 노출시간은 감소(짧아짐)한다.

059 경첩관절은 오목한 면과 볼록한 면이 마주하는 경첩과 같은 모양으로 하나의 축을 중심으로 회전운동(굴곡과 신전 등)을 하는 관절로서, 주관절인 팔꿈치, 슬관절인 무릎관절, 손가락의 지절간관절 등이 있다.

060 근육 수축작용을 하기 위해서는 에너지를 필요로 하며, 근육 수축작용에 대한 전기적인 신호 데이터는 근육의 피로도와 활성도를 측정할 수 있는 자료이다.

061 진동수에 따른 등감각 곡선은 수평진동의 경우에는 1~2Hz의 범위에서, 수직진동의 경우에는 4~8Hz의 범위에서 가장 민감(내구수준이 가장 낮은 범위)하다.

062 Q10의 법칙은 온도가 10℃ 상승하면 호흡 대사가 2배가 된다는 법칙으로, Q10효과에 직접적인 영향을 미치는 인자는 고온 스트레스이다.

063 감각온도 허용한계

작업의 구분	정신(사무실, 연구실)	경작업	중작업
감각온도 허용한계[ET]	60~65	55~60	50~55

064 온열요소 또는 열환경의 4요소에는 습도(humidity), 온도(temperature), 기류(air movement) 및 주위벽의 복사열 등이 있다.

065 열지수(heat index)는 기온과 상대 습도를 음영 영역으로 결합한 지수를 말한다.
실효온도(effective temperature : ET)의 종류에는 Oxford지수, 습구 글로브온도, Botsball지수 등이 있다.

066~067 실효온도(Effective Temperature, 유효온도, 감각온도)의 영향인자에는 온도, 습도, 기류(공기의 유동) 등이
있다. ET는 영향인자들이 인체에 미치는 열효과를 하나의 수치로 통합한 경험적 감각지수로서, 상대 습도가 100[%]
일 때 건구온도에서 느끼는 것과 동일한 온감이다.

068 1) 옥내 또는 태양광이 내리쬐지 않는 옥외의 장소에 있어서 습구흑구 온도지수(WBGT)
  = 0.7×자연습구온도+0.3×흑구온도 (∵ 일사의 영향이 없으므로 건구온도를 반영하지 않음)
  2) 태양광이 내리쬐는 옥외에 있어서 습구흑구 온도지수(WBGT)
  = 0.7×자연습구온도+0.2×흑구온도+0.1×건구온도 (∵ 일사의 영향을 고려하므로 건구온도를 반영함)

069 인간과 주위의 열교환 과정을 나타내는 열균형 방정식에 적용되는 요소에는 대류, 복사, 증발 등이 있다.

열대류	따뜻해진 공기가 팽창하여 비중이 가볍게 되어 위쪽으로 올라가고, 차가운 공기는 아래로 내려오는 현상이다.
열복사	어떤 물체에 발생하는 열에너지가 전달 매개체 없이 직접 다른 물체에 도달하는 현상이다.
증발	기화(액체 상태의 물질이 기체 상태의 물질이 되는 현상)하는 현상으로, 보통 유리잔 안 산소 원자의 일부는 액체를 탈출하기에 충분한 열을 가지고 있고, 공기의 물 분자 또한 유리잔으로 들어가기는 하지만 유리잔 표면의 온도가 100 ℃ 이하일 경우 물 분자는 대기로 가는 경향이 있다.

070 조명 방식의 분류

조명 방식	특징
직접 조명	광원의 90~100%를 어떤 물체에 직접 비추어 투사시키는 방식으로, 조명률이 가장 좋고 경제적인 조명 방식이며, 음영이 가장 강하게 나타난다.
간접 조명	• 천장이나 벽면 등에 빛을 반사시켜 그 반사광으로 조명하는 방식으로 균일한 조도를 얻을 수 있으며 눈부심이 없다. 특히, 국부적으로 고조도를 얻기 어렵고, 뚜렷한 입체 효과를 얻을 수 없다. • 조도가 가장 균일하고 음영이 가장 적은 조명 방식으로 조명의 효율이 낮고, 유지·보수가 난이하다. • 균일한 조도와 눈에 대한 피로가 적으며 차분한 분위기를 만들 수 있는 가장 적합한 조명 방식이다. • 조명률이 나쁘고, 눈부심이 일어나지 않으며, 매우 넓은 각도로 빛이 배광되므로 강조 조명에 부적합하다.
국부 조명	스포트라이트라고도 하며, 특정 상품을 효과적으로 비추어 상품을 강조할 때 이용되는 조명 방식이다.

071 ③ 작업의 부하(강약, 대소 등)는 조도의 기준과는 무관하다.

> **조도의 기준 결정 요소**
> • 시각기능 : 조명기구의 눈부심으로 인하여 작업에 지장을 주지 않아야 한다.
> • 경제성 : 기능성과 조명의 품질이 가능한 한 좋아야 하나, 설비의 가격도 중요하고, 종합적인 경제성(전력비용, 유지관리 비용)을 평가한다.
> • 작업의 대상과 내용 : 조명은 작업대상을 보기 위해 필요한 밝기로 비쳐 주는 것이고, 내용이 초정밀·정밀·일반·기타 작업이면 조명은 변화하여야 한다.

072 ① 밝을수록 작업수행이 좋아지는 것이 아니라 적정한 조도를 가져야 한다.
  ② 직사광은 세밀한 작업을 하는 데 도움을 준다.
  ③ 독서를 하는 데에는 직접조명보다 간접조명이 더 효과적이다.

073 추천 반사율

장소	천정	벽	가구	바닥
반사율	80~90%	40~60%	25~45%	20~40%

074 불쾌 글레어(discomfort glare, 눈부심, 현휘현상)의 원인과 대책

조명설비의 눈부심(glare, 현휘)은 순응의 결핍, 물체와 그 주위 사이의 고휘도 대비, 광원의 크기와 휘도가 클수록, 광원이 시선에 가까울수록, 가리개, 갓 또는 차양을 사용, 배경이 어둡고 눈이 암순응될수록 강하다. 저휘도 광원은 눈부심을 방지하는 효과가 있다.

075 • lambert : 완전 발산 및 반사하는 표면에 표준 촛불로 1cm 거리에서 조명될 때 조도와 같은 광도이다.
　　• foot lambert : 완전 발산 및 반사하는 표면에 1fc로 조명될 때 조도와 같은 광도를 말한다.

076 조도(안전보건규칙 제8조)

사업주는 근로자가 상시 작업하는 장소의 작업면 조도를 다음의 기준에 맞도록 하여야 한다. 다만, 갱내 작업장과 감광재료를 취급하는 작업장은 그러하지 아니하다.

구분	초정밀작업	정밀작업	보통작업	그 밖의 작업
조도(럭스(lux) 이상)	750	300	150	75

077 소음을 통제하는 방법

① 적극적인 대책
　㉮ 소음원의 통제 : 가장 효과적인 방법으로 기계의 적절한 설계, 기계에 고무받침대 부착, 적절한 정비 및 주유, 차량에 소음기 장착 등이 있다.
　㉯ 소음의 격리 : 집에서 창문을 닫을 경우 약 10dB 정도의 소리가 감소되므로 방, 씌우개, 장벽 등을 사용한다.
　㉰ 설비의 격리, 적절한 재배치, 저소음 설비 사용, 음향처리재(흡음재 등) 사용, 차폐장치 및 흡음재 사용 등이 있다.
② 소극적인 대책
　㉮ 방음보호구(귀마개, 귀덮개 등)의 사용
　㉯ 배경 음악 : 작업의 종류에 따른 리듬의 일치가 중요하고, 긴장 완화와 안정감을 준다.

078 제한된 실내 공간에서의 소음문제에 대한 대책으로는 진동부분의 표면을 줄이고, 소음의 전달 경로를 차단하며, 벽·천정·바닥에 흡음재를 부착한다. 또한, 저소음 기계로 대체하고, 소음 발생원을 제거 또는 밀폐한다. 그러나 방음 보호구를 착용하거나, 소음에 적응된 인원으로 배치하는 것은 적절한 방법이 아니다.

079 청력 손실의 정도는 노출되는 소음 수준에 따라 중대되고, 가청범위에서의 청력손실은 4,000Hz 근처의 높은 영역에서 가장 크게 나타나며, 강한 소음의 경우에는 노출기간에 따라 청력 손실이 증가되나, 약한 소음의 경우에는 무관하다.

080 가청범위에서의 청력손실은 4,000Hz 근처의 높은 영역에서 가장 크게 나타난다.

081 1sone은 1,000[Hz], 40[dB]의 음압수준을 가진 순음의 크기(=40phon)를 말한다.

082 음량수준을 측정할 수 있는 3가지 척도에는 Phone, Sone, 인식소음 수준 등의 3가지가 있다.

083 강렬한 소음 작업(안전보건규칙 제512조)

1일 노출시간(h)	8	4	2	1	1/2(30분)	1/4(15분)
소음강도(dB)A	90	95	100	105	110	115

084 HSI(Heat Stress Index, 열압박 지수)는 온도환경과 관련된 지수이다.

음의 단위

구분	음의 세기	음의 세기 레벨	음압	음압 레벨	음의 크기	음의 크기 레벨
단위	W/m^2	dB	N/m^2	dB	sone	phon

085 ④ 순음에서 은폐효과가 가장 큰 것은 은폐음과 배음(Harmonic Overtone)의 주파수가 인접하거나 가까운 때이다.
⑥ 은폐(MASKING, 차폐)현상은 10[dB] 이상의 차에 의해 높은 음이 낮은 음을 상쇄시켜 높은 음만 들려 낮은 음이 들리지 않는 현상이다. 예를 들면, 80[dB]과 50[dB]의 소음이 발생하는 기계가 공존 시 50[dB]의 소음이 발생되는 것은 80[dB]의 소음이 발생되는 것에 의해 상쇄되는 현상으로, 80[dB]의 소음만 들린다.

086 은폐(MASKING, 차폐) 현상은 두 가지 이상의 음이 동시에 발생할 때 어느 한 쪽 때문에 다른 쪽 음이 들리지 않게되는 현상이다. 즉, 차폐 효과는 어느 한 음 때문에 다른 음에 대한 감도가 감소되는 현상이다.

087 청각과 시각 장치의 비교

조건	청각장치(음성전달)의 사용	시각장치의 사용
전언	간단하고, 짧을 때	복잡하고, 길 때
	재참조되지 않는 경우	재참조되는 경우
	시간적인 사상을 다룰 경우	공간적인 위치를 다룰 경우
	즉각적인 행동을 요구하는 경우	즉각적인 행동을 요구하지 않는 경우
수신자	시각계통이 과부하 상태	청각계통이 과부하 상태
수신장소	역조응(너무 밝거나), 암조응 유지가 필요할 경우	너무 시끄러운 경우
직무상수신자	자주 움직이는 경우	한 곳에 머무르는 경우

088 음파의 방향을 추정하는 능력을 입체음향효과(stereophony)라 한다. 인간이 음원의 방향을 결정할 때의 기본 암시 신호(cue)는 소리의 강도와 위상차이다.

089 선형 가속도(접선 가속도)는 원 운동의 궤적에 접하는 가속도이다. 즉, 접선 가속도는 원운동을 하는 물체의 접선 속도 변화를 나타낸다. 접선 가속도는 모든 가속도와 동일한 단위를 갖고, 즉, 길이 단위를 시간 제곱 단위로 나눈 값이며, 국제 시스템(SI)의 접선 가속도 단위는 m를 초당 제곱으로 나눈 값(m/s^2)이다.

090 ③ 에너지 대사율(RMR, Relative Metabolic Rato)은 작업을 수행하기 위하여 소비되는 산소소모량이 기초 대사량의 몇 배에 해당되는지를 나타내는 지수로서, 작업의 강도와 깊은 관계가 있다.

$$RMR = \frac{운동시\ 산소소모량 - 안정시\ 산소소모량}{기초대사량} = \frac{활동대사량}{기초대사량}$$

ⓑ 에너지 대사율에 따른 작업강도의 구분

작업강도구분	경(經)작업	중(中, 보통)작업	중(重)작업	초중(超重)작업
에너지 대사율(RMR)	0~2	2~4	4~7	7 이상

091 조종 장치의 우발작동을 방지하는 방법에는 ①, ③, ④ 이외에도 '조종 장치를 덮거나 방호해야 한다'는 점이 있다.

092 C/D비가 클수록 이동(수행) 시간은 길다.

093 최적의 통제표시비(C/D비)는 1.18~2.42 정도이고, C/D비가 크다는 의미는 미세한 조정은 쉽지만 수행시간은 상대적으로 길다는 것이다. 또한, C/D비가 작다는 의미는 미세한 조정이 어렵고 수행시간이 상대적으로 짧으므로 민감하다는 것이다.

094 ② C/R비가 작으면 표시장치 지침의 이동시간이 짧게 걸린다.
③ C/R비가 작으면 정확한 위치를 맞추는데 있어 조정 시간이 길게 걸린다.
④ C/R비가 크면 조정장치는 많이 움직여도 표시장치의 지침이 적게 움직인다.
⑤ C/R비가 클수록 둔감한 제어장치이다.
참고로 최적 C/D비(C/R비)는 조정 동작과 이동 동작을 절충하는 동작이 수반되고, 최적치는 두 곡선의 교점 부호이다.

095 통제표시비(C/D비)를 설계할 때 고려하여야 할 5가지 요소

공차	짧은 주행시간 내에 공차의 인정범위를 초과하지 않도록 하여야 한다.
방향성	조작 방향과 표시 지표의 운동 방향이 일치하도록 하고 안전과 능률에 영향을 미치므로 설계시 주의하여야 한다. 또한, 조작 방향과 표시 지표의 운동 방향이 일치하지 않으면 오차가 커지고, 작업자의 동작에 혼란이 오며, 작업 시간이 길어진다.
계기의 크기	계기의 조절시간과 오차와의 관계를 고려(크기가 작으면 오차의 발생이 커지고, 조절시간이 짧은 것을 선택)하여 크기를 결정하여야 한다.
조작 시간	통제표시비에 의해 조작시간이 결정되므로 통제표시비를 조절하여 작업자의 조절 동작과 계기의 반응운동간의 지연시간을 조절하여야 한다.
목측 거리	계기 표시판과 작업자의 눈 사이의 거리는 주행과 조절에 많은 영향을 주고 있으므로 목측 거리가 짧으면 짧을수록 조절의 정확도는 커지면서 시간이 짧게 걸린다.

096 양립성의 종류

공간(spatial) 양립성	조종장치나 표시장치에서의 공간적 배치와 물리적 형태를 의미하고, 표시장치와 이에 대응하는 조종장치 간의 위치 또는 배열이 인간의 기대와 모순되지 않아야 한다.
양식(modality) 양립성	직무에 대하여 청각적 자극 제시에 대한 음성 응답을 하도록 할 때를 의미한다.
운동(movement) 양립성	조종장치의 방향과 표시장치의 움직이는 방향이 사용자의 기대와 일치하는 것을 의미한다
개념(conceptual) 양립성	개념적인 연상으로 이미 사용자들이 학습을 통해 알고 있는 것을 의미하고, 어떠한 신호가 전달하려는 내용과 연관성이 있어야 하는 것으로 정의된다. 예로써 위험신호는 빨간색, 주의신호는 노란색, 안전신호는 파란색으로 표시하는 것이다.

097 양립성이란 조작과 반응과의 관계, 사용자의 의도와 실제 반응과의 관계, 조종장치와 작동결과에 관한 관계 등 사람들이 기대하는 바와 일치하는 관계를 말한다. ③은 양식(modality) 양립성으로 직무에 대하여 청각적 자극 제시에 대한 음성 응답을 하도록 할 때를 의미한다. ①과 ②는 개념 양립성, ④는 공간 양립성에 대한 설명이다.

098 개념(conceptual) 양립성은 개념적인 연상으로 이미 사용자들이 학습을 통해 알고 있는 것을 의미하고, 어떠한 신호가 전달하려는 내용과 연관성이 있어야 하는 것으로 정의된다. 예를 들면 위험신호는 빨간색, 주의신호는 노란색, 안전신호는 파란색으로 표시하는 것이다. 즉, 빨간색(위험을 표시하는 색으로 불, 뜨겁다 등의 의미)을 돌리면 뜨거운 물이 나오는 수도꼭지이다.

099 정침동목형(지침이 고정되어 있고, 눈금이 움직이는 형태)은 지침의 위치는 눈금에 대한 지침의 상대적 위치로 나타내고자 하는 값과 동일하다. 운동관계의 양립성을 고려하여 동목(moving scale)형 표시장치를 바람직하게 설계하려면 눈금과 손잡이가 같은 방향으로 회전하도록 하여야 한다.

100 레버는 운동 양립성(조정장치의 방향과 표시장치의 움직이는 방향이 사용자의 기대와 일치하는 것을 의미)을, 스위치는 공간 양립성(조정장치나 표시장치에서의 공간적 배치와 물리적 형태를 의미하고, 표시장치와 이에 대응하는 조종장치 간의 위치 또는 배열이 인간의 기대와 모순되지 않아야 함)을 고려한 것이다.

101 조절식 설계원칙은 체격이 다른 여러 사람에게 맞도록 만드는 것으로 자동차 운전석 의자의 위치, 사무실의 의자, 책상 등에 사용된다. 통상 제 2.5백분위수에서 제 97.5백분위수의 범위를 수용대상으로 설계하며, 설계 적용의 우선적 순서는 '조절식 → 극단치 → 평균치'의 순이다.

102 safe-T-score란 과거와 현재의 안전성적을 비교평가하는 방법으로 단위가 없으며, 계산결과가 (+)이면 나쁜 기록, (-)이면 과거에 비해 좋은 기록으로 본다. 판정 기준은 다음과 같다.

2.0 이상	2.0 미만 ~ -2.0 초과	-2.0 이하
과거보다 심각하게 나빠짐	심각한 차이가 없음	과거보다 좋아짐

$$\text{safe-T-score} = \frac{\text{현재 빈도율} - \text{과거 빈도율}}{\sqrt{\dfrac{\text{과거 빈도율}}{\text{현재 근로 총시간수}} \times 10^6}} = \frac{13.25 - 14.13}{\sqrt{\dfrac{14.13}{240,000} \times 10^6}} = -0.1147 \fallingdotseq -0.12$$

safe-T-score의 값이 -0.12이므로 판정 기준에 의해서 심각한 차이가 없다.

103 감각저장(인간의 기억체계 중 정보가 잠깐 지속되었다가 정보의 코드 없이 원상태로 돌아가는 저장)으로부터 정보를 작업기억으로 전달하기 위한 코드화 분류에는 시각코드, 음성코드, 의미코드 등이 있다.

104 ② 작업기억 저장 : 뇌가 뭔가를 의식 속으로 갖고 들어와 처리하는 능력을 의미한다.
③ 단기기억 저장 : 감각기억에 들어온 정보 중에서 우리에게 의미있는 것만을 의식적으로 선택하여 약 수초에서 수십초 정도 기억하는 역할을 의미한다.
④ 장기기억 저장 : 감각기억으로 들어와 단기기억 관문을 통과한 기억이 반복된 정보화나 암기의 단계를 거쳐 대뇌피질에 영구적으로 저장되는 것을 의미한다.

105 Work Sampling법은 설비나 작업자의 순간적인 관측을 통해 표준 시간이나 가동률을 산출하는 기법으로, 비교적 간단하고 적용 범위가 넓기 때문에 각종 개선 또는 조사의 기본 수법으로 많이 사용되며, 시간과 비용 측면에서 유리한 작업 측정 기법이다.
PTS법(predetermined time standards : 기설동작표준시간법)의 종류에는 Method Time Measurement법, Work Factor법, Basic Motion Times법 등이 있다.

106 ④ 손잡이 접촉 면적을 크게 설계하라.
⑥ 정밀작업을 요하는 손잡이의 직경은 0.75 ~ 1.5cm로 한다. 힘을 요하는 손잡이의 직경은 2.5 ~ 4cm로 한다.
⑨ 손바닥 부위에 압박을 주는 손잡이 형태를 피하여 설계한다.

107 윤활의 원칙에는 적량의 규정, 적합한 윤활유의 사용, 윤활기간의 올바른 준수, 올바른 윤활법의 채용 등이 있다.

108 VE(Value Engineering) 활동으로 각 분석항목에 대한 안전성과의 관계

분석 항목	재료	작업	제품	검사, 포장	운반, 레이아 웃	설비	사무
안전성	공해 유해가스	작업 피로, 작업성, 인간성, 단조로움	안전성, 공해	육체피로, 검사, 작업의 정신피로, 포장작업	작업 피로, 환경, 운반취급, 배치	사고재해건수, 환경, 소음 및 진동, 열, 가스	피로

②의 검사포장 – 육체피로, ③의 설비 – 사고재해 건수, ④의 운반 Layout – 직업피로 등은 안전성과 깊은 관계가 있고, ①의 재료 – 불량률은 안전성이 아닌 생산성과 깊은 관계가 있다.

번호	정답	번호	정답
001	① ○ ② ○ ③ × ④ ○	002	① ○ ② ○ ③ × ④ ○
003	① ○ ② ○ ③ × ④ ○	004	① × ② × ③ ○ ④ ×
005	① ○ ② × ③ ○ ④ ○	006	① × ② ○ ③ ○ ④ ×
007	① × ② × ③ ○ ④ ○	008	① × ② ○ ③ ○ ④ ○
009	① ○ ② ○ ③ ○ ④ ×	010	① × ② × ③ × ④ ○ ⑤ ○
011	① × ② × ③ ○ ④ ×	012	① ○ ② × ③ ○ ④ ○
013	① × ② ○ ③ ○ ④ ○ ⑤ ○ ⑥ ×	014	① × ② × ③ ○ ④ ×
015	① × ② × ③ ○ ④ ○ ⑤ × ⑥ ○ ⑦ × ⑧ × ⑨ × ⑩ ○ ⑪ ○ ⑫ ○ ⑬ ○		
016	① × ② ○ ③ × ④ ○ ⑤ ○ ⑥ × ⑦ × ⑧ × ⑨ × ⑩ ○		
017	① ○ ② ○ ③ ○ ④ × ⑤ ×	018	① ○ ② × ③ × ④ ×
019	① ○ ② ○ ③ ○ ④ ×	020	① × ② ○ ③ ○ ④ ×
021	① ○ ② × ③ ○ ④ ○	022	① ○ ② × ③ ○ ④ ○
023	① × ② ○ ③ × ④ ×	024	① × ② ○ ③ × ④ ○
025	① × ② ○ ③ ○ ④ ○	026	① ○ ② ○ ③ × ④ ×
027	① ○ ② ○ ③ ○ ④ ○	028	① ○ ② ○ ③ ○ ④ ×
029	① × ② ○ ③ ○ ④ ×	030	① × ② ○ ③ ○ ④ ○
031	① × ② × ③ × ④ ○	032	① × ② ○ ③ × ④ ×
033	① ○ ② ○ ③ ○ ④ ○	034	① ○ ② ○ ③ ○ ④ ×
035	① × ② ○ ③ ○ ④ ×	036	① × ② × ③ × ④ ○
037	① ○ ② ○ ③ ○ ④ ○	038	① ○ ② ○ ③ ○ ④ ×
039	① × ② ○ ③ ○ ④ ○	040	① × ② × ③ ○ ④ ×
041	① ○ ② ○ ③ × ④ ○	042	① ○ ② ○ ③ ○ ④ ○
043	① × ② × ③ ○ ④ ×	044	① ○ ② ○ ③ × ④ ○
045	① × ② ○ ③ × ④ ×	046	① ○ ② × ③ ○ ④ ○
047	① × ② × ③ ○ ④ ×		

001~002 시각적 부호의 유형 3가지

임의적 부호	경고표지는 삼각형, 안내표지는 사각형, 지시표지는 원형 등으로 부호가 고안되어 있다. 이처럼 부호가 이미 고안되어 있는 교통표지판 같이 배워야 하는 부호로서 이미 규정(고안)되어 있는 부호이다.
묘사적 부호	위험표지판(해골, 뼈 등)과 도로표지판(걷는 사람)과 같이 사물의 행동을 정확하고, 단순하게 묘사한 부호이다.
추상적 부호	별자리를 나타내는 12궁도 또는 전해지는 언어(남·녀의 표시)의 기본적인 요소를 도식적으로 압축한 부호이다.

003 암호체계 사용(시각적 암호, 부호 및 기호를 의도적으로 사용)상 일반적인 지침

- 암호의 검출성 : 검출이 가능하도록 하여야 한다.
- 암호의 판별성 : 다른 암호 표시와 판별이 되어야 한다.
- 암호의 양립성 : 인간의 기대(자극-반응간, 자극간, 반응간 등)와 모순되지 않아야 한다.

• 암호의 표준화, 다차원 암호의 사용(2가지 이상의 암호차원을 조합), 부호의 의미(분명한 인식) 등이 있다.

004 시각적 암호의 효능이 좋은 것부터 나쁜 것의 순으로 나열하면, '숫자(정량적)와 색(정성적)의 암호 → 영자와 형상의 암호 → 구성 암호'의 순이다. 즉, 시각적 암호의 효능이 좋은 것은 숫자(정량적)와 색(정성적)의 암호이다.

005 암호체계의 사용 시 고려해야 할 사항은 ①, ③, ④ 이외에도 다차원 암호(정보 전달의 촉진을 위해 2가지 이상의 암호 차원을 조합해서 사용)는 단일 차원의 암호보다 정보전달이 촉진된다는 점이다.

006 ④ 전력계에서와 같이 기계적 혹은 전자적으로 숫자가 표시되는 것은 정량적 표시 장치 중 계수형이다.
정성적 표시 장치는 연속적으로 변화하는 변수(온도, 압력, 속도 등)의 대략적인 값이나 변화의 추세, 비율 등을 알고자 할 때 사용한다. 정량적 표시 장치는 동적으로 변화하는 변수(온도, 속도 등)나, 정적 변수(자로 재는 길이 등)의 계량치에 관한 정보를 제공하는 데 주로 사용되고, 정목동침형, 정침동목형, 계수형 등이 있다.

007 ① 연속적으로 변화하는 양을 나타내는 데에는 일반적으로 디지털보다 아날로그 표시 장치가 유리하다.
② 정확한 값을 읽어야 하는 경우 일반적으로 아날로그보다 디지털 표시장치가 유리하다.
③ 동침(moving pointer)형 아날로그 표시장치는 바늘의 진행 방향과 증감 속도에 대한 인식적인 암시 신호를 얻는 것이 가능하다는 장점이 있다.

008 아날로그 표시장치는 동목형(지침이 고정되어 있고, 눈금이 움직이는 형)보다 동침형(눈금이 고정되어 있고, 지침이 움직이는 형, 매우 작은 값의 조정이나 움직임이 가능함)을 선호한다.

009 Bit는 실현 가능성이 동일한 두 개의 대안 중 하나가 명시되었을 때, 얻을 수 있는 정보량으로 2진법의 최소 단위를 사용한다. 또한, 주어진 자극에 대해 인간이 갖는 변화감지역을 표현하는 데에는 웨버(Weber)의 법칙을 이용하고, 웨버(Weber) 비 = $\dfrac{\varDelta\mathrm{I}}{\mathrm{I}}$ 이다. (단, 변화감지역을 $\Delta\mathrm{I}$, 표준자극을 I라 함)

010~011 표시장치

정적 표시장치(필기물처럼 시간에 따라 변화하지 않는 것)		간판, 도표, 지도, 인쇄물, 그래프, 도로표지판, 안전표지판 등
동적 표시장치	어떤 상황이나 변수를 표시	기압계, 온도계, 고도계, 속도계, 습도계, 교차로의 신호 등 등
	음극선관(CRT) 표시장치	레이더, 음파 탐지기 등
	전파용 정보를 제시하는 표시장치	TV, 영화, 전축 등
	어떤 변수를 맞추거나, 조정하는 것을 돕기 위한 것	전기 후라이팬의 온도 조절기 등

012 귀는 음에 대하여 즉각적으로 반응하지 않고(순음의 경우 음이 확정될 때까지 0.2~0.3초 정도 걸리고, 감쇄하는 데 0.14초 정도 걸림) 순음의 청각적 신호는 특히, 소음의 경우 0.3초 이내로 지속하며, 이보다 짧은 경우에는 강도를 증가시켜야 한다.

013 ① 양립성은 가능한 한 사용자가 알고 있거나 자연스러운 신호차원과 코드를 선택하는 것을 말하고, 긴급용 신호일 때는 높은 주파수를 사용한다는 것이다. 또한, 불변성(동일한 신호는 항상 동일한 정보를 지정)이 있다.
⑥ 근사성(approximation)이란 복잡한 정보를 나타내고자 할 때 2단계 신호를 고려하는 것으로 2단계 신호는 주의 신호(주의를 끌어서 정보의 일반적 부류를 식별)와 지정 신호(식별된 신호에 의해 정확한 정보를 지정) 등이 있다.

014 경고등의 설계 지침
- 실제 또는 잠재적 위험 상황을 경고하는 데 사용하고, 경고등의 수는 보통 하나가 좋다.
- 점멸속도는 초당 3~10회, 지속시간 0.05초 이다.
- 경고등의 밝기는 바로 뒤의 배경보다 2배 이상 밝게 한다.
- 위치는 조작자의 정상 시선의 30° 안에 있어야 하고, 색깔은 경고등(빨강색 : 위험, 녹색 : 안전, 황색 : 주의 등)
- 크기는 경고등에 대한 시각이 최소한 1°이상이어야 한다.

015 ① 전언이 시간적 사상을 다룬 경우
② 수신자의 시각계통이 과부하 상태일 때
③ 직무상 수신자가 자주 움직이는 경우
⑤ 메시지가 짧고 간단한 경우
⑦ 메시지를 추후 참고할 필요가 없는 경우
⑧ 정보의 내용이 즉각적인 행동을 요구하는 경우
⑨ 정보의 내용이 간단하고 짧은 경우
⑪ 정보 전달 장소가 조용할 때

016 ① 정보의 내용이 복잡한 경우
③ 직무상 수신자가 한 곳에 머무를 때
④ 정보전달이 즉각적인 행동을 요구하지 않을 때
⑥ 메시지가 공간적 위치를 다룬 경우
⑦ 정보의 내용이 공간적인 사건을 다루는 경우
⑧ 메시지가 복잡한 경우
⑨ 메시지가 추후에 재참조되는 경우

017 촉각적 코드화의 방법
촉각적 표시 장치는 기계적 진동(물리적 매개 변수로 위치, 세기, 주파수, 지속 시간 등)이나 전기적 임펄스(전극의 종류와 위치, 펄스속도, 지속시간, 강도 및 크기)로서 암호화를 위하여 고려할 사항은 형상, 표면 촉감, 크기의 3가지가 있다.

> - 형상의 코드화 : 손잡이 등이 그 용도를 연상할 수 있게 형상을 하고 있을 때 사용 용도를 감지하기 용이하다.
> - 표면 촉감의 코드화 : 표면의 촉감을 달리하여 식별이 쉽도록 한다.
> - 크기를 이용한 코드화 : 두께는 9.5mm, 직경은 13mm 정도의 차이가 있으면 정확한 구별이 가능하다.

018 촉각적 표시 장치는 기계적 진동(물리적 매개 변수로 위치, 세기, 주파수, 지속 시간 등)이나 전기적 임펄스(전극의 종류와 위치, 펄스속도, 지속시간, 강도 및 크기)로서 암호화를 위하여 고려할 사항은 형상, 표면 촉감, 크기의 3가지

가 있다. 초인종, 경보음, 모스(Morse)부호는 청각적 암호화 방법이고, 점멸등, 신호등, 연기 등은 시각적 암호화 방법이다.

019 후각적 표시장치(olfactory display)는 주로 경보장치(광산의 탈출 신호용, 가스 누출방지용)로 활용하고 있고, 시각적 표시장치에 비해 표시 장치로서의 활용(민감도의 저하, 냄새의 확산 통제가 난이, 피로해지기 쉬운 기관, 심한 개인차 등)은 매우 적다.

020 ① 피츠(Fitts) 법칙 : 이동하는 거리가 증가하고, 목표물의 크기가 작을수록 운동시간이 증가한다는 의미로, 정확성의 요구가 커질수록 운동 속도는 느려지고, 정확성의 요구가 작을수록 운동 속도는 빨라진다. 표적이 작고, 이동 거리가 길수록 이동시간이 증가한다. 피츠(Fitts) 법칙과 관련된 변수에는 표적의 너비, 시작점에서 표적까지의 거리, 작업의 난이도(Index of Difficulty) 등이 있다.
③ 신호검출이론(SDT) : 신호와 소음을 쉽게 식별할 수 없는 상황에 적용되고, 신호검출을 간섭하는 것은 소음이며, 긍정, 허위, 누락, 부정의 4가지 결과로 나눌 수 있다.
④ 힉-하이만(Hick-Hyman) 법칙 : 힉의 법칙(Hick's Law)이라고도 하고, 인지심리학 및 인터랙션 디자인 분야에서 사용자에게 주어진 선택 가능한 선택지의 숫자에 따라 사용자가 결정하는 데 소요되는 시간이 결정된다는 법칙이다.

021 Weber의 법칙은 처음 자극의 세기가 작으면 작은 변화도 감지할 수 있고, 처음 자극의 세기가 크면 자극의 변화가 커야 그 변화를 느낄 수 있다는 것이다. 즉, 자극의 세기와 자극의 변화는 비례한다는 의미로서, 자극의 변화는 처음 자극의 세기에 따라 달라진다. 웨버의 비는 변화감지역에 비례하고, 표준자극에 반비례하며, Weber비가 작을수록 분별력이 높아진다.

022~023 피츠(Fitts) 법칙이란 이동하는 거리가 증가하고, 목표물의 크기가 작을수록 운동시간이 증가한다는 의미로, 정확성의 요구가 커질수록 운동 속도는 느려지고, 정확성의 요구가 작을수록 운동 속도는 빨라진다. 표적이 작고, 이동 거리가 길수록 이동시간이 증가한다. 피츠(Fitts) 법칙과 관련된 변수에는 표적의 너비, 시작점에서 표적까지의 거리, 작업의 난이도(Index of Difficulty) 등이 있다.

024 인류의 오류 모형
① 착오(Mistake) : 상황해석을 잘못하거나 틀린 목표를 착각하여 행하는 인간의 실수이다.
② 실수(Slip) : 상황이나 목표의 해석은 정확하나 의도와는 다른 행동을 한 경우의 실수 또는 객관적 실재와 주관적 인식이 일치하지 않는 것이다.
③ 건망증(Lapse) : 잊어버리거나 기억하지 못하는 정도로서 기억 장애의 하나이다.
④ 위반(Violation) : 알고 있음에도 의도적으로 따르지 않거나 무시한 경우이다.

025 인간이 과오를 범하기 쉬운 성격의 상황에는 다수의 작업자가 작업을 하므로 집중도가 현저히 저하되는 공동작업, 의식 수준이 저하되는 장시간 감시, 다경로에 의한 의사 결정에 혼란을 가져오는 다경로 의사결정, 속도의 정확성을 요구하는 작업, 변별을 요구하는 작업, 부적당한 입력 특성을 갖는 경우 등이 있다.

026 ② Lock system : Interlock system(기계 또는 인간과 기계 사이에 두는 안전장치), Intralock system(인간의 내면에 존재하는 통제장치), Translock system(interlock과 intralock 사이에 두는 안전장치를 의미)의 3가지가 있다.

③ Monitoring system : 모니터링은 IT 시스템에서 CPU 사용량, 메모리 사용량, 네트워크 트래픽과 같은 데이터를 수집하고 분석하여 성능과 동작을 파악하는 시스템이다.

④ Fool proof system : 작업자가 실수하고 싶어도 실수할 수 없도록 하거나, 혹시 실수가 일어났다고 하더라도 경보음 같은 것을 울려 그 피해를 최소로 하거나 없도록 하는 시스템이나 장치를 말한다.

027 fail safe의 기능면 3단계

① fail-passive : 부품에 고장이 발생하면 기계는 정지하는 방향으로 이동한다.

② fail-active : 부품에 고장이 발생하면 기계는 짧은 시간 동안의 운전이 가능하고, 경보를 울린다.

③ fail-operational : 병렬 계통 또는 대기 여분(stand-by redundancy) 계통으로 한 것으로 부품에 고장이 발생하면 기계는 추후의 보수가 될 때까지 안전한 기능을 유지한다.

028~029 ④ 격리구조는 집적회로에서 요소들 사이를 전기적으로 절연시키는 구조이다.

fail safety system(페일 세이프 시스템)은 기계나 그 부품에 파손·고장이나 기능 불량이 발생하여도 항상 안전하게 작동할 수 있는 구조와 기능을 가진 시스템이다. 구조에 따른 분류에는 다경로하중구조, 분할구조, 하중해방구조, 교대구조, 하중경감구조 등이 있고, 기능에 따른 분류에는 fail-passive, fail-active, fail-operational 등이 있다.

030 인간의 거동의 3가지 분류 [Rassmusen]

지식 수준	복잡한 문제나 예상하지 못한 일 등에 따라 반응하여 행동하는 의식 수준으로 자극과 정보에 대해 신중하게 생각하여 하는 행동이다.
숙련(반사)조작 수준	아무런 생각없이 반사적으로 행동하는 의식수준으로 오랜 경험이나 본능에 의한 행동이다.
규칙 수준	경험에 의해 판단하고 행동 규칙 등에 따라 반응하여 행동하는 의식수준으로 일상적인 반복작업 등에서 일어난다. 예로는, 자동차가 우측 운행하는 한국의 도로에 익숙해진 운전자가 좌측 운행을 해야 하는 일본에서 우측 운행을 하다가 교통사고를 냈다 등이 있다.

031 휴먼에러(Human Error)의 내적(심리적)요인과 외적(물리적)요인

내적(심리적) 요인	주의 소홀, 선입관, 체험적 습관, 서두르거나 절박한 상황, 피로, 지식 부족, 의욕이나 사기의 결여, 과다 및 과소 자극 등
외적(물리적) 요인	과다자극 경로, 양립성에 맞지 않는 경우, 공간적 배치 원칙에 위배, 재촉, 동일형상 및 유사형상의 배열, 생산성이나 지나친 강조, 복잡한 작업, 단조로운 작업 등

032~034 1) Swain에 의한 심리적 분류의 휴먼에러(인간실수, 독립행동)의 분류

생략에러	• Omission Error, 부작위 실수 • 직무 또는 어떤 단계를 수행하지 않은 에러
실행에러	• Commission Error, 작위 실수 • 선택, 시간, 순서, 정성적 착오 등의 필요한 작업이나 절차의 불확실한 수행이다.
시간에러	• Time Error, 지연 오류 • 계획된 시간 내에 직무 수행을 실패(너무 늦거나, 일찍 수행)한 것이다.
순서에러	• Sequential Error, 순서적 과오 • 순서에서 벗어난 직무수행이다.

과잉행동에러	• Extraneous Error, 불필요한 과오 • 불필요한 작업 또는 절차를 수행함으로써 기인한 에러 또는 수행되지 않아야 할 수행이다.

2) 원인의 레벨적 에러

primary error	1차 에러로서, 작업자 자신으로부터 발생한 에러이다.
secondary error	2차 에러로서, 어떤 결함이 원인이 되어 발생하는 에러 또는 작업 조건이나 작업 형태 중에서 문제가 발생하여 이 문제로 인해 원하는 사항을 실행할 수 없는 에러 또는 어떤 장치에 이상을 알려주는 경보기가 있어서 그것이 울리면 일정시간 이내에 장치의 운전을 정지하고, 상태를 점검하여 필요한 조치를 하여야 하는데, 장치에 고장이 발생한 상황을 조사한, 즉 이 작업자는 두 개의 장치에 대해서 같은 일을 담당하고 있고, 그 두 대는 장소적으로 떨어져 있기 때문에 한쪽에 가까이 있을 때에 다른 쪽의 경보가 울리면 시간 내 조절을 할 수 없었을 때의 에러이다.
command error	작업자가 움직이려 해도 움직일 수 없어 발생한 에러로서, 원하는 것을 실행하려고 해도 정보, 에너지, 물건 등의 공급이 되지 않은 것 같은 경우이다.

035 ②는 실행에러(Commission Error, 작위 실수)로 선택, 시간, 순서, 정성적 착오 등의 필요한 작업이나 절차의 불확실한 수행이다. ①과 ③은 생략에러(부작위 실수), ④는 원인의 레벨적 에러 중 1차 오류(primary error)이다.

036
- 실행에러(Commission Error, 작위 실수) : 선택, 시간, 순서, 정성적 착오 등의 필요한 작업이나 절차의 불확실한 수행이다.
- Fool proof system : 작업자가 실수하고 싶어도 실수할 수 없도록 하거나, 혹시 실수가 일어났다고 하더라도 경보음 같은 것을 울려 그 피해를 최소로 하거나 없도록 하는 시스템이나 장치를 말한다.

037 실행에러(Commission Error, 작위 실수)는 선택, 시간, 순서, 정성적 착오 등의 필요한 작업이나 절차의 불확실한 수행이다. 직무누락착오는 생략오류로서 부작위 에러에 속한다.

038 인간 실수의 개인 특성은 심신기능, 건강상태, 작업부적응성 등이 있다. 욕구결함은 심리적 원인이다.

039 휴먼 에러 예방 대책 중 인적 요인에는 소집단 활동의 활성화, 작업에 대한 교육 및 훈련, 전문인력의 적재적소 배치 등이 있고, 물적 요인에는 작업 환경의 개선, 안전방호장치의 설치, 설비 및 설비 배치의 개선 등이 있다.

040 James Reason의 휴먼 에러의 3가지 (라스무센의 휴먼 에러와 관련한 인간 행동의 분류)
- 숙련 기반 에러(Skill based error) : 숙련 부족으로 인해 발생하는 착오이다.
- 규칙 기반 착오(Rule based mistake) : 규칙을 잘 숙지하지 못해서 발생하는 착오이다.
- 지식 기반 착오(Knowledge based mistake) : 무지로 발생하는 착오이다.

041 인간 에러의 원인 중 작업특성 및 환경조건의 상태악화로 인한 원인에는 ①·②·④ 이외에도 다음 내용들이 있다.

> - 작업자에게 육체적 특성이 계속되는 작업
> - 필요한 속도와 정확성에 불균형이 있는 작업
> - 결과를 확인하기 어려운 작업
> - 애매한 연휴 작업 또는 지나치게 형식적인 분류
> - 제어하기 어려운 조정장치를 가진 기계나 기구의 조작방법
> - 상황파악과 예측이 어려운 상황
> - 긴장과 주의력의 지속을 요구하는 작업

042 신호검출이론은 신호와 소음을 쉽게 식별할 수 없는 상황에 적용되고, 신호검출을 간섭하는 것은 소음이며, 긍정, 허위, 누락, 부정의 4가지 결과로 나눌 수 있다. 신호검출이론의 적용대상에는 품질검사, 의학처방, 법정에서의 판정 등이 있다.

043 신호검출이론(SDT)의 판정

① 긍정(hit, 판정) : 신호(실제로 존재하는 정보나 사건)가 실제로 존재하고, 신호가 있다고 정확히 판단한 경우

② 누락(miss, 실패) : 신호가 실제로 존재하나, 신호가 없다고 잘못 판단한 경우

③ 허위(fales alarm, 허위경보) : 신호가 존재하지 않으나, 신호가 있다고 잘못 판단한 경우

④ 부정(correct rejection) : 신호가 존재하지 않고 신호가 없다고 정확히 판단한 경우

044 신호검출이론은 통제된 실험실에서 얻은 결과를 현장에 그대로 적용하는 것이 불가능하다.

045 TPM(Total Productivity Management)은 작업자의 자주보전활동과 설비의 예방보전활동이고, 자본생산방식에서의 생산성 향상기법으로 추진의 5대 항목은 다음과 같다.

• 설비효율화의 개별개선	• 자주보전체제 확립
• 보전부분의 계획 · 보전체제 확립	• 설비초기유동관리 및 MP 체제 구축
• 운전보전의 기능향상을 위한 교육	

① 개별개선활동단계는 플랜트 전체(설비, 장치 공정 등)의 효율화를 위한 전반적인 개선활동이다.

③ 계획보전활동단계는 가장 적합한 보전주기에 의한 정기보전으로 설비의 이상을 조기에 발견하고 조치하는 활동이다.

④ 개량보전활동단계는 TPM(Total Productivity Management)과 무관한 내용이다.

046 허위감각 해결대책

구분	내용
허위감각으로 인한 방향 감각의 혼란 · 착각 현상	• 전정낭 또는 세반고리관으로부터 오는 부정정하거나 부정확한 감각정보로 인하여 발생한다. • 현기증 증세 또는 비행 중의 방향감각의 혼란 등이 생긴다.
혼란 · 착각에 대한 해결대책	• 주위의 다른 물체에 주의를 한다. • 여러 종류의 착각의 성질과 발생상황을 이해한다. • 계기와 같은 정확한 방향감각 암시신호나 시각적 암시신호를 의존하는 것을 숙지한다.

047 일반적인 조건에서 정량적 표시장치의 관측거리는 71cm(28인치)를 표준으로 하고, 눈금 사이의 간격을 다음과 같이 구한다.

$$Y(\text{눈금사이의 간격}, cm) = \frac{\text{기기의 눈금 사이의 간격}(cm) \times \text{시야 거리}(m)}{\text{표시장치의 관측거리}(m)} = \frac{0.13X}{0.71} = \frac{0.13 \times 1.42}{0.71} = 0.26cm$$

또한, 위와 같은 식이 만들어진 과정을 보면,

표시장치의 관측거리 : 기기의 눈금 사이 간격 = 시야거리(X) : 눈금 사이 간격(Y)임을 알 수 있다. 이 과정을 이용하여 풀이하면, 0.71 : 0.13 = 1.42 : Y이다.

그러므로, $Y = \dfrac{0.13 \times 1.42}{0.71} = 0.26cm$

건설재료

1단원 건설재료 일반

001 ① ○ ② × ③ ○ ④ ○		**002** ① × ② ○ ③ ○ ④ ○	
003 ① × ② ○ ③ ○ ④ ○		**004** ① ○ ② × ③ ○ ④ ○	
005 ① ○ ② ○ ③ × ④ ○		**006** ① × ② ○ ③ × ④ ×	
007 ① × ② × ③ × ④ ○		**008** ① × ② ○ ③ ○ ④ ○	
009 ① ○ ② ○ ③ ○ ④ ○		**010** ① × ② × ③ × ④ ○	
011 ① × ② × ③ × ④ ○		**012** ① × ② ○ ③ × ④ ×	
013 ① × ② ○ ③ × ④ ×		**014** ① ○ ② × ③ ○ ④ ×	
015 ① × ② × ③ ○ ④ ×		**016** ① × ② × ③ ○ ④ ×	

001~002 건축 재료에 요구되는 성질

재료		재료에 요구되는 성질
구조 재료		• 재질이 균일하고 강도, 내화 및 내구성이 큰 것이어야 한다. • 가볍고 큰 재료를 얻을 수 있고 가공이 용이한 것이어야 한다.
마무리 재료	지붕 재료	• 재료가 가볍고, 방수·방습·내화·내수성이 큰 것이어야 한다. • 열전도율이 작고, 외관이 좋은 것이어야 한다.
	벽, 천장 재료	• 열전도율이 작고, 차음성·내화성·흡음성·내구성이 큰 것이어야 한다. • 외관이 좋고, 시공이 용이한 것이어야 한다.
	바닥, 마무리 재료	• 탄력성이 있고, 마멸이나 미끄럼이 작으며, 청소하기가 용이한 것이어야 한다. • 외관이 좋고, 내수습성·내열성·내약품성·내화·내구성이 큰 것이어야 한다.
	창호, 수장 재료	• 외관이 좋고, 내화·내구성이 큰 것이어야 한다. • 변형이 작고, 가공이 용이한 것이어야 한다.

003 건축 재료의 요구 성능

구분	역학적 성능	물리적 성능	내구 성능	화학적 성능	방화·내화 성능	감각적 성능	생산 성능
구조 재료	강도, 강성, 내피로성	비수축성	동해, 변질, 부패,	녹, 부식, 중성화	불연성, 내열성		가공성, 시공성
마감 재료		열·음·광 투과, 반사			비발연성, 비유독 가스	색채, 촉감	
차단 재료		열·음·광· 수분의 차단					
내화 재료	고온 강도 고온 변형	고융점		화학적 안정	불연성		

004 마감재료의 요구 성능에는 물리적 성능, 내구 성능, 화학적 성능, 방화·내화 성능, 감각적 성능, 생산 성능 등이 있다. 역학적 성능은 필요성이 가장 적다.

 건축 재료의 화학 조성에 의한 분류

구분	무기 재료		유기 재료	
	비금속	금속	천연 재료	합성수지
종류	석재, 흙, 콘크리트, 도자기	철재, 구리, 알루미늄	목재, 대나무, 아스팔트, 섬유판	플라스틱재, 도장재, 실링재, 접착재

006 ① 연성 : 어떤 재료에 인장력을 가하였을 때, 파괴되기 전에 큰 늘음 상태를 나타내는 성질을 말한다.
③ 인성 : 압연강, 고무와 같은 재료는 파괴에 이르기까지 고강도의 응력에 견딜 수 있고 동시에 큰 변형을 나타내는 성질 또는 재료가 외력을 받아 파괴될 때까지의 에너지 흡수 능력이 큰 성질로서 큰 외력을 받아 변형을 나타내면서도 파괴되지 않고 견딜 수 있는 성질이다.
④ 탄성 : 재료에 외력이 작용하면 순간적으로 변형이 생기나 외력을 제거하면 순간적으로 원래의 형태(모양·크기)로 회복되는 성질이다. 탄성계수는 부재의 재축 방향의 응력도와 세로 변형도와의 비로서, 응력과 변형이 비례하는 후크의 법칙에 있어서의 비례 상수이다.

007 ④ 경도 : 재료의 단단한 정도로 굳기라고도 하며, 긁히는 데 대한 저항도, 새김질에 대한 저항도, 탄력 정도, 마멸에 의한 저항도 등에 따라 표시 방법이 다르며, 브리넬 경도(지름 10mm의 강구를 시편 표면에 500~3,000kg의 힘으로 압입하여 표면에 생긴 원형 흔적의 표면적을 구하여 압력을 표면적으로 나눈 값으로 금속 또는 목재에 사용)와 모스 경도[재료의 긁힘(마멸)에 대한 저항성을 나타내는 것으로서, 유리 및 석재에 사용] 등이 있다.
① 강성 : 구조물이나 부재에 외력이 작용할 때 변형되거나 파괴되지 않으려는 성질로 외력을 받더라도 변형이 작은 것을 강성이 큰 재료라고 한다. 강성은 탄성 계수와 밀접한 관계가 있다.
② 인성 : 압연강, 고무와 같은 재료는 파괴에 이르기까지 고강도의 응력에 견딜 수 있고 동시에 큰 변형을 나타내는 성질 또는 재료가 외력을 받아 파괴될 때까지의 에너지 흡수 능력이 큰 성질로서 큰 외력을 받아 변형을 나타내면서도 파괴되지 않고 견딜 수 있는 성질이다.
③ 취성 : 유리와 같이 재료가 외력을 받았을 때 극히 작은 변형을 수반하고 파괴되는 성질, 작은 변형이 생기더라도 파괴되는 성질 또는 인성에 반대되는 용어로 작은 변형으로도 파괴되는 성질로 대표적인 취성 재료로는 유리가 있다.

008 ① 비중 : 재료의 중량을 그와 동일한 체적의 4℃인 물의 중량으로 나눈 값으로 물리적 성질에 속한다.
② 탄성 : 재료에 외력이 작용하면 순간적으로 변형이 생기나 외력을 제거하면 순간적으로 원래의 형태(모양·크기)로 회복되는 성질이다. 탄성계수는 부재의 재축 방향의 응력도와 세로 변형도와의 비로서, 응력과 변형이 비례하는 후크의 법칙에 있어서의 비례 상수이다.
③ 강성 : 구조물이나 부재에 외력이 작용할 때 변형되거나 파괴되지 않으려는 성질로 외력을 받더라도 변형이 작은 것을 강성이 큰 재료라고 한다. 강성은 탄성 계수와 밀접한 관계가 있다.
④ 소성 : 재료에 사용하는 외력이 어느 한도에 도달하면 외력의 증가 없이 변형만 증대되는 성질 또는 외력을 가했다 제거해도 원래의 상태로 돌아가지 못하고 변형이 남는 성질이다.

009 ②의 설명은 전성(압력이나 타격에 의해 재료가 파괴됨이 없이 판상으로 되는 성질 또는 어떤 재료를 망치로 치거나 롤러로 누르면 얇게 펴지는 성질로, 대표적인 제품은 납, 금, 은, 알루미늄 등)을 의미한다. 연성은 어떤 재료에 인장력을 가하였을 때, 파괴되기 전에 큰 늘음 상태를 나타내는 성질을 말한다.

010 강재의 역학적 특성은 한국산업규격(KS)에서 규정하는 시험편 제작 및 시험방법에 따라 실시된 직접인장시험 결과, 즉 인장응력−변형도 관계를 근거로 결정된다.

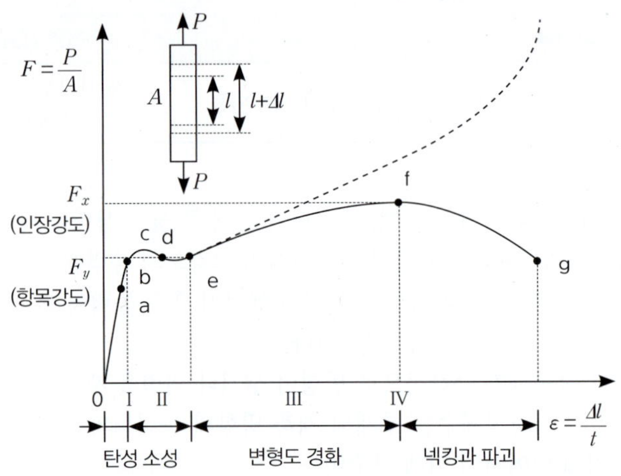

- a점 : 비례한도로서, 응력과 변형도가 선형관계를 유지하는 한계점이다.
- b점 : 탄성한도로서, 하중을 제거하면 원점으로 회복되는 탄성을 갖는 한계점이다.
- c점 : 상위항복점으로서, 모든 강재에서 나타나는 특성은 아니다.
- d점 : 하위항복점으로서, 응력의 증가 없이 변형도가 크게 증가되는 지점이다.
- e점 : 변형경화시점으로서, 항복이후 응력이 다시 증가되기 시작하는 지점이다.
- f점 : 인장(극한, 최대)강도점으로서 시험편이 받을 수 있는 최대응력이다.
- g점 : 파괴점으로서, 시험편이 파단되는 지점이다.
- Ⅰ구간 : 탄성영역으로 하중을 제거하면 원점으로 돌아오는 구간이다.
- Ⅱ구간 : 소성영역으로 하중을 제거하여도 원점으로 돌아오지 않고 잔류 변형이 발생되는 구간이다.
- Ⅲ구간 : 변형 경화영역으로 소성영역 이후 변형도가 증가하면서 응력이 다시 증가되는 구간이다.
- Ⅳ구간 : 변형연화(네킹과 파괴)영역으로 변형도가 증가됨에 따라 응력이 감소되는 구간이다.

문제에서 b점은 상위항복점이다.

011 ④ 피로란 재료의 피로 또는 재료에 반응응력이 생길 때 반복 횟수가 증가함에 따라 재질의 변화나 강도의 저하 현상을 의미한다.
① 충격 파괴 : 특정한 실험재료가 완전히 파괴될만한 충분한 충격에 의한 파괴이다.
② 전단 파괴 : 전단력에 의한 파괴이다.
③ 크리프 파괴 : 하중을 증가시키지 않고 일정한 하중 및 온도에서도 시간의 경과와 함께 변형이 증가하면서 파손되는 현상이다. 또한, 크리프(플로우)는 구조물에서 하중을 지속적으로 작용시켜 놓을 경우, 재료에 사용하는 외력이 어느 한도에 도달하면 하중의 증가가 없어도 지속적인 하중에 의해 시간과 더불어 변형이 증대되는 현상이다.

012 비강도는 물질의 강도를 밀도(비중)로 나눈 값으로, 같은 질량의 물질이 얼마나 강도가 센가를 나타내는 지수이다. 즉, 비강도가 높으면 가벼우면서도 강한 물질이라는 뜻이다. 비강도가 큰 것부터 작은 것의 순으로 나열하면, "목재(3,100 정도) → 콘크리트(900 정도) → 비닐(740 정도) → 연강(570 정도)"의 순이다.

013 재료의 열전도율

재료	콘크리트	코르크판	알루미늄	주철
열전도율(W/mK)	1.6	0.043	235	50

014 ② NEP인증 : NEP(New Excellent Product)의 인증대상은 국내에서 최초로 개발된 기술 또는 이에 준하는 대체기술로서 기존의 기술을 혁신적으로 개선 개량한 신기술이 적용된 제품으로 사용자에게 판매되기 시작한 후 3년을 경과하지 않은 신 개발제품이다.

③ GD마크 : 우수 디자인(Good Design)의 약자로 한국 디자인 포장센터가 제품의 디자인, 기능, 안전성 등을 종합 심사하여 부착하는 마크이다.

④ KS마크 : 정부의 국가표준규격을 지킨 우수 제품으로 볼 수 있는 마크이다.

015 ① 초고장력강 : 일반적으로 인장강도 0.13Mpa(130kg/mm²) 이상으로 인성, 피로강도 등을 대폭적으로 향상시킨 것으로 제조 방법에 따라 저합금계, 중합금계, 고합금계로 분류할 수 있다. 이러한 고장력강은 강도를 확보하기 위하여 탄소함유량이 높기 때문에 금속 조직이 단단하게 되어 용접성이 나빠지고 인장강도 부근까지 항복이 일어나지 않는 성질을 갖고 있다.

② 비정질(Amorphous)금속 : 최근 액체로부터의 초급랭 가공에 의해 만들어진 꿈의 소재라고 불리는 비정질 금속은 결정 구조 상태가 아니고, 유리와 같은 비정질 상태에서 보통의 금속이 가지는 결정립, 전위, 적층 결함을 가지고 있지 않은 것이 특징이다. 따라서 건축용 신소재로서의 이용은 아주 높은 내식성의 특징을 가지고 있어 얇은 막으로서 방식 피복을 가능하게 한다.

④ 고크롬강 : 크롬강(chrome steel)은 중탄소강에 크롬(Cr)을 첨가한 구조용 합금강으로 크롬의 함유량이 16% 이상인 크롬강을 말한다.

016 크리프 계수는 탄성 변형량에 대한 크리프 변형량의 비이다. 즉, 크리프 계수 $= \dfrac{\text{크리프 변형량}}{\text{탄성 변형량}} = \dfrac{4}{2} = 2$

2단원 목재

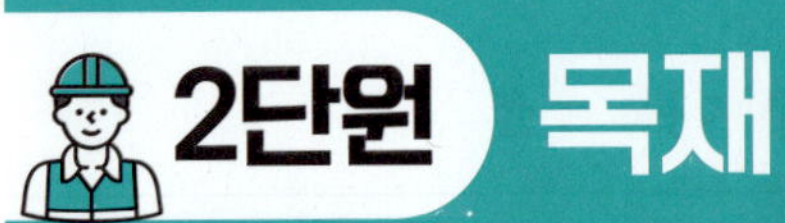

번호	정답
001	①○ ②○ ③× ④○ ⑤○ ⑥○ ⑦× ⑧○ ⑨○ ⑩× ⑪○ ⑫○ ⑬○ ⑭× ⑮○ ⑯○ ⑰× ⑱○ ⑲○
002	①× ②× ③○ ④× ⑤○ ⑥× ⑦○ ⑧○ ⑨○ ⑩○ ⑪× ⑫○ ⑬× ⑭○ ⑮× ⑯×
003	①○ ②○ ③× ④○
004	①× ②○ ③○ ④○
005	①× ②○ ③○ ④○ ⑤○ ⑥× ⑦○ ⑧○
006	①× ②○ ③× ④×
007	①× ②○ ③× ④×
008	①○ ②× ③○ ④○
009	①× ②× ③○ ④×
010	①× ②× ③○ ④×
011	①× ②× ③○ ④×
012	①○ ②○ ③× ④○ ⑤○ ⑥○ ⑦× ⑧○ ⑨○ ⑩○ ⑪×
013	①× ②× ③× ④○
014	①○ ②○ ③○ ④× ⑤× ⑥× ⑦○ ⑧× ⑨○ ⑩× ⑪○ ⑫○
015	①○ ②○ ③× ④○
016	①× ②○ ③○ ④○ ⑤○ ⑥×
017	①× ②× ③× ④○
018	①○ ②○ ③○ ④× ⑤○ ⑥○ ⑦× ⑧○
019	①× ②○ ③○ ④○
020	①○ ②× ③○ ④○
021	①× ②× ③× ④○ ⑤○ ⑥× ⑦○ ⑧○
022	①× ②○ ③× ④×
023	①○ ②× ③○ ④○
024	①○ ②× ③○ ④○ ⑤○ ⑥○ ⑦× ⑧○ ⑨○ ⑩○ ⑪× ⑫○
025	①○ ②○ ③× ④○ ⑤○ ⑥○ ⑦○ ⑧×
026	①○ ②× ③○ ④○
027	①× ②○ ③○ ④○
028	①○ ②○ ③× ④○
029	①○ ②× ③○ ④○
030	①○ ②○ ③× ④○
031	①× ②○ ③○ ④○
032	①× ②× ③○ ④×
033	①× ②○ ③○ ④○ ⑤○ ⑥○ ⑦× ⑧○
034	①× ②○ ③○ ④○ ⑤○ ⑥× ⑦○ ⑧×
035	①× ②○ ③○ ④○ ⑤× ⑥○ ⑦○ ⑧○ ⑨○ ⑩○ ⑪×
036	①○ ②× ③× ④×
037	①× ②× ③× ④○
038	①× ②○ ③× ④×
039	①× ②○ ③× ④×
040	①○ ②○ ③× ④○
041	①○ ②× ③○ ④○ ⑤○ ⑥○ ⑦○ ⑧×
042	①○ ②○ ③○ ④×
043	①× ②× ③× ④○ ⑤×
044	①× ②○ ③○ ④○
045	①○ ②○ ③× ④○
046	①○ ②× ③○ ④○ ⑤○ ⑥× ⑦× ⑧×
047	①× ②× ③○ ④×
048	①× ②○ ③○ ④○

001 ③ 풍화(오랜 세월 동안의 햇빛, 비, 바람, 기온의 변화 등)에 의해서도 부패한다.

⑦ 건조재의 함수율이 적을수록 강도는 높아진다.

⑩ 목재 벌목 후 섬유포화점 이상의 함수상태의 물인 자유수는 목재의 물리적 또는 기계적 성질에 영향을 끼치지 않는다. 왜냐하면, 섬유포화점(함수율 30%) 이상의 상태에서 목재의 강도, 신축 등의 변화가 없기 때문이다.

⑭ 침엽수(연목재)가 활엽수(경목재)보다 재질이 약하다.

⑰ 섬유포화점 이상의 함수상태에서는 함수율이 증가할수록 강도는 변함이 없다. 즉, 섬유포화점(함수율 30%) 이상에서는 목재의 강도, 신축 등의 변화가 없다.

002 ① 함수율 변화에 따라 강도가 변화한다.
② 비중과 강도는 대체로 정비례 한다.
④ 옹이에 따른 압축강도 감소는 있다.
⑥ 목재의 압축강도는 옹이가 있으면 감소한다.
⑪ 보통 사용 상태에서 목재의 흡습팽창은 열팽창에 비해 영향이 크다.
⑬ 목재 섬유에 직각 방향의 인장강도는 평행 방향에 비해 상당히 작다.
⑮ 목재의 전단강도는 섬유의 평행 방향이 직각 방향보다 강하다.
⑯ 목재의 휨강도는 옹이의 크기와 위치에 영향을 받는다.

003 변재의 세포는 양분을 함유한 수액을 보내어 수목을 자라게 하거나, 양분을 저장한다. 따라서 수분을 많이 함유하므로 제재 후에 부패하기 쉽다. 생활기능이 줄어든 세포는 심재이고, 변재는 생활기능이 활발한 세포이다.

004 수선은 수심에서 사방으로 뻗어 있고, 물관 세포와 같은 모양과 동일한 작용을 하므로 수액을 수평으로 이동시키는 역할을 한다. 침엽수에서는 가늘어 잘 보이지 않으나 활엽수에는 종단면에서 은색, 암색의 얼룩 무늬와 광택이 뚜렷하여 아름다운 무늬로 잘 나타난다.

005 ① 변재가 심재보다 다량의 수액을 포함하고 있으나, 변재가 비중이 작다.
⑥ 변재(심재 외측과 수피 내측 사이에 있는 생활 세포의 집합)는 수액의 통로이며 양분의 저장소이다.

006 목재의 함수율

구분	전건재	기건재	섬유 포화점
함수율	0%	10~15%(12~18%)	30%
비고		습기와 균형	섬유 세포에만 수분 함유, 강도가 커지기 시작하는 함수율

007 함수율의 변화에 따라 목재의 강도도 변화한다. 즉, 목재의 강도는 함수율과 반비례한다. 함수율이 100%에서 섬유 포화점인 30%까지는 강도의 변화가 작으나, 함수율이 30% 이하로 더욱 감소하면 강도는 급격히 증가하며, 기건 상태에서는 섬유 포화점 강도의 약 1.5배로 증가하고, 절건 상태(절건 상태)에서는 섬유 포화점 강도의 약 3배로 증가한다. 또한, 섬유포화점 이하에서 목재의 함수율 감소는 강도가 증가하고 인성이 감소한다.

008 섬유포화점 이상의 함수상태에서는 함수율이 증가와 감소에 관계없이 함수율이 100%에서 섬유 포화점인 30%까지는 강도의 변화가 없이 일정하다.

009 소나무(육송)의 강도가 큰 것부터 작은 것의 순으로 나열하면, '인장강도 → 휨강도 → 압축강도 → 전단강도'의 순이다.

010~011 목재의 강도를 큰 것부터 작은 것의 순으로 나열하면 '인장 강도 → 휨 강도 → 압축 강도 → 전단 강도'의 순이다. 섬유 방향의 평행 방향의 강도가 섬유 방향의 직각 방향의 강도보다 크고, 섬유 평행 방향의 인장 강도 → 섬유 평행 방향의 압축 강도 → 섬유 직각 방향의 인장 강도 → 섬유 직각 방향의 압축 강도의 순이다. 목재의 강도 중 가장 작은 것은 섬유 직각 방향의 전단강도이다.

012 ③ 섬유포화점 이상에서 목재의 함수율이 커질수록 압축 강도는 거의 변화가 없다.

ⓐ 목재의 건조는 중량을 경감시키고, 강도에는 영향을 끼친다. 즉, 목재의 건조는 목재의 강도를 증대시킨다.

ⓚ 목재의 제강도 중 전단강도의 크기가 가장 작다.

013 ① 공극을 함유하지 않는 비중을 진비중이라 하고, 공극을 함유한 용적중량을 통상 비중이라 한다.

② 진비중 = $\dfrac{\text{목질 세포막의 실질 중량}}{\text{목질 세포막의 실질 용량}}$ 을 말하고 수종에 관계없이 1.54로 하여 통용되고 있다.

③ 일반적으로 목재의 비중은 절건상태의 겉보기 비중으로 나타내며 0.3~1.0 정도의 것이 많다.

014 ④ 곧은결 방향(2.5~4.5%)의 신축이 널결 방향(6~10%)의 신축보다 작다. 목재의 건조 수축은 무늬결 너비 방향이 6~10%, 곧은결 너비 방향이 무늬결 너비 방향의 1/2(2.5~4.5%)이다. 길이(섬유) 방향은 곧은결 너비 방향의 1/20 정도(0.1~0.3%)이므로 목재의 건조 수축은 무늬결 방향이 가장 크고, 길이 방향이 가장 작다.

⑤ 동일 나뭇결에서 심재는 변재보다 신축이 작다.

⑥ 섬유포화점 이상에서는 함수율에 따른 신축 변화가 거의 없다.

⑧ 신축의 정도는 수종, 생장 상태, 수령에 따라 일정하지 않다.

⑩ 섬유포화점 이상의 함수상태에서는 함수율이 클수록 수축률 및 팽창률이 거의 변함이 없다. 즉, 일정하다고 할 수 있다.

015 목재의 수축 및 팽창을 감소시키는 방법에는 ①·②·④ 이외에도, 비중이 크면 용적변화가 크므로 외력에 저항할 수 있는 한 될 수 있으면 가벼운 목재를 사용하고, 가능한 한 고온 처리된 건조한 목재를 사용하며, 저장 창고의 공기습도를 일정하게 유지하는 방법 등이 있다.

016 건조의 목적

생나무 원목을 기초 말뚝으로 사용하는 경우를 제외하고는 일반적으로 사용 전에 건조시킬 필요가 있다. 건조의 정도는 대략 생나무 무게의 1/3 이상 경감될 때까지로 하지만, 구조 용재는 기건 상태, 즉 함수율 15% 이하로, 마감 및 가구재는 10% 이하로 하는 것이 바람직하다.

• 무게를 줄일 수(중량의 경감) 있고, 강도 및 내구성이 증진되며, 사용 후 변형(수축 균열, 비틀림 등)을 방지할 수 있다. 또한, 전기 절연성이 증대, 가공성이 감소한다.

• 부패균의 발생이 억제되어 부식을 방지[목재의 부패 조건으로는 적당한 온도(25~35℃), 수분 또는 습도(30~60%), 양분(리그닌) 및 공기(산소) 등이 있음]할 수 있고, 도장 재료·방부 재료 및 접착제 등의 침투 효과가 크다.

017 건조전 처리(수침법, 자비법, 증기법 등)는 목재를 본격적으로 건조시키기 전에 목재에 충분한 수분을 주어 목재 내부의 수액을 가능한한 물로 교환시킴으로써 본 건조시 건조하기 쉽게 만들어 건조기간을 단축시키 위함이다(수액보다 물이 건조하기 쉬움).

018 ④ 활엽수(1년)가 침엽수(6개월)보다 건조가 느리다.

ⓐ 목재의 비중이 클수록 건조속도는 느리다.

019 목재의 천연건조는 옥외에 잘 건조되고 변형이 생기지 않도록 쌓거나, 옥내에서 일광이나 비에 직접 닿지 않도록 쌓아 건조시키는 방법으로 가장 간단한 방법이나, 넓은 잔적장소가 필요하다는 단점이 있다.

020 목재의 용적변화와 팽창수축은 비중이 큰 목재일수록 팽창 수축이 크다.

021 ① 목재는 조직 가운데 공간이 있기 때문에 열전도율이 작다.
② 목재의 함수율이 1% 증가하면 열전도율은 약 1.2% 감소한다.
③ 목재의 전기저항은 함수율과 비중이 클수록 감소한다. 즉, 목재의 전기저항은 비중과 관계가 깊다. 또한, 전기전도율과 전기저항은 반비례하므로 함수율과 비중이 클수록 전기전도율은 증가한다.
⑥ 섬유에 평행한 방향의 열전도율이 섬유 직각방향의 열전도율보다 크다.

022 ① 무늬결 : 나뭇결이 마구리 면의 나이테에 접선 방향이 되면 자른 종단면위에는 물결 모양의 나이테가 나타나는 것을 말한다.
③ 널결 : 나이테에 평행 방향으로 켠 목재면에 나타난 곡선형의 나무결을 말한다.
④ 엇결 : 나무 섬유 세포가 꼬여 나뭇결이 어긋난 것을 말한다.

023 ② 수심은 목재의 횡단면상에 나타나는 나이테 동심원의 중심으로 목재의 흠(결점)과는 무관하다.

목재의 흠(결점)

옹이	수목이 성장하는 도중에 줄기에서 가지가 생기게 되면 나뭇가지와 줄기가 붙은 곳에 줄기 세포와 가지 세포가 교차되어 생기는 목재의 흠이다.
껍질박이	입피, 수목이 성장 도중 세로방향의 외상으로 수피가 말려 들어간 목재의 흠이다.
지선	소나무에 많으며, 송진과 같은 수지가 모인 부분의 비정상 발달에 따라 목질부에서 수지가 흘러나오는 구멍이 생겨서 목재가 건조한 후에도 수지가 마르지 않고, 사용 중에도 계속 나오는 곳으로 목재의 흠이다.
컴프레션페일러	벌채시의 충격이나 그 밖의 생리적 원인으로 인하여 세로축에 직각으로 섬유가 절단된 형태를 의미하는 목재의 흠이다.
혹	섬유가 집중되어 볼록하게 된 부분으로 뒤틀리기 쉬우며 가공하기 어려운 목재의 흠이다.
썩정이	부패균이 목재의 내부에 침입하여 섬유를 파괴시킴으로써 갈색이나 흰색으로 변색, 부패되어 무게, 강도 등이 감소된 목재의 흠이다.
갈래	수목이 성장할 때 심재부의 나무섬유세포가 죽으면 점차 함수량이 줄어들면서 수축되므로 심재부는 방사상으로 갈라지는 현상(심재 갈래)이고, 심재와 변재의 경계부분에 반달형으로 갈라지는 현상(원형 갈래)이며, 벌목한 후에 변재가 건조, 수축하면 변재 부분이 겉껍질로부터 심재를 향하여 방사상으로 갈라지는 현상(변재 갈래) 등이 있다.

024 ② 목재는 450℃에서 화기(화원)가 없더라도 자연발화하므로 이 온도를 자연 발화점이라고 하고, 화재위험온도(착화점)는 260~270℃정도로서 불꽃에 의해 목재에 불이 붙기 쉽고, 저절로 꺼지기 어려운 온도이다.
⑦ 섬유포화점 이상의 함수상태에서는 함수율의 증감과 관계없이 신축과 강도가 변함이 없다. 즉, 일정하다.
⑪ 변재는 수심의 주위에 둘러져 있는 부분이고, 변재의 세포는 양분을 함유한 수액을 보내어 수목을 자라게 하거나, 양분을 저장한다. 즉, 변재는 생활 기능이 활발한 세포의 집합이다. 따라서, 수분을 많이 함유하므로 제재 후에 부패하기 쉽다.

025 ③ 목재의 방화제에는 무기 염류(황산염, 인산염, 염화염, 붕산염, 중크롬산염, 텅스텐산염, 규산염 등)와 유기 염류(초산염, 수산염, 유기질(사탕, 당밀, 단백질, 전분 등)가 있으며, 크레오소트 오일은 목재의 방부제로 사용되나, 방화제로 사용하지는 않는다.

⑧ 목재의 연소 상태

구분	100℃	인화점	착화점 (화재위험온도)	자연 발화점
온도	100℃	180℃	260~270℃	400~450℃
현상	수분 증발	가연성 가스 발생	불꽃에 의해 목재에 착화	화기가 없어도 발화

목재는 450℃에서 화기(화원)가 없더라도 자연발화하므로 이 온도를 자연 발화점이라고 한다. 화재위험온도(착화점)는 260~270℃ 정도로서 불꽃에 의해 목재에 불이 붙기 쉽고, 저절로 꺼지기 어려운 온도이다.

026 100~150℃ 정도이면, 목재의 가열로 인하여 탄화작용으로 흑갈색으로 착색된다.

027 목재의 방화제에는 무기염류(황산염, 인산염, 염화염, 붕산염, 중크롬산염, 텅스텐산염, 규산염 등)와 유기염류[초산염, 수산염, 유기질(사탕, 당밀, 단백질, 전분 등)]가 있다. ①의 물유리(규산나트륨)는 불연성 도료를 목재의 표면에 칠하여 방화막을 만드는 방화제이다.

028 ③의 불화소다 2%용액은 목재의 방부제이다.

029 목재의 내화성에 있어서 목재의 밀도가 작을수록(내부에 공간이 많으므로) 착화가 쉽고, 목재의 밀도가 클수록 착화가 어렵다.

030~032 ③ 테레핀유는 용제, 페인트, 바니시의 제조 및 합성장뇌 등의 원료로 사용된다.
목재의 방부제의 종류에는 유성 방부제(크레오소트, 콜타르, 아스팔트 및 페인트 등)와 수용성 방부제(황산구리용액, 염화아연용액, 염화 제2수은용액 및 플루오르화나트륨용액 등), 유용성 방부제(펜타클로로 페놀) 등이 있다.

유성 방부제	크레오소트 오일	• 유성 목재방부제의 대표적인 것으로 철류의 부식이 적고, 방부성이 우수하나, 악취가 나고 흑갈색으로 외관이 불미하여 눈에 보이지 않는 토대, 기둥, 도리 등에 이용되는 방부제이다. • 목재의 방부제 중 독성이 적고 자극적인 냄새가 나며, 처리재는 갈색으로 가격이 저렴하여 많이 사용되는 방부제이다.
	콜타르	가열하여 칠하면 방부성이 좋으나, 목재를 흑갈색으로 만들고 페인트칠도 불가능하므로 보이지 않는 곳이나 가설재 등에 이용한다.
	아스팔트	열을 가해 녹여서 목재에 도포하면 방부성이 우수하나, 흑색으로 착색되어 페인트칠이 불가능하므로 보이지 않는 곳에서만 사용할 수 있다.
	페인트	유성 페인트를 목재에 바르면 피막을 형성하여 목재 표면을 감싸주므로 방습·방부 효과가 있고, 색올림이 자유로우므로 외관을 아름답게 하는 효과도 겸하고 있다.
유용성 방부제	펜타클로로페놀	• Penta Chloro Phenol : PCP • 목재 보존의 약제처리용으로 무색이고, 방부력이 가장 우수하다. 석유 등의 용제로 녹여 쓰는 목재 방부제로서 그 위에 페인트칠도 할 수 있다. • 크레오소트에 비하여 가격이 비싸다. • 목재의 유용성 방부제로서 자극적인 냄새 등으로 인체에 피해를 주기도 하여 사용이 규제되고 있는 방부제이다.

수용성 방부제	황산구리용액	남색의 결정체로서 1% 정도의 수용액을 만들어 사용하는데, 방부성은 좋으나 철을 부식시키는 결점이 있다.
	염화아연용액	2~5%의 수용액은 살균 효과가 큰 반면에, 흡수성이 있고 목질부를 약화시키며 전기 전도율이 증가되고, 그 위에 페인트칠을 할 수 없다는 결점이 있다.
	염화제이수은용액	1%의 수용액으로 방부 효과는 우수하나, 철재를 부식시키고 인체에 유해하다.
	플루오르화나트륨용액	황색의 분말을 2% 수용액으로 만들어 사용하는데, 방부 효과가 우수하고 철재나 인체에 무해하며, 페인트 도장도 가능하지만, 내구성이 부족하고 가격이 고가이다.

033 ① 유성 및 유용성 방부제는 석유 등의 용제로 녹여 사용하므로 습윤의 장소에서 사용이 가능하다.

⑦ 아스팔트는 열을 가해 녹여서 목재에 도포하면 방부성이 우수하나, 흑색으로 착색되어 페인트칠이 불가능하므로 보이지 않는 곳에서만 사용할 수 있다.

034 방부제의 처리법

도포법	가장 간단한 방법으로 목재를 충분히 건조시킨 다음, 균열이나 이음부 등에 주의하여 솔 등으로 바르는 것인데, 크레오소트 오일을 사용할 때에는 80~90℃ 정도로 가열하면 침투가 용이하게 된다. 침투 깊이가 5~6mm를 넘지 못한다.
침지법	상온의 크레오소트 오일 등에 목재를 몇 시간 또는 며칠간 담그는 것으로서 액을 가열하면 15mm 정도까지 침투한다.
상압 주입법	침지법과 유사하며, 80~120℃의 크레오소트 오일액에 3~6시간 담근 뒤 다시 찬 액에 5~6시간 담그면 15mm 정도까지 침투한다.
가압 주입법	목재의 방부 처리법 중 압력용기 속에 목재를 넣어서 처리하는 방법으로 가장 신속하고 효과적인 처리법이다.
생리적 주입법	벌목 전에 나무 뿌리에 약액을 주입하여 나무 줄기로 이동하게 하는 방법이나, 별로 효과가 없는 것으로 알려져 있다.

① 자비법은 목재의 건조처리방법의 하나로서 목재를 끓는 물에 삶는 방법으로 수침법보다 단시간에 수액을 빼고, 물을 교환시키는 목적을 달성할 수 있는 방법이다.

⑧ 훈연법은 목재의 인공건조법의 하나로 짚이나 톱밥 등을 태운 연기를 건조실에 도입하여 건조시키는 방법이다.

035 ① 함수율 변화에 의한 신축변형이 작고 방향성이 없다.

⑤ 단판을 섬유방향이 서로 직교하도록 홀수로 적층하면서 접착시켜 합친 판을 말한다.

⑪ 함수율 변화에 의한 신축변형이 작고 방향성이 없다.

036 ② 집성목재 : 두께 15~50mm의 단판을 제재하여 섬유 방향을 거의 평행이 되게 여러 장 겹쳐서 접착한 목재이다.

③ 코펜하겐리브 : 강당, 극장, 집회장 등에 음향 조절용으로 쓰거나, 일반 건축물의 벽 수장재로 이용되는 목재 제품이다.

④ 코르크보드 : 코르크 참나무 수피, 떡갈나무의 외피를 부수어 금속 형틀에 넣고 압축하여 열기 또는 과열 증기로 가열하여 만든 판이다.

037 ① 합판 : 목재를 얇은 판, 즉 단판으로 만들어 이들을 섬유 방향이 서로 직교(90°)되도록 홀수(3, 5, 7장 등)로 적층하면서 접착제로 접착시켜 만든 목재 제품이다.

② 시멘트 목질판 : 목질(나무 섬유인 목모, 나무 조각인 목편)과 시멘트를 주원료로 혼합하여 압축성형한 판이다.

③ 집성목재 : 두께 15~50mm의 단판을 제재하여 섬유 방향을 거의 평행이 되게 여러 장 겹쳐서 접착한 목재이고, 제재판재 또는 소각재 등의 부재를 섬유평행방향으로 접착시킨 목재 제품이다.

038 ① 섬유판(Fiber board) : 식물성 재료(조각낸 목재 톱밥, 대팻밥, 볏짚, 보릿짚, 펄프 찌꺼기, 종이 등)를 원료로 하여 펄프로 만든 다음 접착제, 방부제 등을 첨가하여 제판한 것이다.

③ 코르크판(Cork board) : 코르크 참나무 수피, 떡갈나무의 외피를 부수어 금속 형틀에 넣고 압축하여 열기 또는 과열 증기로 가열하여 만든 판이다.

④ 집성목재(Glulam) : 두께 15~50mm의 단판을 제재하여 섬유 방향을 거의 평행이 되게 여러 장 겹쳐서 접착한 목재이고, 제재판재 또는 소각재 등의 부재를 섬유평행방향으로 접착시킨 목재 제품이다.

039 ① 파키트리 블록 : 마루판 재료 중 파키트리 보드를 3~5장씩 상호 접합하여 각판으로 만들어 방습처리 한 것으로 모르타르나 철물을 사용하여 콘크리트 마루 바닥용으로 사용되는 목재 제품이다.

③ 플로어링 보드 : 단독으로 시공하여도 마루널로서 필요한 강도를 낼 수 있는 재료로 표면 가공, 제혀쪽매 및 기타 필요한 가공을 한 목재 제품이다.

④ 파키트리 패널 : 두께 15mm의 파키트리 보드(견목재판을 두께 9~15mm, 나비 600mm, 길이는 나비의 3~5배로 한 것으로 제혀쪽매로 하고, 표면은 상대패로 마감한 판재)를 4매씩 조합하여 각판으로 접착제나 파정으로 붙이는 우수한 마루판이다.

040 집성목재(Glulam)는 두께 15~50mm의 단판을 제재하여 섬유 방향을 거의 평행이 되게 여러 장 겹쳐서 접착한 목재이고, 제재판재 또는 소각재 등의 부재를 섬유평행방향으로 접착시킨 목재 제품이다. 식물성 재료(조각낸 목재 톱밥, 대팻밥, 볏짚, 보릿짚, 펄프 찌꺼기, 종이 등)를 원료로 하여 펄프로 만든 다음 접착제, 방부제 등을 첨가하여 제판한 것은 섬유판(Fiber board)이다.

041 ② 목재의 강도를 인공적으로 자유롭게 조절할 수 있고, 보, 기둥 등의 구조재료로 사용할 수 있으며, 보로 사용하는 경우에는 압축 또는 인장 응력이 큰 상·하부에는 나이테가 치밀한 양질의 목재를 쓰고, 중간부에는 옹이 등의 흠이 있는 저질의 목재를 사용할 수 있다.

⑧ 하드 텍스라고도 불리며 목재의 결정이 분산되어 높은 강도를 얻을 수 있는 목재 제품은 경질 섬유판이다.

042 구조용 집성재의 품질 시험의 종류

> • 침지 박리(접착목재제품이 물 속에 침지되어 함수율이 증가한 다음에 다시 건조되는 경우에 제품의 접착층에 나타나는 박리) 시험의 시험 방법은 시편을 상온(10℃에서 25℃ 사이)의 물속에 6시간 침지한 후 (70±3)℃의 항온 건조기 안에 넣어 기기 안에 습기가 차지 않도록 하여 질량이 시험 전 질량의 100%에서 110%의 범위가 되도록 건조한다.
> • 블록 전단 시험의 시험 방법은 시편 파괴 시 하중보다 30% 이상 용량을 갖는 강도 시험기에 접착층과 평행한 하중을 가할 수 있는 전단 시험 장치를 장착하여 9,800N/min 하중 속도로 시편이 파괴될 때까지 하중을 가한다.
> • 삶음 박리 시험의 시험 방법은 시편을 끓는 물에 4시간 동안 침지시키고, 다시 상온(10℃에서 25℃ 사이)의 물 속에 1시간 침지시킨 후 (70±3)℃ 항온 건조기에 넣는다. 건조기 내에 습기가 차지 않도록 하며, 시험 전 시편 질량의 100%~110% 범위가 되도록 건조 후 박리율을 측정한다.
> • 감압 가압 시험의 시험 방법은 시편을 상온(10℃에서 25℃ 사이)의 물 속에 침지하여 5분간 635mmHg로 감압하고 다시 1시간 동안 (0.51±0.03)N/㎟로 가압한다. 이 처리를 2회 반복한 후 (70±3)℃ 항온 건조기 내에 넣고 24시간 이상 건조하여 건조 후 함수율이 시험 전 함수율 이하가 되도록 한다.

④ 할렬인장시험은 콘크리트의 인장시험에 사용하는 방법이다.

043 ① 경질 섬유판(hard fiber board)의 밀도 $0.8g/cm^3$ 이상인 판으로 방향성을 고려할 필요가 없고, 내마모성이 큰 편이며 비틀림이 적다. 중질 섬유판의 비중은 $0.4{\sim}0.8g/cm^3$이고, 연질 섬유판의 비중은 $0.4g/cm^3$ 미만이다.

② 소프트 텍스라고도 불리우며 수장판으로 사용되는 목재 제품은 연질 섬유판에 대한 설명이다.

③ 소판이나 소각재의 부산물 등을 이용하여 접착, 접합에 의해 소요 형상의 집성목재를 제조할 수 있다.

⑤ 경질 섬유판(hard fiber board)의 밀도 $0.8g/cm^3$ 이상인 판이다.

044 중질 섬유판(Medium Density Fiberboard) : 밀도 $0.4g/cm^3$ 이상, $0.8g/cm^3$ 미만인 판으로 내수성이 작고 팽창이 심하며, 재질도 약하고 습도에 의한 신축이 크나 비교적 가격이 싸므로 건축용으로 사용되고 있다. 특히, 천연목재보다 강도가 크나, 무게가 무겁고 습기에 약하다.

045 펄라이트(perlite)는 진주석, 흑요석, 송지석 또는 이에 준하는 석질(유리질 화산암)을 포함한 암석을 분쇄하여 소성, 팽창시켜 제조한 백색의 다공질 경석 등을 분쇄하여 가루로 한 것을 가열, 팽창시킨 백색 또는 회백색의 경량 골재로 석재제품이다.

046 ② 경질섬유판은 밀도가 $0.8g/cm^3$ 이상으로 강도 및 경도가 비교적 큰 보드(board)로 수장판으로 사용된다.

⑥ 합판은 3매 이상의 얇은 판을 1매마다 접착제로 서로 다른 각도($90°$)로 교차하도록 겹쳐 붙여서 만든 제품이다.

⑦ 코펜하겐 리브는 두께 50mm, 너비(폭) 100mm의 긴 판에 표면을 리브로 가공하여 만든 제품이다.

⑧ 코르크 판은 코르크나무의 수피를 분말로 가열, 성형, 접착하여 만든 제품이다.

047 제재 치수(제재된 목재의 실제 치수로서 마무리 치수보다 약간 여유가 있는 치수)는 구조재와 치장재에 사용되는 치수이고, 마무리 치수(제재목을 치수에 맞추어 깎고 다듬어 대패질로 마무리 한 치수)는 창호재와 가구재에 사용되는 치수이다.

① 창호재와 가구재 치수는 마무리 치수로 한다.

② 구조재는 단면을 표시한 지정치수에 측기가 없으면 제재 치수로 한다.

④ 수장재는 단면을 표시한 지정치수에 측기가 없으면 제재 치수로 한다.

048 목재의 재적

명칭	내용	단위	m^3	재(才, 사이)	bf
m^3	1m×1m×1m	$1m^3$	$1m^3$	299.475	438.596
재(才, 사이)	1치×1치×12자	재	$0.00324m^3$	1재	1.421bf
bf	1인치×1인치×12피트	bf	$0.00228m^3$	0.703재	1bf

또한, 1석(石) = 1자 × 1자 × 10자 = $\dfrac{10}{1} \times \dfrac{10}{1} \times \dfrac{10}{12} = 83.33$재(才, 사이)이다.

▶ 문제편 289p

번호	①	②	③	④	⑤	⑥	⑦	⑧
001	① ○ ② ○ ③ ○ ④ × ⑤ × ⑥ ○ ⑦ ○ ⑧ ○ ⑨ × ⑩ ○ ⑪ ○ ⑫ ○ ⑬ ○ ⑭ ○ ⑮ × ⑯ ○ ⑰ × ⑱ ○ ⑲ ○ ⑳ ○ ㉑ ○ ㉒ × ㉓ ○ ㉔ ○ ㉕ × ㉖ ○ ㉗ ○ ㉘ ○ ㉙ × ㉚ ○ ㉛ ○ ㉜ ○ ㉝ ○ ㉞ ○ ㉟ × ㊱ ○ ㊲ ○							

번호	①	②	③	④		번호	①	②	③	④	⑤	⑥	⑦	⑧
002	○	×	○	○		003	×	×	×	○				
004	○	○	×	○		005	○	○	×	○				
006	×	×	○	×		007	×	×	×	○				
008	×	×	○	×		009	×	○	×	×				
010	×	×	○	×		011	○	×	×	×				
012	×	×	×	○		013	×	×	×	○				
014	○	×	×	×		015	○	×	×	×				
016	×	×	○	×		017	○	×	○	○				
018	×	○	○	○		019	×	○	○	○	○	×	○	
020	×	×	×	○		021	×	○	×	×	○	○	○	×
022	×	○	×	×		023	×	×	×	○				
024	○	○	○	×		025	○	○	×	○	○	×	○	○
026	○	×	○	○		027	×	×	×	○				
028	×	×	×	○		029	○	○	○	×				
030	×	○	○	○										

001 ④ 함수율은 기건시 적은 것은 7~10%, 많은 것은 40~50%이다.

⑤ 점토의 압축강도는 인장강도의 약 5배 정도이다.

⑨ 사질점토는 적갈색으로 내화성이 낮은 특성이 있다.

⑮ 점토의 압축강도는 인장강도의 약 5배 정도이다.

⑰ 가소성은 점토입자가 미세할수록(작을수록) 좋고, 습윤 상태에서 현저한 가소성을 나타낸다.

㉒ 점토의 소성온도는 점토의 성분이나 제품의 종류에 따라 변화한다.

㉕ 양질의 점토는 습윤상태에서 현저한 가소성을 나타내며 점토 집자가 미세할수록 가소성은 좋아진다.

㉙ 강도는 점토의 종류에 따라 변화하며, 압축강도는 인장강도의 약 5배 정도이다.

㉚ 소성 색상은 석회물질이 많을수록 황색이 띠고, 철산화물이 많으면 적색을 띤다.

002 점토 제품의 공정은 '원토 처리 → 원료 배합 → 반죽 → 성형 → 건조 → 소성 → 시유 → 소성 → 냉각 → 검사 및 선별'의 순이므로 시유는 소성의 전, 후에 실시한다.

003 ① 동상 : 동결에 의한 피해 현상이다.

② 백화 : 백화 현상은 벽에 침투한 빗물에 의해서 모르타르의 석회분이 공기 중의 탄산가스(CO_2)와 결합하여 벽돌이나 조적 벽면을 하얗게 오염시키는 현상 또는 콘크리트나 벽돌을 시공한 후 흰 가루가 돋아나는 현상이다.

③ 응결 : 시멘트의 응결(모르타르 또는 콘크리트가 유동적인 상태에서 겨우 형체를 유지할 수 있을 정도로 엉키는 초기 작용을 의미 또는 시멘트에 적당한 양의 물을 부어 뒤섞은 시멘트풀이 천천히 점성이 늘어남에 따라 유동성이 점차 없어져서 차차 굳어지는 상태로서 고체의 모양을 유지할 정도의 상태)은 가수량이 적을수록,

온도가 높을수록, 분말도가 높을수록, 알루민산3칼슘이 많을수록 빨라진다. 또한, 시멘트의 응결과 경화에 영향을 주는 요인에는 시멘트의 화학 성분, 혼합 물질, 온도, 습도, 풍화의 정도 및 분말도 등이 있다.

004 점토제품에 발생하는 백화방지 대책에는 ①·②·④ 이외에도 표면에 파라핀 도료나 실리콘 뿜칠을 하거나, 비막이 설치(차양, 루버, 돌림띠 등), 줄눈 모르타르의 단위 시멘트량을 낮게 하는 것 등이 있다.

005 점토제품의 흡수율이 크면 모르타르 중의 함유수를 흡수하여 백화 발생을 촉진한다.

006~007 점토 제품의 분류

종류	소성 온도(℃)	소지		투명도	건축 재료	비고
		흡수성	빛깔			
토기	790~1,000	크다. (20% 이상)	유색	불투명	기와, 벽돌, 토관	최저급 원료(전답토)로 강도가 취약하다.
도기	1,100~1,230	약간 크다. (10%)	백색 유색	불투명	타일, 위생도기, 테라코타 타일	다공질로서 흡수성이 있고, 질이 굳으며, 두드리면 탁음이 난다. 유약을 사용한다.
석기	1,160~1,350	작다. (3~10%)	유색	불투명	마루 타일, 클링커 타일	시유약은 쓰지 않고 식염유를 쓴다.
자기	1,230~1,460	아주 작다. (0~1%)	백색	투명	위생도기, 자기질 타일	양질의 도토 또는 장석분을 원료로 하고, 두드리면 금속음이 난다.

008 타일의 흡수율

타일의 소지질	자기질	석기질	도기질	클링커 타일
흡수율	3% 이하	5% 이하	18% 이하	8% 이하

※ 토기질의 타일은 없다.

009 타일의 구분

호칭명	소지의 질	비고
내장 타일	자기질, 석기질, 도기질	• 도기질 타일은 흡수율이 커서 동해를 받을 수 있으므로 내장용에만 이용된다. • 클링커 타일은 비교적 두꺼운 바닥 타일로서, 시유 또는 무유의 석기질 타일이다.
외장 타일	자기질, 석기질	
바닥 타일	자기질, 석기질	
모자이크 타일	자기질	

010 ① 고령토 : 고령석 또는 카올리나이트(kaolinite)는 알루미늄의 수분을 포함한 규산염 광물로 점토(찰흙) 광물의 한 종류이다.
② 점토 : 점토의 생성은 암석, 특히 화강암이 지구 표면에서 오랜 세월을 거치는 동안 비, 바람과 대기 중 여러 종류의 가스 등에 의해서 기계적, 화학적으로 조금씩 파괴 및 분해되어 생성된 것이다.
④ 납석(곱돌, 옥돌) : 표면이 '매끄러운 돌'이라는 뜻으로 손으로 만졌을 때 밀랍처럼 매끄러운 느낌이 나는 돌이다.

011 외벽용 타일 붙임재료로 가장 적당한 것은 시멘트 모르타르이다.

012 ① 스크래치 타일 : 벽돌의 길이 방향과 같은 크기로 만든 타일로서 표면을 긁은 것 같이 면처리한 외장용 타일이다. 먼지가 쌓이는 것이 단점이다.
② 보더 타일 : 가늘고 길게 된 모양의 타일로 걸레받이, 징두리 벽에 사용된다.
③ 아란텀 타일 : 원료에 점토를 사용하지 않고, 카보런덤 가루를 구워서 만든 타일이다.

013 ① 모자이크 타일 : 40mm 이하의 각의 소형 타일로 주로 바닥에 사용되는 타일이다.
② 징크판넬 : 100%에 가까운 아연에 티타늄이나 구리 등을 합금한 강판을 말한다. 즉, 아연강판을 의미한다.
③ 논슬립 타일 : 계단의 디딤판 끝(계단 코) 부분에 붙여 미끄럼을 방지하는 타일이다.

014 ②는 모자이크 타일, ③은 논슬립 타일, ④는 클링커 타일에 대한 설명이다.

015 점토제품에서 SK번호는 소성온도를 표시한다.

016 점토제품의 성형에 있어서 가장 중요한 성질은 가소성(어떤 고체에 잠시 변형되거나 탄성을 일으키는 힘보다는 크고, 파손되거나 깨뜨리는 힘보다는 작은 중간 정도의 힘을 가했을 때, 그 형태가 영구히 변해버리는 성질)이다.
① 흡수성 : 물을 빨아들이는 성질이다.
② 점성 : 유체 내에 상대 속도로 인하여 마찰 저항(전단 응력)이 일어나는 성질 또는 유체가 유동하고 있을 때, 유체의 내부 흐름을 저지하려고 하는 내부 마찰 저항이 발생하는 성질이다.
④ 강성 : 구조물이나 부재에 외력이 작용할 때 변형이나 파괴되지 않으려는 성질로 외력을 받더라도 변형이 작은 것을 강성이 큰 재료라고 한다. 강성은 탄성 계수와 밀접한 관계가 있다.

017 점토소성제품 중 보통 벽돌의 소성온도는 790~1,000℃정도이다.

018 자기질 점토소성제품은 양질의 도토, 장석분을 원료로 하고, 두드리면 금속음이 나며, 조직이 치밀하고, 도기나 석기에 비하여 강하다(강도가 크다).

019 ① 점토벽돌의 치수 허용차는 길이의 경우 ±5mm, 너비의 경우 ±3mm, 두께의 경우 ±2.5mm이다.
⑥ 1종 점토벽돌의 흡수율은 10% 이하이어야 한다.

020 내화벽돌은 내화점토(알루미나, 실리카, 마그네사이트 등을 포함한 납석)를 원료로 하여 만든 점토 제품으로, 원료 광물은 납석이며, 보통 벽돌보다 내화성이 크다. 내화도에 따라 저급 내화벽돌(SK 26~SK 29), 보통 내화벽돌(SK 30~SK 33), 고급 내화벽돌(SK 34~SK 42) 등의 세 종류로 구분할 수 있다. 종류로는 샤모트벽돌, 규석벽돌 및 고토벽돌이 있다. 내화벽돌의 크기는 230×114×65mm로, 보통 벽돌보다 치수가 크며, 줄눈은 작게 한다. 내화벽돌을 쌓을 때에는 접착제로 내화 점토를 사용한다. 내화벽돌은 기건성이므로 물축이기를 하지 않는다.
① 형석 : 플루오린화 칼슘(CaF_2)으로 이루어진 등축정계의 결정형을 가지는 할로겐(halogen) 광물. 모스 굳기계 4인 대표적인 광물이다.
② 방해석 : 대표적인 탄산염 광물로 탄산칼슘이 가장 안정적으로 배열된 결정 구조체 중 하나로서 주로 퇴적암, 변성암에 분포하며 석회암과 대리석의 주성분이다. 산에 반응하여 이산화탄소를 방출하고, 육안으로 복굴절이라는 현상을 관찰할 수 있는 대표적인 광물이기도 하다.
③ 활석 : 광물의 일종으로 마그네슘 수화($Mg_3Si_4O_{10}(OH)_2$) 판상 광물이다.

021 ① 내화벽돌은 내화 점토(알루미나, 실리카, 마그네사이트 등을 포함한 납석)를 원료로 하여 만든 점토 제품이다.

③ 내화벽돌은 기건성이므로 물축이기를 하지 않는다.

④ 내화벽돌의 크기는 230×114×65mm로, 붉은(보통)벽돌보다 치수가 크며, 줄눈은 작게 한다.

⑧ 광재벽돌(slag brick)은 슬래그에 소석회를 혼합하여 경화시켜 만든 벽돌로서 단열, 보온용으로 쓰이고, 가벼워서 경량 재료로 사용한다.

022 내화벽돌의 내화도는 1,580~2,000℃이다. 내화도에 따라 저급 내화벽돌(1,580~1,650℃, SK 26~SK 29), 보통 내화벽돌(1,670~1,730℃, SK 30~SK 33), 고급 내화벽돌(1,750~2,000℃, SK 34~SK 42) 등의 세 종류로 구분할 수 있다.

023 벽돌의 종류

내화벽돌	내화 점토(알루미나, 실리카, 마그네사이트 등을 포함한 납석)를 원료로 하여 만든 점토 제품이다.
보통벽돌	저급 점토(전답토)를 사용하여 탈점제(모래나 샤모트를 가하거나, 색 조절용 석회)를 섞어서 만든 벽돌이다.
검정벽돌	불완전 연소로 구운 것으로 주로 치장용으로 사용한다.
광재벽돌	슬래그에 소석회를 혼합하여 경화시켜 만든 벽돌로서 단열, 보온용으로 쓰이고, 가벼워서 경량 재료로 사용한다.
날벽돌	굽지 않은 날 흙의 벽돌로서 강도가 낮고, 흡수율이 높으나, 열전도율이 낮은 장점이 있다.
포도벽돌	경질이며 흡습성이 적은 특성이 있으며 도로나 마룻바닥에 까는 두꺼운 벽돌로서 원료로 연와토 등을 쓰고 식염유로 시유소성한 벽돌이다.
치장벽돌	외부에 노출되는 마감용 벽돌로써 벽돌면의 색깔, 형태, 표면의 질감 등의 효과를 얻기 위한 벽돌이다.
중량벽돌	저급점토, 목탄가루, 톱밥 등을 혼합하여 성형 후 소성한 것으로 단열과 방음성이 우수한 벽돌이다.

024 ④의 설명은 오지벽돌이다. 포도벽돌은 경질이며 흡습성이 적은 특성이 있으며 도로나 마룻바닥에 까는 두꺼운 벽돌로서 원료로 연와토 등을 쓰고 식염유로 시유소성한 벽돌이다.

025 ③ 위생도기(욕실, 세면실, 화장실에 이용되는 대변기, 세면기, 소변기 등의 도자기제 기구의 총칭)는 철분이 적은 장석점토를 주원료로 하여 도석, 석회석, 샤모트 등을 배합하고, 유약의 원료(아연화, 연단, 석회석, 점토 등)을 사용한다.

⑥ 도기질 타일은 소성온도가 가장 낮으며 내장 타일에 사용하고, 클링커 타일은 비교적 두꺼운 바닥 타일로서 시유 또는 무시유의 석기질 타일이다.

026 세라믹(점토)재료는 전성(재료의 여러 성질 중 금, 은, 알루미늄 등과 같이 압력이나 타격에 의해 파괴됨 없이 얇은 판 모양으로 펼 수 있는 성질.)과 연성(어떤 재료에 인장력을 가하였을 때, 파괴되기 전에 큰 늘음 상태를 나타내는 성질)이 없으나, 가공이 용이하다.

027 ① 테라죠 : 대리석의 쇄석을 종석으로 하여 시멘트를 사용, 콘크리트판의 한쪽 면에 타설한 후 가공 연마하여 대
리석과 같이 미려한 광택을 갖도록 마감한 것 또는 인조석의 종석을 대리석의 쇄석으로 사용하여 대리석 계통
의 색조가 나도록 표면을 물갈기한 것을 말한다. 테라초의 원료는 종석(대리석의 쇄석), 백색 시멘트, 강모래,
안료, 물 등이다.

② 도관 : 양질의 점토에 유약을 발라 1,000℃이상의 온도로 구워 낸 제품으로 흡수성이 작고, 토관에 비해 강도
가 크고, 주로 배수관으로 사용한다.

③ 타일 : 벽, 바닥 등의 표면을 마감하는 박판의 점토소성 제품으로는 자기류, 도기류 등에 따라서 원료의 혼합이
다르기는 하지만 일반적으로 양질의 점토에 장석, 납석, 규석, 도석 등을 분쇄하여 배합한 제품이다.

028 ①은 시유와, ②는 오지기와, ③은 소소와에 대한 설명이다.

029 경량벽돌, 테라코타, 위생도기 등은 점토 제품에 속한다. 파키트리 패널은 두께 9~15mm, 너비 6cm, 길이는 너비의
정수배로 한 것으로서 양 측면을 제혀쪽매로 가공하고 뒷면에 홈이 없는 목재 제품이다.

030 점토기와의 품질시험 항목에는 모양, 치수 및 허용오차, 휨파괴 하중, 흡수율 시험, 내동해성 시험 등이 있다(KS
F3510에 의함). 즉, 인장강도와는 무관하다.

▶ 문제편 296p

번호	답
001	①× ②× ③× ④○ ⑤○ ⑥○ ⑦× ⑧○ ⑨○ ⑩○ ⑪× ⑫○ ⑬○ ⑭○ ⑮×
002	①× ②× ③× ④○
003	①○ ②× ③○ ④○
004	①○ ②○ ③○ ④×
005	①○ ②× ③× ④×
006	①○ ②× ③× ④×
007	①○ ②× ③○ ④○
008	①○ ②○ ③○ ④×
009	①○ ②○ ③× ④○
010	①× ②× ③○ ④×
011	①○ ②○ ③× ④○
012	①× ②× ③× ④○
013	①○ ②○ ③○ ④×
014	①× ②× ③○ ④×
015	①× ②○ ③○ ④○ ⑤○ ⑥× ⑦○ ⑧× ⑨○ ⑩○ ⑪○ ⑫○ ⑬○ ⑭○ ⑮×
016	①○ ②○ ③○ ④× ⑤× ⑥× ⑦× ⑧○ ⑨○ ⑩○ ⑪× ⑫○
017	①× ②× ③○ ④×
018	①× ②× ③× ④○
019	①○ ②× ③○ ④○ ⑤× ⑥× ⑦×
020	①× ②○ ③× ④×
021	①○ ②○ ③○ ④× ⑤× ⑥○ ⑦○ ⑧○
022	①○ ②× ③○ ④○
023	①○ ②○ ③× ④○
024	①○ ②× ③○ ④○ ⑤○ ⑥× ⑦○ ⑧○
025	①× ②○ ③× ④×
026	①○ ②○ ③× ④○
027	①× ②× ③× ④○
028	①○ ②× ③○ ④○ ⑤× ⑥○
029	①○ ②○ ③○ ④× ⑤× ⑥○ ⑦○ ⑧○ ⑨○ ⑩× ⑪○ ⑫○ ⑬○ ⑭× ⑮○ ⑯× ⑰○ ⑱○
030	①○ ②○ ③× ④○ ⑤○ ⑥× ⑦○ ⑧○
031	①× ②× ③○ ④×
032	①× ②○ ③○ ④○
033	①× ②○ ③○ ④○ ⑤× ⑥○ ⑦○ ⑧○
034	①× ②○ ③○ ④○
035	①× ②○ ③× ④×
036	①○ ②○ ③○ ④×
037	①○ ②○ ③○ ④×
038	①× ②× ③× ④○
039	①○ ②○ ③○ ④×
040	①○ ②○ ③○ ④× ⑤× ⑥○
041	①× ②× ③× ④○
042	①× ②× ③○ ④×
043	①○ ②× ③× ④×
044	①× ②○ ③○ ④○
045	①○ ②○ ③○ ④×
046	①○ ②○ ③× ④○ ⑤× ⑥○ ⑦○ ⑧○ ⑨○ ⑩○ ⑪× ⑫○
047	①× ②○ ③× ④×
048	①× ②○ ③× ④×
049	①× ②× ③○ ④×
050	①○ ②× ③× ④×
051	①○ ②× ③○ ④○ ⑤× ⑥○ ⑦○ ⑧○ ⑨○ ⑩× ⑪○ ⑫○ ⑬× ⑭○ ⑮○ ⑯○ ⑰× ⑱○ ⑲○ ⑳× ㉑○ ㉒○ ㉓○
052	①○ ②× ③× ④×
053	①× ②× ③× ④○
054	①○ ②○ ③○ ④×
055	①× ②○ ③○ ④○
056	①○ ②○ ③× ④○
057	①× ②○ ③○ ④○
058	①○ ②× ③× ④×
059	①○ ②○ ③○ ④×
060	①○ ②○ ③○ ④× ⑤○ ⑥○ ⑦×
061	①○ ②○ ③○ ④× ⑤○ ⑥○ ⑦× ⑧○
062	①○ ②○ ③○ ④× ⑤× ⑥○ ⑦○ ⑧○
063	①○ ②× ③○ ④○
064	①○ ②○ ③○ ④×
065	①× ②× ③× ④○

066	①○ ②○ ③○ ④× ⑤○ ⑥○ ⑦○ ⑧× ⑨○ ⑩○ ⑪○ ⑫×	
067	①× ②○ ③○ ④○	
068	①○ ②× ③○ ④○ ⑤○ ⑥× ⑦○ ⑧○ ⑨○ ⑩○ ⑪× ⑫× ⑬○ ⑭○ ⑮○ ⑯× ⑰○ ⑱×	
069	①○ ②○ ③○ ④×	**070** ①○ ②○ ③× ④○
071	①○ ②× ③○ ④○ ⑤× ⑥○ ⑦○ ⑧○	**072** ①○ ②○ ③× ④○
073	①× ②× ③○ ④×	**074** ①○ ②○ ③○ ④×
075	①○ ②× ③○ ④○	**076** ①○ ②× ③○ ④○
077	①○ ②× ③○ ④○	**078** ①○ ②○ ③○ ④×
079	①○ ②○ ③○ ④× ⑤○ ⑥○ ⑦○ ⑧× ⑨× ⑩○ ⑪○	
080	①× ②○ ③○ ④○ ⑤○ ⑥○ ⑦○ ⑧○ ⑨○ ⑩× ⑪○ ⑫○ ⑬○ ⑭○ ⑮○ ⑯×	
081	①× ②× ③× ④○	**082** ①○ ②○ ③○ ④○
083	①× ②× ③○ ④×	**084** ①× ②○ ③× ④×
085	①○ ②× ③× ④×	
086	①○ ②○ ③× ④○ ⑤○ ⑥○ ⑦× ⑧○ ⑨○ ⑩○ ⑪○ ⑫× ⑬× ⑭○ ⑮× ⑯× ⑰○ ⑱○ ⑲× ⑳○ ㉑× ㉒○ ㉓○ ㉔× ㉕○ ㉖○ ㉗○ ㉘○ ㉙○ ㉚× ㉛○ ㉜○ ㉝○ ㉞○ ㉟○	
087	①○ ②○ ③○ ④×	**088** ①○ ②× ③× ④×
089	①× ②× ③× ④× ⑤○	**090** ①○ ②○ ③○ ④×
091	①○ ②○ ③○ ④×	**092** ①○ ②○ ③○ ④×
093	①× ②○ ③○ ④○	**094** ①○ ②× ③○ ④○
095	①× ②× ③○ ④×	**096** ①× ②○ ③× ④×
097	①○ ②× ③○ ④○	**098** ①× ②× ③× ④○ ⑤× ⑥×
099	①× ②○ ③× ④×	**100** ①○ ②○ ③○ ④×
101	①× ②○ ③○ ④○ ⑤× ⑥○ ⑦○ ⑧○ ⑨○ ⑩○ ⑪× ⑫× ⑬○	
102	①× ②× ③× ④○	**103** ①× ②○ ③○ ④○
104	①○ ②× ③○ ④○	
105	①○ ②× ③× ④× ⑤× ⑥○ ⑦○ ⑧○ ⑨○ ⑩× ⑪○	
106	①○ ②○ ③× ④○ ⑤× ⑥○	**107** ①× ②○ ③× ④×
108	①○ ②○ ③× ④○	**109** ①○ ②○ ③× ④○
110	①○ ②× ③○ ④○ ⑤○ ⑥○ ⑦× ⑧○	**111** ①○ ②× ③○ ④○ ⑤× ⑥○ ⑦○
112	①× ②× ③○ ④×	**113** ①× ②○ ③× ④×
114	①○ ②○ ③× ④○	

001 ① 시멘트가 풍화하면 응결이 늦어지고, 경화 후의 강도가 저하된다.

② 시멘트 응결은 첨가된 석고(응결지연제)의 질과 양에 큰 영향을 받는다.

③ 시멘트의 분말도가 크고 온도가 높을수록 응결은 빨라진다.

⑦ 수화반응에 의하여 생기는 수산화칼슘이 공기 중의 이산화탄소와 반응하여 서서히 탄산칼슘으로 변하여 알칼리성을 잃어가는 현상을 중성화라고 한다. 콘크리트의 중성화를 촉진하여 철근을 부식하게 된다. 수산화칼슘이 아니라 탄산칼슘이 중성화를 촉진시킨다. 또한, 중성화는 콘크리트의 강도가 낮아지는 것이 아니라, 철근의 부식으로 인하여 전체 구조체의 강도가 낮아지는 현상이 일어난다.

⑪ 슬래그의 함유량이 많은 고로시멘트는 수화열의 발생량이 적다.

⑮ 시멘트의 분말도는 단위중량에 대한 표면적에 의하여 표시되며, 브레인법에 의해 측정된다. 시멘트의 안정성이란 시멘트가 응결과 경화하는 과정에서 불안정하게 되면 이상 팽창이나 수축에 의해 갈라짐이 발생하는 현상이다.

002 ① 백화 : 시멘트 중의 수산화칼슘이 공기 중의 이산화탄소와 반응하여 생기는 것으로써 콘크리트나 벽돌을 시공한 후 흰 가루가 돋아나는 현상이다.
② 풍화 : 시멘트가 공기 중의 습기를 받아 천천히 수화 반응을 일으켜 작은 알갱이 모양으로 굳어졌다가, 이것이 계속 진행되면 주변의 시멘트와 달라붙어 결국에는 큰 덩어리로 굳어지는 현상이다.
③ 중성화 : 콘크리트가 시일이 경과함에 따라 공기 중의 탄산가스의 작용을 받아 수산화칼슘이 서서히 탄산칼슘으로 되면서 알칼리성을 잃어가는 현상이다.

003 시멘트의 응결(시멘트에 약간의 물을 첨가하여 혼합시키면 가소성 있는 페이스트가 얻어지나 시간이 지나면 유동성을 잃고 응고하는 현상) 속도가 빨라지는 인자에는 시멘트의 화학 성분[알루미네이트(알루민산 삼칼슘)이 많을수록 응결속도가 빨라짐], 혼합 물질, 온도(높을수록 응결속도가 빨라짐), 습도(낮을수록 응결속도가 빨라짐), 풍화의 정도 및 분말도(높을수록 응결속도가 빨라짐) 등이 있다.

004 응결이 진행된 시멘트를 콘크리트에 사용하는 경우에는 수화 작용이 저하되고, 단위 수량이 증가하며, 균열이 발생하나, 슬럼프는 감소한다.

005 ② 불용해 잔분 : 시멘트를 염산 및 탄산나트륨 용액에 넣었을 때, 녹지 않고 남는 부분을 말하고, 점토 성분으로부터 오며, 소성 반응의 완전함과 불완전함의 지표가 된다.
③ 수경률 : 수경률(HM) $= \dfrac{CaO-0.7\times SO_3}{SiO_2+Al_2O_3+Fe_2O_3}$ 이고, 보통 포틀랜드시멘트는 2.05~2.15, 조강 포틀랜드 시멘트는 2.20~2.26, 중용열 포틀랜드 시멘트는 1.95~2.0 정도이다.
④ 규산율 : 규산율(SM) $= \dfrac{SiO_2}{Al_2O_3+Fe_2O_3}$ 이고, 1.8~3.2이다.

006 수경률(HM) $= \dfrac{CaO-0.7\times SO_3}{SiO_2+Al_2O_3+Fe_2O_3}$ 이고, 보통 포틀랜드 시멘트는 2.05~2.15, 조강 포틀랜드 시멘트는 2.20~

2.26, 중용열 포틀랜드 시멘트는 1.95~2.00 정도이다. 그러므로, 분자에는 CaO, SO_3가 있고, 분모에는 SiO_2, Al_2O_3, Fe_2O_3가 있다.

007 감열감량이란 시멘트의 시료를 1,000℃로 가열할 경우 감소된 질량으로, 풍화의 척도로서 사용된다. 신선한 시멘트는 0.6~0.9% 정도이다. 풍화와 더불어 CO_2, H_2O의 양이 증대하여 감열감량이 증대한다.

008 수화열은 열량계로 측정하고, 제게르 콘은 점토 제품의 소성 온도 측정에 사용된다.

009 시멘트의 경화시간을 지연시키는 용도로 사용하고 있는 지연제의 종류에는 유기질계(리그닌설폰산염계, 옥시칼폰산염계)와 무기질계(규불화마그네슘)이 있다. 알루민산소다는 급결(경화촉진)제에 속한다.

010~011 시멘트의 조성 화합물과 그 특성

명칭	분자식	약호	특성				
			수화반응 속도	강도	수화열	수축	화학 저항성
규산삼칼슘 (Alite)	$3CaO \cdot SiO_2$	C_3S	빠름	재령 28일 이내 강도 지배	약간 높음	중간	
규산이칼슘 (Belite)	$2CaO \cdot SiO_2$	C_2S	느림	재령 28일 이후 강도 지배	낮음	중간	
알루민산 삼칼슘 (Celite)	$3CaO \cdot Al_2O_3$	C_3A	아주 빠름	재령 1일 이내에 조기강도 지배	아주 높음	크다	낮음
알루민산 철사칼슘 (Felite)	$4CaO \cdot Al_2O_3Fe_2O_3$	C_4AF	비교적 빠름	강도와 관계없음	낮음	작다	

012 포틀랜드 시멘트의 주요 화학 성분

종류 \ 성분	실리카 (SiO_2)	알루미나 (Al_2O_3)	석회 (CaO)	산화철 (Fe_2O_3)	마그네시아 (MgO)	무수 황산 (SO_2)
보통 포틀랜드 시멘트	21~23	5~6	63~66	3~4	1~2	1~1.6
조강 포틀랜드 시멘트	20~22	4~6	65~67	2~3	1~2	1~1.7
중용열 포틀랜드 시멘트	23~24	4~5	63~65	4~5	1~2	1~1.4

013 알루민산삼칼슘(Celite, $3CaO \cdot Al_2O_3$, C_3A)는 수축률이 크므로 시멘트의 수축률을 감소시키기 위해서는 C_3A를 감소시켜야 한다.

014 포틀랜드 시멘트의 원료는 석회석과 점토의 비를 4 : 1로 섞어 만든 클링커에 응결시간조절제(응결 시간을 조절하기 위함)인 석고를 섞어서 제조한다.

015 ① 시멘트의 분말이 미세할수록 수화반응이 빠르게 진행하여 강도의 발현이 빠르다.
⑥ 분말도가 클수록 조기강도는 크나 장기강도는 작다.
⑧ 분말이 미세할수록 비표면적 값은 크다.
⑮ 분말도가 큰 시멘트일수록 수화열이 높다.

016 ④ 열의 발생이 많아 균열이 생기기 쉽다.
⑤ 시멘트 입자 표면적의 증대로 수화반응이 빠르다.
⑥ 풍화작용에 대하여 내구적이지 못하다.
⑦ 건조수축이 많다.
⑪ 컨시스턴시[(반죽질기)는 굳지 않은 시멘트 페이스트, 모르타르 또는 콘크리트의 유동성 정도를 나타내는 성질]가 작다.

017 ① 물시멘트비 : 물시멘트비를 크게 할수록 수밀성이 작아진다.

② 굵은골재 최대치수 : 굵은골재의 최대치수가 클수록 수밀성은 작아진다.

④ 혼화재료 : AE제를 사용하면 수밀성이 커진다.

018 포틀랜드 시멘트의 원료는 석회석과 점토의 비를 4 : 1로 섞어 만든 클링커에 응결시간조절제(응결 시간을 조절하기 위함)인 석고를 섞어서 제조한다. 즉, 시멘트의 주원료는 석회석, 점토, 석고 등이다.

019 시멘트의 종류

구분	포틀랜드 시멘트	혼합 시멘트	특수 시멘트
종류	보통, 중용열, 조강 및 백색 시멘트, 저열 포틀랜드 시멘트, 내황산염 포틀랜드 시멘트	고로 슬래그 시멘트, 플라이 애시 시멘트, 포틀랜드 포졸란(실리카) 시멘트, 착색 시멘트	산화 알루미늄 시멘트, 팽창 시멘트

020 ① 보통 포틀랜드 시멘트 : 시멘트 중에 가장 많이 사용되고, 보편화된 것으로 공정이 비교적 간단하고, 생산량이 많으며 일반적인 콘크리트 공사에 광범위하게 사용한다.

③ 중용열 포틀랜드 시멘트 : 중용열 포틀랜드 시멘트(석회석 + 점토 + 석고)는 원료 중의 석회, 알루미나, 마그네시아의 양을 적게 하고, 실리카와 산화철을 다량으로 넣어서 수화 작용을 할 때 수화열(발열량)을 적게 한 시멘트로서, 조기(단기) 강도는 작으나 장기 강도는 크며, 경화 수축(체적의 변화)이 적어서 균열의 발생이 적다. 특히 방사선의 차단, 내수성, 화학 저항성, 내침식성, 내식성 및 내구성이 크므로 댐 축조, 매스 콘크리트, 대형 구조물, 콘크리트 포장, 원자로의 방사능 차폐용 콘크리트에 적당하다.

④ 내황산염 포틀랜드 시멘트 : 시멘트 성분 중 알루민산삼칼슘과 같은 경우에는 황산염에 대한 저항성이 약하므로 이것의 함유량을 적게 한 시멘트로 황산염에 대한 저항성이 크고, 화학적으로 안정하며, 강도 발현도 우수하고, 건조 수축도 보통 포틀랜드 시멘트보다 적다. 용도로는 황산염 토양 지대의 콘크리트 공사, 온천 지대의 구조물 공사, 화학 폐수물이 함유된 공장 폐수 처리 시설 및 원자로 공사, 항만 및 하수 공사의 수리 구조물에 이용된다.

021 ④ 분말도가 클수록 풍화에 잘 견디지 못하고, 사용 후 균열이 잘 생긴다.

⑤ 시멘트의 응결시간은 분말도가 미세한 것일수록, 또 수량이 적고 온도가 높을수록 짧아진다.

022 시멘트의 용도

종류	포틀랜드 시멘트				혼합 시멘트		특수 시멘트
	보통	중용열	조강	백색	고로	플라이 애시	알루미나
용도	일반적	댐, 방사능 차폐용, 매스콘크리트	한중, 수중, 긴급 공사	미장, 도장용	해수, 대형 구조체	하천, 해안, 해수 및 매스 콘크리트	동기, 해안, 긴급

023 조강 포틀랜드 시멘트를 보통 포틀랜드 시멘트에 비해 콘크리트 제조 시 수밀성과 내화학성이 높아진다.

024 ② 조기강도는 보통 포틀랜드 시멘트보다 낮으나 장기강도는 조금 높다.

⑥ 내침식성과 내구성 및 내황산염성이 크기 때문에 댐공사에는 사용이 가능하다.

025 ① 보통 포틀랜드 시멘트 : 시멘트 중에 가장 많이 사용되고, 보편화된 것으로 공정이 비교적 간단하고, 생산량이 많으며 일반적인 콘크리트 공사에 광범위하게 사용한다.

③ 실리카(포졸란) 시멘트 : 포틀랜드 시멘트의 클링커에 5~30%의 포졸란[화산재, 규조토, 규산 백토 등의 천연 포졸란 재료와 플라이 애시 등의 인공 포졸란 등이 있으며, 이 두 포졸란(천연 및 인공)은 실리카질의 혼화재]을 혼합하고, 적당량의 석고를 넣고 분쇄하여 분말로 만든 것이다. 특징 및 용도는 고로 슬래그 시멘트와 거의 동일하고, 초기 강도는 약간 낮지만 장기 강도는 높고, 화학 저항성 또는 바닷물에 대한 저항성이 크다.

④ 팽창 시멘트 : 콘크리트의 큰 결점의 하나인 수축성을 개선하기 위하여 수화시 계획적으로 팽창성을 갖도록 한 시멘트이다.

026 백색 포틀랜드 시멘트는 철분이 거의 없는 백색 점토를 사용하여 시멘트에 포함되어 있는 산화철, 마그네시아의 함유량을 제한한 시멘트로서, 보통 포틀랜드 시멘트와 품질은 거의 같다(강도가 거의 비슷하나, 조기강도는 약간 높다). 건축물의 표면(내·외면) 마감, 도장에 주로 사용하고 구조체에는 거의 사용하지 않는다. 인조석 제조에 주로 사용된다.

027 ① 백색포틀랜드시멘트 : 철분이 거의 없는 백색 점토를 사용하여 시멘트에 포함되어 있는 산화철, 마그네시아의 함유량을 제한한 시멘트로서, 보통 포틀랜드 시멘트와 품질은 거의 같다. 건축물의 표면(내·외면) 마감, 도장에 주로 사용하고 구조체에는 거의 사용하지 않는다. 인조석 제조에 주로 사용된다.

② 조강포틀랜드시멘트 : 수화열량이 많으며 초기의 강도 발현이 가능하므로 긴급공사, 동절기 공사에 주로 사용되는 시멘트이다.

③ 알루미나시멘트 : 물을 가한 후 24시간 내에 보통 포틀랜드 시멘트의 4주 강도가 발현되는 시멘트, 장기에 걸친 강도의 증진은 없지만 조기의 강도 발생이 커서 긴급 공사에 사용되는 시멘트이다. 보크사이트와 같은 Al_2O_3의 함유량이 많은 광석과 거의 같은 양의 석회석을 혼합하여 전기로에서 완전히 용융시켜 미분쇄하여 만든다. 조기의 강도 발현이 큰 시멘트로, 성질은 초기(조기) 강도가 크고(보통 포틀랜드 시멘트 재령 28일 강도를 재령 1일에 나타낸다.), 수화열이 높으며, 화학 작용에 대한 저항성이 크다. 또한, 수축이 적고 내화성이 크므로 동기, 해수 및 긴급 공사에 사용한다.

028 ② 초기강도는 작으나 장기강도가 크다.

⑤ 수밀성이 증대된다.

029 ④ 재령 초기에는 강도가 작으나 장기강도는 크다.

⑤ 해수에 대한 내식성이 크다.

⑩ 보통포틀랜드시멘트에 비해 화학저항성은 크고, 수밀성도 크다.

⑭ 슬래그를 함유하고 있어 건조수축에 대한 저항성이 작다.

⑯ 보통포틀랜드시멘트에 비하여 비중(2.85 이상)이 작고 풍화에 대한 저항성이 떨어진다. 즉, 중성화가 빠르다.

030 ③ 균열이 발생하므로 매스콘크리트, 수밀콘크리트에 사용이 불가능하고, 조기 강도가 크기 때문에 동기(겨울철) 공사, 해수 공사, 긴급 공사에 주로 사용된다.

⑥ 알루미나 시멘트는 건조 수축이 크며, 초기강도는 매우 높으나, 장기에 걸친 강도의 증진이 부진하여 장기 강도는 낮다.

031 ① 내황산염 포틀랜드 시멘트 : 시멘트 성분 중 알루민산삼칼슘과 같은 경우에는 황산염에 대한 저항성이 약하므로 이것의 함유량을 적게 한 시멘트로 황산염에 대한 저항성이 크고, 화학적으로 안정하며, 강도 발현도 우수

하고, 건조 수축도 보통 포틀랜드 시멘트보다 적다. 용도로는 황산염 토양 지대의 콘크리트 공사, 온천 지대의 구조물 공사, 화학 폐수물이 함유된 공장 폐수 처리 시설 및 원자로 공사, 항만 및 하수 공사의 수리 구조물에 이용된다.

② 초속경시멘트 : 재령 1~2시간이 경과하면 콘크리트 강도가 10Mpa 정도이고, 초속경성 및 응결 시간의 조정이 가능하며, 낮은 온도나 장기간에 걸쳐 안정된 강도가 얻어진다.

④ 고로슬래그 시멘트 : 포틀랜드시멘트 클링커에 철용광로로부터 나온 슬래그를 급랭한 급랭슬래그를 혼합하여 이에 응결시간 조정용 석고를 혼합하여 분쇄한 것으로, 수화열량이 적어 매스콘크리트용으로도 사용할 수 있는 시멘트 또는 팽창균열이 없고 화학저항성이 높아 해수·공장폐수·하수 등에 접하는 콘크리트에 적합하고 수화열이 적어 매스콘크리트에 적합한 시멘트이다.

032 폴리머 시멘트(콘크리트의 방수성, 내약품성, 변형성능의 향상을 목적으로 다량의 고분자재료를 혼입시킨 시멘트)는 콘크리트의 방수성, 내약품성, 변형성능의 향상을 목적으로 다량의 고분자재료를 혼입시킨 시멘트이다.

033 ① 중용열 포틀랜드 시멘트는 수화 시 발열량이 비교적 작다.

⑤ 중용열 포틀랜드 시멘트는 댐, 매스 콘크리트, 방사능 차폐용, 콘크리트 포장 등에 사용한다. 겨울철 공사나 긴급공사에 사용되는 시멘트는 조강 포틀랜드 시멘트나 알루미나 시멘트이다.

034 플라이애시(화력발전소와 같이 미분탄을 연료로 하는 보일러의 연도에서 집진기로 채취한 미립자의 재) 시멘트는 플라이애시를 혼화재로 사용한 시멘트로서, 콘크리트의 워커빌리티를 좋게 하며 수밀성을 크게 할 수 있는 시멘트이다. 무게로 5~30%의 플라이 애시를 시멘트 클링커에 혼합한 다음, 약간의 석고를 넣어 분쇄하여 만든 것이다. 수화열이 적고, 조기 강도는 낮으나 장기 강도는 커지며, 수밀성이 크고, 단위 수량을 감소시킬 수 있으며, 콘크리트의 워커빌리티가 좋다. 특히, 하천, 해안, 해수 공사와 기초, 댐 등의 매스 콘크리트에 사용한다.

035 ①은 알루미나 시멘트, ③은 초속경 시멘트, ④는 고로슬래그 시멘트에 대한 설명이다.

036 기성 배합 모르타르 바름은 주로 바름 두께가 얇은 경우에 많이 쓰인다.

037 목모 시멘트판은 나무 섬유인 목모와 시멘트를 주원료로 하여 만든 제품이므로, 불연재료에 속하지 않는다.

038 시멘트 목질판은 목질(나무 섬유인 목모, 나무 조각인 목편)과 시멘트를 주원료로 혼합하여 압축성형한 판으로, 제품명으로는 듀리졸(durisol)이다.

039 시멘트의 저장

- 시멘트는 지상 30cm 이상 되는 마루 위에 적재해야 한다. 또한 창고는 방습 설비가 완전해야 하며, 검사에 편리하도록 적재해야 한다.
- 포대에 들어 있는 시멘트는 13포대 이상 쌓으면 안 되며, 특히 장기간 저장할 경우 7포대 이상 쌓지 않는다.
- 3개월 이상 저장한 시멘트 또는 습기를 받았다고 생각되는 시멘트는 반드시 사용 전에 시험하여야 한다.
- 시멘트는 입하 순서에 따라 사용한다.
- 시멘트의 보관은 공기 및 습기와의 접촉을 방지하기 위하여 개구부를 설치하는 것을 피해야 한다. 특히, 환기창의 설치는 금한다.

040 ④ 철근콘크리트는 직류에 의해서 피해를 입고, 고압의 직류가 철근으로부터 콘크리트에 흐르면 철근의 산화하여 부식되고, 용적이 팽창하여 콘크리트에 균열이 발생하고, 콘크리트로부터 철근으로 전류가 흐르면 철근에 가까운 콘크리트가 연화되어 부착강도가 감소한다.

⑤ 콘크리트는 장기간 화재를 당하면, 250℃정도에서 결정수를 방출할 뿐이므로 강도가 저하하기 시작하고, 500℃에서 수산화석회가 열분해하여 콘크리트가 급격히 강도가 약해진다. 또한, 600℃ 정도에서 콘크리트의 강도는 상온의 1/2, 800℃ 정도에서는 상온의 1/10, 900℃ 이상에서는 완전히 파괴된다.

041 콘크리트는 시멘트, 물, 잔골재, 굵은 골재로 이루어져 있으므로 알칼리성의 시멘트로 인하여 콘크리트는 알칼리성이므로 철근의 부식을 방지한다.

042 콘크리트의 인장 강도는 압축 강도의 1/10~1/13 정도이다.

043 콘크리트의 강도에 영향을 주는 요인 중 가장 큰 영향을 미치는 것은 물·시멘트 비(물과 시멘트의 배합비)이고, 그 밖에 물, 시멘트, 골재의 품질, 비비기 방법, 부어넣기 방법 등의 시공 방법, 보양 및 재령과 시험 방법 등이 있다.

044 콘크리트의 압축강도에 영향을 주는 요인 중 양생온도가 높을수록 콘크리트의 초기강도는 높아진다.

045 공기량이 동일한 경우 경화콘크리트의 기포간극계수(기포와 다른 물질 사이에서 기포가 얼마나 잘 통과하는지를 나타내는 값으로 기포의 크기, 형태, 주변 물질의 특성에 따라 달라짐)가 작을수록 내동해성은 증대된다. 즉, 기포간극계수와 내동해성은 반비례한다.

046 골재의 함수 상태

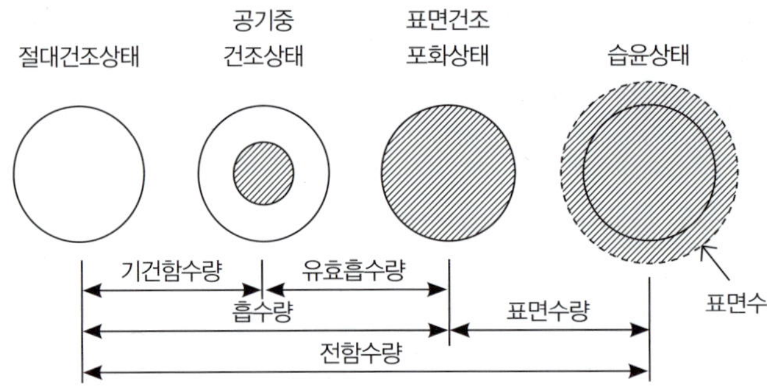

③ 위의 그림에서 알 수 있듯이 표건상태의 수량에서 기건상태의 수량을 뺀 것을 유효흡수량이라 하고, 흡수량은 표건상태의 수량에서 절건(전건)상태의 수량을 뺀 것으로 기건함수량과 유효흡수량을 합한 것이다.

⑤ 절대건조상태란 100~110℃에서 무게가 더 이상 변하지 않는 상태로 될 때까지 건조시킨 상태를 말한다. 대기 중에서 골재의 표면이 완전히 건조된 상태는 기건 상태를 의미한다.

⑪ 유효흡수량이란 표면건조내부포수(포화)상태와 기건상태의 수량의 차를 말한다. 절건상태와 기건상태의 골재 내에 함유된 수량과의 차를 기건함수량이라고 말한다.

047 ①은 전함수량(표면수량 + 흡수량, 표면수량 + 유효흡수량 + 기건함수량), ③은 기건함수량, ④는 표면수량에 대한 설명이다.

048 골재의 비중에 따른 분류

구분	전건비중	종류
보통골재	2.5~2.7	강모래, 강자갈, 깬자갈
경량골재	2.0 이하	천연(화산재, 경석), 인공(질석, 펄라이트, 팽창혈암)
중량골재	2.8 이상	중정석, 철광석

049 중량콘크리트용 골재는 중량 골재로서 전건비중이 2.8 이상이다. 중정석, 철광석(자철광, 황철광, 적철광 등)이 있다.

050 인공 경량골재는 점토·혈암(頁岩)을 고온으로 소성한 것으로서, 소성할 때에 균질하게 팽창발포시킨 팽창점토·팽창혈암이다. 천연산보다 강도가 있고, 알갱이 모양도 고르고 좋다.

051 ② 잔골재의 최대 염화물 이온 함유량은 질량백분율로 0.02%이다.
⑤ 청정하며 가능한 염화물을 포함하지 않을수록 우수한 골재이다.
⑩ 골재는 표면이 매끄럽지 않으며 둔각으로 된 것이 좋다.
⑬ 골재의 형태가 둔각이며, 표면은 매끄럽지 않은 것이어야 한다.
⑰ 운모가 함유되지 않은 것이어야 한다.
⑳ 입형과 입도가 좋은 골재는 실적율이 크고 동일 슬럼프를 얻기 위한 단위수량이 작다.

052 철근콘크리트의 골재로서 불가피하게 해사를 사용할 경우, 해사의 염분은 철근을 부식시키므로 철근콘크리트의 강도저하를 초래하므로 충분히 물로 씻어 사용하여야 한다.

053 골재와 콘크리트의 성질
① 마모에 대한 저항성 : 골재의 경도와 관계가 깊다.
② 습윤건조에 대한 저항성 : 골재의 성분 중 점토의 존재와 관계가 깊다.
③ 동결융해에 대한 저항성 : 골재의 안정성, 투수성, 탄성계수, 공극률 등과 관계가 깊다.
④ 온도변화에 대한 저항성 : 골재의 선팽창계수(물체의 길이가 온도 변화에 따라 얼마나 늘어나는지를 나타내는 계수)와 관계가 깊다.

054 실적률은 일정 용기 내에 골재가 채워져 있을 때, 전체 부피 중 골재 입자가 차지하는 실제 용적을 말하며, 다음의 식으로 구한다.

$$\text{실적률} = \frac{\text{단위용적중량}}{\text{골재의 비중(절대건조상태)}} \times 100(\%)$$

즉, 실적률은 단위용적중량에 비례하고, 골재의 비중(절대건조상태)에 반비례함을 알 수 있다. 그러므로, 단위용적중량이 일정하면, 골재의 비중이 클수록 실적률은 작아지고, 골재의 비중이 작을수록 실적률은 커진다.

055 실적률(일정 용기 내에 골재가 채워져 있을 때, 전체 부피 중 골재 입자가 차지하는 실제 용적)이 큰 골재로 이루어진 콘크리트는 시멘트 페이스트의 양이 작아져 콘크리트 제조 시 경제성이 높다.

056 콘크리트의 압축강도는 미세한 분말량이 10% 이하이면 큰 차이를 보이지 않는다.

057 콘크리트용 부순골재의 품질 기준(KS F 2527)

구분	절대건조밀도(g/㎤)	흡수율(%)	안정성(%)	마모율(%)	입자모양판정실적률(%)
부순굵은골재	2.5 이상	3.0 이하	12 이하	40 이하	55 이상
부순잔골재			10 이하		53 이상

058 깬자갈을 사용한 콘크리트가 동일한 시공연도의 보통 콘크리트보다 유리한 점은 수밀성과 내구성의 감소, 단위 수량의 증대, 시멘트 페이스트와의 부착력이 증가한다는 것이다.

059 ④ 크리프(creep)는 콘크리트의 하중을 지속적으로 작용시켜 놓을 경우 하중의 증가가 없음에도 지속 하중에 의해 시간과 더불어 변형이 증대하는 현상을 말한다.
굳지 않은 콘크리트의 성질에는 컨시스턴시, 플라스티시티, 피니셔빌리티 및 워커빌리티 등이 있다. 요구되는 성질은 거푸집 구석구석까지 잘 채워질 수 있어야 하고, 다지기 및 마무리가 용이하여야 하며, 시공시 및 그 전후에 재료 분리가 적어야 한다는 점이다.

컨시스턴시 (consistency)	수량에 의해 변경되는 굳지 않은 콘크리트의 유동성만을 말하고, 단위 수량이 많으면 작업은 용이하나, 재료 분리 현상이 일어난다. 특히, 슬럼프 시험에 의한 시공연도의 양부를 판정하는 기준이 된다.
플라스티시티 (plasticity)	거푸집 등의 현상에 순응하여 채우기 쉽고, 분리가 일어나지 않는 성질 또는 용이하게 성형되며, 풀기가 있어 재료의 분리가 생기지 않는 성질이다.
피니셔빌리티 (finishability)	콘크리트 표면을 끝막이할 때의 난이 정도로 굵은 골재의 최대 치수, 잔골재율, 골재의 입도, 반죽 질기 등에 따라 달라진다.
워커빌리티 (workability)	컨시스턴시(반죽 질기의 정도)에 따라 부어 넣기 작업의 난이도 및 재료 분리에 저항하는 정도이다.
펌퍼빌리티 (pumpability)	펌프용 콘크리트의 워커빌리티를 판단하는 하나의 궤도로 사용된다.

060 ④ 펌퍼빌리티(pumpability)는 펌프용 콘크리트의 워커빌리티를 판단하는 하나의 궤도로 사용되는 성질이다. 거푸집 등의 형상에 순응하여 채우기 쉽고, 분리가 일어나지 않는 성질은 플라스티시티(plasticity)라고 한다.
⑦ 플라스티시티(plasticity)는 푸집 등의 형상에 순응하여 채우기 쉽고, 분리가 일어나지 않는 성질을 말한다. 수량에 의해서 변화하는 콘크리트 유동성의 정도는 컨시스턴시(consistency)라고 한다.

061 깬자갈이나 깬모래를 사용할 경우, 잔골재를 크게 하고 단위수량을 증가시키면 워커빌리티가 좋아진다.

062 ④ 슬럼프 시험 시 각 층을 25회 다진다.
⑤ 슬럼프 콘의 치수는 윗지름 10cm, 밑지름 20cm, 높이가 30cm이다.

063 블리딩(콘크리트가 타설된 후 비교적 가벼운 물이나 미세한 물질 등이 상승하고, 무거운 골재나 시멘트는 침하하는 현상)과 콘크리트 마감면 근처의 침강균열(블리딩 현상과 철근, 골재, 거푸집의 부분적 침하로 윗면에 균열이 발생한다.)과는 관계가 깊다.

064~065 콘크리트의 블리딩 현상에 의한 성능저하에는 골재와 페이스트의 부착력 저하, 철근과 페이스트의 부착력 저하, 콘크리트의 수밀성 저하 등이 있다. 콘크리트의 응결성과는 무관하다.

066 ④ 콘크리트의 습윤양생기간은 건조수축에 크게 영향을 주며 이 기간이 길면 길수록 건조수축은 많아진다.
⑧ 단위수량이 증가되면 수축량은 증가한다.
⑫ 된비빔일수록 수축량이 적다(모르타르와 콘크리트를 흡수하면 팽창하고, 건조하면 수축함).

067 염해란 콘크리트 중의 염화물($NaCl$)이나 염화물 이온(Cl^-)의 부재 내부 침입으로 인해 철근이 부식되어 구조체에 손상을 입히는 현상으로 배합수, 골재, 시멘트 등의 품질검사 및 염도 측정이 필요하다. 열화는 콘크리트가 물리적, 화학적으로 나빠지는 상태로서 중성화, 동결 융해 등이 있다.

068 ② 재하재령이 빠를수록 크리프는 크다.
⑥ 물시멘트비가 작을수록 작다.
⑪ 부재의 단면치수가 클수록 작다.
⑫ 단위수량이 작을수록 작다.
⑯ 재하재령이 느릴수록 크리프는 작다.
⑱ 시멘트 페이스트의 양이 적으면 크리프는 작아진다.
또한, 크리프는 콘크리트가 아직 덜 굳었을 때(물·시멘트비가 큰 콘크리트 사용 시, 콘크리트가 건조한 상태로 노출될 때), 부재의 단면 치수가 작을수록, 하중이 클수록, 단위수량이 많을수록, 재하 시 재령이 짧을수록 증가한다. 크리프는 콘크리트가 완전히 건조했거나, 완전히 젖어 있으면 거의 일어나지 않고, 콘크리트의 재령에 따라 감소한다.

069 콘크리트 공기량은 기계비빔인 경우가 손비빔인 경우보다 공기량은 증대하고, 배합 시간이 3~5분까지는 증대하나 그 이상은 감소한다. 즉, 비빔시간이 길면 길수록 공기량은 증대하지 않는다.

070 골재의 재료 분리(균질하게 비벼진 콘크리트는 어느 부분의 콘크리트를 채취해도 그 구성 요소인 시멘트, 물, 잔굵은 골재의 구성 비율은 동일하나, 이 균질성이 소실되는 현상으로 굵은 골재가 국부적으로 집중하거나, 수분이 콘크리트 윗면으로 모이는 현상을 블리딩이라고 한다.)에 영향을 주는 인자에는 단위수량, 골재의 종류, 골재의 입도·입형, 혼화제의 종류, 기타 시공상 결함 등이 있다. 골재의 강도와 골재 분리는 무관하다.

071 ② 중성화는 공기 중의 이산화탄소에 의해 영향을 받는다.
⑤ 중성화되면 콘크리트는 산성이 된다. 또한, 중성화란 콘크리트는 원래 알칼리성(pH 12 정도)이므로 철근의 녹을 보호하는 역할을 하고 있으나 시일의 경과와 더불어 공기 중의 이산화탄소의 작용을 받아 수산화칼슘이 서서히 탄산칼슘으로 되며, 알칼리성을 잃어가는 현상을 콘크리트의 중성화라고 한다. 반응식은 $Ca(OH)_2 + CO_2 \rightarrow CaCO_3 + H_2O \uparrow$ 이다.

072 콘크리트의 중성화에 대한 저감대책으로는 ①·②·④ 이외에도 피복두께를 두껍게 하여야 하며, 혼화재 사용량을 적게(혼합시멘트의 사용을 억제)하고, 환경적으로 오염(탄산가스의 영향)이 되지 않게 하는 방법 등이 있다.

073 ① 콘크리트 염해 : 콘크리트 중의 염화물(NaCl)이나 염화물 이온(Cl^-)의 부재 내부 침입으로 인해 철근이 부식되어 구조체에 손상을 입히는 현상으로 배합수, 골재, 시멘트 등의 품질검사 및 염도 측정이 필요하다.
② 동결융해현상 : 콘크리트 중에 포함되어 있는 물이 동결되면 그 물의 압력으로 인하여 콘크리트 조직에 미세한 균열이 생겨 동결과 융해가 반복되면 그 손상이 점차 커진다. 이에 저항하기 위하여 물시멘트비를 작게하고, 수밀한 콘크리트를 만들며, AE제를 혼합하여 4~6%의 공기량을 포함시키면 그 저항성을 증가시키는 데 유효하다.
④ 알칼리 골재반응 : 골재 중의 실리카질 광물이 시멘트 중의 알칼리 성분과 화학적으로 작용하여 콘크리트의 팽창으로 균열이 발생하는 현상이다.

074 콘크리트의 탄산(중성)화는 일반적으로 보통 콘크리트가 경량골재 콘크리트보다 탄산화 속도가 느리다. 즉, 경량골재의 탄산화가 빠르다.

075 expansion joint(신축줄눈)은 온도변화에 의한 부재(모르타르, 콘크리트 등)의 신축에 의한 균열·파괴를 방지하기 위하여 일정한 간격으로 줄눈이음을 하는 것이다. 요구되는 성능 조건에는 ①·③·④ 이외에도 콘크리트의 팽창에 저항할 수 있는 변위 순응성, 내식성 및 내부식성 등의 성질이 포함된다.

076 잔골재의 0.15~0.3mm 정도의 조립률이 적을수록(세립분이 많을수록) 콘크리트의 재료분리(점성과 가소성이 작아지고, 골재와 시멘트 페이스트가 분리되는 현상) 경향은 적어진다.

077 콘크리트 재료분리의 원인에는 ①·③·④ 이외에도 잔골재율(잔골재의 용적과 굵은골재의 용적 합에 대한 잔골재의 용적이 차지하는 백분율)이 작은 경우, 입자가 거친 잔골재를 사용한 경우, 단위 골재량이 너무 많은 경우, 배합이 적절하지 않은 경우, 비빔시간이 길거나 부족한 경우 등이 있다. 잔골재율이 큰 경우는 재료분리경향을 감소시킬 수 있다.

078 콘크리트 배합설계 조건에는 소요 강도, 적당한 워커빌리티 및 균일성이 해당하며, 시공 전후에 재료 분리(슬럼프 값이 작을 것)가 없어야 한다.

079 ④ 알칼리골재반응을 억제하여 팽창을 감소시키고, 콘크리트의 수밀성을 강화시킨다.
⑧ 건조 수축이 적으므로 매스콘크리트에 사용하는 것이 가능하다.
⑨ 단위 수량의 감소로 블리딩 현상이 감소된다.

080 ① 실리카 흄(전기로에서 석영, 규석, 철가루, 코크스 등을 2,000℃ 고온상승시 SiO_2가 산화 응고된 초미립자)은 동결융해작용 중대, 화학저항성 중대, 고강도의 발현 등의 장점이 있고, 단점으로는 소성수축균열발생, 단위수량증가 등이 있다.
⑤ 플라이애시는 콘크리트의 장기강도를 증진하는 효과는 있으나 수밀성은 개선된다.
⑩ 유동화제는 강력한 감수효과와 유동성의 증진을 위한 혼화제이다.
⑯ 가용성 규산 미분말은 오토클레이브 양생에 의하여 고강도를 내게 하는 혼화재이다.

081 시멘트의 혼합 재료 중 혼화재는 포촐란, 플라이애시, 실리카 흄, 고로슬래그 미분말 및 팽창재 등이 있다. 혼화제에는 AE제, 감수제 및 유동화제, 응결 경화시간 조절제, 방수제, 기포제, 발포제, 착색제 등이 있다.

082 콘크리트용 혼화제의 계면활성 작용에는 기포작용, 분산작용, 습윤작용 등이 있다.

083 콘크리트 배합의 순서는 '설계기준강도 → 배합강도(콘크리트 강도) → 시멘트의 강도 결정 → 물시멘트비 결정 → 표준 배합표(골재의 크기 결정 → 슬럼프 값 결정 → 배합비 결정) → 시험 비빔 → 계획 배합표의 결정'이다. 또한, 콘크리트의 강도를 변화하지 않게 하려면 물시멘트비를 일정하게 하고, 시공연도를 조절하려면 물시멘트비를 일정(시멘트 강도를 일정)하게 하면서 미세한 물질을 많이 넣는 방법과 모래(잔골재)를 많이 넣고 자갈(굵은 골재)을 적게 넣는 방법이 있다.

084 ① 키스톤 플레이트 : 데크 플레이트의 일종으로 홈이 파인 강판이다.
③ 익스팬디드 메탈 : 일명 철판망으로 토목, 건축 및 일반 공업에 널리 사용되는 중요한 자재로서, 그레이팅과 스탠다드의 2종류가 있다.
④ 메탈 폼 : 강철, 금속재의 콘크리트용 거푸집으로서, 특히, 치장 콘크리트에 많이 사용된다.

085 ALC(Autoclaved Lightweight Concrete, 경량기포콘크리트) : 콘크리트의 시멘트 페이스트 속에 AE제, 알루미늄 분말 등을 첨가하여 만든 경량 콘크리트 또는 생석회와 규사를 혼합하여 고온, 고압하여 양생하면 수열 반응을 일으키는데, 여기에 기포제를 넣어 경량화한 기포 콘크리트로, 오토클레이브에 포화 증기로 양생한다. 제품에는 블록류와 패널이 있으며, 지붕, 바닥, 벽재로 사용하고, 다공질이고 흡수성이 크다. 규회 벽돌은 모래와 석회를 주원료로 하여(착색제 및 혼화제를 첨가하기도 함) 가압·성형하고, 증기압에서 양생하여 만들어진 벽돌로서 ALC 제품이다.

086 ③ ALC는 건조(팽창)수축률이 매우 작으므로 균열 발생이 적고, 흡수성이 크므로 사용개소에 유의해야 한다.
⑦ ALC의 구성재료에는 콘크리트의 시멘트 페이스트 속에 AE제, 알루미늄 분말(기포제) 등을 첨가 또는 생석회와 규사를 혼합하여 고온, 고압하여 양생하면 수열 반응을 일으키는데, 여기에 알루미늄 분말(기포제)를 넣어 제조한다.
⑫ 흡수율이 높아 동결, 융해에 대한 저항성이 작다.
⑬ 열전도율은 보통콘크리트의 약 1/10 정도로서 단열성이 우수하다.
⑮ 무기질 불연성 재료이지만, 내화벽돌과 같은 정도의 내화도는 없다.
⑯ 흡음성과 차음성이 우수하다.
⑲ 기공구조이기 때문에 흡수율이 높은 편이며 방수 및 방습처리가 필요하고, 동해에 대한 저항이 낮으나. 단열 성능이 우수하다.
㉑ 열전도율은 보통콘크리트의 약 1/10 정도로서 단열성이 우수하므로 결로 발생을 방지할 수 있다.
㉔ 보통콘크리트에 비하여 탄산화(중성화)의 우려가 높다.
㉚ 기공구조이기 때문에 흡수율이 높은 편이며 방수 및 방습처리가 필요하다.

087 ALC의 물리적 성질은 경량성(기건비중은 보통콘크리트의 약 1/4 정도로 경량), 기공구조이기 때문에 흡수율이 높은 편이며 방수 및 방습처리가 필요하고, 동해에 대한 저항이 낮으나. 단열 성능이 우수하다. 또한, 흡음성과 차음성이 우수하나, 방수성이 매우 약하다.

088 ALC블록의 절건비중과 압축강도

항목	절건비중			압축강도(Mpa 이상)		
	0.5품	0.6품	0.7품	0.5품	0.6품	0.7품
내용	0.45 초과 0.55 미만	0.55 초과 0.65 미만	0.65 초과 0.75 미만	3	5	7

089 서중콘크리트 타설 시 슬럼프 저하나 수분의 급격한 증발에 대한 대책

① 단위수량을 감소시킨다.

② 저온의 시멘트를 사용한다.

③ 콘크리트의 운반 및 부어넣는 시간을 되도록 짧게 한다.

④ 수화발열을 줄이기 위해 중용열 포틀랜드 시멘트를 사용한다.

⑤ 혼화재료는 AE감수제 지연형 및 감수제 지연형을 사용한다.

090 적산온도는 콘크리트의 강도가 재령과 온도와의 함수로서, 즉 Σ(시간×온도)의 함수로 표시되는 총합이다. 한중콘크리트는 하루 평균 기온이 0~4℃일 때 간단한 주의와 보온으로 시공하는 콘크리트로서, 배합강도 및 그에 따른 물·시멘트비는 콘크리트 강도의 기온에 따른 보정값을 사용하는 방법과 적산온도 방식에 의한 방법이 사용된다.

091 수밀콘크리트(콘크리트 자체의 밀도를 높고, 내구적·방수적으로 하여 물의 침투를 방지하도록 만든 콘크리트)는 된 비빔으로, 손비빔보다 기계비빔(진동다짐)을 원칙으로 한다.

092 폴리머합침콘크리트(콘크리트 속에 고분자 물질인 폴리머를 사용한 콘크리트 또는 시멘트계의 재료를 건조시켜 미세한 공극에 수용성 폴리머를 함침, 중합시켜 일체화한 것)는 압축강도, 탄성, 내약품성, 내마모성, 내동결 융해성, 방수(수밀)성, 접착성이 우수하고, 건조 수축과 크리프는 감소한다. 또한, 내화성과 난연성은 좋지 않다.

093 폴리머시멘트콘크리트는 유동성이 증가하여 일정 워커빌리티를 얻는 데 필요한 물시멘트비가 감소한다.

094 AE 콘크리트는 보통 콘크리트와 비교하여 공기량이 많을수록 강도는 저하(공기량 1%에 대해 압축강도 3~5% 정도 감소)하고, 워커빌리티 향상, 재료분리 방지, 내구성 향상, 염류 및 동결에 대한 저항력이 증대된다. 또한, 배합 수정은 시멘트량과 자갈량은 수정하지 않고, 수량과 모래량은 감소한다.

095 ① 매스 콘크리트 : 부재 혹은 구조물의 치수가 커서 시멘트의 수화열에 의한 온도상승 및 강하를 고려하여 설계·시공해야 하는 콘크리트로서, 단위시멘트량을 적게 사용하여 수화열을 감소시킨다.

② 프리팩트(프리플레이스트) 콘크리트 : 거푸집 내에 자갈을 먼저 채우고, 공극부에 유동성이 좋은 모르타르를 주입해서 일체의 콘크리트가 되도록 한 공법으로 주로 탱크(tank)의 기초, 지수벽 등의 콘크리트, 차폐 콘크리트, 수중 콘크리트, 콘크리트구조물의 보수 등에 사용하는 콘크리트이다.

④ AE 콘크리트 : 콘크리트 속에 공기연행제(AE제, AE감수제 등)를 혼합하여 시공 연도를 좋게 한 콘크리트이다.

096 ① 수밀 콘크리트 : 콘크리트 자체의 밀도를 높고, 내구적, 방수적으로 하여 물의 침투를 방지하도록 만든 콘크리트이다.

③ 유동화 콘크리트 : 미리 비벼낸 단위수량이 적은 콘크리트에 유동성을 증대시키키 위한 유동화제라고 불리는 분산성능이 높은 혼화제를 혼입하여 된 비빔 콘크리트이다

④ 프리스트레스트 콘크리트 : 고강도 강선을 사용하여 인장응력을 미리 부여함으로서 단면을 적게 하면서 큰 응력을 받을 수 있는 콘크리트이다.

097 굵은 골재의 최대 치수와 최소 치수와의 차이를 작게 하면 굵은 골재의 실적률이 작아지고(공극률이 커지고) 주입모르타르의 소요량이 많아진다.

098 ① 경량콘크리트 : 건축물의 중량을 경감하기 위한 콘크리트로서 기건 비중이 2.0 이하인 콘크리트로서 장점과 단점은 다음과 같다.

| 장점 | 자중이 적고, 콘크리트의 운반, 부어넣기 등 작업의 노력이 경감되며, 내화성이 크다. 또한, 열전도율이 작고, 방음 효과가 크다. |
| 단점 | 시공이 번거롭고 재료의 처리가 필요하며, 강도가 적다. 또한, 다공질이고, 건조수축이 크다. |

② 한중콘크리트 : 동절기의 냉한기에 시공하는 콘크리트로, 콘크리트를 부어 넣은 후 4주까지의 예상 평균 기온이 약 영하 3℃ 이하일 때에 시공한다. 조기 응결을 위하여 조강포틀랜드시멘트가 사용된다.

099 레미콘의 표시 형식의 예를 보면 25 − 24 − 150에서 25(굵은 골재의 최대 치수, mm) − 24(압축강도, MPa) − 150(슬럼프, mm)이다. 그러므로, 레미콘을 주문할 때에는 굵은 골재의 최대 치수, 압축강도, 슬럼프 등을 요구해야 한다.

100 • 혼합시간 : 혼합(비빔)시간은 3~5분까지는 증가하고, 그 이상은 감소한다.
 • 시멘트의 사용량 : 시멘트의 사용량이 적을수록, 분말도가 작을수록, 모래의 비율이 많을수록, 잔골재율이 클수록, 굵은 골재의 최대치수가 작을수록 공기량은 증가한다.
 • 주위온도 : 온도가 높을수록 감소하고, 낮을수록 증가한다.
 • 혼합방법 : 기계비빔이 손비빔보다 공기량이 증가한다.
 • 진동의 유무 : 진동을 주면 공기량은 감소한다.
또한, 공기량과 비례하는 것은 슬럼프값, 비빔 시간, 가는 모래입자 등이 있고, 공기량과 반비례하는 것은 온도, 시멘트량, 시멘트의 분말도, 진동, 굵은 모래 등이 있다.

101 ① AE제를 사용하지 않은 콘크리트 중에 함유된 부정형한 기포를 연행된 공기를 Entrapped Air(갇힌 공기)라 하고, AE제에 의해 생성(적정 4~6%)되는 0.025~0.25mm 정도의 지름을 가진 기포 entrained air(연행공기)라 한다.
⑤ 강도가 감소된다. 또한, 콘크리트의 강도(압축강도, 인장강도, 부착강도 등)가 감소한다.
⑪ 철근에 대한 부착강도가 감소한다.
⑫ 동일 물시멘트비인 경우 압축강도가 낮다.

102 경량콘크리트의 골재로서 슬래그(slag)를 사용하기 전 물축임하는 이유는 경량골재가 다공질이기 때문에 흡수율이 크므로 콘크리트의 경화에 필요한 수량을 확보하기 위함이다.

103 유동화콘크리트는 초기강도는 증대되고 장기강도가 감소된다.

104 유동화제의 주성분은 나프탈렌설폰산염계 축합물, 멜라민설폰산염계 축합물, 변성 리그닌설폰산계 축합물 등이 있다.

105 ② 수밀하게 타설하기 위해 슬럼프값은 될 수 있는 한 작게 한다.
③ 혼화제로서 조기 강도발현을 위해 응결경화촉진제를 사용을 금지한다.
④ 골재치수를 크게 함으로써 시멘트량을 감소시켜 고강도화를 꾀한다.
⑤ 저발열성 시멘트를 사용한다.
⑩ 골재치수를 크게 한다.

106 ③ 물−결합재비는 원칙적으로 60% 이하로 하여야 한다.
⑤ 한중 콘크리트에는 일반콘크리트만을 사용하고, AE콘크리트의 사용을 원칙으로 한다.

107~108 깬자갈(쇄석)콘크리트의 특징은 강자갈에 비하여 자갈의 표면이 거칠어 시멘트풀의 부착력이 크기 때문에 동일 물·시멘트비에 있어서는 보통 콘크리트보다 강도가 크다. 그러나 깬자갈은 모지고 모양도 고르지 못하므로, 동일 배합 시에는 시공연도가 불량하여 시공을 신중히 하지 않으면 보통 콘크리트보다 강도가 떨어질 우려가 있다.

109 철근콘크리트용 골재에 포함된 불순물 중 당분은 매우 유해한 성분으로 함유량은 시멘트 중량의 0.1~0.2% 이하이고, 응결이 되지 않고, 붕괴되어 부스러지는 영향을 끼친다.

110 ② 표면이 깨끗하고 표면이 거친 것(매끄럽지 않은 것)이어야 한다.
⑦ 잔골재로서 사용할 모래의 흡수율은 3.5% 이하의 값을 표준으로 한다.

111 ② 다른 암석을 사용한 콘크리트보다 고로슬래그 쇄석을 사용한 콘크리트가 수화열이 적으므로 건조수축이 매우 작은 편이다.
⑤ 고로슬래그 쇄석은 다공질이므로 투수성은 보통골재의 경우보다 크므로 수밀콘크리트에 부적합하다.

112 체가름 시험은 모래와 자갈을 눈이 좁은 것부터 차례로 띄워서 겹쳐 놓은 체진동기로 충분히 거른 다음, 각 체에 걸린 모래, 자갈의 무게를 측정하여 전체의 양에 대한 비율을 계산하는 시험으로, 골재의 입도를 나타낸다. 조립률(골재의 입도를 정수로 표시하는 방법)은 체가름 시험 시에 10개의 체(0.15mm, 0.3mm, 0.6mm, 1.2mm, 2.5mm, 5mm, 10mm, 20mm, 40mm, 80mm)에 남아 있는 누계 무게 백분율의 합계를 100으로 나눈 값이다.
① 플로우 시험 : 콘크리트의 시공연도 시험법의 일종이다.
② 블레인 시험 : 시멘트의 분말도 시험법이다.
④ 비카트침 시험 : 길모아 침시험법과 같이 시멘트의 응결 시험법의 일종이다.

113 철근콘크리트 공사에서 이형철근(표면에 리브 또는 마디 등의 돌기가 있는 봉강)을 사용하는 가장 주된 이유는 콘크리트와의 부착력이 우수하기 때문이다.

114 침투 탐상법(용접 부위에 침투액을 발라 결함부 위에 침투를 유도하고, 표면을 닦아낸 후 판단하기 쉬운 검사액을 발라 검출하는 방법)은 강재의 용접검사 방법이다.
콘크리트의 비파괴 시험(콘크리트의 압축강도를 추정하고, 내구성, 철근 및 균열의 위치를 파악하기 위해 콘크리트 구조물을 파괴하지 않고 측정하는 검사방법)의 종류에는 슈미트 해머(표면경도법, 타격법), 초음파 시험, 방사선 투과시험, 철근탐사시험 등이 있다.

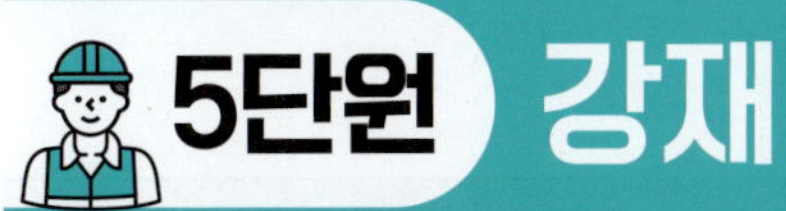 5단원 강재

번호	정답
001	①○ ②× ③○ ④○ ⑤○ ⑥○ ⑦× ⑧○ ⑨○ ⑩○ ⑪○ ⑫× ⑬○ ⑭× ⑮○ ⑯○ ⑰○ ⑱○ ⑲× ⑳○
002	①× ②○ ③× ④×
003	①○ ②○ ③× ④○
004	①○ ②○ ③× ④○ ⑤○ ⑥○ ⑦○ ⑧×
005	①○ ②○ ③○ ④×
006	①○ ②○ ③× ④○
007	①× ②○ ③○ ④○
008	①× ②○ ③○ ④○
009	①○ ②× ③× ④×
010	①× ②○ ③× ④×
011	①× ②○ ③○ ④○ ⑤○
012	①○ ②× ③○ ④○
013	①○ ②× ③× ④×
014	①○ ②× ③○ ④○
015	①× ②○ ③○ ④○
016	①× ②○ ③× ④×
017	①○ ②× ③○ ④○ ⑤○ ⑥× ⑦○ ⑧○
018	①○ ②○ ③○ ④× ⑤○ ⑥○ ⑦× ⑧× ⑨○ ⑩× ⑪○ ⑫× ⑬× ⑭× ⑮○ ⑯○ ⑰○ ⑱× ⑲○ ⑳○ ㉑× ㉒○ ㉓× ㉔○ ㉕○ ㉖○ ㉗○ ㉘× ㉙× ㉚× ㉛○ ㉜○ ㉝× ㉞○
019	①○ ②○ ③○ ④× ⑤○ ⑥○ ⑦○ ⑧×
020	①○ ②○ ③× ④○
021	①○ ②× ③× ④×
022	①○ ②○ ③× ④○ ⑤○ ⑥○ ⑦×
023	①○ ②× ③× ④×
024	①○ ②× ③○ ④○
025	①○ ②○ ③○ ④×
026	①○ ②× ③× ④×
027	①○ ②× ③× ④×
028	①○ ②○ ③× ④○ ⑤○ ⑥× ⑦○ ⑧○ ⑨○ ⑩○ ⑪× ⑫○ ⑬○ ⑭○ ⑮○ ⑯× ⑰× ⑱○ ⑲○ ⑳○ ㉑○ ㉒○ ㉓○ ㉔○ ㉕× ㉖× ㉗○ ㉘○ ㉙× ㉚× ㉛× ㉜○ ㉝○ ㉞○ ㉟× ㊱× ㊲○ ㊳○ ㊴○ ㊵× ㊶○ ㊷○
029	①○ ②× ③○ ④○
030	①○ ②× ③○ ④○
031	①○ ②○ ③× ④○
032	①× ②× ③× ④○
033	①○ ②× ③× ④×
034	①○ ②× ③× ④× ⑤×
035	①× ②○ ③× ④×
036	①× ②× ③○ ④×
037	①× ②× ③○ ④×
038	①○ ②○ ③× ④○
039	①× ②× ③× ④○
040	①× ②× ③○ ④×
041	①× ②○ ③× ④× ⑤× ⑥×
042	①○ ②○ ③× ④○
043	①× ②○ ③○ ④○ ⑤× ⑥○ ⑦○ ⑧○ ⑨○ ⑩○ ⑪× ⑫○ ⑬○ ⑭○ ⑮×

001 ② 인장강도는 탄소량에 관계되며 조직성분 중 펄라이트(철과 탄소로 이루어진 합금에서 오스테나이트가 냉각 시 분해되어 형성된 층상조직 또는 페라이트와 시멘타이트의 층상조직)의 인장강도가 가장 높고, 질기며 강자성체이다.

⑦ 열전도율이 크고(열과 전기의 양도체) 부식성이 크다.

⑫ 전성이 일부 있으나 소성변형능력은 있다.

⑭ 순수한 금속일수록 저온에서의 전자이동이 쉬워진다(용이하다).

⑲ 강재를 압축할 경우 압축강도는 항복점 부근까지는 인장인 경우와 같으나, 그 이후는 압축이 진행됨에 따라 최대하중은 인장인 경우보다 낮아진다.

종류	탄소 함유량(%)	용융점(℃)	비중
순철(연철)	0.04 이하	1,538	7.876
강	0.04~1.7	1,450 이상	7.871~7.830
주철(선철)	1.7 이상	1,100~1,250	백주철 : 7.6, 회주철 : 7.1~7.3

003 금속의 제강법

용광로에서 얻어진 선철은 탄소량이 많으므로, 부서지기 취성을 띄므로 건축용 강재는 다음과 같은 방법으로 탄소 함유량을 적게하는 제강 공정을 거치게 된다.

평로 제강법 (지멘스-마틴법)	평로 속에 선철과 함께 고철, 철광석, 석회석 등을 넣어 좌우의 축열실에서 가열된 가스와 공기의 혼합된 연료를 번갈아 보내어 철 이외의 불순물을 산화, 연소시켜 제거시키는 방법으로, 원료나 제품의 조정이 자유롭고 품질도 우수하다.
전기로 제강법	전열을 이용하여 원료를 용융시키는 방법으로, 불순물이 충분히 제거되므로 합금강 등의 제조에 적합하다.
전로 제강법 (베서머법)	전로에 넣고, 위쪽의 노 속에 내린 관을 통하여 산소를 불어 넣어 용선 속에 포함된 철 이외의 불순물을 산화, 연소시켜 제거시키는 방법으로, 정련된 강은 인과 황의 함유량이 많다. 평로에 비하여 건설비, 제강비가 싸게 들고, 제강 시간도 짧을 뿐만 아니라 수시로 소량을 제조할 수 있다. 그러나 품질은 평로 제품보다 떨어진다.
도가니 제강법	도가니(점토와 흑연으로 만든 도가니)를 사용하는 것으로 과거에 많이 사용하였던 방법이다. 질이 좋은 강을 얻을 수 있으나, 대량 생산에는 적합하지 않다.

004 ③ 강재 탄소의 함유량이 0%에서 0.8%로 증가하면, 신율은 감소한다.
⑧ 비열, 전기저항이 커진다.

005 철에 함유된 성분 중 탄소량이 증가하는 경우에는 강도(인장과 압축), 경도, 비열, 항복점, 전기저항, 탄성계수 등이 증가하고, 내식성도 좋아진다. 그러나 연율(신율), 연성, 전성, 수축률, 비중, 열전도율, 열팽창계수, 용접성 등은 감소시킨다.

006 강재(鋼材)의 인장강도는 온도에 따라 다르다. 인장강도가 최대로 되는 경우의 온도는 250℃(250~300℃) 정도이다. 온도에 의한 영향으로 500℃에서는 상온 강도의 1/2로 감소하고, 600℃에서는 상온 강도의 1/3로 감소하며, 900℃에서는 상온 강도의 1/10로 감소한다.

007 연강은 판, 교량, 각종 강철봉, 파이프, 건축용 철골, 철교, 볼트, 리벳 등에 사용한다.
스프링과 강선은 극(최)경강을 사용한다.

008 건축용 강재(철근, 철골, 리벳 등)의 재료시험항목에는 일반구조용[항복점, 인장강도, 연신율, 굴곡(굽힘) 시험 등], 용접구조용[항복점, 인장강도, 연신율, 굴곡(굽힘)시험, 충격시험 등] 및 리벳용 압연강재[인장강도, 항복점, 연신율, 굴곡(굽힘)시험 등] 등이 있다.

009 현장용접을 하는 부재는 그 용접선에서 50mm 이내의 부분에는 보일드유(아마인유 등 식물성 기름에 건성유를 넣어 가열 정제한 유성페인트용 건성유) 이외의 칠을 해서는 안 된다.

010 강재의 열처리법

구분	불림(소준)	풀림(소순)	담금질(소입)	뜨임(소려)
가열 온도	800~1,000℃			200~600℃
냉각 장소	공기 중	노속	찬물, 기름 중	공기 중
냉각 속도	서랭		급랭	서랭
특성	결정의 미세화, 변형 제거, 조직의 균일화	결정의 미세화와 연화	강도와 경도의 증가, 담금이 어렵고, 담금질 온도의 상승	변형 제거, 강인한 강 제조

011~012 강재의 열처리 방법에는 풀림(annealing), 불림(normalizing), 담금질(quenching), 뜨임(tempering) 등이 있다. 단조는 금속을 고온으로 가열하여 연화된 상태에서 힘을 가하여 변형 가공하는 작업이다.

013 주조성이란 금속으로 실물과 같거나, 실물이 될 수 있는 원형을 만들고, 이 원형을 주물사에 묻었다가 뽑아내고 용융 금속을 중공부분에 주입한 후 냉각 응고시킨 다음 꺼내어 깨끗이 손질하여 소정의 형상을 얻는 성질을 말한다. 주조 성이 좋은 철의 순으로 나열하면, "주철 > 강 > 순철"의 순이다.

014 ② 문제에서 b점은 상위항복점이다.

강재의 역학적 특성은 한국산업규격(KS)에서 규정하는 시험편 제작 및 시험방법에 따라 실시된 직접인장시험 결과, 즉 인장응력−변형도 관계를 근거로 결정된다.

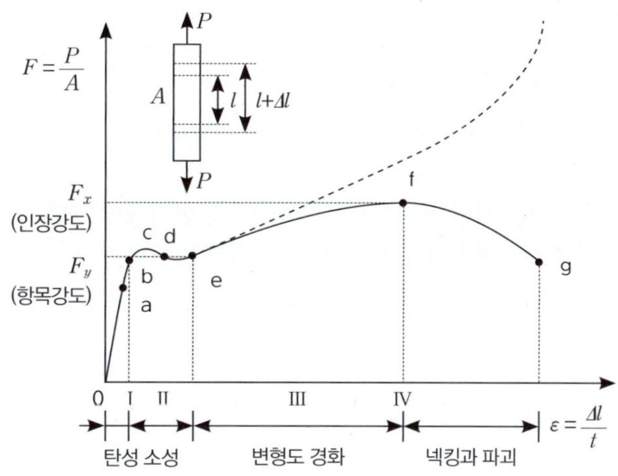

- a점 : 비례한도로서, 응력과 변형도가 선형관계를 유지하는 한계점이다.
- b점 : 탄성한도로서, 하중을 제거하면 원점으로 회복되는 탄성을 갖는 한계점이다.
- c점 : 상위항복점으로서, 모든 강재에서 나타나는 특성은 아니다.
- d점 : 하위항복점으로서, 응력의 증가 없이 변형도가 크게 증가되는 지점이다.
- e점 : 변형경화시점으로서, 항복이후 응력이 다시 증가되기 시작하는 지점이다.
- f점 : 인장강도점으로서 시험편이 받을 수 있는 최대응력이다.
- g점 : 파괴점으로서, 시험편이 파단되는 지점이다.
- Ⅰ구간 : 탄성영역으로 하중을 제거하면 원점으로 돌아오는 구간이다.
- Ⅱ구간 : 소성영역으로 하중을 제거하여도 원점으로 돌아오지 않고 잔류 변형이 발생되는 구간이다.
- Ⅲ구간 : 변형 경화영역으로 소성영역 이후 변형도가 증가하면서 응력이 다시 증가되는 구간이다.
- Ⅳ구간 : 변형연화(네킹과 파괴)영역으로 변형도가 증가됨에 따라 응력이 감소되는 구간이다.

015 탄성한도점까지 가력한 후 외력을 제거하면 변형은 원상으로 회복되나, 하위항복점까지 가력한 후 외력을 제거하면 변형은 원상으로 회복되지 않는다.

016 ② 납 : 납은 금속 중에서 비교적 비중(11.4)이 크고, 연한 금속이다. 주조 가공성과 단조성이 우수하며, 열전도율이 작으나 온도의 변화에 따른 신축이 크다. 공기 중에서는 그 표면에 탄산납의 피막이 생겨서 내부가 보호되고, 내산성은 크나, 알칼리에는 침식된다. 용도로는 송수관, 가스관, X선실 안벽 붙임(방사선실의 방사선 차폐용)에 사용한다.

① 주석 : 청백색의 광택이 있고, 전성과 연성이 풍부하며, 상온에서 얇은 판을 만들 수 있으나, 철사로는 적합하지 않다. 내식성이 크고, 산소나 이산화탄소의 작용을 받지 않으며, 유기산에 거의 침식되지 않는다. 공기 중이나 수중에서는 녹이 슬지 않으나 알칼리에는 천천히 침식된다. 단독으로 사용하는 경우는 거의 드물고, 철판에 도금을 하여 생철판으로 사용한다. 구리와 섞어서 청동을 만들기도 한다.

③ 철 : 철은 자연계에 풍부하게 존재하는 은백색의 강한 금속 원소로 자성(자석이 갖는 작용이나 성질)을 가지며, 기계적 강도(강성과 인성)가 뛰어나 다양한 산업 분야에서 광범위하게 사용되는 금속이다.

④ 크롬 : 풀림 처리를 한 상태로는 탄소강과 큰 차이가 없는 정도의 기계적 성질을 갖고 있으나, 열처리를 하면 기계적 성질이 크게 개선되고, 탄성한도와 안장강도를 증가시키며, 신장률을 크게 감소시키지 않고 경도와 내마모성, 충격값 및 피로한도를 증대시킨다.

017 ② 공기 중에서는 그 표면에 탄산납의 피막이 생겨서 내부가 보호되고, 내산성은 크나, 알칼리에는 침식된다.

⑥ 알칼리에는 침식되고 콘크리트(알칼리성)와 접촉하면 침식된다.

018 ④ 상온에서 판, 선으로 압연가공하면 경도와 인장강도는 증가하고 연신율은 감소한다.

⑦ 내화성이 작다.

⑧ 알루미늄은 산, 알칼리, 염에 약하므로 이질 금속 혹은 콘크리트(알칼리성) 등에 접할 때에는 방식 처리를 해야 한다.

⑩ 알루미늄은 독특한 흰 광택을 지닌 경금속으로 광선 및 열 반사율이 크다.

⑫ 순도가 높은 것은 표면에 산화피막이 생겨 잘 부식이 되지 않는다.

⑬ 연성, 전성이 좋아서 가공하기 쉽고 얇은 부재로 만들기도 쉽다.

⑭ 순도가 높을수록 내식성이 좋다.

⑱ 알루미늄은 열팽창계수가 철과 콘크리트의 2배 정도이다.

㉑ 순도가 높은 알루미늄일수록 부식되지 않는다.

㉓ 알루미늄은 산, 알칼리, 염에 약하므로 이질 금속 혹은 콘크리트(알칼리성) 등에 접할 때에는 방식 처리를 해야 한다.

㉘ 알루미늄의 내식성은 그 표면에 치밀한 산화피막을 형성하기 때문에 부식이 쉽게 일어나지 않으나, 산, 알칼리, 염에 약하므로 이질 금속 혹은 콘크리트(알칼리성) 등에 접할 때에는 방식 처리를 해야 한다.

㉙ 알루미늄의 부식률은 대기 중의 습도와 염분함유량, 불순물의 양과 질 등에 관계되며 0.08mm/년 정도이다.

㉚ 알루미늄은 상온에서 판, 선으로 압연가공하면 경도와 인장강도가 증가하고 연신율이 감소한다.

㉝ 알루미늄은 산, 알칼리, 염에 약하므로 이질 금속 혹은 콘크리트(알칼리성) 등에 접할 때에는 방식 처리를 해야 한다.

019 ④ 철에 비해 열에 의한 팽창·수축이 크다.

⑧ 내화성이 낮아 방화문으로 사용하지 못한다.

020 알루미늄은 열팽창계수가 철과 콘크리트의 2배 정도이다.

021 ② 납 : 금속 중에서 비교적 비중(11.4)이 크고, 연한 금속이다. 주조 가공성과 단조성이 우수하며, 열전도율이 작으나 온도의 변화에 따른 신축이 크다. 공기 중에서는 그 표면에 탄산납의 피막이 생겨서 내부가 보호되고, 내산성은 크나, 알칼리에는 침식된다. 용도로는 송수관, 가스관, X선실 안벽 붙임(방사선실의 방사선 차폐용)에 사용한다.

③ 주석 : 청백색의 광택이 있고, 전성과 연성이 풍부하며, 상온에서 얇은 판을 만들 수 있으나, 철사로는 적합하지 않다. 내식성이 크고, 산소나 이산화탄소의 작용을 받지 않으며, 유기산에 거의 침식되지 않는다. 공기 중이나 수중에서는 녹이 슬지 않으나 알칼리에는 천천히 침식된다. 단독으로 사용하는 경우는 거의 드물고, 철판에 도금을 하여 생철판으로 사용한다. 구리와 섞어서 청동을 만들기도 한다.

④ 니켈 : 전성과 연성이 좋고, 내식성이 커서 공기와 습기에 대하여 산화가 잘 되지 않는다. 단독으로 사용하는 경우는 거의 없고, 주로 도금하여 장식용으로 쓰이며, 대부분은 합금을 하여 사용한다.

022 ③ 맑은 물에서는 부식되지 않으나 염수(鹽水)에서는 부식된다.

⑦ 해수에는 침식된다.

023 ② 동, 아연과 니켈의 합금은 양은(화이트 블론즈)이다.

③ 동과 주석의 합금은 청동이다.

④ 동, 주석, 아연과 납의 합금은 청동의 일종인 포금이다.

024 황동[구리와 아연(45% 이하)의 합금]의 인장강도는 아연함유량 30% 부근에서 최소값을 나타내고, 아연 45% 부근에서 최댓값을 나타내며, 그 이상(45%)에서 급격히 감소한다. 또한, 아연함유량 35%까지는 전성·연성이 우수하여 냉간가공이 가능하고, 아연 35~45%의 것은 고온 가공이 적절하며, 아연함유량 50% 이상의 황동은 구조용으로 부적합하다.

025 불순물인 철(Fe)·카드뮴(cd)·주석(Sn) 등을 소량 함유하게 되면 광택이 저하된다.

026 021 해설 참조

027 스테인레스 스틸와 니켈, 크롬의 함유량

종류		STS 304	STS 316	STS 430	STS 410
함유량(%)	니켈	8~10.5	12~15	8	–
	크롬	18~20	16~18	18	13
용도		건축자재, 가정용품, 설비 배관, 주방용품 등	염분, 유독가스에 의한 부식될 우려가 있는 곳	전자부품, 가스렌지 상관, 볼트, 너트, 석유 정제설비	가위, 칼, 기계구조용, 수술용구, 의료용 기기

028 ③ 주석은 주조성, 단조성이 좋기 때문에 각종 금속과 합금화가 쉽다.

⑥ 납은 비중(11.4)이 비교적 크고 융점이 낮아 가공이 쉽다.

⑪ 동은 전기전도율과 열전도율이 매우 높으며 묽은 황산이나 염산에는 서서히 용해되고, 진한 황산에는 빨리 용해되며, 암모니아에 침식이 잘 되는 재료이다.

⑯ 스테인레스강은 고탄소인 것일수록 녹이 잘 슬지만 경질이고, 저탄소인 것은 녹이 슬지 않지만 강도는 작다.

⑰ 철은 알칼리 등에 내알칼리성이 강하므로 콘크리트와 함께 사용한다.

㉕ 납은 용점이 낮으며 산에는 강하나 알칼리에 침식된다.

㉖ 청동은 구리와 주석을 주체로 한 합금으로 건축용 장식철물에 사용된다.

㉙ 청동은 황동과 비교하여 주조성과 내식성이 더욱 우수하다.

㉚ 알루미늄은 동에 비해 융점이 낮기 때문에 용해주조도가 좋다.

㉛ 순도가 높은 알루미늄일수록 내식성과 전·연성이 커진다.

㉟ 주석은 주조성·단조성은 좋고, 인장강도가 작아서 선재(船材)로 주로 사용되지 못하고, 박막 또는 도금에 사용한다.

㊱ 납은 융점이 낮아 가공은 쉬우나, 내산성은 크나, 내알칼리성이 작아서 콘크리트 중에 매입하면 침식된다.

㊵ 납은 내산성은 크나, 알칼리에 약하므로 콘크리트에 침식된다.

029 황동(놋쇠)는 구리에 아연을 10~45% 정도 가하여 만든 합금(구리 : 아연 = 7 : 3)으로, 색깔은 주로 아연의 양에 따라 좌우되고, 구리보다 단단하며, 주조가 잘 된다. 또한, 가공하기 쉽고, 내식성이 크며, 계단 논슬립, 줄눈대, 코너비드 등의 부속 철물, 외관이 아름다워 창호 철물로 사용한다. 특히, 산, 알칼리, 암모니아에 침식되기 쉬우므로 사용에 주의하여야 한다.

030 경량 형강의 특성은 가볍고 운반이 용이하며, 두께에 비해 단면의 치수가 크기 때문에 단면 2차 모멘트가 커서 큰 힘을 받을 수 있다. 특히, 접합 방법의 선택이 비교적 자유롭다. 또한, 조립 또는 도장 및 가공 등의 목적으로 축판에 구멍을 뚫어서 접합한다.

031 함석은 얇은 강판에 아연도금을 하여 아연도철판이라고도 하며, 외관미가 좋고, 내식성이 강하다. 또한, 아연은 공기 중에서 거의 산화되지 않으나, 습기나 이산화탄소가 있는 경우에는 표면에 탄산염이 생기는데, 이 얇은 막이 내부의 산화 진행을 방지한다.

032 ① 인서트(insert) : 콘크리트 슬래브에 묻어 천장 달림재(달대)를 고정시키는 철물로서, 주로 주철을 사용한다.

② 와이어메시(wire mesh) : 연강 철선을 전기 용접하여 정방형 또는 장방형으로 만든 것으로 콘크리트 다짐 바닥, 지면 콘크리트 포장 등에 사용하는 금속재료이다.

③ 폼타이(form tie) : 철근콘크리트공사 시 벽체 거푸집 또는 보 거푸집에서 거푸집판을 일정한 간격으로 유지시켜 주는 동시에 콘크리트의 측압을 최종적으로 지지하는 역할을 하는 부재이다.

033 인서트(INSERT)는 콘크리트 슬래브에 묻어 천장 달림재(달대)를 고정시키는 철물로서, 주로 주철을 사용한다.

034 코너 비드는 기둥이나 벽의 모서리 면에 미장을 쉽게 하고, 모서리를 보호할 목적으로 설치하는 철물이다.

035 • 논슬립(미끄럼막이) : 계단의 미끄럼을 방지하기 위하여 놋쇠 또는 황동, 스테인리스강제 등에 홈파기, 고무 삽입 등의 처리를 한 것이다.

- 와이어라스 : 철근을 엮어서 그물 모양으로 만든 것으로 천장·벽 등의 모르터바름 바탕용 철망으로 사용하며 농형, 귀갑형 및 원형 등이 있다.
- 메탈라스 : 연강판에 일정한 간격으로 금을 내고 늘려서 그물코 모양으로 만든 것으로 모르타르 바탕에 쓰이는 금속 제품이다. 천장·벽 등의 모르터바름 바탕용 철망으로 사용한다.
- 와이어 메시 : 연강 철선을 전기 용접하여 정방향 또는 장방향으로 만든 것으로 콘크리트 다짐 바닥, 지면 콘크리트 포장 등에 사용한다.
- 피벗 힌지 : 창호를 상하에서 축달림으로 받치는 것 또는 경첩 대신 축을 사용하여 여닫이문을 회전시키는 창호 철물이다.

036 ③ 듀벨 : 볼트와 함께 사용하는데, 듀벨은 전단력에, 볼트는 인장력에 작용시켜 접합재 상호간의 변위를 막는 강한 이음을 얻는 데 사용한다. 큰 간사이의 구조, 포갬보 등에 쓰이고 파넣기식과 압입식이 있다.
① 인서트(insert) : 콘크리트 슬래브에 묻어 천장 달림재를 고정시키는 철물이다.
② 조이너 : 텍스, 보드, 금속판, 합성수지판 등의 줄눈에 대어 붙이는 것으로서 아연 도금 철판제, 알루미늄제, 황동제 및 플라스틱제가 있다.
④ 드라이브 핀 : 강철, 콘크리트 등 다양한 재료를 고정하기 위해 사용되는 핀으로서, 일종의 못박기총을 사용하여 콘크리트나 강재 등에 박는 특수못을 의미한다.

037 ①은 코너비드, ②는 줄눈대(metallic joiner), ④는 펀칭 메탈에 대한 설명이다.

038 크레센트(crescent)는 초생달 모양으로 된 것으로 오르내리창의 윗막이대 윗면에 대어 다른 창의 밑막이에 걸리게 하는 걸쇠이다. 즉, 오르내리창의 잠금 장치이다. 여닫이문의 상하단에 붙여 경첩과 같은 역할을 하는 것은 피벗 힌지에 대한 설명이다.

039 ① 도어 스톱 : 여닫이문이나 장지를 고정하는 철물로서 문받이 철물이라고도 한다.
② 래버터리 힌지 : 스프링 힌지의 일종으로 공중용 화장실, 전화실 출입문 등에 사용된다.
③ 도어 클로저(도어 체크) : 문 위틀과 문짝에 설치하여 여닫이문이 자동으로 닫히게 하는 장치로서, 공기식, 스프링식, 전동식 및 유압식 등이 있으나, 유압식을 주로 사용하며, 스톱 장치에 퓨즈를 사용하여 화재시 자동으로 퓨즈가 끊어져 닫히게 하여 방화문에 사용한다.

040 ① 크레센트 : 초생달 모양으로 된 것으로 오르내리창의 윗막이대 윗면에 대어 다른 창의 밑막이에 걸리게 하는 걸쇠이다. 즉, 오르내리창의 잠금 장치이다.
② 스프링힌지 : 문을 열면 자동적으로 닫힐 수 있도록 하는 스프링을 사용한 창호용 철물로 래버터리 힌지와 유사한 기능을 한다.
④ 도어체크(도어클로우저) : 문 위틀과 문짝에 설치하여 여닫이문이 자동으로 닫히게 하는 장치로서, 공기식, 스프링식, 전동식 및 유압식 등이 있으나, 유압식을 주로 사용하며, 스톱 장치에 퓨즈를 사용하여 화재시 자동으로 퓨즈가 끊어져 닫히게 하여 방화문에 사용한다.

041 금속의 부식원인(대기, 물, 흙 속, 전기작용에 의한 부식) 중 서로 다른 금속이 접촉하고, 그곳에 수분이 있으면 전기분해가 일어나 이온화경향이 큰 쪽이 음극이 되어 전기부식작용을 받는다는 것이다. 이온화경향이 큰 것부터 나열하면 "$Mg > Al > Cr > Mn > Zn > Fe > Ni > Sn > H > Cu > Hg > Ag > Pt > Au$"의 순이다.

042 철재의 방식 방법

- 도료, 특히, 방청도료를 칠한다.
- 아스팔트, 콜타르를 칠한다.
- 내식, 내구성이 있는 금속으로 도금한다.
- 자기질의 법랑을 올린다.
- 금속 표면을 화학적으로 방식 처리한다. 예로서, 인산철과 산화망간과의 혼합액 속에 강을 담가 표면에 염기성 인산철의 피막을 만들고, 유성 도료로 마감칠을 하는 파커라이징법이 있다.
- 알루미늄에는 알루마이트, 철재에는 사삼산화철과 같은 치밀한 산화 피막을 표면에 형성하게 한다.
- 모르타르나 콘크리트로 강재를 피복한다.

043 ① 상이한 금속은 두 금속을 인접 또는 접촉시켜 사용하지 않는다.
⑤ 가능한 다른 종류의 금속을 인접 또는 접촉시켜 사용하지 않는다.
⑪ 표면을 평활하고, 깨끗하게 유지하고 가능한 한 건조상태로 유지해야 한다.
⑮ 일반적으로 산에는 부식되나 알칼리에는 부식되지 않는다. 즉, 철근콘크리트구조가 성립되는 이유 중의 하나이다.

6단원 미장재

001 ①○ ②○ ③× ④○		**002** ①× ②○ ③× ④×	
003 ①○ ②○ ③× ④○		**004** ①× ②× ③○ ④× ⑤× ⑥○ ⑦× ⑧×	
005 ①○ ②× ③○ ④○ ⑤× ⑥○ ⑦×		**006** ①○ ②○ ③× ④○	
007 ①○ ②○ ③○ ④× ⑤× ⑥○		**008** ①○ ②× ③○ ④○	
009 ①× ②○ ③○ ④○ ⑤○ ⑥○ ⑦×		**010** ①○ ②○ ③○ ④×	
011 ①○ ②○ ③× ④○ ⑤× ⑥○ ⑦○ ⑧○ ⑨○ ⑩○ ⑪○ ⑫×			
012 ①× ②× ③× ④○		**013** ①× ②○ ③○ ④○ ⑤× ⑥○ ⑦○ ⑧× ⑨○	
014 ①× ②○ ③○ ④○		**015** ①× ②× ③× ④○	
016 ①× ②× ③○ ④×		**017** ①× ②× ③× ④○	
018 ①× ②○ ③○ ④○			
019 ①○ ②○ ③× ④○ ⑤× ⑥○ ⑦× ⑧○ ⑨○			
020 ①○ ②× ③○ ④×		**021** ①× ②○ ③○ ④○	
022 ①× ②○ ③○ ④○		**023** ①○ ②× ③× ④×	
024 ①× ②○ ③○ ④○		**025** ①○ ②× ③× ④×	
026 ①○ ②○ ③○ ④×		**027** ①○ ②× ③○ ④○	
028 ①○ ②○ ③○ ④× ⑤○ ⑥○ ⑦× ⑧○			
029 ①○ ②× ③○ ④× ⑤○ ⑥× ⑦○ ⑧○ ⑨× ⑩○ ⑪○ ⑫○ ⑬× ⑭○			
030 ①○ ②○ ③○ ④○ ⑤× ⑥×		**031** ①○ ②○ ③○ ④○	
032 ①○ ②× ③○ ④×		**033** ①× ②× ③× ④○	
034 ①○ ②○ ③○ ④×			
035 ①× ②× ③× ④○ ⑤× ⑥○ ⑦○ ⑧○ ⑨× ⑩○ ⑪○ ⑫× ⑬○ ⑭○ ⑮○			

001 풀재는 점성이 늘어나 바르기 용이하고, 바름 후에 부착이 잘되는 구성재료로 접착성이 큰 돌로마이트 플라스터는 필요하지 않으나, 접착성이 작은 소석회에는 필요하다. 강도증진을 위한 구성재료는 고결재이다.

002 ① 부착재료 : 못, 스테이플, 커터침 등 바름벽 마감과 바탕재료를 붙이는 역할을 하는 재료이다.

③ 보강재료 : 균열방지를 위하여 부분적으로 사용되는 선상 또는 메쉬상의 재료이다.

④ 혼화재료 : 콘크리트의 혼화재료와 마찬가지로 미장 재료의 미장 효과를 강화시키기 위하여 현장 시공용 반죽에 혼화재료를 첨가하여 작업성을 증대시키고, 방수·방동 등의 내구성을 강화하며 착색 또는 응결시간 조절, 강도 증진의 역할을 한다.

003 무정형의 미장재료를 경화시키는 결합재에는 포틀랜드 시멘트, 석고플라스터, 소석회, 돌로마이트, 점토, 합성수지, 아스팔트, 마그네시아 등이 있다. 여물재는 결합재료에 속한다.

004~005 미장재료의 경화에 의한 분류

• 수경성 : 수화 작용에 충분한 물만 있으면 공기 중에서나 수중에서 굳어지는 성질의 재료로 시멘트계와 석고계 플라스터 등이 있다.

- 기경성 : 충분한 물이 있더라도 공기 중에서만 경화하고, 수중에서는 굳어지지 않는 성질의 재료로 석회계 플라스터와 흙반죽, 섬유벽 등이 있다.

구분	분류		고결재
수경성	시멘트계	시멘트 모르타르, 인조석, 테라초 현장바름	포틀랜드 시멘트
수경성	석고계 플라스터	혼합 석고, 보드용, 크림용 석고 플라스터, 킨스(경석고 플라스터) 시멘트	헤미수화물, 황산칼슘
기경성	석회계 플라스터	회반죽, 돌로마이트 플라스터, 회사벽	돌로마이트, 소석회
기경성	흙반죽, 섬유벽		점토, 합성수지풀
특수 재료	합성수지 플라스터, 마그네시아 시멘트		합성수지, 마그네시아

※ 마그네시아 시멘트는 산화마그네슘(MgO)은 물과 섞으면 경화하지 않지만, 염화마그네슘과 섞어서 반죽을 하면 응결과 경화가 잘 되는 성질을 이용한 미장재료이다.

006 돌로마이트 플라스터 바름은 기경성, 즉 탄산가스와 화합해서 경화하는 성질을 갖고 있는 미장재료이므로 지하실의 외벽 부분, 습기와 접하고 있는 곳 및 밀폐된 장소에는 부적당하다.

007 ④ 인조석 바름은 수경성의 미장재료이다.
⑤ 회반죽은 기경성의 미장 재료이다.

008 시멘트 모르타르는 알칼리성을 띠고 있으므로 강재(철재)의 부식을 방지하는 역할을 한다.
마그네시아 시멘트, 경석고 플라스터, 보드용석고 플라스터 등은 강재(철재)의 부식을 촉진시키는 재료이다.

009 ① 석고의 종류에는 결정수의 유무에 따라 무수석고, 반수석고(소석고), 이수석고의 3종류가 있다.
⑦ 석고는 물과 화합하여 경화하는 수경성 재료이다.

010 소석회의 품질

종별	CaO + MgO(%)	CO_2(%)		분말도 잔량(%)		점도계수 (N·sec)	경도계수		안정성시험
		공장 내	공장 외	590 μmm	88 μmm		1주	4주	
위 바름용	65 이상	10 이하	15 이하	1 이하	15 이하	64.6 이상	2.0 이상		합격
바탕 바름용	50 이상	15 이하	20 이하	2 이하	15 이하	49.0 이상	1.5 이상		합격

※ 공장 외란 공장 외의 모든 장소를 말한다.
※ 위 바름용은 그 분말의 색이 흰색이어야 하고, 회색이 눈에 띄게 나타나서는 안 된다.

011 ③ 내화성이 강하다.
⑤ 신축변형이 작아서 균열의 위험이 작다.
⑫ 흡수성이 있어 흡수로 인한 강도의 저하가 있다.

012 시멘트 모르타르, 돌로마이트 플라스터, 회반죽 등은 건조 시 수축성이 발생하는 재료이다.
건조 시 무수축성의 성질을 가진 재료는 석고 플라스터로서 돌로마이트 플라스터에 혼입하여 사용하기도 한다.

013 ① 시멘트에 비해 경화속도가 빠르다. 즉, 속건성이어서 경화와 건조가 빠르다.
⑤ 미장재료 중 석회의 점성이 가장 크다.
⑧ 무수축성의 미장재료이므로 건조수축이 작아서 균열이 쉽게 발생하지 않는다.

014 킨즈 시멘트는 경석고를 말하는 것으로서 무수석고가 주재료이다. 고온소성의 무수석고를 특별한 화학처리를 한 것
으로 경화한 것은 강도와 표면 경도가 큰 재료로서 균열저항성이 가장 크고, 응결, 경화가 소석고에 비하여 극히 늦
기 때문에 경화 촉진제(명반, 붕사 등)를 섞어서 만든 것이다. 경화한 것은 강도가 크고, 표면의 경도가 커서 광택이
있다. 촉진제가 사용되므로 보통 산성을 나타내어 금속 재료(강재)를 부식시킨다.

015 경석고 플라스터(킨즈 시멘트)는 응결, 경화가 소석고에 비하여 극히 늦기 때문에 경화 촉진제(명반 또는 백반, 붕사
등)를 섞어서 만든 것이다.

016 ① 돌로마이트 플라스터 : 소석회보다 점성이 커서 풀이 필요 없고, 변색, 냄새, 곰팡이가 없으며, 돌로마이트, 석
회, 모래, 여물, 때로는 시멘트를 혼합하여 만든 바름 재료로서 마감 표면의 경도가 회반죽보다 크다. 그러나
건조, 경화시의 수축률이 가장 커서 균열이 집중적으로 크게 생기므로 여물을 사용하는데, 석고 플라스터에 비
해 응결 시간이 길다. 요즘에는 무수축성의 석고 플라스터를 혼입하여 사용한다.
② 무수석고 : 경석고($CaSO_4$)를 말한다.
④ 실리카(포졸란)시멘트 : 포틀랜드 시멘트의 클링커에 5~30%의 포졸란(화산재, 규조토, 규산 백토 등의 천연
포졸란 재료와 플라이 애시 등의 인공 포졸란 등이 있으며, 이 두 포졸란(천연 및 인공)은 실리카질의 혼화재)
을 혼합하고, 적당량의 석고를 넣고 분쇄하여 분말로 만든 것이다. 특징 및 용도는 고로 슬래그 시멘트와 거의
동일하고, 초기 강도는 약간 낮지만 장기 강도는 높고, 화학 저항성 또는 바닷물에 대한 저항성이 크다.

017 염화칼슘, 물유리 등은 미장재료의 응결시간을 단축시킬 목적으로 첨가하는 대표적인 촉진제이다.
①의 옥시카르본산과 ②의 폴리알코올류는 콘크리트의 유기질계 지연제, ③의 마그네시아염은 콘크리트의 무기
질계 지연제이다.

018 염화칼슘은 미장재료의 응결시간을 단축시킬 목적으로 첨가하는 대표적인 촉진제이다.

019 ③ 바름층보다 강도, 강성이 클 것
⑤·⑦ 미장층보다 강도, 강성이 클 것

020 초벌, 재벌, 정벌바름 : 바름벽은 여러 층으로 나뉘어 바름이 이루어진다. 이 바름층을 바탕에 가까운 것부터 초벌바
름, 재벌바름, 정벌바름이라 한다.
① 바탕조정(처리) : 요철 또는 변형이 심한 개소를 고르게 손질바름하여 마감 두께가 균등하게 되도록 조정하고
균열 등을 보수하는 것. 또는 바탕면이 지나치게 평활할 때에는 거칠게 처리하고, 바탕면의 이물질을 제거하여
미장바름의 부착이 양호하도록 표면을 처리하는 것이다.

021 시멘트 모르타르 미장바름 방법에 있어서 전체 바름 두께의 표준은 15~24mm 정도이나, 바탕과 초벌, 재벌, 정벌바름에 따라서 달리 규정하고 있으며, 천정·차양은 15mm, 내벽은 18mm, 바깥벽·바닥·기타는 24mm로 규정하고 있다. (KCS 41 46 02의 규정)

022 시멘트 모르타르나 석회, 또는 석고 등을 흙손을 사용하여 바를 경우에는 바름두께가 너무 두껍거나 요철이 심할 때는 고름질을 한다. 초벌바름에 이어서 고름질을 한 다음에는 초벌바름과 같은 방치기간을 둔다. 고름질 후에는 쇠갈퀴 등으로 전면을 거칠게 긁어 놓는다.

023 회반죽은 기경성(공기 중의 이산화탄소와 반응하여 경화하는 성질)의 재료로 소석회, 풀, 여물(균열 및 박리 방지), 모래(초벌, 재벌 바름에만 섞고, 정벌 바름에는 사용하지 않는다) 등을 혼합하여 바르는 미장 재료로서 건조, 경화할 때의 수축률이 크기 때문에 삼여물로 균열을 분산, 미세화하는 것이다. 풀은 내수성이 없기 때문에 주로 실내에 사용하고, 바름 두께는 벽면에서는 15mm, 천장면에서는 12mm가 표준이다. 주로 목조 바탕, 콘크리트 블록 및 벽돌 바탕에 사용한다.

024 회반죽은 소석회에 모래, 해초풀, 여물 등을 혼합하여 바르는 미장재료로서 목조바탕, 콘크리트블록 및 벽돌 바탕 등에 사용되는 미장재료이다.

025 023 해설 참조

026 여물은 끈기를 돋우고 처져 떨어지는 것을 방지하며, 바른 중에는 보수성을 향상시키고 바름 후에는 수축을 분산시키고, 균열을 방지하여야 한다. 또한, 여물의 섬유는 질기고 가늘며 부드럽고 흰색일수록 상품이고, 연하고 굵으며 빳빳하고 색이 짙을수록 하품이다. 경화수축성이 없는 석고는 여물이 필요하지 않으나, 수축 균열이 큰 재료(소석회(회반죽, 회사벽), 돌로마이트 플라스터, 점토 등)는 여물이 반드시 필요하다.

027 미장 재료의 여물은 경화수축성이 없는 석고는 여물이 필요하지 않으나, 수축 균열이 큰 재료(소석회(회반죽, 회사벽), 돌로마이트 플라스터, 점토 등)는 여물이 반드시 필요하다.

028 ④ 다른 미장재료에 비해 건조에 걸리는 시일이 상당히 길다.
⑦ 여물은 균열방지를, 해초풀은 점성과 접착력 증대를 위해 사용된다.

029 ② 점성이 커서 풀재를 사용하지 않아도 바름벽을 시공할 수 있다.
③ 경석고 플라스터(무수석고)를 킹즈시멘트라고도 한다.
④ 석회보다 보수성, 시공성이 좋다.
⑥ 소석회에 모래, 해초풀, 여물 등을 혼합하여 바르는 미장재료는 회반죽이다.
⑨ 건조수축에 대한 저항성이 작다. 즉, 수축률이 크기 때문에 균열이 생기기 쉽다.
⑬ 수축률이 크기 때문에 균열이 생기기 쉽다.

030 시멘트 모르타르, 석고 플라스터, 킹즈 시멘트(경석고 플라스터)는 수경성(수화 작용에 충분한 물만 있으면 공기 중에서나 수중에서 굳어지는 성질)의 미장재료이므로 통풍이 잘 되지 않는 지하실에서도 사용이 가능하다. 그러나 돌로마이트 플라스터, 회반죽, 회사벽은 기경성(충분한 물이 있더라도 공기 중에서만 경화)의 재료이므로 통풍이 잘 되지 않는 지하실에서는 사용이 불가능하다.

031 돌로마이트 플라스터는 소석회보다 점성이 커서 풀이 필요 없고, 변색, 냄새, 곰팡이가 없으며, 돌로마이트, 석회, 모래, 여물, 때로는 시멘트를 혼합하여 만든 바름 재료로서 마감 표면의 경도가 회반죽보다 크다. 그러나 건조, 경화시의 수축률이 가장 커서 균열이 집중적으로 크게 생기므로 여물을 사용하는데, 석고 플라스터에 비해 응결 시간이 길다. 요즘에는 무수축성의 석고 플라스터를 혼입하여 사용한다.

032 ② 라프코트 : 시멘트, 모래, 잔자갈, 안료 등을 섞어 이긴 것을 뿌려 붙이거나 바르는 미장재료이다.
③ 섬유벽바름 : 섬유상의 물질(목면, 인견, 각종 합성섬유, 왕겨, 톱밥, 암면, 펄프, 코르크분, 수목 껍질 등)조각을 배합하여 벽에 바르는 미장 재료이다.
④ 회반죽바름 : 회반죽은 기경성(공기 중의 이산화탄소와 반응하여 경화하는 성질)의 재료로 소석회, 풀, 여물(균열 및 박리 방지), 모래(초벌, 재벌 바름에만 섞고, 정벌 바름에는 사용하지 않는다) 등을 혼합하여 바르는 미장 재료이다.

033 ① 비닐모르타르 : 염화 비닐을 녹인 액체나 초산 비닐 에멀션 따위를 시멘트 모르타르에 섞은 것으로 광택이 나고 인장 강도가 증가한다. 방수성이 있고 접착성이 크며, 탄성이 있어서 바닥에 바르면 걸을 때의 감촉이 좋다. 지붕 방수재의 신축 줄눈, 함석의 녹막이 도장, 단열 도장 따위에 쓰인다.
② 플라스틱 라이닝 : 지하의 방수나 물탱크의 내벽 등에 사용되는, 내수성과 내식성이 우수한 도장 마감재를 말한다.
③ 플라스틱 스펀지 : 다공질의 재료로서 접착성과 단열성이 우수하다.

034 결합재는 고결재의 결점인 수축 균열과 점성 및 보수성의 결점을 보완하고 또는 응결시간 조절을 목적으로 쓰이는 재료로 여물, 풀, 수염 등이 있다. 바탕재의 강도를 유지하기 위한 재료(골재, 시멘트 등)는 골재에 대한 설명이다.

035 ① 결합재는 보강재의 고체화에 직접 관계하는 것으로 여물, 풀, 수염 등이 이에 속한다.
② 기경성 미장재료에는 돌로마이트 플라스터, 소석회가 있다.
③ 돌로마이트 플라스터는 소석회에 비해 점성이 높고, 작업성이 좋다.
⑤ 회반죽은 시멘트 모르타르와 같이 수경성이 아니고, 기경성이다.
⑨ 돌로마이트 플라스터는 응결기간이 길므로 응결촉진제를 첨가한다.
⑫ 돌로마이트 플라스터는 소석회보다 점성이 높아 풀이 필요하지 않으며 건조수축이 큰 특징이 있다.

7단원 합성 수지

001 ①○ ②× ③○ ④○ ⑤○ ⑥○ ⑦○ ⑧× ⑨○ ⑩× ⑪○ ⑫○ ⑬○ ⑭○ ⑮× ⑯○ ⑰○
⑱× ⑲○ ⑳○ ㉑○ ㉒○ ㉓× ㉔○ ㉕○ ㉖○ ㉗×

002 ①○ ②× ③○ ④○ ⑤○ ⑥○ ⑦○ ⑧× ⑨× ⑩○ ⑪○ ⑫○ ⑬○ ⑭× ⑮○

003 ①× ②× ③× ④○ ⑤× ⑥○ ⑦○ ⑧× ⑨○

004 ①○ ②× ③× ④× ⑤○ ⑥○ ⑦× ⑧○ ⑨× ⑩○ ⑪× ⑫× ⑬○ ⑭× ⑮○

005 ①○ ②× ③× ④×   **006** ①× ②× ③× ④○

007 ①× ②○ ③× ④×   **008** ①× ②○ ③× ④×

009 ①○ ②× ③× ④×   **010** ①× ②× ③× ④○

011 ①× ②× ③○ ④×   **012** ①× ②○ ③× ④×

013 ①○ ②× ③○ ④○

014 ①○ ②○ ③○ ④× ⑤○ ⑥○ ⑦× ⑧○ ⑨×

015 ①× ②○ ③× ④×   **016** ①○ ②○ ③× ④○

017 ①○ ②○ ③○ ④×   **018** ①× ②○ ③○ ④○

019 ①○ ②× ③○ ④○ ⑤× ⑥○ ⑦○ ⑧○ ⑨○ ⑩○ ⑪○ ⑫×

020 ①○ ②× ③× ④×   **021** ①○ ②× ③× ④×

022 ①× ②× ③× ④○   **023** ①× ②○ ③× ④×

024 ①○ ②○ ③○ ④×   **025** ①× ②○ ③○ ④○ ⑤○

026 ①○ ②○ ③○ ④×   **027** ①○ ②× ③× ④×

028 ①○ ②× ③× ④×   **029** ①○ ②○ ③× ④○

030 ①○ ②○ ③○ ④×   **031** ①× ②× ③○ ④×

032 ①○ ②× ③× ④×   **033** ①○ ②○ ③○ ④×

034 ①× ②× ③○ ④×   **035** ①× ②○ ③○ ④○

036 ①○ ②○ ③○ ④×   **037** ①× ②× ③○ ④×

038 ①× ②× ③○ ④×

---

001 ② 강성이 작고, 강도는 크나, 탄성계수가 강재의 $\frac{1}{20} \sim \frac{1}{30}$ 정도이므로 구조재료로 사용이 부적합하다.

⑧ 인장강도가 압축강도보다 작다.

⑩ 전성, 연성이 크다.

⑮ 탄성계수가 금속재(강재)의 $\frac{1}{20} \sim \frac{1}{30}$ 정도이므로, 구조재료로 사용이 부적합하다.

⑱ 마모가 크고 탄력성이 커서 상판 재료 등에 적합하다.

㉓ 경도가 낮아서 마멸되기 쉬운 곳에 사용하면 효과적이지 못하다.

㉗ 염화 비닐 수지는 내수성·내약품성·전기절연성이 우수하며 열가소성 수지에 속한다.

002 ② 섬유보강 플라스틱인 FRP는 불포화폴리에스테르를 사용하여 만들고, 알키드 수지는 포화폴리에스테르 수지를 의미한다.

⑧ 하중과 신장이 후크의 법칙에 적용되나, 응력변화에 있어서 명확한 탄성한계의 구별이 용이하지 못하다.

⑨ 압축강도보다 인장강도가 작다.

⑭ 실리콘 수지는 성형품, 접착제, 그 밖의 전기절연 재료로 많이 사용한다. 폴리스티렌 수지는 발포제로서 보드 상으로 성형하여 단열재로 널리 사용된다.

003~004 합성 수지의 분류

열경화성 수지	페놀(베이클라이트) 수지, 요소 수지, 멜라민 수지, 폴리에스테르 수지(알키드 수지, 불포화 폴리에스테르 수지), 실리콘 수지, 폴리우레탄 수지, 프란 수지, 에폭시 수지 등
열가소성 수지	염화·초산비닐 수지, 폴리에틸렌 수지, 아크릴 수지, 폴리프로필렌 수지, 폴리스티렌 수지, ABS 수지, 아크릴산 수지, 폴리아미스 수지, 불소 수지, 셀룰로이드 수지, 메타아크릴산 수지 등
섬유소계 수지	셀룰로이드, 아세트산 섬유소 수지 등

005 ② 에폭시 수지 : 접착성이 매우 우수(희석제, 용제를 사용)하고, 경화할 때 휘발물의 발생이 없으므로 용적의 감소가 극히 적으며, 금속, 유리, 플라스틱, 도자기, 목재, 고무 등에 우수한 접착성을 나타낸다. 특히, 알루미늄과 같은 경금속의 접착에 가장 좋다. 내약품성, 내화학성, 내용제성이 뛰어나고, 산·알칼리에 강하다. 자연 경화 또는 저온 소부시에는 경화 시간이 길어서 최고 강도를 나타내기에는 1주일 이상이 필요하다.

③ 폴리우레탄 수지 : 강도가 크고, 내마모성, 열절연성, 내약품성, 내열성이 우수하며, 기포제로 된 큐션과 보온성을 높이기 위한 제품이 제조되며, 내마모성이 있어 우레탄고무, 도료 접착, 도막 방수제 및 실링제로서 최근 방수재료로 이용되고 있다.

④ 실리콘 수지 : 금속 규소와 염소에서 염화 규소를 만들고, 여기에 그리냐르 시약을 가하여 단량체에 해당하는 클로로실란을 만들어 액체, 고무, 수지를 얻을 수 있다. 특성은 내후성, 내화학성, 내한성이 우수하고, 온도에 안정(−80℃ ~ 250℃)되며, 전기 절연성와 내수성이 좋다. 또한, 내열성이 크고 발수성을 나타내어 방수제로 쓰이며 저온에서도 탄성이 있어 gasket, packing의 원료, 기름, 고무 및 수지로 사용하고, 접착제와 도료, 발수성 방수 도료로 사용한다.

006 ① 폴리스티렌 수지 : 투명성, 기계적 강도, 내수성은 좋지만 내충격성이 약하고, 전기절연성, 가공성이 우수하며 발포제품은 저온 단열재로 널리 사용된다. 건축물의 천장재, 블라인드, 장식품과 일용품 등에 널리 쓰이는 열가소성 수지이다.

② 에폭시 수지 : 접착성이 매우 우수(희석제, 용제를 사용)하고, 경화할 때 휘발물의 발생이 없으므로 용적의 감소가 극히 적으며, 금속, 유리, 플라스틱, 도자기, 목재, 고무 등에 우수한 접착성을 나타낸다. 특히, 알루미늄과 같은 경금속의 접착에 가장 좋다. 내약품성, 내화학성, 내용제성이 뛰어나고, 산·알칼리에 강하다. 자연 경화 또는 저온 소부시에는 경화 시간이 길어서 최고 강도를 나타내기에는 1주일 이상이 필요하다.

③ 요소 수지 : 수지 자체가 무색이어서 착색이 자유롭고 약산, 약알칼리에는 견디며, 유류(벤졸, 알코올 등)에는 거의 침해받지 않는다. 전기적인 성질은 페놀 수지보다 약간 떨어지고, 내수성이 약하며, 마감재, 가구재로 사용된다.

007 ① 멜라민 수지 : 요소 수지와 유사한 성질을 가지며, 그 성능이 보다 향상된 것으로 무색 투명하고 착색이 자유로우며, 빨리 굳고, 내수성·내약품성·내용제성이 뛰어난 것 외에 내열성도 우수하며, 기계적 강도, 전기적 성질 및 내노화성도 우수하다. 또한, 멜라민 화장 합판은 6mm 합판의 표면에 멜라민 수지를 먹인 착색 모양지, 뒷면에는 페놀 수지를 먹인 크라프트지를 붙여서 열압한 것으로 고급품이며 카운터, 조리대, 천장 재료, 마감재, 가구재로 사용하나, 지붕재로는 부적합하다.

③ 요소 수지 : 수지 자체가 무색이어서 착색이 자유롭고 약산, 약알칼리에는 견디며, 유류(벤졸, 알코올 등)에는 거의 침해받지 않는다. 전기적인 성질은 페놀 수지보다 약간 떨어지고, 내수성이 약하며, 마감재, 가구재로 사용된다.

④ 페놀 수지 : 원료의 배합비, 촉매의 종류 및 제조 조건에 따라 다르고, 성형 재료, 도료, 접착제 등과 같은 제품의 종류에 따라 다르나, 일반적으로 경화된 수지는 매우 굳고, 전기 절연성이 뛰어나며, 내후성도 양호하다. 또한, 수지 자체는 취약하므로 성형품, 적층품의 경우에는 충전제를 첨가하고, 내열성이 양호한 편이나 200℃ 이상에서 그대로 두면 탄화, 분해되어 사용할 수 없게 된다.

008 ① 멜라민 수지 : 요소 수지와 유사한 성질을 가지며, 그 성능이 보다 향상된 것으로 무색 투명하고 착색이 자유로우며, 빨리 굳고, 내수성·내약품성·내용제성이 뛰어난 것 외에 내열성도 우수하며, 기계적 강도, 전기적 성질 및 내노화성도 우수하다. 또한, 멜라민 화장 합판은 6mm 합판의 표면에 멜라민 수지를 먹인 착색 모양지, 뒷면에는 페놀 수지를 먹인 크라프트지를 붙여서 열압한 것으로 고급품이며 카운터, 조리대, 천장 재료, 마감재, 가구재로 사용하나, 지붕재로는 부적합하다.

③ 페놀 수지 : 원료의 배합비, 촉매의 종류 및 제조 조건에 따라 다르고, 성형 재료, 도료, 접착제 등과 같은 제품의 종류에 따라 다르나, 일반적으로 경화된 수지는 매우 굳고, 전기 절연성이 뛰어나며, 내후성도 양호하다. 또한, 수지 자체는 취약하므로 성형품, 적층품의 경우에는 충전제를 첨가하고, 내열성이 양호한 편이나 200℃ 이상에서 그대로 두면 탄화, 분해되어 사용할 수 없게 된다.

④ 염화 비닐 수지 : 비중 1.4, 휨강도 1,000kgf/cm^2, 인장 강도 600kgf/cm^2, 사용 온도 −10℃~60℃로서 전기 절연성, 내약품성이 양호하다. 경질성이지만, 가소제의 혼합에 따라 유연한 고무 형태의 제품을 만들 수 있다.

009 ① 알키드 수지는 포화폴리에스테르 수지이다.

② 에폭시 수지 : 접착성이 매우 우수(희석제, 용제를 사용)하고, 경화할 때 휘발물의 발생이 없으므로 용적의 감소가 극히 적으며, 금속, 유리, 플라스틱, 도자기, 목재, 고무 등에 우수한 접착성을 나타낸다. 특히, 알루미늄과 같은 경금속의 접착에 가장 좋다. 내약품성, 내화학성, 내용제성이 뛰어나고, 산·알칼리에 강하다. 자연 경화 또는 저온 소부시에는 경화 시간이 길어서 최고 강도를 나타내기에는 1주일 이상이 필요하다.

③ 페놀 수지 : 원료의 배합비, 촉매의 종류 및 제조 조건에 따라 다르고, 성형 재료, 도료, 접착제 등과 같은 제품의 종류에 따라 다르나, 일반적으로 경화된 수지는 매우 굳고, 전기 절연성이 뛰어나며, 내후성도 양호하다. 또한, 수지 자체는 취약하므로 성형품, 적층품의 경우에는 충전제를 첨가하고, 내열성이 양호한 편이나 200℃ 이상에서 그대로 두면 탄화, 분해되어 사용할 수 없게 된다.

④ 요소 수지 : 수지 자체가 무색이어서 착색이 자유롭고 약산, 약알칼리에는 견디며, 유류(벤졸, 알코올 등)에는 거의 침해받지 않는다. 전기적인 성질은 페놀 수지보다 약간 떨어지고, 내수성이 약하며, 마감재, 가구재로 사용된다.

010 알키드(포화폴리에스테르) 수지는 주로 도료로 사용된다. 접착제, 건조제, 가소제 등으로도 사용된다.

011 ① 폴리에틸렌 수지 : 상온에서 유백색의 탄성이 있는 열가소성 수지로서 내수성, 내약품성, 전기절연성이 우수하고 두께가 얇은 시트를 만들어 건축용 방수재료로 이용되며, 내화학성의 파이프로도 쓰이지만, 도료로서의 사용은 곤란한 합성 수지이다.

② 아크릴 수지 : 평판성형되어 유리대체재로서 사용되는 것으로 유기질 유리라고 불리우는 수지로서 투명도가 높으므로 유리대체재로서 사용되는 것으로 유기유리라는 명칭이 있으며, 가열하면 연화 또는 용해하며 가소성이 되고, 냉각하면 경화하는 재료이고, 분자 구조가 쇄상 구조로 이루어져 있다. 착색이 자유롭고 내충격강도가 크고 평판, 골판 등의 각종 형태의 성형품으로 만들어 채광판, 도어판, 칸막이벽 등에 쓰이는 합성 수지이다.

④ 염화 비닐 수지 : 비중 1.4, 휨강도 1,000kgf/cm², 인장 강도 600kgf/cm², 사용 온도 −10℃~60℃로서 전기 절연성, 내약품성이 양호하다. 경질성이지만, 가소제의 혼합에 따라 유연한 고무 형태의 제품을 만들 수 있다.

012 ① 폴리프로필렌 수지 : 가볍고, 강도가 크며, 내열성이 매우 우수하고, 내약품성, 전기적 성능, 광택성이 우수하며, 필름, 정밀 부품, 화학 장치, 의료 기구 등에 사용된다.
③ 아크릴 수지 : 평판성형되어 유리대체재로서 사용되는 것으로 유기질 유리라고 불리우는 수지로서 투명도가 높으므로 유리대체재로서 사용되는 것으로 유기유리라는 명칭이 있으며, 가열하면 연화 또는 용해하며 가소성이 되고, 냉각하면 경화하는 재료이고, 분자 구조가 쇄상 구조로 이루어져 있다. 착색이 자유롭고 내충격강도가 크고 평판, 골판 등의 각종 형태의 성형품으로 만들어 채광판, 도어판, 칸막이벽 등에 쓰이는 합성 수지이다.
④ 실리콘 수지 : 금속 규소와 염소에서 염화 규소를 만들고, 여기에 그리냐르 시약을 가하여 단량체에 해당하는 클로로실란을 만들어 액체, 고무, 수지를 얻을 수 있다. 특성은 내후성, 내화학성, 내한성이 우수하고, 온도에 안정(−80℃~250℃)되며, 전기 절연성와 내수성이 좋다. 또한, 내열성이 크고 발수성을 나타내어 방수제로 쓰이며 저온에서도 탄성이 있어 gasket, packing의 원료, 기름, 고무 및 수지로 사용하고, 접착제와 도료, 발수성 방수 도료로 사용한다. 도료로 사용한 경우 안료로서 알루미늄 분말을 혼합한 것은 내화성(500℃에서 수시간, 250℃에서 수백시간 견딘다.)이 우수하다.

013 012 해설 참조

014 ④ 방수성이 있어 방수재료로는 사용할 수 있다.
⑦ 에폭시 수지 도료는 충격 및 마모에 강해 외부 방청용으로 사용된다.
⑨ 에폭시 수지는 유기용제에는 침식되지 않는다.

015 ① 염화 비닐 수지 : 비중 1.4, 휨강도 1,000kgf/cm², 인장 강도 600kgf/cm², 사용 온도 −10℃~60℃로서 전기 절연성, 내약품성이 양호하다. 경질성이지만, 가소제의 혼합에 따라 유연한 고무 형태의 제품을 만들 수 있다.
③ 폴리에틸렌 수지 : 상온에서 유백색의 탄성이 있는 열가소성 수지로서 내수성, 내약품성, 전기절연성이 우수하고 두께가 얇은 시트를 만들어 건축용 방수재료로 이용되며, 내화학성의 파이프로도 쓰이지만, 도료로서의 사용은 곤란한 합성 수지이다.
④ 폴리프로필렌 수지 : 가볍고, 강도가 크며, 내열성이 매우 우수하고, 내약품성, 전기적 성능, 광택성이 우수하며, 필름, 정밀 부품, 화학 장치, 의료 기구 등에 사용된다.

016 015 해설 참조

017 콘크리트 보강용으로 사용되고 있는 유리섬유는 내마모성이 작고, 잘 부서지거나 부러진다.

018 콘크리트 구조물(시멘트계)의 강도 보강용 섬유 소재에는 강섬유, 유리섬유, 탄소섬유, 기타 섬유(아라미드섬유, 비닐론 섬유) 등이 있다.

019 ② 염화 비닐 수지는 열가소성 수지로 내수성이 우수하나 유기용제에 잘 녹지 않으므로 내약품성이 높다.
⑤ 에폭시 수지는 접착성은 우수하나 경화 시 휘발성이 없어 용적의 감소가 극히 작다.
⑫ 멜라민 수지는 내수, 내약품성은 우수하나 표면경도가 높다.

020 ② 바리솔 : 다양한 공간에 넓고 은은하게 퍼지는 빛을 제공하는 조명을 의미한다.

③ 폴리에스텔 치장판 : 가성소다나 알칼리에 약하나, 그 외에는 안정하다.

④ 멜라민 치장판 : 두꺼운 종이에 페놀 수지를 침투시켜 부착시킨 바탕에 색종이나 나무 무늬판을 붙이고, 멜라민 수지를 침투시킨 종이를 씌우고 140℃에서 10Mpa(kg/cm²)의 압력을 가하여 성형한 판으로 경도가 크고, 내열성과 내수성이 부족하여 외장재로는 부적당하며, 주로 내장재, 가구재로 사용한다.

021 ② 멜라민치장판 : 두꺼운 종이에 페놀 수지를 침투시켜 부착시킨 바탕에 색종이나 나무 무늬판을 붙이고, 멜라민 수지를 침투시킨 종이를 씌우고 140℃에서 10Mpa(kg/cm2)의 압력을 가하여 성형한 판으로 경도가 크고, 내열성과 내수성이 부족하여 외장재로는 부적당하며, 주로 내장재, 가구재로 사용한다.

③ 페놀수지판 : 합판의 표면에 페놀 수지를 침투시킨 종이를 한 층만 붙여 가열 가압한 판으로 다갈색의 색조와 석탄산의 취기가 결점이고, 전기절연성, 내전압성이 우수하다.

④ 염화 비닐판 : 입상 수지 원료를 가열하여 롤러를 통해 만든 판으로서 불투명판을 만들기 위해서 석면을 충전재로 사용한 판은 석면의 유해성 때문에 사용하지 않는 것이 좋다. 색이나 투명도가 자유롭고, 광택이 있는 평판에는 정전기가 발생하여 먼지가 잘 붙으며, 화재시 Cl_2 가스 발생이 크다.

022 ① 아크릴평판 : 입상 아크릴 원료에 안료를 혼합하여 가열가압 성형한 착색 반투명판 및 투명판으로 휨강도가 크고, 투명도가 좋으며 착색이 자유롭고 가공이 용이하다.

② 멜라민치장판 : 두꺼운 종이에 페놀 수지를 침투시켜 부착시킨 바탕에 색종이나 나무 무늬판을 붙이고, 멜라민 수지를 침투시킨 종이를 씌우고 140℃에서 10Mpa(kg/cm2)의 압력을 가하여 성형한 판으로 경도가 크고, 내열성과 내수성이 부족하여 외장재로는 부적당하고, 주로 내장재, 가구재로 사용한다.

③ 폴리스티렌투명판 : 폴리스티렌 수지를 가열하여 틀에 주입, 성형한 판으로 내후성이 부족하고, 황색화되어 투광률이 감소한다.

023 ① 아크릴판 : 입상 아크릴 원료에 안료를 혼합하여 가열가압 성형한 착색 반투명판 및 투명판으로, 휨강도가 크고 투명도가 좋으며, 착색이 자유롭고 가공이 용이하다.

③ 페놀 수지(베이클라이트)판 : 합판의 표면에 페놀 수지를 침투시킨 종이를 한 층만 붙여 가열가압한 판으로, 다갈색의 색조와 석탄산의 취기가 결점이고 전기절연성, 내전압성이 우수하다.

④ 경질염화 비닐판 : 입상 수지 원료를 가열하여 롤러를 통해 만든 판으로서 불투명판을 만들기 위해서 석면을 충전재로 사용한 판은 석면의 유해성 때문에 사용하지 않는 것이 좋다. 색이나 투명도가 자유롭고, 광택이 있는 평판에는 정전기가 발생하여 먼지가 잘 붙으며, 화재시 Cl_2 가스 발생이 크다.

024 폴리에스테르 수지는 건축용으로 글래스 섬유로 강화된 평판 또는 판상 제품으로 주로 사용되는 열경화성 수지로서, 포화 폴리에스테르(알키드) 수지는 내후성, 밀착성, 가요성이 우수하고, 내수·내알칼리성이 약하며, 주로 도료로 사용된다. 불포화 폴리에스테르 수지는 유리 섬유를 보강한 섬유강화 플라스틱으로 비항장력이 강과 비슷하고, 산류와 탄화수소계의 용제에는 강하나, 산과 알칼리에는 침해를 받는다. 용도로는 아케이드 천장, 루버, 칸막이 등에 이용된다. 스티로폼 등의 흡음발포제는 폴리스티렌 수지의 용도이다.

025 열가소성 플라스틱 재료들은 열팽창계수가 크므로 경질판의 정착에 있어서는 열에 의한 팽창 및 수축여유를 고려해야 한다.

026 아스팔트 타일은 아스팔트와 쿠마론인덴 수지를 원료로 하고, 석면 및 기타 충전제와 안료를 혼합하여 착색 열압한 것이다. 촉감, 탄력, 미관, 내화학성, 내마멸성이 우수하고, 내유성과 내열성이 낮아 중량물이나 기름 등을 많이 취급

027 ② 에폭시 수지 바름 바닥재 : 수지 페이스트와 수지 모르타르용 결합재에 경화제를 혼합하여 생기는 기포의 혼입을 막도록 소포제를 첨가한다.

③ 폴리에스테르 수지 바름 바닥재 : 표면 경도(탄력성), 신축성 등이 폴리우레탄에 가까운 연질이고 페이스트, 모르타르, 골재 등을 섞어서 사용한다.

④ 인조석 깔기 바닥 : 대리석, 화강암 등의 아름다운 쇄석(종석)과 백색 시멘트, 안료 등을 혼합하여 물로 반죽한 다음 색조나 성질이 천연 석재와 비슷하게 만든 것을 인조석이라고 하며, 인조석의 원료는 종석(대리석, 화강암의 쇄석), 백색 시멘트, 강모래, 안료, 물 등이다.

028 ① 리놀륨타일 : 유지계 바닥 재료로서 아마인유를 주원료로 하고, 여기에 코르크, 톱밥, 안료 등을 혼합하여 압연 성형한 것으로 내유성이 우수하고, 탄력성이 있으나, 내알칼리성, 내마모성, 내수성이 약한 단점이 있다. 색재는 밝은 색류가 많으나 직사일광과 난방열에 의해 변색될 수 있다.

② 아스팔트타일 : 아스팔트와 쿠마론인덴 수지를 원료로 하고, 석면 및 기타 충전제와 안료를 혼합하여 착색 열압한 것으로 촉감, 탄력, 미관, 내화학성, 내마멸성이 우수하고, 내유성과 내열성이 낮아 중량물이나 기름 등을 많이 취급하는 바닥(실내 주차장 바닥)에는 부적당하다.

③ 비닐바닥타일 : 아스팔트, 합성 수지, 석면, 광물분말, 안료 등을 혼합 가열하여 시트형으로 만들어 30cm각 정도로 절단한 판으로 촉감, 미관, 탄력이 좋고, 내화학성이 있으며, 마멸성이 작아 자국이 나도 곧 회복되므로 바닥마감재 또는 마루재 등으로 쓰인다.

④ 고무타일 : 합성고무제품이 많으며 내마모성이 우수하고 내수성이 있으며 탄력성을 가진 바닥재료로서 좋은 재료이나, 내유성이 약한 단점이 있다.

029 ③ 시멘트 사이딩 보드 : 시멘트만의 원료로는 부서지는 현상이 발생하므로 이를 방지하기 위하여 시멘트와 모래를 주원료로 하고, 강화 섬유제를 넣어 내구성을 강화시인 외자재이다. 즉, 벽재료이다.

① 염화 비닐 타일 : 염화 비닐에 가소제를 섞어서 연질물로 만든 것에 충전제로 석분, 석면, 코르크 분말 등을 혼합하고 안료를 섞은 것을 가열하면서 롤러로 압연 성형한 타일이다.

② 아스팔트 타일 : 아스팔트와 쿠마론인덴 수지를 원료로 하고, 석면 및 기타 충전제와 안료를 혼합하여 착색 열압한 것으로 촉감, 탄력, 미관, 내화학성, 내마멸성이 우수하고, 내유성과 내열성이 낮아 중량물이나 기름 등을 많이 취급하는 바닥(실내 주차장 바닥)에는 부적당하다.

④ 리놀륨 : 리녹신에 수지, 고무물실, 코르크분말 등을 섞어 마포(hemp cloth) 등에 발라 두꺼운 종이모양으로 압면·성형한 제품으로 유지계 바닥제품이다.

030 PVC 바닥재는 열에 약한 단점이 있으므로 이에 대비하여 재료 보관은 통풍이 잘 되고, 햇빛이 들지 않는 곳에 보관하여야 한다.

031 ① FRP(fiberglass reinforced plastics) : 폴리에스테르의 중요한 성형품은 유리 섬유로 보강한 섬유 강화 플라스틱(FRP : Fiberglass Reinforced Plastic)으로, 강도는 비항장력이 강과 비슷한 값을 나타낸다.

② 아스팔트 프라이머(asphalt primer) : 블론 아스팔트를 휘발성 용제로 희석한 흑갈색의 액으로서, 아스팔트 방수층에 아스팔트의 부착이 잘 되도록 사용하며, 콘크리트, 모르타르 바탕에 아스팔트 방수층 1층 또는 아스팔트 타일 붙이기 시공을 할 때의 초벌용 도료이다.

④ 블론 아스팔트(blown asphalt) : 증류탑에 뜨거운 공기를 불어넣어 만든 것으로, 점성이나 침투성이 작지만, 온도에 의한 변화가 작아서 열에 대한 안정성이 크며, 내후성도 크다. 아스팔트 루핑의 표층, 지붕 방수, 아스팔트 콘크리트의 재료로 사용된다.

032 ② 아크릴평판은 휨강도가 크고, 투명도가 좋으며 착색이 자유롭고 가공이 용이하다.

③ 염화 비닐판은 화재시 Cl₂ 가스 발생이 크다.

④ 페놀수지판은 다갈색의 색조와 석탁산의 취기가 결점이다.

033 비닐 레더(vinyl leather)는 염화 비닐을 사용한 인조 가죽으로, 면포와 마포를 바탕으로 염화 비닐을 도장한 것이다. 내열성이 낮고, 연화수축하는 성질이 있으며, 주로 벽지, 천장지, 가구 등에 사용된다. 커튼, 테이블 크로스, 방수막은 EVA(에틸렌초산비닐 공중합체)[에틸렌(Ethylene)과 초산 비닐 아세테이트(Vinyl Acetate)가 결합한 물질로, 5mm 크기의 쌀알 모양의 투명한 알갱이 형태로 이루어져 있음]를 사용한다.

034 ① 하드오일 퍼티 : 스파바니시와 연백을 혼합하여 호상으로 만든 것으로, 주로 눈먹임에 사용한다.

② 오일 퍼티 : 바니시에 안료를 넣어 혼합한 것으로서, 눈먹임 또는 바탕만들기에 사용한다.

④ 캐슈 수지 퍼티 : 캐슈 수지에 안료, 경화제 또는 촉진제를 더하여 액상이나 호상으로 만든 것으로서, 주로 바탕만들기에 사용한다.

035 코킹재는 실링재와 같은 의미로 사용하고 있으나, 일반적으로 코킹재는 창호 주위의 빗물 막이, 각종 재료의 접합부, 줄눈, 익스펜션 조인트 등에 사용되는 것이고, 실링재는 커튼월, 프리패브 접합부, 새시 부착 등의 충전재를 말한다. 건축용 코킹재료의 일반적인 특징은 ②·③·④ 이외에도 수축률이 작아야 한다는 점이 있다.

036 아스팔트성 코킹재는 아스팔트를 주재료로 하여 석면 등을 충전재로 만든 재료로서, 값이 싸나 흑색이고, 고온에서 용용하므로 세로면의 시공에 적합하지 못하며, 자외선에 의해 노화하기 쉬우므로 용도가 한정되어 있다.

037 ① 부나에스 : 합성고무의 일종으로 타이어용, 내산, 내알칼리 도료 등에 사용된다.

② 고무유도체 : 생고무에 염소, 염산을 작용시키면 염화고무, 염산고무가 되고, 가류고무에 없는 성질을 갖게 된다.

염화고무	가소제나 안료를 넣어서 도료로 쓰고, 내산, 내알칼리성이며, 목재나 금속에 접착성이 큰 강인한 피막을 만든다.
염산고무	내수성, 내유성, 유연성이 풍부하고, 투습도가 매우 낮으므로 식품이나 화약 등의 포장재료로 사용된다.

④ 라텍스 : 라텍스는 그 자체에 기류제, 충전제 등의 조제를 가하여 직물에 침투시켜 고무천이나 고무스폰지, 기타 다공질 고무 등의 제조에 사용된다.

038 ① 유리퍼티(Glass Putty) : 유지 및 수지 등의 충전제(탄산칼슘, 연백, 티탄백 등) 등을 혼합하여 만든 것으로서, 창유리를 끼우거나 도장 바탕을 고르는 데 사용된다.

② 2액형 실링재(Two-Part Liquid Sealing Compound) : 주성분을 포함하고 있는 기재와 경화제를 시공 직전에 배합하여 사용하는 것으로, 폴리설파이드 액상 폴리머에 카본 블랙으로 기재를 만든다. 이는 휘발성분이 거의 없어 충전 후에 체적의 변화가 적고, 온도 변화에 따른 안정성도 우수하며, 고온 다습한 경우에는 경화가 촉진되나 저온 저습한 경우에는 겨화가 지연된다.

④ 아스팔트코킹(Asphalt Caulking Materials) : 아스팔트를 주재료로 하여 석면 등을 충전재로 만든 재료로서, 값이 싸나 흑색이고, 고온에서 용용하므로 세로면의 시공에 적합하지 못하며, 자외선에 의해 노화하기 쉬우므로 용도가 한정되어 있다.

▶ 문제편 345p

문항	①	②	③	④	⑤	⑥	⑦	⑧	⑨	⑩	⑪	⑫	⑬	⑭	⑮	⑯	⑰	⑱	⑲	⑳
001	○	×	○	○																
002	○	○	○	×																
003	○	×	○	○																
004	○	×	×	×																
005	×	○	○	×																
006	○	○	×	○																
007	○	○	○	×																
008	○	○	○	×																
009	×	○	○	○																
010	○	○	○	×																
011	○	○	×	○																
012	×	○	×	×																
013	×	×	×	○																
014	○	×	○	○																
015	○	×	×	×																
016	×	○	×	×																
017	○	×	×	×																
018	○	×	×	×																
019	×	○	○	○																
020	×	×	×	○																
021	×	○	×	×																
022	○	×	○	○	×	○	×	○	×	×	○	○								
023	○	○	○	×	○	○														
024	○	×	○	○																
025	×	○	×	○																
026	○	×	○	×																
027	×	×	○	×																
028	×	×	×	○																
029	○	○	×	○																
030	×	○	○	○																
031	○	○	○	×	○	×	○	○	○	○	○	×	○	×	○	○	○	○	×	○
032	○	○	×	○																
033	×	×	×	○																
034	○	×	○	○																
035	○	×	×	○																
036	×	○	○	○																
037	○	○	○	×																
038	○	×	×	×																
039	×	×	○	×																
040	○	○	○	×	○	○	×	○	○	○	○	×								
041	○	○	×	○																
042	×	○	×	×																
043	×	○	×	×																
044	○	○	○	×	○	○	×	○	○	×	○	○								

001 수성 페인트는 광택이 없고 마감면의 마모성이 크다.

002 유성 페인트는 건조성 지방유 등 유량을 늘리면 광택과 내구성이 증대되나, 건조 시간이 길다. 또한, 용제를 늘리면 건조가 빠르고 귀얄질이 잘 되나 옥외 도장시 내구력이 떨어진다.

003 수성 페인트를 칠한 면은 외관은 온화하지만 독성 및 화재발생의 위험이 없다. 독성과 화재의 위험이 있는 도료는 유성 페인트이다.

004 ② 바니시 : 유용성 수지를 건조성 기름에 가열 용해하여 이것을 휘발성 용제로 희석한 것으로, 광택이 있고 강인하며 내구, 내수성이 큰 도장재료이다. 투명 도료 또는 수지를 지방유와 가열 융합하고, 건조제를 첨가한 다음 용제를 사용하여 희석한 도장 재료로서, 투명도료이다.

③ 래커 : 오일 바니시의 지건성과 랙 도막의 취약성을 보완한 것으로, 목재면·금속면 등의 외부면에 사용한다. 건조가 빠르고(10~20분), 내수성, 내후성, 내유성이 우수하나 도막이 얇고 부착력이 약하다. 심한 속건성이므로 뿜칠을 하여야 한다. 우천 시나 고온 시에 도막이 때때로 흐려지거나 백화 현상이 일어나는 이유는 용제가 증발할 때 열을 도막에서 흡수하기 때문이며, 시너 대신 지연제를 사용하면 방지할 수 있다. 특히, 심한 속건성이어서 바르기가 어려우므로 스프레이어를 사용하는데, 바를 때에는 "래커 : 시너 = 1 : 1"로 섞어서 쓴다.

④ 에나멜 페인트 : 보통 에나멜이라고도 하는데, 안료에 오일 바니시를 반죽한 액상으로서, 유성 페인트와 오일 바니시의 중간 제품이다. 에나멜 페인트는 사용하는 오일 바니시의 종류에 따라 성능이 다르다. 일반 유성 페인트보다는 건조 시간이 늦고(경화 건조 12시간), 도막은 탄성 광택이 있으며, 평활하고 경도가 크다. 광택의 증가를 위하여 보일드유보다는 스탠드유를 사용한다. 스파 바니시를 사용한 에나멜 페인트는 내수성, 내후성이 특히 우수하여 외장용으로 쓰인다.

005 도료의 건조과정에 의한 분류 중 자연 건조형에는 래커(유성 바니시), 에멀션 도료, 비닐 수지 도료 등이 있다. 가열 건조형에는 알키드 수지, 에폭시 수지, 페놀 수지, 아미노알키드 수지 도료 등이 있다.

006 오일 바니시(니스)는 무색 또는 담갈색의 투명도료로서 건성유에 수지를 용해하여 만든 것이고, 목재부의 나뭇결을 아름답게 보게 하며, 유성 페인트보다 내수성이 작아서 실외에는 사용하지 않는다. 에나멜 페인트, 래커 에나멜, 합성수지 페인트 등은 불투명 도료이다.

007 유성 바니시는 투명도료로 내후성이 작아서 내장용만으로 사용되고, 외장용으로는 사용하지 않는다.

008 ① 유성 페인트 : 안료와 건조성 지방유(보일드유)를 주원료로 한 것으로 지방유가 건조하여 피막을 형성한다. 용제 및 건조제 등을 혼합한 도료로, 페인트의 배합은 초벌, 정벌, 재벌 및 도포 시의 계절, 피도물의 성질, 광택의 유무 등에 따라 적당히 변경하여야 한다. 목재와 석고판류의 도장에는 무난하여 널리 사용하나, 알칼리에는 약하므로 콘크리트, 모르타르, 플라스터 면에는 별도의 처리가 필요하다.

㉮ 건조성 지방유를 늘리면 광택과 내구력은 증대되나, 건조가 느리다.

㉯ 용제를 늘리면 건조가 빠르고 귀얄질이 잘되나, 옥외 도장시 내구력이 떨어진다.

② 수성 페인트 : 소석고, 안료, 접착제(카세인)를 혼합한 것으로 사용할 때 물에 녹여 이용하며, 광택이 없고, 마감면의 마멸이 크므로 내장 마감용으로 사용한다. 또한 속건성이어서 작업 시간을 단축할 수 있고, 내수·내후성이 좋아서 햇빛과 빗물에 강하다. 특히, 내알칼리성이어서 콘크리트 면에 밀착이 우수하다. 유성 페인트와의 차이점은 다음과 같다.

㉮ 공해 대책용, 자원 절약형의 도료이다.

㉯ 용제형 도료에 비해 냄새가 없어 안전하고 위생적이다.

㉰ 화재 폭발의 염려가 있다.

③ 합성수지 에멀션페인트 : 물에 용해되지 않는 건성유, 수지, 니스, 래커 등을 에멀션화제의 작용에 의하여 물속에 분산시켜서 에멀션을 만들고, 여기에 안료를 혼합한 도료 또는 물에 유성 페인트, 수지성 페인트 등을 현탁시킨 유화 액상 페인트이다. 바른 후 물은 발산되어 고화되고, 표면은 거의 광택이 없는 도막을 만드는 도료를 에멀션 도료라 한다.

009 합성수지 도료의 특성

- 건조시간이 빠르고 도막이 단단하다.
- 내산, 내알칼리성이 있어 콘크리트, 모르타르, 플라스터 면에 바를 수 있다.
- 도막은 인화할 염려가 없어 방화성이 우수하다.
- 투명한 합성수지를 사용하면 더욱 선명한 색을 낼 수 있다.

010 안료나 휘발성 용제를 많이 혼합하면 무광택 에나멜이 되나, 내후성이 작다.

011 유성 페인트는 건조성 지방유 등 유량을 늘리면 광택과 내구성이 증대되나, 건조 시간이 길다. 또한, 용제를 늘리면 건조가 빠르고 귀얄질이 잘 되나 옥외 도장시 내구력이 떨어진다. 특히, 유성 페인트는 알칼리에 약하므로 모르타르, 콘크리트 바탕, 플라스터 면에는 별도의 처리 없이 바를 수 없다.

012 ③ 에폭시 수지 도료 : 도막이 단단하고 내마모성이 좋으며, 내산성과 내알칼리성이 우수하다.
④ 알키드 수지 도료 : 내후성, 부착성, 건조성, 다른 도료와의 혼합성이 좋고, 내수성과 내알칼리성이 좋지 못하며, 간단하게 취급할 수 있고, 값이 싸서 많이 사용된다.

013 합성수지 에멀션 도료는 물을 사용하므로 화재, 폭발의 위험 없고, 위생적이며, 내알칼리성이 강하고(콘크리트면에 도장), 작업성이 좋아서 옥·내외에 사용된다.
③ 불소 수지 도료는 분자 중에 불소(F)를 포함한 수지를 사용한 도료이고, 현존하는 도료 중에서 최고의 폭로내구성을 가지며, 내황산성과 내열성이 우수하다.

014 클리어 래커(clear lacquer)는 주로 목재면의 투명 도장(목재 바탕의 무늬를 살리는 도장)에 쓰인다. 오일 바니시에 비하여 도막은 얇으나 견고하고, 담색으로서 우아한 광택이 있다. 내수성, 내후성은 약간 떨어지고, 내부용으로 쓰인다.

015 에멀션 페인트는 수성 페인트에 합성수지와 유화제를 섞은 도료로서 수성 페인트와 유성 페인트의 특징을 겸비한 도료(유성의 수성 도료)이다.
② 조합 페인트 : 현장에서 즉시 사용할 수 있도록 배합된 도료(보일드 유에 건조제, 희석제를 배합시킨 액상의 페인트)로서, 유성페인트의 일종이다.
③ 견련 페인트 : 안료를 딱딱하게 이겨서 만든 풀 형태의 단단한 유성페인트로서, 보일드 유를 첨가하여 녹여서 액상 페인트로 사용할 수 있다.
④ 방청 페인트 : 기능성의 페인트로서, 금속의 부식을 방지하기 위한 페인트이다.

016 ① 셀락니스 : 조건성으로 견경하고 광택이 있으나 열에 약하다. 접착성이 좋아 목재부의 옹이땜이나 내장, 가구 등에 쓰이며, 마감용으로 부적당하다.
③ 캐슈(cashew) 수지 도료 : 캐슈 열매의 액을 주원료로 하여 여기에 석탄산, 멜라민, 요소, 알키드 등과 알데히드로 공축합하여 제조하며, 성분은 칠과 유사하고, 외관과 성능이 유사하다. 탄성 또는 밀착성은 칠보다 떨어지고, 건조는 칠의 경우는 습도가 필요하지만 캐슈는 유성계 도료와 같고 실온 또는 가열하여 건조한다.
④ 유성 에나멜 페인트 : 유성 바니시를 비히클로하여 안료를 첨가한 도료로서 성능은 사용하는 바니시에 따라 달라지나, 내알칼리성이 약하고, 유성 페인트와 비교하여 건조 시간, 도막의 평활 정도, 광택, 경도 등이 우수하다.

017 클리어 래커(clear lacquer)는 주로 목재면의 투명 도장(목재 바탕의 무늬를 살리는 도장)에 쓰인다. 오일 바니시에 비하여 도막은 얇으나 견고하고, 담색으로서 우아한 광택이 있다. 내수성, 내후성은 약간 떨어지고, 내부용으로 쓰인다.

018 ② 에나멜 래커(enamel lacquer) : 유성 에나멜 페인트에 비하여 도막은 얇으나 견고하고, 기계적 성질도 우수하며, 닦으면 광택이 난다. 에나멜 래커는 불투명 도료이다.

③ 에나멜 페인트(enamel paint) : 보통 에나멜이라고도 하는데 안료에 오일 바니시를 반죽한 액상으로서, 유성 페인트와 오일 바니시의 중간 제품이다. 에나멜 페인트는 사용하는 오일 바니시의 종류에 따라 성능이 다르다. 일반 유성 페인트보다는 건조 시간이 늦고(경화 건조 12시간), 도막은 탄성 광택이 있으며, 평활하고 경도가 크다. 광택의 증가를 위하여 보일드유보다는 스탠드유를 사용한다. 스파 바니시를 사용한 에나멜 페인트는 내수성, 내후성이 특히 우수하여 외장용으로 쓰인다.

④ 하이 솔리드 래커(high solid lacquer) : 니트로셀룰로오스 수지와 가소제의 함유량 등을 보통 래커보다 많게 한 것이다. 도막이 두꺼워서 도장에 능률을 높일 수 있고, 경제적이며, 탄력이 있는 도막을 만들어 내후성이 좋으나 경화 건조는 약간 늦다. 건조에는 상온 건조품과 고온 소부 건조품이 있다.

019 도장재료 중 래커(lacquer)는 도막이 얇고 부착력이 약하므로 내구성은 떨어지고, 급경성이므로 도막이 급격하게 건조된다.

020 ① 페놀 수지 도료 : 내수성, 내유성, 내후성, 내산성, 내열탕성이 우수하고, 속건성(10시간 이내)이며, 비교적 내알칼리성도 있다. 무색, 담황색으로 100~150℃에서 용해되고, 영구히 열가소성이 있다.

② 멜라민 수지 도료 : 멜라민과 포름알데하이드를 "1 : (3~6)" 몰비로 하고, 알칼리성에서 메틸올화 반응을 시킨 다음 알콜을 첨가하여 수산촉매 pH 4~5에서 에스테르화하여 만든 도료이다. 에테르화도나 알콜의 탄소수가 많을수록 수지의 기름, 알키드 수지 및 에폭시 수지에의 상용성이나 유기용제에 대한 용해성이 증가하고, 도막의 가요성이 향상되나, 경화가 늦어지는 경향이 있다.

③ 초산비닐도료 : 도막이 무색 투명하여 광선이나 열에 의한 변색이 적고, 유연성이 있으며, 난연성·내용제성 등의 장점이 있다. 주로 철재, 목재 등의 바탕용 도장에 사용된다.

021 ① 광명단 : 보일드유에 녹인 유성 페인트의 일종으로, 보일드유 대신 전색제를 사용하기도 한다. 광명단 등의 알칼리성 안료는 기름과 잘 반응하여 단단한 도막을 만들어 수분의 투과를 방지하나 안료 자체에는 큰 방청력이 없다.

③ 그래파이트 도료 : 안료를 사용하면 도막의 수분 통과를 적게 하는 성질을 이용하여 녹막이칠의 정벌 바름에 사용한다.

④ 알루미늄 도료 : 알루미늄 분말을 안료로 하는 것으로, 전색제에 따라 여러 종류가 있다. 방청효과뿐만 아니라 광선, 열반사의 효과를 내기도 하며, 녹막이 효과는 전색제에 따라 달라진다.

022 방청 도료는 철재의 표면에 녹이 스는 것을 막고, 철재와의 부착성을 높이기 위해 사용하는 도료이다. 방청 초벌은 금속면에 접착이 잘 되고, 물·공기가 통하지 않으며, 굳은 도막을 만들어 정벌에 적합한 바탕을 이루고, 화학적인 방청력이 있어야 한다. 방청 도료에는 연단(광명단) 도료, 함연 방청 도료, 징크로메이트 도료, 에칭프라이머, 방청 산화철 도료, 규산염 도료, 알루미늄 도료, 크롬산 아연, 워시 프라이머 등이 쓰인다.

023 도료의 건조제(도료의 건조를 촉진시키기 위한 도료의 보조제)
- 상온에서 기름에 용해되는 건조제 : 일산화연, 연단, 초산염, 이산화망간, 붕산망간, 수산망간 등이 있다.
- 가열하여 기름에 용해되는 건조제 : 연(Pb), 망간(Mn), 코발트(CO)의 수지산 또는 지방산의 염류 등이 있다.

024 도료의 건조제(도료의 건조를 촉진시키기 위한 도료의 보조제)에는 리사지, 연단, 염화코발트, 이산화망간, 붕산망간 등이 있다. 나프타는 휘발성 용제인 희석제로서 콜타르의 증류품이다. 즉, 건조제에 포함되지 않는다.

025 ① 안료 : 물, 기름, 알코올 등에 용해되지 않는 미립자의 물질로서 착색의 목적으로 사용한다.
② 가소제 : 도료의 원료 중 건조된 도막에 탄성·교착성을 부여함으로써 내구력을 증가시키는 데 쓰이는 것이다.
③ 수지 : 도막을 형성하는 주체가 되고, 용제나 유지에 용해되어 있지만 도장 후에는 도막의 일부가 되는 재료이다.

026 수성 페인트는 소석고, 안료, 접착제(카세인)를 혼합한 것으로 사용할 때 물에 녹여 이용하며, 광택이 없고, 마감면의 마멸이 크므로 내장 마감용으로 사용한다. 또한 속건성이어서 작업 시간을 단축할 수 있고, 내수·내후성이 좋아서 햇빛과 빗물에 강하다. 특히, 내알칼리성이어서 콘크리트 면에 밀착이 우수하다. 유성 페인트, 래커, 에나멜 페인트 등은 광택이 있다.

027 ① 캐슈 : 캐슈 열매의 액을 주원료로 하여 여기에 석탄산, 멜라민, 요소, 알키드 등과 알데히드로 공축합하여 제조하며, 성분은 칠과 유사하고, 외관과 성능이 유사하다. 탄성 또는 밀착성은 칠보다 떨어지고, 건조는 칠의 경우는 습도가 필요하지만 캐슈는 유성계 도료와 같고 실온 또는 가열하여 건조한다.
② 워시(에칭) 프라이머 : 금속 표면에 화학적으로 결합시키는 모양의 방청 초벌로서 이것을 잘 닦은 금속에 얇게 바르면 약품은 금속과의 화합물을 표면에 만들고, 합성수지는 그것과 엉기어 도막을 만든다. 워시 프라이머를 바른 위에 방청도료를 바르면 부착성이 좋고 방청 효과도 크다.
④ 페인트 시너 : 일반적으로 단독으로 사용하는 경우는 극히 적고, 증발속도, 용해력, 경제성을 고려하여 여러 성분의 혼합용제를 사용한다.

028 주름발생(단독 도막 또는 중복 도장시, 건조 과정에서 도막에 주름이 생기는 현상) 현상의 방지 대책은 도포 후 즉시 직사광선을 쬐이지 않는다는 것이다.

029 부적당한 시너로 희석하였을 경우 증점(점도가 상승하여 유동성이 감소하는 현상)과 겔화(완전히 유동성이 없는 젤리 상태가 되는 현상)의 원인이 된다.

030 수직면으로 도장하였을 경우 도장직후에 도막이 흘러내리는 현상의 발생 원인에는 ②·③·④ 이외에도 두껍게 도장하였을 때, 도료가 오래되어 흐름 방지제의 효과가 저하되었을 때 등이 포함된다.

031 ④ 유성 페인트는 알칼리에 약하므로 모르타르, 콘크리트 바탕, 플라스터 면에는 별도의 처리 없이 바를 수 없다.
⑥ 수성 페인트는 유성 페인트에 비하여 광택이 없고 내구성 및 내마모성이 작다.
⑫ 수성 페인트는 건조 후 수지의 도막이 생기지 않으므로 유성 페인트와 동등하거나 그 이상의 내수성을 나타내지 못한다.
⑭ 유성 페인트는 알칼리에 약하므로 모르타르, 콘크리트 바탕, 플라스터 면에는 별도의 처리 없이 바를 수 없다.
⑲ 광명단은 철재의 방청제로 사용하나, 목재의 방부제로도 사용되지 못한다.

032 건축용 접착제로서 요구되는 성능에는 ①·②·④ 이외에도 장기 부하에 의한 크리프 현상이 없고, 독성이 없으며, 가격이 저렴하고, 내열성, 내후성, 내약품성, 내수성이 있을 것 등이 있다.

033 카세인은 지방질을 뺀 우유로부터 젖산법, 산응고법 등에 의해 응고 단백질을 만든 건조 분말로 내수성 및 접착력이 양호한 동물질 접착제 또는 지방질을 뺀 우유를 자연 산화시키거나, 황산, 염산 등을 가하여 카세인을 분리한 다음 물로 씻어 55℃ 정도의 온도로 건조시킨 것이다. 물, 알코올, 에테르에는 녹지 않고 알칼리에는 잘 녹는다. 산, 젖산을 넣으면 양질이 되고, 황산은 응결 시간을 단축시킨다. 용도로는 목재, 리놀륨의 접착, 수성 페인트의 원료가 된다.

034 단백질계의 접착제 중 동물성 단백질계는 카세인, 아교, 알부민 등이 있고, 식물성 단백질계는 콩교, 밀단백질 등이 있다. 덱스트린 접착제는 식물성 접착제로 녹말을 효소, 산, 열 등으로 가수분해 시킬 때 가수분해의 산물이다.

035 카세인 접착제는 단백질계 접착제 중 동물성 접착제에 속한다. ②의 푸란 수지 접착제, ③의 에폭시 수지 접착제, ④의 실리콘 수지 접착제 등은 합성수지 접착제에 속한다.

036 페놀 수지 접착제는 페놀과 포르말린의 반응에 의하여 얻어지는 다갈색의 액상, 분상, 필름 상의 수지로서 가장 오래된 합성수지 접착제이다. 수용형, 용제형, 분말형 등이 있고, 기온이 20°C 이하에서는 충분한 접착력을 발휘하기 어려우며, 완전히 경화하면 적동색을 띄고, 목재의 접착제(가열가압에 의해 두꺼운 합판도 쉽게 접합), 금속, 유리 등의 접합에 사용된다. 또한, 무색 투명하고, 내약품성, 접착력, 내열성, 내수성, 내한성이 우수하나 유리나 금속의 접착에는 부적합하다. 에폭시수지 접착제는 유리나 금속의 접착에 적합하다.

037~038 멜라민 수지 접착제는 멜라민과 포르말린(포름알데히드)과의 반응에 의하여 얻어지는 투명, 흰색의 액상 접착제로서, 값이 비싸기 때문에 단독으로 쓸 경우는 드물다. 요소 수지와 공중합한 것은 완전 내수합판 제조에 쓰인다. 내수성이 크고, 열에 대하여 안정성이 있다. 멜라민 수지는 페놀 수지와 달리 순백색 또는 투명한 흰색이므로 창색될 염려가 없다. 그러나, 금속, 고무, 유리의 접착용으로는 부적당하며, 목재(내수합판)에 적합하다.

039 에폭시 수지 접착제는 비스페놀과 에피클로로히드린의 반응으로 얻어지며 주제와 경화제로 이루어진 2성분계의 접착제로서 기본 점성이 크며 내수성, 내약품성(내산성, 내알칼리성), 전기절연성이 모두 우수한 만능형 접착제이다. 금속(알루미늄), 플라스틱, 도자기, 유리, 콘크리트 등의 접합에 사용된다.
① 페놀 수지 접착제 : 페놀과 포르말린의 반응에 의하여 얻어지는 다갈색의 액상, 분상, 필름 상의 수지로서 가장 오래된 합성수지 접착제이다. 수용형, 용제형, 분말형 등이 있으며, 기온이 20°C 이하에서는 충분한 접착력을 발휘하기 어렵고, 완전히 경화하면 적동색을 띄며, 목재의 접착제(가열가압에 의해 두꺼운 합판도 쉽게 접합), 금속, 유리 등의 접합에 사용된다. 또한, 무색 투명하고, 내약품성, 접착력, 내열성, 내수성, 내한성이 우수하나 유리나 금속의 접착에는 부적합하다.
② 멜라민 수지 접착제 : 멜라민과 포르말린(포름알데히드)과의 반응에 의하여 얻어지는 투명, 흰색의 액상 접착제로서, 값이 비싸기 때문에 단독으로 쓸 경우는 드물다. 요소 수지와 공중합한 것은 완전 내수합판 제조에 쓰인다. 내수성이 크고, 열에 대하여 안정성이 있다. 멜라민 수지는 페놀 수지와 달리 순백색 또는 투명한 흰색이므로 창색될 염려가 없다. 그러나, 금속, 고무, 유리의 접착용으로는 부적당하다.
④ 요소 수지 접착제 : 상온에서 사용이 가능하고, 가격이 저렴하며, 접착력은 크나, 내수성이 부족하다. 목재 및 합판의 접착제로 사용된다.

040 ④ 피막이 다소 단단하고, 유연성이 매우 부족하다.

⑦ 경화제가 필요하다.

⑫ 내약품성이 좋다. 특히, 내산성과 내알칼리성이 우수하므로 콘크리트에는 사용이 쉽다.

041~042 비닐 수지 접착제는 초산비닐 수지 또는 초산비닐염화비닐 공중합체를 주성분으로 하는 접착제로서 용액(용제)형과 에멀션형으로 나눌 수 있다. 값이 싸고, 작업성이 좋으며, 다양한 종류를 접착하는 장점이 있어서 가장 많이 사용되는 접착제의 하나이다. 목제 가구 및 창호, 종이 도배, 천 도배, 논슬립 등의 접착 등에 사용된다. 특히, 내열성 및 내수성이 좋지 않다.

043 ① 초산비닐 수지제 접착제(에멀젼형) : 바탕재에는 목질계, 모르타르계, 석고보드, 석면판 파티클 보드 등이 있고, 마무리재에는 비닐 수지시트, 리놀륨, 합판, 섬유판, 플로어링 보드, 유리섬유보드, 암면섬유보드, 석고보드, 발포 우레탄, 펠트, 유리섬유, 암면섬유 등이 있다.

③ 클로로프렌고무계 접착제

용제형	바탕재에는 목질계, 모르타르계, 금속계 등이 있고, 마무리재에는 고무질계 바닥타일, 비닐 수지시트, 융단, 인조 잔디, 합판, 펠트, 석고 보드, 석면시멘트판, 파티클보드, 발포 우레탄, 유리섬유, 암면섬유 등이 있다.
액상형	바탕재에는 목질계, 모르타르계, 금속계, 블록, 석고 보드 등이 있고, 마무리재에는 합판, 섬유판, 석고 보드, 석면시멘트판, 유리섬유보드, 암면섬유보드 등이 있다.

④ 고무라텍스형 접착제 : 바탕재에는 목질계, 모르타르계 등이 있고, 마무리재에는 비닐불연성 바닥타일, 비닐 수지 시트, 융단, 도자기질 내장 타일 등이 있다.

044 ④ 에폭시 수지는 내수성, 내약품성(내산성, 내알칼리성), 전기절연성이 모두 우수한 만능형 접착제로 금속(알루미늄), 플라스틱, 도자기, 유리, 콘크리트 등의 접합에 사용되는 접착제이다.

⑦ 실리콘 수지 접착제는 내수성은 우수하고, 열에는 매우 강하다. (200℃의 열을 연속하여 가해도 견디며 전기절연성도 있어 유리 섬유판, 텍스, 피혁류의 접착에 사용)

⑩ 실리콘 수지 접착제는 내열성이 200℃이고 내수성이 매우 크며 전기절연성도 우수하다.

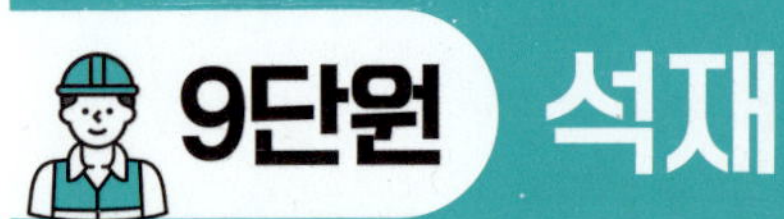# 9단원 석재

001 ① ○ ② ○ ③ ○ ④ × ⑤ ○ ⑥ ○ ⑦ ○ ⑧ × ⑨ ○ ⑩ ○ ⑪ × ⑫ ○ ⑬ ○ ⑭ ○ ⑮ × ⑯ ○ ⑰ ○ ⑱ ○ ⑲ × ⑳ ○ ㉑ × ㉒ × ㉓ ○ ㉔ ○ ㉕ × ㉖ ○ ㉗ ○ ㉘ × ㉙ ○ ㉚ ○

002 ① ○ ② ○ ③ × ④ ○ ⑤ × ⑥ ○

003 ① ○ ② ○ ③ ○ ④ × ⑤ × ⑥ ○ ⑦ ○ ⑧ ○

004 ① ○ ② ○ ③ ○ ④ ×

005 ① ○ ② ○ ③ × ④ ○

006 ① × ② ○ ③ × ④ ×

007 ① ○ ② ○ ③ × ④ ○

008 ① × ② ○ ③ ○ ④ ○

009 ① ○ ② ○ ③ × ④ ○ ⑤ × ⑥ ○

010 ① × ② × ③ × ④ ○

011 ① ○ ② ○ ③ × ④ ○ ⑤ ○ ⑥ ○ ⑦ ○ ⑧ ×

012 ① ○ ② ○ ③ ○ ④ ×

013 ① × ② × ③ × ④ ○

014 ① ○ ② × ③ × ④ ×

015 ① ○ ② ○ ③ × ④ ○

016 ① × ② × ③ × ④ ○

017 ① ○ ② × ③ × ④ ×

018 ① ○ ② ○ ③ × ④ ○

019 ① ○ ② × ③ × ④ ×

020 ① × ② × ③ × ④ ○

021 ① ○ ② × ③ × ④ ×

022 ① ○ ② ○ ③ ○ ④ ×

023 ① × ② ○ ③ × ④ ×

024 ① × ② ○ ③ × ④ ×

025 ① × ② × ③ × ④ ○

026 ① ○ ② × ③ × ④ ×

027 ① ○ ② × ③ × ④ ×

028 ① ○ ② × ③ ○ ④ ○

029 ① × ② × ③ ○ ④ ×

030 ① × ② ○ ③ × ④ ×

031 ① × ② × ③ ○ ④ ×

032 ① × ② ○ ③ ○ ④ × ⑤ ○ ⑥ ○ ⑦ × ⑧ ○ ⑨ ○ ⑩ ○ ⑪ ○ ⑫ ○

033 ① × ② ○ ③ × ④ ×

034 ① ○ ② ○ ③ × ④ ○

035 ① × ② ○ ③ ○ ④ ○ ⑤ ○ ⑥ ○ ⑦ ○ ⑧ × ⑨ ○ ⑩ × ⑪ × ⑫ × ⑬ ○ ⑭ ○ ⑮ ○ ⑯ × ⑰ ○ ⑱ ○ ⑲ ○ ⑳ ×

036 ① ○ ② ○ ③ × ④ ○

037 ① × ② ○ ③ ○ ④ ○ ⑤ × ⑥ × ⑦ ○ ⑧ ×

001 ④ 응회암, 사암(1,000℃)은 대리석(600℃)보다 내화성이 크다.

⑧ 비중이 클수록 강도가 크며, 공극률이 클수록 내화성이 크다.

⑪ 인장강도가 압축강도에 비해 매우 작으며, 비중이 커서 운반하기에 매우 불편하다.

⑮ 석재의 강도 중에서 가장 큰 것은 압축강도이며, 인장, 휨 및 전단강도는 압축강도에 비하여 매우 작다.

⑲ 큰 간사이 구조에 부적합하다.

㉑ 가공성이 좋지 않으며 인성(압연강, 껌 등은 파괴에 이르기까지 고강도의 응력에 견딜 수 있는 동시에 큰 변형을 나타내는 성질)이 작다.

㉒ 취도계수(인장강도에 대한 압축강도의 비, 즉 취도계수 = $\dfrac{\text{압축강도}}{\text{인장강도}}$)가 크고 내충격성이 작다.

㉕ 일반적으로 화강암, 안산암 등의 화성암 종류가 내마모성이 크고, 수성암 종류는 내마모성이 작은 편이다.

㉘ 대리석과 사문암은 화열에는 변색할 뿐 대체로 강하여 600~800℃에서 완전히 생석회로 변화하므로 내화성이 매우 약하다.

002 ③ 취도계수(인장강도에 대한 압축강도의 비, 즉 취도계수 $= \dfrac{\text{압축강도}}{\text{인장강도}}$)가 매우 크며 가공성이 좋지 않다.

⑤ 내화성이 매우 약하다. (석재가 고온에서 붕괴되고 강도가 떨어지는 원인은 열전도율이 작아 열의 불균일 분포로 열응력이 발생하기 쉽고, 조암 광물의 종류에 따라 열팽창 계수가 다르며, 조암 광물 중 열에 약한 부분이 먼저 녹아 전체가 붕괴되기 때문)

003 ④ 석회분을 포함한 석재는 내산성이 작다.

⑤ 규산분을 많이 함유한 석재는 내산성이 강하므로 산을 접하는 바닥에 사용한다.

004 석영은 산·알칼리에 강하고(안전하다), 팽창계수가 작다.

005 석목이란 암석이 가장 쪼개지기 쉬운 면을 말하며, 절리보다 불분명하지만 방향이 대체로 일치되어 있다. 석리란 석재 표면의 구성 조직을 말하는 것으로 석재의 외관 및 성질과 관계가 깊다.

006 ① 응회암 : 화산재, 화산 모래 등이 퇴적·응고되거나 물에 의하여 운반되어 암석 분쇄물과 혼합되어 침전된 것으로 대체로 다공질이다. 강도와 내구성이 작아 구조재로 적합하지 않으나, 내화성이 있으며 외관이 좋고 조각하기 쉬우므로 내화재, 장식재로 많이 이용된다.

③ 화산암(부석) : 비중이 0.7~0.8로, 석재 중 가벼운 편이다. 화강암에 비하여 압축 강도가 작으며, 내화도가 높아 내화재로 사용된다.

④ 대리석 : 석회암이 오랜 세월 동안 땅 속에서 지열, 지압으로 인하여 변질되어 결정화된 것으로, 주성분은 탄산석회($CaCO_3$)이다. 석질은 치밀하고 견고하며, 포함된 성분에 따라 경도, 색채, 무늬 등이 매우 다양하여 아름답다. 물갈기를 하면 광택이 나므로 실내 장식용 또는 조각용 석재로 사용되는 고급품이나, 열 및 산·알칼리 등에는 매우 약하다.

007 ③ 응회암은 퇴적(수성)암에 속한다.

성인에 의한 석재의 분류

구분	화성암		퇴적(수성)암					변성암	
	심성암	화산암	쇄설성			유기적	화학적	수성암계	화성암계
종류	화강암, 섬록암, 반려암	안산암(휘석, 각섬, 운모, 석영), 현무암, 부석 등	이판암, 점판암	사암, 역암	응회암 (사질, 각력질)	석회암, 처트	석고	대리석	사문암

008 ② 석회암 : 화강암이나 동·식물의 잔해 중에 포함되어 있는 석회분이 물에 녹아 침전되어 응고된 것으로, 주성분은 탄산석회($CaCO_3$)로서 백색이다. 석질은 치밀·견고하나, 내산성, 내화성이 부족하므로 석재로 사용하기에는 부적합하며, 주로 석회나 시멘트의 원료로 사용한다.

③ 백운암(돌로스톤, 돌로마이트) : 결정질의 칼슘 마그네슘 탄산염[$CaMg(CO_3)_2$]으로 이루어진 퇴적 탄산염암이다.

④ 규조토 : 조류의 일종인 규조의 껍질 화석으로 이루어진 퇴적물(퇴적암)이다.

009 ③ 석회석 : 석회암은 화강암이나 동·식물의 잔해 중에 포함되어 있는 석회분이 물에 녹아 침전되어 응고된 것으로, 주성분은 탄산석회($CaCO_3$)로서 백색이다. 석질은 치밀·견고하나, 내산성, 내화성이 부족하므로 석재로 사용하기에는 부적합하며, 주로 석회나 시멘트의 원료로 사용한다. 석회석은 퇴적(수성)암에 속한다.

　① 대리석 : 석회암이 오랜 세월 동안 땅 속에서 지열, 지압으로 인하여 변질되어 결정화된 것으로, 주성분은 탄산석회($CaCO_3$)이다. 석질은 치밀하고 견고하며, 포함된 성분에 따라 경도, 색채, 무늬 등이 매우 다양하여 아름답다. 물갈기를 하면 광택이 나므로 실내 장식용 또는 조각용 석재로 사용되는 고급품이나, 열 및 산·알칼리 등에는 매우 약하다.

　② 석면 : 사문암이나 각섬암이 열과 압력을 받아 변질되어 섬유상으로 된 변성암이다.

　④ 트래버틴 : 대리석의 한 종류로서 다공질이며, 석질이 균일하지 못하고 암갈(황갈)색의 무늬가 있다. 석판으로 만들어 물갈기를 하면 평활하고 광택이 나는 부분과 구멍과 골이 진 부분이 있어 특수한 실내 장식재로 이용된다.

　⑤ 펄라이트 : 진주암, 흑요암, 송지석 또는 이에 준하는 석질(유리질의 화산암)을 포함한 암석을 분쇄하여 소성, 팽창시켜 제조한 백색의 다공질 경석으로, 성질과 용도 등은 질석과 유사하다.

　⑥ 사문석 : 흑록색의 치밀한 화강암인 감람석 중에 포함되어 있던 철분이 변질되어 흑록색 바탕에 적갈색의 무늬를 가진 석재로서, 물갈기를 하면 광택이 나므로 대리석의 대용으로 사용된다.

010 ①의 사문암과 ②의 대리암은 변성암에 속하고, ③의 현무암(입자가 잘거나 치밀하며 색은 검은색·암회색이고 석질이 견고하여 토대석·석축으로 쓰이는 석재)은 화성암에 속한다. ④의 응회암은 수성암의 쇄설암이다.

011 ③ 화강암의 내화도가 낮으므로 내화재로서 사용하지 못한다.
　⑧ 화강암의 내화도가 작아서 고열을 받는 곳에 부적당하다.

012 화강암의 색상은 주로 장석에 의해 좌우되고, 석영의 색에는 영향이 없다.

013 화강암은 화성암의 대표적인 심성암으로, 성분은 석영, 장석, 운모, 휘석, 각섬석 등이고, 석질이 견고(압축 강도 $1,500kg/cm^2$ 정도)하며 풍화 작용이나 마멸에 강하다. 바탕색과 반점이 아름다울 뿐만 아니라 석재의 자원도 풍부하므로 건축 토목의 구조재, 내·외장재 및 콘크리트용 골재로 많이 사용된다. 내화도가 낮아서 고열을 받는 곳에는 적당하지 않으며, 세밀한 조각이 필요한 곳에는 가공이 불편하여 적당하지 않다. 또한, 질이 단단하고, 내구성 및 강도가 크고, 외관이 수려하며, 절리가 비교적 커서 큰 판재를 얻을 수 있다. 다만, 너무 단단하여 조각 등에는 부적당하다.

014 석재의 압축, 인장, 휨강도

종류	압축강도(Mpa)	인장강도(Mpa)	휨강도(Mpa)
화강암	150~194	3.7~5.0	10.4~13.2
안산암	103.5~168	3.6~8.2	7.8~17.7
응회암	8.6~37.2	0.8~3.5	2.3~6.0
사암	26.6~67.4	2.5~2.9	5.4~9.4
대리석	100~180	3.9~8.7	3.4~9.0
사문암	74~120	2.8~7.4	–
점판암	141~164	–	–

위의 도표에 의해서 "화강암(150~194Mpa) → 대리석(100~180Mpa) → 사암(26.6~67.4Mpa) → 응회암(8.6~37.2Mpa)"의 순이다.

015 석재의 강도의 크기는 "압축강도 〉 휨강도 〉 인장강도"의 순이다

016 석재의 내구성

석재	내구연한	석재	내구연한
화강석	75~200	석회암	20~40
대리석	60~100	사암조립	5~15
석영암	75~200	사암세립	20~50
백운석	30~500	사암결정	100~200

017 석재의 흡수율

구분	화강암	황화석	안산암	응회암	사암	대리석	사문석	점판암
흡수율(%)	0.33~0.5	26.2	1.83~3.2	13.5~18.2	13.2	0.09~0.12	0.37	0.24

018 조암광물 중에 황화물, 철분함유광물, 탄산마그네시아, 탄산칼슘 등은 풍화되기 쉽고, 내구성을 검토하기 위해서는 동결융해시험, 내산·내알칼리 시험, 퇴색 시험, 팽창계수시험, 내화 시험 등을 실시한다.

019 사문암은 감람석이 변질된 것인데, 섬록암이 변질된 것도 있고, 색조는 암록색 바탕에 흑백색의 아름다운 무늬가 있으며, 경질이나 풍화성이 있어 외장재(외벽)보다는 실내장식용으로서 대리석 대용으로 이용되기도 한다.
②의 화강암은 외장재, 내장재, 구조재, 도로포장재, 콘크리트용 골재로 사용하고, ③의 안산암은 구조용으로 사용하며, ④의 사암은 구조재, 실내장식재로 사용한다.

020 ①의 사암, ②의 점판암, ③의 응회암은 수성암 중 쇄설암에 속한다. ④의 화강암은 화성암의 심성암에 속한다.

021 ② 화강석 : 내구성 및 강도가 크고 외관이 수려하나 함유광물의 열팽창계수가 달라 내화성이 약한 석재로 외장, 내장, 구조재, 도로포장재, 콘크리트 골재 등에 사용되는 석재이다.
③ 사문암 : 사문암은 감람석이 변질된 것인데, 섬록암이 변질된 것도 있고, 색조는 암록색 바탕에 흑백색의 아름다운 무늬가 있으며, 경질이나 풍화성이 있어 외장재(외벽)보다는 실내장식용으로서 대리석 대용으로 이용되기도 한다.
④ 석회석 : 석회암은 화강암이나 동·식물의 잔해 중에 포함되어 있는 석회분이 물에 녹아 침전되어 응고된 것으로, 주성분은 탄산석회($CaCO_3$)로서 백색이다. 석질은 치밀·견고하나, 내산성, 내화성이 부족하므로 석재로 사용하기에는 부적합하며, 주로 석회나 시멘트의 원료로 사용한다. 석회석은 퇴적(수성)암에 속한다.

022 대리석은 석회암이 오랜 세월 동안 땅 속에서 지열, 지압으로 인하여 변질되어 결정화된 것(변성암)으로, 주성분은 탄산석회($CaCO_3$)이다. 석질은 치밀하고 견고하며, 포함된 성분에 따라 경도, 색채, 무늬 등이 매우 다양하여 아름답다. 물갈기를 하면 광택이 나므로 실내 장식용 또는 조각용 석재로 사용되는 고급품이나, 열 및 산·알칼리 등에는 매우 약하다.

023 ① 암면(rock wool) : 안산암, 사문암 등의 원료를 고열로 녹여 작은 구멍을 통하여 분출시킨 것을 고압 공기로 불어 날려 만든 솜모양의 것으로, 흡음·단열·보온성 등이 우수한 불연재로 사용한다.

③ 트래버틴(travertin) : 대리석의 한 종류로서 다공질이며, 석질이 균일하지 못하고 암갈(황갈)색의 무늬가 있다. 석판으로 만들어 물갈기를 하면 평활하고 광택이 나는 부분과 구멍과 골이 진 부분이 있어 특수한 실내 장식재로 이용된다.

④ 석면(asbestos) : 사문암이나 각섬암이 열과 압력을 받아 변질되어 섬유상으로 된 변성암이다.

024 ① 암면(rock wool) : 안산암, 사문암 등의 원료를 고열로 녹여 작은 구멍을 통하여 분출시킨 것을 고압 공기로 불어 날려 만든 솜모양의 것으로, 흡음·단열·보온성 등이 우수한 불연재로 사용한다.

③ 질석(vermiculite) : 운모계 광석을 800~1,000℃ 정도로 가열 팽창시켜 체적이 5~6배로 된 다공질의 경석으로 각종 형상 및 공동품의 경량, 보온, 방음, 결로방지의 목적으로 시멘트와 배합하여 제조, 사용되는 석재제품이다.

④ 샌드스톤(sand stone) : 지표면에 분포하는 암석이 풍화되어 생성된 모래와 같은 성불들이 물과 바람 등에 의해 운반되고 오랜 기간 동안 퇴적되면서 높은 압력으로 입자간 치밀하게 결속하여 재탄생된 암석이다.

025 ① 암면 보온관은 암석으로부터 인공적으로 만들어진 내열성이 높은 광물섬유를 이용하여 만든 제품으로, 불에 타지 않고, 가볍고, 단열성과 흡음성이 뛰어나다. 또한, 변질되지 않고, 내구성이 뛰어나며 공급이나 가격이 안정된 제품이다.

② 유리면 보온관은 암면보온관에 비해 내열온도가 낮고, 열전도율은 저밀도역에서 크게 변화하여 비중이 0.03 이하가 되면 급상승하는 경향이 있다.

③ 카세인은 지방질을 뺀 우유로부터 젖산법, 산응고법 등에 의해 응고 단백질을 만든 건조 분말로 내수성 및 접착력이 양호한 동물질 접착제 또는 지방질을 뺀 우유를 자연 산화시키거나, 황산, 염산 등을 가하여 카세인을 분리한 다음 물로 씻어 55℃ 정도의 온도로 건조시킨 것이다. 물, 알코올, 에테르에는 녹지 않고 알칼리에는 잘 녹는다. 산, 젖산을 넣으면 양질이 되고, 황산은 응결 시간을 단축시킨다. 목재, 리놀륨의 접착, 수성페인트의 원료가 된다.

026 ② 석면은 사문암 또는 각섬암이 열과 압력을 받아 변질하여 섬유 모양의 결정질이 된 것으로 단열재·보온재 등으로 사용되었으나, 인체 유해성으로 사용이 규제되고 있다.

③ 고압벽돌은 강도 높고 규격 정밀한 석회벽돌로서 생석회 분말과 모래를 혼합하여 고압프레스로 성형한 후 autoclave로 양생한 벽돌을 말한다.

④ 질석(vermiculite)은 운모계 광석을 800~1,000℃ 정도로 가열 팽창시켜 체적이 5~6배로 된 다공질의 경석으로 각종 형상 및 공동품의 경량, 보온, 방음, 결로방지의 목적으로 시멘트와 배합하여 제조, 사용되는 석재제품이다.

027 ② 의석(모조석) : 종석을 대리석 이외의 암석으로 하여 테라조에 준해 제작한 것으로 모조석이라고 할 수 있다.

③ 수지계 인조석 : 최근에 결합재로 시멘트를 사용하지 않고, 폴리에스테르수지나 에폭시 수지 등을 액상으로 하여 테라조나 의석을 제조한 것이다.

④ 감람석 : 크롬 철광 등으로 된 흑색의 치밀한 석재로서, 이것이 변질된 사문석, 사회석은 건축의 장식재로 이용되기도 한다.

028 트래버틴은 대리석의 한 종류로서 다공질이며, 석질이 균일하지 못하고 암갈(황갈)색의 무늬가 있다. 석판으로 만들어 물갈기를 하면 평활하고 광택이 나는 부분과 구멍과 골이 진 부분이 있어 특수한 실내 장식재로 이용된다.

029 ①은 목모보드, ②는 섬유강화시멘트판, ③은 가압시멘트판기와에 대한 설명이다.

030~031 석재의 가공 순서는 "혹두기(메다듬, 쇠메 망치, 마름돌의 거친 면의 돌출부를 쇠메 등으로 쳐서 면을 보기 좋게 다듬는 것) → 정다듬(정, 혹두기의 면을 정으로 곱게 쪼아 표면에 미세하고 조밀한 흔적을 내어 평탄하고 거친 면으로 만드는 것) → 도드락 다듬(도드락 망치, 거친 정다듬한 면을 도드락 망치로 더욱 평탄하게 다듬는 것) → 잔다듬(양날 망치, 도드락 다듬한 면을 양날 망치로 평행 방향으로 정밀하게 곱게 쪼아 표면을 더욱 평탄하게 만드는 것) → 물갈기(와이어 톱, 다이아몬드 톱, 글라인더 톱, 원반 톱, 플레이너, 글라인더로 잔다듬한 면에 금강사를 뿌려 철판, 숫돌 등으로 물을 뿌려 간 다음, 산화 주석을 헝겊에 묻혀서 잘 문질러 광택을 낸 것)" 순으로 한다.

032 ① 화산암은 단열재로 사용한다.
④ 응회암은 건축용으로는 부적당하나, 토목용 석재로 사용한다.
⑦ 석회암은 도로 포장이나 석회 및 시멘트의 원료로 사용한다.

033 ① 질석 : 운모계 광석을 800~1,000℃ 정도로 가열 팽창시켜 체적이 5~6배로 된 다공질의 경석으로 각종 형상 및 공동품의 경량, 보온, 방음, 결로방지의 목적으로 시멘트와 배합하여 제조, 사용되는 석재이다.
③ 판석 : 석재를 형상에 의해 분류할 때 두께가 15cm 미만으로, 대략 너비가 두께의 3배 이상이 되는 석재이다.
④ 잡석 : 20mm 정도의 막생긴 돌로서, 지정이나 잡석 다짐에 사용하는 석재이다.

034 석재의 접합에 있어서, 맞댄 면의 양쪽에 구멍을 파고 철제 촉을 꽂은 다음 그 주위를 모르타르, 납, 유황 등으로 채워 넣는다. 코킹재는 창호 주위의 빗물 막이, 각종 재료의 접합부, 줄눈, 익스펜션 조인트 등에 사용되는 것이다.

035 ① 화강암은 화성암으로 고온의 화재에도 강도 저하가 심해 내화재료로 사용이 불가능하다.
⑧ 화강암은 석영, 장석, 운모 등으로 구성되어 있다.
⑩ 안산암은 강도는 크지만 내화성이 좋아 구조용 석재로 사용할 수 있다.
⑪ 대리석은 석회석이 변화되어 결정화한 것으로 주성분은 탄산석회($CaCO_3$)이다.
⑫ 화강암(0.33~0.5%)은 화성암의 심성암으로 응회암(13.5~18.2%)보다 흡수율이 작다.
⑯ 석회암은 석회, 시멘트의 원료로 사용된다.
⑳ 감람석은 크롬, 철광으로된 흑록색의 치밀한 석질의 화성암으로 건축 장식재로 이용된다.

036 석재의 보전법에는 ①·②·④ 이외에도 테레빈유에 1/4의 백납을 가열, 용해시킨 액을 도포하는 방법이 있다. 이 방법은 약간 색채를 변색시키나 대리석 등에 이용된다.

037 ① 석재를 구조재로 사용하는 경우에는 압축재로 사용하고, 인장재의 사용은 피하며, 가공시 가능한 한 둔각으로 한다. 또한 중량이 큰 것은 낮은 곳에, 중량이 작은 것은 높은 곳에 사용하고, 외벽 특히 콘크리트 표면 첨부용 석재는 연석을 피해야 한다. 즉, 경석을 사용하여야 한다.
⑤ 취급상 치수는 최대 1m³ 이내로 하며 중량이 큰 것은 높은 곳에 사용하지 말아야 한다.
⑥ 콘크리트 표면 첨부용 석재는 경석을 사용한다.
⑧ 석재의 예각부는 결손되기 쉽고, 풍화 방지에 도움이 되지 않는다.

001	① ○ ② × ③ ○ ④ ○ ⑤ × ⑥ ○ ⑦ ○ ⑧ ○	**002**	① × ② ○ ③ × ④ ×
003	① × ② × ③ ○ ④ ×	**004**	① × ② × ③ ○ ④ ×
005	① ○ ② × ③ ○ ④ ○	**006**	① ○ ② ○ ③ ○ ④ ×
007	① × ② ○ ③ × ④ ×	**008**	① ○ ② ○ ③ × ④ ○

001 ② 단열재의 열전도율이 낮고 비중이 작아야 한다.
⑤ 단열재의 열전도율이 낮을수록 단열성능이 좋다.

002 단열재에 습기나 물기가 침투하면 수분에 의한 열전달이 이루어지므로 열전도율이 높아져 단열성능이 나빠진다.

003 ① 셀룰로즈 섬유판 : 천연의 목질섬유 등을 원료로 하고, 내구성·방수성·발수성 등을 부여하기 위한 약품처리를 하여 만든 섬유판이다.
② 연질 섬유판(soft fiber board) : 건축의 내장 및 보온을 목적으로 성형한 밀도 $0.4g/cm^3$ 미만인 판이다.
④ 경질 우레탄 폼 : 보드형과 현장 발포식으로 나누며, 발포제에 프레온 가스를 사용하므로 열전도율($0.021kcal/mh℃$)이 낮은 것이 특성이다. 방수성·내투습성이 뛰어나므로 방습층을 겸한 단열재로 사용되며, 내약품성이 뛰어나나 접착성은 그다지 좋지 않다.

004~005 단열재의 종류 중 무기질 단열재료에는 유리면, 암면, 세라믹파이버, 펄라이트판, 규산칼슘판, 경량기포콘크리트 등이 있고, 유기질 단열재료에는 셀룰로즈섬유판, 연질섬유판, 폴리스틸렌폼, 경질우레탄폼 등이 있다.

006 테라코타는 석재 조각물 대신에 사용되는 장식용 공동의 대형 점토 제품으로서 속을 비게 하여 가볍게 만들고, 건축물의 패러핏, 버팀벽, 주두, 난간벽, 창대, 돌림띠 등의 장식에 사용한다. ①의 유리면(glass wool), ②의 암면(rock wool), ③의 펄라이트판은 무기질 단열재이다.

007 ① 펄라이트판 : 가볍고, 단열성과 내화성이 크며, 흡수성이 있으므로 외부 마감재료로는 부적합하다. 단열재, 보온재, 흡음재 및 경량골재로 사용된다.
③ 규산칼슘판 : 경량이고 강도가 높으며 내열 및 내수성이 우수하다. 보온재 이외에 원자력 플랜트나 철골의 내화 피복재로 사용된다.
④ 경량기포콘크리트 : 석회질 원료(생석회, 시멘트 등), 규산질 원료(규사, 규석, 플라이 애시 등)를 고온, 고압하에서 양생하고 발포제로 알루미늄 분말 등을 혼합하여 제작한다. 특성으로는 경량, 단열, 불연, 내화, 흡음, 차음, 내구 및 시공성 등이 있으나, 중성화의 우려가 높고, 습기가 많은 곳에서 사용이 불가능하며, 휨강도나 인장 강도보다 압축 강도가 크다.

008 경질우레탄폼 단열재는 열의 팽창에 따라 부피가 팽창하는 결점이 있다.

001	① ○	② ○	③ ○	④ ×	**002**	① ○	② ○	③ ○	④ ×
003	① ○	② ×	③ ×	④ ×	**004**	① ○	② ×	③ ×	④ ×
005	① ×	② ○	③ ×	④ ×	**006**	① ○	② ×	③ ×	④ ×
007	① ○	② ×	③ ○	④ ○	⑤ ×	**008**	① ×	② ○	③ ○	④ ○
009	① ○	② ×	③ ○	④ ○				

001 아스팔트의 침입도 시험은 아스팔트의 견고성 정도를 침의 관입 저항으로 평가하는 방법이다. 시험온도는 25℃, 추의 무게는 100g으로 고정쇠를 5초 동안 눌러 시료 속으로 들어가게 하고, 시험은 3회 실시해 평균값으로 하며, 침입도의 단위는 0.1mm, 즉 침입도 1 = 0.1mm이고, 표준 침의 굵기는 1.0mm이다. 또한, 아스팔트의 침입도가 일정할 경우 연화점이 높은 것이 양질의 아스팔트이다. 즉, 아스팔트의 침입도는 연화점과 정비례의 관계가 없다.

002 도막 방수재의 종류에는 우레탄 고무 도막재, 아크릴 고무 도막재(아크릴 고무 에멀션에 착색제, 안정제, 증점제, 충전제 등을 배합한 것), 고무아스팔트 도막재(아스팔트와 천연고무 및 합성고무를 수중에 유화 분산한 것), FRP도막 방수재(연질 폴리에스테르 수지와 유리 섬유를 기본으로 하고, 신장률과 인장을 조정하여 제조) 등이 있다.

003 ② 아스팔트 방수 : 널리 사용되는 공법으로, 아스팔트 펠트, 루핑 등을 여러 층 접합하여 방수층을 형성하는 방수법이다.
③ 시멘트 방수 : 모체에 방수제를 침투시키거나, 방수제를 혼합한 시멘트풀을 칠하고 또 방수 모르타르를 바르는 과정을 적당히 배열 반복하여 방수층을 만드는 방수법이다.
④ 시트 방수 : 콘크리트의 강도 증진, 공기단축 등에 따른 콘크리트의 균열 발생 증가와 복잡한 현대 건축구조(고층화, 경량화, 돔, 셸 등의 특수 구조체)에 따른 방수처리 미비점을 우수한 성능의 고분자재료로 처리하는 방수법이다.

004 ② 아스팔트 방수 : 널리 사용되는 공법으로, 아스팔트 펠트, 루핑 등을 여러 층 접합하여 방수층을 형성하는 방수법이다.
③ 무기질 침투 방수 : 콘크리트나 모르타르 바탕 등의 표층부에 무기질의 활성 실리카 성분을 포함한 침투성 물질을 도포하여 콘크리트의 간극 또는 공극에 침투시켜 불용성의 수화물을 생성시켜 수밀하게 만들어 방수층을 형성하는 방수법이다.
④ 합성고분자 방수 : 합성고무나 합성수지를 합성고분자 시트 상태로 성형한 두께 1.0~2.0mm 정도의 시트를 프라이머 또는 접착제 고정철물을 사용하여 방수층을 형성하는 방법이다.

005 ① 아스팔트 루핑 방수 : 널리 사용되는 공법으로, 아스팔트 펠트, 루핑 등을 여러 층 접합하여 방수층을 형성하는 방수법이다.
③ 시멘트 모르타르 방수 : 모체에 방수제를 침투시키거나, 방수제를 혼합한 시멘트풀을 칠하고 또 방수 모르타르를 바르는 과정을 적당히 배열 반복하여 방수층을 만드는 방수법이다.

④ 규산질 침투성 도포 방수 : 콘크리트나 모르타르 바탕 등의 표층부에 무기질의 활성 실리카 성분을 포함한 침투성 물질을 도포하여 콘크리트의 간극 또는 공극에 침투시켜 불용성의 수화물을 생성시켜 수밀하게 만들어 방수층을 형성하는 방수법이다.

006 ② FRP 도막재 : 연질 폴리에스테르 수지와 유리 섬유를 기본으로 하고, 신장률과 인장을 조정하여 제조한 도막재이다.

③ 고무아스팔트계 도막재 : 아스팔트와 천연고무 및 합성고무를 수중에 유화 분산한 도막재이다.

④ 클로로프렌고무계 도막재 : 클로로프렌 고무에 톨루엔과 아스팔트를 첨가하고 일정 점도까지 교반하여 클로로프렌 고무 용액을 제조한 다음, 실리카, 알킬페놀수지, 열가소성 페놀수지, 아연화, 산화마그네슘 및 산화방지제를 첨가하고 혼합교반하여 액상의 도막방수재이다.

007 멤브레인 방수법은 아스팔트 방수층, 개량 아스팔트 시트 방수층, 합성고분자계 시트 방수층 및 도막 방수층 등 불투수성 피막을 형성하여 방수하는 공사를 총칭하는 용어이다.

008 시멘트 모르타르 중 방수 모르타르에는 규산질 모르타르, 발수제 모르타르, 액체방수 모르타르 등이 있다.
질석 모르타르는 단열용, 경량 구조용으로 사용된다.

009 벤토나이트(Bentonite)는 주성분인 몬모릴로나이트(Montmorillonite) 계통의 팽창성 규소(Si)-알루미늄(Al)-규소(Si)의 3층판으로 구성되어 팽윤 특성을 지닌 가소성이 매우 높은 광물로서 염분 함량이 2% 이상인 해수 또는 지하수와 접촉하는 경우에는 팽윤, 겔화의 기능이 저하된다.

▶ 문제편 363p

001	① ×	② ○	③ ○	④ ○	⑤ ×	**002**	① ○	② ×	③ ×	④ ×
003	① ○	② ○	③ ○	④ ×		**004**	① ×	② ×	③ ○	④ ×
005	① ×	② ○	③ ×	④ ×		**006**	① ×	② ○	③ ×	④ ○
007	① ○	② ○	③ ×	④ ○		**008**	① ×	② ○	③ ×	④ ○
009	① ○	② ×	③ ×	④ ×		**010**	① ○	② ×	③ ×	④ ○
011	① ○	② ×	③ ×	④ ×		**012**	① ×	② ○	③ ×	④ ○
013	① ×	② ×	③ ×	④ ○		**014**	① ○	② ○	③ ○	④ ×
015	① ○	② ○	③ ○	④ ×						
016	① ○	② ×	③ ○	④ ○	⑤ ○ ⑥ × ⑦ ○ ⑧ × ⑨ ○					
017	① ×	② ○	③ ○	④ ○		**018**	① ×	② ○	③ ○	④ ×
019	① ○	② ○	③ ×	④ ○		**020**	① ×	② ×	③ ○	④ ×
021	① ○	② ○	③ ○	④ ×		**022**	① ○	② ○	③ ○	④ ×
023	① ×	② ×	③ ×	④ ○		**024**	① ○	② ○	③ ×	④ ○
025	① ○	② ○	③ ○	④ ○		**026**	① ○	② ×	③ ○	④ ○
027	① ×	② ○	③ ○	④ ○		**028**	① ○	② ○	③ ×	④ ○
029	① ○	② ○	③ ○	④ ×		**030**	① ×	② ○	③ ×	④ ×

001~002 1) 천연 아스팔트

구분	설명
레이크 아스팔트	지구 표면의 낮은 곳에 괴어 반액체 또는 고체로 굳은 아스팔트이다.
로크 아스팔트	사암이나 석회암 또는 모래 등의 틈에 침투되어 있는 아스팔트이다.
아스팔타이트	많은 역청분을 포함한 검고, 견고한 아스팔트로서, 천연석유가 지층의 갈라진 틈과 암석의 깨진 틈에 침입한 후 지열이나 공기 등의 작용으로 장기간 그 내부에서 중합반응 또는 축합반응을 일으켜 탄성력이 풍부한 화합물로 된 것

2) 석유계 아스팔트

구분	설명	사용처
스트레이트 아스팔트	원유를 증류하고 피치가 되기 전에 유출량을 제한하여 잔류분을 반고체형으로 고형화시켜 만든 것으로, 지하실 방수 공사에 사용된다.	아스팔트 펠트 및 루핑의 바탕재의 침투제, 지하실 방수
블론 아스팔트	점성이나 침투성은 작으나 온도에 의한 변화가 적어서 열에 대한 안정성이 크며, 아스팔트 프라이머의 제작과 옥상의 아스팔트 방수에 사용된다.	아스팔트 루핑의 표층, 지붕 방수 (옥상 방수), 아스팔트 콘크리트의 재료
아스팔트 콤파운드	용제 추출 아스팔트로서 블론 아스팔트의 성능(내열성, 내한성 등)을 개량하기 위해 동식물성 유지와 광물질 분말을 혼입한 것으로, 일반지붕 방수 공사에 이용된다.	방수 재료, 아스팔트 방수 공사

003 아스팔트 콤파운드는 용제 추출 아스팔트로서, 블론 아스팔트의 성능을 개량하기 위해 동식물성 유지와 광물질 분말을 혼입한 것이다. 일반지붕 방수 공사에 이용된다.

004 블론 아스팔트와 스트레이트 아스팔트의 비교

구분	상태	비중	신도	연화점	비열	감온성	인화점	침입도지수	내후성
스트레이트 아스팔트	반고체	1.01 ~ 1.05	크다	35 ~ 60℃	0.487 cal/g℃	크다	높다	−1 ~ +1	좋다
블론 아스팔트	고체	1.01 ~ 1.04	작다	60 ~ 85℃		작다	낮다	+1 이상	매우 좋다

※ 아스팔트의 성질 중 블론 아스팔트는 스트레이트 아스팔트에 비해 연화점(아스팔트나 유리와 같이 고체에서 액체로 변하는 경계점이 불분명한 것)만 높고, 다른 성질(방수성, 점착성, 신율, 침투성 등)의 모든 면에서 낮다.

005 아스팔트의 침입도 시험은 아스팔트의 견고성 정도를 침의 관입 저항으로 평가하는 방법이다. 시험온도는 25℃, 추의 무게는 100g으로 고정쇠를 5초 동안 눌러 시료 속으로 들어가게 하고, 시험은 3회 실시해 평균값으로 하며, 침입도의 단위는 0.1mm,즉 침입도 1 = 0.1mm이고, 표준 침의 굵기는 1.0mm이다.

① 신도 : 아스팔트의 연성을 나타내는 수치로서 온도와 변화와 함께 변화한다. 아스팔트의 점착성, 가동성, 내마모성과 관계가 깊다. 신도는 시료의 양단을 잡아당겨 시료가 끊어질 때 까지의 늘어난 길이를 cm 단위로 나타낸다.

③ 내후성 : 아스팔트가 옥외에 사용될 경우에 산화작용(고온과 공기와의 접촉에 의한 것)분해작용(자외선 에너지에 따른 것), 외계의 작용(우수에 의한 침식과 온도의 변화에 따른 팽창과 수축)으로 인한 열화현상에 저항성이 우수하여야 하다. 이 저항성을 내후성이라고 한다.

④ 인화점 : 아스팔트 중에는 저빙점의 휘발성 성분이 포함되어 있기 때문에 가열하면 인화될 위험이 있다. 인화점은 아스팔트를 가열하여 불을 가까이 하는 순간 불이 붙을 때의 온도를 말하며, 다시 가열을 계속하여 인화한 불꽃이 5초 동안 계속될 때, 이때의 온도를 연소점이라고 한다. 아스팔트의 인화점은 250~320℃의 범위로서 블론아스팔트와 아스팔트 컴파운드의 인화점은 210℃이다. 연소점은 인화점보다 높고 그 차이는 25~60℃ 정도이다.

006 아스팔트에 있어서 침입도, 점도, 경도, 연신도 등에 가장 큰 영향을 주는 것은 온도이다. 역청재료의 온도는 침입도와 비례한다.

007 아스팔트의 품질 판정 시 고려하여야 할 사항은 침입도(아스팔트의 견고성 정도를 침의 관입에 대한 저항으로 평가), 연화점, 인화점, 이황화탄소(가용분), 감온비(온도에 따른 견고성 변화의 정도), 비중, 가열 안정성 및 늘임도 또는 신도(다우스미스식) 등이다. 압축 강도나 마모도는 아스팔트의 품질과 무관하다.

008 006 해설 참조

009 ② 아스팔트 펠트 : 유기질의 섬유(목면, 마사, 폐지, 양털, 무명, 삼, 펠트 등)로 원지포를 만들어 원지포에 스트레이트아스팔트를 침투시켜 롤러로 압착하여 만든 것으로 흑색 시트형태이다. 방수와 방습성이 좋고 가벼우며 넓은 지붕을 쉽게 덮을 수 있어 기와지붕의 밑에 깔거나 방수공사를 할 때 루핑과 같이 사용한다.

③ 블론 아스팔트 : 점성이나 침투성은 작으나 온도에 의한 변화가 적어서 열에 대한 안정성이 크며, 아스팔트 프라이머의 제작과 옥상의 아스팔트 방수에 사용된다.

④ 아스팔트 루핑 : 아스팔트 펠트의 양면에 아스팔트 콤파운드를 피복한 다음 그 위에 활석 또는 운석 분말을 부착시킨 것이다. 온도의 상승에 따라 유연성이 증대되고, 방수·방습성이 펠트보다 우수하며, 표층의 아스팔트 콤파운드 때문에 내후성이 크다. 방수층의 주층으로 쓰이거나 지붕 바탕깔기로 쓰이는 것이다.

010 ② 스트레이트 아스팔트(straight asphalt) : 원유를 증류하고 피치가 되기 전에 유출량을 제한하여 잔류분을 반고체형으로 고형화시켜 만든 것으로, 지하실 방수 공사에 사용된다.

③ 아스팔트 컴파운드(asphalt compound) : 용제 추출 아스팔트로서 블론 아스팔트의 성능(내열성, 내한성 등)을 개량하기 위해 동식물성 유지와 광물질 분말을 혼입한 것으로, 일반지붕 방수 공사에 이용된다.

④ 아스팔트 프라이머(asphalt primer) : 블론 아스팔트를 휘발성 용제로 희석한 흑갈색의 액체로서 아스팔트 방수층을 만들 때 콘크리트, 모르타르 바탕에 부착력을 증가시키기 위하여 제일 먼저 사용하는 역청 재료이다. 또한 아스팔트를 용제에 녹인 액상으로서 아스팔트 방수의 바탕 처리재로 사용되는 것 또는 아스팔트 타일 붙이기 시공을 할 때의 초벌용 도료이다. 용제가 증발하면 아스팔트가 바탕에 침투하여 밀착된 아스팔트 도막을 형성하고, 그 위에 타일용 아스팔트 접착제나 방수층용 가열 아스팔트를 칠하면 바탕과의 밀착성이 좋아진다.

011 ② 아스팔트 루핑 : 아스팔트 펠트의 양면에 아스팔트 콤파운드를 피복한 다음 그 위에 활석 또는 운석 분말을 부착시킨 것이다. 온도의 상승에 따라 유연성이 증대되고, 방수·방습성이 펠트보다 우수하며, 표층의 아스팔트 콤파운드 때문에 내후성이 크다. 방수층의 주층으로 쓰이거나 지붕 바탕깔기로 쓰이는 것이다.

③ 아스팔트 싱글 : 최근 주택의 지붕재로 각광을 받고 있고, 특수하게 품질을 개량한 아스팔트 사이에 강인한 글라스 매트나 다공성 원지를 심재로 하되, 표면에는 채색된 돌 입자로코팅한 지붕재로서 다양한 색상, 방수 효과가 뛰어나며, 내수성, 내변색성이 우수한 제품이다.

④ 아스팔트 블록 : 가열한 아스팔트에 모래, 깬 자갈, 광재 등을 섞어 정해진 틀에 채워 강압하여 만든 블록으로 공장, 창고, 철도 플랫홈 등의 바닥으로 내마멸성이 있고, 보행성이 좋으며, 먼지가 덜 나는 특성이 있다.

012 아스팔트 싱글의 단위 중량

구분	일반 아스팔트 싱글	중량 아스팔트 싱글	초중량 아스팔트 싱글
단위 중량 (kg/m²)	10.3 이상 12.5 미만	12.5 이상 14.2 미만	14.2 이상

013 ①에서 스트레이트 아스팔트가 아닌 아스팔트 콤파운드를 피복한 것이 아스팔트 루핑이다. ②는 아스팔트 프라이머, ③은 콜타르에 대한 설명이다.

014 아스팔트 접착제(시멘트)는 아스팔트를 용제에 녹여 광물질을 첨가한 접착제로 방수성·탄력성·신축성·접착성 등이 우수하고, 내화학적이며, 가격이 저가이다. 또한, 습기를 방지하는 특성이 있다.

015 콜타르(Coal tar)는 석탄을 건류할 때 얻어지는 흑색 또는 흑갈색의 점성이 있는 액체로서 휘발성이 있고, 비중이 1.1~1.3 정도이며, 인화점은 60~160℃ 정도이다. 또한, 일광에 의한 산화나 중합은 아스팔트보다 강하고 휘발분의 증발로 인해 연성이 작게 된다.

016 ② 아스팔트 펠트는 유기질의 섬유(목면, 마사, 폐지, 양털, 무명, 삼, 펠트 등)로 원지포를 만들어 원지포에 스트레이트 아스팔트를 침투시켜 롤러로 압착하여 만든 것으로 흑색 시트형태이다.

⑥ 아스팔트 펠트 제조 시 사용되는 침투용 아스팔트는 스트레이트 아스팔트이다.

⑧ 아스팔트프라이머(asphalt primer)에 대한 설명이다. 아스팔트 유제는 아스팔트를 미립자로 하여 수중 또는 수용액 중에 분산시킨 것으로 간단한 방수 공사에 사용한다.

017 유리의 굴절률은 1.5~1.9 정도이고 납 성분이 많이 포함되어 있을수록 굴절률은 커지고, 광선의 파장이 길수록 굴절률이 커진다.

018 1) 유리의 주성분
- 산성 원료 : 규사(SiO_2), 붕산(H_3BO_3), 붕사($Na_2B_4O_7 \cdot 10H_2O$), 인산나트륨($Na_2HPO_4 \cdot 12H_2O$) 등
- 염기성 원료 : 황산나트륨(Na_2SO_4), 탄산나트륨(Na_2CO_3), 탄산칼슘(K_2CO_3), 석회석($CaCO_3$), 황산바륨($BaSO_4$), 연단(Pb_3O_4), 카올린($Al_2O3, 2SiO_2, 2H_2O$), 장석(K_2O, Al_2O_3), 백운석($MgCO_3, CaCO_3$) 등

2) 유리 성분의 비율

SiO_2(71~73%) – Na_2O(14~16%) – CaO(8~15%) – MgO(1.5~3.5%) – Al_2O_3(0.5~1.5%)

019 유리의 내열성은 두께 1.9mm의 유리는 105℃ 이상의 부분적인 온도차가 발생하면 파괴된다. 그 밖에 두께 3.0mm는 80~100℃, 5.0mm는 60℃의 온도차가 발생하면 파괴된다. 즉, 두께가 얇을수록 강도가 강해 열팽창응력이 작다.

020 성분에 의한 분류

종류	석영(고규산) 유리	칼리 석회 유리		칼리 납(연) 유리	소다 석회 유리	물유리
		칼리, 경질, 보헤미아 유리		납, 플린트, 크리스털 유리	소다, 보통, 크라운 유리	
용도	전구, 살균등용 (글라스울 원료)	고급용품, 이화학 기구, 기타 장식품, 공예품 및 식기		고급 식기, 광학용 렌즈류, 모조 보석 및 진공관용	건축일반 창유리, 기타 병류 등	방화도료, 내산도료

③ 붕규산 유리는 산화붕소와 실리카를 주원료로 하여 만들어진 유리로, 내수성·내화학성·내구성 등이 우수하여 내열식기로 사용된다.

021 강화(담금) 유리는 유리를 500~600℃로 가열한 다음, 특수 장치를 이용하여 균등하게 급격히 냉각시킨 유리로서 열처리에 의하여 강도가 보통 유리의 3~5배이며, 특히 충격 강도는 7~8배나 된다. 또 파괴되면 열처리에 의한 내응력 때문에 모래처럼 잘게 부서지므로 유리의 파편에 의한 부상이 적지만, 열처리를 한 후에는 절단 등의 가공을 할 수 없는 단점이 있다. 자동차의 창유리, 통유리문, 에스컬레이터의 옆판, 난간의 옆판 등에 이용된다.

022 강화유리의 검사항목은 파쇄시험, 쇼트백시험, 내충격성시험, 투영시험, 외형검사(치수, 두께, 겉모양, 만곡 등) 등이 있다(KS L 2002 규정). 촉진노출시험은 건축용 합성수지재의 검사 항목에 속한다.

023 ① 강화유리 : 유리를 500~600℃로 가열한 다음, 특수 장치를 이용하여 균등하게 급격히 냉각시킨 유리로서 열처리에 의하여 강도가 보통 유리의 3~5배이며, 특히 충격 강도는 7~8배나 된다. 또 파괴되면 열처리에 의한 내응력 때문에 모래처럼 잘게 부서지므로 유리의 파편에 의한 부상이 적지만, 열처리를 한 후에는 절단 등의 가공을 할 수 없는 단점이 있다.

② 열선반사유리 : 판유리의 한쪽면에 열선반사막을 표면코팅하여 얇은 막을 형성함으로써 태양열의 반사성능을 높힌 유리를 말한다. 실내에서는 밖을 볼 수 있지만 실외에서는 실내가 안보이고 거울처럼 보이는 유리이다. 또한, 도심지의 오피스건물에 많이 적용이 되면 바깥면이 거울처럼 보이는 유리이다.

③ 로이유리 : 열적외선을 반사하는 은소재도막으로 코팅하여 방사율과 열관류율을 낮추고 가시광선투과율을 높인 유리이다.

024 망입 유리는 유리 내부 중심에 철, 구리, 황동(놋쇠, 구리와 아연의 합금), 아연, 알루미늄 등 금속망을 삽입하고 압착 성형한 판유리로 파손방지, 내열효과가 있으며 도난 방지, 방화 목적으로 사용하는 유리이다.

025 스팬드럴 유리는 강화하는 공정에서 열처리가 되어 일반 유리보다 높은 강도를 지니고 있으므로 열에 강하고 창에 사용되는 판유리 색상과 건축물의 모양에 따라 선택의 폭이 넓다.

026 프리즘(prism) 유리는 입사 광선의 방향을 바꾸거나, 확산 또는 집중시킬 목적으로 프리즘의 원리를 이용하여 만든 일종의 유리 블록으로서 주로 지하실 창이나 옥상의 채광용으로 쓰인다.

027 무늬 유리는 롤 아웃법으로 생산되는 유리로서, 용융 유리를 밑면에 무늬가 새겨진 주형에 부어 넣거나, 무늬가 새겨진 롤러 사이를 통과시켜 판유리를 만들면 유리 표면에 주형이나 롤러의 무늬가 새겨진 판유리이다. 강도는 낮아지나 광선을 산란시키고 투시방지 효과가 있으며, 장식 효과가 크다. 주로 시선 차단용, 실내의 칸막용으로 사용된다. 진열용 창에는 강화 유리를 사용한다.

028 복층유리에서 유리의 간격을 일정하게 유지하는 역활을 하면서 내부에 주입한 가스가 새어나가거나 외부의 습기가 침투하는 것을 막아주는 것을 간봉이라 하며, 기존 알루미늄간봉의 열전달 저항률을 개선시켜 유리 단부의 결로방지 성능을 높이고, 단열성능을 향상시킨 것을 단열 간봉이라 한다.

029 비닐 벽지는 방수성이 있어서 주방 및 욕실의 타일 대용으로 사용하고, 더러워지면 물로 세척할 수 있으며, 타 벽지에 비해 가격이 싸다.

030 ① 종이(합지) 벽지는 종이에 무늬나 색채를 프린트한 것으로 비교적 가격이 싸므로 많이 사용한다.

③ 직물 벽지는 실을 뽑아 직기에 제직을 거친 벽지로서 벽지의 색채, 무늬, 흡음성, 촉감 및 분위기가 좋아서 고급 내장재로 사용하나, 가격이 비싸다.

④ 초경 벽지는 다년생 식물(칡, 왕골, 대나무, 갈대 등)을 직조한 후 바탕지에 붙여 제작한 벽지로서 갈포, 완포, 황마, 해초 벽지 등이 있다. 먼지를 많이 흡수하고 퇴색하기 쉽지만 단열 효과 및 통기성이 좋지 않다.

제4과목

건설시공

001	①○ ②× ③○ ④○					**002**	①○ ②× ③○ ④○				
003	①× ②○ ③× ④×					**004**	①× ②× ③○ ④× ⑤× ⑥○ ⑦× ⑧×				
005	①○ ②○ ③○ ④×					**006**	①○ ②○ ③○ ④× ⑤× ⑥○				
007	①○ ②× ③○ ④○ ⑤○ ⑥○ ⑦× ⑧○ ⑨○ ⑩○ ⑪○ ⑫×										
008	①○ ②○ ③× ④○ ⑤× ⑥× ⑦○ ⑧○ ⑨× ⑩○										
009	①× ②× ③○ ④×					**010**	①○ ②× ③○ ④○				
011	①○ ②○ ③○ ④○					**012**	①× ②× ③○ ④×				
013	①× ②× ③× ④○					**014**	①○ ②○ ③× ④○ ⑤× ⑥○ ⑦○ ⑧○				
015	①○ ②○ ③× ④○					**016**	①○ ②○ ③○ ④× ⑤○ ⑥○ ⑦×				
017	①○ ②× ③○ ④○					**018**	①○ ②× ③○ ④○				
019	①× ②× ③○ ④×					**020**	①× ②○ ③× ④×				
021	①× ②○ ③× ④×					**022**	①× ②× ③○ ④×				
023	①× ②○ ③○ ④×					**024**	①○ ②× ③○ ④○				
025	①○ ②○ ③○ ④×					**026**	①○ ②○ ③× ④○				
027	①× ②× ③○ ④×					**028**	①○ ②○ ③○ ④×				
029	①○ ②○ ③○ ④×					**030**	①○ ②○ ③○ ④×				
031	①○ ②○ ③○ ④×										
032	①○ ②× ③○ ④○ ⑤○ ⑥○ ⑦× ⑧○ ⑨○										
033	①○ ②○ ③○ ④×					**034**	①× ②○ ③× ④×				
035	①× ②○ ③○ ④○										
036	①○ ②○ ③○ ④× ⑤○ ⑥○ ⑦○ ⑧○ ⑨○ ⑩× ⑪×										
037	①○ ②× ③× ④× ⑤× ⑥×					**038**	①× ②○ ③○ ④○				
039	①× ②○ ③○ ④○					**040**	①× ②○ ③× ④×				
041	①○ ②× ③○ ④○ ⑤○ ⑥○ ⑦× ⑧○					**042**	①○ ②○ ③× ④○ ⑤○				
043	①○ ②○ ③○ ④×					**044**	①× ②○ ③○ ④○				
045	①× ②○ ③× ④×					**046**	①○ ②× ③○ ④○				
047	①○ ②○ ③○ ④×					**048**	①○ ②× ③× ④×				
049	①○ ②× ③○ ④○					**050**	①○ ②○ ③× ④○				
051	①× ②○ ③○ ④○ ⑤× ⑥○ ⑦○					**052**	①○ ②× ③× ④×				
053	①○ ②○ ③○ ④×					**054**	①× ②× ③○ ④×				
055	①○ ②× ③○ ④○					**056**	①○ ②× ③○ ④○				
057	①× ②○ ③○ ④○					**058**	①○ ②○ ③○ ④×				
059	①× ②× ③× ④○					**060**	①○ ②× ③× ④×				
061	①× ②× ③× ④○					**062**	①○ ②× ③○ ④○ ⑤○				
063	①× ②○ ③○ ④○					**064**	①× ②× ③○ ④×				
065	①× ②○ ③○ ④○										

001 현대 건축시공은 공사비의 절감은 공사 기간의 단축과 직결되므로 공사 기간의 단축을 위하여 습식화를 건식화로 변화시키고 있다. 즉, 습식화는 공사 기간이 길어지나, 건식화는 공사 기간이 단축된다.

002 3S system이란 작업의 표준화(Standardzation), 작업의 단순화(Simplification), 작업의 전문화(Specialization) 등이다.

003 입찰의 순서는 '입찰공고 또는 입찰통지 → 참가등록 → 설계도서 배부, 현장설명(입찰공고 후에 즉시 이루어짐), 질의응답, 적산 및 견적 → 입찰등록 → 입찰 → 개찰, 재입찰, 수의계약 → 낙찰 → 계약'의 순이다.

004 직영공사는 도급업자에게 의뢰하지 않고, 건축주가 직접 공사계획을 세우고 재료 구입, 노무자 고용, 사용될 기계 및 가설재를 마련하여 일체의 공사를 건축주 스스로 시행하는 공사 방식이다.
① 직영으로 운영하므로 공사비가 증대된다.
② 의사소통이 원활하므로 공사기간이 연장된다.
④ 입찰이나 계약 등 복잡한 수속이 필요하지 않다.
또한, BOT(Build Operate Transfer) 방식은 대규모 사회간접자본 사업(SOC 사업) 등에서 사용되는 방식으로 사업의 공사비를 발주자측이 부담하는 것이 아니라 민간수주측이 자본을 대고 준공 후 일정기간 시설물을 운영하여 투자금을 회수하고 차후에 발주자측에 소유권을 이전하는 방식을 말한다. ⑤·⑦·⑧은 BOT(Build Operate Transfer) 방식에 대한 설명이다.

005 공사현장 관리가 비교적 복잡한 공사는 현장의 경험이 부족한 건축주로서는 직영공사가 불가능하다.

006 계약방식의 종류

분류	전통적인 계약방식			업무범위에 따른 방식
	직영 방식	도급방식		
		공사비 지불	공사 실시	
종류		단가, 정액, 실비정산 보수가산	일식, 분할, 공동도급	턴키도급, 공사관리계약, 프로젝트관리, 파트너링, BOT방식

분할 도급의 종류에는 전문공사별 분할도급, 공정별 분할도급, 공구별 분할도급, 직종별·공종별 분할도급 등이 있다. BOT(Build Operate Transfer) 방식은 사회간접시설의 확충을 위하여 민간이 자금 조달과 공사를 완성하고, 투자한 자본의 회수를 위하여 일정 기간 운영하고 공공에 양도하는 방식의 업무범위에 따른 방식이다.

007 ② 공동도급 구성원 상호간의 이해충돌이 있고 현장관리가 난이하다.
⑦ 일식도급공사의 경우보다 경비가 늘어든다.
⑫ 시공이 우수하고 공사비가 증대할 수 있다.

008 공동도급(Joint Venture Contract)은 2명 이상의 수급자가 어느 특정공사에 대하여 협동으로 공사를 체결하는 방식이다. 장점으로는 융자력의 증대, 위험의 분산, 시공의 확실성 기대, 기술력 확충, 신용도의 증대, 위험부담의 감소, 공사도급의 경쟁완화 등이 있으며, 단점으로는 경비의 증대, 현장 관리의 난이, 이윤의 감소, 공사기간의 증대, 도급자 상호간의 이해 충돌, 책임 회피 등이 있다.

009 ② 분할도급 : 공사를 유형별로 분류하여 각기 따로 전문도급업자를 선정하고 도급계약을 맺는 방식으로, 다음과 같은 종류가 있다.

전문공사별 분할도급	설비공사를 주체공사에서 분리하여 도급을 주는 방식으로, 설비업자의 자본과 기술이 강화된다.
공정별 분할도급	공사과정별(기초, 구체, 마무리 공사 등) 도급을 주는 방식으로, 설계 완료분부터 단계적 시행이 가능하나, 후속 공사에서는 업자를 바꾸기가 곤란하다.
공구별 분할도급	대규모 공사에서 지역별로 분리하여 발주하는 방식으로, 업자에게 균등한 기회를 부여하고, 시공 기술의 향상과 공사 기간의 단축을 기대할 수 있다.
직종별·공종별 분할도급	직영제도에 가까운 형태(건축, 기계설비, 전기설비 등을 세분하여 하도급자와 계약)로 전문직공에게 건축주의 의도를 철저하게 시공시킬 수 있으나 현장 종합관리가 번잡하고 공사비가 증가한다.

④ 일식도급 : 한 도급자에게 공사 전체를 맡겨 현장 시공 업무 일체를 일괄하여 시행하는 방식으로, 공사비가 확정되고 책임한도도 명료하여 공사관리가 양호하나, 말단 노무자 지불금이 과소하게 되어 조잡한 공사가 되는 경우도 있다.

010 공정별 분할도급은 공사과정별(기초, 구체, 마무리 공사 등) 도급을 주는 방식으로 설계 완료분부터 단계적 시행이 가능하나, 후속 공사에서는 업자를 바꾸기가 곤란하고, 예산 배정상 구분될 때 편리하다.

011 설비청산(정산)보수가산계약은 건축주가 시공자에게 공사를 위임하고, 실제로 공사에 소요되는 실비와 보수, 즉 공사비와 미리 정해 놓은 보수를 시공자에게 지불하는 방식으로, 그 특성은 ①·③·④ 이외에도 발주자의 위험성이 증가하고 행정적인 절차가 복잡하다는 점이 포함된다. 즉, 시공자의 불성실한 공사로 공사기간의 연장과 공사비가 증가할 수 있다. 또한, 설비청산(정산)보수가산계약제도는 설계도와 시방서가 명확하지 않거나 설계는 명확하지만 공사비 총액을 산출하기 곤란하고 발주자가 양질의 공사를 기대할 때 채택될 수 있는 가장 타당한 방식이다.

012 실비정산 보수가산식 도급방식의 내용
① 실비 비율 보수가산식 = 실비+실비×비율
② 실비 정액 보수가산식 = 실비+보수
③ 실비 한정비율 보수가산식 = 한정 실비+한정 실비×비율
④ 실비 준동률 보수가산식
　㉮ 비율 보수 = 실비+실비×변동 비율
　㉯ 정액 보수 = 실비+(보수−실비×변동 비율)

013 정액도급은 총 공사비를 미리 결정하여 계약하는 방식으로 일식도급, 분할도급 등의 도급제도와 병용되고 정액일식도급제도가 가장 많이 채용되고 있다. 장점은 경쟁 입찰을 하므로 공사비가 저액이 되고, 총 공사비가 계약과 동시에 판명되므로 건축주가 자금을 조달하는 데 편리하다는 점이다. 단점은 입찰 전에 설계도서가 완성되어야 하고, 공사 변경에 따른 도급액의 증감이 곤란하며, 이윤 관계로 공사가 조잡해질 우려가 있다는 점이다. 따라서, 큰 규모나 장기간의 공사, 설계 변경의 가능성이 많거나 전례가 없는 공사에는 부적당하다.

014 ③ 공구별 분할도급은 공사를 지역별로 분리발주 하여 공사기간 단축에 유리하다.
⑤ 분할도급은 전문공종별, 공정별, 공구별 분할도급으로 나눌 수 있으며, 이 경우 재료와 노무를 모두 도급하는 것이다.

015 CM for fee(대리인형)은 팀의 구성은 발주자, 설계자, 공사 관리자로 하고, 독립된 공종별 수급자는 발주자와 직접 공사 계약을 하며, 공사 관리자는 발주자 대리인의 역할을 한다. 또한, 공사 관리 및 설계 단계의 서비스에 대한 전문 보수를 받는다. 즉, 대리인형CM은 독립된 공종별 수급자는 공사관리자와 계약하는 것이 아니라, 발주자와 계약을 하므로 공사의 품질에 대한 책임이 없다.

016 ④ 시공자의 의견이 설계 전과정에 걸쳐 충분히 반영될 수 없다.
⑦ CM at risk(시공자형) 방식은 공사비와 품질에 직접적인 책임을 지는 공사관리계약 방식이다.

017 ② 발주처의 사무가 단순해지고 도급공사의 경우에 비하여 경제적 개념이 뚜렷하고 종업원의 능률이 증대되어 결국 공사비가 감소되고 공사기한이 단축되는 경향이 있다.

018 공개(일반)경쟁입찰은 공사시공자를 널리 공고(관보, 공보, 신문 등)하여 입찰시키는 방법으로 가장 민주적이며 관청공사에 많이 채용된다. 장단점은 다음과 같다.

장점	경쟁에 의해서 공사비를 절감할 수 있고, 입찰자의 선정이 공정하며, 민주적인 방식으로 다수의 업체에 균등한 기회를 주고, 담합의 우려가 적다.
단점	입찰사무가 많아질 우려가 있고, 부적격자에게 낙찰될 우려가 있으며, 경비가 증가되고, 지나친 경쟁으로 인하여 낙찰가격이 낮아지면 공사가 조잡해지고 시공의 정밀도가 떨어진다.

019 ① PQ(pre-qualification) 제도 : 공공 공사 입찰에 있어서 입찰 전에 입찰참가자격을 부여하기 위한 사전심사 제도로서 발주자가 각 건설업자의 시공능력을 정확히 파악하여 그 능력에 상응하는 수주기회를 부여하는 제도이다.
② Turn-key 제도 : 도급자가 대상계획의 기업, 금융, 토지조달, 설계, 시공, 기계·기구 설치, 시운전 및 조업지도까지 주문자가 필요로 하는 모든 것을 조달하여 주문자에게 인도하는 방식으로, 산업기술의 고도화·전문화와 건축물의 고층화·대형화에 따라 계속 증가 추세인 제도이다.
④ 대안입찰제도 : 입찰 시 도급자가 당초 설계의 기본방침의 변경 없이 동등 이상의 기능 및 효과를 가진 공법으로 공사비 절감, 공기단축 등의 내용으로 하는 대안을 제시하는 입찰제도이다.

020 ① CM(Construction Management, 공사관리계약) : 건설의 전 과정을 걸쳐 프로젝트를 보다 효율적이고 경제적으로 수행하기 위하여 각 부문에 전문가들로 구성된 통합된 관리기술을 건축주에게 서비스하는 것을 말한다.
③ BOT(Build-Operate-Transfer) : 대규모 사회간접자본 사업(SOC 사업) 등에서 사용되는 방식으로 사업의 공사비를 발주자측이 부담하는 것이 아니라 민간수주측이 자본을 대고 준공 후 일정기간 시설물을 운영하여 투자금을 회수하고 차후에 발주자측에 소유권을 이전하는 방식을 말한다.
④ SOC(Social Overhead Capital) : 사회간접자본으로서, 행정투자와 정부기업투자의 누적액인 공공적 자본을 의미한다.

021 ① 일반공개입찰 : 당해 공사수행에 필요한 최소한의 자격요건을 갖춘 불특정 다수업체를 대상으로 자유시장경제원리에 가장 적합한 입찰방법으로, 입찰자가 많으므로 담합의 우려가 적다.
③ 지명경쟁입찰 : 건축주(발주자)의 판단(자산, 신용, 기술능력 및 공사경험 등)에 의해 공사에 가장 적격하다고 인정되는 3~7개의 회사를 선정한 후 입찰시키는 방식이다.
④ 대안입찰 : 대규모 또는 신규 공사에 주로 적용하는 방식으로 발주자가 입찰시 의뢰한 기본 설계의 대체가 가능한 범위 안에서 동등 이상의 기능, 효과 및 품질 등을 보장하고, 공사 기간을 초과하지 않는 범위 내에서 공사 비용을 절감할 수 있는 공법을 제안하여 입찰하는 방식이다.

022 ① 부찰제 : 예정 가격의 일정 비율 이상에 해당하는 업체들이 제시한 입찰가격의 평균치에 가까운 가격을 제시한 입찰자로 낙찰하는 제도이다.
② 최저가 낙찰제 : 가장 낮은 가격을 제시한 업체를 낙찰자로 선정하는 제도이다.
④ 최적격 낙찰제 : 최저가를 제시한 업체의 금액으로 시공이 가능한지를 사전에 검토하는 제도이다.

023 ① PM 방식(Project Management) : 발주자의 요구에 맞춘 효과적인 사업관리 방안으로 사업의 기획 단계에서부터 결과물의 인도까지 모든 활동의 계획, 통제, 관리에 필요한 사항을 종합적으로 관리하는 기술을 의미한다.
③ CM(Construction Management, 공사관리계약) : 건설의 전 과정을 걸쳐 프로젝트를 보다 효율적이고 경제적으로 수행하기 위하여 각 부문에 전문가들로 구성된 통합된 관리기술을 건축주에게 서비스하는 것을 말한다.
④ BOT(Build-Operate-Transfer) : 대규모 사회간접자본 사업(SOC 사업) 등에서 사용되는 방식으로 사업의 공사비를 발주자측이 담하는 것이 아니라 민간수주측이 자본을 대고 준공 후 일정기간 시설물을 운영하여 투자금을 회수하고 차후에 발주자측에 소유권을 이전하는 방식을 말한다.

024 건설공사의 도급계약 당사자는 계약의 체결에 있어서 다음과 같은 사항을 계약내용에 서면으로 명백히 규정하여야 한다.

> ① 공사내용
> ② 공사금액
> ③ 공사착수 시기와 공사완성 시기
> ④ 도급금액의 전부 또는 일부의 선급이나 기성 부분의 지급에 대한 약정을 할 경우에는 그 지급시기, 방법 및 금액
> ⑤ 당사자의 한 쪽으로부터 설계변경, 공사중지 및 계약을 해제하자는 요청이 있을 경우의 손해 부담에 대한 사항
> ⑥ 천재지변, 그 밖의 불가항력으로 인한 손해 부담에 대한 사항
> ⑦ 물가 변동으로 인한 도급금액 또는 공사내용의 변경에 대한 사항
> ⑧ 준공검사 및 인도시기
> ⑨ 당사자 사이의 계약사항 이행의 지연, 그 밖의 채무 불이행으로 생기는 지체이자, 위약금, 그 밖의 손해에 대한 처리 사항
> ⑩ 하자 보증에 대한 사항 등(하자담보책임기간 및 담보방법)

025 재계약의 조건은 다음과 같다.
① 계약사항에 중대한 변경이 있는 경우
② 현장의 조건과 시공조건이 변경된 경우
③ 천재지변에 준하는 피해가 발생한 경우
④ 물가의 변동이 심한 경우
⑤ 도면과 시방서의 내용이 서로 상이하거나, 오류가 발생한 경우
⑥ 건축물의 규모 및 구조의 변경
⑦ 설비 기능의 추가를 요구하는 경우

026 공사감리자 업무에는 설계도서의 적정성 검토, 시공상의 안전관리지도, 사용자재와 설계도서와의 일치 여부 검토, 건축물 및 대지가 관계법령에 적합하도록 공사시공자 및 건축주를 지도, 시공계획, 공정표의 검토 승인 및 공사관리의 적정 여부 확인, 상세시공도면의 검토·확인, 구조물의 위치와 규격의 적정 여부의 검토·확인, 품질시험의 실시 여부 및 시험성과의 검토·확인, 설계변경의 적정 여부의 검토·확인 등이 있다.

027 ① 횡선식 공정표 : 날짜를 횡축(가로), 각 공정을 종축(세로)으로 정하고, 공정을 막대그래프로 표시하며, 기성고
와 공사의 진척 상황을 기입하여 예정과 실제를 비교하면서 공정을 관리해 나가는 공정표이다.
② CPM(Critical Path Method) : 공기설정에 있어서 최소의 비용으로 최적의 공기를 얻는 것을 목적으로 하는
공정관리기법이다.
④ LOB(Line Of Balance) : 고층 건축물 공사의 반복작업에서 각 작업조의 생산성을 기울기로 하는 직선으로 각
반복작업의 진행을 표시하여 전체 공사를 도식화하는 기법이다.

028 PERT/CPM의 장점에는 ①·②·③ 이외에도 효과적인 예산 통제가 가능하고, 요소 작업 상호간의 관련성이 명확하
며, 진도 관리의 정확화와 관리통제가 강화된다는 점 등이 있다.

029 네트워크 공정표는 진척관리를 정확하게 알 수 있고, 관리통제가 강화된다.

030 ④ 작성 및 검사에 특별한 기능이 요구되는 것은 네트워크 공정표의 단점이다.
네트워크 공정표의 장점은 ①·②·③ 이외에도 공정이 원활하게 추진되고, 여유시간 관리가 가능하며, 상호관계
가 명확하여 주공정선의 일에는 현장인원의 중점 배치가 가능하다는 점 등이 있다.

031 ④ 개개의 작업관련이 도시되어 있어 내용을 알기 쉬운 점은 네트워크 공정표의 장점이다.
네트워크 공정표의 단점은 ①·②·③ 이외에도 작업의 세분화에 한계가 있고, 공정표의 전체가 영향이 있으므로
수정이 매우 난이하다는 점 등이 있다.

032 ② 더미(Dummy)는 가상작업, 작업이나 시간의 요소가 없으며, 네트워크 공정표에서 작업 활동 및 그 기간 등을
갖지 않고, 실선만으로 정확한 표현을 할 수 없는 작업 상호 관계를 나타내기 위해 사용하는 점선의 화살표를
말한다. 결합점이 가지는 여유시간은 슬랙(Slack)이다.
⑦ Activity(작업, 활동)는 결합점과 결합점을 연결하는 실선 화살표로, 작업명은 위, 소요일수는 아래에 표기한
다. 네트워크 중 둘 이상의 작업을 잇는 경로는 패스(Path)이다.

033 주공정선(critical path, 네트워크 상에 전체공기를 규제하는 작업 과정으로 시작점에서 종료 결합점까지의 가장 많
은 소요 날수의 경로) 내에서 비용구배가 가장 낮은 작업을 선택하여 1일씩 단축한다. 공기단축순서는 다음과 같다.

> 주공정선을 구하고 단축가능작업을 선택한다. → 비용구배를 구한다. → 비용구배가 최소인 작업부터 단축한다. → 보조 주공정선
> 을 구한다. → 기존 주공정선과 보조 주공정선을 비교한다.

즉, 주공정선에 대한 공기단축은 가능하다.

034 ① 전체여유(TF, Total Float)는 가장 빠른 개시시각에 시작하여 가장 늦은 종료시각으로 완료할 때 생기는 여유
시간이다.
③ 독립여유(IF, Independent Float)는 선행 작업의 종료 지연이나 후속 작업의 조기 착수와 관계없이, 해당 작
업이 독립적으로 지연 가능한 절대 여유시간이다.
④ 종속여유(DF, Dependent Float)는 총 여유시간과 자유 여유시간과의 차이를 말한다.

035 특성요인도(생선뼈 그림)는 결과(특성)에 대해 원인(요인)이 어떻게 관계하는지를 알기 쉽게 작성한 그림으로, 품질관리에 사용되는 7가지 도구 중 하나이다

② 간트 차트(Gantt Chart) : 프로젝트 작업과 일정을 간략하게 설명하는 프로젝트 관리 도구로, 엑셀의 가로 막대 차트 형태를 하고 있고, 간트 차트를 사용하면 프로젝트를 쉽게 계획하고 일정을 잡고 추적하여 성공적으로 완료할 수 있다.

③ 네트워크 : 각 작업의 상호관계를 네트워크로 표현하는 수법으로, CPM기법과 PERT기법이 대표적으로 사용된다.

④ 여유시간(Float) : 공사 기간에 영향이 없는 작업의 여유시간이다.

036 원척도(原尺圖)의 제작, 시공상세도의 작성, 현치도 작성 등은 건축시공계획에서의 우선 순위와는 무관하다.

037 건축공사의 시공에서 공사준비 시 가장 먼저 결정해야 할 사항은 현장원 편성이다.

038 공사의 시공 속도를 빠르게 할수록 직접비는 증가되고 간접비는 감소하며, 시공 속도를 느리게 할수록 직접비는 감소하고 간접비는 증가된다. 그러므로, 시공 속도는 간접비와 직접비의 합이 최소가 되도록 하는 것이 가장 적절하다.

039 착공을 위한 공사계획에 필요한 사항은 설계도면, 공사시방서 숙지, 현장 여건 조사, 공사의 특성과 공종별 공사 수량파악 등이 있다. 설계 여건 숙지와는 무관하다.

040 공사 기간을 결정하는 요소

구분	제1차적 요소	제2차적 요소	제3차적 요소
요소	공사량 (건축물의 규모 및 용도 등)	시공업자의 능력, 자금, 기후 등	건축주의 요구, 설계의 적부 등

041 ②의 건물의 인도시기와 ⑦의 공정에 따른 공사비 사용에 관한 사항은 시방서의 기재 사항이 아니라 계약서의 기재 사항이다.

042 시방서의 작성 원칙에는 ①·②·④·⑤ 이외에도 중복되지 않고 간결하게 기재하고, 공사 범위를 명시하며, 시방서의 내용이 상호 중복되지 않게 한다는 것 등이 있다. 또한, 도면과 시방서를 동일하게 작성한다.

043 시방서에는 설계도면에 표기하기 어려운 사항을 기재하므로 규격은 설계도면에 표시한다.

044 설계도서 해석의 우선순위(건축물의 설계도서 작성기준에 의함)

설계도서·법령해석·감리자의 지시 등이 서로 일치하지 아니하는 경우에 있어 계약으로 그 적용의 우선순위를 정하지 아니한 때에는 다음의 순서를 따른다.

> ① 공사시방서 → ② 설계도면 → ③ 전문시방서 → ④ 표준시방서 → ⑤ 산출내역서 → ⑥ 승인된 상세시공도면 →
> ⑦ 관계법령의 유권해석 → ⑧ 감리자의 지시사항

045 ① 안내시방서 : 안내시방서는 공사시방서를 작성할 때 참고나 지침서가 될 수 있는 시방서(몇 가지를 첨부하거나 삭제하면 공사시방서가 될 수 있도록 한 것)이다.

③ 자료시방서 : 설계도면과 함께 공사 시 준수해야할 기준을 정해놓은 것으로 시공자나 감리자가 참고하며, 특정 자재(자료)에 대한 기술적 기준, 품질, 시험 방법 등을 명확하게 기술한 문서이다.

④ 공사시방서 : 공사시방서는 특정공사별로 건설공사 시공에 필요한 사항을 규정한 시방서이다.

046 시공의 3대 관리에는 공정관리, 품질관리, 원가관리 등이 있다. 시공의 4대 관리에는 3대 관리에 안전관리를 추가하고, 5대 관리는 4대 관리(공정관리, 품질관리, 원가관리, 안전관리)에 환경관리를 추가한다.

047 공사현장의 공무적 현장 관리에는 자재관리, 노무관리, 안전관리 이외에도 공정관리, 품질관리, 공사관리, 자금관리 등이 있다.

048 비산먼지 발생사업 신고 적용대상 규모의 기준(대기환경보전법 시행규칙 제57조, 별표 13)

① 건축물축조공사 : 건축물의 증·개축, 재축 및 대수선을 포함하고, 연면적이 1,000m² 이상인 공사

② 토목공사

  ㉮ 구조물의 용적 합계가 1,000m³ 이상, 공사면적이 1,000m² 이상 또는 총 연장이 200m 이상인 공사

  ㉯ 굴정(구멍뚫기)공사의 경우 총 연장이 200m 이상 또는 굴착(땅파기)토사량이 200m³ 이상인 공사

③ 조경공사 : 면적의 합계가 5,000m² 이상인 공사

④ 지반조성공사

  ㉮ 건축물해체공사의 경우 연면적이 3,000m² 이상인 공사

  ㉯ 토공사 및 정지공사의 경우 공사면적의 합계가 1,000m² 이상인 공사

  ㉰ 농지조성 및 농지정리 공사의 경우 흙쌓기(성토) 등을 위하여 운송차량을 이용한 토사 반출입이 함께 이루어지거나 농지전용 등을 위한 토공사, 정지공사 등이 복합적으로 이루어지는 공사로서 공사면적의 합계가 1,000m² 이상인 공사

⑤ 도장공사 : 「공동주택관리법」에 따라 장기수선계획을 수립하는 공동주택에서 시행하는 건물외부 도장공사

⑥ 그 밖에 ①부터 ⑤까지의 공사에 준하는 공사로서 해당 ①부터 ⑤까지의 공사 규모 이상인 공사

049 공사 착공단계에서 현장관리자가 계획해야 할 일은 현장인원 편성, 가설물 설치계획, 공정표 작성 등이 있다. 기성금 신청과는 무관하다.

050 현장감독원과 감리자가 사전에 협의해야 할 필요가 있는 사항은 공사현장의 재해방지, 재료의 반입 및 반출검사, 원척도의 작성 등이 있다. 공사자금 조달과는 무관하다.

051 품질관리 7가지의 수법은 히스토그램(분포도), 특성요인도(원인결과도), 파레토그램(영향도), 체크시트(집중도), 층별(부분집단도), 산점도(산포도, 상관도) 및 관리도 등이다. 작업표준과 LOB(Line Of Balance, 반복작업에서 각 작업조의 생산성을 유지시키면서 그 생산성을 기울기로 하는 직선으로 각 반복작업의 진행을 표시하여 전체공사를 도식화하는 기법)는 품질관리의 통계적 수법과는 무관하다.

히스토그램 **(분포도)**	QC의 7가지 도구 중에서 공사 또는 제품의 품질상태가 만족한 상태에 있는가의 여부를 판단하는 데 사용되는 도구이다.
체크 시트 **(집중도)**	품질관리(TQC)를 위한 7가지 도구 중에서 불량수, 결점수 등 셀 수 있는 데이터를 분류하여 항목별로 나누었을 때 어디에 집중되어 있는가를 알기 쉽도록 한 그림 또는 표이다.
파레토그램 **(영향도)**	불량품, 결점, 고장 등의 발생건수를 현상과 원인별로 분류하고, 여러 가지 데이터를 항목별로 분류해서 문제의 크기순서로 나열하여, 그 크기를 막대그래프로 표기한 품질관리 도구 또는 QC의 도구 중에서 충별 요인이나 특성에 대한 불량점유율을 나타낸 그림으로서 가로축에는 충별 요인이나 특성을, 세로축에는 불량건수나 불량손실금액 등을 표시한 도구이다.
특성요인도 **(원인결과도)**	생선뼈 그림이라고도 하고, 결과(특성)에 대해 원인(요인)이 어떻게 관계하는지를 알기 쉽게 작성한 그림이다.
산점도 **(산포도, 산관도)**	서로 대응되는 두 개의 짝으로 된 데이터를 그래프용지에 점으로 나타낸 것이다.
관리도	공정의 상태를 나타내는 그래프로서 공정이 안정된 상태인지를 조사하기 위하여 사용하는 도구이다.
충별 **(부분 집단도)**	집단으로 구성하고 있는 데이터를 어떤 특징에 따라 몇 개의 부분 집단으로 나타낸 도구이다.

055 공사 원가는 재료비[공사 목적물의 실체를 형성하는 것만을 말하는 것이 아니고, 직접 재료비(주요재료비, 부분품비 등), 간접 재료비(소모재료비, 소모공구, 기구 및 부품비, 가설재료비 등)], 노무비, 경비로 구성된다.

056 공사 원가는 재료비, 노무비, 경비로 구성되며, 경비란 직접 물건을 만드는 데 필요한 자재나 노무비용과는 별도의 현장관리비로서 전력비, 운반비, 기계비용, 특허권 사용료, 기술료, 연구개발비, 품질관리비, 가설비, 보험료, 안전관리비, 소포품비, 여비 교통비 등이 있다.

057 가설공사항목 중 공통가설(각종 공사에 공통으로 사용되는 가설물 등으로 공사사무소, 안전설비, 가설 전기, 가설 급배수 등)비의 종류에는 가설건물비, 가설울타리, 현장사무소, 비계설비, 양중설비, 각종 실험실, 실험연구비 및 공사용수비 등이 있다.

058 순공사비에는 직접공사비[재료비, 노무비, 외주비, 경비(재료비, 노무비, 외주비에 따른 경비)]와 간접공사비(공통경비) 등으로 구성된다. 일반 관리비는 총 원가에 속한다.

059 ① 단년도 계약방식은 이행기간이 1회계연도일 경우, 해당 연도 세출예산에 개상된 예산을 체결하는 통상적인 계약방법이다.
② 계속비 계약방식은 사업의 경비 전체에 대하여 미리 국회의 의결을 얻어 여러 회계연도에 걸친 사업에 대하여 총액을 정하여 하나의 계약으로 이루어지고 연부액을 부기하여 회계연도에 따라 연부액이 집행되는 계약이다.
③ 주계약자 관리방식은 건설산업기본법에 따른 건설공사를 시행하기 위한 공동수급체의 구성원 중 주계약자가 계약의 수행에 대해 종합적인 계획이나 관리 및 조정을 하는 공동 계약 중 하나의 방식이다.

060 ② 명세(상세)견적 : 계약 서로(계약의 내용, 설계도서, 적산조건 등)와 현장의 여러 조건을 종합적으로 명확히 조사하여 공사 내용에 따른 명세 항목에 따라 일위대가표 또는 단가 산출근거에 따라 적산하는 것을 말한다.
④ 입찰견적 : 공사 입찰 시 산출하는 견적이다.

061 ① 단위면적당 견적 : 건축물의 1m²당 단가를 기준으로 하는 견적으로 건축면적당과 연면적당 산출하여 동일 규모, 구조, 유형의 건물 m²당 통계 단가를 곱하여 총 공사비를 산출하는 방식이다.

② 단위설비별 견적 : 건축물의 단위설비나 수용인원에 종래의 통계가격을 곱하여 견적하는 방법이다.

③ 부분별 견적 : 구체적으로 부위별에서는 구체와 마감을 일체로 바닥, 벽을 과목으로 하는 것에 반해 부분별에서는 구체와 마감을 구분하며, 마감을 바닥, 벽, 천장 등으로 구분한다.

062 건설공사에서 발생하는 클레임 유형에는 ①·③·④·⑤ 이외에도 작업 기간 단축에 대한 클레임, 계약 파기 클레임, 공사비 지불 지연 클레임 등이 있다.

063 가치공학(VE, Value Engineering)은 전 작업과정에서 최저의 비용으로 필요한 기능을 달성하기 위하여 기능분석과 개선에 쏟는 조직적인 노력으로, 개념은 비용절감(생애비용을 고려한 최소의 총비용), 발주자, 사용자 중심의 사고, 기능 중심의 사고, 조직력 강화, 경쟁력 제고 및 기업체질의 개선 등에 있다.

064 ①은 횡선식 공정표(Bar Chart), ②는 공정자원 통합관리의 목적, ④는 택트(TACT, 공구별로 직결 연결된 작업을 다수 반복사여 사용하는 방식으로 시간의 모듈을 만들고 각 작업시간을 표준 모듈시간의 배수로 하여 작업 계획을 수립하는 방식) 사용법에 대한 설명이다.

065 철거작업 시 지중장애물 사전조사항목에는 기존 건축물의 설계도, 시공기록 확인, 가스, 수도, 전기 등 공공매설물 확인, 시험굴착, 탐사 확인, 해체 대상 구조물에 대한 조사 등이 있다.

001	① ×	② ○	③ ×	④ ×
003	① ○	② ○	③ ×	④ ○
005	① ○	② ○	③ ×	④ ×
007	① ○	② ×	③ ○	④ ○
009	① ○	② ×	③ ○	④ ○

002	① ○	② ○	③ ×	④ ○
004	① ○	② ○	③ ×	④ ○
006	① ○	② ○	③ ○	④ ×
008	① ×	② ×	③ ○	④ ×
010	① ○	② ○	③ ×	④ ○

001 ② 수평 규준틀은 기초파기와 기초공사를 할 때, 말뚝과 꿸대를 사용하여 공사의 수직과 수평의 기준이 되는 규준틀이다.

① 벤치마크(기준점)는 고저 측량을 할 때 표고의 기준이 되는 점으로 이동될 염려가 없는 인근 건축물의 벽이나 담장을 이용한다.

③ 세로 규준틀은 조적공사(벽돌, 블록, 돌공사)에서 고저 및 수직면의 기준으로 사용하는 규준틀이다.

002~003 변전소의 위치는 안전을 고려하여 현장사무소에서 최대한 가까운 곳이 좋다.

004 파이프 비계에서 비계 기둥 간 적재하중은 4kN 이하로 한다.

005 사무소의 기준면적 = 3.3m² × 인원수 = 3.3 × 135 = 445.5m²

006 기준점(bench mark)은 공사 중에 높이를 잴 때의 기준으로 하기 위하여 설정하는 것이다. 기준점을 설치할 때 주의사항으로는 ①·②·③ 이외에도 건축물의 각 부에서 헤아리기 좋도록 2개소 이상 보조 기준점을 표시해 두어야 하며, 수직 규준틀에 설치하고, 공사 착수 전에 설정해야 하며, 공사 완료 시까지 존치되어야 한다는 것 등이 있다.

007 기준점(bench mark)은 건축물의 각 부에서 헤아리기 좋도록 2개소 이상 보조 기준점을 표시해 두어야 한다.

008 ① 겹비계는 하나의 기둥에 띠장만을 붙인 비계로 띠장이 기둥의 양쪽에 2겹으로 된 것이다.

② 외줄비계는 비계기둥이 1줄이고, 띠장을 한쪽에만 단 비계로서 경작업 또는 10m 이하의 비계에 이용된다.

④ 달비계는 건축물에 고정된 돌출보 등에서 밧줄로 매단 비계로서 권양기가 붙어 있어 위·아래로 이동시키는 비계이다. 외부 마무리, 외벽 청소, 고층 건축물의 유리창 청소 등에 쓰인다.

009 띠장의 간격은 1.5m 내외로 한다.

010 강관비계 설치에 있어서 띠장의 간격은 1.5m 내외로 하고 지표에서 첫 번째 띠장은 지상에서 2m 이하의 부분에 설치한다.

3단원 토공사

001	①× ②○ ③× ④×		**002**	①× ②× ③× ④○
003	①× ②○ ③○ ④○			

004 ①○ ②× ③○ ④○ ⑤× ⑥○ ⑦○ ⑧○ ⑨○ ⑩○ ⑪○ ⑫× ⑬○ ⑭× ⑮× ⑯○ ⑰○ ⑱○

005	①○ ②× ③× ④×		**006**	①× ②× ③× ④○
007	①○ ②× ③○ ④○		**008**	①× ②○ ③○ ④○
009	①× ②○ ③× ④×		**010**	①○ ②○ ③○ ④×
011	①× ②○ ③○ ④○		**012**	①○ ②○ ③× ④○
013	①× ②○ ③× ④×		**014**	①× ②○ ③○ ④×
015	①○ ②○ ③○ ④×		**016**	①× ②× ③× ④○
017	①× ②× ③○ ④×		**018**	①○ ②○ ③× ④○
019	①○ ②× ③× ④×		**020**	①○ ②○ ③○ ④×
021	①○ ②○ ③○ ④×		**022**	①× ②○ ③× ④× ⑤×
023	①× ②○ ③× ④×		**024**	①○ ②○ ③× ④○
025	①× ②× ③× ④○		**026**	①○ ②× ③× ④×
027	①× ②× ③× ④○		**028**	①○ ②○ ③○ ④×
029	①○ ②○ ③× ④○		**030**	①○ ②○ ③○ ④×
031	①○ ②× ③○ ④○ ⑤×		**032**	①○ ②× ③× ④×
033	①○ ②× ③× ④×			

034 ①○ ②× ③○ ④○ ⑤× ⑥○ ⑦○ ⑧○ ⑨○ ⑩○ ⑪○ ⑫× ⑬○ ⑭○ ⑮○ ⑯○ ⑰○ ⑱× ⑲○ ⑳×

035	①○ ②○ ③○ ④×		**036**	①○ ②○ ③○ ④×
037	①○ ②× ③× ④×			

038 ①○ ②× ③○ ④○ ⑤○ ⑥○ ⑦○ ⑧× ⑨○ ⑩○ ⑪○ ⑫× ⑬○ ⑭× ⑮○ ⑯× ⑰○ ⑱○

039	①○ ②○ ③○ ④× ⑤× ⑥○		**040**	①○ ②○ ③× ④○
041	①○ ②× ③× ④×		**042**	①× ②× ③○ ④×
043	①× ②○ ③× ④×		**044**	①○ ②○ ③○ ④×
045	①× ②× ③× ④○		**046**	①○ ②× ③○ ④○
047	①○ ②× ③○ ④○		**048**	①○ ②○ ③× ④○
049	①○ ②× ③○ ④○			

001 흙막이 공사에서 일어나는 현상과 방지책

현상	상세	방지책
보일링	사질 지반에서 흙막이벽을 설치하고, 기초 파기를 할 때에 흙막이벽 뒷면 수위가 높아져 지하수가 흙막이벽 밑을 통하여 상승하는 유수로 말미암아 모래 입자가 부력을 받아 물이 끓듯이 지하수가 모래와 같이 솟아오르는 현상	• 널말뚝 저면의 타설 깊이를 깊게 한다. • 널말뚝을 불투수성 점토질 지층까지 깊이 때려 박는다. • 웰 포인트 공법에 의하여 지하수면을 낮추어 용출하는 물의 압력을 감소시킨다.
히빙	하부 지반이 연약할 때 흙파기 저면선에 대하여 흙막이 바깥에 있는 흙의 중량과 지표 재하중의 중량에 못 견디어 저면의 흙이 붕괴되고, 흙막이 바깥에 있는 흙이 안으로 밀려 볼록하게 되는 현상 또는 흙막이벽 양쪽 토압의 차이로 흙막이 뒷부분의 흙이 흙막이벽 밑을 돌아서 기초파기를 하는 공사장으로 미끄러져 들어오는 현상	• 설계 계획을 변경 또는 표토를 제거하여 하중을 적게 한다. • 굴착면에 하중을 가하거나 지반을 개량한다. • 트렌치 공법 또는 부분 굴착을 하거나, 케이슨이나 아일랜드 공법을 사용한다. • 가장 좋은 방법으로는 강성이 높고, 강력한 흙막이벽의 밑을 양질의 지반 속까지 깊이 박는다.
파이핑	흙막이벽의 부실 공사로 인하여 흙막이벽의 뚫린 구멍 또는 이음새를 통하여 물이 공사장 내부 바닥으로 파이프 작용을 하여 보일링 현상이 생기는 현상	흙막이벽의 강성을 높이고, 수밀성을 양호하게 한다.

002 히빙(Heaving)은 하부 지반이 연약할 때 흙파기 저면선에 대하여 흙막이 바깥에 있는 흙의 중량과 지표 재하중의 중량에 못 견디어 저면의 흙이 붕괴되고, 흙막이 바깥에 있는 흙이 안으로 밀려 볼록하게 되는 현상 또는 흙막이벽 양쪽 토압의 차이(흙막이벽 내외부 흙의 중량 차이)로 흙막이 뒷부분의 흙이 흙막이벽 밑을 돌아서 기초파기를 하는 공사장으로 미끄러져 들어오는 현상이다.

003 흙막이 공사에서 일어나는 현상에는 히빙(heaving), 보일링(boiling), 파이핑(piping) 등이 있다. 언더 피닝은 기존 구조물의 기초를 보강 또는 새로이 기초를 삽입하는 공사의 총칭으로, 기초의 침하가 심할 때, 인접 대지에 현존 건물의 기초보다 깊은 지하실을 축조할 때, 기존 건물의 옥상에 증축할 때, 지하실 바닥을 높게 할 때 사용한다.

004 ② 세우기를 마친 강널말뚝은 해머능력과 현장작업여건, 공사기간 등을 고려하여 1매씩 또는 2매씩 다음 사항에 유의하여 항타한다.
　㉮ 강널말뚝을 항타하면 진행방향으로 경사가 생기므로 강널말뚝 1매 폭 이상으로 벌어지지 않게 시공하지만, 1매 폭 정도 경사가 발생하게 되면 공사감독자의 승인을 받아 이형 널말뚝을 항타하여 경사를 수정하여야 한다.
　㉯ 강널말뚝의 경사 수정을 위한 이형 널말뚝은 연속하여 사용하여서는 안 된다.
⑤ 수밀성(지수성)을 갖는 것이 특징이다.
⑫ 비교적 경질지반 관입 시에도 유리하며 지하수가 많고, 토압이 크며, 기초가 깊은 경우에 적용이 가능하다. 특히, 20회 이상의 반복사용이 가능하다.
⑭ 관입, 철거 시 주변 지반침하가 일어난다.
⑮ 타입 시 지반의 체적 변형이 작아서 항타가 쉽다.

005 강제 시트 파일(steel sheet pile) 중 라르젠식은 큰 토압, 수압에 견디며 일반적으로 널리 쓰이는 강재 널말뚝이다.

006 ① 버팀대식 흙막이 공법 : 시가지에서 주로 사용하는 공법으로 흙막이벽의 안쪽에 띠장, 버팀대 및 지지말뚝을 설치하여 토압, 수압 등에 대하여 저항시키면서 굴착하는 공법이다.

수평버팀대식 흙막이 공법	가장 많이 사용되는 공법으로 온통파기가 가능하므로 되메우기량이 적고 건축물의 본체 공사가 순서대로 시공되며, 공사 기간이 짧다.
경사버팀대식 흙막이 공법	• 중앙부를 먼저 굴착하고 본체를 구축한 다음 본체의 벽체에 경사지게 버팀대를 걸쳐 흙막이벽을 지지하면서 굴착하는 공법이다. • 대지의 고저차가 있는 경우나 한 쪽에 커다란 적재하중이 있는 경우에 유리하고, 버팀대의 길이가 짧아 변형률이 적으며, 수평버팀대식보다 가설비가 적게 든다. • 특히, 건축물의 형상이 복잡한 경우에 유리하다.

② 아일랜드 공법 : 주변부를 얕게 터파기를 한 다음 널말뚝을 박고, 널말뚝에서 중앙부를 향하여 경사를 두는 터파기를 한다. 중앙부의 터파기가 끝나면 중앙부에 마치 섬처럼 기초나 지하 구조물의 일부를 축조하고, 그것과 주변부의 널말뚝 사이에 경사지게 버팀대를 댄다. 주변부의 얕게 판 부분에 남은 곳을 파고, 중앙부의 지하 구조물을 주변부에 연장하면서 중앙부 위층의 공사를 진행한다. 즉, 아일랜드 공법은 먼저 중앙부를 정해진 깊이까지 파고 차츰 주변부로 파나가는 공법으로 비교적 깊고 넓은 곳을 터파기할 때 적당하다.

③ 어미말뚝식 흙막이 공법 : 어미말뚝(통나무, 각재, I형강, H형강 등)을 1.5m 전후의 간격으로 지중에 설치하고 지반을 굴착해가면서 어미 말뚝 사이에 두께 6cm 내외의 널을 삽입하여 흙막이벽으로 사용하는 공법이다.

007 버팀대식 흙막이 공법은 시가지에서 주로 사용하는 공법으로 흙막이벽의 안쪽에 띠장, 버팀대 및 지지말뚝을 설치하여 토압, 수압 등에 대하여 저항시키면서 굴착하는 공법이다. 빗방향의 버팀대를 사용하는 빗버팀대식과 수평방향의 버팀대를 사용하는 수평버팀대식이 있으며, 수평버팀대식의 경우에는 가설구조물(띠장, 버팀대, 지지말뚝 등)이 많아 중장비작업이나 토량제거작업의 능률이 좋지 않다(저하된다).

008 어스앵커(Earth Anchor) 공법은 버팀대를 대신하여 흙막이벽 배면 지중에 앵커체를 설치하여 인장 내력을 주어 지지하는 흙막이 공법으로 굴착 공간을 넓게 확보할 수 있고, 대형 기계의 반입이 용이하며, 주변 지반의 변위를 감소시킬 수 있다. 또한, 경사지의 지하공사에 유리하고, 시공 도중에 조건변화가 있어도 설계 변경이 용이하다. 특히, 인근구조물이나 지중매설물로 인한 시공이 불가능하다.

009 ① Angle Bracket : 정착 그라우팅과 어스 앵커를 연결하는 목적으로 설치한 부분이다.
③ Sheath : 강선을 삽입할 경우 흙과의 마찰을 줄이기 위하여 설치한 관이다.
④ Anchor Head : 지압판, 브라켓 및 정착구로 구성된 부분이다.

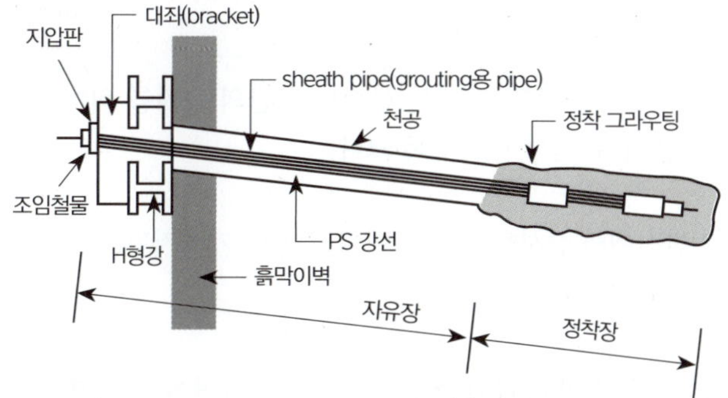

010 H-말뚝 토류판 공법은 보일링, 파이핑 발생의 우려가 크고, 연약한 점성토 지반에 활용 시 효과가 작다.

011 경사 오픈 컷 공법(흙파기를 하고자 하는 비탈면에 사면의 안전을 확보하고 기초파기를 하는 공법)은 흙파기 공법의 형태(구조)방식에 의한 분류에 속한다. 지지공법에 의한 분류에는 ②·③·④ 이외에도 자립공법, 버팀대(수평 및 경사)식 공법 등이 있다.

012 자립식 흙막이 공법은 널말뚝 또는 어미말뚝을 지중에 박아 설치하고, 벽 배면에 작용하는 토압, 수압에 대하여 말뚝의 휨강성과 밑넣기 부분의 가로 저항에 의존하여 굴착해 내려가는 공법이다. 안내벽(Guide Wall, 지하 연속벽이 들어설 자리에 일정한 폭으로 철근콘크리트 구조로 된 가설 안내벽)과 인터록킹 파이프는 슬러리월(지하연속벽) 공법과 관련된 내용이다.

013 ① 지하연속벽(Slurry wall) 공법은 인접건물의 근접 시공은 용이하고, 수평방향의 연속성이 확보된다.
③ 버팀대(Strut) 공법은 가설구조물을 설치하지만 토량제거 작업의 능률이 감소된다.
④ 강재 널말뚝(Steel sheet pile) 공법은 철재 판재를 사용하므로 수밀성이 충분하다.

014 ① 간극비 : 토립자의 용적에 대한 간극의 용적으로, 간극비 $= \dfrac{\text{간극의 용적}}{\text{토립자의 용적}}$

② 함수비 : 토립자의 중량에 대한 물의 중량비이다. 함수비 $= \dfrac{\text{물의 중량}}{\text{토립자의 중량}}$

④ 전단 강도 : 부재에 서로 다른 방향에 힘이 어긋나게 작용했을 때, 재료가 파괴되지 않고 견디는 정도, 즉 하중을 단면적으로 나눈 값이다.

015 예민비는 흙을 이김에 의해서 약해지는 정도를 나타내는 흙의 성질로, 예민비 $= \dfrac{\text{자연시료의 강도}}{\text{이긴시료의 강도}}$

016 흙의 함수율은 흙 속에 포함되어 있는 물의 중량을 나타내는 것으로 일반적으로 함수비로 표시하고, 흙입자의 중량에 대한 수분의 중량의 비를 백분율로 표시한 것이다.

$$흙의 함수율 = \frac{\text{물의 중량}}{\text{흙입자의 중량}} \times 100(\%) = \frac{\text{물의 중량}}{\text{(토립자+물)의 중량}} \times 100(\%)$$

017 ① 예민비 : 흙을 이김에 의해서 약해지는 정도를 나타내는 흙의 성질로, 예민비 $= \dfrac{\text{자연시료의 강도}}{\text{이긴시료의 강도}}$

② 액성한계 : 흙은 함수상태에 따라 그 성질이 변화한다. 건조한 흙에 물을 가하여 가면 다음과 같은 상태로 변화하고, 그 변화 추이 상태의 한계를 시험방법으로 정하는 것이 소성한계와 액성한계이다.

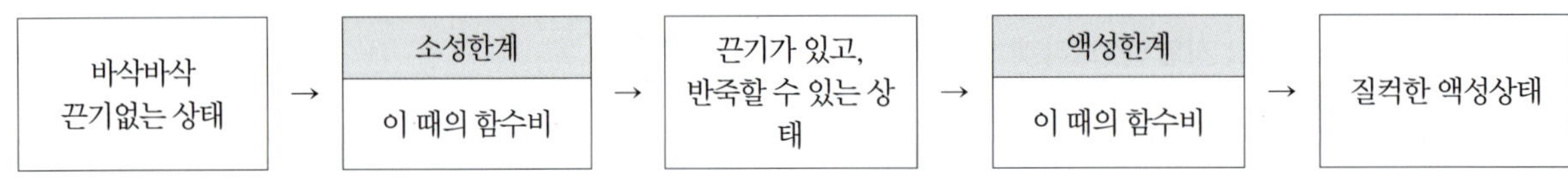

④ 소성지수 : 흙이 소성 상태로 존재할 수 있는 함수비 구간의 크기를 의미하며, 소성지수가 클수록 세립분을 포함하는 소성이 풍부한 흙이며, 점성이 클수록 크다.

018 지내력 시험은 재하를 지반선에서 실시하는 것이 아니고, 예정기초저면(기초의 밑면)에서 실시하여야 한다. 침하량의 측정은 다이얼 게이지를 이용한다.

019 ② 원형 Slip : 사면 또는 토사의 원형 파괴현상으로 흙이나 사면이 원형 또는 호형(arc-shaped) 경로를 따라 미끄러지듯 붕괴되는 현상이다.
③ 부동침하 현상 : 한 건축물에서 부분적으로 서로 상이하게 침하하는 현상으로, 그 원인으로는 연약층, 경사지반, 이질지층, 이질지정, 일부지정, 낭떠러지, 증축, 지하구멍 등이 있다.
④ Negative friction(부마찰력) : 주로 지지말뚝에서 발생하며, 점성토 지반에서 시공한 말뚝에서 주변 지반의 굴착에 의한 연약층이 침하하여 말뚝 주변 마찰력이 하향으로 작용하는 마찰력을 말한다.

020 예민비는 흙을 이김에 의해서 약해지는 정도를 나타내는 흙의 성질로, 예민비 $= \dfrac{\text{자연시료의 강도}}{\text{이긴시료의 강도}}$

즉, 예민비는 흙의 함수비와는 무관하다.

021 흙의 휴식(안식)각은 안정된 비탈면과 원래의 지면이 이루는 흙의 사면 각도를 말하고, 토사의 종류(흙의 마찰력과 응집력), 함수량에 따라 변화한다. 흙파기 경사각은 휴식(안식)각의 2배로 본다.

022 ① 경사계(inclino meter) : 흙막이벽 또는 배면지반에 굴착심도보다 깊게 부동층까지 천공하여 설치하고, 굴착 진행시 흙막이가 배면측압에 의해 기울어짐을 파악한다.
③ 토압계(soil pressure gauge) : 흙막이벽 배면에 설치하고, 주변지반의 하중으로 인한 토압의 변화를 측정하여 흙막이벽의 안전여부를 판단한다.
④ 진동측정계(vibro meter) : 진동을 측정하는 데 사용하는 계측기이다.
⑤ 간극수압계(piezo meter) : 배면 연약지반에 연약층 깊이별로 설치하고, 굴착에 따른 과잉간극수압의 변화를 측정하여 부재의 안전성을 판단한다.

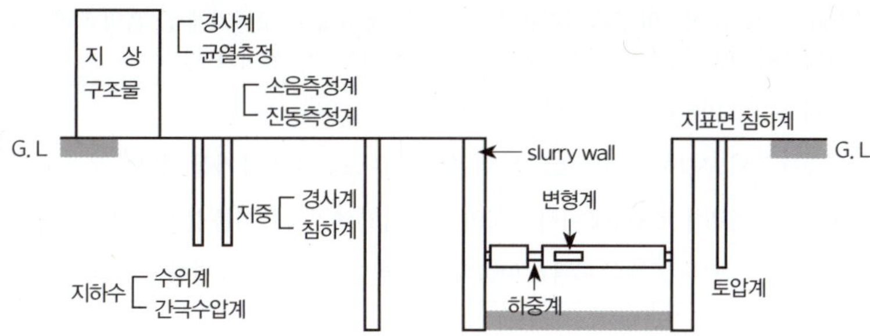

023 ① 간극수압계(piezo meter) : 배면 연약지반에 연약층 깊이별로 설치하고, 굴착에 따른 과잉간극수압의 변화를 측정하여 부재의 안전성을 판단한다.
③ 하중계(load cell) : 스터드 또는 어스앵커 부위에 각 단계별로 굴착 시 설치하고, 스터드 또는 어스앵커의 축하중 변화 상태를 측정하여 부재의 안전성을 파악한다.
④ 변형계(strain gauge) : 스터드, 띠장, 각종 강재 등에 용접 또는 접착제로 설치하고, 굴착 작업에 따른 스터드, 띠장, 각종 강재 등의 변형 정도를 측정한다.

024 건축물의 지하공사에서 계측관리는 착공시부터 준공 후에도 일정기간 측정하고, 오차를 적게 하며, 담당자를 지정하여 운영한다. 특히, 계측관리는 인적이 많고, 위험이 많은 곳에 설치하여 주기적으로 실시하여야 한다.

025 ① 베인테스트(Vane Test) : 점토 지반의 점착력(전단강도)의 측정에 사용한다.
② 페네트레이션 테스트(Penetration Test, 표준관입시험) : 사질 지반의 불교란 시료를 채위하기 어려운 현장에서 지지력을 측정한다.
③ 지내력시험(Loading Test) : 매회 재하는 1ton 이하 또는 예정파괴 하중의 1/5 이하로 실시한다.

026 ② 재하판에 하중을 가하여 단기 지내력도를 구하는 방법을 지내력시험(평판재하시험)이라고 한다.
③ 표준관입시험은 63.5kg의 해머로, 샘플러를 76cm에서 타격하여 관입 깊이 30cm에 도달할 때까지의 타격회수 N값을 구하는 시험이다.
④ 수동토압이란 흙막이벽의 뒤채움을 압축하고, 뒤채움의 흙이 압축되어 붕괴를 일으킬 때 작용하는 토압을 말한다.

파워 쇼벨 (power shovel)	터파기용 기계장비가운데 장비의 작업면보다 상부의 흙을 굴삭하는 장비 또는 지반보다 높은 곳의 굴착에 적합하며, 굴착은 디퍼(dipper)가 행하는 토공사용기계로 적합한 장비이다.
불도우저 (bulldozer)	흙의 표면을 밀면서 깎아 단거리 운반을 하며 다지는 기계로서 배토판은 상하로만 작용되며, 최대 운반거리는 100m 이하(적정 거리는 50~60m 정도)이다.
백호우 (back hoe)	• 드래그 셔블, 트렌치 호, 풀 셔블이라고도 한다. • 파워셔블과 반대로 지반보다 6m 정도 깊은 경질지반의 기초파기에 가장 적합한 굴착 기계이다.
드래그셔블 (drag shovel)	• 백 호, 트렌치 호, 풀 셔블이라고도 한다. • 파워셔블과 반대로 지반보다 6m정도 깊은 경질지반의 기초파기에 가장 적합한 굴착 기계이다.
드래그라인 (drag line)	지면에 기계를 두고 깊이 8m 정도의 연약한 지반의 깊은 기초 흙파기를 할 때 사용하는 기계 또는 기계를 설치한 지반보다 낮은 장소, 넓은 범위의 굴착이 가능하며 주로 수로, 골재채취용으로 많이 사용되는 토공사용 굴착기계이다.
앵글도저 (angle dozer)	배토판을 좌우 30°까지 회전이 가능하고, 산허리를 깎는 데 유효한 기계이다.
캐리올 스크레이퍼	토공사용 기계로서 흙을 깎으면서 동시에 기체내에 담아 운반하고 깔기작업을 겸할 수 있으며, 작업거리는 100~1,500m 정도의 중장거리용으로 쓰이는 장비 또는 토공기계 중 흙의 적재, 운반, 정지의 기능을 가지고 있는 장비로써 일반적으로 중거리 정지공사에 많이 사용되는 장비이다.
그레이더	정지 공사의 마무리나 도로의 노면 정리에 적합한 장비이다.
트렌처	일정한 폭의 구덩이를 연속으로 파며, 좁고 깊은 도랑 파기에 가장 적당한 토공장비이다.
로더(Loader)	토공용 기계로서 트랙터에 여러 가지의 암을 대고 여기에 디퍼를 붙인 것으로 토사를 트럭에 싣기 편리한 장비이다.
스크레이퍼	흙을 파서 나르는 기계의 하나로 땅을 얇게 깎아 다른 장소로 운반하는 장비이다.

029 가이데릭(guy derrick)은 철골공사의 세우기에 사용되는 장비로서 가장 많이 쓰이는 기중기이다. 능력이 크며, 중량물의 장내 운반, 공사 전체에 유효하게 사용되는 장비이다. 기계 대수는 평면 높이의 가동 범위, 조립 능력과 공사 기간에 따라 결정한다.

030 굴착(굴삭)용 기계에는 파워셔블, 드래그라인, 백호(드래그 셔블), 클램쉘 등이 있으며, 배토 정지용 기계에는 블도저, 앵글도저, 스크레이퍼, 그레이더 등이 있다. 댐핑 롤러는 다짐(전압)기계에 속한다.

031 트랙터셔블은 트랙터 장치에 토사의 적재작업이 가능한 버킷장치를 부착한 장비로서, 로더라고도 한다. 즉, 토사를 트럭에 싣기 편리한 장비이다.

032 ② 파워쇼벨은 위치한 지면보다 높은 곳의 굴착에 적합하다.
③ 드래그셔블(drag shovel, 백 호, 트렌치 호, 풀 셔블)은 파워셔블과 반대로 지반보다 6m 정도 깊은 경질지반의 기초파기에 가장 적합한 굴착 기계이다. ③의 설명은 트랙터 셔블에 대한 것이다.
④ 드래그라인(drag line)은 지면에 기계를 두고 깊이 8m 정도의 연약한 지반의 깊은 기초 흙파기를 할 때 사용하는 기계 또는 기계를 설치한 지반보다 낮은 장소, 넓은 범위의 굴착이 가능하며 주로 수로, 골재채취용으로 많이 사용되는 토공사용 굴착기계이다. 클램쉘(clamshell)은 좁은 범위의 경질지반 굴착에 적합하다.

033 ② 이코스공법 : 제자리 콘크리트 말뚝박기 공법 중 말뚝이라기보다는 지수벽(止水壁)을 만드는 공법으로서 말뚝구멍을 하나 걸러서 뚫고 콘크리트를 부어넣어 만들고 말뚝과 말뚝 사이에 다음 말뚝구멍을 뚫어 만들면 흙막이벽이 되는 것으로서 도시 소음방지 또는 근접건물의 침하 우려 시 유효한 공법이다.
③ CIP pile(Cast - In - Place pile) : 스크루 오거 머신으로 땅 속에 구멍을 뚫고 철근을 조립한 후 모르타르 주입

용 파이프를 밑창까지 꽂은 다음 구멍에 자갈을 다져 넣고 파이프를 통해 모르타르를 주입하여 콘크리트 기둥을 만든 것이다.

④ PIP pile(Packed - In - Place pile) : 스크루 오거를 회전시켜 땅 속에 밀어 넣어 오거를 뽑아 올리면서 오거의 중심관 선단으로부터 모르타르나 잔자갈 콘크리트를 주입하여 말뚝을 형성하는 공법이다.

034 ② 지수성 또는 차수성이 강하므로 지하수가 많은 지반에는 사용할 수 있다.
⑤ 흙막이벽의 강성이 커서 보강재를 필요로 하지 않는다.
⑫ 굴착 중 안정액 처리가 난이하다.
⑱ 인접 구조물에 근접하도록 시공이 가능하여 대지이용의 효율성이 높다.
⑳ 기계, 부대설비가 대형이어서 대규모 현장의 시공에 적당하다.

035 지하연속벽(Slurry wall) 굴착 공사 중 공벽붕괴의 원인에는 ①·②·③ 이외에도 안정액의 부적정한 선정 등이 있다.

036 ④ Caisson공법은 용수량이 대단히 많고 깊은 기초를 구축할 때 사용하는 공법이다.
ICOS공법(지수벽을 만드는 공법), OWS공법(현장타설 말뚝공법 중 연속지중벽공법), Auger pile[스크루 오거(Screw Auger)로 지반을 굴착하고 그 속에 기성콘크리트 말뚝을 삽입하는 공법으로서, 프리보링 공법이라고도 함]은 연속 콘크리트벽 흙막이 공법에 속한다.

037 ② 오픈 컷(Open cut) 공법 : 기초 파기에 있어서 건축물의 밑 부분을 온통 파내는 공법으로 종류에는 경사 오픈 공법, 흙막이 오픈 공법 등이 있다.
③ 트렌치 컷(Trench cut) 공법 : 터파기 공법 중 아일랜트 공법의 역순으로 진행하고, 지반이 극히 연약하여 온통파기를 할 수 없을 때, 또 히빙 현상이 예상될 때 효과적인 공법 또는 흙파기 공법 중 지반이 극히 연약하여 온통파기를 할 수 없을 때에 측벽이나 주열선 부분만을 먼저 파내고 그곳에 기초와 지하 구조물을 축조한 다음, 나머지 중앙 부분을 파내고 나머지 구조물을 완성하는 흙파기 공법이다.
④ 샌드 드레인(Sand drain) 공법 : 연약한 점토층의 수분을 빼내어 지반을 경화, 개량하는 공법으로 철관을 박고 철관 속에 모래를 다져넣어 모래 말뚝을 형성한 후 지표면에 하중을 가하여 진흙 중의 수분을 모래 말뚝을 통해 배출시키는 공법으로 탈수 공법이다.

038 ③ 점토질 지반의 배수에 효과가 작다.
⑧ 인근 건축물의 침하에 영향을 준다. 즉, 인근 건축물의 침하가 발생한다.
⑫ 지하 수위의 저하로 굴착면의 유효 응력을 증대시켜서 보일링 현상(사질 지반에서 흙막이벽을 설치하고, 기초 파기를 할 때에 흙막이벽 뒷면 수위가 높아져 지하수기 흙막이벽 밑을 통하여 상승하는 유수로 말미암아 모래 입자가 부력을 받아 물이 끓듯이 지하수가 모래와 같이 솟아오르는 현상)을 방지한다.
⑭ 지반내의 기압이 대기압 보다 낮아져서 토층은 대기압에 의해 다져진다.
⑯ 사질지반보다 점토질 지반에서 효과가 좋지 않다.

039 ①의 집수정 공법은 배수 공법 중 중력식 배수공법이고, ②의 웰포인트 공법과 ③의 전기침투 공법 및 ⑥의 깊은 우물공법(터파기의 장내에 깊이 7m 이상의 깊은 우물을 파고 스트레이너를 부착한 파이프를 삽입하여 수중 펌프로 양수하는 공법)은 강제 배수공법이다.
④ 샌드드레인 공법은 지반 개량 공법의 일종으로 연약한 점토층의 수분을 배제하여 지반의 경화 또는 개량을 도모하는 공법으로 탈수 공법이다.
⑤ 동결 공법(지수 공법으로 동결관을 박고 액체 질소나 프레온 가스를 주입하거나 직접사용하여 동결 전 수십배의 강도 증가, 일시적 개량, 모든 지층에 가능하며, 차수성이 좋고, 콘크리트 암반과도 부착성이 좋으며, 효과가 좋으나, 시공비가 고가임)은 점토질 지반 개량 공법이다.

040 ①의 전기침투 공법, ②의 웰포인트 공법, ④의 진공 Deep Well 공법은 강제배수 공법에 속한다. 표면배수공법은 지하수와 관계되는 사항이 아니고, 지표수 즉, 지반 표면의 지표수의 처리를 위한 방법이다.

041 ② 트랜치 컷(Trench Cut) 공법 : 흙파기 공법 중 굴착지반이 연약하여 구조물 위치 전체를 동시에 파내지 않고 측벽이나 주열선 부분을 먼저 파내고 그 부분에 기초와 지하구조체를 축조한 다음 중앙부의 나머지 부분을 파내어 지하구조물을 완성해 나가는 공법 또는 터파기 공법 중 지반이 극히 연약하여 온통파기를 할 수 없을 때, 또 히빙의 우려가 있어 터파기 평면 전체를 한번에 굴삭할 수 없거나, 광대하여 버팀대를 가설하여도 그 변형이 심하여 실질적으로 불가능할 때 채택하는 공법이다.

③ 경사면 오픈 컷(Sloped Open Cut) 공법 : 흙파기를 하고자 하는 비탈면에 사면의 안전을 확보하고 기초파기를 하는 공법이다.

④ 자립 흙막이 공법(self-support method) : 굴착심도 10m 이하의 지반굴착 공사에서 지보재 없이 지반굴착이 가능한 공법이다.

042 흙의 휴식각과 파내기 경사각

흙의 종별	모래			흙		
	건조상태	습윤상태	젖은상태	건조상태	습윤상태	젖은상태
휴식(안식)각	20~35°	30~45°	20~40°	20~45°	25~45°	25~30°
파내기각도	40~70°	60~90°	40~80°	40~90°	50~90°	

흙의 종별	진흙		자갈	모래, 진흙 섞인 자갈
	건조상태	습윤상태		
휴식(안식)각	40~50°	20~25°	30~48°	20~37°
파내기각도	80° 이상	40~50°	60~96°	40~74°

043 ① 잡석지정 시 침하를 감안하여 기초파기 바닥을 약간 높게 한다.

③ 기초파기로 인한 부근 침하는 고려하여야 한다.

④ 삽으로 파기는 수평은 2.5m, 수직은 1.5~2.0m마다 단젖힘을 한다.

044 이코스 공법은 제자리 콘크리트 말뚝박기 공법 중 말뚝이라기보다는 지수벽(止水壁)을 만드는 공법으로서 말뚝구멍을 하나 걸러서 뚫고 콘크리트를 부어넣어 만들고 말뚝과 말뚝 사이에 다음 말뚝구멍을 뚫어 만들면 흙막이벽이 되는 것으로서, 도시 소음방지 또는 근접건물의 침하우려 시 유효한 공법이다.

045 ① 어스 드릴공법(Earth drill method) : 회전식 드릴링 버킷으로 필요한 깊이까지 굴착하고 그 굴착공에 철근망을 삽입한 후 콘크리트를 타설하여 지름 1~2m 정도의 대구경 제자리콘크리트 말뚝을 만드는 공법으로 진동과 소음이 적고, 기계는 소형이나 굴착 속도가 빠르며 점토 지반에 적용된다.

② CIP 말뚝공법(Cast-in-place pile method) : 제자리 콘크리트 말뚝의 하나로서 스크루 오거 머신으로 땅 속에 구멍을 뚫고 철근을 조립한 후 모르타르 주입용 파이프를 밑창까지 꽂은 다음 구멍에 자갈을 다져 넣고 파이프를 통해 모르타르를 주입하여 콘크리트 기둥을 만든 것이다.

③ 콤프레솔 파일공법(Compressol pile method) : 구멍 속에 잡석과 콘크리트를 교대로 넣고, 중추로 다지는 제자리콘크리트 말뚝의 하나이다.

046 베노토(올케이싱) 공법은 강제 케이싱 튜브를 압입하는 동시에 윈치를 이용하여 버킷으로 흙을 파내어 말뚝의 구멍을 만들고, 그 속에 콘크리트를 채우며, 케이싱을 빼내어 현장콘크리트 말뚝을 시공하는 공법이다. 대구경의 긴 말뚝의 시공에 적합하다.

047 ② 드릴링 버킷은 대구경 현장 파일공법 중의 하나인 어스드릴(칼웰드) 공법에 사용되는 기구이다.

프리팩트 파일 공법에는 다음과 같은 3종류가 있다.

CIP pile (Cast-In-Place pile)	스크루 오거 머신으로 땅 속에 구멍을 뚫고 철근을 조립한 후 모르타르 주입용 파이프를 밑창까지 꽂은 다음 구멍에 자갈을 다져 넣고 파이프를 통해 모르타르를 주입하여 콘크리트 기둥을 만든 것이다.
PIP pile (Packed-In-Place pile)	스크루 오거를 회전시켜 땅 속에 밀어 넣어 오거를 뽑아 올리면서 오거의 중심관 선단으로부터 모르타르나 잔자갈 콘크리트를 주입하여 말뚝을 형성하는 공법이다.
MIP pile (mixed in place pile)	파이프 회전봉의 선단에 커터(cutter)를 장치한 것으로 지중을 파고 다시 회전시켜 빼내면서 모르타르를 분출시켜 지중에 소일 콘크리트 파일(soil concrete pile)을 형성시킨 말뚝이다.

048 ③ 팽창성 파쇄제공법은 지하구조물의 설계시공 시 부력 대처방법과는 무관하다. 팽창성 파쇄제(석회무기화합물을 반죽해서 천공내 충전하면 시간이 지나 팽창되어 암반, 구조물 등에 균열을 발생)는 천공간격 결정시 파쇄체의 종류와 천공격 팽창압이 중요하고, 발파 장소 확인 후 파쇄암의 이동, 발파 공수에 의거하여 발파 패턴을 결정한 후 뇌관을 배열하며, 제어발파가 가능하며, 발파진동 및 소음을 줄일 수 있다.

> **지하구조물의 설계시공 시 부력 대처방법**
> ① 부력 대응 방식
> ㉮ 건축물의 하중 증대 방식 : 지하 구조물의 외측면에 브라켓을 설치하여 흙의 하중이 실리도록 하거나, 2중 슬래브 기초를 설치하고 중간에 자갈을 충전하며, 구조물의 상부에 화단을 조성하여 건축물의 자중을 증대시킨다.
> ㉯ 록-앵커(Rock anchor) 공법을 사용 : 구조물의 기초를 PC강선의 인장력으로 경질지반에 정착시키며, 강제 배수의 영향이 우려될 경우에 사용한다.
> ② 부력 감소 방식
> ㉮ 자연배수공법 : 경사 지반에 위치하는 건축물일 경우에 가능하고, 지하실 외벽에 유공관을 설치하며, 낮은 지반으로 자연배수를 유도하여 건축물 주위에 수위 상승을 방지한다.
> ㉯ 강제영구 배수공법 : 불투수 지반이나 자연배수가 곤란한 경우에 사용하고, 지하실의 측벽이나 바닥에 도수로를 설치하며, 집수 위치에 펌프를 설치하고 옥외로 배수하여 지하수위를 저하시킨다.
> ㉰ U자관에 의한 De-Watering : 유해 수압이 작용할 경우에만 U자관으로 over flow하도록 설비를 조치하거나, 슬러리 월 지하 벽체인 경우에 효과적이다.

049 아일랜드 컷 공법은 주변부를 얕게 터파기를 한 다음 널말뚝을 박고, 널말뚝에서 중앙부를 향하여 경사를 두는 터파기를 한다. 중앙부의 터파기가 끝나면 중앙부에 마치 섬처럼 기초나 지하 구조물의 일부를 축조하고, 그것과 주변부의 널말뚝 사이에 경사지게 버팀대를 댄다. 주변부의 얕게 판 부분에 남은 곳을 파고, 중앙부의 지하 구조물을 주변부에 연장하면서 중앙부 위층의 공사를 진행한다. 즉, 아일랜드 공법은 먼저 중앙부를 정해진 깊이까지 파고 차츰 주변부로 파 나가는 공법으로 비교적 깊고 넓은 곳을 터파기할 때 적당하다.

001	① × ② ○ ③ × ④ ×		**002**	① ○ ② ○ ③ ○ ④ ×
003	① ○ ② ○ ③ × ④ ○ ⑤ ○ ⑥ × ⑦ ○ ⑧ ○		**004**	① × ② ○ ③ × ④ ×
005	① × ② × ③ × ④ ○		**006**	① ○ ② ○ ③ × ④ ○
007	① × ② ○ ③ × ④ ×		**008**	① × ② ○ ③ ○ ④ ○
009	① × ② ○ ③ ○ ④ ○ ⑤ ×		**010**	① ○ ② × ③ ○ ④ ○ ⑤ ○ ⑥ ×
011	① × ② ○ ③ ○ ④ ○		**012**	① ○ ② × ③ × ④ ×
013	① × ② ○ ③ ○ ④ ○		**014**	① ○ ② × ③ ○ ④ ○ ⑤ ○ ⑥ ○ ⑦ ×
015	① × ② ○ ③ ○ ④ ○		**016**	① ○ ② × ③ ○ ④ ○
017	① ○ ② ○ ③ × ④ ○		**018**	① ○ ② × ③ ○ ④ ×
019	① ○ ② ○ ③ ○ ④ ×		**020**	① × ② × ③ × ④ ○
021	① ○ ② ○ ③ × ④ ○			
022	① ○ ② ○ ③ × ④ ○ ⑤ ○ ⑥ ○ ⑦ × ⑧ ○ ⑨ ×			
023	① × ② ○ ③ ○ ④ ○		**024**	① ○ ② × ③ ○ ④ ○
025	① ○ ② ○ ③ ○ ④ ×			
026	① ○ ② × ③ ○ ④ ○ ⑤ ○ ⑥ ○ ⑦ ○ ⑧ × ⑨ ×			
027	① ○ ② ○ ③ ○ ④ ×		**028**	① × ② × ③ ○ ④ ×
029	① ○ ② × ③ ○ ④ ○		**030**	① ○ ② ○ ③ × ④ ○
031	① × ② × ③ × ④ ○		**032**	① × ② ○ ③ × ④ ×
033	① × ② ○ ③ ○ ④ ○		**034**	① ○ ② × ③ ○ ④ ○
035	① × ② ○ ③ ○ ④ ○		**036**	① ○ ② ○ ③ × ④ ○
037	① ○ ② × ③ ○ ④ ○ ⑤ ○ ⑥ ○ ⑦ ×		**038**	① × ② ○ ③ × ④ ×
039	① × ② ○ ③ ○ ④ ○		**040**	① × ② × ③ ○ ④ ×
041	① ○ ② ○ ③ ○ ④ ×		**042**	① ○ ② × ③ ○ ④ ○
043	① × ② × ③ × ④ ○		**044**	① × ② ○ ③ ○ ④ ○
045	① ○ ② ○ ③ ○ ④ ○		**046**	① × ② × ③ ○ ④ ×
047	① ○ ② ○ ③ × ④ ○ ⑤ ○ ⑥ ○ ⑦ ○ ⑧ ○ ⑨ × ⑩ ○ ⑪ ○ ⑫ ○ ⑬ × ⑭ ○			
048	① ○ ② × ③ × ④ ×		**049**	① ○ ② × ③ × ④ ×
050	① ○ ② ○ ③ × ④ ○ ⑤ ○ ⑥ × ⑦ × ⑧ ○ ⑨ ○ ⑩ ○			
051	① ○ ② × ③ ○ ④ ○ ⑤ ○ ⑥ ○ ⑦ ○ ⑧ ×		**052**	① ○ ② ○ ③ ○ ④ × ⑤ ○ ⑥ ○ ⑦ ○ ⑧ ×
053	① ○ ② ○ ③ × ④ ○		**054**	① ○ ② × ③ × ④ ×
055	① × ② ○ ③ × ④ ×		**056**	① ○ ② × ③ × ④ × ⑤ ○
057	① ○ ② × ③ ○ ④ ○		**058**	① × ② × ③ ○ ④ ×
059	① ○ ② ○ ③ × ④ ○		**060**	① ○ ② ○ ③ × ④ ○
061	① ○ ② ○ ③ × ④ ○		**062**	① × ② ○ ③ ○ ④ ○
063	① ○ ② ○ ③ ○ ④ × ⑤ ○ ⑥ ○ ⑦ × ⑧ ○ ⑨ × ⑩ ○ ⑪ ○			

001 지반의 허용지내력

	지반	장기응력에 대한 허용지내력(kN/m²)	단기응력에 대한 허용지내력(kN/m²)
경암반	화강암·석록암·편마암·안산암 등의 화성암 및 굳은 역암 등의 암반	4,000	각 장기응력(연속적으로 작용하는 힘에 의한 변형력)에 대한 허용지내력 값의 1.5배로 한다.
연암반	판암·편암 등의 수성암의 암반	2,000	
	혈암·토단반 등의 암반	1,000	
	자갈	300	
	자갈과 모래와의 혼합물	200	
	모래섞인 점토 또는 롬토	150	
	모래 또는 점토	100	

002 원위치 시험은 흙의 물리적·역학적 특성을 파악하기 위하여 샘플링 또는 현지의 지반과 유사한 지반에서 행하는 시험을 하지 않고 현장의 지반 내에서 직접 측정하는 시험으로, 사운딩 시험법이 있다.

003 ③ 잡석지정은 지름 10~25cm 정도의 호박돌을 전단력을 유지하기 위해 옆세워 깔고 그 사이에 사춤 자갈(잡석량의 30% 정도)을 넣고 가장자리에서 중앙부로 다진다. 사용 목적은 콘크리트 두께의 절약, 기초 바닥판의 방습 및 배수, 이완된 지표면을 다짐 등이다. 즉, 수직 지지력에는 효과적이나 수평 지지력에는 효과가 없다.
⑥ 모래지정은 기초 밑의 지반이 연약하고 그 하부 2m 이내에 굳은 치층이 있어 말뚝을 박을 필요가 없는 경우에는 그 부분을 굳은 층까지 파내어 모래를 넣고 물다짐을 한 위에 기초를 축조한다. 이 때 하중, 지하유수 등으로 모래가 옆으로 밀려 나가지 않도록 그 주위에는 흙막이를 고려하여야 한다.

004 지정(기초를 보강하거나 지반의 지지력을 증대시키기 위하여 설치하는 것)의 종류

구분	종류
보통 지정	잡석 지정, 모래 지정, 자갈 지정, 긴주춧돌 지정, 잡석 콘크리트 지정, 밑창 콘크리트 지정
말뚝 지정	나무말뚝, 기성 콘크리트 말뚝, 제자리콘크리트 말뚝, 합성 말뚝, 철관, H형강 말뚝
깊은 지정	피어 지징(우물통식 지정, 깊은 우물통식 지정), 잠함 기조 시정 등

005 ④ 버림(밑창)콘크리트의 사용 목적은 먹매김 가능, 거푸집 설치, 철근 배근 용이, 바깥 방수의 바탕 이용 등이다.
① 최소두께 5~6cm 이상의 콘크리트가 필요하다.
② 버림 콘크리트는 기초의 일부로 취급하지 않으며, 일명 밑창콘크리트라고도 한다.
③ 잡석이나 자갈지정이 있는 경우도 생략하지 않아야 한다.

006 기초(건축물의 최하부에 있어 건물의 각종 하중을 받아 이것을 지반에 안전하게 전달시키는 구조 부분)의 종류 중 지정 형식에 의한 분류에는 직접 기초, 말뚝 기초, 피어 기초(우물통 기초, 잠함 기초 등) 등이 있다. 복합 기초는 기초판 형식에 의한 분류(독립, 복합, 연속, 온통 기초 등)에 속한다.

007 ② 복합 기초 : 두 개 이상의 기둥을 한 개의 기초에 연속되어 지지하는 기초로서 단독 기초의 단점을 보완한 기초이다.
　　① 온통 기초(매트 슬래브, 매트 기초) : 건축물의 전체 바닥에 철근 콘크리트 기초판을 설치한 기초로서 모든 하중이 기초판을 통하여 지반에 전달된다. 지반이 지나친 지내력 부담을 받지 않아 하중에 비하여 지내력이 작은 연약 지반에 사용한다.
　　③ 독립 기초 : 1개의 기초가 1개의 기둥을 지지하는 기초로서, 기둥마다 구덩이 파기를 한 후에 그곳에 기초를 만드는 것이다. 경제적이지만 침하가 고르지 못하고, 횡력에 위험하므로 이음보, 연결보 및 지중보가 필요하다.
　　④ 줄(연속) 기초 : 벽 또는 일련의 기둥으로부터의 응력을 띠모양으로 하여 지반 또는 지정에 전달하도록 하는 기초 형식으로 주로 조적 구조의 기초에 사용하는 기초이다.

008 기초(건축물의 최하부에 있어 건물의 각종 하중을 받아 이것을 지반에 안전하게 전달시키는 구조 부분)의 종류 중 기초판 형식에 의한 분류에는 독립기초, 복합기초, 연속(줄)기초, 온통 기초 등이 있다. 지정 형식에 의한 분류에는 직접 기초, 말뚝 기초, 피어 기초(우물통 기초, 잠함 기초 등) 등이 있다.

009 ① 말뚝머리는 해머로 때려 두부를 정리한 후 커팅 위치를 정한다.
　　⑤ 두부를 해머로 정리할 경우 본체에 균열이 생기므로 응력 손실이 발생하여 설계 내력을 상실하게 된다.

010 지반조사 시 시추주상도 보고서에서 확인사항에는 지층의 확인, 지하수위 확인, N값의 확인, 보링 방법, 시료 채취, 타격 횟수, 투수 계수, 암질 회수율, 코어 회수율 등이 있다.
　　슬라임은 수중굴착 시 굴착한 흙의 고운 입자가 안정액과 혼합되어 굴착구멍 밑 바닥에 앉은 부유물질을 말하며, 굴착종료 후 3시간 경과하면 슬라임 처리기로 처리한다.

011 ① 흙의 투수시험은 실험실에서 실시하는 시험이다.
　　② 베인테스트 : 보링 구멍을 이용하여 +자 날개형의 베인테스터를 지반에 때려 박고 회전시켜 그 저항력에 의하여 진흙의 점착력(전단강도)를 판별하는 시험으로, 현장에서 실시한다.
　　③ 표준관입시험 : 모래의 전단력의 차이에 의해 모래의 불교란 시료를 채취하기 곤란한 경우 현지의 지반에서 직접 밀도를 측정하는 현장에서 실시하는 시험방법이다.
　　④ 평판재하시험 : 재하판에 하중을 가하여 2cm 침하할 때까지의 하중으로 구하여 지내력을 구하는 시험으로 현장에서 실시한다.

012 ④ 딘월 샘플링(thin wall sampling)은 시료 채취기의 튜브가 얇은 살로 된 것을 사용하며, 연약한 점토 채취에 높은 신뢰도가 있다.

013 지반 조사는 '사전 조사 → 예비 조사 → 본조사 → 추가 조사'로 이루어진다. 사전 조사는 기존의 조사 자료, 문헌 조사 등의 내용을 참고로 하나, 각종 지반 조사를 먼저 실시한 후 기존의 조사 자료와 대조하지 않는다.

014 지반개량공법 중 강제압밀공법은 연약한 지반에 하중을 가하여 흙을 압축시키는 공법으로, 그 종류는 다음과 같다.

수위저하법	수위를 저하하는 공법으로, 일반적으로 중력배수공법[집수통 배수공법, 명거(표면)배수공법, 암거배수공법, Deep well(깊은 우물)공법]과 강제배수공법[Well point 공법, 진공 Deep well(흡입)공법, 전기침투 공법] 등이 있다.

샌드드레인공법	연약한 점토지반에 샌드파일을 시공하여 샌드매트를 통해서 지반 중의 물을 지표면으로 배제하여 지반의 압밀강화하는 공법이다.
성토공법	발포스티롤의 대형블록을 토목·건축분야의 토목공사, 구조물공사 등에 이용하는 공법이다.
프리로딩(선행재하)공법	구조물의 축조 장소에 사전 성토하여 선행침하시켜 흙의 전단강도를 증가시킨 후 성토 부분을 제거하는 공법이다.
페이퍼드레인공법	샌드드레인공법의 공법과 원리는 같으나 모래 대신 카드 보드를 연약지반에 압입하여 압밀을 촉진시키는 공법이다.

015 시멘트 처리공법, 석회 처리공법, 심층혼합 처리공법 등은 응결공법에 속한다. 플라스틱 드레인공법(플라스틱 드레인 공법의 일종으로 특수 가공한 다공질의 P.V.C드레인 재를 연약 점토지반에 관입하여 지반 중의 간극수를 탈수시키는 공법)은 탈수공법의 일종이다.

016 지반개량 공법 중 동다짐(Dynamic Compaction, 동압밀)공법은 중추(10~200t)를 10~40m 높이에서 낙하시켜 지표면에 충격을 주어 이 에너지로 지반의 심층까지 다짐 효과를 주어 지반을 다져 강도를 충전시키는 공법으로, 지반 내에 장애물이 있어도 가능한 공법이다.

017 지반조사법에서 지하탐사법에는 터파보기(삽으로 구멍을 파보는 것), 탐사간(철봉을 이용하여 인력으로 삽입하거나 때려 박아보는 법), 물리적탐사법(지반의 구성층 또는 지층 변화의 심도를 판단하는 방법) 등이 있다. 철관박아넣기는 보링(지반을 조사하기 위하여 지표면에서 지중으로 구멍을 뚫어 흙의 종류, 지반의 구성, 지하 수위의 측정, 토질 시험용 시료를 채취하는 방식)에 사용된다.

018 ② 딘윌 샘플링(thin wall sampling) : 시료 채취기의 튜브가 얇은 살로 된 것을 사용하고, 연약한 점토 채취에 높은 신뢰도가 있다.
③ 베인 테스트(vane test) : 보링 구멍을 이용하여 +자 날개형의 베인테스터를 지반에 때려 박고 회전시켜 그 저항력에 의하여 진흙의 점착력(전단강도)를 판별하는 시험으로 현장에서 실시한다.
④ 전기 탐사법 : 인공적인 전류를 지반에 흘려보냄으로써 매질에 따라 전류가 잘 흐르거나 흐르지 않는 지반의 전기적 물성 차이에 의한 전위차를 측정함으로써 지하구조를 조사하는 탐사법이다.

019 표준관입시험은 모래의 전단력의 차이에 의해 모래의 불교란 시료를 채취하기 곤란한 경우 현지의 지반에서 직접 밀도를 측정하는 현장에서 실시하는 시험방법이다. 사질토의 상대밀도와 내부 마찰각, 선단지지층이 사질토지반일 때 말뚝 지지력, 점성토의 전단강도 등이 있다.

020~021 사운딩(Sounding)은 지반 조사의 일종으로, 로드의 선단에 부착한 저항체를 지중에 매입하여 관입, 회전, 인발 등의 힘을 가하여 그 저항치에서 토층의 상태를 알 수 있는 방법이다. 그 종류로는 표준관입시험, 베인 테스트, 콘관입시험(휴대용, 화란식, 동적 콘 관입시험 등), 스웨딘식 사운딩 등이 있다. 지내력(재하)시험은 기초 저면까지 판자리에서 직접 재하하여 허용지내력을 구하는 시험법으로, 지반 조사와는 무관하다.

022 ③ 총침하량이 20mm에 도달했을 때의 하중을 구하여 단기허용지내력을 구한다.
⑦ 단기하중에 대한 허용지내력은 장기하중에 대한 허용지내력의 1.5배로 한다.
⑨ 시험 하중은 매회 1ton 이상 또는 예정파괴 하중의 1/5 이하의 하중을 재하한다.

023 잡석지정은 지름 10~25cm 정도의 호박돌을 전단력을 유지하기 위해 옆세워 깔고 그 사이에 사춤 자갈(잡석량의 30% 정도)을 넣고 가장자리에서 중앙부로 다지는 것이다. 사용 목적은 콘크리트 두께의 절약, 기초 바닥판의 방습 및 배수, 이완된 지표면을 다짐 등이다. 즉, 수직 지지력(구조물의 안정을 유지)에는 효과적이나 수평 지지력에는 효과가 없다.

024 현장타설 콘크리트 말뚝으로는 심플렉스 파일, 컴프레솔파일, 페테스탈 파일 등이 있다. 기성콘크리트 말뚝은 대규모의 중량 건축물 또는 연약한 지반에 말뚝을 깊이 박아야 할 때, 상수면에 대한 고려 없이 사용할 수 있는 말뚝이다.

025 그라우팅 공법은 지반의 누수방지 또는 지반개량을 위하여 지반 내부의 틈 또는 굵은 알 사이의 공극에 시멘트죽 또는 교질규산염이 생기는 약액 등을 주입하여 흙의 투수성을 저하하는 공법이다. 시멘트 주입공법은 점토지반에서 주로 사용하는 시멘트를 주입하는 공법으로 '시멘트 : 물 = 1 : 8 ~ 1 : 10' 정도로 주입은 낮은 농도로 시작해서 곧 농도를 높이며, 시멘트 페이스트 이외에 약액을 병용하면 효과적인 공법이다.

026 지반 개량 공법

구분		공법의 종류
다짐	물다짐, 진동	Vibro flotation 공법, Sand Compaction pile 공법, Compozer 공법 등
	재하	Pre-loading 공법
	전압	
	다짐(충격)	
탈수	중력 배수	집수통 배수 공법, Siemens Well공법, Deep Well 공법 등
	강제 배수	Well point 공법, Vacuum Paper Drain 공법 등
	가압 배수	Sand Drain 공법, Paper Drain 공법 등
	전기 침두법	
고결	시멘트 주입, 약액 주입, 동결 공법, 전기화학 고결법, 생석회말뚝 공법 등	
치환	굴착 치환, 활동 치환, 폭파 치환 등	
혼합	입도 조정법, Soil Cement, 약제 혼합 등	

② 틸트업 공법은 4~5개층 높이의 콘크리트 벽체, 기둥, 보를 현장에서 만들어 크레인으로 인양하여 설치하는 공법이다.

⑧ 가동매입공법은 철골 공사의 기초앵커볼트 매입공법의 하나로 고정매입공법과 유사하나 앵커볼트 상부 부분을 조정할 수 있도록 콘크리트 타설 전 사전 조치해 두는 공법이다.

⑨ 탑다운(Top-down)공법은 흙막이벽으로 설치한 슬러리 월을 본 구조체의 벽체로 이용하고, 기둥과 기초를 시공한 다음 점차로 지하로 진행하면서 동시에 지상 구조물도 축조해가는 공법으로 지상, 지하의 공사가 동시에 진행되므로 공기단축에 유리한 공법이다.

027 ④ 진동 부유공법(Vibro Flotation) : 수평방향으로 진동하는 직경 20cm 정도의 봉상 바이브로 플롯트로 사수와 진동을 동시에 일으켜 빈 공간에 모래나 자갈을 채워 모래 지반을 다짐으로써 지반 전체가 상부 구조를 지지하고, 공사기간이 빠르며, 저가 시공이 가능하다. 특히, 내진효과가 기대되는 사질 지반의 개량공법이다.

① 샌드드레인 공법(sand drain) : 연약한 점토지반에 샌드파일을 시공하여 샌드매트를 통해서 지반 중의 물을 지표면으로 배제하여 지반의 압밀강화하는 공법이다.

② 웰포인트 공법(well point) : 배수에 의한 연약 지반의 안정공법에서 지름 3~5cm 정도의 파이프 끝에 여과기를 달아 1~2m 간격으로 때려 박고, 이를 수평으로 굵은 파이프에 연결하여 진공으로 물을 빨아냄으로써 지하수위를 저하시키는 공법이다.

③ 생석회말뚝 공법 : 지반 내에 생석회에 의한 말뚝을 설치하여 흙을 고결화시켜 연약층의 강화를 도모하는 공법이다. 흙속의 물을 급속하게 탈수함과 동시에 말뚝 자신의 체적이 2배로 팽창하여 지반을 강제압밀시켜, 지지력의 증대와 말뚝 주변의 지반도 강화된다.

028 ① 수세식 보링 : 끝에 충격을 주며 물을 뿜어내어 파인 흙과 물을 같이 배출시키고 그 흙탕물을 침전시켜 지층의 토질을 판별한다.

② 충격식 보링 : 와이어 로프 끝에 충격날(bit)을 달고 60~70cm 상하 이동하여 구멍 밑에 낙하 충격을 주어 토사, 암석을 파쇄하여 천공하는 것으로 파쇄된 토사는 베일러로 배제한다.

029 보링의 간격은 아파트에 있어서 주거동 부분은 30m, 지하주차장 부분은 50m 간격으로 시추하며, 부지 내에서 3개소 이상 행하는 것이 바람직하다.

030 ③ 언더피닝(Under pinning)은 기존 건축물 또는 공작물의 기초나 지정을 보강하거나 또는 거기에 새로운 기초를 삽입하거나 지지면을 더 깊은 지반에 옮겨 안전하게 하기 위한 지반개량공법 또는 기존에 구축된 건축물 가까이에서 건축공사를 실시할 경우 기존건물의 지반과 기초를 보강하는 공법이다.

① 보링(Boring) : 지중에 철관을 꽂아 천공하여 그 안의 토사를 채취, 관찰할 수 있는 지반 조사의 가장 중요한 방법으로 지중의 토질 분포, 흙의 층상 및 구성 등을 알 수 있고, 주상도를 그릴 수 있으며, 표준관입시험, 베인 테스트 등과 같은 지반조사법과 병용하기도 한다.

② 사운딩(Sounding) : 지반 조사의 일종으로 로드의 선단에 부착한 저항체를 지중에 매입하여 관입, 회전, 인발 등의 힘을 가하여 그 저항치에서 토층의 상태를 알 수 있는 방법으로 표준관입시험, 베인 테스트, 콘 관입시험(휴대용, 화란식, 동적 콘 관입시험 등), 스웨딘식 사운딩 등이 있다.

④ 샘플링(Sampling) : 시료 채취로서 교란 시료(토질이 흐트러진 상태로 채취한 시료) 채취와 불교란 시료(토질이 자연 상태 그대로 채취한 시료) 채취가 있다.

031 ① 슬러리월 공법 : 지반 굴착시 안정을 사용하여 지반의 붕괴를 방지하면서 굴착하고 그 속에 철근망을 넣고 콘크리트를 타설하여 연속으로 콘크리트 흙막이벽을 설치하는 공법이다.

② 빗버팀대식 공법 : 중앙부를 먼저 굴착하고 본체를 구축한 다음 본체의 벽체에 경사지게 버팀대를 걸쳐 흙막이벽을 지지하면서 굴착하는 공법으로 대지의 고저차가 있는 경우나 한 쪽에 커다란 적재하중이 있는 경우에 유리하고, 버팀대의 길이가 짧아 변형률이 적으며, 수평버팀대식보다 가설비가 적게든다. 특히, 건축물의 형상이 복잡한 경우에 유리하다.

③ 이코스 공법 : 제자리 콘크리트 말뚝박기 공법 중 말뚝이라기 보다는 지수벽(止水壁)을 만드는 공법으로서 말뚝구멍을 하나 걸러서 뚫고 콘크리트를 부어넣어 만들고 말뚝과 말뚝사이에 다음 말뚝구멍을 뚫어 만들면 흙막이벽이 되는 것으로서 도시 소음방지 또는 근접건물의 침하우려시 유효한 공법이다.

032 개방잠함공법은 지하 구조체를 지상에서 구축하여 바깥벽 밑에 끝날을 붙이고, 하부의 중앙 흙을 파내어 구조체의 자중으로 침하시키는 공법이다.

① 건물 내부 작업이므로 기후의 영향을 많이 받지 않는다.

③ 압축 공기를 사용하지 않으므로 소음발생이 작다.

④ 실의 내부 중앙 부분을 갓 둘레부분보다 먼저 판다.

033 건축물의 부동침하를 일으키는 요인에는 이질 지반, 경사 지반, 연약 지반, 연약 지반의 분포가 다른 지반, 낭떠러지, 지하 구멍, 메운땅, 종류가 다른 기초, 지하 매설물, 지하 수위의 변동, 증축 등이 있다.

034 건물의 부동침하 방지대책으로는 연약 지반에 대한 대책에는 상부 구조와의 관계(건축물의 경량화, 평균 길이를 짧게 할 것, 강성을 높게 할 것, 이웃 건축물과 거리를 멀게 할 것, 건축물의 중량을 분배할 것 등)와 기초 구조와의 관계(굳은 층(경질층)에 지지시킬 것, 마찰 말뚝을 사용할 것 및 지하실을 설치할 것 등)가 있다. 이질지정은 부동침하의 원인이 된다.

035 말뚝기초 재하시험에는 정재하 시험[압축(수직)재하시험, 인발 시험, 수평재하시험 등], 동재하 시험 등이 있다.

036 말뚝재하시험의 주요목적에는 말뚝의 지지력 측정, 말뚝 길이의 결정, 말뚝 관입량의 결정, 지지력의 분석, 파일의 파손 유무 체크 등이 있다.

037 ②·⑦ 5회 타격 총관입량이 6mm 이하일 때를 거부현상으로 판단한다.

038 ① 정적재하시험 : 기초말뚝의 거동을 파악하기 위한 가장 확실한 방법으로 타입된 말뚝에 실제 하중으로 재하시험 방법이다.
④ 인발시험 : 타입된 말뚝을 유압 잭을 이용하여 인발하는 시험이다.

039 기성콘크리트 말뚝의 이음 방법에는 장부식, 충전식, 볼트식, 용접식 등이 있고, 경제적이어야 하며, 시공이 용이하여야 한다. 또한, 단 시간 내에 이음이 가능하여야 하나, 말뚝이음 부위에 대한 신뢰성이 낮다.

040 ① 충전식 이음 : 말뚝 이음부의 철근을 따내어 용접한 후 상·하부 말뚝을 연결하는 스틸 슬리브를 설치하여 콘크리트로 충진하는 방법으로 일반적으로 많이 사용한다.
② 볼트식 이음 : 말뚝 이음부를 볼트로 조여 시공하는 방법으로 시공이 간단하고, 이음부의 내력이 우수하나, 가격이 고가이다. 또한, 볼트의 내식성과 타격시 변형이 우려된다.
④ 장부식 이음 : 이음부에 밴드를 설치하여 이음하는 공법으로 구조가 간단하고 단 시간 내에 시공이 가능하며, 강성이 약해 연결부분의 파손률이 높다.

041 PHC-A·450-12의 표기

> - PHC : 원심력 고강도 프리스트레스트 콘크리트말뚝
> - A : A종
> - 450 : 말뚝의 직경(mm)
> - 12 : 말뚝의 길이(m)

즉, 기성콘크리트 말뚝의 표기는 "PHC(원심력 고강도 프리스트레스트 콘크리트말뚝) - 종별 - 말뚝의 바깥지름 - 말뚝의 길이" 순으로 표기한다.

042 원심력 고강도 프리스트레스트 콘크리트말뚝(PHC말뚝)은 프리텐션 방식에 의한 원심력을 이용하여 제조된 콘크리트 압축강도 80Mpa 이상의 고강도 콘크리트 말뚝이다.

043 ① 리버스 서큘레이션 공법 : 드릴로 대구경의 구멍을 파고 정수압으로 정수압으로 공벽을 보호하고 철근망을 삽입한 후 콘크리트를 타설하여 현장콘크리트 말뚝을 만드는 공법이다.

② 베노토(올케이싱)공법 : 강제 케이싱 튜브를 압입하는 동시에 윈치를 이용하여 버킷으로 흙을 파내어 말뚝의 구멍을 만들고, 그 속에 콘크리트를 채우며, 케이싱을 빼내어 현장콘크리트 말뚝을 시공하는 공법이다. 대구경의 긴 말뚝의 시공에 적합하다.

③ 심초공법 : 제자리 콘크리트 말뚝공법 중 인력으로 굴삭하는 공법이다.

044 제자리(현장타설)콘크리트 말뚝 공법

구분	공법
관입공법	페데스탈(Pedestal)말뚝, 심플렉스(Simplex)말뚝, 프랭키(Franky)말뚝, 레이먼드(Raymond)말뚝, 콤프레솔(Compressol)말뚝
굴착공법	어스 드릴(Earth Drill)공법(Calweld 공법), 베노토(Beneto)공법(All casing 공법), 리버스 서큘레이션(Reverse Circulation Drill)공법
프리팩트 콘크리트 공법	C.I.P(Cast in place pile), M.I.P(mixed in place pile), P.I.P(Packed in place pile)

① 프리보링(선행굴착)공법은 오거로 미리 구멍을 뚫어 기성콘크리트 말뚝을 삽입한 후, 압입 또는 경타(타격)에 의해 말뚝을 설치하는 공법이다.

045 Earth Drill(칼 웰드)공법은 기초굴착 방법 중 굴착 공에 철근망을 삽입하고 콘크리트를 타설하여 말뚝을 형성하는 공법으로, 안정액으로 벤토나이트 용액을 사용하고 표층부에서만 케이싱을 사용하는 공법이다. 특성으로는 기계가 비교적 소형으로 좁은 장소에서는 작업이 용이하고 지하수가 없는 점성토에 적합하며, 중간 굳은층에는 굴착이 난이하고, 붕괴하기 쉬운 모래층, 자갈층에는 부적당하다.

046 ① S.I.P(Soil cement Injected Pile) : 오거로 시멘트 페이스트를 주입하면서 굴진하고, 소정의 깊이에 도달하면 시멘트 페이스트를 주입하면셔 서서히 오거를 인발하여 기성콘크리트 말뚝을 삽입하는 공법이다.

② D.R.A(Double Rod Auger) : 이중 오거, 즉 내측 오거와 외측 오거가 서로 역방향으로 회전하면서 지반을 천공하는 공법으로, 진동과 소음을 최소화한 공법이다.

④ S.I.G(Super Injection Grouting) : 치환 공법의 일종으로, 지반을 물과 공기를 이용하여 굴착한 후 고화재를 충진하는 공법이다.

047 ③ 시공 시 다량의 물로 가능하며, 수상(해상)작업이 가능하다.

⑨·⑬ 시공 지름 0.8~3.0m, 심도 30~70m 이상의 말뚝을 형성한다.

048 ② 베노토(올케이싱)공법 : 강제 케이싱 튜브를 압입하는 동시에 윈치를 이용하여 버킷으로 흙을 파내어 말뚝의 구멍을 만들고, 그 속에 콘크리트를 채우며, 케이싱을 빼내어 현장콘크리트 말뚝을 시공하는 공법이다. 대구경의 긴 말뚝의 시공에 적합하다.

③ 어스드릴(칼웰드)공법 : 회전식 드릴링 버킷으로 필요한 깊이까지 굴착하고 그 굴착공에 철근망을 삽입한 후 콘크리트를 타설하여 지름 1~2m 정도의 대구경 제자리콘크리트 말뚝을 만드는 공법으로 진동과 소음이 적고, 기계는 소형이나 굴착 속도가 빠르며 점토 지반에 적용된다.

049 현장콘크리트 말뚝 공법

베노토 (Benoto pile, 올케이싱) 공법	강제 케이싱 튜브를 압입하는 동시에 윈치를 이용하여 버킷으로 흙을 파내어 말뚝의 구멍을 만들고, 그 속에 콘크리트를 채우며, 케이싱을 빼내어 현장콘크리트 말뚝을 시공하는 공법이다. 대구경의 긴 말뚝의 시공에 적합하다.
페데스탈 파일 (Pedestal pile)	현장타설 콘크리트말뚝 중 외관과 내관의 2중관을 소정의 위치까지 박은 다음, 내관은 빼내고 관내에 콘크리트를 부어 넣고 내관을 넣어 다지며 외관을 서서히 빼 올리면서 콘크리트 구근을 만다는 말뚝이다.
레이몬드 파일 (Raymond pile)	제자리콘크리트 말뚝 중 내·외관을 소정의 깊이까지 박은 후에 내관을 빼낸 후, 외관에 콘크리트를 부어 넣어 지중에 콘크리트말뚝을 형성하는 공법 또는 얇은 철판의 외관에 심대를 넣어 쳐박은 후 심대를 빼내고 콘크리트를 다져넣는 방법으로 만드는 말뚝공법이다.
프랭키 파일 (Franky pile)	심대 끝에 주철제의 원추형 마개가 달린 외관을 추로 내리쳐서 소정의 깊이에 도달하면 내부의 마개와 추를 빼내고 콘크리트를 넣어 추로 다져 외관을 조금씩 들어올리면서 선단의 구근 요철말뚝을 형성하는 공법이다.
심플렉스 파일 (Simplex pile)	외관(끝 부분에 쇠신을 댐)을 소정의 깊이까지 박고 콘크리트를 넣고 추로 다지면서 외관을 빼내는 공법이다.
콤프레솔 파일	세 가지(뾰족한 추, 둥근 추, 편평한 추)의 추를 사용하여 구멍 속에 잡석과 콘크리트를 교대로 넣고, 중추로 다지면서 형성하는 공법이다.

050 ③ 협소한 장소에는 시공이 가능하다.

⑥ 굴착을 깊게 하면 수직도가 떨어진다.

⑦ 구멍에 삽입하는 철근의 조립은 원형철근조립으로 당초 설계치수보다 작게 하여 콘크리트 타설 작업은 쉬워지나, 말뚝의 강도가 저하되는 현상이 발생하므로 주의하여야 한다.

051 ② 기성콘크리트말뚝에 비해 경량이므로 운반 및 취급이 쉽다.

⑧ 지중에서 부식(금속이 흙속에서 부식)되며 타 말뚝에 비하여 재료비가 고가이다.

052 ④·⑧ 내구성이 좋지 않으므로 부식(방부)에 대한 대책을 고려하여야 한다.

053 디젤해머(diesel hammer)는 공이의 낙하에 의해, 말뚝머리를 타격하는 순간에 내부 연소실의 발화 폭발력으로 공이가 원래의 높이까지 위로 오르는 반작용으로 말뚝을 박는 타격공법에 사용하는 기계로서, 타격 시의 소음이 커서 도심지 공사에 적용이 되지 않을 뿐만 아니라 점진적으로 사용이 제한되고 있다.

054 ② 웰포인트 공법(well point) : 배수에 의한 연약 지반의 안정공법에서 지름 3~5cm 정도의 파이프 끝에 여과기를 달아 1~2m 간격으로 때려 박고, 이를 수평으로 굵은 파이프에 연결하여 진공으로 물을 빨아냄으로써 지하수위를 저하시키는 공법이다.

③ 뉴매틱 웰 케이슨 공법(pneumatic well caisson, 용기잠함공법) : 용수량이 대단히 많고 깊은 기초를 구축할 때 사용하는 공법으로 최하부의 작업실은 밀폐되어 여기에 지하 수압에 상응하는 고압공기를 공급하여 지하수의 침입을 방지하면서 흙파기 작업을 하여 지하구조체를 침하시키는 공법이다.

④ 탑다운(Top-down)공법 : 흙막이벽으로 설치한 슬러리 월을 본 구조체의 벽체로 이용하고, 기둥과 기초를 시공한 다음 점차로 지하로 진행하면서 동시에 지상 구조물도 축조해가는 공법으로 지상, 지하의 공사가 동시에 진행되므로 공기단축에 유리한 공법이다.

055 ① 이코스(ICOS)공법은 흙막이벽, 지수벽에 사용하는 공법이다.

③ 파이핑공법에서 파이핑이란 사질 지반에서 흙막이 배면의 미립 토사가 유실되면서 지반 내에 파이프 모양의 수로가 형성되어 지반이 점차 파괴되는 현상이다.

④ 탑다운(Top-Down)공법은 토공사에 사용하는 공법이다.

056 ② 언더피닝 공법은 기존건물의 지반과 기초를 보강하는 공법이다.

③ 기초 공법 중 용기잠함공법은 용수량이 많은 깊은 기초의 축조에 사용하는 공법이다.

④ 언더피닝 공법은 지하연속 공법(벽식, 주열식 등)과는 무관하다.

057 언더피닝(Under pinning) 공법의 종류

2중 널말뚝 공법	인접 건축물과 여유가 있을 때, 널말뚝의 외측에 또 하나의 널말뚝을 박는 공법으로 연약지반에 적합하고, 흙과 물의 이동을 막는 역할을 한다.
강재말뚝 공법	현장콘크리트 말뚝을 대신하여 강재말뚝을 사용하는 공법으로 강재말뚝을 경질지반까지 박아 기초 또는 기둥을 보강하는 공법이다.
약액주입법	인접 건축물과 흙막이벽 사이에 약액을 주입하여 지수 및 지반을 강화하는 공법이다.
차단벽 공법	상수면 위에서 공사가 가능한 경우에 사용하는 공법으로 인접 건축물과 흙막이벽 사이에 차단벽을 설치한다.
웰 포인트 공법	인접 건축물의 주위에 웰 포인트를 설치하여 동시에 수위를 강하시켜 부동침하를 방지한다.
현장콘크리트 말뚝 공법	인접 건축물의 기초 바닥 밑에 구덩이를 파고 현장콘크리트 말뚝을 시공하는 공법이다. 또한, 전기침투공법은 강제배수 공법의 일종으로 물이 양극에서 음극으로 흐르는 원리를 이용한 공법이다.

058 ① 오거 파일(Auger pile) : 단일오거 스크류를 활용하여 시공하는 공법으로, 케이싱 없이도 천공 후 홀이 잘 보존되고, 파일을 삽입하고 경타하여 마무리를 하는 공법이다.

② 시 아이 피 파일(CIP pile) : 프리플레이스트 콘크리트 말뚝으로 구멍을 뚫어 주입관과 굵은 골재를 채워 넣고 관을 통하여 모르타르를 주입하는 공법 또는 프리플레이스트 콘크리트 말뚝으로 구멍을 뚫어 주입관과 굵은 골재를 채워 넣고 관을 통하여 모르타르를 주입하는 공법이다.

④ 피 아이 피 파일(PIP pile) : 스크루 오거를 회전시켜 땅 속에 밀어 넣어 오거를 뽑아 올리면서 오거의 중심관 선단으로부터 모르타르나 잔자갈 콘크리트를 주입하여 말뚝을 형성하는 공법이다.

059 피어(pier)란 지층에 형성되는 콘크리트 파일로서 현장타설콘크리트 파일이나 웰 공법에서 파일의 길이가 짧고 직경이 큰 파일을 의미하고, 직경은 90cm 이상, 길이는 직경의 15배 이하인 파일을 총칭한다. 트레미(tremie)관, 케이싱(casing), 벤토나이트(ventonite)액(液)을 사용한다. 디젤해머(diesel hammer)는 말뚝을 박는 타격공법에 사용하는 기계이다.

060 피어기초 공사는 무진동, 무소음공법이나, 다른 기초형식에 비하여 공사 기간 및 공사 비용이 많이 소요된다.

061 베노토 공법은 현장타설 제자리 콘크리트 말뚝 공법 중 굴착 공법에 속한다.

062 베노토 파일은 기계가 대형이고, 중량으로 고가이며 굴착속도가 느리다.

063 탑다운(Top-down) 공법은 흙막이벽으로 설치한 슬러리 월을 본 구조체의 벽체로 이용하고, 기둥과 기초를 시공한 다음 점차로 지하로 진행하면서 동시에 지상 구조물도 축조해가는 공법으로 지상, 지하의 공사가 동시에 진행되므로 공기단축에 유리한 공법이다.

④ 기둥이음 등 수직부 일체화 시공이 불리하므로 점검하고 유의하여야 한다.

⑦ 건물의 지하구조체에 시공이음이 많아 건물방수에 대한 우려가 크다.

⑨ Top Down 공법은 1층 바닥 기준으로 상방향, 하방향 중 양쪽 방향으로 공사가 가능하다. 즉, 지상과 지하의 공사가 동시에 진행된다.

5단원 철근콘크리트 공사

▶ 문제편 409p

번호	①	②	③	④	⑤	⑥	⑦	⑧	⑨	⑩	⑪	⑫	⑬	⑭	⑮	⑯	⑰
001	○	○	×	○													
002	×	○	×	×													
003	○	○	×	○	○	×	○	○	○	×							
004	×	○	○	○													
005	○	×	○	○	○	○	○	○	×	×	○	○	○				
006	○	○	×	○	○	○	×	○	×	×	○	○	×	○	○		
007	○	○	○	×													
008	×	×	○	×													
009	○	×	○	×													
010	○	○	○	○	○	×											
011	×	○	○	○													
012	×	×	○	×													
013	○	○	×	○	○												
014	○	○	○	×													
015	○	×	○	○	○	○	×	○									
016	×	○	○	○													
017	○	○	○	×	○	○	○	×	×								
018	○	○	○	×	○	○	○	×	○	○	○	×	○				
019	○	×	○	○	○	×	○	○									
020	×	○	○	○													
021	○	×	○	○	○	○	○										
022	○	○	×	○													
023	○	○	×	○													
024	×	○	○	○													
025	×	×	○	×													
026	○	○	×	○	○	×	○	○	○								
027	○	×	○	○													
029	×	×	○	×													
030	○	○	○	×													
031	×	×	×	○													
032	○	×	○	○													
033	○	○	×	○													
034	×	○	○	○													
035	○	○	○	○													
036	○	○	○	×													
037	○	○	×	○													
038	○	○	×	○													
039	×	×	○	×													
040	×	○	○	○	○	○	○	×	○	○							
041	×	○	○	×	×	○	○	○									
042	×	○	×	×													
043	×	×	○	×													
044	×	×	×	○													
045	○	○	○	○													
046	×	○	○	○													
047	○	○	○	×	○	×	○	○									
048	○	×	×	×													
049	×	×	○	×	×	○	○	○									
050	×	○	○	×													
051	○	×	○	○													
052	○	○	○	×													
053	○	○	○	×													
054	○	○	○	×													
055	○	○	×	○													
056	×	○	×	×													
057	○	○	○	○													
058	○	○	○	×													
059	○	○	×	○	○	○	○	×	○	○							

028: ①○ ②× ③○ ④○ ⑤× ⑥○ ⑦× ⑧○ ⑨○ ⑩× ⑪○ ⑫○ ⑬× ⑭× ⑮○ ⑯○ ⑰○ ⑱○ ⑲○ ⑳× ㉑○ ㉒× ㉓○ ㉔○ ㉕○ ㉖○ ㉗○ ㉘○ ㉙× ㉚○

060	①○ ②× ③× ④×		
061	①○ ②○ ③○ ④× ⑤× ⑥○ ⑦○ ⑧× ⑨× ⑩○ ⑪○ ⑫○		
062	①× ②○ ③× ④× ⑤×	063	①× ②○ ③○ ④○
064	①○ ②× ③× ④×	065	①○ ②○ ③× ④○ ⑤×
066	①× ②○ ③○ ④○	067	①○ ②× ③○ ④○
068	①○ ②○ ③× ④○	069	①× ②○ ③○ ④○
070	①○ ②× ③○ ④○	071	①○ ②○ ③○ ④×
072	①× ②○ ③× ④○ ⑤○ ⑥○ ⑦× ⑧○ ⑨× ⑩○ ⑪○		
073	①○ ②○ ③○ ④× ⑤○ ⑥○ ⑦× ⑧○	074	①× ②○ ③○ ④○
075	①○ ②○ ③× ④○ ⑤× ⑥○	076	①× ②○ ③× ④×
077	①○ ②○ ③○ ④×	078	①○ ②○ ③○ ④×
079	①× ②○ ③× ④× ⑤× ⑥× ⑦× ⑧×	080	①× ②× ③× ④○
081	①○ ②○ ③× ④○	082	①× ②× ③○ ④×
083	①○ ②× ③× ④×	084	①○ ②○ ③× ④○
085	①○ ②○ ③× ④○	086	①○ ②○ ③× ④○ ⑤× ⑥× ⑦○
087	①× ②○ ③○ ④○	088	①○ ②○ ③○ ④× ⑤○
089	①○ ②○ ③○ ④× ⑤○ ⑥○ ⑦○ ⑧× ⑨○ ⑩○ ⑪× ⑫○ ⑬× ⑭○		
090	①○ ②○ ③○ ④×		
091	①× ②○ ③○ ④○ ⑤× ⑥○ ⑦○ ⑧× ⑨× ⑩○ ⑪×		
092	①○ ②○ ③○ ④×	093	①○ ②× ③○ ④○
094	①× ②× ③○ ④×	095	①○ ②○ ③× ④○
096	①○ ②○ ③○ ④×	097	①○ ②○ ③○ ④×
098	①○ ②○ ③○ ④× ⑤○ ⑥×	099	①× ②○ ③○ ④○ ⑤○ ⑥○
100	①○ ②× ③○ ④○	101	①× ②○ ③○ ④○ ⑤×

001 시멘트의 분말도는 수화작용에 큰 영향을 미치고 시공연도, 공기량, 내구성에도 영향을 주며 분말도가 클수록 풍화되기 쉽다.

002 비중에 따른 골재의 분류

골재의 분류	골재의 정의
보통 골재	전건 비중이 2.5~2.7 정도로서 강 모래, 강 자갈, 깬 자갈 등
경량 골재	전건 비중이 2.0 이하로서 천연의 화산재, 경석, 인공 질석, 펄라이트 등
중량 골재	전건 비중이 2.8 이상으로서 중정석, 철광석 등

또한, 천연경량골재에는 화산암, 화산암재, 화산재, 응회암, 규조토 등이 있고, 인공경량골재에는 혈암, 점판암, 팽창질석, 플라이애시, 용융 광재, 석탄재 등이 있다.

003 ③ 콘크리트 중 골재가 차지하는 용적(실적률)은 절대용적으로 잔골재의 경우 55~70%, 굵은 골재의 경우 55~73% 정도이다.
⑥ 골재에 포함된 부식토, 석탄 등의 유기물은 콘크리트의 경화를 촉진하여 혼화재 대용으로 사용할 수 없다.
⑩ 실트, 점토, 운모 등의 미립분은 골재와 시멘트의 부착을 좋지 않게 한다.

004 크리프가 증가하는 요인에는 콘크리트가 아직 덜 굳었을 때(물·시멘트비가 큰 콘크리트 사용 시, 콘크리트가 건조한 상태로 노출될 때), 부재의 단면 치수가 작을수록, 하중이 클수록, 단위수량과 단위시멘트량이 많을수록, 재하 시 재령이 짧을수록 등이 있다. 크리프는 콘크리트가 완전히 건조했거나, 완전히 젖어 있으면 크리프는 거의 일어나지 않고, 콘크리트의 재령에 따라 감소한다.

005 ② 캔틸레버는 이어붓지 않음을 원칙으로 하고, 바닥판은 전단력이 가장 작은 간사이의 1/2 부근에서 수직으로 한다.
⑨ 기둥은 기초판, 연결보 또는 바닥판 위에 수평으로 한다.
⑩ 보, 바닥슬래브 및 지붕슬래브의 수직 타설이음부는 스팬의 중앙 부근에 주근과 수직방향으로 설치한다.

006 ③ 운반거리가 먼 곳에서부터 타설을 시작하여 가까운 곳으로 진행해 나간다.
⑦ 콘크리트 타설은 기둥 → 벽 → 계단 → 보 → 바닥판의 순서로 한다.
⑨ 콘크리트를 타설할 때는 골재 분리를 방지하기 위하여 타설 높이를 최대한 낮게 한다.
⑩ 진동기로 거푸집과 철근에 직접 닿지 않도록 진동을 주어 밀실하게 콘크리트를 다진다.
⑬ 타설한 콘크리트를 거푸집 안에서 종(수직) 방향으로 이동시켜 밀실하게 채워질 수 있도록 한다.

007 거푸집 공사의 안전성 검토 사항에는 하중(외력)계산 검토[생콘크리트의 중량, 작업하중(바닥판, 보 밑), 충격하중(바닥판, 보 밑), 생콘크리트의 측압 등], 강도계산 검토(휨강도와 전단강도), 처짐계산 검토(처짐과 처짐각), 조임철물 배치간격 검토, 콘크리트의 단기 집중타설 여부 검토 등이 있다.

008 ① 피이닝(Peening) : 용접부를 구면상의 특수해머(hammer)로 연속적으로 타격하여 표면층에 소성 변형을 주는 조작이다.
② 블로우 홀(Blow hole) : 용융금속이 응고할 때 방출되어야 할 가스가 남아서 생기는 용접부의 빈 자리 또는 금속이나 유리 등을 주조할 때 그 속에 남은 기포를 말한다.
④ 버블시트(Bubble sheet) : 겨울철 콘크리트 양생 시트로 동결에 따른 경화 지연, 강도발현 저하, 콘크리트 자체 내구성 저하 등의 문제점을 보완해주는 역할을 한다.

009 ② 형태의 변경이나 파괴, 철거가 난이하다.
③ 콘크리트는 원래 알칼리성(pH12 정도)이므로 철근의 부식을 보호하는 역할을 하고 있다. 즉, 콘크리트는 알칼리성으로 철근의 부식을 방지한다.
④ 철근은 인장력을, 콘크리트는 압축력을 부담한다.

010 ① 시멘트의 분말이 미세할수록 수화작용이 빠르고 워커빌리티가 증대된다.
⑥ 단위수량을 증가시킬수록 재료분리가 증가하여 워커빌리티가 나빠진다.

011 콘크리트의 시공성(굳지 않은 콘크리트가 재료분리의 발생을 적게 하고 밀실하게 채워지기 위해서 유동성이 필요하게 되는 성질)에 영향을 주는 요인에는 시멘트의 성질, 골재의 입형, 혼화 재료, 물·시멘트비, 굵은 골재의 최대치수, 잔골재율, 단위 수량, 공기량, 슬럼프, 슬럼프 프로, 비빔 시간, 온도 등이 있다.
① 반발경도는 슈미트 테스트 해머를 사용한 콘크리트의 강도를 구하는 경우에 사용되므로, 시공성과는 무관하다.

012 거푸집공사에서 지주 바꿔대기 순서는 '큰보 → 작은보 → 바닥판'의 순이다.

013 콘크리트 공사의 일정계획에 영향을 주는 요인에는 건축물의 규모, 시공도(Shop Draeing) 작성 기간, 강우·강설·바람 등의 기후 조건, 요구 품질 및 정밀도 수준 등이 있다.

014 슈미트 해머를 이용하여 측정 후 콘크리트의 강도를 계산할 때 실시하는 보정 방법에는 타격방향에 따른 보정, 콘크리트 습윤상태에 따른 보정, 압축응력(재령)에 따른 보정 등이 있다.

015 ② 중성화의 판정은 페놀프탈레인 1%의 에탄올 용액을 스프레이로 뿌려 색깔 변화로 판정하는데 중성화 안 된 부분이 적자색으로 변하고 중성화된 부분은 백색으로 변하지 않는다.
　　⑦ 천연경량골재(화산암, 화산암재, 화산재, 응회암, 규조토 등)를 사용하면 중성화가 촉진된다.

016 콘크리트는 원래 알칼리성(pH12 정도)이므로 철근의 부식을 보호하는 역할을 하고 있다.

017 ④ 물–시멘트비를 작게(낮게) 한다.
　　⑧ 물시멘트비(W/C)가 낮은(작은) 콘크리트를 타설한다.
　　⑨ 물–시멘트비를 작게 하고 혼화제(AE제, AE감수제 등)의 사용량을 적게 하며, 피복두께를 두껍게 한다.

018 ④ 내부진동기는 콘크리트를 종(수직)방향으로 이동시켜 콘크리트를 밀실하게 할 목적으로 사용한다.
　　⑧ 진동기는 콘크리트에 구멍이 나지 않도록 천천히 꽂아놓고 천천히 뽑는다.
　　⑫ 된비빔 콘크리트의 경우라도 거푸집이나 철근에 진동을 주어서는 안 된다.

019 ② 석재 중 흡수율이 높은 사암이나 점판암을 골재로 사용하는 경우 수축량이 증대하나, 석영·석회암을 이용한 것은 수축량이 적다.
　　⑥ 단위수량이 동일할 때는 단위시멘트량이 증가되면 수축량은 크게 변하지 않는다.

020 콘크리트의 보수·보강공법

보수 공법	표면처리 공법(경미한 균열 부위에 시멘트 페이스트 등으로 도막을 형성하는 공법으로, 구조보수 공법에는 속하나, 구조보강 공법에는 속하지 않는 공법), 충진법(균열부위가 클 경우에는 균열 부분을 절단하고 보수재를 충진하는 공법)
보강 공법	주입공법(방수성과 내수성을 증대시키기 위하여 수지계와 시멘트계 재료를 주입하는 공법), 강재앵커공법(보강재를 매입), 강판부착(단면증대)공법(강판의 단면을 증대시켜 보강), 프리스트레스공법, 치환공법 등

021 진공 콘크리트(Vacuum Concrete, 콘크리트를 타설한 후 진공 매트, 진공 펌프 등을 이용하여 콘크리트 속에 잔류해 있는 잉여수 및 기포 등을 제거함으로써 콘크리트의 강도를 증대시킨 콘크리트)는 초기 강도와 장기 강도가 증대되고, 표면 강도와 마모 저항성이 증대되며, 동해에 대한 저항성이 증대된다. 경화 수축이 감소한다.

022 경량 콘크리트(설계기준강도가 24Mpa 이하이고, 기건단위용적중량이 $14\sim20kN/m^3$의 범위 내에 들어가는 콘크리트)의 종류에는 보통 경량 콘크리트, 경량 기포 콘크리트, 다공질 콘크리트, 톱밥 콘크리트, 신더 콘크리트 등이 있다. AE 콘크리트는 보통 콘크리트에 혼화제로서 AE제를 혼합한 콘크리트이다.

023 경량 콘크리트의 특성은 ①·②·④ 이외에도 흡수성과 건조 수축이 크고, 단열성과 방음성이 좋다는 점이 있다.

024 제치장 콘크리트(exposed concrete, 거푸집을 제거한 후 노출된 콘크리트 면 그대로를 마감면으로 하는 콘크리트)는 구조물에 균열과 이로 인한 백화가 나타난 경우 재시공 및 보수가 어렵다.

025 ①은 제물치장 콘크리트(exposed concrete), ②는 진공콘크리트(Vacuum Concrete), ④는 쇼트 크리트에 대한 설명이다.

026 ③ 내진성능(지진에 견디는 성능)과는 무관하다.
⑥ 흡수율이 매우 높은 편이며, 동해에 대해 방수·방습처리가 필요하다. 또한, 미장마감을 하기 전에 흡수를 방지하기 위한 표면접착력을 강화한 바탕처리가 필수적이다.

027 쌓기 모르타르는 교반기를 사용하여 배합하며 1시간 이내에 사용해야 한다.

028 ② 콘크리트 측압은 온도가 높을수록 작다.　　⑤ 묽은 콘크리트일수록 측압이 크다.
⑦ 부배합이 반배합보다 측압은 크다.　　⑩ 기온이 낮을수록 측압은 커진다.
⑬ 거푸집의 투수성이 클수록 측압이 작다.　　⑭ 콘크리트 온도가 낮으면 경화속도가 느려 측압은 커진다.
⑳ 거푸집의 강성이 작을수록 측압이 작다.　　㉒ 거푸집의 강성이 클수록 측압이 크다.
㉙ 철근량이 많을수록 측압이 작다.
이상의 내용을 종합하여 보면, 일반적으로 측압과 비례하는 사항은 타설 속도, 커시스턴시, 콘크리트의 비중, 거푸집의 수평 단면, 진동기 사용, 붓기 방법과 거푸집 강성 등이 있고, 측압과 반비례하는 사항은 콘크리트의 온도와 습도, 거푸집의 투수성과 누수성, 철골과 철근량 등이 있다.

029 콘크리트 타워에 의한 타설방법 중 운반과정은 '믹서 → 버킷 → 엘리베이터 → 타워 호퍼 → 슈트 → 플로어 호퍼 → 손차 타설'의 순이다. 그러므로, 콘크리트가 마지막으로 통과하는 곳은 플로어 호퍼이다.

030 시멘트의 응결(시멘트에 약간의 물을 첨가하여 혼합시키면 가소성 있는 페이스트가 얻어지나 시간이 지나면 유동성을 잃고 응고하는 현상 또는 시멘트에 적당한 양의 물을 부어 뒤섞은 시멘트풀은 천천히 점성이 늘어남에 따라 유동성이 점차 없어져서 차차 굳어지는 상태로서 고체의 모양을 유지할 정도의 상태)은 가수량이 적을수록, 온도가 높을수록, 분말도가 높을수록, 알루민산삼칼슘이 많을수록, 기상 조건이 고온·저습일 경우, 시멘트의 슬럼프가 작을 경우, 물이나 골재에 염분이 함유된 경우에는 빨라진다. 반면, 물이나 골재에 당류, 부식토가 함유된 경우에는 응결이 늦어진다.

031 줄눈의 종류

신축줄눈 (expansion joint)	온도변화에 따른 부재의 신축으로 인한 균열, 파괴를 방지하기 위한 줄눈이다.
팽창줄눈	포장이 팽창할 수 있는 공간을 설치함으로써 좌굴현상의 원인이 될 수 있는 압축 응력 발생을 방지하기 위하여 설치한다.
시공줄눈 (construction joint)	콘크리트의 작업관계상 부득이하게 한 번에 타설할 수 없는 경우에 있어서 계획된 줄눈이다.
조절줄눈 (control joint)	콘크리트에는 균열이 반드시 생긴다는 기본 생각을 토대로 해서, 균열이 생길만한 구조물의 부재에 미리 결함부위를 만들어 두는 줄눈 또는 결함부위로 균열의 집중을 유도하기 위해 균열이 생길만한 구조물의 부재에 미리 결함부위를 만들어 두는 줄눈이다.

침하줄눈 (settlement joint)	부동 침하 등의 변위를 미리 예상하고 침하 예상 길이만큼 높여서 시공하는 줄눈이다.
콜드 조인트 (cold joint)	콘크리트 타설 중 응결이 어느 정도 진행된 콘크리트에 새로운 콘크리트를 이어치면 시공불량이음부가 발생하여 경화 후 누수의 원인 및 철근의 녹 발생 등 내구성에 손상을 일으키는 줄눈 또는 시공과정 중 휴식시간 등으로 응결하기 시작한 콘크리트에 새로운 콘크리트를 이어칠 때 일체화가 저해되어 생기는 줄눈이다. 콜드 조인트는 계획되지 않은 줄눈이다.

032 외부의 염분에 의한 피해(콘크리트 중에 염화물이나 대기 중의 염화물 이온의 침입으로 철근을 부식시켜 구조체에 손상을 입히는 현상)를 받을 우려가 있는 해양 및 항만 콘크리트 구조물 등에 있어서는 수밀성을 증대시키기 위하여 시공 이음부를 최대한 적게 설치하거나, 가능하면 설치하지 않으며, 콜드 조인트가 생기지 않도록 하여야 한다.

033 콜드조인트(1개의 PC 부재 제작 시 편의상 분할하여 부어넣을 때의 이어붓기 이음새 또는 먼저 부어넣은 콘크리트가 완전히 굳고 다음 부분을 부어 넣는 이음새)는 콘크리트의 균열과는 무관하다.
① 콘크리트 중성화 : 탄산가스, 산성비의 영향으로 콘크리트가 강알칼리인 수산화칼슘 상태에서 약알칼리인 탄산칼슘의 상태로 변화하는 상태를 말한다.
② 시멘트의 수화열 : 시멘트에 물을 가하면 다량의 열을 방출하면서 굳어지는데, 이때 수산화칼슘(가성소다)가 생성된다. 이러한 현상을 수화반응이라고 하며, 이 때의 발생열을 수화열이라고 한다.
④ 알칼리 골재반응 : 시멘트 속의 알칼리 성분(수산화알칼리)이 골재 중에 포함된 실리카와 화학 반응을 일으켜 콘크리트가 과도하게 팽창한 결과, 콘크리트의 균열과 휨 붕괴가 유발되는 현상이다.

034 수밀콘크리트 공사의 배합에 있어서, 콘크리트의 소요 슬럼프는 18cm 이하로 하고, 가능한 한 작게 하되, 재료분리가 없도록 해야 하며, 물·시멘트비는 50% 이하로 하여야 한다.

035 프리플레이스트 콘크리트(특정한 입도를 가진 굵은골재를 거푸집에 채워놓고 그 공극 속에 특수한 모르타르를 적당한 압력으로 주입한 콘크리트)의 서중 시공 시 프리쿨링(콘크리트의 재료 일부 또는 전부를 냉각시켜 콘크리트의 온도를 낮추는 방법)이나 파이프쿨링(콘크리트 타설 전에 파이프를 배관하고 파이프 내로 냉각수나 찬공기를 순환시켜 콘크리트의 온도를 낮추는 방법)을 사용한다. 즉, 수송관 주변의 온도를 낮혀 준다.

036 유동화제(나프탈렌 설폰산염계, 멜라민 설폰산염계, 변성 리그닌 설폰산염계 등)는 질량 또는 용적으로 계량(유동화 콘크리트용 유동화제의 사용량은 L/m^3 또는 kg/m^3으로 나타내고, 유동화제 원액 또는 분말의 양을 표시함. 또한 유동화제의 용적은 콘크리트를 비비는 용적계산에서 산입되지 않는 것으로 함)하고, 그 계량오차는 1회 계량분의 3% 이내로 하며, 유동화제의 첨가량이 0.75%를 넘으면 재료분리가 발생하므로 주의하여야 한다. 특히, 리그닌계의 유동화제는 0.25% 이상 첨가하면 응결지연현상이 발생한다.

037 콘크리트의 품질관리에 있어서 1회 시험의 강도는 3개의 공시체의 28일강도(4주 압축강도)의 평균값으로 한다.

038 콘크리트의 초기 양생온도가 높을수록 장기강도가 감소된다.

039 ① 수밀 콘크리트 : 물의 침투나 지하 방수를 요할 때 사용하는 콘크리트로서 자체의 밀도가 높고 내구성, 방수성을 향상시킨 콘크리트이다.
② 버큠(진공) 콘크리트 : 콘크리트를 타설한 후 진공 매트, 진공 펌프 등을 이용하여 콘크리트 속에 잔류해 있는 잉여수 및 기포 등을 제거함으로써 콘크리트의 강도를 증대시킨 콘크리트이다.

④ AE 콘크리트 : 콘크리트를 비빌 때 AE제(독립된 공기 기포를 균일하게 분포시킴으로써 콘크리트의 시공성을 향상시키고 동결융해에 대한 저항성을 증대시키기 위한 혼화제)를 넣어 인공적으로 미세한 기포가 생기게 하여 다공질로 만든 콘크리트이다.

040 ① 한중콘크리트(타설일의 일평균기온이 4℃ 이하 또는 콘크리트 타설 완료 후 24시간 동안 일최저기온 0℃ 이하가 예상되는 조건이거나 그 이후라도 초기동해 위험이 있는 경우의 콘크리트)의 W/C비를 하절기 공사 때보다 약간 낮게 한다.
⑧ 재료를 가열할 경우, 물 또는 골재를 가열하는 것으로 하며, 시멘트는 어떠한 경우라도 직접 가열할 수 없다. 골재의 가열은 온도가 균등하게 되고 또한 건조되지 않는 방법을 적용(직접 불꽃에 대는 방법은 피함)하여야 한다.

041 AE제는 독립된 공기 기포를 균일하게 분포시킴으로써 콘크리트의 시공성을 향상시키고 동결융해에 대한 저항성을 증대시키기 위한 혼화제이다. 그 효과로는 워커빌리티·동결융해에 대한 저항성·내구성·수밀성이 증대되고, 단위 수량·블리딩·알칼리 골재반응·재료 분리는 감소한다. 또한, 강도(압축, 인장, 부착 강도 등)가 저하된다.

042 ① 리바운드 기록지(Rebound check sheet) : 말뚝의 허용지지력 기록지이다.
③ 워싱턴 미터(Washington meter) : 공기량 측정기이다.
④ 이넌데이터(Inundator) : 모래의 계량 장치이다.

043 ① 리바운드 기록지(Rebound check sheet) : 말뚝의 허용지지력 기록지이다.
② 디스펜서(Dispenser) : A.E제 계량장치이다.
④ 이넌데이터(Inundator) : 모래의 계량 장치이다.

044 ① 공기량은 기계비빔이 손비빔의 경우보다 많다.
② 공기량은 3~5분까지는 증대하고, 그 이상은 감소한다.
③ 공기량은 AE제의 양이 증가할수록 증가하나 콘크리트의 강도는 감소한다.

045 콘크리트의 혼화재료로 혼화재에는 포졸란(고로 슬래그 미분말, 플라이 애시, 실리카 퓸 등), 팽창재 등이 있고, 혼화제에는 AE제(콘크리트 내부에 미세한 독립된 기포를 발생시켜 콘크리트의 작업성 및 동결 융해 저항 성능을 향상시키기 위해 사용되는 화학 혼화제), 감수제와 유동화제, 응결 경화 시간 조절제, 방수제, 기포제, 방청제, 발포제, 착색제 등이 있다.

046 콘크리트의 물성을 개선하기 위하여 시멘트 중량의 5% 미만으로서 약품적 성질을 가지고 있는 혼화제와 시멘트 중량의 5% 이상으로서 콘크리트의 성질을 개선하는 혼화재가 있다.

047 ④ 28일을 초과하는 재령을 기준으로 계획배합을 정할 경우, 기준으로 하는 재령은 28일까지로 한다.
⑥ 매스 콘크리트 타설 시 기온이 높을 경우에는 콜드조인트가 생기기 쉬우므로 냉각공법을 사용하고, 혼화제는 AE감수제 지연형, 감수제 지연형을 사용한다.

048 레디믹스트 콘크리트(ready-mixed concrete)는 콘크리트 제조 전문 공장의 대규모 배치 플랜트에 의하여 각종 콘크리트를 주문자의 요구에 맞는 배합으로 계량, 혼합한 후 시공 현장에 운반차로 운반하여 판매하는 콘크리트이다. 또한, 레디믹스트 콘크리트 주문시 콘크리트에서 사용하는 호칭강도는 레디믹스트 콘크리트 발주 시 구입자가 지정하는 강도이다.

049 ① 서중콘크리트(하루 평균기온이 25℃ 또는 하루 최고온도가 30℃를 넘는 시기에 혼합, 운반, 타설 및 양생을 하는 콘크리트)는 동일 슬럼프를 얻기 위한 단위수량이 증대한다.

② 매스콘크리트란 단면치수가 최소 80cm 이상이고, 하단이 구속된 경우에는 두께 50cm 이상의 벽체 등에 적용되는 콘크리트를 지칭한다.

④ 유동화콘크리트(미리 비빔한 콘크리트에 유동화제를 첨가하여 일정시간 동안만 유동성을 증대시켜 작업성을 좋게 한 콘크리트)는 사용한 유동화제에 의해 유동성이 증대된다.

⑤ 한중콘크리트는 재료를 가열할 경우, 물 또는 골재를 가열하는 것으로 하며, 시멘트는 어떠한 경우라도 직접 가열할 수 없다. 골재의 가열은 온도가 균등하게 되고 또 건조되지 않는 방법을 적용(직접 불꽃에 대는 방법은 피함)하여야 한다.

050 Pop out 현상은 콘크리트 속의 수분이 동결융해작용과 알칼리 골재 반응으로 인해 콘크리트 표면의 골재 및 모르타르가 팽창하면서 박리되어 떨어져 나가는 현상이다. 방지대책으로는 AE제 사용(볼베어링 작용으로 팽창력이 흡수하여 방지), 동결융해방지(물-시멘트비를 작게 하고, 물끊기, 물흐름 구배를 사용), 알칼리 골재반응 방지(저알칼리형 시멘트 사용, 포졸란, 플라이애시, 고로 슬래그 등의 혼화재의 사용, 단위 시멘트량의 최소화, 강자갈과 골재를 세척) 등이 있다.

051 RC공사에 비해 접합부의 일체성 확보에 불리하다.

052 콘크리트의 고강도화를 위해서는 실적률을 높이기 위해 골재의 입자분포를 가능한 한 조세립이 골고루 혼합된 골재를 사용하여야 한다. 골재의 입자분포를 가능한 한 균일 입자분포로 하는 것은 공간이 많이 생기게 하여 중량을 감소시키는 경량콘크리트를 만들기 위한 방법이다.

053 ① 균등한 슬럼프로 충분한 끈기가 있다.   ② 끈기가 없고 부분적으로 무너진다.
③ 덤핑으로 터슬터슬 허물어진다.   ④ 골재가 분리되어 위에 뜬다.

054 콘크리트 구조물의 품질관리에서 활용되는 비파괴시험(검사)방법에는 슈미트해머법, 방사선 투과법, 초음파법, 철근탐사법, 진동법, 인발법 등이 있다. 자기분말 탐상법은 용접검사 중 표면결함 검출법으로 용접부위 표면이나 표면 주변의 결함, 표면 직하의 결함 등을 검출하는 방법으로 결함부의 자장에 의해 자분이 자화되어 흡착되면서 결함을 발견하는 방법이다.

055 골재는 잔·굵은 입자가 잘 분리되지 않도록 취급하고, 물빠짐이 좋은 장소에 저장한다.

056 일반적으로 철근의 조립순서는 "기둥 철근 → 벽 철근 → 보 철근 → 바닥(슬래브) 철근 → 계단 철근"의 순이다.

057 철근가공계획 단계에서의 검토사항에는 재료저장 및 가공장소, 가공 및 저장의 설비, 재료저장 및 가공공장 등이 있다. 가공방법 및 현치도작성 준비는 철근의 가공 단계에서 이루어지는 사항이다.

058 바닥판 상세도는 기호, 판의 두께, 주근의 방향, 지름, 길이, 구부림 위치, 배근 간격, 철근의 개수 등을 명시하고, 배치 치수는 판의 중앙에서 시작하는 것이 편리하다. 특히, 바닥판 상세도(평면)는 기둥 중심선을 기준으로 작은 보, 큰 보의 중심선 및 끝 선, 콘크리트 벽의 위치, 계단의 시작 부분 및 돌림 부분, 개구부, 배관, 칸막이 벽의 위치와 천정을 달아맬 고정 철물의 배치도 등도 중요하다.

059 ③ 경미한 황갈색의 녹이 발생한 철근은 콘크리트와의 부착이 양호하므로 사용이 가능하다.
⑧ 조립용 철근(erection bar)은 철근을 조립할 때 철근의 위치를 확보하기 위하여 쓰는 보조적인 철근이다.

060 철근콘크리트 구조의 철근 선조립 공법 순서는 '시공도 → 공장절단 → 가공 → 이음·조립 → 운반 → 현장부재양중 → 이음·설치'의 순이다.

061~062 철근의 피복 두께를 확보하여야 하는 이유는 콘크리트는 알칼리성이므로 철근의 부식 방지, 내화, 내구 및 부착력의 확보를 위함이다. 철근의 피복 두께란 철근의 표면으로부터 콘크리트의 표면까지의 거리를 말하고, 보에서는 늑근의 표면에서 콘크리트의 표면까지의 거리이며, 기둥에서는 대근의 표면에서 콘크리트의 표면까지의 거리이다.

063 건축용 강재의 재료시험항목에는 일반구조용[항복점, 인장강도, 연신율, 굴곡(굽힘) 시험 등], 용접구조용[항복점, 인장강도, 연신율, 굴곡(굽힘)시험, 충격시험 등] 및 리벳용 압연강재[인장강도, 항복점, 연신율, 굴곡(굽힘)시험 등] 등이 있다.

064 피복 두께의 규정

구분	수중에서 치는 콘크리트	흙에 접하여 콘크리트를 친 후 영구히 흙에 묻히는 콘크리트	흙에 접하거나 옥외공기에 직접 노출되는 콘크리트		옥외의 공기나 흙에 접하지 않는 콘크리트			
					슬래브, 벽체, 장선구조		보, 기둥	셸, 절판 부재
			D19 이상	D16 이하, 16mm 이하 철선	D35 초과	D35 이하		
피복 두께	100	75	50	40	40	20	40	20

※ 보와 기둥의 경우 콘크리트의 설계기준압축강도(f_{ck})가 40MPa 이상인 경우에는 규정된 값에서 10mm를 저감할 수 있다.

065 철근의 이음 방법

겹침 이음	철근의 이음할 1개소에 두 군데 이상 결속선으로 결속하는 이음이다.	
용접 이음	금속의 고열에 의해 융합되는 성질(야금적 성질)을 이용한 이음이다.	
가스 압접	철근의 이음부분을 맞대고 압력을 가하면서 산소 아세틸렌가스의 중성염으로 두 부재를 부풀어 오르게 하여 접합하는 이음이다.	
기계적 이음	철근이음의 종류 중 나사를 가지는 슬리브 또는 커플러, 에폭시나 모르타르 또는 용용 금속 등을 충전한 슬리브, 클립이나 편체 등의 보조장치 등을 이용한 방법으로는 슬리브 압착이음, 슬리브 충진이음, 커플러 이음(나사체 접합) 등이 있다.	
	슬리브 압착이음 슬리브 속에 접합 철근를 넣고 유압잭으로 압착하는 이음이다.	
	슬리브 충진이음 슬리브 구멍을 통하여 그라우트재(모르타르, 에폭시 등)를 주입하여 이음하는 방법이다.	
Cad welfing	철근에 슬리브를 끼우고, 화약과 합금의 혼합물을 넣어 순간적으로 폭발하는 이음이다.	

066 철근 용접이음 방식 중 Cad Welding 이음은 ②·③·④ 이외에도 실시간 육안검사가 불가능하고, 철근의 규격이 다른 경우 사용이 불가하며, 특수 검사(X-ray, 방사선 투과법 등)가 필요하다는 특징을 갖는다. 또한, 인장 및 압축에 대한 전달 내력 확보가 용이하고, 철근량(이음길이 감소) 감소와 콘크리트 타설이 용이하다.

067 철근콘크리트 공사에서 가스압접(철근의 이음부분을 맞대고 압력을 가하면서 산소 아세틸렌가스의 중성염으로 두 부재를 부풀어오르게 하여 접합하는 이음)은 불량부분의 검사가 난이하다.

068 철근의 지름이나 종류가 같은 것을 압접하는 것이 좋고, 직경의 차이가 6mm를 넘은 철근은 압접하지 않는다.

069 철근 가스압접 이음 시 외관 검사 결과 불합격된 압접부의 조치

불합격의 원인	조치사항
• 압접면의 엇갈림이 규정값을 초과한 경우 • 형태가 심하게 불량하거나 또는 압접부에 유해하다고 인정	압접부를 잘라내고 재압접
철근중심축의 편심량이 규정값을 초과한 경우	압접부를 떼어내고 재압접
심하게 구부러졌을 경우	재가열하여 수정
압접 돌출부의 지름 또는 길이가 규정 값에 미치지 못하였을 경우	재가열하여 압력을 가해 소정의 압접 돌출부로 만듦

※ 재가열 또는 압접부를 절삭하여 재압접으로 보정한 경우에는 보정 후 외관검사를 실시한다.

070 철근이음 검사

이음의 종류	겹침 이음	가스압접이음	기계적 이음	용접 이음
검사항목	위치, 이음길이	위치, 초음파 탐상검사, 외관검사, 인장 시험	위치, 외관검사, 인장시험	외관검사, 인장시험 용접부의 내부결함

071 철근이음에 있어서, 응력 전달이 원활하도록 한 곳에서 철근 수의 반 이상을 이어서는 아니된다.

072 ① 보의 주근은 기둥에 정착한다.
③ 작은보의 주근은 큰보에 정착한다.
⑦ 기둥철근의 주근은 기초에 정착한다
⑨ 바닥철근은 보와 벽체에 정착한다.
주근의 정착 위치는 다음과 같다.

구분	기둥	보	작은보	지중보	벽	바닥
정착위치	기초	기둥	큰보, 직교하는 단부 보 밑	기초, 기둥	기둥, 보, 바닥 판	보, 벽체

073 ④ 철근의 정착은 기둥이나 보의 중심을 벗어난 위치(기둥이나 보의 외측, 바깥쪽 부분)에 둔다.
⑦ 후크의 길이는 정착길이에 제외하고 산정한다. 즉, 포함하지 않는다.

074 일반적인 철근 이외에 최근 사용이 늘어나고 있는 용접철망은 배근이 복잡한 바닥판에 가장 많이 사용한다.

075 ③ 지름이 서로 다른 주근을 잇는 경우에는 가는 주근 지름으로 한다.
⑤ 이음 및 정착길이는 압축력 또는 작은 인장력을 받는 곳은 주근 지름의 25배 이상(경량콘크리트 30배), 큰 인장력을 받는 곳은 40배 이상(경량콘크리트 50배)으로 한다.

076 주변 고정 바닥판의 철근 배근을 많이 해야 하는 부분(배근 간격이 작은 부분)부터 나열하면, "단변 방향의 단부(주열대) → 단변 방향의 중앙부(주간대) → 장변 방향의 단부(주열대) → 장변 방향의 중앙부(주간대)"의 순이다.

077 거푸집이 콘크리트 구조체의 품질에 미치는 영향과 역할은 ①·②·③ 이외에도 콘크리트 구조체의 구조 정밀도 확보, 콘크리트의 표면 마무리 등이 있다. 건설 폐기물(거푸집은 재사용이 가능)의 감소와는 무관하다.

078 폼타이는 철근콘크리트공사 시 벽체 거푸집 또는 보 거푸집에서 거푸집판을 일정한 간격으로 유지시켜주는 동시에 콘크리트의 측압을 최종적으로 지지하는 역할을 하는 부재이다. 칼럼밴드는 기둥 거푸집의 고정과 측압 버팀용으로 주로 합판 거푸집에서 사용된다.

079 ① 긴장재(form tie) : 철근콘크리트공사 시 벽체 거푸집 또는 보 거푸집에서 거푸집판을 일정한 간격으로 유지시켜주는 동시에 콘크리트의 측압을 최종적으로 지지하는 역할을 하는 부재이다.
③ 박리제(form oil) : 거푸집의 제거를 쉽게 하기 위하여 미리 거푸집 널에 바르는 물질 또는 거푸집과 콘크리트의 부착 및 거푸집널의 흡수성 방지, 감소시킬 목적으로 쓰이는 물질이다.
④ 캠버(camber) : 콘크리트 타설 전 수평 부재(보나 슬래브 등)가 콘크리트의 하중에 의해서 처지는 것을 방지하기 위해 미리 위로 솟음을 주는 것이다.
⑤ 클램프 : 당겨 매는 데 사용하는 V자, Z자 등의 철제 부품을 말한다.
⑥ 인서트 : 콘크리트 슬래브에 묻어 천장 달림재를 고정시키는 철물이다.
⑦ 플랫타이(Flat tie) : 철재 패널폼에 사용하는 폼타이로 타이(웨지핀)를 패널폼에 고정한다.
⑧ 스페이서(간격재, Spacer) : 철근과 거푸집널 또는 철근과 철근 사이의 간격을 일정하게 유지하기 위한 블록이나 기구이다.

080 격리재(separator)는 거푸집 상호 간의 일정한 간격을 유지하여 버티어 대는 것으로 철판제, 모르타르제, 철근제, 파이프제 등이 있다. ①과 ②는 간격재(spacer)에 대한 설명이다.

081 ① 폼타이 : 철근콘크리트공사 시 벽체 거푸집 또는 보 거푸집에서 거푸집판을 일정한 간격으로 유지시켜주는 동시에 콘크리트의 측압을 최종적으로 지지하는 역할을 하는 부재이다.
② 플랫타이 : 철재 패널폼에 사용하는 폼타이로 타이(웨지핀)를 패널폼에 고정한다.
④ 컬럼밴드 : 기둥 거푸집의 고정과 측압 버팀용으로 주로 합판 거푸집에서 사용된다.
③ 철재 동바리 : 철재로서 거푸집을 받치는 작은 기둥 부재이다.

082 ① 와이어클리퍼(wire Clipper) : 철근공사용 기구로서 직경 13mm 이하의 철근 절단용으로 사용한다.
② 캠버(camber) : 콘크리트 타설 전 수평 부재(보나 슬래브 등)가 콘크리트의 하중에 의해서 처지는 것을 방지하기 위해 미리 위로 솟음을 주는 것이다.
④ 베이스플레이트(Base Plate) : 철골구조의 기초 위에 놓아 앵커 볼트와 연결시키기 위해 까는 깔판이다.

083 철근 고임재 및 간격재의 수량 및 배치 기준

부위	종류	수량 또는 배치 간격
기초	강재, 콘크리트	$8개/4m^2$, $20개/16m^2$
지중보, 보		간격은 1.5m, 단부는 1.5m 이내
벽, 지하 외벽		상단 보 밑에서 0.5m, 중단은 상단에서 1.5m 이내, 횡 간격은 1.5m, 단부는 1.5m 이내
기둥		상부 보 밑에서 0.5m, 중단은 주각과 상단의 중간, 기둥 폭방향은 1m 미만 2개, 1m 이상 3개
슬래브		간격은 상·하부 철근 각격 가로, 세로 1m

※ 수량 및 배치 간격은 5~6층 이내의 철근콘크리트 구조물을 대상으로 한 것으로서, 구조물의 종류, 크기, 형태 등에 따라 달라질 수 있음

084 거푸집 동바리의 구성요소는 받침 기둥, 쐐기, 밑창판, 연결대, 가새 등이 있다. 장선, 띠장은 거푸집의 구성 요소[거 푸집 널, 띠장, 장선, 장선(띠장) 받이, 멍에 등]에 속한다.

085 ③ 유로 폼(Euro Form)은 공장에서 경량형강과 합판을 사용하여 벽판이나 바닥판용 거푸집을 제작한 것으로 현장 에서 못을 쓰지 않고 간단히 조립할 수 있는 거푸집 또는 가장 초보적인 단계의 시스템 거푸집으로서 건물의 평면 형상이 규격화되어 표준형태의 거푸집을 변형시키지 않고 조립함으로써 현장제작에 소요되는 인력을 줄여 생산 성을 향상시키고 자재의 전용횟수를 증대시키는 목적으로 사용되는 거푸집 패널의 거푸집이다.

시스템 거푸집의 종류

종류	설명
슬라이딩 폼 (Sliding Form) 또는 슬립폼 (Slip form)	수평, 수직적으로 반복된 구조물을 시공 이음 없이 균일한 형상으로 시공하기 위하여 요크(yoke), 로드(rod), 유압잭(jack)을 이용하여 거푸집을 연속적으로 이동시키면서 콘크리트를 타설할 수 있는 시스템 거푸집 또는 콘크리트를 타설하면서 거푸집을 수직방향으로 이동시켜 연속작업을 할 수 있게 한 것으로 사일로 등의 건설공사에 적합한 거푸집이다.
갱폼 (Gang Form)	사용할 때마다 부재의 조립, 분해를 반복하지 않아 벽식 구조인 아파트 건축물에 적용 효과가 큰 대형 벽체 거푸집이다.
플라잉폼 (Flying Form)	바닥전용 거푸집으로서 테이블 폼이라고도 부르며 거푸집판, 장선, 멍에, 서포트 등을 일체로 제작하여 수평, 수직방향으로 이동하는 시스템 거푸집이다.
워플폼 (Waffle Form)	특수한 거푸집 기운데 무량판구조 또는 평판구조와 관계가 가장 깊은 거푸집이다.
터널폼 (Tunnel Form)	벽과 바닥의 콘크리트 타설을 한 번에 가능하게 하기 위하여 벽체 및 슬래브 거푸집을 일체로 제작하여 한 번에 설치하고 해체할 수 있도록 한 시스템 거푸집이다.
트레블링 폼 (Travelling Form)	수평 활동 거푸집이며 거푸집 전체를 그대로 떼어 다음 장소로 이동시켜 사용가능한 거푸집 또는 해체 및 이동에 편리하도록 제작한 시스템화된 이동식 거푸집으로써 건축분야에서 쉘, 아치, 돔 같은 건축물에도 적용되는 거푸집이다.
클라이밍폼 (Climbing Form)	고층 구조물의 내부코어시스템에 가장 적당한 시스템 거푸집이다.

구분	벽체 전용	바닥판 전용	바닥+벽용 거푸집	무지주 공법
거푸집의 종류	슬라이딩폼, 갱폼	플라잉(테이블)폼, 워플폼, 데크플레이트	터널 폼, 트레블링 폼	보우빔, 페코빔

086 ③ 구조물 형태에 따른 사용 제약이 있다. 즉, 단면의 변화(돌출부)가 없는 사일로 등에 사용한다.

⑤ 일반적으로 돌출물이 없는 건축물에 많이 적용된다.

⑥ 타설작업과 마감작업을 병행할 수 있어 공정이 단순하다.

087 터널 폼(거푸집)의 전용횟수는 약 100회 정도이다.

088 갱폼(Gang Form)은 기본계획 및 계획안의 융통성이 없고, 한계성이 있다.

089 ④ 현장 제작과 공장 제작이 모두 가능하나, 공사현장이 근거리에 있는 경우에는 공장 제작, 공사현장이 원거리에 있는 경우에는 현장 제작을 한다.

⑧ 두꺼운 벽체를 구축하기에는 적합하다.

⑪ 중량으로 취급이 난이하다.

⑬ 벽과 바닥의 콘크리트 타설을 한 번에 불가능하므로 벽체 및 슬래브거푸집을 일체로 제작이 불가능하다. 즉, 갱폼은 벽체전용 거푸집이다.

090 플라잉폼은 바닥 전용거푸집으로 수평, 수직이동이 가능하다.

091 ① 클라이밍 폼(Climbing form) : 벽체 전용거푸집으로써 인력절감과 공기단축, 고소작업자의 안전성 확보 등의 장점이 있다.

⑤ 클라이밍 폼(Climbing form) : 벽체 전용거푸집으로 거푸집과 벽체마감공사를 위한 비계틀을 일체로 조립한 거푸집을 말한다.

⑧ 워플폼(Waffle Form) : 무량판 시공 시 2방향으로 된 상자형 기성재 거푸집이다.

⑨ 트래블링 폼(Travelling Form) : 수평활동 거푸집이며, 거푸집 전체를 그대로 떼어 다음 사용 장소로 이동시켜 사용할 수 있도록 한 거푸집이다.

⑪ 슬라이딩 폼(Sliding Form) : 거푸집 높이는 약 1m이고 하부가 약간 벌어진 원형 철판 거푸집을 요오크(yoke)로 서서히 끌어 올리는 공법으로, Silo 공사 등에 적당하다.

092 알루미늄 폼(Aluminum form)은 가벼운 알루미늄으로 거푸집을 제작하여 내부거푸집 공사에 사용하고 있다. 장점으로는 거푸집 자체가 가벼우므로 취급이 용이하고, 이음매가 적고, 콘크리트 면의 평활도가 우수하여 견출비용이 절감되며, 전용횟수가 30회 정도로 많다는 점 등이 있다. 단점으로는 설치 및 해체 시 소음 발생이 크다는 점이다.

093 거푸집과 관련한 사고방지 대책으로는 ①·③·④ 이외에도 다음 사항들이 있다.

- 합판패널은 표면 나뭇결에 직각으로 교차시켜 띠장이나 멍예를 댄다.
- 급속집중 탁설을 배제하기 위하여 콘크리트 타설계획을 수립하여 돌려가며 타설한다.
- 파단을 일으키는 집중응력을 배제하기 위하여 조임 철물의 조임 정도를 균일하게 한다.
- 콘크리트의 측압 파악과 측압에 맞는 거푸집 두께 산정, 띠장 및 멍에 간격의 검토, 조임 철물의 배치 간격을 검토한다.

094 ① 1회용 리브라스 거푸집 : 합판 대신 특수 리브라스를 사용하고, 동제 또는 목제 프레임과 리브라스를 조합한 것을 각종 부속철물(세퍼레이터, 폼타이 등)로 고정하고 콘크리트를 타설하는 거푸집이다.

④ 단열(stay in place)거푸집 : 단열재를 내장하고 있는 거푸집으로, 콘크리트 타설 후 현장 구조체에 영구적으로 단열재를 그대로 남겨 놓는 거푸집이다.

095 방수제와 경화제는 콘크리트의 혼화재료 중 혼화제이다.

① 장선과 멍에 : 장선은 거푸집널을 지지하고 콘크리트의 측압력을 거푸집널에서 전달받아 멍에에 전달시키는 부재이고, 멍에는 장선(띠장)을 받고 받침기둥 또는 긴결재에 전달하는 부재이다.

② 보우빔과 박리제 : 보우빔은 하층의 작업공간을 확보하기 위하여 철골트러스와 유사한 경량 가설보를 설치하여 바닥 콘크리트를 타설하는 공법이고, 박리제는 거푸집의 제거를 쉽게 하기 위하여 미리 거푸집 널에 바르는 물질 또는 거푸집과 콘크리트의 부착 및 거푸집널의 흡수성 방지, 감소시킬 목적으로 쓰이는 물질이다.

④ 격리재와 긴장재 : 격리재(separator)는 거푸집 상호 간의 일정한 간격을 유지하여 버티어 대는 것으로 철판제, 모르타르제, 철근제, 파이프제 등이 있다. 긴장재(form tie)는 철근콘크리트공사 시 벽체 거푸집 또는 보 거푸집에서 거푸집판을 일정한 간격으로 유지시켜주는 동시에 콘크리트의 측압을 최종적으로 지지하는 역할을 하는 부재이다.

096 알루미늄 폼(Aluminum form)의 장점은 거푸집 자체가 가벼우므로 취급이 용이하고, 이음매가 적고, 콘크리트 면의 평활도가 우수하여 견출비용이 절감되며, 전용횟수가 30회 정도로 많다. 단점은 설치 및 해체 시 소음 발생이 크다.

097 거푸집과 동바리(support) 설계 시 고려되는 하중

장소	고려 하중
보, 슬래브 밑면	생(굳지 않은)콘크리트 중량, 작업 하중, 충격 하중
벽, 기둥, 보 밑면	생(굳지 않은)콘크리트 중량, 생 콘크리트 측압력

098~099 거푸집의 구조계산에서 거푸집의 강도 및 강성의 계산시 고려할 사항은 보, 슬래브 밑면의 경우에는 생(굳지 않은)콘크리트 중량, 작업 하중, 충격 하중 등이 있고, 벽, 기둥, 보 밑면의 경우에는 생(굳지 않은)콘크리트 중량, 생 콘크리트 측압력 등이 있다.

100 콘크리트 표면에 모르타르, 플라스터 또는 타일붙임 등의 마감을 할 경우에는 평활하고 광택있는 면이 얻어질 수 있도록 하기 위해서는 철제 거푸집(metal form)을 사용하는 것은 좋지 않고, 표면을 거칠게 하여 부착력을 증대시키기 위하여 표면이 거친 합판 거푸집을 사용하는 것이 좋다.

101 각종 배관 슬리브·매설물·인서트·단열재 등 부착 여부, 거푸집의 내공 치수는 거푸집 해체상의 검사와는 무관하다.

번호	정답
001	①○ ②× ③× ④×
002	①○ ②○ ③× ④○
003	①× ②× ③× ④○
004	①○ ②○ ③○ ④×
005	①○ ②○ ③○ ④×
006	①× ②○ ③○ ④○
007	①○ ②○ ③○ ④×
008	①○ ②○ ③× ④○
009	①○ ②× ③○ ④○ ⑤○ ⑥× ⑦○ ⑧○
010	①× ②○ ③× ④×
011	①× ②× ③× ④○ ⑤× ⑥× ⑦○ ⑧× ⑨○
012	①× ②○ ③○ ④○
013	①○ ②○ ③○ ④×
014	①× ②○ ③○ ④○
015	①× ②○ ③○ ④○
016	①× ②× ③× ④○
017	①○ ②○ ③× ④○
018	①○ ②○ ③× ④○
019	①× ②○ ③○ ④○
020	①○ ②○ ③○ ④×
021	①○ ②× ③○ ④○
022	①○ ②○ ③○ ④× ⑤○ ⑥○ ⑦× ⑧× ⑨○ ⑩○ ⑪○
023	①○ ②× ③× ④×
024	①× ②○ ③× ④×
025	①× ②○ ③○ ④○ ⑤○ ⑥× ⑦× ⑧× ⑨○
026	①× ②× ③× ④○
027	①○ ②× ③○ ④○ ⑤○
028	①× ②× ③× ④○
029	①○ ②× ③○ ④○
030	①× ②○ ③× ④×
031	①○ ②○ ③○ ④×
032	①○ ②○ ③× ④○ ⑤○ ⑥× ⑦○
033	①○ ②○ ③× ④○
034	①○ ②× ③× ④×
035	①○ ②× ③○ ④○
036	①× ②○ ③○ ④○ ⑤○ ⑥○ ⑦× ⑧○ ⑨○
037	①○ ②× ③○ ④○ ⑤○ ⑥× ⑦○
038	①○ ②○ ③○ ④× ⑤○ ⑥○ ⑦○ ⑧○ ⑨×
039	①○ ②○ ③○ ④×
040	①○ ②○ ③○ ④× ⑤×
041	①× ②○ ③○ ④○
042	①× ②○ ③○ ④○
043	①× ②○ ③○ ④○ ⑤○ ⑥×
044	①× ②○ ③× ④×
045	①× ②○ ③○ ④○
046	①○ ②○ ③× ④○ ⑤○ ⑥×
047	①○ ②× ③× ④×
048	①○ ②○ ③○ ④× ⑤○
049	①× ②○ ③○ ④○ ⑤○ ⑥× ⑦○ ⑧○
050	①× ②× ③× ④○ ⑤× ⑥×
051	①× ②○ ③○ ④○
052	①× ②○ ③× ④×

001 철골공사의 공장 제작순서는 "원척도 → 본뜨기 → 금매김 → 절단 및 가공 → 구멍뚫기 → 가조립 → 리벳치기(본조립) → 검사 → 녹막이칠 → 운반"의 순이다.

002 철골부재 공장제작에서 강재의 절단 방법에는 전단, 톱(기계)절단[앵글커터(angle cutter), 프릭션 소(friction saw), 핵 소우(hack saw) 등], 가스절단, 전기절단법(아크 및 프라즈마 절단기) 등이 있다. 프라즈마 절단법(고온의 아크 플라즈마로 대상물을 녹여 절단하는 방법)은 전기 절단법의 일종이다.
로터리 베니어는 단판(합판의 재료) 제조 방법 중의 하나로 일정한 길이로 자른 원목 양마구리의 중심을 축으로 하여 원목이 회전함에 따라 넓은 기계 대패로 나이테에 따라 두루마리를 펴듯이 연속적으로 벗기는 것이다.

003~004 프릭션 프레스(friction press)와 파워 프레스(power press), 스트레이트닝 머신은 형강의 변형을 바로잡아 주는 기구이다. 플레이트 스트레이닝 롤(plate straining roll)은 강판의 변형을 바로잡아 주는 기기이다. 플레이트 쉐어링 머신은 강판의 절단에 사용되는 기구이다.

005 철골공사 현장에 자재반입 시 치수검사 항목에는 기둥 폭 및 층 높이 검사 휨 정도 및 뒤틀림 검사, 브래킷의 길이 및 폭, 각도 검사 등이 있다. 고력 볼트 접합부 검사와는 무관하다.

006 주요부재의 강판에 마킹할 때에는 펀치(punch) 등을 사용하지 않아야 한다. 펀치는 드릴링 머신으로 타공 작업 시 홀의 중심이 되는 곳에 표시가 되는 "오목한 곳"을 만드는 공구이다. 미리 금긋기 바늘이나 하이트 게이지의 스크라이버로 십자 금긋기 선을 긋고, 그 중심을 목표로 하면 작업하기 용이하다.

007 강구조 공사 시 앵커링(anchoring)에 있어서 앵커볼트로는 구조용 혹은 세우기용 앵커볼트가 사용되어야 하고, 나중(가동)매입공법(기초 콘크리트에 앵커볼트를 묻을 구멍을 파 두었다가 나중에 고정하는 공법으로 경미한 공사나 앵커볼트의 지름이 작은 경우에 사용하는 공법)이 아니라 고정매입공법(앵커볼트의 위치를 고정시킨 후 콘크리트를 타설하는 공법으로 중요공사, 시공정밀도 요구공사, 앵커볼트의 지름이 큰 경우에 사용하는 공법)을 원칙으로 한다.

008 볼트시공에 있어서, 1군의 볼트조임은 중앙부에서 단부(가장자리)의 순으로 조임을 한다.

009 고장력볼트는 너트를 강하게 조여 볼트에 의한 인장력이 생기게 하고, 그 인장력의 반력(압축력)으로 접합된 판 사이에 강한 압축력이 작용하여 이에 의한 접합재 간의 마찰저항으로 힘을 전달하게 되는 볼트이다.
② 고장력볼트는 피로강도가 높다.
⑥ 고장력볼트는 불량개소의 수정이 쉽다.

010 부재의 조립에 있어서 리벳구멍의 지름은 다소 차이가 있으므로 차이가 심한 경우에는 Reamer(리머)로 구멍을 가셔 내어 수정한다. 이 때, 구멍의 최대편심거리는 1.5mm 이하로 한다.

011 공장에서의 철골작업 중 녹막이칠을 하지 않는 부분은 콘크리트에 매립되는 부분, 현장에서 깎기 마무리가 필요한 부위, 현장용접 부위 및 그곳에 인접하는 양측 100mm 이내, 고력볼트 마찰 접합부의 마찰면, 폐쇄형 단면을 한 부재의 밀폐된 면, 조립상 표면접합이 되는 부위 등이다.

012 철골 공사 중 현장에서 보수 도장이 필요한 부위는 공장에서 녹막이칠을 하여야 하는 부분 중에서도 현장에서 작업 도중 녹막이칠이 벗겨진 부분이다. 즉, 운반 또는 양중 시 생긴 손상부위, 현장용접을 한 부위, 현장접합 재료의 손상부위 및 현장접합에 의한 볼트류의 두부, 너트, 와셔 등이다.

013 밀 스케일(Mill Scale, 흑피)은 열간압연가공으로 만들어진 철간 재료의 산화피막을 의미하며, 표면이 거칠고 도장의 밀착성이 부족하기 때문에 흑피를 제거하여야 한다. 뚫는 구멍의 지름을 정확하고 보기 좋게 가심하는 공구는 Reamer(리머)이다.

014 주요 부재의 강판 절단은 주응력방향과 압연방향을 일치시켜 절단함을 원칙으로 하며 절단작업 착수 전 재단도를 작성해야 한다.

015 용접기의 접지상태를 주기적으로 확인하고, 개로 전압이 낮은 용접기를 사용하며, 전선의 피복 손상 여부를 점검해야 한다. 특히 습윤 환경에서는 절연 매트·절연 장갑을 사용하고, 감전사고 예방 교육을 실시해야 한다.

016 ① 밀 스케일(Mill Scale, 흑피) : 열간압연가공으로 만들어진 철간 재료의 산화피막을 의미하며, 표면이 거칠고 도장의 밀착성이 부족하기 때문에 흑피를 제거하여야 한다.
② 스캘럽(scallop) : 철골부재의 용접시 이음 및 접합부위의 용접선이 교차되어 재용접된 부위가 열영향을 받아 취약해지기 때문에 모재에 부채꼴 모양의 모따기를 한 것이다.
③ 스패터(spatter) : 용접 시 튀어나온 슬래그가 굳은 현상을 의미하는 것이다.

017 맞댄 용접의 앞벌림(Groove) 모양에는 I, K, U, X, J, V, H, V(Bevel형), 쌍J형 등이 있다.

018 모살용접의 목두께, 유효 길이 및 유효 단면적의 산정
- a(용접의 유효 목두께) $= \dfrac{\sqrt{2}}{2}s = 0.7s$(모살치수)
- l_e(용접의 유효 길이) $= l$(용접길이) $- 2s$(모살치수)
- A_n(용접의 유효 단면적) $= a$(유효 목두께) $\times l_e$(용접의 유효 길이) $\times$ 용접면의 수 $= 0.7s(l - 2s) \times$ 용접면의 수

019 ① 철골공사에서 부재의 용접접합은 불량용접 검사가 매우 어렵고, 비용이 고가이며, 시간이 오래 걸린다.

020 용접 접합의 장점은 ①·②·③ 등이 있고, 단점으로는 접합부의 품질검사가 매우 복잡하고 어렵다.

021 이종금속 간에 용접을 할 경우는 예열과 층간온도는 상위등급을 기준으로 하여 실시한다.

022 ④ 수축량이 가장 큰 부분부터 최초로 용접하고 수축량이 작은 부분은 최후에 용접한다.
⑦ 용접할 소재는 정확한 시공과 정밀도를 위하여 치수에 여분을 두어야 한다.
⑧ 용접할 소재는 수축변형이 일어나므로 치수에 여분을 두어야 한다.

023 ②는 라멜라 티어링(균열), ③은 엔드탭, ④는 피트에 대한 설명이다.

024 ① 일렉트로 슬래그(Electro slag) 용접 : 전극와이어와 용융 슬래그 속에 흐르는 전기저항열을 이용하여 용접하는 방법으로, 두꺼운 강판 용접 시 많이 사용하는 수직 용접법이다.
③ 피복 아크 용접 : 용접봉과 용접될 금속에 전류를 보내어 발생시킨 전기 아크열로 용접봉과 모재를 동시에 녹이면서 용접봉의 녹은 쇳물이 모재에 결합되도록 하는 방식이다.
④ CO_2 아크 용접 : 코일 모양의 강선 와이어(용접봉)를 연속적으로 송급하면서 와이어와 모재간에 아크를 발생시켜 행하는 용접으로, CO_2가스(탄산가스)는 아크와 용융 금속을 감싸서 공기를 차단하여, 산소 및 질소의 침입을 방지하는 역할을 한다.

025 ① 위빙(weaving) : 용접봉을 용접방향에 대해서 서로 엇갈리게 움직여서 용가(鎔可)금속을 용착시키는 운봉방법 또는 운봉을 용접 방향에 대하여 가로로 왔다 갔다 움직여 용착금속을 녹여 붙이는 것으로, 위핑(weeping)이라고도 한다.

⑥ 가우징(Gouging) : 용접 또는 캐스팅과 관련하여 재료를 제거하는 방법 또는 양측 용접을 하는 경우 충분한 용입을 얻기 위해 배면 초층 용접 전에 배면 표면 측에 건전한 용접 금속 부분이 나타날 때까지 홈을 파는 것이다.

⑦ 스캘럽(scallop) : 철골 부재의 용접 시 이음 및 접합 부위의 용접선의 교차로 재용접된 부위가 열영향을 받아 취약해짐을 방지하기 위해 모재에 부채꼴 모양으로 모따기를 한 것이다.

⑧ 엔드탭(end tab) : 용접의 시발부와 종단부에 임시로 붙이는 보조판 또는 아크의 시발부에 생기기 쉬운 결함을 없애기 위해서 용접이 끝난 다음 떼어낼 목적으로 붙이는 버팀판이다.

026 1) 용접의 결함

언더컷 (under cut)	용접불량의 일종으로 용접의 끝부분에서 용착금속이 채워지지 않고 홈처럼 우묵하게 남아 있는 부분이다.
크레이터 (crater)	아크용접에서 용접비드의 끝에 남은 우묵하게 패인 곳이다.
균열 (crack)	용접 후 냉각 시 발생되는 결함으로, 용접 과정에서 불순물의 혼입 또는 급속 냉각 시 용착 금속의 냉각 속도에 따라 불균일한 응력이 발생하는 등의 원인으로 인하여 용접부에 부분적으로 균열이 발생하게 된다.
오버랩 (overlap)	용접결함 중 용접금속과 모재가 융합되지 않고 단순히 겹쳐지는 것

2) 용접 용어

위빙 (weaving)	용접봉을 용접방향에 대해서 서로 엇갈리게 움직여서 용가(鎔可)금속을 용착시키는 운봉방법 또는 운봉을 용접 방향에 대하여 가로로 왔다 갔다 움직여 용착금속을 녹여 붙이는 것이다.
레그 (leg)	모살 용접에 있어서 한 쪽 용착면의 폭(발길이)이다.
스패터 (spatter)	용접 시 튀어나온 슬래그가 굳은 현상을 의미하는 것이다.

027 용입 부족이란 용착 금속이 부재의 밑 부분까지 충분히 녹아서 침투되지 못하여 루트 부분의 용입이 불실하게 되는 현상으로 원인과 대책은 다음과 같다.

원인	운봉속도가 과도할 때, 용접 전류가 너무 약할 때, 이음부 설계 및 개선부 가공상태가 불량할 때, 용접봉의 지름이 너무 큰 것을 사용한 때, 용접봉 타입 선정이 잘못된 때, 아크 길이가 과도할 때 등
대책	운봉속도의 감소, 용접 전류의 증가, 루트 간격을 증대, 용접봉의 지름의 감소, 용접봉 타입 선정의 수정, 아크 길이의 감소 등

028 스터드(stud) 볼트는 전단 열결재로서 철골보와 상부에 타설되는 콘크리트 슬래브의 미끄러짐을 방지하고 두 부재 사이의 일체성을 높이기 위한 보강재이다.

① 리인포싱 바(reinforcing bar) : 이형철근으로 철근에 마디와 리브가 있어서 콘크리트와의 부착력을 좋게 하고, 철근의 이탈을 방지해주는 철근이다.

② 가이데릭(guy derrick) : 가장 많이 사용되는 기중기이며, 가이로 마스트를 지지하는 형식으로 철골 세우기에 사용된다.

③ 메탈 서포트(metal support) : 철근의 위치 변형을 방지하기 위한 철근 지지대로서 콘크리트 타설 시에 유용하게 사용된다.

029 ① 위빙(weaving) : 용접봉을 용접방향에 대해서 서로 엇갈리게 움직여서 용가(鎔可)금속을 용착시키는 운봉방법 또는 운봉을 용접 방향에 대하여 가로로 왔다 갔다 움직여 용착금속을 녹여 붙이는 것이다.

③ 루트(root) : 용접부의 단면에 있어서 용착 금속의 바닥과 모래와의 교점 또는 그루브(용접에서 접합하는 2개의 부재에 만든 홈)의 밑 부분이다.

④ 균열(crack) : 용접 후 냉각 시 발생되는 결함으로, 용접 과정에서 불순물의 혼입 또는 급속 냉각 시 용착 금속의 냉각 속도에 따라 불균일한 응력이 발생하는 등의 원인으로 인하여 용접부에 부분적으로 균열이 발생하게 된다.

② 토크 : 축을 중심으로 회전, 즉 비틀림의 모멘트로서, 철골 공사의 고장력볼트를 조일 때 사용하는 것이 토크 렌치이다.

030 1) 내부 결함 검출

방사선 투과 시험 (radiograph test)	X-선, γ(감마)선, 중성자선을 투과하여 방사선의 강도의 변화로부터 내부 결함 상태나 조립품의 내부 구조 등을 조사하는 방법이다.
초음파 탐상법 (ultrasonic flaw detection test)	용접 부위에 초음파를 투과하면 동시에 브라운관 화면에 용접 상태가 형상으로 나타나는데, 이를 통해 결함의 종류, 두께, 위치, 범위 등을 검출하는 방법 또는 철골용접이음 후 용접부의 내부결함 검출을 위하여 실시하는 검사로써 빠르고 경제적이어서 현장에서 주로 사용하는 초음파를 이용한 비파괴 검사법이다.

2) 표면 결함 검출

자분 탐상 시험 (magnetic particle test)	용접 부위 표면이나 표면 주변 결함, 표면 직하의 결함 등을 검출하는 방법으로, 결함부의 자장에 의해 자분이 자화되어 흡착되면서 결함을 발견하는 방법이다.
침투 탐상 시험 (penetration test)	용접 부위에 침투액을 발라 결함 부위에 침투를 유도하고, 표면을 닦아낸 후 판단하기 쉬운 검사액을 발라 검출하는 방법이다.

031 용접 결함 확인을 위한 비파괴 시험 방법에는 방사선 검사, 초음파 탐상검사, 침투 탐상 검사, 자분 탐상 시험 등이 있다. 베인 테스트는 보링 구멍을 이용하여 +자 날개형의 베인테스터를 지반에 때려 박고 회전시켜 그 저항력에 의하여 진흙의 점착력(전단강도)를 판별하는 시험으로 현장에서 실시한다.

032 ① 반발 경도 검사는 콘크리트의 압축강도를 비파괴로 추정하는 방법 중의 하나로서 경화된 콘크리트 표면을 타격할 때 측정 반발도와 콘크리트 강도 사이에 특정 상관관계가 있다는 실험적 경험을 기초로 한다.

⑥ 개선 정도 검사는 개선(피용접재의 두께가 커서 그 상태로는 완전한 용접이 되지 않는 경우, 충분히 내부로부터 용융시키기 위하여 부재의 끝 부분을 경사지게 자르는 것을 말함)의 정도를 육안으로 검사하는 것이다.

033 초음파탐상검사는 인간이 들을 수 없는 1~5MHz 이하의 주파수를 갖는 음파를 이용하고, 인간이 들을 수 있는 주파수는 20~20,000Hz 정도이다.

034 스패터는 철골용접 중 튀어나오는 슬래그 및 금속입자를 말한다. ②는 뒤꺾임(burr), ③은 노치(notch), ④는 슬래그(slag)에 대한 설명이다.

035 삼각데릭(Stiff Leg Derrick) 부움(Boom)의 길이는 마스트(Mast)보다는 길고 수평선회각도(회전범위)는 270°이고, 작업 범위는 180°이다.

036 ① 강관구조(폐단면의 구조)는 일반형강에 비하여 국부좌굴에 유리하여 강도가 강하다.
　　　⑦ 접합부 및 관 끝의 절단 가공이 어렵고, 복잡하다.

037 SN 355 B
- SN(Steel New structure) : 건축구조용 압연강재를 의미한다. 용접성, 냉간가공성, 인장강도 등이 우수하다.
- 355 : 최저항복강도로서, 단위는 MPa(= N/㎟)이다.
- B : 충격흡수 에너지등급(A : 별도 규정이 없음, B : 0℃에서 27J 이상 흡수, C : 0℃에서 47J 이상 흡수)

038~040 철골구조의 내화피복 공법

구분	재료	
습식 내화피복	타설 공법 : 보통 콘크리트, 경량 콘크리트	
	뿜칠 공법 : 뿜칠암면, 습식 뿜칠암면, 뿜칠 모르타르, 뿜칠 플라스터	
	미장 공법 : 철망 모르타르, 철망 펄라이트 모르타르	
	조적 공법 : 콘크리트 블록, 경량콘크리트 블록, 돌, 벽돌	
건식 내화피복 (성형판 붙임)	P.C판, A.L.C판, 석면시멘트판, 석면규산칼슘판, 석면성형판	
합성 내화피복	각종 재료 및 공법의 조합	이종재료 적층공법
		이질재료 접합공법
복합 내화피복	멤브레인 공법 : 암면 흡음관	

041 조적공법은 콘크리트 블록, 경량콘크리트 블록, 돌, 벽돌 등으로 피복하는 공법이다. 용접철망을 부착하여 경량모르타르, 펄라이트 모르타르와 플라스터 등을 바름하는 공법은 미장공법이다.

042 철골공사에서 세우기 계획을 수립할 때 철골제작공장과 협의해야 할 사항에는 반입시간의 확인, 반입 부재수의 확인, 부재반입의 순서 등이 있다. 반입철골의 중량은 설계시 또는 적산·견적시에 이미 산정된 내용이다.

043 베이스 플레이트를 완전 밀착시키기 위한 기초상부 고름질 공법에는 전면바름 마무리법, 나중채워넣기 중심바름법, 나중채워넣기 +자 바름법, 나중채워 넣기법 등이 있다. 고정 매입공법(기초철근 조립시 동시에 앵커볼트를 기초 상부에 정확히 묻고 콘크리트를 타설하는 공법)과 나중 매입공법(앵커볼트 위치에 콘크리트 타설 전 볼트를 묻을 구멍을 조치해 두거나, 콘크리트 타설 후 코어 장비로 천공하여 나중에 고정하는 방법) 등은 기초 앵커볼트 매입공법이다.

044 앵커 볼트를 기초에 고정시킬 때 나중 매입공법은 앵커볼트 위치에 콘크리트 타설 전 볼트를 묻을 구멍을 조치해 두거나, 콘크리트 타설 후 코어 장비로 천공하여 나중에 고정하는 방법으로, 경미한 공사나 앵커 볼트 지름이 작을 때 사용한다.

045 고정매입공법은 기초철근 조립 시 동시에 앵커볼트를 기초 상부에 정확히 묻고 콘크리트를 타설하는 공법으로 대규모 공사에 적합하고, 구조 안정도가 양호한 반면, 시공이 복잡하고, 불량시공 시 보수가 어렵다.

046 ③ 뉴매틱 해머(Penumatic hammer)는 동력원이 증기 또는 압축공기로 작동되는 말뚝 박기용 공기 해머이다.
　⑥ 드래그라인(drag line) : 지면에 기계를 두고 깊이 8m 정도의 연약한 지반의 깊은 기초 흙파기를 할때 사용하는 기계 또는 기계를 설치한 지반보다 낮은 장소, 넓은 범위의 굴착이 가능하며 주로 수로, 골재채취용으로 많이 사용되는 토공사용 굴착기계이다.

철골세우기용 기계

스티프 레그데릭 (stiff leg derrick)	철골세우기용 기계설비 중 수평이동이 용이하고 건물의 층수가 적을 때 또는 당김줄을 마음대로 맬 수 없을 때 가장 유리하며, 회전범위가 270°인 기계이다.
가이 데릭 (Guy derrick)	가장 일반적으로 사용되는 기중기의 일종으로, 붐의 회전 범위는 360°이고, 붐의 길이는 주축으로 마스트보다 짧게(3~5m 정도)하며, 당김줄은 지면과 45° 이하가 되도록 한다.
트럭크레인 (Truck crane)	운반작업에 편리하고 평면적인 넓은 장소에 기동력 있게 작업할 수 있는 철골용 기계장비이다.
진 폴 (gin pole)	소규모 또는 가이 데릭으로 할 수 없는 펜트하우스 등의 돌출부에 쓰이고 중량재료를 달아 올리기에 편리한 철골 세우기용 기계 설비이다.
러핑크레인	상하기복형으로 협소한 공간에서 작업이 용이하고 장애물이 있을 때 효과적인 장비로서, 초고층건축물 공사에 많이 사용되는 장비이다.
플레이트 스트레이닝 롤 (plate straining roll)	강판의 변형을 바로잡아 주는 기기이다.

047 ② 크레인 : 중량물을 상하좌우로 이동, 운반을 자유롭게 하는 기계이다.
　③ 윈치 : 기중기의 일종으로 무거운 짐을 움직이거나 끌어올리는 데 사용하는 기계이다.
　④ 데릭 : 기중기의 일종으로 기초 위에 직립되어 선회할 수 있는 마스트와 그 하단에 경사지게 붙인 긴 로프로 구성되며, 붐의 선단에서 후크 또는 그래브 버킷을 늘어뜨려 한 대의 윈치로서 클러치 절환에 의하여 감아올려 위에서 내려다 보고 선회운동을 한다.

048 베이스모르타르의 양생에 있어서, 베이스모르타르와 접하는 콘크리트면은 레이턴스를 제거하고, 매우 거칠게 마감하여 모르타르와 콘크리트가 일체화가 되도록 하며, 베이스모르타르의 양생은 강구조 부재 설치 전 3일 이상 양생한다.

049 ① 가볼트수는 현장치기 리벳수의 1/5 이상을 표준으로 한다.
　⑥ 가조임 볼트의 개수는 볼트 1군에 대해 소요 볼트의 1/3 이상이며, 2개 이상의 가볼트를 웨브와 플랜지에 적절하게 배치하여 조인다.

050 ① 스터드 : 스터드 용접을 할 때 모재에 녹여서 심는 못으로 강재나 동재로 만든다.

　　② 헤더 : 인방, 벽, 개구부의 상부에 건너댄 수평부재로서 상부벽을 지지한다.

　　③ 브레이싱 : 구조물의 가로 방향의 처짐을 막기 위해 사재를 끼우는 것이다.

　　⑤ 윈드 칼럼 : 건물 외부 마감재를 지지하는 부재를 말하고, 가로 부재로 Girth를 지탱하는 수직재이다.

　　⑥ 아웃리거 : 외부 기둥과 내부 코어를 연결하는 강성이 큰 수평부재를 의미한다.

051 경량 철골구조물에 이용되는 강재는 판두께가 얇아서 특별한 녹막이 조치가 필요하고, 판두께의 1/2 정도 두께가 감했을 때 물리적인 사용연한이 끝나며, 아연 도금이 가장 효과적이다.

052 "철골의 중량 = 철골의 부피 × 철골의 비중 = (철골의 단면적 × 철골의 길이) × 철골의 비중"이므로, 철골의 중량 = $[(2 \times 0.4 \times 0.05) + 0.03 \times (0.4 - 2 \times 0.05)] \times 10 \times 7.85 = 3.8465t$

7단원 해체공사

001	① × ② ○ ③ ○ ④ ○ ⑤ × ⑥ ○	002	① ○ ② ○ ③ ○ ④ ×
003	① × ② × ③ × ④ ○	004	① ○ ② ○ ③ ○ ④ ×
005	① ○ ② ○ ③ × ④ ○	006	① ○ ② ○ ③ ○ ④ ×
007	① ○ ② ○ ③ ○ ④ ○ ⑤ ○ ⑥ × ⑦ ○ ⑧ ○		
008	① ○ ② ○ ③ × ④ ○ ⑤ × ⑥ × ⑦ × ⑧ ○ ⑨ ○ ⑩		
009	① ○ ② × ③ ○ ④ ○	010	① ○ ② ○ ③ × ④ ○
011	① ○ ② ○ ③ × ④ ○		

001 ① 램머(Rammer) : 다짐 기계 중 충격에 의한 것으로 평판에 충격을 주어 다짐하고, 소형, 경량에 비해 다짐력이 비교적 크며, 협소한 곳에서 작업이 가능하다.

⑤ 스크레이퍼(scraper) : 굴착, 싣기, 운반, 흙깔기 등의 작업을 하나의 기계로서 연속적으로 행할 수 있으며 비행장과 같이 대규모 정지 작업에 적합하고 피견인식 자주식으로 구분할 수 있는 차량계 건설 기계이다.

002 진동 롤러는 진동다짐용 기계로서, 편심축을 회전하여 발진되는 기진기에 의해 다짐 차륜을 진동시킴과 동시에 토립자 간의 마찰력을 감소시켜 진동과 자중으로 다지기에 이용되는 기계이다.

003 ① 압쇄기 : 쇼벨에 설치하며, 유압 조작에 의해 콘크리트 등에 강력한 압축력을 가해 파쇄하는 기계이다.

② 철재 해머 : 해머를 크레인 등에 설치하여 구조물에 충격을 주어 파쇄하는 기계이다.

③ 대형 브레이커 : 쇼벨에 설치하여 사용한다.

004 ① 압쇄공법 : 유압압쇄날에 의한 해체로서, 취급과 조작이 용이하고 철근, 철골 절단이 가능하며 저소음이다. 20m 이상은 불가능하고, 분진 비산을 막기 위해 살수설비가 필요하다.

② 잭공법 : 유압식 잭키로 들어올려 파쇄하고, 소음과 진동이 없으나, 기둥과 기초에는 사용이 불가능하고, 슬래브, 보 해체 시 잭키를 받쳐줄 발판이 필요하다.

③ 절단공법 : 회전톱에 의한 절단공법으로 질서정연한 해체나 무진동이 요구되는 경우에 유리하고, 최대 절단 길이는 30cm이나, 절단기, 냉각수가 필요하고, 해체물을 운반하는 크레인이 필요하다.

기타의 해체 공법에는 대형 브레이커 공법, 핸드 브레이커 공법, 전도 공법, 화약발파 공법, 팽창압 공법, 쐐기타입 공법, 화염 공법, 통전 공법 등이 있다.

005 도심지 폭파해체공법의 특징에는 ① · ② · ④ 이외에도 주위의 구조물에 영향이 크다는 점이 있다.

006 해체공사에 따른 직접적인 공해방지대책을 수립해야 되는 대상은 소음 및 분진, 폐기물, 지반침하 등이 있다. 수질 오염과는 무관하다.

007 ② 팽창제 사용 천공직경은 30~50mm 정도를 유지하여야 한다.

⑥ 팽창제 천공간격은 콘크리트 강도에 의하여 결정되나 30~70cm 정도를 유지하도록 한다.

008 해체작업을 하는 때 미리 해체계획을 작성하여야 할 경우 해체계획서에 포함될 내용은 다음과 같다. (안전보건규칙 제38조, 별표 4)

> - 해체의 방법 및 해체 순서도면
> - 가설설비·방호설비·환기설비 및 살수·방화설비 등의 방법
> - 사업장 내 연락방법
> - 해체물의 처분계획
> - 해체작업용 기계·기구 등의 작업 계획서
> - 해체작업용 화약류 등의 사용계획서
> - 그 밖에 안전·보건에 관련된 사항

009 진동공해는 일반적으로 연직진동이 수평진동보다 크다.

010 사용하고 남은 화약류는 신속하게 화약류취급소로 운반하여 보관할 것(발파 표준안전 작업지침 제10조)

011 핸드 브레이커(Hand breaker) 사용 시 경사보다는 수직으로 주어 파쇄(핸드 브레이커의 끝의 절단 방지)하는 것이 적절하다.

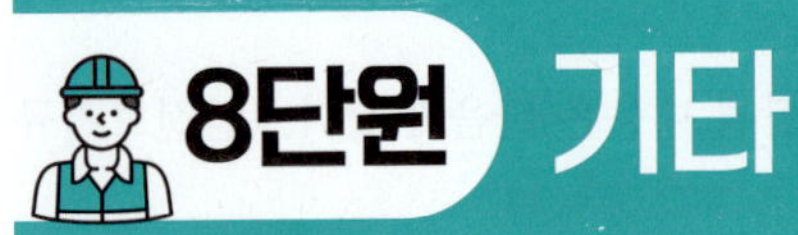

8단원 기타

번호	정답
001	①× ②○ ③○ ④○ ⑤× ⑥○ ⑦○ ⑧○ ⑨× ⑩○ ⑪○ ⑫○ ⑬× ⑭○ ⑮○ ⑯○ ⑰× ⑱○ ⑲○ ⑳× ㉑○ ㉒○ ㉓○ ㉔○ ㉕× ㉖○ ㉗○ ㉘○ ㉙○ ㉚○ ㉛○
002	①○ ②× ③× ④×
003	①○ ②× ③× ④×
004	①○ ②○ ③× ④○ ⑤○ ⑥○ ⑦× ⑧× ⑨○ ⑩○ ⑪× ⑫○ ⑬○ ⑭× ⑮× ⑯○
005	①× ②× ③× ④○
006	①○ ②○ ③○ ④×
007	①× ②○ ③× ④×
008	①○ ②× ③× ④×
009	①○ ②○ ③○ ④×
010	①○ ②○ ③○ ④× ⑤○ ⑥× ⑦× ⑧× ⑨○ ⑩○ ⑪× ⑫○ ⑬○ ⑭× ⑮○ ⑯○ ⑰○ ⑱○ ⑲○ ⑳× ㉑○ ㉒○ ㉓○ ㉔× ㉕○ ㉖○ ㉗○ ㉘○ ㉙× ㉚○ ㉛○ ㉜○
011	①× ②○ ③× ④×
012	①○ ②○ ③○ ④×
013	①○ ②× ③○ ④○ ⑤○ ⑥○ ⑦× ⑧○
014	①○ ②○ ③○ ④× ⑤○ ⑥× ⑦○ ⑧○
015	①× ②○ ③○ ④○ ⑤× ⑥○ ⑦○ ⑧○
016	①× ②○ ③○ ④○ ⑤○ ⑥× ⑦○ ⑧○ ⑨○
017	①○ ②× ③○ ④○ ⑤× ⑥× ⑦× ⑧○ ⑨○ ⑩○ ⑪× ⑫○ ⑬× ⑭○ ⑮○ ⑯○ ⑰○ ⑱× ⑲○ ⑳○
018	①× ②○ ③○ ④○ ⑤○
019	①○ ②○ ③○ ④×
020	①× ②○ ③× ④×
021	①○ ②○ ③○ ④×
022	①× ②○ ③× ④×
023	①○ ②○ ③○ ④×
024	①○ ②○ ③○ ④×
025	①○ ②○ ③○ ④×
026	①○ ②× ③○ ④○
027	①○ ②× ③× ④×
028	①× ②○ ③○ ④○
029	①○ ②× ③○ ④○ ⑤○ ⑥○ ⑦× ⑧○ ⑨○ ⑩○ ⑪× ⑫○
030	①× ②○ ③○ ④○
031	①○ ②○ ③× ④○
032	①○ ②× ③○ ④○ ⑤○ ⑥○ ⑦× ⑧○
033	①○ ②× ③× ④×
034	①○ ②○ ③○ ④×
035	①○ ②× ③○ ④○
036	①○ ②○ ③× ④○
037	①× ②○ ③○ ④×
038	①○ ②○ ③× ④○
039	①× ②○ ③○ ④○
040	①○ ②○ ③× ④○
041	①× ②○ ③○ ④○
042	①○ ②○ ③× ④○

001
① 소성이 잘되고 흡수율이 작은 벽돌을 사용한다.
⑤ 석회를 혼합한 줄눈 모르타르를 활용하여 바르면 백화현상이 촉진된다.
⑨ 물–시멘트비를 감소시킨다.
⑬ 염분을 함유한 모래나 석회질이 섞인 모래를 사용하면 백화현상이 촉진된다.
⑰ 줄눈 모르타르에 석회를 혼합하면 백화현상이 촉진된다.
⑳ 줄눈 모르타르에 석회를 첨가하여 줄눈을 밀실하게 하면 백화현상이 촉진된다.
㉕ 줄눈 모르타르에 석회를 사용하면 백화현상이 촉진된다.
㉙ 염분을 함유한 모래나 석회질이 섞인 모래를 사용하면 백화현상이 촉진된다.

002 벽돌 쌓기의 비교

구분	영국식	네덜란드식	플레밍식	미국식
A켜	마구리 또는 길이		길이와 마구리	표면 치장벽돌 5켜 뒷면은 영식
B켜	길이 또는 마구리			
사용 벽돌	반절, 이오토막	칠오토막	반토막	–
통줄눈	안 생김	–	생김	생기지 않음
특성	가장 튼튼함	주로 사용함	외관상 아름다움	내력벽에 사용

003 벽돌의 기타 쌓기

영롱쌓기	벽돌벽 등에 장식적으로 사각형, 십자형 구멍을 내어 쌓는 것으로 담장에 많이 사용되는 쌓기법이다.
엇모쌓기	담 또는 처마 부분에 내쌓기를 할 때 45° 각도로 모서리면이 나오도록 쌓는 방식이다.
길이세워 쌓기	길이를 세워서 쌓는 방식이다.
옆세워쌓기	마구리면을 세워 쌓는 방식이다.
길이 쌓기	조적조 공간벽의 외부에서 보이는 벽(길이 면)에 많이 쓰이는 조적 방법이다.
마구리 쌓기	벽면에 마구리면이 나오도록 쌓는 방식으로 벽돌을 내쌓기 할 때 일반적으로 이용되는 벽돌쌓기 방법이다.

004 ③ 세로줄눈은 막힌줄눈이 되도록 유도하여, 미관을 향상시키도록 한다.
⑦ 하루의 쌓기 높이는 1.2m를 표준으로 하고 최대 1.5m 이내로 한다.
⑧ 붉은 벽돌은 쌓기 직전에 충분한 물축이기를 하여 사용한다.
⑪ 벽돌쌓기는 도면 또는 공사시방서에서 정한 바가 없을 때에는 영식쌓기 또는 화란식쌓기로 한다.
⑭ 하루의 쌓기 높이는 1.2m를 표준으로 하고 최대 1.5m 이내로 한다.
⑮ 세로줄눈은 구조적으로 우수한 막힌줄눈이 되도록 한다.

005 벽돌의 품질

품질	종류	
	1종	2종
흡수율(%)	10 이하	15 이하
압축 강도(N/mm^2, MPa)	24.50	14.70

006~007 벽돌벽의 균열 원인 중 계획 설계상의 미비점에는 기초의 부동침하, 벽체의 길이, 두께 및 개구부 크기의 불합리, 불균형 배치 등이 있다. 시공상의 결함에는 벽돌 및 모르타르의 강도 부족(모르타르의 강도가 벽돌의 강도보다 약한 경우에 균열이 발생), 재료의 신축성, 이질재와의 접합부, 통줄눈 시공, 콘크리트 보 밑 모르타르 다져넣기 부족, 세로줄눈의 모르타르 채움 부족 등이 있다.

008 치장줄눈의 종류

평줄눈	모르타르가 아직 굳기 전에 표면에 가까운 부분을 흙손으로 줄눈파기를 하여 만든 줄눈으로 음영의 효과는 있으나 방수성은 다른 줄눈보다 떨어진다. 특히, 가장 많이 이용되는 치장줄눈이다.
볼록줄눈	민줄눈 위에 다시 볼록하게 나오게 한 줄눈이다.
오목줄눈	민줄눈 중앙에서 오목하게 들어가게 한 줄눈이다.
민줄눈	조적조에서 벽면과 같은 면이 되게 한 모르타르 줄눈이다.
맞댄 줄눈	벽돌이나 시멘트 블록이 서로 맞대어 틈서리가 거의 없게 된 줄눈이다.

009 붉은 벽돌은 쌓기 직전에 충분한 물축이기를 하나, 시멘트 또는 콘크리트 벽돌은 쌓으면서 뿌리거나 쌓은 벽 옆에서 뿌린다.

010 ④ 치장줄눈은 벽돌로 쌓은 후 가급적 빠르게(직후에) 하는 편이 좋다.
⑥ 모르타르는 벽돌강도 이상의 것을 사용한다.
⑦ 1일 쌓기 높이는 1.2m~1.5m를 표준으로 한다.
⑧ 세로줄눈은 막힌줄눈이 구조적으로 우수하다.
⑪ 벽돌벽이 콘크리트 기둥과 만날 때 그 사이에 모르타르를 충전한다.
⑭ 내력벽 쌓기에서는 길이쌓기나 마구리쌓기로 쌓는 것이 좋다.
⑳ 벽돌은 흡수성이 강하므로 쌓기 직전에 충분한 물축이기를 하여 시공한다.
㉔ 붉은 벽돌은 쌓기 직전에 충분한 물축이기를 하나, 시멘트 또는 콘크리트 벽돌은 쌓으면서 뿌리거나 쌓은 벽 옆에서 뿌린다.
㉙ 하루의 쌓기 높이는 1.2m를 표준으로 하고, 최대 1.5m 이하로 한다.

011 건설현장에서 시멘트벽돌쌓기 시공 중에 붕괴사고가 가장 많이 일어날 것으로 예상할 수 있는 경우는 1일 벽돌쌓기 기준높이를 초과하여 높게 쌓을 경우이다.

012 벽돌치장면의 청소방법에 있어서 산세척은 오염물을 제거한 후 물세척을 하는 것이 좋다

013 ② 블록은 사춤이 잘 되도록 하기 위하여 살두께가 두꺼운 편을 위로 하여 쌓는다.
⑦ 블록 보강용 철망은 #8~#10 철선을 가스압접 또는 용접한 것을 사용하고, 블록의 너비보다 한 치수 작은 것을 사용하며, 그 형상, 치수, 기타는 도면 또는 공사시방서에 따른다.

014 ④ 특별한 지정이 없으면 줄눈은 10mm가 되게 한다. 치장줄눈을 할 때에는 흙손을 사용하여 줄눈이 완전히 굳기 전에 줄눈파기를 한다.
⑥ 블록은 사춤이 잘 되도록 하기 위하여 살두께가 두꺼운 편을 위로 하여 쌓는다.

015 ① 보강 블록조 쌓기에서 세로줄눈은 사춤(모르타르, 콘크리트 등)을 위하여 통줄눈으로 하는 것이 좋다.
⑤ 블록의 빈속을 철근과 콘크리트로 보강하여 내력벽을 구성하는 것이다.

016 ① 가로근은 배근 상세도에 따라 가공하되 그 단부는 180°의 갈구리로 구부려 배근한다.
⑥ 블록의 공동에 보강근을 배치하고 콘크리트를 다져 넣기 때문에 세로줄눈은 통줄눈으로 하여야 한다.

017 ② 보강블록은 모르타르, 콘크리트 사춤이 용이하도록 원칙적으로 통줄눈 쌓기로 한다.

⑤ 보강블록 조는 원칙적으로 통줄눈 쌓기를 한다.

⑥ 가로근은 배근 상세도에 따라 가공하되 그 단부는 $180°$의 갈구리로 구부려 배근한다. 철근의 피복두께는 20mm 이상으로 하며, 세로근과의 교차부는 모두 결속선으로 결속한다.

⑦ 세로근은 기초에서 테두리보까지 설치하며 중간에 잇기가 불가능하다.

⑪ 세로 보강철근은 이음 없이 1개로 테두리 보와 기초에 정착시킨다.

⑬ 보강철근콘크리트 블록은 모르타르, 콘크리트 사춤이 용이하도록 원칙적으로 통줄눈 쌓기로 한다.

⑱ 블록은 살두께가 큰 편을 위로 하여 쌓는다.

018 방습층은 도면 또는 공사시방서에서 정한 바가 없을 때에는 마루밑이나 콘크리트 바닥판 밑에 접근되는 가로줄눈의 위치에 둔다.

019 연속되는 벽면의 일부를 트이게 하여 나중쌓기로 할 때에는 그 부분을 층단 떼어 쌓기로 한다. 켜거름 들여쌓기는 벽돌벽은 건물 전체를 균일한 높이로 쌓아 올라가는 것이 이상적이나 발판, 기구 및 인원 배치에 무리가 있으므로 한 벽면을 먼저 쌓는 경우가 있고, 교차벽의 벽돌물림자리를 내어 벽돌 한 켜거름으로 B/2~B/4 정도를 들여쌓기를 한다.

020 조적조의 벽체 상부에 철근 콘크리트 테두리 보를 설치하는 가장 중요한 이유는 조적조의 벽체와 일체가 되어 건물의 강도를 높이고 하중을 균등하게 전달하기 위함이다.

021 블록의 규격 소요매수

구분	규격	단위	수량
기본형(mm)	390×190×100(4″블록)	매	13
	390×190×150(6″블록)		
	390×190×190(8″블록)		
장려형(mm)	290×190×100	매	17

022 석축에 설치하는 신축 줄눈은 10~20m마다 1개씩 기존의 줄눈폭과 같은 폭으로 시공하며, 줄눈의 깊이와 색상도 기존의 줄눈과 일치시켜 시공한다.

023 크레이터(Crater)는 아크 용접에 있어서 용접 비드의 끝에 남은 우묵하게 패인 곳이다.

① 꽂임촉 : 두 부재(석재)의 이음에 따라 토막 나무를 꽂아 넣은 맞힌 장부의 일종이다.

② 앵커(Anchor) : 석공사에 있어서 석재를 긴결하기 위한 철물이다.

③ 패스너(fastner) : 석재 등 부재를 고정하기 위한 철물이다.

024 막쌓기는 돌쌓기의 한 방법으로 일정한 수평, 수직 줄눈을 두지 않고 쌓은 돌쌓기의 한 방법이다.

① 건쌓기 : 돌과 돌 사이에 모르타르나 콘크리트 등을 채우지 않고, 뒤고임돌만 다져 넣어 쌓는 방법이다.

② 메쌓기 : 돌의 맞댄면을 다듬어 잘 맞닿게 하고 뒤고임돌을 고여 고정시키고 그 빈틈을 잔돌로 채우고 넓고 큰 돌을 골라 끝 고임돌로 하고, 다시 그 빈틈을 잔돌로 채우는 방법이다.

③ 찰쌓기 : 돌과 돌 사이에 모르타르를 다져 넣고 뒤고임에 콘크리트를 채워 넣는 방법이다.
또한, 석축 쌓기 공법에는 건쌓기, 찰쌓기, 메쌓기, 사춤쌓기(석재의 뒷면에는 잡석을 사용하고, 앞 부분에는 모르타르를 사용하여 쌓는 방식) 등이 있다.

025 앵커긴결공법은 구조체와 석재 사이에 공간을 두고 각종 앵커를 사용하여 단위재를 벽체에 부착하는 공법으로, 설치 시의 조정과 층간변위를 고려하여 1차 연결철물(앵글)과 2차 연결철물(조정판)로 연결하는 공법이다. 사용되는 재료에는 앵커(앵글, 조정판), 근각볼트, 너트, 와셔, 핀, 데파볼트, 캡(슬리브) 등이 있다.

026 연결철물은 석재의 상하 및 양단에 설치하여 하부의 것은 지지용으로, 상부의 것은 고정용으로 사용한다. 강풍 및 지진에 의한 순간충격에 의해 석재가 탈락하지 않도록 연결철물용 앵커와 석재는 기계적 결합장치로 고정한다. 접착용 에폭시는 시공 단계에서 연결철물용 앵커와 고정용 핀을 고정하기 위한 부분 보완재로만 사용할 수 있다.

027 ② 마름돌쌓기 : 줄눈 너비를 일정하게 할 수 있어 수평쌓기가 용이하며, 직각단면과 길이가 긴 장대석, 각석 등을 말한다.
③ 막돌쌓기 : 막돌(야산석, 둥근석, 잡석 등)로 보통 허튼층 쌓기로 한다.
④ 바른층쌓기 : 돌쌓기의 1켜의 높이는 모두 동일한 것을 쓰고 수평 줄눈이 일직선으로 통하게 쌓는 돌쌓기 방식이다.

028 석재 중에서 대리석은 열에 약하므로 특히 내화를 필요로 하는 곳에 부적당하고, 강도는 매우 높지만 내화성이 낮으며, 풍화되기 쉽다.

029 ② 석재를 구조재로 사용하는 경우에는 압축재로 사용하고, 인장재의 사용은 피한다.
⑦ 석재를 구조재로 사용하는 경우에는 압축재로 사용하고, 인장재 및 휨재로의 사용은 피한다.
⑪ 1m³ 이상 석재는 구조상 안전을 위하여 가급적 높은 곳에 사용을 피한다. 즉, 낮은 곳에 사용한다.

030 대리석은 석회암이 오랜 세월 동안 땅 속에서 지열, 지압으로 인하여 변질되어 결정화된 것으로, 주성분은 탄산석회($CaCO_3$)이다. 석질은 치밀하고 견고하며, 포함된 성분에 따라 경도, 색채, 무늬 등이 매우 다양하여 아름답다. 물갈기를 하면 광택이 나므로 외장용보다는 실내 장식용 또는 조각용 석재로 사용되는 고급품이나, 열 및 산·알칼리 등에는 매우 약하다.

031 판석재 돌붙이기는 비계발판 위에 한곳에 높이 쌓아 놓고 작업하는 것이 작업상 편하고 능률이 높다고 할 수 있으나, 안전을 생각하면 판석재를 사용할 만큼씩 쌓아놓고, 사용하는 것이 좋다.

032 ② 실런트(Sealant)는 실재로서 조인트나 그 틈새를 공기나 물이 통과하지 못하도록 막는데 사용하는 점성재료로서 시공시 경화시간, 기상조건에 따른 영향은 매우 크며 시공 정밀도가 다른 부분에 비해 더욱 더 요구된다.
⑦ 건식 석재 붙임에 사용되는 연결철물 중 앵커, 볼트, 너트, 와셔 등은 STS 304 동등 이상의 내식성을 가지는 제품을 사용하되, 보강철물의 종류·재질·형상 및 규격은 도면 또는 공사시방서에 따른다.

033 석재 표면의 청소 시 원칙적으로는 물을 사용하여야 하나, 부득이한 경우에는 염산을 사용한다. 염산 사용 시에는 희석해서 사용하고, 물로 깨끗이 씻어낸다.

034 돌붙임 앵커 긴결공법 중 파스너 설치방식

그라우팅 방식	에폭시 충전성으로 인하여 충간변위가 크거나 고충의 경우 부적합
싱글 파스너 방식	조정을 한번에 해야 하므로 정밀도 조정이 어렵고, 조정가능범위가 작음
더블 파스너 방식	가장 많이 쓰이는 방식으로, 슬러트 홀로 오차조정이 가능하고 비교적 작업이 쉬운 방식

싱글 파스너방식에는 논그라우팅법이 사용되고, 더블 파스터방식에는 그라우팅법과 논그라우팅법이 사용된다.

035 개량압착공법은 타일붙임공법으로 바탕면에 모르타르를 나무 흙손바름한 후, 타일 이면과 흙손바름면에 붙임모르타르를 발라 눌러 붙여 주변에 모르타르가 빠져나오게 하는 공법이다. 압착공법에 비해 접착성이 좋아진다.

① 앵커긴결공법 : 구조체와 석재 사이에 공간을 두고 각종 앵커를 사용하여 단위재를 벽체에 부착하는 공법으로 설치시의 조정과 충간변위를 고려하여 1차 연결철물과 2차 연결철물로 연결하는 공법이다. 특히, 백화가 발생하지 않고, 단열효과가 있다.

③ 강제트러스 지지공법 : 미리 조립된 강제 트러스에 여러 장의 석판재를 지상에서 짜맞춘 후 파스너를 사용하여 이를 조립식으로 설치해 나가는 공법으로 미리 조립해 현장에서 설치하므로 공사 기간이 단축된다.

④ GPC(Granite veneer Precast Concrete)공법 : 거푸집에 화강석 판석을 소요 치수에 맞게 배열한 후, 판석의 뒷면에 미리 조립한 철근 및 각종 인서트를 설치하고, 그 위에 콘크리트를 타설하여 화강석 판석과 콘크리트를 일체화하는 공법으로 규격화에 의한 대량 생산이 가능하고, 동결 및 백화 현상 등을 막을 수 있으며, 건식 공법이므로 시공 속도가 빠르다.

036 건식 석재공사는 석재의 하부는 지지용으로, 석재의 상부는 고정용으로 설치하되 상부 석재의 고정용 조정판에서 하부 석재와의 간격을 1mm로 유지하며, 촉구멍 깊이는 기준보다 3mm 이상 더 깊이 천공하여 상부 석재의 중량이 하부 석재로 전달되지 않도록 한다.

037 성인에 의한 석재의 분류

구분	화성암		퇴적(수성)암					변성암	
	심성암	화산암	쇄설성			유기적	화학적	수성암계	화성암계
종류	화강암, 섬록암, 반려암	안산암(휘석, 각섬, 운모, 석영), 현무암, 부석 등	이판암, 점판암	사암, 역암	응회암(사질, 각력질)	석회암, 처트	석고	대리석	사문암

038 퇴적(수성)암에는 쇄설성(이판암,점판암, 사암, 역암, 응회암, (사질,각력질), 유기적(석회암, 처트), 화학적(석고) 등이 있다. 안산암은 화성암의 화산암에 속한다.

039 시멘트의 종류

구분	포틀랜드 시멘트	혼합 시멘트	특수 시멘트
종류	보통, 중용열, 조강 및 백색 시멘트, 저열 포틀랜드 시멘트, 내황산염 포틀랜드 시멘트	고로 슬래그 시멘트, 플라이 애시 시멘트, 포틀랜드 포졸란 시멘트, 착색 시멘트	산화 알루미늄 시멘트, 팽창 시멘트

040 시멘트의 풍화작용[시멘트가 수분을 흡수하여 수화 작용을 한 결과로 수산화칼슘과 공기 중의 이산화탄소가 작용하여 탄산칼슘($CaCO_3$)을 생기게 하는 작용]을 방지하기 위하여 공기의 유통이 잘 되지 않도록 개구부를 가능한 한 작게 한다.

041 지하실 방수공법 중 바깥방수의 특성은 ② · ③ · ④ 이외에도 하자 보수가 난이하고, 수압이 크고, 깊은 지하실에 적용하며, 보호 누름이 필요하지 않다는 점 등이 있다.

042 안전유리의 종류에는 배강도 유리가 있고, 형판유리는 특수 유리의 하나로 판유리의 한 면에 각종 무늬를 새긴 것으로 2~5mm 정도의 반투명 유리이나, 안전 유리에는 속하지 않는다.

① 망입유리 : 금속망을 유리 가운데 넣은 것으로 비상통로의 감시창 및 진동이 심한 장소에 사용되는 유리 또는 용융 유리 사이에 금속 그물(지름이 0.4mm 이상의 철선, 놋쇠선, 아연선, 구리선, 알루미늄선)을 넣어 롤러로 압연하여 만든 판유리이다. 도난 방지, 화재 방지 및 파편에 의한 부상 방지 등의 목적으로 사용한다.

② 접합유리 : 투명 판유리 2장 사이에 아세테이트, 부틸셀룰로오스 등 합성수지막을 넣어 합성수지 접착제로 접착시킨 유리로서, 깨어지더라도 유리 파편이 합성수지막에 붙어 있게 하여 파편으로 인한 위험을 방지하도록 한 것이다. 유색 합성수지막을 사용하면 착색 접합 유리가 된다. 접합 유리는 보통 판유리에 비해 투광성은 약간 떨어지나 차음성, 보온성이 좋은 편이다.

④ 강화유리(담금 유리) : 유리를 500~600℃로 가열한 다음 특수 장치를 이용하여 균등하게 급격히 냉각시킨 유리 또는 판유리 종류를 600℃ 이상의 연화점 근처까지 가열한 후 표면에 냉기를 내뿜어 급랭시켜 제조하는 유리로서 이와 같은 열처리로 인하여 그 강도가 보통 유리의 3~5배에 이르며, 특히 충격 강도는 보통 유리의 7~8배나 된다. 또 파괴되면 열처리에 의한 내응력 때문에 모래처럼 잘게 부서지므로 유리 파편에 의한 부상이 적다. 이 성질을 이용하여 자동차의 창유리, 통유리문 등 깨어질 때 파편으로 손상 위험이 큰 곳에 쓰인다.

제5과목

건설공사 안전 관리

001	① ○ ② × ③ × ④ ×						
002	① ○ ② ○ ③ × ④ ○						
003	① × ② × ③ ○ ④ ×						
004	① ○ ② ○ ③ ○ ④ × ⑤ ×						
005	① × ② ○ ③ ○ ④ ○						
006	① × ② ○ ③ ○ ④ ○						
007	① × ② ○ ③ ○ ④ ○						
008	① ○ ② × ③ × ④ ×						
009	① ○ ② ○ ③ ○ ④ ○						
010	① ○ ② ○ ③ ○ ④ ○						
011	① ○ ② ○ ③ × ④ ○						
012	① ○ ② ○ ③ ○ ④ ×						
013	① ○ ② ○ ③ ○ ④ ○						
014	① ○ ② ○ ③ ○ ④ ○						
015	① ○ ② × ③ ○ ④ ○ ⑤ ○ ⑥ ○						
016	① ○ ② ○ ③ ○ ④ × ⑤ ○ ⑥ ○ ⑦ ○						
017	① ○ ② ○ ③ ○ ④ ×						
018	① × ② × ③ × ④ ○						
019	① ○ ② ○ ③ ○ ④ ×						
020	① ○ ② ○ ③ × ④ ○						
021	① ○ ② ○ ③ ○ ④ ×						
022	① × ② ○ ③ ○ ④ ○						
023	① ○ ② ○ ③ ○ ④ ○						
024	① ○ ② × ③ ○ ④ ○						
025	① ○ ② ○ ③ ○ ④ ○						
026	① × ② ○ ③ × ④ × ⑤ × ⑥ ×						
027	① × ② ○ ③ ○ ④ ○						
028	① × ② ○ ③ ○ ④ ×						
029	① × ② ○ ③ ○ ④ ×						
030	① ○ ② × ③ × ④ ×						
031	① ○ ② × ③ × ④ ×						
032	① × ② × ③ × ④ ○						
033	① ○ ② × ③ ○ ④ ○ ⑤ ×						
034	① ○ ② ○ ③ ○ ④ ×						
035	① × ② ○ ③ ○ ④ ○						
036	① ○ ② × ③ × ④ ○						
037	① × ② ○ ③ × ④ ×						
038	① × ② ○ ③ ○ ④ ○						
039	① ○ ② ○ ③ ○ ④ ○						
040	① × ② ○ ③ × ④ ○						
041	① ○ ② × ③ ○ ④ ×						
042	① × ② ○ ③ ○ ④ ○						
043	① ○ ② ○ ③ ○ ④ ○						
044	① ○ ② ○ ③ × ④ ○						
045	① ○ ② ○ ③ ○ ④ ×						
046	① ○ ② × ③ ○ ④ ○						
047	① ○ ② × ③ × ④ × ⑤ × ⑥ ○ ⑦ ○ ⑧ × ⑨ ○ ⑩ ○ ⑪ × ⑫ ○ ⑬ ○ ⑭ ○ ⑮ × ⑯ ○ ⑰ × ⑱ ×						
048	① ○ ② ○ ③ ○ ④ ○ ⑤ ○ ⑥ × ⑦ ○ ⑧ ○ ⑨ ○ ⑩ ×						
049	① ○ ② ○ ③ ○ ④ ×						
050	① × ② ○ ③ ○ ④ ○						
051	① ○ ② ○ ③ ○ ④ ○						
052	① ○ ② ○ ③ ○ ④ ○						
053	① ○ ② ○ ③ × ④ ○						
054	① ○ ② ○ ③ ○ ④ × ⑤ × ⑥ ○ ⑦ ○ ⑧ ○						
055	① ○ ② ○ ③ ○ ④ ×						
056	① × ② ○ ③ ○ ④ ○						

001　② 공종별 안전관리계획서 : 공종별(설비 공사등을 주체 공사와 분리)공사에 있어서의 안전관리계획서이다.
　　　③ 유해위험방지계획서 : 건설공사의 안전성 확보를 위해 작성하는 계획서이다.
　　　④ 안전개선계획서 : 산업재해율 등이 높아 장기적인 관점에서 안전보건관리체제와 사업장 내기계 · 기구 · 설비나
　　　　보호구, 작업방법 등이 불량하여 개선할 필요가 있다고 보여지는 부분들에 대한 개선을 계획하는 서류이다.

002　사용 중인 구조물의 안전진단방법으로는 초음파 검사법, 탄성파법, 레이다법 등이 있다.
　　　베인 시험은 토질시험 중 보링의 구멍을 이용하여 +자 날개형의 테스터를 지반에 때려박고 회전시켜 그 회전력
　　　에 의하여 진흙의 점착력을 판별하는 시험방법이다.

003 건설공사 단계는 조사설계단계(제1단계), 공사시공단계(제2단계), 운영관리단계(제3단계)로서, 내용은 다음과 같다.

조사설계단계	기술용역의 심의 및 평가의 강화, 설계 심의의 내실화, 사후관리 평가강화, 발주자의 조사, 설계 발주 미흡 및 감독 소홀, 용역자의 조사, 설계 부실 등
공사시공단계	발주자의 감독 소홀, 안전관리의 감독 소홀 등
운영관리단계	설계 및 시공의 평가관리, 양질의 공사 우대와 부실 공사의 제제, 사용자의 시설 운영관리 능력 부족 등

004 구축물 등의 안전성 평가(기준규칙 제52조)

> 사업주는 구축물 등이 ①·②·③ 이외에도 다음의 어느 하나에 해당하는 경우에는 구축물 등에 대한 구조검토, 안전진단 등의 안전성 평가를 하여 근로자에게 미칠 위험성을 미리 제거해야 한다.
> ㉮ 구축물 등에 지진, 동해(凍害), 부동침하(不同沈下) 등으로 균열·비틀림 등이 발생했을 경우
> ㉯ 오랜 기간 사용하지 않던 구축물 등을 재사용하게 되어 안전성을 검토해야 하는 경우
> ㉰ 구축물 등의 주요구조부(「건축법」에 따른 주요구조부)에 대한 설계 및 시공 방법의 전부 또는 일부를 변경하는 경우
> ㉱ 그 밖의 잠재위험이 예상될 경우

005 위험성평가에 활용하는 안전보건정보에는 ②·③·④ 이외에도 재해정보, 재해통보에 관한 정보, 작업의 위험성 및 작업 상황 등에 관한 정보, 작업환경측정결과, 근로자 건강진단결과 등이 있다.

006 흙은 입자재료이고, 고체인 흙입자, 액체인 물, 기체인 공기의 세 가지 성분으로 구성되어 있으며, 흙의 종류에 따라 응력-변형률 관계가 일정하게 정의되지 않는다.

007 투수계수는 다음과 같은 성질이 있다.

> - 투수계수가 큰 것은 투수량이 크고, 모래는 진흙보다 크다.
> - 투수계수에 있어서 모래는 평균 알지름의 제곱에 비례하고, 간극비는 거의 제곱에 비례하는 경향이 있다.
> - 투수계수는 불교란시료의 투수시험에 의하거나 현지에서 양수시험으로 구할 수 있다.

※ 흙의 투수계수의 영향 중 공극비(흙의 단위용적 중 공간의 비율을 백분율로 나타낸 것)가 클수록 투수계수는 크다.

008 ② 압밀 시험 : 흙 시료에 하중을 가함으로써 하중변화에 대한 간극비, 압밀계수, 체적압축계수의 관계를 파악하고 우리가 검토할 지반의 침하량과 침하시간을 구하기 위한 계수들를 알 수 있는 시험이다.
③ 삼축압축 시험 : 흙의 전단응력을 파악하기 위해 실시하는 시험의 하나로서 파괴면을 미리 설정하지 않고 흙 외부에서 최대, 최소 주응력을 가해서 응력차에 의해 자연적으로 전단파괴면이 생기게끔 하는 시험이다
④ 투수시험 : 흙 시료에 유입되는 수조와 유출되어 나오는 수조의 수위를 일정하게 하여 물을 시료에 통과시킴으로써 다르시의 법칙에 의해 투수계수를 구할 수 있다.

009 성토용 토사의 일반조건에는 ①·③·④ 이외에도 흙의 흘러내림을 방지하기 위하여 함수율이 낮은 토사를 사용하여야 한다는 점이 있다.

010 지반조사 보고서 내용에는 ①·②·④ 이외에도 지반조사 지역, 조사일자 및 작성자, 보링 방법, 지하수위, 심도애 따른 토질 및 색조, 지층의 두께 및 구성 상태, 샘플링 방법 등이 있다. 시공 예정인 흙막이 공법과는 무관하다.

011 절토, 개착, 터널구간은 기반암의 심도 1.5~3.0m까지 확인한다.

012 지반 조사는 건축물의 기초 설계 및 토공사, 기초공사의 시공에 필요한 자료(토질의 성질, 지층의 분포, 지하수위 및 피압수 파악 등)를 얻기 위하여 실시하는 조사로서 지반조사의 양·부는 공사를 진행하는 중이나 공사를 완료시킨 후에도 건물의 안전성과 깊은 관련이 있으므로 과학적이고 합리적인 조사법의 선정이 요구된다.

013 ② 시트 파일 공법은 널말뚝(흙파기 공사 시 주변 흙의 붕괴와 작업장으로 흙의 유출방지 및 지하수의 유입을 막기 위하여 설치하는 것) 공법으로 목재 널말뚝, 콘크리트 기성재 널말뚝, 강재 널말뚝 등이 있다.

직접기초의 터파기 공법

모양에 의한 분류	구덩이, 줄기초, 온통파기 등
형식에 의한 분류	오픈 컷공법(비탈면 오픈 컷, 흙막이 오픈 컷), 아일랜드 컷 공법, 트랜치 컷 공법, 지하연속벽 공법(벽식, 주열식 공법), 탑 다운공법, 구체 흙막이 공법(Well 공법, 케이슨 공법) 등

014 지반침하 발생 원인 중 지하수위 변화로 인하여 발생되는 현상에는 보일링(사질 지반에서 흙막이벽을 설치하고, 기초 파기를 할 때에 흙막이벽 뒷면 수위가 높아져 지하수가 흙막이벽 밑을 통하여 상승하는 유수로 말미암아 모래 입자가 부력을 받아 물이 끓듯이 지하수가 모래와 같이 솟아오르는 현상), 히빙(하부 지반이 연약할 때 흙파기 저면선에 대하여 흙막이 바깥에 있는 흙의 중량과 지표 재하중의 중량에 못 견디어 저면의 흙이 붕괴되고, 흙막이 바깥에 있는 흙이 안으로 밀려 볼록하게 되는 현상 또는 흙막이벽 양쪽 토압의 차이로 흙막이 뒷부분의 흙이 흙막이벽 밑을 돌아서 기초파기를 하는 공사장으로 미끄러져 들어오는 현상), 파이핑(흙막이벽의 부실 공사로 인하여 흙막이벽의 뚫린 구멍 또는 이음새를 통하여 물이 공사장 내부 바닥으로 파이프 작용을 하여 보일링 현상이 생기는 현상) 등이 있다.

015 함수비의 감소에 따른 흙의 단위체적 중량의 감소는 전단응력이 감소되고, 함수비의 감소에 따른 흙의 단위체적 중량의 증가는 전단응력이 증대된다.

016 지반 개량 공법의 종류

적용 지반	지반 개량 공법
사질토	진동다짐(Vibro flotation)공법, 폭파다짐공법, 전기충격공법, 모래다짐말뚝공법(Sand compaction pile 공법), 약액주입공법, 동압밀(동다짐, Dynamic compaction)공법
점성토	치환공법, 압밀(재하)공법(선행재하, 사면선단재하, 압성토 공법), 탈수공법(Sand drain, Paper drain, Pack drain 공법), 배수공법(Deep well, Well point 공법), 고결공법(생석회 말뚝, 소결, 동결 공법), 동치환 공법, 전기침투공법, 침투압공법, 대기압공법, 표면처리공법 등
사질·점성토 혼용	입도조정공법, 소일시멘트(Soil cement)공법, 화학약제 혼합공법

017 샌드드레인 공법, 생석회 공법, 페이퍼드레인 공법 등은 연약한 점토질 지반의 개량 공법에 속한다.
진동다짐(Vibro flotation) 공법은 수평방향으로 진동하는 Vibro float를 이용하여 사수와 진동을 동시에 일으켜 느슨한 모래지반을 개량하는 공법으로, 진동과 물다짐을 병행하므로 지반을 다져 밀도를 크게하여 지지력을 증대시킬 수 있다.

018 ① 치환공법 : 지반개량공법의 일종으로 연약 점성토 층을 양질의 재료로 치환함으로써 지반의 안정도를 증대시
키는 공법으로, 굴착치환(연약층을 전부 또는 일부 굴착 제거하여 양질의 흙으로 치환하는 공법), 미끄럼 치환
(양질의 치환토의 성토 자중에 의해 연약층 전단면을 강제적으로 밀어내어 연약지반을 양질토로 치환하는 공
법), 폭파 치환(연약층에 폭약을 삽입하여 폭발시킴으로써 연약토를 밀어내어 양질의 성토재와 치환하는 공
법) 공법 등이 있다.
② sand drain 공법 : 연약한 점토지반에 모래말뚝을 시공하여 모래매트를 통하여 지반 중의 물을 지표면으로 배
제하여 지반을 압밀강화하는 공법이다.
③ 생석회말뚝공법 : 점토 지반 내에 생석회에 의한 말뚝을 설치하여 흙의 고결화, 연약층 강화를 도모하는 공법
으로, 흙 속의 물을 급속하게 탈수함과 동시에 말뚝 자신의 체적이 2배로 팽창하여 강제압밀시켜 지지력의 증
대와 말뚝 주변의 지반도 경화된다.

019 연약한 점성토 지반 처리공법 중 재하공법에는 선행재하(pre-loading, 여성토공법, 구조물 축조 장소에 사전 성토
하여 선행침하시켜 흙의 전단강도를 증대시킨 후 성토 부분을 제거하는 공법), 사면선단재하(성토한 비탈면 옆 부분
을 0.5~1.0m 정도 더돋음하여 비탈면 끝 부분의 전단강도를 증대시킨 후 더돋음 부분을 제거하여 비탈면을 마무리
하는 공법), 압성토 공법(sur-charge공법, 토사의 측방에 소단(흙파기 공사시 안전성을 위하여 설치하는 수평면)모
양의 성토를 하여 활동에 대한 저항모멘트를 증가시켜 성토 지반의 활동파괴를 예방하는 공법) 등이 있다.
폭파치환 공법은 치환 공법의 일종으로 연약층에 폭약을 삽입하여 폭발시킴으로써 연약토를 밀어내어 양질의 성
토재와 치환하는 공법이다.

020 우물통공법은 현장에서 상·하단이 개방된 철근콘크리트조 우물통(직경 1.0~1.5m)을 지상에서 만들어 내부를 굴
착, 침하시킨 후 콘크리트를 타설하여 기초 기둥(Pier)을 구축하는 기초 공법이다.

021 발파공의 충전재료에는 발화성 또는 인화성의 위험이 없는 재료로서 점토, 모래 등이 있다.

022 토적곡선(Mass curve, 유토곡선)은 종횡단면도를 작성하고, 측점별 절토, 성토량을 산정하고, 토공 최적화기법으로
선형(도로 등)의 건설공사에 많이 사용한다. 토적곡선으로부터 각 구간의 경사도와 단면적을 구할 수 없다.

023 사업주는 굴착작업을 할 때에 토사 등의 붕괴 또는 낙하에 의한 위험을 미리 방지하기 위하여 작업장소 및 그 주변의
부석·균열의 유무, 함수(含水)·용수(湧水) 및 동결의 유무 또는 상태의 변화의 사항을 점검해야 한다. (안전보건규
칙 제338조)

024 지반의 굴착작업시 굴착시기와 작업순서를 정하기 위하여 조사하여야 할 사항에는 ①·③·④ 이외에도 균열·함수
(含水)·용수 및 동결의 유무 또는 상태, 매설물 등의 유무 또는 상태 등이 있다. (안전보건규칙 제38조, 별표 4)

025 사업주는 비가 올 경우를 대비하여 측구(側溝)를 설치하거나 굴착경사면에 비닐을 덮는 등 빗물 등의 침투에 의한
붕괴재해를 예방하기 위하여 필요한 조치를 해야 한다. (안전보건규칙 제339조)

026 흙막이의 현상

	현상	방지책
보일링	사질 지반에서 흙막이벽을 설치하고, 기초 파기를 할 때에 흙막이벽 뒷면 수위가 높아져 지하수가 흙막이벽 밑을 통하여 상승하는 유수로 말미암아 모래 입자가 부력을 받아 물이 끓듯이 지하수가 모래와 같이 솟아오르는 현상	• 널말뚝 저면의 타설 깊이를 깊게 한다. • 널말뚝을 불투수성 점토질 지층까지 깊이 때려 박는다. • 웰 포인트 공법에 의하여 지하수면을 낮추어 용출하는 물의 압력을 감소시킨다.
히빙	하부 지반이 연약할 때 흙파기 저면선에 대하여 흙막이 바깥에 있는 흙의 중량과 지표 재하중의 중량에 못 견디어 저면의 흙이 붕괴되고, 흙막이 바깥에 있는 흙이 안으로 밀려 볼록하게 되는 현상 또는 흙막이벽 양쪽 토압의 차이로 흙막이 뒷부분의 흙이 흙막이벽 밑을 돌아서 기초파기를 하는 공사장으로 미끄러져 들어오는 현상	• 설계 계획을 변경 또는 표토를 제거하여 하중을 적게 한다. • 굴착면에 하중을 가하거나 지반을 개량한다. • 트렌치 공법 또는 부분 굴착을 하거나, 케이슨이나 아일랜드 공법을 사용한다. • 가장 좋은 방법으로는 강성이 높고, 강력한 흙막이벽의 밑을 양질의 지반 속까지 깊이 박는다.

③ 항복(yielding) : 응력의 증가는 없음에도 불구하고 변형이 갑자기 증대되는 현상이다.

④ 붕괴(failure) : 외력의 증가가 없음에도 불구하고, 구조물의 변형이 급격히 증가하는 현상이다.

⑤ 동상현상 : 지표면이 부풀어 오르는 현상으로 기온이 낮아짐에 따라 토중수가 동결되므로 흙의 부피가 증가(약 9% 정도)함으로 발생하는 현상이다.

⑥ 연화현상 : 동결한 지반이 융해(기온의 상승으로 인하여 동결된 지반이 녹는 현상)할 때 흙 속에 과잉의 수분이 존재하여 지반이 연약화되는 현상이다.

027 잠함, 우물통, 수직갱에서 굴착작업을 할 경우, 굴착깊이가 20m를 초과하거나 산소농도 측정결과 산소의 결핍이 인정될 때 산소의 공급을 위하여 송기(送氣)를 위한 설비를 설치하여 필요한 양의 공기를 공급해야 한다. (안전보건규칙 제377조)

028 PC말뚝의 특징
- 균열이 발생하지 않으므로 강재의 부식이 없어 내구성이 크다.
- 길이의 조절이 비교적 쉽고, 중량이 가벼워 운반이 쉽다.
- 이음이 쉽고, 신뢰성이 있으며 지지력 감소가 적다.
- 타입 시 인장력을 받더라도 프리스트레스가 유효하게 작용하여 인장 파괴가 발생하지 않는다.
- PC말뚝은 내부에 고강도강선(피아노선 등)이 배근되어 있으므로 절단하면 내부 응력에 가장 큰 영향을 받는 말뚝이다.

029 말뚝의 종류는 마찰말뚝(연약한 지층이 깊이 있어 굳은 지층까지 말뚝을 도달시킬수 없을 때, 말뚝 전길이의 주변 마찰력에 의해서 지지하는 말뚝)과 지지말뚝(말뚝을 연약한 지반을 통과하여 단단한 지지층에 도달시켜 상부 구조물의 하중을 말뚝 선단의 지지력과 말뚝의 주변 마찰력(부마찰력)에 의존하여 지지하는 말뚝)으로 구분한다. 지지말뚝에서는 부마찰력(말뚝이 토층을 통과하여 지지층까지 이르려고 할 때, 주위의 지반이 말뚝에 대해 상대적으로 침하된 결과 말뚝 주변에는 말뚝을 끌어내리려는 하향 마찰력)이 발생하나, 마찰말뚝에서는 부마찰력이 발생하지 않는다. 즉, 지지말뚝의 하중의 작용상태로 올바른 것은 ③이다.

030 ② 표준관입시험[SPT, 페네트레이션 테스트(Penetration Test)] : 사질 지반의 불교란 시료를 채위하기 어려운 현장에서 지지력을 측정한다.

③ 하중재하시험 : 기초의 지지력을 측정하는 방법으로 기초 저면까지 판자리에서 직접 재하하여 허용지내력을 구하는 시험이다.

④ 삼축압축시험 : 흙의 전단응력을 파악하기 위해 실시하는 시험의 하나로서 파괴면을 미리 설정하지 않고 흙 외부에서 최대, 최소 주응력을 가해서 응력차에 의해 자연적으로 전단파괴면이 생기게끔 하는 시험이다.

031 블레인 시험법은 시멘트의 분말도 시험에 사용되는 시험법이다.

032 표준관입시험(사질지반에 이용)은 표준 샘플러를 관입량 30cm에 달하는 데 요하는 타격횟수 N을 구하여 모래의 밀도를 측정하는 것으로, 측정한 값에 따라 상태는 다음과 같다.

N값	0~4	4~10	10~30	30~50	50 초과
모래의 상대밀도	매우 느슨	느슨	보통 조밀	조밀	매우 조밀

033 ② 50/3의 표기에서 50은 타격회수, 3은 굴진수치를 의미한다.
⑤ 032 해설 참조

034 토질시험(soil test) 방법 중 전단시험에 해당하는 시험법에는 현장시험에는 베인전단시험, 콘관입시험, 표준관입시험 등이 있고, 실내시험에는 직접전단시험, 일축압축시험, 삼축압축시험 등이 있다.
투수시험은 흙의 공극 사이에 물이 흐를 수 있는 성질(투수성)에 대한 시험이다.

035 체적압축계수는 점성토지반의 압밀침하시간과 침하량을 계산하는 경우에 사용되는 계수이다.

036 ① RQD : 암반을 시추한 후 10cm 이상 되는 코어채취 길이의 합계를 총 시추 길이로 나눈 백분율(%)로, 암반의 상태를 표시하는 암반지수로 코아 채취율을 말한다
③ RMR : 암반상태를 등급화하기 위하여 암석을 일축압축강도, RQD, 지하수 상태, 절리상태, 절리간격 등의 요소를 암반의 중요도에 따른 평가점수의 총 합계로서 암반을 5등급으로 구분한다.
④ 탄성파 속도(kine) : 탄성파(초음파로 인간의 가청 주파수 대역을 넘어서는 고주파의 높은 음) 속도는 암반의 풍화, 변질, 파쇄, 균열, 노후화에 의한 열화, 불연속면 등 여러 요인에 의해 좌우된다. 또한, 단단한 암석일수록 탄성파가 전달되는 속도는 빨라진다.

037 흙의 연경도(Atterberg)

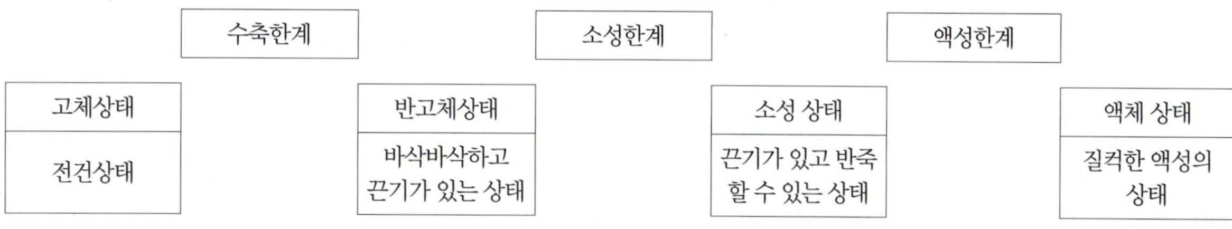

038 구조물을 건립하기 위해서는 계획에 따라 지형을 정비하는 것이 필요하다. 토공이란 흙을 깎아 무너뜨리거나 운반하거나 쌓거나 하는 작업을 말하고, 토공 계획 시 토질의 종류, 토적곡선, 절토 및 성토량의 균형 등이 있다.

039 옹벽의 안정조건에는 활동, 전도, 침하(지반 지지력)등이 있다.
④ 수중에 건축물을 축조할 경우 건축물의 밑면 깊이만큼 부력을 받게 되고, 건물의 자중이 부력보다 적으면 건축물은 부상하게 된다.

040 계측기의 용도

계측기 명칭	용도	계측기 명칭	용도
Tilt meter	인접구조물 기울기	Load cell	흙막이 부재 응력 측정
Crack gauae	인접구조물 균열 측정	Strain gauge	스터드 변형 계측
Inclino meter	지중 수평변위 계측	Soil pressure gauge	토압 측정
Extenso meter	지중 수직변위 계측	Level, Staff	지표면 침하 측정
Piezo meter	간극수압 계측	Sound level meter	소음 측정
Water level meter	지하수위 계측	Vibro meter	진동 측정

041 흙의 안식각(휴식각)은 안정된 비탈면과 원지면이 이루는 흙의 사면 각도를 말하고, 자연경사각이라고도 한다.

042 사면(slope)의 안정계산 시 고려하여야 할 요소에는 흙의 점착력, 흙의 내부마찰각, 흙의 단위체적 중량, 사면의 경사각, 한계 절상높이 등이 있다.

흙의 간극비는 흙입자의 용적에 대한 간극의 용적비, 즉 간극비 $= \dfrac{\text{간극의 용적}}{\text{흙입자의 용적}}$ 이다.

043 토공사의 사면(비탈면)보호 공법에는 식생 공법, 피복 공법, 뿜칠 공법, 붙임 공법, 격자틀 공법, 낙석 방호 공법 등이 있다.

주입 공법은 지반 내에 주입관을 삽입하고 화학약제를 지중으로 압송하여 흙입자 간의 공극을 충진하여 지반을 고결시키는 공법으로 지반개량공법이다.

044 법면 붕괴에 의한 재해 예방 조치

① 지표수와 지하수의 침투를 방지한다.
② 법면의 경사를 감소한다.
③ 절토 및 성토높이를 감소한다.
④ 토질의 상태에 따라 구배조건을 변할 수 있게 한다.

045 무너짐 방지(안전보건규칙 제209조)

궤도 또는 차로 이동하는 항타기 또는 항발기에 대해서는 불시에 이동하는 것을 방지하기 위하여 레일 클램프(rail clamp) 및 쐐기 등으로 고정시키고, 상단 부분은 버팀대·버팀줄로 고정하여 안정시키고, 그 하단 부분은 견고한 버팀·말뚝 또는 철골 등으로 고정시킬 것

046 사용 시의 조치 등(안전보건규칙 제217조)

공기를 차단하는 장치를 해머의 운전자가 쉽게 조작할 수 있는 위치에 설치할 것

047 유해·위험방지계획서의 작성·제출 등(법 제42조, 영 제42조 제3항)

> ① 다음의 어느 하나에 해당하는 건축물 또는 시설 등의 건설·개조 또는 해체("건설 등") 공사
>   ㉠ 지상높이가 31m 이상인 건축물 또는 인공구조물
>   ㉡ 연면적 30,000㎡ 이상인 건축물
>   ㉢ 연면적 5,000㎡ 이상인 시설로서 문화 및 집회시설(전시장 및 동물원·식물원은 제외), 판매시설, 운수시설(고속철도의 역사 및 집배송시설은 제외), 종교시설, 의료시설 중 종합병원, 숙박시설 중 관광숙박시설, 지하도상가, 냉동·냉장 창고시설에 해당하는 시설
> ② 연면적 5,000㎡ 이상인 냉동·냉장 창고시설의 설비공사 및 단열공사
> ③ 최대 지간(支間)길이(다리의 기둥과 기둥의 중심 사이의 거리)가 50m 이상인 다리의 건설 등 공사
> ④ 터널의 건설 등 공사
> ⑤ 다목적댐, 발전용댐, 저수용량 2,000만톤 이상의 용수 전용 댐 및 지방상수도 전용 댐의 건설 등 공사
> ⑥ 깊이 10m 이상인 굴착공사

048 누구든지 동력(動力)으로 작동하는 기계·기구로서 예초기, 원심기, 공기압축기, 금속절단기, 지게차, 포장기계(진공포장기, 래핑기로 한정)는 고용노동부령으로 정하는 유해·위험 방지를 위한 방호조치를 하지 아니하고는 양도, 대여, 설치 또는 사용에 제공하거나 양도·대여의 목적으로 진열해서는 아니 된다. (법 제80조, 영 제70조, 별표 20)

049 유해위험방지계획서를 제출할 때 첨부 서류는 ①·②·③ 이외에도 원재료 및 제품의 취급, 제조 등의 작업방법의 개요, 그 밖에 고용노동부장관이 정하는 도면 및 서류 등이 있다. (규칙 제42조 제1항)
④ 설치장소의 개요를 나타내는 서류는 유해하거나 위험한 작업 또는 장소에서 사용하거나 건강장해를 방지하기 위하여 사용하는 기계·기구 및 설비로서 대통령령으로 정하는 기계·기구 및 설비를 설치·이전하거나 그 주요 구조부분을 변경하려는 경우에 첨부하는 서류이다.

050 건축물 각 층의 평면도는 대통령령으로 정하는 사업의 종류 및 규모에 해당하는 사업으로서 해당 제품의 생산 공정과 직접적으로 관련된 건설물·기계·기구 및 설비 등 전부를 설치·이전하거나 그 주요 구조부분을 변경하려는 경우에 해당하는 서류이다.

051 유해·위험방지계획서를 제출해야 할 대상 공사는 깊이가 10m인 굴착공사이다. (법 제42조, 영 제42조 제3항)

052 건설공사 중 6개월 이내마다 유해위험방지계획서에 대한 심사를 받은 사업주는 고용노동부령으로 정하는 바에 따라 유해위험방지계획서의 이행에 관하여 고용노동부장관의 확인을 받아야 한다는 규정에 따라 다음의 사항에 관하여 공단의 확인을 받아야 한다. (규칙 제46조)
- 유해·위험방지계획서의 내용과 실제공사 내용이 부합하는지 여부
- 유해·위험방지계획서 변경 내용의 적정성
- 추가적인 유해·위험요인의 존재 여부

053 사업주가 화물취급작업의 관리감독자로 하여금 유해·위험을 방지하기 위한 업무를 수행하도록 하여야 하는 내용에는 ①·②·④ 이외에도 로프 등의 해체작업을 할 때에는 하대 위의 화물의 낙하위험 유무를 확인하고 작업의 착수를 지시하는 일 등이 있다. (안전보건규칙 제35조, 별표 2)

054 유해위험방지계획서 첨부서류 중 공사 개요 및 안전보건관리계획의 내용(규칙 제42조 제3항, 별표 10)
- 공사 개요서(별지 제101호서식)
- 공사현장의 주변 현황 및 주변과의 관계를 나타내는 도면(매설물 현황을 포함)
- 전체 공정표
- 산업안전보건관리비 사용계획서
- 안전관리 조직표
- 재해 발생 위험 시 연락 및 대피방법

055 관리감독자의 유해·위험 방지 업무에서 달비계 또는 높이 5m 이상의 비계를 조립·해체하거나 변경하는 작업과 관련된 직무수행 내용은 ①·②·③ 이외에도 안전대와 안전모 등의 착용상황을 감시하는 일 등이 있다. (안전보건규칙 제35조, 별표 2)

056 설계도 및 공작도 확인(철골공사 표준안전작업지침 제3조 제6호)

건립 후에 가설부재나 부품을 부착하는 것은 위험한 작업(고소작업 등)이 예상되므로 외부비계받이 및 화물승강설비용 브라켓, 기둥 승강용 트랩, 구명줄 설치용 고리, 건립에 필요한 와이어 걸이용 고리, 난간 설치용 부재, 기둥 및 보 중앙의 안전대 설치용 고리, 방망 설치용 부재, 비계 연결용 부재, 방호선반 설치용 부재, 양중기 설치용 보강재 등의 사항을 사전에 계획하여 공작도에 포함시켜야 한다.

001 ① ○ ② ○ ③ ○ ④ ×		**002** ① × ② ○ ③ × ④ ×	
003 ① × ② × ③ × ④ ○		**004** ① ○ ② ○ ③ × ④ ○	
005 ① ○ ② × ③ × ④ ×		**006** ① × ② × ③ ○ ④ ×	
007 ① ○ ② ○ ③ ○ ④ ×		**008** ① × ② ○ ③ × ④ ×	
009 ① ○ ② ○ ③ ○ ④ ×		**010** ① ○ ② ○ ③ ○ ④ ○	
011 ① × ② × ③ × ④ ○		**012** ① ○ ② × ③ × ④ ×	
013 ① ○ ② ○ ③ ○ ④ ○		**014** ① ○ ② ○ ③ ○ ④ ×	
015 ① × ② ○ ③ ○ ④ ×		**016** ① × ② ○ ③ × ④ ×	
017 ① ○ ② ○ ③ ○ ④ ×		**018** ① × ② × ③ ○ ④ ×	
019 ① ○ ② ○ ③ ○ ④ × ⑤ × ⑥ ○ ⑦ × ⑧ ○ ⑨ ×			
020 ① ○ ② ○ ③ × ④ ○		**021** ① ○ ② ○ ③ × ④ ○ ⑤ ×	
022 ① ○ ② × ③ ○ ④ ○		**023** ① ○ ② ○ ③ ○ ④ ×	
024 ① × ② ○ ③ ○ ④ ○		**025** ① × ② ○ ③ ○ ④ ○	

001 폐기(추락재해방지 표준안전작업지침 제21조)

부위	폐기 사항
로프	• 소선에 손상이 있는 것 • 페인트, 기름, 약품, 오물 등에 의해 변화된 것 • 비틀림이 있는 것 • 횡마로 된 부분이 헐거워진 것
벨트	• 끝 또는 폭에 1mm 이상의 손상 또는 변형이 있는 것 • 양끝의 헤짐이 심한 것
재봉	• 재봉 부분의 이완이 있는 것 • 재봉실이 1개소 이상 절단되어 있는 것 • 재봉실의 마모가 심한 것
D링	• 깊이 1mm 이상 손상이 있는 것 • 눈에 보일 정도로 변형이 심한 것 • 전체적으로 녹이 슬어 있는 것
후크, 버클	• 후크와 갈고리 부분의 안쪽에 손상이 있는 것 • 후크 외측에 깊이 1mm 이상의 손상이 있는 것 • 이탈 방지장치의 작동이 나쁜 것 • 전체적으로 녹이 슬어 있는 것 • 변형되어 있거나 버클의 체결상태가 나쁜 것

002 철골기둥과 빔 등의 철골구조물의 일체화를 위해서는 기둥과 빔(보)의 연결부위의 접합 작업으로 인하여 고소 작업을 하여야 하나, 철골기둥과 빔의 일체 구조화를 지상에서 함으로써 고소 작업을 줄일 수 있다.

003 사업주는 작업발판을 설치하기 곤란한 경우 다음의 기준에 맞는 추락방호망을 설치해야 한다. 다만, 추락방호망을 설치하기 곤란한 경우에는 근로자에게 안전대를 착용하도록 하는 등 추락위험을 방지하기 위해 필요한 조치를 해야 한다. (안전보건규칙 제42조)

> ① 추락방호망의 설치위치는 가능하면 작업면으로부터 가까운 지점에 설치하여야 하며, 작업면으로부터 망의 설치지점까지의 수직거리는 10m를 초과하지 아니할 것
> ② 추락방호망은 수평으로 설치하고, 망의 처짐은 짧은 변 길이의 12% 이상이 되도록 할 것
> ③ 건축물 등의 바깥쪽으로 설치하는 경우 추락방호망의 내민 길이는 벽면으로부터 3m 이상 되도록 할 것. 다만, 그물코가 20mm 이하인 추락방호망을 사용한 경우에는 낙하물 방지망을 설치한 것으로 본다.

004 사업주는 근로자의 추락 등의 위험을 방지하기 위하여 안전난간을 설치하는 경우 상부 난간대, 중간 난간대, 발끝막이판 및 난간기둥으로 구성할 것. 다만, 중간 난간대, 발끝막이판 및 난간기둥은 이와 비슷한 구조와 성능을 가진 것으로 대체할 수 있다. (안전보건규칙 제13조)

005 ② 벨트 : 신체지지의 목적으로 허리에 착용하는 띠 모양의 부품을 말한다.
③ 죔줄 : 벨트 또는 안전그네를 구명줄 또는 구조물 등 그 밖의 걸이설비와 연결하기 위한 줄모양의 부품을 말한다. (보호구 안전인증 고시 제26조)
④ 버클 : 벨트 또는 안전그네를 신체에 착용하기 위해 그 끝에 부착한 금속장치를 말한다.

006~007 개구부 등의 방호 조치(안전보건규칙 제43조)
사업주는 작업발판 및 통로의 끝이나 개구부로서 근로자가 추락할 위험이 있는 장소에는 안전난간, 울타리, 수직형 추락방망 또는 덮개 등("난간 등")의 방호 조치를 충분한 강도를 가진 구조로 튼튼하게 설치하여야 하며, 덮개를 설치하는 경우에는 뒤집히거나 떨어지지 않도록 설치하여야 한다. 이 경우 어두운 장소에서도 알아볼 수 있도록 개구부임을 표시해야 하며, 수직형 추락방망은 한국산업표준에서 정하는 성능기준에 적합한 것을 사용해야 한다. 또한, 폭 40cm 이상의 발판을 설치한다.

008 사업주는 작업발판을 설치하기 곤란한 경우 기준에 맞는 추락방호망을 설치해야 한다. 다만, 추락방호망을 설치하기 곤란한 경우에는 근로자에게 안전대를 착용하도록 하는 등 추락위험을 방지하기 위해 필요한 조치를 해야 한다. (안전보건규칙 제42조)

009 작업발판의 폭은 40cm 이상으로 하고, 발판재료 간의 틈은 3cm 이하로 할 것 (안전보건규칙 제56조)

010 선정(추락재해방지 표준안전작업지침 제15조)

> 안전대의 선정은 다음의 사용목적에 적합한 안전대를 선정하여야 한다.
> ① 1종 안전대는 전주 위에서의 작업과 같이 발받침은 확보되어 있어도 불완전하여 체중의 일부는 U자 걸이로 하여 안전대에 지지하여야만 작업을 할 수 있으며, 1개 걸이의 상태로서는 사용하지 않는 경우에 선정해야 한다.
> ② 2종 안전대는 1개 걸이 전용으로서 작업을 할 경우, 안전대에 의지하지 않아도 작업할 수 있는 발판이 확보되었을 때 사용한다. 로우프의 끝단에 후크나 카라비나가 부착된 것은 구조물 또는 시설물 등에 지지할 수 있거나 클립부착 지지로우프가 있는 경우에 사용한다. 또한 로우프의 끝단에 클립이 부착된 것은 수직지지로우프만으로 안전대를 설치하는 경우에 사용한다.
> ③ 3종 안전대는 1개 걸이와 U자 걸이로 사용할 때 적합한다. 특히 U자걸이 작업시 후크를 걸고 벗길 때 추락을 방지하기 위해 보조로우프를 사용하는 것이 좋다.
> ④ 4종 안전대는 1개 걸이, U자 걸이 겸용으로 보조후크가 부착되어 있어 U자 걸이 작업시 후크를 D링에 걸고 벗길 때 추락위험이 많은 경우에 적합하다.

011 안전대의 종류와 사용 구분

종류	사용 구분
벨트식	1개 걸이용
	U자 걸이용
안전그네식	추락방지대
	안전블록

012 보호구의 지급 등(안전보건규칙 제32조)

> 사업주는 다음의 어느 하나에 해당하는 작업을 하는 근로자에 대해서는 다음의 구분에 따라 그 작업조건에 맞는 보호구를 작업하는 근로자 수 이상으로 지급하고 착용하도록 하여야 한다.
> ① 물체가 떨어지거나 날아올 위험 또는 근로자가 추락할 위험이 있는 작업 : 안전모
> ② 높이 또는 깊이 2m 이상의 추락할 위험이 있는 장소에서 하는 작업 : 안전대(安全帶)
> ③ 물체의 낙하·충격, 물체에의 끼임, 감전 또는 정전기의 대전(帶電)에 의한 위험이 있는 작업 : 안전화
> ④ 물체가 흩날릴 위험이 있는 작업 : 보안경
> ⑤ 용접 시 불꽃이나 물체가 흩날릴 위험이 있는 작업 : 보안면
> ⑥ 감전의 위험이 있는 작업 : 절연용 보호구
> ⑦ 고열에 의한 화상 등의 위험이 있는 작업 : 방열복
> ⑧ 선창 등에서 분진(粉塵)이 심하게 발생하는 하역작업 : 방진마스크
> ⑨ 섭씨 영하 18도 이하인 급냉동어창에서 하는 하역작업 : 방한모·방한복·방한화·방한장갑
> ⑩ 물건을 운반하거나 수거·배달하기 위하여 「도로교통법」에 따른 이륜자동차 또는 같은 법에 따른 원동기장치자전거를 운행하는 작업 : 「도로교통법 시행규칙」에 적합한 승차용 안전모
> ⑪ 물건을 운반하거나 수거·배달하기 위해 「도로교통법」에 따른 자전거등을 운행하는 작업 : 「도로교통법 시행규칙」에 적합한 안전모

013 구조 및 치수(추락재해방지 표준안전작업지침 제3조)

> 방망은 망, 테두리로우프, 달기로우프, 시험용사로 구성되어진 것으로서 각 부분은 다음에 정하는 바에 적합하여야 한다.
> ① 소재 : 합성섬유 또는 그 이상의 물리적 성질을 갖는 것이어야 한다.
> ② 그물코 : 사각 또는 마름모로서 그 크기는 10cm 이하이어야 한다.
> ③ 방망의 종류 : 매듭방망으로서 매듭은 원칙적으로 단매듭을 한다.
> ④ 테두리로우프와 방망의 재봉 : 테두리로우프는 각 그물코를 관통시키고 서로 중복됨이 없이 재봉사로 결속한다.
> ⑤ 테두리로우프 상호의 접합 : 테두리로우프를 중간에서 결속하는 경우는 충분한 강도를 갖도록 한다.
> ⑥ 달기로우프의 결속 : 달기로우프는 3회 이상 엮어 묶는 방법 또는 이와 동등이상의 강도를 갖는 방법으로 테두리로우프에 결속하여야 한다.
> ⑦ 시험용사는 방망 폐기 시 방망사의 강도를 점검하기 위하여 테두리로우프에 연하여 방망에 재봉한 방망사이다.

014 방망에는 보기 쉬운 곳에 제조자명, 제조연월, 재봉치수, 그물코, 신품인 때의 방망의 강도 등의 사항을 표시하여야 한다. (추락재해방지 표준안전작업지침 제13조)

015 011 해설 참조

016 ① 안전블록 : 안전그네와 연결하여 추락발생시 추락을 억제할 수 있는 자동잠김장치가 갖추어져 있고 죔줄이 자동적으로 수축되는 장치를 말한다.

③ 죔줄 : 벨트 또는 안전그네를 구명줄 또는 구조물 등 그 밖의 걸이설비와 연결하기 위한 줄모양의 부품을 말한다. (보호구 안전인증고시 제26조)

④ 보조죔줄 : 안전대를 U자걸이로 사용할 때 U자걸이를 위해 혹 또는 카라비너를 지탱벨트의 D링에 걸거나 떼어낼 때 잘못하여 추락하는 것을 방지하기 위한 링과 걸이설비연결에 사용하는 혹 또는 카라비너를 갖춘 줄 모양의 부품을 말한다.

017 낙하물 방지망의 과다 설치는 낙하·비래재해의 발생 원인이 아니라 낙하·비래재해의 예방대책이라고 할 수 있다.

018~020 낙하물에 의한 위험의 방지(안전보건규칙 제14조)

사업주는 작업으로 인하여 물체가 떨어지거나 날아올 위험이 있는 경우 낙하물 방지망, 수직보호망 또는 방호선반의 설치, 출입금지구역의 설정, 보호구의 착용 등 위험을 방지하기 위하여 필요한 조치를 하여야 한다. 이 경우 낙하물 방지망 및 수직보호망은 「산업표준화법」에 따른 한국산업표준에서 정하는 성능기준에 적합한 것을 사용하여야 한다. 또한, 물체가 떨어지거나 날아올 위험 또는 근로자가 추락할 위험이 있는 작업에는 안전모를 착용한다.

021 사업주는 터널 등의 건설작업을 하는 경우에 낙반 등에 의하여 근로자가 위험해질 우려가 있는 경우에 터널 지보공 및 록볼트의 설치, 부석(浮石)의 제거 등 위험을 방지하기 위하여 필요한 조치를 하여야 한다. (안전보건규칙 제351조)

022 유자격자가 충전전로 인근에서 작업하는 경우에는 다음 표에 제시된 접근한계거리 이내로 접근하거나 절연 손잡이가 없는 도전체에 접근할 수 없도록 할 것 (안전보건규칙 제321조)

충전전로의 선간전압(kV)	0.3 이하	0.3 초과 0.75 이하	0.75 초과 2 이하	2 초과 15 이하	15 초과 37 이하	37 초과 88 이하	88 초과 121 이하
접근한계 거리(cm)	접촉금지	30	45	60	90	110	130
충전전로의 선간전압(kV)	121 초과 145 이하	145 초과 169 이하	169 초과 242 이하	242 초과 362 이하	362 초과 550 이하	550 초과 800 이하	–
접근한계 거리(cm)	150	170	230	380	550	790	–

023 인체가 감전되었을 때 그 위험도에 영향을 미치는 요소는 상용주파수의 직류전원보다 교류전원이 더 위험하다.

024 감전위험요소

1차적 감전위험요소 (전격 위험도 결정조건)	통전전류의 크기, 통전시간의 크기, 통전경로, 전원의 종류(교류보다 주파수의 직류전원이 안전함)
2차적 감전위험요소	인체의 조건(저항), 전압, 계절

025 사업주는 근로자가 상시 작업하는 장소의 작업면 조도(照度)를 다음의 기준에 맞도록 하여야 한다. 다만, 갱내(坑內) 작업장과 감광재료(感光材料)를 취급하는 작업장은 그러하지 아니하다. (안전보건규칙 제8조)

구분	초정밀 작업	정밀 작업	보통 작업	그 밖의 작업
조도 기준 (럭스(lux) 이상)	750 이상	300 이상	150 이상	75 이상

001	① × ② ○ ③ ○ ④ ○		002	① ○ ② ○ ③ ○ ④ ×
003	① ○ ② × ③ ○ ④ ○ ⑤ ○ ⑥ ○ ⑦ ○ ⑧ × ⑨ × ⑩ × ⑪ ○ ⑫ ○			
004	① ○ ② ○ ③ × ④ ○		005	① × ② ○ ③ ○ ④ ○
006	① × ② ○ ③ ○ ④ ○			

001 안전시설비 등

- 산업재해 예방을 위한 안전난간, 추락방호망, 안전대 부착설비, 방호장치(기계·기구와 방호장치가 일체로 제작된 경우, 방호장치 부분의 가액에 한함) 등 안전시설의 구입·임대 및 설치를 위해 소요되는 비용
- 스마트 안전장비 구입·임대 비용
- 용접 작업 등 화재 위험작업 시 사용하는 소화기의 구입·임대비용

002 공사 종류 및 규모별 산업안전보건관리비 계상 기준표

구분		건축공사	토목공사	중건설공사	특수건설공사
대상액 5억원 미만		3.11%	3.15%	3.64%	2.07%
대상액 5억원 이상 50억원 미만	적용비율	2.28%	2.53%	3.05%	1.59%
	기초액	4,325,000원	3,300,000원	2,975,000원	2,450,000원
대상액 50억원 이상		2.37%	2.60%	3.11%	1.64%
보건관리자 선임 대상 건설공사		2.64%	2.73%	3.39%	1.78%

003 도급인과 자기공사자는 산업안전보건관리비를 산업재해예방 목적으로 다음의 기준에 따라 사용하여야 한다. (건설업 산업안전보건관리비 계상 및 사용기준 제7조)

① 안전관리자·보건관리자의 임금 등
- ㉮ 안전관리 또는 보건관리 업무만을 전담하는 안전관리자 또는 보건관리자의 임금과 출장비 전액
- ㉯ 안전관리 또는 보건관리 업무를 전담하지 않는 안전관리자 또는 보건관리자의 임금과 출장비의 각각 1/2에 해당하는 비용
- ㉰ 안전관리자를 선임한 건설공사 현장에서 산업재해 예방 업무만을 수행하는 작업지휘자, 유도자, 신호자 등의 임금 전액
- ㉱ 별표 1의2에 해당하는 작업을 직접 지휘·감독하는 직·조·반장 등 관리감독자의 직위에 있는 자가 시행령에서 정하는 업무를 수행하는 경우에 지급하는 업무수당(임금의 1/10 이내)

② 안전시설비 등
- ㉮ 산업재해 예방을 위한 안전난간, 추락방호망, 안전대 부착설비, 방호장치(기계·기구와 방호장치가 일체로 제작된 경우, 방호장치 부분의 가액에 한함) 등 안전시설의 구입·임대 및 설치를 위해 소요되는 비용
- ㉯ 「산업재해예방시설자금 융자금 지원사업 및 보조금 지급사업 운영규정」에 따른 "스마트안전장비 지원사업" 및 「건설기술진흥법」에 따른 스마트 안전장비 구입·임대 비용. 다만, 계상된 산업안전보건관리비 총액의 1/10을 초과할 수 없다.
- ㉰ 용접 작업 등 화재 위험작업 시 사용하는 소화기의 구입·임대비용

③ 보호구 등
- ㉮ 보호구의 구입·수리·관리 등에 소요되는 비용

㉯ 근로자가 보호구를 직접 구매·사용하여 합리적인 범위 내에서 보전하는 비용

㉰ 안전관리자 등의 업무용 피복, 기기 등을 구입하기 위한 비용

㉱ 안전관리자 및 보건관리자가 안전보건 점검 등을 목적으로 건설공사 현장에서 사용하는 차량의 유류비·수리비·보험료

④ 안전보건진단비 등

㉮ 유해위험방지계획서의 작성 등에 소요되는 비용

㉯ 안전보건진단에 소요되는 비용

㉰ 작업환경 측정에 소요되는 비용

㉱ 그 밖에 산업재해예방을 위해 법에서 지정한 전문기관 등에서 실시하는 진단, 검사, 지도 등에 소요되는 비용

⑤ 안전보건교육비 등

㉮ 의무교육이나 이에 준하여 실시하는 교육을 위해 건설공사 현장의 교육 장소 설치·운영 등에 소요되는 비용

㉯ 산업재해 예방 목적을 가진 다른 법령상 의무교육을 실시하기 위해 소요되는 비용

㉰ 「응급의료에 관한 법률」에 따른 안전보건교육 대상자 등에게 구조 및 응급처치에 관한 교육을 실시하기 위해 소요되는 비용

㉱ 안전보건관리책임자, 안전관리자, 보건관리자가 업무수행을 위해 필요한 정보를 취득하기 위한 목적으로 도서, 정기간행물을 구입하는 데 소요되는 비용

㉲ 건설공사 현장에서 안전기원제 등 산업재해 예방을 기원하는 행사를 개최하기 위해 소요되는 비용. 다만, 행사의 방법, 소요된 비용 등을 고려하여 사회통념에 적합한 행사에 한한다.

㉳ 건설공사 현장의 유해·위험요인을 제보하거나 개선방안을 제안한 근로자를 격려하기 위해 지급하는 비용

⑥ 근로자 건강장해예방비 등

㉮ 각종 근로자의 건강장해 예방에 필요한 비용

㉯ 중대재해 목격으로 발생한 정신질환을 치료하기 위해 소요되는 비용

㉰ 「감염병의 예방 및 관리에 관한 법률」에 따른 감염병의 확산 방지를 위한 마스크, 손소독제, 체온계 구입비용 및 감염병병원체 검사를 위해 소요되는 비용

㉱ 휴게시설을 갖춘 경우 온도, 조명 설치·관리기준을 준수하기 위해 소요되는 비용

㉲ 건설공사 현장에서 근로자 심폐소생을 위해 사용되는 자동심장충격기(AED) 구입에 소요되는 비용

⑦ 건설재해예방전문지도기관의 지도에 대한 대가로 자기공사자가 지급하는 비용

⑧ 「중대재해 처벌 등에 관한 법률 시행령」에 해당하는 건설사업자가 아닌 자가 운영하는 사업에서 안전보건 업무를 총괄·관리하는 3명 이상으로 구성된 본사 전담조직에 소속된 근로자의 임금 및 업무수행 출장비 전액. 다만, 계상된 산업안전보건관리비 총액의 1/20을 초과할 수 없다.

⑨ 위험성평가 또는 「중대재해 처벌 등에 관한 법률 시행령」에 따라 유해·위험요인 개선을 위해 필요하다고 판단하여 산업안전보건위원회 또는 노사협의체에서 사용하기로 결정한 사항을 이행하기 위한 비용. 다만, 계상된 산업안전보건관리비 총액의 1/10을 초과할 수 없다.

004 건설업 산업안전보건관리비 계상 및 사용기준에서 보호구 등에 관한 내용은 ①·②·④ 이외에도 안전관리자 등의 업무용 피복, 기기 등을 구입하기 위한 비용 등이 있다. ③의 유해위험방지계획서의 작성 등에 소요되는 비용은 안전보건진단비 등에 속한다.

005 산업안전보건관리비의 효율적인 집행을 위하여 고용노동부장관이 정할 수 있는 기준은 공사의 진척정도에 따른 사용기준, 사업의 규모별 사용방법 및 구체적인 내용, 사업의 종류별 사용방법 및 구체적인 내용 등이 있다. (건설업 산업안전보건관리비 계상 및 사용기준 별표 1, 3)

006 대상액이 5억 원 이상 50억 원 미만인 경우에는 대상액에 별표에서 정한 비율을 곱한 금액에 기초액을 합한 금액으로 계상한다.

001	①×	②×	③○	④×															
002	①×	②×	③×	④○															
003	①×	②×	③×	④○															
004	①○	②○	③○	④×															
005	①○	②○	③○	④×															
006	①○	②○	③×	④○	⑤○														
007	①○	②○	③○	④×															
008	①○	②×	③○	④○															
009	①×	②○	③○	④○	⑤×	⑥○	⑦×	⑧×	⑨×	⑩×	⑪○	⑫○	⑬×	⑭○	⑮×	⑯○	⑰○	⑱○	⑲○
010	①×	②○	③○	④○															
011	①○	②○	③○	④×															
012	①○	②×	③○	④○															
013	①○	②×	③○	④○	⑤×	⑥○	⑦○	⑧○											
014	①×	②○	③○	④○															
015	①○	②○	③○	④×	⑤×	⑥×	⑦×	⑧○	⑨○										
016	①○	②○	③×	④○	⑤○	⑥×	⑦○	⑧×	⑨○	⑩○	⑪○	⑫○	⑬○	⑭×	⑮○	⑯○	⑰○	⑱×	⑲○
017	①○	②○	③○	④×															
018	①○	②×	③○	④○															
019	①○	②○	③×	④○															
020	①○	②○	③×	④○															
021	①○	②○	③○	④○															
022	①×	②○	③○	④○															
023	①○	②×	③○	④○															
024	①○	②×	③○	④○															
025	①○	②○	③×	④×															
026	①○	②○	③×	④×															
027	①×	②×	③○	④×	⑤×	⑥×	⑦×	⑧×	⑨×	⑩○	⑪×	⑫×	⑬○	⑭○					
028	①○	②○	③○	④×															
029	①○	②×	③○	④○	⑤○	⑥○	⑦×	⑧×	⑨○	⑩×	⑪○	⑫×							
030	①○	②×	③○	④○															
031	①○	②×	③○	④○															
032	①×	②○	③○	④○															
033	①○	②○	③×	④○															
034	①○	②○	③×	④○															
035	①×	②○	③○	④○															
036	①○	②○	③×	④×															
037	①×	②○	③×	④○															
038	①○	②○	③○	④×															
039	①○	②×	③×	④×															
040	①○	②×	③×	④×	⑤○	⑥○	⑦×	⑧×											
041	①×	②×	③×	④○															
042	①○	②○	③○	④×															
043	①○	②○	③×	④○	⑤○	⑥○	⑦○	⑧○	⑨○	⑩○	⑪×								
044	①○	②×	③○	④○	⑤×	⑥×	⑦×	⑧○	⑨×										
045	①○	②×	③○	④○															
046	①×	②○	③○	④○															
047	①×	②○	③○	④○															
048	①○	②○	③○	④×															
049	①×	②○	③○	④○															
050	①○	②×	③×	④×	⑤○	⑥○													
051	①×	②○	③○	④○															
052	①○	②○	③×	④○															
053	①○	②○	③×	④○															
054	①×	②○	③○	④○															
055	①○	②○	③×	④○	⑤○	⑥○	⑦×	⑧○											
056	①×	②○	③×	④×															
057	①○	②○	③○	④×	⑤×														
058	①○	②○	③×	④○															
059	①○	②○	③○	④×															
060	①×	②○	③○	④○															

001 슬래브 시공 후 양생이 완료되지 않은 상태에서 보의 단부와 슬래브가 연결되는 위치의 상부면에서 일직선으로 보를 따라 한 바퀴 균열이 발생하는 원인은 철근콘크리트 슬래브의 처짐으로 인하여 생기는 휨 균열 또는 상부 철근 내려앉기에 의한 균열로서 상면에 나타나는 주변의 침하 균열이다.

002 철근이 부식되면 팽창으로 인하여 철근의 길이방향을 따라 콘크리트의 균열이 발생(철근 부식에 의한 균열)하며, 나아가 열화가 촉진되어 구조물의 내구성이 저하된다.

003 ① 알칼리 골재반응 : 콘크리트 중의 수산화알칼리와 골재 중의 실리카, 황산염 등의 알칼리 반응 물질의 사이에서 일어나는 화학 반응으로, 알칼리골재 반응을 방지하기 위해서는 알칼리 반응성 물질이 적은 재료를 선정하여야 한다.
② 염해 : 콘크리트 염화물이나 대기 중의 염화물 이온의 침입으로 철근을 부식시켜 구조체에 손상을 입히는 현상이다. 염해에 대한 대책으로는 배합수, 시멘트, 골재 등에 품질검사 및 염도 측정을 통한 계속적인 관리가 있다.
③ 동결융해 : 경화가 되지 않은 콘크리트의 온도가 0℃ 이하일 때, 콘크리트 중의 물이 동결되어 있다가 외기 온도가 따뜻해지면 얼었던 물이 녹는 현상으로, 한 번 동결되었던 콘크리트의 양생을 한다고 하더라도 소요강도가 확보되기 어렵기 때문에 사전준비에 철저한 시공관리가 요구된다.

004 수밀콘크리트에 있어서 전류에 의한 영향은 철근과 콘크리트의 부착강도가 저하하고, 철근의 부식이 발생하며, 콘크리트의 염화가 촉진된다. 또한, 구조체 전체의 내구성이 저하된다.

005 수중콘크리트(물이 많이 나고 배수가 불가능한 지하층 공사 및 호안, 하천변의 기초공사 또는 가물막이 공사 등에 적용되는 콘크리트)의 타설 방법에는 트레미 파이프공법, 콘크리트 펌프공법, 밑열림 상자공법, 밑열림 포대공법 등이 있다. 콘크리트를 수중에 그대로 낙하시키면 재료의 분리가 일어나고, 시멘트가 유실되기 때문에 콘크리트는 수중에 낙하시키지 않아야 한다.

006 팽창제(해체공사표준안전작업지침 제8조)
광물의 수화반응에 의한 팽창압을 이용하여 파쇄하는 공법으로 준수하여야 할 사항은 ①·②·④ 이외에도 천공 직경이 너무 작거나 크면 팽창력이 작아 비효율적이므로, 천공 직경은 30~50mm 정도를 유지하여야 하고, 개봉된 팽창제는 사용하지 말아야 하며, 쓰다 남은 팽창제 처리에 유의하여야 한다는 점 등이 있다.

007 철근의 이음은 한 곳에 편중되지 않도록 하여야 하고, 사전에 구조도 등의 검토를 통하여 현장 여건에 적합한 이음 공법을 채택하는 것이 매우 중요하다. 철근의 이음방법에는 겹친이음, 용접이음, 가스압접, 기계식 이음(슬리브 압착공법, 슬리브 충진공법, 나사이음), 캐드 웰딩(Cad welding) 등이 있다.

008 인력운반의 안전기준에는 ①·③·④ 이외에도 운반할 때에는 양끝을 묶어 운반하고, 내려 놓을 때는 천천히 내려 놓고 던지지 않으며, 공동 작업을 할 때에는 신호에 따라 작업을 할 것 등이 있다.

009 ① 대기의 온도, 습도가 높을수록 경화가 빠르므로 측압이 작다.
⑤ 거푸집 수밀성이 크면 측압은 크다.　　　⑦ 부어 넣기 속도가 빠르면 측압은 커진다.
⑧ 철근의 양이 적으면 측압은 커진다.　　　⑨ 구조물의 단면이 크면 측압은 크다.
⑩ 기온이 높을수록 측압은 작다.　　　⑬ 대기의 온도가 높을수록 측압이 작다.
⑮ 슬럼프가 클수록 측압은 크다.

010 교량을 시공하는 과정에서 연속보로 시공할 때, 지점의 침하에 의해 응력이 발생한다.

011 콘크리트 강도에 영향을 주는 요인에는 물·시멘트비, 재료의 품질, 시공방법(타설 및 다지기), 보양(양생의 온도와 습도), 재령 및 시험방법 등으로, 가장 중요한 영향은 물·시멘트비이다.
거푸집 모양과 형상은 콘크리트 강도와는 무관하다.

012 블리이딩(bleeding)은 콘크리트 타설 후 물과 미세하고 비중이 가벼운 물질(석고, 먼지, 불순물 등) 등은 상승하고, 무겁고, 비중이 큰 골재나 시멘트 등은 침하하게 되는 현상이다. 이에 대한 방지대책으로는 ①·③·④ 이외에도 분말도가 높은 시멘트의 단위시멘트량을 많게 하여 사용하고, 타설 높이를 낮게 하며, 과도한 다짐을 방지한다 등이 있다. 또한, 수밀성의 거푸집, 쇄석보다 강자갈, 초속경 시멘트(응결이 빠름), 굵은 골재의 치수를 작게 하여 사용한다.

013 ② 3개월 이상 된 시멘트는 사용할 때 재시험을 통해 품질을 확인하여야 한다.
⑤ 시멘트의 풍화(시멘트가 공기 중의 습기를 받아 천천히 수화반응을 일으켜 작은 알갱이 모양으로 굳어졌다가 주변의 시멘트와 달라붙어 결국에는 큰 덩어리가 되는 현상)를 방지하기 위하여 가능한 한 통풍이 잘 되지 않는 곳에 보관해야 한다.

014 콘크리트 타설 시 내부진동기를 사용해서 여러 층으로 나누어 진동다지기를 할 때는 진동기를 하층의 콘크리트 속으로 찔러 넣어서 사용한다.

015 콘크리트의 타설작업(안전보건규칙 제334조)

사업주는 콘크리트 타설작업을 하는 경우에는 다음의 사항을 준수해야 한다.
① 당일의 작업을 시작하기 전에 해당 작업에 관한 거푸집 및 동바리의 변형·변위 및 지반의 침하 유무 등을 점검하고 이상이 있으면 보수할 것
② 작업 중에는 감시자를 배치하는 등의 방법으로 거푸집 및 동바리의 변형·변위 및 침하 유무 등을 확인해야 하며, 이상이 있으면 작업을 중지하고 근로자를 대피시킬 것
③ 콘크리트 타설작업 시 거푸집 붕괴의 위험이 발생할 우려가 있으면 충분한 보강조치를 할 것
④ 설계도서상의 콘크리트 양생기간을 준수하여 거푸집 및 동바리를 해체할 것
⑤ 콘크리트를 타설하는 경우에는 편심이 발생하지 않도록 골고루 분산하여 타설할 것

016 ③ 슬래브콘크리트 타설은 편심이 발생하지 않도록 골고루 분산하여 타설해야 한다.
⑥·⑭·⑱ 안정되어 엉기거나 굳기 시작한 콘크리트라도 콘크리트의 표면에 페이스트가 엷게 떠오를 때까지 진동기를 사용해야 한다.
⑧ 콘크리트 타설 도중 표면에 떠올라 고인 블리딩수가 있을 경우라도 콘크리트 타설을 계속하여 마무리하여야 한다.

017 ④ 콘크리트가 놓이는 주위의 온도가 높을수록, 습기가 낮을수록 크리프 변형은 커진다.
크리프(콘크리트의 소성변형으로 콘크리트에 일정한 하중이 계속 작용하면 하중의 증가가 없어도 시간과 더불어 변형이 증가하는 현상)가 증가하는 요인에는 콘크리트가 아직 덜 굳었을 때(물−시멘트비가 큰 콘크리트 사용 시, 콘크리트가 건조한 상태로 노출될 때), 부재의 단면 치수가 작을수록, 하중이 클수록, 단위수량이 많을수록, 재하 시 재령이 짧을수록 등이 있다. 이와 달리, 콘크리트가 완전히 건조했거나, 완전히 젖어 있으면 크리프는 거의 일어나지 않고, 콘크리트의 재령에 따라 감소한다.

018 시공연도(워커빌리티) 측정 시험 방법이란 반죽 질기를 파악하고 물–시멘트비를 조절하여 시공연도를 조절하기 위한 방법이다. KS에 규정된 방법에는 슬럼프 시험, 비비 시험기에 의한 방법, 진동식 반죽 질기 측정기에 의한 방법, 다짐도에 의한 방법 등이 있다. KS에 규정되지 않은 방법에는 플로(흐름)시험, 리몰딩 시험, 낙하시험, 구관입 시험, 캐리볼관입시험 등이 있다.

베인 시험은 토질시험 중 보링의 구멍을 이용하여 +자 날개형의 테스터를 지반에 때려박고 회전시켜 그 회전력에 의하여 진흙의 점착력을 판별하는 시험방법이다.

019 구조물의 보수·보강공법에는 표면처리공법, 주입공법, 충전공법 및 기타 공법 등이 있다.

반발경도법은 콘크리트 강도 시험에 사용하는 방법이다. 콘크리트 강도 시험 방법에는 비파괴 시험법(반발경도법, 초음파법, 조합법 등)과 코어 채취 시험법(코어채취법) 등이 있다.

020 콘크리트의 비파괴 시험법에는 슈미트테스트 해머법(타격법, 반발경도법), 방사선법, 초음파속도법(음속법), 진동법, 인발법, 철근 탐사법 등이 있다.

021 재료·기구 또는 공구 등을 올리거나 내리는 경우에는 근로자가 달줄 또는 달포대 등을 사용하게 할 것(안전보건규칙 제57조)

022 설계도 및 공작도 확인(철골공사표준안전작업지침 제3조)

건립 후에 가설부재나 부품을 부착하는 것은 위험한 작업(고소작업 등)이 예상되므로 외부비계받이 및 화물승강설비용 브라켓, 기둥 승강용 트랩, 구명줄 설치용 고리, 건립에 필요한 와이어 걸이용 고리, 난간 설치용 부재, 기둥 및 보 중앙의 안전대 설치용 고리, 방망 설치용 부재, 비계 연결용 부재, 방호선반 설치용 부재, 양중기 설치용 보강재 등의 사항을 사전에 계획하여 공작도에 포함시켜야 한다.

023 건립계획(철골공사표준안전작업지침 제4조 제2호)

> 건립기계는 다음의 사항을 검토하여 적절한 것을 선정하여야 한다.
> ① 건립기계의 출입로, 설치장소(입지조건), 기계조립에 필요한 면적, 이동식 크레인은 건물 주위 주행통로의 유무, 타워크레인과 가이데릭 등 기초구조물을 필요로 하는 정치식 기계는 기초구조물을 설치할 수 있는 공간과 면적 등을 검토하여야 한다.
> ② 이동식 크레인의 엔진소음은 부근의 환경을 해칠 우려가 있으므로 학교, 병원, 주택 등이 근접되어 있는 경우에는 소음을 측정 조사하고 소음진동 허용치는 관계법에서 정하는 바에 따라 처리하여야 한다.
> ③ 건물의 길이 또는 높이 등 건물의 형태에 적합한 건립기계를 선정하여야 한다.
> ④ 타워크레인, 가이데릭, 삼각데릭 등 정치식 건립기계의 경우 그 기계의 작업반경이 건물전체를 수용할 수 있는지의 여부, 또 부움이 안전하게 인양할 수 있는 하중범위, 수평거리, 수직높이 등을 검토하여야 한다.

024 철골건립준비를 할 때 준수하여야 할 사항으로는 ①·③·④ 이외에도 건립작업에 지장이 되는 수목은 제거하거나 이설하여야 하고, 인근에 건축물 또는 고압선 등이 있는 경우에는 이에 대한 방호조치 및 안전조치를 하여야 하며, 기계가 계획대로 배치되어 있는가, 원치는 작업구역을 확인할 수 있는 곳에 위치하였는가 등을 확인하여야 한다 등이 있다.

025 용접의 결함

블로 홀 (blow hole)	용융 금속이 응고할 때 방출 가스가 남아서 생긴 기포나 작은 틈을 말한다.
피트(pit)	모재의 수분, 녹 등으로 인하여 블로 홀이 표면으로 부상하여 용접 부분의 표면에 발생하는 작은 구멍을 말한다.
균열 (crack)	용접 후 냉각 시 발생되는 결함으로, 용접 과정에서 불순물의 혼입 또는 급속 냉각 시 용착 금속의 냉각 속도에 따라 불균일한 응력이 발생하는 등의 원인으로 인하여 용접부에 부분적으로 균열이 발생하게 된다.
오버랩 (overlap)	용접 전류가 적거나 용접 속도가 지나치게 느린 경우, 용접 금속과 모재가 융합되지 않고 단순히 겹친 상태로 있는 것을 말한다.
슬래그 혼입	용접할 때 첫 비드에 굵은 용접봉을 사용하는 경우, 용접 기술의 미숙으로 용착 금속의 표면에 생기는 비금속 물질인 회분이 용착 금속 내에 포함된 것을 말한다.

026 철골기둥과 빔 및 트러스 등의 철골구조물의 일체화를 위해서는 기둥과 빔(보) 및 트러스의 연결부위의 접합 작업으로 인하여 고소 작업을 하여야 하나, 철골기둥과 빔 및 트러스의 일체 구조화를 지상에서 함으로써 고소 작업을 줄일 수 있다.

027~028 작업의 제한(안전보건규칙 제383조)

> 사업주는 다음의 어느 하나에 해당하는 경우에 철골작업을 중지하여야 한다.
> - 풍속이 초당 10m 이상인 경우
> - 강우량이 시간당 1mm 이상인 경우
> - 강설량이 시간당 1cm 이상인 경우

법의 규정을 잘 이해하여야 하는 경우를 예로 들면, ①이 만약 "풍속이 초당 20m 이상인 경우"라면 틀린 내용이다. 왜냐하면, 규정은 10m 이상인데 20m 이상이라고 하였기 때문이다. 그런데 만약 "풍속이 초당 20m인 경우"라면, 맞는 내용이다. 왜냐하면, 규정은 10m 이상인데 20m(20m는 10m 이상임)라고 하였기 때문이다. 즉, 이상 또는 이하인 경우와 몇 m를 규정한 경우에 대한 내용을 확실하게 파악해야 한다.

029 설계도 및 공작도 확인(철골공사표준안전작업지침 제3조 제7호)

> 구조안전의 위험이 큰 다음의 철골구조물은 건립 중 강풍에 의한 풍압등 외압에 대한 내력이 설계에 고려되었는지 확인하여야 한다.
> ① 높이 20m 이상의 구조물
> ② 구조물의 폭과 높이의 비가 1 : 4 이상인 구조물
> ③ 단면구조에 현저한 차이가 있는 구조물
> ④ 연면적당 철골량이 50kg/m² 이하인 구조물
> ⑤ 기둥이 타이플레이트(tie plate)형인 구조물
> ⑥ 이음부가 현장용접인 구조물

030 앵커 볼트의 매립(철골공사표준안전작업지침 제5조)

> 사업주는 앵커 볼트의 매립에 있어서 다음 각 호의 사항을 준수하여야 한다.
> ① 앵커 볼트는 매립 후에 수정하지 않도록 설치하여야 한다.
> ② 앵커 볼트를 매립하는 정밀도는 다음 각 목의 범위내이어야 한다.
>   ㉮ 기둥중심은 기준선 및 인접기둥의 중심에서 5mm 이상 벗어나지 않을 것
>   ㉯ 인접기둥간 중심거리의 오차는 3mm 이하일 것
>   ㉰ 앵커 볼트는 기둥중심에서 2mm 이상 벗어나지 않을 것
>   ㉱ 베이스 플레이트의 하단은 기준 높이 및 인접기둥의 높이에서 3mm 이상 벗어나지 않을 것
> ③ 앵커 볼트는 견고하게 고정시키고 이동, 변형이 발생하지 않도록 주의하면서 콘크리트를 타설해야 한다.

031 크로라 크레인(Crawler crane, 무한궤도식 크레인)은 셔블계 굴착기의 한 형식으로 작업이 안정도가 높고(약 70% 정도), 부정지 주행이 가능하며, 트랙슈의 면적을 넓게 하여 접지압을 낮춤으로써 연약 지반에서의 주행 및 작업이 어느 정도 가능하다. 특히, 범용성이 있다. 중량물 이동, 하역 작업, 굴착 작업, 기계설비 작업 등에 널리 사용된다.

032 교류아크용접기 등(안전보건규칙 제306조)

> ① 사업주는 아크용접 등(자동용접은 제외)의 작업에 사용하는 용접봉의 홀더에 대하여 한국산업표준에 적합하거나 그 이상의 절연내력 및 내열성을 갖춘 것을 사용하여야 한다.
> ② 사업주는 다음의 어느 하나에 해당하는 장소에서 교류아크용접기(자동으로 작동되는 것은 제외)를 사용하는 경우에는 교류아크용접기에 자동전격방지기를 설치하여야 한다.
>   ㉮ 선박의 이중 선체 내부, 밸러스트 탱크(ballast tank, 평형수 탱크), 보일러 내부 등 도전체에 둘러싸인 장소
>   ㉯ 추락할 위험이 있는 높이 2m 이상의 장소로 철골 등 도전성이 높은 물체에 근로자가 접촉할 우려가 있는 장소
>   ㉰ 근로자가 물·땀 등으로 인하여 도전성이 높은 습윤 상태에서 작업하는 장소

033 보의 인양(철골공사표준안전작업지침 제11조)

> 철골보를 인양할 때 다음 각 호의 사항을 준수하여야 한다.
> ① 인양 와이어 로우프의 매달기 각도는 양변 60°를 기준으로 2열로 매달고 와이어 체결지점은 수평부재의 1/3 기점을 기준하여야 한다.
> ② 조립되는 순서에 따라 사용될 부재가 하단부에 적치되어 있을 때에는 상단부의 부재를 무너뜨리는 일이 없도록 주의하여 옆으로 옮긴 후 부재를 인양하여야 한다.
> ③ 크램프로 부재를 체결할 때는 다음의 사항을 준수하여야 한다.
>   ㉮ 크램프는 부재를 수평으로 하는 두 곳의 위치에 사용하여야 하며 부재 양단방향은 등간격이어야 한다.
>   ㉯ 부득이 한군데 만을 사용할 때는 위험이 적은 장소로서 간단한 이동을 하는 경우에 한하여야 하며 부재길이의 1/3 지점을 기준하여야 한다.
>   ㉰ 두곳을 매어 인양시킬 때 와이어 로우프의 내각은 60° 이하이어야 한다.
>   ㉱ 크램프의 정격용량 이상 매달지 않아야 한다.
>   ㉲ 체결작업중 크램프 본체가 장애물에 부딪치지 않게 주의하여야 한다.
>   ㉳ 크램프의 작동상태를 점검한 후 사용하여야 한다.
> ④ 유도 로우프는 확실히 매야 한다.
> ⑤ 인양할 때는 다음의 사항을 준수하여야 한다.
>   ㉮ 인양 와이어 로우프는 후크의 중심에 걸어야 하며 후크는 용접의 경우 용접장등 용접규격을 확인하여 인양 시 취성파괴에 의한 탈락을 방지하여야 한다.
>   ㉯ 신호자는 운전자가 잘 보이는 곳에서 신호하여야 한다.
>   ㉰ 불안정하거나 매단 부재가 경사지면 지상에 내려 다시 체결하여야 한다.
>   ㉱ 부재의 균형을 확인하면 서서히 인양하여야 한다.
>   ㉲ 흔들리거나 선회하지 않도록 유도 로우프로 유도하며 장애물에 닿지 않도록 주의하여야 한다.

034 재해방지 설비(철골공사표준안전작업지침 제16조)

> 철골공사 중 재해방지를 위하여 다음의 사항을 준수하여야 한다.
> ① 철골공사에 있어서는 용도, 사용장소 및 조건에 따라재해방지 설비를 갖추어야 한다.
> ② 고소작업에 따른 추락방지를 위하여 추락방지용 방망을 설치하도록 하고 작업자는 안전대를 사용하도록 하며 안전대 사용을 위해 미리 철골에 안전대 부착설비를 설치해 두어야 한다.
> ③ 구명줄을 설치할 경우에는 1가닥의 구명줄을 여러명이 동시에 사용하지 않도록 하여야 하며 구명줄을 마닐라 로우프 직경 16mm를 기준하여 설치하고 작업방법을 충분히 검토하여야 한다.
> ④ 낙하 비래 및 비산방지설비는 지상층의 철골건립개시전에 설치하고 철골건물의 높이가 지상 20m 이하일 때는 방호선반을 1단 이상, 20m 이상인 경우에는 2단 이상 설치토록 하며 설치방법은 건물외부비계 방호시트에서 수평거리로 2m 이상 돌출하고 20˚ 이상의 각도를 유지시켜야 한다.
> ⑤ 외부비계를 필요로 하지 않는 공법을 채택한 경우에도 낙하비래 및 비산방지 설비를 하여야 하며 철골보등을 이용하여 설치하여야 한다.
> ⑥ 화기를 사용할 경우에는 그곳에 불연재료로 울타리를 설치하거나 석면포로 주위를 덮는 등의 조치를 취해야 한다.
> ⑦ 철골건물 내부에 낙하비래방지시설을 설치할 경우에는 일반적으로 3층 간격마다 수평으로 철망을 설치하여 작업자의 추락방지시설을 겸하도록 하되 기둥주위에 공간이 생기지 않도록 하여야 한다.
> ⑧ 철골건립중 건립위치까지 작업자가 안전하게 승강할 수 있는 사다리, 계단, 외부비계, 승강용 엘리베이터 등을 설치해야 하며 건립이 실시되는 층에서는 주로 기둥을 이용하여 올라가는 경우가 많으므로 기둥승강 설비로서 기둥제작시 16mm 철근 등을 이용하여 30cm 이내의 간격, 30cm 이상의 폭으로 트랩을 설치하여야 하며 안전대 부착설비구조를 겸용하여야 한다.

035 알칼리 골재 반응은 콘크리트 중의 수산화알칼리와 골재 중의 실리카, 황산염 등의 알칼리 반응 물질의 사이에서 일어나는 화학 반응으로, 알칼리 골재 반응을 방지하기 위해서는 알칼리 반응성 물질이 적은 재료를 선정하여야 한다.
② 방사선 투과 시험은 X-선, γ-선, 중성자선을 투과하여 방사선의 강도 변화로부터 내부의 결함 상태나 조립품의 내부 구조 등을 조사하는 방법이다.
③ 자기분말 탐상 시험(magnetic particle test) : 용접 부위 표면이나 표면 주변 결함, 표면 직하의 결함 등을 검출하는 방법으로, 결함부의 자장에 의해 자분이 자화되어 흡착되면서 결함을 발견하는 방법이다.
④ 침투 탐상법은 용접 부위에 침투액을 발라 결함 부위에 침투를 유도하고, 표면을 닦아낸 후 판단하기 쉬운 검사액을 발라 검출하는 방법이다.

036 ② 타이어롤러 : 타이어의 공기압에 따라 접지압의 변경이 가능하기 때문에 지지력이 작은 흙부터 큰 흙가지 광범위한 시공이 가능하고, 경사면이나 미끄러지기 쉬운 장소에서 작업이 용이하다.
③ 진동롤러 : 진동에 의한 다짐 효과는 심층까지 미치고, 비응집성 재료의 다짐에 효과적이며, 소형의 것은 비탈면의 전압에도 사용할 수 있다.
④ 탠덤롤러 : 강재 원통 롤러 주위에 돌기를 붙여 돌기부 선단의 접지압을 이용하여 다짐하고, 다짐 효과의 요소에는 중량, 돌기의 수, 형상, 길이, 접지 면적, 배열 등이 있다.

구분	자중에 의한 것		진동에 의한 것		충격에 의한 것	
기종	로드롤러	타이어롤러	진동롤러	진동콤팩터	탬핑롤러	래머, 탬퍼
적용 토질	조조재, 자갈섞인 모래, 모래, 자갈, 입도 조절재	사질토, 자갈섞인 사질토, 연암, 입도 조절재	경암, 연암	경암, 연암, 모래, 입도조절재, 사질토	점성토, 연암, 자갈 섞인 점성토	예민한 점성토, 실트질토를 제외한 모든 토질

037 ① 불도저(Bulldozer) : 트랙터의 전면에 배토판을 장착하여 벌개, 개간, 정지, 단거리에서의 굴착, 운반, 성토 및 다짐 작업 등 광범위하게 사용되는 가장 범용적인 건설기계이다.

③ 파일 드라이버(Pile Driver) : 파일(Pile)을 지반에 박는 장비이다.

④ 클램쉘(Clam Shell) : 구조물의 기초 굴착, 수중 굴착 등 협소한 장소에서 깊은 굴착과 홈파기 작업에 사용되고, 동작은 4동작(굴착, 권상, 선회, 덤프 등)으로 이루어진다.

038 굴착과 싣기를 동시에 할 수 있는 토공기계에는 트랙터 셔블(tractor shovel), 백호(back hoe), 파워 셔블(power shovel) 등이 있다. 모터 그레이더(motor grader)는 땅 고르기, 절삭, 재료 부설, 측구 파기, 법면 처리, 재료 혼합 등의 기능을 갖고 있으므로 도로 건설, 도로 보수, 운동장 부지 조성 등에 사용된다.

039 ② 파워셔블(power shovel) : 장비 자체보다 높은 장소의 땅을 굴착하는데 적합한 장비이다.

③ 드래그라인(dragline) : 지면보다 낮은 곳의 굴착, 준설, 자갈 채취 등에 적합하고, 작업 범위는 넓으나, 굴착력이 약하여 경질 토사의 굴착 및 정확한 작업은 곤란하며, 동작은 4동작(굴착, 권상, 선회, 덤프 등)으로 이루어진다.

④ 크레인 : 훅이나 기타의 달기기구를 사용하여 사람, 화물 등의 권상과 이송을 목적으로 일정한 작업 공간 내에서 반복적인 동작이 이루어지는 기계이다.

040 ② Road Roller(road roller, roller compactor)는 땅을 다지는 중장비이다. 무거운 철제의 차바퀴를 갖고 스스로 이동하면서 평평하게 만든 지면이나 아스팔트를 단단하게 굳힌다.

③ Shovel loader는 하역장치로서 화물을 적재하는 장치(버킷)와 버킷을 승강시키는 암을 구비한 장비이다.

④ Belt conveyer는 벨트 위에 화물을 싣고, 수평 또는 높은 곳으로 운반하는 기계로서 벨트의 종류에 따라 여러 가지가 있다.

⑦ 소일 콤팩터는 수분 함유 비율이 낮은 모래나 사질토 따위를 다질 때 효과적인 흙다짐 장비이다.

⑧ 탬퍼는 평판에 충격을 주어 다짐하고, 소형, 경량에 비해 다짐력이 비교적 크며, 협소한 곳에서 작업이 가능하다.

041 ① 스트레이트 도저(블레이드 상하작동) : 가장 일반적인 불도저로서, 경사면 굴착, 습지용 도저이고, 삽날 변경 불가하나, 삽날을 트랙터 앞에 90˚로 장착한 도저이다.

② 틸트 도저 : 트랙터 전면에 배토판 또는 레이크 등 기타 부수장치 부착한 도저로서 블레이드를 상하 30~35˚ 가능, 수동식과 유압식이 있다.

③ 레이크 도저 : 트랙터에 조립식 레이크를 부착한 형태로서, 농지 개간 시 나무 뿌리제거, 도로 및 댐 공사 시 흙 속의 암석 제거에 사용된다.

042 항타기 및 항발기는 무너짐을 방지하기 위하여 상단 부분은 버팀대·버팀줄로 고정하여 안정시키고, 그 하단 부분은 견고한 버팀·말뚝 또는 철골 등으로 고정시킬 것(안전보건규칙 제209조)

043 차량계 건설기계(안전보건규칙 제196조, 별표 6)

① 도저형 건설기계(불도저, 스트레이트도저, 틸트도저, 앵글도저, 버킷도저 등)

② 모터그레이더(motor grader, 땅 고르는 기계)

③ 로더(포크 등 부착물 종류에 따른 용도 변경 형식을 포함한다)

④ 스크레이퍼(scraper, 흙을 절삭·운반하거나 펴 고르는 등의 작업을 하는 토공기계)

⑤ 크레인형 굴착기계(크램쉘, 드래그라인 등)

⑥ 굴착기(브레이커, 크러셔, 드릴 등 부착물 종류에 따른 용도 변경 형식을 포함한다)

⑦ 항타기 및 항발기

⑧ 천공용 건설기계(어스드릴, 어스오거, 크롤러드릴, 점보드릴 등)

⑨ 지반 압밀침하용 건설기계(샌드드레인머신, 페이퍼드레인머신, 팩드레인머신 등)

⑩ 지반 다짐용 건설기계(타이어롤러, 매커덤롤러, 탠덤롤러 등)
⑪ 준설용 건설기계(버킷준설선, 그래브준설선, 펌프준설선 등)
⑫ 콘크리트 펌프카, 덤프트럭, 콘크리트 믹서 트럭
⑬ 도로포장용 건설기계(아스팔트 살포기, 콘크리트 살포기, 아스팔트 피니셔, 콘크리트 피니셔 등)
⑭ 골재 채취 및 살포용 건설기계(쇄석기, 자갈채취기, 골재살포기 등)
⑮ ①부터 ⑭까지와 유사한 구조 또는 기능을 갖는 건설기계로서 건설작업에 사용하는 것

044 사업주는 차량계 건설기계를 사용하는 작업할 때에 그 기계가 넘어지거나 굴러떨어짐으로써 근로자가 위험해질 우려가 있는 경우에는 유도하는 사람을 배치하고 지반의 부동침하 방지, 갓길의 붕괴 방지 및 도로 폭의 유지 등 필요한 조치를 하여야 한다. (안전보건규칙 제199조)

045 차량계 건설기계를 사용하는 작업 시 사전조사 및 작업계획서 내용(안전보건규칙 제38조, 별표 4)

① 사전 조사 내용 : 해당 기계의 굴러 떨어짐, 지반의 붕괴 등으로 인한 근로자의 위험을 방지하기 위한 해당 작업장소의 지형 및 지반상태
② 작업 계획서 내용
　㉮ 사용하는 차량계 건설기계의 종류 및 성능
　㉯ 차량계 건설기계의 운행경로
　㉰ 차량계 건설기계에 의한 작업방법

046 주행 시 포크는 반드시 내리고 운전해야 한다.

047 백호우(Backhoe)를 운행할 때 경사로나 연약지반에서는 타이어식보다는 무한궤도식이 더 안전하다.

048 클램쉘(Clam shell)은 구조물의 기초굴착, 수중 굴착 등 협소한 장소에서 깊은 굴착과 홈파기 굴착에 사용하며, 동작은 4동작(굴착, 권상, 선회, 덤프 등)으로 이루어진다. ④의 단단한 지반의 작업도 가능하며 작업속도가 빠르고 특히 암반굴착에 적합한 토공장비는 백호우(드래그셔블)에 대한 설명이다.

049 작업종료와 동시에 삽날(버킷 또는 디퍼 등)을 제동장치의 역할을 할 수 있도록 지면에 내려 놓고 주차 제동장치를 건다.

050 ② 백호(back hoe)는 기계가 위치한 지면보다 낮은 곳의 땅을 파는 데 적합하다.
③ 항타기 또는 항발기의 권상용 와이어로프의 안전계수가 5 이상이 아니면 이를 사용해서는 아니 된다.
④ 불도저의 규격은 작업 가능상태의 중량(t)으로 표시하고, 블레이드는 배토판, 토공판을 의미한다.

051 헤드가드(안전보건규칙 제180조)

사업주는 다음에 따른 적합한 헤드가드(head guard)를 갖추지 아니한 지게차를 사용해서는 안 된다. 다만, 화물의 낙하에 의하여 지게차의 운전자에게 위험을 미칠 우려가 없는 경우에는 그렇지 않다.
① 강도는 지게차의 최대하중의 2배 값(4톤을 넘는 값에 대해서는 4톤)의 등분포정하중에 견딜 수 있을 것
② 상부틀의 각 개구의 폭 또는 길이가 16cm 미만일 것
③ 운전자가 앉아서 조작하거나 서서 조작하는 지게차의 헤드가드는 한국산업표준에서 정하는 높이 기준((입식은 1.88m 이상, 좌식은 0.903m 이상)일 것

052 이동식 조명기구의 손잡이는 감전을 방지하기 위하여 금속재료가 아닌 절연재료로 제작해야 한다.

053 가설구조물에서 많이 발생하는 중대 재해의 유형에는 도괴재해, 낙하물에 의한 재해, 추락재해 등이 있다. 굴착기계와의 접촉에 의한 재해는 굴착작업에서 발생하는 재해 유형에 속한다.

054 설계변경 요청 대상 및 전문가의 범위(법 제71조, 영 제58조)

> 건설공사도급인은 해당 건설공사 중에 다음에서 정하는 가설구조물의 붕괴 등으로 산업재해가 발생할 위험이 있다고 판단되면 건축·토목 분야의 전문가 등 대통령령으로 정하는 전문가의 의견을 들어 건설공사발주자에게 해당 건설공사의 설계변경을 요청할 수 있다. 다만, 건설공사발주자가 설계를 포함하여 발주한 경우는 그러하지 아니하다.
> ① 높이 31m 이상인 비계
> ② 작업발판 일체형 거푸집 또는 높이 5m 이상인 거푸집 동바리[타설된 콘크리트가 일정 강도에 이르기까지 하중 등을 지지하기 위하여 설치하는 부재]
> ③ 터널의 지보공(무너지지 않도록 지지하는 구조물) 또는 높이 2m 이상인 흙막이 지보공
> ④ 동력을 이용하여 움직이는 가설구조물

055 ③ 부재의 결합이 간단하나 연결부가 견고하지 못하다.
⑦ 구조물이라는 통상의 개념이 확고하지 않으며 조립의 정밀도가 낮다.

056 ① 설계하중 : 건축물의 안전성과 경제성, 시공성을 고려하여 설계를 하여야 하므로 이 때 적용하는 하중으로 고정, 적재, 풍, 적설, 지진 하중 등이 있다.
③ 인장강도 : 부재에 있어서 인장력에 견디는 정도를 의미한다.
④ 세장비 : 부재의 좌굴길이(l_k)와 단면2차반경(i)과의 비로서, λ (세장비) $= \dfrac{l_k}{i}$ 이다. 기둥의 경우에는 세장비의 값이 작을수록 큰 하중을 받을 수 있고, 기둥의 단면의 형태를 정하는 데 중요한 요소가 된다.

057 사업주는 구축물 등이 고정하중, 적재하중, 시공·해체 작업 중 발생하는 하중, 적설, 풍압, 지진이나 진동 및 충격 등에 의하여 전도·폭발하거나 무너지는 등의 위험을 예방하기 위하여 설계도면, 시방서, 「건축물의 구조기준 등에 관한 규칙」에 따른 구조설계도서, 해체계획서 등 설계도서를 준수하여 필요한 조치를 해야 한다. (안전보건규칙 제51조)

058 보호구의 지급 등(안전보건규칙 제32조)

> 사업주는 다음의 어느 하나에 해당하는 작업을 하는 근로자에 대해서는 다음의 구분에 따라 그 작업조건에 맞는 보호구를 작업하는 근로자 수 이상으로 지급하고 착용하도록 하여야 한다.
> ① 물체가 떨어지거나 날아올 위험 또는 근로자가 추락할 위험이 있는 작업 : 안전모
> ② 높이 또는 깊이 2m 이상의 추락할 위험이 있는 장소에서 하는 작업 : 안전대(安全帶)
> ③ 물체의 낙하·충격, 물체에의 끼임, 감전 또는 정전기의 대전(帶電)에 의한 위험이 있는 작업 : 안전화
> ④ 물체가 흩날릴 위험이 있는 작업 : 보안경
> ⑤ 용접 시 불꽃이나 물체가 흩날릴 위험이 있는 작업 : 보안면
> ⑥ 감전의 위험이 있는 작업 : 절연용 보호구
> ⑦ 고열에 의한 화상 등의 위험이 있는 작업 : 방열복
> ⑧ 선창 등에서 분진이 심하게 발생하는 하역작업 : 방진마스크
> ⑨ 섭씨 영하 18°이하인 급냉동어창에서 하는 하역작업 : 방한모·방한복·방한화·방한장갑

⑩ 물건을 운반하거나 수거·배달하기 위하여 「도로교통법」에 따른 이륜자동차 또는 같은 법에 따른 원동기장치자전거를 운행하는 작업 : 「도로교통법 시행규칙」에 적합한 승차용 안전모
⑪ 물건을 운반하거나 수거·배달하기 위해 「도로교통법」에 따른 자전거등을 운행하는 작업 : 「도로교통법 시행규칙」에 적합한 안전모

059 안전모의 시험항목에는 전처리, 착용높이측정, 내관통성시험, 충격흡수성시험, 난연성시험, 턱끈풀림시험, 측면변형시험 등이 있다. (보호구 자율안전확인 고시 제3조, 별표 1의2)

060 고소작업대 설치 등의 조치(안전보건규칙 제186조)

① 사업주는 고소작업대를 설치하는 경우에는 다음에 해당하는 것을 설치하여야 한다.
  ㉮ 작업대를 와이어로프 또는 체인으로 올리거나 내릴 경우에는 와이어로프 또는 체인이 끊어져 작업대가 떨어지지 아니하는 구조여야 하며, 와이어로프 또는 체인의 안전율은 5 이상일 것
  ㉯ 작업대를 유압에 의해 올리거나 내릴 경우에는 작업대를 일정한 위치에 유지할 수 있는 장치를 갖추고 압력의 이상저하를 방지할 수 있는 구조일 것
  ㉰ 권과방지장치를 갖추거나 압력의 이상상승을 방지할 수 있는 구조일 것
  ㉱ 붐의 최대 지면경사각을 초과 운전하여 전도되지 않도록 할 것
  ㉲ 작업대에 정격하중(안전율 5 이상)을 표시할 것
  ㉳ 작업대에 끼임·충돌 등 재해를 예방하기 위한 가드 또는 과상승방지장치를 설치할 것
  ㉴ 조작반의 스위치는 눈으로 확인할 수 있도록 명칭 및 방향표시를 유지할 것
② 사업주는 고소작업대를 설치하는 경우에는 다음의 사항을 준수하여야 한다.
  ㉮ 바닥과 고소작업대는 가능하면 수평을 유지하도록 할 것
  ㉯ 갑작스러운 이동을 방지하기 위하여 아웃트리거 또는 브레이크 등을 확실히 사용할 것
③ 사업주는 고소작업대를 이동하는 경우에는 다음의 사항을 준수해야 한다.
  ㉮ 작업대를 가장 낮게 내릴 것
  ㉯ 작업자를 태우고 이동하지 말 것. 다만, 이동 중 전도 등의 위험예방을 위하여 유도하는 사람을 배치하고 짧은 구간을 이동하는 경우에는 ㉮에 따라 작업대를 가장 낮게 내린 상태에서 작업자를 태우고 이동할 수 있다.
  ㉰ 이동통로의 요철상태 또는 장애물의 유무 등을 확인할 것
④ 사업주는 고소작업대를 사용하는 경우에는 다음의 사항을 준수하여야 한다.
  ㉮ 작업자가 안전모·안전대 등의 보호구를 착용하도록 할 것
  ㉯ 관계자가 아닌 사람이 작업구역에 들어오는 것을 방지하기 위하여 필요한 조치를 할 것
  ㉰ 안전한 작업을 위하여 적정수준의 조도를 유지할 것
  ㉱ 전로에 근접하여 작업을 하는 경우에는 작업감시자를 배치하는 등 감전사고를 방지하기 위하여 필요한 조치를 할 것
  ㉲ 작업대를 정기적으로 점검하고 붐·작업대 등 각 부위의 이상 유무를 확인할 것
  ㉳ 전환스위치는 다른 물체를 이용하여 고정하지 말 것
  ㉴ 작업대는 정격하중을 초과하여 물건을 싣거나 탑승하지 말 것
  ㉵ 작업대의 붐대를 상승시킨 상태에서 탑승자는 작업대를 벗어나지 말 것. 다만, 작업대에 안전대 부착설비를 설치하고 안전대를 연결하였을 때에는 그러하지 아니하다.

001 ① ○ ② ○ ③ ○ ④ × 　**002** ① ○ ② ○ ③ ○ ④ × ⑤ ○ ⑥ × ⑦ ○ ⑧ ○

003 ① × ② ○ ③ ○ ④ ○ ⑤ ○ ⑥ ×

004 ① ○ ② ○ ③ ○ ④ × ⑤ × ⑥ ○ ⑦ ○ ⑧ ○ ⑨ × ⑩ ○ ⑪ × ⑫ ○

005 ① ○ ② ○ ③ ○ ④ ×　**006** ① × ② ○ ③ ○ ④ ○

007 ① ○ ② × ③ ○ ④ ○ ⑤ × ⑥ ○ ⑦ ○　**008** ① ○ ② ○ ③ ○ ④ × ⑤ × ⑥ ○ ⑦ ×

009 ① × ② × ③ × ④ ○　**010** ① ○ ② ○ ③ ○ ④ ×

011 ① ○ ② × ③ ○ ④ ○ ⑤ ○ ⑥ ○　**012** ① × ② × ③ ○ ④ ×

013 ① ○ ② × ③ ○ ④ ○

014 ① ○ ② ○ ③ ○ ④ ○ ⑤ ○ ⑥ ○ ⑦ × ⑧ × ⑨ ○

015 ① ○ ② ○ ③ × ④ ○ ⑤ × ⑥ × ⑦ ○ ⑧ ○ ⑨ × ⑩ ×

016 ① × ② × ③ × ④ ○

017 ① ○ ② ○ ③ ○ ④ × ⑤ × ⑥ × ⑦ ○ ⑧ × ⑨ ○ ⑩ ○ ⑪ × ⑫ × ⑬ × ⑭ ○ ⑮ ○ ⑯ × ⑰ × ⑱ × ⑲ ○ ⑳ ○ ㉑ ○ ㉒ ○ ㉓ ○

018 ① ○ ② × ③ ○ ④ ×　**019** ① ○ ② ○ ③ ○ ④ ×

020 ① × ② × ③ × ④ ○　**021** ① ○ ② × ③ × ④ ×

022 ① ○ ② ○ ③ ○ ④ ×　**023** ① ○ ② × ③ ○ ④ ○

024 ① ○ ② × ③ ○ ④ ○　**025** ① ○ ② ○ ③ × ④ ○ ⑤ × ⑥ ×

026 ① ○ ② ○ ③ ○ ④ ○　**027** ① ○ ② ○ ③ ○ ④ × ⑤ × ⑥ ○ ⑦ ×

028 ① ○ ② ○ ③ × ④ ○　**029** ① × ② ○ ③ ○ ④ ○

030 ① ○ ② ○ ③ ○ ④ ○　**031** ① ○ ② ○ ③ ○ ④ ○

032 ① ○ ② ○ ③ ○ ④ ×　**033** ① × ② × ③ × ④ ○

034 ① ○ ② ○ ③ × ④ ○　**035** ① × ② × ③ × ④ ○

036 ① ○ ② × ③ ○ ④ ○　**037** ① × ② ○ ③ × ④ ×

038 ① ○ ② ○ ③ ○ ④ ○

039 ① ○ ② ○ ③ × ④ ○ ⑤ × ⑥ × ⑦ ○ ⑧ ○ ⑨ × ⑩ ○ ⑪ ○ ⑫ × ⑬ × ⑭ × ⑮ ○

040 ① × ② × ③ ○ ④ ×　**041** ① ○ ② ○ ③ ○ ④ ×

042 ① ○ ② ○ ③ ○ ④ × ⑤ ○ ⑥ × ⑦ ×　**043** ① × ② ○ ③ ○ ④ ○

044 ① ○ ② ○ ③ × ④ ○　**045** ① ○ ② × ③ × ④ ×

046 ① ○ ② ○ ③ ○ ④ ×　**047** ① ○ ② ○ ③ × ④ ○

048 ① ○ ② × ③ × ④ ×

049 ① ○ ② ○ ③ ○ ④ × ⑤ × ⑥ × ⑦ × ⑧ × ⑨ ○ ⑩ × ⑪ × ⑫ × ⑬ ×

050 ① × ② × ③ × ④ ○　**051** ① × ② ○ ③ ○ ④ ○

052 ① × ② ○ ③ ○ ④ ○　**053** ① ○ ② ○ ③ ○ ④ ×

054 ① ○ ② × ③ × ④ ×　**055** ① ○ ② ○ ③ ○ ④ ×

056 ① ○ ② ○ ③ × ④ ○ ⑤ × ⑥ ○ ⑦ ×　**057** ① ○ ② ○ ③ ○ ④ ×

058 ① ○ ② ○ ③ ○ ④ ×　**059** ① ○ ② × ③ × ④ ×

060 ① ○ ② × ③ × ④ ×

문항											
061	①○	②○	③○	④×	⑤×	⑥○	⑦○	⑧×	⑨×		
062	①○	②○	③○	④×	⑤○	⑥×	⑦×	⑧×	⑨×	⑩×	⑪×
063	①○	②○	③○	④×							
064	①○	②×	③○	④○							
065	①×	②○	③○	④○	⑤×	⑥○					
066	①○	②×	③○	④○							
067	①○	②○	③○	④×	⑤×						
068	①×	②×	③○	④×							
069	①○	②○	③○	④×	⑤○	⑥×	⑦○	⑧×	⑨○	⑩×	
070	①○	②○	③○	④×							
071	①○	②×	③○	④○							
072	①○	②○	③○	④×							
073	①○	②×	③×	④×	⑤×	⑥○	⑦○				
074	①○	②○	③○	④×	⑤○	⑥○	⑦○	⑧○	⑨×	⑩○	
075	①○	②×	③×	④×							
076	①○	②○	③×	④○	⑤○	⑥×	⑦○	⑧×	⑨○	⑩○	
077	①○	②○	③○	④×							
078	①○	②×	③○	④○							
079	①○	②×	③○	④○							
080	①○	②○	③○	④×							
081	①×	②×	③×	④○							
082	①×	②○	③×	④×							
083	①○	②×	③○	④○	⑤○	⑥×	⑦○				
084	①×	②○	③×	④×							
085	①○	②×	③×	④×							
086	①○	②○	③○	④×	⑤○	⑥○	⑦×				
087	①○	②○	③○	④×							
088	①○	②×	③×	④×							
089	①○	②○	③×	④○	⑤○	⑥○	⑦○	⑧×	⑨○	⑩○	⑪×
090	①×	②○	③×	④×							
091	①○	②○	③○	④×							
092	①○	②○	③○	④×							
093	①○	②○	③○	④×							
094	①○	②○	③○	④×							
095	①○	②○	③○	④×	⑤×	⑥○	⑦○				
096	①○	②○	③○	④×							
097	①○	②○	③○	④×							
098	①○	②○	③○	④×							
099	①×	②○	③○	④○							
100	①○	②○	③○	④×							

001 비계의 부재 중 기둥과 기둥을 연결시키는 부재에는 띠장, 장선, 가새 등이 있다.

작업 발판은 장선 위에 고정하고, 고소작업 중 발이 빠지거나 추락의 위험이 있는 곳에 근로자가 안전하게 작업하고, 자재의 운반 등이 용이하도록 공간 확보를 위해 설치하는 것이다.

002 달비계의 구조(안전보건규칙 제63조)

> 다음의 어느 하나에 해당하는 와이어로프를 곤돌라형 달비계에 사용해서는 아니 된다.
> ① 이음매가 있는 것
> ② 와이어로프의 한 꼬임[(스트랜드(strand)]에서 끊어진 소선[필러(pillar)선은 제외]의 수가 10% 이상(비자전로프의 경우에는 끊어진 소선의 수가 와이어로프 호칭지름의 6배 길이 이내에서 4개 이상이거나 호칭지름 30배 길이 이내에서 8개 이상)인 것
> ③ 지름의 감소가 공칭지름의 7%를 초과하는 것
> ④ 꼬인 것
> ⑤ 심하게 변형되거나 부식된 것
> ⑥ 열과 전기충격에 의해 손상된 것

003 달비계의 구조(안전보건규칙 제63조)

다음의 어느 하나에 해당하는 달기 체인을 달비계에 사용해서는 아니 된다.
① 달기 체인의 길이가 달기 체인이 제조된 때의 길이의 5%를 초과한 것
② 링의 단면지름이 달기 체인이 제조된 때의 해당 링의 지름의 10%를 초과하여 감소한 것
③ 균열이 있거나 심하게 변형된 것

004 작업발판의 구조(안전보건규칙 제56조)

사업주는 비계(달비계, 달대비계 및 말비계는 제외한다)의 높이가 2m 이상인 작업장소에 다음의 기준에 맞는 작업발판을 설치하여야 한다.
① 발판재료는 작업할 때의 하중을 견딜 수 있도록 견고한 것으로 할 것
② 작업발판의 폭은 40cm 이상으로 하고, 발판재료 간의 틈은 3cm 이하로 할 것. 다만, 외줄비계의 경우에는 고용노동부장관이 별도로 정하는 기준에 따른다.
③ ②의 규정에도 불구하고 선박 및 보트 건조작업의 경우 선박블록 또는 엔진실 등의 좁은 작업공간에 작업발판을 설치하기 위하여 필요하면 작업발판의 폭을 30cm 이상으로 할 수 있고, 걸침비계의 경우 강관기둥 때문에 발판재료 간의 틈을 3cm 이하로 유지하기 곤란하면 5cm 이하로 할 수 있다. 이 경우 그 틈 사이로 물체 등이 떨어질 우려가 있는 곳에는 출입금지 등의 조치를 하여야 한다.
④ 추락의 위험이 있는 장소에는 안전난간을 설치할 것. 다만, 작업의 성질상 안전난간을 설치하는 것이 곤란한 경우, 작업의 필요상 임시로 안전난간을 해체할 때에 추락방호망을 설치하거나 근로자로 하여금 안전대를 사용하도록 하는 등 추락위험 방지 조치를 한 경우에는 그러하지 아니하다.
⑤ 작업발판의 지지물은 하중에 의하여 파괴될 우려가 없는 것을 사용할 것
⑥ 작업발판재료는 뒤집히거나 떨어지지 않도록 둘 이상의 지지물에 연결하거나 고정시킬 것
⑦ 작업발판을 작업에 따라 이동시킬 경우에는 위험 방지에 필요한 조치를 할 것

005 개구부 등의 방호 조치(안전보건규칙 제43조)

사업주는 작업발판 및 통로의 끝이나 개구부로서 근로자가 추락할 위험이 있는 장소에는 안전난간, 울타리, 수직형 추락방망 또는 덮개 등("난간 등")의 방호 조치를 충분한 강도를 가진 구조로 튼튼하게 설치하여야 하며, 덮개를 설치하는 경우에는 뒤집히거나 떨어지지 않도록 설치하여야 한다. 이 경우 어두운 장소에서도 알아볼 수 있도록 개구부임을 표시해야 하며, 수직형 추락방망은 한국산업표준에서 정하는 성능기준에 적합한 것을 사용해야 한다.

006 말비계(안전보건규칙 제67조)

사업주는 말비계를 조립하여 사용하는 경우에 다음의 사항을 준수하여야 한다.
① 지주부재의 하단에는 미끄럼 방지장치를 하고, 근로자가 양측 끝부분에 올라서서 작업하지 않도록 할 것
② 지주부재와 수평면의 기울기를 75° 이하로 하고, 지주부재와 지주부재 사이를 고정시키는 보조부재를 설치할 것
③ 말비계의 높이가 2m를 초과하는 경우에는 작업발판의 폭을 40cm 이상으로 할 것

007 이동식비계(안전보건규칙 제68조)

사업주는 이동식비계를 조립하여 작업을 하는 경우에는 다음의 사항을 준수하여야 한다.
① 이동식비계의 바퀴에는 뜻밖의 갑작스러운 이동 또는 전도를 방지하기 위하여 브레이크·쐐기 등으로 바퀴를 고정시킨 다음 비계의 일부를 견고한 시설물에 고정하거나 아웃트리거를 설치하는 등 필요한 조치를 할 것
② 승강용사다리는 견고하게 설치할 것
③ 비계의 최상부에서 작업을 하는 경우에는 안전난간을 설치할 것
④ 작업발판은 항상 수평을 유지하고 작업발판 위에서 안전난간을 딛고 작업을 하거나 받침대 또는 사다리를 사용하여 작업하지 않도록 할 것
⑤ 작업발판의 최대적재하중은 250kg을 초과하지 않도록 할 것

008~009 강관비계 조립 시의 준수사항(안전보건규칙 제59조)

사업주는 강관비계를 조립하는 경우에 다음의 사항을 준수해야 한다.
① 비계기둥에는 미끄러지거나 침하하는 것을 방지하기 위하여 밑받침철물을 사용하거나 깔판·받침목 등을 사용하여 밑둥잡이를 설치하는 등의 조치를 할 것
② 강관의 접속부 또는 교차부는 적합한 부속철물을 사용하여 접속하거나 단단히 묶을 것
③ 교차 가새로 보강할 것
④ 외줄비계·쌍줄비계 또는 돌출비계에 대해서는 다음에서 정하는 바에 따라 벽이음 및 버팀을 설치할 것. 다만, 창틀의 부착 또는 벽면의 완성 등의 작업을 위하여 벽이음 또는 버팀을 제거하는 경우, 그 밖에 작업의 필요상 부득이한 경우로서 해당 벽이음 또는 버팀 대신 비계기둥 또는 띠장에 사재(斜材)를 설치하는 등 비계가 넘어지는 것을 방지하기 위한 조치를 한 경우에는 그러하지 아니하다.
　㉮ 강관비계의 조립 간격은 다음 표에 적합하도록 할 것

비계의 종류	조립간격(m)	
	수직 방향	수평방향
단관비계	5	
틀비계(높이가 5m 미만인 것은 제외)	6	8

　㉯ 강관·통나무 등의 재료를 사용하여 견고한 것으로 할 것
　㉰ 인장재와 압축재로 구성된 경우에는 인장재와 압축재의 간격을 1m 이내로 할 것
⑤ 가공전로(架空電路)에 근접하여 비계를 설치하는 경우에는 가공전로를 이설하거나 가공전로에 절연용 방호구를 장착하는 등 가공전로와의 접촉을 방지하기 위한 조치를 할 것

010 강관비계의 구조(안전보건규칙 제60조)

사업주는 강관을 사용하여 비계를 구성하는 경우 다음의 사항을 준수해야 한다.
① 비계기둥의 간격은 띠장 방향에서는 1.85m 이하, 장선(長線) 방향에서는 1.5m 이하로 할 것. 다만, 다음의 어느 하나에 해당하는 작업의 경우에는 안전성에 대한 구조검토를 실시하고 조립도를 작성하면 띠장 방향 및 장선 방향으로 각각 2.7m 이하로 할 수 있다.
　㉮ 선박 및 보트 건조작업
　㉯ 그 밖에 장비 반입·반출을 위하여 공간 등을 확보할 필요가 있는 등 작업의 성질상 비계기둥 간격에 관한 기준을 준수하기 곤란한 작업
② 띠장 간격은 2.0m 이하로 할 것. 다만, 작업의 성질상 이를 준수하기가 곤란하여 쌍기둥틀 등에 의하여 해당 부분을 보강한 경우에는 그러하지 아니하다.
③ 비계기둥의 제일 윗부분으로부터 31m되는 지점 밑부분의 비계기둥은 2개의 강관으로 묶어 세울 것. 다만, 브라켓(bracket, 까치발) 등으로 보강하여 2개의 강관으로 묶을 경우 이상의 강도가 유지되는 경우에는 그러하지 아니하다.
④ 비계기둥 간의 적재하중은 400kg을 초과하지 않도록 할 것

011 강관틀비계(안전보건규칙 제62조)

• 비계기둥의 밑둥에는 밑받침 철물을 사용하여야 하며 밑받침에 고저차가 있는 경우에는 조절형 밑받침철물을 사용하여 각각의 강관틀비계가 항상 수평 및 수직을 유지하도록 할 것
• 높이가 20m를 초과하거나 중량물의 적재를 수반하는 작업을 할 경우에는 주틀 간의 간격을 1.8m 이하로 할 것
• 주틀 간에 교차 가새를 설치하고 최상층 및 5층 이내마다 수평재를 설치할 것
• 수직방향으로 6m, 수평방향으로 8m 이내마다 벽이음을 할 것
• 길이가 띠장 방향으로 4m 이하이고 높이가 10m를 초과하는 경우에는 10m 이내마다 띠장 방향으로 버팀기둥을 설치할 것

012 비계설치 시 벽이음을 하는 가장 중요한 이유는 비계의 도괴방지와 좌굴을 방지하기 위함이다.

013 시스템 비계의 구조(안전보건규칙 제69조)

> 사업주는 시스템 비계를 사용하여 비계를 구성하는 경우에 다음의 사항을 준수하여야 한다.
> ① 수직재·수평재·가새재를 견고하게 연결하는 구조가 되도록 할 것
> ② 비계 밑단의 수직재와 받침철물은 밀착되도록 설치하고, 수직재와 받침철물의 연결부의 겹침길이는 받침철물 전체길이의 3분의 1 이상이 되도록 할 것
> ③ 수평재는 수직재와 직각으로 설치하여야 하며, 체결 후 흔들림이 없도록 견고하게 설치할 것
> ④ 수직재와 수직재의 연결철물은 이탈되지 않도록 견고한 구조로 할 것
> ⑤ 벽 연결재의 설치간격은 제조사가 정한 기준에 따라 설치할 것

014 안전난간의 구조 및 설치요건(안전보건규칙 제13조)

> 사업주는 근로자의 추락 등의 위험을 방지하기 위하여 안전난간을 설치하는 경우 다음의 기준에 맞는 구조로 설치해야 한다.
> ① 상부 난간대, 중간 난간대, 발끝막이판 및 난간기둥으로 구성할 것. 다만, 중간 난간대, 발끝막이판 및 난간기둥은 이와 비슷한 구조와 성능을 가진 것으로 대체할 수 있다.
> ② 상부 난간대는 바닥면·발판 또는 경사로의 표면("바닥면 등")으로부터 90cm 이상 지점에 설치하고, 상부 난간대를 120cm 이하에 설치하는 경우에는 중간 난간대는 상부 난간대와 바닥면 등의 중간에 설치해야 하며, 120cm 이상 지점에 설치하는 경우에는 중간 난간대를 2단 이상으로 균등하게 설치하고 난간의 상하 간격은 60cm 이하가 되도록 할 것. 다만, 난간기둥 간의 간격이 25cm 이하인 경우에는 중간 난간대를 설치하지 않을 수 있다.
> ③ 발끝막이판은 바닥면 등으로부터 10cm 이상의 높이를 유지할 것. 다만, 물체가 떨어지거나 날아올 위험이 없거나 그 위험을 방지할 수 있는 망을 설치하는 등 필요한 예방 조치를 한 장소는 제외한다.
> ④ 난간기둥은 상부 난간대와 중간 난간대를 견고하게 떠받칠 수 있도록 적정한 간격을 유지할 것
> ⑤ 상부 난간대와 중간 난간대는 난간 길이 전체에 걸쳐 바닥면 등과 평행을 유지할 것
> ⑥ 난간대는 지름 2.7cm 이상의 금속제 파이프나 그 이상의 강도가 있는 재료일 것
> ⑦ 안전난간은 구조적으로 가장 취약한 지점에서 가장 취약한 방향으로 작용하는 100kg 이상의 하중에 견딜 수 있는 튼튼한 구조일 것

015 사다리식 통로 등의 구조(안전보건규칙 제24조)

> 사업주는 사다리식 통로 등을 설치하는 경우 다음의 사항을 준수하여야 한다.
> ① 견고한 구조로 할 것
> ② 심한 손상·부식 등이 없는 재료를 사용할 것
> ③ 발판의 간격은 일정하게 할 것
> ④ 발판과 벽과의 사이는 15cm 이상의 간격을 유지할 것
> ⑤ 폭은 30cm 이상으로 할 것
> ⑥ 사다리가 넘어지거나 미끄러지는 것을 방지하기 위한 조치를 할 것
> ⑦ 사다리의 상단은 걸쳐놓은 지점으로부터 60cm 이상 올라가도록 할 것
> ⑧ 사다리식 통로의 길이가 10m 이상인 경우에는 5m 이내마다 계단참을 설치할 것
> ⑨ 사다리식 통로의 기울기는 75° 이하로 할 것. 다만, 고정식 사다리식 통로의 기울기는 90° 이하로 하고, 그 높이가 7m 이상인 경우에는 다음의 구분에 따른 조치를 할 것
> ㉮ 등받이울이 있어도 근로자 이동에 지장이 없는 경우 : 바닥으로부터 높이가 2.5m 되는 지점부터 등받이울을 설치할 것
> ㉯ 등받이울이 있으면 근로자가 이동이 곤란한 경우 : 한국산업표준에서 정하는 기준에 적합한 개인용 추락 방지 시스템을 설치하고 근로자로 하여금 한국산업표준에서 정하는 기준에 적합한 전신안전대를 사용하도록 할 것
> ⑩ 접이식 사다리 기둥은 사용 시 접혀지거나 펼쳐지지 않도록 철물 등을 사용하여 견고하게 조치할 것

016 가설계단의 설치(가설계단의 설치 및 사용안전보건작업지침)

- 발판의 폭(가로)은 35cm 이상, 발판의 높이는 24cm 이하(동일한 계단의 발판 높이는 모두 일정), 발판의 너비(세로)는 18cm 이상(각각의 너비는 모두 일정)
- 가설계단의 폭은 1m 이상, 계단의 적정 경사 : 35°, 난간의 기둥 간격 : 120~150cm

017 가설통로의 구조(안전보건규칙 제23조)

사업주는 가설통로를 설치하는 경우 다음의 사항을 준수하여야 한다.
① 견고한 구조로 할 것
② 경사는 30°이하로 할 것. 다만, 계단을 설치하거나 높이 2m 미만의 가설통로로서 튼튼한 손잡이를 설치한 경우에는 그러하지 아니하다.
③ 경사가 15°를 초과하는 경우에는 미끄러지지 아니하는 구조로 할 것
④ 추락할 위험이 있는 장소에는 안전난간을 설치할 것. 다만, 작업상 부득이한 경우에는 필요한 부분만 임시로 해체할 수 있다.
⑤ 수직갱에 가설된 통로의 길이가 15m 이상인 경우에는 10m 이내마다 계단참을 설치할 것
⑥ 건설공사에 사용하는 높이 8m이상인 비계다리에는 7m 이내마다 계단참을 설치할 것

018 갱내통로 등의 위험 방지(안전보건규칙 제25조)

사업주는 갱내에 설치한 통로 또는 사다리식 통로에 권상장치가 설치된 경우 권상장치와 근로자의 접촉에 의한 위험이 있는 장소에 판자벽이나 그 밖에 위험 방지를 위한 격벽을 설치하여야 한다.

019 추락의 방지(안전보건규칙 제42조 제4항)

사업주는 작업발판 및 추락방호망을 설치하기 곤란한 경우에는 근로자로 하여금 3개 이상의 버팀대를 가지고 지면으로부터 안정적으로 세울 수 있는 구조를 갖춘 이동식 사다리를 사용하여 작업을 하게 할 수 있다. 이 경우 사업주는 근로자가 다음의 사항을 준수하도록 조치해야 한다.
① 평탄하고 견고하며 미끄럽지 않은 바닥에 이동식 사다리를 설치할 것
② 이동식 사다리의 넘어짐을 방지하기 위해 다음의 어느 하나 이상에 해당하는 조치를 할 것
　㉮ 이동식 사다리를 견고한 시설물에 연결하여 고정할 것
　㉯ 아웃트리거(outrigger, 전도방지용 지지대)를 설치하거나 아웃트리거가 붙어있는 이동식 사다리를 설치할 것
　㉰ 이동식 사다리를 다른 근로자가 지지하여 넘어지지 않도록 할 것
③ 이동식 사다리의 제조사가 정하여 표시한 이동식 사다리의 최대사용하중을 초과하지 않는 범위 내에서만 사용할 깃
④ 이동식 사다리를 설치한 바닥면에서 높이 3.5m 이하의 장소에서만 작업할 것
⑤ 이동식 사다리의 최상부 발판 및 그 하단 디딤대에 올라서서 작업하지 않을 것. 다만, 높이 1m 이하의 사다리는 제외한다.
⑥ 안전모를 착용하되, 작업 높이가 2m 이상인 경우에는 안전모와 안전대를 함께 착용할 것
⑦ 이동식 사다리 사용 전 변형 및 이상 유무 등을 점검하여 이상이 발견되면 즉시 수리하거나 그 밖에 필요한 조치를 할 것

020 폭 목(toe board, 발끝막이판)은 작업 발판에서 작업시 공구 등의 물체가 지상으로 낙하되지 않도록 하기 위하여 발끝막이판은 바닥면 등으로부터 10cm 이상의 높이를 유지할 것

021 안전대의 부착설비 등(안전보건규칙 제44조)

사업주는 추락할 위험이 있는 높이 2미터 이상의 장소에서 근로자에게 안전대를 착용시킨 경우 안전대를 안전하게 걸어 사용할 수 있는 설비 등을 설치하여야 한다. 이러한 안전대 부착설비로 지지로프 등을 설치하는 경우에는 처지거나 풀리는 것을 방지하기 위하여 필요한 조치를 하여야 한다.

022 설치위치(추락재해방지표준안전작업지침 제25조)

표준안전난간("안전난간")의 설치장소는 중량물 취급 개구부, 작업대, 가설계단의 통로, 흙막이 지보공의 상부 등으로 한다.

023 가설도로(안전보건규칙 제379조)

사업주는 공사용 가설도로를 설치하는 경우에 ①·③·④ 이외에도 도로는 배수를 위하여 경사지게 설치하거나 배수시설을 설치할 것 등의 사항을 준수하여야 한다.

024 작업장의 출입구(안전보건규칙 제11조)

사업주는 작업장에 출입구(비상구는 제외)를 설치하는 경우에는 ①·③·④ 이외에도 주된 목적이 하역운반기계용인 출입구에는 인접하여 보행자용 출입구를 따로 설치할 것 등의 사항을 준수하여야 한다.

025~026 사업주는 흙막이 지보공을 조립하는 경우 미리 그 구조를 검토한 후 조립도를 작성하여 그 조립도에 따라 조립하도록 해야 하고, 조립도는 흙막이판·말뚝·버팀대 및 띠장 등 부재의 배치·치수·재질 및 설치방법과 순서가 명시되어야 한다. (안전보건규칙 제346조)

③ 턴버클은 줄(인장재)를 팽팽히 당겨 조이는 나사 있는 탕개쇠로서, 거푸집 연결 시 철선의 조임에 사용한다.

027 붕괴 등의 위험 방지(안전보건규칙 제347조)

> 사업주는 흙막이 지보공을 설치하였을 때에는 정기적으로 다음의 사항을 점검하고 이상을 발견하면 즉시 보수하여야 한다.
> ① 부재의 손상·변형·부식·변위 및 탈락의 유무와 상태
> ② 버팀대의 긴압의 정도
> ③ 부재의 접속부·부착부 및 교차부의 상태
> ④ 침하의 정도

028 부재의 좌굴이란 가는 기둥이나 얇은판 등을 압축하면 어떤 하중에 이르러 갑자기 가는 방향으로 휘어지며 이후 그 휨이 급격히 증대하는 현상을 말한다. 부재에 작용하는 하중이 증대하면 좌굴로 증대된다.

029 사업주는 받침목이나 깔판의 사용, 콘크리트 타설, 말뚝박기 등 동바리의 침하를 방지하기 위한 조치를 할 것(안전보건규칙 제332조)

030 거푸집의 고려하여야 할 하중

부위	고려하여야 할 하중	
보, 슬래브 밑면	생콘크리트 중량	작업 하중, 충격 하중
벽, 기둥, 보 옆		생콘크리트 측압력

031 콘크리트 자중은 고정하중에 속한다.

032 벽체거푸집의 콘크리트 최대측압을 구하기 위해 필요한 요소에는 ①·②·③ 이외에도 컨시스턴시, 콘크리트의 비중, 시멘트의 종류와 양, 콘크리트의 온도 및 습도, 거푸집 표면의 평활도, 거푸집의 투수성과 누수성, 거푸집의 수평단면, 진동기의 사용, 붓기 방법, 거푸집의 강성, 철골 또는 철골량 등이 있다.

033 ④ 콘크리트의 타설속도가 빨랐다면 측압이 커지게 되므로 거푸집이 터지는 현상이 발생한다.
① 진동기를 사용하지 않을수록, ② 철근 사용량이 많을수록, ③ 콘크리트의 슬럼프가 작을수록 측압이 작게 되므로 거푸집이 터지지 않는다.

034 조립·해체 등 작업 시의 준수사항(안전보건규칙 제333조)

> 사업주는 기둥·보·벽체·슬래브 등의 거푸집 및 동바리를 조립하거나 해체하는 작업을 하는 경우에는 다음의 사항을 준수해야 한다.
> ① 해당 작업을 하는 구역에는 관계 근로자가 아닌 사람의 출입을 금지할 것
> ② 비, 눈, 그 밖의 기상상태의 불안정으로 날씨가 몹시 나쁜 경우에는 그 작업을 중지할 것
> ③ 재료, 기구 또는 공구 등을 올리거나 내리는 경우에는 근로자로 하여금 달줄·달포대 등을 사용하도록 할 것
> ④ 낙하·충격에 의한 돌발적 재해를 방지하기 위하여 버팀목을 설치하고 거푸집 및 동바리를 인양장비에 매단 후에 작업을 하도록 하는 등 필요한 조치를 할 것

035 오일러의 좌굴하중공식 $P_{cr} = \dfrac{\pi EI}{l_k^2}$, $L_k = aL$ 인데, $P_{cr} = \dfrac{\pi^2 EI}{l^2}$ 이 적용되므로 두 식 사이에서 $L_k = aL$ 이 되며,

$a = 1$ 이 됨을 알 수 있다. 즉, $a = 1$ 인 경우는 양단의 지점이 힌지인 경우이다.

036 강재 거푸집의 장점에는 ①·③·④ 이외에도 전용횟수(약 50회)가 높고, 패널 조립이 간단하다는 점이 있다. 반면, 초기 투자비용이 높다는 단점이 있다.

037 ① 메탈폼(metal form) : 철판, 앵글 등을 써서 패널로 제작된 철제 거푸집이다.
③ 워플 거푸집(waffle form) : 2방향 장선 바닥판을 만드는 거푸집이다.
④ 페코빔(Pecco beam) : 무지주공법이나 안에 보가 있어 스팬의 조절이 가능한 거푸집 공법이다.

038 작업발판 일체형 거푸집의 안전조치(안전보건규칙 제331조의3)
"작업발판 일체형 거푸집"이란 거푸집의 설치·해체, 철근 조립, 콘크리트 타설, 콘크리트 면처리 작업 등을 위하여 거푸집을 작업발판과 일체로 제작하여 사용하는 거푸집으로서 갱 폼(gang form), 슬립 폼(slip form), 클라이밍 폼(climbing form), 터널 라이닝 폼(tunnel lining form), 그 밖에 거푸집과 작업발판이 일체로 제작된 거푸집 등을 말한다.
유로폼(Euro Form)은 콘크리트 거푸집용 코팅 합판과 강재틀로 구성된 규격화된 거푸집으로 생산성을 향상시키고, 전용횟수를 증대시키는 것을 목적으로 하는 거푸집이다.

039 동바리 유형에 따른 동바리 조립 시의 안전조치(안전보건규칙 제332조의2)

③·⑤ 동바리로 사용하는 파이프 서포트를 이어서 사용하는 경우에는 4개 이상의 볼트 또는 전용철물을 사용하여 이을 것

⑥ 높이가 3.5m 초과하는 경우에는 높이 2m 이내마다 수평연결재를 2개 방향으로 만들고 수평연결재의 변위를 방지할 것

⑨ 강재의 접속부 및 교차부는 볼트, 클램프 등 전용철물을 사용하여 단단히 연결할 것

⑫ 파이프 서포트를 동바리로 사용하는 강관은 높이가 3.5m 초과하는 경우에는 높이 2m마다 수평연결재를 2개 방향으로 만들고 수평연결재의 변위를 방지할 것

⑬ 거푸집의 형상에 따른 부득이한 경우를 제외하고는 깔판이나 받침목은 2단 이상 끼우지 않도록 할 것

⑭ 동바리로 사용하는 파이프 서포트를 3본 이상 이어서 사용하지 말 것

040 콘크리트 타설을 위한 거푸집동바리의 구조검토시 가장 선행되어야 할 작업은 가설물에 작용하는 하중 및 외력의 종류, 외력의 크기 산정 등이다.

041 통로발판(가설공사 표준안전 작업지침 제15조)

> 사업주는 통로발판을 설치하여 사용함에 있어서 다음의 사항을 준수하여야 한다.
> ① 근로자가 작업 및 이동하기에 충분한 넓이가 확보되어야 한다.
> ② 추락의 위험이 있는 곳에는 안전난간이나 철책을 설치하여야 한다.
> ③ 발판을 겹쳐 이음하는 경우 장선 위에서 이음을 하고 겹침길이는 20cm 이상으로 하여야 한다.
> ④ 발판 1개에 대한 지지물은 2개 이상이어야 한다.
> ⑤ 작업발판의 최대폭은 1.6m 이내이어야 한다.
> ⑥ 작업발판 위에는 돌출된 못, 옹이, 철선 등이 없어야 한다.
> ⑦ 비계발판의 구조에 따라 최대 적재하중을 정하고 이를 초과하지 않도록 하여야 한다.

042 콘크리트벽 안정 조건에는 전도에 대한 안정, 활동에 대한 안정, 지반지지력(침하)에 대한 안정 등이 있다.

043 침투수가 옹벽의 안정에 미치는 영향에는 옹벽 바닥면에서의 양압력 증가, 수평 저항력(수동토압)의 감소, 포화 또는 부분 포화에 따른 뒷채움용 흙무게의 증가 등이 있다.

044 흙막이 공법 선정 시 고려사항으로는 ①·②·④ 이외에도 흙막이 공사는 주변의 토사 붕괴를 막고, 물의 침입을 방지하며, 내부에서의 공사를 원활하게 하기 위하여 하는 공사이므로 차수성이 높은 공법을 선택하여야 한다는 점이 있다.

045 흙막이 공법의 종류

공법의 분류	종류
지지 방식	자립식, 버팀대식(수평버팀대식, 경사버팀대식), 어스 앵커식
구조 방식	H-Pile 공법, 강재 널말뚝 공법, 지하연속벽(슬러리 월)공법, 탑 다운(Top down method)공법, 구체 흙막이 공법(웰 공법, 케이슨 공법)

046 트랜치 컷 공법은 아일랜드 컷 공법(흙막이 벽이 자립할 수 있을 만큼의 비탈면을 남기고 중앙부를 먼저 흙파기를 한 후 구조물을 축조하고 경사버팀대 또는 수평버팀대를 이용하여 나머지 주변부를 흙파기하여 구조물을 완성하는 공법)의 역순으로 흙을 파내는 공법으로, 연약지반에서 히빙현상이 예상될 때 사용되는 기초구조물을 완성시키는 공법이다.

047 흙막이 널과 축조물과의 자리에는 토사 등(흙, 모래 등)으로 되메우기 한 후 버팀, 띠장을 떼어낸다.

048 서서히 물이 빠질 때와 수압, 내부 간극 수압으로 포화 상태인 경우에는 지하수의 완충역할로 인하여 사면의 붕괴 위험이 크지 않지만, 사면이 가장 위험한 때는 사면의 수위가 급격히 하강할 때로서, 상류측이 위험한 경우는 수위 갑자기 강하하는 경우이고, 하류측이 위험한 경우는 만수위인 경우이다.

049 굴착면의 기울기 기준(안전보건규칙 제339조)

지반의 종류	굴착면의 기울기
모래	1 : 1.8
연암 및 풍화암	1 : 1.0
경암	1 : 0.5
그 밖의 흙	1 : 1.2

※ 비고
1. 굴착면의 기울기는 굴착면의 높이에 대한 수평거리의 비율을 말한다.
2. 굴착면의 경사가 달라서 기울기를 계산하기가 곤란한 경우에는 해당 굴착면에 대하여 지반의 종류별 굴착면의 기울기에 따라 붕괴의 위험이 증가하지 않도록 위 표의 지반의 종류별 굴착면의 기울기에 맞게 해당 각 부분의 경사를 유지해야 한다.

050 ④ 압성토(Surcharge) 공법은 토사의 측방에 소단(berm)[비탈면의 안정성을 높이기 위해 비탈면 중간에 설치된 수평면을 말함] 모양의 성토를 하여 활동에 대한 저항모멘트를 증가시켜 성토 지반의 활동파괴를 예방하는 공법으로, 연약 지반에 성토하면 지지력의 부족으로 성토가 과다한 침하를 일으켜 성토부의 측방에 융기를 일으키게 되므로 융기하는 부위에 하중(surcharge)을 가하여 균형을 취하는 방법이다. 또한, 비탈면의 보호공법의 종류는 다음과 같다.

구분	식생 공법	구조물 보호공	응급 대책	항구 대책
종류	• 떠붙임공 • 식생공 • 식수공 • 파종공	• 블록(돌)붙임공 • 블록(돌)쌓기공 • 뿜어붙이기공 • 콘크리트 블록 격자공	• 배수공 • 배토공 • 압성토공	• 옹벽공 • 소일네일링공법 • 어스앵커공법

① 배수공 : 사면의 응급 대책으로 사면 내의 물은 지반의 강도를 저하시키고, 사면의 활동을 촉진시키므로 지하수의 배제공 또는 지표수의 배제공으로 배수시키는 공법이다.
② 배토공 : 사면의 응급 대책으로 활동 예상 토사를 제거하여 활동모멘트를 경감시키므로 사면을 안정화시키는 공법이다.

051 사면 보호 공법 중 구조물에 의한 보호공법의 목적은 비탈 표면의 풍화침식 및 동상 등의 방지를 목적으로 하고, 종류에는 블록(돌)붙임공, 블록(돌)쌓기공, 뿜어붙이기공, 현장타설 콘크리트 격자공, 콘크리트 블록 격자공 등이 있다. 식생구멍공은 식생 공법(식생에 의한 비탈면 보호, 녹화, 구조물에 의한 비탈면 보호공과의 병용)에 속한다.

052 쉴드공은 대수지반이나 연약지반에 있어서 터널을 만들 경우에 사용하는 공법이다.

053 사면지반 개량공법에는 전기 화학적 공법, 석회 안정처리 공법, 이온 교환 공법, 재하공법, 치환공법, 진동다짐공법, 고결공법 등이 있다.

054 ② 쉴드공 : 대수지반이나 연약지반에 있어서 터널을 만들 경우에 사용하는 공법이다.
　　③ 뿜어 붙이기공 : 용수가 없고, 위험은 없는 비탈면에 풍화되기 쉬운 암석의 토사 등에서 식생이 곤란한 경우에 사용하는 공법이다.
　　④ 블록 쌓기공 : 메쌓기나 찰쌓기로 하며, 높은 비탈면과 구배가 급한 경우에 비탈면 보호에 사용하는 공법이다.

055 현장타설 콘크리트 말뚝의 종류

관입 공법	페데스탈 파일, 심플렉스 파일, 프랭키 파일, 레이먼드 파일, 컴프레솔 파일 등
굴착 공법	어스 드릴 공법(칼웰드 공법), 베노토 공법(올 케이싱 공법), 리버스 서큘레이션 공법(R.C.D 공법)
프리팩트 콘크리트 파일	C.I.P, P.I.P, M.I.P

056 사전조사 및 작업계획서 내용(안전보건규칙 제38조, 별표 4)

> 굴착작업을 하는 경우 근로자의 위험을 방지하기 위하여 작업장의 지형·지반 및 지층상태 등에 대하여 실시하여야 하는 사전조사 내용은 다음과 같다.
> ① 형상·지질 및 지층의 상태
> ② 균열·함수(含水)·용수 및 동결의 유무 또는 상태
> ③ 매설물 등의 유무 또는 상태
> ④ 지반의 지하수위 상태

057 ② TBM(Tunnel Boring Machine)공법 : 터널 굴착기를 사용하여 땅속에서 수평으로 회전시키면서 암반을 압력으로 파쇄시키는 시공 방식이다.
　　③ 개착식 공법(Open cut) : 지표면에서 소정의 위치까지 파내려간 후 구조물을 축조하고 되메운 후 지표면을 원 상태로 복구시키는 공법이다.
　　④ 쉴드 공법 : 쉴드(Shield)라고 부르는 단단한 원통형의 철강재 외각을 가진 굴진기를 추진시켜 터널을 굴착하는 방법이다.

058 터널 계측은 굴착지반의 거동, 지보공 부재의 변위, 응력의 변화 등에 대한 정밀 측정을 실시함으로써 시공의 안전성을 사전에 확보하고 설계 시의 조사치와 비교분석하여 현장조건에 적정하도록 수정, 보완하는 데 그 목적이 있다. 터널내 육안조사, 내공변위 측정, 천단침하 측정, 록 볼트 인발시험, 지표면 침하측정, 지중변위 측정, 지중침하 측정, 지중수평변위 측정, 지하수위 측정, 록 볼트 축력측정, 뿜어붙이기 콘크리트 응력측정, 터널내 탄성파 속도 측정, 주변 구조물의 변형상태 조사 등을 기준으로 한다. (터널공사 표준안전작업지침 제25조)

059 ② 프리패브(prefab) 터널 : 콘크리트 구조물 중 터널방수공사를 대상으로 부직포 일체형 투명 VE방수시트를 적용하는 기법이다.

③ 사이드(side) 터널 : 터널 저부 양쪽에 설치하는 공법이다.

④ 쉴드(shield) 터널 : 터널 외형보다 약간 큰 강제통(shield)을 추진시켜 선단부의 지반 붕괴를 방지하면서 굴착하고, 후단부에서 조립된 아치를 1차 라이닝으로 하는 터널굴진공법이다.

060 ② P&Z 공법 : 서독의 Polensky&Zollner사에서 개발한 공법이며 dywidag공법의 이동식 작업차와 마찬가지로 이동식 가설트러스(moving gantry)라는 가설장치를 이용해서 상부구조를 한 쪽으로부터 연속 타설하는 공법이다.

③ MSS 공법(Movable Scaffolding System) : 이동식 비계공법으로 교량의 상부구조를 시공할 때 기계화된 거푸집이 부착된 특수한 이동식 비계를 이용하여 현장치기로 한 경간씩 시공을 진행하는 공법이다.

④ FSM 공법(Full Staging Method) : 콘크리트를 타설하는 경간전체에 동바리를 설치하여 타설된 콘크리트가 소정의 강도에 도달할 때까지 콘크리트의 자중 및 거푸집, 작업대 등의 중량을 일반적으로 동바리가 지지하는 방식이다.

061 사전조사 및 작업계획서 내용(안전보건규칙 제38조, 별표 4)

> ① 사전 조사 내용 : 보링(boring) 등 적절한 방법으로 낙반·출수(出水) 및 가스폭발 등으로 인한 근로자의 위험을 방지하기 위하여 미리 지형·지질 및 지층상태를 조사
> ② 작업계획서 내용
>   ㉮ 굴착의 방법
>   ㉯ 터널지보공 및 복공의 시공방법과 용수의 처리방법
>   ㉰ 환기 또는 조명시설을 설치할 때에는 그 방법

062 붕괴 등의 위험 방지(안전보건규칙 제347조)

> 사업주는 흙막이 지보공을 설치하였을 때에는 정기적으로 다음의 사항을 점검하고 이상을 발견하면 즉시 보수하여야 한다.
> ① 부재의 손상·변형·부식·변위 및 탈락의 유무와 상태
> ② 버팀대의 긴압의 정도
> ③ 부재의 접속부·부착부 및 교차부의 상태
> ④ 침하의 정도

063 조립도(안전보건규칙 제363조)

- 사업주는 터널 지보공을 조립하는 경우에는 미리 그 구조를 검토한 후 조립도를 작성하고, 그 조립도에 따라 조립하도록 하여야 한다.
- 조립도에는 재료의 재질, 단면규격, 설치간격 및 이음방법 등을 명시하여야 한다.

064 조립 또는 변경시의 조치(안전보건규칙 제364조)

> 사업주는 터널 지보공을 조립하거나 변경하는 경우에는 다음의 사항을 조치하여야 한다.
> ① 주재(主材)를 구성하는 1세트의 부재는 동일 평면 내에 배치할 것
> ② 목재의 터널 지보공은 그 터널 지보공의 각 부재의 긴압 정도가 균등하게 되도록 할 것
> ③ 기둥에는 침하를 방지하기 위하여 받침목을 사용하는 등의 조치를 할 것
> ④ 강(鋼)아치 지보공의 조립은 다음의 사항을 따를 것
>   ㉮ 조립간격은 조립도에 따를 것
>   ㉯ 주재가 아치작용을 충분히 할 수 있도록 쐐기를 박는 등 필요한 조치를 할 것
>   ㉰ 연결볼트 및 띠장 등을 사용하여 주재 상호간을 튼튼하게 연결할 것
>   ㉱ 터널 등의 출입구 부분에는 받침대를 설치할 것
>   ㉲ 낙하물이 근로자에게 위험을 미칠 우려가 있는 경우에는 널판 등을 설치할 것
> ⑤ 목재 지주식 지보공은 다음 각 목의 사항을 따를 것
>   ㉮ 주기둥은 변위를 방지하기 위하여 쐐기 등을 사용하여 지반에 고정시킬 것
>   ㉯ 양끝에는 받침대를 설치할 것
>   ㉰ 터널 등의 목재 지주식 지보공에 세로방향의 하중이 걸림으로써 넘어지거나 비틀어질 우려가 있는 경우에는 양끝 외의 부분에도 받침대를 설치할 것
>   ㉱ 부재의 접속부는 꺾쇠 등으로 고정시킬 것
> ⑥ 강아치 지보공 및 목재지주식 지보공 외의 터널 지보공에 대해서는 터널 등의 출입구 부분에 받침대를 설치할 것

065 발파의 작업기준(안전보건규칙 제348조)

> 사업주는 발파작업에 종사하는 근로자에게 다음의 사항을 준수하도록 하여야 한다.
> ① 얼어붙은 다이나마이트는 화기에 접근시키거나 그 밖의 고열물에 직접 접촉시키는 등 위험한 방법으로 융해되지 않도록 할 것
> ② 화약이나 폭약을 장전하는 경우에는 그 부근에서 화기를 사용하거나 흡연을 하지 않도록 할 것
> ③ 장전구(裝塡具)는 마찰·충격·정전기 등에 의한 폭발의 위험이 없는 안전한 것을 사용할 것
> ④ 발파공의 충진재료는 점토·모래 등 발화성 또는 인화성의 위험이 없는 재료를 사용할 것
> ⑤ 점화 후 장전된 화약류가 폭발하지 아니한 경우 또는 장전된 화약류의 폭발 여부를 확인하기 곤란한 경우에는 다음의 사항을 따를 것
>   ㉮ 전기뇌관에 의한 경우에는 발파모선을 점화기에서 떼어 그 끝을 단락시켜 놓는 등 재점화되지 않도록 조치하고 그 때부터 5분 이상 경과한 후가 아니면 화약류의 장전장소에 접근시키지 않도록 할 것
>   ㉯ 전기뇌관 외의 것에 의한 경우에는 점화한 때부터 15분 이상 경과한 후가 아니면 화약류의 장전장소에 접근시키지 않도록 할 것
> ⑥ 전기뇌관에 의한 발파의 경우 점화하기 전에 화약류를 장전한 장소로부터 30m 이상 떨어진 안전한 장소에서 전선에 대하여 저항측정 및 도통(導通)시험을 할 것

066 터널 굴착공사에서 뿜어 붙이기 콘크리트(Shotcrete) 효과로는 ①·③·④ 이외에도 지반의 이완 및 붕괴의 방지, 요철부를 채워 응력집중 방지, Arch를 형성 전단저항력 증대, 굴착면의 요철을 줄이고 응력집중을 감소시킴 등이 있다.

067 인화성 가스의 농도측정 등(안전보건규칙 제350조)

> ① 사업주는 터널공사 등의 건설작업을 할 때에 인화성 가스가 발생할 위험이 있는 경우에는 폭발이나 화재를 예방하기 위하여 인화성 가스의 농도를 측정할 담당자를 지명하고, 그 작업을 시작하기 전에 가스가 발생할 위험이 있는 장소에 대하여 그 인화성 가스의 농도를 측정하여야 한다.
> ② 사업주는 ①에 따라 측정한 결과 인화성 가스가 존재하여 폭발이나 화재가 발생할 위험이 있는 경우에는 인화성 가스 농도의 이상 상승을 조기에 파악하기 위하여 그 장소에 자동경보장치를 설치하여야 한다.
> ③ 지하철도공사를 시행하는 사업주는 터널굴착[개착식(開鑿式)을 포함] 등으로 인하여 도시가스관이 노출된 경우에 접속부 등 필요한 장소에 자동경보장치를 설치하고, 「도시가스사업법」에 따른 해당 도시가스사업자와 합동으로 정기적 순회점검을 하여야 한다.
> ④ 사업주는 ② 및 ③에 따른 자동경보장치에 대하여 당일 작업 시작 전에 계기의 이상 유무, 검지부의 이상 유무, 경보장치의 작동상태 등의 사항을 점검하고 이상을 발견하면 즉시 보수하여야 한다.

068 출입구 부근 등의 지반 붕괴 등에 의한 위험의 방지(안전보건규칙 제352조)

사업주는 터널 등의 건설작업을 할 때에 터널 등의 출입구 부근의 지반의 붕괴나 토사 등의 낙하에 의하여 근로자가 위험해질 우려가 있는 경우에는 흙막이 지보공이나 방호망을 설치하는 등 위험을 방지하기 위하여 필요한 조치를 해야 한다.

069 ④ 활동에 의한 붕괴를 방지하기 위해 비탈면, 법면의 하단을 다진다.
⑥ 비탈면 하단에 다짐 또는 하중을 재하한다.
⑧ 절토 및 성토 높이를 감소시킨다.
⑩ 지하수위를 낮춘다.

예방(굴착공사 표준안전지침 제31조)

> 토사붕괴의 발생을 예방하기 위하여 다음의 조치를 취하여야 한다.
> ㉮ 적절한 경사면의 기울기를 계획하여야 한다.
> ㉯ 경사면의 기울기가 당초 계획과 차이가 발생되면 즉시 재검토하여 계획을 변경시켜야 한다.
> ㉰ 활동할 가능성이 있는 토석은 제거하여야 한다.
> ㉱ 경사면의 하단부에 압성토 등 보강공법으로 활동에 대한 저항대책을 강구하여야 한다.
> ㉲ 말뚝(강관, H형강, 철근 콘크리트)을 타입하여 지반을 강화시킨다.

070 지하연속벽 공법(Slurry Wall)이란 지수벽, 구조체 등으로 이용하기 위하여 지하로 크고, 깊은 트렌치를 굴착하여 철근망을 삽입한 후 콘크리트를 타설한 패널로 연속으로 축조해 나가거나 원형 단면의 굴착공을 파서 연속된 주열을 형성시켜 지하벽을 축조하는 벽식, 주열식 공법 등이 있다. 또한, 차수성이 우수하나, 임의의 치수와 형상을 선택할 수 있는 장점이 있다.

071 강말뚝의 장점으로는 운반과 시공이 용이하고, 상부 구조와의 결합이 용이하여 장척이 가능하며, 지지력이 크고, 이음이 안전하다 등이 있다. 단점으로는 재료비가 고가이고, 단척은 비경제적이며, 부식에 대한 대책을 고려하여야 한다 등이 있다.

072 거푸집 및 동바리의 고정·조립 또는 해체 작업, 노천굴착작업, 흙막이 지보공의 고정·조립 또는 해체 작업, 터널의 굴착작업, 구축물 등의 해체작업 시 점검하여야 할 사항은 ①·②·③이다. (안전보건규칙 제35조, 별표 2)

④ 버팀대 긴압의 정도는 사업주는 흙막이 지보공을 설치하였을 때에는 정기적으로 점검하고 이상을 발견하면 즉시 보수하여야 하는 사항이다.

073 "히빙(Heaving)"이라 함은 연약점토 지반에서 굴착에 의한 흙막이 내·외면의 흙의 중량차이로 인해 굴착저면이 부풀어 올라오는 현상이다. 그 방지 대책으로는 ①·⑥·⑦ 이외에도 부분 굴착을 하여 굴착 지반의 안전성을 높이고, 흙막이벽 전면의 중량을 늘리며(아일랜드 컷 공법을 사용), 굴착 저면을 고결시키고(약액주입공법, 동결공법), 강성이 큰 흙막이를 사용하며, 흙막이벽 배면에 어스 앵커를 시공한다는 것 등이 있다.

074~075 토석 붕괴의 원인(굴착공사 표준안전지침 제28조)

구분	내용
외적 원인	• 사면, 법면의 경사 및 기울기의 증가 • 절토 및 성토 높이의 증가 • 공사에 의한 진동 및 반복 하중의 증가 • 지표수 및 지하수의 침투에 의한 토사 중량의 증가 • 지진, 차량, 구조물의 하중작용 • 토사 및 암석의 혼합층두께
내적 원인	• 절토 사면의 토질·암질 • 성토 사면의 토질 구성 및 분포 • 토석의 강도 저하

076 ③의 토석의 강도 상승, ⑥의 토사 중량의 감소, ⑧의 내부 마찰각의 증가 등은 토석 붕괴의 방지대책에 속한다.

077 ④ 완만한 경사면을 계획하여야 한다.

토석 붕괴의 위험이 있는 사면에서 작업할 경우 동시 작업을 금지하고, 대피공간을 확보하며, 2차재해를 방지하여야 한다. 또한, 완만한 경사면을 계획하여야 한다.

078~079 흙막이 공사(연약한 지반)에서 일어나는 현상 중 보일링과 히빙의 방지 대책(토류벽의 붕괴 방지 대책)은 근입 깊이를 깊게 하여야 한다는 것이다. 즉, 흙막이 말뚝의 근입 길이를 깊게 하여 히빙 및 보일링 현상을 방지한다.

080 비탈면 상부에 토사를 적재하는 것은 상부의 하중을 증대시키므로, 비탈면 붕괴를 촉진하는 역할을 한다.

081 ① H-말뚝 토류판공법 : H-파일(어미말뚝)을 일정한 간격으로 박고 기계로 굴토해 내려가면서 H-파일 사이에 토류판을 끼워서 흙막이벽을 형성하는 공법으로, 1~2층 규모의 공사에 사용하며, 띠장, 버팀대를 설치하여야 한다.

② S.C.W(Soil Cement Wall)공법 : 지하연속벽 공법 중의 하나로 흙에 직접 시멘트 페이스트(시멘트와 물의 혼합물)를 혼합하여 현장콘크리트 파일을 연속시켜 지중연속벽을 완성시키는 공법이다. 토류벽, 차수벽으로 이용하는 공법이다.

③ 지하연속벽 공법(Slurry Wall) : 지수벽, 구조체 등으로 이용하기 위하여 지하로 크고, 깊은 트렌치를 굴착하여 철근망을 삽입한 후 콘크리트를 타설한 패널로 연속으로 축조해 나가거나 원형 단면의 굴착공을 파서 연속

된 주열을 형성시켜 지하벽을 축조하는 벽식, 주열식 공법 등이 있다. 또한, 차수성이 우수하나, 임의의 치수와 형상을 선택할 수 있는 장점이 있다.

082 ① tilt meter : 인접구조물의 골조 또는 벽체에 접착, 볼트접착 등으로 설치하고, 인접구조물의 기울기 측정, 구조물의 안전진단에 사용한다.

② strain gauge(변형계) : 스터드, 띠장, 각종 강재 등에 용접 또는 접착제로 설치하고, 굴착 작업에 따른 스터드, 띠장, 각종 강재 등의 변형 정도를 측정한다.

③ load cell(하중계) : 스터드 또는 어스 앵커 부위에 각 단계별로 굴착 시 설치하고, 스터드 또는 어스 앵커의 축하중 변화상태를 측정하여 부재의 안전상태를 파악한다. 또한, 버팀보, 앵커 등의 축하중 변화상태를 측정하여 이들 부재의 지지효과 및 그 변화 추이를 파악하는 데 사용되는 계측기기이다.

083 ② 간극수압계(piezo meter)는 간극수압을 측정한다. 지반 내 지하수위 변화 측정은 water level meter을 사용한다.

⑥ 하중계(load cell)은 흙막이부재 응력측정에 사용된다.

084 ① 동상 : 물이 결빙되는 위치로 지속적으로 유입되는 조건에서 온도가 하강함에 따라 토중수가 얼어 생성된 결빙크기가 계속 커져 지표면이 부풀어오르는 현상이다.

③ 파이핑 : 흙막이벽의 부실 공사로 인하여 흙막이벽의 뚫린 구멍 또는 이음새를 통하여 물이 공사장 내부 바닥으로 파이프 작용을 하여 보일링 현상이 생기는 현상으로 방지 대책은 흙막이벽의 강성을 높이고, 수밀성을 양호하게 한다.

④ 틱스트로피 : 점토지반에서 힘수비를 변화하지 않는 자연상태 점토지반을 교란하게 되면 배열의 구조가 파괴되어 강도가 급격히 저하된다. 이와 같은 강도가 상실된 교란상태에서 함수비의 변화없이 오랜 시간을 방치하면 토립자간의 흡착력이 서서히 생성되어 토립자의 배열상태가 원래의 상태로 복귀하면서 강로를 회복하게 되는 현상을 말한다.

085 보일링은 사질 지반에서 흙막이벽을 설치하고, 기초 파기를 할 때에 흙막이벽 뒷면 수위가 높아져 지하수가 흙막이벽 밑을 통하여 상승하는 유수로 말미암아 모래 입자가 부력을 받아 물이 끓듯이 지하수가 모래와 같이 솟아오르는 현상이다. ②의 굴착부와 배면부의 흙의 중량차는 히빙의 원인이고, ③의 굴착부와 배면부의 흙의 함수비차는 파이핑의 원인이다.

086 ④ 연약 점토지반에 굴착면의 융기로 발생현상을 히빙이라고 한다.

⑦ 연약 점토질 지반에서 배면토의 중량이 굴착부 바닥의 지지력 이상이 되었을 때 주로 발생하는 현상을 히빙이라고 한다.

087 보일링(Boiling) 현상은 사질지반에서 굴착면의 융기로 발생한다.

088 액상화 현상은 모래 지반에 있어서 순간 충격, 지진, 진동 등에 의해 간극수압의 상승으로 인하여 유효 응력이 감소되어 전단 저항을 상실하고 지반이 액체와 같이 되는 현상으로, 건축물의 부상과 부동침하가 발생한다. 액상화를 방지하기 위한 대책으로는 탈수 공법, 배수 공법(well point 공법, Deep well 공법), 입도 개량, 밀도 증대 등이 있다.

089 ③ 굴착저면에 토사 등 인공 중력을 증대시킨다.

⑧ 주변 수위를 낮춘다.

⑪ 부풀어 솟아오르는 바닥면의 토사를 개량한다.

> 히빙(heaving)현상은 하부 지반이 연약할 때 흙파기 저면선에 대하여 흙막이 바깥에 있는 흙의 중량과 지표 재하중의 중량에 못 견디어 저면의 흙이 붕괴되고, 흙막이 바깥에 있는 흙이 안으로 밀려 볼록하게 되는 현상 또는 흙막이벽 양쪽 토압의 차이로 흙막이 뒷부분의 흙이 흙막이벽 밑을 돌아서 기초파기를 하는 공사장으로 미끄러져 들어오는 현상으로, 방지 대책은 다음과 같다.
> - 설계 계획을 변경 또는 표토를 제거하여 하중을 적게 한다.
> - 굴착면에 하중을 가하거나 지반을 개량한다.
> - 트렌치 공법 또는 부분 굴착을 하거나, 케이슨이나 아일랜드 공법을 사용한다.
> - 가장 좋은 방법으로는 강성이 높고, 강력한 흙막이벽의 밑을 양질의 지반 속까지 깊이 박는다.

090 문제의 설명은 연약지반의 이상 현상 중 하나인 히빙(heaving)현상에 대한 방지 대책이다.

091 088 해설 참조

092 굴착작업(안전보건규칙 제18조)

> 굴착작업 시에는 다음의 사항을 준수하여야 한다.
> ① 굴착은 계획된 순서에 의해 작업을 실시하여야 한다.
> ② 작업 전에 산소농도를 측정하고 산소량은 18% 이상이어야 하며, 발파후 반드시 환기설비를 작동시켜 가스배출을 한 후 작업을 하여야 한다.
> ③ 연결고리구조의 쉬이트파일 또는 라이너플레이트를 설치한 경우 틈새가 생기지 않도록 정확히 하여야 한다.
> ④ 쉬이트파일의 설치시 수직도는 1/100 이내이어야 한다.
> ⑤ 쉬이트파일의 설치는 양단의 요철부분을 반드시 겹치고 소정의 핀으로 지반에 고정하여야 한다.
> ⑥ 링은 쉬이트파일에 소정의 볼트를 긴결하여 확실하게 설치하여야 한다.
> ⑦ 토압이 커서 링이 변형될 우려가 있는 경우 스트러트 등으로 보강하여야 한다.
> ⑧ 라이너플레이트의 이음에는 상·하교합이 되도록 하여야 한다.
> ⑨ 굴착 및 링의설치와 동시에 철사다리를 설치 연장하여야 한다. 철사다리는 굴착 바닥면과 1m 이내가 되게 하고 버켓의 경로, 전선, 닥트 등이 배치하지 않는 곳에 설치하여야 한다.
> ⑩ 용수가 발생한 때에는 신속하게 배수하여야 한다.
> ⑪ 수중펌프에는 감전방지용 누전차단기를 설치하여야 한다.

093 굴착작업 시 안전대책은 지층이 상이한 토질의 굴착 시 지지층의 사면 안식각이 그 위 지층의 사면안식각보다 작아서는 안된다는 것이다. 즉, 동일하거나 커야 한다.

094 경사면의 안정성 검토(굴착공사 표준안전작업지침 제30조)

> 경사면의 안정성을 확인하기 위하여 다음의 사항을 검토하여야 한다.
> ① 지질조사 : 층별 또는 경사면의 구성 토질구조
> ② 토질시험 : 최적함수비, 삼축압축강도, 전단시험, 점착도 등의 시험
> ③ 사면붕괴 이론적 분석 : 원호활절법, 유한요소법 해석
> ④ 과거의 붕괴된 사례유무, 토층의 방향과 경사면의 상호관련성
> ⑤ 단층, 파쇄대의 방향 및 폭, 풍화의 정도, 용수의 상황

095 ④ 유압계통 분리 시에는 붐을 반드시 지면에 내려놓고 엔진을 정지시킨 다음 유압을 제거한 후 실시하여야 한다.
⑤ 절대로 운전 반경 내에 사람이 있을 때는 회전하여서는 안 된다.

096 개착식 공법(Open cut)은 지표면에서 소정의 위치까지 파내려간 후 구조물을 축조하고 되메운 후 지표면을 원상태로 복구시키는 공법 또는 굴착 전에 붕괴의 염려가 있는 흙의 이동을 흙막이벽에 의해 지지하면서 굴착하는 공법으로, 그 종류로는 타이로드(당김줄)공법, 어스앵커 공법, 버팀대 공법 등이 있다. TBM(Tunnel Boring Machine)공법은 터널 굴착기를 사용하여 땅속에서 수평으로 회전시키면서 암반을 압력으로 파쇄시키는 공법이다.

097 개착식 흙막이벽의 계측 내용에는 경사측정, 지하수위 측정, 변형률 측정 등이 있다. 내공변위 측정은 터널 내부가 지반의 응력변화에 따라 압축과 인장을 같은 여부를 판단하는 측정법이다.

098 지하 매설물의 인접작업 안전지침

> • 사전조사 : 작업 전 지하 매설물 지도 및 관리자의 조언 참조
> • 지하 매설물의 파악 : 위치 파악 후 침봉 등을 이용하여 위치를 확인 후 작업착수
> • 매설물 방호조치 : 매설물 노출 시 소유자 또는 관리자에게 확인시키고 상호 협조 아래 지주나 지보공 이용 방호조치
> • 점검 : 노출된 배설물은 1일 1회 이상 순환 점검, 특히 접합부분 확인
> • 기타, 주변 지반의 지하수 저하로 압밀침하 가능, 배설물 파손 우려, 매설물 관리자와 협의방지대책 강구, 가스관, 송유관 등이 매설된 경우 화기엄금, 용접기 등을 사용할 때 누출확인 및 폭발 방지조치 후 작업

099 잠함 등 내부에서의 작업(안전보건규칙 제377조)

> ① 사업주는 잠함, 우물통, 수직갱, 그 밖에 이와 유사한 건설물 또는 설비("잠함 등")의 내부에서 굴착작업을 하는 경우에 다음의 사항을 준수하여야 한다.
> ㉮ 산소 결핍 우려가 있는 경우에는 산소의 농도를 측정하는 사람을 지명하여 측정하도록 할 것
> ㉯ 근로자가 안전하게 오르내리기 위한 설비를 설치할 것
> ㉰ 굴착 깊이가 20m를 초과하는 경우에는 해당 작업장소와 외부와의 연락을 위한 통신설비 등을 설치할 것
> ② 사업주는 산소 측정 결과 산소 결핍이 인정되거나 굴착 깊이가 20m를 초과하는 경우에는 송기(送氣)를 위한 설비를 설치하여 필요한 양의 공기를 공급해야 한다.

100 건물기초에서의 허용 진동치

구분	문화재, 정밀기기설치건물	주택, 아파트	상가, 사무실, 공공건물	철근콘크리트 건물, 철골조 공장
건물기초에서의 허용진동치(cm/s)	0.2	0.5	1.0	4.0

▶ 문제편 527p

번호	답
001	① × ② × ③ × ④ ○
002	① × ② ○ ③ ○ ④ ○
003	① ○ ② ○ ③ × ④ ○ ⑤ ○ ⑥ ○ ⑦ × ⑧ ○
004	① ○ ② × ③ ○ ④ ○
005	① ○ ② ○ ③ ○ ④ ×
006	① ○ ② ○ ③ ○ ④ × ⑤ × ⑥ ×
007	① ○ ② × ③ ○ ④ ○
008	① ○ ② ○ ③ × ④ ○ ⑤ × ⑥ ○
009	① ○ ② × ③ × ④ ×
010	① × ② ○ ③ ○ ④ ○ ⑤ ○ ⑥ ○ ⑦ ×
011	① ○ ② ○ ③ ○ ④ ×
012	① × ② ○ ③ ○ ④ ○ ⑤ ×
013	① ○ ② ○ ③ × ④ ○
014	① ○ ② × ③ ○ ④ ○
015	① × ② ○ ③ ○ ④ ○
016	① × ② × ③ × ④ ○
017	① ○ ② × ③ × ④ ×
018	① ○ ② × ③ ○ ④ ○
019	① × ② × ③ × ④ ○
020	① ○ ② ○ ③ ○ ④ × ⑤ ○ ⑥ × ⑦ × ⑧ × ⑨ × ⑩ × ⑪ ○ ⑫ ○ ⑬ ○
021	① ○ ② × ③ ○ ④ ○ ⑤ × ⑥ × ⑦ × ⑧ ○ ⑨ ○ ⑩ × ⑪ ○ ⑫ ○
022	① ○ ② × ③ ○ ④ ○ ⑤ ×
023	① ○ ② ○ ③ ○ ④ ×
024	① ○ ② ○ ③ ○ ④ ×
025	① ○ ② ○ ③ ○ ④ ×
026	① ○ ② ○ ③ ○ ④ ×
027	① × ② ○ ③ ○ ④ ○
028	① × ② ○ ③ × ④ ×
029	① ○ ② ○ ③ ○ ④ ○
030	① × ② ○ ③ ○ ④ ○
031	① × ② ○ ③ ○ ④ ○ ⑤ ○
032	① ○ ② ○ ③ ○ ④ ○
033	① ○ ② ○ ③ ○ ④ ○
034	① ○ ② ○ ③ × ④ ○
035	① × ② × ③ ○ ④ ×
036	① ○ ② ○ ③ × ④ ○
037	① ○ ② × ③ ○ ④ ○
038	① ○ ② ○ ③ × ④ ○
039	① × ② ○ ③ ○ ④ ○
040	① × ② ○ ③ ○ ④ ○ ⑤ ×
041	① ○ ② × ③ ○ ④ ○ ⑤ ○
042	① ○ ② ○ ③ × ④ ○ ⑤ ×
043	① ○ ② × ③ ○ ④ ○ ⑤ ○
044	① ○ ② ○ ③ ○ ④ × ⑤ × ⑥ × ⑦ ×
045	① × ② ○ ③ ○ ④ ○ ⑤ ×
046	① ○ ② ○ ③ ○ ④ × ⑤ ○ ⑥ ○ ⑦ ○ ⑧ × ⑨ ○
047	① ○ ② ○ ③ ○ ④ ×

001 도괴(넘어지거나 무너짐 또는 넘어뜨리거라 무너뜨림) 재해는 크레인의 설치방법이 나쁘고 규정 이상의 중량물을 적재하였을 경우에 예상되는 재해발생 형태이다.

낙하는 떨어지는 충격이고, 협착은 물건에 낀 상태 또는 말려든 상태의 재해, 감전은 전기 접촉이나 방전에 의해 충격을 받는 경우의 재해이다.

002 크레인 작업 시의 조치(안전보건규칙 제146조)

사업주는 크레인을 사용하여 작업을 하는 경우 준수하여야 할 사항에는 ②·③·④ 이외에도 인양할 하물(荷物)을 바닥에서 끌어당기거나 밀어내는 작업을 하지 아니할 것, 유류드럼이나 가스통 등 운반 도중에 떨어져 폭발하거나 누출될 가능성이 있는 위험물 용기는 보관함(또는 보관고)에 담아 안전하게 매달아 운반할 것 등이 있다.

003 조립 등의 작업(안전보건규칙 제156조)

> ① 사업주는 리프트의 설치·조립·수리·점검 또는 해체 작업을 하는 경우 다음의 조치를 하여야 한다.
> ㉮ 작업을 지휘하는 사람을 선임하여 그 사람의 지휘하에 작업을 실시할 것
> ㉯ 작업을 할 구역에 관계 근로자가 아닌 사람의 출입을 금지하고 그 취지를 보기 쉬운 장소에 표시할 것
> ㉰ 비, 눈, 그 밖에 기상상태의 불안정으로 날씨가 몹시 나쁜 경우에는 그 작업을 중지시킬 것
> ② 사업주는 ①의 ㉮의 작업을 지휘하는 사람에게 다음의 사항을 이행하도록 하여야 한다.
> ㉮ 작업방법과 근로자의 배치를 결정하고 해당 작업을 지휘하는 일
> ㉯ 재료의 결함 유무 또는 기구 및 공구의 기능을 점검하고 불량품을 제거하는 일
> ㉰ 작업 중 안전대 등 보호구의 착용 상황을 감시하는 일

004 양중기(안전보건규칙 제132조 제2항 제3호)

> "리프트"란 동력을 사용하여 사람이나 화물을 운반하는 것을 목적으로 하는 기계설비로서 다음의 것을 말한다.
> ① 건설용 리프트 : 동력을 사용하여 가이드레일(운반구를 지지하여 상승 및 하강 동작을 안내하는 레일)을 따라 상하로 움직이는 운반구를 매달아 사람이나 화물을 운반할 수 있는 설비 또는 이와 유사한 구조 및 성능을 가진 것으로 건설현장에서 사용하는 것
> ② 산업용 리프트 : 동력을 사용하여 가이드레일을 따라 상하로 움직이는 운반구를 매달아 화물을 운반할 수 있는 설비 또는 이와 유사한 구조 및 성능을 가진 것으로 건설현장 외의 장소에서 사용하는 것
> ③ 자동차정비용 리프트 : 동력을 사용하여 가이드레일을 따라 움직이는 지지대로 자동차 등을 일정한 높이로 올리거나 내리는 구조의 리프트로서 자동차 정비에 사용하는 것
> ④ 이삿짐운반용 리프트 : 연장 및 축소가 가능하고 끝단을 건축물 등에 지지하는 구조의 사다리형 붐에 따라 동력을 사용하여 움직이는 운반구를 매달아 화물을 운반하는 설비로서 화물자동차 등 차량 위에 탑재하여 이삿짐 운반 등에 사용하는 것

005 타워 크레인(Tower Crane)을 선정하기 위한 사전 검토사항에는 인양능력, 작업반경, 붐의 높이, 인양능력(하중), 입지조건, 건물의 형태, 건립 기계의 소음 영향 등이 있다.

006 크레인을 사용하는 작업시작 전에 점검하여야 하는 사항(안전보건규칙 제35조, 별표 3)

> • 권과방지장치, 브레이크, 클러치 및 운전장치의 기능
> • 주행로의 상측 및 트롤리가 횡행하는 레일의 상태
> • 와이어 로우프가 통하는 곳의 상태

방호장치의 기능은 리프트(자동차정비용 리프트를 포함)와 곤돌라의 작업시작 전 점검사항이고, 압력방출장치의 기능은 공기압축기의 작업시작 전 점검사항이다.

007 타워크레인을 설치·조립·해체하는 작업 시 작업계획서에 포함시켜야 할 사항은 ①·③·④ 이외에도 설치·조립 및 해체순서, 제142조에 따른 지지 방법 등이 있다. (안전보건규칙 제38조, 별표 4)

008 타워크레인의 지지(안전보건규칙 제142조)

> ③ 와이어로프와 그 고정부위는 충분한 강도와 장력을 갖도록 설치하고, 와이어로프를 클립·샤클(shackle, 연결고리) 등의 고정기구를 사용하여 견고하게 고정시켜 풀리지 않도록 하며, 사용 중에는 충분한 강도와 장력을 유지하도록 할 것. 이 경우 클립·샤클 등의 고정기구는 한국산업표준 제품이거나 한국산업표준이 없는 제품의 경우에는 이에 준하는 규격을 갖춘 제품이어야 한다.
> ⑤ 와이어로프 설치각도는 수평면에서 60° 이내로 하되, 지지점은 4개소 이상으로 하고, 같은 각도로 설치할 것

009 ② 후크해지장치 : 크레인 훅에 와이어로프 등이 이탈되는 것을 방지하기 위한 장치이다.

③ 과부하방지장치 : 크레인의 각 지브 길이에 따라 정격하중의 1.05배(타워크레인 1.05배, 일반 크레인 1.1배) 이상 권상 시 과부하방지 및 모멘트 리미트장치가 작동하여 권상 동작(지브의 기복동작 포함)을 경보와 함께 정지 · 횡행 및 주행동작과 부하 증가 동작을 불가시키는 장치이다.

④ 속도제한장치 : 타워크레인의 작동 속도를 자동으로 제동하는 기능이 없고, 최대 허용 속도를 초과할 위험이 있는 경우에는 작동 속도가 최대 허용 속도 내에 있도록 인상속도 제한장치, 인하속도 제한장치, 지브의 기복 동작 속도 제한장치를 설치해야 한다.

010 ① 공기정화장치 : 공기의 오염물질(가스, 악취, 먼지, 세균 등)을 제거하여 깨끗한 공기를 공급하는 장치로서 여과, 흡착, 세정, 전기집진 등의 방법을 사용한다.

⑦ 호이스트 스위치 : 물건 등을 전동기의 동력으로 들어올리거나 내리는 장비로서 상하, 좌우, 전후 등의 동작을 수동으로 조작하기 위한 제어용 스위치를 말한다.

011 사업주는 이동식 크레인을 사용하여 작업을 하는 경우 이동식 크레인 명세서에 적혀 있는 지브의 경사각(인양하중이 3톤 미만인 이동식 크레인의 경우에는 제조한 자가 지정한 지브의 경사각)의 범위에서 사용하도록 하여야 한다. (안전보건규칙 제150조)

012 ①과 ⑤는 크레인을 사용하여 작업을 할 때 작업시작 전 점검사항이다.

013 아웃트리거(Outrigger) 또는 크롤러가 지지기둥으로부터 나오지 않도록 하고, 부득이한 경우가 발생하는 경우에는 충분하게 보강하여야 한다.

014 고정식 크레인에는 케이블 크레인, 타워 크레인, 데릭 크레인, 문형(지브) 크레인 등이 있고, 이동식 크레인에는 무한궤도식 크레인(Crawler crain), 트럭 크레인, 휠 크레인 등이 있다.

015 크롤러 크레인은 아웃트리거가 없어 경사지 작업에 부적합하다.

016 힘의 비김조건 중 $\Sigma Y = 0$(수직 방향의 힘의 합이 0이다)에 의해서, 매단 줄의 각도(α)와 상관없이 모두 같다.

017 와이어로프 등 달기구의 안전계수(안전보건규칙 제163조)

> 사업주는 양중기의 와이어로프 등 달기구의 안전계수(달기구 절단하중의 값을 그 달기구에 걸리는 하중의 최대값으로 나눈 값)가 다음의 구분에 따른 기준에 맞지 아니한 경우에는 이를 사용해서는 아니 된다.
> ① 근로자가 탑승하는 운반구를 지지하는 달기와이어로프 또는 달기체인의 경우 : 10 이상
> ② 화물의 하중을 직접 지지하는 달기와이어로프 또는 달기체인의 경우 : 5 이상
> ③ 훅, 샤클, 클램프, 리프팅 빔의 경우 : 3 이상
> ④ 그 밖의 경우 : 4 이상

018 산업안전보건법령에 따른 중량물 취급작업 시 작업계획서에 포함시켜야 할 사항은 추락위험, 낙하위험, 전도위험, 협착위험, 붕괴위험을 예방할 수 있는 안전대책 등이다. (안전보건규칙 제38조, 별표 4)

019 ① 허리를 편 상태에서 양손으로 들어올린다.
② 중량은 보통 체중의 40%가 적당하다.
③ 물건은 최대한 몸에서 접근하여 들어올린다.

020 양중기의 종류로는 크레인[호이스트(hoist)를 포함], 이동식 크레인, 리프트(이삿짐운반용 리프트의 경우에는 적재하중이 0.1톤 이상인 것으로 한정), 곤돌라, 승강기(엘리베이터, 에스컬레이터) 등이 있다. (안전보건규칙 제132조)

021 이음매가 있는 와이어로프 등의 사용 금지(안전보건규칙 제166조)

> • 이음매가 있는 것
> • 와이어로프의 한 꼬임[[스트랜드(strand)]에서 끊어진 소선(素線)[필러(pillar)선은 제외]의 수가 10% 이상(비자전로프의 경우에는 끊어진 소선의 수가 와이어로프 호칭지름의 6배 길이 이내에서 4개 이상이거나 호칭지름 30배 길이 이내에서 8개 이상)인 것
> • 지름의 감소가 공칭지름의 7%를 초과하는 것
> • 꼬인 것
> • 심하게 변형되거나 부식된 것
> • 열과 전기충격에 의해 손상된 것

022 020 해설 참조

023 권과방지장치(크레인과 리프트의 안전장치)는 중량물이 후크에 연결된 상태에서 와이어로트가 과다하게 감기는 것을 방지하는 안전장치로서, 정격하중 이상의 하중이 부하될 경우 자동으로 작동을 멈추고 경고음을 울리며, 후크와 붐의 충도로 이한 손상을 예방한다. 엘리베이터(승강기)의 안전장치에는 전기적 안전장치(주접촉기, 과부하계전기(장치), 전자브레이크, 승강스위치, 도어스위치, 비상정지버튼, 안전스위치, 슬롯다운스위치, 파이널리밋스위치, 도어안전스위치, 비상벨 및 전화기 등)와 기계적 안전장치(도어인터로크장치, 조속기, 비상정지, 완충기, 구출구, 수동핸들, 자동착상장치, 제어반 등) 등이 있다.

024 설치·이전하는 경우 안전인증을 받아야 하는 기계·기구에 해당되는 기계 또는 설비에는 프레스, 전단기 및 절곡기, 크레인, 리프트, 압력용기, 롤러기, 사출성형기, 고소작업대, 곤돌라 등이 있다. (법 제84조, 영 제74조)

025 권상용 와이어로프의 안전계수(안전보건규칙 제211조)
사업주는 항타기 또는 항발기의 권상용 와이어로프의 안전계수가 5 이상이 아니면 이를 사용해서는 아니 된다.

026 사업주는 동력을 사용하는 항타기 또는 항발기에 대하여 무너짐을 방지하기 위하여 ①·②·③ 이외에도 상단 부분은 버팀대·버팀줄로 고정하여 안정시키고 그 하단 부분은 견고한 버팀·말뚝 또는 철골 등으로 고정시킬 것, 궤도 또는 차로 이동하는 항타기 또는 항발기에 대해서는 불시에 이동하는 것을 방지하기 위하여 레일 클램프(rail clamp) 및 쐐기 등으로 고정시킬 것 등을 준수하여야 한다. (안전보건규칙 제209조)

027 최대허용하중 $= \dfrac{절단(인장)하중}{안전계수(안전율)}$ 이고, 안전계수(안전율) $= \dfrac{절단(인장)하중}{최대허용하중}$ 이다.

028 부하가 적게 걸리는 순서에서 많이 걸리는 순으로 나열하면, "손으로 당김 운반 → 어깨 운반 → 양손들음 운반 → 끌어올림 운반"의 순이다.

029 사전조사 및 작업계획서 내용(안전보건규칙 제38조, 별표 4)

> 중량물 취급 시 작업계획서에 포함사항은 다음과 같다.
> ① 추락위험을 예방할 수 있는 안전대책
> ② 낙하위험을 예방할 수 있는 안전대책
> ③ 전도위험을 예방할 수 있는 안전대책
> ④ 협착위험을 예방할 수 있는 안전대책
> ⑤ 붕괴위험을 예방할 수 있는 안전대책

030 길이가 긴 화물 운반에 대한 안전사항은 ②·③·④ 이외에도 사다리 등을 혼자서 어깨에 멜 경우에는 화물의 끝을 자신의 신장보다 약간 높게하여 모서리에 충돌하지 않도록 하고, 공동으로 운반작업을 할 때는 작업자간의 체력과 신장이 비슷한 사람끼리 작업하며, 평평하고 넓은 유리나 철판을 운반할 때는 안전장갑, 안전화 등 보호구를 착용하고, 세운 상태로 마그네틱 공구나 진공흡입기구류 등을 이용하여 운반한다 등이 있다. 또한, 얇은 금속판재를 운반할 때는 날카로운 모서리가 있으므로 가죽장갑 등 자상에 대비한 보호구를 반드시 착용한다. (인력운반작업 안전기준 제8조)

031 장척물(운반하역 표준안전 작업지침 제9조)

> 길이가 긴 장척물을 운반할 때에는 다음 사항을 준수하여야 한다.
> ① 단독으로 어깨에 메고 운반할 때에는 하물 앞부분 끝을 근로자 신장보다 약간 높게 하여 모서리, 곡선 등에 충돌하지 않도록 주의하여야 한다.
> ② 공동으로 운반할 때에는 근로자 모두 동일한 어깨에 메고 지휘자의 지시에 따라 작업하여야 한다.
> ③ 하역할 때에는 튀어오름, 굴러내림 등의 돌발사태에 주의하여야 한다.

032 관리감독자의 유해·위험 방지 업무 등(안전보건규칙 제35조, 별표 3)

> 구내운반차의 작업시작 전 점검사항은 다음과 같다.
> ① 제동장치 및 조종장치 기능의 이상 유무
> ② 하역장치 및 유압장치 기능의 이상 유무
> ③ 바퀴의 이상 유무
> ④ 전조등·후미등·방향지시기 및 경음기 기능의 이상 유무
> ⑤ 충전장치를 포함한 홀더 등의 결합상태의 이상 유무

033 ①의 "권과방지장치, 브레이크, 클러치 및 운전장치 기능의 이상 유무"는 크레인을 사용하여 작업시작 전 점검사항이다.

034 지계차 운전 시 경사면을 내려갈 때에는 후진 운전을 하고 엔진 브레이크를 사용하여야 한다. (운반하역 표준작업 안전지침 제56조)

035 헤드가드(안전보건규칙 제180조)

> 사업주는 다음에 따른 적합한 헤드가드(head guard)를 갖추지 아니한 지게차를 사용해서는 안 된다. 다만, 화물의 낙하에 의하여 지게차의 운전자에게 위험을 미칠 우려가 없는 경우에는 그렇지 않다.
> ① 강도는 지게차의 최대하중의 2배 값(4톤을 넘는 값에 대해서는 4톤)의 등분포정하중에 견딜 수 있을 것
> ② 상부틀의 각 개구의 폭 또는 길이가 16cm 미만일 것
> ③ 운전자가 앉아서 조작하거나 서서 조작하는 지게차의 헤드가드는 한국산업표준에서 정하는 높이 기준(입식은 1.88m, 좌식은 0.903m) 이상일 것

036 걸이(운반하역 표준안전 작업지침 제22조)

> 걸이 작업은 다음의 사항을 준수하여야 한다.
> ① 와이어로프 등은 크레인의 후크 중심에 걸어야 한다.
> ② 인양 물체의 안정을 위하여 2줄 걸이 이상을 사용하여야 한다.
> ③ 밑에 있는 물체를 걸고자 할 때에는 위의 물체를 제거한 후에 행하여야 한다.
> ④ 매다는 각도는 60° 이내로 하여야 한다.
> ⑤ 근로자를 매달린 물체 위에 탑승시키지 않아야 한다.

037 취급, 운반의 3조건과 5원칙

취급, 운반의 3조건	취급, 운반의 5원칙
① 운반(취급)거리는 최소화시켜야 함 ② 손이 가지 않는 작업 방법이어야 함 ③ 운반(이동)은 기계화 작업이어야 함	① 직선으로 운반을 할 것 ② 연속으로 운반을 할 것 ③ 운반 작업을 집중하여 시킬 것 ④ 최대한 시간과 경비를 절약할 수 있는 운반방법을 고려할 것 ⑤ 생산을 최고로 하는 운반을 생각할 것

038 기계운반작업의 대상으로는 ①·②·④ 이외에도 취급물의 형상, 성질, 크기 등이 동일한 작업 등이 있다.

인력운반작업의 대상으로는 판단이 필요한 작업(복잡하고 다양한 작업), 작업량이 소량이고, 단독적인 작업, 취급물의 형상, 성질, 크기 등이 다양한 작업, 취급물이 경량물인 작업 등이 있다.

039~040 선박승강설비의 설치(안전보건규칙 제397조)

> ① 사업주는 300톤급 이상의 선박에서 하역작업을 하는 경우에 근로자들이 안전하게 오르내릴 수 있는 현문(舷門) 사다리를 설치하여야 하며, 이 사다리 밑에 안전망을 설치하여야 한다.
> ② 현문 사다리는 견고한 재료로 제작된 것으로 너비는 55cm 이상이어야 하고, 양측에 82cm 이상의 높이로 울타리를 설치하여야 하며, 바닥은 미끄러지지 않도록 적합한 재질로 처리되어야 한다.
> ③ 현문 사다리는 근로자의 통행에만 사용하여야 하며, 화물용 발판 또는 화물용 보판으로 사용하도록 해서는 아니 된다.

041 운전위치 이탈 시의 조치(안전보건규칙 제99조)

> 사업주는 차량계 하역운반기계 등, 차량계 건설기계의 운전자가 운전위치를 이탈하는 경우 해당 운전자에게 다음의 사항을 준수
> 하도록 하여야 한다.
> ① 포크, 버킷, 디퍼 등의 장치를 가장 낮은 위치 또는 지면에 내려 둘 것
> ② 원동기를 정지시키고 브레이크를 확실히 거는 등 차량계 하역운반기계 등, 차량계 건설기계의 갑작스러운 이동을 방지하기 위
> 한 조치를 할 것
> ③ 운전석을 이탈하는 경우에는 시동키를 운전대에서 분리시킬 것. 다만, 운전석에 잠금장치를 하는 등 운전자가 아닌 사람이 운
> 전하지 못하도록 조치한 경우에는 그러하지 아니하다.

042 싣거나 내리는 작업(안전보건규칙 제177조)

> 사업주는 차량계 하역운반기계 등에 단위화물의 무게가 100kg 이상인 화물을 싣는 작업(로프 걸이 작업 및 덮개 덮기 작업을 포
> 함) 또는 내리는 작업(로프 풀기 작업 또는 덮개 벗기기 작업을 포함)을 하는 경우에 해당 작업의 지휘자에게 다음의 사항을 준수
> 하도록 하여야 한다.
> ① 작업순서 및 그 순서마다의 작업방법을 정하고 작업을 지휘할 것
> ② 기구와 공구를 점검하고 불량품을 제거할 것
> ③ 해당 작업을 하는 장소에 관계 근로자가 아닌 사람이 출입하는 것을 금지할 것
> ④ 로프 풀기 작업 또는 덮개 벗기기 작업은 적재함의 화물이 떨어질 위험이 없음을 확인한 후에 하도록 할 것

043~044 1) 전도 등의 방지(안전보건규칙 제171조)

> 사업주는 차량계 하역운반기계 등을 사용하는 작업을 할 때에 그 기계가 넘어지거나 굴러떨어짐으로써 근로자에게 위험을 미칠
> 우려가 있는 경우에는 그 기계를 유도하는 사람("유도자")을 배치하고 지반의 부동침하 및 갓길 붕괴를 방지하기 위한 조치를 해
> 야 한다.

2) 접촉의 방지(안전보건규칙 제172조)

> ㉮ 사업주는 차량계 하역운반기계 등을 사용하여 작업을 하는 경우에 하역 또는 운반 중인 화물이나 그 차량계 하역운반기계 등
> 에 접촉되어 근로자가 위험해질 우려가 있는 장소에는 근로자를 출입시켜서는 아니 된다. 다만, 제39조에 따른 작업지휘자 또
> 는 유도자를 배치하고 그 차량계 하역운반기계 등을 유도하는 경우에는 그러하지 아니하다.
> ㉯ 차량계 하역운반기계 등의 운전자는 작업지휘자 또는 유도자가 유도하는 대로 따라야 한다.

045 화물적재 시의 조치(안전보건규칙 제173조)

사업주는 차량계 하역운반기계 등에 화물을 적재하는 경우 준수해야 할 사항에는 ②·③·④ 이외에도 하중이
한쪽으로 치우치지 않도록 적재할 것 등이 있다.

046 하역작업장의 조치기준(안전보건규칙 제390조)

> 사업주는 부두·안벽 등 하역작업을 하는 장소에 다음의 조치를 하여야 한다.
> ① 작업장 및 통로의 위험한 부분에는 안전하게 작업할 수 있는 조명을 유지할 것
> ② 부두 또는 안벽의 선을 따라 통로를 설치하는 경우에는 폭을 90cm 이상으로 할 것
> ③ 육상에서의 통로 및 작업장소로서 다리 또는 선거 갑문(閘門)을 넘는 보도 등의 위험한 부분에는 안전난간 또는 울타리 등을
> 설치할 것

047 화물의 적재(안전보건규칙 제393조)

사업주는 화물을 적재하는 경우에 다음의 사항을 준수하여야 한다.
① 침하 우려가 없는 튼튼한 기반 위에 적재할 것
② 건물의 칸막이나 벽 등이 화물의 압력에 견딜 만큼의 강도를 지니지 아니한 경우에는 칸막이나 벽에 기대어 적재하지 않도록 할 것
③ 불안정할 정도로 높이 쌓아 올리지 말 것
④ 하중이 한쪽으로 치우치지 않도록 쌓을 것